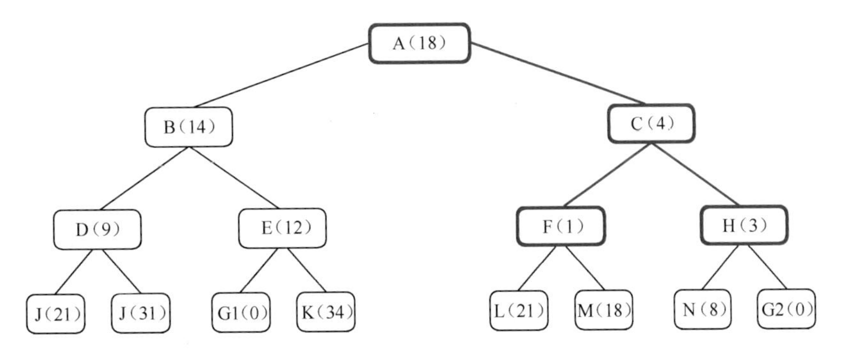

1. Open=[A]; Closed []
2. Open=[C, B]; Closed [A]
3. Open=[F, H, B]; Closed [C, A]
4. Open=[H, B, L, M]; Closed [F, C, A]
5. Open=[G2, N, B, L, M]; Closed [H, F, C, A]

图3.8　最佳优先搜索

开放列表保存了每一层中到达目标节点最低估计代价节点。保存在开放节点列表中相对较早的节点稍后会较早被探索。“获胜”路径是A→C→F→H。如果存在这条路径，搜索总是会找到这条路径

图5.1　国王智者的谜题。每个人都必须猜测自己帽子的颜色

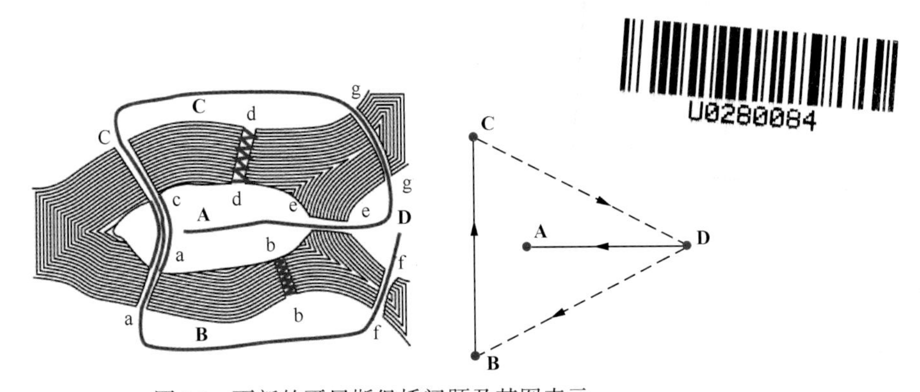

图6.6　更新的哥尼斯堡桥问题及其图表示

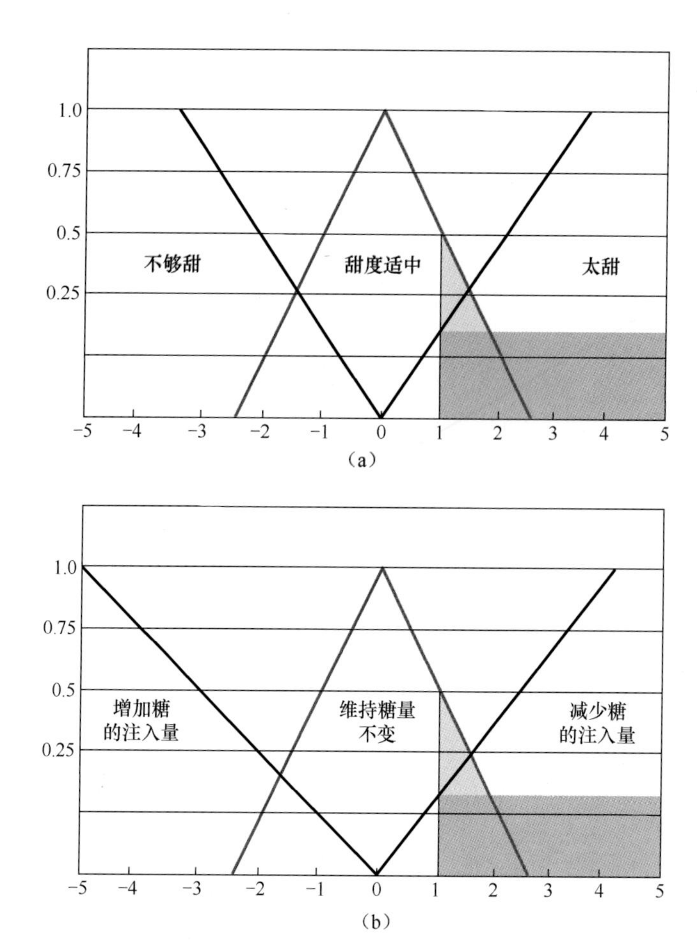

图8.5　瓶装茶厂的隶属函数示例

（a）甜度评估　（b）所注入糖的百分比变化

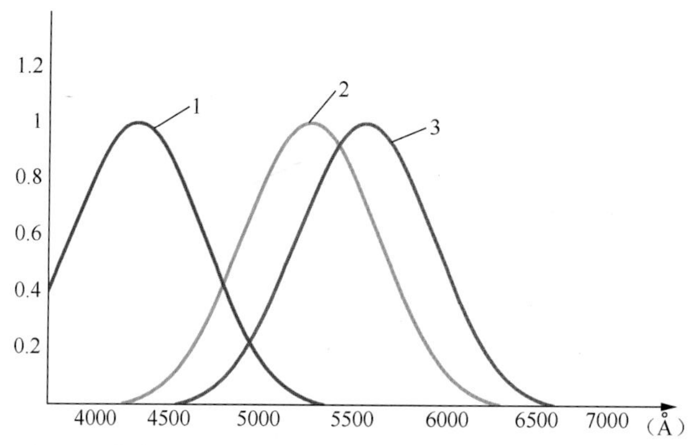

图8.6　人视网膜中三种受体的反应。蓝色受体的最大激发值为4300Å，绿色受体的最大激发值为5300Å，红色受体的最大激发值为5600Å

1．蓝色受体　2．绿色受体　3．红色受体

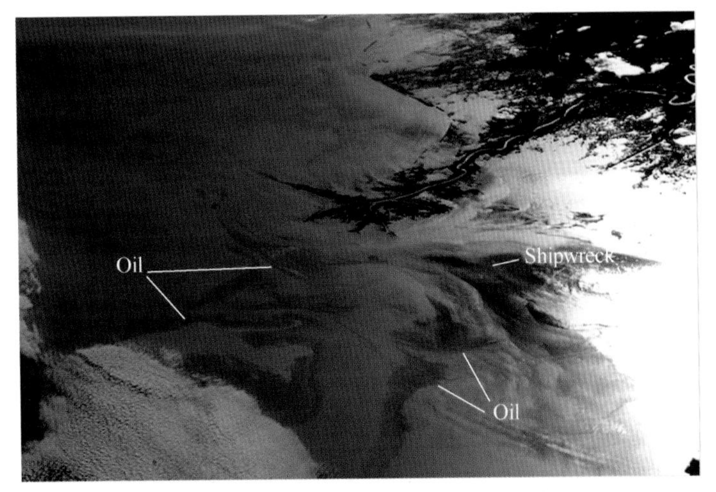

图9.8　显示出浮油的NASA卫星图像

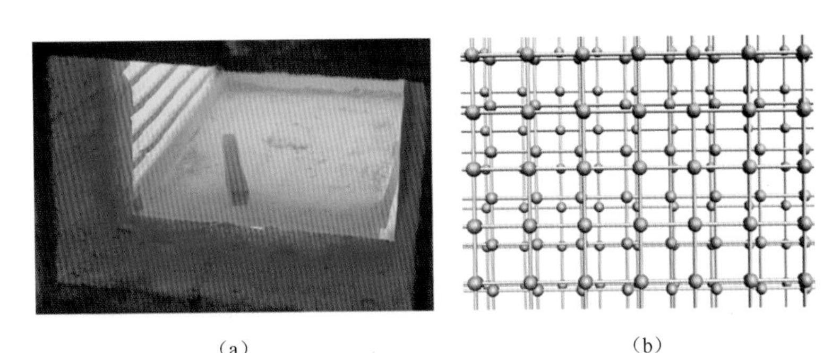

（a）　　（b）

图12.1　金属中的原子由于退火，发生了重排

（a）炉中的铁被加热至熔点　（b）原子的晶格排列通常表现出更大的韧性和硬度

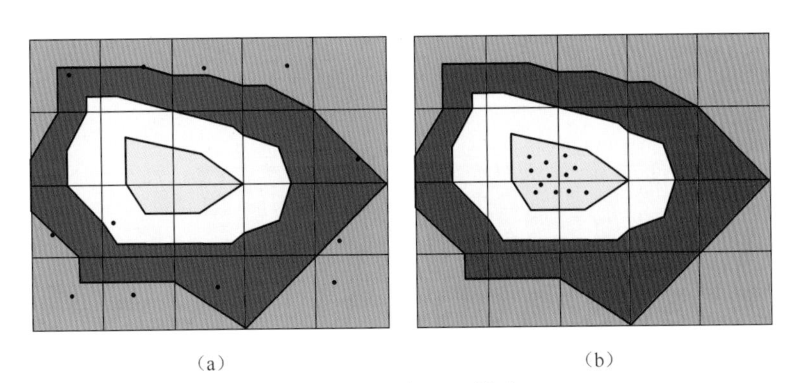

（a）　　（b）

图12.13　详述GA搜索

（a）随机生成的点遍布搜索空间　（b）可以观察到，在经过若干次的迭代之后，点正在收敛到全局最优值

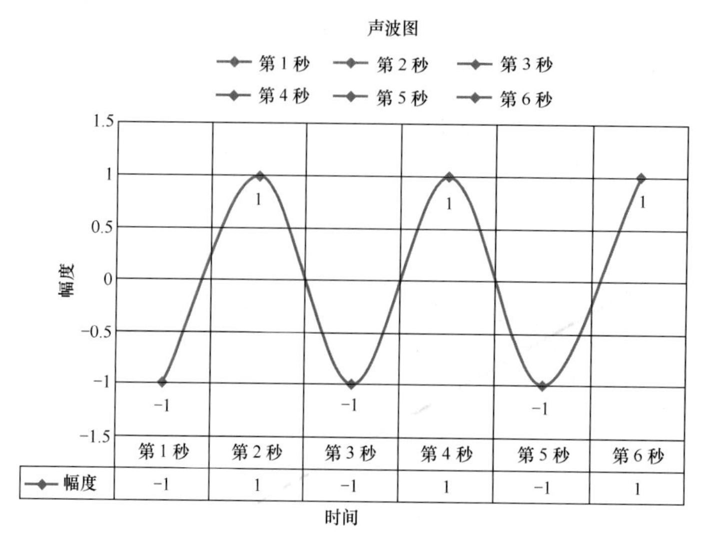

图13.6　声波图

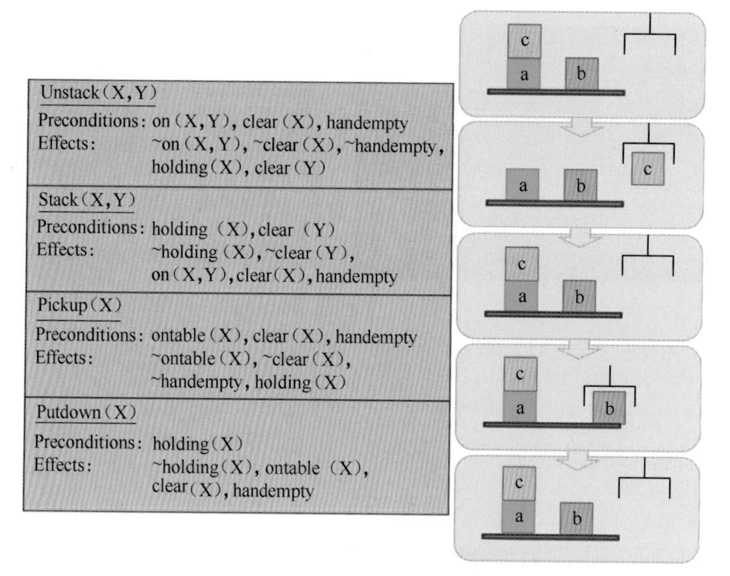

图14.9　积木世界的快照

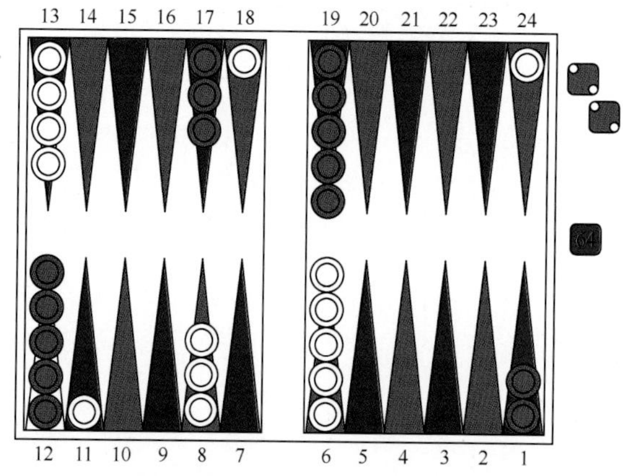

图16.23　在骰子滚出6-2的情况下，白方第一次走子后的棋局

国外著名高等院校
信息科学与技术优秀教材

人工智能
（第2版）

[美]史蒂芬·卢奇（Stephen Lucci） 丹尼·科佩克（Danny Kopec）著
林赐 译

人民邮电出版社
北京

图书在版编目（C I P）数据

人工智能 : 第2版 / (美) 史蒂芬·卢奇
(Stephen Lucci) , (美) 丹尼·科佩克 (Danny Kopec)
著 ; 林赐译. -- 北京 : 人民邮电出版社, 2018.10（2022.12重印）
国外著名高等院校信息科学与技术优秀教材
ISBN 978-7-115-48843-5

Ⅰ. ①人… Ⅱ. ①史… ②丹… ③林… Ⅲ. ①人工智能—高等学校—教材 Ⅳ. ①TP18

中国版本图书馆CIP数据核字(2018)第149813号

版权声明

◆ 著　[美] 史蒂芬·卢奇（Stephen Lucci）
　　丹尼·科佩克（Danny Kopec）
译　林 赐
责任编辑　陈冀康
责任印制　焦志炜

◆ 人民邮电出版社出版发行　北京市丰台区成寿寺路 11 号
邮编　100164　电子邮件　315@ptpress.com.cn
网址　http://www.ptpress.com.cn
固安县铭成印刷有限公司印刷

◆ 开本：787×1092　1/16　彩插：2
印张：38　2018 年 10 月第 1 版
字数：895 千字　2022 年 12 月河北第 18 次印刷
著作权合同登记号　图字：01-2016-3766 号

定价：108.00 元

读者服务热线：(010)81055410　印装质量热线：(010)81055316
反盗版热线：(010)81055315
广告经营许可证：京东市监广登字20170147号

内 容 提 要

作为计算机科学的一个分支，人工智能主要研究、开发用于模拟、延伸和扩展人类智能的理论、方法、技术及应用系统，涉及机器人、语音识别、图像识别、自然语言处理和专家系统等方向。

本书包括引言、基础知识、基于知识的系统、高级专题以及现在和未来五部分内容。第一部分从人工智能的定义讲起，就人工智能的早期历史、思维和智能的内涵、图灵测试、启发法、新千年人工智能的发展进行了简要论述。第二部分详细讲述了人工智能中的盲目搜索、知情搜索、博弈中的搜索、人工智能中的逻辑、知识表示和产生式系统等基础知识。第三部分介绍并探究了人工智能领域的成功案例，如 DENDRAL、MYCIN、EMYCIN 等经典的专家系统，振动故障诊断、自动牙科识别等新的专家系统，以及受到自然启发的搜索等。第四部分介绍了自然语言处理和自动规划等高级专题。第五部分对人工智能的历史和现状进行了梳理，回顾了几十年来人工智能所取得的诸多成就，并对其未来进行了展望。

本书系统、全面地涵盖了人工智能的相关知识，既简明扼要地介绍了这一学科的基础知识，也对自然语言处理、自动规划、神经网络等内容进行了拓展，更辅以实例，可以帮助读者扎扎实实打好基础。本书特色鲜明，内容易读易学，适合人工智能相关领域和对该领域感兴趣的读者阅读，也适合高校计算机专业的教师和学生参考。

献　词

献给我的父母路易斯和康尼·卢奇，
他们一直鼓励我接受教育。

——史蒂芬·卢奇（Stephen Lucci）

献给我的父母马格达莱纳和弗拉基米尔·科佩克，
是他们为我搭建了舞台。

——丹尼·科佩克（Danny Kopec）

译 者 序

有人说，2016 年是人工智能元年，人工智能技术在各行各业如雨后春笋般出现。2017年年初，我开始着手翻译本书，在即将完成本书的初译时，科技界传来了阿尔法狗战胜围棋棋手柯洁的消息，于是，这本书成了一本名副其实的、还未出版的“古书”（欲知详情，请参阅本书第 16 章）。回顾历史，1997 年，深蓝打败了卡斯帕罗夫，当时人们曾乐观地预测，在体现古老的东方智慧的围棋领域，计算机未必能够这么轻松战胜人类，围棋成了象征着人类智慧的最后一块高地。然而，仅过了 20 年，人们的预言就被打破。

从阿兰·图灵破解了恩尼格玛密码机，为第二次世界大战的胜利做出了巨大的贡献开始，到达特茅斯研讨会发明了“人工智能”这一词，再到今天，人工智能经历了 60 年的发展。在此期间，“山重水复疑无路，柳暗花明又一村”，人工智能经历了三次浪潮、两次寒冬的洗礼。当前，在深度学习算法的促进下，人工智能携带着云计算、大数据、卷积神经网络，突破了自然语言语音处理、图像识别的瓶颈，为人类带来了翻天覆地的变化。“忽如一夜春风来，千树万树梨花开”，用这句诗来形容人工智能的发展一点都不为过。人工智能方兴未艾，全面向人类的各个领域发展，业界有一句戏称的话：“如果你够走运的话，机器可以把你当成宠物。”虽为戏谑之言，却道出了多少人的心酸。人工智能已经在各个方面开始出现代替人类的可能：未来在生产车间里，我们再也看不到人类工人繁忙的身影；在超市，我们也看不到收银员在工作；在餐厅，我们也看不到厨师、服务员……人工智能可以帮助我们完成很多任务，辅助我们做出决策。关于人工智能是对人类的馈赠还是会给人类带来灭顶之灾，人们对此的争论一度甚嚣尘上、莫衷一是。人工智能也许会像潘多拉的盒子，但是人们仍心存希望，正是这种希望让人工智能走过了艰难坎坷的 60 年。

从乐观的一面来看，在未来，科幻故事可能出现在日常生活中，而劳动可能成为一种保持健康的需要。不过，一切距离盖棺论定还为时尚早。正如本书在机器人部分（第 15 章）所谈到的，人工智能正处在蹒跚学步的“婴儿期”，在我写下这篇译者序的时候，人形机器人在运动能力方面还是非常初级，因此，有人说了句玩笑话：“如果你要阻碍‘终结者’，关上门就行（机器人比较难以掌握开门技术）。”

本书可以称得上是经典教材，内容翔实，逻辑清晰，引经据典，纵横捭阖，是一本不可多得的人工智能教科书。人工智能包罗万象，包括自然语言处理、知识表示、智能搜索、规划、机器学习、人工神经网络复杂系统、数据挖掘、遗传算法、模糊控制等。面对人工智能的迅猛发展和海量知识，计算机科学和工程相关专业的读者，与其临渊羡鱼，不如退而结网，扎扎实实打好基础。“纸上得来终觉浅，绝知此事要躬行”。学习人工智能，读者要戒骄戒躁，认真理解算法，并将算法转换成计算机程序，因此，我建议读者读完一章之后，亲自编写代码，在机器上实际运行一下程序。“冰冻三尺，非一日之寒”，要成为人工智能领域的佼佼者，读者需要做好打持久战、打硬仗的思想准备，持之以恒地不断学习新技术，不断推陈出新。唯有这样，才能水滴石穿，成为社会的中流砥柱，引领时代潮流。

在这里，要特别感谢人民邮电出版社的领导和编辑们，感谢他们对我的信任和理解，把这样一本好书交给我翻译。同时我也要感谢他们为本书的出版投入的巨大热情。没有他们的耐心和帮助，本书不可能顺利付梓。

译者才疏学浅，见闻浅薄，译稿多有不足之处，还望读者谅解并不吝指正。读者如有任何意见和建议，请将反馈信息发送到邮箱 cilin2046@gmail.com，不胜感激。

林　赐

于加拿大渥太华大学

第 2 版 前言

自本书第 1 版出版以来，已经过去了很长时间。人工智能概念、方法和系统正日益融入人们的日常活动中。例如，在编写第 1 版的时候，人们将许多汽车制造成具有并行停泊的能力；现在在汽车上配置防撞系统已经变得司空见惯了。科幻爱好者幻想的技术（例如无人机和机器人）现在变成了现实，越来越多的无人机和机器人正在成为人们日常生活的一部分。在 21 世纪前 10 年或早些时候浮出水面的 GPS 系统、手机应用程序和社交网络，如今已随处可见。这些技术，包括最佳交通路线规划、健康咨询和个人服务员，已用于人们生活的各个方面，每种技术通常都使用了某种形式的人工智能。自然语言和语音处理的进步大大改变了人类与机器进行交互的方式。

第 2 版增加了第 10 章，介绍和讨论了机器学习的决策树。因此，第 10 章、第 11 章（机器学习第二部分：神经网络）和第 12 章（受到自然启发的搜索）共同为进一步研究提供了基础。第 13 章（自然语言处理）新增了一个小节（13.10 节），介绍了语音理解的理论、方法和应用。同时，第 13 章也添加了一个小节，用来讲述自然语言处理中的隐喻。第 15 章提供了机器人领域的概述，包括最近的应用，并于结尾与第 17 章（大事记）一起展望了未来。许多章节都增加了新的练习题。

纽约市立大学
史蒂芬・卢奇
纽约市立大学 布鲁克林学院
丹尼・科佩克

2015 年 11 月

第 2 版 致谢

非常高兴 Mercury Learning 出版社创始人兼总裁戴维·帕莱（David Pallai）鼓励和支持我们编写《人工智能》一书的第 2 版。我们也很幸运，有来自各个研究机构的一些优秀学生协助我们修正了第 1 版中的错误并编写了新内容。

丹尼·科佩克向 Daniil Agashiyev 致谢，感谢他对第 13 章和第 14 章关于隐喻和 SCIBox 的小节的贡献。感谢 Sona Brambhatt 允许我们使用她硕士论文的语音理解部分，这部分由 Mimi-Lin Gao 进行了修改和精简。她还贡献了机器人应用程序（ASIMO）和 Lovelace 项目。Peter Tan 帮助编写了有关机器人应用的小节，包括 Big Dog、Cog 和 Google Car 等内容。他还获得了许多出现在新版本中图像的使用权。Oleg Tosic 准备了 CISCO 语音系统的应用之窗。Chris Pileggi 间接提供了一些新的练习题。

史蒂芬·卢奇希望感谢以下学生：Alejandro Morejon、Juan Emmanuel Sanchez、Ebenezer Reyes 和 Feiyu Chen。他们在很短的时间内完成了第 10 章的录入工作。此外，Alan Mendez 绘制了第 10 章的“机器人教室”和“伞平衡”的图片。

第1版　前言

2006年，为了庆祝达特茅斯夏季研讨会（Dartmouth Summer Conference）50周年，人们举办了AI @ 50，达特茅斯学院哲学系教授詹姆斯·摩尔（James Moor）邀请我在AI @ 50上组织一场计算机博弈表演赛。在达特茅斯夏季研讨会中，约翰·麦卡锡创造了“人工智能”一词。达特茅斯会议一些最初的与会者参加了AI @ 50，其中包括约翰·麦卡锡（John McCarthy）、马文·明斯基（Marvin Minsky）、奥利弗·西里奇（Oliver Selfridge）和雷·索罗莫洛夫（Ray Solomonoff）。卢奇（Lucci）教授也参加了AI @ 50，之后不久，他同意与我合作撰写人工智能教科书。

观点和需求

我们的观点是，人工智能是由人类（People）、想法（Idea）、方法（Method）、机器（Machine）和结果（Outcome）组成的。首先，组成人工智能的是人类。人类有想法，并把这些想法变成了方法。这些想法可以由算法、启发式、程序或作为计算骨干的系统来表示。最后，我们得到了这些机器（程序）的产物，我们称之为“结果”。每个结果都可以根据其价值、有效性、效率等方面进行衡量。

我们发现，现有的人工智能书籍通常没有提到其中的一些领域。没有人类，就没有人工智能。因此，我们决定，通过在本书中添加“人物轶事”专栏，介绍对人工智能的发展做出贡献的人，我们在这本书全文17章中介绍的人物包括了提出想法的人以及实现开发方法的人。与数学、物理、化学和生物学等其他科学相比，人工智能和计算机科学相对年轻。但是，人工智能是一门真正跨学科的学科，结合了其他领域的许多元素。

机器/计算机是人工智能研究人员的工具，机器/计算机允许研究人员实验、学习和改进求解问题的方法，这些方法可以应用于可能对人类有益的许多有趣领域。最后，由于将人工智能应用到各种各样的问题和学科，我们得到了可测量的结果，这提醒我们人工智能也必须是可解释的。在本书的许多地方，你将会发现“表现”和“能力”之间区别的讨论。随着人工智能的成熟和进步，这两者都是必需的。

到目前为止，通过亲自教授人工智能课程以及阅读人工智能教材，我们发现大多数可用的教材都缺乏了上述的一个或多个领域。Turing、McCarthy、Minsky、Michie、McLelland、Feigenbaum、Shortliffe、Lenat、Newell和Simon、Brooks等许多人的名字和巨大的贡献应该为学生所熟悉。然而，这不是一本历史书！我们认为，这门学科如此有趣，如此广泛，具有无限潜力，应该合理地使用在这个领域中工作的人物的迷人思想和出色工作，以使得这本书更加多姿多彩。

此外，学生需要亲自实践，求解问题，即学生需要用第2～4章中详细介绍的搜索技术基础知识，第5章中的逻辑方法，第6章中知识表示在人工智能中的作用，动手求解问题。

第 7 章为学习模糊逻辑（第 8 章）和专家系统（第 9 章）做了铺垫。

第 11 章和第 12 章详细介绍了神经网络和遗传算法等先进方法。最后，第 13～16 章分别介绍了自然语言处理、规划、机器人和高级计算机博弈等高级课题。第 17 章是大事记，总结你与我们一起在人工智能的旅途中所经历的风景，并展望了未来。

本书的教学 PPT 得到了极大的增强，有数百个完整的例子，300 多幅图片，许多都是彩色图像[①]。学生也将受益于本书所提供的相关课后习题的若干答案。

如何使用这本书

本书包含了相对较多的材料，要想在一个学期（45 学时）中完全讲完，恐怕有难度。作者使用编写本书的素材教授了以下课程（请注意，在纽约市立大学，研究生课程每周通常为 3 学时，为期 15 周）。

作为人工智能（研究生或本科生）的第一门课程，读者将学到以下内容。

I. 人工智能简史：本学科的用途和局限性、应用领域。

第 1 章 6 学时

II. 搜索方法：状态空间，图，生成和测试，回溯、贪婪搜索，盲目搜索方法—深度优先搜索，广度优先搜索和迭代加深深度优先搜索。

第 2 章 3 学时

III. 知情搜索：启发式，爬山，集束搜索，最佳优先搜索，基于分支定界的搜索和 A *搜索；和/或树。

第 3 章（3.7.3 节“双向搜索”是可选内容） 3 学时

IV. 在博弈中的搜索：博弈树和极小化极大评估，初级二人博弈——tic-tac-toe 和 nim、极小化极大与 Alpha-Beta 裁剪。

第 4 章（4.5 节“博弈理论”和“迭代的囚徒困境”是可选内容） 3 学时

V. 在人工智能中的逻辑：命题逻辑和谓词逻辑（FOPL），在 FOPL 中的合一和反演、将谓词表达式转换为子句形式。

第 5 章（5.4 节“其他一些逻辑”是可选内容） 6 学时

VI. 知识表示：表示方法的选择，语义网、框架和脚本，继承和面向对象编程，产生式系统，智能体方法。

第 6 章（6.10 节“关联”和 6.11 节“新近的方法”是可选内容） 3 学时

VII. 产生式系统：架构与示例，反演策略，冲突消解策略，状态空间搜索——数据驱动和目标驱动方法，细胞自动机（CA），一维细胞自动机（Wolfram），二维细胞自动机和生命游戏（Conway）。

第 7 章（7.6 节“随机过程与马尔可夫链”是可选内容） 3 学时

Ⅶ. 专家系统（ES）：简介，为什么使用专家系统？专家系统的特点和架构，知识工程，知识获取和经典专家系统，较新的基于案例的系统方法。

---

① 囿于篇幅，本书采用黑白印刷，但读者可以登录 www.epubit.com 下载这些素材。

第 9 章（9.6 节、9.7 节和 9.8 节是可选内容）　　3 学时

IX. 神经计算简介：人工神经网络和感知器学习规则的基础

只有第 11 章 11.0 节、11.1 节和 11.3 节　　3 学时

X. 进化计算简介——遗传算法。

只有第 12 章的 12.0 节和 12.2 节　　2 学时

XI. 自动规划：问题，规划即搜索，中间结局分析（GPS）STRIPS，各种规划算法和方法。相对现代的系统：NONLIN、Graphplan 等。

第 14 章的 14.0 节、14.1 节、14.3.1 节、14.3.2 节和 14.4.1 节　　2 学时

XII. 结语：人工智能前 50 年的成就。未来展望——我们何去何从？

第 17 章　　2 学时

期中考试　　3 学时

期末考试　　3 学时

2～3 个编程作业（Prolog 中有一个编程）

（一篇学期论文）

作为人工智能的第二门课程[①]

最初这是作为神经计算课程来教授的。人工神经网络（ANN）通常用于人工智能学习方法的教学，例如，在模式类别之间进行区分；因此，将遗传算法（GA）纳入课程似乎就很自然了。人工智能系统通常需要证明其推理过程，这是专家系统的特征。ANN 在这方面的能力不是那么强大。模糊逻辑被添加到 ANN 中，并且模糊 ANN 通常用于弥补这种不足。

由于涌现智能、蚁群优化、分形、人工生命和进化计算（超越了 GA 范围）这些观点都有助于求解困难的问题，因此这些内容纳入了本课程。由于“自然之母”为这些方法提供了灵感，因此许多人将此称为“自然计算”。建议 AI-2 教学大纲如下。

I. 初步：基本概念：自然计算，人工智能，人工生命，涌现智能，反馈，自上而下和自下而上开发的智能体。这里可以使用补充材料。　　3 学时

II. 受到自然启发的搜索：搜索和状态空间图，爬山法及其缺点，模拟退火，遗传算法和遗传编程，禁忌搜索，蚁群优化。

第 2 章的 2.1 节和 2.1.1 节

第 3 章的 3.0 节、3.1 节和 3.2 节

第 12 章　　10～15 学时

III. 神经网络：人工神经元与其生物对应，McCulloch-Pitts 神经元，感知器学习规则及其局限性，增量规则，反向传播，分析模式和一些培训指南，离散 Hopfield 网络，应用领域，机器学习简介。

第 10 章

第 11 章　　18 学时

① AI-2，通常在研究生阶段开设。

IV．模糊集和模糊逻辑：明确集与模糊集，隶属度函数，模糊逻辑和模糊推理系统。

第 8 章的 8.0 节到 8.3 节　　　　　　　　3 学时

可选主题：

- 在 ANN 中的无人监督学习；
- 包括细胞自动机在内的人工生命；
- 分形和复杂度；
- 免疫计算；
- 量子计算。　　　　　　　　2+学时

给定 3 学时期中考试和 3 学时期末考试。有 5～6 次编程作业和一篇学期论文。

从我们编写的第 17 章中可以很容易地设计一些替代课程。

例如，第一门课程可以包括：第 1 章（人工智能概述）、第 2 章（盲目搜索）、第 3 章（知情搜索）、第 4 章（博弈中的搜索）、第 5 章（人工智能中的逻辑）、第 6 章（知识表示）、第 7 章（产生式系统）和第 9 章（专家系统）。

第二门课程可能包括：第 8 章（人工智能中的不确定性）、第 10 章（机器学习第一部分）、第 11 章（机器学习第二部分：神经网络）、第 12 章（受到自然启发的搜索），然后从第 13 章（自然语言处理）、第 14 章（自动规划）、第 15 章（机器人技术）以及第 16 章（高级计算机博弈）中选出一个或两个专题章节。

关于专家系统的专题课程可能包括：第 1 章（人工智能概述）、第 7 章（产生式系统）、第 9 章（专家系统）、“加料”第 12 章（受到自然启发的搜索）和一些补充论文/读物。

史蒂芬·卢奇（Stephen Lucci）具有丰富的课堂经验，在纽约市立大学、布鲁克林学院以及其他的纽约市立大学分校教人工智能课程，备受学生称赞。丹尼·科佩克在计算机国际象棋（爱丁堡大学机器智能研究部）、智能辅导系统（缅因大学，1988—1992）和计算机科学教育/软件工程/医疗错误、技术难题和问题求解（布鲁克林学院，1991 年至今）方面，具有相当丰富的研究经验。本书代表了我们所拥有知识的强大组合。你偶尔会听到二人分享他们的想法和经验。写作过程本身往往是知识、观点和风格相互联系、聆听和相互调整的过程。

共同愿景

本书的编写，并非一蹴而就。我们也相信，我们对材料编写和开发的方法纵然有所不同，但是在许多方面是互补的。

我们相信，组合工作可以为任何对人工智能感兴趣的人员提供坚实的基础，并使他们能够有充分的机会，在定义了这个领域的各种方法中获得知识、经验和能力。我们很幸运，作者和出版商 Mercury Learning and Information 的总裁兼创始人 David Pallai 都对这本书抱有相同的目标和愿景。大家一致同意编写本书的基本原则，那就是本书应该做到：理论和应用相平衡，准确，方便教学，定价合理。虽然这个过程需要几年的时间，但是我们特别感谢帕莱先生（Mr. Pallai）预见到本书的潜力，并使之最终开花结果。

我们希望您能从我们的努力中受益。

第 1 版　致谢

编写这样一本书不仅仅是一份工作。它在某种意义上足以代表人工智能本身。从某种意义上讲，它就像是用诸多小块拼凑出一幅复杂而巨大的拼图。

2010 年春夏，Debra Luca 女士为我们准备和完成手稿提供了许多帮助。2011 年，Sharon Vanek 女士帮助我们获得了图像的使用权。2011 年夏，布鲁克林学院计算机与信息科学系的研究生 Shawn Hall 和 Sajida Noreen 也为我们提供了帮助。

在许多关键时刻，David Kopec 成功、高效地为我们解决了软件问题。

感谢以各种方式为本书的编写做出贡献的学生，他们是（按所做贡献大小排序）：Dennis Kozobov、Daniil Agashiyev、Julio Heredia、Olesya Yefimzhanova、Oleg Yefimzhanov、Pjotr Vasilyev、Paul Wong、Georgina Oniha、Marc King、Uladzimir Aksionchykau 和 Maxim Titley。

感谢布鲁克林学院计算机与信息科学系的行政人员 Camille Martin、Natasha Dutton、Audrey Williams、Lividea Jones 以及计算机系统管理员 Lawrence Goetz 先生为我们提供了帮助。

非常感谢 Graciela Elizalde-Utnick 教授允许我们继续在教学中心工作。感谢信息技术副总裁 Mark Gold 为我们提供了计算机设备。

还要感谢与我们合作的所有人工智能研究人员，让我们有权在本书中使用他们的图片。如在致谢中有所遗漏，敬请谅解，谢谢大家的帮助！

丹尼·科佩克要感谢他的妻子 Sylvia 和儿子 David 对这个很大的写作项目的支持和理解。“感谢达特茅斯学院的 Larry Harris 教授，是他于 1973 年将人工智能（AI）作为计算机科学学科介绍给了我。我因此而遇见了 Donald Michie 教授，他让作为博士生和研究员的我度过了令人难忘的 6 年岁月（1976—1982），并教会我许多生活经验。”

“感谢密歇根大学电气工程与计算机科学院的 Dragomir Radev 教授，他就第 12 章应包含的主题提出了建议。”

“来自计算机国际象棋界的老朋友一直都为我们提供帮助，其中包括 David Levy、Jonathan Schaeffer、Monty Newborn、Hans Berliner 和 Ken Thompson。我想提一个特别的新朋友，他就是在过去一年半的时间里给予特别支持的 Ira Cohen 博士。”

“同时感谢以下人员的协助：编写了第 12 章中几小节的 Harun Iftikhar；编写和编辑了第 13 章的圣约翰大学的 Christina Schweikert 博士；编写了 3.7.3 节的布鲁克林学院的 Erdal Kose；提供第 6 章关于 Baecker 的工作（见 6.11.3 节）中材料的 Edgar Troudt。”

“感谢布鲁克林学院为本书的编写提供了极大支持的其他同事，包括 Keith Harrow 教授、James Cox、Neng-Fa Zhou、Gavriel Yarmish、Noson Yanofsky、David Arnow、Ronald Eckhardt 和 Myra Kogen。布鲁克林学院图书馆的 Jill Cirasella 教授在我们编写和研究计算机博弈历史的过程中提供了帮助。”

丹尼·科佩克还要感谢以下给予他帮助的人：“感谢布鲁克林学院计算机与信息科学系原主任 Aaron Tenenbaum 多年为我提供工作机会，鼓励我编写本书，并给出了一些重要的建议。感谢布鲁克林学院计算机与信息科学系主任 Yedidyah Langsam 教授为我提供了教学和工作条件，使得本书得以完成。感谢 James Davis 教授和 Paula Whitlock 教授，是他们鼓励我在 2008—2010 年期间担任布鲁克林学院教学中心的主任，从而有助于本书的完成。”

史蒂芬·卢奇感谢纽约市立大学以及该校的研究生院和大学中心，因为他在那里获得了优秀的教育经历：“许多年前，我的学术导师 Michael Anshel 教授在指导我的论文研究中非常耐心。他教会了我‘从盒子外部进行思考’，即在计算机科学中，看似无关的话题之间往往存在着关系。Gideon Lidor 教授也是我的老师，在我早期的职业生涯中，他教会了我在课堂上表现卓越的价值所在。Valentin Turchin 教授始终尊重我的能力。我将 George Ross 教授视为我的行政导师。在我获得博士学位之前，他帮助我在学术界找到了一份教师的职位。在他的坚持下，我在纽约市立大学计算机科学系担任副主任多年，这份工作经验让我在后来的 6 年中担任了系主任。在我的职业发展中，他总是尽力支持我。我也要感谢 Izidor Gertner 教授，他非常欣赏我的写作水平。还要感谢 Gordon Bassen 博士和 Dipak Basu 博士，从博士生时代起我们就一直是亲密的朋友和同事。我也要衷心地感谢班上的许多学生，是他们在过去几年里给了我启发。”

“编写教科书非常富有挑战性。一路走来，许多人都提供了让我感激万分的协助。谢谢他们！”

“在工作的早期，Tayfun Pay 提供了技术专长。他绘制了第 2 章中的国际象棋棋盘以及第 2 章和第 4 章中的许多搜索树，第 5 章中 3 位智者的图片的选用也得益于他的艺术眼光。”

“Jordan Tadeusz 为本书后面一些章节的编写倾注了大量的心血。他负责了第 10 章和第 11 章的许多图片。第 10 章中的向量方程也是来自他奇迹般的工作。”

“Junjie Yao、Rajesh Kamalanathan 和 Young Joo Lee 帮助我们尽早完成了任务。Nadine Bennett 对第 4 章和第 5 章中的内容进行了最后的润色。Ashwini Harikrishnan（Ashu）在本项目的后期给予了技术协助。Ashu 还在编辑过程中‘优化’了一些图片。以下学生也为本书贡献了他们的时间和才华：Anuthida Intamon、Shilpi Pandey、Moni Aryal、Ning Xu 和 Ahmet Yuksel。最后，我要感谢我的姐妹 Rosemary。”

资源与支持

本书由异步社区出品，社区（https://www.epubit.com/）为您提供相关资源和后续服务。

配套资源

本书向读者提供的资源如下：

- 本书附录 D“应用程序和数据”提到的应用程序示例、用于神经网络训练的练习数据和若干高级计算问题概览；
- 附录 E“部分练习的答案”的英文版 PDF 和图解；
- 书中的全部彩图文件；
- 本书的 Prolog 示例源代码。

要获得以上配套资源，请在异步社区本书页面中点击配套资源，跳转到下载界面，按提示进行操作即可。注意：为保证购书读者的权益，该操作会给出相关提示，要求输入提取码进行验证。

如果您是教师，希望获得教学配套资源，请在异步社区本书页面中直接联系本书的责任编辑，或者发送邮件到 Contact@epubit.com.cn，注明您的学校、专业等信息。我们可以提供的教学资源包括：

- 教学 PPT；
- 教师指导手册（电子版，包括本书配套习题的完整解答）。

提交勘误

作者和编辑尽最大努力来确保书中内容的准确性，但难免会存在疏漏。欢迎您将发现的问题反馈给我们，帮助我们提升图书的质量。

当您发现错误时，请登录异步社区，按书名搜索，进入本书页面，点击“提交勘误”，输入勘误信息，单击“提交”按钮即可。本书的作者和编辑会对您提交的勘误进行审核，确认并接受后，您将获赠异步社区的 100 积分。积分可用于在异步社区兑换优惠券、样书或奖品。

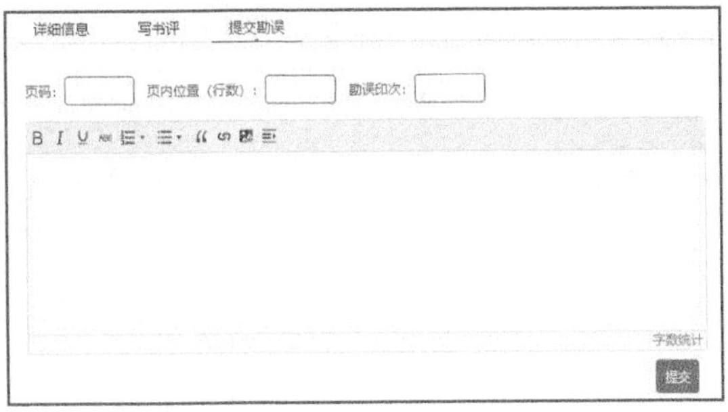

扫码关注本书

扫描下方二维码，您将会在异步社区微信服务号中看到本书信息及相关的服务提示。

与我们联系

我们的联系邮箱是 contact@epubit.com.cn。

如果您对本书有任何疑问或建议，请您发邮件给我们，并请在邮件标题中注明本书书名，以便我们更高效地做出反馈。

如果您有兴趣出版图书、录制教学视频或者参与图书翻译、技术审校等工作，可以发邮件给我们；有意出版图书的作者也可以到异步社区在线提交投稿（直接访问 www.epubit.com/selfpublish/submission 即可）。

如果您是学校、培训机构或企业，想批量购买本书或异步社区出版的其他图书，也可以发邮件给我们。

如果您在网上发现有针对异步社区出品图书的各种形式的盗版行为，包括对图书全部或部分内容的非授权传播，请您将怀疑有侵权行为的链接发邮件给我们。您的这一举动是对作者权益的保护，也是我们持续为您提供有价值的内容的动力之源。

关于异步社区和异步图书

“异步社区”是人民邮电出版社旗下 IT 专业图书社区，致力于出版精品 IT 技术图书和相关学习产品，为作译者提供优质出版服务。异步社区创办于 2015 年 8 月，提供大量精品 IT 技术图书和电子书，以及高品质技术文章和视频课程。更多详情请访问异步社区官网 https://www.epubit.com。

“异步图书”是由异步社区编辑团队策划出版的精品 IT 专业图书的品牌，依托于人民邮电出版社近 30 年的计算机图书出版积累和专业编辑团队，相关图书在封面上印有异步图书的 LOGO。异步图书的出版领域包括软件开发、大数据、AI、测试、前端、网络技术等。

异步社区

微信服务号

目　　录

第一部分　引　　言

第 1 章　人工智能概述……2
1.0　引言……2
1.0.1　人工智能的定义……3
1.0.2　思维是什么？智能是什么？……3
1.1　图灵测试……5
1.1.1　图灵测试的定义……6
1.1.2　图灵测试的争议和批评……8
1.2　强人工智能与弱人工智能……9
1.3　启发法……11
1.3.1　长方体的对角线：解决一个相对简单但相关的问题……11
1.3.2　水壶问题：向后倒推……12
1.4　识别适用人工智能来求解的问题……13
1.5　应用和方法……15
1.5.1　搜索算法和拼图……16
1.5.2　二人博弈……18
1.5.3　自动推理……18
1.5.4　产生式规则和专家系统……19
1.5.5　细胞自动机……20
1.5.6　神经计算……21
1.5.7　遗传算法……23
1.5.8　知识表示……23
1.5.9　不确定性推理……24
1.6　人工智能的早期历史……25
1.7　人工智能的近期历史到现在……29
1.7.1　博弈……29
1.7.2　专家系统……30
1.7.3　神经计算……31
1.7.4　进化计算……31
1.7.5　自然语言处理……32
1.7.6　生物信息学……34
1.8　新千年人工智能的发展……34
1.9　本章小结……36

第二部分　基 础 知 识

第 2 章　盲目搜索……46
2.0　简介：智能系统中的搜索……46
2.1　状态空间图……47
2.2　生成与测试范式……49
2.2.1　回溯……50
2.2.2　贪婪算法……54
2.2.3　旅行销售员问题……56
2.3　盲目搜索算法……58
2.3.1　深度优先搜索……58
2.3.2　广度优先搜索……60
2.4　盲目搜索算法的实现和比较……63
2.4.1　实现深度优先搜索……63
2.4.2　实现广度优先搜索……65
2.4.3　问题求解性能的测量指标……65
2.4.4　DFS 和 BFS 的比较……66
2.5　本章小结……68
第 3 章　知情搜索……74
3.0　引言……74
3.1　启发法……76
3.2　知情搜索（第一部分）——找到任何解……81
3.2.1　爬山法……81
3.2.2　最陡爬坡法……82
3.3　最佳优先搜索……84
3.4　集束搜索……87

3.5 搜索算法的其他指标……89
3.6 知情搜索（第二部分）——找到最佳解……90
3.6.1 分支定界法……90
3.6.2 使用低估值的分支定界法……95
3.6.3 采用动态规划的分支定界法……98
3.6.4 A*搜索……99
3.7 知情搜索（第三部分）——高级搜索算法……100
3.7.1 约束满足搜索……100
3.7.2 与或树……101
3.7.3 双向搜索……102
3.8 本章小结……104
第4章 博弈中的搜索……109
4.0 引言……109
4.1 博弈树和极小化极大评估……110
4.1.1 启发式评估……112
4.1.2 博弈树的极小化极大评估……112
4.2 具有α-β剪枝的极小化极大算法……115
4.3 极小化极大算法的变体和改进……120
4.3.1 负极大值算法……120
4.3.2 渐进深化法……122
4.3.3 启发式续篇和地平线效应……122
4.4 概率游戏和预期极小化极大值算法……123
4.5 博弈理论……125
迭代的囚徒困境……126
4.6 本章小结……127
第5章 人工智能中的逻辑……133
5.0 引言……133
5.1 逻辑和表示……134
5.2 命题逻辑……135
5.2.1 命题逻辑——基础……136
5.2.2 命题逻辑中的论证……140
5.2.3 证明命题逻辑论证有效的第二种方法……141
5.3 谓词逻辑——简要介绍……143
5.3.1 谓词逻辑中的合一……144
5.3.2 谓词逻辑中的反演……146
5.3.3 将谓词表达式转换为子句形式……148
5.4 其他一些逻辑……151
5.4.1 二阶逻辑……151
5.4.2 非单调逻辑……152
5.4.3 模糊逻辑……152
5.4.4 模态逻辑……153
5.5 本章小结……153
第6章 知识表示……160
6.0 引言……160
6.1 图形草图和人类视窗……163
6.2 图和哥尼斯堡桥问题……166
6.3 搜索树……167
6.4 表示方法的选择……169
6.5 产生式系统……172
6.6 面向对象……172
6.7 框架法……173
6.8 脚本和概念依赖系统……176
6.9 语义网络……179
6.10 关联……181
6.11 新近的方法……182
6.11.1 概念地图……182
6.11.2 概念图……184
6.11.3 Baecker的工作……184
6.12 智能体：智能或其他……185
6.12.1 智能体的一些历史……188
6.12.2 当代智能体……189
6.12.3 语义网……191
6.12.4 IBM眼中的未来世界……191
6.12.5 作者的观点……192
6.13 本章小结……192
第7章 产生式系统……199
7.0 引言……199
7.1 背景……199

7.2 基本示例……202
7.3 CarBuyer 系统……204
7.4 产生式系统和推导方法……208
7.4.1 冲突消解……211
7.4.2 正向链接……213
7.4.3 反向链接……214
7.5 产生式系统和细胞自动机……219
7.6 随机过程与马尔可夫链……221
7.7 本章小结……222

第三部分　基于知识的系统

第 8 章　人工智能中的不确定性……228
8.0 引言……228
8.1 模糊集……229
8.2 模糊逻辑……231
8.3 模糊推理……232
8.4 概率理论和不确定性……235
8.5 本章小结……239
第 9 章　专家系统……242
9.0 引言……242
9.1 背景……242
9.2 专家系统的特点……249
9.3 知识工程……250
9.4 知识获取……252
9.5 经典的专家系统……254
9.5.1 DENDRAL……254
9.5.2 MYCIN……255
9.5.3 EMYCIN……258
9.5.4 PROSPECTOR……259
9.5.5 模糊知识和贝叶斯规则……261
9.6 提高效率的方法……262
9.6.1 守护规则……262
9.6.2 Rete 算法……263
9.7 基于案例的推理……264
9.8 更多最新的专家系统……269
9.8.1 改善就业匹配系统……269
9.8.2 振动故障诊断的专家系统……270
9.8.3 自动牙科识别……270
9.8.4 更多采用案例推理的专家系统……271
9.9 本章小结……271
第 10 章　机器学习第一部分……277
10.0 引言……277
10.1 机器学习：简要概述……277
10.2 机器学习系统中反馈的作用……279
10.3 归纳学习……280
10.4 利用决策树进行学习……282
10.5 适用于决策树的问题……283
10.6 熵……284
10.7 使用 ID3 构建决策树……285
10.8 其余问题……287
10.9 本章小结……288
第 11 章　机器学习第二部分：神经网络……291
11.0 引言……291
11.1 人工神经网络的研究……292
11.2 麦卡洛克-皮茨网络……294
11.3 感知器学习规则……295
11.4 增量规则……303
11.5 反向传播……308
11.6 实现关注点……313
11.6.1 模式分析……316
11.6.2 训练方法……317
11.7 离散型霍普菲尔德网络……318
11.8 应用领域……323
11.9 本章小结……330
第 12 章　受到自然启发的搜索……337
12.0 引言……337
12.1 模拟退火……338
12.2 遗传算法……341
12.3 遗传规划……349
12.4 禁忌搜索……353
12.5 蚂蚁聚居地优化……356
12.6 本章小结……359

第四部分 高级专题

第 13 章 自然语言处理……368
13.0 引言……368
13.1 概述：语言的问题和可能性……368
13.2 自然语言处理的历史……371
13.2.1 基础期（20 世纪 40 年代和 50 年代）……371
13.2.2 符号与随机方法（1957—1970）……372
13.2.3 4 种范式（1970—1983）……372
13.2.4 经验主义和有限状态模型（1983—1993）……373
13.2.5 大融合（1994—1999）……373
13.2.6 机器学习的兴起（2000—2008）……374
13.3 句法和形式语法……374
13.3.1 语法类型……374
13.3.2 句法解析：CYK 算法……379
13.4 语义分析和扩展语法……380
13.4.1 转换语法……381
13.4.2 系统语法……381
13.4.3 格语法……382
13.4.4 语义语法……383
13.4.5 Schank 系统……383
13.5 NLP 中的统计方法……387
13.5.1 统计解析……387
13.5.2 机器翻译（回顾）和 IBM 的 Candide 系统……388
13.5.3 词义消歧……389
13.6 统计 NLP 的概率模型……390
13.6.1 隐马尔可夫模型……390
13.6.2 维特比算法……391
13.7 统计 NLP 语言数据集……392
13.7.1 宾夕法尼亚州树库项目……392
13.7.2 WordNet……394
13.7.3 NLP 中的隐喻模型……394
13.8 应用：信息提取和问答系统……396
13.8.1 问答系统……396
13.8.2 信息提取……401
13.9 现在和未来的研究（基于 CHARNIAK 的工作）……401
13.10 语音理解……402
13.11 语音理解技术的应用……405
13.12 本章小结……410
第 14 章 自动规划……417
14.0 引言……417
14.1 规划问题……418
14.1.1 规划术语……418
14.1.2 规划应用示例……419
14.2 一段简短的历史和一个著名的问题……424
14.3 规划方法……426
14.3.1 规划即搜索……426
14.3.2 部分有序规划……430
14.3.3 分级规划……432
14.3.4 基于案例的规划……433
14.3.5 规划方法集锦……434
14.4 早期规划系统……435
14.4.1 STRIPS……435
14.4.2 NOAH……436
14.4.3 NONLIN……436
14.5 更多现代规划系统……437
14.5.1 O-PLAN……438
14.5.2 Graphplan……439
14.5.3 规划系统集锦……441
14.5.4 学习系统的规划方法……441
14.5.5 SCI Box 自动规划器……442
14.6 本章小结……444

第五部分 现在和未来

第 15 章 机器人技术……452
15.0 引言……452
15.1 历史：服务人类、仿效人类、增强人类和替代人类……455
15.1.1 早期机械机器人……455
15.1.2 电影与文学中的机器人……458
15.1.3 20 世纪早期的机器人……458
15.2 技术问题……464
15.2.1 机器人的组件……464
15.2.2 运动……467
15.2.3 点机器人的路径规划…468
15.2.4 移动机器人运动学……469
15.3 应用：21 世纪的机器人……471
15.4 本章小结……479
第 16 章 高级计算机博弈……482
16.0 引言……482
16.1 跳棋：从塞缪尔到舍弗尔……483
16.1.1 在跳棋博弈中用于机器学习的启发式方法……486
16.1.2 填鸭式学习与概括……488
16.1.3 签名表评估和棋谱学习……489
16.1.4 含有 Chinook 程序的世界跳棋锦标赛……490
16.1.5 彻底解决跳棋游戏……491
16.2 国际象棋：人工智能的“果蝇”……494
16.2.1 计算机国际象棋的历史背景……495
16.2.2 编程方法……496
16.2.3 超越地平线效应……505
16.2.4 Deep Thought 和 Deep Blue 与特级大师的比赛（1988—1995 年）……505
16.3 计算机国际象棋对人工智能的贡献……507
16.3.1 在机器中的搜索……507
16.3.2 在搜索方面，人与机器的对比……508
16.3.3 启发式、知识和问题求解……509
16.3.4 蛮力：知识 vs.搜索；表现 vs.能力……510
16.3.5 残局数据库和并行计算……511
16.3.6 本书作者的贡献……514
16.4 其他博弈……514
16.4.1 奥赛罗……515
16.4.2 西洋双陆棋……516
16.4.3 桥牌……518
16.4.4 扑克……519
16.5 围棋：人工智能的“新果蝇”？……520
16.6 本章小结……523
第 17 章 大事记……532
17.0 引言……532
17.1 提纲挈领——概述……532
17.2 普罗米修斯归来……534
17.3 提纲挈领——介绍人工智能的成果……535
17.4 IBM 的沃森-危险边缘挑战赛……539
17.5 21 世纪的人工智能……543
17.6 本章小结……545
附录 A CLIPS 示例：专家系统外壳…548
附录 B 用于隐马尔可夫链的维特比算法的实现（由 Harun Iftikhar 提供）……552
附录 C 对计算机国际象棋的贡献：令人惊叹的 Walter Shawn Browne…555
附录 D 应用程序和数据……559
附录 E 部分练习的答案……560

第一部分　引　　言

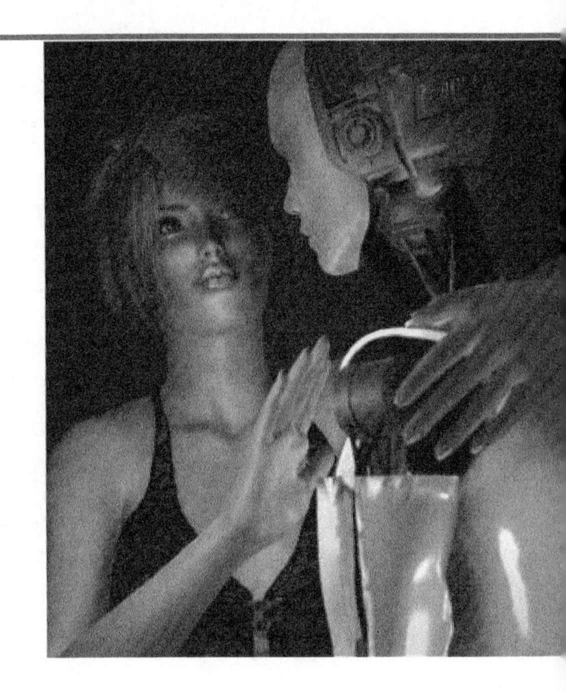

本部分介绍了人工智能的历史及其背后的早期动机，这个动机源自1956年的达特茅斯会议（Dartmouth Conference）。

思维和智能的概念引发了对图灵测试的讨论，以及围绕着图灵测试的各种争论和批评，这为区分强人工智能（Strong AI）和弱人工智能（Weak AI）埋下了伏笔。任何古典观点不可分割的一部分都是对人类如何求解问题和人类如何使用的启发式方法感兴趣。从这个背景和角度来看，这使得确认某个领域是否适合使用人工智能处理的问题变得可行。然后，本章介绍了人工智能的不同学科和方法，如搜索、神经网络计算、模糊逻辑、自动推理和知识表示。这种讨论逐渐过渡到对人工智能的早期历史的概述，并过渡到最近的发展领域、问题以及我们对所面临的问题的思考。

第 1 章　人工智能概述

早期，人类必须通过如轮子、火之类的工具和武器与自然做斗争。15 世纪，古腾堡发明的印刷机使人们的生活发生了广泛的变化。19 世纪，工业革命利用自然资源产生电力，这促进了制造、交通和通信的发展。20 世纪，人类通过对天空以及太空的探索，通过计算机的发明及其微型化，进而成为个人计算机、互联网、万维网和智能手机，持续不断地向前进。过去的 60 年已经见证了一个世界的诞生，这个世界出现了海量的数据、事实和信息，这些数据、事实和信息必须转换为知识（其中一个实例是包含在人类基因编码中的数据，如图 1.0 所示）。本章介绍了人工智能学科的概念性框架，并阐述了其成功应用的领域和方法、近期的历史和未来的前景。

阿兰·图灵（Alan Turing）

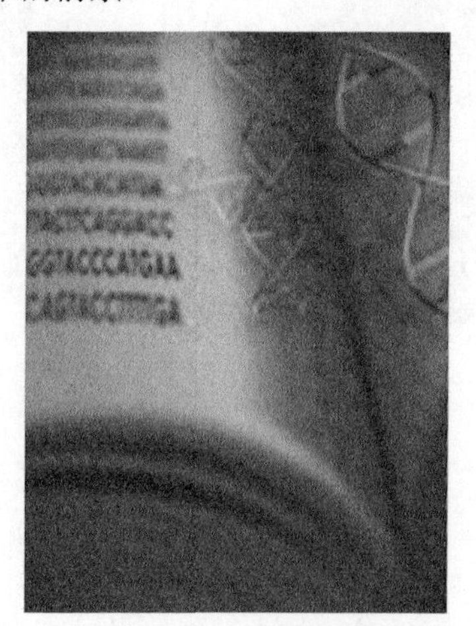

图 1.0　包含在人类基因编码中的数据

1.0　引言

对人工智能的理解因人而异。一些人认为人工智能是通过非生物系统实现的任何智能形式的同义词；他们坚持认为，智能行为的实现方式与人类智能实现的机制是否相同是无关紧要的。而另一些人则认为，人工智能系统必须能够模仿人类智能。没有人会就是否要研究人工智能或实现人工智能系统进行争论，我们应首先理解人类如何获得智能行为（即我们必须从智力、科学、心理和技术意义上理解被视为智能的活动），这对我们才是大有裨益的。例如，如果我们想要开发一个能够像人类一样行走的机器人，那么首先必须从各个角度了解行走的过程，但是不能通过不断地声明和遵循一套规定的正式规则来完成运动。事实上，人们越要求人类专家解释他们如何在学科或事业中获得了如此表现，这些人类专家就越可能失败。例如，当人们要求某些战斗机飞行员解释他们的飞行能力时，他们的表现实际上会变差[1]。专家的表现并不来自于不断的、有意识的分析，而是来自于大脑的潜意识层面。你能想象高峰时段在高速公路上开车并有意识地权衡控制车辆的每个决策吗？

想象一下力学教授和独轮脚踏车手的故事[2]。当力学教授试图骑独轮车时，如果人们要求教授引用力学原理，并将他成功地骑在独轮车上这个能力归功于他知道这些原理，那么他注定要失败。同样，如果独轮脚踏车手试图学习这些力学知识，并在他展现车技时应用这些知识，那么他也注定是失败的，也许还会发生悲剧性的事故。关键点是，许多学科的技能和专业知识是在人类的潜意识中发展和存储的，而不是通过明确要求记忆或使用基本原理来学会的。

1.0.1 人工智能的定义

在日常用语中，“人工”一词的意思是合成的（即人造的），这通常具有负面含义，即“人造物体的品质不如自然物体”。但是，人造物体通常优于真实或自然物体。例如，人造花是用丝和线制成的类似芽或花的物体，它不需要以阳光或水分作为养料，却可以为家庭或公司提供实用的装饰功能。虽然人造花给人的感觉以及香味可能不如自然的花朵，但它看起来和真实的花朵如出一辙。

另一个例子是由蜡烛、煤油灯或电灯泡产生的人造光。显然，只有当太阳出现在天空时，我们才可以获得阳光，但我们随时都可以获得人造光，从这一点来讲，人造光是优于自然光的。

最后，思考一下，人工交通装置（如汽车、火车、飞机和自行车）与跑步、步行和其他自然形式的交通（如骑马）相比，在速度和耐久性方面有很多优势。但是，人工形式的交通也有一些显著的缺点——地球上无处不在的高速公路，充满了汽车尾气的大气环境，人们内心的宁静（以及睡眠）常常被飞机的喧嚣打断[3]。

如同人造光、人造花和交通一样，人工智能不是自然的，而是人造的。要确定人工智能的优点和缺点，你必须首先理解和定义智能。

1.0.2 思维是什么？智能是什么？

智能的定义可能比人工的定义更难以捉摸。斯腾伯格（R. Sternberg）就人类意识这个主题给出了以下有用的定义：

智能是个人从经验中学习、理性思考、记忆重要信息，以及应付日常生活需求的认知能力[4]。

我们都很熟悉标准化测试的问题，比如，给定如下数列：1，3，6，10，15，21。要求提供下一个数字。

你也许会注意到连续数字之间的差值的间隔为1。例如，从1到3差值为2，从3到6

差值为 3，以此类推。因此问题正确的答案是 28。这个问题旨在衡量我们在模式中识别突出特征方面的熟练程度。我们通过经验来发现模式。

不妨用下面的数列试试你的运气：

a．1, 2, 2, 3, 3, 3, 4, 4, 4, 4, ?

b．2, 3, 3, 5, 5, 5, 7, 7, 7, 7, ?

既然已经确定了智能的定义，那么你可能会有以下的疑问。

（1）如何判定一些人（或事物）是否有智能？

（2）动物是否有智能？

（3）如果动物有智能，如何评估它们的智能？

大多数人可以很容易地回答出第一个问题。我们通过与其他人交流（如做出评论或提出问题）来观察他们的反应，每天多次重复这一过程，以此评估他们的智力。虽然我们没有直接进入他们的大脑，但是相信通过问答这种间接的方式，可以为我们提供内部大脑活动的准确评估。

如果坚持使用问答的方式来评估智力，那么如何评估动物智力呢？如果你养过宠物，那么你可能已经有了答案。小狗似乎记得一两个月没见到过的人，并且可以在迷路后找到回家的路。小猫在晚餐时间听到开罐头的声音时常常表现得很兴奋。这只是简单的巴甫洛夫反射的问题，还是小猫有意识地将罐头的声音与晚餐的快乐联系起来了？

关于动物智力，有一则有趣的轶事：大约在 1900 年，德国柏林有一匹马，人称“聪明的汉斯”（Clever Hans），据说这匹马精通数学（见图 1.1）。

图 1.1 “聪明的汉斯”（Clever Hans）—— 一匹马做演算？

当汉斯做加法或计算平方根时，观众都惊呆了。此后，人们观察到，如果没有观众，汉斯的表现不会很出色。事实上，汉斯的天才在于它能够识别人类的情感，而非精通数学。马一般都具有敏锐的听觉，当汉斯接近正确的答案时，观众们都变得相对兴奋，心跳加速。也许，汉斯有一种出奇的能力，它能够检测出这些变化，从而获得正确的答案。[5]虽然你可能不愿意把汉斯的这种行为归于智能，但在得出结论之前，你应该参考一下斯腾伯格早期对智能的定义。

有些生物只体现出群体智能。例如，蚂蚁是一种简单的昆虫，单只蚂蚁的行为很难归类在人工智能的主题中。但是，蚁群对复杂的问题显示出了非凡的解决能力，如从巢到食物源之间找到一条最佳路径、携带重物以及组成桥梁。集体智慧源于个体昆虫之间的有效沟通。第 12 章在对高级搜索方法进行讨论时，将相对较多地探讨涌现智能和集群智能。

脑的质量大小以及脑与身体的质量比通常被视为动物智能的指标。海豚在这两个指标上都与人类相当。海豚的呼吸是自主控制的，这可以说明其脑的质量过大，还可以说明一个有趣的事实，即海豚的两个半脑交替休眠。在动物自我意识测试中，例如镜子测试，海豚得到了很好的分数，它们认识到镜子中的图像实际上是它们自己的形象。海洋世界等公园的游客可以看到，海豚可以玩复杂的戏法。这说明海豚具有记住序列和执行复杂身体运动的能力。使用工具是智能的另一个“试金石”，并且这常常用于将直立人与先前的人类祖先区别开来。海豚与人类都具备这个特质。例如，在觅食时，海豚使用深海海绵（一种多细胞动物）来保护它们的嘴。显而易见，智能不是人类独有的特性。在某种程度上，许多生命形式是具有智能的。

你应该问自己以下问题：“你认为有生命是拥有智能的必要先决条件吗?”或“无生命物体，例如计算机，可能拥有智能吗？”人工智能宣称的目标是创建可以与人类的思维媲美的计算机软件和（或）硬件系统，换句话说，即表现出与人类智能相关的特征。一个关键的问题是“机器能思考吗？”更一般地来说，你可能会问，“人类、动物或机器拥有智能吗？”

在这个节点上，强调思考和智能之间的区别是明智的。思考是推理、分析、评估和形成思想和概念的工具。并不是所有能够思考的物体都有智能。智能也许就是高效以及有效的思维。许多人对待这个问题时怀有偏见，他们说：“计算机是由硅和电源组成的，因此不能思考。”或者走向另一个极端：“计算机表现得比人快，因此也有着比人更高的智商。”真相很可能存在于这两个极端之间。

正如我们所讨论的，不同的动物物种具有不同程度的智能。我们将阐述人工智能领域开发的软件和硬件系统，它们也具有不同程度的智能。我们对评估动物的智商不太关注，尚未发展出标准化的动物智商测试，但是对确定机器智能是否存在的测试非常感兴趣。

也许拉斐尔（Raphael）[6]的说法最贴切：“人工智能是一门科学，这门科学让机器做人类需要智能才能完成的事。”

1.1 图灵测试

上一节中提出“你如何确定智能”以及“动物有智能吗？”这两个问题已经得到了解决。第二个问题的答案不一定是简单的“是”或“不是”——一些人比另一些人聪明，一些动物比另一些动物聪明。机器智能也遇到了同样的问题。

阿兰·图灵（Alan Turing）寻求可操作方法来回答智能的问题，欲将功能（智能能做的事情）与实现（如何实现智能）分离开来。

补充资料

抽象

抽象是一种策略，这种策略忽略了对象或概念的实现（例如内部的工作），这样，你就可以获得更清晰的人造物及其与外部世界关系的图像。换句话说，你可以将这个对象当作一个黑盒子，只关注对象的输入和输出（见图1.2）。

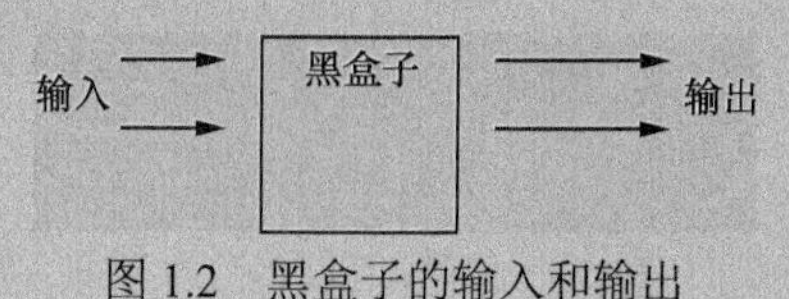

图1.2　黑盒子的输入和输出

通常，抽象是一种有用而必要的工具。例如，如果你想学习如何驾驶，把车当作一个黑盒子可能是一个好主意。你不必一开始就努力学习自动变速器和动力传动系统，而是可以专注于系统输入，例如油门踏板、刹车、转向信号灯以及输出，如前进、停车、左转和右转。

数据结构的课程也使用抽象，因此如果想了解栈的行为，你可以专注于基本的栈操作，比如pop（弹出一项）和push（插入一项），而不必陷入如何构造一个列表的细节（例如，使用线性链表还是循环链表，或使用链接链表还是连续分配空间）。

1.1.1　图灵测试的定义

阿兰·图灵[7]提出了两个模拟游戏。在模拟游戏中，一个人或实体表现得仿佛是另一个人。在第一个模拟游戏中，在一个中央装有帘子的房间中，帘子的两侧各有一人，其中一侧的人（称为询问者），必须确定另一侧的人是男人还是女人。询问者（其性别无关紧要）通过询问一系列的问题来完成这个任务。游戏假定男性可能会在他的回答中撒谎，而女性总是诚实的。为了使询问者无法从语音中确定性别，通过计算机而不是讲话的方式进行交流，如图1.3所示。如果在帘子的另一侧是男人，并且他成功地欺骗了询问者，那么他就赢了。图灵测试的原始形式是，一个男人和一个女人坐在窗帘后面，询问者必须正确地识别出其性别（图灵可能得到那个时代流行游戏的启发，发明了这个测试。这个游戏也促使了他进行机器智能测试）。

正如埃里希·弗罗姆（Erich Fromm）所写的[8]：男女平等，但不一定要相同。例如，不同性别的人具有不同的关于颜色和花朵的知识，花在购物上的时间也不同。

区分男女与智能问题有什么关系？图灵认为，可能存在不同类型的思考，了解并容忍这些差异是很重要的。图1.4表示了图灵测试的第二个版本。

图1.3　第一个图灵模拟游戏　　图1.4　第二个图灵模拟游戏

第二个游戏更适合人工智能的研究。询问者还是在有帘子的房间里。这一次，帘子后面可能是一台计算机或一个人。这里的机器扮演男性的角色，偶尔会撒谎，但人是一直诚实的。询问者提问，然后评估答案，确定他是和人交流，还是和机器交流。如果计算机成功地欺骗了询问者，那么它就通过了图灵测试，因此也就被认为是有智能的。

众所周知，在执行算术计算时，机器比人类快很多倍。如果帘子后面的“人”可以在几微秒内得到了三角函数的泰勒级数近似的结果，那么就可以不费吹灰之力辨别出在帘子后面的是计算机而不是人。自然，计算机可以在任意的图灵测试中成功欺骗询问者的机会非常小。为了得到有效的智能“晴雨表”，这个测试要执行许多次。同样，在这个图灵原始版本的测试中，人和计算机都在帘子后面，询问者必须正确地辨别它们。

补充资料

图灵测试

没有计算机系统通过了图灵测试。然而，1990 年，慈善家 Hugh Gene Loebner 举办了一项比赛，这项比赛旨在实现图灵测试。第一台通过图灵测试的计算机将被授予金牌以及$ 100 000 的罗布纳奖金。同时，每年在比赛中表现最好的计算机将被授予铜牌以及大约$ 2000 的奖金。

在图灵测试中，你会提出什么问题？考虑以下示例：

- **（1 000 017）½是多少？**像这样的计算可能不是一个好主意。记住，计算机试图欺骗询问者。计算机可能不会在几分之一秒内做出响应，给出正确答案，它可能会有意地花费更长的时间，也许还会犯错误，因为它“知道”人类不熟悉这些计算。
- **当前的天气情况如何？**假设计算机可能不会向窗外看一眼，因此你可能会试着问一下天气。但是，计算机通常连接着万维网，因此在回答之前，它也连接到了天气网站。
- **你害怕死亡吗？**因为计算机难以伪装人的情绪，所以你可能会提出这个问题或其他的类似问题：“黑色给你的感觉如何？”或者“坠入爱河的感觉如何？”但是，记住，你现在是在试图判定智能，人类的情绪也许不是有效的智能“晴雨表”。

图灵预料到会有许多人反对他在最初论文中所提出的“机器智能”的想法。[7]其中一个就是所谓的“鸵鸟政策反对”。人们相信思考的能力使人变成万物之灵。承认计算机能够思考，这可能挑战了这个仅由人类享有的崇高的栖息地。图灵认为这种顾虑更多是带来安慰，而不是带来反驳。许多人认为，正是人的灵魂让人们可以思考，如果我们创造出拥有这种能力的机器，那么将会篡夺“上帝”的权威。

图灵反驳了这个观点，他提出人们仅仅是准备等待具有灵魂禀赋的容器来执行“上帝”的旨意。最后，我们提到洛甫雷斯伯爵夫人（Lady Lovelace）的反对意见（在文献中她经常被称为第一个计算机程序员）。在评论分析式引擎时，她无比轻松地说“单单这台机器不可能给我们惊喜”。她重申了许多人的信念：一台计算机不能执行任何未预编程的活动。

图灵反对这种意见，说机器一直都让他很惊喜。他坚持认为，这种反对意见的支持者认同人类的智慧可以即时推断给定事实或行动的所有后果。图灵的最初论文[7]在收集上述异议以及其他的反对意见时提到了这些读者。下一节将会谈到关于图灵智能测试的一些值得注意的批评。

1.1.2 图灵测试的争议和批评

布洛克对图灵测试的批评

内德·布洛克（Ned Block）认为，英语文本是以ASCII编码的，换句话说，是用计算机内一系列的0和1表示的[9]。因此，一个特定的图灵测试，也就是一系列的问题和答案，可以存储为一个非常大的数。例如，假设图灵测试的长度有一个上限，在测试中，“Are you afraid of dying?（你害怕死亡吗？）”开始的前三个字符作为二进制数字存储，如图1.5所示。

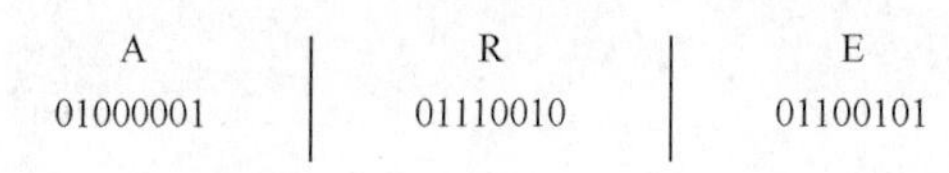

图1.5 使用ASCII代码存储图灵测试的开始字符

假设典型的图灵测试持续一个小时，在此期间，测试者大约提出了50个问题，并得到了50个答案，那么对应于测试的二进制数应该非常长。现在，假设有一个很大的数据库，储存了所有的图灵测试，这些图灵测试包含了50个或更少的已有合理答案的问题。然后，计算机可以用查表的方法来通过测试。当然，一个能够处理这么大量数据的计算机系统还未存在。但是，如果计算机通过了图灵测试，布洛克问：“你认为这样的机器有智能吗？你感觉舒服吗？”换句话说，布洛克的批评意见是，图灵测试可以用机械的查表方法而不是智能来通过图灵测试。

塞尔的批评：中文室

约翰·塞尔（John Searle）对图灵测试的批评更为根本[10]。想象一下，询问者像人们预料的那样询问问题——但是，这次用的是中文。另一个房间里的那个人不懂中文，但是拥有一本详细的规则手册。虽然中文问题以潦草的笔迹呈现，但是房间里的人会参考规则手册，根据规则处理中文字符，并使用中文写下答案，如图1.6所示。

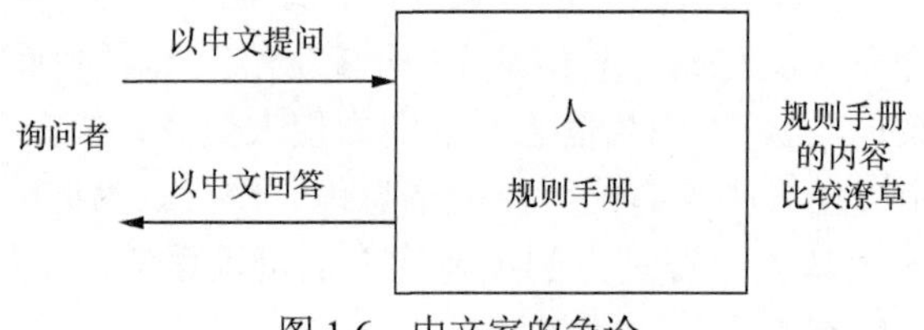

图1.6 中文室的争论

询问者获得了语法上正确、语义上合理的问题的回答。这意味着房间里的人通晓中文吗？如果你的回答是“不”，那么房间里的人拥有了中文规则手册就算通晓中文吗？答案依然是“不”——房间里的人不是在学习或理解中文，而仅仅是在处理符号。同样，计算机运行程序，接收、处理以及使用符号回答，而不必学习或理解符号本身的意思是什么。

塞尔也要求我们设想，如果不是单个人持有规则手册这样的场景：在一个体育馆中，人们互相传递便条。当一个人接到这样的一张便条时，规则手册将确定这个人应该生成一个输出，还是仅仅传递信息给体育馆中的另一个人，如图1.7所示。

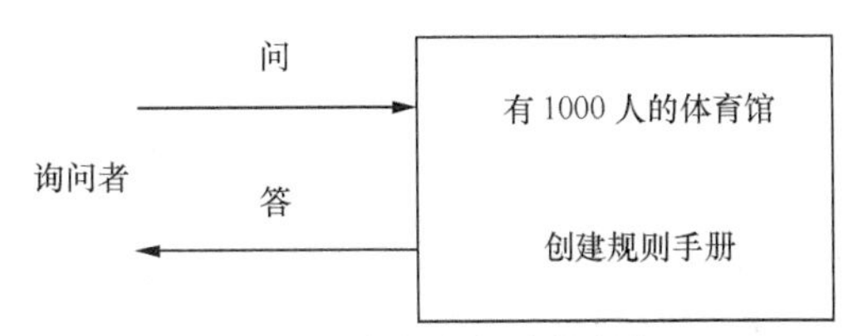

图 1.7　中文室争论的变体

现在，中文的知识存在于何处？属于全体人，还是属于体育馆？

思考最后一个例子。描绘出一个确实通晓中文的人的大脑，如图 1.8 所示。这个人可以接收用中文提出的问题，并准确地用中文进行解释和回答。

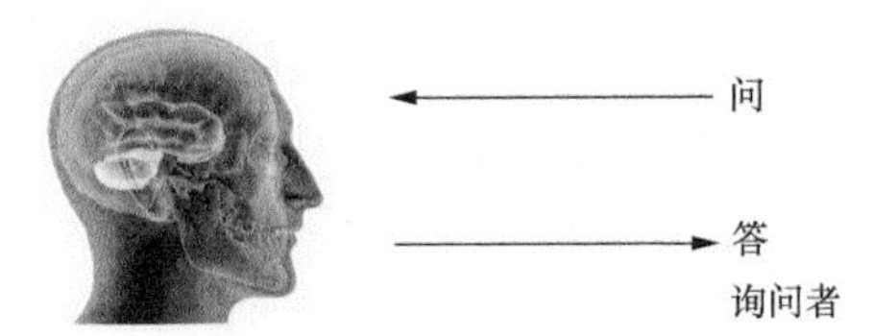

图 1.8　中文说话者用中文接收和回答问题

同样，中文的知识存在于何处？存在于单个神经元中，还是存在于这些神经元的集合中？（它必须存在于某个地方！）

布洛克和塞尔对图灵测试进行批评的关键点在于，图灵测试仅从外部观察，不能洞察某个实体的内部状态。也就是说，我们不应该期望通过将拥有智能的智能体（人或机器）视为黑盒来了解到一些关于智能的新东西。但是，这也并不总是正确的。19 世纪，物理学家欧内斯特·卢瑟福（Ernest Rutherford）通过用 α 粒子轰击金箔，正确地推断出物质的内部状态——它主要由空白空间组成。

他预测，这些高能粒子要么穿过了金箔要么稍微偏转。结果与他的原子轨道理论是一致的：原子由轨道电子包围着的致密核心组成。这是我们当前的原子模型，许多学过高中化学的人对此非常熟悉。卢瑟福通过外部观察成功地了解了原子的内部状态。

总之，定义智能很难。正是由于定义智能以及判定“智能体”是否拥有这一属性很困难，因此图灵开发了图灵测试。在论文中，他含蓄地指出，任何能够通过图灵测试的智能体必然拥有“脑能力”来应对任何合理的、相当于人们在普遍意义上接受的人类水平的智能挑战。[11]

1.2　强人工智能与弱人工智能

人物轶事

阿兰·图灵（Alan Turing）

阿兰·图灵（1912—1954）是一位英国数学家，他是计算机科学史上相当杰出的人物。学习过人工智能、计算机科学和密码学课程的学生应该熟悉他的贡献。他对人工智能的贡献在于著名的为测试人工智能开发的图灵测试。他试图解决人工智能中有争议的问题，如“计算机是否有智能？”，由此制订了这个测试。在理论计算机科学中，有一门课程是研究图灵机的计算

模型。图灵机是一个捕捉计算本质的数学模型。它的设计旨在回答这个问题:“函数可计算意味着什么?”[12] 读者应该理解,在第一台数字计算机出现的七八年前,图灵就在本质上讨论了使用算法来解决特定问题的概念。

你可能已经看过描绘英国之战的第二次世界大战的电影。1940—1944 年间,德国飞机在英国丢下了近 20 万吨炸弹。在伦敦外的布莱奇利公园,Turing 带领一队数学家破解德国密码——人称“恩尼格玛密码(Enigma Code)”。他们最终用恩尼格玛密码机破解了密码。这个设备破译了发送到德国船只和飞机的所有军事命令。图灵小组的成功在盟军的胜利中发挥了决定性的作用。

阿兰·图灵和人工智能

图灵发明了存储程序概念,这是所有现代计算机的基础。1935 年之前,他就已经描述了一台具有无限存储空间的抽象计算机器——它具有一个读取头(扫描器),来回移动读取存储空间,读取存储在存储空间中的程序指定的符号。这一概念称为通用图灵机(Universal Turing Machine)。

图灵很早就对如何组织神经系统促进大脑功能提出了自己的见解。Craig Webster 在其文章中阐释了图灵的论文《Computing Machinery and Intelligence》(最终于 1950 年发表在 Mind 上),将图灵 B 型网络作为无组织的机器进行了介绍,这个 B 型网络在人类婴儿的大脑皮层中可以发现。这种有远见的观察提醒了我们智能体的世界观,你将在本书第 6 章中阅读到这部分内容。

图灵论述了两种类型的无组织机器,它们称为类型 A 和类型 B。类型 A 机器由 NAND 门组成,其中每个节点具有用 0 或 1 表示的两种状态、两种输入和任何数目的输出。每个 A 型网络都以特定的方式与另外 3 个 A 型节点相交,产生组成 B 型节点的二进制脉冲。图灵已经认识到培训的可能性以及自我刺激反馈循环的需要(见第 11 章中的相关内容)。图灵还认为需要一个“遗传搜索”来训练 B 型网络,这样就可发现令人满意的值(或模式)。这是对本书将在第 12 章中所解释的遗传算法的深刻理解。

在布莱奇利公园,图灵经常与唐纳德·米基(他的同事和追随者)讨论机器如何从经验中学习和解决新问题的概念。后来,这被称为启发法问题求解(见第 3 章、第 6 章和第 9 章)和机器学习(见第 10 章和第 11 章)。

图灵很早就对用国际象棋游戏作为人工智能测试平台的问题求解方法有了深刻的认识。虽然他那个时代的计算机器还不足以开发出强大的国际象棋程序,但是他意识到了国际象棋所提出的挑战(具有 10^{120} 种可能的合法棋局)。前面提到,其 1948 年的论文《计算机器和智能》为此后所有的国际象棋程序奠定了基础,导致在 20 世纪 90 年代发展出了可以与世界冠军竞争的大师级机器(见第 16 章)。

参考资料

Turing A M. Computing Machinery and Intelligence[J]. Mind, New Series, 59(236): 433–460, 1959.

Webster C. Unorganized machines and the brain Description of Turing's ideas.

Hodges A. Alan Turing: The enigma. London: Vintage, Random House.（这本书是于 2014 年在美国上映的获奖电影《模仿游戏》的原著）。

多年来，两种不同却很普遍的人工智能研究的分支得到了发展。一个学派与麻省理工学院相关，这个学派将任何表现出智能行为的系统都视为人工智能的例子。这个学派认为，人造物是否使用与人类相同的方式执行任务无关紧要，唯一的标准就是程序能够正确执行。在电子工程、机器人和相关的领域，人工智能工程主要关注的是得到令人满意的执行结果。这种方法称为**弱人工智能**。

另一种学派是以卡内基梅隆大学研究人工智能的方法为代表，他们主要关注生物可行性。也就是说，当人造物展现智能行为时，它的表现基于人类所使用的相同方法。例如，考虑一个具有听觉的系统。弱人工智能支持者仅仅关注系统的表现，而**强人工智能**支持者的目标在于，通过模拟人类听觉系统，使用等效的耳蜗、听力管、耳膜和耳朵其他部分的部件（每个部件都可以在系统中执行其所需执行的任务）来成功地获得听觉。弱人工智能的支持者单单基于系统的表现来衡量系统是否成功，而强人工智能的支持者关注他们所构建系统的结构。有关这种区别的进一步讨论请参见第 16 章。

弱人工智能的支持者认为，人工智能研究的存在理由是解决困难问题，而不必理会实际解决问题的方式；强人工智能支持者则坚持认为，单单凭借人工智能程序的启发法、算法和知识，计算机就可以获得意识和智能。好莱坞加入了后者的阵营，我能够想到的电影有《I，Robot》《AI》和《Blade Runner》。

1.3 启发法

人工智能应用程序经常依赖于启发法的应用。启发法是解决问题的经验法则。换句话说，启发法是用于解决问题的一组常用指南。这里我们将启发法与算法进行对比，算法是规定的用于解决问题的一组规则，其输出是完全可预测的。毫无疑问，读者熟悉计算机程序中使用的许多算法，如排序算法（包括冒泡排序和快速排序）以及搜索算法（包括顺序搜索和二分查找）。而使用启发法，我们可以得到一个很有利但不能得到保证的结果。在人工智能研究的早期，包括 20 世纪 50 年代和 60 年代，启发法大受欢迎。

在日常生活中，你可能采用启发法。例如，许多人在开车时很讨厌问路，然而在夜间离开高速公路时，他们有时很难找到回到主要通道的路。一种已被证明有效的策略是，每当来到道路分岔口时，他们一般朝着有更多路灯的方向行进。你可能用一种最喜欢的方法来找到丢失的隐形眼镜，或在拥挤的购物中心找到一个停车位。这两个都是启发法的例子。

1.3.1 长方体的对角线：解决一个相对简单但相关的问题

关于启发法的一个很好的参考是乔治 • 波利亚（George Polya）的经典著作《How to Solve It》[13]。他所描述的启发法是，当面对一个困难的问题时，首先尝试解决一个相对简单但相关的问题。这通常提供了有用见解，以帮助找到原始问题的解决方法。

例如，长方体对角线的长度是多少？对于那些没上过立体几何课程的人而言，也许会发现这是一个很困难的问题。遵循波利亚的启发，首先解决一个相对简单但相关的问题，你可能会试图找到矩形的对角线，如图 1.9 所示。

使用勾股定理，你可以计算 $d = \text{Sqrt}\,(h^2 + w^2)$。有了这个认识，你可以重新回到原来的问题，如图 1.10 所示。

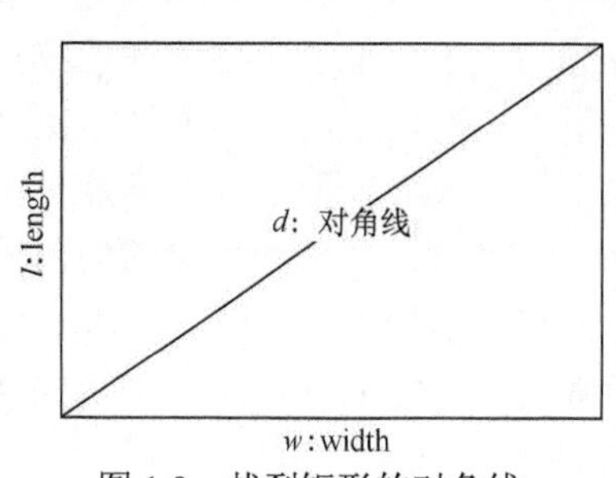

图 1.9 找到矩形的对角线

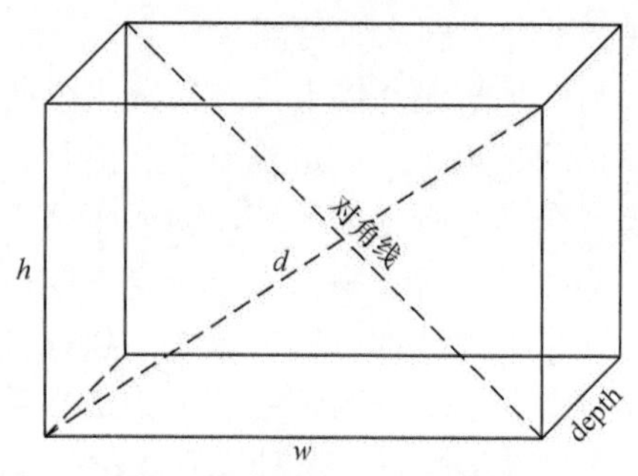

图 1.10 找到长方体的对角线

现在，我们观察到长方体的对角线等于：

$$对角线 = \text{Sqrt}\,(d^2 + \text{depth}^2) = \text{Sqrt}\,(h^2 + w^2 + \text{depth}^2)$$

解决相对简单的问题（计算矩形的对角线）有助于解决相对困难的问题（计算长方体的对角线）。

1.3.2 水壶问题：向后倒推

波利亚的第二个例子是水壶问题。人们向你提供了两个水壶，大小分别为 m 和 n；要求你测量 r 升的水，其中 m、n 和 r 的值不同。这个问题的一个实例是（见图 1.11）：当只有一个容量为 8L 的水壶和一个容量为 18L 的水壶时，如何从水龙头处量出准确的 12L 的水？

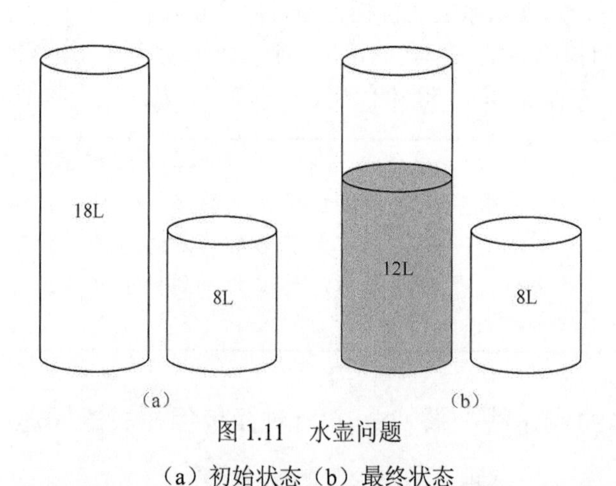

图 1.11 水壶问题

（a）初始状态（b）最终状态

解决问题的一种方法是，抱着最好的希望使用试错法。相反，波利亚给出的建议是使用启发法，从目标状态开始并向后倒推，如图 1.12 所示。

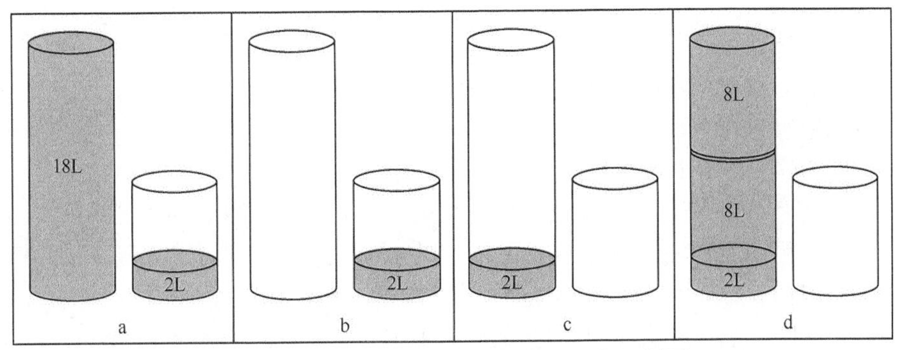

图 1.12　从目标状态开始向后倒推（由作者制图）

在图 1.12a 中，我们观察到 18L 的水壶已经填满了，在 8L 的水壶里，只有 2L 的水。这个状态离目标状态只有一步之遥。此时，你将额外的 6L 水倒入 8L 的水壶中，那么 12L 的水就依然保留在 18L 的水壶中。在图 1.12b～图 1.12d 中，描述了到达倒数第二个状态图 1.12a 的必要步骤。你应该将注意力转移到图 1.12d 部分，找到方法，回到图 1.12b 的状态，这样就可以看到在图 1.12a 所描述的状态之前的所有状态。

向后倒推，解决水壶问题，使用 18L 的水壶和 8L 的水壶，量出 12L 的水，图 1.12a～图 1.12d 显示如何从期望的目标状态回到初始状态。要实际解决这个问题，你要颠倒状态的顺序。首先填满 18L 的水壶（状态 d），然后通过将 18L 的水壶中的水，分两次倒入 8L 的水壶并清空 8L 的水壶，这使得在 18L 的水壶中剩下了 2L 的水（状态 c）。将最后的 2L 的水倒入 8L 的水壶中（状态 b）使用水龙头或井中的水将 18L 的水壶再次填满，然后将 18L 水壶中的水再次填满 8L 的水壶，这使得 18L 的水移去了 6L 的水，剩下 12L 的水在大水壶中（状态 a）。

如前所述，启发法在人工智能研究早期特别流行（20 世纪 50 年代至 60 年代）。在这一时期，一个里程碑式的研究项目是一般问题求解器（General Problem Solver，GPS）[14]。GPS 使用人类问题求解者的方法解决问题。研究人员让人类问题求解者在解决各种问题时说出问题解决方法，然后收集解决问题所必需的启发法。

1.4　识别适用人工智能来求解的问题

随着我们对人工智能了解的深入，理解了它与传统的计算机科学如何截然不同，我们必须回答这样一个问题："什么样的问题适用人工智能来解决？"大部分人工智能问题有 3 个主要的特征。

（1）人工智能问题往往是大型的问题。

（2）它们在计算上非常复杂，并且不能通过简单的算法来解决。

（3）人工智能问题及其领域倾向于收录大量的人类专门知识，特别是在用强人工智能方法解决问题的情况下。

采用人工智能的方法，一些类型的问题得到了更好的解决，然而涉及简单的决策或精确计算的另一些类型的问题更适合用传统计算机科学的方法来解决。让我们思考几个例子。

- 医疗诊断。
- 用具有条码扫描的收银机来购物。
- 自动柜员机。
- 二人博弈，如象棋和跳棋。

多年来，医疗诊断这个科学领域一直在采用人工智能的方法，并对于来自人工智能的贡献，特别是利用**专家系统**（expert system）的发展乐见其成。建立专家系统的领域一般具有大量的人类专门知识，并且其中存在着大量的规则（一些此类形式的规则：if 条件，then 动作。例如：如果头痛，那么你可以服用两片阿司匹林，并在早晨给我打电话）。这些规则比任何人类大脑能够记忆或希望记忆的规则都多。专家系统算得上一种最成功的人工智能技术，可能生成全面而有效的结果。

人们可能会问："为什么对专家系统而言，医疗诊断是个好的候选领域？"首先，医疗诊断是一个复杂的过程，有许多可能有效的方法。诊断涉及基于患者症状和病史以及先例，确定疾病或治疗问题。在大多数情况下，不存在可以识别潜在疾病或病症的确定性算法。例如，MYCIN 是最著名的基于规则的专家系统（见 1.8.2 节），用于帮助诊断血液细菌感染。MYCIN 主要用作培训医学生的工具，其规则超过了 400 条[15]。MYCIN 不提供确定的诊断，而是提供最可能存在的疾病的概率，以及诊断正确的程度。人们将开发这些规则的过程称为知识工程（knowledge engineering）。知识工程师与领域专家会面，在这个例子中，知识工程师在与医生或其他医疗专业人员的密集访谈过程中收集专家知识，使其变成离散规则的形式。专家系统的另一个特征是，它们可以得出让设计它们的领域专家吃惊的结论。这是由于专家规则可能的排列数量比任何人在他们大脑中记住的都多。用于构建专家系统的好的候选领域具有以下特征。

- 它包含大量的领域特定的知识（关于特定问题的领域知识，例如医疗诊断或人类努力发展的领域，如确保核电站安全操作的控制机制）。
- 它允许领域知识遵循某一种分层次序。
- 它可以开发成为存储了若干专家知识的知识库。

因此，专家系统不仅仅是构建该系统的专家知识的总和。第 9 章专门介绍和讨论了专家系统。在超市购物，通过扫描条形码将产品扫描到收银机中，这通常不被视为人工智能领域。然而，想象一下，杂货店购物体验发展到了与智能机器互动的阶段。机器可能会提醒购物者要购买什么产品："你不需要一盒洗衣粉吗？"（因为机器已经知道从某日起，你还没购买过这些产品）。系统可以提示消费者购买一些与已选择购买的食物很配的食物。这个系统可以作为平衡营养饮食的食物顾问，并且可以针对个人的年龄、体重、疾病和营养目标进行调整。由于它包含了关于饮食、营养、健康和各种产品的诸多知识，因此就是一种智能系统。此外，它可以做出智能决策，提供建议给消费者。

过去 30 年中使用的自动柜员机（ATM）不是人工智能系统。但是假设这台机器作为总财务顾问追踪了一个人的支出，以及所购买物品的类别和频率，可以解释娱乐、必需品、旅游和其他类别的支出，并就如何有力地改变支出模式提供建议（"你真的需要花那么多钱在高档餐馆吗？”）。那么，我们认为此处描述的自动柜员机就是一种智能系统。

智能系统的另一个例子是下国际象棋。虽然国际象棋的规则很容易学习，但是玩这个游戏达到专家级别可不是件容易的事情。关于国际象棋的书籍比所有其他游戏的书籍的总和还多。人们普遍接受的是，国际象棋有 10^{42} 种可能合理的棋局（“合理”的棋局与之前给出的 10^{120} “可能”棋局的数目不同）。

这是一个巨大的数字，即使用全世界最快的计算机一起来解决国际象棋游戏（即开发一个程序进行一盘完美的博弈，总是做出最好的移动），这些计算机也不会在 50 年内完成这盘博弈。具有讽刺意味的是，尽管国际象棋是一个零和博弈（意味着最初没有一个玩家有优势），以及是一个具有完美信息的二人博弈（没有涉及机会，任何一方也没有未知的优势因素），但是它依然存在以下问题：

- 完美博弈的结果如何？白方胜利，黑方胜利，还是不分胜负？大部分人认为这会是一个平局。
- 对于白方而言，最好的第一步是什么？大多数人相信是 1.e4 或 1.d4，这是国际象棋中的概念，即将白方国王前面的兵向前移动两个方格（1.e4），或将白方皇后前面的兵向前移动两个方格（1.d4）。统计数据支持这种观点，但是没有确凿的证据证明这种观点是正确的。

编写一个强大的国际象棋程序（大师级水平以上）目前都基于一个假设，即大师级水平的国际象棋程序需要并展示智能。

最近（2007 年 7 月），跳棋游戏得到了弱解决。相关讨论，参见 16.1.5 节。

在过去的 20 年间，所开发的计算机国际象棋程序，可以击败除了顶尖棋手以外的所有棋手。但是，没有一款计算机程序是官方的世界国际象棋冠军。到目前为止，所有的比赛都相对较短，并利用了人类的弱点（人类会疲劳、焦虑等）。在人工智能领域，许多人强烈认为，程序还没有比所有人都下得好。此外，尽管最近国际象棋程序获得成功，但是这些程序不一定使用了“强人工智能的方法”（这将在下一节中进一步探讨）。

一个真正智能的计算机国际象棋程序不仅会以世界冠军级的水准下棋，还能够解释走子背后的推理。这将需要大量关于国际象棋的知识（特定领域知识），并且程序能够将其作为决策过程的一部分，共享和呈现这些知识。

1.5 应用和方法

如果一个系统要展示智能，那么它必须与现实世界交互。为了做到这一点，它必须有一个可以用来表示外部现实的正规框架（如逻辑）。与世界交互也蕴涵了一定程度的不确定性。例如，医疗诊断系统必然苦于应付造成患者发烧的以下几种可能因素：细菌感染、病毒攻击或一些内部器官的炎症。

无论是医疗状况还是汽车事故，识别事件的原因通常需要大量的知识。从症状到最终原因的推理也涉及了合理的推理规则。因此，在设计专家系统和自动推理系统方面，人工智能研究都做出了相当大的努力。

在博弈中表现出的实力，通常被视为智力的标志。人工智能研究的第一个50年见证了人们努力设计更好的跳棋和国际象棋博弈程序。在博弈中，专家知识往往取决于搜索算法，这些搜索算法可以预见一个走子对后续博弈产生的长期后果。结果，许多研究聚焦于对高效搜索算法的发现和发展。

你可能听说过这样一个笑话："我如何去卡内基音乐厅？"答案是"练习，练习，练习"。关键点是，学习必须是任何可行人工智能系统的一个组成部分。人们已证明基于动物神经系统（神经计算）和人类进化（进化计算）的人工智能方法是非常有价值的学习典范。

构建智能系统是一项艰巨的事业。一些研究人员主张让系统在一些简单规则的控制下，从一些"种子"中出现或"成长"。细胞自动机（CA）是一个理论系统，演示了如何从简单的规则生成复杂的模式。细胞自动机带来了一丝希望，某一天，我们也许具有这种创造出人类级别的人工智能系统的能力。上述人工智能研究领域中的应用如下。

- 搜索算法和拼图。
- 二人博弈。
- 自动推理。
- 产生式系统和专家系统。
- 细胞自动机。
- 神经计算。
- 进化计算。
- 知识表示。
- 不确定性推理。

下面的各节介绍了每种类型的应用。这些讨论仅仅是一个概述。在后续章节中，我们将对这些领域做一个彻底的阐述。

1.5.1 搜索算法和拼图

我们将15拼图和相关的搜索拼图（如8拼图和3拼图）作为搜索算法、问题求解技术和启发法应用的示例。在15拼图中，数字1到15写在小塑料方格上。这些小方格放置排列在更大的塑料方框中。其中一个位置留空，以便小方块可以从四个方向来回滑动，如图1.13所示。

注意，3可以向下移动，而12可以向右移动。这种拼图的较小实例更便于演示，包括8拼图和3拼图。例如，思考一下3拼图，如图1.14所示。显然，在这些拼图中，这些编号方块可以滑动，但是考虑空白方块的移动更便于进行操作。

空白块可以沿4个方向中的一个方向移动：

- 上（↑）。
- 下（↓）。
- 右（→）。
- 左（←）。

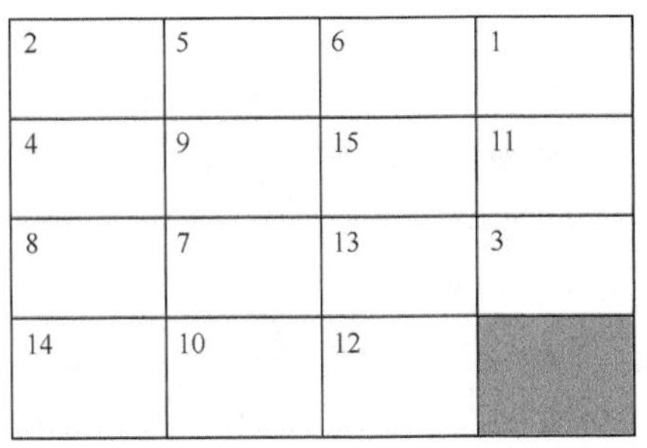

图 1.13　建立一个 15 拼图

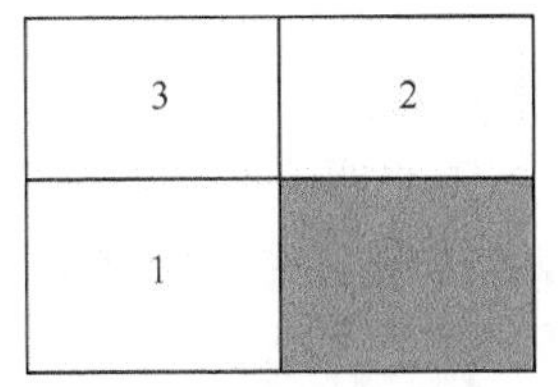

图 1.14　使用 3 拼图

试图依次移动空白块时，我们应该遵循优先顺序。在 3 拼图中，在任何时候，这些移动方向中最多两个是可行的。

要解决这个拼图难题，你要定义一个初始状态和目标状态，就像在水壶问题中所做的。第一，初始状态，是任意的。第二，目标状态，也是任意的。但通常是按照数字顺序展示这些方块，如图 1.15 所示。

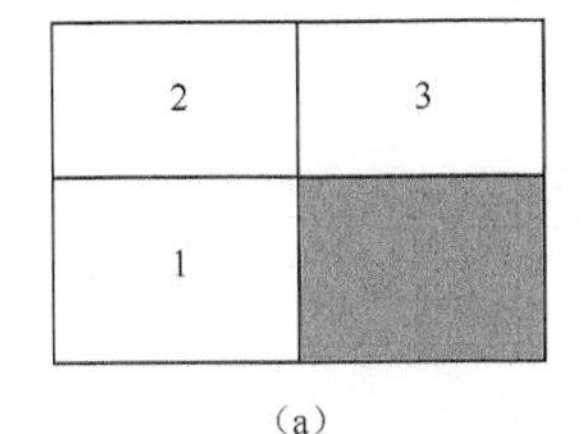

（a）

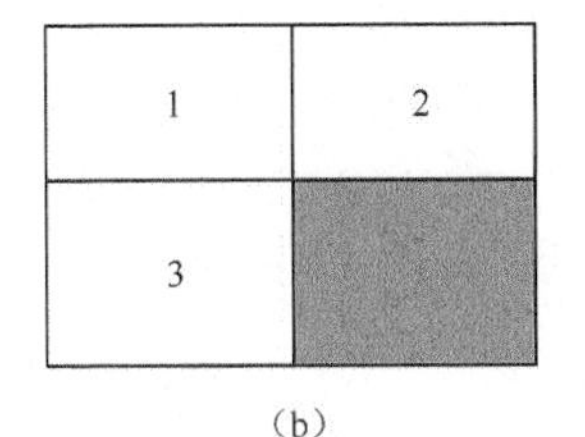

（b）

图 1.15　解决 3 拼图的状态

（a）初始状态　（b）目标状态

这个拼图的目的是从初始状态移动到目标状态。在一些实例中，人们希望得到移动次数最少的解决方案。对应于给定问题所有可能状态的结构称为状态空间图（state-space graph）。这个状态空间图可以被认为问题的讨论范围，因为它描述了拼图可能得到的每一种配置。这个图包括了问题中所有可能的状态，这些状态由节点表示，并用弧表示状态之间的所有合法转换（拼图中的合法移动）。空间树通常是状态空间图的完全子集，它的根是初始状态，目标状态是一个或多个叶子节点。

一种可用于遍历状态空间图的搜索方法称为盲目搜索。这种方法假设对问题的搜索空间一无所知。在数据结构和算法的课程中经常探讨两种经典的盲目搜索算法：深度优先搜索（DFS）和广度优先搜索（BFS）。在深度优先搜索中，你要尽可能地深入搜索树。也就是说，当有一个移动选择时，通常（但不一直是）向左子树移动。使用广度优先搜索时，首先访问所有靠近根的节点，通常从左向右移动，逐级搜索。

如图 1.16 所示，树的 DFS 遍历，将会按照 A、B、D、E、C、F、G 的顺序检查节点。同时，树的 BFS 遍历将按照 A、B、C、D、E、F、G 的顺序访问节点。在第 2 章中，我们将应用这些搜索算法来解决 3 拼图的实例。

示例

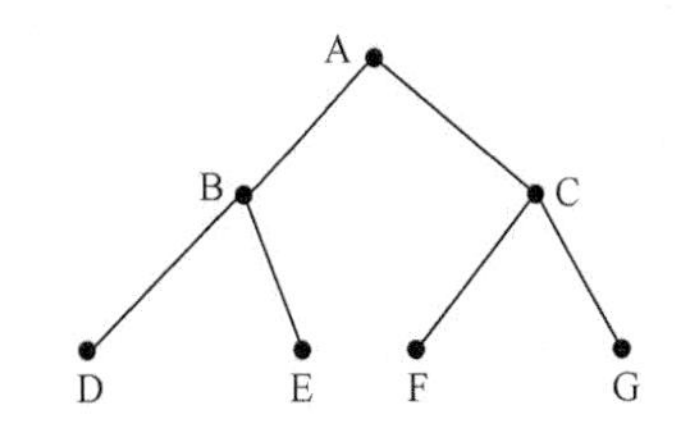

深度优先搜索：　A, B, D, E, C, F, G
广度优先搜索：　A, B, C, D, E, F, G

图 1.16　比较状态空间图的 DFS 和 BFS 遍历

在人工智能的研究中，**组合爆炸**（combinatorial explosion）这个主题一直在重复。这意味着拼图的可能状态数目过大而不太实用。在求解合理大小的问题时，由于其搜索空间增长太快，以至于盲目搜索方法无法成功（不管未来计算机的计算速度有多快，这依然是事实）。例如，15 拼图的状态空间图可能包含超过 16!≤（2.09228×10^{13}）种状态。由于组合爆炸，成功的应用人工智能问题更多地取决于启发法的成功应用，而不是设计更快的计算机。

一类启发式搜索算法向前观察状态空间图。每当出现两条或更多条备选路径时，这些算法选择最接近目标的一条或多条路径。精明的读者当然会问："在到达目标的移动序列不是先验知道的情况下，这些搜索算法如何能够知道沿着任何所感知的路径，到达目标状态的距离？"答案是，它们不可能知道。但是，该算法可以使用剩余距离的启发式估计。

在这种"向前看"的搜索方法中，其中 3 种是**爬山法**（hill climbing）、**集束搜索法**（beam search）和**最佳优先搜索法**（best first search）。我们将在第 3 章中彻底探讨这些搜索方法。另一个类别的算法是通过连续地测量它们到根的距离，朝着目标前进。这种算法是"向后看"，被称为分支定界法；这些方法将在第 3 章中讨论。例如，A *算法是一种众所周知的算法，它用总体估计的路径成本来确定寻找答案的顺序。

A *也具有某种"向前看"的行为，这将在后续章节中讨论到。

1.5.2 二人博弈

二人博弈，如 Nim（这个游戏涉及几堆石头，两个玩家交替从其中一堆石头中移除一些石头。在这个游戏的一个版本中，移除最后一个石头的人算输）、井字游戏和国际象棋。它们与拼图游戏有一个本质的区别：玩二人博弈游戏时，你不能只是专注于达到目标；你还必须保持警惕，监视和阻止对手的进步。在人工智能研究的前半个世纪，这些对抗游戏一直是研究的主流。游戏遵循了一些规则，这些规则包含了许多现实世界场景的属性，尽管这些现实世界的场景是简化形式的。

虽然博弈经常有现实世界场景的属性，但是它没有真实世界的后果，因此是良好的人工智能方法测试平台。

在此类问题中，体现了内在紧张的一个游戏是迭代的**囚徒困境**（Iterated Prisoner's Dilemma）。警察逮捕了涉嫌犯罪行为的两名犯罪嫌疑人，并立即将他们带到不同的牢房，并向每个嫌疑犯承诺：如果他们供出同谋，就可以缩短刑期，坚持不供出同谋的嫌疑犯很可能会获得更长的刑期。在这种情况下，每个嫌疑人应该做些什么？自然，如果嫌疑犯打算在这个事件后"金盆洗手"，那么无疑，背叛是最好的决策。

然而，如果嫌疑犯打算继续犯罪，那么背叛将带来沉重的代价。如果再次逮捕，同谋者会记得伙伴的不忠并据此行事。博弈是第 4 章和第 16 章的重点。

1.5.3 自动推理

在自动推理系统中，我们将输入一系列事实给软件进行推导。推导是一种类型的推理，在推导过程中，用给定的信息派生出新的、希望有用的事实。假设你看到以下谜题：

有两份工作要分配给迈克尔（Michael）和路易斯（Louis）。每人都有一份工作。这两份工作是邮局职员（post office clerk）和法语教授（French professor）。Michael只说英语，而Louis拥有法语博士学位。谁将拥有哪份工作？

首先，为了在自动推理程序中表示这些信息，人们必须用合适的表示语言。如下的语句有助于表示这个谜题：

Works_As (clerk, Michael) | Works_As(clerk, Louis)

这样的逻辑语句称为子句。第一个竖杠解释为“或(or)”。这个语句的意思是要么Michael是职员，要么Louis是职员。

即使你将这个谜题翻译成适合输入程序中的语句，也仍然没有足够的信息来解决它。软件缺少许多**常识**（common sense）或**领域知识**（world knowledge）。例如，如果你拥有一辆汽车，那么你也拥有它的方向盘，这就是常识。反过来，领域知识可用于推断，当温度为0℃或更低时，降水将以雪的形式存在。在这个谜题中，常识告诉我们，法语教授必须能够说法语这种语言。但是，除非你给推理程序提供了这样的知识，否则它怎么会有这种知识呢？

试想一下，你可能会使用其他知识来解决这个谜题，如Michael只说英语的事实使得他不可能是法语教授。虽然不需要助理就可以解决这个问题，但是当问题相对较大且更加复杂难懂时，使用自动推理程序来协助解决问题将会大有裨益。

1.5.4 产生式规则和专家系统

在人工智能中，产生式规则是知识表示的方法。产生式规则具有如下的一般形式：

IF（条件），THEN 动作

或者

IF（条件），THEN 事实

人物轶事

约翰·麦卡锡（John McCarthy）

约翰·麦卡锡（1927—2011）在1956年达特茅斯会议上创造了“人工智能”这个词，没有他，就没有关于人工智能教科书。

麦卡锡教授曾在麻省理工学院、达特茅斯学院、普林斯顿大学和斯坦福大学工作过。他曾是斯坦福大学的荣誉教授。

对于LISP编程语言的发明他功不可没。多年来，特别是在美国，LISP已经成了开发人工智能程序的标准语言。麦卡锡极具数学天分，他在1948年获得了加州理工学院数学学士。1951年，他在所罗门·莱夫谢茨（Solomon Lefschetz）的指导下，获得了普林斯顿大学数学博士学位。

麦卡锡教授兴趣广泛，其贡献涵盖了人工智能的许多领域。例如，他在多个领域有出版物，包括逻辑、自然语言处理、计算机国际象棋、认知、反设事实、常识，并且从人工智能立场提出一些哲学问题。

作为人工智能的创始之父，麦卡锡经常在他的论文（如《Some Expert Systems Need Common Sense》（1984）和《Free Will Even for Robots》）中发表评论，指出人工智能系统需要什么才能实用有效。

鉴于他对人工智能做出的贡献，麦卡锡于1971年获得了图灵奖。他所获得的其他奖项包括在数学、统计和计算科学方面的国家科学奖，在计算机和认知科学中的本杰明·富兰克林奖。

如下包括了常见示例：

IF（头痛），THEN 服用两片阿司匹林，并在早上打电话给我。

IF [A> B]并且 (B> C))，THEN A> C

产生式系统的一个应用领域是专家系统的设计，这在1.4节中介绍过了。专家系统是一个软件，这个软件有某个有限问题领域的详尽知识。用于汽车诊断的专家系统的某个部分可能包含了以下规则：

IF（汽车不启动），THEN 检查车头灯。

IF（前灯工作），THEN 检查油量表。

IF（油箱空），THEN 向燃料箱添加汽油。

IF（前灯不工作），THEN 检查电池。

只要提供了一套广泛的产生式规则，对机械不太敏锐的人也可以正确诊断他们的车辆。20世纪70年代初，人们才开发出了最初的专家系统（MYCIN、DENDRAL、PROSPECTOR），该领域在20世纪80年代后期才逐渐成熟。本书将在第6章、第7章和第9章中探讨产生式系统和专家系统的架构。

1.5.5 细胞自动机

细胞自动机（CA）可以被视为在 n 维空间中细胞的集合。每个细胞都可以处于少量状态中的任何一种状态，一般的状态数为2。例如，一个细胞可以是黑色或白色。系统中的每个细胞的邻域都有若干个相邻细胞。CA 还可以使用两个额外的特性进行表征。

（1）物理拓扑，指 CA 的形状，如矩形或六边形。

（2）更新规则，根据细胞当前状态及其邻域若干细胞的状态决定细胞的下一个状态。细胞自动机是同步系统，在这个系统中，更新是以固定的间隔进行的。

图1.17显示了具有矩形拓扑的 CA。通常假定，在每个维度上，CA 是无界的。每个细胞可以处于两种状态中的一种，表示为“0”和“1”。

有时候，我们将状态1的细胞称为“活细胞”，将状态0的细胞称为“死细胞”。活细胞通常有阴影（见图1.18），死细胞通常不出现阴影。在许多实例中，细胞邻域有8个细胞，分别在直接相连的上方、下方、左侧、右侧以及对角线的上方和下方。如图1.18所示，中央细胞邻域中的细胞带有阴影。

细胞自动机的显著之处在于：通过应用几个简单的规则，它就可以创建出非常复杂的模式。

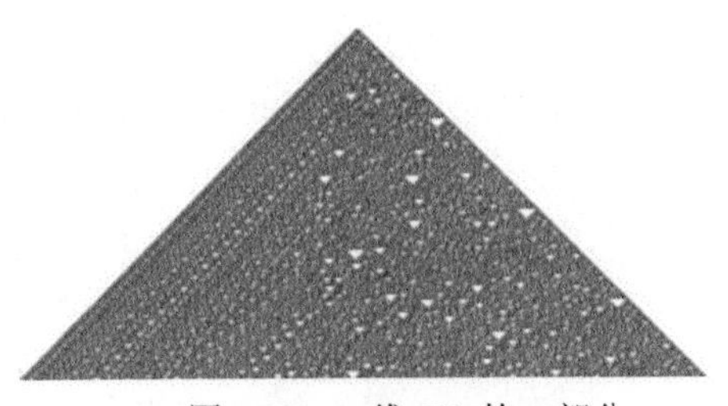

图 1.17 一维 CA 的一部分

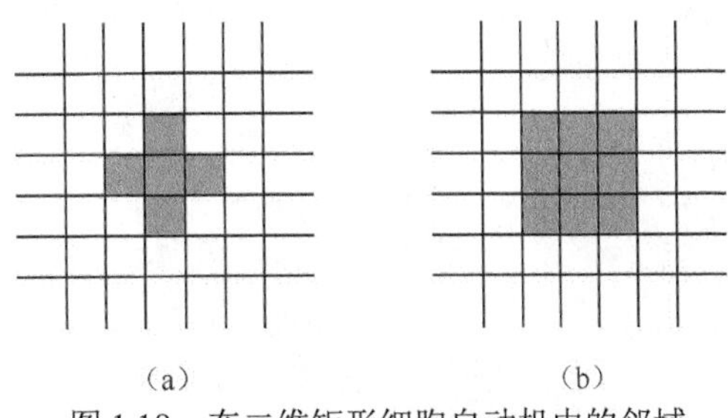

图 1.18 在二维矩形细胞自动机中的邻域
(a)诺伊曼邻域 (b)摩尔邻域

1.5.6 神经计算

在探寻人工智能的过程中，研究人员经常基于这个星球上智能的最佳范例的架构设计系统。神经网络试图获得人类神经系统的平行分布式结构。神经计算方面的早期工作开始于 20 世纪 40 年代麦卡洛克（McCulloch）和皮茨（Pitts）的研究。这种系统的基本构建块是人工神经元，这种神经元可以使用阈值逻辑单元（TLU）进行建模，如图 1.19 所示。

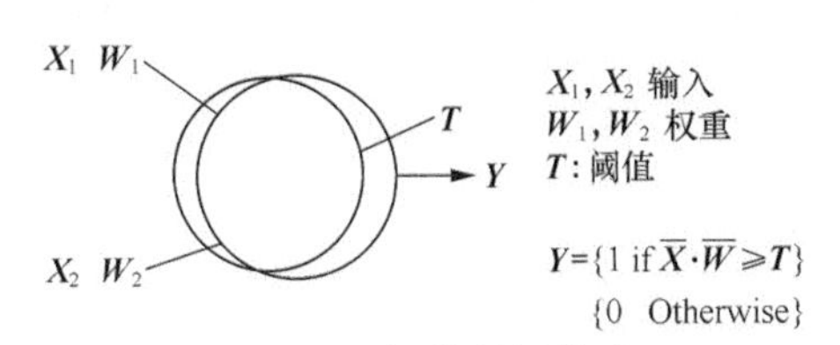

图 1.19 阈值逻辑单元

在本示例中，假设该神经元的输入 $\boldsymbol{X}_1$ 和 $\boldsymbol{X}_2$ 是二进制的。这些输入经过实值权重 $\boldsymbol{W}_1$ 和 $\boldsymbol{W}_2$ 的调整。TLU 的输出也假定为 0 或 1。每当输入向量点乘以这组权重得到的值超出或等于单位阈值（阈值也是实值数量）时，TLU 的输出等于 1。

两个向量 $\bar{x}$ 和 $\bar{w}$ 的点积表示为 $\bar{x}\cdot\bar{w}$，是这些向量的分量乘积之和。

例如，图 1.20 所示的 TLU 实现了双输入布尔与（AND）函数。

只有在两个输入都等于 1 时，这两个输入与两个权重的点积才大于或等于阈值。

如图 1.21 所示，当两个输入都等于 1 时，点积才大于或等于 1.5。这些权重来自哪里？正如此后的第 11 章中所讨论的，它们是**迭代学习算法**（iterative learning algorithm），也就是**感知器学习规则**（perceptron learning rule）的结果。使用这个规则，只要系统的响应不正确，权重就会发生变化。这种算法是迭代的，也就是说，输入每通过系统一次，系统的响应都会朝着所需的权重方向收敛。一旦系统只产生正确的输出，学习过程就完成了。

补充资料

生命之博弈

约翰·霍顿·康威

英国数学家约翰·霍顿·康威（John Horton Conway）于 1970 年设计了“生命之博弈”（Game of Life）。从它的规则出现在《Scientific American》中马丁·加德纳（Martin Gardner）的“数学游戏”栏目中的那一刻起，它就变得很有名[16]。本书将在第 7 章中与细胞自动机一同详细描述生命之博弈，并探讨它们与人工智能的关系。

当 $\boldsymbol{X}$ 和 $\boldsymbol{W}$ 的点积大于或等于阈值 $\boldsymbol{T}$ 时，TLU 的输出应该等于 1；当该点积小于 $\boldsymbol{T}$ 时，输出应等于零。设定 $\boldsymbol{X}$ 与 $\boldsymbol{W}$ 的点积等于 $\boldsymbol{T}$，对于每一个权重 $\boldsymbol{W}_1$ 和 $\boldsymbol{W}_2$，用 1 代入，然后使用一些代数知识，就可以获得 $\boldsymbol{X}_2 = -\boldsymbol{X}_1+1.5$。这是一条直线的方程；斜率为−1，与 $\boldsymbol{X}_2$ 的截距为 1.5。这条直线称为判别式，如图 1.21 所示，它将产生输出 0 的输入[(0, 0), (0,1), (1,0)]与产生输出 1 的输入（1,1）分开了。

有实用价值的模式识别任务自然需要多个阈值单元。由上述几百甚至几千个简单的单元组成的神经网络可用于执行有实用价值的数据处理任务，如读取手写文本，或基于最近的历史活动预测股票的未来价格。在第 11 章中，本书将描述适合这些更复杂网络的学习规则。人们相信大脑是由大量如此简单的处理元件组成的互联网络。

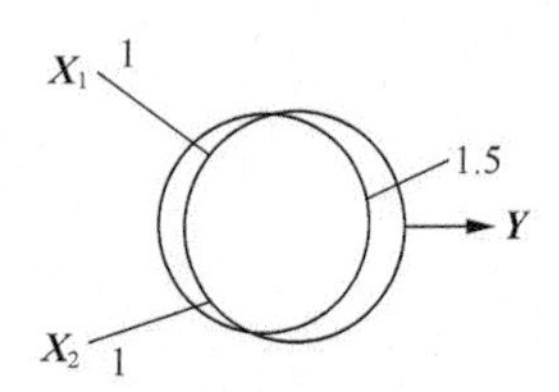

$$(X_1W_1)+(X_2W_2)=T$$
$$X_2W_2=-W_1X_1+T$$
$$X_2=-((W_1/W_2)X_1)+(T/W_2)$$
$$X_2=-X_1+1.5$$

（a）

X_1	X_2	$\overline{X}\cdot\overline{W}$	Y
0	0	0	0
0	1	1	0
1	0	1	0
1	1	2	1

（b）

图 1.20 TLU 模拟与（AND）函数

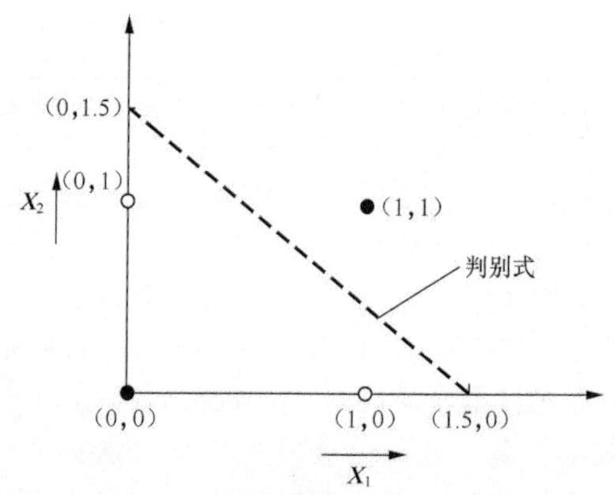

图 1.21 用于模拟双输入与（AND）函数的 TLU 的判别

1.5.7 遗传算法

神经网络——试图模拟人类神经系统的软件系统——为人工智能研究提供了富有成效的舞台。另一个前途无量的典范是达尔文的进化论。在自然界中，自然选择以几千或几百万年计。在计算机内部，进化（或迭代过程，通过应用小增量变化来改进问题的拟解决方案）的速度则稍快。这可以与动植物世界中的进化过程进行比较和对比——在动植物世界中，物种通过自然选择、繁殖、突变和重组等遗传操作来适应环境。遗传算法（GA）是来自一般领域，即所知的进化计算（evolutionary computation）的具体方法。进化计算是人工智能的分支，在进化计算中，问题的拟解决方案可以适应环境，就像在真实世界中动物适应环境一样。在 GA 中，问题被编码为串。回顾一下，在 3 拼图中，空白方块的一系列移动可以被编码成 0 和 1 序列。GA 开始于随机选择的大量二进制串。然后，系统需对这些串应用遗传算子，并且使用适应度函数来收集相对优化的串。适应度函数用于分配更高的值给那些对应的移动序列的串，这些移动序列可以让拼图的状态更接近目标状态。如图 1.14 所示，它描述了 3 拼图，并且让我们用 00 表示（空白块的）向上运动，用 01 表示向下运动，用 10 表示向右运动，最后用 11 表示向左运动。参考图 1.15 所描述的拼图的实例。随后每个长度为 8 的二进制串可以解释为此拼图中的 4 步移动。比较 11100010 和 00110110 这两个串，为什么后一个串可以分配更高的数值呢？在第 12 章中，我们给出了这种方法的详细例子。

1.5.8 知识表示

提到人工智能问题，表示问题就浮出了水面。为了处理知识、产生智能结果，人工智能系统需要获得和存储知识，从而也就需要能够识别和表示该知识。选择何种表示方法与所要解决和理解的问题的本质紧密相关。正如波利亚[13]所评论的，一种好的表示选择与为特定问题设计的算法或解决方案一样重要。良好和自然的表示方法有利于快速得到可理解的解决方案。同样，差的表示方法可能让人窒息。例如，思考一下熟悉的传教士和食人者问题（Missionaries and Cannibals Problem）。问题是，用一条船让三个传教士和三个食人族从一条河的西岸到达河的东岸。在从西岸到东岸输送过程中的任何时刻，通过选择合适的表示，你可以很快地发现和理解解决方案的路径。约束也可以得到有效的表示，例如在任何时候，船只能容纳两个人，并且食人者人数任何时候都不能超过传教士人数。一种表示方法是用 W：3M3CB（三个传教士和三个食人者与小船在西岸）表示初始状态。目标状态是 E：3M3CB。用船传送一个传教士和一个食人者，可以表示为→E：1M1CB。离开 W：2M2C ~~~~~~~~ E：1M1CB。另一种表示方法是图形化表示，用简笔人物画表示传教士和食人者，当每一次输送发生时，在岸边画出船的草图。

自从这个领域创建以来，人工智能研究者就用逻辑作为知识表示用于问题求解的技术中，这开始于纽厄尔（Newell）和赫伯特·西蒙（Simon）的逻辑理论家（Logic Theorist）[18]以及基于拉塞尔（Russell）和怀特黑德（Whitehead）《Principia Mathematica》[19]的 GPS[14]。逻辑理论家和 GPS 程序使用逻辑规则来解决问题。使用逻辑进行知识表示和语言理解的一个开创性的例子是威诺格拉德（Winograd）的积木世界（Blocks World）（1972）[20]，在积木世界中，一条机器人手臂与桌面上的积木进行交互。这个程序包括了语言理解和场景分析的问题，以及人工智能的其他方面。许多人工智能研究者基于逻辑的方法开始他们的研究，包括尼尔斯·尼尔森（Nils Nilsson）（《Principles of Artificial Intelligence》）[21]、杰娜西雷斯（Genesereth）和尼尔森（Nilsson）[22]、艾伦·邦迪（Alan Bundy）（《The Computer Modeling of Mathematical Reasoning》）[23]。

回顾 1.5.4 节，许多成功的专家系统用产生式规则和产生式系统构建。产生式规则和专家系统的吸引力在于可以非常清晰简明地表示启发式的可行性。已经构建起来的上千种专家系统都结合了这种方法。

此外知识表示的可能替代方案、图形化方法对感官更有吸引力，如视觉、空间和运动。最早的图形化方法可能是状态空间表示法，这种方法显示了系统所有可能的状态（回想一下 1.5.1 节中对 15 拼图的讨论）。虽然语义网络很复杂，但是语义网络是另一种图形化的知识表示，这要追溯到奎利恩（Quillian）的工作[24]。

语义网络是面向对象语言的前身。面向对象使用继承（其中来自某个特定类的对象继承了超类的许多属性）。采用语义网络的许多工作聚焦于知识表示和语言结构，例如斯图尔特·沙普罗（Stuart Shapiro）的 SNePS[25]（语义网络处理系统）和罗杰·尚克（Roger Schank）在自然语言处理方面的工作[26]。

人工智能研究的创始人和思想家马文·明斯基（Marvin Minsky）[27]引入了框架，这是另一种主要的用图形进行知识表示的方法。使用框架可以系统性地，以分层的方式简洁地描述对象。一般说来，它们通常根据表格中（可以在类似的平面中进行关联）的空白格和填充格（slot and filler）进行组织，或用三维性对某些概念（充分应用了世界结构原型的本质）进行组织。它们也采用了继承，以方便复用、可预测性和定义现实世界对象的不同形式，如具有建筑物、教师、行政人员和学生的大学。虽然这些元素的细节因大学而异，但是框架可以很容易捕获这种多样性。

在第 6 章中，我们将使用示例对框架进行详细的描述。

脚本（Script）[28]是对框架的扩展，它进一步利用了在人类交互中固有的预期。通过努力，尚克（Schank）和艾伯森（Abelson）已经能够构建许多系统，这些系统看起来足以描述背景设定（已得到非常全面的定义）。索瓦（Sowa）[29]、诺瓦克（Novak）和高文（Gowin）[30]的概念图（conceptual graph）是一种简单但普遍的启发式技术，通常用于表示学科中的知识。

主流计算机科学“吸收”了许多人工智能领域早期研究贡献的例子。例如，推动面向对象范例进步的编程语言 Smalltalk、分层方法和框架。

1985 年，马文·明斯基出版了《Society of Mind》[31]，提出了有关解释人类思想的组织的理论。他认为智能体可以运作智能世界。这些智能体本身没有智能，但是可以以成熟的方式结合、形成社会，使其看起来显示出智能行为。明斯基通过智能体模型展示了一些概念，如多个层次结构、扩展、学习、记忆、感知相似性、情感和框架。

1.5.9 不确定性推理

传统数学通常处理确定的事物。集合 A 要么是集合 B 的子集，要么不是。人工智能系统与生活本身类似，受到不确定性的困扰。概率是我们生活中不可替代的组件。例如，早上上班时，在公交车上或者在火车上，如果旁边的乘客咳嗽或打喷嚏，那么你有可能感冒，但你也可能不会感冒。试考虑这样的集合：满意工作的人的集合和不满意工作的人的集合。对于一些人，同时属于这两个集合是非常正常的。一些人可能喜欢他们的工作，即使他们觉得工资太低。你可以思考一下，将对工作感到满意的人的集合视为模糊集合[32]，因为它随着条件的变化而变化。通常，一个人可以满意工作本身，但是这个人觉得工资较低。这就是说，一个人可以在一定程度上对工作感到满意。在这个集合中，特定人的成员身份程度可以从 1.0（一些人完全热爱工作）到 0.0，得分为 0.0 的个人应该认真考虑一下转行。

在许多领域出现了模糊集：相机根据太阳光量改变快门速度，洗衣机根据衣物的脏污程度来控制洗涤周期，恒温器通过确保温度实际上落在可接受的范围内而不是通过精确的值来调节室温，现代汽车根据天气条件调节制动压力。在这些设备中，都可以找到模糊逻辑控制器。第 8 章更加全面讨论了关于不确定性在人工智能中所扮演的角色。

1.6 人工智能的早期历史

一直以来，构建智能机器就是人类的梦想。古埃及人采用了“捷径”——他们建了雕像，让牧师隐藏其中，然后由这些牧师试着向民众提供“明智的建议”。不幸的是，这种类型的骗局不断出现在整个人工智能的历史中。这个领域试图成为人们所接受的科学学科——**人工知识界**（artificial intelligentsia），却因此类骗局的出现而变得鱼龙混杂了。

最强大的人工智能基础来自于亚里士多德（公元前 350）建立的逻辑前提。亚里士多德建立了科学思维和训练有素的思维模式，这成了当今科学方法的标准。他对物质和形式的区分是当今计算机科学中最重要的概念之一，他是数据抽象的先行者。数据抽象将方法（形式）与封装方法的外壳区别开来，或将概念的形式与其实际表示区分开来（回顾 1.1 节中补充资料对抽象的讨论）。

亚里士多德也强调了人类推理的能力，他坚持认为这个能力将人类与所有其他生物区分开来了。任何建立人工智能机器的尝试都需要这种推理能力。这就是 19 世纪英国逻辑学家乔治 • 布尔（George Boole）的工作如此重要的原因——他所建立的表达逻辑关系的系统后来称为布尔代数。

13 世纪的西班牙隐士和学者雷蒙德 • 卢尔（Raymond Llull）可能是第一个尝试机械化人类思维过程的人。他的工作早于布尔（Boole）5 个多世纪。卢尔是一名虔诚的基督徒，为了证明基督教的教义是真的，他建立了一套基于逻辑的系统。

在《Ars Magna》（《伟大的艺术》）一书中，卢尔用几何图和原始逻辑装置实现这个目标。卢尔的著作启发了后来的先驱者，其中就包括威廉 • 莱布尼兹（Wilhelm Leibniz）（1646—1716 年）。莱布尼兹凭借自身的努力成了伟大的数学家和哲学家，他将卢尔的想法推进了一步：他认为可以建立一种“逻辑演算”或“通用代数”，这种“逻辑演算”可以解决所有的逻辑论证，并可以推理出几乎任何东西。他声明，所有的推理只是字符的结合和替代，无论这些字符是字、符号还是图片。

人物轶事

乔治·布尔（Georage Boole）

计算机程序能够显示任何类型的智能，这就先决定了它需要能够推理。英国数学家乔治·布尔（1815—1864）建立了表示人类逻辑定律的数学框架。他的著作包括约 50 篇个人论文。他的主要成就就是众所周知的差分方程论，这个论著出现在 1859 年。随后，1860 年，他发布了有限差分运算论。后一著作是其前一著作的续篇。布尔在《Laws of Thought》一书中给出了符号推理的一般方法，这也许是他最大的成就。给定具有任意项的逻辑命题，布尔用纯粹的符号处理这些前提，展示如何进行合理的逻辑推断。

在《Laws of Thought》的第二部分，布尔试图发明一种通用的方法，对事件系统的先验概率进行转换，来决定任何与给定事件有逻辑上关联的其他事件的后验概率。

他建立的代数语言（或符号）允许变量基于仅有的两个状态（真和假）进行交互（或建立关系）。正如目前已知的，他建立的布尔代数有 3 个逻辑运算符：与、或、非。布尔代数和逻辑规则的组合使我们能够“自动地”证明事情。因此，能够做到这一点的机器在某种意义上是能够推理的[33]。

布尔逻辑的示例如下所示：

IF A≥B and B≥C，THEN A≥C

这就是传递定律——IF A 蕴含 B and B 蕴含 C，THEN A 蕴含 C。

两个多世纪后，库尔特·戈德尔（KurtGödel，1931）[34]证明了莱布尼兹的目标过度乐观。他证明了，任何一个数学分支，只使用本数学分支的规则和公理，即使这本身是完备的，也总是包含了一些不能被证明为真或假的命题。伟大的法国哲学家雷内·笛卡儿（Rene Descartes）[35]在《Meditations》一书中，通过认知内省解决了物理现实的问题。他通过思想的现实来证明自己的存在，最终提出了著名的“Cogito ergo sum”——“我思故我在”。这样，笛卡尔和追随他的哲学家建立了独立的心灵世界和物质世界。最终，这导致了当代身心在本质上是相同的这一观点的提出。

逻辑学家与逻辑机器

世界上第一个真正的逻辑机器是由英国第三代斯坦霍普（Stanhope）伯爵查尔斯·斯坦霍普（Charles Stanhope，1753—1816）建造的。众所周知，斯坦霍普演示器（Stanhope Demonstrator）大约在 1775 年建成，它是由两片透明玻璃制成的彩色幻灯片，一片为红色，另一片为灰色，用户可以将幻灯片推入盒子侧面的插槽内，如图 1.22 所示。

借助操作演示器，用户可以验证简单演绎论证的有效性，这个简单的演绎论证涉及两个假设和一个结论[33]。尽管这个机器有其局限性，但斯坦霍普演示器是机械化思维过程的第一步。1800 年，斯坦霍普刊印了一本书的前几章，在其中解释了他的机器，但是直到他逝世（1879）后 60 年，罗伯特·哈雷牧师（Reverend Robert Harley）才发表了关于斯坦霍普演示器的第一篇文章。

最著名的、也是第一台原型的现代计算机，是查尔斯·巴贝奇（Charles Babbage）的分析机。巴贝奇是一名有才华的多产发明家，他建造了第一台通用的可编程计算机，但是没有获得足够的资金（仅有来自英国财政大臣的 1500 英镑）完成该项目。巴贝奇用自己的资源继续资助该项目，直到再被资助 3000 英磅。然而，他的计划变得更加耗资（例如，计算到 20 位小数，而不是原来的 6 位小数），由于资金供应停止，他未能完成这个差分机。

DEMONSTRATOR,

CHARLES EARL STANHOPE.

The right-hand edge of the gray points out, on this upper scale, the extent of the gray, in the logic of certainty.

0 1 2 3 4 5 6 7 8 9 10

The lower edge of the gray points out, on this side scale, the extent of the gray, in the logic of probability.

The area of the square opening, within the black frame, represents the holon, in all cases.

0 1 2 3 4 5 6 7 8 9 10

The right-hand side of the square opening points out, on this lower scale, the extent of the red, in all cases.

The right-hand edge of the gray points out, on the same lower scale, the extent of the consequence, (or dark red,) if any, in the logic of certainty.

Rule for the Logic of Certainty.

To the gray, add the red, and deduct the holon: the remainder, (or dark red,) if any, will be the extent of the consequence.

Rule for the Logic of Probability.

The proportion, between the area of the dark red and the area of the holon, is the probability which results from the gray and the red.

图 1.22 斯坦霍普演示器

巴贝奇也从未意识到他计划建立的分析机是差分机的继承者，如图 1.23 所示。他想让分析机执行不同的任务，这些任务需要人类的思维，如博弈的技能，这些技能与跳棋、井字游戏和国际象棋等类似。巴贝奇与他的合作者洛甫雷斯伯爵夫人一起，设想分析机可以使用抽象的概念，也可以使用数字进行推理。人们认为洛甫雷斯伯爵夫人是世界上第一位程序员。她是拜伦勋爵（Lord Byron）的女儿，并且编程语言 ADA 就是以她的名字来命名的[33]。

图 1.23 巴贝奇的分析机图片

巴贝奇的思想至少比第一个国际象棋程序编写的时间早 100 年。他肯定意识到了建立一台机械下棋设备在逻辑和计算方面的复杂程度。

我们先前介绍过，乔治·布尔的工作对人工智能的基础以及对逻辑定律的数学形式化非常重要——逻辑定律的数学形式化提供了计算机科学的基础。布尔代数为逻辑电路的设计提供了大量的信息。布尔建立系统的目标，与现代的人工智能研究者非常接近。他在《An Investigation of Logic and Probabilities》一书的第 1 章中指出：“人们运用思维进行推理，为了研究思维运行的基本定律；为了使用演算的符号语言来表示这些定律，在这个基础上，建立逻辑科学，构建其方法；最终，在探究过程中，从这些进入人类视野真理中那些不同的元素，收集一些关注人类思想的组成和本质的可能暗示[38]。”

布尔系统非常简单和正规，发挥了逻辑的全部作用，是其后所有系统的基础。

补充资料

人月神话

巴贝奇试图资助差分机的故事是一个长篇传奇故事的序章，这个长篇故事是弗雷德里克·布鲁克斯（Frederick Brooks）的标志性著作《人月神话》（即《The Mythical Man-Month》）[37]的基础。其中表明了程序员不擅长估计完成一个项目所需的成本——成本是以时间、工作和金钱来衡量的。这催生了软件工程学科，当人工智能技术可以应用并获得更实际的工程需求和成本时，这个学科肯定可以从这些实例中受益。

时至今日，人工智能领域的质疑声不断，人们更多地认为人工智能的进步是基于炒作，而不是实质上的进步。

克劳德·香农（Claude Shannon，1916—2001）是公认的“信息科学之父”。他关于符号逻辑在继电器电路上的应用[39]的开创性论文，是以他在麻省理工学院的硕士论文为基础的。他的开创性工作对电话和计算机的运行都很重要。香农通过计算机学习和对博弈的研究，在人工智能领域也做出了贡献。关于计算机国际象棋，他所写的突破性论文对这个领域影响深远，并延续到了今天[40]。

Nimotron建造于1938年，是第一台可以完整地完成技能游戏的机器。它由爱德华·康登（Edward Condon）、杰拉德·特沃尼（Gerald Twoney）和威拉德·德尔（Willard Derr）设计，并申请了专利，可以进行Nim游戏。人们开发出了一个算法，在博弈的任何一个棋局中，都可以得到最好的移动步子（有关Nim和其他博弈的详细讨论，请参阅第4章）。这是机器人技术的前奏（见第15章）。

在发展思维机器的过程中，最著名的尝试是“The Turk（土耳其人）”，这是由维也纳王室的力学顾问（Counselor on Mechanics to the Royal Chamber in Vienna）Baron von Kempelen于1790年开发的。这台机器在欧洲巡回展览多年，愚弄人们，使他们认为自己正在与机器博弈。事实上，盒子里隐藏着一名大师级的人类棋手。

托雷斯·克韦多（Torresy Quevedo）是一名多产的西班牙发明家（1852—1936），他可能建立了第一个专家系统。为了进行残局King和Rook vs. King博弈，他创建了第一个基于规则的系统。规则是以这3枚棋子的相对棋局位置为基础的，如图1.24所示。

康拉德·楚泽（Konrad Zuse，1910—1995）是德国人，他发明了第一台使用电的数字计算机。楚泽独立工作，最初致力于纯数字运算。楚泽认识到工程和数学逻辑之间的联系，并明白了布尔代数中的计算与数学中的命题演算是相同的。他为继电器开发了一个相对应的条件命题布尔代数系统，因为在人工智能中，许多工作是基于能够操作的条件命题（即IF-THEN命题）的，所以我们可以看到其工作的重要性。他在逻辑电路方面的工作比香农的论文早了几年。楚泽认识到需要一种高效和庞大的存储器，并基于真空管和机电存储器改进了计算机，他称这些计算机为Z1、Z2和Z3。人们普遍认可Z3（1941年5月12日）是世界上第一台基于浮点数的、可靠的、可自由编程的工作计算机。这台机器在第二次世界大战中被炸毁了，但是它的仿品在慕尼黑的德意志博物馆展出了。

图 1.24 托雷斯·克韦多（Torresy Quevedo）的机器

1.7 人工智能的近期历史到现在

自第二次世界大战起，以及计算机时代的来临，人们迎接挑战，试图让计算机可以博弈，掌握复杂的棋类游戏，在此过程中，计算机科学取得了巨大的进步，编程技术也日臻熟练。一些计算机博弈的例子，包括国际象棋、跳棋、围棋和奥赛罗，均受益于对人工智能的深度理解及其方法的应用。

1.7.1 博弈

博弈激起了人们对人工智能的兴趣，促进了人工智能的发展。1959 年，亚瑟·塞缪尔（Arthur Samuel）在跳棋博弈方面的著作是早期工作的一个亮点[41]。他的程序基于 50 张策略表格，用于与不同版本的自身进行博弈。在一系列比赛中失败的程序将采用获得胜利的程序的策略。这一程序使用强跳棋进行博弈，却从未掌握如何博弈。本书将在第 16 章中详细讨论塞缪尔对西洋跳棋博弈程序的贡献。几个世纪以来，人们一直试图让机器进行国际象棋的博弈，人类对国际象棋机器的迷恋可能源于普遍接受的观点，即只有够聪明，才能更好地博弈。1959 年，Newell、Simon 和 Shawn 开发了第一个真正的国际象棋博弈程序，这个程序遵循香农-图灵（Shannon-Turing）模式[40,42]。理查德·格林布拉特（Richard Greenblatt）编写了第一个俱乐部级别的国际象棋博弈程序。

20 世纪 70 年代，计算机国际象棋程序稳步前进，直到 70 年代末，程序达到了专家级别（相当于国际象棋锦标赛棋手的前 1%）。1983 年，肯·汤普森（Ken Thompson）的 Belle 是第一个正式达到大师级水平的程序。随后，来自卡内基梅隆大学的 Hitech 也获得了成功[44]，同时，作为第一个特级大师级（超过 2400 分）的程序，这也成了一个重要的里程碑。不久之后，程序 Deep Thought（也来自卡内基梅隆大学）也被开发出来了，并且成了第一个能够稳定打败国际特级大师（Grandmasters）的程序。[45]20 世纪 90 年代，当 IBM 接管这个项目时，Deep Thought 进化成了深蓝（Deep Blue）。在 1996 年的费城，世界冠军加里·卡斯帕罗夫（Garry Kasparov）“拯救了人类”，在 6 场比赛中，他以 4:2 打败了深蓝。然而，1997 年，在对抗 Deep Blue 的后继者 Deeper Blue 的比赛中，卡斯帕罗夫以 2.5:3.5 败给了 Deeper Blue，国际象棋界为之震动。在随后的 6 场比赛中，在对抗卡斯帕罗夫、克拉姆尼克（Kramnik）和其他世界冠军级别的棋手的过程中，程序表现得很出色，但这不是世界冠军比赛。虽然人们普遍同意这些程序可能依然略逊于最好的人类棋手，但是大多数人愿意承认，顶级程序与最有成就的人类棋手博弈不分伯仲（如果人们想起图灵测试），并且毫无疑问，在未来 10 到 15 年的某个时间内，程序很可能会夺走国际象棋的世界冠军。

1989 年，埃德蒙顿阿尔伯塔大学的乔纳森·舍弗尔（Jonathan Schaeffer）[47]开始实现他的长期目标，利用程序 Chinook 征服跳棋游戏。1992 年，在对战长期占据跳棋世界冠军宝座的马里恩·廷斯利（Marion Tinsley）的一场 40 回合的比赛中，Chinook 以 34 局平局，2:4 输了比赛。1994 年，廷斯利由于健康原因主动放弃比赛，他们的比赛在 6 局之后就打平了。自从那时起，舍弗尔及其团队努力求解如何博弈残局（所有 8 枚棋子或更少棋子的残局），以及从开局就开始的博弈。

使用人工智能技术的其他博弈游戏（见第 16 章）包括西洋双陆棋、扑克、桥牌、奥赛罗和围棋（通常称为“人工智能的新果蝇”）。

1.7.2 专家系统

人们对某些领域的研究几乎与人工智能本身的历史一样长，专家系统就是其中之一。这是在人工智能领域可以宣称获得巨大成功的一门学科。专家系统具有许多特性，这使得它适合于人工智能研究和开发。这些特性包括了知识库与推理机的分离，系统知识超过了任何专家或所有专家的总和，知识与搜索技术的关系，推理以及不确定性。

最早也是最常提及的系统之一是使用启发法的 DENDRAL。建立这个系统的目的是基于质谱图鉴定未知的化合物[48]。DENDRAL 是斯坦福大学开发的，目的是对火星土壤进行化学分析。这是最早的系统之一，表明了编码特定学科领域专家知识的可行性。

MYCIN 也许称得上是最著名的专家系统，这个系统也来自斯坦福大学（1984 年）。MYCIN 是为了方便传染性血液疾病的研究而开发的。然而，比其领域更重要的是，MYCIN 为所有未来基于知识的系统设计树立了一个典范。MYCIN 有超过 400 条的规则，最终斯坦福医院让它与高级专科住院实习医生对话，对其进行培训。20 世纪 70 年代，斯坦福大学开发了 PROSPECTOR，用于矿物勘探[49]。PROSPECTOR 也是早期有价值的使用推理网络的例子。

20 世纪 70 年代之后，其他著名的成功系统有：大约有 10000 条规则的 XCON，它用于帮助配置 VAX 计算机上的电路板[50]；GUIDON[51]是一个辅导系统，它是 MYCIN 的一个分支；TEIRESIAS 是 MYCIN 的一个知识获取工具[52]；HEARSAY I 和 HEARSAY II 是使用黑板（Blackboard）架构进行语音理解的最早的例子[53]。道格·雷纳特（Doug Lenat）的 AM（人工数学家）系统[54]是 20 世纪 70 年代研究和开发工作另一个重要的结果。此外还有用于在不确定性条件下进行推理的 Dempster-Schafer Theory，以及扎德在模糊逻辑方面的工作[32]。

自 20 世纪 80 年代以来，人们在配置、诊断、指导、监测、规划、预测、补救和控制等领域已经开发了数千个专家系统。今天，除了独立的专家系统之外，出于控制的目的，还有许多专家系统已经被嵌入了其他软件系统，包括那些在医疗设备和汽车中的软件系统（例如，在汽车中应当进行牵引控制的时候）。

此外，许多专家系统外壳，例如 Emycin[55]、OPS[56]、EXSYS 和 CLIPS 5[57]已经成为工业标准。人们也开发出了众多知识表示语言。今天，许多专家系统在幕后工作，增强了日常的体验，如在线购物车。在第 9 章中，我们将讨论许多主要的专家系统，包括它们的方法、设计、目的和主要特点。

1.7.3 神经计算

1.5.6 节提到了麦卡洛克和皮茨在神经计算方面进行的早期研究[17]。他们试图理解动物神经系统的行为，但他们的人工神经网络（ANN）模型有一个严重的缺点，即它不包括学习机制。

弗兰克·罗森布拉特（Frank Rosenblatt）[58]开发了一种称为**感知器学习规则**（Perceptron Learning Rule）的迭代算法，以便在单层网络（网络中的所有神经元直接连接到输入）中找到适当的权重。在这个新兴学科中，由于明斯基和帕普特 [59]声明某些问题不能通过单层感知器解决，如异或（XOR）函数，因此研究遭遇了重重障碍。在此声明宣布后，联邦资助的神经网络研究受到了严重削弱。

20 世纪 80 年代初期，由于霍普菲尔德（Hopfield）的工作，这个领域见证了第二次爆发式的活动[60]。他的异步网络模型（Hopfield 网络）使用能量函数找到了 NP 完全问题的近似解[61]。20 世纪 80 年代中期，人工智能领域也见证了**反向传播**（backpropagation）的发现，这是一种适合于多层网络的学习算法。人们一般采用基于反向传播的网络来预测道琼斯（Dow Jones）的平均值，以及在光学字符识别系统中读取印刷材料（有关详细信息，请参见第 11 章）。神经网络也用于控制系统。ALVINN 是卡内基梅隆大学的项目[62,63]，在这个项目中，反向传播网络感测高速公路协助 Navlab 车辆转向。这项工作的一个直接应用是，无论何时，当车辆偏离车道时，系统会提醒由于缺乏睡眠或其他条件而使判断力受到削弱的驾驶员。

1.7.4 进化计算

在 1.5.7 节中，我们讨论了遗传算法。人们笼统地将这些算法归类为进化计算。回想一下，遗传算法使用概率和并行性来解决组合问题，也称为优化问题。这种搜索方法是由约翰·霍兰德（John Holland）开发的[65]。

然而，进化计算不仅仅涉及优化问题。麻省理工学院计算机科学和人工智能实验室的前主任罗德尼·布鲁克斯（Rodney Brooks）放弃了基于符号的方法，转用自己的方法成功地创造了一个人类水平的人工智能，在论文中[66]，他巧妙地将这个人类水平的人工智能称为“人工智能研究的圣杯”。基于符号的方法依赖于启发法（见 1.3 节）和表示范例（见 1.5.3 节和 1.5.4 节）。在他的**包容体系架构**（subsumption architectural approach）的方法中（可以将智能系统设计成为多个层次，其中较高级别的层依然依赖下面的层。例如，如果你要建立能够避免障碍的机器人，那么障碍物避免例程必须建立在较低的层次，这个较低的层次可能仅仅负责机器人的运动），他主张世界本身就应该作为我们的代表。布鲁克斯坚持认为，智能体通过与环境进行交互才出现智能。他最著名的成就可能就是在实验室里建立的类似昆虫的机器人，其中，一群自主机器人与环境交互，也彼此交互，这体现了他的智能哲学。第 12 章探讨了进化计算领域。

补充资料

NETtalk64 是一个学习英语文本的正确发音的反向传播应用程序。程序员宣称这个软件发出的英语声音具有 95%的准确性。显然，由于英语单词发音中固有的不一致性，如 rough（粗糙）和 through（通过），以及单词的发音具有不同的外部来源，如 pizza（比萨）和 fizzy（泡沫），因此才出现了问题。第 11 章将更全面地探讨神经计算对智能系统设计的贡献。

1.7.5 自然语言处理

如果我们希望建立智能系统，就要求系统拥有方便人类理解的语言，使其看起来很自然。对于许多早期从业者而言，这是不言自明的。两个著名的早期应用程序是约瑟夫 • 魏赞鲍姆（Joseph Weizenbaum）的 Eliza 和特里 • 维诺格拉德（Winograd）的 SHRDLU。[20]

在 Linotype 排字机上，英语语言中最常用的字母是 ETAOIN SHRDLU。Winograd 的程序是以第二组字母命名的。

约瑟夫 • 魏赞鲍姆是麻省理工学院的计算机科学家，他与来自斯坦福大学的精神病医师肯尼斯 • 科尔比（Kenneth Colby）一起工作，开发了 Eliza 程序[67]。Eliza 旨在模仿卡尔 • 罗杰斯（Carl Rogers）学派的精神病学家所起的作用。例如，如果用户键入“我感到疲劳”，Eliza 可能会回答：“你说你觉得累了。请告诉我更多内容。”这种“对话”将会以这种方式继续，在对话的原创性方面，机器很少做出贡献或没有贡献。精神分析师可能会以这种方式表现，希望患者能发现他们真实的（也许隐藏的）感受和沮丧。同时，Eliza 仅用模式匹配假装类似人类的交互。

当人与机器之间的界限（例如：Android）变得不太清楚时，会发生什么——也许在大约 50 年后——这些机器人将不那么像浊骨凡胎，更像是永生不朽者？

让人好奇的是，魏赞鲍姆的学生和普通公众对和 Eliza 的互动充满了兴趣，即使他们完全意识到 Eliza 只是一个程序，这令魏赞鲍姆感到非常不安。同时，精神病医师 Colby 仍然致力于该项目，并写出了一个成功的程序（称为 DOCTOR）。Eliza 对自然语言处理（NLP）的贡献不大，因为这种软件只是假装拥有人类能够感知情绪的能力，而这种能力这也许是人类硕果仅存的“特殊性”了。

NLP 的下一个里程碑不会引起任何争议。特里 • 维诺格拉德（Terry Winograd）[20]开发了 SHRDLU，这是他的麻省理工学院博士论文的项目。SHRDLU 使用意义、语法和演绎推理来理解和响应英语命令。它的对话世界，是在一个桌面上放着各种形状、大小和颜色的积木（在 1.5.8 节中介绍了维诺格拉德的积木世界）。

人物轶事

谢丽·特克尔（Sherry Turkle）

对许多人来说，他们认为一些人沉迷于类似 Eliza 的程序似乎有点令人遗憾，他们认为这是一些人对生活感到沮丧的迹象。2006 年夏，在达特茅斯学院校园举行的人工智能@ 50 研讨会上（“达特茅斯人工智能研讨会：下一个五十年”），与会者在彼此的闲谈中表达了他们对 Eliza 的这种关注。这场讨论的其中一名参与者是谢丽·特克尔，她是一名进行分析型训练的心理学家，在麻省理工学院的科学、技术和社会的项目中工作。自然，特克尔很有同情心。

特克尔[68]对她所谓的“关系型人造物”进行了大量的研究。这些设备、玩具和机器人所定义的属性不是它们的智能，而是它们能够唤起与之交互的人的关爱行为。1997 年，美国的第一个关系型人造物 Tamagotchis 诞生，它们是液晶显示屏上的虚拟动物。为了让这些生物“成长”为健康的“成年动物”，许多孩子（及其父母）不得不不断地“喂养”“清洁”和“培养”它们。最近，研究者开发了一些 MIT 机器人（包括 Cog、Kismet 和 Paro），使它们具有伪装人类情感的神奇能力，并能够唤起与之交互的人的情绪反应。特克尔研究了疗养院中儿童和老年人与这些机器人形成的关系，这些关系涉及了真正的情感和关怀。特克尔谈到，或许需要重新定义“关系”一词，使之包括人们与这些所谓的“关系型人造物”的相遇。但是，她仍然相信，这样的关系永远不会取代那种只能发生在必须每天面对死亡的人类之间的联系。

机器人手臂可以与这个桌面互动，实现各种目标。例如，如果要求 SHRDLU 举起一个红色积木，在这个红色的积木上有一个小绿色积木，它知道在举起红色积木之前，必须移除绿色积木。与 Eliza 不同，SHRDLU 能够理解英语命令并做出适当的回应。

HEARSAY[69]是一个雄心勃勃的语音识别程序（见 1.7.2 节），这个程序采用了黑板架构（blackboard architecture），在黑板架构中，组成语言的各种组件（如语音和短语）的独立知识源（智能体）可以自由通信，使用语法和语义裁剪除去不可能的单词组合。

HWIM（发音为“Whim”，是 Hear What I Mean 的缩略形式）工程[70]使用增强的转移网络来理解口语。它有一张 1000 个单词的词汇表，用于旅行预算管理。也许这个工程的目标过于雄心勃勃，因此它的表现不如 HEARSAY II。

在这些成功的自然语言程序中，解析发挥了不可或缺的作用。SHRDLU 采用上下文无关的语法解析英语命令。上下文无关的语法提供了处理符号串的句法结构。然而，为了有效地处理自然语言，还必须考虑到语义。

补充资料

解析树提供了构成句子的单词之间的关系。例如，许多句子可以分解为主语和谓语。主题可以被分解成一个名词短语，后面跟着一个介词短语，等等。基本上，解析树给出了语义，而所谓语义就是句子的意思。

前面提到的每个早期语言的处理系统，在某种程度上采用的都是世界知识。然而，20 世纪 80 年代后期，NLP 进步的最大障碍是常识的问题。例如，虽然在 NLP 和人工智能的特定领域建立了许多成功的方案，但它们经常被批评只是微观世界，意思是程序没有一般的现实世界的知识或常识。

例如，虽然程序可能知道很多关于特定场景的知识，如在餐馆订购食物，但是它没有男女服务员是否还活着或者他们是否穿着通常的衣服这些知识。在过去的 25 年里，德克萨斯州奥斯汀 MCC 的道格拉斯·勒纳特（Douglas Lenat）[71]已经建立了最大的常识知识库来解决这个问题。

最近，NLP 领域出现了一个重大模式转变。在这种相对较新的方法中，统计方法控制着句子的语法分析树，而不是世界知识。

查尼阿克（Charniak）[72]描述了如何增强上下文无关的语法，赋予每个规则相关概率。例如，这些相关概率可以从宾州树库（Penn Treebank）中获取[73]。宾州树库包含了手动解析的超过一百万单词的英语文本，这些文本大部分来自《华尔街日报》。查尼阿克演示了这种统计方法如何成功地解析《纽约时报》首页的一个句子（即使对大多数人而言，这也并非雕虫小技）。

第 13 章将进一步描述 NLP 的统计方法和机器翻译最近所取得的成功。

1.7.6 生物信息学

生物信息学是新生学科，是将计算机科学的算法和技术应用于分子生物学中的学科，主要关注生物数据的管理和分析。在结构基因组学中，人们尝试为每个观察到的蛋白质指定一个结构。自动发现和数据挖掘可以帮助人们实现这种追求[74]。胡里斯卡（Juristica）和格拉斯哥（Glasgow）演示了基于案例的推理能够协助发现每个蛋白质的代表性结构。在 2004 年度关于人工智能和生物信息学的 AA 人工智能特刊中，胡里斯卡、格拉斯哥和罗斯特在其所写的调查文章中指出："在生物信息学近期活动中，发展最快的领域可能是微阵列数据的分析。"[74]

对于可获得的数据，不论在其种类还是在数量上，都对微生物学家造成了重负——这要求他们完全基于庞大的数据库来理解分子序列、结构和数据。许多研究人员认为，实践将证明来自知识表示和机器学习的人工智能技术是大有用处的。

1.8 新千年人工智能的发展

人工智能是一门独特的学科，允许我们探索未来生活的诸多可能性。在人工智能短暂的历史中，它的方法已经被纳入计算机科学的标准技术中。这样的例子包括，在人工智能研究中产生的搜索技术和专家系统，并且这些技术现在都嵌入了许多控制系统、金融系统和基于 Web 的应用程序中。

- ALVINN 是一个基于神经网络的系统，用于控制车辆；它曾经用来在卡内基梅隆校区附近驾驶汽车。
- 目前，许多人工智能系统用于控制财务决策，例如购买和销售股票。这些系统使用各种人工智能技术，如神经网络、遗传算法和专家系统。

- 基于互联网的智能体搜索万维网，寻找用户感兴趣的新闻文章。

科技进步显著地影响了我们的生活，这种趋势无疑将会继续。最终，在下一个千年，作为人类的意义何在，这个问题很可能会成为一个讨论的焦点。

今天，人们活到八九十岁都并不罕见，人类寿命将继续延长。医疗加上药物、营养以及关于人类健康的知识将继续取得显著进步，从而成为打败疾病和死亡的主要原因。此外，先进的义肢装置将帮助残疾人在较少身体限制的状态下生活。最终，小型、不显眼的嵌入式智能系统将能够维护和增强人们的思维能力。在某个时间点，我们将会面临这样的问题："人类在何处结束，机器在何处开始。反之亦然？"

最初，这样的系统非常昂贵，不是普通消费者所能负担得起的，而且会产生一些其他问题，比如人们会担心谁应该秘密参与到这些先进的技术中。随着时间的推移，标准规范将会出现。但是，寿命超过百年的人组成的社会，其结果将会是什么呢？如果接受嵌入式混合材料（如硅电路）可使生命得以延续 100 年以上，谁不愿意接受呢？如果这个星球上的老年人口过多，生活会有什么不同呢？谁将解决人们的居住问题？生命的定义又是什么？也许更重要的是，生命在何时结束？这些确实是道德和伦理难题。

科幻小说改编的经典电影《Soylent Green》从一个有趣的视角探讨了人工智能的未来。

在生活中，为人类的最大进步铺平道路的科技会是未来的冠军吗？人工智能会在逻辑、搜索或知识表示方面取得进展吗？或者，我们可否从由看起来简单的系统组织成具有非常多可能性的复杂系统（例如，从细胞自动机，遗传算法和智能体）的方式中学习？专家系统将会为我们做些什么？对人工智能而言，模糊逻辑是否会成为迄今为止名不见经传的展示平台？在自然语言处理、视觉、机器人技术方面有什么进步？神经网络和机器学习提供了什么可能性？虽然这些问题的答案很难获得，但是肯定的是，随着影响生活的人工智能技术的持续涌现，我们将会采用大量的科技使生活更加方便。

任何技术的进步都带来了巨大的可能性，同时也产生了新危险。危险可能来自组件和环境出乎意料的交互而导致事故甚至灾难。同样危险的是，结合了人工智能的技术进步可能会落入坏人之手。思考一下，如果能够战斗的机器人被恐怖分子挟持，这会造成多大的破坏和混乱。这可能不会阻碍进步，因为这些技术为人们带来了惊人的可能性，即使一些风险与这些可能性相关，人们也会接受这些风险以及可能的致命后果。人们可能会明确地接受这些风险，或采用默认的做法处理这些风险。

图 1.25 新千年的机器人汽车装配

在人工智能之前，机器人的概念就已经存在了。目前，机器人在机器装配中起着重要作用，如图 1.25 所示。此外，机器人显然能够帮助人类做一些常规的体力活，如吸尘和购物，并且在更具挑战性的领域（如搜索和救援以及远程医疗方面）也有帮助人类的潜力。随着时间的推移，机器人还会显示情感、感觉和爱

（思考一下 Paro 和 Cog）[67]，以及我们通常认为是人类独有的一些行为。机器人将能够在生活的各个方面帮助人们，其中许多方面人类目前无法预见。然而，有人认为机器人也许会模糊“在线生活”和“现实世界”生活之间的区别，这也并非不着边际。我们何时定义“人”为机器人（Android）？如果机器人智能超过了人类（何时），会发生什么事情？在试图预测人工智能的未来时，我们希望能够充分思考这些问题，以便在未来的变幻莫测前做出更充分的准备。

1.9 本章小结

第 1 章设定了思考人工智能的基调。它解决了一些基本问题，例如，人工智能的定义是什么？思维是什么？智能是什么？读者应该思考人类智能与其他智能的区别？动物智能是如何衡量的？

本章介绍了图灵测试的定义，以及围绕图灵测试的争议和批评，如塞尔的中文室。

本章介绍了强人工智能方法和弱人工智能方法之间的区别，并讨论了典型的人工智能问题，以及它们的解决方案。在强人工智能方法和解决方案中，启发法的重要性得到了强调。

本章建议思考哪些类型的问题适合使用人工智能解决方案，哪些类型的问题不适合使用人工智能解决方案。例如，医疗挑战以及类似的积累了大量人类专业知识（如国际象棋游戏）的领域特别适合使用人工智能解决方案。另一些只要用简单和单纯的计算就可以获得解决方案或答案的领域则不适合使用人工智能解决方案。

本章就人工智能应用及其方法进行了探讨，包括搜索算法、拼图和二人博弈。我们已经表明，自动推理与许多人工智能解决方案密切相关，这通常是人工智能解决方案基础的一部分。本章在产生式系统和专家系统领域，从早期人工智能的棋手和机器的独特历史视角呈现了大量的历史和实际应用。本章也从博弈、专家系统、神经计算、进化计算和自然语言处理方面，回顾了最近的历史。本章已经表明，虽然细胞自动机和神经计算等相当复杂的领域并非完全基于知识，但却产生了良好的结果。

我们讨论了具有伟大前景的新的人工智能领域——进化计算，也探讨了知识表示，提供了多种表示的选项，供人工智能研究者设计解决方案。采用统计的不确定性推理，使得概率决策日渐流行，这对许多人工智能的挑战而言是回报率很高的一种方法。本章回答了一些重要的问题：“谁做了这些工作，将我们带领到我们现在的位置？”以及“这些是如何实现的？”

讨论题

1．如何定义人工智能？

2．区分强人工智能和弱人工智能。

3．ALICE 是最近几次赢得 Loebner 奖的软件。请查找这种软件的一个版本。你能告诉我们一些关于 ALICE 的内容吗？

4．阿兰·图灵对人工智能的重要贡献是什么？

5．约翰·麦卡锡对人工智能的贡献是什么？

6．为什么 ATM 及其编程不是人工智能编程的一个好例子？

7．为什么对于人工智能研究而言，医疗诊断是一种非常典型且适合的领域？

8．为什么对人工智能而言，二人博弈是一个非常适合学习的领域？

9．解释计算机国际象棋对人工智能研究所起到的作用。

10．简述专家系统的定义。

11．说出 3 种形式的知识表示。

练习

1．图灵测试的一种变体是所谓的**逆图灵测试**（inverted Turing test）；在这个测试中，计算机必须确定它是在与人打交道还是在与另一台计算机打交道。你能想象这种版本的图灵测试有任何实际的应用吗？（提示：近年来，你试过在线购买流行体育或娱乐活动的门票吗？）

2．图灵测试的第二种变体是**个人图灵测试**（personal Turing test）。想象一下，你试图确定你是否与朋友或一台假装是朋友的计算机沟通。如果计算机通过了这个测试，你能想象到会产生什么法律或道德问题吗？

3．许多人认为语言的使用是智能的必要属性。Koko 是经过斯坦福大学的弗朗西斯·帕特森博士培训，会使用美国手语的大猩猩。Koko 能够表达她不知道的单词组合。例如，她用已知的“手镯”和“手指”这样的词来表示戒指。这只“具备一定知识”的大猩猩是否改变了你对动物智能这个主题的思考？如果是，请回答在什么方面改变了？你能够想象给 Koko 来一次智力测试吗？

4．对于人们对大城市的认定，思考下列测试：

- 它应该可能在凌晨 3:00 提供牛排主餐。
- 每个夜晚，在城市范围内的某个地方，应该安排一场古典音乐会。
- 每个夜晚应该安排一个重大的体育赛事。

此外，假设在美国的某个地方，一个小镇想通过这个测试。为了通过这样测试，他们开了一间 24 小时的牛排联营店，购买了一个交响乐团和主要体育专营权。你觉得这个小镇能够通过成为大城市的最后测试吗？将这个讨论与通过原始图灵测试和拥有智能的标准相关联（Dennett，2004）。

5．假设你要设计一个阈值逻辑单元来模拟双输入或（OR）函数，能确定一个阈值和权重来完成这个任务吗？

6．针对迭代囚徒困境，建议一个策略，在这个游戏中，对于一些未知数 n，游戏重复 n 次。从长远来看，你如何衡量其成功与否？

7．采用遗传算法来解决本章中提供的 3 拼图实例。建议使用串表达可能的解。你会建议使用什么适应度函数？

8．建议一个启发法，帮助在高峰时段出租车稀缺时，乘坐出租车访问纽约市（或任何其他主要城市）。

9．狮子在追击猎物时，使用什么启发法？

10．假设要设计用于帮助家庭选择合适的狗的专家系统，请提出可能规则的建议。

11．在哥白尼之前，地球被认为是宇宙的中心。在哥白尼之后，地球只是绕着太阳旋转的众多行星之一。在达尔文之前，人类认为自己是与这个行星中的其他生命有机体分离开来的物种（并且高于其他物种？）。在达尔文之后，我们只是从单细胞生物演化而来的另一种动物。假设在50年后，我们已经实现了人类级别的人工智能，并且进一步假设，机器人Cog、Paro和Kismet的继承者实际上体验到了情绪，而不是假装是这样的。在历史上的这样一个时刻，作为形成人类“特殊性”的核心，人类应该坚持声称什么？这些的声称是必要的，或者甚至是大家都想要的吗？

12．假设在将来的某个时候，美国宇航局计划在木星的卫星Europa上进行一次无人任务。假设在启动任务时，我们对Europa的卫星表面了解甚少。相对于发送一两台相对重要的机器，发送一“群”罗德尼·布鲁克斯昆虫型机器人有什么优势？

13．Eliza应该被视为一种关系人造物件吗？请给出理由。

14．欣赏杀手乐团（Killers）的歌曲《Are We Human or Are We Dancer？》。你认为这首歌的歌词是什么意思？它们与我们学习的课程有何相关性？你可能希望参考一下热烈的在线讨论（这首歌曲可以在YouTube上得到）。

15．你如何定义人工智能问题与其他类型问题的不同？列出用在人工智能中通常使用的5个问题求解技术。

16．请为人工智能制订一个与时俱进的新图灵测试。

17．研究Lovelace 2机器人。你觉得这个图灵机器人的新测试标准是否可以接受？你如何将它与你在问题2中的答案进行比较？

参考资料

[1] Dreyfus H L, Dreyfus S E. Mind over machine. New York, NY: TheFree Press, 1986.

[2] Michie D L. On Machine Intelligence, 2nd edition. Chichester, England: Ellis Horwood, 1986.

[3] Sokolowksi R. Natural and Artificial Intelligence. In The ArtificialIntelligence debate, ed. S. R. Graubard. Cambridge, MA: The MIT Press, 1989.

[4] Sternberg R J. In search of the human mind. 395–396. New York, NY:Harcourt-Brace, 1994

[5] Reader’s Digest. Intelligence in animals. London, England: Toucan Books Limited, 1994.

[6] Raphael B. The thinking computer. San Francisco, CA: W.H. Freeman, 1976.

[7] Turing A M. Computing machinery and intelligence. Mind L I X 236: 433–460, 1950.

[8] Fromm E. The art of loving. (Paperback ed). Harper Perennial, 1956.

[9] Block N. Psychoanalysis and behaviorism. Reprinted in The Turing *Test*. Ed. S. Shieber. Cambridge, MA: The MIT Press, 2004.

[10] Searle J R. Minds, brains, and programs. Reprinted in The Turing Test. Ed. S. Shieber. Cambridge, MA: The MIT Press, 2004.

[11] Dennett D C. Can machines think? Reprinted in The Turing *Test*. Ed. by S，Shieber. Cambridge, MA: The MIT Press, 2004.

[12] Turing A M. On computable numbers, with an application to the entscheidongs problem. In Proceedings of the London Mathematical Society 2:230–265, 1936.

[13] Polya G. How to solve it, 2nd ed., Princeton, NJ: Princeton University Press, 1957.

[14] Newell A，Simon H A. GPS: a program that simulates human thought. In Computers and thought, ed. Feigenbaum and Feldman. New York, NY: McGraw Hill, 1963

[15] Shortliffe E H. Computer-based medical consultation: MYCIN. Amsterdam, London, New York, NY: Elsevier-North-Holland, 1976.

[16] Gardner M. Mathematical games: The fantastic combinations of John Conway's new solitaire game "life." Scientific American 223 (October):120–123, 1970.

[17] McCulloch W S, Pitts W. A logical calculus of the ideas imminent in nervous activity. Bulletin of Mathematical Biophysics 5:115–133, 1943.

[18] Newell A, Simon H A. Empirical explorations with the logic theory machine: A case study in heuristics. In Computers and thought, ed. Feigenbaum and Feldman., New York, NY: McGraw Hill, 1963.

[19] Whitehead A N, Russell B. Principia Mathematica, 2nd ed. London, England: Cambridge University Press, 1950.

[20] Winograd T. Understanding natural language. New York, NY: Academic Press, 1972.

[21] Nilsson N. Principles of Artificial Intelligence. Palo Alto, CA: Tioga, 1980.

[22] Genesereth M, Nilsson, N. Logical foundations of Artificial Intelligence. Los Altos, CA: Morgan Kaufmann, 1987.

[23] Bundy A. The computer modeling of mathematical reasoning. Academic Press, San Diego, CA, 1983.

[24] Quillian M R. World concepts: A theory and simulation of some basic semantic capabilities. In Readings in Knowledge Representation, ed, 1967 R. Brachman and H. Levesque. Los Altos, CA: Morgan Kaufmann， 1985.

[25] Shapiro S C. The SNePS semantic network processing system. In Associative networks: Representation and use of knowledge by computers, ed. N.V. Findler, 179–203. New York, NY: Academic Press, 1979.

[26] Schank R C, Rieger, C. J. Inference and the computer understanding of natural language. Artificial Intelligence, 5(4):373–412, 1974.

[27] Minsky M. A framework for representing knowledge. In Readings in Knowledge Representation, ed，1975 R. Brachman and H. Levesque. Los Altos, CA: Morgan Kaufmann, 1985.

[28] Schank R C, Abelson R Scripts, plans, goals, and understanding. Hillsdale, NJ: Erlbaum, 1977.

[29] Sowa J F. Conceptual structures: Information processing in mind and machine. Reading, MA: Addison-Wesley, 1984.

[30] Nowak J D，Gowin R B. Learning how to learn. Cambridge, England: Cambridge University Press, 1985.

[31] Minsky M. A society of mind. New York, NY: Simon and Schuster. 1985.

[32] Zadeh L. Commonsense knowledge representation based on fuzzy logic. Computer, 16:61–64, 1983.

[33] Levy D N L. Robots unlimited: Life in the virtual age. Wellesley, MA: AK Peters, LTD, 2006.

[34] Godel K. On formally undecideable propositions of 'principia mathematica' and related

systems (Paperback). New York, NY: Dover Publications, 1931.
[35] Descartes R. Six metaphysical meditations. Wherein it is proved that there is a God and the man's mind is really distinct from his body. Translated by W. Moltneux. London: Printed for B. Tooke, 1680.
[36] Luger G F. Artificial Intelligence: Structures and strategies for complex problem solving. Reading, MA: Addison-Wesley，2002.
[37] Brooks F P. The mythical man-month: Essays on software engineering paperback. Reading, MA: Addison-Wesley, 1975/1995 2nd ed.
[38] Boole G. An investigation of the laws of thought. London, England: Walton & Maberly, 1854.
[39] Shannon C E. A symbolic analysis of relay and switching circuits. Transactions American Institute of Electrical Engineers 57:713–723, 1938.
[40] Shannon C E. Programming a computer for playing chess. Philosophical Magazine 7th Ser., 41: 256–275, 1950.
[41] Samuel A L. Some studies in machine learning using the game of checkers. IBM Journal of Research and DevelopmenM t 3(3), 1959.
[42] Turing A M. Digital computers applied to games. In Faster than thought, ed. B. V. Bowden, 286–310. London, England: Pitman, 1953.
[43] Greenblatt R. D, Eastlake III D E, Crocker S D. The Greenblatt chess program. In Proceedings of the Fall Joint Computing Conference 31:801–810. San Francisco, New York, NY: ACM, 1976.
[44] Berliner H J Ebeling C. Pattern knowledge and search: The SUPREM architecture. Artificial Intelligence 38:161–196, 1989.
[45] Hsu F H, Anantharaman, T, Campbell M, Nowatzyk, A. A grandmaster chess machine. Scientific American 2634, 1990
[46] Kopec D. Kasparov vs. Deep Blue: Mankind is safe-for now. Chess Life May:42–51, 1996.
[47] Schaeffer J. One jump ahead. New York, NY: Springer-Verlag, 1997.
[48] Buchanan B G，Feigenbaum E A. Dendral and meta-dendral: Their applications dimensions. Intelligence Artificial 11, 1978.
[49] Duda R O Gaschnig J ， Hart P E. Model design in the PROSPECTOR consultant for mineral exploration. In Expert systems in the microelectronic age, ed. D. Michie. Edinburgh, Scotland: Edinburgh University Press, 1979.
[50] McDermott J. R1: A rule-based configurer of computer systems. Artificial Intelligence 19(1), 1982.
[51] Clancey W J, Shortliffe E H, eds. Readings in medical Artificial Intelligence: The first decade. Reading, MA: Addison-Wesley, 1984.
[52] Davis R, Lenat D B.Knowledge-based systems in artificial intelligence. New York, NY: McGraw-Hill, 1982.
[53] Erman L D, Hayes-Roth F Lesser V et al. The HEARSAY II speech understanding system:

Integrating knowledge to resolve uncertainty. Computing Surveys 12(2):213–253, 1980.

[54] Lenat D B. On automated scientific theory formation: A case study using the AM program. Machine Intelligence 9:251–256, 1977.

[55] Van Melle W Shortliffe E H. Buchanan B G. EMYCIN: A domainindependent system that aids in constructing knowledge-based consultation programs. Machine Intelligence. Infotech State of the Art Report 9, no. 3, 1981.

[56] Forgy C L. On the efficient implementation of production systems. PhD thesis, Carnegie-Mellon University, 1979.

[57] Giarratano J. CLIPS user's guide. NASA, Version 6.2 of CLIPS, 1993.

[58] Rosenblatt F. The perceptron: A probabilistic model for information storage and organization in the brain. Psychological Review 65: 386–408, 1958.

[59] Minsky M. and Papert, S. Perceptrons: An introduction to computational geometry. Cambridge, MA: The MIT Press, 1969.

[60] Hopfield J J. Neural networks and physical systems with emergent collective computational abilities. In Proceedings of the National Academy of Sciences 79: 2554–2558, 1982.

[61] Hopfield J J, Tank D. Neural computation of decisions in optimization problems. Biological Cybernetics 52:141–152, 1985.

[62] Sejnowski T J, Rosenberg C R. Parallel networks that learn to pronounce English text. Complex Systems 1:145–168, 1987.

[63] Pomerleau D A. ALVINN: An autonomous land vehicle in a neural network. In Advances in neural information processing systems 1. Palo Alto, CA: Morgan Kaufman, 1989.

[64] Holland J H. Adaptation in natural and artificial systems. Ann Arbor, Michigan: University of Michigan Press, 1975.

[65] Brooks R A. The cog project. Journal of the Robotics Society of Japan, Special Issue (Mini) on Humanoid, ed. T. Matsui. 15(7), 1996.

[66] Weizenbaum J. Eliza – A computer program for the study of natural language communication between man and machine. Communications of the ACM 9:36–45, 1966.

[67] Turkle S. Artificial Intelligence at 50: From building intelligence to nurturing sociabilities. In Proceedings of ai @ 50, Dartmouth College, Hanover, New Hampshire，2006.

[68] Fennell R D, Lesser V R. Parallelism in Artificial Intelligence problem-solving: A case study of Hearsay-II. Tutorial on parallel processing 185–198. New York, NY: IEEE Computer Society, 1986.

[69] Wolf J J, Woods W A. The Journal of the Acoustical Society of America 60(S1):811, 1976.

[70] Lenat D B. Cyc: A large-scale investment in knowledge infrastructure. Communications of the ACM 38(11), 1995.

[71] Charniak E. Why natural language processing is now statistical natural language processing. In Proceedings of ai @ 50, Dartmouth College, Hanover, New Hampshire,

2006.

[72] Marcus M P. Santorini B Marcinkiewicz M A. Building a large annotated corpus of English: The Penn Treebank. Computational Linguistics 19(2):313–330, 1993.

[73] Livingston G R. Rosenberg J M Buchanan B J. Closing the loop: Heuristics for autonomous discovery. In Proceedings of the 2001 IEEE International Conference on Data Mining 393–400. San Jose, CA: IEEE Computer Society Press, 2001.

[74] Glasgow J Jurisica I. Rost B AI and Bioinformatics (Editorial). AI Magazine Spring: 7–8, 2004.

书目

[1] Boole G. The Mathematical Analysis *of* Logic: Being an Essay Towards a Calculus of Deductive Reasoning. Cambridge: Macmillan Barclay and MacMillan, 1847.

[2] Brachman R. J, Levesque J. Readings in Knowledge Representation. Los Altos, CA: Morgan Kaufmann, 1985.

[3] Brooks R. A, “Elephants Don’t Play Chess.” Robotics and Autonomous Systems 6(1990):3–15.

[4] Buchanan B G, Feigenbaum E A. Rule-Based Expert Programs: The MYCIN Experiments of the Stanford University Heuristic Programming Project . Reading, Massachusetts: Addison-Wesley, 1984.

[5] Glasgow J, Jurisica I, Burkhard R. “AI and Bioinformatics.” AI Magazine 25, 1 (Spring 2004):7–8.

[6] Kopec D. Advances in Man-Machine Play. In Computers, Chess and Cognition, Edited by T.A. Marsland and J. Schaeffer, 9–33. New York: Springer-Verlag, 1990.

[7] Kopec D Shamkovich L Schwartzman G. Kasparov – Deep Blue. Chess Life Special Summer Issue (July 1997): 45–55.

[8] Levy David N L. Chess and Computers. Rockville, Maryland: Computer Science Press, 1976.

[9] Michie D. “King and Rook against King: Historical Background and a Problem for the Infinite Board.” In Advances in Computer Chess I. Edited by M. R. B. Clarke. Edinburgh, Scotland: Edinburgh University Press, 1977.

[10] Michie D.“Chess with Computers.” Interdisciplinary Science Reviews 5, 3(1980): 215–227.

[11] Michie D. (with R. Johnston). The Creative Computer. Harmondsworth, England: Viking, 1984.

[12] Molla M Waddell M. Page D Shavlik J. “Using Machine Learning to Design and Interpret Gene-Expression Microarrays.”AI Magazine 25 (2004):23–44.

[13] Nair R，Rost B. “Annotating Protein Function Through Lexical Analysis.” AI Magazine 25, 1 (Spring 2004): 44–56.

[14] Newborn M. Deep Blue: An Artificial Intelligence Milestone. New York: Springer-Verlag, 2002.

[15] Rich E. Artificial Intelligence. New York: McGraw-Hill, 1983.
[16] SAT：Aptitude and subject exams administered several times annually by the College Board. For information go to www.collegeboard.com.
[17] Standage T. The Turk. New York: Walker Publishing Company, 2002.

第二部分　基础知识

许多 AI 研究人员认为搜索及其执行方法是 AI 的基础。第 2 章主要关注盲目搜索及其执行的方式。

第 3 章介绍启发法和各种搜索技术的概念，人们开发了这些技术，并对它们加以利用。这一章介绍了搜索中的优选概念，这些搜索技术包括分支限界技术以及相对被忽略的双向搜索。博弈中的搜索是第 4 章的重点。特别是在二人博弈中，博弈的明确规则和目标允许开发诸如 minimax、alpha-beta 和 expectimax 这样的方法来指导计算机下棋。

有些研究人员将逻辑视为 AI 的基础。这里所说的逻辑包括第 5 章提到的逻辑表示、命题逻辑、谓词逻辑和其他逻辑。还有一些人则认为，表示方式的选择是人类和机器问题求解不可分割的一部分。第 6 章介绍图、框架、概念图、语义网络以及智能体的世界视图的概念。第 7 章讨论 AI 的“强”“弱”方法，为产生式系统提供了一个背景，在 AI 中，产生式系统是一个公认的强有力的知识表示和问题求解的方法。此外，第 7 章还将介绍细胞自动机和马尔可夫链。

第2章 盲目搜索

在本章中，我们从在人工智能中经常遇到的最重要的问题之一——搜索开始学习。我们的目标是介绍在AI中用于求解问题的最流行方法：搜索、知识表示和学习。我们开始学习基本的搜索算法——所谓的“无信息搜索”或“盲目搜索”的方法。这些算法不依赖任何问题领域的特定知识。正如我们将看到的，这些算法通常需要大量的空间和时间。

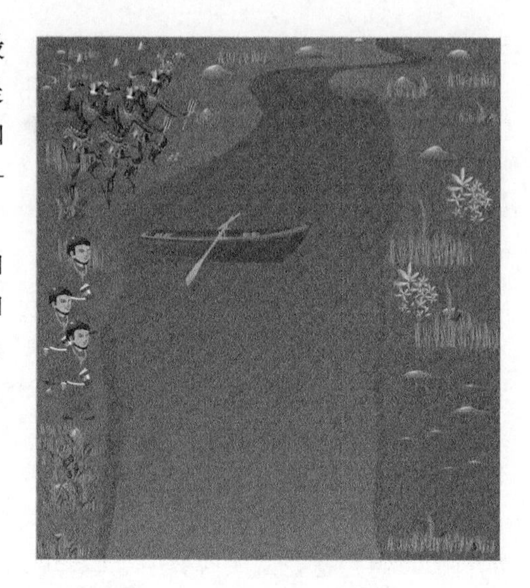

2.0 简介：智能系统中的搜索

搜索是大多数人生活中的自然组成部分。我们都放错过房子钥匙或电视遥控器，然后检查口袋，翻箱倒柜。有时候，搜索可能更多是在大脑中进行。你可能有时突然不记得自己到访过的地方的名字、真正喜欢的电影中演员的名字，或者不记得曾经谙熟于心的歌词。要想起来这些事，可能需要几秒钟（记忆力衰退时或许更长）。

许多算法专门通过列表进行搜索和排序。当然，人们同意，如果数据按照逻辑顺序组织，那么搜索就会比较方便一些。想象一下，如果姓名和电话号码随机排列，那么搜索相对较大城市的电话簿会有多麻烦。因此，搜索和信息组织在智能系统的设计中发挥了重要作用，这并不奇怪。也许我们要搜索曾经到访过地方的名字或序列中的下一个数字（见第1章），抑或是井字游戏或跳棋游戏中下一步最佳移动（见第4章和第16章）。人们认为，可以非常快地解决此类问题的人，通常比其他人更聪明。软件系统也通常使用相同的术语，例如，人们也认为，性能更好的国际象棋博弈程序比同类型的程序更加智能。

本章介绍了几种基本搜索算法。2.1节首先介绍一个有助于形式化搜索过程的数学结构——状态空间图。在众所周知的假币问题（False Coin Problem）中，人们必须通过对两个或更多个硬币进行称重来识别假币，其中就展示了这种结构。接下来，本章介绍和解释了生成和测试（generate-and-test）搜索范式。生成器模块系统地提出了问题的可能解，而测试器模块验证了解的正确性。

本章还引入了两种经典的搜索方法：贪婪算法和回溯。这两种方法都是先将问题分成若干步骤。例如，如果你要将 8 个皇后放在棋盘上，任何两个皇后都不会互相攻击，也就是说，任何两个皇后都没有占据同一行、同一列或同一对角线。第 1 步就是将第一个皇后放在棋盘上，第 2 步就是将第二个皇后放在安全的方格中，以此类推。正如你在 2.2 节中所看到的，在选用何种标准做出具体选择方面，这两种方法互不相同。

2.3 节解释了盲目搜索算法。盲目或无信息搜索算法是一种不需要使用问题领域知识的方法。例如，假设你正在迷宫中找出路。在盲目搜索中，你可能总是选择最左边的路线，而不考虑任何其他可替代的选择。两种典型的盲目搜索算法是广度优先搜索（BFS）和深度优先搜索（DFS）——在第 1 章中已经做了简要介绍。回想一下，在继续前进之前，BFS 在离开始位置的指定距离处仔细查看所有替代选项。BFS 的优点是，如果一个问题存在解，那么 BFS 就会找到它。但是，如果在每个节点的可替代选项很多，那么 BFS 可能会因需要消耗太多的内存而变得不切实际。DFS 采用了不同的策略来达到目标：在寻找可替代路径之前，它追求寻找单一的路径来实现目标。DFS 内存需求合理，但是它可能会因偏离开始位置无限远而错过了相对靠近搜索起始位置的解。具有迭代加深的 DFS 是介于 BFS 和 DFS 之间的折中方案，它将 DFS 中等空间需求与 BFS 提供能找到解的确定性结合到了一起。

2.1 状态空间图

状态空间图（state-space graph）是对一个问题的表示，通过问题表示，人们可以探索和分析通往解的可能的可替代路径。特定问题的解将对应状态空间图中的一条路径。有时候，我们要搜索一个问题的任意解；而有时候，我们希望得到一个最短（最优）的解。本章将主要关注所谓的盲目搜索方法，即寻找发现任意解。第 3 章将重点关注知情搜索算法，这些算法通常可以发现问题的最佳解。

假币问题

在计算机科学中，一个众所周知的问题是假币问题。有 12 枚硬币，已知其中一枚是假的或是伪造的，但是不知道假币是比其他币更轻还是更重。普通的秤可以用于确定任何两组硬币的质量，即一组硬币比另一组硬币更轻或更重。为了解决这个问题，你应该创建一个程序，通过称量三组硬币的组合，来识别假币。

在这一章中，我们将解决一个相对简单的问题实例，这只涉及 6 枚硬币；与上述的原始问题一样，它也需要比较三组硬币，但是在这种情况下，任何一组硬币的硬币枚数相对较少，我们称之为最小假币问题。我们使用符号 $C_{i1}\ C_{i2}\ldots C_{ir}$: $C_{j1}\ C_{j2}\ldots C_{jr}$ 来指示 r 枚硬币，比较 $C_{i1}\ C_{i2}\ldots C_{ir}$ 与另 r 枚硬币 $C_{j1}\ C_{j2}\ldots C_{jr}$ 的质量大小。结果是，要么这两组硬币同样重，要么不一样重。我们不需要进一步知道左边盘子的硬币是否比右边盘子的硬币更重或是更轻（如果要解决这个问题的 12 枚硬币的版本，就需要知道其他知识）。最后，我们采用记号[$C_{k1}\ C_{k2}\ldots C_{km}$]来指示具有 m 枚硬币的子集是所知道的包含了假币的最小硬币集合。图 2.1 给出了这个最小假币问题的一个解。

如图 2.1 所示，状态空间树由节点和分支组成。一个椭圆是一个节点，代表问题的一个状态。节点之间的弧表示将状态空间树移动到新节点的算符（或所应用的算符）。请参考图

2.1 中标有（*）的节点。这个节点[C_1 C_2 C_3 C_4]表示假币可能是 C_1、C_2、C_3 或 C_4 中的任何一个。我们决定对 C_1 和 C_2 以及 C_5 和 C_6 之间的质量大小（应用算符）进行比较。如果结果是这两个集合中的硬币质量相等，那么就知道假币必然是 C_3 或 C_4 中的一个；如果这两个集合中的硬币质量不相等，那么我们确定 C_1 或 C_2 是假币。为什么呢？状态空间树中有两种特殊类型的节点。第一个是表示问题起始状态的起始节点。在图 2.1 中，起始节点是[C_1 C_2 C_3 C_4 C_5 C_6]，这表明起始状态时，假币可以是 6 枚硬币中的任何一个。另一种特殊类型的节点对应于问题的终点或最终状态。图 2.1 中的状态空间树有 6 个终端节点，每个标记为[C_i]（i = 1,…, 6），其中 i 的值指定了哪枚是假币。

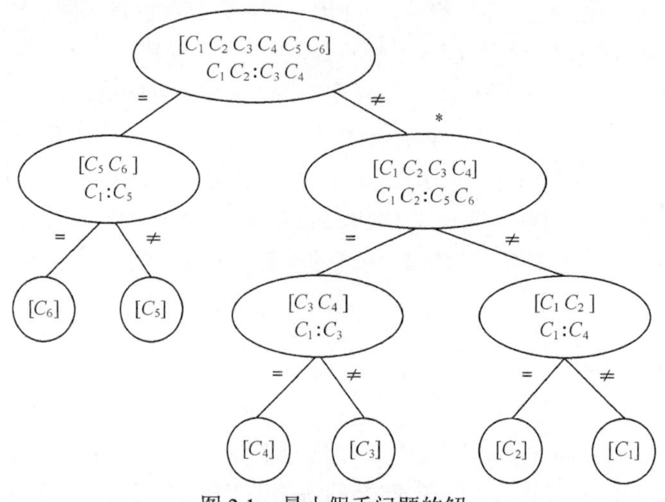

图 2.1 最小假币问题的解

问题的状态空间树包含了问题可能出现的所有状态以及这些状态之间所有可能的转换。事实上，由于回路经常出现，这样的结构通常称为状态空间图。问题的解通常需要在这个结构中搜索（无论它是树还是图），这个结构始于起始节点，终于终点或最终状态（goal state）。有时候，我们关心的是找到一个解（不论代价）；但有时候，我们可能希望找到最低代价的解。

说到解的代价，我们指的是到达目标状态所需的算符的数量，而不是实际找到此解所需的工作量。相比计算机科学，解的代价等同于运行时间，而不是软件开发时间。

到目前为止，我们不加区别地使用了节点（node）和状态（state）这两个术语。但是，这是两个不同的概念。通常情况下，状态空间图可以包含代表相同问题状态的多个节点，如图 2.2 所示。回顾最小假币问题可知，通过对两个不同集合的硬币进行称重，可以到达表示相同状态的不同节点。

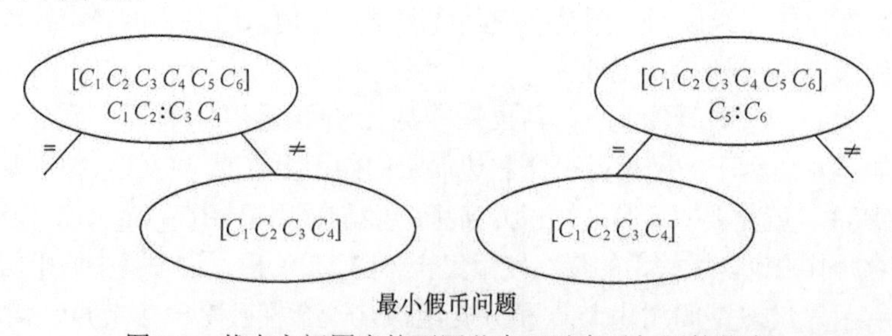

图 2.2 状态空间图中的不同节点可以表示相同的状态

如图 2.1 所示，这是最小假币问题的解。解决这个问题的人穿着一件蓝色的衬衫，或者在处理 12 硬币版本的问题时，其他人需要一大杯咖啡，这些可能都是真的。但是，这些细节应该与解无关。抽象允许你抛开这样的细节。

在求解过程中，可以有意忽略系统的某些细节，这样就可以允许在合理的层面与系统进行交互，这就是在第 1 章中定义的抽象。例如，如果你想玩棒球，那么抽象就可以更好地让你练习如何打弧线球，而不是让你花 6 年时间成为研究物体如何移动的力学方面的博士。

2.2 生成与测试范式

解决问题的直接方法是提出可能的解，然后检查每个提议，看是否有提议构成了解。人们称之为生成与测试范式（generate-and-test paradigm）。本章用 *n* 皇后问题阐释这种方法，如图 2.3 所示。

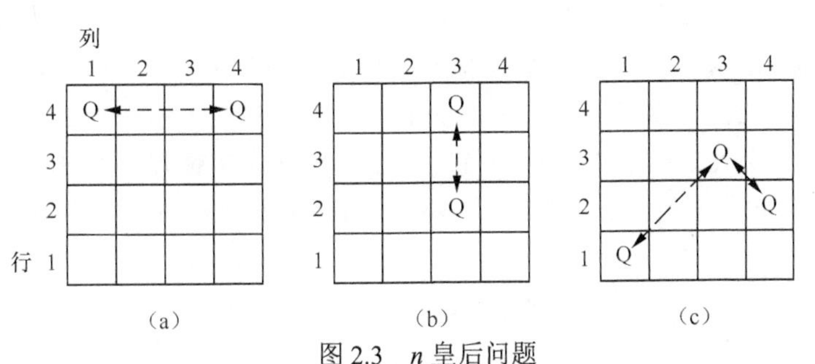

图 2.3 *n* 皇后问题
（a）任何两个皇后都不应该占据相同的行 （b）任何两个皇后都不应该占据相同的列
（c）任何两个皇后都不应该占据相同的对角线

n 皇后问题涉及将 *n* 个皇后放在 $n \times n$ 的棋盘上，任何两个皇后都不互相攻击。也就是说，任何两个皇后都不应该占据相同的行、列或对角线。这些条件被称为问题的约束条件。在图 2.4（a）～图 2.4（c）中提出的解违反了这个问题的各种约束。如图 2.4（d）所示，这是 4 皇后问题的解。

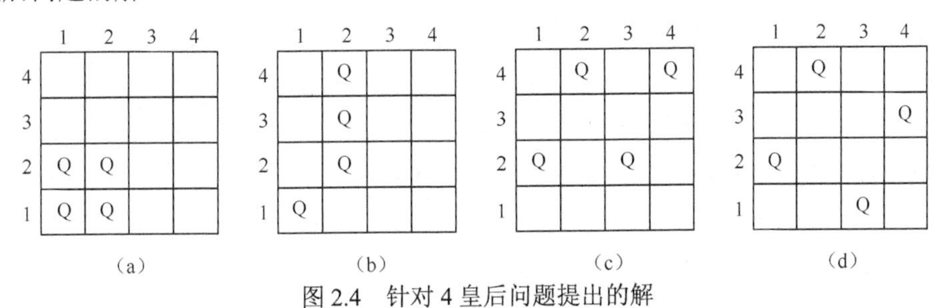

图 2.4 针对 4 皇后问题提出的解
（a）违反了每个约束条件 （b）两个皇后出现在同一对角线上，3 个皇后出现在同一列中
（c）皇后出现在同一行 （d）找到了解

在这个问题中，4 个皇后需要放置在 4×4 棋盘上。总共有 C_{16}^{4} 或 1820 种方法来实现这个目标。如图 2.4 所示，这些提议的解中，有许多提议的解违反了问题的一个或多个约束条件。但是，如果为了不丢失解，一个可靠的生成器必须提出满足问题约束的、大小为 4 的

任何子集。更一般地说，如果这个生成器提出了每个可能的解，那么这个生成器就是完备的。此外，如果提出的解被拒绝了，那么这个方案就不会再次被提议（事实上，每个成功的提议都只能提出一次）。换句话说，一个好的生成器应该是非冗余（noredundant）的。最后，回想一下，将 4 个皇后放置在一个 4×4 棋盘上有 1820 种方法。如果生成器没有提出明显不可行的解，那么这个生成器会相对有效。图 2.4（a）展示了一个例子，在这个例子中，所有的问题约束条件都被违反了。可以说，如果生成器拥有一些信息，允许其对提案做出一些限制，那么这个生成器就是知情的（informed）。

生成与测试范式的程序看起来如下所示：

```
{While 找不到解，但仍有更多候选方案
    [生成可能的解
    测试是否满足所有的问题约束]
End While}
IF 找到了解，则宣布成功，并输出解
Else 宣布没有找到解
```

示例 2.1 素数的生成和测试

假设你必须确定给定的 3 和 100 之间的数字（包括 3 和 100）是否为素数。回想一下，如果一个整数 $N \geqslant 2$，其唯一的因数是 1 和本身，那么它就是一个素数。因此 17 和 23 是素数，而 33 不是素数，因为它是 3 和 11 的乘积。假设在不使用计算机或袖珍计算器的情况下，你必须解决这个问题。首先，你要试着用生成和测试方法得到一个解，伪代码如下所示：

```
{While 问题还没有解决，数字（Number）仍存在可能的因子：
 [为数字生成(Generate)一个可能的因子
/ *可能的因子会按照
2, 3, 4, 5, ... Number
这样的顺序生成
*/
测试(Test)：If（Number）/（可能的因子）是一个> = 2 的整数
Then 返回不是素数]
End While}

If 可能的因子等于 Number，
Then 返回 Number 是素数
```

如果数字（Number）等于 85，那么对于可能的因子 2，3 和 4 测试失败。但是，85/5 得到 17，因此我们可以声明 85 不是素数。如果数字（Number）等于 37，由于得到可能的因子等于 37，因此我们退出 While 循环，并返回 37 是素数。

更知情的生成器仅检查可能的因子，这个因子最大可能等于 Number 的平方根（向下取整）。回想一下，一个数字的向下取整（floor）应该是小于等于这个数字（Number）的最大整数。例如，floor（3.14）=3，floor（2）=2，floor（−5.17）=−6。在前面例子中，等于 37 的数字（Number），只在检查了 2，3，4，5 和 6 这些可能的因子之后，知情生成器便返回 37 是素数。更知情的生成器可以大大节省时间，降低复杂度。

2.2.1 回溯

求解 4 皇后问题的第一种方法是采用生成器，在最坏的情况下，这个生成器检查 1820

种将 4 个皇后放在 4×4 棋盘上的每一种方式。注意，在图 2.5（a）所描述的位置不是 4 皇后问题的解。事实上，这个提议解违反了这个问题的每一个约束条件。我们可以安全地假设图 2.5（a）中的解一次只生成一个皇后。

假设所提议前两个皇后的位置如图 2.5（b）所示，这称为部分解。

完全枚举法是一种搜索方法，它将查看所有位置，寻找问题的解。甚至在已经发现了这组位置不可能成功得到解的情况下，完全枚举法还是进一步得到了部分解。

从图 2.5（b）所示的部分解开始，完全枚举法会继续将另两个皇后放置在棋盘上，不管以何种方式放置这些皇后，这个解注定是要失败的。这要求测试者在给出所提议的部分解后，检查问题的约束条件是否被违反。

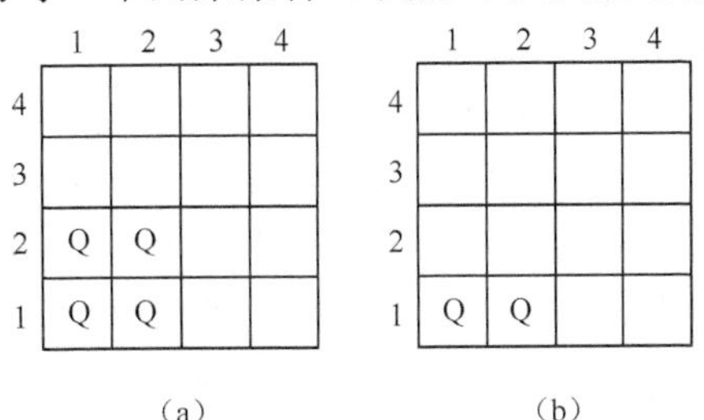

图 2.5　基于 4 皇后问题所提议的解
（a）4 个皇后在一个 4×4 棋盘上
（b）两个皇后在一个 4×4 棋盘。继续提议这个解是否明智

回溯是对完全枚举法的改进。提议解的过程被分成几个步骤。在 4 皇后问题中，我们很自然地将放置一个皇后在棋盘上作为一个步骤。思考一下，将皇后按照一定的顺序放置在方格中。在步骤 i，在不违反任何约束条件的情况下，将皇后放置在方块中。如果第 i 个皇后放置在任意方格中都违反任何约束条件，那么我们必须返回到第 i–1 步。也就是说，必须回溯考虑第（i–1）个皇后放置的步骤。撤销第（i–1）个步骤皇后放置的位置，留下选择给下一个皇后，然后返回步骤 i。如果不能成功地放置第（i–1）个皇后，那么回溯，继续第（i–2）个步骤。

我们可以使用带有生成与测试范式的回溯。在推进过程中，允许测试模块查看一个可能的解。我们将尝试使用在棋盘中每一列放置一个皇后的生成器，而不考虑使用 C_{16}^{4} 或 1820 个放置方案的不知情生成器。这种算法包含 4 个步骤，如图 2.6 所示。

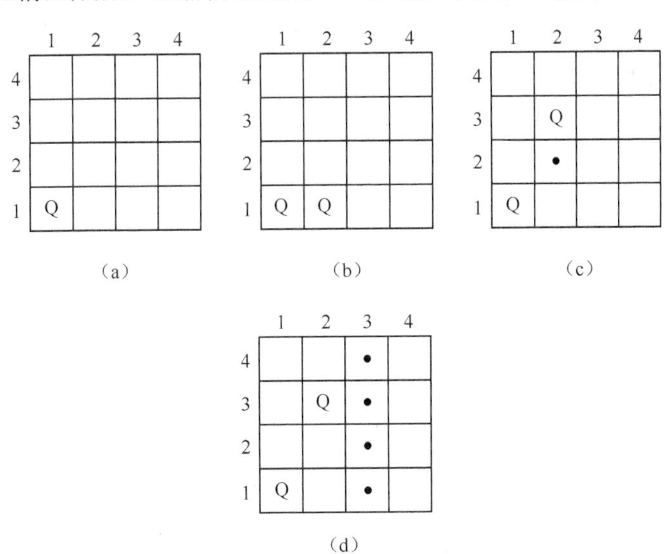

图 2.6　基于回溯的 4 皇后问题的解
（a）步骤 1：将皇后 1 放置在第 1 行第 1 列（b）步骤 2：将皇后 2 放置在第 1 行第 2 列　（c）对于在（b）中的放置方式，测试模块将返回“无效”。皇后 2 接下来放在第 2 行，然后放在第 2 列第 3 行
（d）步骤 3：我们试图在第 3 列放一个皇后，但是这不可能，因此有必要回溯到步骤 2

在步骤 1 中，我们试着将第一个皇后放在第一列。图 2.6 说明了 4 皇后问题的回溯解的起始。棋盘位置可以使用具有 4 个行分量的向量表示：（1，3，-，-）代表了部分解，如图 2.6（c）所示。

皇后在第 1 行第 1 列，皇后在第 3 行第 2 列，向量中位置 3，4 的两个破折号表示第三个和第四个皇后还未被放置在剩余的两行中。如图 2.6（d）所示，向量（1，3，-，-）代表了部分解，这个解不可能得到完全解；当算法试图将一个皇后放置在第 3 列中时，我们洞察到了这个结论。在可能成功地将第 3 个和第 4 个皇后放置在棋盘上之前，这要求回溯到步骤 2，然后最终回溯到步骤 1。图 2.7 显示出了这些步骤。

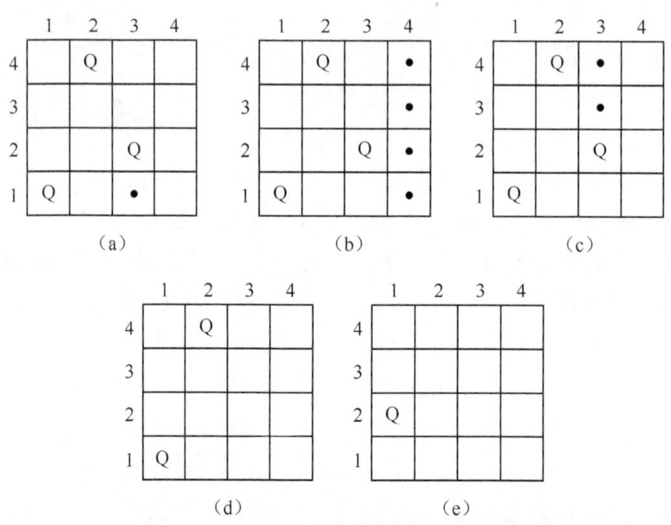

图 2.7 4 皇后问题基于回溯的解，继续

（a）回溯到步骤 2；皇后 2 放置在第 4 行。返回到第 3 步骤。皇后 3 可能不能放置在第 1 行（为什么不能？），然后，皇后 3 放在第 2 行。这个图用向量（1，4，2，-）表示 （b）步骤 4：算法不能找到位置放置皇后 4；需要返回到步骤 3 （c）步骤 3：皇后 3 不能成功的放置在第 3 列。需要回溯到步骤 2 （d）在步骤 2，没有位置放置皇后 2；我们必须再次回溯 （e）步骤 1：皇后 1 放置在第 2 行，第 1 列[1]

该算法最终将回溯到步骤 1；当前，皇后 1 位于第 2 行，如图 2.7（e）所示。该算法准备再次向前移动。在找解的路径这一过程中，接下来所提议的步骤如图 2.8 所示。

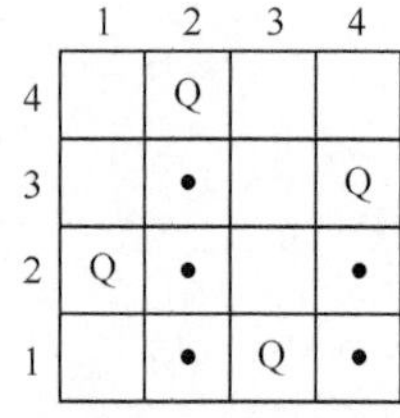

图 2.8 提议步骤

基于回溯的 4 皇后问题的解，得到了结果。在步骤 2 中，皇后 2 最终放在了第 4 行。在步骤 3，皇后放在了第 1 行，在步骤 4 中，皇后被放在了第 3 行。

这个解使用向量（2,4,1,3）表示。其他解是否可行？如果有，如何找到它们？

事实证明，4 皇后问题有一个额外的解。要找到它，打印出图 2.8 所示的解，然后调用回溯例程。图 2.9 显示了发现第二个解的步骤，这个解是（3,1,4,2）。

4 皇后问题有两个解：（2,4,1,3）和（3,1,4,2）。这两个解具有对称关系。事实上，你可以通过一个解将棋盘垂直翻转获得另一个解（在第 4 章练习中，将进一步探讨对称性问题及其所起的作用）。

图 2.6～图 2.8 所示的用于回溯搜索寻找 4 皇后问题的首个解的信息，也可由图 2.10 中的搜索树表示。

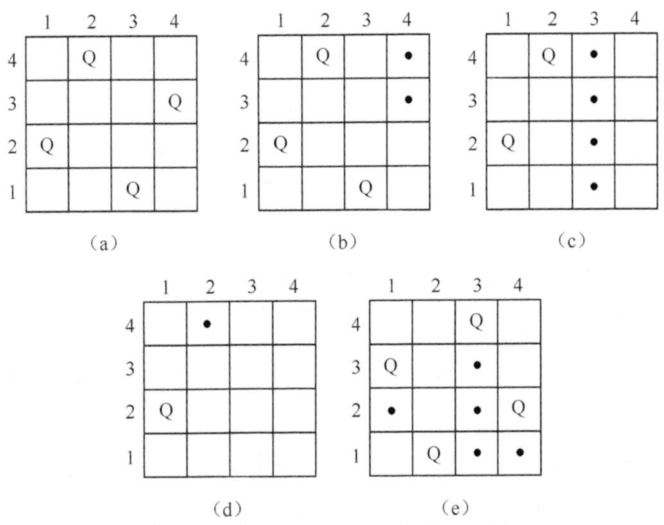

图 2.9 4 皇后问题——找到第二个解

(a) 第一个解 (b) 先前的放置方式 (2,4,1,3) 宣布无效，开始回溯 (c) 没有地方给皇后 3 落脚 (d) 回溯到步骤 2，皇后没有地方放置。回溯到步骤 1 (e) 找到了第二个解

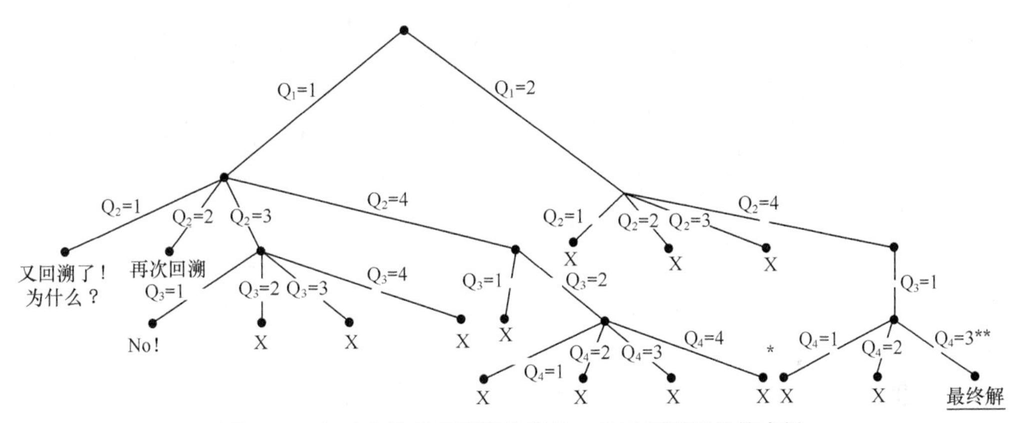

图 2.10 表示先前基于回溯找到的 4 皇后问题解的搜索树

这棵树中的 4 个层次对应于问题中的 4 个步骤。从根开始的左分支对应于将第一个皇后放在第一行的所有部分解。

在左子树第 4 层的节点，用*标记对应于所提议的解（1,4,2,4）。测试器显然会否定这个提议解。在这棵树中，回溯意味着返回更靠近根的上一层，（1,4,2,4）将导致搜索返回到根。搜索将会在右子树继续，这对应于第一个皇后在第 2 行的所有部分解。在标记为**的叶节点，发现了最终解。

示例 2.2 回溯法求解 4 皇后问题

回想一下，好的生成器应该拥有一些信息（具有启发性）。假设我们的生成器是基于见解，即 4 皇后问题的任何解在每一行每一列中都只能放置一个皇后，问题的解只可能是相对应的整数 1、2、3 和 4 排列的向量。图 2.11 表示了基于这个生成器的回溯搜索。

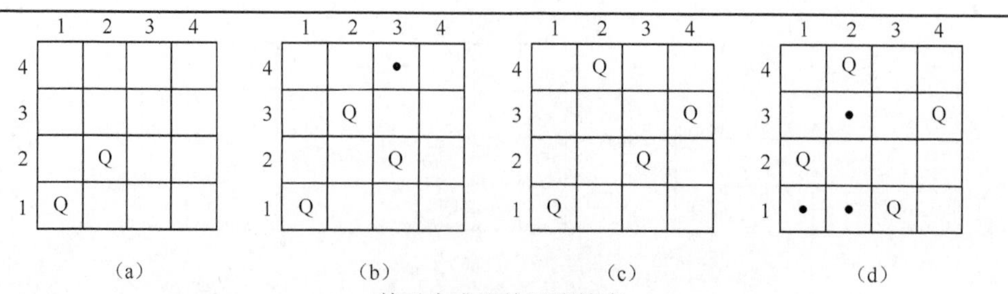

(a) (b) (c) (d)

基于生成器的回溯搜索

图 2.11 采用了只提供{1，2，3，4}排列作为解的生成器的 4 皇后问题回溯解
(a)（1，2，-，-）被拒绝了 (b)（1，3，2，-）和（1，3，4，-）被拒绝了 (c) 提出了（1，4，2，3），但是测试器说不行 (d)（2，1，-，-）失败了。但是，（2，4，1，3）最终解出了这个问题

示例 2.2 中的生成器比前面的方法拥有更多的信息。提出全部的 4! = 24 种可能性（最坏情况下），而较早的生成器只提出了 $4^4 = 256$ 种可能性。当然，这两种生成器比起完全枚举法，算是前进了一大步了——完全枚举法所提议的解的个数高达 C_{16}^4 或 1820 个。对应于示例 2.2 的搜索树如图 2.12 所示。

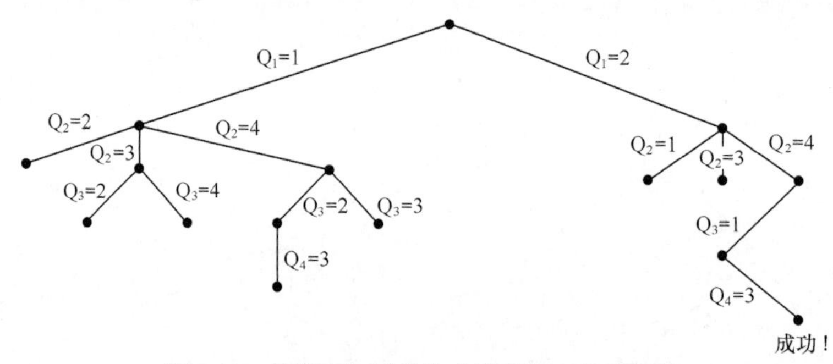

图 2.12 使用更知情的生成器求解 4 皇后问题

我们观察到，在找到解之前，只探索了较小部分的状态空间。

在本章末尾的练习中，会问到你是否能够为 4 皇后问题找到更知情的生成器。我们将在第 3 章中重新讨论这个问题，并讨论约束满足搜索（constraint satisfaction search）。

2.2.2 贪婪算法

上一节阐释了回溯，这是一种将搜索分成若干步骤的搜索程序。在每个步骤中，按照规定的方式做出选择。如果问题的约束条件得到了满足，那么搜索将进行到下一步；如果没有选项可以得到有用的部分解，那么搜索将回溯到前一个步骤，撤销前一个步骤的选择，继续下一个可能的选择。

贪婪算法（greedy algorithm）是另一种经典搜索方法，这种方法也是先将一个问题分成几个步骤进行操作。贪婪算法总是包含了一个已优化的目标函数（例如，最大化或最小化）。典型的目标函数可以是行驶的距离、消耗的成本或流逝的时间。

图 2.13 代表了中国几个城市的地理位置。假设销售人员从成都开始，想找到去哈尔滨的一条最短路径，这条路径只经过成都（V_1）、北京（V_2）、哈尔滨（V_3）、杭州（V_4）和西

安（V_5）。在这 5 个城市之间的距离以千米表示。在步骤 1 中，贪婪方法从成都行进到西安，因为这两个城市的距离只有 606 km，西安是最近的城市。图 2.14 给出了算法中的后续步骤。

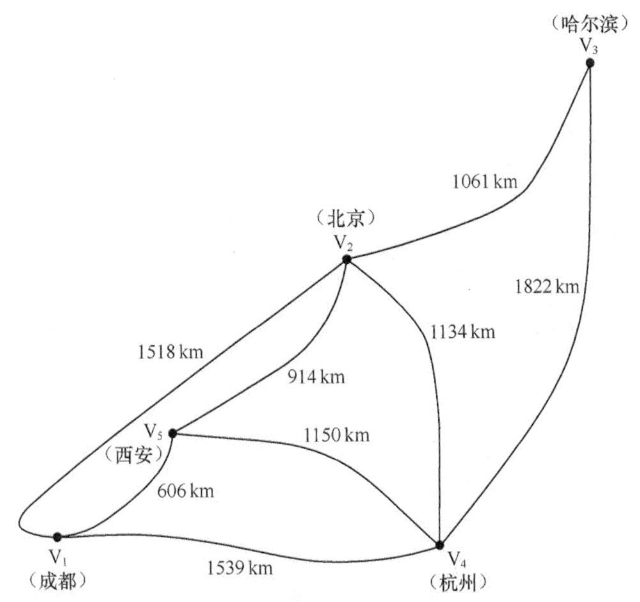

图 2.13　中国的 5 个城市，并假设了城市之间的空中距离，这些城市彼此之间直接相连

（1）在步骤 1 中，采用 V_1 到 V_5 的路径，因为西安是离成都最近的城市。

（2）只有是先前已经访问过的顶点，我们才可以考虑经过该顶点的路径。在步骤 2 中，下一个生成的路径直接从 V_1 到 V_2，它的代价（距离）是 1518 km。这条直接的路径比通过 V_5 的路径便宜，代价为 606 km + 914 km = 1520 km。

（3）V_1 到 V_3 便宜的路径是使用从 V_1 到中间节点（V_i）以及从 V_i 到 V_3 的最便宜的路径构成的。此处，I 等于 V_2; V_1 到 V_3 代价最小的路径经过了 V_2，其代价为 1518 km + 1061 km = 2579 km。然而，V_1 到 V_4 的直接路径代价较低（1539 km）。我们直接去了 V_4（杭州）。

（4）步骤 4：我们正在搜索从 V_1 开始到任何地方的下一条代价最小路径。我们已经得到了 V_1 到 V_5 的代价最小路径，其代价为 606 km。第二条代价最小路径为 V_1 到 V_2 的直接路径，代价为 1518 km。V_1 到 V_4 的直接路径（1539 km）比经过 V_5 的路径（606 km + 1150 km = 1756 km）以及经过 V_2 的路径（1518 km + 1134 km = 2652 km），其代价最低。因此，下一条代价最小路径是那条经过 V_3 的路径（2579 km）。这里有几种可能性：

- V_1 到 V_5（代价=606 km），然后 V_5 到 V_2（代价=914 km），即从 V_1 到 V_2，经过 V_5 的代价是 1520 km。然后，你需要从 V_2 到 V_3（代价为 1061 km）。从 V_1 到 V_3，经过 V_5 和 V_2 的路径，其总代价是 1520 km + 1061 km = 2581 km。
- V_1 到 V_2 的代价为 1518 km，V_2 到 V_3 的代价为 1061 km，这条路径的总代价为 2579 km。
- V_1 到 V_4 的代价为 1539 km，V_4 到 V_3 的代价为 1822 km，这条路径的总代价为 3361 km。

我们采用从 V_1 到 V_3 的路径，这条路径首先经过 V_2，总代价为 2579 km。

图 2.14（a）～图 2.14（d）显示了使用贪婪方法寻找从成都到哈尔滨（V_1 到 V_3）的最

短路径的各个步骤。

图 2.14（a）只有顶点以前被访问过，我们才可能考虑经过此顶点的路径。在步骤 2 中，下一条生成的路径为 V_1 到 V_2 的直接路径。

图 2.14（b）V_1 到 V_3 的代价最小路径，经过 V_2，具有（1518 + 1061）km 的代价。从 V_1 到 V_4 的直接路径，代价较低。

图 2.14（c）代价最小的路径是 V_1 到 V_5。代价第二小的路径是 V_1 到 V_2 的直接路径。下一条代价最小的路径是途经 V_2 到 V_3 的路径。

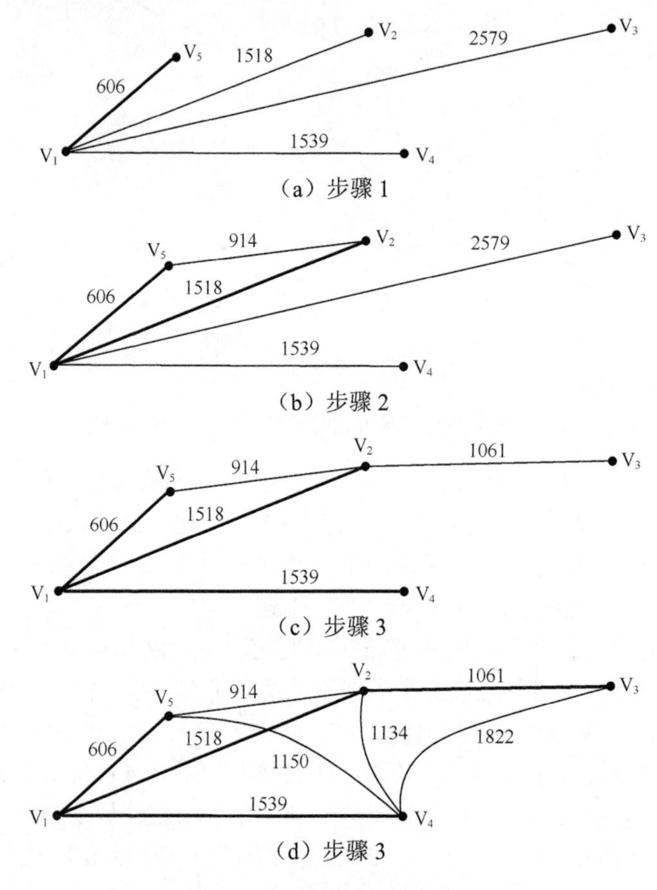

图 2.14 算法的后续步骤

在最后一个例子中，采用的特定算法是 Dijkstra 的最短路径算法；Dijkstra 的算法是贪婪算法的一个例子。使用贪婪算法求解问题效率很高但不幸的是，计算机科学中的一些问题不能使用这种范式求解。接下来将要描述的旅行销售员问题就是这样的一个问题。

数学中的拟阵（Matroid）理论可以用于识别是否能够成功使用贪婪算法。

2.2.3 旅行销售员问题

在**旅行销售员问题**（Traveling Salesperson Problem，TSP）的加权图（即边具有代价的

图）中，给定 n 个顶点，你必须找到始于某个顶点 V_i，有且只有一次经过图中的每个顶点，然后返回 V_i 的最短路径。先前采用了来自中国 5 个城市的例子。假设销售员住在西安，因此必须按照某种次序依次访问成都、北京、杭州和哈尔滨，然后回到西安。在寻求代价最小的路径时，TSP 基于贪婪算法的解总是访问下一个最近的城市，如图 2.15 所示。

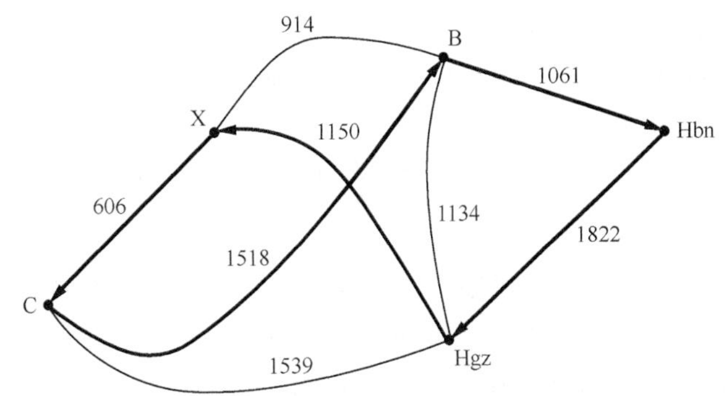

图 2.15 TSP 基于贪婪算法的解。销售员开始于西安，首先访问成都，因为它的距离只有 606 km。依次访问北京、哈尔滨、杭州，最后回到西安

贪婪算法访问成都、北京、哈尔滨、杭州，然后终于回到西安。这个路径的代价是 606 km + 1518 km + 1061 km + 1822 km + 1150 km = 6057 km。如果销售人员访问依次北京、哈尔滨、杭州、成都，然后返回西安，那么总累计代价为 914 km + 1061 km + 1822 km + 1539 km + 606 km = 5942 km。显然，贪婪算法未能找到最佳路径。

人物轶事

艾兹格·迪杰斯特拉（Edsger Dijkstra）

艾兹格·迪杰斯特拉（1930—2002）是荷兰的计算机科学家，他早期学的是理论物理学，但他最众所周知的成就是关于良好编程风格（如结构化编程）、良好教育技术的写作以及算法。有一种算法以他的名字命名，即在一幅图中找到达目标的最短路径的算法。

他为开发编程语言做出了重要贡献，因此获得了 1972 年的图灵奖，并且在 1984 年至 2000 年，担任得克萨斯大学奥斯汀分校计算机科学的斯伦贝谢百年主席。他喜欢结构化语言，如 Algol-60（这帮助了他开发软件），并不喜欢教 BASIC。在写作方面，他获得了相当高的荣誉，例如，他的那封题为《Go To Statement Concordred Harmful》的信（1986 年）——这是写给计算机协会通信（ACM）编辑的信。

从 20 世纪 70 年代以来，他的大部分工作是开发程序正确性证明的形式化验证。他希望用优雅的数学而不是通过复杂的正确性证明进行验证，这种正确性证明的复杂性通常会变得非常复杂。迪杰斯特拉写了超过 1300 个“EWD”（他的名字的首字母缩写），这是他写给自己的手写个人笔记，此后，他与其他人通信，使这些笔记得以出版。

在他去世前，由于在程序计算自稳定方面的工作，他获得了分布式计算原理（ACM Principles of Distributed Computing，ACM PODC）影响力论文奖（PODC Influential Paper Award in Distributed Computing），为了向他表示敬意，这个奖项更名为迪杰斯特拉（Dijkstra）奖。

参考资料

Dijkstra E W. Letters to the editor: Go to statement considered harmful. Communications of the ACM 11(3):147–148，1968.

Dahl O-J, Dijkstra E. W, Hoare C A R. Structured programming, London: Academic Press, 1972.

Dijkstra E W. Self-stabilizing systems in spite of distributed control. Communications of the ACM 17(11):643–644，1974.

Dijkstra E W. A discipline of programming. Prentice-Hall Series in Automatic Computation. Prentice-Hall，1976.

分支限界算法是广度优先搜索的变体，在这个搜索中，节点按照非递减代价进行探索。分支限界算法也称为**统一代价搜索**（uniform cost search）。分支限界算法将在第 3 章中探讨，我们将发现这种搜索策略可以成功解决 TSP 的实例。

2.3 盲目搜索算法

如前所述，盲目搜索算法是不使用领域知识的不知情搜索算法。这些方法假定不知道状态空间的任何信息。3 种主要算法是：**深度优先搜索**（DFS）、**广度优先搜索**（BFS）和**迭代加深**（DFS-ID）的**深度优先搜索**。这些算法都具有如下两个性质。

（1）它们不使用启发式估计。如果使用启发式估计，那么搜索将沿着最有希望得到解决方案的路径前进。

（2）它们的目标是找出给定问题的某个解。第 3 章将描述依赖于启发法的正确应用，减少搜索时间的搜索算法。这些算法中的一些算法试图寻找最优解，这意味着搜索时间增加；但是如果打算多次使用最优解，那么额外的工作是值得的。

2.3.1 深度优先搜索

深度优先搜索（DFS），顾名思义，就是试图尽可能快地深入树中。每当搜索方法可以做出选择时，它选择最左（或最右）的分支（尽管它通常选择最左分支）。可以将图 2.16 所示的树作为 DFS 的一个例子。

提醒一下，树的遍历算法将多次“访问”某个节点，例如，在图 2.16 中，依次访问 A、B、D、B、E、B、A、C、F、C、G。一般说来，只有第一次访问才会被声明，如图中标题所示。如图 2.17 所示，在计算机和视频游戏出现之前，15 拼图是一个流行的儿童拼图。塑料方框内装入了 15 个编号的方块。只有一个方块是空的，这样方块就可以朝 4 个方向中的任何一个方向滑动。

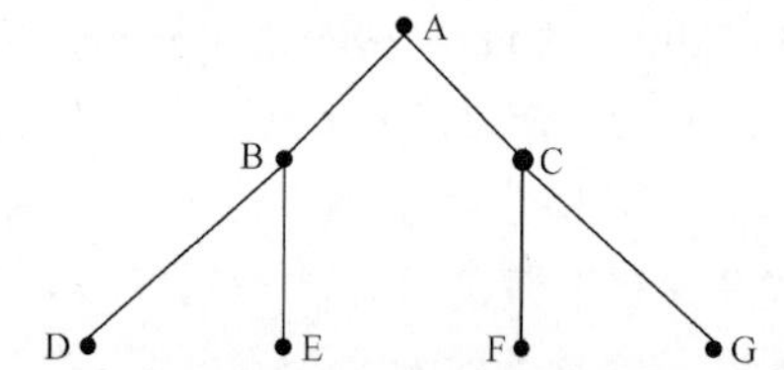

图 2.16 树的深度优先搜索遍历。将按照 A、B、D、E、C、F、G 的顺序访问节点

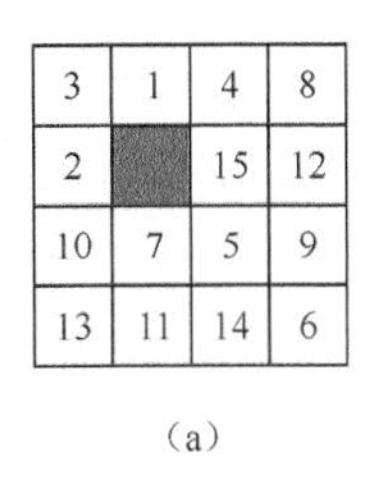

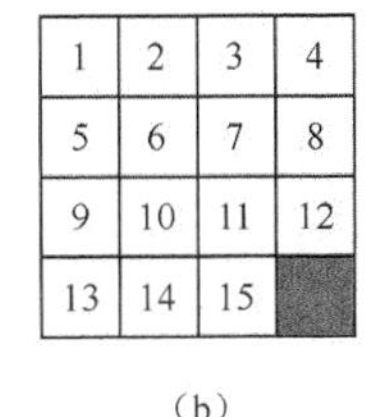

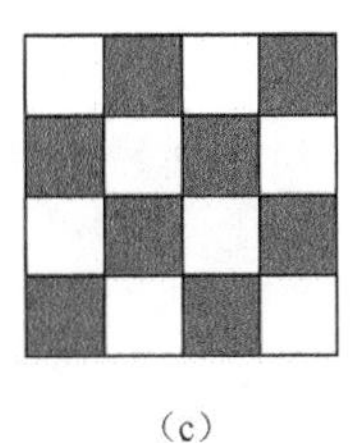

（a） （b） （c）

图 2.17 15 拼图

（a）初始状态 （b）目标状态 （c）在计算可达状态时有用

如图 2.17（a）所示，方块 1 可以向南滑动，方块 7 可以向北移动一个方格，方块 2 可以向东移动，方块 15 可以向西移动一个位置。拼图的目标是从任意初始状态开始，重新排列编号的方块，获得目标状态。在图 2.17（b）中，目标状态由按顺序排列的方块组成，但也可以选择任意的排列作为目标。从一个给定的初始状态开始，恰好可以到达一半的可能拼图布局。将方框位置编号为 1 到 16，如图 2.17（b）中的目标状态所示。空白方格占据了位置 16。Location(*i*)代表了编号为 *i* 的方块的初始状态的位置编号。Less(*i*)表示的是符合 $j < i$ 和 Location (*j*)> Location (*i*)的方块的数目。

如图 2.17（a）所示的初始状态，因为编号为 2 的方块是出现在较高位置（location）的唯一方块，所以 Less（4）等于 1。

定理 2.1

只有当 $j=1$ $j=16$ Less(i)+x(j 为 1～16) 的总和为偶数时，图 2.17（b）的目标状态才是从初始状态可达的状态。如果在初始状态时，空白块是在图 2.17（c）中阴影区域中的一块，那么 x 的值为 1；否则，x 的值为 0。

想了解更多关于 15 拼图的信息，参考 Horowitz 等人的成果[2]，想了解更多在这个定理背后群理论的见解，参考 Rotman 的成果[3]。

回想一下，状态空间可以大到令人难以置信：事实上，15 拼图有 16！= 2.09×10^{13} 种不同布局。根据这一法则，涉及图 2.17 的状态空间图，从一些指定的开始位置，搜索任意的目标状态可能必须探索包含半数状态组成的空间。这种方块拼图的其他流行版本是 8 拼图和 3 拼图，如图 2.18 所示。

8	5	1
	2	3
4	6	7

（a）

2	1
3	

（b）

图 2.18 拼图

（a）8 拼图 （b）3 拼图

为了能够清楚地演示，下面以 3 拼图为例说明若干搜索算法。

示例 2.3 使用 DFS 求解 3 拼图问题

为了使用 DFS，找到 3 拼图的解，首先要定义初始状态和目标状态，如图 2.19 所示。

在图 2.19（a）中，方块 1 可以向南移动一个方格，方块 2 可以向东移动。相反，假设空白块可以移动。在图 2.19（a）中，空白块可以向北移动或向西移动。4 个操作符可以改变拼图的状态——空白块可以向北、南、东或西移动。因为我们必须按照这种顺序尝试可能的移动。我们将使用箭头指向合适的方向：N、S、E 和 W 来表示移动。虽然必须指定某种顺序，但这种顺序可以是任意的。本文采用 DFS 来求解 3 拼图的实例。搜索结果如图 2.20 所示。

在搜索中，每个步骤都应用了来自集合{N，S，E，W}的第一个操作符。不需要担心哪个移动可以最快速地到达解——在这个意义上，搜索是盲目的。然而，搜索避免了重复的状态。从根节点开始，先应用N，然后应用S，就到达了一个用a*标记的状态，如图2.20所示。正如我们在2.4节中所看到的，避免重复状态是许多高效搜索算法的基本特征。

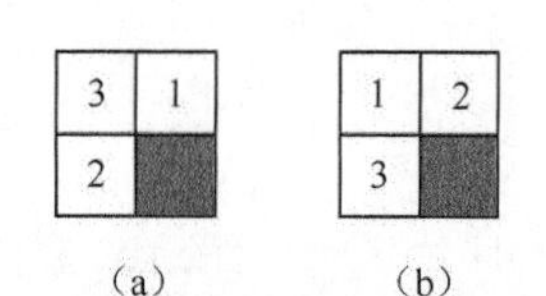

图2.19 3拼图的一个实例
（a）初始状态 （b）目标状态

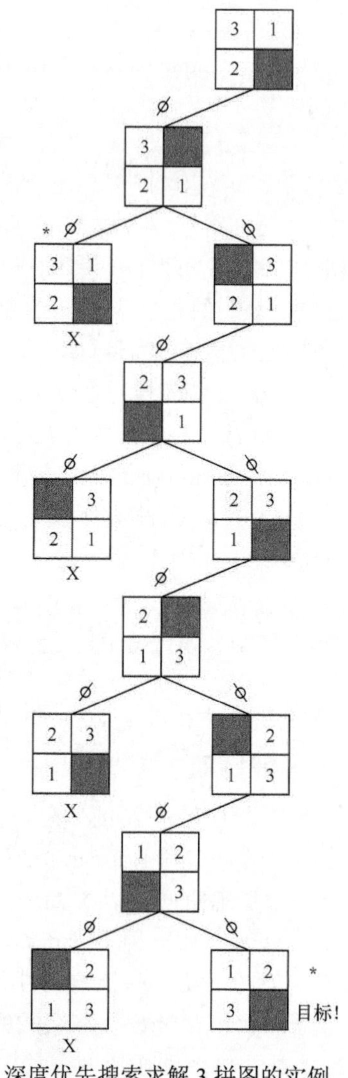

图2.20 深度优先搜索求解3拼图的实例。按以下顺序尝试操作符：↑ ↓ → ←，放弃重复状态，用X标记

2.3.2 广度优先搜索

广度优先搜索（BFS）是第二种盲目搜索方法。使用BFS，从树的顶部到树的底部，按照从左到右的方式（或从右到左，不过一般来说从左到右），可以逐层访问节点。要先访问层次 i 的所有节点，然后才能访问在 $i+1$ 层的节点。图2.21显示了BFS的遍历过程。

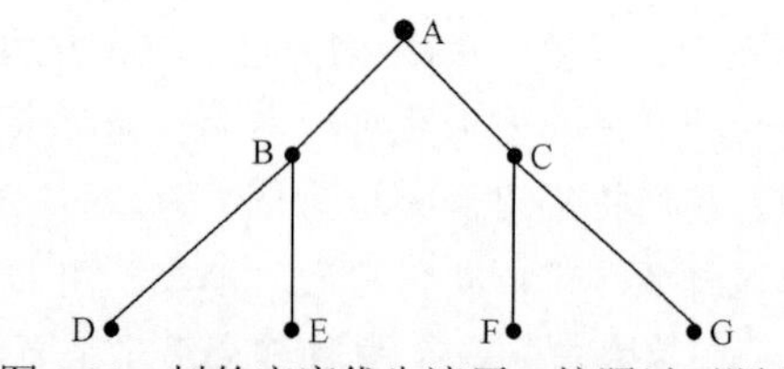

图2.21 树的广度优先遍历，按照以下顺序访问节点：A、B、C、D、E、F、G

示例 2.4　使用 BFS 求解 3 拼图问题

为了使用 BFS 找到 3 拼图的解，我们将再次求解拼图，如图 2.19 所示。这次将使用 BFS，如图 2.22 所示。注意：我们在深度为 4 的位置找到了解（通常认为根的深度为 0），这意味着空格需要移动 4 次才能到达目标。

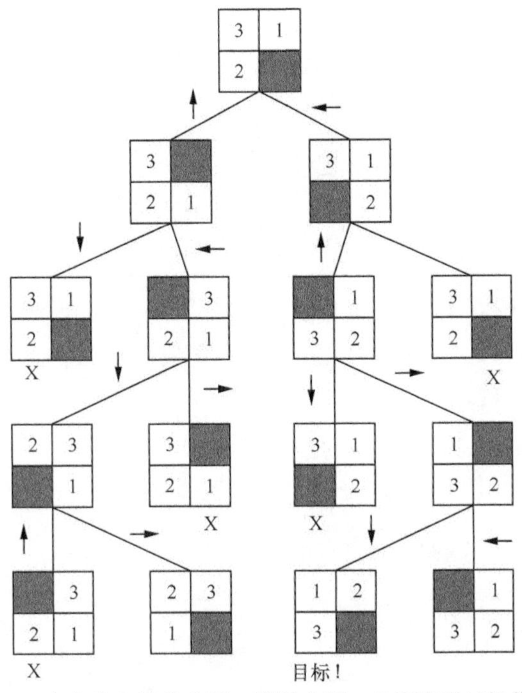

图 2.22　广度优先搜索求解 3 拼图实例。按顺序尝试操作符：↑ ↓ → ←，放弃重复的状态，用 X 标记

DFS 和 BFS 的实现以及这两个搜索的相对优点将在下一节中讨论。首先，考虑在 AI 传说中一个众所周知的问题——传教士和食人者（Missionaries and Cannibals）问题，这是一个带有约束条件的搜索问题例子。

示例 2.5　传教士与食人者的问题

3 个传教士与 3 个食人者站在河的西岸。附近有可以容纳一人或两人的一条小船。所有人如何以某种方式到达东岸，才能使得河两岸的食人者从不超过传教士的人数？如果两岸或船上食人者的人数超过传教士的人数，那么传教士将会被吃掉。

在开始搜索之前，我们必须确定问题的表示方式。我们可以使用 3m3c、0m0c、0、表示起始状态。这意味着 3 个传教士（3m）和 3 个食人者（3c）在西岸，没有传教士（0m）或食人者（0c）在东岸。最后一个 0 表示船在西岸，如果这个位置为 1，那么表示船在东岸（为解决这个问题编写的计算机程序将起始状态表示为 33000，这里使用[3m3c; 0m0c; 0]来表示，是为了让读者更加清晰）。

目标状态也相应地用字符串 0m0c；3m3c；1 表示。我们将会尝试按照以下顺序进行移动：m、mc、2c 和 c。这代表了一个传教士、一个传教士和一个食人者、两个食人者，以及一个准备渡河的孤独食人者（注意：不考虑使用 2m）。根据船的位置确定行驶的方向。

为了确保符号清晰，在图 2.23 中，我们提供了 BFS 的解，这已经扩展到了两层。

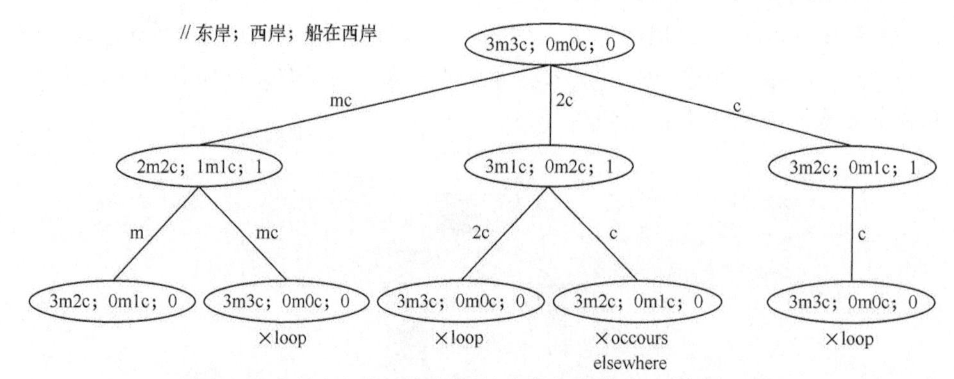

图 2.23 传教士与食人者问题的广度优先搜索，扩展了两层

注意：禁止进行导致任何一边河岸不安全状态的移动。而且重复的状态也已经被修剪掉了。按照以下顺序尝试移动：m、mc、2c、c。图 2.24 提供了传教士与食人者问题的 DFS 解。

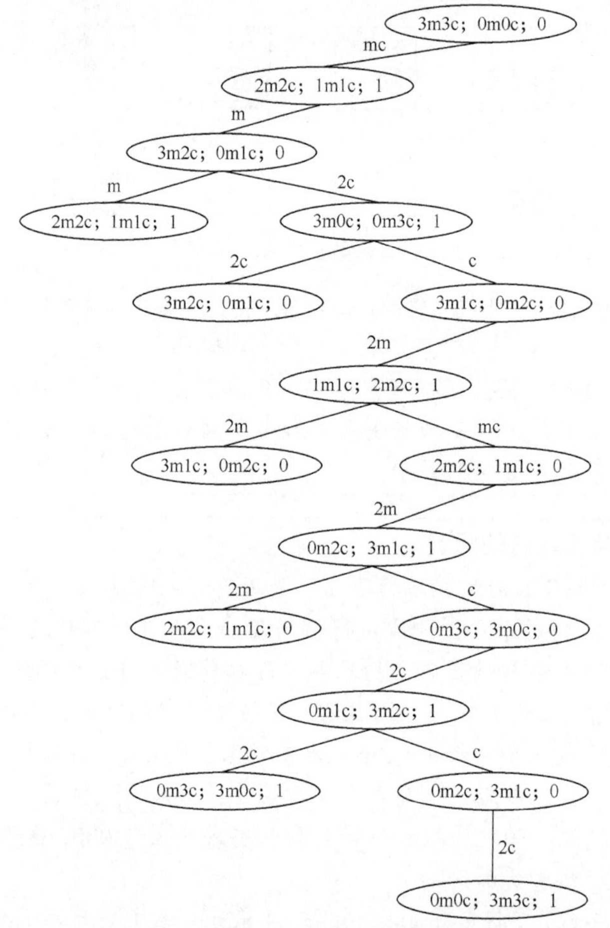

图 2.24 传教士和食人者问题的 DFS 解

禁止进行导致在任何一边河岸不安全状态的移动，也没有进入循环状态。

2.4　盲目搜索算法的实现和比较

我们已经概括讨论了搜索状态空间图的两种盲目方法：深度优先搜索和广度优先搜索。DFS 要求尽快地深入状态空间图中，而 BFS 在进入下一层之前，先探索了从根开始算起指定距离内的所有节点。在本节中，我们提供了实现这些搜索方法的伪代码，也讨论了它们在找到问题解方面相对的优势，以及它们的时空需求。

2.4.1　实现深度优先搜索

在本章和下一章中，各种搜索算法在探索树的方式上多有不同。但是每个算法都有一个共同的属性，即要维护两个列表：开放列表和封闭列表。开放列表包含了树中的所有等待探索（或扩展）的节点，封闭列表包含了所有已经探索过的节点和不再考虑的节点。回想一下，DFS 会尽快地深入搜索树。如图 2.25 所示的伪代码，DFS 通过维护开放列表，将其作为一个栈来快速深入搜索树。栈是后进先出的（LIFO）数据结构。

某个节点一旦得到访问，这个节点就被移到开放列表的前端，确保下一次生成其子节点。图 2.26 所示的搜索树应用了这个算法。

```
Begin
Open? [Start state] // The open list is
// maintained as a stack. i.e., a list in which the last
// item inserted is the first item deleted. This is often referred
// to as a LIFO list.
Closed  ?  [   ] // The closed list contains nodes that have
// already been inspected; it is initially empty.

While Open not empty
    Begin
        Remove first item from open, call it X
        If X equals goal then return Success
        Else
         Generate immediate descendants of X
        Put X on Closed List.
        If children of X already encountered then discard
    // loop check

        Else place children not yet encountered on Open
        // end else
    // end While
    Return Goal not Found
```

图 2.25　深度优先搜索伪代码

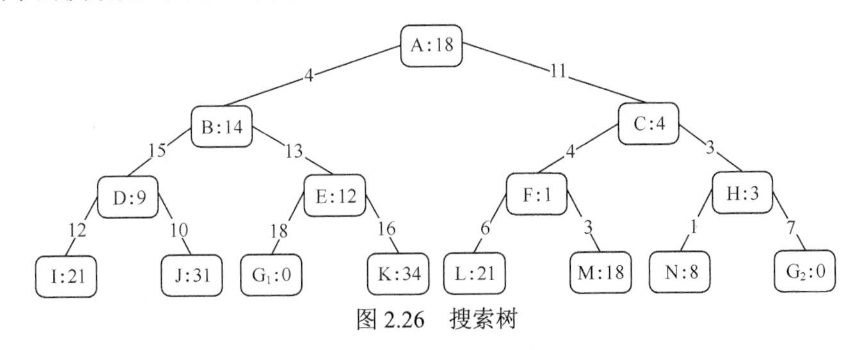

图 2.26　搜索树

弧线上的数字表示节点与其直接后代之间的实际距离。例如，根的左分支所标记的 4 表示从节点 A 到节点 B 的距离为 4。下一个节点字母旁边的数字表示从该节点到目标节点的启发式评估值，例如，在节点 E 中的 12 表示从节点 E 到某个目标的剩余距离为 12。

本章中的盲目搜索算法以及第 3 章中的启发式搜索将使用图 2.26 中的树来说明。在图 2.27 中，重新绘制了这棵树，但是未标有启发评估值和节点到节点之间的距离，因为 DFS

不使用这些度量指标。图 2.27 所示的树应用了深度优先搜索。

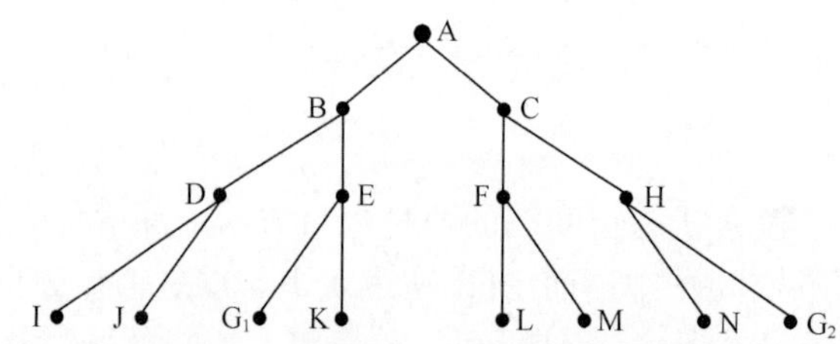

图 2.27 说明深度优先搜索的搜索树。由于 DFS 是盲目搜索，因此所有启发式评估和节点到节点的距离都被省略了

图 2.28 中给出了这种搜索的结果（见图 2.26 和图 2.27）。

Open=[A];	Closed=[]
Open=[B，C];	Closed=[A];
Open=[D，E，C];	Closed=[B，A];
Open=[I，J，E，C];	Closed=[D，B，A];
Open=[J，E，C];	Closed=[I，D，B，A];
Open=[E，C];	Closed=[J，I，D，B，A];
Open=[G_1，K，C];	Closed=[E，J，I，D，B，A];

图 2.28 图 2.27 中的搜索树应用了深度优先搜索，算法成功返回，G_1 是目标

广度优先搜索探索靠近根的所有节点，然后才深入探索搜索树。BFS 的伪代码如图 2.29 所示。

```
Begin
 Open ? [ Start state  ] // The open list is
// maintained as a queue, i.e., a list in which the
// first item inserted is the first item deleted. This is
// often referred to as a FIFO list.
 Closed ?  [  ]  // The closed list contains nodes
// that have already been inspected; it is initially empty.

While Open not empty
 Begin
          Remove first item from Open, call it X.
          If X equals goal then return Success
          Else
           Generate immediate descendants of X
           Put X on Closed List..
          If children of X already encountered
           then discard.  // loop check
          Else place children not yet encountered on Open
          // end else
          // end while
          Return, Goal not found
End Algorithm breadth first search
```

图 2.29 广度优先搜索的伪代码

2.4.2 实现广度优先搜索

广度优先搜索用队列表示开放列表。队列是先进先出（FIFO）的数据结构。一旦节点被扩展，它的子节点就会移动到开放列表的尾部。因此，只有在其父节点所在层中的每个其他节点被访问之后，才会探索这些子节点。图 2.30 追踪了图 2.27 中树的 BFS 步骤。

Open=[A]; Closed=[]
Open=[B, C]; Closed=[A];
Open=[C, D, E]; Closed=[B, A];
Open=[D, E, F, H]; Closed=[C, B, A];
Open=[E, F, H, I, J]; Closed=[D, C, B, A];
Open=[F, H, I, J, G_1, K]; Closed=[E, D, C, B, A];
Open=[H, I, J, G_1, K, L, M]; Closed=[F, E, D, C, B, A];
...Until G_1 is at left and of Open list.

图 2.30 图 2.27 中的搜索树应用广度优先搜索，算法成功返回，找到目标 G_1

2.4.3 问题求解性能的测量指标

为了确定特定的问题最适用哪种方法，我们可以比较 DFS 和 BFS。在此之前，提供测量搜索算法的指标是有帮助的。以下部分描述了这 4 种测量指标（在第 3 章中将提供其他指标）。

完备性

当问题存在一个解时，如果搜索算法可以保证找到这个解，就说这个算法是完备的。假设我们试图使用本章先前介绍的生成与测试范式，识别在 100 和 1000 之间的所有整数 x 中（包括 100 和 1000）完美的三次方数。换句话说，我们想知道所有的 x（$100 \leqslant x \leqslant 1000$），$x=y^3$，其中 y 是整数。如果生成器检查了 100 和 1000 之间的所有整数，包括 100 和 1000，那么这个搜索应该是完备的。事实上，得到的结果将是 125，216，343，512，729 和 1000，它们是完美的三次方数。

优选

如果搜索算法提供了所有解决方案代价最低的路径，那么我们则认为搜索算法是优选的。图 2.20 描述了 3 拼图实例的 DFS 解。这个找到的解，其路径长度为 8。图 2.22 显示了同一个实例的 BFS 解，路径长度为 4。因此，DFS 不是优选搜索策略。

时间复杂度

搜索算法的时间复杂度关注的是需要多长时间找到解。人们根据在搜索期间生成（或扩展）的节点数量来衡量时间。

空间复杂度

搜索算法的空间复杂性关注的是需要多少内存。我们必须确定存储在内存中的最大节点数目。AI 中的复杂度用 3 个参数表示：

（1）节点的分支因子（b），这是从节点发出的分支数（见图 2.31）。

（2）参数（d）测量最浅目标节点的深度。

（3）参数（m）测量状态空间中任何路径的最大长度。

如果搜索树中的每个节点具有分支因子 b，那么该树的分支因子等于 b。

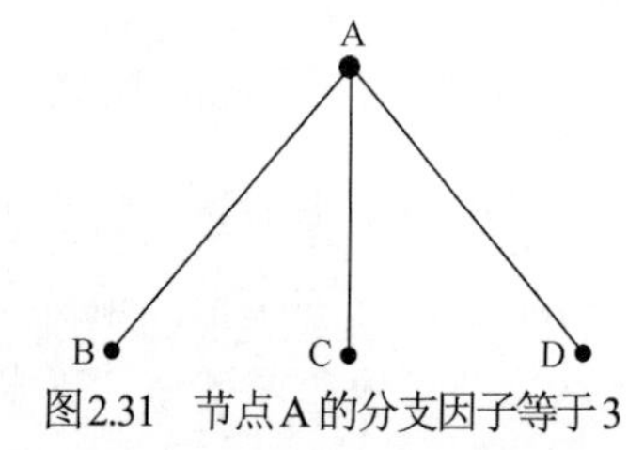

图 2.31 节点 A 的分支因子等于 3

2.4.4 DFS 和 BFS 的比较

我们遇到了两种盲目搜索算法——DFS 和 BFS。哪种略胜一筹？

首先，让我们澄清一下标准。“略胜一筹”，意思是哪个算法需要较少的工作就找到一条路径？或者是哪个算法将找到较短的路径？在这两种情况下，正如所预期的，答案是：这得看情况。

在下列情况下，优选深度优先搜索。

- 树很深。
- 分支因子不大。
- 在树中，解出现的位置相对较深。

如果是以下情况，优选广度优先搜索：

- 搜索树的分支因子不太大（b 合理）。
- 在树中，解出现的位置在合理的深度级别（d 合理）。
- 路径不是非常深。

深度优先搜索具有中等的存储内存要求。对于具有分支因子 b，最大深度 m 的状态空间而言，DFS 仅需要 $b * m + 1$ 个节点，即 $O(b * m)$。回溯实际上是 DFS 的变体，在回溯中，一次只生成一个节点的后继（例如，第三个皇后应该放在哪一行？）。回溯只需要 $O(m)$ 内存。

DFS 是完备的吗？思考一下，在图 2.32 中的搜索空间。如图 2.32 所示，DFS 不是完备的。在搜索空间的左侧部分，搜索可能在相对较长的路径中或在无限的路径中迷失，而在树右上部分的目标节点依然没有得到探索。回想一下，DFS 也不是优选的（回顾图 2.20 和图 2.22）。

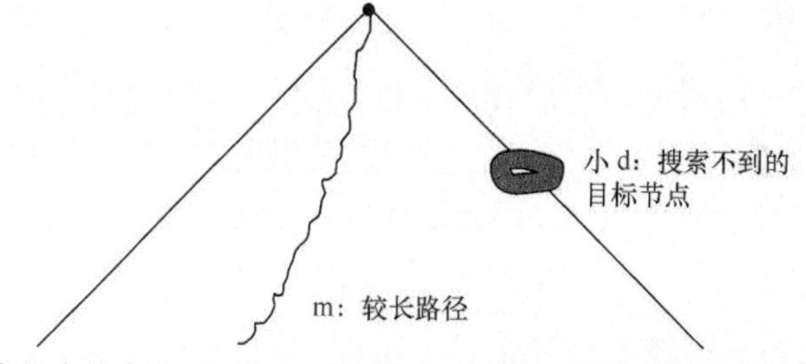

图 2.32 在深度优先搜索进展不会顺利的搜索空间中，DFS 会在搜索空间的左侧“迷失”。在搜索树右上侧的目标节点可能永远不会被搜索到

如果搜索空间的分支因子是有限的，那么 BFS 是完备的。在 BFS 中，首先搜索根的所有 b 个子节点，然后搜索所有的 b^2 孙子节点，最后在 d 级别，搜索所有的 b^d 节点。这个迟来的论据应该能够说服读者，BFS 首先会找到“最浅”的目标节点，但是这并不一定意味着 BFS 是优选的。如果路径代价是节点深度的非递增函数，那么 BFS 是优选的。

BFS 的时间复杂度（$T(n)$）是呈指数增长的。如果搜索树的分支因子等于 b，则根节点将具有 b 个子节点。这些 b 个子节点中每一个都有自己的 b 个子节点。事实上，除了在 d 层的最后一个节点，这种方法需要扩展所有的节点，那么这个总的时间复杂度为：

$$T(n) = b + b^2 + b^3 + \cdots +(b^{d-1} - b) = O(b^{d+1})$$

因为生成的每个节点必须保留在内存中，所以 BFS 的空间复杂度（$S(n)$）也是 $O(b^{d+1})$。实际上，由于搜索树的根必须也被存储，因此 $S(n)= T(n)+1$。

对 BFS 而言，最严苛的批判是它需要指数级的空间复杂性。即使问题的大小不太大，BFS 也很快就变得不可行了。将 DFS 的中等空间需求和不会倾向于寻找冗长的路径相结合，我们可以使用迭代加深的 DFS，即 DFS-ID（DFS With Iterative Deepening）。

DFS-ID 使用深度界限零，执行 DFS 的状态空间，如图 2.33 所示。在这幅图中，我们在图 2.27 的示例中使用 DFS-ID。如果它没有找到目标，就执行另一个 DFS，深度界限为 1。继续以这种方式搜索，在每次迭代中，深度界限增加 1。在每个迭代中，一个完备 DFS 都要执行到当前深度。在每次迭代中，搜索都要重新开始。

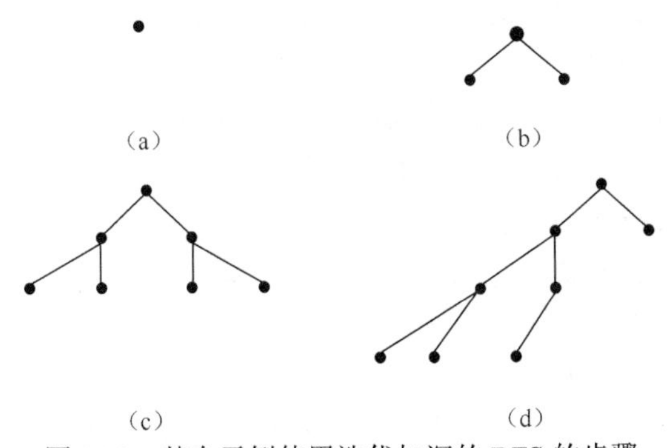

图 2.33　某个示例使用迭代加深的 DFS 的步骤

（a）DFS 搜索，其深度界限=0　（b）DFS 搜索，深度界限=1　（c）DFS 搜索，深度界限=2

（d）DFS 搜索，深度界限= 3

必须强调，这幅图中的每一棵树都是从头开始绘制的；没有一棵树是从深度界限比其小 1 的树建立起来的。

在深度为 1 的搜索空间中，b 个节点生成了 d 次。在深度为 2 的 b^2 个节点，生成了 $d-1$ 次，以此类推。最终，在深度为 d 的 b^d 个节点只生成一次。因此，生成的节点总数为：

$$((d+1)\,1) + (db) + (d-1)\,b^2 + \cdots + 1b^d$$

DFS-ID 的时间复杂度是 $O(bd)$，这比 BFS 稍好。在最坏的情况下，所有的盲目搜索——DFS、BFS 和 DFS-ID，都显示出了指数级的时间复杂度。DFS-ID 每次只需要在内存中存储一条路径，因此它的空间复杂度为 $O(bd)$，这与 DFS 相同。

思考一下，如图 2.20 所示，这幅图描述了 3 拼图的 DFS-ID 解。在这幅图中，DFS 在同时生成和访问了总共 13 个节点后，在深度 d=8 的位置找到了解。DFS-ID 在生成了深度为 i（其中 i=0,1,⋯,4）的完整二叉树之后，在深度 d=4 的位置找到了解（参考图 2.22，这幅图提供了 BFS 解，这也许会帮助你看到这一点）。

当分支因子有限时，与 BFS 一样，DFS-ID 是完备的，当路径代价是节点深度的非递减函数时，DFS-ID 是优选的。

人物轶事

唐纳德·克努特（Donald Knuth）

斯坦福大学的荣誉教授唐纳德·克努特是历史上最伟大的计算机科学家之一。他因著有一个系列三大卷的《计算机编程的艺术》(《TAOCP》)，而声名鹊起。这个系列就是众所周知的“计算机科学的圣经”（Bible of Computer Science），其中，《基本算法》《半数值算法》及《排序和搜索》于20世纪70年代出版。

这些书被翻译成多种语言，这足以说明其国际声誉。

1978年，克努特对第2卷第2版校样中的印刷样式感到沮丧，于是，他进入排版领域，钻研多年，直到开发出了稳定版本的TeX语言。在过去的30年中，TeX已成为一个奇妙的工具以及标准，可用于协助科学家写技术论文。

第4卷《组合算法》让人恭候多时。相反，克努特写了128页的他所称的“小册子（Fascicles）”，如下所列。克努特非常谦虚地说道：“这些小册子代表了我对写一个全面报告的尝试，但是计算机科学已经成长到这样一个点，我不可能有望在这些书所涵盖的所有材料内容方面成为权威。因此，我需要读者的反馈，以便准备日后的正式卷。”

第4卷第0册，组合算法和布尔函数简介。

第4卷第1册，位的技巧和技术；二元决策图。

第4卷第2册，生成所有的元组和排列。

第4卷第3册，生成所有的组合和分区。

第4卷第4册，生成所有树；组合生成的历史。

从唐纳德·克努特的个人主页中，你可以对他有一个深刻的了解：“从1990年1月1日起，我不再使用电子邮件，这让我非常开心。大约从1975年起，我开始使用电子邮件，在我看来，这15年已经够我受得了。电子邮件对一些人而言是一件美好的事情，这些人在生活中是控制全局的角色。但是对我而言，事情不是这样的，我会受到电子邮件的牵绊。我所做的事需要花很长的时间学习，并且需要不间断地集中注意力。我试图彻底学习计算机科学的某些领域，然后试图消化这些知识，使其成为一种形式，使得那些没有时间这样学习的人能够易于理解。”

他计划编写第5卷，这一卷的主题是“句法算法”（2015），然后修订第1～3卷，并撰写第1～5卷的“读者文摘”版本。他声明，“只有这些主题中我想说的事情依然有关并且还未被公之于众的情况下”，才会计划出版第6卷（关于上下文无关语言的理论）和第7卷（关于编译器技术）。

2.5 本章小结

本章概述了盲目或不知情搜索算法，这些算法不需要使用领域知识。搜索在状态空间图（或状态空间树）中进行。在图（树）结构中的节点对应于问题的状态。例如，求解最小假币问题时，人们知道相对应硬币子集的节点含有假币。生成与测试范式是解决问题的直接方式。生成器提出问题的可能解，测试器确定它们的有效性。好的生成器应该是完备、非冗余并且知情的。在 4 皇后问题中所使用的生成器具有这些特性，因此极大地缩短了搜索时间。

完全枚举法是查看了所有可能解，寻找解的搜索程序。此外，回溯一旦发现部分解违反了问题的约束条件，就放弃这个部分解。通过这种方式，回溯缩短了搜索时间。

贪婪算法是一种搜索范式，它在求解问题时非常有用，如在一对城市之间寻找最短路径。然而，贪婪算法不适合所有问题。例如，它没有成功地解决旅行推销员问题。

3 种盲目搜索算法是广度优先搜索、深度优先搜索和迭代加深的深度优先搜索。BFS 在搜索求解问题时，按层次遍历树。BFS 是完备和优选的（在各种约束下）。然而，其过量的空间需求使其应用受到了阻碍。虽然 DFS 有可能变得非常长或迷失在无限的路径中，但是 DFS 的空间需求合理。因此，DFS 既不完备也不是优选的。DFS-ID 可以作为 BFS 和 DFS 之间的折中；在搜索树上，在深度为 0、1、2 等有限深度的树上，它表现出了完备的 DFS。换句话说，它同时具有 DFS 和 BFS 的有利特性，即 DFS 的空间需求以及 BFS 的完备和优选特性。所有的盲目搜索算法表现出指数级的时间复杂度。为了解决合理大小的问题，我们需要更好的算法。按照上述的基准，第 3 章提出了更好的知情搜索。

讨论题

1．搜索为什么是 AI 系统的重要组成部分？

2．状态空间图是什么？

3．描述生成和测试范式。

4．生成器有什么属性？

5．回溯如何改进完全枚举法？

6．用一两句话描述贪婪算法。

7．陈述旅行销售人员问题。

8．简述 3 种盲目搜索算法。

9．在何种意义上，盲目搜索算法是盲目的？

10．按照完备性、优选性和时空复杂性，比较在本章描述的 3 种盲目搜索算法。

11．在何种情况下，DFS 比 BFS 好？

12．在何种情况下，BFS 比 DFS 好？

13．在何种意义上，DFS-ID 是 BFS 和 DFS 之间的折中？

练习

1．求解 12 枚硬币的假币问题。只允许称重 3 组硬币组合。回想一下，天平返回的 3 种结果之一：相等、左侧轻或左侧重。

2．只称重两次，求解最小假币问题，或证明这是不可能的。

3．本章中未讨论的盲目搜索是非确定性搜索。它是一种盲目搜索，在这种搜索中，刚刚扩展的子节点以随机顺序放在开放列表中。非确定性搜索是否完备？是否为优选？

4．n 皇后问题的另一个生成器是：将一个皇后放在第一列。不要将第二个皇后放在受到第一个皇后攻击的任何方格中。在状态 i，将第 i 列的皇后放在未受前面（$i-1$）皇后攻击的方格中，如图 2.34 所示。

a．使用这个生成器求解 4 皇后问题。

b．证明这个生成器比文中使用的两个生成器拥有更多的信息。

c．绘制为寻找第一个解，在搜索中扩展的搜索树的部分。

5．思考下列 4 皇后问题的生成器：从 i=1 到 i=4，随机的分配皇后 i 到某一行。这个生成器完备吗？非冗余吗？解释你的答案。

6．如果一个数等于其除数的和（不包括其本身），则称这个数字是完美的。例如，6 是完美的，因为 6 = 1 + 2 + 3，其中整数 1、2 和 3 都是 6 的除数。给出你所能想到的拥有最多信息的生成器，使用这个生成器，你可以找到 1 和 100 之间的所有完美数，包括 1 和 100。

7．使用 Dijkstra 算法找到从源顶点 V_0 到所有其他顶点的最短路径，如图 2.35 所示。

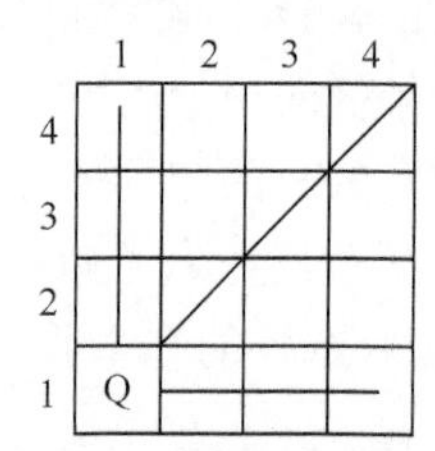

图 2.34　4 皇后问题的生成器

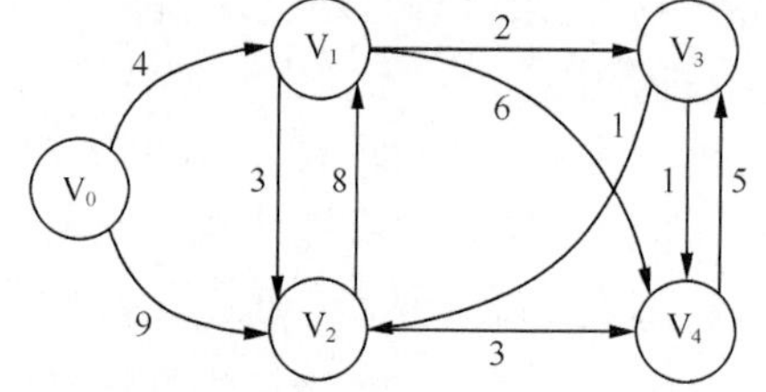

图 2.35　使用 Dijkstra 算法的标记图

8．创建拼图的表示，例如适合检查重复状态的 15 拼图。

9．使用广度优先搜索，解决传教士和食人者问题。

10．一个农夫带着一匹狼、一只羊和一篮子的卷心菜，在河的西岸。在河上有一条船，这条船可以装下农夫以及狼、山羊、卷心菜中的一个。如果留下狼与羊单独在一起，那么狼会吃掉羊。如果留下羊与卷心菜单独在一起，那么羊会吃掉卷心菜。你的目标是将它们都安全地转移到对岸。

使用以下搜索解决这个问题：

a．深度优先搜索；

b．广度优先搜索。

11．先使用 BFS，然后使用 DFS，从图 2.36（a）和图 2.36（b）的起始节点（S）开始，访问目标节点（G）。在每一步骤，按照字母表顺序浏览节点。

12．标记图 2.37 所示的迷宫。

13．对于图 2.37 所示的迷宫，先使用 BFS，然后再使用 DFS，从起点处开始走到目标处。

14．本题已经确定了 12 枚硬币问题需要我们对 3 组硬币的组合进行称重，以确定假币：在 15 枚硬币中，需要称多少次，才可以确定假币？有 20 枚硬币的时候，会怎么样？你能开发出一种算法来证明自己的结论吗？

提示：思考一下，对于 2、3、4 和 5 枚硬币所需的基本称量次数，以便开发出事实知识库，自下而上得到这个问题的解（参考文献 AIP＆TS Ch.4）。++

15．我们讨论了传教士和食人者的问题。已知“移动”或“转移”是强行的，找出这个问题的一个解。确定问题解决状态的“子目标状态”，我们必须获得这个状态，才能解决这个问题。++

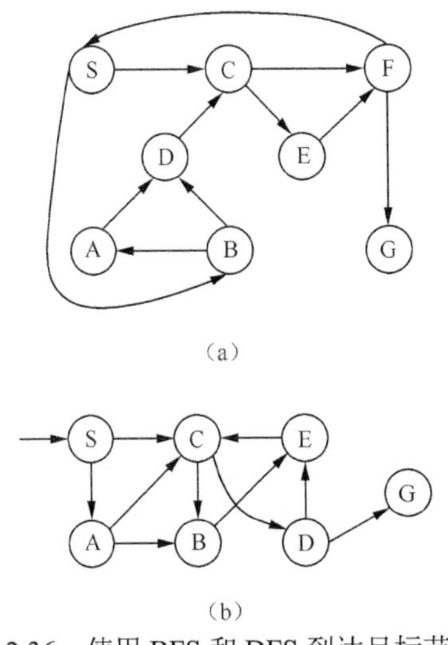

图 2.36　使用 BFS 和 DFS 到达目标节点

图 2.37　迷宫

编程题

1．编写程序来解决 15 拼图的实例，首先检查目标状态是否可达。你的程序应该采用：

a．深度优先搜索。

b．广度优先搜索。

c．迭代加深的深度优先搜索。

2．编写程序，使用贪婪算法找到图形的最小生成树。图 G 的生成树 T 是其顶点集和图的顶点集相同的树。考虑图 2.38（a），图 2.38（b）给出了生成树。可以看到，图 2.38（c）中的生成树具有最小的代价，这棵树称为最小生成树。你的程序应该能够找到在图 2.38（d）中的最小生成树。

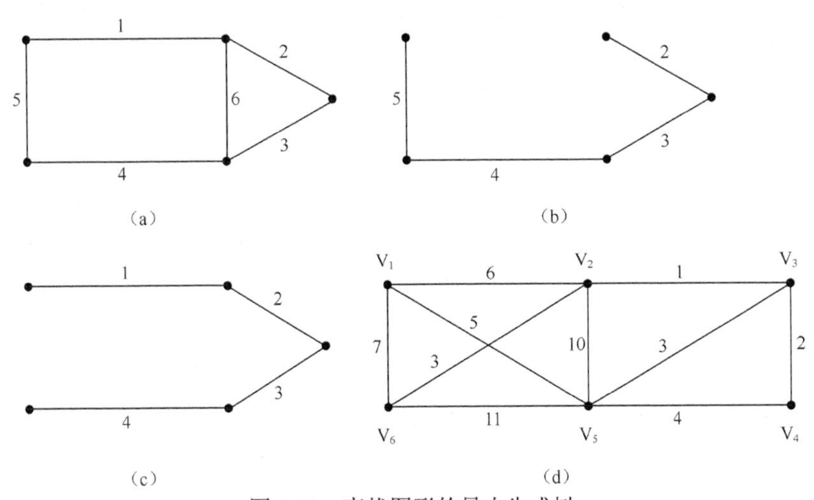

图 2.38　查找图形的最小生成树

（a）图 G　（b）G 的生成树　（c）G 的最小生成树　（d）必须找到最小生成树的图

3．编写程序，使用回溯来解决 8 皇后问题，然后回答以下问题：

a．有多少种解？

b．这些解中有多少种是有区别的？（可以向前阅读第4章练习5以获取提示）

c．程序使用哪种生成器？

4．编写程序，采用练习5中建议的生成器解决8皇后问题。

5．在国际象棋中，马可以有8种不同的走子方式：

（1）上一个方格，右两个方格；

（2）上一个方格，左两个方格；

（3）上两个方格，右一个方格；

（4）上两个方格，左一个方格；

（5）下一个方格，右二个方格；

（6）下一个方格，左两个方格；

（7）下两个方格，右一个方格；

（8）下两个方格，左一个方格。

要求：

（1）求解马在 $n \times n$ 的棋盘中巡回，这是 n^2-1 个走子的序列，使得马从任何的方格开始，只访问到棋盘上的方格一次。

（2）编写程序，当 n 等于3、4和5时，执行马的巡回。采用随机数生成器随机选择开始的方格。

（3）报告结果。

6．在为图着色时，分配颜色给图的节点，这样任何两个相邻的节点都不是相同的颜色。例如，在图2.39中，如果节点 V_1 被着色为红色，则顶点 V_2、V_3 或 V_4 都不能被着色为红色。然而，顶点 V_5 可能用红色着色，因为 V_1 和 V_5 不相邻。

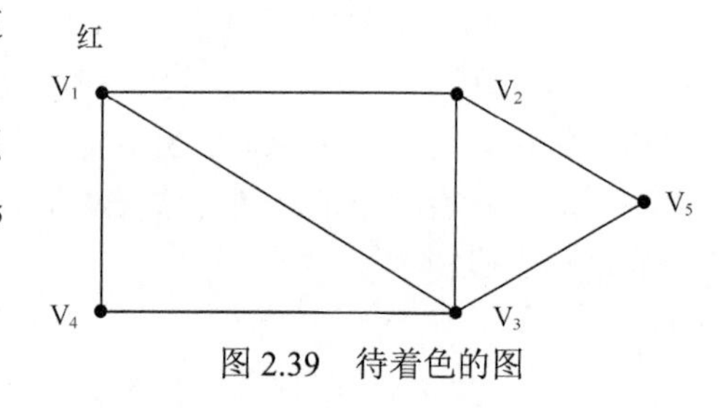

图2.39 待着色的图

图的色数是对图着色所需的最小数目的色彩。各种图的色数如图2.40所示。

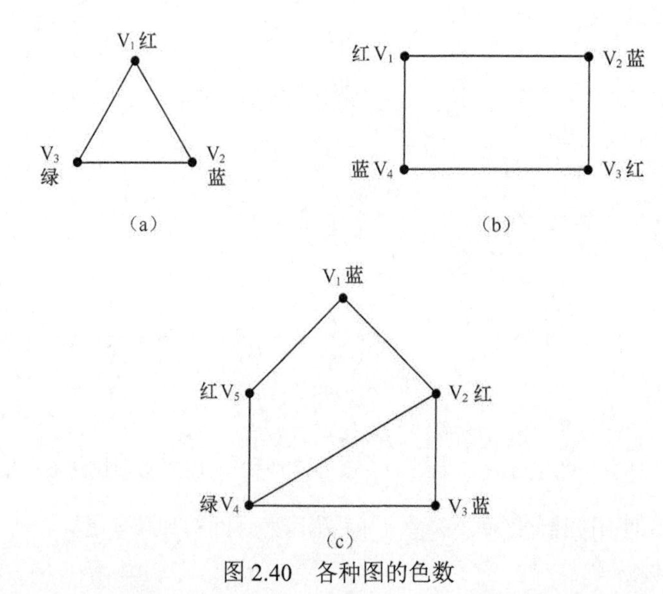

图2.40 各种图的色数

编写回溯程序，对在图 2.41 中的图进行着色。采用你可以想到的拥有最多信息的生成器。

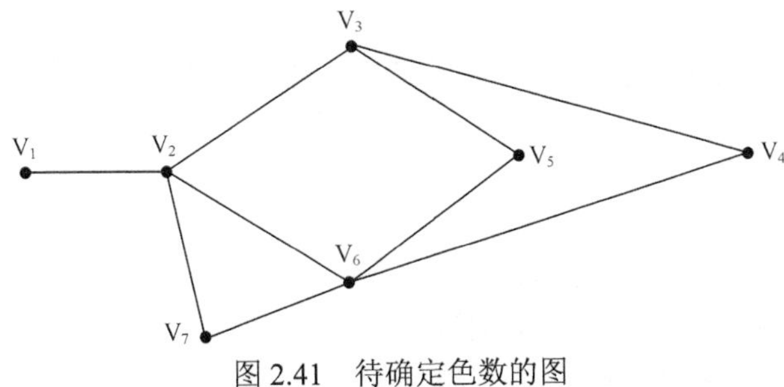

图 2.41 待确定色数的图

参考资料

[1] Cormen T H, Anderson C E, Rivest R. L, Stein C. Introduction to algorithms, 3rd ed. Cambridge, MA: MIT Press, 2009.

[2] Horowitz E, Sahni S. Fundamentals of computer algorithms, New York, NY: Computer Science Press, 1984.

[3] Rotman J J. The Theory of Groups, 2nd ed. Boston, MA: Allyn and Bacon, 1973.

书目

[1] Gersting J L. Mathematical Structures for Computer Science, 4th ed. New York, NY: W.H. Freeman, 1999.

[2] Knuth D. Fundamental Algorithms, 3rd ed. Reading, MA: Addison-Wesley,1997.

[3] Knuth D. Seminumerical Algorithms, 3rd ed. Reading, MA: Addison-Wesley, 1997.

[4] Knuth D. Sorting and Searching, 2nd ed. Reading, MA: Addison-Wesley, 1998.

[5] Knuth D. Introduction to Combinatorial Algorithms and Boolean Functions. Vol. 4 Fascicle 0, The Art of Computer Programming. Boston, MA: Addison-Wesley, 2008.

[6] Knuth D. Bitwise Tricks & Techniques; Binary Decision Diagrams. Vol. 4 Fascicle 1, The Art of Computer Programming. Boston, MA: Addison-Wesley, 2009.

[7] Knuth D. Generating All Tuples and Permutations. Vol. 4 Fascicle 2, The Art of Computer Programming. Boston, MA: Addison-Wesley, 2005.

[8] Knuth D. Generating All Combinations and Partitions. Vol. 4 Fascicle 3, The Art of Computer Programming. Boston, MA: Addison-Wesley, 2005.

[9] Knuth D. Generating All Trees – History of Combinatorial Generation. Vol. 4 Fascicle 4, The Art of Computer Programming. Boston, MA: Addison-Wesley, 2006.

[10] Luger G F. Artificial Intelligence – Structures and Strategies for Complex Problem Solving, 6th ed. Boston, MA: Addison -Wesley, 2008.

[11] Reingold E M. Combinatorial Algorithms–Theory and Practice, Upper Saddle River, NJ: Prentice-Hall, 1977.

[12] Winston P H. Artificial Intelligence, 3rd ed. Reading, MA: Addison-Wesley, 1992.

第3章 知情搜索

由 AI 处理的大型问题通常不适合通过盲目搜索算法来求解。本章将介绍知情搜索的方法——用启发法，通过限定搜索深度或是限定搜索宽度，缩小问题空间，如图 3.0 所示。因此，常用领域知识来避开没有结果的搜索路径。

3.0 引言

本章继续研究搜索技术。第 2 章介绍了以固定方式搜索空间的盲目搜索算法。深度优先搜索深入探索一棵树，而广度优先搜索在进一步深入探索之前先检查了靠近根的节点。一方面，因为 DFS 会坚定地沿长路径搜索，结果错过了靠近根的目标节点；另一方面，BFS 的存储空间需求过高，很容易就被中等大小的分支因子给压垮了。

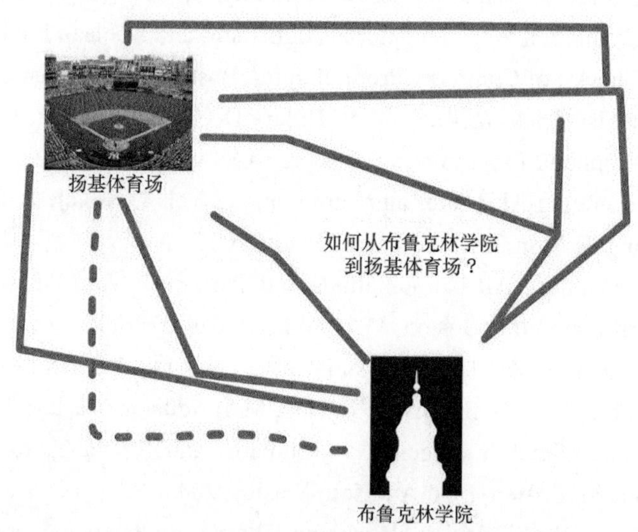

图 3.0 从布鲁克林学院到扬基体育场

这两种算法都表现出了指数级的最坏情况时间复杂度。迭代加深的 DFS 结合了两种算法的有利特征——DFS 的中等空间需求与 BFS 的完备性。但是，即使迭代加深的 DFS，在最坏情况下也具有指数级别的时间复杂度。

在第 4 章和第 16 章中，我们将演示如何采用搜索算法，使得计算机能够在诸如 Nim、井字游戏、跳棋和国际象棋这样的博弈中，与人类对抗。所介绍的 3 种盲目搜索算法适用于列表中的前两个游戏，但对于跳棋和国际象棋这样的博弈，这些搜索算法面对其背后巨大的搜索空间也是一筹莫展。

在第 1 章中，我们介绍了作为经验法则的启发法，这在问题求解中通常是很有用的工具。在本章中，我们提出了采用启发法的搜索算法，在搜索空间中引导程序前进。3.2～3.4 节描述了 3 种算法——**爬山**（hill climbing）、**最佳优先搜索**（best-first search）和**集束搜索**（beam search），这些算法“从不回头”。在状态空间中，它们的路径完全由到目标的剩余距离的启发式评估（近似）引导。假设某人从纽约市搭车到威斯康星州的麦迪逊。一路上，关于应该选择哪条高速公路出现了许多选择。这类搜索也许会采用到目标的最小直线距离的启发法（例如麦迪逊）。

3.5 节介绍了用于评估启发法和/或搜索算法的 4 个指标。如果要启发法发挥最大作用，那么这个启发法应该低估（underestimate）剩余距离。在上一段中，直线距离通常小于或等于实际距离，这是不言自明的（高速公路常常需要绕山、大型森林和城市地区）。搜索启发法的这个属性称为**可采纳性**（admissibility）。

比起可采纳性，搜索启发法的**单调性**（monotonicity）要求更加严格。这个属性要求当向前搜索时，剩余距离的启发式评估值应该持续减少。正如任何旅行者都知道的，高速公路一直都在不断地修理，绕行通常更是不可避免。在去麦迪逊旅途的某个时刻，所有可用的道路都将把人们带到离目标更远的地方（尽管是暂时的）——这肯定是很有可能的。

我们可以根据避免不必要搜索工作的能力对启发法进行分级。在寻求目标的过程中，毫无疑问，评估一小部分搜索树的搜索算法，比必须检查一大部分搜索树的算法运行得更快。人们认为前者的搜索算法比后者知道更多的情况（more informed）。

一些搜索算法仅检查单条路径。通常这种算法会产生次优的结果。如本章将要说明的爬山会一直前进，直到到达一个节点，从这个节点开始，没有后继节点可以更靠近目标。这时可能已经到达目标了，也可能是被困在**局部最优**（local optimum）中。或者，如果允许回溯，则开始探索替代路径。在这些情况下，我们将此搜索算法归类为试探性的（tentative）搜索算法。

在 3.6 节中描述的全部搜索算法都有一个共同的特征——它们包括了从根部开始遍历的距离作为判断启发式好坏度测量的一部分（或全部）。在某种意义上，这些方法总是向后看的，因此称为分支定界算法。通过启发式估计剩余距离，或保留到任何中间节点的最好路径的规定，这就是增强的“普通（plain vanilla）”分支定界。当在搜索中纳入这两个策略时，我们就有了众所周知的 A*算法。

3.7 节包括对两个额外搜索的讨论：**约束满足搜索**（constraint satisfaction search）和**双向搜索**（bidirectional search 或 wave search）。我们已经看到许多搜索包含了必须满足的约束条件。例如，在第 2 章讨论的 n 皇后问题中，约束条件是任何两个皇后都不能占据同一行、同一列或同一对角线。CSP 尝试采用这些限制裁剪树，从而提高效率。

求解问题通常涉及求解子问题。在某些情况下，必须解决所有的子问题，但有时解决一个子问题就足够了。例如，如果一个人在洗衣服，则需要洗涤和干燥衣服。但是，干燥衣服可以将湿衣服放入机器中或将其悬挂在晾衣绳上来实现。这一节也包括了对与（AND）

/或（OR）树的讨论，在建模问题求解的过程中，这是有帮助的。

本章最后将讨论双向搜索，这种方法并行地指定了两棵广度优先的树，一棵树从起始节点开始搜索，另一棵树从目标节点开始搜索。在目标节点的位置不是先验已知的情况下，人们发现这种方法特别有用。

3.1 启发法

本章最重要的主题之一是1.6节曾提到的启发法。乔治·波利亚（George Polya）由于写了一本里程碑式的书——《How to Solve It》[1]也许有可能被称为“启发式之父”。正如第1章中所提到的，Polya的工作侧重于问题的求解、思考和学习，他建立了启发式原语的“启发式字典”。Polya 的方法在实际和实验中都很有用。他运用形式化观察和实验的方法来寻求创立和获得人类问题求解过程的见解[2]。

博尔克（Bolc）和西斯基（Cytowski）[3]说，最近启发式研究方法，在特定的问题领域，寻求更形式化、更严格的类似算法的解，而不是发展可以从特定的问题中选择并应用到特定问题中的更一般化方法。

启发式搜索方法的目的是在考虑到要达到目标状态情况下极大地减少节点数目。它们非常适合组合复杂度快速增长的问题。通过知识、信息、规则、见解、类比和简化，再加上一堆其他的技术，启发式搜索方法旨在减少必须检查的对象数目。好的启发式方法不能保证获得解，但是它们经常有助于引导人们到达解路径。

1984年，朱迪亚·珀尔（Judea Pearl）出版了一本名为《Heuristics》的书[4]，这本书从正式的数学角度出发，专门描写了这个主题。人们必须在具有（或执行）一个算法和使用启发法之间做出区别。算法是确定的方法，是明确定义的一系列步骤来求解问题的方法。启发法更加直观，类似于人的方法：它们基于见解、经验和专业知识。它们可能是描述人类求解问题的方法和途径的最好方式，这与类机器（machine-like）方法有所区别。

Pearl声明，使用启发式方法可以修改策略，显著降低成本，达到一个准最优（而不是最优）解。博弈，特别是二人零和博弈，具有完全的信息，如国际象棋和跳棋。实践证明，二人零和博弈是进行启发法的研究和测试一个非常有前景的领域（见第4章和第16章）。

人物轶事

朱迪亚·珀尔（Judea Pearl）

Judea Pearl（1936年生）也许是因为《Heuristics》[4]而变得家喻户晓的。但是，他也在知识表示、概率和因果推理、非标准逻辑和学习策略方面做出了重要的贡献。他获得了众多荣誉，我们这里只罗列其中的一部分。

- 2010年，他由于对人类认知理论基础的贡献，获得David E. Rumelhart奖。
- 2010年，为了向Judea Pearl表示敬意的纪念文集和研讨会。

- 2008年，在加利福尼亚州奥兰治市查普曼大学获得人文主义文学（Humane Letters）荣誉博士学位。
- 2008年，获计算机和认知科学的本杰明·富兰克林奖章，获奖理由是“创建用于计算和推理不确定证据的第一个通用算法（for creating the first general algorithms for computing and reasoning with uncertain evidence）”。
- 获得多伦多大学理学荣誉博士学位，表彰其“对计算机科学领域的突破性贡献”。

Judea Pearl于1960年获得了坐落在以色列海法的以色列理工学院的电气工程学士学位，于1965年获得新泽西州新不伦瑞克市罗格斯大学物理学硕士学位。1965年，他成为纽约布鲁克林理工学院电气工程系的博士。然后，他在新泽西州普林斯顿的RCA研究实验室工作，研究超导参数和存储设备，并且在加利福尼亚州霍桑的电子存储器公司研究高级存储器系统。1970年，他加入了UCLA，现在他在那里的计算机科学系的认知系统实验室工作。

“启发式”作为形容词（发音为hyu-RIS-tik，来自于希腊语“heuriskein”，意为“发现”）与通过智能猜测，而不是遵循一些预先确定的公式来获得知识或一些期望结果的过程相关。这个术语似乎有两种用法。

（1）描述了一种学习方法，这种学习方法不一定用一个有组织的假设或方式来证明结果，而是通过尝试来证明结果，这个结果可能证明了假设或反驳了假设。也就是说，这是“凭经验”或“试错法”的学习方式。

（2）根据经验，有时候表达为“使用经验法则”获得一般的知识（但是，启发式知识可以应用于简单或者复杂的日常问题。人类棋手即使用启发式方法）。

下面是启发式搜索的几个定义。

“启发”作为一个名词，是特定的经验法则或从经验衍生出来的论据。相关问题的启发式知识的应用有时候称为启发法。

- 它是一个提高复杂问题解决效率的实用策略。
- 它引导程序沿着一条最可能的路径到达解，忽略最没有希望的路径。
- 它应该能够避免去检查死角，只使用已收集的数据[15]。

启发式信息可以添加到搜索中。

- 决定接下来要扩展的节点，而不是严格按照广度优先或深度优先的方式进行扩展。
- 在生成节点过程中，决定哪个是后继节点，以及待生成的后继节点，而不是一次性生成所有可能的后继节点。
- 确定某些节点应该从搜索树中丢弃（或裁剪掉[2]）。

Bolc和Cytowski[3]补充说：“……在构建解过程中，使用启发式方法增加了获得结果的不确定性……由于非正式知识的使用（规则、规律、直觉等），这些知识的有用性从未得到充分证明。因此，在算法给出不满意的结果或不能保证给出任何结果的情况下采用启发式方法。在求解非常复杂的问题时，特别是在语音和图像识别、机器人和博弈策略问题中，它们特别重要（精确的算法失败了）。”

人物轶事

乔治 · 波利亚（George Polya）

乔治 · 波利亚（1887—1985）因其开创性著作《How to Solve It》（1945）而变得非常知名。这本书已被翻译成了 17 种语言，售出了近 100 万册。

Polya 出生在匈牙利的布达佩斯，和许多年轻人一样，他不确定选择哪个学科作为未来的工作方向。他在法学院试读过一个学期，而后对生物产生了兴趣，但是担心没有什么收入。他还获得了教授拉丁语和匈牙利语（他从未使用过）的学位证书。

然后他尝试学习哲学，后经他的教授建议开始尝试学习物理和数学。最后，他总结道："我觉得学习物理，我还表现得不够好，但是学习哲学，我绰绰有余。而学习数学介于二者之间。"（1979 年，G.L.亚历山大，George Polya 在他的 90 岁生日时所接受的采访，《The Two-Year College Mathematics Journal》）

Polya 在布达佩斯的 Eötvös Lorànd 大学获得数学博士学位，从 1914 年到 1940 年，他在苏黎世瑞士技术大学任教。与许多其他人一样，为了逃离欧洲的战争和迫害，第二次世界大战期间，他逃到了美国。从 1940 年至 1953 年，他在斯坦福大学教书，在后来的职业生涯中，他成了名誉教授。

他的兴趣扩展到了许多数学领域，包括数论、序列分析、几何、组合和概率。但是，在后来的职业生涯中，他的主要关注点是试图表征人们用来求解问题的方法，并且这正是他在 AI 领域如此重要的原因——启发式的概念，这个词源于在希腊语，意思是"发现"。

启发是强 AI 的基础，在第 6 章中，你将会多次看到这个词，正是"启发"将 AI 的方法从传统计算机科学方法中区别出来。在人类问题求解的方法中，启发法与纯算法泾渭分明。启发法是不精确、直观、具有创造性的，有时比较强大，但难以定义。Polya 认为有效的问题求解是一种可以教导和学习的技能，但是在这一点上存在某些争议。

骑士之旅问题（Knight's Tour Problem，见练习 10 中的 a）演示了启发法的威力：它是启发法使得问题更容易求解的一个示例。

Polya 确实开发了问题求解的一般方法，这在数学、计算机科学和其他学科中已被接受，成为一种标准。

（1）了解问题。

（2）制订计划。

（3）实现计划。

（4）评估结果。

这 4 个步骤是普遍的标准，不过在跨学科之间有一些变体、一些不同的主题并且更加细化。

Polya 还撰写了 4 本极具影响力的书：《数学和合理推理》（卷 I 和卷 II）（即《Mathematics and Plausible Reasoning》）、《数学发现：理解、学习和教学问题求解》（卷 I 和卷 II）（即《Mathematical Discovery: On Understanding, Learning, And Teaching Problem Solving》）。

参考资料

Alexanderson G L. George Pólya interviewed on his ninetieth birthday. The Two-Year College Mathematics Journal 10(1):13–19, 1979.

Mayer R E. Learning and instruction. Upper Saddle River, NJ: Pearson Education, 2003.

Pólya G. Mathematics and plausible reasoning: Induction and analogy in mathematics, Volume I. Princeton, NJ: Princeton University Press, 1954.

Pólya G. Mathematics and plausible reasoning: Patterns of plausible inference, Volume II. Princeton, NJ: Princeton University Press, 1954.

Pólya G. Mathematical discovery: On understanding, learning, and teaching problem solving Volumes I & II. USA: John Wiley & Sons, 1966.

Pólya G. Guessing and proving. The Two-Year College Mathematics Journal 9(1):21–27, 1978.

Pólya, G. More on guessing and proving. The Two-Year College Mathematics Journal 10(4):255–258, 1979.

Pólya G. How to Solve It: A New Aspect of Mathematical Method, First Princeton Science Library Edition, with Foreword by John H. Conway. United States: Princeton University Press, 1988.

Pólya George. The goals of mathematical education, 2001.

让我们再考虑几个启发法的例子。例如，人们可以根据季节选择车辆的机油。冬天，由于温度低，液体容易冻结，因此应使用较低黏度（稀薄）的发动机油；而在夏季，由于温度较高，因此选择具有较高黏度的油是明智的。类似地，冬天，气体冷缩了，应在汽车轮胎内充入更多的空气；反之，夏天，当气体膨胀时，应减少轮胎内的空气。

重要的是要记住，启发法只是“经验法则”。你如何解释如下事实：一个学生在凌晨 2:00 把朋友载回曼哈顿下城，然后调头去布鲁克林—炮台公园隧道，他突然发现自己被靠近荷兰隧道入口的出租车和一辆垃圾车包围，停滞在原地超过了 15 分钟。停到荷兰隧道，这通常是打算快速到达任何地方的纽约大都市区司机的一种糟糕的选择路径。也许人们应该添加一个子启发：“即使你必须不辞辛劳，也要远离任何带你通过荷兰隧道入口的路线。”

比较启发式应用与纯计算算法的问题求解的一个常见示例是大城市的交通。许多学生使用启发法，在上午 7:00 到 9:00 从不开车到学院，而在下午 4:00 到 6:00 从不开车回家，因为在大部分的城市中，这是高峰时间，正常情况下 45 分钟的行程很容易需要一到两个小时完成。如果在这些时间必须开车，那么这是个例外情况。

现在，使用如 MapQuest、Google Maps 或 Yahoo! Maps 等程序来获取两个位置之间建议的行车路线，这是很常见的。你想知道这些程序是否具有内置 AI，采用启发法使它们能够智能地执行任务？如果它们采用了启发法，那么这些启发法是什么？例如，程序是否考虑道路是州际公路、地方公路、高速公路还是林荫大道？是否考虑驾驶条件？这将如何影响在特定道路上驾驶的平均速度和难度，以及它们选择某种方式到特定目的地？

当使用任何行车指南或地图时，最好检查并确保道路仍然存在，注意是否为施工地段，并遵守所有交通安全预防措施。这些地图和指南仅用作交通规划的辅助工具。

正如图3.1（MapQuest）和图3.2（Yahoo! Maps）中，比较两个程序给出的解决方案可以看出，MapQuest的解决方案大约长为2英里（1英里≈1.6千米），需要6分钟或更长。这主要是因为解决方案的起始位置不一样。但是，关于这个例子，重要的是使用启发法的一般概念：熟悉纽约市高峰时间的驾驶员将基于经验施展车技，来决定采用哪条道路到扬基体育场，观看7:05 PM棒球比赛。经验欠缺的纽约驾驶员将会在这个时候，选择布鲁克林—皇后高速公路（278号公路）这条路线，这通常是我们竭力避免的困境。在这个例子中，采用替代路线将会显得更加明智，这样的路线可能更长，但是所用的时间较短。

图3.1 从布鲁克林学院开车到扬基体育场，MapQuest给出的解

诸如Google Maps、Yahoo！Maps和MapQuest之类的程序正在不断变得“更智能”，以满足我们的需要，并且它们可以包括最短时间（在图3.1和图3.2的示例中使用）、最短距离、避免高速公路（可能存在驾驶员希望避开高速公路的情况）、收费站、季节性关闭等信息。

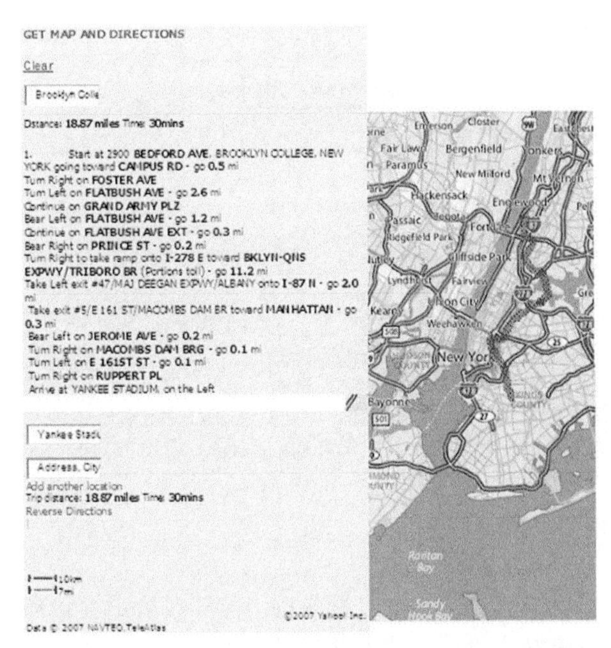

图 3.2　从布鲁克林学院开车到扬基体育场，Yahoo! Maps 给出的路线

3.2　知情搜索（第一部分）——找到任何解

我们已经讨论了启发法，并看到了它们在 AI 中的重要性，接下来介绍 3 种特定搜索算法，这 3 种特定搜索算法使用启发法指导智能搜索过程。最基本的是爬山法，更聪明一点的是最陡爬坡法，还有一种算法在效率上可算得上最优算法——**最佳优先搜索算法**。

3.2.1　爬山法

这种算法背后的概念是，在爬山过程中，即使你可能更接近顶部的目标节点，但是你可能无法从当前位置到达目标/目的地。换句话说，你可能接近了一个目标状态，但是无法到达它。传统上，爬山法是所讨论的第一个知情搜索算法。它最简单的形式是一种贪婪算法，在这个意义上说来，这种算法不存储历史记录，也没有能力从错误中或错误路径中恢复。它使用一种测度（最大化这种测度，或是最小化这种测度）来指导它到达目标，来指导下一个“移动”选择。

假设有一位试图到达山顶的爬山者。她唯一的装备是一个高度计，以指示她所在的山有多高，但是这种测度不能保证她会到达山顶。爬山者在任何一点都要做出一个选择，即总是向所标识的最高海拔方向前进，但是除了给定的海拔，她不确定自己是否在正确的路径上。显然，这种简单的爬山方法的缺点是，做出决策的过程（启发式测度）太过朴素简单，以致登山者没有真正足够的信息确定自己在正确的路径上。爬山只会估计剩余距离，而忽略了实际走过的距离。在图 3.3 中，在 A 和 B 中做出的爬山决定，由于 A 估计的剩余距离小于 B，因此选择了 A，而“忘记”了节点 B。然后，爬山法从 A 的搜索空间看去，在节点 C 和 D 之间考虑，很明显我们选择了 C，接下来是 H。

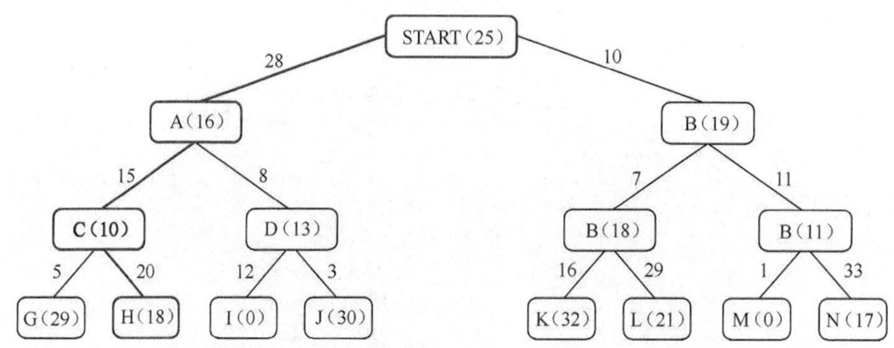

图 3.3　爬山法示例注意：在这个示例中，节点中的数字是到目标状态估计的距离，顶点的数字仅仅指示爬过的距离，没有添加任何重要的信息

3.2.2　最陡爬坡法

最陡爬坡法知道你将能够接近某个目标状态，能够在给定的状态下做出决策，并且从多个可能的选项中做出最好的决定。从本质上讲，相比于上述简单的爬山法，这解释了最陡爬坡法的优势。这个优势是，从多个比当前状态可能“更好的节点”中做出一个选择。而不仅仅是选择向当前状态“更好”（更高）的目标移动，这种方法从给定的可能节点集合中选择了“最好”的移动（在这个情况下是最高的分数）。

图 3.4 说明了最陡爬坡法。如果程序按字母顺序选择节点，则从节点 A（−30）开始，我们可以得出结论：下一个最好的状态是节点 B，具有（−15）的分数。但是这比当前的状态（0）更差，因此最终它将移动到节点 C（50）。从节点 C，我们将考虑节点 D、E 或 F。但是，由于节点 D 处于比当前状态更糟的状态，因此不选择节点 D。在节点 E（90）改进了当前的状态（50），因此我们选择节点 E。

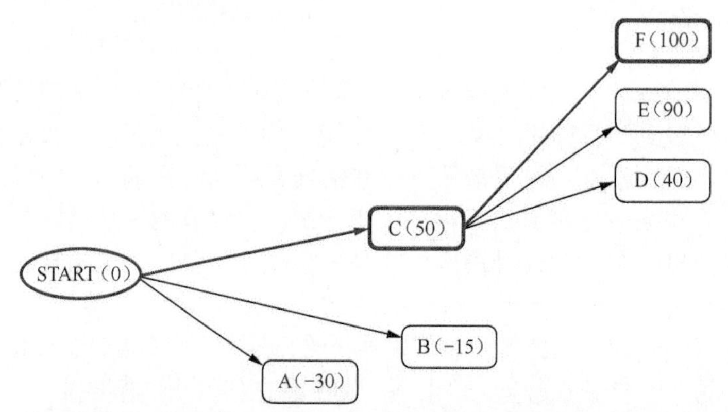

图 3.4　最陡爬坡法：这里有一位登山者，我们按照字母表顺序将节点呈现给他。从节点 C（50），爬山法选择了节点 E（90），最陡爬坡法选择了 F（100）

如果使用这里的描述，标准爬山法将永远不会检查可以返回比节点 E 更高分数的节点 F，即 100。与标准爬山法相反，最陡爬坡法将评估所有的 3 个节点 D、E 和 F，并总结出 F（100）是从节点 C 出发选择的最好节点。图 3.5 给出了最陡爬坡法的伪代码。

```
// steepest-ascent Hill climbing

Hillclimbing (Root_Node, goal)
{
Create Queue Q
If (Root_Node = goal) return successes
Push all the children of Root_Node in to Q
While (Q_Is_Not_Empty)
      {
      Find the child which has minimum distance to goal
      } // end of while
Best_child = the child which has minimum distance to goal
If (Best_child is not a leaf)
     Hillclimbing(Best_child, goal)
Else
      If (Best_child = goal) return Succees
      return failure;
}// end of the function
}
```

图 3.5 最陡爬坡法的伪代码

山麓问题

在某些情况下，爬山法可能会出问题。其中一个问题称为**山麓问题**（foothill problem）。爬山法是一种贪婪算法，对过去和未来都没有知识，因此它可能会困在局部最大值中，这意味着虽然解或目标状态似乎可以达到（甚至可以看到），但是它不能从当前的位置到达，即使目前的山麓顶部是可见的。虽然实际的山顶本身（全局最大值）也可能是可见的，但是这不能从当前的位置到达（见图 3.6（a））。想象一下，一个爬山者认为他可能到达山顶，但是，相反的是，他只能到达他目前攀登的山顶。这里有一个与山麓问题类比的场景如下：假设我们在高速公路上向西行驶 644 千米到达一个特定的州立公园，并且里程表上的所有迹象都表明我们确实越来越接近那个州立公园，然而一旦更接近目的地，我们将会发现这个公园的唯一入口在我们以为的入口向北 322 千米。

高原问题

另一个典型的爬山法问题称为**高原问题**（plateau problem）。假设有一些相似的、良好的局部最大值，但是为了到达真正的解，我们必须移动到另一个高原。图 3.6（b）是在大型公寓楼中寻找某间公寓的示意图，将此示意图与高原问题进行类比，显示出爬山法将很可能卡在某个错误的高原上。

我们可能会认为越来越接近目标公寓（例如 101），但实际上我们在错误的建筑物中！

山脊问题

最后是我们熟悉的**山脊问题**（ridge problem），在这个问题中，虽然可能存在好的启发值指示我们接近目标或解，但是在建筑物中，它们在错误的楼层中（见图 3.6（c））。这与访问一家大型百货公司，但是我们发现自己在错误楼层中的情况类似（例如，女装在一楼，但是我们要在二楼的男装部购买一些东西）。我们看到很多可供选择的女装，但是这改变不了我们在商店的错误楼层中这个事实，也都不会找到任何合适的服装。

对于这些爬山法中出现的问题，我们有一些补救措施。解决局部最大值问题是回溯到更早的节点，并尝试不同的方向（见 2.2 节）。考虑我们很有可能选择的路径（特别是在最陡爬坡法中），如果路径通往一个死胡同，那么就考虑替代路径。

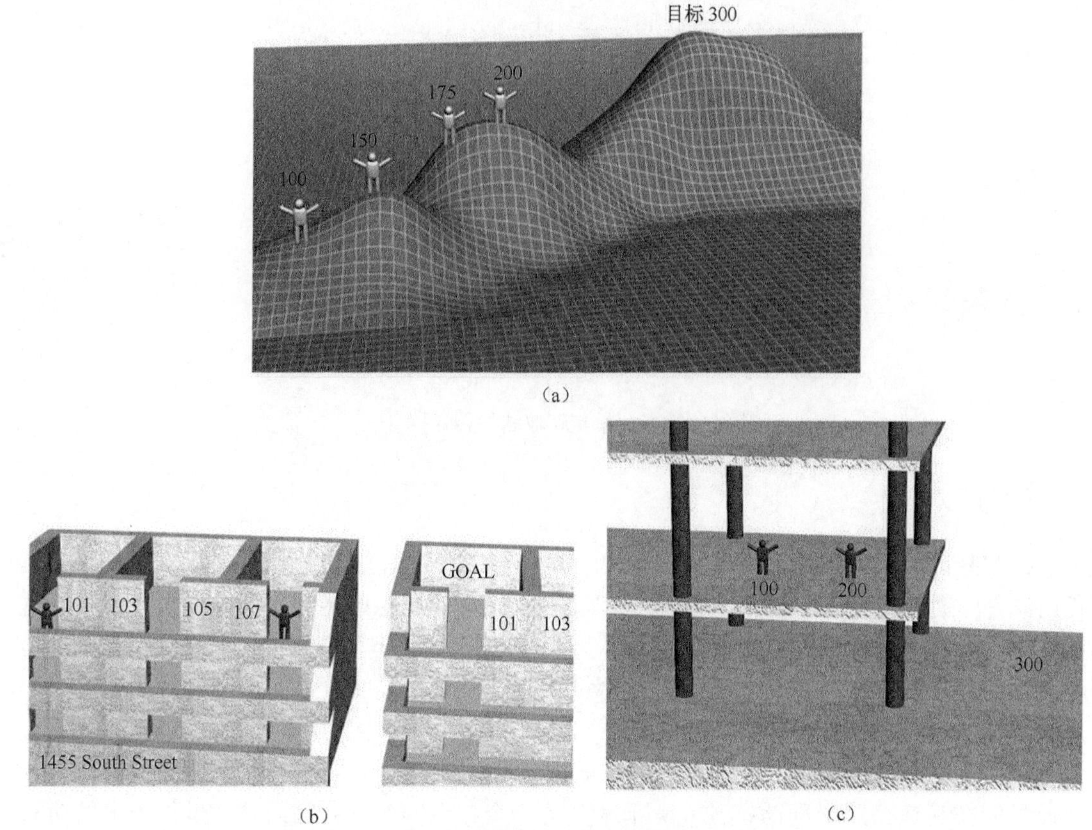

图 3.6　爬山法的 3 个问题
（a）爬山法——山麓问题　（b）爬山法——高原问题　（c）爬山法——山脊问题

当在相邻区域中有许多点具有相似值时，这就出现了高原问题。处理这个问题的最好方法是，通过多次应用相同的规则，尝试到达搜索空间的新区域。使用这种方式我们就可以产生新的极值。

最后，通过一次应用几个规则在几个方向上进行搜索，这将有助于避免导致山脊问题的各种值（见图 3.6（c））。早期就经常多个方向搜索，从而防止搜索被困在某个位置。

让我们再次思考图 3.4：如果结果是所选择的经过节点 F（100）的路径到不了任何地方，假设我们存储了从前面的搜索中得到的值，那么我们可能要返回节点 B，考虑可替代路径，这将我们带到节点 E（90）。这可能是尝试解决上面讨论的局部最大问题的一个示例。同样，如果我们选择返回，探索节点 A（−30），这最初看起来很糟糕，也就是说，我们可能在看起来存在类似高原问题的新方向上进行搜索。

3.3　最佳优先搜索

爬山法是一种短视的贪婪算法。由于最陡爬坡法在做出决定之前，比较了可能的后继节点，因此最陡爬坡法的角度比爬山法更开阔，然而这依然存在着与爬山相关的问题（山麓问题、高原问题和山脊问题）。如果考虑可能的补救措施并将其形式化，那么我们会得到**最佳优先搜索**。

最佳优先搜索是我们讨论的第一个智能搜索算法，为了达到目标节点，它会做出探索哪个节点和探索多少个节点的决定。最佳优先搜索维持着开放节点和封闭节点的列表，就像深度优先搜索和广度优先搜索一样。开放节点是搜索边缘上的节点，以后可能要进一步探索到。封闭节点是不再探索的节点，将形成解的基础。在开放列表中节点是按照它们接近目标状态的启发式估计值顺序排列的。因此，每次迭代搜索，考虑在开放列表上最有希望的节点，从而将最好的状态放在开放列表前端。重复状态（例如，可以通过多条路径到达的状态，但是具有不同的代价）是不会被保留的。相反，花费最少代价、最有希望以及在启发法下最接近目标状态的重复节点被保留了。

从以上讨论以及在图 3.7 中最佳优先搜索的伪代码可以看出，在爬山法中，最佳优先搜索的最显著优势是它可以通过回溯到开放列表的节点，从错误、假线索、死胡同中恢复。如果要寻找可替代的解，它可以重新考虑在开放列表中的子节点。如果按照相反的顺序追踪封闭节点列表，忽略到达死胡同的状态，就可以用来表示所找到的最佳解。

```
//Best-First Search

BestFirstSearch(Root_Node, Goal)
{
Create Queue Q
Insert Root_Node to Q
While Q_Is_not_Empty)
{
      G = remove from Q
      If (G = goal ) return path from root_node to G  // successes
      While(G has child nodes){
       If (child is not inside Q)
           Insert child node to Q
                 Else
                       insert the child which has minimum value in to the Q,
                     delete all the other nodes.
               } // end of second whlie
 sort Q by the value   // smallest Node at the top
}// end of first while
return failure
}
```

图 3.7 最佳优先搜索的伪代码

如上所述，最佳优先搜索维持开放节点列表的优先级队列。回想一下，优先级队列具有的特征：可以插入的元素、可以删除最大节点（或最小节点）。图 3.8 说明了最佳优先搜索的工作原理。注意，最佳优先搜索的效率取决于所使用的启发式测度的有效性。

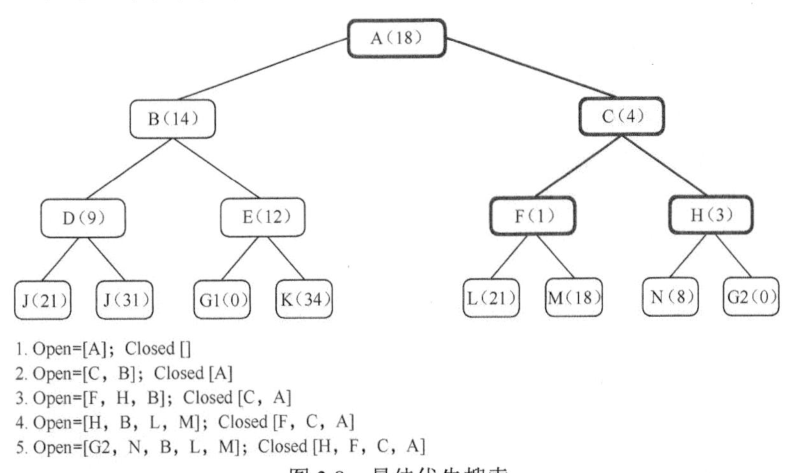

图 3.8 最佳优先搜索

开放列表保存了每一层中到达目标节点最低估计代价节点。保存在开放节点列表中相对较早的节点稍后会较早被探索。“获胜”路径是 A→C→F→H。如果存在这条路径，搜索总是会找到这条路径

好的启发式测度将会很快找到一个解，甚至找到可能的最佳解。糟糕的启发式测度有时会找到解，但即使找到了，这些解通常也不是最佳的。

使用图 3.9 所示的方法，回到从布鲁克林学院驾车到扬基体育场这个问题。我们会追踪最佳优先搜索算法及其解，然后考虑在现实世界中这个解是什么意思——换句话说，它是否行得通？

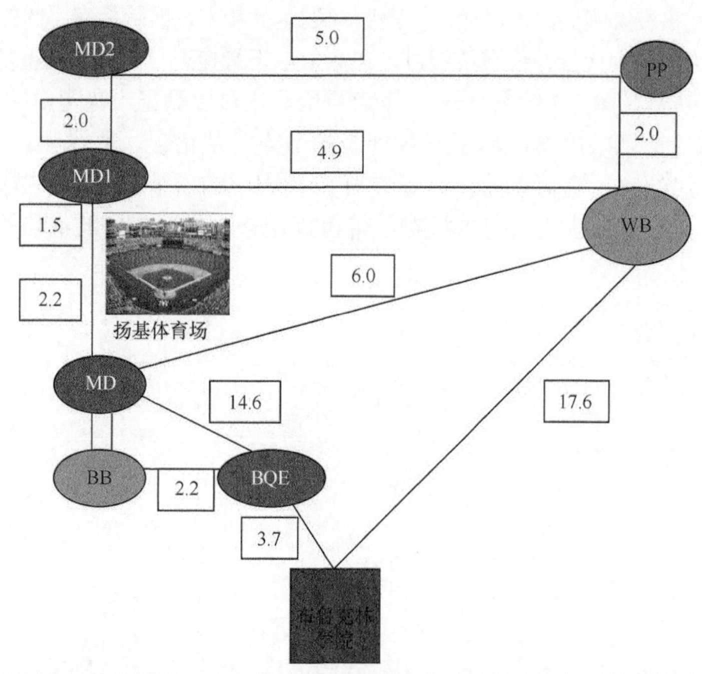

图 3.9 使用最佳优先搜索，决定在下午 5:30 从布鲁克林学院到扬基体育场的合适路径

缩写：

BQE =布鲁克林-皇后高速公路

BB =布鲁克林大桥

WB =布朗克斯-白石桥

MD =狄根少校高速公路

PP =佩勒姆马勒衔公园大道

布鲁克林学院至扬基体育场：36 分钟（20.87 英里①）

布鲁克林大桥到扬基体育场：25 分钟（8.5 英里）

布鲁克林皇后至扬基体育场：24 分钟（16.8 英里）

注意： MapQuest 估计的行程时间（和距离）如下：

布鲁克林学院到布朗克斯-怀特里斯特桥：35 分钟（17.6 英里）

缩写：

BC =布鲁克林学院

① 1 英里≈1.61 千米。因为此处的图和计算涉及的单位均为英里，如替换为千米，均为数位较多的小数，影响阅读，所以予以保留。——编辑注

BQE =布鲁克林-皇后高速公路
BB =布鲁克林大桥
WB =白石桥
MD =狄根少校高速公路
YS =扬基体育场

补充资料

人月神话

在撰写本书时（2008 年 1 月），当谈到为什么最佳优先搜索的解不是最佳的或可能远远不是最佳的时候，一个好的类比就是美国的房地产行业。当住房市场在几年前达到顶峰时，许多人选择改善自己的住房，而不是搬家或买另一套房子。在这种情况下，承包商（或负责大型建筑，例如公寓楼或酒店操作的各方）通常提供给房主这个项目所涉及的成本和时间的估计。通常，承包商的工程已经超出了估计的成本（无论是金钱方面，还是在时间方面）。因此，当翻新的房屋终于完成（长于预定的日期）时，结果，由于房屋市场严重紧缩，尽管房屋翻新了，但是在大部分情况下，房子比在翻新前的房子市场价值低。正如你所期望的，许多户主非常失望——给定可能出现的意想不到的成本，建设项目从未完成，一些人不能搬回到房子里！因此，一个尽可能精确的好的启发式测度是很重要的。

如表 3.1 所示，最佳优先搜索返回路径是 BC（null 0）→BQE（3.7）→BB（2.2）→MD（8.5）→YS（2.2），这总共只有 16.6 英里，甚至比 MapQuest 给出的路线更短（距离）。不过奇怪的是，试图尽量减少时间（而不是距离）的 MapQuest 路线没有提供这条路线。相反，它提供了一条稍长的路线，需要开到布鲁克林皇后高速公路（BQE），而不是穿过了曼哈顿城中的较短路线。

表 3.1　最佳优先搜索算法找到了一条路线，开车从布鲁克林学院到扬基体育场的最短距离

循环编号	封闭顶点	开放列表	封闭列表
1	BC	BC(null 0+3.7)	WB(17.6)
2	BQE	BB(2.2) , MD(14.6), WB(17.6)	BC(null 0) , BQE(3.7)
3	BB	MD(8.5) , MD(14.6) , WB(17.6)	BC(null 0) , BQE(3.7) , BB(2.2)
4	MD	YS(2.2) , MD(14.6) , WB(17.6)	BC(null 0) , BQE(3.7) , BB(2.2)，MD(8.5)
5	YS	MD(14.6) , WB(17.6)	BC(null 0) ,BQE(3.7) ,BB(2.2) ,MD(8.5) ,YS(2.2)

3.4　集束搜索

由于当最好的 W 节点（例如，图 3.10 中的 $W = 2$）在每一层扩展时，它们形成了一种薄的、聚焦的“光束”，如图 3.11 所示，因此称之为**集束搜索**（beam search）。

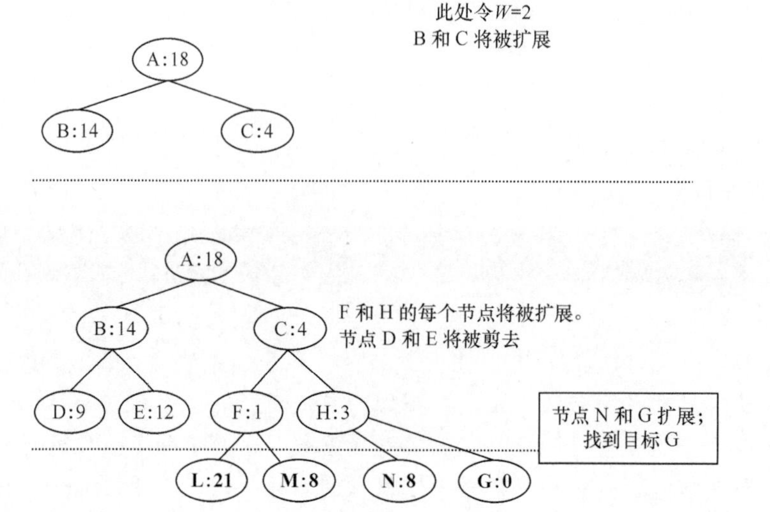

图 3.10 集束搜索：最佳 *W*（在这种情况下为 2）节点在每层扩展，找到目标（G）

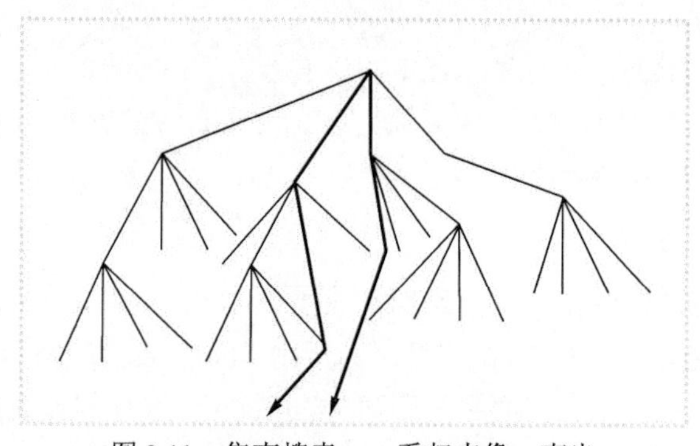

图 3.11 集束搜索——看起来像一束光

在集束搜索中，探索通过搜索树逐层扩展，但是只有最好的 *W* 节点得到了扩展。*W* 称为集束宽度。

通过较少的内存开销，将与搜索树深度相关的指数递增缩减到线性递增，集束搜索尝试改进了广度优先搜索。虽然集束搜索使用广度优先搜索建立搜索树，但是这棵搜索树的每一层被分成至多 *W* 个状态的片，其中 *W* 是集束宽度[6]。

薄片（宽度 *W*）的数目在每一层限制为 1。当集束搜索扩展了一层时，生成状态所在当前层的所有后继节点，将它们按照启发值递增的顺序（从左到右）排序，并将它们切分为每个最多 *W* 个状态的薄片，然后只存储第一个薄片，扩展集束。当生成了目标状态或内存不足（同上）时，集束搜索终止。

福西（Furcy）和柯尼希（Koenig）研究了关于“偏差”的变体，并了解到通过使用更大的集束可以发现更短的路径，而不会耗尽内存。在这种上下文中，偏差在于对后继节点的选择，这些后继节点不会从左到右返回最佳启发值。回想一下，集束搜索的其中一个问题是，如果选择的集束太薄（大小为 *W*），那么在启发式决策过程中，我们有很大可能失去潜在的解。Furcy 和 Koenig 发现，使用具有有限偏差回溯的集束搜索可能有利于找到一些困难问题的解。

3.5 搜索算法的其他指标

在第 2 章中，我们引入了几个用于评估搜索算法的指标。回想一下，如果在解存在的情况下，搜索算法总是可以找到解，我们就称搜索算法是完备的。如果搜索空间的分支因子是有限的，那么广度优先搜索是完备的。如果搜索算法从所有可能的解中返回最低代价的路径，那么该算法是优选的。

在确保路径代价是树深度的非递增函数情况下，BFS 是最优的。我们还定义了空间和时间复杂度；在前面章节中提出的每个盲目搜索，在最坏情况下都表现出了指数时间的复杂度。此外，BFS 也受到了指数存储空间需求的困扰，见表 3.2。

表 3.2 比较各种搜索算法的复杂度

标准	广度优先	统一代价	深度优先	迭代加深	有限深度	双向（如果适用）
时间	b^d	b^d	b^m	b^1	b^d	$b^{d/2}$
空间	b^d	b^d	b^m	b^1	b^d	$b^{d/2}$
优选？	Yes	Yes	No	No	Yes	Yes
完备？	Yes	Yes	No	Yes, if $1 \geqslant d$	Yes	Yes

分支因子由 b 表示，解的深度为 d，搜索树的最大深度为 m，并且深度限制由 l 表示。本章中描述的所有搜索算法采用了启发法。这些经验法则旨在引导对搜索空间有希望得到解的部分进行搜索，因此缩短了搜索时间。假设在搜索的某一点，我们的算法位于中间节点 n。这个搜索开始于起始节点“S”，并希望在目标节点“G”处达到极点。此时，在搜索中，人们可能希望计算 $f(n)$——经过 n，S 到 G 路径的确切代价；$f(n)$具有两个分量：$g(n)$，是从 S 到该节点 n 的实际距离，$h^*(n)$，经过最短路径到达 G 的剩余距离。换句话说，$f(n)= g(n)+ h^*(n)$。这里有一个问题：在节点 n，当路径尚未被发现时，搜索到 G 的最短路径。如何可以知道该路径的确切代价 $h^*(n)$？我们做不到这一点！结果，我们必须算出 $h(n)$，这是剩余距离的估计值。如果这个估计值必须比真实值要小（低估），或者说，对于所有的节点 n，$h(n) \leqslant h^*(n)$，这才是有用的。在这样的情况下，$h(n)$被视为**可接受的启发**（admissible heuristic）。结果，评估函数是 $f(n)= g(n)+ h(n)$。回想一下来自第 2 章的 3 拼图。对于这个拼图，存在以下可接受启发的两个示例。

（1）h_1——不在应在位置的方块数目。

（2）h_2——每个方块必须移至目标状态的距离总和。

如何确定这些启发是可接受的呢？对于这个拼图，读者可以想出任何其他可接受的启发吗？

每当某种解确实存在时（注意，在第 2 章中，我们用到了“最优（optimal）”这样的术语），如果搜索算法总是返回最优解，那么这个搜索算法是可接受的。我们将通过 f^* 表示最优解的实际代价：其中 $f^*(n)= g^*(n)+ h^*(n)$。前面提到，$h^*(n)$是一个还不知道的数值，相反，我们必须算出启发估计值 $h(n)$，其中 $h(n) \leqslant h^*(n)$。类似地，获得最优的“S 到 n”的路径不是一件容易完成的任务，我们必须采用 $g(n)$，这是从 S 到这个节点的实际代价。自然而然，$g(n) \geqslant g^*(n)$是可能的。如果先前引用的到威斯康星州麦迪逊的搜索算法是可接受的，那么我们将确定麦迪逊的选择路径是最优的。然而，一个可接受的算法不能保证到中间节点（在这个例子中，例如克利夫兰、底特律和芝加哥这样的城市）的最短路径。如果搜索算法保证产生到每个中间节点的路径也是最佳路径，那么称这个搜索算法是单调的。从纽约到麦迪逊旅游的单调算法也为所有中间节点提供了最佳旅游。直觉可能会让读者得出结论（正确），即单调算法总是可接受的。请思考这个命题的反命题："可接受的搜索算法总是单调的吗？"（证明你的答案！）

基于这些启发法可能给我们节省的工作量，我们对这些搜索启发进行分类。假设对于某个问题有两种启发：h_1 和 h_2。进一步假设，对于所有节点 n，$h_1(n) \leqslant h_2(n)$，那么称 h_2 比 h_1 更具有启发性；$h_2(n)$大于或等于 $h_1(n)$ 意味着 $h_2(n)$比 $h_1(n)$更接近（或至少接近）到达目标的确切代价 $h^*(n)$。思考一下，先前为 3 拼图问题所引用的两个启发。稍后，我们将证明，每个方块必须移动的距离总和 h_2，比仅仅考虑不在应在位置上方块的数目 h_1 更具启发性。

在第 2 章中，我们展示了如何通过回溯解决 4 皇后问题。算法尝试了许多可能解，然后放弃了这些解。这样的算法方法可以适当地称为**尝试性**（tentative）方法。与只检查一条路径的方法形成对比，如"普通"爬山，我们称后一种方法为不可撤回的（irrevocable）方法。

3.6 知情搜索（第二部分）——找到最佳解

3.2 节中的搜索算法系列有一个共同的属性：为了指导前进，每个算法都使用到目标剩余距离的启发式估计值。现在，我们将注意力转向向后看的搜索算法集合，从这个意义上来说，向后就是到初始节点的距离（例如 $g(n)$），这既不是整条路径的估值，也不是一个大的分量。通过将 $g(n)$包含在内，作为总估值路径代价 $f(n)$的一部分，就不太可能搜索到到达目标的次优路径。

3.6.1 分支定界法

我们将第一个算法称为"普通"分支定界法。

这种算法在文献中通常称为**统一代价搜索**（uniform-cost search）。[7] 按照递增的代价——更精确地说，按照非递减代价制订路径。路径的估计代价很简单：$f(n)= g(n)$，不采用剩余距离的启发式搜索；或等价地说，估计 $h(n)$处处都为 0。这种方法与广度优先搜索的相似性显而易见，即首先访问最靠近起始节点的节点。但是，使用分支定界法，代价值可以假设为任何正实数值。这两个搜索之间的主要区别是，BFS 努力找到通往目标的某一路径，然而分支定界法努力找到一条最优路径。使用分支定界法时，一旦找到了一条通往目标的路径，这条路径很可能是最优的。为了确保这条找到的路径确实是最优的，分支定界法继续生成部分路径，直到每条路径的代价大于或等于所找到的路径的代价。普通的分支定界法如图 3.12 所示。

假设某个人在节食期间去了冰淇淋店——他可能放弃巧克力糖浆、生奶油和“更喜欢的”的味道，而满足于普通的香草冰淇淋。

```
//Branch and Bound Search.

Branch_Bound (Root_Node, goal)
{
Create Queue Q
Insert Root Node into Q
While (Q_Is_Not_Empty)
      {
      G = Remove from Q
      If (G= goal) Return the path from Root_Node to G;
      else
      Insert children of G in to the Q
      Sort Q by path length
      } // and while
Return failure
}
```

图 3.12　普通的分支定界法

图 3.13 重绘了用来说明搜索算法的树。因为分支定界法不采用启发式估计值，所以这些启发式估计值不包括在图中。

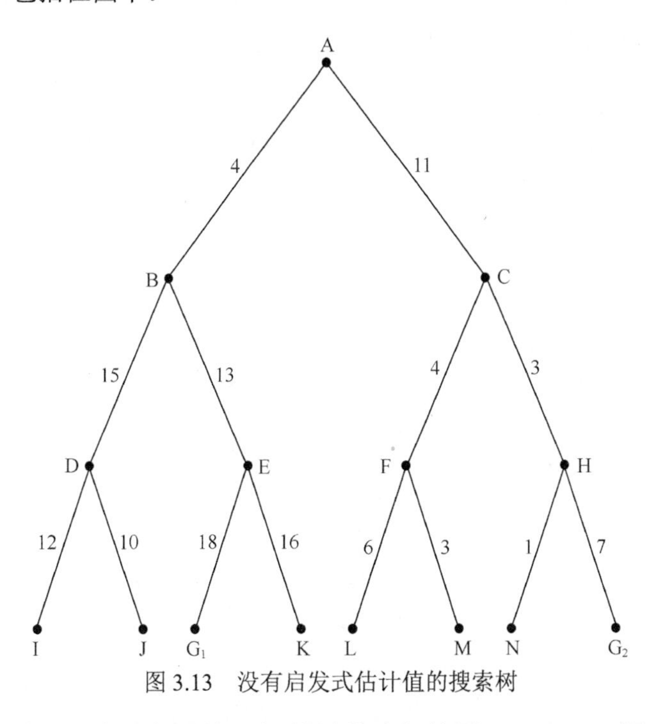

图 3.13　没有启发式估计值的搜索树

遵循分支定界法，寻求一条到达目标的最佳路径的图 3.14（a）～图 3.14（f）和图 3.14（g）。我们观察到，节点按照递增的路径长度扩展。搜索在图 3.14（f）和图 3.14（g）中继续，直到任何部分的路径的代价大于或等于到达目标的最短路径 21。如图 3.14（g）所示，请观察分支定界的其余部分。

分支定界算法接下来的4个步骤如下。

步骤1：到节点N的路径不能被延长。

步骤2：下一条最短路径，A→B→E被延长了；当前，它的代价超过了21。

步骤3：到节点M和N的路径不能被延长

步骤4：最小部分路径，具有的代价≤21被延长了。

当前，代价是29，超过了开始到目标最短路径。在图3.14（g）中，分支定界法发现到达目标的最短路径是A到C到H到G_2，代价为21。

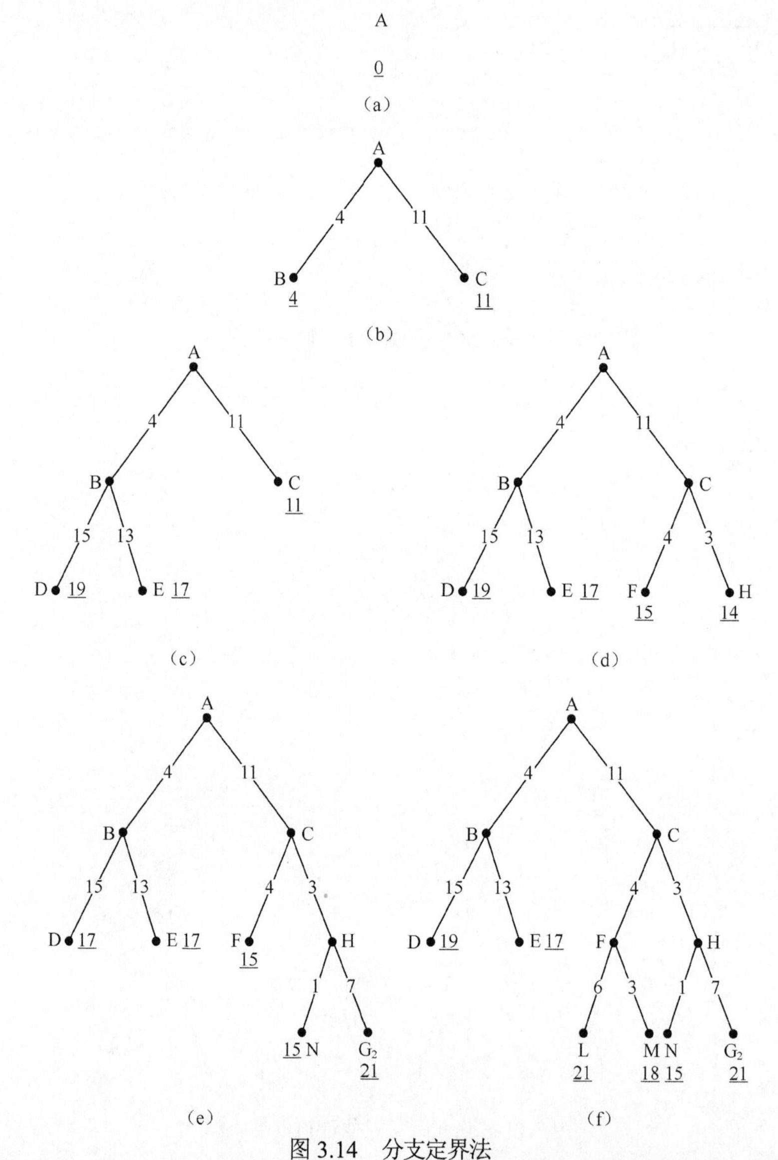

图3.14 分支定界法

（a）从根节点A开始。生成从根开始的路径 （b）因为B具有最小代价，所以它被扩展了
（c）在3个选择中，C具有最小代价，因此它被扩展了 （d）节点H具有最低代价，因此它被扩展了
（e）发现了到目标G2的路径，但是为了查看是否有一条路径到目标的距离更小，需要扩展到其他分支
（f）F和N的节点都具有15的代价；最右边的节点首先扩展

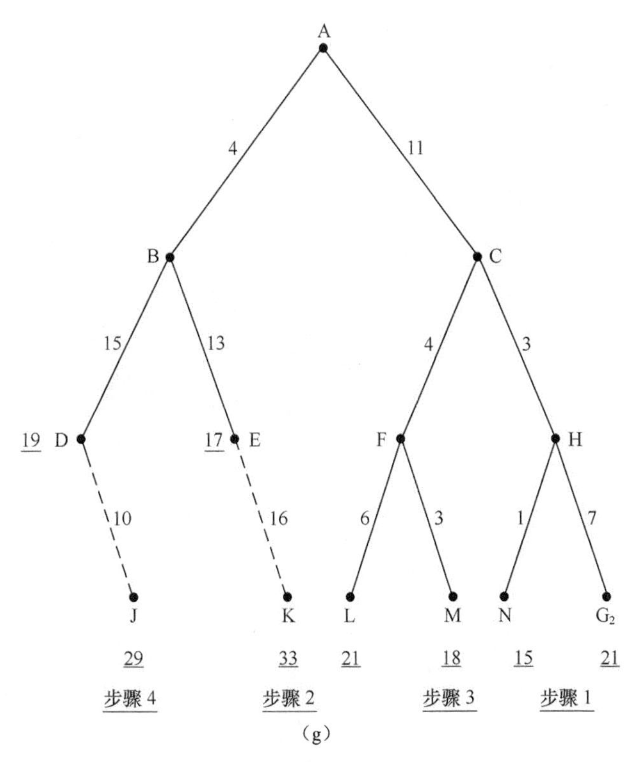

图 3.14 分支定界法（续）
（g）分支定界法的其余部分

在第 2 章中，我们讨论了旅行销售员问题（TSP），并用实例证明了基于贪婪的算法不能解决这个问题。为了方便起见，图 3.15 重新绘制了图 2.13。

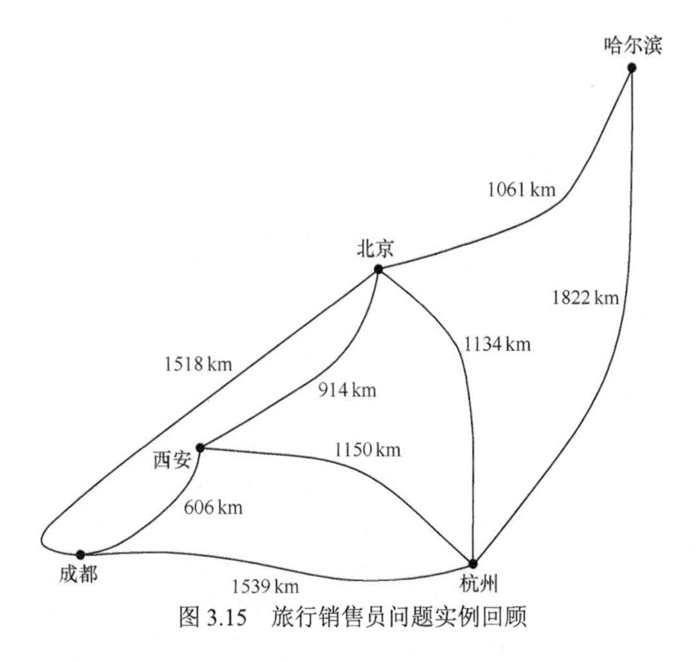

图 3.15 旅行销售员问题实例回顾

在第 2 章中，我们已经假设了销售人员住在西安，他必须以最短的旅途访问其余 4 个城市中的每一个，然后返回西安。思考图3.16所描述的树。

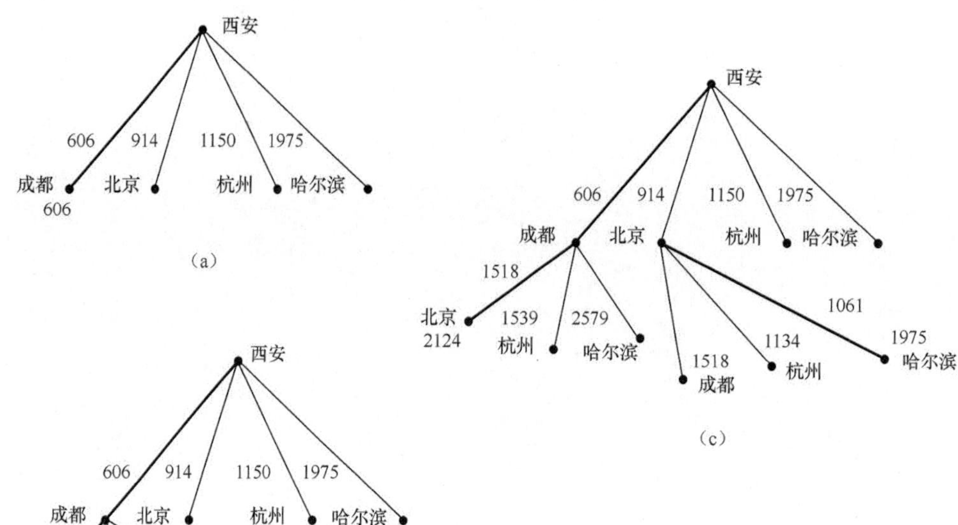

图3.16 TSP分支定界法解的起始

(a) 从西安开始，待访问的第一个节点是成都，代价为606 km (b) 从成都开始，选择了到北京的路径 (c) 分支定界法下一次扩展了节点B（在第一层），因为西安到北京的代价是914 km，是最短路径。从西安到成都，然后到北京的路径具有的总代价为2124 km。从北京开始，我们下一站去杭州。西安→北京→哈尔滨部分路径的代价为914 km + 1061 km = 1975 km。

分支定界法从按照距离递增（即非递减）的方式生成路径。第一次，指定从西安到成都，然后到北京的路径；第二次，路径从西安扩展到北京，然后到成都；以此类推，直到发现最佳旅途。

TSP是NP完备问题的示例。NP是一类问题的缩写，如果允许猜测，那么这类问题可以在多项式时间中解决。P代表可以在确定性多项式时间内解决的这类问题（例如当没有采用猜测时的多项式时间）。类别P包括了在计算机科学中许多熟悉的问题，如排序、确定图G是否是欧拉图。换句话说，如果G拥有一个环，这个环遍历每一条边一次且仅有一次（见第6章），或在权重图G（见第2章）找到一条从顶点i到j的最短路径。NP完备问题是在NP类中最困难的问题。NP完备问题看起来需要指数时间去解决（在最坏的情况下）。

但是，没有人证明对NP完备问题不存在多项式时间的（即确定性多项式时间）算法。我们知道P⊆NP。我们不知道P是否等于NP。在理论计算机科学中，这依然是最重要的开放性问题。NP完备问题彼此之间都是**多项式时间可归约**的（polynomial-time reducible），即如果能够找到NP完备问题的多项式时间算法，那么对于所有的NP完备问题都会有多项式时间算法。

这类NP完备问题也包含了许多众所周知的问题，例如上述TSP，命题逻辑中的可满足性问题（见第5章）和哈密顿问题（在第6章中会再次回顾本主题）。换句话说，确定连接图G是否存在环路，这个环路遍历了每个节点，有且只有一次。使用低估值的分支定界法的伪代码如图3.17所示。

```
// Branch and Bound with Underestimates
B_B_Estimate (Root_Node, Goal)
{
Create Queue Q
Insert Root_Node into Q
While (Q_Is_Not_Empty)
      {
      G = Remove from Q
      If (G = Goal) return the path from Root_Node to G.
      else
      Add each child node's estimated distance to current distance.
      Insert children of G into the Q
      Sort Q by path length    // the smallest value at front of Q
      } // end while
Return failure.
}
```

图 3.17 使用低估值的分支定界法的伪代码。按照它们估计的总长度生成路径

3.6.2 使用低估值的分支定界法

在本节中，我们将使用低估剩余距离的值来增强分支定界法。搜索树如图 3.18 所示。

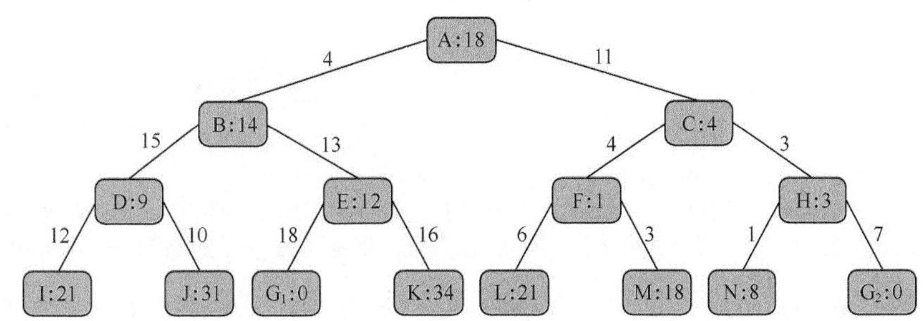

图 3.18 同时具有节点到节点距离（在分支上）和启发式估计值（在节点内）的树

如图 3.19 所示，使用低估值的分支定界法。

由图 3.18 和图 3.19 你可以观察到按照估计的总长度生成的路径。

在确认节点 A 不是目标后，节点 A 被扩展。从 A 开始，有一个选择，要么去节点 B，要么去节点 C。去节点 B 的距离为 4，然而去节点 C 的距离为 11。从 B 或 C 到某个目标的路径的估计代价分别是 14 和 4。

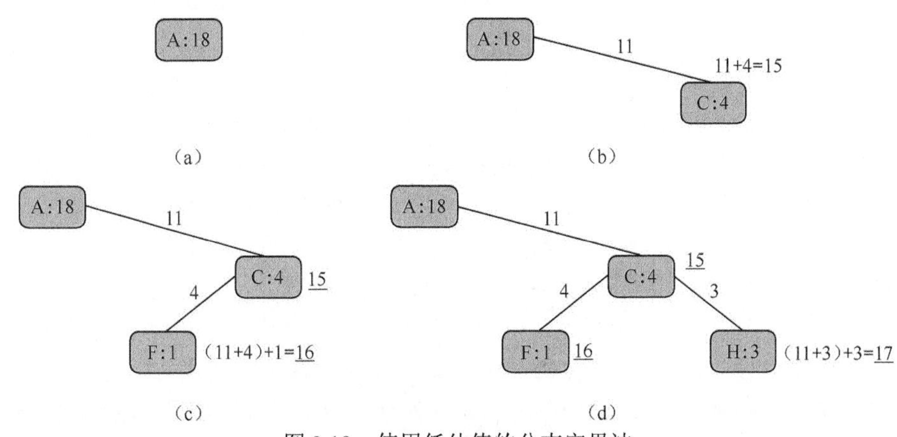

图 3.19 使用低估值的分支定界法

（a）A 不是目标，继续 （b）在这个搜索中，我们先去 C（而不是 B，B 在普通分支定界法中已经完成了）

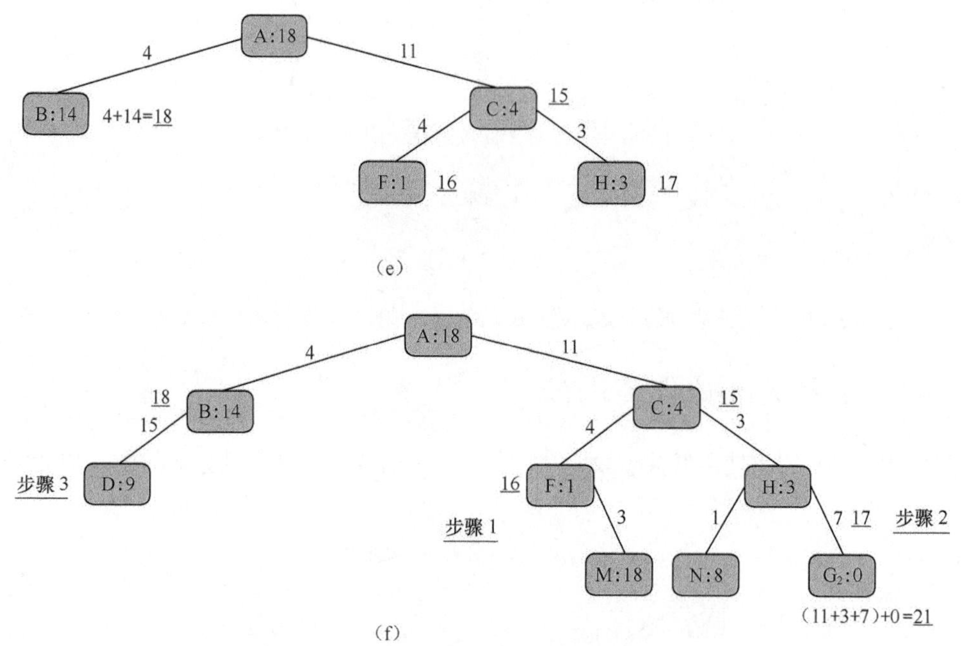

图 3.19 使用低估值的分支定界法（续）
分支定界法继续，直到具有估计代价≤21 的所有路径都延长了。步骤 1：路径 A→C→F 延长到 M，代价超过了 21。步骤 2：A→C→H 延长到 N，代价超过了 21。步骤 3：A→B 延长到 D，代价超过了 21。

因此，从初始节点 A，经过 B，到目标，其总路径的估计值为 4+14=18，然而，经过 C 的路径的估计代价为 11+4=15。如图 3.19（b）所示，带有低估值的分支定界法首先行进到节点 C。以这种方式继续，搜索算法得到了代价为 21 的路径，到达了目标节点 G_2（见图 3.19（f））。如图 3.19（f）所示，直到估计代价小于或等于 21 的部分路径被扩展了，搜索才完成。

示例 3.1 重温 3 拼图

重温第 2 章给出的 3 拼图实例。用刚刚讨论的两个版本的分支定界法来求解这个拼图。图 3.20 说明了普通分支定界法，然而在图 3.21 中采用了带有低估值的分支定界法。观察到普通分支定界法需要具有 4 层的搜索树，在这个搜索树中扩展了 15 个节点。

显然，会有如下几个观察结果。

（1）解的估计代价被设置为从初始节点开始计算的距离，例如 $f(n)= g(n)$。正如本书所述，到某个目标的剩余距离的估值 $h(n)$在任何地方设置为 0 即可。

（2）因为每个算符的代价都等于 1（即向 4 个方向中的任一方向移动空白块），普通分支定界法看起来与广度优先搜索类似。

（3）在分支定界算法的初始版本中，没有禁止重复节点。

（4）除非算法针对应用做出修改，否则通常会扩展在搜索树右下部分的叶子节点。

此外，图 3.21 表明带有低估值的分支定界法需要一棵搜索树，在这棵树中，只有 5 个节点得到扩展。一般说来，显而易见，带有低估值的分支定界法比起普通的分支定界法更具有启发性（带有更多的信息）。显然，这两种分支定界法都是可接受的。

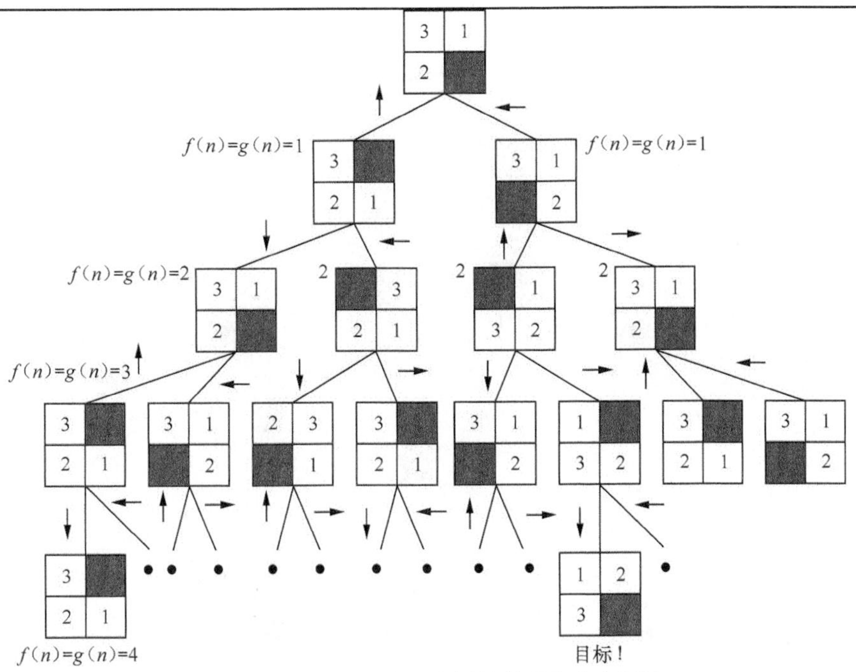

图 3.20 应用于 3 拼图实例的普通分支定界法

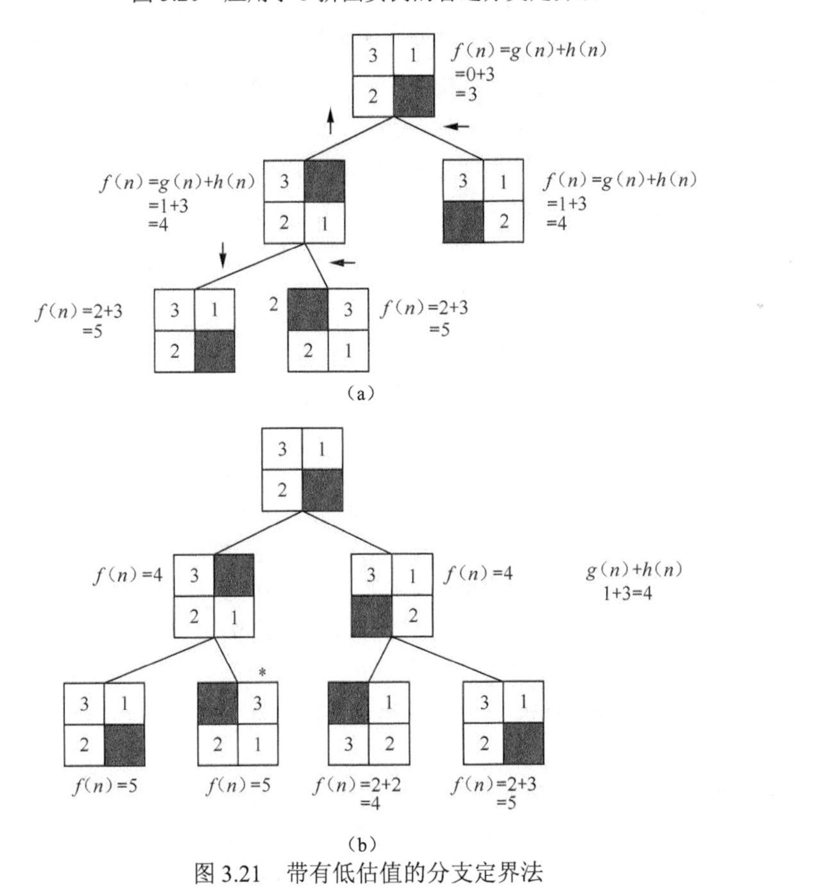

图 3.21 带有低估值的分支定界法

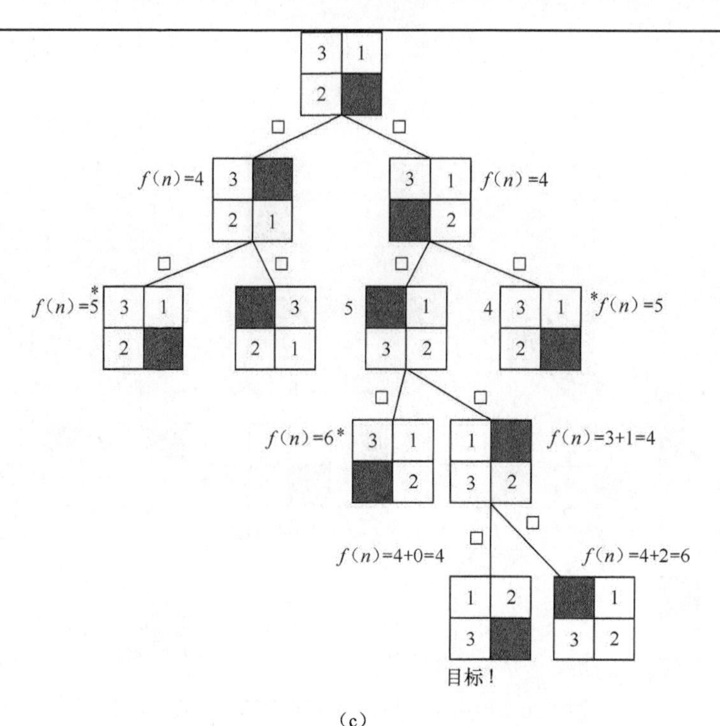

(c)

图 3.21 带有低估值的分支定界法（续）

到目标的启发式估计值采用了**不在应在位置上的方块数**。我们之前已经评论过，这种启发是可接受的。在图 3.21（b）和图 3.21（c）中观察到，通过在解的估计代价 $f(n)$中包含 $g(n)$，我们惩罚了对应于环路的节点：标记有*的 3 个节点，表示环路未被扩展。

假设存在从 S 出发到达某个中间节点 I，有两条路径，路径 1 的开销等于开销 1，路径 2 的代价等于开销 2。假设开销 1 小于开销 2，那么从 S 开始，经过节点 I 到达 G 的最佳路径不可能采用到达 I 开销较高的路径（即具有代价 2 的路径 2）。

3.6.3 采用动态规划的分支定界法

试想在未来的某个时候，星际旅行将变得非常普遍，假设任何人想来一次从地球到火星的成本最小的旅行（以总旅行距离计）。人们的旅程不可能先从地球到月亮，然后从月亮到火星。这个小例子中的智慧由**最优性原理**形式化：最优路径由最优子路径构建而成。在图 3.22 中，经过某个中间节点 I，从 S 到 G 的最优子路径由从 S 到 I 的最优路径，接着由从 I 到 G 的最优路径组成。

采用动态规划的分支定界算法（例如使用最优性原理）如图 3.23 所示。

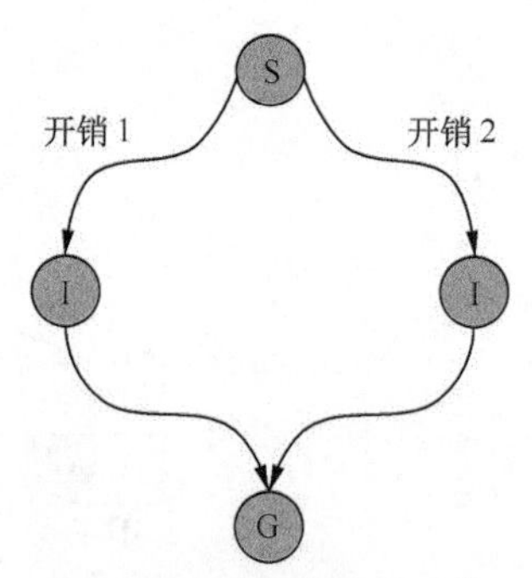

图 3.22 最优性原理。从最佳子路径构造最优路径

```
// Branch and Bound with Dynamic Programing
B_B_W_Dynamic_Programming (Root_Node, goal)
{
Create Queue Q
Insert Root_Node into Q
While (Q_Is_Not_Empty)
      {
      G = Remove from Q
      Mark G visited
            If this mode has been visited previously, retain only the shortest
path to G
      If (G= goal) Return the path from Root Node to G;
      Insert the children of G which have not been previously visited into the Q
      } // end while
Return failure
}// end of the branch and bound with dynamic programming function.
```

图 3.23 使用动态规划的分支定界法的伪代码

这个算法给出了如下建议：如果两条或多条路径到达了一个公共节点，只有到达这个公共节点且具有最小代价的路径才应该被存储（删除其他路径！）。在 3 拼图实例中实现了这个搜索程序，在类似于广度优先搜索的搜索树中，我们考虑了多个结果（见图 2.22），只保留到达每个拼图状态的最短路径，这有助于禁止环路的出现。

3.6.4 A *搜索

分支定界法搜索的最后一个法宝是 A*搜索。这种方法采用了具有剩余距离估计值和动态规划的分支定界法。A*搜索算法如图 3.24 所示。

```
//A* Search
A* Search (Root_Node, Goal)
{
Create Queue Q
Insert Root_Node into Q
While (Q_Is_Not_Empty)
      {
      G = Remove from Q
      Mark G visited
      If (G= goal) Return the path from Root_Node to G;
      Else
      Add each child node's estimated distance to current distance.
      Insert the children of G which have not been previously visited into the Q
      Sort Q by path length
      } // end while
Return failure
}// end of A* function.
```

图 3.24 使用了剩余距离的启发式估计值和动态规划的 A *搜索算法

示例 3.2 最后一次采用 3 拼图来说明 A *搜索

通过 A *搜索求解这个拼图，如图 3.25 所示。

采用曼哈顿距离作为启发式估计值的 A*搜索。请参考在这棵树中第 3 层标记有 a*的节点。方块 1 必须向左移动一个方格；方块 2 必须向东移动一个方格，再向北移动一个方格（或等效的：向北移动一个方格，再向东移动一个方格），方块 3 需要向南移动一个方格。结果，这个节点的曼哈顿距离和为 $h(n)= 1 + 2 + 1 = 4$。

我们观察到，在图 3.25 中的 A*搜索采用了曼哈顿距离作为启发式估计值，这比图 3.21 中的分支定界法搜索——用不在应在位置上的方块作为剩余距离的启发式估计值——更具启发性。

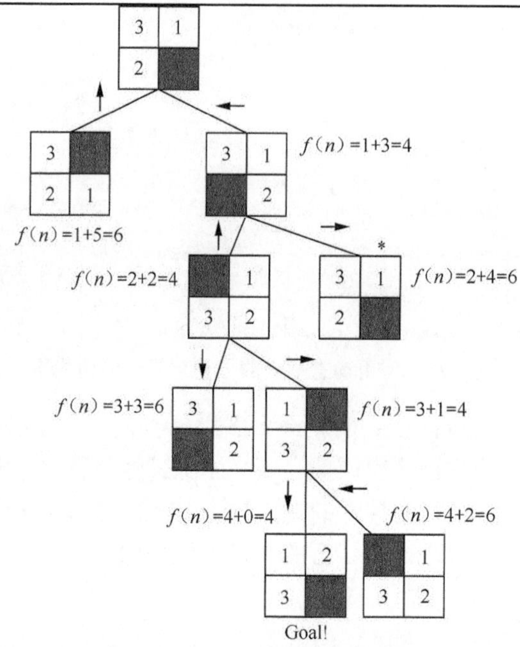

图3.25　通过*搜索求解三拼图

因为任何方块必须向着北、南、东和西方向行进，这类似于在曼哈顿的街道上驾驶出租车，所以采用了“曼哈顿距离”这一术语。

3.7　知情搜索（第三部分）——高级搜索算法

3.7.1　约束满足搜索

在AI中，**问题简化技术**（problem reduction）是另一个重要方法。也就是说，通过使用较少步骤就可以解决的较小可管理问题（或子目标）来解决复杂或较大的问题。

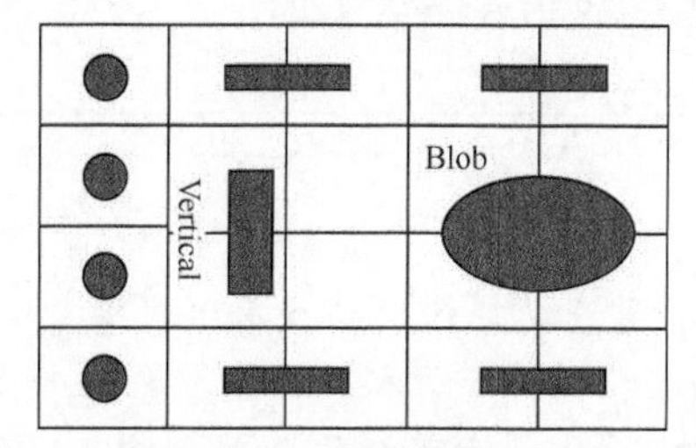

图3.26　约束满足、问题简化和“驴滑块”拼图

例如，图3.26显示了“驴滑块”拼图。这已被人们熟知了100多年，并在一本非常精彩的书中（《Winning Ways for Your Mathematical Plays》）给出了介绍。[8]

受制于滑块拼图中“部件”运动的约束，任务将沿着垂直条（vertical bar）滑动Blob，目的是将其移动到另一边。Blob占据了4个空间，为了能够移动它，需要两个相邻的垂直或水平空间，然而，垂直条（vertical bar）需要两个相邻的空垂直空间向左或向右移动，或其上下的一个空白的空间，使其能够上下移动。

水平条（horizontal bar）的运动与垂直条互补。同样，在水平或垂直线上，圆可以移动到其附近的任何空白空间。为了求解这个问题，一个相对盲目的状态空间搜索可以得到超过 800 个移动，并且需要大量的回溯。[2] 在总体的拼图可以解决之前，通过采用问题简化对待求解的子目标进行识别：你必须让 Blob 在垂直条之上或之下的两行内（因此它们可以彼此通过）。解决这个拼图可能只需移动 82 次。

由于我们了解了问题解的约束，因此只需要 82 次移动就可以求解出问题，这已经相当简化了。这也表明，在开始问题求解过程之前，额外花时间来尝试了解问题及其约束通常更好。

3.7.2 与或树

另一种众所周知的用于问题简化的技术称为与或树（AND/OR tree）。这里的目标是，通过应用以下规则，在给定的树中找到解的路径。

基于以下条件，节点可解。

（1）它是一个终端节点（一个原始问题）。

（2）它是一个非终端节点，其后继节点是所有可解的与（AND）节点。

（3）它是一个非终端节点，其后继节点是或（OR）节点，这些或节点中，至少有一个可解。

类似地，基于以下条件，节点不可解。

（1）它是一个没有后继节点的非终端节点（没有算符可应用的非原始问题）。

（2）它是一个非终端节点，其后继节点是与（AND）节点，这些与节点中，其中至少有一个是不可解的。

（3）它是一个非终端节点，其后继节点是或（OR）节点，并且这些或节点都是不可解的。

在图 3.27 中，节点 B 和 C 分别作为子问题 EF 和 GH 的唯一父节点。可以将树视为使用节点 B、C 和 D 来表示单个可替代或（OR）节点的子问题。分别使用弯曲箭头连接节点对 E&F 和 G&H，来表示与（AND）节点。即为了解决问题 B，就必须解决子问题 E 和 F。同样的，为了解决子问题 C，就必须解决子问题 G 和 H。因此，解路径是：{A→B→E→F}，{A→C→G→H}和{A→D}。在这种情况下，我们表示了 3 个不同的活动场景。在其中一个活动场景中，如果要骑自行车{A→B}去野餐，你必须检查自行车{E}，并准备好食物{F}。或者，如果要出去吃晚饭、看电影{A→C}，你必须选择一家餐厅{G}和一家电影院{H}。或者，你可以去一家不错的餐厅{A→D}。

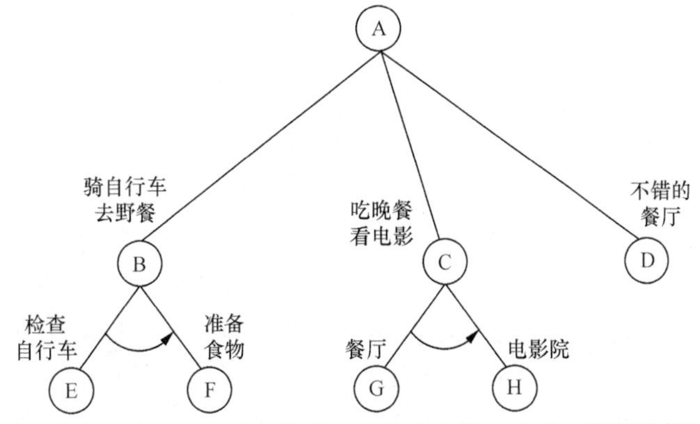

图 3.27　与或树代表了选择自行车和野餐，晚餐和电影，或者一家不错餐厅的“约会”

在没有与（AND）节点出现的特殊情况下，在状态空间搜索中，这就是一般的图。但是，与节点存在将与或树（或图）从一般的状态结构中区分出来，这需要它们自己专用的搜索技术。一般用与或树处理的问题包括了博弈或拼图，以及其他明确定义的面向目标的状态空间问题，例如机器人规划绕过障碍物移动的路径，或设定机器人在平面上重新组织积木块。[2]

3.7.3 双向搜索

如前所述，人们认为前向搜索是一种代价昂贵的过程，这会带来指数级的增长。**双向搜索**的想法是通过向前搜索目标状态，并从已知的目标状态向后搜索到起始状态，来找到解路径。图3.28说明了双向搜索的本质。当两个子路径相遇时，搜索终止。结合正向和反向推理方法的技术是由波尔（Pohl）[9]开发的，并且众所周知，这种扩展大约相当于单向搜索节点数的1/4。

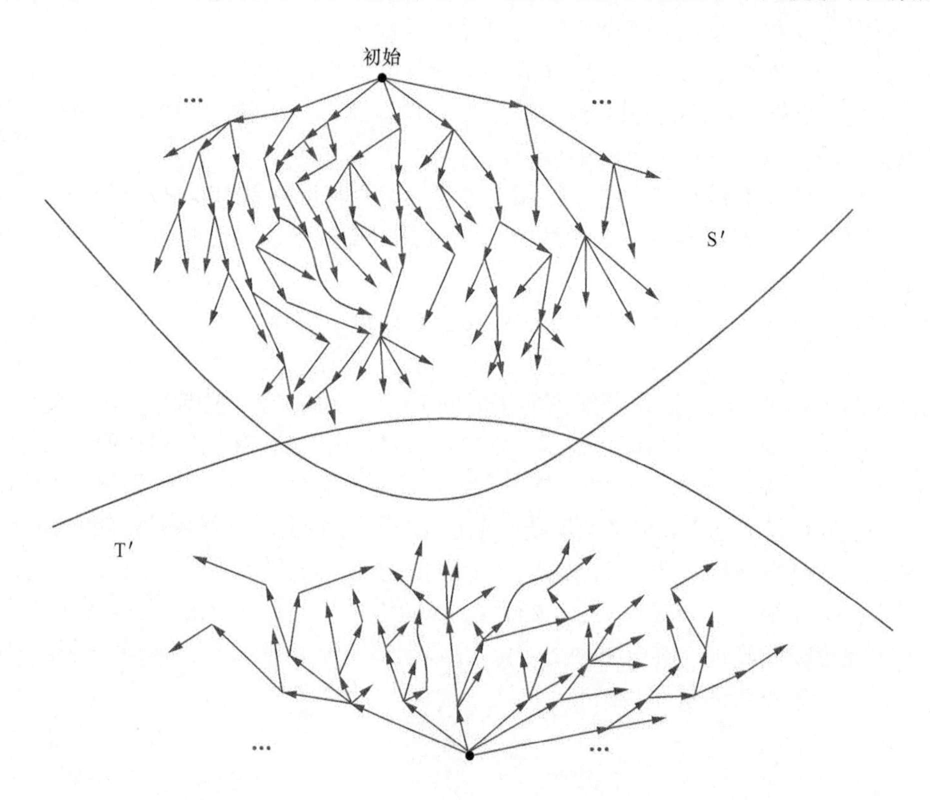

S'∩T'是潜在的解决方案空间。…… 意味着更多的搜索分支

图3.28 双向搜索包括从起始节点（S）开始的向前搜索，以及从目标节点（T）开始的向后搜索，希望路径在S'∩T'处相遇

除了错误地认为算法（称为BHPA，或传统的前端到终端双向搜索）通常会使搜索前端不会相遇以外，Pohl 关于双向搜索的原始想法还是非常有可取之处的。按照后来称为“导弹隐喻”的问题，他描述了这种互相错过的可能性：导弹和反导弹相互瞄准，然后相互错过。德香浦（de Champeaux）和圣德（Saint）[10]证明了这个长期的想法毫无根据，即算法会受到所谓的“导弹隐喻”问题（Missile Metaphor Problem）的困扰。他们创建了唯一适用

于双向搜索的新的通用方法，这种搜索方法可以动态地改进启发值。他们的实证发现还表明，只需要有限的存储空间，双向搜索就可以得到非常有效的执行，而存储空间需求是已知标准方法的不足。[2]

因此，de Champeaux 和 Saint[11]、de Champeau X[12]以及 Politowski 和 Pohl[13]开发了地波形算法，其思想是将两个搜索的“波阵面”朝向彼此。相比之下，BHPA 和双向搜索方法（BS*；由 Kwa[14]开发，克服了 BHPA 效率低的问题），Kaindl 和 Kainz 的工作的主要思想是，进行启发式前端到末端（front-to-end）的评估没有必要（效率也不高）。他们想通过以下几个措施改进 BS*的算法。

（1）最小化搜索方向切换的数目（周界搜索的一种版本）。

（2）在相反搜索方向的前端到末端评估中，将动态特征添加到搜索启发式函数中，这是由波尔（Pohl）最先提出的思想。

上述引进的波阵面方法使用从前端到前端（front-to-front）的评估，或在一个搜索前端的评估节点到相反方向的前端节点的某个路径所估计的最小代价的评估。[9]“事实上，相比于执行前端到后端评估的算法，这些算法大大减少了所搜索节点的数目。但是，它们既不能对计算的要求过高，也不能对解的质量有限制。”（见参考资料[11]第 284～285 页）

过去人们认为，将从两个方向过来的可能解路径维持在内存中的开销，会导致发生双向搜索的前沿问题。

在理论和实验上，Kaindl 和 Kainz 证明了他们对双向搜索的改进是有效的——双向搜索的本身比以前所认为的更有效率，而且没有风险。正如 Kaindl 和 Kainz 所说的，“传统的”双向搜索试图存储向前和向后搜索两个前沿的节点来形成解。传统的方法将使用最佳优先搜索，并且当两个前沿试图“发现彼此”时，进入了指数存储需求的问题。这就是所知的**前沿问题**（frontiers problem）。

相反，由 Kaindl 和 Kainz 形成的“非传统双向搜索方法”使用散列方案存储来自一个前沿的节点，因为“仅在一个方向搜索，先存储节点，然后在另外一个方向搜索，这是可能的”。这包括了**周界搜索**（perimeter search）。[15,16]

在周界搜索中，广度优先搜索生成并存储了所有 t 的子节点，直到一个预定（和固定）周界深度。这个广度优先搜索的最后前沿就是所谓的周界。在这个搜索结尾，并且节点存储之后，前向搜索从 s 开始，目标是所有的周界节点[11]（第 291 页）。

根据问题和可用存储空间，许多搜索算法可以执行前向搜索，包括 A*和迭代加深 DFS 的变体（见 2.4.4 节）等（见图 3.29）。

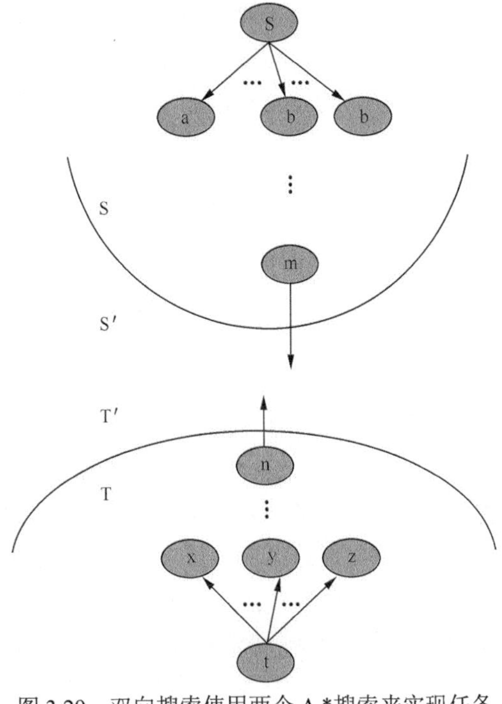

图 3.29 双向搜索使用两个 A *搜索来实现任务

简而言之，Kaindl 和 Kainz 开发的非传统双向搜索的改进在于，使用周界搜索，从前向方向搜索到前沿，然后存储关键的信息，并从目标节点开始执行向后搜索，来看是否可以与所存储的前向路径相遇。对于这种方法而言，前端到后端方法（与前端到前端方法相反）更有效。

在最近的工作中，Kose 通过将双向搜索应用到“驴滑块”拼图和其他问题，来测试其有效性。[17] 在 CPU 时间和内存使用方面，他将双向搜索与传统的前向方向搜索加以比较。将双向搜索实现为前沿搜索，使用广度优先的搜索，储存到某个指定深度的所有节点，接着于这个前沿中，在相反的方向使用启发式从目标状态搜索到节点。

一种搜索从初始节点 s 到目标节点 t，然而另一种搜索从目标节点 t 到初始节点 s。在 $S'\cap T'=\varnothing$ 时，两个前沿开始搜索。

在前沿相遇后，$S'\cap T'$不再为空（$S'\cap T'\neq\varnothing$）这时我们找到了一条路径。双向搜索的第二层是在集合 $S'\cap T'$中找到最佳路径。第二层的搜索是在双向搜索中添加了更多的复杂性。

s =初始节点。

t =目标节点。

S =从 s 开始，所到达的节点的集合。

T =从 t 开始，所到达的节点的集合。

S'=既不在 S 中，也不在 T 中的节点集合，却是 S 中节点的直接后继节点。

T'=既不在 T 中，也不在 S 中的节点集合，却是 T 中的直接后继节点。

在 CPU 时间和内存使用方面，就找到“驴滑块”的拼图最佳解而言，即在搜索空间中，探索和生成最少的节点，双向搜索比其他搜索算法更有效率。我们还改变了前沿的深度，当允许广度优先搜索进行到很深的层次时，预期搜索算法就会变得不那么高效。使用深度30的前沿，我们可以获得最好的结果。这主要是因为，在解决方案中，对于前 30 个移动中，2×2 的方块几乎没有什么进展。这导致我们得出结论，即在从目标状态到节点前沿的反向搜索中，移动到 30 层时，启发式搜索是更好的选择。进一步的工作打算将不同的编程范式与双向搜索比较，寻找驴滑块拼图的解。[17]

3.8 本章小结

本章介绍了许多智能搜索方法，这已经成了区分 AI 方法与传统计算机科学方法的标准。爬山法是贪婪且原始的，但是有时候，这种方法也能够“幸运”地找到在最陡爬坡法中找到的最佳方法。更常见的是，爬山法可能会受到 3 个常见问题的困扰：山麓问题、高原问题和山脊问题。比较智能、优选的搜索方法是最佳优先搜索（best-first search），使用这个方法，在评估给定路径如何接近解时，要保持开放节点列表，接受反馈。集束搜索提供了更集中的视域，通过这个视野，可以寻找到一条狭窄路径通往解。

3.5 节介绍了用于评估启发法有效性的 4 个非常重要的指标，包括可接受性，当估计值 $h(n)$一致小于到解的距离时，这个启发式才称为是可接受的。如果为了寻找“较短”的行程，所有的中间步骤（节点）比起其他节点都是最小的，那么就说搜索是单调的。当启发法 $h(2)$更接近到达目标的确切代价 $h^*(n)$时，人们说启发法 $h(2)$比启发法 $h(1)$更具有启发性时。尝试性方法提供了多种可替代的方式来评估，然而不可撤回的方法未提供替代方案。

3.6 节聚焦于最优解的发现。分支定界搜索方法探索部分解，直到任何部分解的代价大于或等于到达目标的最短路径时停止搜索。本章还介绍了 NP 完备性、多项式时间归约和可满足性问题的概念。具有低估值的分支定界法是获得最佳解，更具启发性的方式。最终，本章探讨了使用动态规划的分支定界法，存储所发现的最短路径，这是另一种获得优选性的方式。A*算法（见 3.6.4 节）通过同时采用低估值和动态规划获得优选性（optimality）。

3.7.1 节通过约束满足搜索介绍了问题归约的概念。在驴滑块拼图问题中考虑了这个方法。在 3.7.2 节中，我们阐释了使用与或树有效分割知识的方法，有效地缩小了问题空间。

双向搜索提供了一个全新的视角，基于目标状态进行前向和后向搜索。本章考虑了双向搜索的效率，并介绍了可能的问题和补救措施，如前沿问题、导弹隐喻和波形算法。Kaindl 和 Kainz 的研究提出了对双向搜索的改进。[11] Erdal Kose 为 3.7.3 节贡献了与其论文工作相关的材料。[17]

在下一章中，我们将使用上面开发的启发式方法进行两人游戏的博弈，如 Nim 和井字游戏。

讨论题

1. 启发式搜索方法与第 2 章讨论的方法有什么区别？
   a. 给出启发式搜索的 3 种定义。
   b. 给出将启发信息添加到搜索中的 3 种方式。
2. 为什么爬山法可以归为贪婪算法？
3. 最陡爬坡法如何提供最优解？
4. 为什么最佳优先搜索比爬山法更有效？
5. 解释集束搜索的工作原理。
6. 启发法的可接受性（admissible）是什么意思？
   a. 可接受性如何与单调性相关？
   b. 可以只有单调性，而不需要可接受性吗？解释原因。
7. 一种启发法比另一种启发法具有更多的信息，这句话的意思是什么？
8. 分支定界法背后的思想是什么？
9. 请解释低估可能会得到更好的解的原因。
10. 关于动态规划：
    a. 动态规划的概念是什么？
    b. 描述最优性原理。
11. 为什么 A*算法比使用低估值的分支定界法或使用动态规划的分支定界法更好？
12. 解释约束满足搜索背后的思想，以及它是如何应用于驴滑块拼图的。
13. 解释如何用与或树来划分搜索问题。
14. 描述双向搜索的工作原理。

a．它与本章中讨论的其他技术有什么不同？

b．描述前沿问题和导弹隐喻。

c．什么是波形算法？

练习

1．给出 3 个启发法的示例，解释它们如何在以下情景中发挥重要作用：

a．在日常生活中。

b．问题求解过程中，你所面对挑战？

2．解释爬山法称为“贪婪算法”的原因。

a．描述你知道的其他一些“贪婪”算法。

b．最陡爬坡法是如何改进爬山法的？最佳优先搜索是如何改进爬山法的？

3．给出一个未在本文中提及的可接受得启发法，解决 3 拼图问题。

a．采用你的启发法来执行 A*搜索，求解在本章中提出的拼图实例。

b．你的启发法是否比本章提出的两种启发法拥有更多的信息？

4．关于启发法，请完成以下练习。

a．为传教士和食人者问题，建议一个可接受的启发，这个启发应该足够健壮，避免不安全的状态。

b．你的启发法能够提供足够的信息，来明显地减少由 A*搜索算法所要探索的库吗？

5．关于启发法，请完成以下练习。

a．提供适用于图形着色的启发法。

b．采用你的启发法来找到图 2.41 中的图形色数。

6．思考下列 n 皇后问题的变体：

如果在 $n \times n$ 棋盘上，一些会被皇后攻击的方块受到了兵的阻碍，有更多的 n 皇后可以放在剩余的部分棋盘中吗？例如，如果 5 个兵被添加到 3×3 的棋盘，那么棋盘上可以放上 4 个非攻击的皇后吗？（见图 3.30）

Q	P	Q
P	P	P
Q	P	Q

图 3.30 有策略地将 4 个皇后 5 个兵放在棋盘上。如果有 3 个兵可供我们使用，可以将多少个不互相攻击的皇后放在 5×5 的棋盘中？[18]

7．在图 3.31 中，用“普通”的分支定界和动态规划的分支定界法，从初始节点（S）行进到目标节点（G）。当所有其他条件都一样时，按照字母顺序探索节点。

8．关于启发法，请完成以下练习。

a．制定可接受的启发法来解决第 2 章（见练习 13）中的迷宫问题。

b．采用你的启发法来执行 A*搜索，解决这个问题。

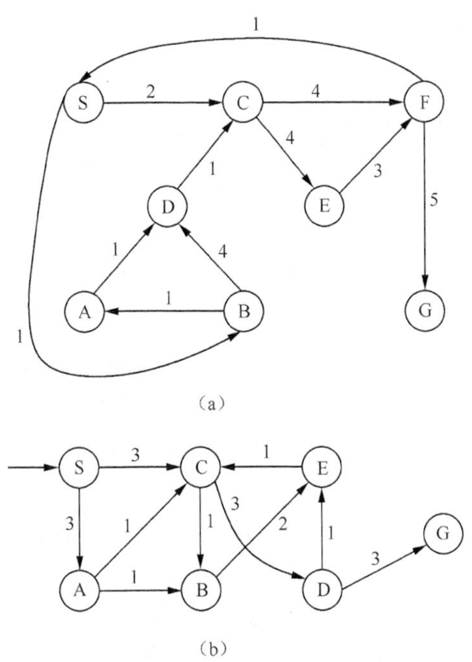

图 3.31 使用分支定界法来到达目标

9．关于启发法，请完成以下操作。

a．为水壶问题建议一个可接受的启发法。

b．采用你的启发法来执行 A*搜索，解决第 1 章中提出的问题实例。

10．回想一下，在第 2 章中，我们提出了骑士之旅的问题，其中在棋盘上的国际象棋骑士，访问了在 $n \times n$ 棋盘中的每一个方块。这个挑战开始于，在完整了 8×8 棋盘上，给定一个源方块（比如说（1,1）），找到移动序列，访问棋盘上的每个方块一次且仅有一次，在最后一次移动中，返回到源方块。

a．从（1,1）方块开始，尝试解决骑士之旅问题（提示：你也许找到一个个需大量内存的版本来求解这个问题，因此你可能要确定一个启发法，帮助你引导这个搜索。

b．尝试确定有助于引导骑士之旅问题求解器，一次找到正确解的启发法。

11．编写一个程序，在图 3.17 中应用本章中描述的主要启发搜索算法，即爬山法、集束搜索法、最佳优先搜索法、带有或不带有低估值的分支定界法以及 A*算法。

12．在第 2 章中，我们提出了 n 皇后问题。编写一个程序，一旦放置了皇后，就应用约束，移除任何受到攻击的行和列，求解 8 皇后问题。

13．骑士之旅问题的 64 步移动解，在某一点上，必须放弃你在问题 10.B 中所要求确定的启发法。尝试确定该点。++

14．求驴滑块拼图的解（见图 3.26）。这要求最小 81 步移动。思考可以应用的子目标来求这个解。++

参考资料

[1] Polya G. How to solve it. Princeton, NJ: Princeton University Press, 1945.

[2] Kopec D Cox J, Lucci. SEARCH. In The computer science and engineering handbook, 2nd ed., edited by A. Tucker, Chapter 38. Boca Raton, FL: CRC Press, 2014.

[3] Bolc L，Cytowski J. Search methods for Artificial Intelligence. San Diego, CA: Academic Press, 1992.

[4] Pearl J. Heuristics: Intelligent search strategies for computer problem solving. Reading, MA: Addison-Wesley, 1984.

[5] Feigenbaum E, Feldman J, eds. Computers and thought. New York, NY: McGraw-Hill, 1963.

[6] Furcy D, Koenig S. Limited discrepancy beam search. Available at http://www.ijcai.org/papers/0596.pdf, 1996.

[7] Russell S, P Norvig. Artificial Intelligence: A modern approach, 3rd ed. Upper Saddle River, NJ: Prentice-Hall, 2009.

[8] Berlekamp H, Conway J. Winning ways for your mathematical plays. Natick, MA: A. K. Peters, 2001.

[9] Pohl I. Bi-directional search. In Machine intelligence 6, ed., B. Meltzer and D. Michie, 127–140 New York, NY: American Elsevier, 1971.

[10] de Champeaux D, Saint L. An improved bidirectional heuristic search algorithm. Journal of the ACM 24(2):177– 91, 1977.

[11] Kaindl H, Kainz, G. Bidirectional heuristic search reconsidered. Journal of AI Research 7: 283–317, 1997.

[12] de Champeaux D. Bidirectional heuristic search again. Journal of the ACM 30(1): 22–32, 1983.

[13] Politowski G, Pohl I. D-node retargeting in bidirectional heuristic search. In Proceedings of the fourth national conference on Artificial Intelligence (AAAI-84), 274–277. Menlo Park, CA: AAAI Press / The MIT Press, 1984.

[14] Kwa J. BS*: An admissible bidirectional staged heuristic search algorithm. Artificial Intelligence 38(2):95–109, 1989.

[15] illenburg J, Nelson P. Perimeter search. Artificial Intelligence 65(1):165 – 178, 1994.

[16] Manzini G. BIDA*, an improved perimeter search algorithm. Artificial Intelligence 75(2): 347–360, 1995.

[17] Kose E. Comparing AI Search Algorithms and Their Efficiency When Applied to Path Finding Problems. (Ph.D Thesis). The Graduate Center, City University of New York: New York, 2012.

[18] Zhao K. The combinatorics of chessboards. Ph.D Thesis, City University of New York, 1998.

第4章　博弈中的搜索

前两章讨论了搜索算法。本章将初步介绍二人博弈的基本原理——在博弈中，出现了阻碍你前进的对手。本章还提供了识别最佳博弈策略的算法，同时使用迭代囚徒困境（Iterated Prisoner's Dilemma）的讨论做了一个总结。迭代囚徒困境这个游戏（见图4.0）对建模社会合作非常有用。

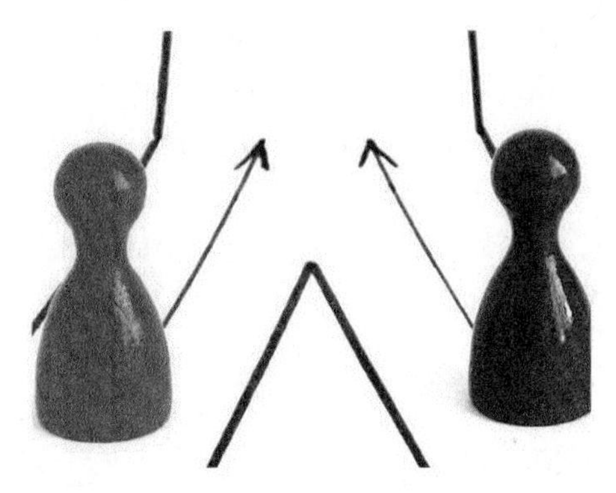

战略棋盘游戏

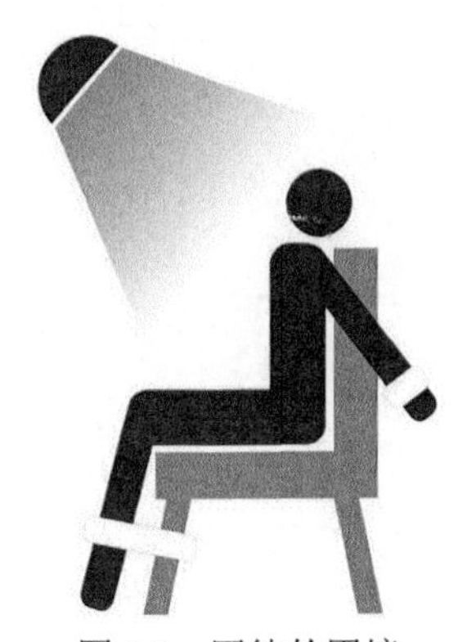

图4.0　囚徒的困境

4.0　引言

第4章继续讨论了做出重大变化的搜索方法。在第2章和第3章中，我们研究了具有指定初始状态和目标状态的问题和拼图；使用算符转换问题状态，并最终到达目标。前进的唯一阻碍是相关联的巨大的状态空间。

博弈引入了额外的挑战：一个试图阻碍前进的对手（adversary）。几乎所有博弈都包括一位或多位对手，这些对手积极地试图打败你。事实上，不论是在友好的纸牌游戏还是气氛紧张的扑克之夜，在游戏中害怕失败的风险让人变得兴奋、激动不已。

确实有些鸡通过训练可以在没有电子设备的帮助下玩井字游戏（tic-tac-toe）。相关训练的细节，可以在搜索引擎中输入“Boger Chicken University”搜索。有些娱乐场所还使用鸡来玩井字游戏（虽然读者应该首先读完本章）。[29]

在唐人街商品交易会（这是在曼哈顿唐人街莫特街的一个小型游乐园）上，许多人都遇到过这样一种游戏。在一个小摊子前的一块巨大电子井字棋盘旁边，站着约60厘米高的对手——鸡，如图4.1所示。鸡总是先走子，通过用喙啄板可以实现走子。在一个幸运美好的夜晚，许多人都会在游戏中打成平局，但大部分时间，鸡会趾高气扬、胜利地离开。

图4.1 会玩游戏的鸡

你可能会意识到这是一个计算机程序，而不是一只鸡与玩家对弈。

在本章中，我们将探讨能够让计算机玩如井字游戏和Nim此类二人博弈的算法。

井字游戏也称为O和X游戏，是由两个人在3×3网格上玩的游戏。玩家交替走子，通常用X和O标识，试图在同一行、同一列或同一对角线对齐3个符号。示例游戏如图4.2所示。

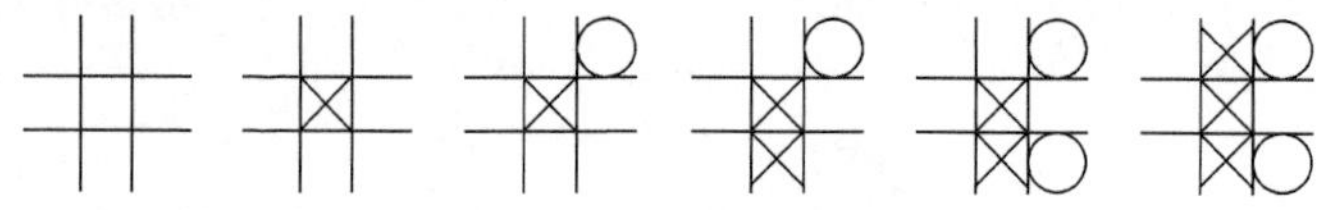

图4.2 X胜利的井字游戏示例。从左到右，在每一幅图中都有一步新的走子

4.1 博弈树和极小化极大评估

为了评估游戏中走子的有效性或“优良”，你可以尝试走子，看棋局会往何处发展。换句话说，你可以使用“what if”来做出询问，“如果（if）我下了这步棋，对手会如何反应？然后我们会遇到何种情况（what）？”在描述走子的后果之后，你可以评估最终走子的有效性，确定走这步棋是否会提高赢得博弈的机会。你可以用称为**博弈树**（game tree）的结构来进行评估过程。在这棵博弈树中，节点代表了博弈状态，分支表示了在这些状态之间移动。井字游戏的博弈树如图4.3所示。

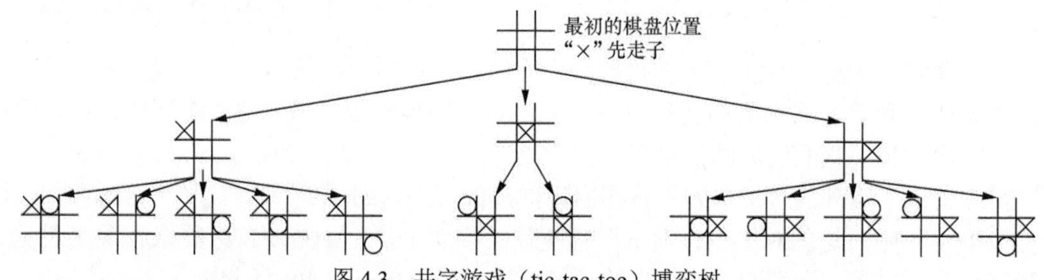

图4.3 井字游戏（tic-tac-toe）博弈树

检查这个博弈树时，请记住几点：首先，图4.3中的树只显示前两步走子，并不完整。一个井字游戏可以持续5～9步走子，这取决于玩家的相对技能。事实上，井字游戏有39

种可能的博弈。我们最初在第 2 章枚举拼图状态时，遇到的是**组合爆炸**（combinatorial explosion）的另一个例子。

回顾一下，事件发生的路径，或者是拼图、游戏的可能状态数目，是以指数形式增长的。

即使将未来 50 亿年计算机计算速度增加的因素考虑在内，在太阳进入红巨星状态的时候，依然不能清楚地知道国际象棋博弈是否可以得到完全枚举。

使用当前的计算机速度（这大约是每秒几亿条指令），你可以完全地枚举出所有可能的井字游戏博弈，因此，在这个博弈中，精确地确定走子的好坏是可能的。此外，据估计，确实不同的国际象棋博弈的总数（有好有坏）大约为 10^{120}。相比之下，专家声称宇宙中有 10^{63} 个分子。

对于更复杂的游戏，在评估走子时面临的主要挑战是尽可能向前看的能力，然后，应用博弈棋局的**启发式评估**（heuristic evaluation）——基于你认为对胜利有贡献的因子——评估当前状态的好坏，如所捕获的对手棋子的数目或中心是否得到控制。相对复杂博弈，所探索的博弈树更可能在每一个关键点有更多的走子方式，从计算时间和空间方面考虑描述和评估走子的代价更高。

再次参考图 4.3，注意到我们采用了对称性，极大减少了可能路径。在这个上下文中，对称意味着解是等效的。例如，沿着路径，其中 X 的第一步走子是在中心方块。博弈树中的这个节点可以有任意的 8 个子后代，每个位置一个，其中 O 可以占据每个位置。但是，实际出现的两个节点，O 是在左上角或上中心位置，代表了两个不同的**等价类**（equivalence class）。

等价类是一组被视为相同的元素。例如，如果元素都等于 1/2，则都在相同的等价类中。如果你非常熟悉离散数学或抽象代数，明白**对称群**（symmetry group）是物体保持不变的一组物理运动，那么如果两个棋局是对称群中的元素，可以将一个棋局映射到另一个棋局，这两个棋局就是等效的。例如，等边三角形可以旋转 0°、120° 或 240°（顺时针），或围绕每个垂直平分线翻转。

请参阅本章末尾有关对称性在博弈树的枚举中所发挥作用的练习。现在，请注意，如图 4.4（a）所示，左上角的 O 等同于其他 3 个角中的任一个 O。这是因为，在右边的每个游戏状态可以通过旋转或翻转变成在左侧中显示的位置。

类似地，在图 4.4（b）中，所示的棋局等同于所示的其他 3 个棋局。

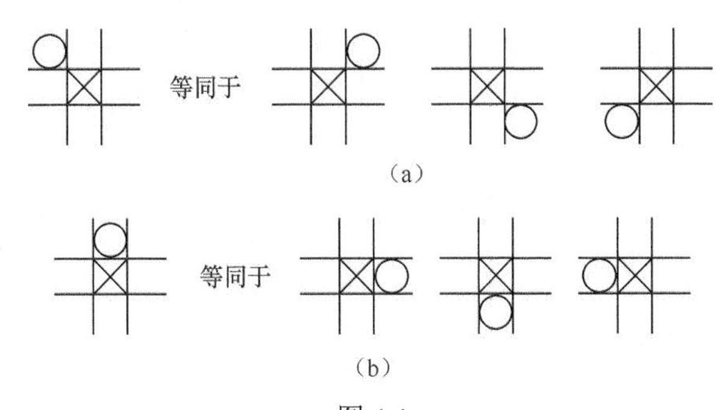

图 4.4

（a）在井字游戏中，O 在角的等效棋局　（b）井字游戏中的等效棋局

4.1.1 启发式评估

一旦博弈树已经扩展到了叶子节点，测试走子的好坏是没有价值的。如果走子得以取胜，那么就是好的；如果走子导致了失败，那么就是不好的。但是，除了一些最基本的博弈，组合爆炸阻碍我们对博弈树中所有节点进行完整评估。对于相对复杂的博弈，应使用启发式评估。

启发法通常是用于解决问题的一组指南。启发式评估是一个过程，通过这个过程，单个数字与游戏的状态联系在了一起——那些更可能导致胜利的状态被赋予了更大的数值。由于组合爆炸使求解问题非常复杂，必须进行大量计算，因此可以使用启发式评估来减少计算量。

你可以使用启发式评估来求解井字游戏。让 N（X）等于 X 可能完成的行、列和对角线的数目，如图 4.5（a）所示。类似地，N（O）被定义为玩家可以完成的 O 的行、列和对角线的走子数目，如图 4.5（b）所示。

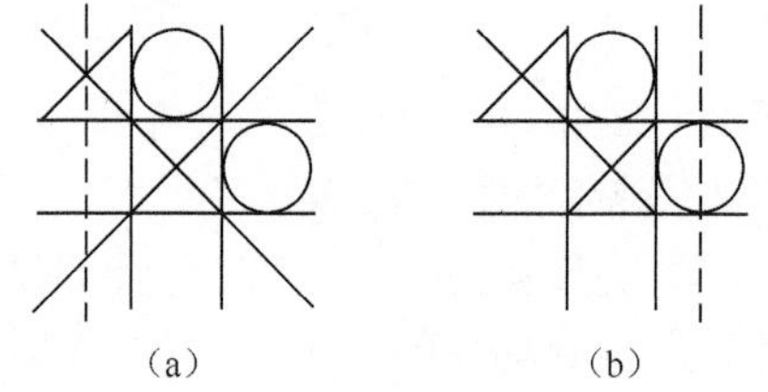

图 4.5 在井字游戏中的启发式评估

当 X 在左上角（O 在右边的相邻空间）时，它可以完成 3 种可能的走子：最左边的列和两条对角线。博弈棋局 E(X)的启发式评估被定义为 N(X)−N(O)。因此，图 4.5 中所示的上左位置的 E（X）是 3−1 = 2。与博弈棋局相关联的启发式的确切数字不那么重要，相对重要的是，更有利的棋局（较好的棋局）被赋予了更高的启发值。启发式评估提供了应对组合爆炸的策略。

如图 4.3 所示，启发式评估提供了工具，为博弈树中的叶节点分配值。图 4.6 再次显示了博弈树，其中添加了启发式评估函数（heuristic evaluation function）。

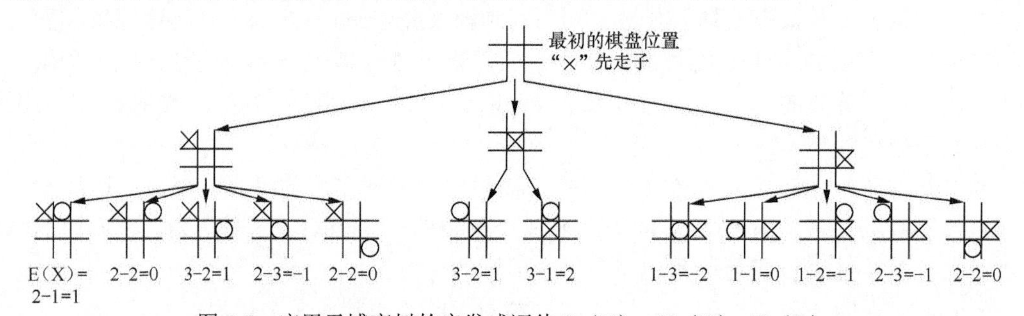

图 4.6 应用于博弈树的启发式评估 E（X）= N（X）−N（O）

X 玩家将追求那些具有最高评估值（在这个游戏中为 2）的走子方式，并避免那些评估为 0（或较差）的游戏状态。启发式评估允许 X 玩家在没有探索整个博弈树的情况下识别有利的走子方式。

现在，我们需要一种技术，使得启发值可以向上“渗透”。在玩家做出第一步走子之前，所有这些信息都可以供 X 玩家使用。极小化极大评估提供了这样的技术。

4.1.2 博弈树的极小化极大评估

在井字游戏中，X 玩家可能使用启发式评估，找到最有希望的胜利路径，但是 O 玩家可以在任何走子中阻止该路径。两个有经验的玩家之间的博弈往往以平局结束（除非一个玩家犯了错误)。X 需要的不是遵循最快的路径取得胜利，而是在即使 O 阻塞了这条路径的情况下找到通往胜利的路径。极小化极大评估技术可以识别出这样一条路径（当它存在时），并对大部分的二人博弈大有裨益。

在二人博弈中，两个玩家通常称为 Max 和 Min，Max 表示试图最大化启发式评估的玩家，Min 表示试图最小化启发式评估的玩家。玩家交替走子，Max 一般先走子。在给定的棋局中，假设任何玩家每一步可能的走子都分配了启发式评估值，并且假设对于任何博弈（不一定是井字游戏），每个棋局都只有两种可能的走子，如图 4.7 所示。

Max 节点的值是其直接后继节点中的最大值，因此图 4.7（a）所示的 Max 节点的值为 5。请记住，Max 和 Min 是对手。对 Max 是好的走子对于 Min 而言就是差的走子。此外，博弈树中所有的值都是从对 Max 的有利棋局来考虑的。因为 Min 玩家试图最小化与 Max 玩家获得的值，所以 Min 玩家总是尝试走子以使得与 Max 玩家相关联的值最小。如图 4.7（b）所示，因为 1 是 Min 节点后继节点出现的两个值中的最小值，所以 Min 节点的值是 1。如图 4.8 所示，这是在一棵小博弈树上对极小化极大程序进行的详细阐述。

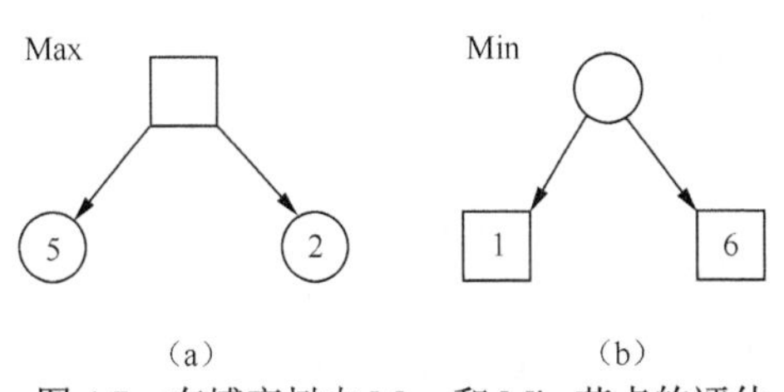

图 4.7 在博弈树中 Max 和 Min 节点的评估
（a）Max 节点由方块表示 （b）Min 节点由圆圈表示

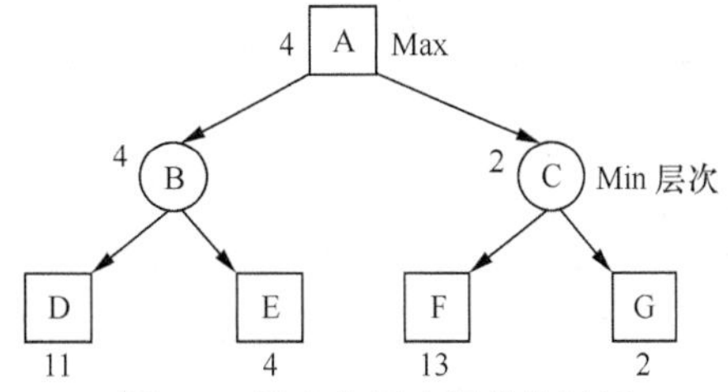

图 4.8 极小化极大评估的示例

在图 4.8 中，任意一场博弈都在两个层次上进行，换句话说，Max 和 Min 均有机会走子，但是到目前为止还没有进行任何走子。Max 自行考虑这个评估，以努力找到最佳开局走子。通过启发法确定了节点 D、E、F 和 G 的值。对于节点 B 和 C 中的任一节点，这就轮到 Min 走子了。这些节点中任一节点的值是直接后继节点的最小值。因此，B 的值为 4，C 的值为 2。假设节点 A 对应于博弈的首次走子。节点 A 的值或博弈的值（来自 Max 的有利位置）等于 4。因此 Max 决定了最好走子是到节点 B，返回值为 4。

如图 4.6 所示，现在你可以评估示例中的井字游戏。为了方便起见，图 4.6 重新绘制为图 4.9。在这幅图中，采用极小化极大评估备份启发值到根，其中 Max 提供了关于最佳优先走子的信息。在检查这棵树之后，Max 看到了，如果在中间方格落子 X，则返回值为极大值 2，因此这是最佳开局策略。但是，请注意，这种分析以及将 X 放在中心方格并不能保证 Max 赢得游戏。

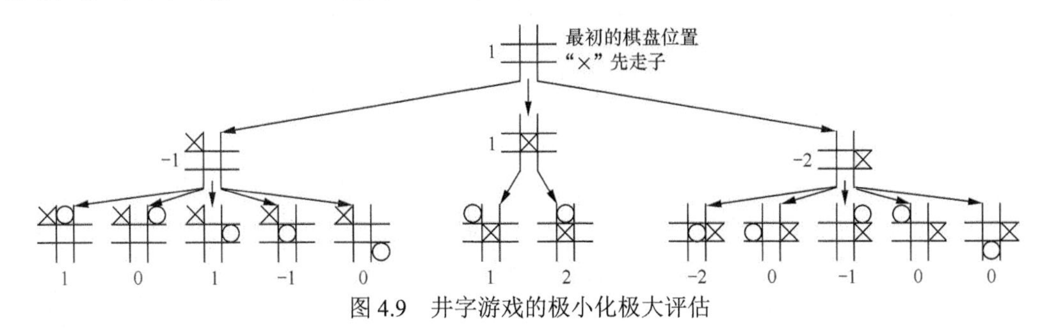

图 4.9 井字游戏的极小化极大评估

对于具有同等能力以及深谙彻底战略知识的玩家而言，井字游戏总是以平局结束。在 Max 落子到中心方格之后，Min 将重复此评估过程——很可能使用较深层次的启发值，试图最小化分数。

示例 4.1 Nim 游戏

Nim 是一个二人博弈。最初，在任何单独的堆中，有 n 块石头。游戏的最初状态可以表示为（n_1，n_2，…，n_r），其中 $n_1+n_2+\cdots+n_r=n$。在游戏的每一个步骤中，玩家可以从 r 个不同的堆中拿走任意数目的石头。在这个游戏的一个版本中，拿到最后一块石头的玩家获胜。假设游戏的初始状态是（3, 1）：有两堆石头，有 3 块石头放在第一堆，有 1 块石头放在第二堆。具有初始状态 Nim 的博弈树如图 4.10（a）所示。

在游戏结束时，将会为这棵树创建极小化极大评估，如图 4.10（b）所示。

如果这表示 Max 获胜，那么左节点赋予值 1；如果这表示 Min 获胜，那么这个值为 0。这个游戏不需要启发式估计。我们采用极小化极大评估来备份博弈树中的值。你应该仔细研究这个示例，直至真正明白图 4.10（b）中 0 和 1 的重要性。例如，追踪这棵树最左边的路径，叶子层次的 Max 方框被标记为 0。

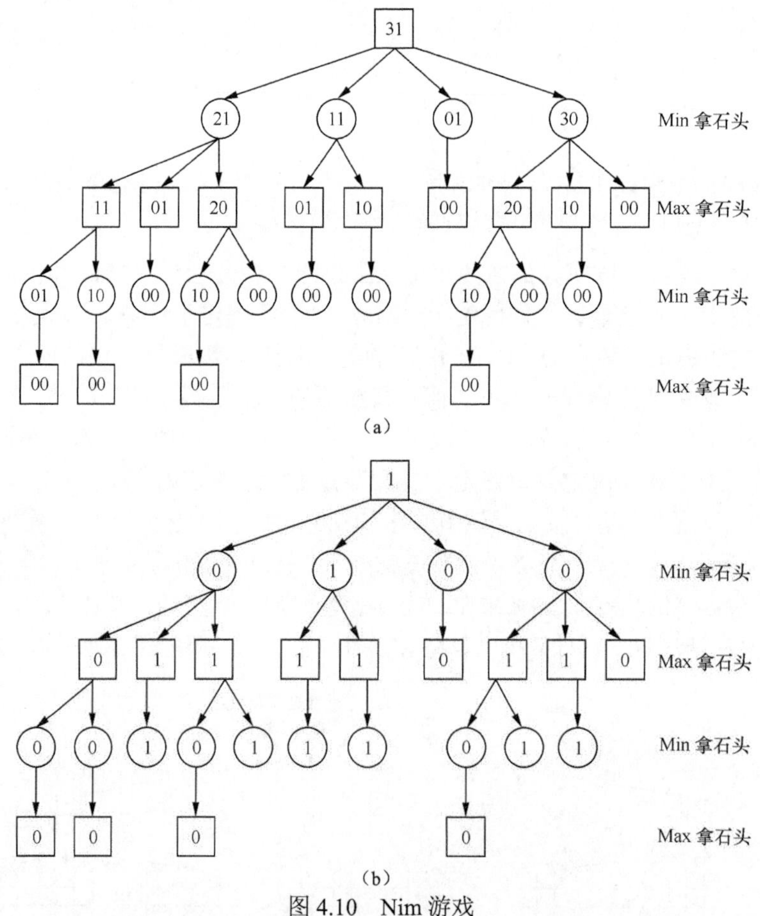

图 4.10 Nim 游戏

（a）初始状态的 Nim 博弈树 （b）根节点的值为 1

这是因为，在上一步中（见图 4.10（a）），Min 已经从右堆中拿了最后一块石头因此他赢得了比赛。因此，最左边的叶子节点值为 0，表示 Max 输了比赛。在图 4.10（b）中，假设在这个游戏中，双方都是理性的，那么根节点的值为 1，就表示 Max 保证赢。

Nim 博弈树的极小化极大评估，在本版本的游戏中，拿走最后一个石块的玩家获胜。方框中的“1”表示 Max 赢了，而圆形框中的“1”表示 Min 输了。

最后，请注意，极小化极大算法是一个两通（两次标记）过程。在第一个阶段，使用深度优先搜索方法来搜索到游戏的结果，或搜索到某个固定的层次（在这个层次中应用了评估函数）。在第二个阶段，应用极小化极大算法备份值到根，反馈给 Max，告诉他每个有望获胜的动作。备份值是一个过程，以此将博弈尝试进行到叶子节点时所发现的见解供玩家在博弈早期使用。

戴纳·诺（Dana Nau）是博弈论和自动规划领域的研究者，他以发现“病理性”游戏而闻名，在这种游戏中，与直觉相反，向前看会导致比较糟糕的决策。

人物轶事

戴纳·诺（Dana Nau）

Dana Nau（1951 年生）是马里兰大学计算机科学系和系统研究所（ISR）的教授。Dana Nau 在自动规划和博弈理论方面的研究使他发现了这样的“病理性”游戏，并在这个理论及其自动规划应用方面颇有建树。他和他的学生为 AI 规划、制造规划、零和游戏以及非零和游戏领域所开发的算法已经赢得了许多奖项。他的 SHOP 和 SHOP2 规划系统已被下载了 13 000 余次，用于世界范围内的数千个项目中。Dana 发表了超过 300 篇的论文，其中几篇获得了最佳论文奖，他还与其他作者合著了《Automated Planning: Theory and Practice》。他是人工智能发展协会（AAAI）研究员。除了在马里兰大学担任教授，Dana 还在高级计算机研究所（UMIACS）和机械工程系中担任相关的职位，还参与指导计算文化动态实验室（LCCD）。

4.2 具有α-β剪枝的极小化极大算法

在示例 4.1 中，我们分析了一个 Nim 的完整游戏。因为博弈树比较小，所以不需要用到启发式评估。对应于 Max 获胜的节点标记为 1，而那些对应于 Min 获胜的节点标记为 0。因为大多数博弈树相对较大，完整的评估通常不可行。在这种情况下，由于受到存储器容量和计算机速度的限制，人们通常只搜索到树的某个层次。α-β 剪枝可以与极小化极大算法组合，无须检查树中的每个节点，返回与单独使用极小化极大算法相同的度量。事实上，相比单独使用极小化极大算法，α-β 剪枝通常只需检查大约一半的节点。由于这种剪枝节省了计算量，因此使用相同的时间和空间，你可以更加深入到博弈树中，这会使后续可能的博弈评估更加可信和精确。

α-β 剪枝的基本原则是，在发现一个走子方式很差以后，将彻底放弃这种走子方式，不会花费额外的资源来发现这到底有多糟糕。这与分支定界搜索类似（见第3章），在分支定界搜索中，当发现部分路径是次优时，该部分路径将被放弃。思考图4.11中的示例（不针对特定的游戏）。这幅图包括了在框中的时间戳，来指示所计算值的顺序。

如图4.11所示，α-β剪枝的前5个步骤如下。

（1）Min发现博弈棋局位置D的值为3。

（2）棋局B的值≤3。B的上界称为B的β值。

（3）E的值为5。

（4）因此，在时间4，Min知道B的值等于3。

（5）A的值至少为3。

接下来，参考图4.12，这显示了α-β剪枝的后3个步骤。Max现在知道，移动到博弈棋局B保证返回3。因此，A值至少为3（因为移动到C可能产生更大的回报）。节点A的下界称为A的α值。

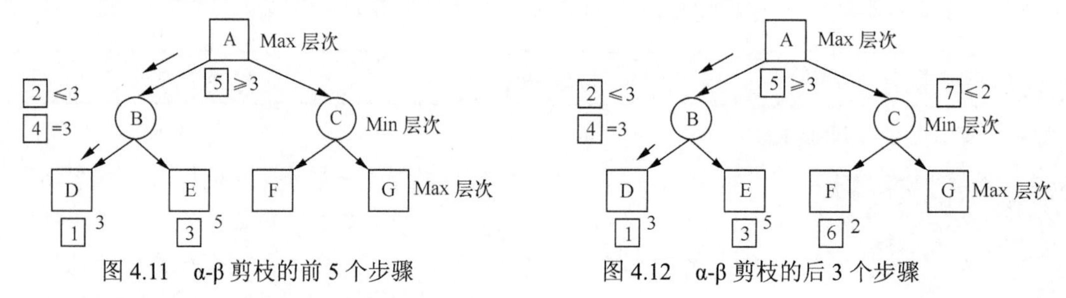

图4.11　α-β剪枝的前5个步骤　　图4.12　α-β剪枝的后3个步骤

α-β剪枝的后续步骤如下。

（6）在时间6，Min观察到移动到F的值等于2。

（7）因此，在时间7，Min知道C的值≤2。

（8）现在Max知道移动到C将返回2或更小的值。因为移动到B必然返回3，所以Max不会移动到C。G的值不会改变这个评估值，因此无须查看G的值。这棵树的评估现在可以结束了。

α-β剪枝是评估博弈树的重要工具，这些博弈树是从比井字游戏和Nim游戏更复杂的游戏中得到的。为了更彻底地探索这种方法，请思考图4.13所示的更大的示例。同样，出现在方框中的时间戳强调了步骤发生的顺序。

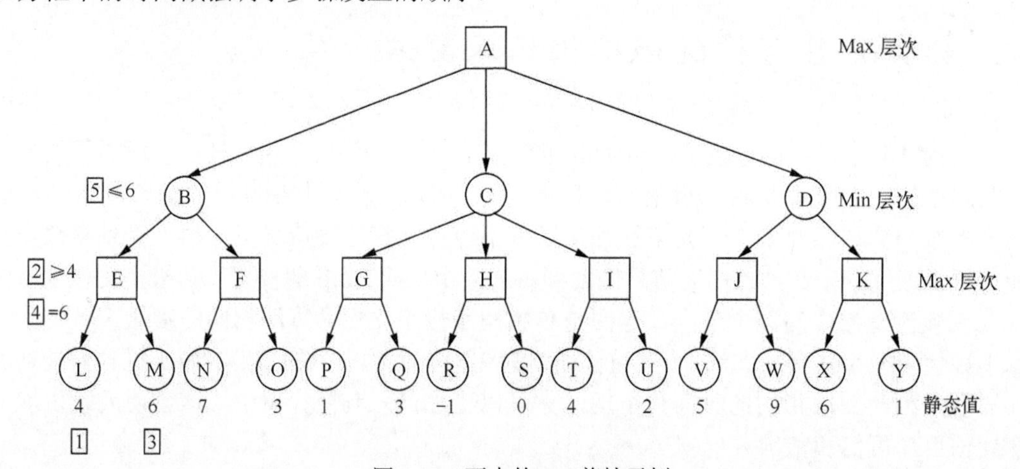

图4.13　更大的α-β剪枝示例

对于第二个 α-β 剪枝的示例，步骤 1～5 如下。

（1）在每个分支处向左移动，直到遇到叶节点 L。其静态值为 4。

（2）Max 保证分数至少为 4。同样的，这个下限 4 被称为 E 的 α 值。

（3）Max 希望保证在 E 处的子树中不存在高于 4 的分数。在时间 3，M 的值等于 6。

（4）在时间 4，节点 E 有一个值，现在等于 6。

（5）在时间 5，Min 节点 B 具有 β 值为 6。为什么？在继续下一步之前，尝试回答这个问题。

该 α-β 剪枝示例的后续步骤如图 4.14 所示。可以发现，节点 N 具有的值为 8。

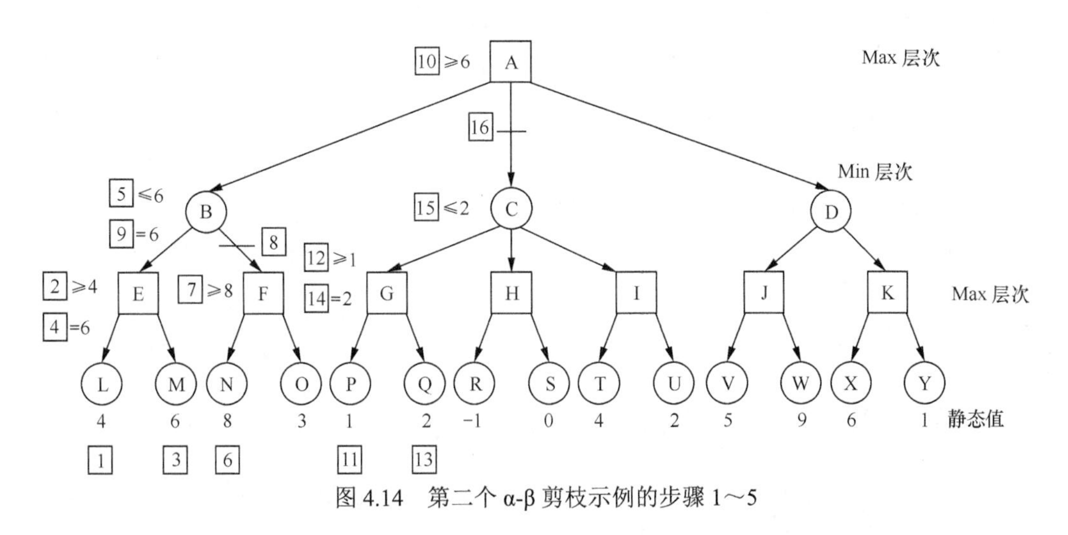

图 4.14 第二个 α-β 剪枝示例的步骤 1～5

第二个 α-β 剪枝示例的步骤 6～14 如下。

（6）剪枝 F 处的整棵子树。F 处的值≥8。B 处的 Min 将永远不允许 Max 到达位置 F。

（7）现在节点 B 的值等于 6。

（8）Max 的下界（α 值）在起始位置 A。

（9）Max 想知道，在 C 的子树中值>6 是否可行。因此，下一个搜索，探索节点 P，推导出它的值，其值为 1。

（10）现在，知道 G 的值≥1。

（11）对于 Max 而言，G 的值大于 1 吗？为了回答这个问题，必须获得在节点 Q 的值。

（12）现在精确知道在节点 G 的值等于 2。

（13）因此，这个值 G 作为位置 C 的上限（例如，C 的 β 值=2）。

（14）Max 观察到移动到节点 B 的值为 6，但是如果移动到 C，可以肯定返回的值最大为 2，Max 将不会移动到 C，因此整棵子树可以被裁剪掉。更一般地说，每当节点（此处为节点 A）具有 α 值 x，这个节点的子孙节点（此处节点 G）具有的值 y 小于 x，那么整棵子树（此处是根节点为 C 的子树）可以被裁剪。这称为 α 修剪。使用类似的方法可以定义 β 修剪（例如，Min 节点的 β 值导致的裁剪）。图 4.15 所示的就是此类 α-β 剪枝的完整示例。

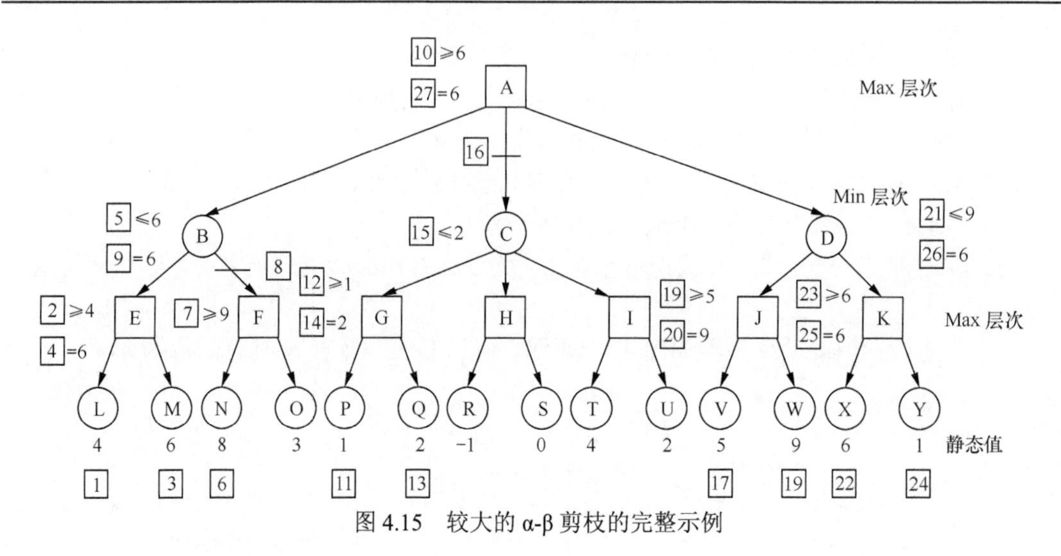

图 4.15 较大的 α-β 剪枝的完整示例

第二个 α-β 剪枝示例的步骤 15～25 如下：

（15）Max 仍然想知道是否可能返回好于 6 的值。为了得到答案，Max 必须探索节点 D 处的子树。此时，搜索进行到节点 V。

（16）节点 J 的值≥5。

（17）探索节点 W。

（18）将节点 W（9）的值备份给节点 J。

（19）建立了 D 的上限。

（20）Min 需要知道节点 D 小于值 9 多少。到目前为止，Max 没有理由停止搜索。因此，在时间 22，Max 开始查看节点 X。

（21）获得了节点 K 的下限 6。

（22）扫描 Y。

（23）节点 K 获得精确值 6。

（24）节点 D 处 Min 的值等于 6。

（25）节点 A 的值为 6，因此对于 Max 而言，博弈本身的值等于 6。因此，Max 具有移动到节点 B 或节点 D 的选择。

欲获得更多有关极小化极大评估和更多 α-β 剪枝的练习，请参阅本章末尾的内容。

另一个二人博弈是孩子玩的简单 8 游戏（Game of Eight）。与井字游戏不同，8 游戏不可能以平局结束，如示例 4.2 所示。

示例 4.2 8 游戏

8 游戏是一个简单的二人儿童游戏。第一个玩家（Max）从集合 $n=\{1,2,3\}$ 中选择了一个数字 n_i 下一个对手（Min）选择数字 n_j，其中 $n_j \neq n_i$，$n_j \in n$（即 Min 必须从这个集合中选择不同的数）。沿着每条路径，保存运行所选择数字的总数。将这数增加到 8 的第一个玩家赢得了游戏。如果玩家超过了 8，他就输了，对手就赢了。在本游戏中不可能出现平局。图 4.16 是 8 游戏完整的博弈树，所选择的数字沿着每条分支显示。在矩形或圆圈中标识了当前数的总和。注意：数值可以超出 8。

如图 4.16 所示，在最右侧的分支上，第一个玩家（Max）选择了数字 3；这个事实反映在分支下方的圆圈中出现的 3 中。现在，Min 可能选择数字 1 和 2。如果选择 2，那么我们继续最右侧的分支，其中在 Max 方框中，你可以观察到 5。如果 Max 下一个选择数字 3，那么总和为 8，他就赢了。但是，如果他就选择 1，就给 Min 提供了一个获胜的机会。

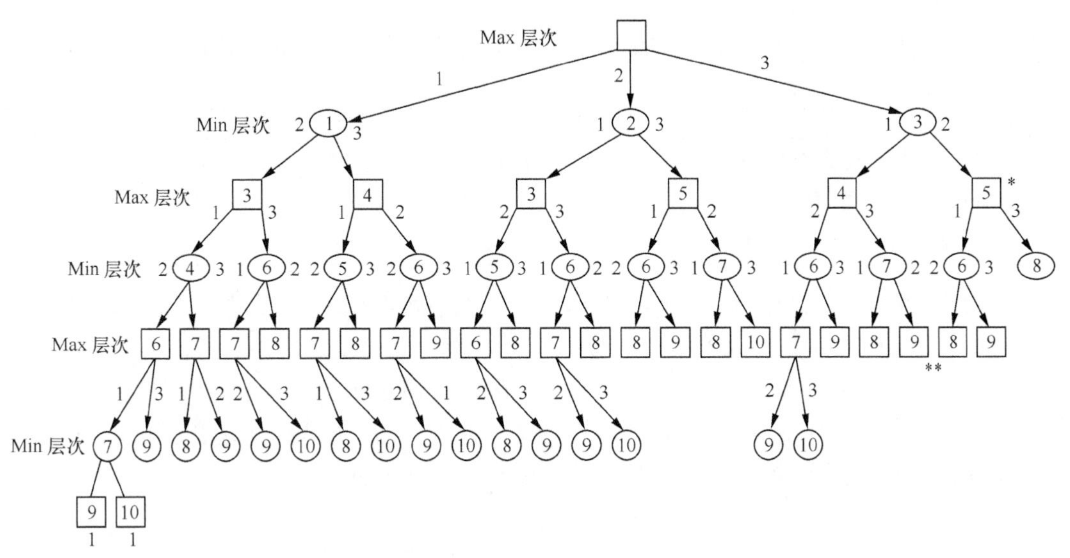

图 4.16 8 游戏完整的博弈树

这棵博弈树的极小化极大评估如图 4.17 所示。为了清楚起见，我们忽略了玩家对数字的选择（如它们早期在图 4.16 中的样子），保留了矩形和圆圈中数的总和。Max 获胜用 1 表示，−1 表示 Min 获胜（或是 Max 输了）。习惯上，将平局表示为 0，但是如前所述，在这个游戏中不会发生平局。

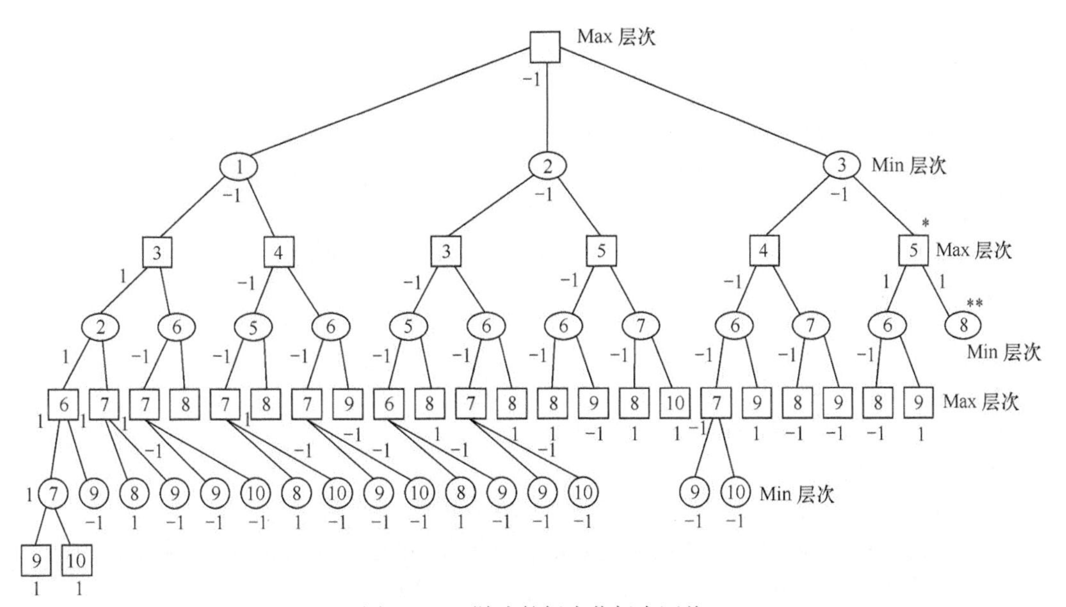

图 4.17 8 游戏的极小化极大评估

让我们用图 4.17 中的两条路径来加强理解。同样，我们专注于这棵树中最右侧的路径。如上所述，Max 选择了数字 3。接下来，Min 选择 2。这样就出现了第 2 层的方框中的 5（用*标记）。下一步，Max 决定选择数字 3；这样 8 的总和就达到了。Max 赢得了游戏，这由最右侧叶节点外部的评估值 1 可以证明。接下来，考虑一个也以 Max 选择 3 开始的路径，然后 Min 选择了 2。我们再一次到了有*标记的第二层节点。然后，假设 Max 选择了 1，Min 选择了 2（接下来的两个分支），直至到达节点**。Min 已经赢得了这场比赛，这从叶节点外部的−1 得到了印证。

本章给出了更多关于评估函数的练习。有关极小化极大值和 α-β 剪枝的介绍，请参阅 Johnsonburg 的离散数学。

在 Firebaugh[2]和 Winston[3]中，可以找到其他示例。

同样，即便是小游戏，也可能生成大型博弈树，如果想设计成功的计算机博弈程序，就需要有更全面、灵巧、复杂的评估函数。同样，再来看这棵树的最右侧部分，Max 玩家选择了数字 3，Min 选择了 2。因此，沿着这条路径的 Max 方框包含的总数即为 5。沿着最右侧分支，Max 下一步选择了 3，因此他在博弈中获胜。这个结果由出现在 Min 叶节点（包含 8 的圆圈节点）下方的 1 反映出来了。

4.3 极小化极大算法的变体和改进

在 AI 研究的前半个世纪，博弈受到了广泛的关注。极小化极大值是评估二人博弈最直接的算法。人们自然而然地积极寻求对这个算法的改进。本节主要介绍极小化极大值算法的一些变体（包括α-β剪枝），这些变体已经改进了其性能。

4.3.1 负极大值算法

Knuth 和 Moore 发现的**负极大值**（negamax algorithm）算法是对极小化极大算法的改进。[4]负极大值算法在极小化极大方法中用于评估节点的相同函数，并且同时从树的 Max 和 Min 层向上渗透值。

假设你正在评估博弈树中的第 i 个叶节点，并且用 e_i 表示失败、平局和胜利。

- $e_i = -1$ 表示为失败。
- $e_i = 0$ 表示为平局。
- $e_i = 1$ 表示为胜利。

你可以写出如下负极大值评估函数 $E(i)$。

- $E(i)= e_i$ 表示叶子节点。
- $E(i)= \text{Max}\,(-F(j_1), -F(j_2), \cdots, -F(j_n))$ 表示先前节点 $j_1, j_2, \cdots, j_n$。

负极大值得出结论：Max 或 Min 的最优移动是使 $E(i)$最大化的移动。图 4.18 为这一结论的示意图，用 1、−1 和 0 分别表示胜利、失败和平局。

在图 4.18 中，考虑标记为*、**和***并在表 4.1 中描述的 3 个节点。

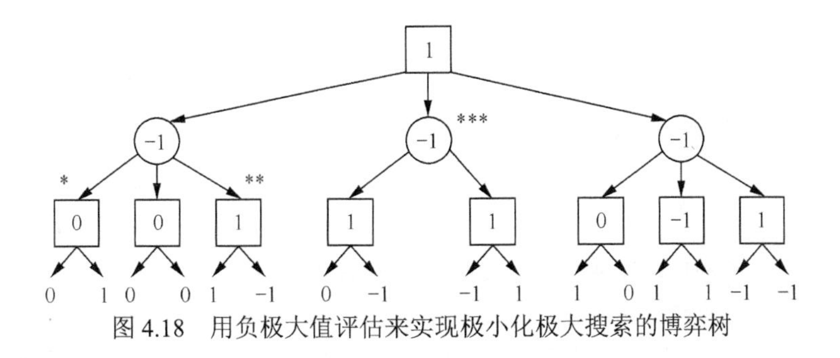

图 4.18 用负极大值评估来实现极小化极大搜索的博弈树

表 4.1 带*、**和***标记的节点说明

节点	评估
*	$E(i)$= Max (− 0, − (+1)) = Max (0, −1) =−1
**	$E(i)$= Max (− (1), − (−1)) = Max (−1, +1) =+1
***	Max (− (+1), − (+1)) = Max (−1, −1) =−1

负极大值评估法应用于 8 游戏，如图 4.19 所示。请将其与直接采用极小化极大评估法的图 4.17 相比较。

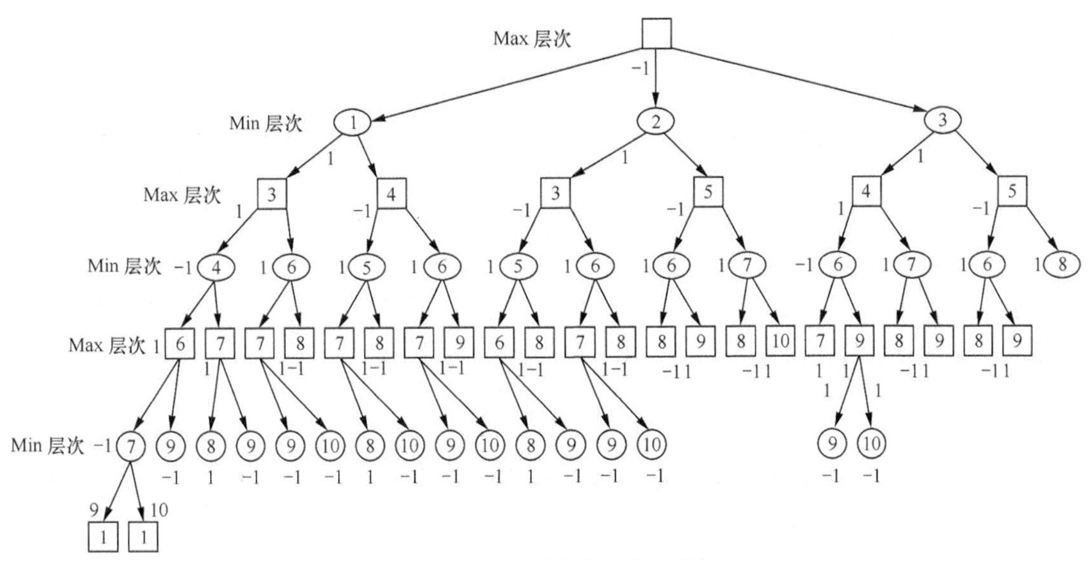

图 4.19 8 游戏的负极大值评估法

比起简单的极小化极大值法，由于负极大值法只需要使用最大化操作，因此对极小化极大值法做出了些许的改进。在博弈树的层与层之间，负极大值评估法的表达式符号互相交替，这反映出一个事实，那就是对于 Max 返回的大正数，Min 返回了大负数。也就是说，这些玩家交替移动，因此返回值的符号也必须是交替的。

理查德·科夫（Richard Korf）研究的是人工智能中的问题求解、启发式搜索和规划，他发现了迭代加深的深度优先搜索——一种类似于渐进深化的方法，这是下一节的主题。请参阅“人物轶事”，深入了解 Korf 博士。

人物轶事

理查德·科夫（Richard Korf）

Richard Korf（1955 年生）是美国加州大学洛杉矶分校计算机科学学院的教授。他于 1977 年获得麻省理工学士学位，并于 1980 年和 1983 年分别获得卡内基梅隆大学计算机科学的硕士和博士学位。1983 年至 1985 年，他担任哥伦比亚大学计算机科学学院 Herbert M. Singer 助理教授。他的研究领域是问题求解、启发式搜索和人工智能规划。特别值得注意的是，1985 年，他发现迭代加深法，这提高了深度优先搜索的效率。他还于 1997 年发现了著名的魔方最佳解决方案。他是《Learning to Solve Problems by Searching for Macro-Operators》一书的作者（Pitman，1985）。他是《人工智能》和《应用智能》杂志的编辑委员会会员。Korf 博士曾荣获 1985 年 IBM 教授发展奖（Faculty Development Award）、1986 年 NSF 的总统年轻研究员奖（residential Young Investigator Award）、最佳的 UCLA 计算机科学部杰出教学奖（Computer Science Department Distinguished Teaching Award）（1989）以及 2005 年的洛克希德马丁优秀教学奖（Lockheed Martin Excellence in Teaching Award）。他是美国人工智能协会（Fellow of the American Association for Artificial Intelligence）的高级会员。

4.3.2 渐进深化法

本章已经对简单博弈进行了研究，你可以使用做出一些重要改进的类似方法来评估复杂的游戏。例如，考虑到国际象棋锦标赛，因为每个玩家必须在时间耗完之前做出移动，因此时间是一个限制因素。记住，在游戏中计算机走子的好坏取决于在应用启发式函数之前，在博弈树中搜索算法前进的深度。评估国际象棋走子时，如果你担心时间不够，且持续进行短且浅的搜索，那么你的博弈水平很可能会受到限制。或者，如果你深入博弈树，走子将非常合理到位，但是可能会超时，使你失去这一步走子机会。

要解决这个问题，你可以探索博弈树到深度 1，那么返回找到最佳的走子方式。如果还剩很多时间，你可以进行到深度 2。如果依然有时间，你可以深入深度 3，以此类推。这种方法称为**渐进深化**（progressive deepening）。这类似于第 2 章中迭代加深的深度优先搜索算法。搜索树中叶子节点数基于树的分支因子呈指数增长，每次迭代都从初始位置重新检查，但是会深入探索一层，这并不需要太多代价。给定分配时间内，在国际象棋走子时间最终结束之前，你可以充分准备，选择最好走子。

4.3.3 启发式续篇和地平线效应

地平线是在整个视线平面内，在一定距离内出现的地面上的假想线。如果你住的地方远离大城市，靠近海洋或其他大型水体，那么在盯着水看时，你可能观察到以下现象：船或小船出现在远处但很明显不知从何处来。事实上，它们在远处已经有一段时间了，只是处于地平线以下。在搜索树中，如果搜索到达了一个先验界限，这可能会出现类似的地平线效应。也就是说，博弈树中隐藏了一步灾难性的走子，但是它不在搜索视线范围内。

第 16 章将讨论国际象棋锦标赛，你将会学到更多关于渐进深化和地平线效应的知识，并对卡斯帕罗夫（Kasparov）和深蓝（Deep Blue）对决的著名国际象棋比赛有所了解。

4.4 概率游戏和预期极小化极大值算法

回想一下，在玩井字游戏的过程中，玩家对整个游戏了如指掌，甚至了解随着游戏的进行，对手可以进行什么动作以及这些动作的后果。在这些情况下，玩家拥有完美的信息（或完整的信息）。此外，如果玩家总是能够在游戏中做出最好走子，那么可以做出**完美的决定**（perfect decision）。当你知道每一个动作的后果时，做出完美的决定并不困难，包括哪种下法最终会胜利以及哪种下法会导致失败。如果针对一个游戏，你能够生成整棵博弈树，那么就很容易拥有完美信息，正如你在井字游戏拥有完美信息一样。

因为对于计算机而言，生成用于井字游戏的整棵博弈树并不困难，所以计算机玩家可以做出完美的决定。对于 Nim 游戏而言，只要石块数合理，情况也是一样的。跳棋、国际象棋、围棋和奥赛罗是具有完美信息的其他示例。但是，由于这些游戏的博弈树非常巨大，因此生成整棵博弈树并不现实，正如本章前面所讨论的，你需要依赖启发法。进一步说，计算机不可能为这些游戏做出完美的决策。在很大程度上，进行这些棋盘博弈的计算机能够达到何种级别取决于启发法的表现。

在一些游戏中，必须建模的另一个属性是概率。例如，在西洋双陆棋中，通过摇骰子来决定如何移动棋子；在扑克游戏中，概率是由随机发牌而引进的。在西洋双陆棋中，你可以具有完美的信息，因为你可以知道对手所有可能的移动；在扑克游戏中，对手的牌是隐藏的，因此你不能知道对手的所有动作，这意味着你具有不完美的信息。

由于你不能根据游戏的当前状态预测游戏的下一个状态，因此概率游戏也称为非确定性游戏。为了分析非确定性游戏，你可以使用期望极小化极大值算法。包含了概率这样的重要元素的游戏博弈树由 3 种类型的节点组成：Max、Min 和 Chance。Max 和 Min 节点以交替层次的形式出现，如 4.1 节中对极小化极大方法的讨论中所示。此外，Max 层与 Min 层之间插入了概率节点，这层概率节点引入了非确定性，是不可缺少的。

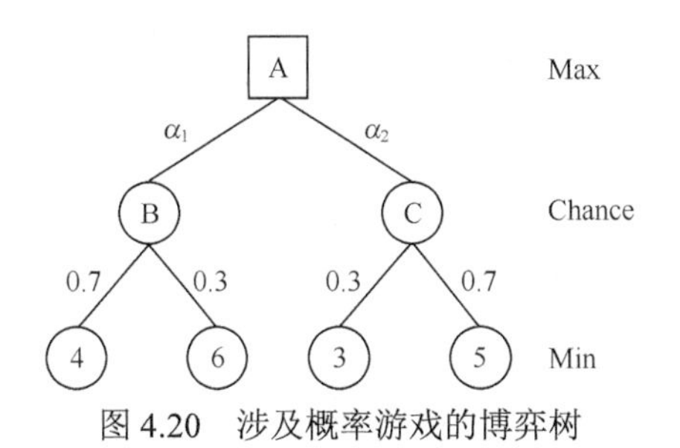

图 4.20 涉及概率游戏的博弈树

图 4.20 包括 Max、Min 和 Chance 节点。在 Max 和 Min 节点之间，出现了一层概率节点（节点 B 和 C）。对于每个节点 B 和 C，为了计算哪一种移动是优选的（α_1 或 α_2），Max 必须计算出期望极小化极大值。假设在这个游戏中，概率是由不均匀的硬币提供的，则在此处，P(H) = 0.7 和 P(T) = 0.3。

Max 需要计算随机变量 X 的期望值，由 E(X)表示，其中 E(X)由下式给出：

$$E(X)=\sum_{x_i \varepsilon X} x_i P(x_i)$$

其中 X 能取到的值为 x_i，并且 $P(x_i)$是 X 取值为 x_i 时的概率。

我们在 B 处返回的期望值，即 E(B)=(4×0.7)+(6×0.3)= 2.8 + 1.8 = 4.6。同时如果选择 α_2

移动时，Max 的返回的期望值 E(C) 等于（3×0.3）+（5×0.7）= 0.9 + 3.5 = 4.4。

如果 Max 移动到 B，Max 返回的期望值更大，那么 Max 玩家应该做出 α_1 移动。

如果你没有接触过概率，那么可以考虑抛掷硬币两次的实验。其可能的输出集合为 {TT，TH，HT，HH}，每种情况具有 1/4 的概率。假设随机变量 X 等于本实验中出现的正面数量，那么 $E(X)= 0\times{}^1/_4 + 1\times{}^2/_4 + 2\times{}^1/_4$，等于 $0 + {}^1/_2 + {}^1/_2 = 1$。

在另一个扩展示例中，**预期极小化极大算法**更有把握获得胜利。回想一下 4.1.3 节中图 4.10 所示的 Nim 和极小化极大算法的版本。为了使预期极小化极大树的大小保持在一个合理的水平，能够打印在一张纸上，初始状态可以等于（2,1），即有两堆石头，第一堆石头中有两块石头，第二堆石头中有一块石头。使用极小化极大评估的完整博弈树如图 4.21 所示。

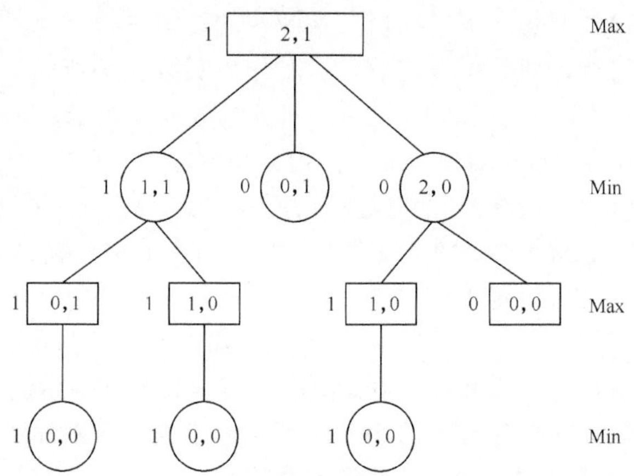

图 4.21 Nim 游戏的博弈树，在这个游戏中，最后一个能够动作的玩家获胜

现在，假设这个游戏涉及了概率——玩家可以指定从哪一堆中移除石头，但是，拿走石头的实际数由随机数发生器的输出决定，这个随机数发生器以同等的概率返回从 1 到 n_i 的整数值，其中 n_i 是在堆 i 中的石头数目。在 Nim 修改版本中，详细描述了期望极小化极大值的博弈树，如图 4.22 所示。

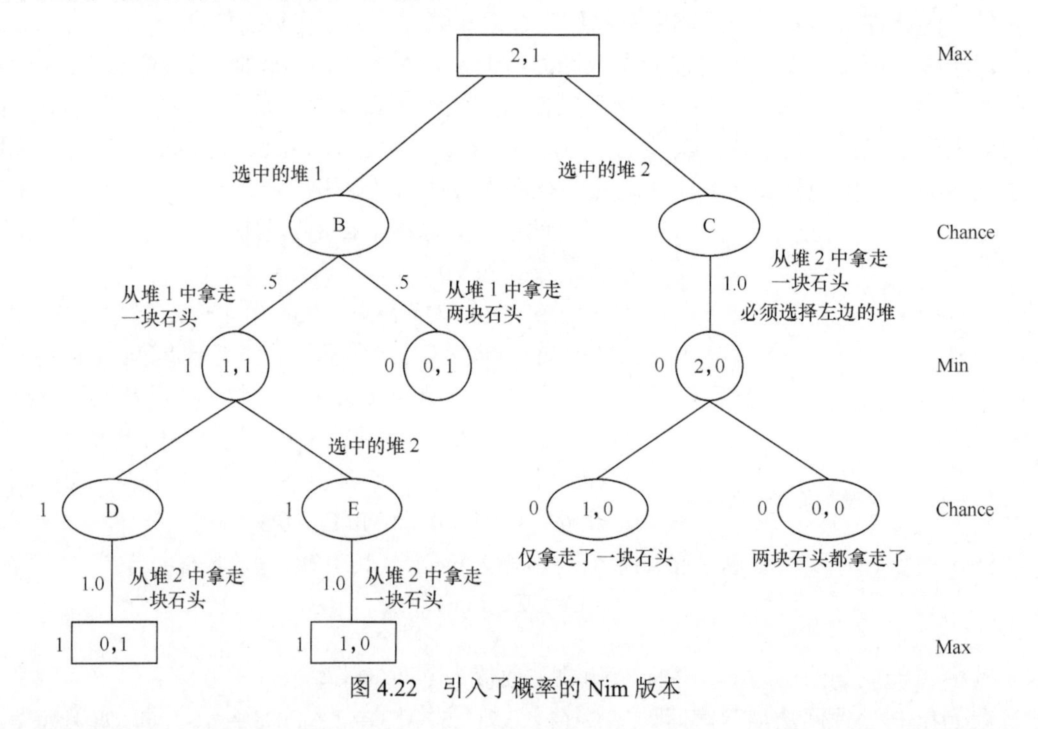

图 4.22 引入了概率的 Nim 版本

游戏局面 B 的期望值是 E（B），等于（1×0.5）+（0×0.5）= 0.5。E（C）等于 0，这意味着 Min 必然获胜。选择右侧的石头堆，将这个游戏带到节点 C，此时 Max 必然失败。显然，因为左侧的石头堆提供了 50%获胜的概率，所以 Max 应该选择左侧的石头堆。

4.5 博弈理论

在电影《The Postman Always Rings Twice》中，两名主演坠入爱河，决定“除掉”女主角的丈夫。警方没有足够的证据将其定罪。但在事后，他们还是被警察逮捕了，并被带往不同的审讯室里审问，他们都被告知：“背叛你的同伙，我们将减轻对你的刑罚。”两名嫌犯都知道其同伙被提供了这个相同的交易。他们应该怎么做？

这个困境的有趣之处在于，没有人知道对方的想法。在理想的世界里，两个人都会相互忠诚，如果没有证据支持，他们就可能被判犯有较轻的罪行。但是，如果任何一名嫌犯背叛了对方，那么为了不被判以谋杀罪，另一名嫌犯也最好选择背叛。

这就是所谓的**囚徒困境**（Prisoner’s Dilemma），这个游戏是由兰德公司的梅里尔·弗洛伊德和梅尔文·德雷舍于 1950 年构想出来的，最初使用博弈理论术语。[5]这种困境也可以使用收益矩阵（payoff matrix）进行建模，如图 4.23 所示。收益矩阵指定了在两个博弈参与者的每种动作组合下每个参与者的回报。

囚徒A		囚徒B 合作（保持沉默）	背叛（背叛对方）
	合作（保持沉默）	A：1 year B：1 year	A：10 years B：0 years
	背叛（背叛对方）	B：0 years B：10 years	A：5 years B：5 years

图 4.23 囚徒困境的收益矩阵

假设这个游戏中的两个玩家（即囚徒）是理性的，并希望最小化他们的监禁刑罚，则每名囚犯都有两种选择：与在犯罪中的同伙合作，保持沉默；或者通过向警察坦白自首，以换取较轻的刑罚。

你可能会注意到，这个博弈在一个重要方面不同于本章前面所讨论的博弈。在其他游戏中，为了确定行动方向，你需要知道对手的行动方向。例如，如果在井字游戏中，你是第二个走子的人，就需要知道另一个对手放置第一个 X 的地方。在囚徒困境中，情况却不是这样的。

假设你是选择背叛的 A 玩家，但是 B 玩家决定依然保持忠诚并选择与伙伴合作的策略。在这种情况下，你的决定使你不会坐牢，而如果你也选择与伙伴合作，你也只会得到一年期限的牢狱之灾。如果你的同伴选择背叛，你也选择背叛，那么结果依然是较好的。在博弈理论中，背叛是一种主导策略（dominant strategy），因为在这场游戏中，你假设对手是理性的，那么他也会选择相同的策略。

两个参与者{背叛，背叛}的策略称为**纳什均衡**。约翰·纳什因在博弈论中取得了突破性工作而荣获诺贝尔经济学奖，这个策略也是以他的名字命名的。任何玩家策略的改变都会导致回报的减少（即更长的坐牢时间）。

如图 4.23 所示，如果某位玩家不是那么理性，他有一定的信念（相信他们的同伴会忠诚），那么根据纳什均衡{背叛，背叛}，总的回报会超过 10 年的牢狱之灾。但是这个{合作，合作}策略按照两个玩家的总的回报获得了最好可能的输出。这个优选的策略称为**帕雷托最优**。这个策略以阿尔弗雷多·帕雷托（Alfredo Pareto）的名字命名。19 世纪末，Pareto 在经济学领域的博弈论中为之后的工作奠定了基础。应该注意到，囚徒困境不是一个零和游戏。因为在这样的游戏中，纳什均衡不一定对应于帕雷托最优。

示例 4.3 猜拳游戏

猜拳游戏可以由两个或更多的人玩（大多数人可能还记得使用双指猜拳来帮助选择在棒球比赛或棍球比赛中的一边）。这个游戏的一个版本是由两个人玩的，一个被指定为偶数（even），另一个被指定为奇数（odd）。同时，两个玩家每次伸出一根或两根手指，根据手指总数的奇偶性决定哪个玩家获胜。此版本游戏的收益矩阵如图 4.24 所示。注意，这个游戏是一个零和游戏。

偶数玩家 \ 奇数玩家	伸出一根手指	伸出两根手指
伸出一根手指	(1,-1)偶数玩家获胜	(-1,1)奇数玩家获胜
伸出两根手指	(-1,1)奇数玩家获胜	(1,-1)偶数玩家获胜

图 4.24 双指猜拳版本的收益矩阵

（1，−1）表示第一个玩家（即偶数）获胜了，第二个玩家（即奇数）失败了。（−1, 1）表示奇数已经获胜了。双指猜拳游戏不存在纳什均衡。奇数玩家最好不要出相同指数，如{1, 1}和{2, 2}（大括号内的数字分别表示奇偶玩家伸出的手指数）。偶数玩家则最好不要出{1, 2}和{2, 1}这样的指数。

迭代的囚徒困境

如果只玩一次囚徒困境，那么叛变是每个玩家的主导战略。这个游戏的另一个版本重复进行了 n 次游戏，对先前的操作有一些记忆。当需要进行多个回合时，由于每位玩家知道一旦选择背叛，势必会遭到对手复仇，因此都不会很快地选择叛变。一种策略是始于单方面的合作行为，给对手一个机会进行回应。无论何种原因，如果对手选择了背叛，那么你可以通过连续地背叛进行反击。如果对手最终选择了合作，那么你可以回以一个更慷慨的策略。本章最后的练习讨论了类似于囚徒困境的其他二人博弈。关于博弈理论更详细的讨论请参考 Russell 等人的著作。[6]

4.6　本章小结

为了在游戏中评估走子的有效性，你可以使用博弈树来描述可能的走子、对手的反应以及你对抗的走子。在博弈树中，节点表示游戏状态，分支表示在这些状态之间的移动。

除了最基本的游戏，由于组合爆炸，你无法创建出一棵完整的博弈树。在这些情况下，你需要使用启发式评估方法来确定最有效的下法。

极小化极大评估算法是用于评估博弈树的算法。对当前走子的玩家而言，它检查游戏的状态，并返回一个值，指示这个状态是胜利、失败还是平局。α-β 剪枝通常与极小化极大评估算法结合使用。虽然它返回与单独使用极小化极大法相同的值，但是其探索的节点数目只有极小化极大法的一半。这允许程序对博弈树进行更深的检查，以得到更可靠和更准确的评估。

与极小化极大评估算法类似，在二人博弈中，你可以使用负极大值搜索方法来简化计算。极小化极大法的一种变体是渐进深化，在渐进深化中，迭代搜索一棵博弈树。例如，你可以探索博弈树到深度 1，然后返回找到最佳移动。如果剩余更多时间，你可以搜索到深度 2。如果剩余更多的时间，你可以搜索到深度 3，以此类推。因为搜索树中的叶子节点数根据树的分支因子呈指数增长，但是在每个迭代中，重新检查树，深入一层探索，不会产生太多的代价。

在二人零和游戏（如井字游戏）中，玩家可以获得完美的信息——知道整个游戏中对手每个可能的走子，并理解这些走子的结果。此外，如果玩家总是能够在游戏中得到最优走子，那么玩家可以做出最好的决策。但是，在概率游戏中，你没有完美的信息，不能做出完美的决策。

在囚徒困境中，两个玩家可以彼此合作或背叛。囚徒困境详细说明了博弈理论，在博弈理论中，玩家是理性的，并只关心最大收益，而不关注其他玩家的收益。如果在策略中，任何玩家策略的改变导致收益降低，就会进入纳什均衡。从两位玩家的总收益方面考虑，如果策略获得了最佳可能的结果，那么他们会使用最佳策略，这就是所谓的帕雷托最优。

讨论题

1. 博弈树如何帮助评估游戏中的走子？
2. 什么是组合爆炸？
3. 什么是启发式评估？为什么它在具有大规模博弈树的游戏中能够发挥作用？
4. 简要解释在极小化极大评估方法背后的原理。
5. 在游戏的走子中，我们所说的对称性的意思是什么？在博弈树的评估中，这有何帮助？
6. α-β 剪枝背后的原理是什么？为什么它有助于极小化极大评估？
7. 什么是渐进深化？它在什么时候有用？
8. 期望极小化极大算法是什么？它在什么类型的游戏中是有用的？

9．什么是囚徒困境？为什么它受到如此多的关注？

10．请解释以下术语。

a．纳什均衡。

b．帕雷托最优。

11．纳什均衡总是对应于最优策略吗？说明理由。

练习

1．在图 4.25 中，对博弈树执行极小化极大评估。

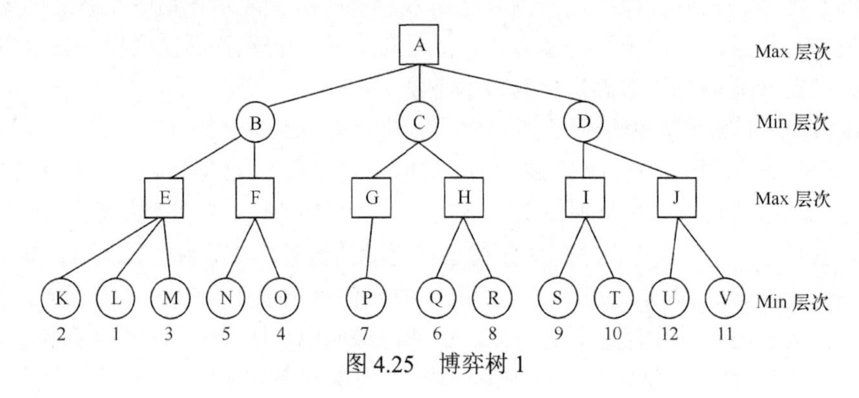

图 4.25 博弈树 1

2．在图 4.26 中，执行博弈树的极小化极大评估。

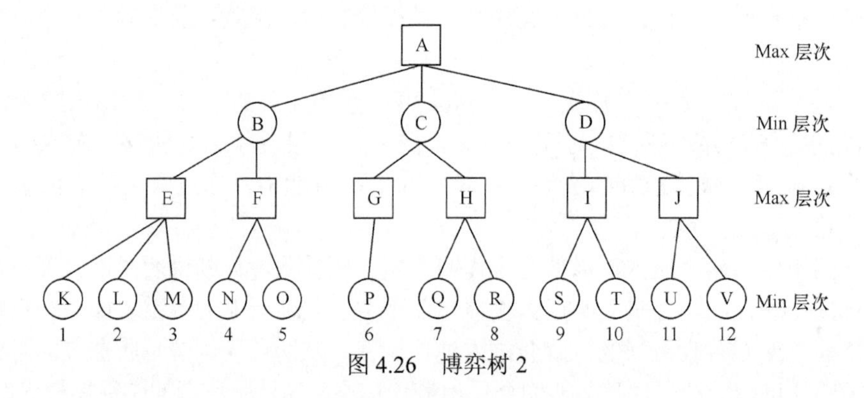

图 4.26 博弈树 2

3．在图 4.27 中，执行博弈树的极小化极大评估。

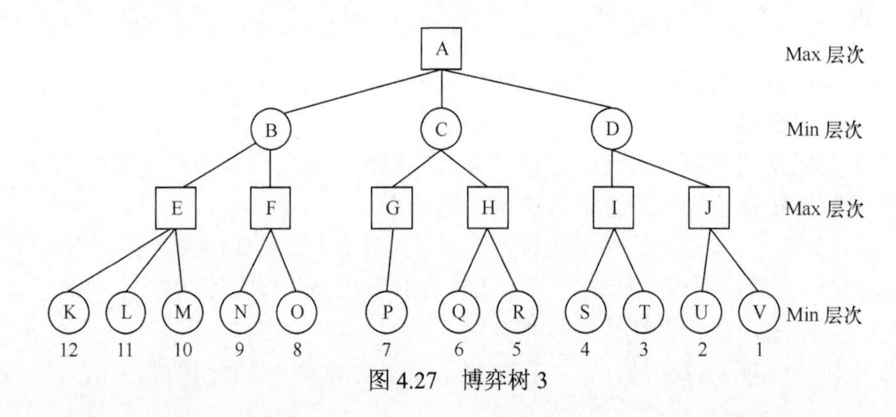

图 4.27 博弈树 3

4．对于 Nim 的游戏变体使用 Luger 语言描述。[7] 游戏开始于一堆石头。玩家的动作包括将一堆石头分成两堆，这两堆石头包含了不等数目的石头。例如，如果包含 6 块石头的一堆石头，那么它可以细分为 5 块一堆和 1 块一堆，或 4 块一堆和 2 块一堆，但不是 3 块一堆和 3 块一堆。首先不能进行动作的玩家输掉游戏。

a．如果开始状态包含了 6 块石头，那么画出这个版本的完整博弈树。

b．对于这个游戏，执行极小化极大评估。1 表示胜利，0 表示失败。

5．群<G，**o**>是集合 G 与二元运算 **o**，有如下特点。

a．运算 **o** 具有闭合性——对于 G 中的所有 x、y、$x\ \mathbf{o}\ y$ 也在 G 中。

b．结合律（$x\ \mathbf{o}\ y$）$\mathbf{o}\ z = x\ \mathbf{o}$（$y\ \mathbf{o}\ z$）——对于 G 中的所有 x、y、z。

c．存在单位元，$\exists e \in \mathrm{G}$。

使得：

$$\forall x \in \mathrm{G}\ x\ \mathbf{o}\ e = e\ \mathbf{o} = x$$

d．逆元素存在——对于所有在 G 中的 x，存在 x^{-1}，使得 $x\ \mathbf{o}\ x^{-1} = x^{-1}\ \mathbf{o}\ x = e$。

自然数的减法不是闭合的，因为 3−7 = −4，−4 不在自然数集合中。然而，自然数的加法是二元运算。整数加法具有结合律：(2+3) + 4 = 2 + (3+4) = 9。但是，整数的减法不满足结合律：(2−3)−4 不等于 2−(3−4)，即−5 不等于 3；0 是用于整数加法 7 + 0 = 0 + 7 = 7 的单位元素。关于整数加法，4 的逆是−4，因为 4 + (−4)= 0。

群的示例：

<Z，+>：整数加法群。

<Q，*>：非零有理数乘法群。

e．如图 4.28 所示，思考一个正方形，这个正方形可以自由地在三维空间中移动，标记如下：令 0、1、2 和 3 分别为顺时针旋转 0°、90°、180°和 270°。让 **o** 表示这些旋转的组合。例如，1 **o** 2 是旋转 90°，然后再旋转 180°，这对应于 3, 270°的顺时针旋转。证明<Sq, o>是一个群。

f．将这个群应用到在 4.1 节中引入的井字棋盘中。验证<Sq，**o**>，证明这与图 4.4 中所声明的概念等价，解释理由。参考 McCoy。[8]

6．使用 α-β 剪枝来评估博弈树，如图 4.25 所示。请务必指出所有的 α 值和所有的 β 值。如果有，指定 α 修剪值和 β 修剪值。

7．使用 α-β 剪枝来评估博弈树，如图 4.26 所示。请务必指出所有的 α 值和所有的 β 值。如果有，指定 α 修剪值和 β 修剪值。

8．使用 α-β 剪枝来评估博弈树，如图 4.27 所示。请务必指出所有的 α 值和所有的 β 值。如果有，指定 α 修剪值和 β 修剪值。

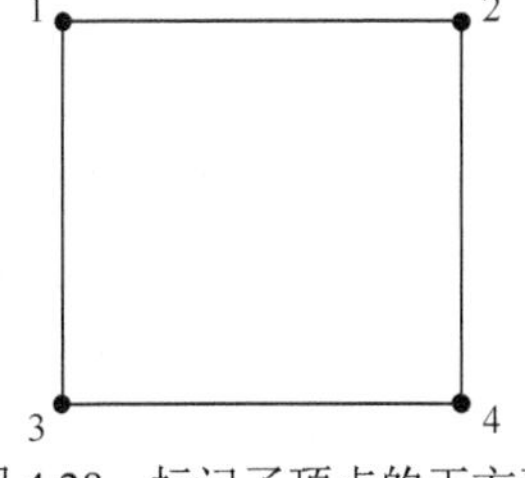

图 4.28 标记了顶点的正方形

9．思考练习 1～3 和 6～8 的评估博弈树中所需的工作。不用顾及启发式评估的顺序，极小化极大评估需要相同时间的工作量。如果有，启发式评估的顺序对使用 α-β 剪枝程序时产生的裁剪量有什么影响？特别是，在什么情况下，α-β 剪枝方法最有效？换句话说，它什么时候检查的节点数最少？

10．思考点格棋（Dots and Boxes）游戏。两个玩家轮流在 3×3 网格上的相邻点之间画线。在格上完成最后一条线的人可以成功获得格。拿到最多格的人获胜。

a．针对这个游戏，画出博弈树的前几层。

b．将这棵树的复杂度与井字游戏的复杂度相比。

c．在这个游戏引用可能带来好策略的几种启发法。

11．由 M.Paterson 和 J.J.Cangway 开发的 Sprouts 游戏：在一张纸上绘制两个或更多点，然后两个玩家根据这些规则交替进行动作：

a．连接两个点绘制一条线（或曲线），或将一个点连接到自身（自环）。

线可能不经过另一点。

b．在这条新线的任何位置绘制一个新点。

c．从任意一点出发，最多可以有三条线。

最后一个可以进行动作的玩家取得胜利。尝试为这个游戏开发策略。

12．考虑三维井字游戏。与往常一样，X 和 O 玩家交替走子，博弈的对象是在任何行、列或对角线上连续获得 3 个 X 或 O。

a．将 3D 井字游戏的复杂度与传统 2D 版本的游戏进行比较。

b．创建一个启发法，使其适合于对非终端节点的评估。

13．用负极大值算法来评估图 4.25 中的博弈树。

14．接下来是几个众所周知的问题。讨论它们是否与本节讨论的囚徒困境的实例基本相同。

如果你认为这个问题与囚徒困境相当，那么请设计一个合适的收益矩阵，评论每个示例中存在的纳什均衡和帕雷托最优。

a．Linux 是根据通用公共许可证（GPL）开发的 UNIX 版本。根据此协议，你将获得免费软件，并且可以研究源代码。你可以通过保留这些改进的源代码（背叛）或发布改进的代码版本（合作）。事实上，发布没有改进的源代码是非法的，因此合作是强制的。

b．香烟公司曾被允许在美国做广告。如果只有一家公司决定做广告，销售额的增长总是随之增加。但是，如果两个公司同时推出广告活动，他们的广告将基本上互相抵消，而并没有增加收入。

c．在新西兰，报纸箱都未锁上。人们可以很容易地偷取报纸（背叛）。当然，如果每个人都这样做，将不会留下任何报纸。[9]

d．（公地悲剧）有一个村庄有 n 个农民，草地有限。每个农民都可能决定养羊。每个农民以羊毛和羊奶的形式从这些羊身上获得一些收益。但是，由于有一些绵羊在草地上放牧，公共草地（公地）将会遭殃。

15．给出极小化极大算法的伪代码。

16．图 4.29 中描述了 9 背面问题。

这是一个单人游戏，其目标是翻转硬币，使它们都是显示背面。一旦选中一个具有正面的硬币，那么硬币和该硬币周边的硬币得到了翻转（非对角线）。因此，如果选中左下（第 1 行第 1 列）的硬币进行第一次动作，那么这个硬币和直接在其上（第 2 行第 1 列）的硬币以及其右侧（第 1 行第 2 列）的硬币成了正面。但是在第 2 行第 2 列（与第 1 行第 1 列的硬币呈对角线）的硬币没有翻转。这个拼图的目标是用最少的动作数翻转所有的硬币到其背面。这个游戏所用的网格与井字游戏相同，具有相同的复杂度（9！因对称而得到了简化）。

请为这个游戏创建一个启发法。

图 4.29 9 背面问题

17．问题 16 让人联想到被称为奥赛罗（或翻转棋）的游戏，这在第 16 章中将会谈到。奥赛罗开始于 4 颗石子（两个白色和两个黑色），放置在 8×8 棋盘中间（如在国际象棋和跳棋中那样）。当一颗石子开始翻转到另一种颜色时，正如上面的问题，垂直相邻的石子被翻转。针对这个博弈，思考什么才是强策略。

编程题

使用你选择的高级语言完成编程练习。

1．编写一个程序，以执行极小化极大值评估（见练习 15）。

使用练习 1、2 和 3 中的博弈树测试你的程序。

2．编写一个程序以执行 α-β 剪枝。

使用练习 6、7 和 8 中的博弈树测试你的程序。

3．如练习 10 中所述，编写一个程序来进行点格棋（Dots and Boxes）的博弈，并使用 α-β 剪枝。在机器模式对抗人类模式（即让人们在这个游戏中挑战你的程序）中，测试你的程序。机器首先动作。

4．编写程序来进行井字游戏，如本章所讨论的（这里用极小化极大值方法就足够了）。你的程序应该在机器模式对抗机器模式（计算机做两个动作）中进行。第一个玩家应该遵循某个程序，即在采用启发式评估之前进入博弈树的三层深度，而第二个玩家应该只进入两层深度。评论 50 局博弈后的结果。

5．编写程序来进行 3D 井字游戏（见练习 12）。程序应使用负极大值算法。使用类似于编程练习 4 中的测试程序，在机器模式对抗人类模式下测试程序。

参考资料

[1] Johnsonbaugh R. Discrete Mathematics, 6th ed. Upper Saddle River, NJ: Prentice-Hall, 2005.

[2] Firebaugh M W. Artificial Intelligence: A knowledge-based approach.Boston, MA: Boyd & Fraser, 1988.

[3] Winston P H. Artificial Intelligence, 3rd ed. Reading, MA: Addison-Wesley, 1993.

[4] Knuth D, Moore R W. An analysis of alpha-beta pruning, Artificial Intelligence 6(4):293–326, 1975.

[5] Merrill F, Dresher M. Games of strategy: Theory and applications, Upper Saddle River, NJ: Prentice-Hall, 1961.

[6] Russell S, Norvig P. Artificial Intelligence: A modern approach, 3nd ed. Upper Saddle River, NJ: Prentice-Hall, 2009.

[7] Luger G F. Artificial Intelligence – Structures and strategies for complex problem solving, 6th ed. Reading, MA: Addison-Wesley, 2008.

[8] McCoy N H. Introduction to modern algebra, 3rd ed. Boston, MA: Allyn and Bacon, 1975.

[9] Poundstone W. Prisoner's dilemma. New York, NY: Doubleday, 1992.

第5章　人工智能中的逻辑

尼尔斯·尼尔森（Nils Nilsson）一直是AI逻辑学派的主要支持者，他发表了许多文章，并与Michael Genesereth共同发表了一篇名为《人工智能逻辑基础》的文章。

在第1章中，我们指出，除了具备搜索能力，智能系统还必须能够表示知识。本章开始扩展到知识表示领域，并顺便讨论一下逻辑。本章首先提出命题逻辑，着重讨论其定理和证明策略。接下来讨论谓词逻辑——它被证明是一种更具表现力的表示语言。本章还介绍了证明命题逻辑论证有效性的归结反驳方法，它被视为定理证明的有力工具。最后，本章简要介绍了谓词逻辑的扩展。

尼尔斯·尼尔森（Nils Nilsson）

5.0　引言

本章介绍了逻辑，并将其作为人工智能中知识表示的范式。5.1节开始讨论一个众所周知的谜题——国王的智者，用来说明逻辑表达的力量。另外，如果能够确切表示问题时，就可以很方便地完成推断（例如发现新知识）的任务。

5.2节阐释了**命题逻辑**（propositional logic）的概念。逻辑表达式（可以被表征为真或假的表达式或命题）是基本的构建块。本节也介绍了逻辑连接符（如AND、OR和NOT），讨论了在分析复合表达式时真值表的作用。**论证**（argument）的定义就是，在一个假定为真的**前提**（premise）集合中，从逻辑上是否可以推导出结论。

在逻辑上，当论证中的前提能够得出结论时，我们认为这个论证是有效的。本章探讨了两种确定论证**有效性**（validity）的策略：第一种策略是使用真值表；第二种策略是使用反演（resolution）。在后一种方法中，你先否定结论，将结论与前提结合起来，如果能得出它们相矛盾的结论，那么说明原来的论证是有效的。在应用反演之前，所有的命题逻辑表达式必须转化为称为**子句形式**的特殊形式。本章也介绍了将命题逻辑表达式转换为子句形式的过程。

5.3节介绍了谓词。比起命题逻辑表达式，谓词似乎有着更好的表达能力。有两个量词，即$\exists x$-**存在量词**（existential quantification）和$\forall x$-**全称量词**（universal quantification）可以应用于谓词逻辑变量。$\exists x$应被解释为“存在x”，$\forall x$应被解释为“对于所有x”。

我们将看到，谓词逻辑的这种更强的表达能力是要付出代价的。为了可以应用反演，要将谓词逻辑表达式转换为子句形式，这一任务相当艰巨。在5.3.3节中，我们解释了完成这种转换的九步算法。为了说明这种技术，我们也给出了一些反演的证明。

5.4 节简要介绍了其他一些逻辑。在（一阶）谓词逻辑中，量词只能应用于变量，这限制了它们的表达能力。但是，在二阶逻辑中，量词也可以应用于谓词本身。本章给出了来自数学学科的一个例子。

人们认为**一阶谓词逻辑**（first order predicate logic）是单调的，即一旦获得更多信息，推导出的结论就不能被收回。现实生活往往不是不可逆转的。审判过程说明了结论的暂时性本质。在美国，审判之初，被告被推定是无罪的。然而，在审判过程中，由于给出了确凿的证据和目击者证词，这种早期的无罪推定可能需要得到修正。非单调逻辑可以表示结论的这种临时性本质。

在本章中，我们声明逻辑表达式可以为真或为假。例如，通过向窗外看或查看天气预报，“天在下雨”也可以归为真或为假。现实生活中的情况不一定很适合使用这两个真值表达，例如，“他是一个好人。”假设所讨论的男人对孩子和宠物狗都很好，但是他逃税了。也就是说，对于这些品质的判定界限是模糊的。因此，我们可能将先前的断言在一定程度上表征为真。**模糊逻辑**涵盖了这种“灰色”地带，这是生活不可分割的一部分。目前，在许多电器的控制系统中，模糊逻辑已经得到了广泛的应用。

模态逻辑（modal logic）是一种逻辑模型，用于处理一些重要问题，如“你应该……”和“任何人都应该……”。我们也要解决时间的问题。证明的数学定理要一直为真，并且在未来也是如此；其他前提当前可能为真，但是在过去不一定为真（如手机的流行）。但是，人们很难确定本该如此的事情的真值。模态逻辑广泛应用于哲学论证的分析。

5.1 逻辑和表示

归纳谜题是一种逻辑谜题，这种逻辑谜题需要通过识别以及消除一系列可能的明显情况来求解。众所周知的“国王智者”（King’s Wise Men）就是这样的一个谜题。

国王智者的谜题（见图 5.1）讲的是国王寻找新智者的故事。在预先筛选之后，3 名最聪明的申请者前往宫廷。他们面对面地坐着，然后被蒙上眼睛，每个人头上都戴着一顶蓝色或白色的帽子。现在，国王同时揭开他们的眼罩，然后告诉他们：“你们每个人都有一顶蓝色或白色的帽子，你们中间至少有一顶蓝色的帽子。谁能够首先猜到自己头上帽子的颜色，请举起手，他将是我的下一个智者。”

图 5.1 国王智者的谜题。每个人都必须猜测自己帽子的颜色

在通过机器解决这个谜题之前，我们必须使用一个合适的表示。由于谓词逻辑允许每

个状态可以由不同的表达式表示，因此我们将用谓词逻辑表示这个谜题。例如，我们可以让谓词 WM_1()表示智者 1 有某种颜色的帽子（待指定）。接下来，我们要表示智者 1 有一顶蓝色帽子，智者 2 和智者 3 都戴着 1 顶白色的帽子的情况，这表示为：

$$\mathrm{WM\_1\,(B)} \wedge \mathrm{WM\_2\,(W)} \wedge \mathrm{WM\_3\,(W)} \quad (1)$$

回顾一下：符号“∧”是合取算符，表示术语“与”；符号“∨”是析取算符，表示术语“或”。

如果这个谜题的表示式有用，那么这个表示式必须有可能做出推断，也就是说，必须得出有助于解决谜题的结论。例如，扫描表达式（1），你应该能够得出“智者 1 会举手，并宣布他的帽子是蓝色的”这样的结论。他可以正确地猜出自己戴的是蓝帽子，因为国王承诺 3 顶帽子中至少有一顶必须是蓝色的，智者 1 注意到其他两个智者都戴着白帽子，因此他的帽子必须是蓝色的。查阅表 5.1，你应该能够推导出其他两种只有一顶蓝帽子情况的结果，即表达式（2）和（3）。

表 5.1　国王的智者问题中 7 种不同的情况

(WM_1(B) ∧WM_2(W) ∧WM_3(W))	（1）
(WM_1(W) ∧WM_2(B) ∧WM_3(W))	（2）
(WM_1(W) ∧WM_2(W) ∧WM_3(B))	（3）
(WM_1(B) ∧WM_2(B) ∧WM_3(W))	（4）
(WM_1(W) ∧WM_2(B) ∧WM_3(B))	（5）
(WM_1(B) ∧WM_2(W) ∧WM_3(B))	（6）
(WM_1(B) ∧WM_2(B) ∧WM_3(B))	（7）

由于国王已承诺至少有一顶帽子是蓝色的，因此情况不包括表示所有 3 个智者都戴着白帽子的表达式 WM_1(W)∧WM_2(W)∧WM_3(W)。

两顶蓝色帽子的情况更微妙。我们思考一下表 5.1 中表达式（4）描述的情况。把自己想象成戴着蓝色帽子的智者如智者 1。你的理由是，如果你的帽子是白色的，那么智者 2 会观察到两顶白色的帽子，因此会宣布自己的帽子是蓝色的。智者 2 没有给出这样的结论，因此你可以正确地得出结论：你戴的帽子是蓝色的。其他涉及两顶蓝色帽子的例子以类似的方式处理。

最困难的情况（实际发生的情况）是所有 3 名智者都戴着蓝色帽子，如表达式（7）所示。我们已经看到了，有一顶或两顶蓝色帽子的情况可以立刻得出结论。但是，在 3 顶都是蓝色帽子的场景中，人们告知智者，已经过去好长的时间了。因此，一个智者（最有智慧的人）得出的结论是：上述情况都不适用，所有 3 顶帽子（特别是他自己的帽子）都是蓝色的。在本章的后面，我们将描述允许从观察到的事实中得出结论的各种推理规则。现在，这足够让你领会如何用逻辑来表示知识了。

5.2　命题逻辑

下面开始更加严格地讨论命题逻辑，与谓词逻辑相比，命题逻辑不具有相同的表达力。

例如，使用命题逻辑，我们可以表示这种情况：智者 1 戴着一顶蓝色的帽子，由变量 p 表示。如果想表达智者 1 戴着白色帽子，你必须使用不同的变量，比如说 q。命题逻辑比谓词逻辑更不具有表达力。但是，正如我们将要看到的，用命题逻辑比较容易入手，便于我们开始逻辑的讨论。

5.2.1 命题逻辑——基础

如果要学英语，一个好的起点可能是通过句子来学习。句子用了正确语法（或形式）的一些词来传达意思。

下面给出几个英语语句。

（1）今晚，他坐公共汽车回家。

（2）音乐很动听。

（3）小心。

同样，讨论命题逻辑的好起点是使用**命题**（statement）。

命题（或逻辑表达式）可以用真（true）或假（false）来分类。上面的句子（1）是一个命题。要确定它的真值，只需观察“他”真正的回家方式。句子（2）也是一个命题（虽然真值的值会随着听众感受的不同而变化）。但是，句子（3）不是一个命题。如果汽车非常靠近，就会非常危险，那么这个句子肯定是适合的，但是这个句子不能归类为真或假。

在本书中，我们使用英语字母表中的小写字母来表示命题逻辑变量：p、q、r。这些变量是原语（primitive）或是在逻辑中的基本构建块。表 5.2 显示了各种复合表达式，这些表达式可以应用**逻辑连接符**（logical connective，有时称为**函数**）来构造。

表 5.2 使用逻辑连接符形成的复合表达式

符号	名称	示例	相当于的英文句子
$\wedge$	合取	$p\wedge q$	p 并且 q
$\vee$	析取	$p\vee q$	p 与 q
~	否定	~p	非 p
$\Rightarrow$	蕴涵	$p\Rightarrow p$	如果 p，那么 q，即 p 蕴涵了 q
$\Leftrightarrow$	等价	$p\Leftrightarrow p$	p 成立当且仅当 q 成立，即 p 相当于 q

这些逻辑连接符的语义或含义由真值表定义，在真值表中，对应于变量的每个值都给出了复合表达式的值。在表 5.3 中，F 表示假，T 表示真（有些文本分别用 0 和 1 来表示这两个真值）。可以看到，正如表 5.3 AND 函数的最后一行所示，只有两个变量的值都为真，两个变量的 AND 才是真的。当一个变量或两个变量为真时，OR 函数为真。注意，在表 5.3 OR 函数列的第一行中，只有 p 和 q 均为假，$p\vee q$ 才为假。这里定义的 OR 函数称为 **inclusive-or** 函数，将这个函数与定义在表 5.4 中的带有两个变量 exclusive-or (XOR) 的函数对比。最终你会注意到，在表 5.3 NOT 函数列中，当 p 为假时，p 的否定（写为~p）才为真。

表 5.3　两个变量（p 和 q）AND、OR 和 NOT 运算的真值表

AND 函数						OR 函数						NOT 函数	
p	q	$p\wedge q$				p	q	$p\vee q$					
F	F	F				F	F	F				P	~p
F	T	F				F	T	T				F	T
T	F	F				T	F	T				T	F
T	T	T				T	T	T					

表 5.4　两个变量 XOR 函数的真值表

p	q	$p\veebar q$
F	F	F
F	T	T
T	F	T
T	T	F

在任意一个变量为真的情况下，双变量的 XOR 函数为真；但是当两个变量都为真时（见表 5.4 的最后一行），双变量的 XOR 函数为假。如果你是家长，在餐厅中，对“你可以吃巧克力蛋糕或冰淇淋的甜点”，你和孩子的不同解释可以清楚地说明这两个 OR 函数的区别。

迄今为止，定义的每个 AND、OR 和 exclusive-or 函数需要两个变量。表 5.3 中定义的 NOT 函数只需要一个变量；其中 NOT 假（false）为真（true），NOT 真（true）为假（false）。

表 5.5 定义了蕴涵（⇒）和等价（⇔）函数。在日常说法中，我们说“p 蕴涵了 q”或“如果 p，那么 q”，意思是如果某个条件 p 存在，就会得到 q。例如，“如果下雨了，那么街道就会变湿。”这必须是真的。表 5.5 中，真值表 $p\Rightarrow q$ 的最后一行说明了这种解释。

表 5.5 定义 $F\Rightarrow F$ 和 $F\Rightarrow T$ 都为真，在日常生活中，我们找不到任何理由说明这样定义的原因。但是，在命题逻辑中，当 p 为假时，你可以认为这不可能证明“p 不蕴涵 q”。因此，在空虚的意义中，这个蕴涵式被定义为真。最终，你应该很容易接受 $p\Rightarrow q$ 的第三行为假，在这种情况下，p 为真时，q 为假。

表 5.5　蕴涵（⇒）和等价（⇔）运算符真值表

p	q	$p\Rightarrow q$	$p\Leftrightarrow q$
F	F	T	T
F	T	T	F
T	F	F	F
T	T	T	T

表 5.5 最右边的列定义了等价运算符 $p\Leftrightarrow q$，这可以解释为“p if and only if（当且仅当）q”；我们将这最后一个短语表示为“p iff q”。只要 p 和 q 具有相同的真值（均为假或均为真），

才可以观察到 p⇔q 为真。由于这个原因，有时候这个运算符称为等价运算符。

数学教授在课堂上证明一个定理之后，可能会问“这个定理的逆命题是否也为真？”。假设给出一个蕴涵式：“一个数可以被 4 整除，那么它是偶数。”在最初的蕴涵式中，用 p 表示“一个数被 4 整除”，用 q 表示“它是偶数”。然后，上述的蕴涵式可以用命题逻辑表示：p⇒q。在这个例子中，这个蕴涵式左边的 p 称为**前件**（antecedent），右边的 q 称为**后件**（consequent）。

蕴涵式的**逆命题**（converse）是通过颠倒前件和后件而得到的，见表 5.6。因此，这个蕴涵式的逆命题为：q⇒p，或者“如果数字是偶数，则它可以被 4 整除”。参考原始含义，如果这个数字 n 可以被 4 整除，那么 $n=4k$，其中 k 是一个整数。由于 $4 = 2\times2$，因此有 $n=$（2×2）×k，使用乘法结合律可以得到 2×（2×k），因此确定 n 确实为偶数。

表 5.6 蕴涵式（第 3 列）、逆命题（第 4 列）、否命题（第 5 列）和逆否命题（第 6 列）的真值表，为了便于参考，我们对列进行了编号

1	2	3	4	5	6
p	q	p⇒q	q⇒p	~p⇒~q	~ q⇒~ p
F	F	T	T	T	T
F	T	T	F	F	T
T	F	F	T	T	F
T	T	T	T	T	T

上述蕴涵式的逆命题为假。证明断言为假的有效方法之一便是用反例证明，换句话说，对于某个命题而言，有一个例子不为真。可以验证数字 6 是这个蕴涵式逆命题的反例，因为 6 为偶数，但是它不能被 4 整除。

假设你是一名高级微积分课程的学生，教授要求你接受挑战，证明 sqrt（2）不是有理数。也许，这确实真的发生在你身上。你的反应会是什么？如果一个数能够表示为两个整数的比，那么这就是有理数。例如，4 等于 4/1，2/3 是有理数，然而 sqrt(2)、pi 和 e 不是有理数。

蕴涵式的否命题是由否定前件和后件得到的。p⇒q 的否命题是~p⇒~q。示例的否命题是：“如果一个数不能被 4 整除，那么它不是偶数。”现在，要求找到这个断言的反例。

在数学中，一种有用的证明方法是通过逆否命题进行证明。示例的逆否命题是：“如果一个数字不是偶数，那么它不能被 4 整除。”

我们用符号≡表示两个逻辑表达式在定义上是等价的。例如，(p⇒q)≡~p∨q。这种复合表达式称为重言式或定理。注意，使用括号是为了清晰地说明表达式。

奥古斯都·德·摩根（Augustus De Morgan）是 19 世纪初英国后裔的数学家，曾就读于剑桥大学，并担任过该校数学学院的院长。他在印度度过了大半生。他的逻辑定律广泛应用于许多学科。

用真值表来证明逻辑表达式是重言式（总是为真），人们将这种证明方法称为**完全归纳法**（perfect induction）。表 5.7 中的最后一列表明（~p∨~q）和~（p∧q）的真值是恒等的。这个定理是**德摩根定律**的一种形式。表 5.8 列出了命题逻辑中的其他定理。

表 5.7 命题逻辑中的两个重言式。注意，在最后两列中，所有条目都为真

p	q	(p⇒q)	(~p∨q)	(p⇒q) ≡(~p∨q)	(~p∨~q) ≡(~p∧q)
F	F	T	T	T	T
F	T	T	T	T	T
T	F	F	F	T	T
T	T	T	T	T	T

表 5.8 命题逻辑中的定理

定理	名称
p∨q ≡q∨p	交换律 1
p∧q ≡q∧p	交换律 2
p∨p ≡ p	幂等律 1
p∧p ≡ p	幂等律 2
~ ~p ≡ p	双重否定（或对合律）
(p∨q) ∨r ≡ p∨(q∨r)	结合律 1
(p∧q) ∧ r ≡ p∧(q∧r)	结合律 2
p∧(q∨r) ≡ (p∧q)∨(p∧r)	分配律 1
p∨(q∧r) ≡ (p∨q) ∧(p∨r)	分配律 2
p∨T ≡ T	支配律 1
p∧F ≡ F	支配律 2
(p ≡ q) ≡ (p⇒q) ∧(q⇒p)	吸收律 1
(p ≡ q) ≡ (p∧q)∨(~p∧~q)	吸收律 2
p∨~p ≡ T	排中律
p∧~p ≡ F	矛盾式

通过称为演绎的过程，在命题逻辑中的定理可以用来证明其他定理。示例如下：

示例 5.1 命题逻辑中的证明

证明[(~p∨q)∧~q] ⇒ ~p	是一个重言式
[(~p∧~q)∨(q∧~q)] ⇒~p	分配律 1
[(~p∧~q)∨F]⇒ ~p	非矛盾式
(~p∧~q)⇒ ~p	支配律 2
~(~p∧~q)∨~p	蕴涵的另一种定义
(~ ~p∨~ ~q)∨~p	德摩根定律
(p∨q)∨~p	对合律
p∨(q∨~p)	结合律 1
p∨(~p∨q)	交换律 1

$(p\vee\sim p)\vee q$	q 结合律 1
$T\vee q$	排中律
T	支配律 1

我们已经看到，值恒为真的表达式称为**重言式**。值恒为假的表达式称为**矛盾式**。矛盾式的一个例子是 $p\wedge\sim p$。最后，在变量的赋值中，至少有一种赋值使得表达式为真时，我们称命题逻辑表达式**可满足**。例如，表达式 $p\wedge q$ 可满足，当 p 和 q 均为真时，该表达式的值评估为真。命题逻辑中的可满足性问题（SAT）是确定在变量的赋值中，是否存在一些真值使得表达式为真。命题逻辑的 SAT 是 NP 完备的（NPC）。回顾第 3 章，如果解决问题的最佳算法看起来需要指数级的时间（尽管没有人证明多项式时间算法不存在），那么这个问题就是 NP 完备的（NPC）。由表 5.3～表 5.7 可知，两个变量的真值表有 4 行，每行对应一种不同的真值赋值。3 个变量的真值表有 $2^3 = 8$ 行，归纳起来就是，n 个变量的真值表有 2^n 行。为了解决 SAT 问题，在已知算法中，没有比完全扫描 2^n 行中每一行的方法表现更好的算法了。

5.2.2 命题逻辑中的论证

命题逻辑中的论证具有以下形式：

A: P_1

P_2

⋮

P_r

C //**结论**

将前提的合取作为前件，将结论作为后件，如果能够形成蕴涵，那么论证 A 有效，例如：

$$(P_1\wedge P_2\wedge\cdots\wedge P_r)\Rightarrow C \text{ 是重言式}$$

示例 5.2 证明以下的论证是有效的

1. $p\Rightarrow q$
2. $q\Rightarrow\sim r$
3. $\sim p\Rightarrow\sim r$

$\therefore\ \sim r$

符号“∴”是“因此”的缩写。非正式地说，如果前提为真，且能确定结论也是真的，那么这个论证就是有效的。假设前提为真，前提 1 说明 p 蕴涵 q。前提 2 认为 q 蕴涵 ~r。将前提 1 和 2 结合在一起，可以得到：如果 p 为真，那么 ~r 也为真（使用传递性）。前提 3 解决了当 p 为假时的情况，它声明 ~p 蕴涵着 ~ r 。我们知道 $p\vee\sim p$ 是一个重言式，~r 也为真，因此这个论证确实是有效的。

更正式地说，为了证明前面的论证是有效的，我们必须表明蕴涵式[（p⇒q）∧（q⇒~r）∧（~p⇒~r）]⇒~r 是一个重言式，见表 5.9。

表 5.9　　示例 5.2 中的论证是有效的证明

1	2	3	4	5	6	7	8
p	q	r	p⇒q	p⇒~r	~p⇒~r	4∧5∧6	7⇒~r
F	F	F	T	T	T	T	T
F	F	T	T	T	F	F	T
F	T	F	T	T	T	T	T
F	T	T	T	F	F	F	T
T	F	F	F	T	T	F	T
T	F	T	F	T	T	F	T
T	T	F	T	T	T	T	T
T	T	T	T	F	T	F	T

第 7 列包含了 3 个前提的合取。表 5.9 最右边的一列对应于上述的蕴涵式，该列所有的值都为真，可以确定蕴涵式是一个重言式，因此论证是有效的。我们建议读者不要将论证的有效性与表达式为真混淆在一起。如果结论可以从前提推出，那么逻辑论证是有效的（非正式地说，这个论证具有正确的“结构”）；论证不是真，就是假。以下示例将有助于澄清这种区别。考虑以下论证：

“如果月亮是由绿色奶酪制成的，那么我就是有钱人。”

用 g 代表“月亮是由绿色奶酪制成的”，用 r 代表“我就是有钱人”。这个论证的形式是：

g

∴ r

由于 g 是假的，因此蕴涵式 g⇒r 为真，这个论证是有效的。在离散数学[1]、计算机科学的数学结构[2]、离散和组合数学[3]中可以找到许多真值表、逻辑论证以及推理规则的其他示例。

5.2.3 证明命题逻辑论证有效的第二种方法

证明命题逻辑论证有效性的第二种方法称为反演。这种策略也称为**归结反驳**（resolution-refutation）[4]。这种方法假设前提为真，结论为假。如果原始结论有效，那么它在逻辑上必须可以从前提推导得出，也就是说，如果由此得出矛盾，那么原始论点有效。反演证明要求论证的前提和结论是一种称为子句形式（clause form）的特殊形式。

在命题逻辑中的表达式是子句形式，没有蕴涵式、合取式和双重否定。

可通过将每次出现的（p⇒q）替换为（~p∨q）来移除蕴涵式。移除合取式更加微妙；p∧q 总是可以使用 p、q 来替换，进行简化。最后，每次出现~ ~p 都可以简化为 p（卷绕律或双重否定）。

示例 5.2 重温

使用反演法来证明以下论证有效：

1. p ⇒ q
2. q ⇒ ~r
3. ~p ⇒ ~r

∴ ~r

步骤 1：将前提转化为子句形式，为了做到这一点，首先要移除蕴涵式：

1’）~p ∨ q

2’）~q ∨ ~r

3’）~ ~p ∨ ~r

没有合取运算符，因此只需要从第 3 个表达式中删除双重否定运算，得到：

3'）p ∨ ~r。

步骤 2：否定结论：

1）~ ~r

步骤 3：将结论的否定转换为子句形式：

4'）r. // 通过对合律

步骤 4：搜索此子句列表中的矛盾。由于在子句列表中将结论否定才导致了矛盾，因此如果发现有矛盾，那么可以证明论证有效（回顾一下，根据定义，前提为真）。

为了方便呈现，将子句库（子句列表）再次列出：

1'）~p ∨ q

2'）~q ∨ ~r

3'）p ∨ ~r

4'）r

将子句进行结合，得出新的子句：

3', 4'）p （5'

1', 5'）q （6'

2', 6'）~r （7'

4', 7'）□// 矛盾

结合 3'与 4'：4'声明 r 为真，而 3'声明 p∨~r 为真。但是，由于 r 为真和 p 为真，因此知道 p∨~r 为真（~r 不能为真）。结合子句，获得新子句的过程称为**反演**（resolution）。当空子句（由□表示）作为子句 4'与 7'组合的结果推导得到时，换句话说，当 r 与~r 的组合导出空子句时，我们最终证明了论证的有效性。

示例 5.3 反演理论证明——第二个示例

使用反演来证明以下论证有效：

1. p ⇒ (q ∨ r)

2. ~r

∴ q

步骤 1：同样，首先将前提转换为子句形式。

1'）~p ∨ (q ∨ r)

2'）~r

步骤 2：否定结论：

3'）~q

步骤 3：将否定的结论转换为子句形式：

3'）~q // 这已经是子句形式

步骤 4：搜索此子句列表中的矛盾：1')，2'）和 3'）

尝试结合 1'）和 3')，得到：

4'）~p ∨ r

然后将 4'）与 2'）结合，得到：

5'）~p

很快就会发现没有矛盾存在，“我们在自己打转”。如果搜索了所有地方，却找不到任何矛盾，并确定没有任何矛盾存在，那么你可以大胆假设论证是无效的。如果给定 p 也作为一个前提，那么这个论证有效。

5.3 谓词逻辑——简要介绍

之前我们观察到谓词逻辑比命题逻辑具有更强的表达力。如果想用命题逻辑表达国王智者的问题，则需要为下列每个命题提供不同的变量，如“智者 1 戴着一顶蓝帽子”“智者 1 戴着一顶白帽子”，等等。在命题逻辑中，你不能直接引用表达式的一部分。

谓词逻辑表达式由一个谓词名称和一个参数列表（可能为空）组成。在本文中，谓词名称将以大写字母开头，例如 WM_1()。在谓词参数（或变量）列表中，元素的个数称为**参数数量**（arity）。例如，Win ( )、Favorite Composer (Beethoven)和 Greater-Than (6,5)谓词的参数数量分别为 0、1 和 2［注意，我们允许常数大写或小写，如 Beethoven、我（me）和你（you)］。

与命题逻辑一样，谓词逻辑表达式可以与运算符组合：~，∧，∨，⇒，⇔。此外，两个量词可以应用于谓词变量。第一个量词（∃）是**存在量词**（existential quantifier)。∃x 读作“存在 x”，意思是保证存在 x 的一个或多个值。第二个量词（∀）是**全称量词**（universal quantifier)，∀x 读作“对于所有 x”，意思是对于所有的值，可以取到的 x 的值，某个命题都成立。请参阅表 5.10 中的示例，明确理解这个术语。

如果在表 5.10 中没有最后一个谓词，那么计算机程序可能会错误地将一个男性识别为其自己的兄弟。

表 5.10 谓词逻辑表达式

谓词	对应意思
(~Win(you)⇒Lose(you)) ∧	如果你没赢，那么你就输了，并且
(Lose(you) ⇒Win(me))	如果你输了，那么我就赢了
[Play_in_Rosebowl(Wisconsin Badgers) ∨	如果 Wisconsin Badgers 和
Play_in_Rosebowl(Oklahoma Sooners)]⇒	Oklahoma Sooners 都没有在 Rosebowl 中打球，那么
Going_to_California(me).	我将去加利福尼亚【看比赛】
∀ (x){[Animal(x) ∧ Has_Hair(x)	如果 x 是有毛的温血动物
∧ Warm_Blooded(x)]⇒Mammal(x)}	那么 x 是哺乳动物
(x)[Natural_number(x)	一些自然数是偶数
∧ Divisible_by_2(x)]	
{Brother(x,Sam)⇒	如果 x 是 Sam 的兄弟，那么
(∃ y)[(Parent(y,x)) ∧ Parent(y,Sam) ∧	x 和 Sam 必须有一个共同的父母
Male(x) ∧	x 必须是男性，并且
~Equal(x, Sam)]}	x 必须是不同于 Sam 的某个人

5.3.1 谓词逻辑中的合一

5.2.3 节在命题逻辑的范围内讨论了反演。在这种情况下，很容易确定两个字面量不能同时为真，例如 L 和~L。由于在谓词逻辑中，必须同时考虑到谓词的参数，因此谓词逻辑的匹配过程比较复杂。例如，Setting (sun)和~Setting (sun)是一对矛盾，但由于参数不匹配，Beautiful (day)和~Beautiful (night)不是一对矛盾。为了找到矛盾，我们要求用匹配程序比较两个字面量，检测是否存在一组替换，使得它们相等。人们将这个程序称为**合一**（unification）。

如果要合一两个字面量，那么，首先它们的谓词符号必须匹配；如果它们的谓词符号不匹配，那么这两个字面量不能进行合一，例如，Kite_ is_ flying (X)和 Trying _to _fly_Kite (Y)就不能合一。

如果谓词符号匹配，那么程序要一次检查一对参数。如果第一个参数匹配，则继续检查第二个参数，以此类推。

匹配规则如下。

- 不同的常数或谓词不能匹配……只有相同的常数或谓词才可以匹配。
- 一个变量可以匹配另一个变量、任何常量或一个谓词表达式，但是有一个限制，那就是谓词表达式必须不含有待匹配变量的任何实例。

这里有一个警告：要找的替换必须是单一一致的替换，换句话说，你不能对表达式的每个部分都使用单独的替换。为了确保这种一致性，在继续合一之前，替换必须应用到字面量的其他部分。

示例 5.4 合一

Coffee（x，x）

Coffee（y，z）

谓词匹配，接下来要检查第一个参数，变量 x 和 y。回想一下，一个变量可以用另一个变量替换，所以我们将用 y 替换 x，写作 y | x。对于这种选择，并无特殊之处，也可以选择用 x 替换 y。算法必须做出选择。在用 y 替换 x 后，有：

Coffee（y，x）

Coffee（y，z）

接下来，我们尝试匹配 x 和 z。假设我们决定做出替换 z | x。

这存在一个问题，即替换不一致。你不能同时使用 y 和 z 替换 x。让我们重新开始。在第一次替换 y | x 时，你应该在整个字面量中做出这个替换，得到：

Coffee（y，y）

Coffee（y，z）

接下来尝试统一变量 y 和 z。你决定使用 z | y 替换，得到：

Coffee（y，z）

Coffee（y，z）

成功了！两个字面量是相同的。这个替换是两个替换的组合：

（z | y）（y | x）

你应该以按照理解函数复合的方式来理解这个内容，换句话说，从右到左，首先用 y 替换 x，然后用 z 替换 y。有一个替换时，通常有很多种方式。

示例 5.5 其他合一示例

1. Wines (x, y)

Wines (Chianti, z)

这些谓词可以用以下任何替换进行合一：

（1）(Chianti | x, z | y)。

（2）(Chianti | x, y | z)。

注意：替换（1）和（2）是等价的。以下替换也是可能的：

（3）(Chianti | x, Pinot_Noir | y, Pinot_Noir | z)。

（4）(Chianti | x, Amarone | y, Amarone | z)。

注意：替换（3）和替换（4）的限制比必需的限制要多。我们希望最一般的合一（MGU）是可能的。替换（1）或替换（2）中的任何一个都有资格作为一个 mgu。

2. Coffees (x, y)

Coffees (Espresso, z)

{Espresso | x, y | z }是一个可能的替换集合。

3. Coffees (x, x)

Coffees (Brazilian, Colombian)

替换 Brazilian | x、Colombian | x 是不合法的，因为不能用两个不同的常量替换相同的变量 x，所以合一是不可能的。

4. Descendant (x, y)

Descendant (bob, son (bob))

一种合法的替换是：

{bob | x , son (bob) | y}

注意：son()是一个函数，它接受“人”作为输入，并产生“其父亲”作为输出。

5.3.2 谓词逻辑中的反演

反演提供了一种可以在子句数据库中发现矛盾的方法。

归结反驳通过否定需要证明的命题，来证明一个定理，即添加否定形式的结论到公理集（假定这个公理集已知为真）中。

归结反驳证明包括以下几个步骤。

（1）将前提（有时称为公理或假设）变成子句形式。

（2）将要证明结论的否定形式以子句形式（即否定结论或否定目标）添加到前提集合中。

（3）对这些子句进行反演，在逻辑上从这些子句中产生新子句。

（4）通过生成所谓的空子句来产生矛盾。

（5）用来产生空子句的替换恰好是某些替换，在这些替换下，否定结论的反命题为真。

反演法是反驳完备的。这意味着一旦存在矛盾，总是能够生成矛盾。归结反驳证明要求，前提和否定的结论要以子句形式（即**范式**）放在一个集合中，正如命题逻辑中所要求的）。用子句形式表示的前提和否定的结论将作为析取的字面量集。

使用下列众所周知的论证来详细说明反演证明。

前提（1）Socrates is a mortal.

前提（2）All mortals will die.

结论：Socrates will die.

首先，使用谓词逻辑表示这个论证过程。使用谓词 Mortal（x）和 Will Die（x）。

前提（1）Mortal (Socrates)

前提（2）(∀x) (Mortal (x) ⇒Will _ Die (x))

结论）∴ Will _ Die (Socrates).

在 Mortal(x)和 Will _ Die (x)中的括号是不必要的，但是它们有助于清楚表达。

接下来，将前提转换为子句形式：

前提（1）Mortal (Socrates)

前提（2）~ Mortal (x) ∨ Will _ Die (x)

否定结论：~ Will _ Die (Socrates)

注意：最后一个谓词已经是子句形式了。

子句库包括：

（1）Mortal (Socrates)

（2）~ Mortal (x) ∨ Will Die (x)

（3）~Will _ Die (Socrates)

在替换 Socrates | x 下，结合（2）和（3），得到：

（4）~Mortal (Socrates)

注意，已经假设第（2）和第（3）子句都是真的。如果子句（3）为真，在~Mortal(Socrates)为真的情况下，那么唯一的推理子句（2）为真。最终，通过结合（1）和（4）推导出空子句，得到了一个矛盾。因此，这否定了所假定为真的内容。换句话说，not (~ Will _ Die (Socrates))等价于 Will_Die (Socrates)，必须为真。在逻辑上，最初的结论确实可以从论证的前提中推导得出，因此论证有效。

示例 5.6 反演示例

（1）All great chefs are Italian.

（2）All Italians enjoy good food.

（3）Either Michael or Louis is a great chef.

（4）Michael is not a great chef.

（5）Therefore, Louis enjoys good food.

也即：

（1）所有伟大的厨师都是意大利人。

（2）所有意大利人都喜欢享用美食。

（3）迈克尔（Michael）或路易（Louis）是一位伟大的厨师。

（4）迈克尔不是一位伟大的厨师。

（5）因此，路易喜欢享用美食。

使用以下谓词：

GC（x）：x 是一位伟大的厨师

I（x）：x 是意大利人

EF（x）：x 享有美食

论证可以表示为谓词逻辑的形式：

（1）(∀x) (GC (x) ⇒ I (x))

（2）(∀x) (I (x) ⇒ EF (x))

（3）GC (Michael) ∨ GC (Louis)

（4）~ GC (Michael)

因此：

（5）EF (Louis)

接下来，必须将前提转换为子句形式，在子句形式下不存在任何量词。由于假设所有的变量都是全称量化的，因此移除全称量词很容易。存在量词的移除相对复杂（在本示例中不做要求），并且在本节中不进行讨论。

现在，请注意，下面的表达式（2）有一个不同的变量名（称为变量名标准化的一个过程）。

子句形式的前提：

（1）~ GC (x) ∨ I (x)

（2）~ I (y) ∨ EF (y)

（3）GC (Michael) ∨ GC (Louis)

（4）~ GC (Michael)

否定结论:

（5）~ EF (Louis) // 已经是子句形式了

在图 5.2 中，我们以图的形式表示了对矛盾关系的搜索：在分支上显示了所做的替换。

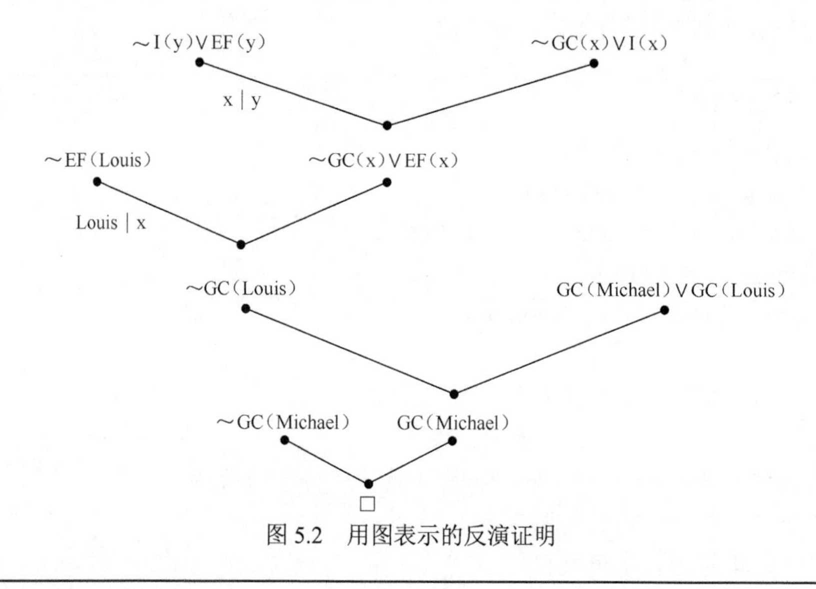

图 5.2 用图表示的反演证明

合一和反演证明的其他例子参见在 Genesereth 和 Nilsson 所著的《Logical Foundations of Artificial Intelligence》一书。[5]

5.3.3 将谓词表达式转换为子句形式

以下规则可用于将任意谓词逻辑表达式转换为子句形式。这里描述的转换过程可能会导致一些细微差别意义的丢失。众所周知的是斯科林范式（skolemization）的替换过程，由于这个替换过程是为了移除存在量词的，因此会造成意思的丢失。但是，这组变换拥有一个重要的属性——如果在最初的谓词表达式集中存在一个矛盾，那么这种变换将保留这个矛盾。

（a） $(\forall w)\ \{[(P_1(w) \vee P_2(w)) \Rightarrow P_3(w)]$

$\vee\ [(\exists x)(\exists y)(P_3(x, y) \Rightarrow P_4(w, x))]\}$

$\wedge\ [(\forall w) P_5(w)]$

步骤 1：消除蕴涵。回想一下，$p \Rightarrow q \equiv \sim p \vee q$。将这个等价式应用到（a），获得：

（b）$(\forall w)\ \{[\sim(P_1(w) \vee P_2(w)) \vee P_3(w)]$

$\vee[(\exists x)(\exists y)(\sim P_3(x, y) \vee P_4(w, x))]\}$

$\wedge[(\forall w) P_5(w)]$

步骤 2：通过使用下列的逻辑等价式，减少否定域：

i）$\sim(\sim a) \equiv a$

ii）$\sim(\exists x) P(x) \equiv (\forall x) \sim P(x)$

等价式 ii）可以理解为："如果不存在 x 值，使得谓词 P(x)为真，那么对于所有 x 值，此谓词必定为假。"

iii）$\sim(\forall x) P(x) \equiv (\exists x) \sim P(x)$

等价式 iii）声明"如果对所有 x 的值，P(x)不可能全为真，那么必须存在一个 x 的值，使得 P(x)为假。"

iv）$\sim(a \wedge b) \equiv \sim a \vee \sim b$（德摩根定律）

$\sim(a \vee b) \equiv \sim a \wedge \sim b$

使用第二种形式的德摩根定律：

（c）$(\forall w) \{[\sim P_1(w) \wedge \sim P_2(w) \vee P_3(w)]$

$\vee\ [(\exists x)(\exists y)(\sim P_3(x, y) \vee P_4(w, x))]\}$

$\wedge\ [(\forall w) P_5(w)]$

步骤 3：标准化变量名。由不同量词约束的所有变量必须具有唯一的名称，因此我们有必要重命名一些变量。

步骤 3 指示在上述（c）中的最后一项变量 w 必须重命名；我们选择 z 作为新的变量名。

（d）$((\forall w) \{[\sim P_1(w) \wedge \sim P_2(w) \vee P_3(w)]$

$\vee[(\exists x)(\exists y)(\sim P_3(x, y) \vee P_4(w, x))] \wedge$

$[(\forall z) P_5(z)]$

步骤 4：将所有的量词向左移动，确保保持其顺序。步骤 3 确保在此过程中不会导致混乱。

（e）$(\forall w)(\exists x)(\exists y)(\forall z) \{[\sim P_1(w) \wedge \sim P_2(w) \vee P_3(w)] \vee [(\sim P_3(x, y) \vee$

$P_4(w, x))]\} \wedge [P_5(z)]$

在（e）中显示的表达式称为**前束范式**（prenex normal form），在前束范式中，所有量词构成了谓词逻辑表达式的前缀。

步骤 5：现在移除所有存在量词。上述的过程称为斯科林范式的使用，在这个过程中，给必须存在的某物或某人分配名称。

在过去的日本怪兽电影中，罗丁（Rodin）是人们最喜欢的角色。

斯科林范式的示例如下：

- （$\exists$x）（Monster（x））可以替换为：Monster（Rodin）// Rodin 是一个斯科林（skolem）常数。
- （$\forall$x）（$\exists$y）（Favorite _ Pasta（x,y）可以替换为：（$\forall$x）（Favorite _ Pasta x,fp(x)）。

// fp()是一个 **skolem 函数**。skolem 函数的参数是，在待替换的存在量化变量前出现的所有全称量化变量。此处，skolem 函数 fp（x）返回的是个体 x 最喜欢的意大利面食。

等价于将$(\forall w)(\forall x)(\forall y)(\exists z)(\forall t)$ (Richer _ than (w, x, y, t))斯科林化为：

$(\forall w)(\forall x)(\forall y)(\forall t)$ (Richer _ than (w, x, y, rt(w, x, y))

// skolem 函数 rt()有 3 个参数 w、x 和 y，它们是 z 之前的 3 个全称量化变量。注意：变量 t 也是全称量化的，但是由于它发生在 z 后面，因此不作为参数出现在 rt()中。

一旦斯科林化（e），则有：

（f）$(\forall w)(\forall z)\{[\sim P_1(w)\wedge\sim P_2(w)\vee P_3(w)]\vee[\sim P_3(f(w), g(w))\vee P_4(w, f(w))]\}\wedge[P_5(z)]$

// x 由 skolem 函数 f（w）替换，y 由 g（w）替换。

步骤 6：移除所有全称量词。由于假设所有的变量都是全称量化的，因此可以进行这一操作。

（g）$\{[\sim P_1(w)\wedge\sim P_2(w)\vee P_3(w)]\vee[\sim P_3(f(w), g(w))\vee P_4(w, f(w))]\}\wedge[P_5(z)]$

步骤 7：转换为**合取范式**（Conjunctive Normal Form，CNF），换句话说，每个表达式都是析取项的合取。以下重新表示了结合律和**分配律** 1（见图 5.8）：

$a\vee(b\vee c)=(a\vee b)\vee c$

$a\wedge(b\wedge c)=(a\wedge b)\wedge c$ // 结合律

$a\vee(b\wedge c)=(a\vee b)\wedge(a\vee c)$ // 分配律

$a\wedge(b\vee c)$ // 已经是子句形式了

使用分配律 1 和交换律（见表 5.8）来获得：

（h1） $\{[((P_3(w)\vee\sim P_1(w))\wedge((P_3(w)\vee\sim P_2(w))]\vee[\sim P_3(f(w), g(w))\vee P_4(w, f(w))]\}\wedge[P_5(z)]$

需要再次应用分配律，替换如下所示：

$\{[((P_3(w)\vee P_1(w))\wedge((P_3(w)\vee P_2(w))]$

---------b-------- ---------c--------

$\vee[\sim P_3(f(w), g(w))\vee P_4(w, f(w))]\}$

-----------------a--------------

$\wedge[P_5(z)]$

（h2）$\{[(P_3(w)\vee\sim P_1(w)]\vee[(\sim P_3(f(w), g(w))\vee P_4(w, f(w))]\}$

$\wedge\{[(P_3(w)\vee\sim P_2(w))\vee[(\sim P_3(f(w), g(w))\vee P_4(w, f(w))))$

$\wedge\{[P_5(z)]\}$

步骤 8：每个被与（AND）项都将成为独立的子句。

（i1）$[(P_3(w)\vee\sim P_1(w)]\vee[(\sim P_3(f(w), g(w))\vee P_4(w, f(w))]$

（i2）$[(P_3(w)\vee\sim P_2(w)]\vee[(\sim P_3(f(w), g(w))\vee P_4(w, f(w))]$

（i3）$P_5(z)$

步骤 9：再次标准化变量名称。

（j1）$[(P_3(w)\vee\sim P_1(w)]\vee[(\sim P_3(f(w), g(w))\vee P_4(w, f(w))]$

（j2）$[(P_3(x)\vee\sim P_2(x)]\vee[(\sim P_3(f(x), g(x))\vee P_4(x, f(x))]$

（j3）$P_5(z)$

在每次转换成子句形式的过程中，并不都需要所有的 9 个步骤，但是你需要有所准备，使用所需的任何步骤。如果想了解更多关于斯科林范式（skolemization）程序的反演证明，请参阅 Chang 和 Lee 的《Symbolic Logic and Mechanical Theorem Proving》[6]。

示例 5.7　反演示例——重温

假设在例 5.6 中，“所有伟大的厨师都是意大利人”被“一些伟大的厨师是意大利人”所取代，所得到的论证是否仍然有效？这个修改的论证如下所示：

（1）一些伟大的厨师是意大利人。

（2）所有意大利人都喜欢享用美食。

（3）迈克尔（Michael）或路易斯（Louis）是一位伟大的厨师。

（4）迈克尔不是一位伟大的厨师。

（5）因此，路易斯喜欢享用美食。

在谓词逻辑中，使用以前的谓词，这个修改的论证可以用谓词逻辑表示为：

（1）(x) (GC(x) ∧ I(x))

（2）(∀x) (I(x) ⇒ EF(x))

（3）GC (Michael) ∨ GC (Louis)

（4）~GC (Michael)

（5）因此 EF (Louis)

用子句形式表示前提：

（1）a) GC (Sam) //【skolem 常数 Sam 使我们能够消除（∃x）】

b) I (Sam)

（2）I(x) ∨ EF (x)

（3）GC (Michael) ∨ GC (Louis)

（4）~GC (Michael)

否定结论，以子句形式表示为：

（5）~EF (Louis)

在子句集中没有矛盾，因此这个修改的论证是无效的。

5.4　其他一些逻辑

在本节中，我们将讨论一些有趣的逻辑，为了理解这些逻辑，你要透彻理解之前讨论的逻辑。我们只概述这些逻辑模型的基本结构，建议感兴趣的读者查看其他可用的参考。

5.4.1　二阶逻辑

5.3 节中所讨论的谓词逻辑有时称为一阶谓词逻辑（FOPL）。在 FOPL 中，量词可以应用于变量，但不能应用于谓词本身。在之前的学习中，你可能已经了解了归纳证明。归纳证明有两部分。

（1）基础步骤。在这个步骤中，人们证明了在初始值 n_0，一些断言 S 成立。

（2）归纳步骤。在这个步骤中，人们假设对于某些值 n，S 为真，然后我们必须表明 S

对 n+1 也成立。

前 n 个整数和的高斯公式为：$\sum_{i=1}^{n} i = \frac{n(n+1)}{2}$。

（1）基础步骤。若 $n = 1$，则有：$\sum_{i=1}^{n} i = \frac{1(1+1)}{2} = 1$。

（2）归纳步骤。假设 $\sum_{i=1}^{n} i = \frac{n(n+1)}{2}$，则有 $\sum_{i=1}^{n+1} i$，这等于 $\left(\sum_{i=1}^{n+1} i\right)$ 加上（n+1）。这等于$\{[n(n+1)]/2\}+(n+1)=[n(n+1)]/2+[2(n+1)]/2$。最后等于$[n(n+1)]+(2n+2)/2=n^2+3n+3$，当然，这等于$[(n+1)(n+2)]/2$。最后一个表达式表示对于 n+1，等式成立。因此，这个定理对于所有自然数成立。为了说明数学归纳的证明方法，必须有：

$$(\forall \mathrm{S})\,[(\mathrm{S}\,(n_0) \wedge (\forall n)\,(S\,(n) \Rightarrow S\,(n+1))] \Rightarrow (\forall n)\,S(n) \tag{8}$$

我们试图表示，当 S 的归纳证明存在时，所有的断言都是真的。然而，在 FOPL 中不能量化谓词。表达式（8）是**二阶谓词逻辑**中的合式公式（WFF）。感兴趣的读者可以参考 Shapiro 的论文，了解关于二阶逻辑的更多细节。[7]

5.4.2　非单调逻辑

FOPL 有时表征为**单调的**（第 3 章首次提到“单调性”这一名词）。例如，在 5.3.3 节中，我们提出了定理：~（∃x）P（x）≡（∀x）~P（x）。如果没有 x 可以使这个谓词 P（x）为真，那么对于所有 x，这个谓词必定为假。同时，当在学到更多关于逻辑的内容时，你依然可以相信，这个定理不会改变。更正式地说，FOPL 是单调的，换句话说，如果一些表达式Φ可以从一组前提Γ中导出，那么Φ也可以从Γ的任何超集Σ（包含Γ，将其作为子集的任何集合）导出。现实生活中通常没有这种永久的度量。正如我们将学习的，我们可能希望撤回早先的结论。孩子们经常相信圣诞老人或复活节兔子的存在，但是随着成熟、长大，许多人不相信了。

在数据库理论中，可以找到**非单调逻辑**（non-monotonic）的应用。假设你想到卡塔尔旅游，期间想住在 7 星级酒店。你咨询了旅行社，旅行社在咨询了计算机后，告诉你卡塔尔没有 7 星级酒店。旅行社正在（不知不觉中地）应用**封闭世界假设**（closed world assumption），即认为数据库是完整的，如果这样的酒店存在，那么它将出现在数据库中。McCarthy 是早期的非单调逻辑的研究者。他提出了**限制**（circumscription）的概念，坚持只有在需要的时候谓词才应该被扩展。

当前，在非单调逻辑中，难以解决的两个问题是：①检查结论的一致性；②在获得新知识时，确定哪些结论仍然可行。非单调逻辑更准确地反映出人类信念的暂时性。如果这个逻辑需要得到更广泛的使用，那么这就需要解决计算复杂性问题。在这个逻辑领域，开创性工作已经由 McCarthy[8]、McDermott、Doyle[9]、Reiter[10]和 Ginsberg[11]完成了。

5.4.3　模糊逻辑

在 FOPL 中，我们将谓词归类为真或假。在人类的世界里，真理和谎言往往不是那么泾渭分明。有些人认为：“所有税收都是坏的。”对于卷烟税，这句话是否为真？卷烟税会让吸烟的成本增加，这可能导致一些吸烟者戒烟，这样他们会活得长久一些。思考一下：“组约人很有礼貌。”很可能是这样，如果他们看到你拿着一张地图作为参考，可能会给你指出方向。但是，凡事都有例外。

你可能希望在一定程度上坚持“纽约人有礼貌”。模糊逻辑用真值的形式提供了一些余地。逻辑表达式可以处在从假（0.0 真实度）到确定（1.0 真实度）的任何位置。在现代便利设施的控制系统中，模糊逻辑有许多应用。例如，如果衣物特别脏，那么洗衣机的洗涤循环应该更长，因为更脏的衣服需要更长的洗涤时间。

如果在晴天，数码相机的快门速度应该更快。“这是一个阳光明媚的日子”，其真值可以在 0.0 和 1.0 之间变化，这取决于外界环境是夜间、白天并且多云还是万里无云的中午。比起对应的“非模糊”逻辑控制器，模糊逻辑控制器通常具有更简单的逻辑设计。模糊逻辑的创始之父是 Lotfi Zadeh。我们将在第 8 章中重新讨论模糊逻辑。

5.4.4 模态逻辑

当分析人类相信的事实时，在使用时间表达式的设置中，以及每当使用道德要求（“你应该在睡前刷牙”）时，模态逻辑是有用的。两种常见的模态逻辑运算符是：

符号　　等价的英语

□　　“有必要...”

◊　　“可能...”

我们可以使用□来定义◇，即◇A=~□~A。这个表示式的意思是，如果~A 不是必需的，那么 A 是可能的。你应该注意到，本章先前引用的(∀x) A (x) 与(~∃x) ~ A (x)之间等价的相似性。

逻辑学家 Luitzen Egbertus Jan Brouwer 提出的一个公理是：

A⇒□◊A，即“如果 A 为真，那么 A 必须是可能的”。

时间逻辑（一种模态逻辑）中用了两个运算符，G 表示未来，H 表示过去。然后，我们得出：“如果 A 是一个定理，则 GA 和 HA 也是定理。”

在 5.2 节中，我们用真值表证明论证是有效的，这种方法不能在模态逻辑中使用，因为在模态逻辑中，不能使用真值表表示“你应该做家庭作业”或“你有必要早点醒来”。我们不能从□A 的真值表中确定 A 的真值。例如，如果 A 表示“鱼是鱼”，□A 为真，但是当 A 表示“鱼是食物”时，□A 不再为真。

模态逻辑有助于我们理解数学基础中的可证性（有人会问：给定的公式是不是一个定理？）。早期模态逻辑研究的参考书目可以在 Hughes 和 Cresswell 中找到。[13]

5.5 本章小结

我们已经看到，逻辑是一种知识表示的简明语言。我们的讨论从命题逻辑开始，因为这是最容易理解的切入点。在确定命题逻辑表达式的真值时，真值表是一个方便的工具。

比起命题逻辑，FOPL 具有更强的表达力。在确定论证的有效性时，反演程序发挥了重要作用。在AI中，我们关注知识表示和知识发现。反演是一种策略，它使我们可以从数据中得到有效的结论，因此可以帮助我们求解困难问题。

5.4节讨论了各种逻辑模型，这些逻辑模型比FOPL更具表达力，并允许我们更准确地表达关于世界的知识，解决经常阻碍我们前进的一些难题。

讨论题

1．对命题逻辑和FOPL表达力的不同做出评论。

2．你认为逻辑作为AI知识表示的语言有什么限制？

3．如果排中律不是一个定理，那么命题逻辑将有何改变？

4．谬论是一种似乎有效但实际上无效的推理，示例之一便是**后此谬误**（post hoc）推理。在这个谬论中，假定首先发生的事件是稍后事件的前提。例如，今天早上，星座预测可能说“你今天会有一场冲突”，然后晚些时候，你与同事发生了争执。

a．给出日常生活中后此谬误的两个其他例子。

b．请解释因果关系和后此谬误之间的区别。

5．另一种类型的错误推理出现的情况是，前提被声明作为假设条件。

考虑源自学生群体的这样一个观点：“如果在这门课中，我不能得到至少为B的成绩，那么生活就不公平。”稍后，学生发现他得到了B+的成绩，于是总结道：“生活很公平。”

a．给出这种类型谬论的另一个例子。

b．针对这种类型谬论的论证，解释其缺乏有效性的原因。

6．“窃取论点”是另一种错误推理的形式。法国喜剧演员Sacha Guitny画了一幅图，其中3名盗贼正在争论7颗珍珠的分配。最精明的盗贼给每个伙伴两颗珍珠。其中一名盗贼询问：“你为什么要保留3颗珍珠？”这个最精明的盗贼说因为他是领袖。另一个人问：“你为什么是领袖？”他冷静地回答说：“因为我有的珍珠比你们多。”

a．解释这种类型的论证缺乏有效性。

b．再给出两个类似“窃取论点”的例子。

c．给出其他3种类型的错误推理，为每个类型的推理提供一个示例。

7．为什么斯科林范式（skolemization）即使会失去一些意义，也依然是一个有用的工具？

8．给出另一个例子，在这个例子中，二阶逻辑比FOPL具有更强的表达力。

9．希望了解更多错误推理的读者可以参考Fearnside和Holther的论著。[14]

练习

1．用命题逻辑来表示以下句子。选择适当的命题逻辑变量。

a．许多美国人在学习外语方面有困难。

b．所有大二学生必须通过英语语言能力考试才能继续学习。

c．如果你的年龄大到可以加入军队，那么你也应该到了可以喝酒的年纪。

d．大于或等于2的自然数，如果除了1和本身，没有其他除数，则这个数是素数。

e．如果汽油价格继续上涨，那么今年夏天驾驶汽车的人就越少。

f. 如果今天既没有下雨也没有下雪，则今天很可能没有降水。

2. 本章中未定义的逻辑运算符是 NAND 函数，它由↑表示。NAND 是“not AND”的缩写，其中 $a \uparrow b \equiv \sim(a \wedge b)$。

a. 给出双输入 NAND 函数的真值表。

b. 表明 NAND 运算符可用于模拟 AND、OR 和 NOT 运算符。

3. NOR 函数可以由 $a \downarrow b \equiv \sim (a \vee b)$表示。例如，当（包括）OR 为假时，NOR 正好为真。

a. 给出双输入 NOR 函数的正值表。

b. 表明 NOR 运算符可以用于模拟 AND、OR 和 NOT 运算符。

4. 使用真值表，确定以下各项是否为重言式、矛盾式或只是可满足的式子：

a. $(p \vee q) \Rightarrow \sim p \vee \sim q$

b. $(\sim p \wedge \sim q) \Rightarrow \sim p \vee \sim q$

c. $(p \vee q \vee r) \equiv (p \vee q) \wedge (p \vee r)$

d. $p \Rightarrow (p \vee q)$

e. $p \equiv p \vee q$

f. $(p \downarrow q)\ (p \uparrow q)$ //参考练习 2 和 3

5. 通过使用基于逆否的证明，证明不合理性。提示：如果数字 n 是有理数，则 n 可以表示为两个整数 p 和 q 的比，如 $n = p / q$，并假设 p 和 q 是最小项。

不是最小项的分数例子：4/8 和 2/4，而 1/2 是最小项。

6. 从你先前上过的一堂数学课中，找到满足以下条件的定理：

a. 定理的逆命题也是一个定理。

b. 定理的逆命题不是一个定理。

7. 用表 5.8 中的定理来确定以下是否为重言式。

a. $[(p \wedge q) \vee \sim r] \Rightarrow q \vee \sim r$

b. $\{[(p \vee \sim r) \Leftrightarrow \sim q] \wedge \sim q\} \Rightarrow (\sim p \wedge r)$

8. 用真值表来确定以下哪些论证是有效的：

a. $p \Rightarrow q$

$q \Rightarrow r$

$\therefore r$

b. $p \Rightarrow (q \vee \sim q)$

qq

$q \Rightarrow r$

$\sim q \Rightarrow \sim r$

$\therefore r$

c. $p \Rightarrow q$

$\sim q$

$\therefore \sim p$

d. $p \Rightarrow q$

$\sim p$

$\therefore \sim q$

e. $p \equiv q$

$p \Rightarrow (r \lor s)$

q

$\therefore r \lor s$

f. $p \Rightarrow q$

$r \Rightarrow \sim q$

$\sim(\sim p \land \sim r)$

$\therefore q \lor \sim q$

g. $p \land q$

$p \Rightarrow r$

$q \Rightarrow \sim r$

$\therefore r \lor \sim r$

h. 石油价格将继续上涨。

如果石油价格继续上涨，那么美元将贬值。

如果美元贬值，那么美国人会减少旅行。

如果美国人减少旅行，那么航空公司就会亏损。

因此，航空公司将亏本。

9. 用反演来回答问题8。

10. 用FOPL来表示以下句子，在每种情况下创建合适的谓词。

a. 每次我醒来，我就想回床睡觉。

b. 有时候，当我醒来，我想喝一杯咖啡。

c. 如果我不节食也不去健身房锻炼，就不可能减轻体重。

d. 如果我醒得迟了或喝一杯咖啡，那么我不想上床睡觉。

e. 如果我们要解决能源问题，就必须找到更多的石油资源，或者开发替换能源技术。

f. 他只喜欢不喜欢他的女人。

g. 他喜欢的一些女人不喜欢他。

h. 他喜欢的女人没有一个不喜欢他。

i. 如果Z走路像鸭子，说话也像鸭子，那么它一定是鸭子。

11. 用FOPL表示以下表达式：

a. 他只在意大利餐馆用餐。

b. 他有时在意大利餐馆用餐。

c．他总是在意大利或希腊餐馆用餐。

d．他从来不在意大利和希腊餐馆以外的餐馆用餐。

e．一直以来，他要么在意大利餐馆，要么在希腊餐馆用餐。

f．如果他不在餐厅用餐，那么他的兄弟就不会在那里用餐。

g．如果他不在特定的餐馆用餐，那么他的一些兄弟也不会在那里用餐。

h．如果他不在特定的餐馆用餐，那么他的一些朋友不会在那里用餐。

i．如果他不在特定的餐馆用餐，那么他的朋友都不会在那里用餐。

12．在下面每对谓词中，找到 mgu，或声明合一是不可能的。

a．葡萄酒（x，y）葡萄酒（Chianti，Cabernet）。

b．葡萄酒（x，x）葡萄酒（Chianti，Cabernet）。

c．葡萄酒（x，y）葡萄酒（y，x）

d．葡萄酒（最好（瓶），霞多丽）葡萄酒（最好（x），y）

13．用反演来确定以下论证在 FOPL 中是否有效。建议使用如下谓词：

a．所有的意大利母亲都可以做饭。（M，C）

所有厨师都是健康的。（H）

要么 Connie 是一位意大利母亲，要么 Jing Jing 是一位意大利母亲。

Jing Jing 不是意大利母亲。

因此，Connie 是健康的。

b．所有纽约人都是国际化的。（N，C）

所有国际大都会的人都很友好。（F）

要么汤姆是纽约人，要么尼克是纽约人。

尼克不是纽约人。

结论：汤姆是友好的。

c．任何喝绿茶的人都很强壮。（T，S）

任何强壮的人都会吃维生素。（V）

城市学院的人喝绿茶。（C）

因此，城市大学的每个人都喝绿茶并且很强壮。

14．请演示如何用反演来解决国王智者的问题。

15．哈尔莫斯握手问题（Halmos Handshare Problem）

学者有时会参加晚宴。Halmos 和他的妻子与其他 4 对夫妇一起参加了这样的晚宴。在鸡尾酒时间，客人和在场的一些人以一种不系统的方式握手，但是不试图和每个人都握手。当然，没人握自己的手，没有人和其配偶握手，没有人与同一个人握手超过两次。吃晚餐的时候，Halmos 问在场的其他 9 个人（包括他的妻子）他们握了几次手。在给定的条件下，可能的答案范围是 0 到 8 次。

Halmos 注意到每个人都给出了不同的答案：一个人声称没有与任何人握手，一个人正好握了一个人的手，一个人握了两个人的手，等等。一个人声称与在场的其他人（除了其伴侣）都握了手，即总共握了 8 次手。因此，总而言之，在当前的 10 个人中，人们给出了 0 到 8 次握手的答案，例如，一个人握了 0 次手，一个人握了 1 次手，一个人握了 2 次手，一个人握了 3 次手，以此类推，直到一个人握了 8 次手。那么，Halmos 的妻子握了几次手？

16．10 个海盗和黄金（Ten Pirates and Their Gold）——10 个海盗找到了藏有 100 块金子的宝藏。这个挑战是，根据一些规则，以某种所需的方式分黄金。第一个规则是，海盗 1 是海盗头子，海盗 2 是第二负责人，海盗 3 是第三个最有权力的人，等等。海盗还有一个分钱的方案。他们同意，第一个海盗 P_1 将会提出如何划分这笔钱的建议，如果 50%或更多的海盗同意 P_1 的方法，那么这个方法将会付诸实践。如果不同意，那么 P_1 将会被杀掉，第二个有权力的人将成为海盗头子。现在，在少了一个海盗的情况下，继续进行相同的程序，重复这个程序。同样，现在新的海盗头子 P_2 将会建议分金子的新方法。海盗头子的新方法需要有 50%的通过率才能通过，如果通过的人数少于 50%，那么这个海盗头子也会被杀掉。

海盗们都非常贪婪和精明，并且他们确定如果因一个提案失败而获得更多的黄金，他们就会投反对票，这个海盗头子就会被杀掉。如果一个方案会让他们得到较少的金子或一份金子都不给他们，那么他们永远不会投票给这样的方案。在 10 个海盗中，金子应该如何分割？

++问题 15 和 16 来自《Artificial Intelligence Problems and Their Solutions》一书，Mercury Learning Inc，2014。

编程题

1．编写程序，该程序将任意命题逻辑表达式作为输入，并返回其真值。程序应该允许使用表 5.2 中的任何逻辑连接符。

2．编写程序，使用真值表来确定用命题逻辑表达的论证是否有效。程序应该允许表 5.2 中的任何逻辑连接符。

3．用 Prolog 解决 1.3 3 节的工作难题：Prolog 可以从网上下载。建议使用 SWI Prolog。

“有两个人——迈克尔和路易斯。他们有两份工作，每个人都有一份工作。这两份工作分别是邮局职员和法语教授。迈克尔只说英语，而路易斯拥有法语博士学位。谁拥有哪份工作？”

4．用 Prolog 解决以下工作难题：

“吉姆、杰克和琼持有 3 份工作，每个人都有一份工作。这 3 份工作分别是学校老师、钢琴演奏家和秘书。学校老师必须是男性。杰克从来没有上大学，并且没有音乐才华。”

同样，你需要向 Prolog 提供更多的相关知识。例如，Prolog 不知道 Joan（琼）是女人的名字，或者不知道 Jim（吉姆）和 Jack（杰克）是男人的名字。

5．用 Prolog 解决本章开头提出的“国王智者”问题。

参考资料

[1] Johnsonbaugh R. Discrete mathematics. Upper Saddle River, NJ: Pearson-Prentice Hall, 2005.

[2] Gersting, Judith L. Mathematical structures for computer science. New York, NY: W. H. Freeman, 1999.

[3] Grimaldi R.P. Discrete and combinatorial mathematics. Reading, MA: Addison-Wesley, 1999.

[4] Robinson J A. A machine-oriented logic based on the resolution principle. Journal of the

ACM 12: 23 - 41, 1965.

[5] Genesereth M R, Nilsson N J. Logical foundations of Artificial Intelligence. Los Altos, CA: Morgan Kaufmann, 1987.

[6] Chang C L, Lee R. C T. Symbolic logic and mechanical theorem proving. New York, NY: Academic Press, 1973.

[7] Shapiro S, Foundations without foundationalism: A case for second-order logic. Oxford: Oxford University Press, 2000.

[8] McCarthy J. Circumscription – A form of non-monotonic reasoning. Artificial Intelligence 13:27–39, 1980.

[9] McDermott D, Doyle J. Nonmonotonic Logic I. Artificial Intelligence 13(1, 2):41–72, 1980.

[10] Reiter R. A logic for default reasoning. Artificial Intelligence 13:81–132, 1980.

[11] Ginsberg M, ed. Readings in nonmonotonic reasoning. Los Altos, CA:Morgan Kaufman, 1987.

[12] Zadeh L. Fuzzy logic. *C*omputer 21(4, April):83 - 93, 1988.

[13] Hughes G, Cresswell M. An introduction to modal logic. London: Methuen, 1968.

[14] Fearnside W W, Holther W B. Fallacy – The counterfeit of argument. Englewood Cliffs, NJ: Prentice-Hall, 1959.

第6章 知识表示

在本章中，我们从内涵和外延方法方面进行思考，带领读者了解表示方法的选择、产生式系统、面向对象等概念。明斯基（Minsky）的框架法和尚克（Schank）的脚本让我们走向概念依赖系统。人类做出关联分析的能力使语义网络的复杂性更加精密成熟。本章还介绍了概念地图（concept map）、概念图（conceptual graph）等方法，内容翔实丰富，以激发读者对未来智能体理论的思考。

唐纳德·米基（Donald Michie）

6.0 引言

在信息时代，有许多可以处理和存储大量信息的计算机系统。**信息**（information）包括**数据**（data）和**事实**（fact）。数据、事实、信息和**知识**（knowledge）之间存在着层次关系。最简单的信息片是数据，从数据中，我们可以建立事实，进而获得信息。人们将知识定义为“处理信息以实现智能决策”。这个时代的挑战是将信息转换成知识，使之可以用于智能决策。

人工智能是基于知识求解有趣的问题，做出明智决策的计算机程序。正如我们在前几章中看到的，对于某些类型的问题，其解决方案和所采用的语言更适合用某种表达方式。博弈经常用到搜索树，AI 语言 LISP 使用列表，Prolog 使用谓词演算。通常，存储在表中的信息可以得到快速、准确的检索。在本章中，我们将描述各种形式的**知识表示**，以及它们如何得到开发，供人类和机器使用。对于人类而言，一个好的知识表示应该具有以下特征。

（1）它应该是透明的，即容易理解。

（2）无论是通过语言、视觉、触觉、声音或者这些组合，都对我们的感官产生影响。

（3）从所表示的世界的真实情况方面考查，它讲述的故事应该让人容易理解。

良好的表示可以充分利用机器庞大的存储器和极快的处理速度，即充分利用其计算能力（具有每秒执行数十亿计算的能力）。知识表示的选择与问题的解理所当然地绑定在一起，以至于可以通过一种表示使问题的约束和挑战变得显而易见（并且得到理解），但是如果使用另一种表示方法，这些约束和挑战就会隐藏起来，使问题变得复杂而难以求解。

来看从数据、事实、信息到知识的层次频谱：数据可以是没有附加任何意义或单位的数字。事实是具有单位的数字。信息则将事实转化为意义。最终，知识是高阶的信息表示和处理，方便做出复杂的决策和理解。图 6.1 显示了数据、事实、信息和知识的分层关系。

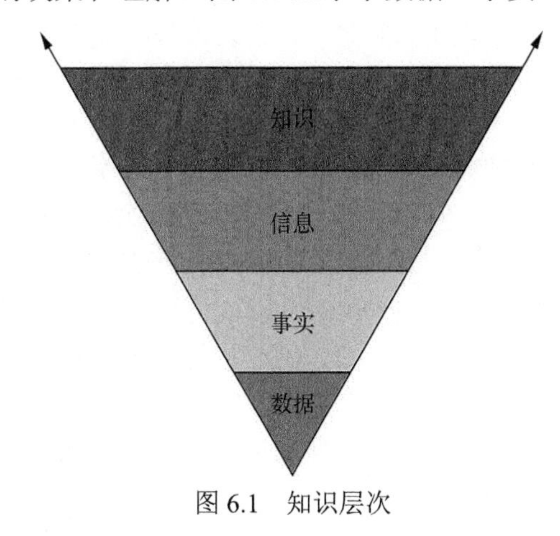

图 6.1 知识层次

思考表 6.1 中列出的 3 个例子，它们显示了数据、事实、信息和知识如何在日常生活中协同工作。

表 6.1 知识层次结构的示例

示例	数据	事实	信息	知识
游泳条件	21	21℃	如果室外的温度是 21℃	如果温度超过了 21℃，那么你可以去游泳
兵役	18	18 岁	合格年龄是 18 岁	如果年龄大于或等于 18 岁，那么你就有资格服兵役
找到教授的办公室	232 室	安德森教授在史密斯楼 232 室	史密斯楼位于校园西南侧	从西大门进入校园，朝东走时，史密斯楼是你右手边的第二座建筑物。从建筑物的正门进入，安德森教授的办公室是在二楼，在你右手边的后面一间

在示例 1 中，你尝试确定条件是否适合在户外游泳。所拥有的数据是整数 21。在数据中添加一个单位时，你就拥有了事实：温度是 21℃。为了将这一事实转化为信息，需赋予事实意义：外部温度为 21℃。应用条件到这条信息中，你就得到了知识：如果温度超过 21℃，那么你可以去游泳。

在示例 2 中，你想解释谁有资格服兵役。所拥有的数据是整数 18。将单位添加到数据中，就生成了事实：18 岁。为了赋予事实意义，将其转换为信息，你可以解释 18 岁是资格年龄。所得到的知识是，如果你的年龄大于或等于 18 岁，那么就有资格服兵役。根据对条件真实性的测试，做出决定（或动作）就是我们所知的规则（或 If-Then 规则）。我们将在第 7 章中讨论规则，或者更正式地说，是讨论产生式规则（和产生式系统）。

可以将示例2声明为规则：如果征募依旧在进行中，你年满18岁或大于18岁且没有任何严重的慢性疾病，就有资格服兵役。

在示例3中，你正在一个大学校园中，想去拜访安德森教授。你知道他是数学教授，但这是你所知道的全部知识。大学目录系统可能提供了原始数据：232室。这个事实就是安德森教授在史密斯楼的232室。为了赋予事实意义，并将其转换为信息，你了解到史密斯楼坐落在校园的西南侧。最终，你了解到了很多信息，获得了知识：从西大门进入校园；假设你向东走，则史密斯楼是第二座建筑。在进入主入口后，你知道安德森教授的办公室是在二楼、你的右手边。很明显，仅凭数据"232室"不足以找到教授的办公室。知道办公室在史密斯楼的232室，这也没有太大帮助。如果校园中有许多建筑物，或者你不确定从校园的哪一边（东、南、西或北）进入，那么从提供的信息中也不足以找到史密斯楼。但是，如果信息能够得到仔细处理（设计），创建一个有逻辑、可理解的解决方案，那么你就可以很轻松地找到教授办公室。

受到这个讨论的启发，你可能在思考如何准备每年的报税：也许每年，你有一个以随机顺序装满了收据和银行结单的购物袋（事实）。经过5个小时，你将这些材料分门别类，如收入、慈善捐款和教育费用，就获得了有意义的信息。会计会处理这样的信息，并与你分享一则好消息——你可以收到退税。

既然我们可以理解数据、事实、信息和知识之间的区别，就思考知识所包括的可能元素。知识表示系统通常有两种元素组成：数据结构（包含树、列表和堆栈等结构）和为了使用知识而需要的解释性程序（如搜索、排序和组合）。[1] 换句话说，系统中必须有便利的用于存储知识的结构，有用以快速访问和处理知识的方式，这样才能进行计算，得到问题求解、决策和动作。

Feigenbaum和其同事[2]建议对可用的知识进行以下的分类。

- **对象（Object）**。物理对象和物理概念（例如，桌子结构=高度、宽度、深度）。
- **事件（Event）**。时间元素和因果关系。
- **执行（Performance）**。不仅包括如何完成（步骤）事情的信息，也包括主导执行的逻辑或算法的信息。
- **元知识（Meta-knowledge）**。关于知识的各种知识，以及事实的可靠性和相对重要性。例如，如果你在考试前一天晚上死记硬背，那么关于这个主题的知识你的记忆不会持续太久。

在本章中，我们将按照知识的形状（shape）和大小（size）来讨论知识。我们将考虑知识表示的详细程度（粒度）——它是**外延**（extensional）的（显式、详细、冗长），还是**内涵**（intensional）的（隐式、简短、紧凑）？外延表示通常展示出某些信息的每种情况和各个示例，而内涵的表示通常是简短的，例如表示某些信息的公式或表达式。一个简单的例子如下所示：

"从2到30的偶数"(隐式)，相对于"数字集合：2,4,6,8,10,12,14,16,18,20,22,24,26,28,30"（显式）。

我们还将讨论**可执行性**（executability）与**可理解性**（comprehensibility）的问题。也就是说，问题的一些解决方案可以被执行（但是不能被人或机器理解），而其他解决方案相对容易理解一些，至少对人类而言是这样。不可避免的是，AI问题解的知识表示的选择总是与可执行性、可理解性相关。

知识表示的选择也是问题求解不可分割的一部分。在计算机科学中，我们一致倾向于使用一些常见的数据结构（如表、数组、堆栈、链表等），从中可以很自然地做出选择，进而表示问题及其解。同样，在人工智能中，复杂的问题及其解可以由很多方式来表示。对计算机科学和 AI 而言，这都是很普通的一些表示类型，鉴于本章的目的，这里不讨论，链、堆栈、队列和表。本章将重点关注 AI 发展历程中出现的如下 12 种标准类型的知识表示。

（1）图形草图。

（2）图。

（3）搜索树。

（4）逻辑。

（5）产生式系统。

（6）面向对象。

（7）框架法。

（8）脚本和概念依赖系统。

（9）语义网络。

此外还有如下相对较近的方法。

（10）概念地图。

（11）概念图。

（12）智能体。

6.1 图形草图和人类视窗

图形草图是一种非正式的绘图，或者说是对场景、过程、心情或系统的概括。很少有 AI 教科书将图形草图归类为知识表示形式。然而，图片可以非常经济、精确地表示知识。完整的口头描述可能需要冗长的“临终千言”①，但是一幅相关的图片或图形可以相对简洁地传达故事或消息。更进一步说，口头描述可能不完整、冗长或者不清楚。

思考图 6.2 所示的图形，它说明了“计算生态学”的问题。你不必是计算机专家，就可以理解在网络上工作时计算机可能会遇到问题的各种情况。例如，它们可能具有内存问题（硬件），或者操作系统（软件）可能有问题，或者在其资源的需求方面可能存在过载。这时，计算机遇到问题的范围不是很相关（太多的细节）。我们知道在网络上工作的计算机会有问题，这就足够了。因此，图片已经达到了目的，所以对需要传达的信息而言，这是一个令人满意的知识表示方案。

人类视窗（Human Window）是受到有限的人类记忆能力和计算能力约束的区域。人类视窗说明了人类大脑处理信息能力的局限性，也说明需要人工智能的解决方案落在其区域内。过世的 Donald Michie 经常将这个概念归功于迈克尔·克拉克（Michael Clarke）[3]。这个概念的关键思想是，对于具有足够复杂度的问题（AI 类型的问题）而言，其解决方案受限于人类执行解和理解解所必需的计算量和内存量。复杂问题的解也应该是 100%正

① 《One Thousand Words》是一部非常有名的电影。——译者注

确的，它们的粒度应该是可控的。同样，粒度指的是人类计算能力的约束，如图 6.3 所示的人类视窗。

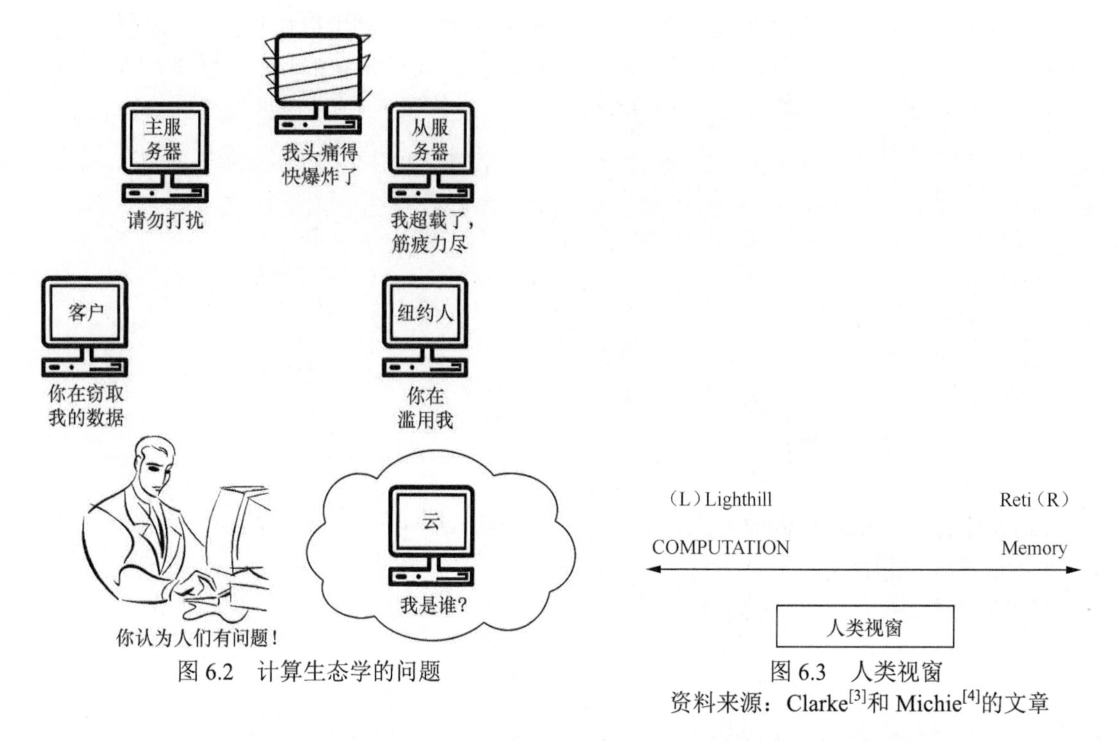

图 6.2 计算生态学的问题

图 6.3 人类视窗
资料来源：Clarke[3]和 Michie[4]的文章

图 6.3 展示了 Clarke 和 Michie[4]所描述的人类视窗，我们称之为“Clarke-Michie 图”或将其简称为“人类视窗”。它有两个极端。在最左边是“L”，代表 Sir James Lighthill，他的报告批评了人工智能，导致 20 世纪 70 年代，英国停止了对所有 AI 研究的资助。另一个极端是 19 世纪末、20 世纪初的波希米亚大师（Bohemian Grandmaster）理查德 •雷蒂（Richard Reti）（毫无疑问，优秀的国际象棋棋手 Michael Clarke 选择了这个极端），在被问到“在国际象棋中，你能够向前看到几步？”时，他说，“一步，最好的一步”。这一步就相当于在数据库中查找得到的。

当然，人类不能在大脑中保持完整、数以百万计的棋局。一个只有 4 枚棋子的残局，如国王和车对抗国王和骑士（KRKN），棋局就超过 300 万种。然而，在模式识别的帮助下，通过对称、问题约束和一些领域专用知识，问题得到了简化，人类可能可以理解这样的数据库。

人们将“Lighthill 报告”视为对人工智能成就的研究。

这项研究由 Sir James Lighthill 领导，他是英国一名著名的物理学家。他批评人工智能不会认真地对待组合爆炸。

Kopec 在其博士论文中[5]比较了相同任务的 5 种知识表示。这个任务就是构建一个程序，这个程序能够正确确定国际象棋残局国王和兵对抗国王（KPK）的结果（白方赢或平局），并且在每种棋局中，所使用的步数最少。表 6.2 详细说明了这 5 种表示方法，并描述了它们

对计算量和存储大小的要求。它们有可能落入人类视窗的范围内。最右边的是具有 98 304 条目的数据库表示，每个条目都表示在 KPK 中 3 个棋子的唯一布局。[5]

在第 16 章和附录 C 中，你会阅读由 Stiller（参见参考书目）和 Thompson[6]构建的数据库，这个数据库返回了在棋盘上只有 6 枚或更少的棋子的所有国际象棋棋局的最好走子和结果。每一种布局都存储了白方和黑方走子的结果。接下来是 Don Beal[7]的 KPK 的解，这个解由 48 个决策表规则组成，由于同样要求过多内存而落入了右极端。然后，落入人类视窗边界内的是 Max Bramer 的 19 个等价类解。[8] 最理想的是 Niblett-Shapiro 的解，这个解只包含了 5 条规则。

表 6.2　　KPK 5 种解的人类视窗特性

程序名	正确度	粒度	可执行	可理解
Harris-Kopec	（99.11%）	大	No	Yes
Bramer	√	中等	Yes	Yes
Niblett-Shapiro	√	理想	Yes	Yes
Beal	√	小	Yes	No
Thompson	√	非常小	Yes	No

为了执行或理解规则，读者必须理解的两种模式表。

Niblett-Shapiro 的解是用 Prolog 开发的。另外 4 种解要么是用 Algol 开发的，要么是用 Fortran（当时的流行语言）开发的。Harris-Kopec 的解包括了 7 个过程，这对计算量的要求过高（因此是不可执行的），但它们是可理解的，因此落入了人类视窗的范围。1980 年，为了让在苏格兰爱丁堡的国际象棋高、中、初学者评估这些解的可执行性和可理解性，所有的 5 个解都被翻译成英语，并且使用了"建议文本（advice texts）"的方式。[5]

表 6.2 在正确度、粒度、可执行性和可理解性方面，比较了 KPK 残局的 5 种计算机解的人机视窗的质量。一些解可执行但不可理解，另一些解可理解但不可执行。Bramer 和 Niblett-Shapiro 的解既可执行也可理解。但是，在人类视窗方面，Niblett-Shapiro 的解是最好的，它既不需要太多的计算，也不需要过多的内存。

图 6.4 总结了 KPK 这 5 种解的人类视窗特性。

图 6.4　兼容 KPK 的 5 种解的人类视窗特性总结

据估计，在足够复杂的领域，如计算机科学、数学、医学、国际象棋、小提琴演奏等领域，人类需要大约 10 年的学徒生涯才能真正掌握这些领域的知识。[9] 人们也估计，国际象棋大师在他们的大脑中存储了大约 5 万种模式。[10,11] 事实上，据估计，模式（规则）数量与人类领域专家为了掌握在上述的任何一个领域所积累的特定领域的事实数量大致相同。

人们已经研究和确定的国际象棋博弈的秘密和其他难题与模式识别密切相关，这不足为怪。但是，切记，人们用来表示问题的模式不是并且不能与使用AI技术的计算机程序所必须使用的表示相同。

在表6.3中，Michie[12]提供了有用的比较，解释了人类访问所存储的信息，执行计算以及在一生中可能积累的知识等方面的极限。例如，人们每秒可以发送30比特的信息，而普通的计算机每秒可以发送数万亿比特的信息。

表6.3 人类大脑信息处理的一些参数

活动	速率和大小
（1）沿任何输入或输出通道传输的信息速率	30比特每秒
（2）50岁以前明确存储的最大信息量	10^{10}比特
（3）在脑力劳动中，大脑每秒辨别的数目	18个
（4）在短期记忆中，可以保持的地址数目	7个
（5）在长期记忆中，访问可寻址"块"的时间	2秒
（6）一个"块"中的连续元素从长期记忆到短期记忆的转换速率	3个元素每秒

（1）基于Miller。[13]

（2）从上述1得到的信息进行计算。

（3）Stroud[14]，由Halstead引用。[15]

（4）其中第4、5和6行来自由Chase和Simon所引用的资料来源。[10]

（5）估计误差约为30%。[13]

6.2 图和哥尼斯堡桥问题

图由一组有限数目的顶点（节点）集合，加上一组有限数目的边集合组成。每条边由不同的点对组成。如果边e由顶点$\{u, v\}$组成，则通常写为$e=(u, v)$，表示u连接到了v（也可以认为v连接到u），并且u和v是相邻的。我们也可以说u和v由边e连接。图可以是有向的，也可以是无向的，并且具有标签和权重。一个著名的问题就是哥尼斯堡桥问题（The Bridges of Königsberg Problem），如图6.5所示。

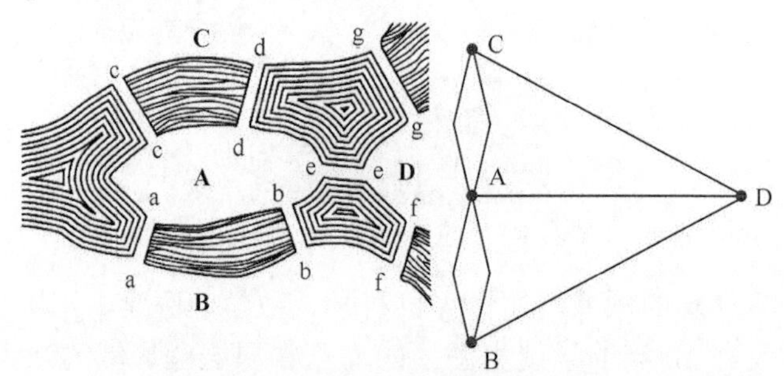

图6.5 哥尼斯堡桥问题[17]

Jan Kåhre 声称解决了这个问题，但是丢了两座桥。

在数学和图论、计算机科学以及算法和人工智能领域，哥尼斯堡桥问题是一个非常熟悉的问题。这个问题是问能不能找到一条简单的路径，从与连接桥梁的陆地区域 A、B、C 或 D 的任何节点（点）开始，跨过 7 座桥一次且仅一次，然后回到起始点。哥尼斯堡桥先前在跨越了普雷格河（River Preger）[16]。瑞士著名的数学家莱昂哈德·欧拉（Leonhard Euler），也即“图论之父”，解决了这个问题，他的结论是，由于每个节点的度（进出节点的边数目）必须是偶数，因此这条路径不存在。

在图 6.5 中，左边的图是哥尼斯堡桥问题的表示方法之一。另一种等效的表示方法如右边的图所示，即把问题描述为数学图。一些人很容易理解，也更喜欢左边的地图；另一些人则更喜欢相对正式的、使用数学表示的图。但是，在推导出这个问题的解时，大多数人都同意右边的抽象图有助于更好地了解和理解所谓的欧拉性质（Eulerian property）。

值得注意的是，虽然桥梁 bb 和 dd 不再存在，但是在桥梁 A、B、C、D 之间仍然没有欧拉环。但是，从 A 到 aacc 由楼梯连接所有桥梁。因此，在图 6.6 的右图中，我们看到欧拉路径（Eulerian trail）（这条路径与图中的每个节点连接，但是不在同一个节点起始和终结），这条路径是 DBCDA。

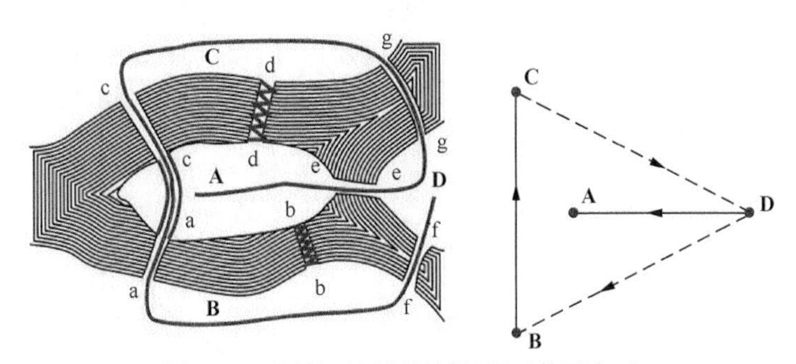

图 6.6 更新的哥尼斯堡桥问题及其图表示

总之，图是知识表示的重要工具，因为图是表示状态、替代路径和可度量路径的自然方式。

6.3 搜索树

对于需要分析方法，诸如深度优先搜索和广度优先搜索（穷尽的方法）以及启发式搜索（例如最佳优先搜索和 A *算法），这样的问题使用搜索树表示最合适。第 2 章中讨论了穷尽的方法，第 3 章中讨论了启发式方法；第 4 章中提出了 Nim、井字游戏和 8 谜题的博弈树；关于极小化极大算法和 α-β 算法方面，第 16 章提出了关于跳棋的示例博弈树。在知识表示中，所使用的另一类型的搜索树是决策树。

决策树

决策树（decision tree）是一种特殊类型的搜索树，可以从根节点开始，在一些可供选择的节点中选择，找到问题的解。逻辑上，决策树将问题空间拆分成单独路径，在搜索解的过程中或在搜索问题答案的过程中，可以独立地追踪这些单独路径。这种示例是，试图确定自营职业者从生意中获得超过20万美元收入的人数有多少（见图6.7）。我们首先利用在这个国家中所有纳税人的数据空间，确定谁是自营职业者，然后在这个数据空间中划出那些收入超过20万美元的人。

示例6.1 12枚硬币的问题

回到第2章讨论的假硬币问题。这一次，问题略有不同：给定一个天平和12枚硬币，确定它们中有不规则的硬币（或“金属块”），不管轻重，并且称量的硬币组合数目最少。

这是第2章给出的练习。

图6.8说明了如何在决策树中表示解：前两个图形是托盘上有硬币的天平。第一架天平上有8枚硬币，编号1～8。第二架天平上有6枚硬币，编号如图6.8所示。在这个例子中，我们第一次称量的硬币组合是，硬币编号1～4等于硬币编号5～8。然后，第二次称量的硬币组合是比较硬币9、10、11和硬币1、2、3。如果它们相等，则我们立即就可以知道硬币12是不规则硬币；否则，我们将比较硬币9和10，确定哪个是有缺陷的硬币。

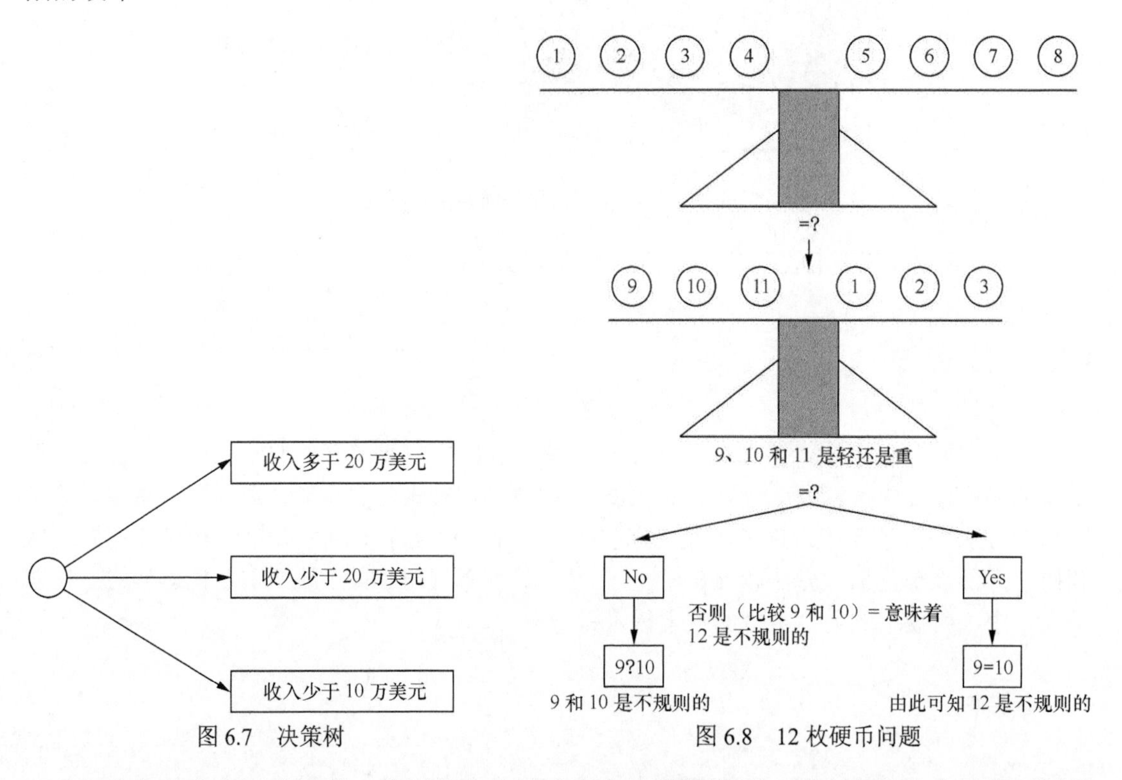

图6.7 决策树

图6.8 12枚硬币问题

树往往首先向深处生长，特别是在关键元素允许的情况下。要点在于这个问题可以只通过称量 3 组硬币就得到解决。但是，为了最小化称量的次数，我们必须利用先前的称量结果，这样有助于满足问题的约束条件。这个解的第二个提示是，我们称量的第二次和第三次需要混合比较（特别是在硬币 9、10、11 和硬币 1、2、3 之间）。

补充资料

“对于 12 枚硬币问题的完整讨论，请参阅 D. Kopec、S. Shetty 和 C. Pileggi 所撰写的《Artificial Intelligence Problems And Their Solutions》的第 4 章，Mercury Learning Inc.，2014 年。[60]

6.4 表示方法的选择

让我们思考熟悉的汉诺塔问题的博弈树，这涉及 3 个圆盘。问题的目标是将所有 3 个圆盘从桩 A 转移到桩 C。这个问题有两个约束：①一次只能转移一个圆盘；②大圆盘不能放在小圆盘上面。在计算机科学中，这个问题通常用于说明递归，如图 6.9 所示。我们将从多个角度，特别是知识表示的角度，来考虑这个问题的解。首先，我们考虑对于转移 3 个圆盘到桩 C 这个特定问题的实际解。

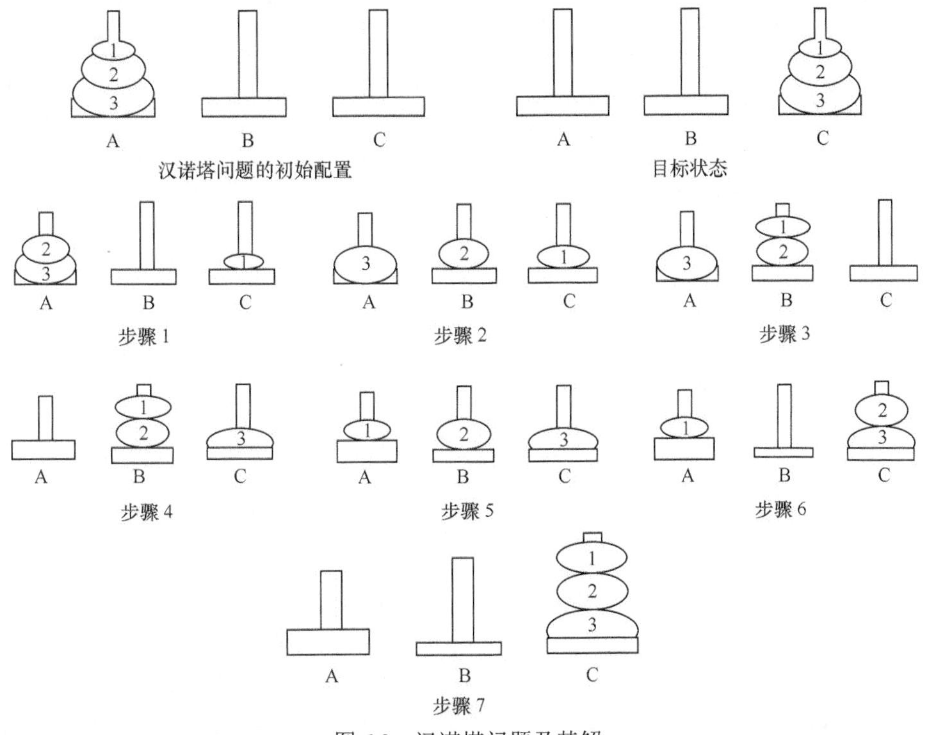

图 6.9 汉诺塔问题及其解

让我们回顾一下刚刚发生的事情。获取解需要 7 个动作，具体如下。

（1）将圆盘 1 移动到 C。

（2）将圆盘 2 移动到 B。

（3）将圆盘 1 移动到 B。

（4）将圆盘 3 移动到 C。

（5）将圆盘 1 移动到 A（解开）。

（6）将圆盘 2 移动到 C。

（7）将圆盘 1 移动到 C。

注意，这个解也是步数最少的解。也就是说，从起始状态到达目标状态，这种方法的移动次数最少。

表 6.4 说明了解决这个难题所需的移动次数，具体取决于所涉及的圆盘数量。“暂时桩”为那个暂时保留圆盘的桩。

表 6.4　　解决汉诺塔问题所需的移动次数，取决于圆盘数量

圆盘数量	移动到暂时桩	从暂时桩移动到目标桩	“大”圆盘移动到目标状态	总移动数
1	0	0	1	1
2	1	1	1	3
3	3	3	1	7
4	7	7	1	15
5	15	15	1	31
6	31	31	1	63
7	63	63	1	127
8	127	127	1	255
9	255	255	1	511
10	511	511	1	1023

据说，如果要移动 65 个大混凝土板来构造类似的塔，人们不知道要花多少年时间才能移动完。对于 65 个圆盘而言，这要移动 $2^{65}-1$ 次。正如 Alan Bierman 在《Great Ideas in Computer Science》中所描述的，即使移 1 块混凝土板只需要 1 秒，这也需要 $2^{65}-1$ 秒；这都超过了 6 418 270 000 年。[19]

现在，我们可以用语言表达算法来解决任何数量的圆盘问题，然后根据所涉及的数学知识来检查解是否正确。

首先，隔离出原始桩中的最大圆盘。这允许最大的圆盘自行移动到目标桩（一步移动）。接下来，可以“解开”暂时桩上剩余的 $N-1$ 个圆盘（也就是，桩 B——这要求 $N-1$ 次移动），并移动到在目标桩的最大圆盘顶部（$N-1$ 移动）。加上这些移动，我们可以得知总共需要 $2\times(N-1)+1$ 次移动；或如果为了解出难题，要将待移动的 N 个圆盘从起始桩移动到目标桩，这需要 2^N-1 次移动。

概述求解汉诺塔问题的步骤，这是一种表示解的方式。因为所有的步骤都是明确给出的，所以步骤是外延表示。求解汉诺塔问题的另一种外延表示在“示例 6.2：外延解”中给出。

示例 6.2 外延解

对于任何数目（N）的圆盘，如果主要目标是将这 N 个圆盘从桩 A 移动到桩 C，那么你可能需要完成下列步骤：

（1）将 N–1 个圆盘移动到中间桩（B），这需要 $2^{(N-1)}-1$ 次移动（例如，对于 3 个圆盘，需要移动两个圆盘（$2^2-1=3$ 次）到桩 B）。

（2）将最大的圆盘从桩 A 移动到桩 C（目标）。

（3）将 N–1 个圆盘从桩 B 移动到桩 C（目标，这需要移动 3 次）。

总之，移动 3 个圆盘，你需要 7 步；移动 4 个圆盘，你需要 15 步；移动 5 个圆盘，你需要 31 步（15 + 15 + 1）；移动 6 个圆盘，你需要 63 步（31 + 31 + 1）；等等。

表示解的另一种方式是创建一个内涵表示（intensional representation），这是对解的更紧凑（内涵）的描述，如“示例 6.2：内涵解”中所示。

示例 6.3 内涵解

为了解决 N 个圆盘的汉诺塔问题，需要 2^N-1 次移动，包括 $2\times2^{(N-1)}-1$（将 N–1 个圆盘移到桩 B 或移出桩 B）+1 次移动（将待移动的大圆盘移动到桩 C）。

汉诺塔问题解的另一种内涵描述通过递归关系（recurrence relation）来表示，如“示例 6.4：递归关系”中所示。递归关系是简洁的数学公式，通过将问题解中某个步骤与前面的几个步骤联系起来，表示所发生过程（递归）的本质。递归关系通常用于分析递归算法（如快速排序、归并排序和选择排序）的运行时间。

示例 6.4 递归关系

$T(1) = 1$

$T(N) = 2\ T(N-1) + 1$

解为 $T(N) = 2^{N-1}$。

汉诺塔问题的递归关系表示了一种紧凑的内涵解。

示例 6.5 汉诺塔问题的伪代码

为了描述汉诺塔问题，你可以使用下面的伪代码（其中 n 是圆盘数）：

Start 是开始桩

int 是中间桩

Dest 是目标桩或目的桩

TOH（n，Start，Int，Dest）

```
IF n = 1, then 将圆盘从 Start 移动到 Dest
      Else TOH (n-1, Start, Dest, Int)
           TOH (1, Start, Int, Dest)
           TOH (n-1, Int, Start, Dest)
```

求解汉诺塔问题详细说明了一些不同形式的知识表示，所有的这些知识表示都涉及递归或者说是公式或模式的重复，但是用了不同的参数。图 6.9 显示了解的图表示。示例 6.2 列出了显式求解问题所需的 7 个步骤，这个示例提供了外延解。示例 6.3 和示例 6.4 描述了相同的步骤，但是更具内涵。

示例6.5也是一个内涵解，这说明你可以使用伪代码来开发递归编程的问题解。确定最好的解取决于谁是学习者以及其喜欢学习的程度。注意：每一种内涵表示也是问题简化的一个示例。看起来庞大或复杂的问题被分解成相对较小、可管理的问题，并且这些问题的解是可执行、可理解的（如6.1节所述的人类视窗）。

6.5 产生式系统

本质上，人工智能与决策相关。之所以将AI方法和问题与普通的计算机科学问题分开，是因为AI通常需要做出智能决定来解决问题。对于做出明智决定的计算机系统或个人而言，他们需要一种好的方式来评估要求做出决策的环境（换句话说，即问题或条件）。产生式系统通常可以使用如下一个形式规则集来表示：

IF [条件] THEN [动作]

与控制系统一起，这个控制系统表现为规则解释器、定序器和数据库。数据库作为上下文缓冲区，它允许记录触发规则的条件，在这个条件下触发了规则。产生式系统通常也称为条件—动作、前件—后件、模式—动作或情境—响应对。以下是一些产生式 规则：

- If[在驾驶时，你看到伸出STOP标志的校车]，then[迅速靠右边停车]。
- If[如果出局者少于2个，跑垒员在第一垒]，then[触击球] // 棒球比赛//。
- If[这已经过了凌晨2:00，并且你必须开车]，then[确保你喝咖啡提神了]。
- If[膝盖疼痛，并且在服用了一些止痛药后，这些疼痛没有消失]，then[请务必联系医生]。

一种使用更复杂，但是典型格式的规则例子如下。

- If [室外超出了21℃，并且如果你有短裤和网球拍]，then[建议你打网球]。

第7章将更详细地介绍产生式系统及其在专家系统中的应用。

6.6 面向对象

在第1章中，我们讨论了来自人工智能领域的一些贡献，计算机科学吸收了这些贡献。一个例子是20世纪90年代的主要编程范式，即面向对象的范式。首先，使用SIMULA67语言，计算和模拟得到了普及，在SIMULA67中，引进了类、对象和消息的概念。[20] 1969年，当时Alan Kay是Palo Alto研究中心（PARC，也称为Xerox PARC）的成员，他实现了SmallTalk，这是第一个纯面向对象的编程语言。1980年，在PARC，Alan Kay、Adele Goldberg和Daniel Ingalls开发出了最终的Smalltalk的标准版本（称为Smalltalk-80或Smalltalk）。人们认为Smalltalk是最纯净的面向对象的语言，因为每一个实体都是一个对象。[21]

相比之下，Java不考虑原始标量类型，如布尔、字符和数字类型作为对象。

面向对象是一种编程范式，这种范式可以直观、自然地反映人类经验。它基于继承（inheritance）、多态性（polymorphism）和封装（encapsulation）的概念。

继承是类之间的关系，其中子类共享了“Is-A”层次结构定义的结构或动作（见 6.9 节）。据说，子类可以继承一个或多个通用超类继承数据和方法。多态具有一个特征，即变量可以取不同类型的值（使用不同类型的参数）来执行某个函数。[18] 多态性将在对象上的动作概念与参与的数据类型分开了。封装说的是，不同层次中的开发人员，只需要知道某些信息，无须知道从底层到顶层的所有信息。这类似于数据抽象和数据隐藏的思想，这些是面向对象的编程范式中所有重要的概念。

根据 Laudon 所说“它（面向对象）体现了组织和表示知识的方式，是一种观察世界的方式，这个世界包含了广泛的编程活动……”[19]，允许程序员定义和操作抽象数据类型（ADT）的愿望是导致开发面向对象编程语言的驱动力。[20] 在 ADA-83 这样的语言中，提供了面向对象语言的基础。ADA-83 包括了描述类型规范和子程序的软件包，这些子程序可以是用户定义的 ADT。这也导致了代码库的开发——其中实现细节与子程序的接口分离。过程和数据抽象可以组合成类的概念。类描述了对象集合的共有数据和行为。对象是类的实例。例如，一个典型的大学程序具有一个名为学生的类，这个类包含与学术成绩单、学费账单和居住地点相关的数据。从这个类中创建的对象可能是乔·史密斯（Joe Smith），这个学生这学期上了两门数学课，他还欠了 320 美元的学费，住在布鲁克林的 Flatbush 大道。除了这个类，人们也可以将对象组织成超类和子类。超类和子类的组织方式非常自然地体现了人类对世界层次化的思考，同时也使得对层次的操作和改变变得非常自然。

1967～1981 年，Seymour Papert 在麻省理工学院尝试在 AI 领域采用面向对象范式的这些元素。通过语言 LOGO，孩子们可以理解对象的概念，并知道如何操作对象。Papert 证明了通过 LOGO 提供的主动、直观的环境，包括逻辑、图、编程、物理定律等，孩子可以学到很多知识。[21]

20 世纪 70 年代，硬件架构接口连同操作系统和应用程序都变得更加依赖图方法，图方法很自然地适应了面向对象的范式。实体—关系数据库模型也是如此，在这个模型的图中，用节点和弧来表示数据。[19]

Ege 进一步指出：“即使在知识表示、支持人工智能（框架、脚本和语义网络）工作的方案中，我们也可以清晰地看到有关这种面向对象的思想的内容。”[18]

面向对象编程语言的普及，如 Java 和 C ++，表明面向对象是表示知识的有效和有用的方式，特别当构建复杂信息结构以利用公共属性时，更是如此。

6.7　框架法

由马文·明斯基开发的框架法[22]是另一种有效的知识表示形式，它有利于将信息组织到系统中，这样就可以利用现实世界的特征很轻松地将系统构建起来。框架法旨在提供直接方式来表达关于世界的信息。框架有利于描述典型情境，因此人们用框架来表达期望、目标和规划。这使得人类和机器可以更好地理解所发生的事情。

这些场景的一些示例可以是儿童的生日聚会、车祸、参观医生的办公室或给汽车加油。这是普通的事件，只不过在细节上会有所变化。例如，孩子的生日聚会总是涉及某个年龄的孩子，这个聚会在特定的地点和时间举行。为了规划聚会，你可以创建一个框架，其中可以包括儿童姓名、年龄、日期、聚会地点、聚会时间、与会人数和所使用的道具。图 6.10 显示了如何构造这样的框架，并带有空槽，各自的类型以及如何在空槽处填上数值。现代的报纸使用“空槽填补”的方法来表示事件（框架的基本部分），很快就可以生成事件的报告。让我们通过构建框架来描述。

Slot	Slot Types
Name of child	Character string
Age of child (new)	Integer
Date of birthday	Date
Location of party	Place
Time of party	Time
Number of attendees	Integer
Props	Selection from balloons, signs, lights, and music

Frame Name	Slot	Slot Values
David	IS-A	Child
	Has Birthday	11/10/07
	Location	Crystal Palace
	Age	8
Tom	IS-A	Child
	Has Birthday	11/30/07
Jill	Attends Party	11/10/07
	Location	Crystal Palace
Paul	Attends Party	11/10/07
	Age	9
	Location	Crystal Palace
Child	Age	<15

图 6.10　儿童生日聚会的框架

根据这组框架中的信息，我们可以使用继承法（inheritance）来确定至少两个孩子将参加大卫的生日聚会。Jiu 和 Paul 将会参加大卫的聚会。我们知道这是因为 Jiu 和 Paul 在同一地点（水晶宫）参加聚会，这正是同一日期大卫举行聚会的地点。我们也知道至少有两个孩子将出现在大卫的聚会上，因为从 Paul 的生日（年龄）来看，我们知道他是一个孩子。

图 6.11 中的框架系统说明了如何基于框架和数据进行推断。图 6.11（d）中的信息表明了 Car_2 的损坏比 Car_1 严重（基于死亡人数和受伤人数）。在框架中的空槽（Slots）和填充内容类似于面向对象系统中类的实例。它们描述了事故的事实，这个事实是新闻报告的基础，如事故的日期、时间和地点。除非显式告知了框架系统，否则框架系统不会说明“为什么 SUV 的一名乘客轻伤，相对毫发无损地就逃脱了（见图 6.11），然而跑车有两名乘客死亡，并且车子完全被毁”。此处，可能相关的额外数据是，通常在事故中，重型车辆的表现都相对较好。

图 6.12 是一个多重继承的例子。汽车司机也必须算作汽车的乘客（乘坐者）之一。空槽的值 Bill 表明他同时既是小车的乘客也是司机。

Slot	Slot Types
Place	Character string
When	Date/time
Number of cars involved	Integer
Number of people involved	Integer
Number of fatalities	Integer
Number of people injured	Integer
Names of injured	Character string

Frame Name	Slot	Slot Value
Car accident	Place	Coates Crescent
	Date/time	November 1，8:am
Car_1	Hits	Car_2
	Cars	2
	People	5
	Fatalities	2
	Injuries	1
Type	Type	SUV

（a）Car accident frame

Frame Name	Slot	Slot Value
Car 1	Type	SUV → SUV Frame
	Number of passengers	3
	Number of fatalities	0
	Number of injuries	1

（b）Car accident frame Car_1

Frame Name	Slot	Slot Value
SUV	Manufacturer	Ford
	Model	Explorer
	Year	2004

（c）Car accident frame Car_1

Frame Name	Slot	Slot Value
Car 2	Type	Sports car → Sports car frame
	Number of passengers	2
	Number of fatalities	2
	Number of injuries	0

（d）Car accident frame Car_2

Frame Name	Slot	Slot Value
Sports Car	Manufacturer	Mazda
	Model	Miata
	Year	2002

（e）Car accident-Car_2

图 6.11　使用车辆事故框架说明多重继承的示例

Frame Name	Slot	Slot Value
Car accident	Subclass	Number of cars
Occupants	Number of passengers	2
Car driver	Is	Bill
Bill	Passenger	1
Tom	Passenger	1

图 6.12　车辆事故框架

框架背后的基本主题是期望驱动处理（expectation-driven processing），它基于人类能够将看起来不相关的事实关联成复杂、有意义的场景的事实。框架是一种知识表示的方法，20世纪80年代和90年代，这种方法通常用在专家系统的开发中。Minsky把框架描述成节点和关系的网络。框架的最顶层表示关于情境的属性，一直为真，因此保持固定。[1] AI 搜索的任务是构建相对应的上下文，并在适当的问题环境中触发它们。框架有一些吸引人的地方，因为它具有以下特征。

（1）程序提供了默认值，当信息可用时，程序员重写了默认值。

（2）理所当然，框架适合于查询系统。正如我们在上面看到的，一旦找到合适的框架，搜索信息填入空槽就变得十分简单。

在需要更多信息的情况下，可以用“IF NEEDED”的空槽来激活附加程序，从而填充该空槽。这个程序附件（procedural attachment）的概念与守护程序（demon）的概念密切相关（同上）。

根据守护程序对条件进行的判断，在程序执行期间的任何时间内，守护程序都是可以被激活的。在传统的编程中，使用守护程序的例子包括错误检测、默认命令和文件结束检测（eof）。

使用守护程序时，程序创建了一个列表，在其中记录了所有状态变化。在守护程序列表中，所有守护程序针对每个网络片段检查了状态列表。如果更改发生了，那么控制权立即将传递给守护程序。

自我修改程序用了这种方法，这是用经验改变表现、适应新环境的系统所固有的。在机器学习中，程序动态行为的核心是有能力展现这种灵活性（同上）。

但是，一些研究AI的人，特别是Ron Brachman对框架法提出了批评。他注意到，这些默认值可以被重写，“……这导致无法表示一种关键类型，即复合描述类型，复合描述的意思就是结构的函数，以及函数部分之间彼此相关”。[23]

Brachman注意到，“Is-A”可能造成与“澄清和区分（clarification and distinction）”一样多的混乱。[23]他的总结如下（其中融入了我们的解释）。

（1）框架法一般不像框架。世界并不总是如框架所描述的那样整齐打包、组织在一起的。为了准确表示事件，需要越来越详细的框架和空槽值以及越来越笨重的层次结构。

（2）定义比人们想象的更重要。框架、空槽和空槽值的定义越精确，表示也就越精确。人们必须仔细思考框架的类别是什么。

（3）取消默认属性比看起来更困难。这样的更改必须经常“渗透”在整个编程系统中。

6.8 脚本和概念依赖系统

20世纪80年代，罗杰·尚克（Roger Schank）和罗伯特·阿贝尔森（Robert Abelson）抱着在计算机中发展认知理解的总体目标，开发了一系列程序，在有限的领域内成功地展示了计算机对自然语言的理解。他们制订了一种称为脚本的方法，该方法与框架法非常类似，但是在涉及行为的计划和目标中添加了包括事件顺序在内的信息。脚本可以非常有效地做到这一点，它们可以传递解释测试给计算机，帮助计算机理解故事和报纸报告。脚本的成功使它们有能力将故事缩减为一组原语，通过概念依赖（CD）形式可以有效地处理这些原语。脚本可以表示故事更深层次的语义。CD 理论可以用来回答故事中未提及的问题，释义故事中的主要问题，甚至将释义过的材料翻译成其他自然语言。CD 理论允许任何人来开发和研究现实世界不同情境的脚本。这个理论是通用的，非常强大，在精神世界和物理世界方面都能够适应我们生活的情境。例如，其可以表达诸如愤怒、嫉妒等人类情绪，也可以表达诸如人的身体、建筑物、汽车等物理世界中的对象。表 6.5 中显示了 CD 理论所使用的一些简单的原语。

图 6.13（a）和图 6.13（b）说明了框架和脚本之间的差异。图 6.13（a）表示了在餐厅吃饭这个情境的基本框架。

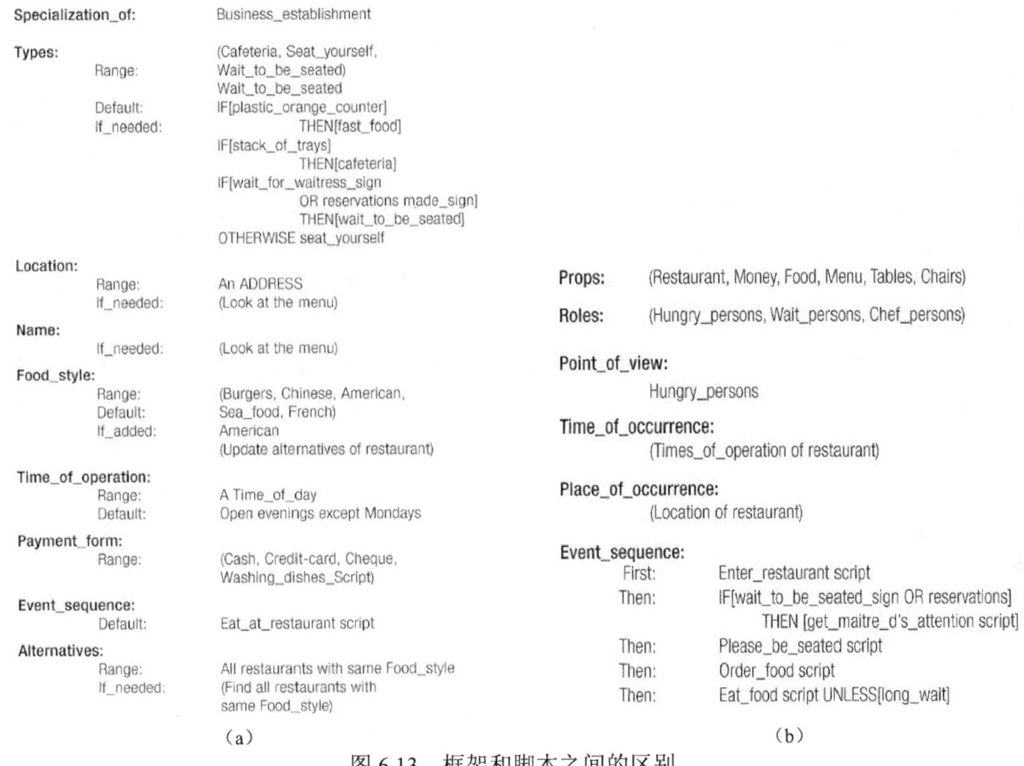

图 6.13　框架和脚本之间的区别

（a）餐厅的框架　（b）在餐厅享用美食的脚本

图 6.13（b）是个熟悉的例子（Firebaugh[1]在餐厅享用美食的脚本），这个脚本显示了所添加的事件序列。

从上面的示例可以看到，脚本可以进行分层组织。它们也可以以自然的方式采用产生式系统。很容易看到，有了这些表示周围世界的坚实基础，使用 Schank 和 Abelson 的概念依赖(CD)系统的脚本可以有效地处理问题，并至少显示出对常见场景的基本理解。Firebaugh 的总结如下。

- 脚本可以预测事件，并可以回答在故事线中没有显式声明信息的问题。
- 脚本提供了一个框架，用于整合了一组观察结果，进行连贯的解释。

- 脚本提供了一种检测不平常事件的方案。[1]

由于脚本将参与者的目标和规划以及期望的事件序列整合在一起，因此脚本有能力执行期望驱动处理（perform expectation-driven processing），这使得脚本能够显著改进可用于知识表示的解释能力。Schank、Abelson 及其学生开发了一些成功的、基于脚本的自然语言系统。我们将在第 9 章和第 13 章中讨论这些系统。这些系统包括脚本应用器机制（SAM）、规划应用器机制（PAM）、存储（memory）、分析（analysis）、响应生成（response generation）和英语推理（inference on English）。

人物轶事

休伯特·德雷福斯（Hubert Dreyfus）

在过去 30 年里，伯克利大学的哲学家休伯特·德雷福斯（1920 年生）成了 AI 领域最热烈的话题之一。他的一本众所周知的著作是《Mind Over Machine》（1986）[25]，这本著作是他与其兄弟斯图尔特（Stuart）一同撰写的。Stuart 是伯克利大学工业工程与运筹学的一名教授。

Dreyfus 反对 AI 的基础是：在生理或心理方面，人类大脑的工作都不能被计算机所模仿；由于这些困难，AI 是不可能实现的。此外，他相信人类思考的方式不能够使用符号、逻辑、算法或数学进行形式化。因此，实质上，我们永远不能理解人类本身的行为。

Dreyfus 兄弟认为 AI 并没有真正成功，在 AI 中，所谓的成就实际上只是“微世界（microworlds）”。也就是说，开发出来的程序看起来似乎很聪明，但实际上只能在明确定义的、有限的领域内解决问题。因此，它们没有一般的问题求解能力，在它们背后没有特定的理论作为基础，它们只是专门的问题求解者。Dreyfus 也撰写了另一些著作，包括：《What Computers Can’t Do》，该书分别在 1972 年和 1979 年修订；《What Computers Still Can’t Do：A Critique of Artificial Reason》，这本书随后在 1992 年做出了修订。

多年来，包括 6.1 节中提到的 Lighthill 在内，一直都有对 AI 的质疑者，如果我们对此闭口不提，未免显得狭隘、思想闭塞。请参阅关于 Hubert Dreyfus 的人物轶事，他是其中最有声望的，他的批评聚焦于脚本的特殊本质。例如，关于 EAT_AT_RESTAURANT（在餐厅中享用美食）脚本，他可能会问如下内容。

- 当女服务员来到桌子时，她穿衣服了吗？
- 她是向前走，还是向后走？
- 顾客是用嘴还是用耳朵享用食物？

Dreyfus 认为，如果程序对这些问题的答案模糊不清，那么所谓正确的答案就是通过技巧或幸运猜测获得的，人工智能并不能理解日常餐厅行为的任何事情。

尽管脚本有所有积极的特征，但是从所谓的“微世界”的角度来看，脚本也受到了批评。[25]也就是说，在定义明确的设置中，它们是非常有效的，但是不能对理解和人工智能的问题提供通用的解决方案，也不能为 AI 提供一般解。从观点出发，Douglas Lenat[26]的工作怀着构建基于框架系统的目标，使用世界上最大的事实数据库和常识知识（common sense knowledge），建立了 CYC（Encyclopedia 的缩写）。Lenat 在过去 20 年里致力于这个项目，他相信这个项目将有助于用所描述的脚本和框架来解决各种问题。

请参见第 9 章中 Lenat 的人物轶事。在第 9 章中，你也可以找到关于 Lenat 工作的进一步讨论。

6.9 语义网络

1968 年，罗斯 • 奎利恩（Ross Quillian）最先引入语义网络。这是知识表示的一种通用形式，旨在对人类关联性记忆如何工作进行建模。这是一种便利的形式，用节点（以圆或框表示）表示对象、概念、事件或情形，用带箭头的线表示节点之间的关系，帮助讲述故事。图 6.14 源自 Quillian 的论文[27]，在这篇论文中，他开发了 3 种语义网络来代表词语“Plant”的 3 种不同的含义：①有生命的结构；②在工业中，任何结构装置；③在土壤里生长的种子、植物等。

PLANT. 1. 非动物生物结构，通常有叶子，从空气、水、土壤中获得食物。
2. 用于工业中任意处理流程的装置。
3. 将种子、作物等种在土地中，使其生长。

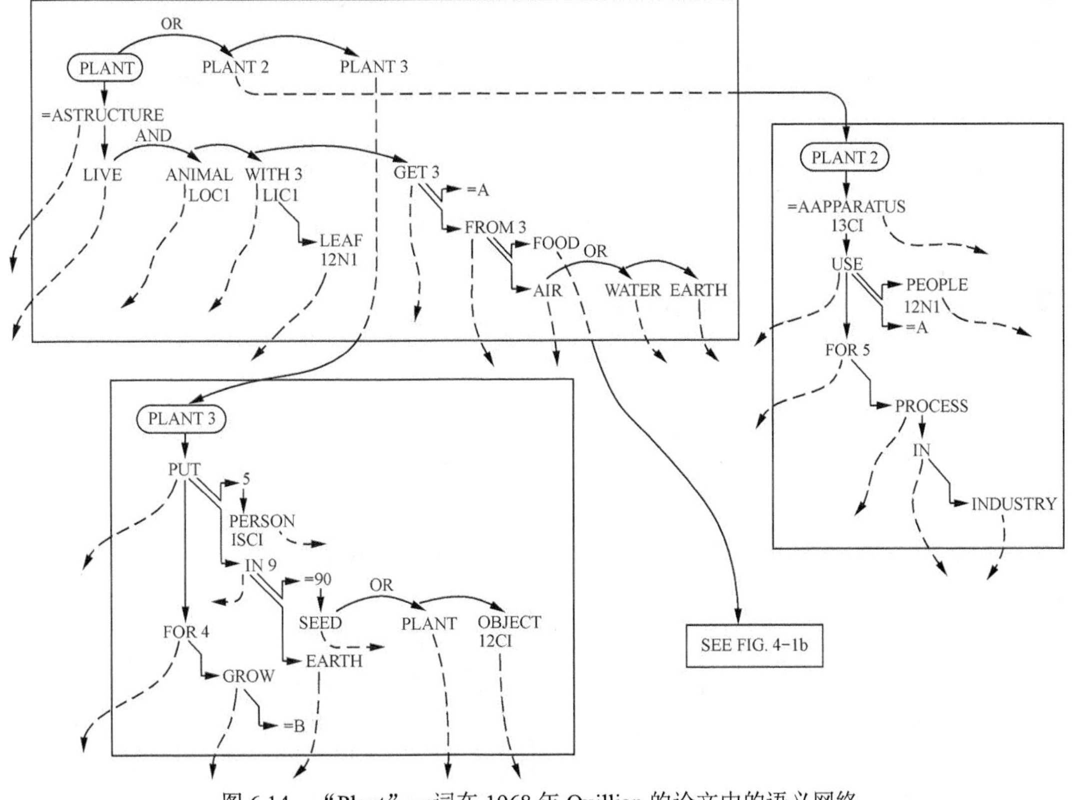

图 6.14 “Plant”一词在 1968 年 Quillian 的论文中的语义网络

作为知识表示的一种形式，语义网络对计算机程序员和 AI 研究人员大有用途，但是缺少集合成员关系和精度这两个元素。在其他形式的知识表示（如逻辑）中，这两个元素是直接可用的。图 6.15 展示了这样的一个例子。我们看到，玛丽（Mary）拥有托比（Toby），托比是一只狗。狗是宠物的子集，所以狗可以是宠物。我们在这里看到了多重继承，玛丽拥有托比，并且玛丽拥有一只宠物，在这个宠物集中，托比恰好是其中的一个成员。托比是被称为狗的对象类中的一个成员。玛丽的狗碰巧是一只宠物，但是并不是所有的狗都是宠物。例如，罗威纳犬对一些人而言是宠物，但对另一些人而言，罗威纳犬对他们构成了威胁。

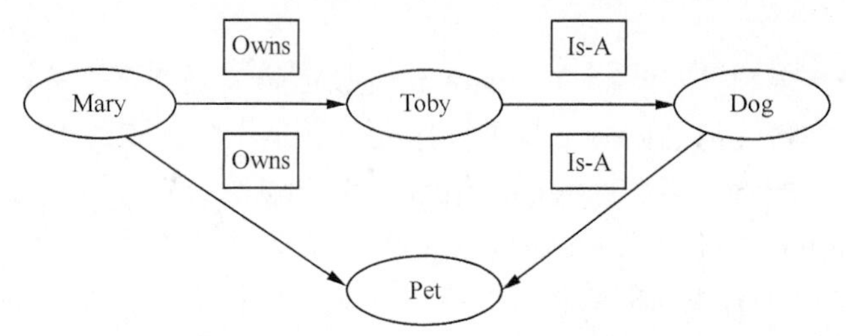

图 6.15 托比是狗；玛丽拥有一只宠物，但不是所有的狗都是宠物

尽管在真实世界中，Is-A 并不总是表示真实的内容，但是语义网络中经常使用 Is-A 关系。有时候，这可能代表集合成员，其他时候，这可能意味着平等。例如，企鹅是一种（Is-A）鸟，我们知道鸟可以飞，但是企鹅不会飞。这是因为，虽然大多数鸟类（超类）可以飞行，但并不是所有的鸟都可以飞（子类），如图 6.16 所示。

图 6.16 企鹅是一种鸟；鸟可以飞，但企鹅不能飞

虽然语义网络是表示世界的直观方式，但是这不代表它们必须考虑关于真实世界的许多细节。

图 6.17 详细说明了表示一所大学的一个更复杂的语义网络。该学院由学生、各个学院、行政管理和图书馆组成。大学可能拥有一些学院，其中有一个学院是计算机科学学院。

学院包括教师和工作人员。学生上课，做记录，组建俱乐部。学生必须完成作业，从教师处获得评分；教师布置作业，并给出评分。通过课程、课程代码和分数，学生和教师被联系在一起。

Semantic Research 是一家专门从事知识处理中语义网络的开发和应用的公司，他们说：

“基本上，语义网络是一种用于获取、存储和传递信息的系统，这个系统非常健壮、高效和灵活。它的工作方式与人类的大脑差不多（事实上该系统模拟人类大脑）。这也是生成人工智能许多工作的基础。语义网络可以一直增长，变得非常复杂，因此需要一种非常成熟的方法来可视化知识，以平衡人们对简单性和网络完整表现力的需求。语义网络可以通过概念列表视图、视图之间的关系，或回溯用户的历史来遍历。”

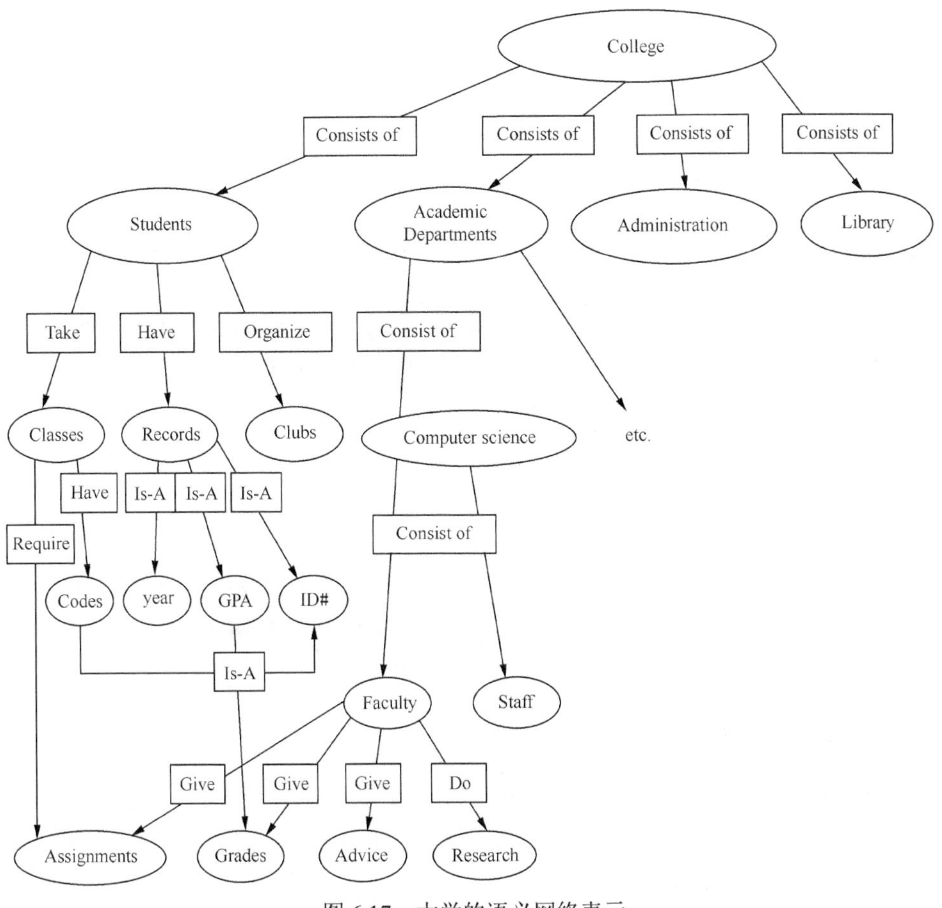

图 6.17 大学的语义网络表示

6.10 关联

通常，人类有着非常强的关联能力。我们也想让语义网络具有这种能力。让我们分享一些来自日常生活经验的关联。

- **关联 1**：一个男人可能会记得年轻时的场景，某个星期天晚上是一个节日，他和父亲去过表弟家之后，开着一辆 1955 年的别克驶过一座熟悉的桥。不幸的是，由于汽车过热，这段愉快的旅程在推汽车过桥的过程中结束了。后来他才知道，他的父亲学会开车的时间较晚，习惯两脚开车！这种习惯再加上汽车自身“跑热”的趋势，有助于解释汽车过热的原因。难怪多年来，在任何时候，特别是星期天晚上，他总是避免坐在别克车上过桥。
- **关联 2**：一些其他人可能会永远记得，1969 年的夏天，她 15 岁，这是她离开家的第一个夏天，她要花两个月时间在学院。这种关联总是可能由于某些人和事件得到强调，如时代音乐（The Moody Blues 和 Merrily Rush），阅读达尔文的《物种起源》坐在校园里的一个荷花池旁看天鹅，持续努力大约 24 小时来解决下面的加密算术问题（在本章末尾提供这些问题作为练习）。

发送
+
更多
=======
钱

人们可以很容易得出这样的结论：关联只是基于生活经验中一些或好或坏的记忆，但不仅限于此。关联代表了人类一种独特的能力，人们必须将看起来不同的知识（或信息），以形成理论或解决方案，或仅仅是引起特殊的、或好或坏的感觉或想法。多年来，人们希望AI能使用可用的计算资源和方法（在后面的章节会讨论）的力量，以某种方式展示这种独特的能力，这对AI的发展提出了一种挑战。

6.11　新近的方法

万维网的出现和第四代语言的改进都引导了系统和语言的发展，这样的例子有很多，如自带了应用程序Hypercard的苹果Macintosh个人计算机、HTML的脚本语言、Java面向对象的语言等。

6.11.1　概念地图

概念地图是由Gowin和Novak[28]开发的一种健全的教育式启发法。大约从1990年开始，本书的作者（Kopec）和其他人就以概念地图为基础，开发大学阶段人群的教育软件。在2001年AMCIS的论文集的一篇文章中，Kopec[29]指出：

“概念地图是图形式的知识表示方法，凭着这种图形式，所有重要信息都可以嵌入节点（在这个系统中的矩形按钮或节点）和弧（连接节点的线）中。在使用系统的任何时候，用户可以看到自己如何到达其所在的地方（采用经过SmartBooks的路径），以及系统可以指引到的地方。每张卡片顶部的图形化表示都详细说明了如何到达阴影圆（节点），以及它可以到达哪个圆（节点）。”

“用未连接圆的箭头表示存在而不显示的节点，这是为了避免使屏幕太乱。这些节点可以在后续的屏幕中找到。‘一般文本（General Text）’指的是在可见的屏幕上，当前在图中呈现阴影的节点。”

文章继续写道：

“自1993年以来，万维网（WWW）如雨后春笋般冒出来，这为电子交付、远程学习系统创造了大量的新机会。但是，人们可能会问，‘得益于WWW存在，经过验证和测试，成为健全的教育工具的系统有多少个？’1988年到1992年，我们在缅因大学开发了一种技术，构建了所谓的‘SmartBooks’™。[30,31,32]这种方法的基础是使用‘概念地图’。这种方法的应用领域针对大学阶段人群，关于性传播疾病（STDs），特别是AIDS的教育。[33]针对致命疾病开发匿名、正确、灵活和与时俱进的信息源和教育网站，其重要性无须赘言。”

SmartBooks的开发，基本上分为如下4个阶段。

（1）与某个领域专家面谈，为该领域开发一张有效的“概念地图”（可能要进行多次迭代，时间可持续长达几个月）。

（2）在 Macintosh 上，将最终概念地图翻译成 Hypercard 语言（此后，也可以使用 Windows 的 Toolbook）。

（3）实现能够工作的 SmartBooks。

（4）与本科生一起测试和修订工作系统。SmartBooks 可以根据用户所感兴趣的话题，灵活地遍历节点。图 6.18 所示的 AIDS SmartBook 节点是 AIDS 概念地图的一部分，它显示了所有弹出窗口，这些窗口传达了重要信息，并在点击时显示了下一步链接。

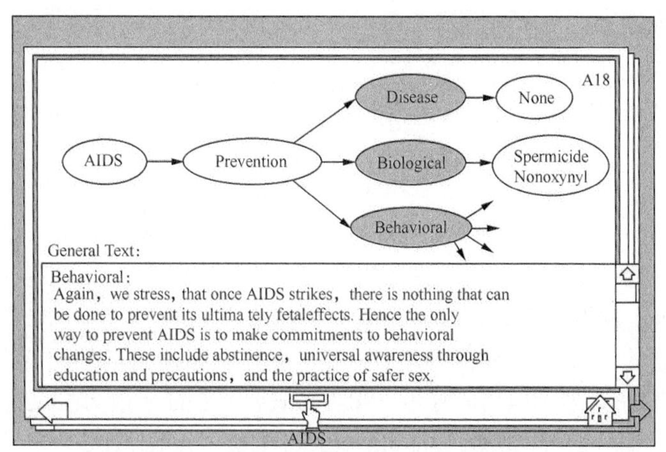

图 6.18 AIDS SmartBook 接近顶层的截图[32]

最近，在布鲁克林学院，Kopec、Whitlock 和 Kogen[34]开发了一些程序用来加强对理科学生的教育，这些程序称为 SmartTutor 项目，如图 6.19 所示。

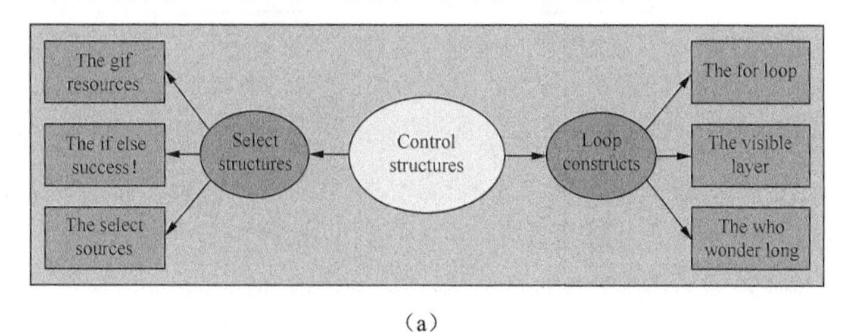

（a）

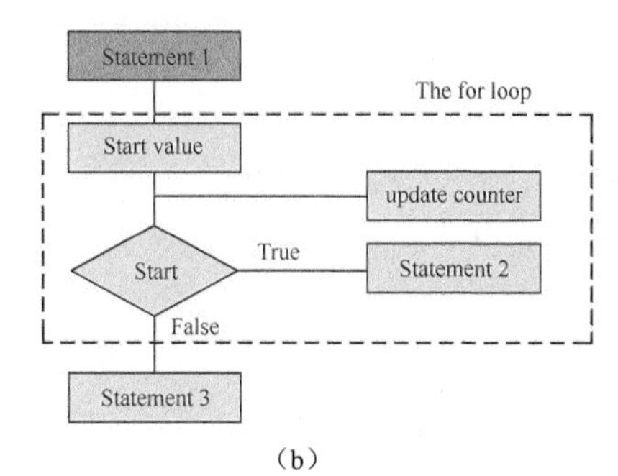

（b）

图 6.19 SmartTutor 项目

（a）C 语言 SmartTutor 的控制结构标题为概念地图 （b）For Loop Tutoring 网站页面的摘录关于 SmartTutor 的更多详细信息，可以在“SmartTutor：A Unified Approach for Enhancing Science Education”一文中找到[35]

SmartBooks 和 SmartTutor 缺乏可用于语义网络的形式，但是同时它们不会与包容（subsumption）形式概念混淆（这是一个分层系统，在这个系统中，在上的每一层都可以包容其下一层的能力；例如，包括形式化逻辑，如第 5 章中描述的肯定前件（modus ponens），使用语义网络很容易做到这一点。对于任何主题领域，它们有效地提供了一种层次感，使用上面所描述的概念地图技术以及结合领域专家和万维网，就可以很轻松地进行开发了。由于在任何时候都只需要展示几层，因此它们也封装了一些地图的底层复杂性（和细节）。

6.11.2 概念图

约翰•索瓦（John Sowa）是开发作为知识表示技术的概念图（Conceptual Graphic，CG）的幕后功臣。CG 是一个逻辑系统，它基于 Charles Sanders Peirce[36]的存在图和 AI 的语义网络。它们用逻辑上精确、人类可读、计算机易处理的形式来表达意思。通过直接映射到语言，概念图充当了面向计算机的形式语言与自然语言相互转换的中间语言。在图表示中，图充当了一种可读的，并且经过精心设计的形式化的规范语言。CG 可以在不同的工程中实现，用于信息检索、数据库设计、专家系统和自然语言处理。

比起前面描述的语义网络和概念地图，CG 系统能够捕获自然语言的元素，并可以更精确地对其进行表示，如图 6.20 所示。其所涵盖语言的一般方面包括用例关系（case relations）、广义量词（generalized quantifiers）、索引（indexicals）以及自然语言的其他方面。[37]

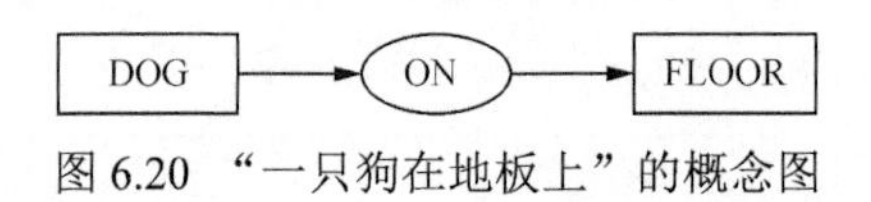

图 6.20 “一只狗在地板上”的概念图

在矩形框中的项称为概念，而在圆圈中的项称为概念关系。公式算符 ϕ 将概念图转换为谓词演算中的公式。将弧作为参数（argument），可以将圆圈映射到谓词，并且它概念节点映射到类型变量，其中在每个概念框中的每个类型标签指定了类型。[38]

对于图 6.19，生成以下公式：

$$(\exists x : \text{Dog})\ (\exists y : \text{Floor})\ \text{on}\ (x, y)$$

这个公式的意思是有一个类型为 Dog 的 x 和一个类型为 Floor 的 y，并且 x 在 y 上。

Sowa 的 CG 系统可以可视化地表示许多复杂的自然语言关系和表达式，并且比其他自然语言系统更透明、精确和有吸引力。任何人都可以看到这非常类似于在逻辑编程语言 PROLOG()中的公式化表述。

除了这个领域中各种引人注目的出版物外，Sowa 发表了两篇主要论文：《Conceptual Structures》[37]，以及最近的《Knowledge Representation》[38]。

6.11.3 Baecker 的工作

Ron Baecker 的工作似乎非常新颖，值得一提。关于同一主题，Troudt[39]在比较了本书描述的各种场景图形表示的选择后，做出了以下报告。

> 1981 年，Baecker 等人开始研究各种表示方式的计算机算法。[40]有趣的是，算法的可视化动画看起来提高了学生对程序过程的理解。作者开发了课堂视频“Sorting out Sorting”以及其他排序的动画。这些动画展示出一些显著特征，如在每个算法步骤中，着重显示关键的数据，同时比较类似的算法，采用一致的视觉约定，添加音乐曲目来表达“对正在发生事情的感觉”，与动作同步的叙述。他们声称，这 30 分钟的视频涵盖的内容相当于教科书 30 页的内容。

Baecker 的下一个主张是，排版源代码表示提高了学生的代码素养。通过使用打印预处理系统 SEE Visual Compiler，原本干巴巴的源代码现在变成了唐纳德·克努特（Donald Knuth）所描述的“文学作品”（Donald Knuth，由 Baecker 引用）。所得到的程序书籍包括目录、找到感兴趣要点的索引、书边注释（而不是字里行间的注释）以及描述性的页眉和页脚。书籍还特别注意表示跨越多个页面的逻辑块的连续性。

Baecker 的软件开发环境是 LogoMedia，这允许他将基于 MIDI（用于编码音乐的特殊文件）的声音和基本可视化效果附加到运行的软件中。在其最深奥微妙的使用中，程序员可以将不同的乐器分配给变量，通过监听乐器在不同的音高演奏得到的声音，监测这些变量的变化（例如，一个无限循环可能是萨克斯管在某个音阶上播放，直到循环卡在某个值的位置，此时萨克斯管重复输出相同的音符）。

Baecker 声称代码的听觉表示有助于调试。LogoMedia 在一组程序员样本上进行测试。程序员花了两个小时来学习软件，花了两个小时用它来编写代码，花了两个小时用它来调试未知代码——在最后两个小时，人们要求实验对象“大声说”出它们的思维过程。总之，测试组在多于一半的程序运行中使用听觉标志。实验对象通常具有创造性，使用如爆炸和点击之类的声音，将特定代码段的意义非常好地融合在一起。不可避免地，实验对象说出的词汇会转移到其所制造的声音来描述问题。作者宣称，这种方法解放了屏幕，使之可用于其他用途，在代码运行期间允许不同代码段的浏览和修改，这也便利了在个人数字助理（PDA）和类似的小屏幕设备上调试代码。

6.12 智能体：智能或其他

AI 的智能体①自从 20 世纪 80 年代出现以来就引起了轰动。“智能体（agent）”的常见概念是：①行动的物体或可以行动的物体；②在许可的情况下，代替其他物体进行行动的物体。第二个定义包含了第一个定义。软件智能体“生活”在计算机操作系统、数据库等地方。人工生活智能体“生活”在计算机屏幕或计算机存储器中（Langton[41]、Franklin 和

① 智能体也称为代理。——译者注

Graesser[42]，第185～208页）

在这种自下而上（bottom-up）的世界观中，存在着许多专家层，这些专家能够实现任务，并且专家之间的合作可以有效地实现更复杂的任务。通过使用巨大的计算资源（可能是并行的），对复杂计算问题进行狂轰滥炸，使得求解复杂计算问题变得可行。随着计算机硬件代价和尺寸的减小，包括通过硅芯片技术使得海量存储变得可行，以及相应提高的CPU速度，使得这种可行性变得更有吸引力。

智能体方法的出现直接与强AI方法矛盾了，强AI方法支持本章前面描述的形式知识表示的方法。但是，智能体方法关注可以做什么，而不关心知识是如何表示的。

加拿大不列颠哥伦比亚大学计算机科学学院计算智能实验室甚至在其网站上声明：计算智能（也称为人工智能或AI）是智能体设计的研究。

智能体是在环境中做出动作的物体——如移动机器人、Web爬取器、自动化医疗诊断系统或在视频游戏中的自治角色。智能体就是为了满足目标，做出适当动作的一个代理（agent）。也就是说，智能体必须能够感知其环境，决定要执行的动作，然后执行动作。感知有许多模式，如视觉、触觉、语音、文本/语言等。决策也有多种特点，这取决于智能体的世界知识是完备的还是部分的是单独行动，还是与其他智能体合作（或竞争）等。最终采取的行动可以有不同的形式，这取决于智能体是轮子还是手臂，或者是完全虚拟的。随着时间的推移，在智能体反复执行这种感知—思维—行动的循环中，智能体也应学会改进其表现。

人物轶事

马文·明斯基（Marvin Minsky）

自1956年达特茅斯会议以来，明斯基（1927年生）就一直是AI的创始人之一。

1950年，他从哈佛获得数学学士学位；1954年，他在普林斯顿获得数学博士学位。但是他的专业领域是认知科学，从1958年以来，他就一直在麻省理工学院努力工作，对认知科学做出了贡献。

他痴迷于该领域，一直持续到2006年——达特茅斯会议五十周年。在那次的达特茅斯会议中也首次孕育了本书。2003年，明斯基教授创立了MIT计算机科学与人工智能实验室（CSAIL）。明斯基于1969年获得图灵奖，1990年获得日本奖，1991年获得国际人工智能联合会议最佳研究奖，2001年获得来自富兰克林研究所的本杰明·富兰克林奖章。他是人工智能的伟大先驱和深刻的思想家之一。他从数学、心理学和计算机科学的角度开发了框架理论（见6.8节），并且对AI做出了许多其他的重要贡献。最近几年，他继续在麻省理工学院媒体实验室工作。

心智社会

1986年，马文·明斯基做出了里程碑式的贡献，他的《The Society of Mind》一书打开了智能体思想和研究的大门。本书的述评在emcp官网上可以找到，其中突出了以下几点。

明斯基的理论认为心智是由大量半自主、复杂连接的智能体集合组成的，而这些智能体本身是没有心智的。正如明斯基所说：

“本书试图解释大脑的工作方式。智能如何从非智能中产生？为了回答这个问题，我们将展示从许多本身无心智的小部件构建出心智。”[43]

在明斯基的体系中，心智是由许多较小的过程生成的，他将这些小过程称为“智能体”（见 6.12.1 节）。每一个智能体只能执行简单的任务——但是智能体加入群体形成社会时，“以某种非常特殊的方式”带来智能。明斯基对大脑的看法是：它是一台非常复杂的机器。

如果我们能够想象，使用计算机芯片代替大脑中的每个细胞，这些芯片设计用于执行与大脑智能体相同的功能，使用在大脑中完全相同的连接。明斯基还说：“没有任何理由怀疑，由于替代机器体现了所有相同的过程和记忆，因此替代机器的所思所感与你是一样的。确实可以说，它就是你，它具有你所有的强度。”

在明斯基做出里程碑式工作的时期，人们批评人工智能系统不能展示常识知识。对此，他不得不说：

“我们预感、想象、计划、预测和阻止的方式涉及几千、也许是上百万个小过程。然而所有这些过程都是自动进行的，因此我们认为它是‘普通的常识’。”（同上）

智能体具备以下 4 种特质。

（1）它们有处境（situated）。也就是说，它们位于某些环境中或是某些环境的一部分。

（2）它们是自治的。也就是说，它们可以感知到它们作为环境的一部分，并且根据环境自发地行动。

（3）它们非常灵活，能够智能、主动地做出反应。智能体能够对环境的刺激做出适当、及时的反应。当出现机会时，智能体会主动反应，它是目标导向的，在给定的情境下，智能体会诉诸可替代方案。一个例子就是，在汽车上的牵引力控制智能体——当路上没有牵引问题时（也许是因为大气湿度条件），它有些时候也会进行检查，但是它非常聪明，不会连续地保持控制，能够归还正常的驾驶条件。

（4）智能体是社会化的——它们可以与其他软件或人类进行适当交互。

在这个意义上，它们知道自己的责任与整个较大系统的目标是相对应的。因此，智能体必须“支持”整个较大系统的需求，并对其做出“社会化的反应”。

因此，我们得出以下定义：自主智能体是位于环境中的一个系统；它可以感知到环境，并对此做出动作，随着时间的推移，它可以寻求自己的日程表，因此这能够影响它所感知到的内容。[44]

当环境改变时，智能体不再表现得像一个智能体。智能体和具有特定功能的普通程序（例如金融计算）之间的区别在于智能体能够保持时间的连续性。智能体是能够保持输入输出记录，并且进行相应学习的程序。只执行输出的程序不能算得上是智能体。因此，“所有的软件智能体都是程序，但是并不是所有的程序都是智能体”。

多智能体系统指的是各种各样的软件系统，这些软件系统是由多个半自主组件组成的。这些智能体有自己独立的知识，在求解单个智能体不能解决的问题的情况下，这些智能体必须以最好的方式开放自己并进行组合。Jennings、Sycara 和 Woodridge 的研究结论认为，多智能体问题求解共享 4 个重要特征：第一，每个智能体的视角有限。第二，对于整个的系统求解，没有一个全局的系统控制器。第三，问题的知识和输入数据也是分散的。第四，推理过程通常是异步的[45,46]。富兰克林（Franklin）和格雷泽（Graesser）[42]继续讨论如何开发分类系统，基于属性，如被动、自主、面向目标、时间连续、善于沟通、学习、移动、灵活、有性格，定义各种智能体，但是这超出了本书的范围。

6.12.1 智能体的一些历史

语音理解系统也称为“Hearsay II”，它的一个非常突出的特征是黑板架构的概念。这是J.L. Erman、F. Hayes-Roth、V. Lesser 和 D. Reddy 的“杰作”[47]，是未来所有这种类型研究的基础。在这里，一些称为知识源（KS）的专家程序向中央黑板报告它们可用，并且应用到了问题情境中。为了最有效地找到问题的解，控制设备管理程序之间的冲突。Kornfeld 和 Hewitt[48]在 Ether 上的工作与开始于科学社区的问题求解相关。Sprites（类似于 KSs）在与黑板类似的共同领域记录事实、假设和演示。这种假设有捍卫者（defender）也有怀疑者（skeptic）。赞助者（sponsor）还规定了在每个 Sprite 上可以花费的时间量。一般来说，黑板架构允许一组专家程序，声明它们能够用于完成某种任务。

然而，架构的局限性阻止了这些系统有效地执行。在专家团队开发的第一批问题求解系统中，有一个系统是 PUP6 系统。[49]这些软件专家称为“生命（beings）”，正是这些生命（being），致力于合成一个特定的专家。这个专家称为概念形成（Concept Formation），能够自己处理问题。但是，这只是一个模型或玩具系统，Lenat 从来没有完全地开发过这个系统。Carl Hewitt[50]“倾向于按照分布式系统的方式进行思考，将控制结构作为消息模式，在称为参与者（actor）的活动实体之间传递。因此，他具有一种想法，那就是将问题求解视为专家集会的活动，将推理过程考虑为观点的针锋相对。”[51]

最具影响力、相对早期的分布式人工智能系统（DAI）之一是 DVMT（分布式车辆监测测试），这是 MIT 的 V. Lesser 团队开发的。[52]这是一个关于分布式情境的感知和识别的重要研究项目。传感器将数据传输到以黑板形式实现的处理智能体。智能体要处理的问题是基于数据（复杂数据），并且由于声音效应，大部分数据变得非常复杂。[51]这个系统促进了多智能体规划的进一步研究。

自 20 世纪 80 年代后期以来，罗德尼·布鲁克斯（Rodney Brooks）一直基于包容体系架构建造机器人。他认为智能行为是从有组织的、相对简单的行为交互中出现的。包容体系架构是构建机器人控制系统的基础，这个控制系统包括任务处理行为集。其通过有限状态机的转换，将基于感知的输入映射为面向行动的输出，实现机器人的行为。一个简单的条件动作产生式规则集（见 6.5 节）定义了有限状态机。

Brooks 的系统不包括全局知识，但是它们确实包括一些层次结构，以及架构不同层次之间的反馈。Brooks 通过增加架构中的层次数目，增强系统的能力。Brooks 认为，架构中较低层次的设计和测试的结果产生了顶层行为。我们执行了实验，揭示了层次间一致行为的最好设计，确定了层间和层内的适当通信。包容体系架构设计的简单性并未阻止 Brooks 在一些应用中取得成功（参见布鲁克斯的著作，1989[53]，1991[54]，1997[55]）。

人物轶事

罗德尼·布鲁克斯（Rodney Brooks）——从反叛到改革

Rodney Brooks（1954 年生）多才多艺、风趣幽默。20 世纪 80 年代，他闯入 AI 领域，质疑已建立起来的观点，就如何构建机器人系统提出自己特立独行的观点。多年之后，他成了著名的 AI 领袖、学者和预言家。他在澳大利亚弗林德斯大学获得了理论数学的学士学位，并于 1981 年获得了斯坦福大学计算机科学博士学位，在卡内基梅隆大学和麻省理工学院担任研究职位。加入麻省理工学院之前，他于 1984 年在斯坦福大学担任教授职位。他通过在机器人和人造生命的工作中，建立起了自己的声誉。他通过电影、书籍和创业活动进一步多样化自己的职业生涯，他建立了几家公司，包括 Lucid（1984）、IROBOT（1990）[见图 6.21（a）～图 6.21（d）]。在 IROBOT 这家公司中，他设计了 Roomba 及其附属人工生物（1991），获得了商业上的成功[见图 6.21（c）]。他是麻省理工学院松下机器人教授和麻省理工学院计算机科学与人工智能实验室主任。他设计和制造的机器人在工业和军队中都有市场。2008 年，他创建了 Heartland 机器人，这个机器人的使命是将新一代机器人推向市场，提高制造环境中的生产力。"Heartland 的目标是将机器人引入未曾自动化的地方，使得制造商更有效率，工人更有生产力，保住工作岗位，避免其迁移到低成本地区"。

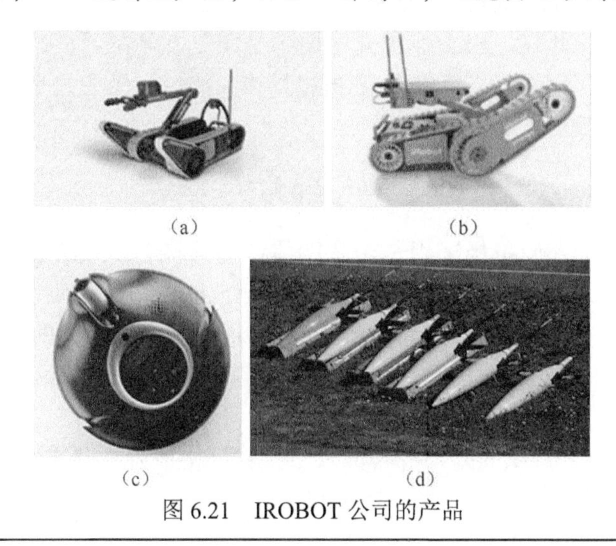

（a） （b） （c） （d）

图 6.21 IROBOT 公司的产品

6.12.2 当代智能体

今天，许多基于智能体的应用程序都作为专家系统用于各种目的，如通信、交通、健康等。下面我们将讨论一些特别值得注意的例子。

- **KaZaA**：这个软件是点对点搜索的智能体。
- **Spector Pro**：这个软件是监视智能体的示例。
- **Zero Intelligence Plus（Zip）**：Zip 是由南安普敦大学（Southampton University）的 Dave Cliff 开发的自适应交易智能体算法，金融行业用它来进行股票和债券等金融商品的交易。

与传统搜索引擎不同，KaZaA 是点对点搜索的智能体。使用传统的搜索引擎，你只能查询一个数据库；而使用 KaZaA，你可以搜索所选择共享文件的上千台互联计算机。音频、视频、软件和文档都被组合成一种文件。

KaZaA 由 5 个主要部分组成，你可以通过菜单栏中的 5 个图标使用这 5 个功能："开始（Start）""我的 KaZaA（My KaZaA）""剧院（Theatre）""搜索（Search）"和"流量（Traffic）"。你可以使用搜索选项开始搜索文件：输入要查找的关键字，并指定所需的媒体文件类型（包括音频、视频、图像、软件和文档）。

KaZaA 不限于共享音频文件：作为一个真正的数字媒体库，它可以允许你找到所有种类的文档，这些文档由其拥有者共享。在选择媒体类型后，你可以执行简单的查询（按标题或作者查询）或高级查询（多个字段查询，如文件大小、语言、类型、类别等）。这些结果将显示在右边的窗口，其中包含了许多信息，例如艺术家姓名和标题，以及了关于文档质量和预计下载时间的一些说明。

监控智能体：Spector Pro

Spector Pro 是一个监控智能体。关于计算机监测的伦理问题，人们的意见各不相同。如果你使用智能体（如 Spector Pro）来监控员工、同事或朋友，那么你可能会在法律或道德上侵犯了别人的隐私权。此外，出于保护儿童而不是限制儿童的目的，你可能需要监控儿童在网络上的活动。在其他情况下，在你需要对某些人的行为负责之前，你可以监控是否有人使用你的计算机进行非法目的的活动。

增强型零智力（Zero Intelligence Plus：Zip）

在金融贸易领域，人们积极采用基于智能体计算的概念，其中据说市场贸易自主智能体的表现比人类商品贸易者高出 7%。欧盟资助的 AgentLink 行动协调程序执行理事，南安普顿大学电子与计算机科学学院的 Michael Luck 解释了基于智能体的计算："智能体是管理不同种类计算实体之间交互的一种方式，也是为了从大规模分布式系统中获得正确类型行为的一种方式。"

Luck 继续说："不可避免的是，机器可以比人类更快地监视股市运动，如果你可以编码自己要的各种规则，那么这可以非常合理的想象计算式交易者将能够胜过人类。"

最后，他说："我很惊讶这个数字只有 7%。这是数字是基于我们执行的实验，但是在市场中，机器人交易者程序不仅提供了信息，还进行了实际的交易。"[56]

自从第一版智能手机发布以来，智能手机变得越来越普遍，它应用于我们生活中的各个方面，从检查最新的天气预报到确定从校园附近离开的下一趟地铁。现在，作为所有手机平台上的应用程序，这些软件智能体无所不在，包括餐厅应用程序，如 Yelp、Savored 和 Open Table 等；交通应用程序，如 Waze 和 Google Maps 等；购物应用程序，如 Overstock.com、Amazon 和 Quibids 等。如果你曾经被一个不记得名字的曲调迷住了，那么你可能就会熟悉 Shazam。这样的例子很多，我们可以继续这个列表。

Hal：下一代智能房间

Hal 是一个高度交互的环境，它使用嵌入式计算来观察和参与周围世界中发生的正常日常事件。作为 MIT AI 实验室的智能房间的一个分支，Hal 有摄像头作为其眼睛，有麦克风作为其耳朵，使用各种各样计算机视觉、语音和手势识别系统，允许人们与它自然地交互。Hal 是下一代的智能房间，设计用于支持到目前为止还只是科幻小说里所描写的人机交互。

6.12.3 语义网

20 世纪 90 年代后期，万维网的发明者蒂姆•伯纳斯•李（Tim Berners-Lee）开发了语义网，希望计算机可以理解和管理信息，这样就可以让计算机执行更多烦琐的工作，这些工作涉及找到、共享和组合万维网上的信息，一旦人们需要这些信息，计算机就可以提供这些信息。

语义网能够完成的任务的类型是：找到“马（horse）”的法语单词，预订音乐会表演，或者在城市中找到具有特定要求的、最便宜的酒店房间（例如禁止吸烟房、特大号床、一楼）。

例如，人们可以指示计算机列出大于或等于 40 寸宽的平板电视的价格，或者是在周二晚上 10 点开放可以提供意大利食物的当地餐馆并带有菜单，这个菜单提供了每盘价格为 10～15 美元的菜品。当今的技术条件会要求单独制作搜索引擎，使其适合于搜索的每个网站。语义网为每个网站提供了一种通用标准（RDF），以一种更方便机器处理和整合信息的形式来发布相关信息。

Tim Berners-Lee 最初表达了对语义网的如下愿景：

“我有一个梦想，（计算机）能够分析在万维网上的所有数据——内容、链接以及人与计算机之间的事务。使得这一切成为可能的‘语义网’还未出现，但是这种语义网一旦出现，日常的贸易机制、机构和人们的日常生活都将交给机器处理，人类将与机器交谈。这个人类已经兜售了数年的‘智能体’终会实现。”[57]

6.12.4 IBM 眼中的未来世界

作为在 20 世纪大部分时间里世界上最大和最成功的计算机公司，IBM 贡献了许多用于智能体研究和开发的程序。以下是一则来自其网站的声明，这是 IBM 致力于这种远景的示范：

“今天，我们见证了互联网进化的第一步，互联网会变成一个开放的市场，在这个信息经济的市场上，软件智能体在互联网上买卖各种各样的信息产品和服务。我们设想，在未来某年，互联网变成了一个红红火火的环境，在这个环境下，数十亿以经济为动机的软件智能体积极找到和处理信息，并将信息传播给人们，或越来越多地将信息传播给其他智能体。自然而然，智能体将从提供便利者进化成决策者，它们的自治程度和负责任的程度将与时俱进。最终，在经济实惠的软件智能体之间的事务将构成世界经济的一个必不可少的部分，甚至是占主导地位的部分。

“互联网向信息经济的演变似乎是不可避免的，这也是人们所希望的。毕竟，经济机制可以说是已知最好的方式来裁决和满足数十亿智能体——人类智能体。这是诱人的，盲目波动的那只看不见的手，假设相同的机制也可成功地应用于软件智能体。但是，自动智能体不是人类！它们做出决定，并根据决定做出动作，这一切都以相当快的速度发生。它们非常不成熟，缺乏灵活性，没有学习能力，并且众所周知，它们缺乏‘常识’。鉴于这些区别，这完全有可能——基于智能体的经济将以非常奇怪和陌生的方式行事。”[58]

6.12.5 作者的观点

我们生活在依赖各种代理的时代①。我们有个人培训代理、房地产代理、汽车代理、文学和体育代理等。我们还有各种专用设备作为我们的个人助理，如手表、蜂窝电话、电子地址簿、个人计算机、地理信息系统、温度计、血压机、血糖监视器等。我们很容易预见到在不久的将来，当我们个人携带这一台小型、集成的多智能体系统时，这将给我们带来更多甚至所有的功能。这台设备将真正是多功能、易于理解、易于操作的。这可以包括通信系统、交通系统、身体系统、个人信息系统和知识系统。想象一下，在个人智能体的帮助下，你的日常生活会发生何种变化？知识系统将类似于当今受益于互联网的计算机。它们可以帮助我们解决问题，能够智能并且快速地回答问题，实现真正实时、动态的学习。个人信息系统可以满足我们的个人需求——约会、个人记录、健康、财务等。交通和运输系统将解决这些传统问题。正如你所想象的，这是一个绝佳的机会，我们所提到的各个组件都在当今的技术能力范围内。这所有的一切都只是成功构建集成的多智能体系统的问题。自然而然，一旦这样奇妙的系统出现了，我们就需要关注安全问题——塞翁失马，焉知非福②（á la Sara Baase 的优秀文章，《Gift of Fire》[59]）。

《Gift of Fire》的第三版（2008）已经出版了，这成了课程“计算机与社会”的标准和经典之作。它的重点是计算机对社会同时具有正面和反面的影响，正如火第一次进入人类生活中一样。

6.13 本章小结

本章聚焦于一个主题，这个主题是 AI 不可分割的一部分——知识表示。在开始任何问题求解之前，你必须对如何最好地表示知识有一些理解。考虑的内容包括：问题的解涉及决策吗？问题的解涉及搜索吗？解是精确的，还是在一定范围内可接受的值？所有这些因素，包括学习者的偏好在内，都有助于选择合适的知识表示吗？用图表示，学习者感到舒服吗？抑或是他相对喜欢数学表达式？

本章前面几个小节的讨论侧重于信息处理的层次，这涉及将数据、事实和信息转换到最高的级别——知识。然后，关键问题变成了如何最好地表示这些知识。

6.1 节讨论了图形草图，并介绍了人类视窗的概念。图是另一种经常使用的知识表示方法，并且这个主题是使用哥尼斯堡桥问题（Bridges of Königsberg Problem）（见 6.2 节）来

---

① 代理和智能体在英文里同为 agent，取“做事中间人”的意思，我们借机器人做了许多事，所以称机器人为 agent（代理），但我们在特指机器人时，将其翻译成“智能体”。——译者注

② 原文直译“坏事跟在好事后”，这里使用意译。——译者注

演示的。最近几年来，人们解释了，在给定不能满足欧拉性质的条件下，这个问题无法求解，以及桥要做如何实际的改变才能求解。

然后，本章开始讨论搜索树、决策树，并通过 12 枚硬币问题（见 6.3 节），进一步阐述了这些问题。通过著名的汉诺塔问题（见 6.4 节），强调了对于问题的解各种不同可能的表示选择。在本节中，解的图形草图和表格表示组成了显式描述（外延表示）；我们也提供了伪代码和递归关系，这组成了问题的隐式解（内涵表示）。

几十年来，产生式系统（见 6.5 节）是知识表示的一个重要且有效的方法，也是第 7 章的主题。1975 年，由马文・明斯基引进的框架法（见 6.7 节）具有空槽（slots）和填充内容（fillers），对 AI 做出了巨大的贡献，并且成为后来计算机科学中编程语言的整体范式的先驱，这是 6.6 节的主题。Roger Schank 及其学生领导了使用脚本和概念依赖（CD）系统（见 6.8 节）的整个 AI 学派，概念依赖（CD）系统于 20 世纪 80 年代出现在耶鲁大学。1968 年，Quillian 引入了（见 6.9 节）语义网络。

图似乎很自然地适用于语言处理的知识表示，同时，通过图，以及语言的使用——其隐含的意义以及短语和句子的解析，能够得到足够精度的表示形式，所有的这些都允许得到足够的灵活性（见 6.10 节）。关联是一种与人类相关的技能，我们的大脑如何关联、进行关系思维、解释和问题求解，这可能是可以在计算机中发展的一些东西（例如，CYC 中的 Doug Lenat 的工作），但是对计算机而言这并不是自然而然的。

6.11 节重点描述了最近出现的方法，如概念图、概念地图和 Baecker 的工作，通过感官特别是采用了可视化和声音来传达意义。

对于发展问题求解范式，智能体（agent，见 6.12 节）是完全不同的方法。它们产生于 Marvin Minsky 的早期工作，稍后又由 Rodney Brooks（包括架构）的工作引领。他们二人都在 MIT 工作。这种自下而上的方法利用强大的计算资源组合不同层次专家进行工作，关心的是能够实现的目标。智能体包括有处境、自主、灵活、社会化等特性。众所周知，智能体方法的先驱是语音理解系统 Hearsay II 的黑板架构，其采用了知识源（KSs），并由 Hayes-Roth、Erman、Lesser 和 Reddy 的工作得到了强调。

6.12.2 节介绍了一些现代的智能体，包括用于点对点搜索的 KaZaA，用于监控的 Spector Pro 以及交易智能体 Zero Intelligence Plus。6.12.3 节和 6.12.4 节通过 Tim Berners Lee（1999）开发的语义网络（Semantic Web），以及 IBM 看待世界的方式，展望了未来。

最后，6.12.5 节描述了作者对未来世界的观点，未来世界处在个人多智能体控制下，这些智能体以各种可能的方式服务以及便利了人们的日常生活。

讨论题

1. 描述好的知识表示的重要特征。
2. 区分数据、事实、信息和知识的概念。
3. 粒度的概念是什么？
4. 人类视窗的意思是什么？
5. 简述内涵表示与外延表示的概念。
6. 框架法和面向对象的编程有什么共同点？
7. “一个可理解的程序”是什么意思？

8．脚本有哪些什么正面特征？

9．脚本有哪些什么负面特征？

10．如何描述框架法的作用？

11．框架法有一些什么样的负面特征？

12．为一个经常发生的普通场景指定一个脚本，例如“穿衣服的脚本”“去工作的脚本”“去购买食物的脚本”。

13．为以下事实和关系开发一个语义网络：

a. Joe 和 Sue 是 Tom 和 Debi 的父母。Tom 和 Debi 是兄妹关系。Kim 是 Tom 的孩子；Jill 是 Debi 的孩子。

b．Bill、Betty 和 Bob 是兄弟姐妹；他们住在马里兰州（Maryland）的巴尔的摩（Baltimore）。他们是 Don 和 Carol 的孩子。

14．概念图、概念地图与语义网络有何不同？

15．智能体的概念是什么？

16．描述智能体的 4 个属性。

17．Marvin Minsky 对本章的主题有什么贡献？

18．Rodney Brooks 有什么成就？

练习

1．描述好知识表示的一些元素。

2．追踪在本章中所讨论的人工智能知识表示的历史。

3．讨论框架法、语义网络和脚本的一些优缺点。

4．为图 6.16 中的语义网络所描述的学院开发框架表示。

5．为图 6.11 中的车辆事故框架开发语义网络。

6．描述 Hubert Dreyfus 反对脚本作为有价值的知识表示的一些论点。

7．开发基于产生式规则、框架和语义网络的决策表示，做出如在给定的某一天穿什么衣服的决定。例如，在工作日或节日穿西装，在周末穿便服，以及如果在下雨天、在烈日炎炎的晴天等情况下，做出合理的穿衣决定。

8．撰写一篇研究论文，描述下列某一人的成就：Ross Quillian、Marvin Minsky、John Sowa、Roger Schank、Robert Abelson 或 Rodney Brooks。

9. 如果你试图向某人描述棒球比赛，哪一种知识表示的方法最适合？请使用最佳选择，尝试建立一个棒球体系。

10．尝试解决以下著名的加密算术问题。每个字母可以且只代表一个数字。选择哪一种知识表示最适合推导出这个问题的解？

SEND

+

MORE

======

MONEY

BEG SIDEBAR

60

END SIDEBAR

++第 5 章中人工智能问题及其解中包括了这个问题和密码算法（Mercury Learning Inc. 2014）。

11．思考在图 6.22 中的地图，解释“知道指令”是代表信息还是知识。如果你的答案是“信息”，那么请解释需要什么才能将其“升级”到知识。

12．我们提出了一些问题，包括传教士和食人者、12 枚币问题、骑士之旅、8 谜题和密码算术。这些问题有什么共同点？

13．本章介绍了人类视窗的概念。对于本书中提出的其他练习和问题，以及上一题，你的解是什么？你的解与“人类视窗”有何相像之处？也就是说，对人类而言，它们是否需要过多的内存或计算？它们 100%正确吗？是否具有一个合适的粒度？可执行吗？可理解吗？

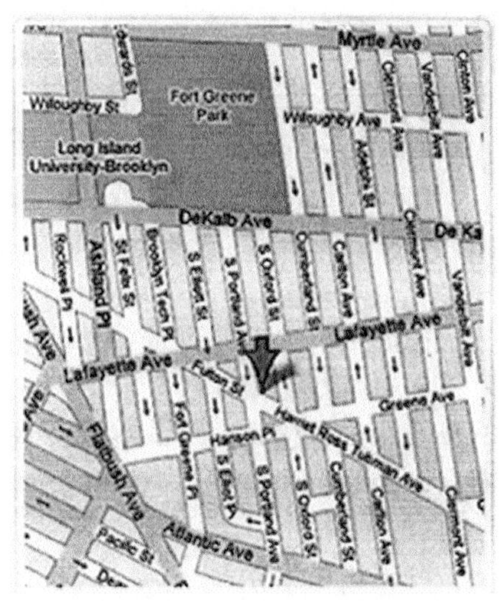

乘坐地铁 C 到拉斐特（Lafayette），或者乘坐地铁 2、3、4、5、B、D、M、N、Q、R 到亚特兰大（Atlantic），然后乘坐地铁 G 到富尔顿（Fulton）

图 6.22　地铁地图

14．本章介绍了问题解的“内涵”或“外延”的概念。思考你在上一题中或在本书的其他地方，所得到解的表示，这些解是内涵的还是外延的？谁相对喜欢内涵解？谁相对喜欢外延解？大部分人相对更喜欢哪种解？

参考资料

[1] Firebaugh M. Artificial intelligence: a Knowledge-based approach. Boston, MA: PWS-Kent, 1988.

[2] Feigenbaum E A, Barr A, Cohen R, eds. The handbook of artificial intelligence. Vol 1–3. Stanford, CA: HeurisTech Press / William Kaufmann, 1981–1982.

[3] Clarke M R B. The construction of economical and correct algorithms for KPK, in Advances in Computer Chess 2, ed. M. R. B. Clarke. Edinburgh: Edinburgh University Press, 1980.

[4] Michie D. Experiments on the mechanization of game-learning: 2 – rulebased learning and the human window. The Computer Journal 25(1):105–113, 1982.

[5] Kopec D. Human and machine representations of knowledge. PhD thesis, Machine Intelligence Research Unit, University of Edinburgh, Edinburgh, 1983.

[6] Thompson K. Retrograde analysis of certain endgames. International Computer Chess Association Journal 8(3):131–139, 1986.

[7] Beal D. The construction of economical and correct algorithms for king and pawn against king. Appendix 5 In Advances in Computer Chess 2, ed. Beal & Clarke, 1–30. Edinburgh: Edinburgh University Press, 1977.

[8] Bramer M. A. Correct and optimal strategies in game playing. The Computer Journal 23(4): 347–52, 1980.

[9] Reddy R. The foundations and grand challenges of artificial intelligence. AAAI President's Address: aaai.org/Library/President/Reddy.pdf, 1988.

[10] Chase W G, Simon H A. Perception in chess. Cognitive Psychology 4:55–81, 1973.

[11] Nievergelt J A. Information content of chess positions. ACM SIGART April: 13–15, 1977.

[12] Michie D Practical limits to computation. Research Memorandum, MIP-R-116. Edinburgh: Machine Intelligence Research Unit, Edinburgh University, 1977.

[13] Miller G A. The magical number 7, plus or minus 2: Some limits on our capacity for processing information. Psychological Review 63:81–97, 1956.

[14] Stroud J M. The fine structure of psychological time. Annals of the NY Academy 623–631, 1966.

[15] Halstead M H. Elements of software science. New York, NY: Elsevier, 1977.

[16] Kraitchik M.§8.4.1 in Mathematical recreations. New York, NY: W. W. Norton, 209–211, 1942.

[17] Bierman A. Great ideas in computer science. Cambridge, MA: MIT Press, 1990.

[18] Ege R. 200 The object-oriented language paradigm, In The Computer Science Handbook, 2nd ed. Allen Tucker, Chapter 91, 1–27, Boca Raton, Florida: CRC, Chapman and Hall.

[19] Laudon K. Programming language: Principles and practice, 2nd ed. Boston, MA: Thomson / Brooks/Cole, 2003.

[20] Budd T. The introduction to object-oriented programming. Reading, MA: Addison-Wesley, 2001.

[21] Papert S. Mindstorms: Children, computers and powerful ideas. New York, NY: Basic Books, 1980.

[22] Minsky M. A framework for representing knowledge. In The Psychology of Computer Vision, ed. P. Winston, 211–277. New York, NY: McGraw-Hill, 1975.

[23] Brachman, R. J. 1985. I lied about the trees – Or, defaults and definitions in knowledge representation. The AI Magazine 6:80–93, 1985.

[24] Schank R C, Abelson, R. P. Scripts, plans, goals, and understanding. Hillsdale, NJ: Lawrence Erlbaum, 1977.

[25] Dreyfus H A. From micro-worlds to knowledge representation. In Mind Design, ed. John Haugeland. Cambridge, MA: MIT Press, 1981.

[26] Lenat D, Guha R V. Building large knowledge-based systems: Representation and inference in the CYC project. Reading, MA: Addison-Wesley, 1990.

[27] Quillian M R. Semantic memory. In Semantic information processing, ed. M. Minsky. Cambridge, MA: MIT Press, 1968.

[28] Novak J D, Gowin D B. Learning how to learn. Cambridge: Cambridge University Press, 1985.

[29] Kopec D. SmartBooks: A generic methodology to facilitate delivery of postsecondary education. In Proceedings AMCIS 2001 Association for information systems 7th Americas conference on information systems. Boston, August 2–5, Curriculum and Learning Track; (CDROM), 2001.

[30] Kopec D, Wood C, Brody M. An educational theory for transferring domain expert knowledge towards the development of an intelligent tutoring system for STDs. Journal of Artificial Intelligence in Education 2(2):67–82, 1991.

[31] Kopec D, Wood C. Introduction to SmartBooks (Booklet; to accompany interactive educational software AIDS SmartBook). Boston, MA.: Jones and Bartlett. Also published as United States Coast Guard Academy, Center for Advanced Studies Report No. 23–93, December, 1993.

[32] Kopec D, Brody M, Sh C, Wood C, Towards an intelligent tutoring system with application to sexually transmitted diseases. In Artificial intelligence and intelligent tutoring systems: Knowledge-based systems for learning and teaching, eds. D. Kopec and R. B. Thompson, 129–151. Chichester, England: Ellis Horwood Publishers, 1992.

[33] Wood C L. Use of concept maps in micro-computer based program design for an AIDS knowledge base. EDD Thesis, University of Maine, Orono, 1992.

[34] Kopec D, Whitlock P, Kogen M. SmartTutor: Combining SmartBooks™ and peer tutors for multi-media online instruction. In Proceedings of the international conference on engineering education, University of Manchester, Manchester, England, UMIST, (CDROM), August 18–21, 2002.

[35] Eckhardt R, Harrow K Kopec D, Kobrak M Whitlock P. SmartTutor: A unified approach for enhancing science education. The Journal of Computing Sciences in Colleges 22(3):29–36, 2007

[36] Peirce C S. Collected Papers (1931—1958). Cambridge, MA: Harvard University Press, 1958.

[37] Sowa J. Conceptual structures: Information processing in mind and machine. Reading, MA: Addison- Wesley, 1984.

[38] Sowa J. Knowledge representation: Logical, philosophical, and computational foundations. Boston, MA: Brooks/Cole / Thomson Learni 2000.

[39] Troudt E. Automated Learner Classification Through Interface Event Stream and Summary Statistics Analysis. Ph.D Thesis. CUNY, New York, NY: The Graduate Center, 2014.

[40] Baecker R, DiGiano C Marcus A.Software visualization for debugging; Communications of the ACM 40(4), 1997.

[41] Langton C G. Artificial life: Santa Fe Institute studies in the sciences of complexity, VI. Reading, MA: Addison-Wesley, 1989.

[42] Franklin S, Graesser A. Is it an agent, or just a program? : A taxonomy for autonomous agents. In Proceedings of the third international workshop on agent theories, architectures, and languages. New York, NY: Springer-Verlag, 1996.

[43] Minsky M. The Society of Mind. New York, NY: Simon and Schuster, 1986.

[44] Durfee E H, Lesser V. Negotiating task decomposition and allocation using partial global planning. In Distributed artificial intelligence, Vol II, ed. L. Gasser and M. Huhns. San Francisco: Morgan Kaufman, 1989.

[45] Jennings N R, Sycara K P Woolbridge M. A roadmap for agent research and development. Journal of Autonomous Agents and Multiagent Systems 1(1),17–36, 1998.

[46] Luger G. Artificial intelligence: Structures and strategies for complex problem solving, 5th ed. Reading, MA: Addison-Wesley, 2005.

[47] Erman J L, Hayes-Roth F Lesser V, Reddy D. The HEARSAY II speech understanding system: Integrating knowledge to resolve uncertainty. Computing Surveys 12(2):213–253, 1980.

[48] Kornfeld W. ETHER: A parallel problem solving system. In Proceedings of the 6th international joint conference on artificial intelligence, 490–492. Cambridge, MA, 1979.

[49] Lenat D. BEINGS: Knowledge as interacting agents. In Proceedings of the 1975 international joint conference on artificial intelligence,126–133, 1975.

[50] Hewitt C. Viewing control structures as patterns of message passing. Artificial Intelligence 8(3):323–374, 1977.

[51] Ferber J. Multi-agent systems. Reading, MA: Addison-Wesley, 1999.

[52] Lesser V R. and Corkill, D. D. 1983. The distributed vehicle monitoring testbed. AI Magazine 4(3):15–33, 1983.

[53] Brooks R A. A robot that walks; Emergent behaviors from a carefully evolved network. Neural Computation 1(2):254–262, 1989.

[54] Brooks R A. Intelligence without representation. Artificial Intelligence 47(3): 139–159, 1991.

[55] Brooks R A. The cog project. Journal of the Robotics Society of Japan, Special Issue Mini on Humanoid, ed. T. Matsui. 15(7), 1997.

[56] Sedacca B. "Best-kept secret agent revealed. Computer Weekly, 2006.

[57] Berners-Lee T, Fischetti M. Weaving the web. San Francisco: Harper, 1999.

[58] http://www.research.ibm.com/infoecon.

[59] Baase S. A gift of fire: Social, legal, and ethical issues for computing and the Internet, 3rd ed. Saddle Brook, NJ: Prentice Hall, 2008.

[60] Kopec D, Shetty S, Pileggi C. Artificial Intelligence Problems and Their Solutions. Dulles, VA: Mercury Learning, Inc, 2014.

第 7 章　产生式系统

本章从对比强弱 AI 方法的讨论开始介绍，并讲述了一个实践的例子——CarBuyer。本章对产生式系统进行全面分析，同时分析了产生式系统的优点和方法。本章使用了许多例子，详细说明正向反向链接的推理方法以及冲突消解。本章最后介绍了细胞自动机、随机过程和马尔可夫链。

登山勇士

7.0　引言

“我更喜欢做生产家（productionist），而不是完美主义者。”也许我们需要进一步解释这个开场白。本质上，我们认为，完美是一个崇高的目标，但是在任何领域，无论是科学、学术、体育、商业、政府或其他领域，都很少能实现完美。在许多学科中，我们希望能够出成果，即使它并不完美，但是这代表了我们最大的努力，并且这依然对社会做出了宝贵的贡献。你可能听说过“完美是优秀的敌人”，关于这一点，我们留给读者自行决定。

7.1　背景

在某种传统意义上，产生式与完美的讨论是人工智能不可分割的一部分。也就是说，如果我们能够发现或推导出算法来表示人类所有的行为、决策和问题求解活动，那么就不需要人工智能这个学科了。相反，基于我们所学的，我们必须猜测、估计，做出明智的、在统计学上合理的决定。我们将产生式系统视为到人类专家头脑中内容的链接，或是尝试翻译人类专家头脑中的内容，并且我们将讨论如果这些知识转化为让计算机遵循和执行的指令，那么这些知识应如何表示。

本质上，我们可以认为产生式系统是与“IF-THEN 规则”的同义词。也就是说，如果“IF”规定的某些条件得到匹配了，那么将我们相应地将达成某种结论，做出某种决策，采取某个动作。但是，不存在一组 IF-THEN 的规则可以将人类的行为“完美”地简化。在达成特定决定或结论时，试图使用确定的概率来表示现实可能很有帮助，但是目前，计算机不能完整地复制人类决策的过程。

产生式系统的概念具有非常长的历史，并且由艾伦·纽厄尔（Allen Newell）和赫伯特·西蒙（Herb Simon）在人类问题求解领域进行的研究引领（1972）。他们将产生式系统视为大脑如何处理信息的范式，也就是说，给定一组特定环境，我们触发了某些行为、决策或知识。产生式系统也称为**情境-行动系统**（situation-action system）、**前件-后件**（antecedent-consequent）**系统**，以及**基于规则的系统**（rule-based system）、**推理系统**（inference system），或简单地称之为**产生式**。

早期的发展固有地与这样的概念紧紧地联系在一起；左边的某个符号生成了右边的一个符号或一组符号，例如 A→BC①。1943 年，埃米尔·波斯特（Emil Post）在一篇著名的论文中引入了一个系统，即“广义组合决策问题的形式约简（Formal Reductions of the General Combinatorial Decision Problem）”[1]

正式地说，Post 标签机（Post tag machine）是有限状态机（finite state machine），这台机器由一条磁带组成，基本上，这是一条具有无界长度、先进先出（FIFO）队列的磁带，这使得在每一次转变中，机器 1 读取在队列头部的符号，机器 2 从头部删除固定数目的符号，机器 3 附加预先分配的符号字符，串替换已删除符号的字符串。

字母表：{x，y，z，H}

产生式规则：

x → zzyxH

y → zzx

z → zz

H → halt

Post 产生式系统的基本思想是读取第一个符号，从队列头部删除固定数目的符号，将替代字符串附加到队列的末尾，替代已删除的符号，如图 7.1 所示。我们将删除两个符号。示例是 2 标签系统（2-tag system）。

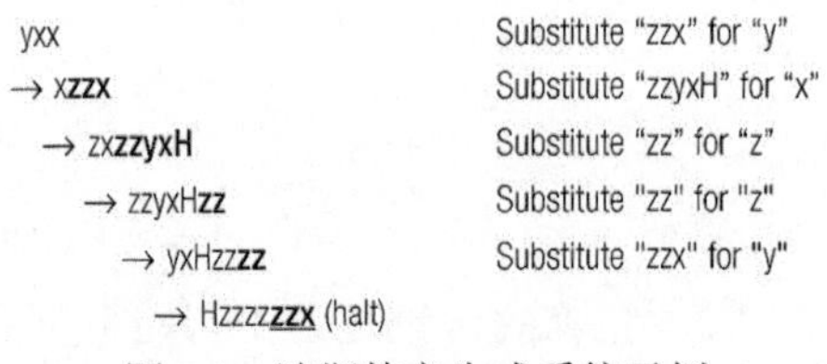

图 7.1　波斯特产生式系统示例

后来，1957 年，Noam Chomsky[2]将产生式系统作为一系列重写规则重新引入，这些重写规则可以用作转换规则，在自然语言系统中用来表示形式语法（见 13.3 节）。

产生式系统，诸如波斯特产生式系统，概括来说，可以证明其等同于通用图灵机。从理论上说，任何工作的计算机程序（使用任何计算机语言）都可以转换为能在图灵机上执行的程序。

---

① 此处原书少了一个符号。——译者注

从许多角度来讲，产生式系统对AI研究人员具有非常大的吸引力。

- **一种非常强大的知识表示形式**。作为人类如何思考这个世界的模式——无论是正式的还是非正式的，它们都是非常诱人的。虽然关于特定的人类知识领域，人们做出了各种尝试来构建完整的系统，但是它们要么太详细（为了表示在专家的大脑中真正发生的事情），要么太过简单而不足以说出整个事实。产生式系统可以方便地用来表示决策，因此可以表示动作。
- **作为连接AI研究到专家系统的桥梁，同时体现了强AI方法**。产生式系统是一种非常自然的表达方法，使用这种方法，你可以传达知识，表达问题领域的主要规则，以及构建专家系统。
- **作为展示启发法的方式，对人类行为进行建模**。正如我们在本文中所强调的，人类通过启发法才能工作。虽然人类无法像计算机那样坚持执行形式算法（回想一下，在第6章中提出的人类视窗的概念），但是人类可以非常舒服地开发和使用启发式方法。由于产生式系统是表示启发法的一种极好方法，因此它对人类行为进行建模。
- **作为模式匹配和情境-行动场景的完美模型**。它的表现就像一个触发器，一旦满足条件，就决定采取什么动作。这是一种表示各种各样的人类和自然情境的非常自然的方式。规则可以非常简单、直接、通用、清晰，也可以变得相对复杂，应用到非常具体的领域。

强方法与弱方法

在第1章中介绍了AI研究的二分法，强弱方法、其主要观点是：强AI方法依赖于经过积累、组织、提炼，以及可以采用的领域特定知识来获得可以帮助人类工作的系统。一个优秀的例子是计算机国际象棋：尽管今天顶级的程序看起来很强大，但是这个学科的大部分成功不是通过强AI的方法来实现的。强AI方法将涉及积累所有关于国际象棋的知识（例如棋局概念、兵的结构、所有已知的开局、中局和残局等），并且将其组合成为一个如Sowa所说的“知识汤（knowledge soup）”。[3]强AI方法将采用所有能够积累的知识，为程序生成强大的、能够获胜的步骤。

强AI与人类记忆和计算能力有限的性质类似，即相比于计算机程序而言，人类必须通过应用知识来进行强国际象棋博弈——思考相当小数目的棋局位置，并且不会非常深入，以应对记忆和计算能力的限制。

相反，虽然我们的程序似乎与世界上最好的人类玩家不分伯仲，但是不一定具有海量的特定的国际象棋知识，至少对于估计的Reddy 50 000左右特定的国际象棋概念而言是如此，这对于人类大师而言可能要积累到50岁。[4]这是因为程序采用了所谓的“弱”AI方法，这种方法按常规搜索由数百亿可能的未来棋局位置组成的树，相比之下，为了寻求在给定棋局找到最好的走子，人类智能能够搜索 50～200 个棋局。通过谓词演算的框架，采用复杂的符号操作，这是逻辑学家的方法（见第5章），我们认为这是相对弱的AI方法。相比之下，由数百个特定领域的规则构建起来的专家系统（见第9章）是强AI方法的示例。

弱方法的其他例子包括第11章中的神经方法和第12章中描述的进化方法。哪种方法是首选？要理解这个答案，需要考虑到性能需求与能力需求之间的精细平衡。例如，在特别的自然语言处理的“人类”领域中，强 AI 方法看起来是首选。基于统计学方法，表面看起来基于统计学方法是强弱 AI 方法混杂的结果，但是实践证明了此方法特别有前途。[5]

7.2 基本示例

如前所述，产生式系统是一种非常通用的表示人类世界的方式。它们遵循了之前讨论的基本形式：

IF[条件]THEN[动作]

以下是一些例子：

示例 7.1 简单规则（法律）

IF[你正在驾驶机动车]THEN[禁止喝酒]

示例 7.2 其他规则（法律）

IF[你正在开车，AND 你想使用手机]

THEN[确保你使用的是免提设备]

示例 7.3 常识规则/启发法

IF[正在驾驶，AND 下暴雨，AND 可见性差]

THEN[靠边停车]

示例 7.4 相对复杂的领域的特定示例

IF[汽车无法启动，AND 电池正常，AND 启动器正常，AND 有汽油]

THEN [检查发电机]

元知识（meta-knowledge）是关于某个领域的知识，这些知识在特定情境下，即人们在识别问题时特别有用。以下是使用元知识，建议在教学策略中做出改变，从而取得更好的学习效果的例子。

示例 7.5 使用元知识

元规则 1：

IF[学生不能回答问题]

THEN[尝试问学生一个相对基本的、学生更有可能成功回答的问题]

元规则 1 的示例：

问题 1：世界上有多少人？

答：我不知道。

问题 2：有多少人住在中国？

答：13 亿。

元规则 2：

IF[学生可以回答相对基本的问题]

THEN[问一个后续问题，这个问题可以充当回答原始问题的“桥梁”]

元规则 2 的示例：

问题 3：那么，你猜世界的人口有多少？

最早、最成功的专家系统之一是 MYCIN，这是由 Buchanan 和 Shortliffe 于 1976 年在斯坦福大学开发的。[6]MYCIN 尝试确定患者可能存在哪种泌尿系统感染。以下是 MYCIN 最常引用的摘录之一：

IF[有机体的染色是革兰氏阴性，AND 有机体的形态是棒状的，AND 患者是受损的宿主]

THEN[存在提示性的证据（0.6），识别有机体为假单胞菌]

MYCIN 是由医生和计算机科学家开发的，包括了约 400 条规则。

这个例子详细说明了 MYCIN 具有非常深的特定领域的知识，并且旨在说明 MYCIN 在评估接收一系列问题的答案后，推理出结论（推理链）。通过声明已积累的事实，以及所得出结论的置信度（在这个例子中为 0.6），MYCIN 能够“解释”它是如何得到结论的。

回想一下，产生式是人类进行问题求解的范式，它是由 Newell 和 Simon 在卡内基梅隆大学开发出来的。[7]他们认为人类在求解某些问题时，使用了存储在长期记忆中的产生式。当在短期记忆中识别出了某种问题的条件或情境时，那么在长期记忆中，产生式或规则就被激发了。然后，短期（工作）记忆中就添加了规定的动作（或结果）。因此，在长期记忆中，新的产生式可能被触发了。因为从现有的信息中可以推导出新的信息，所以人们称这种动态过程为人类推理的模型。正如我们很快就要看到的，给定存储在短期记忆中的一系列情况（前提、条件）得到了匹配，那么有可能采取多个可能动作；人们使用所存在的最适合的动作（决策）的概念，对基于规则的系统进行设计。这个过程称为冲突消解（conflict resolution）。短期记忆匹配了长期记忆中的情境，然后选择最好的匹配规则，确定执行的合适动作。图 7.2 说明了这个过程的工作原理。

这引出了基于规则的专家系统的概念。这些系统结合了知识库中的产生式（或规则），同时在工作内存中包含了领域特定的信息，并且推理机可以从现有信息中推断出新信息。Durkin[8]在《Expert Systems: Design and Development》，中给出了下列的定义：

使用知识库中包含的一组规则，利用推理机来推导出新信息，用来处理工作记忆中包含的问题特定信息的计算机程序。

图 7.3 说明了基于规则或产生式系统的这三个基本组件之间的交互。在这里，全局数据库（global database）相当于短期记忆。它是产生式系统的主要数据结构，由列表、小矩阵、关系数据库或具有索引的文件结构组成。这是一个动态的结构，作为产生式动作的结果持续改变，可以称为上下文或工作记忆。从计算机科学的角度来看，这不同于 RAM、硬盘或永久存储器。知识库包括了产生式规则，而控制结构等同于上面定义的推理机。

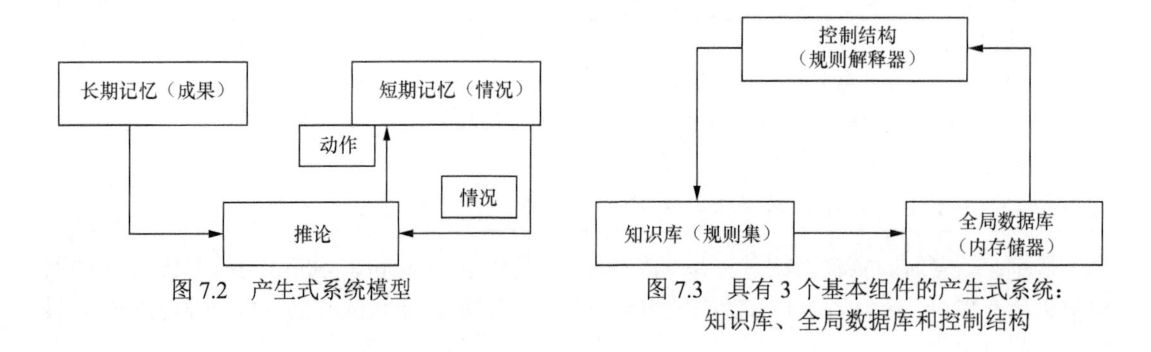

图 7.2 产生式系统模型

图 7.3 具有 3 个基本组件的产生式系统：知识库、全局数据库和控制结构

7.3 CarBuyer 系统

本节将介绍 CarBuyer 系统（见表 7.1），这个系统基于最相关的因子，如 CLASS（车身类型/尺寸）、PRICE（不管是新车还是二手车）、汽车的 MILEAGE（如果是二手车）以及 AVGCMPG（汽车每加仑的平均英里数），提供了产生式规则集，便于选择购买合适的汽车。如果汽车是二手车，那么其他类型的因素将包括汽车的里程数（MILEAGE）和汽车制造的年份（Year）。

表 7.1 CarBuyer 数据库

#	BRAND	CATEGORY	New/ Used	PRICE ($K)	US?	AVGCMPG	MILE (K)	Doors	Engine	Year	Car Chosen
1	Cadillac	Midsize	new	31	US	20	0	4	3.6L 6cyl	2008	**Cadillac CTS**
2	Lincoln	Midsize	new	33	US	22	0	4	3.5L 6cyl	2008	**Lincoln MKZ**
3	Mercedes	Sports/Conv	new	96	Foreign	14	0	2	5.5L 8cyl	2009	**Mercedes-Benz SL-Class**
4	Chevrolet	Midsize	new	23	US	25	0	4	2.4L 4cyl gas/electric hybrid	2008	**Chevrolet Malibu Hybrid**
5	Honda	Sub-Comp	new	18	Foreign	29	0	4	1.8L 4cyl	2008	**Honda Civic**
6	Toyota	Midsize	new	26	Foreign	34	0	4	2.4L 4cyl gas/electric hybrid	2009	**Toyota Camry Hybrid**
7	Ford	Compact	new	17	US	28	0	2	2.0L 4cyl	2008	**Ford Focus**
8	Honda	Sub-Comp	new	21	Foreign	29	0	2	2.0L 4cyl	2008	**Honda Civic**
9	Honda	Compact	new	27	Foreign	45	0	4	4.0L 4cy	2008	**Honda Civic Hybrid**
10	Hyundai	Midsize	new	16	Foreign	28	0	4	2.0L 4cyl	2008	**Hyundai Elantra**
11	Cadillac	SUV	new	56	US	14	0	4	6.2L 8cyl	2008	**Cadillac Escalade**
12	Toyota	SUV	new	49	Foreign	14	0	4	5.7L 8cyl	2008	**Toyota Sequoia**
13	Mercedes	SUV	new	53	Foreign	15	0	4	5.5L 8cyl	2008	**Mercedes-Benz M-Class**
14	Chevrolet	Sports/Con	used	18	US	20	83	2	8cyl	2000	**Chevrolet Camaro Z28 Convertible**
15	Mercedes	Sports/Conv	used	20	Foreign	24	66	2	4cyl	2003	**Mercedes-Benz SLK230 Convertible**
16	Chevrolet	Sports	used	14	US	21	42	2	8cyl	2002	**Chevrolet Camaro Z28 Coupe**
17	Ford	Sports	used	13	US	20	23	2	8cyl	2004	**Ford Mustang GT Coupe**
18	Honda	Midsize	used	11	Foreign	24	60	2	6cyl	2003	**Honda Accord EX V6 Coupe**
19	Honda	Midsize	used	15	Foreign	28	111	4	4cyl	2003	**Honda Accord EX Sedan**
20	Lincoln	Large	used	11	US	14	97	4	8cyl	2002	**Lincoln Continental**
21	Lincoln	Large	used	13	US	15	45	4	8cyl	2002	**Lincoln LS V8**
22	Toyota	Compact	used	16	Foreign	24	102	4	6cyl	2003	**Toyota Avalon XLS**
23	Toyota	Compact	used	15	Foreign	24	66	2	6cyl	2004	**Toyota Solara**
24	Toyota	SUV	Used	17	Foreign	19	36	4	6cyl	2004	**Toyota 4Runner SR5**
25	Ford	SUV	used	11	US	25	29	4	6cyl	2003	**Ford Escape XLT**
26	Ford	Large	used	9	US	20	59	4	8cyl	2004	**Ford Crown Victoria LX**
27	Ford	Sub-Comp	used	17	US	20	51	2	8cyl	2003	**Ford Mustang GT**
28	Chevrolet	SUV	used	15	US	16	45	2	6cyl	2004	**Chevrolet Blazer**
29	Cadillac	SUV	used	18	US	14	57	4	8cyl	2003	**Cadillac Escalade AWD**
30	Cadillac	Large	used	10	US	21	65	4	8cyl	2004	**Cadillac De Ville**
31	Cadillac	Midsize	used	15	US	20	50	2	8cyl	2001	**Cadillac Eldorado ESC**
32	Hyundai	SUV	used	19	Foreign	23	40	4	6cyl	2005	**Hyundai Tucson 4x4**
33	Hyundai	Compact	used	7	Foreign	28	90	4	4cyl	2001	**Hyundai Elantra GLS Sedan**

在开发一个小型模型作为最适用于当今汽车购买决策的代表时，我们试图尽可能真实地构建这个系统。撰写本书时，在选择汽车方面，最重要的因素可能是汽车的 CLASS，紧随其后的是 PRICE，最后才是 AVGCMPG。说到 CLASS，我们指的是下列中的一种：紧凑型、低端紧凑型、中型、大型、SUV、跑车等。

- ON_WM x　测试属性 x 是否在 WM 中（工作记忆）
- PUT_ON WM x　将属性 x 放在 WM 中

基于人们在做出购买汽车决定时所关注的一些重要的汽车特性，我们制订了一些产生式规则，构建了汽车购买者产生式系统（Car Buyer Production System）。在这个模型中或玩具系统中仅包含 32 种汽车（如果在这个系统中找不到读者最喜欢的汽车模型，请各位读者不要感到受到了冒犯）。

规则 1：IF [ON_WM MILEAGE = 0]
　　THEN [PUT_ON_WM_ NEW]

规则 2：IF [ON_WM MILEAGE > 0]
　　THEN [PUT_ON_WM_ USED]

规则 3：IF [ON_WM PRICE　≥ 30K]
　　THEN [PUT_ON_WM_ LUXURY]

规则 4：IF [ON_WM PRICE ≥ 20K] THEN [PUT_ON_WM_ STANDARD]

规则 5：IF [ON_WM PRICE > 5K] THEN [PUT_ON_WM_ ECONOMY]

规则 6：IF [ON_WM NEW] AND [ON_WM 8cyl]
　　THEN [PUT_ON_WM LUXURY]

规则 7：IF [ON_WM AVGCMPG ≥　25]
　　THEN [PUT_ON_WM Excellent-MPG]
　　ELSEIF [ON_WM AVGCMPG > 16]
　　THEN [PUT_ON_WM Medium-MPG]
　　ELSEIF [ON WM AVGCMPG　≤ 16]
　　THEN [PUT_ON_WM Low-MPG]

规则 8：IF [ON_WM LUXURY]
　　THEN [PUT_ON_WM SUV] AND [PUT_ON_
　　WM_ Cadillac] AND [PUT_ON_WM Lincoln] AND
　　[PUT_ON WM Mercedes]

规则 9：IF [ON_WM FOREIGN]
　　THEN [PUT_ON_WM Toyota] AND
　　[PUT_ON_WM Mercedes] AND [PUT_ON_WM Honda]
　　AND [PUT_ON WM Hyundai]

规则 10：IF [ON_WM NEW] AND [ON_WM SUB-COMPACT]
　　THEN [PUT_ON_WM Honda Civic]

规则 11：IF [ON_WM NEW] AND [ON_WM COMPACT]
　　THEN [PUT_ON_ WM Honda Civic] AND
　　[PUT_ON_ WM Ford Focus]

规则 12：IF [ON_WM NEW] AND [ON_WM MIDSIZE]
AND [ON_WM ECONOMY]
THEN [PUT_ON_ WM Hyundai]

规则 13：IF [ON_WM NEW] AND ON_WM MIDSIZE]
AND [ON_WM STANDARD]
THEN [PUT_ON_WM Toyota] AND
[PUT_ON_WM Chevrolet]

规则 14：IF [ON_WM NEW] AND [ON_WM MIDSIZE]
AND [ON_WM LUXURY]
THEN [PUT_ON_WM Cadillac] AND
[PUT_ON_WM Lincoln]

规则 15：IF [ON_WM USED] AND [ON_WM LARGE]
THEN [PUT_ON_ WM Lincoln] AND
[PUT_ON_ WM Cadillac] AND
[PUT_ON_ WM Ford]

规则 16：IF [ON_ WM USED] AND [ON_WM SUV]
THEN [PUT_ON_ WM Toyota] AND
[PUT_ON_ WM Ford] AND
[PUT_ON_ WM Chevrolet] AND
[PUT_ON_ WM Cadillac] AND
[PUT_ON_ WM Hyundai]

规则 17：IF [ON_ WM USED] AND [ON_WM Sub-Compact]
THEN [PUT_ON_ WM Chevrolet] AND
[PUT_ON_ WM Ford]

规则 18：IF [ON_WM USED] AND [ON_WM Compact]
THEN [PUT_ON_ WM Toyota] AND
[PUT_ON_ WM Hyundai]

规则 19：IF [ON_ WM USED] AND [ON_ WM Midsize]
THEN [PUT_ON_ WM Honda] AND
[PUT_ON_ WM Cadillac]

规则 20：IF [ON_ WM USED] AND [ON_ WM Sports/Conv]
AND [ON_WM_Price ≥ $20K]
THEN [PUT_ ON WM LUXURY] AND
[PUT_ON_ WM Merçedes]

至少就考虑到可能的候选车而言，这 20 条规则覆盖了数据库中所有的 32 辆汽车。虽然在某些情况下，它们不会出现单辆汽车选择的结果，但是在把汽车数据库缩减到一个相对小的列表这方面，它们总是成功的。现在，我们将介绍规则解释器（rule interpreter），也称为控制系统（control system）或控制结构，这个结构将系统化地根据规则识别最匹配所希望特性的汽车。控制系统的工作原理如下：

（1）从头到尾扫描产生式规则，这些产生式规则已被激活或被认为可使用，例如那些IF 条件评估为真的规则。这个步骤的结果是一系列的激活规则（也可以是空列表）。

（2）如果多个规则适用（激活了），那么停用（从工作内存中删除）将会重复已经存储在 WM 特性中的规则，防止在 WM 中出现特性冗余。

（3）根据“IF 条件”，触发 LONGEST ACTIVE 产生式规则。如果没有适用的规则，则退出循环。对于所希望车辆的最好匹配将是出现在 WM 顶部的那一辆汽车。

（4）将所有产生式规则的 IF 部分变为 FALSE（假），转到控制语句（1）。这使得控制结构可以进行迭代，直到找到最佳解。

控制系统有两个明显不同的目的。一个目的是检查工作记忆（数据库），回答问题，如“可用的二手经济型汽车是什么？”或“可用新豪华车是什么？”。规则 2 和规则 5 将回答可用的二手经济型汽车这个问题，规则 6 将告诉你可用的新豪华车是哪辆。控制系统的第二个目的是通过触发适用的产生式规则，进行逻辑推理，将搜索到的可能的汽车知识添加到数据库中。例如，规则 7 告诉我们，数据库中的豪华车是 SUV、凯迪拉克、林肯和梅赛德斯。规则 3 添加了进一步的知识：豪华车价格超过 30 000 美元。规则 13 添加了更进一步的规则：如果我们希望购买中型的新豪华轿车，那么凯迪拉克和林肯是可能的选择。最后，如果我们正在寻找一辆二手豪华轿车，那么规则 20 产生了一个例外（一辆价格不到 30 000 美元的豪华轿车），并向我们提供了梅赛德斯体育敞篷车（Mercedes Sports Convertible）的数据。在这个过程的任何时候，人们可以检查工作内存，列出从规则匹配和推导中得到的原始数据。

值得注意的是控制系统的迭代本质。这是一个需要 4 个步骤的过程。重复这一过程，直到找不到（不能触发）更多的匹配规则。步骤 3 是退出循环结构的步骤，很方便地它将最佳匹配置于工作内存的顶部。因此，我们可以总结出：迭代过程的第一阶段执行了模式匹配，确定了候选规则，然而第二阶段执行了冲突消解，确定了最佳匹配规则。第三阶段的目的是针对所希望的特性，决定哪辆车是最好的候选车，然后提供了动作（action），在这个情况下，这个动作就是决策。

现在，让我们来探讨系统如何工作。假设我们正在寻找中型（MIDSIZE）二手车或新车，价格低于 20000 美元。让我们迭代运行规则，看看哪些规则适用。

显然，第 5 条、第 12 条和第 19 条适用。

对于读者，我们注意到，这会把以下汽车放在 WM 中：

规则 12→现代（Hyundai）；规则 19→本田（Honda），凯迪拉克（Cadillac）

值得注意的是，凯迪拉克（Cadillac）这样的豪华车，与现代（Hyundai）和本田（Honda）这样的经济型汽车出现在了同一张列表上。这表明汽车制造商必须适应不断变化的经济环境。在美国，几年前汽油价格急剧上升，超过 4 美元/加仑，这意味着汽车购买的主要考虑因素是 AVGCMPG。

汽油价格波动：虽然在 2010 年，汽油价格恢复到相对稳定的水平，但是不难想象，它们可以在任何时候再次达到 4 美元/加仑的水平，甚至飙升到更高的价格。

我们添加了规则 7 来表示这种情况，目标是高的 AVGCMP。正如我们看到的，规则 7 导致选择现代伊兰特（16000 美元，28AVGCMPG）、本田 2003 雅阁 V6（11000 美元，

24AVGCMPG）和本田 2003 雅阁 V4（15000 美元，28AVGCMPG）。

由于价格差只有 1000 美元（鉴于这三辆车都是国外品牌），看起来系统应该能够选择新的 Hyundai Elantra，价格只有 16000 美元。事实上，人类可以轻松做出购买拥有 111 000 英里的 2003 Honda V4 的决定。在计算机中，如何表示这种逻辑的选择呢？规则 12 比规则 19 长，这是基于支持最长的有效规则的冲突消解策略，打破平局的规则（控制系统的第 3 步骤）。

产生式系统的优势

正如我们所看到的，对于开发专家系统和表达特定领域的规则，产生式系统是一种非常理想的方式。如果要非常具体，那么可以添加许多具体的规则。如果要一般化，那么我们就不必去制订太多过于具体的规则。此外，规则本身可以是通用的，也可以是专有的，例如规则 7 将所有的汽车归类为 3 种可能的价格类别。这可以通过多子句嵌套 IF-THEN-ELSEIF 结构来实现。

我们再次强调，所开发的系统只是一个小模型的例子，而在真实系统中，数据库可能涉及数千辆汽车，包含几百条规则。如果可能，我们希望避免“收益递减效应（diminishing returns effect）”。由于“收益递减效应”，一小部分规则处理了大部分的问题空间，但是要添加越来越多的规则来处理“特殊情况”。在构建专家系统中，10%的规则覆盖了 90%的问题空间，而其他 90%的规则必须处理例外情况。

产生式系统的优势如下。

（1）易于表达。产生式系统是一种自然方式，供人们（人类领域的专家或专才）表达自己，展示人们所拥有的大量知识。

（2）本质上非常直观。产生式系统 IF-THEN（或前件—后件）的本质，是一种非常直观的人类表达自己的方式。这种系统是人类专家进行思维和决策过程时一种非常合理的表达范式。

（3）简单性。产生式规则非常容易制订和修改。它们也很容易理解（透明），并与英语（或自然语言）的表达形式一致。

（4）模块性和可修改性。我们已经看到了构建产生式系统是多么容易。产生式系统是知识与控制明确分离的一个极好的例子。知识可以很容易得到修改——它可以根据需要进行扩展、重组或删除，并且具有模块性。这是产生式系统、专家系统和 AI 的一个非常独特的方面，有时被称为“关注的分离（separation of concerns）”。此外，重要的是，随着知识被添加到系统中，人们可以很方便地查阅和思考规则覆盖的内容。

（5）知识密集。上述所讲的“关注的分离”是知识密集型的，它允许知识工程师专注于开发产生式规则，专注于规则，不会因控制结构的操作而分散注意力。如果每次添加规则时，系统开发人员必须重新考虑控制结构如何工作，这就会变得非常麻烦。容易表达的特性还促进规则集群的发展，系统地覆盖问题空间。

7.4 产生式系统和推导方法

作为知识表示形式和体现启发式方法的产生式系统，其总的目的是使做出决策的过程变得容易。正如我们已经说明的，当适用的规则有多个时，除非先前已经确定了打破平局的系统，否则就会出现冲突的情况。打破平局的系统称为冲突消解，这将在下一节中讨论。在产生式系统的历史中，为了解决问题，人们已经开发并采用了两种遍历规则的主要方法：一个是正向链接的推理系统，另一个是反向链接的推理系统。

这些系统将在 7.4.2 节和 7.4.3 节中进行探讨。

人物轶事

赫伯特·西蒙（Herb Simon）

Herb Simon（1916—2001）。人工智能领域的学者之所以会对 Herb Simon 和他的好朋友 Allen Newell 的著作感兴趣，是因为他们代表了这一领域的大多数人。他们对人工智能的领域做出了巨大贡献，而且一直坚持卡内基梅隆大学的观点，即倾向于人工智能是独特的认知科学，也就是在本章前面以及在第 6 章所讨论的强人工智能。

“由于 Simon 博士对经济组织的决策过程进行了开创性的研究”，他于 1978 年获得诺贝尔经济学奖，并且由于对“人工智能、类认知心理学和列表处理做出的巨大贡献”，他和他的博士生 Allen Newell 在 1975 年共同获得了 ACM 的图灵奖。他还获得了国家科学奖章（1986）和美国心理学协会的心理学杰出终生贡献奖（1993）。他于 1949 年加入 CMU 的心理学系，直至去世。人们认为他是认知心理学和人工智能领域的创始人之一。Simon 和 Newell 是基于模式的启发式方法求解问题的两个主要支持者，并建立了人类思维模型。

Simon 由于有限理性（bounded rationality）理论获得了学术荣誉奖章（Academy Medal of Honor）。在这个理论中，概念非常简单，人们在知识或分析能力的限制下做出理性的决定，而不是寻找最佳选择或价格最好的商品。也就是说，人们做出“满意的”（西蒙所用的词）或足够好的选择。

对于有限理性理论，Jones 写道（1999；参见选择参考文献中的第一个条目）：

有限理性认为决策者是有理性的，也就是说，他们面向目标并且有适应能力，但是由于人类的认知和情感结构，他们在做出重要决定时有时会失败……

虽然大多数政治科学家都知道 Simon 的贡献，但是许多人没有认识到有限理性是最优的，并且由于它在许多学科中产生了连锁反应，成了政治学迄今为止输出的最重要的思想（甚至学术思想学派）。

1978 年，瑞典皇家科学院发表的以下声明进一步表达了人们对 Simon 所做贡献深深的尊敬：

“Herb Simon 在科学上的输出远远超出了他担任教授职务的学科（政治学、行政学、心理学和信息科学）。在科学理论、应用数学、统计、运营研究、经济与商业、公共行政，以及所有他研究的领域，Simon 都可圈可点。”

瑞典皇家科学院官方诺贝尔奖公告

CMU 计算机科学学院向 Simon 教授致谢，内容如下：

他在所有工作中孜孜不倦，对人类决策和求解问题的过程以及这些过程对社会制度的影响饶有兴趣。他广泛使用计算机模拟人类思维，使用人工智能扩展了人类思维。

Simon在芝加哥大学学习社会科学和数学，于1936年获得学士学位，于1943年获得政治学博士学位。Simon在他的自传中说：

……我将继续把组织决策的描述性研究作为主要职业……如果我们要理解决定，那么工作使我们越来越需要一个更充分的人类求解问题的理论。1952年，我在兰德公司见过的Allen Newell也有类似的观点。

1954年左右，Newell和Simon构思出这样一种想法，即“正确的研究问题求解的方法是用计算机程序模拟它”（同上）。

逐渐地，计算机模拟人类认知成为西蒙生命中的主要研究兴趣。

2000年，拜伦·斯派斯（Byron Spice）在采访Simon的过程中问他计算机将如何继续塑造世界。他的回答是：“实质上，虽然计算机将表现出巨大的力量，但是如何接受和使用这种力量将依然取决于人。”他说：

……因此，我们必须考虑在无事可做的情况下，如何将找到令人兴奋的事情来做的人联合起来。现在，社会中的一半人已经很危险地接近这一点了。但是，你同样可以看到，技术为人类创造了条件，问题在于我们对自己做了什么。我们更清晰地了解了自己，找到了更好的方式喜欢自己……

参考资料

Herb Simon发表了超过1000篇论文。下面仅列出了其中的一些文章。

Jones B D. Bounded rationality. Annual Review of Political Science 2:297–321, 1999.

政治学

Simon H. 1A behavioral model of rational choice. In Models of Man, Social and Rational: Mathematical Essays on Rational Human Behavior in a Social Setting. New York, NY:Wiley, 1957.

Simon H. A mechanism for social selection and successful altruism. Science 250 (4988):1665–8, 1990.

Simon H. Bounded rationality and organizational learning. Organization Science 2(1):125–134, 1991.

心理学

Zhu X, Simon H. A. Learning mathematics from examples and by doing. Cognition and Instruction 4:137–166, 1987.

Larkin J H, Simon H A. Why a diagram is (sometimes) worth 10,000 words. Cognitive Science 11:65–100, 1987.

Langley P, Simon H A, Bradshaw G. L Zytkow J M. Scientific discovery: Computational explorations of the creative processes. Cambridge, MA: The MIT Press, 1987.

Qin Y, Simon H A. Laboratory replication of scientific discovery processes. Cognitive Science 14: 281–312, 1990.

Kaplan C, Simon H A. In search of insight. Cognitive Psychology 22:374–419, 1990.

Vera A H, Simon H A Situated action: A symbolic interpretation. Cognitive Science

17:7–48, 1993.

Richman H B, Staszewski J J, Simon H A Simulation of expert memory using EPAM IV. Psychological Review 102(2):305–330, 1995.

计算机科学和人工智能

Simon H A. The structure of ill-structured problems. Artificial Intelligence 4:181–202, 1973.

Newell A, Simon H A. Human problem solving. Englewood Cliffs, NJ: Prentice-Hall, 1972.

Baylor G W, Simon H A. A chess mating combinations program. Proceedings of the 1966 Spring Joint Computer Conference 28:431–447, 1966.

Simon H A. Experiments with a heuristic compiler. Journal of the Association for Computing Machinery 10:493– 506， 1963.

Newell A, Simon H A. GPS: A program that simulates human thought. In Lernende automaten, ed. H. Billings, 109–124. Munchen: R. Oldenbourg, 1961.

Newell A, Shaw J C, Simon H A. Chess-playing programs and the problem of complexity. IBM Journal of Research and Development 2:320–335, 1958.

Newell A, Simon H A. The logic theory machine. IRE Transactions on Information Theory IT-2(3):61–79, 1956.

科学发现

Simon H A. The Sciences of the Artificial, 3rd ed. Cambridge, MA: The MIT Press, 1996.

Okada T, Simon H A. Collaborative discovery in a scientific domain. In Proceedings of the 17th Annual Conference of the Cognitive Science Society, ed.J. D. Moore and J. F.Lehman, 340–345. Hillsdale, NJ: Erlbaum, 1995.

Shen W, Simon H A. Fitness requirements for scientific theories containing recursive theoretical terms. British Journal for the Philosophy of Science, 44:641–652, 1993.

Kulkarni D, Simon H A. The processes of scientific discovery: The strategy of experimentation. Cognitive Science 12:139–176, 1988.

Langley P, Simon H A, Bradshaw G L, Zytkow J M. Scientific discovery: Computational explorations of the creative processes. Cambridge, MA: The MIT Press, 1987.

Simon H A, Kotovsky K. Human acquisition of concepts for sequential patterns. Psychological Review 70:534–546, 1963.

7.4.1 冲突消解

正如我们所看到的，当若干规则是匹配产生式[IF]前提条件的备选规则时，我们必须有一个策略来选择最合适的规则，这被称为冲突消解。它可以通过以下几种方式实现：

这个主题在第 16 章和 Arthur Samuel 在跳棋游戏方面的著作中也有所涉及。在这些章

节中，我们将介绍Samuel的忘却（forgetting）和刷新（refreshing）的概念。忘却是指启发法的老化（缺乏使用），而刷新则赋予了启发法更多重要性。如果启发法最近得到了使用，则将它们的老化时间（未使用时间）除以2。

1．触发匹配内存目录中的第一条规则

例如：

规则1：如果我有很多钱，那么我出去吃饭。

规则2：如果我的钱有限，那么我留在家里做饭。

使用上面的冲突消解规则，如果某个人有钱，就会出去吃饭。结果可能是真正的压力来自于一个人可能有足够的钱出去吃饭，但是没有时间！同时，他的厨艺可能也不好。因此，冲突消解的结果是出去吃饭——但只是选择附近的快餐店，这在规则1中没有规定。为了消解这样的冲突，可能需要更多更具体的规则。

2．触发具有最高优先级的规则

可以给规则分配优先级。也就是说，人们认为一些规则比其他规则更重要。显然，在CarBuyer系统中，与汽车PRICE相关的规则比与CATEGORY相关的规则，或与NEW车或USED车的规则更重要，因为你不可能购买支付不起的物品。这就是为什么这些规则被放在列表顶部，尽管这个列表在技术上没有进行优先级的分配。我们尝试以一种可以代表购买者优先事项的方式构建规则清单。你可能会问，为什么将NEW或USED车相关的规则放在了列表的顶部？这是因为，我们认为决定买NEW车还是USED车是影响买方初始搜索的第一个决定。此后，随着买家在搜索过程中逐渐熟悉系统，并且了解了不同车的价位，因此确定价格是成为买家做出决定的最重要的因素。此外，选择NEW还是USED车可以快速、方便地将列表分成大小为12辆和20辆汽车的两张子列表。

3．触发最具体的规则

如果两个规则基本上覆盖了相同的可能集合，那么相对具体的规则更能代表我们正在处理的问题。也就是说，比起相对一般的规则，相对具体的规则包含更多的信息。早先，我们看到规则12更具体，比规则19更能“消解”问题。这条规则中包含的额外信息是，一辆经济型汽车（即价格低于20000美元的汽车）是合用户心意的。最长的规则几乎总是最具体的规则，这不是偶然的。

4．触发最近使用的规则

这种方法称为刷新，这是一种有逻辑的方式，增强先前使用过、已证明有价值的概念的重要性。对于在国际象棋和跳棋中所使用的深度优先搜索，这种策略鼓励探索具有最大活力路径。

5．触发最近添加的规则

这种对启发法进行循环（cycling）的方法尤其适用于可以快速改变的动态知识库。它的目的是，为了给予那些在其他情况下不能使用的启发法得到公平使用的机会。CarBuyer系统中的产生式规则7将再次成为应用此冲突消解规则的一个示例，这条规则实际上是在制定了其他19条规则之后才添加进来的。加强汽车AVGCMPG概念重要性是鉴于最近的经济发展。事实证明，这条规则得到了迅速应用，是在具有适当期望特征汽车中进行选择的决定性因素。

6．禁止触发已经触发的规则

这条规则防止了循环（冗余），这意味着只有新的规则才会被触发，并放入工作内存中。

冲突消解策略可以控制触发哪些规则。这可能会出现一些情形，在这些情形中，某些启发法优于其他启发法。为此，我们设计了冲突消解策略，有利于触发某些启发法的组或集群。这鼓励我们对得到某些结果背后的过程进行实验和研究。

7.4.2 正向链接

在人类日常生活中，正向链接（forward chaining）是一种非常自然的推导（思维）形式。人类积累事实，并利用这些事实进行推理，得出结论。并不是所有累积的事实都有助于得到结论。一些事实可能是毫不相关的，而另一些事实可能只是一系列推理中的一部分，能够得出某些结论。正向链接的又称为扇入（fanning in）。

正向链接的示例

示例 7.6

我感觉不舒服

我头疼了

我发烧了

结论：身体不舒服，感冒和发烧，都表现出了流感症状。

治疗：躺在床上，大量喝水，服用阿司匹林或泰诺。

示例 7.7

1. 狗弄翻了垃圾桶，弄得到处乱糟糟的。
2. 我们回到家，看到厨房一片狼藉。
3. 从地下室发出一股难闻的气味。
4. 我们发现狗躺在地下室的地板上，它离散发出气味的源头不远。

结论：狗由于吃了垃圾中的某些东西，生病了。基于事实，结论似乎是合理的。

示例 7.8

汽车不能启动

Then **检查电池**

If 大灯工作

Then 结论电池是可以工作

检查启动装置

If 车可以翻转

Then 结论启动装置可以工作

检查交流发电机

If 交流发电机已连接且可操作

The 结论交流发电机可以工作

检查燃油泵

If 泵运行

Then **检查燃油管**

If 燃油管路损坏

Then **更换燃油管**

Else **寻找专业帮助**

以上是一个标准协议，试图了解汽车无法正常启动或启动之后立即停止的原因。我们看到从每个事实推导得出逻辑结论和逻辑后续的方式。在涉及启动问题的情况下，我们通常会检查电池、启动器和交流发电机，最后检查燃油泵。对于机械师而言，对应该先问哪些问题也有一个分层逻辑。换句话说，我们先不考虑交流发电机甚至是启动器发生故障。与汽车不能启动相关的最常见的问题是电池。一旦确定汽车的电池充满电，我们才考虑汽车启动器可能出现故障。只有当知道电池和起动器可以正常工作时，我们才认为交流发电机可能无法正常工作。最后，如果确定电池、启动器和交流发电机没有故障，那么考虑燃油泵。同样，在概率方面，这些部件中，燃料泵是最不可能出现这种问题的部件。

图 7.4 详细阐述了正向链接中使用的推理。此处，我们可以看到证据 E_1 和 E_2 支持假设 H_1，证据 E_3 和 E_4 支持假设 H_2，证据 E_5 和 E_6 支持假设 H_3。

基本上，通过累积的数据（证据、事实）进行正向链接推理，可以得到若干假设，并且随后可以得到若干结论。正向链接特别适用于需要规划、监控、控制和解释的问题。这些类型的问题都涉及基于累积的大量数据做出决策。

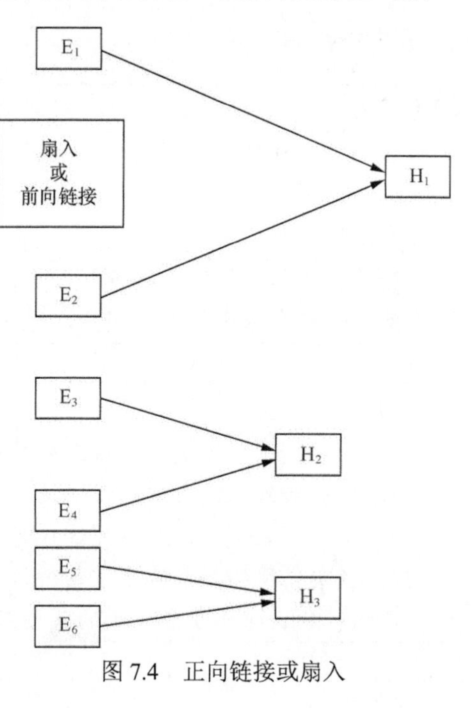

图 7.4 正向链接或扇入

7.4.3 反向链接

反向链接是用产生式系统得到推断的另一种标准方法。反向链接从已知的目标或结果回溯事件，并试图确定哪些事实/知识/事件（证据）导致了结果。

反向链接通常用于诊断、分析、解决问题，或通过可能暗示着某些条件的可用证据和事实向后推导，来证明一些目标或假设。

在执行反向链接推导时，这称为从目标或结论扇出到支持事实或证据。图 7.5 说明了这一点。

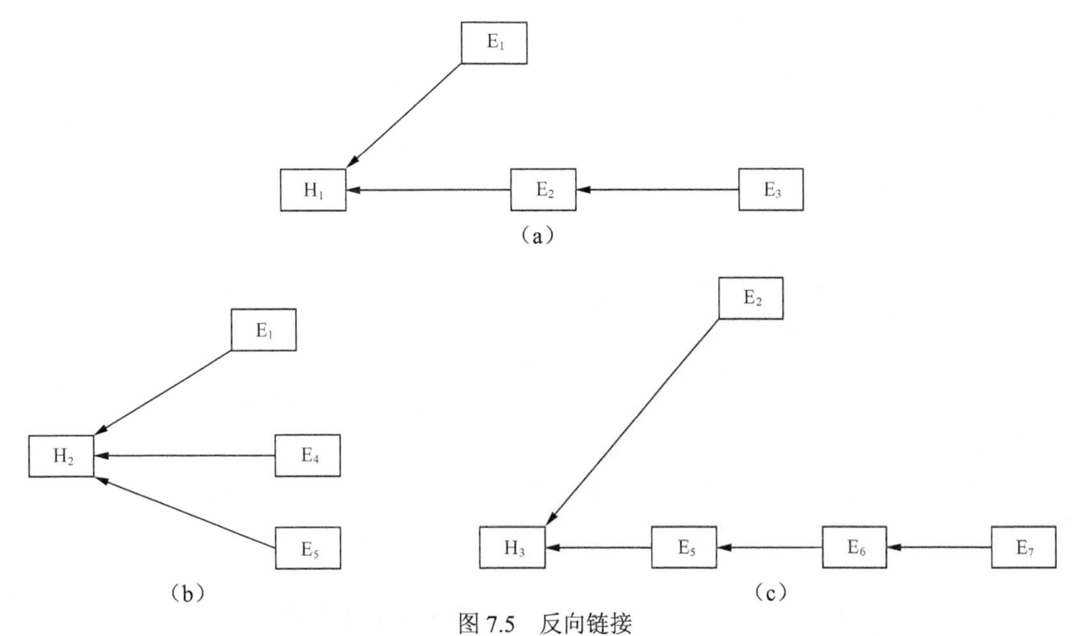

图 7.5 反向链接

（a）使用反向链接的扇出；（b）扇出；证据 E_1、E_4 和 E_5 都支持假设 H_2；

（c）带有链接证据 E_5、E_6、E_7 的反向链接

$H_1 \leftarrow E_1$

$H_1 \leftarrow E_2 \leftarrow E_3$

由图 7.5 可知，假设 H_1 由证据 E_1 支持和证据 E_2 支持，证据 E_2 本身由证据 E_3 支持。

$H_2 \leftarrow E_1$

$H_2 \leftarrow E_4$

$H_2 \leftarrow E_5$

这里假设 H_2 由证据 E_1 以及证据 E_4 和 E_5 支持。

$H_3 \leftarrow E_2$

$\leftarrow E_5 \leftarrow E_6 \leftarrow E_7$

这里 H_3 有 4 项证据：E_2、E_5、E_6 和 E_7。

一个典型的例子是试图求解犯罪谜题。我们知道发生了某个犯罪事件，并试图利用所有的事实和证据回溯来解决这个谜题。例如，如果发生银行抢劫事件，我们应尽可能多地获取与抢劫相关证据。

向后链接的示例

示例 7.9 心脏病发作

事实：某人心脏病发作。

E_1：吸烟导致动脉硬化。

E_2：动脉硬化将导致心脏病发作。

E_3：高胆固醇可能更易导致心脏病发作。

此示例基本匹配图 7.5（a）中的模式 1。

$H_1 \leftarrow E_3$

$E_1 \rightarrow E_2$

如果心脏病发作的人是吸烟者并且具有高胆固醇，那么，这些因素很可能是心脏病发作的原因。

示例 7.10 修复汽车

事实：

有一天，我倒车时撞到一棵树，车无明显损坏。

几天后，我注意到刹车和右转指示灯不工作了。

分析：

1. 一种可能性是闪光器坏了。闪光器是仪表板下的电气装置，用于控制汽车在转向和刹车时的指示灯。

2. 然后从事实1“反向链接”到指示灯。实际问题是，一些灯泡在撞击树木过程中受到了损坏。

总结：

汽车中的闪光器将在大约160 934km驾驶里程或数年后才会损坏。

在因果关系中，从指示灯的故障联想到（通过反向链接）几天前撞到树的事件，这是合乎逻辑的。闪光器的失效是不太可能发生的事件。

示例 7.11 逆向分析

我们有一个完整的逻辑领域，用于分析国际象棋棋局的历史。

这种形式的分析试图回答诸如“刚才，在某个方块中的什么棋子会被吃掉”或“刚才，兵如何到达棋盘上的某个方块”等问题。基于最基本的博弈规则知识，我们通过对发生的事件进行逻辑分析（反向或逆行分析），可以回答这样的问题。在国际象棋中，与逆行分析领域分析最相关的人是Raymond Smullyen教授，他是逻辑学家、数学家和哲学家。同样，通过已知的国际象棋博弈和棋局的事实数据库，通过从某个结果（棋局局面）向后推理，我们可以在国际象棋博弈中进行逆行分析。

示例 7.12 事故分析

每当发生重大灾难性事件时，例如飞机坠毁或铁路事故，人们都会仔细重建导致事故的事件。航空或铁路安全运输委员会将派出分析此类场景的专业人员。这些专家知道所有事情（这些事情对涉事车辆非常重要），也知道事故现场的一切事情以及相关的安全因素。他们还知道研究调查的方式和内容，以便了解导致事故发生的事件，建立因果分析。同样，这也是一个“通过证据和事实向后链接，试图得出发生了什么的结论”的示例。

示例 7.13 找回失物

几乎所有人都会遗失或错放一些有价值的对象，如钱包、包或钥匙。通常，找回失物的唯一方法是进行向后回溯工作。

也许你有类似的经历：某个星期天，你穿着舒适随意的运动服逛商店，期间在一家餐馆停下来吃饭和放松一下，然后到银行自动柜员机处取钱。你回到停车位时，将手伸进口袋里，但是找不到车钥匙，也没有找到房门钥匙！这时你必须回溯你的步骤，在脑海中回溯自己到过的地方、走过街道的哪一边，以及其他细节，直到……幸运的你在银行自动取款机柜台上找到自己的钥匙——这是你最后到达的地方。事实上，在回溯的过程中，你考虑了几个具体的细节或事实，如：①因为你穿着运动服，你的钥匙和钱包在同一个口袋里。②你清楚地记着自己在查看钱包时，都会把钥匙拿出口袋。③你没有进行任何购物，因此你只在餐厅使用了钱包。④这是星期天，银行大厅关闭，因此你不得不拿出银行卡，在 ATM 上取钱。⑤你还记得自己把钥匙从口袋里拿出来过。

显然，这是一个反向链接的例子。事件发生了，我们试图找出事件发生的原因和方式。我们能够想起的细节越多，当把事实结合在一起时，我们想起将东西错放之处的机会越大。

值得一提的是，如果钥匙被某人拿走，你找到钥匙的机会是多少？那么，有两个安全措施可能会保护你（但这会带来一些不便和不确定性）——一是如今大多数银行都装有安全摄像头，二是在星期天进入银行（注意给出证据）需要一张银行卡来开门。

在考虑上述可能性的过程中，我的确学到了一些东西。有时候，有人在下班时间去银行，而另一个也使用该银行 ATM 的人几乎在同一时间到达银行。如果你使用银行卡让那个人进入银行，那么事实上降低了银行的安全系数，如果发生了一些特别的事。那张银行卡是一个重要的证据。

人物轶事

艾伦·纽厄尔（Allen Newell）

Allen Newell（1927—1992）是早期一位伟大的 AI 研究人员，他在问题求解、知识表示和认知科学领域做出了许多重要贡献。为此，他和搭档赫伯特·西蒙（Herbert Simon）于 1975 年被授予 ACM 的 AM 图灵奖。

Newell 开发的两个早期程序是逻辑理论器（The Logic Theorist，1956）和一般问题求解器（The General Problem Solver，1957）。

他于 1949 年从斯坦福大学获得学士学位，然后在普林斯顿大学学习数学，在那里他了解到了冯·诺依曼（Von Neumann）和莫根斯坦在博弈理论和经济学领域的工作。根据 20 世纪 50 年代在兰德公司从空中交通控制和组织模拟等领域得到的早期经验，Newell 学会使用卡片程序计算器进行信息处理。

根据 Simon 所述，Newell 将自己描述为“一个科学家”。他的早期经历为其发展提供了极好的背景和“血统”；受到斯坦福大学冯·诺依曼和兰德公司 Polya（见第 3 章）的影响，他开始专注于解决“人类如何思考”的问题。1954 年，Newell 参加了兰德大学的 Oliver Selfridge 举办的研讨会后，他相信“可以创建智能自适应系统，这种系统能完成任何其他机器不能完成的更复杂的事情”（Newell，1986 年）。

由此，他的兴趣转向为复杂问题的求解制定启发法，如在国际象棋博弈中所发现的启发法，以及更好地理解人类思维如何工作。

1955 年，在匹兹堡，Newell 加入了 Herbert Simon 的工作，他是被兰德公司调到这里来的。他对国际象棋的兴趣演变成构建一台逻辑理论机器（LTM），这就是在命题演算中发现定理的机器，然后用这台机器执行手工模拟（1955）。1956年，他将其开发为一个运行的程序。LTM及其后继者、一般问题求解器（GPS）为未来十年的AI程序奠定了基础。Newell最终从卡内基梅隆大学获得工业管理博士学位。“LTM是一个程序，用于研究理解复杂的信息处理系统，但这是第一个程序，因此它在尝试自动化协议分析方面只获得了部分成功”。（Newell，1971）

GPS是“手段-目的分析”研究的主要示例，GPS尝试最小化问题情形中的当前状态与目标状态之间的距离。GPS 能够识别其拥有的一小撮原语集合，学习到哪些算符与减少差距相关（同上）。

Newell博士的《人类问题求解》（与克里夫·肖和Herbert Simon合着，1992）为促进我们理解人类如何在许多领域求解问题做出了巨大贡献。他试图创建统一的认知理论（Unified Theories of Cognition），这个理论可以使用Soar系统进行实验建模和测试，Soar系统是其在20世纪80年代开发的一个系统，旨在给了解思维如何工作建立一个广泛的理论框架。

Simon对Newell的Soar项目进行了如下总结：

“如果仔细地观察现有的统一理论，可以看到每个理论围绕核心认知活动进行构建，然后扩展到处理其他认知任务。在Anderson’s Act *中，核心是语义记忆；在EPAM，核心是感知和记忆；在连接模型中，核心是概念学习。在Soar中，与GPS一样，核心是解决问题，而且Soar接管并扩展了问题空间的中心GPS概念，允许系统在解决单个问题中使用多个问题空间。Soar 程序是一个产生式系统，为此增加了与研究生合作中开发的两个关键组件：分块学习（Rosenbloom和Newell，1982），这产生了多种类型的学习方式（遵循经验观察到幂定律）；通用的弱方法（Laird和Newell，1983），这个方法结合了用于通用子目标（universal subgoaling）的方法。”

Soar的本质是演示强大的学习机制，即将适应性产生式系统学习方式和分块（人们普遍接受的关于记忆如何工作的理论，Rosenbloom和Newell，1982）方式相结合，可以得到关于学习的一致、可行、可用的理论。Newell去世后，Soar仍不断吸引着许多大学的研究人员。

参考资料

Primary Source: Simon H A. Biographical Memoir, Allen Newell. n.d. National Academies Press.

Newell A, Simon H A. The logic theory machine: A complex information processing system. IRE Transactions on Information Theory IT 2:61–79, 1956.

Bell C G, Newell A. Computer structures: Readings and examples. New York, NY: McGraw-Hill，1971.

Bell C G, Broadley W, Wulf W, Newell A, Pierson C, Reddy R, Rege S. C.mmp: The CMU multiminiprocessor computer: Requirements, overview of the structure, performance, cost and schedule. Technical Report, Computer Science Department, Carnegie Mellon University, Pittsburgh, 1971.

Newell A, Simon H A. Human problem solving. Englewood Cliffs, NJ: Prentice-Hall, 1972.

Newell A. The knowledge level. Artificial Intelligence 18:87–127, 1982.

Rosenbloom P S, Newell A. Learning by chunking: Summary of a task and a model. In Proceedings of AAAI-82 National Conference on Artificial Intelligence. AAAI, Menlo Park, CA, 1982.

Newell A. American Psychological Association, 1986 Award for Distinguished Scientific Contributions, American Psychologist, 41, pp.337-52, p.348, 1986.

Newell A. Unified theories of cognition. Cambridge, MA: Harvard University Press, 1990.

Newell A. Unified theories of cognition and the role of Soar." In Soar: A cognitive architecture in perspective, eds. J. A. Michon and A. Anureyk. Dordrecht: Kluwer Academic Publishers, 1992.

7.5 产生式系统和细胞自动机

与人工智能密切相关的问题是人工生命以及“机器是否能够自我复制”。

这是 20 世纪 50 年代计算机科学的创始人之一，普林斯顿大学的约翰·冯·诺依曼的兴趣所在。能否有一个机器人，它有视觉，能够遵循图灵机形式的程序，并能够从基本组成零件中组装出和自己一样的机器人？[9]

在经典的 AI 电影《Bi-Centennial Man》(主演罗宾·威廉姆斯)，机器人试图复制自己——它经营着一个生产机器人零件的工厂。

美国洛斯阿拉莫斯的数学家斯坦尼斯瓦夫·乌拉姆（Stanislaw Ulam）建议冯·诺依曼[10]在一个方格网格中构建世界个抽象模型，以检验他的假想。

下面是《Game of Life》游戏的一个标准的产生式规则集：

R1：IF[$N=2$]
　　THEN [细胞维持现状]

R2：IF[$N=3$]
　　THEN[下一代细胞开启（活了）]

R3：IF[$N=0$ 或 $N=1$ 或 $N=4$ 或 $N=5$ 或 $N=6$ OR
　　$N=7$ OR N = 8]
　　THEN [下一代细胞关闭（死的）]

其中 N=活的邻居数（范围为 0～8）。

R3 的 7 种情况可以用生活中发生的事情来描述。如果一个细胞有 0 或 1 个邻居，它死于“孤独”。如果一个细胞有超过 3 个邻居，它死于过度拥挤。一些状态是稳定的，一些状态会消失，一些状态会振荡并爆炸。遵循这些简单的规则，我们可以看到图 7.6 中的模式发生了什么。

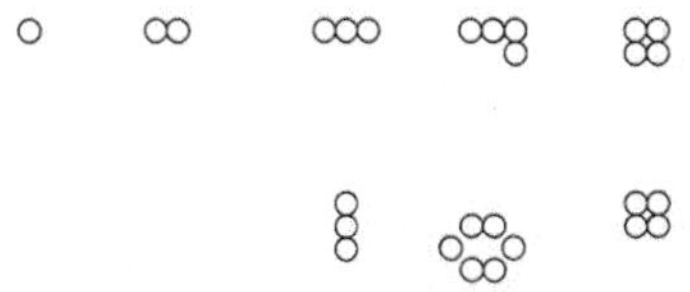

图 7.6　The Game of Life 模式

人物轶事

约翰·康维（John Conway）

冯·诺依曼对乌拉姆的细胞自动机想法印象深刻，并由此开发了一个原型模型。该模型包括可以驻留在蜂窝网格任意正方形上的 29 个“游戏单元（game pieces）”。这 29 个细胞分为 3 种状态：1 个处在未激发状态（可能是空的细胞），20 个处在静止（或垂死）状态和 8 个处在激发或繁殖状态。“脉冲射电源（或构造臂）将激活这些细胞，并帮助它们进入自动机想要的状态。对于这 29 个细胞状态，理论上可以进行任何所要求的逻辑性或建设性操作。这些自动机将能够构造其他自动机，当然这也包括构造像自己一样的自动机。”[11] 冯·诺依曼的想法远远超出了他那个时代的机械学，在他 1957 年去世时，他的思想是最前沿的。[12]

普林斯顿大学的 John Conway 在游戏“Game of Life”中实现了许多冯·诺依曼的想法。[13] 这里再次使用细胞的方格板，在方格板上，计算机程序或人类玩家随机生成模式。由每个细胞所拥有的活邻居数（N）来确定在“下一代”的每个细胞中发生的事情。

顶行显示了第 0 代中的 5 种模式。底行显示了在达到第 3 代时这些模式发生了什么变化。前 2 个模式已经消失，而第 3 个模式在世代交替之间变成“闪光灯”，第 4 代和第 5 代模式已经稳定。

《The Game of Life》演示了如何基于一些非常简单的规则使用产生式系统来模拟有趣、复杂的现实生活情况。

在第 12 章中，我们将看到一些简单的初始状态如何产生有趣结果的例子。

人物轶事

约翰·冯·诺依曼（John von Neumann）

冯·诺依曼（1903—1957）在数学、高速计算机器、博弈数学理论、经济学、逻辑学、量子物理学及许多其他领域的历史上是个传奇人物。

他出生于匈牙利布达佩斯的一个犹太家庭，家中有 3 个儿子。在很小的时候，他就显示出巨大的才华，如他很擅长记电话号码和地址。他还能快速进行大量的计算，能够心算 8 位数除法。

17 岁时，由于经济原因，他的父亲劝他不要学习数学，所以他学了化学并在柏林获得了一个化学文凭（1921—1923），还在苏黎世工业大学（ETH）获得了化学工程的文凭。1926 年，他获得了布达佩斯大学的数学博士学位。他对数学中的集合理论和逻辑学做出了杰出的贡献，但是他的一些想法被库尔特·歌德尔（Kurt Godel）动摇了。

1930 年，他在普林斯顿大学担任客座讲师，到 1933 年，他在那里创办了高级研究所，在这里他是数学系最初的 6 名教授之一。他知道如何享受生活，时常在家中举办聚会。

Von Neumann 撰写了 150 余篇论文，其中大约有 60 篇是纯数学领域的，包括集合理论、逻辑学、拓扑群、测度理论、遍历理论、算子理论和连续几何。他还有大约 20 篇的论文是关于物理领域的，大约 60 篇的论文是关于应用数学领域的，包括统计学、博弈理论和计算机理论。在博弈论中，他早期的贡献之一是极小化极大理论（见第 4 章），这诞生了他与奥斯卡·莫根斯坦（Oscar Morgenstern）合着的关于这个课题的著名权威著作。

通常，人们认为他设计了第一个计算机体系结构，直到今天，他的“存储程序”概念依然是串行架构的主干。他对机器如何记忆、自动机如何自我复制以及使用机器执行大量的概率实验等问题非常感兴趣。

他的伟大大部分可以归因于“……可以以非常快的速度理解和思考，不寻常的记忆能力，能够过目不忘……”（Halmos，1973）。他的学生保罗·哈尔莫斯（Paul Halmos，已故的受人尊敬的数学家）在《The Legend of John von Neumann》一文中提到， Von Neumann 坚持“公理化方法”的能力是使得他变得如此伟大的原因——不断清晰、快速、有深度地思考。

参考资料

Halmos P. The legend of John von Neumann. The American Mathematical Monthly 80(4).

7.6 随机过程与马尔可夫链

在研究现实世界以及与人类相关的系统时，我们了解到系统不同的执行方式取决于在当时系统所处的状态。也就是说，转换到某个新状态或条件的概率根据当前状态而变化。今天，依赖于时间状态的过程非常普遍。在第 16 章中，我们引入了时间差分学习的概念，这是当代大多数强西洋双陆棋程序开发所依赖的过程。它取决于西洋双陆棋程序学习到在给定当前状态和可能的未来状态之间的棋局质量差异（由概率表示）。因此“时间（time）”和“计时（timing）”确实会产生不同的结果。

在现实世界中，有一些人们熟悉的例子，在这些例子中，时间是至关重要的。在这种情况下，存在一系列离散状态，以及从一个状态转换到另一个状态的相关概率，这就是所谓的随机过程。随机过程通常会涉及多个随机变量，并且在本质上趋于统计。这样的例子包括股票市场、医药、设备、天气、投票和遗传学等。马尔可夫系统只关注从当前状态到未来状态的概率，而不关注如何达到所在的状态。这就是我们在这里介绍它的原因。

让我们考虑天气的例子。早期的工作主要是 Kemeny、Snell 和 Thompson 使用马尔可夫链进行计算。[14] 思考以下的著名示例：

奥兹国（Land of Oz）在许多方面都很好，但是天气不好。他们从来没有遇到连续两天的好天气。如果第一天是一个好天气，那么第二天很可能是下雨天或下雪天。如果第一天是下雪天或下雨天，那么第二天有同样的概率是下雪天或下雨天。如果从下雪天或下雨天开始变化，那么只有一半的机会变为好天气。我们将天气类型 R、N 和 S 作为其状态。从以上的信息中，我们确定了转移概率。可以使用方阵非常方便地表示为如下形式：

$$
\begin{array}{c|ccc}
 & \mathbf{R} & \mathbf{N} & \mathbf{S} \\
\mathbf{R} & 1/2 & 1/4 & 1/4 \\
\mathbf{N} & 1/2 & 0 & 1/2 \\
\mathbf{S} & 1/4 & 1/4 & 1/2
\end{array}
$$

从这个描述中，我们很容易解释矩阵中所表示的天气的概率。这就是所谓的**转移概率矩阵**（matrix of transition probabilities）或**转移矩阵**（transition matrix）。例如，第二行表示前一天的好天气不会接着下一天的好天气，下一天有 50%的机会下雨或下雪，而下雪天或下雨天的第二天只有 25%的机会是好天气。

因此，挑战变成了：从现在起，两天后各种天气的概率。如果今天是下雨天，那么明天可能有 3 种天气：下雨（概率为 0.50），晴天（概率为 0.25），下雪（概率为 0.25）。因此，如果今天是下雨天，两天后是下雪天的概率是 3 个不相交事件的并集：①明天是下雨天，接着是下雪天，②明天是晴天，接着是下雪天[①]。③明天是下雪天，接着还是下雪天。

这可以通过计算转移矩阵中 $\boldsymbol{p}_{11}\boldsymbol{p}_{13}$ 的乘积概率完成，如下所示：

$$\boldsymbol{P}_{13}^{(2)}=\boldsymbol{p}_{11}\boldsymbol{p}_{13}+\boldsymbol{p}_{12}\boldsymbol{p}_{23}+\boldsymbol{p}_{13}\boldsymbol{p}_{33}$$

这是转移矩阵中的第一行和第三列的点积。

使用计算机程序和矩阵，可以很轻松地计算出未来许多天的各种天气的概率。我们将在第 13 章进一步探讨，在自然语言处理中如马尔可夫链这样的统计方法与 AI 技术的结合。

7.7 本章小结

第 7 章介绍了产生式系统的背景、历史、背后的关键概念以及应用。本章从介绍 Post 产生式系统开始，然后沿着历史的轨迹，展示了产生式系统如何以及为什么能成为一种受欢迎的范式，来表示人类大脑和智能系统的工作方式。从这方面说来，我们强调了 Newell 和 Simon 的工作。第 7 章也讨论了强 AI 方法与弱 AI 方法是如何区别的。

本章的大部分内容从以下的优秀论文中获得了灵感：《Human Problem Solving》[7]，《Artificial Intelligence: A Knowledge-Based Approach》[15]以及《Expert Systems: Design and Development》[8]。在他们那个时代，我们发现 Firebaugh 和 Durkin 的文章可读性强，深刻而且全面。我们强烈推荐由 Joseph Giarratano 和 Gary Riley 撰写的《Expert Systems: Principles and Programming》[16]，这本书非常全面和实用。

正如 7.3 节介绍的，CarBuyer 系统的开发受到了 Firebaugh 在其优秀论文（见第 10 章）中提出的“自然主义者”示例的启发。自然主义者在作为课堂示例方面已经获得了成功，这些例子主题包括产生式系统以及专家系统中的工作记忆和冲突消解。我们希望读者可以发现，在作为小型专家系统工作方式的示例时，CarBuyer 系统同样有用，并且你将会发现，在实践中，CarBuyer 系统也有点实用。

我们特意用 7.3.1 一整节来描述冲突消解这个重要主题，并通过多个例子讨论了冲突消解完成的方式。7.3.2 节和 7.3.3 节讨论了在遍历知识库、正向链接和反向链接时做出推理的方法，它们同等重要。这包括了说明某种方法如何与某种类型的问题相对适合的许多示例。

7.6 节重新介绍了细胞自动机（这是产生式系统的一种形式）和进化系统。在第 13 章中，我们将更详细地研究进化系统。7.7 节介绍了随机过程和马尔可夫链，这代表了人工智能中统计方法的一个重要方面。

① 怀疑原书出错，这里改为下雪天。——译者注

讨论题

1．简要描述产生式系统的历史。

2．简述产生式系统是一个重要的 AI 课题的原因。

3．给出产生式系统的 5 个同义词。

4．描述基于规则的专家系统的组件。

5．产生式系统如何成为人类大脑的隐喻？

6．给出在构建专家系统方面产生式系统拥有的 5 个优点。

7．在何种情境下，我们希望何时适合使用正向链接，何时适合使用反向链接？

8．什么是冲突消解？

9．就冲突消解而言，何为老化（aging）、刷新（refreshing）和回收（recycling）？描述其他 3 种冲突消解技术。

10．谁是首先研究细胞自动机的著名的普林斯顿计算机科学家？谁启发了他？在这个领域，他研究的最终理论目标是什么？

11．Game of Life 是什么？谁设计了它？其基础前提是什么？

12．随机过程是什么？试给出一些例子。

13．马可夫链的目的是什么？它们如何与产生式系统相关？转移矩阵代表了什么？

14．就专家系统或规则库而言，“收益递减效应”是什么？

练习

1. 产生式系统等价于许多编程语言中的单选的 IF-THEN 情况、两个可选项的 IF-THEN-ELSE、多个可选项的 IF-THEN-ELSE-IF 或 CASE 结构。本章中所讨论的内容如何不同于那些直接由编程语言构造的应用程序？

2．思考和讨论“激发所有规则”的冲突消解策略的问题。

3．图 7.3 所示的全局数据库与当今的传统数据库系统有何不同？

4．思考在专家系统中规则顺序的影响。

5．如果在专家系统中，没有冲突消解策略，那么两种可能的后果是什么？解释知识工程师不能制定规则，涵盖所有可能情况的原因。

提示：在上述问题中，思考规模的影响。

6．使用你最喜欢的编程语言实现 CarBuyer 系统。它能工作吗？数据中的这些汽车，在现有的 20 套规则下会不会永远都不会被选中？

7．基于 CarBuyer 回答以下问题：

a．你可以看到 CarBuyer 系统需要什么改进吗？

你要添加或移除任何规则吗？

b．你需要在系统中添加什么规则，使得系统更加实际？

8．直观、模块化和易于表达是产生式系统的 3 个特征，也是其优势。

简要讨论产生式系统如何促进了这些优势并为你试图表达的内容制定一套小规则。

9．如果冯·诺依曼的结论表明不可能建立一台自我复制的细胞自动机，这将如何影响在三维世界中自复制机器的可能构造？

10．比如说，你注意到以下市场趋势，正在考虑买房子。你如何通过反向链接得出是否要买房子的结论？

规则1 IF 房价下跌
THEN 买房子。

规则2 IF 利率正在调高
THEN 房价上涨。

规则3 IF 利率正在调低
THEN 房价下跌。

规则4 IF 燃气价格上涨
THEN 股市下跌。

规则5 IF 燃气价格下跌
THEN 股市上涨。

11．如果添加如下规则并使用正向链接的方式遍历，在上述问题10中的规则系统将受到什么影响？

规则6 IF 你的工作不稳定
THEN 投资债券。

12．给定。

（1）**A&B⇒F**

（2）**C&D⇒G**

（3）**E⇒H**

（4）**B&G⇒J**

（5）**F&H⇒X**

（6）**G&E⇒K**

（7）**J&K⇒X**

如果事实B、C、D和E为真，那么程序如何推断X为真？

（参考资料：The Computer Journal，V 23，No.4,1980. Donald Michie 的“专家系统（Expert Systems）”。）

13．写一份5页纸的报告，试总结 John von Neumann、Allen Newell、Herb Simon 和 John Conway，其中一人的成就。

参考资料

[1] Post E. 1943. “Formal reductions of the general combinatorial decision problem.” American Journal of Mathematics 65: 197–215.

[2] Chomsky N. 1957. Syntactic structures. The Hague: Mouton.

[3] Sowa J. 1984. Conceptual structures: Information processing in mind and machine. Reading, MA: Addison- Wesley.

[4] Reddy R. 1988. “Foundations and grand challenges of artificial intelligence”: AAAI Presidential Address. *AI* Magazine 94: 9–21.

[5] Charniak E 2006. “Why natural-language processing is now statistical natural language

processing." In Proceedings of AI at *50*, Dartmouth College, July 13–15.

[6] Buchanan B G, Shortliffe E H. 1984. Rule-based expert systems. Reading, MA: Addison-Wesley.

[7] Newell A, Simon H A. 1972. Human problem solving. Englewood Cliffs, NJ: Prentice-Hall.

[8] Durkin John. 1994. Expert Systems: design and development. New York, NY: MacMillan.

[9] Von Neumann J, 1956. "The general and logical theory of automata." The World of Mathematics, ed. James R. Newman, New York, NY: Simon and Schuster.

[10] Ulam S M. 1976. Adventures of a mathematician. New York, NY: Charles Scribner's Sons.

[11] Macrae N. 1992. John von Neumann. New York, NY: Pantheon Books. (A Cornelia and Michael Bessie Book)

[12] Von Neumann J. 1958. The computer and the brain. New Haven, CT: Yale University Press.

[13] Conway John 1970. "The game of life." Scientific American 223(October): 120–123.

[14] Kemeny J F Snell J L, Thompson J. 1974. Introduction to finite mathematics, 3rd ed. Englewood Cliffs, NJ: Prentice-Hall.

[15] Firebaugh M. 1988. Artificial Intelligence: a knowledge-based approach. Boston, MA: Boyd and Fraser.

[16] Giarratano J, Riley, G. 2005. Expert systems: Principles and programming, 2nd ed. Boston, MA: Thomson/Cengage Learning.

第三部分　基于知识的系统

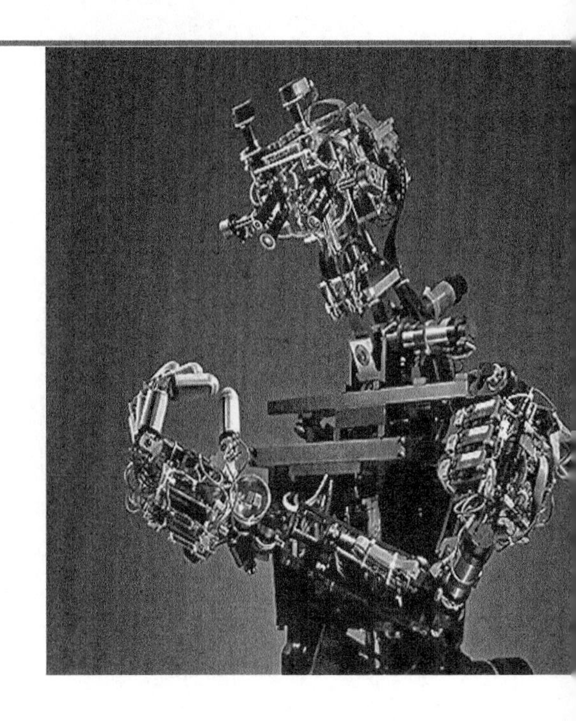

本部分将介绍并探讨人工智能领域业已证实成功的正确经验。大约在 50 年前，洛特菲·扎德（Lofti Zadeh）提出了模糊逻辑的概念，他并未预料到这个概念会变得如此强大、无处不在。模糊逻辑、模糊集、模糊推理以及概率论和不确定性共同组成了第 8 章的内容。

专家系统是人工智能中真正成功的故事之一。自 20 世纪 80 年代以来，诸多不同学科领域的人类专家已经证实此类系统具有成本效益。第 9 章也探讨了基于案例的推理和许多用于提高效率的最新方法。

第 10 章开始讨论机器学习研究了带有熵的决策树，并使用神经学方法继续进行机器学习的讨论。虽然早在半个世纪以前，神经网络已被引入并发展成一个领域，但是人工智能早在多年前就已经放弃了神经网络，直到理论和硬件的进步使得计算能力足以匹配神经网络的实际应用。本章也讨论了感知器学习规则、增量规则和反向传播，第 11 章主要讨论了这些问题的实施、离散型霍普菲尔德网络以及不同的应用领域。

对于人工智能的研究人员而言，寻找替代方法来搜索和解决问题是很自然的。第 12 章通过遗传算法、遗传规划、蚂蚁聚居地优化和禁忌搜索来探讨这些问题。

第 8 章　人工智能中的不确定性

推理系统所得到的结论通常具有不确定性。医生觉得你可能得了感冒，也可能是过敏。模糊逻辑和概率论是处理这种不确定性的两种方法。

洛特菲·扎德（Lofti Zadeh）

8.0　引言

不确定性是每个人生活中不可避免的组成部分。早晨，天气预报告诉我们，晚上有 30% 的可能性会降雨。报纸上商业版的报告说，社区的住房抵押品赎回危机在改善之前有 50% 的机会变得更糟。医生告诉你，如果你继续暴饮暴食，不运动，将很难长命百岁。当然，如果人工智能系统要具备健壮性，那么它们必须具备应对这些不确定性的能力。

模糊逻辑和概率论是两种经常使用的工具。模糊逻辑将先前非黑即白的事件分配了灰度级别。例如，在下雨的时候，新车上的牵引力控制系统（见图 8.0）应该发挥作用。假设一开始只是毛毛雨，然后雨势逐渐增大到一定程度，模糊逻辑提供了应对这些不确定性所需的理论基础。

图 8.0　大多数现代汽车配备了牵引力控制系统，这些系统在不同降水条件下可以发挥作用。这些系统使用模糊逻辑控制

你想买一辆新车，但是缺乏资金，于是你申请银行贷款。银行的贷款人员想知道你的一些信息，包括储蓄账户的余额、年收入、房子的剩余抵押贷款（或是月付租金）、信用记录和其他财务状况。基本上，银行会基于你目前的情况确定你偿还贷款的可能性。概率通常用于结果得不到完全预测的情况。

8.1 模糊集

假设导师要求，如果你是男性，请举起手，然后要求你放下手。接下来，导师要求，如果你是女性，请举起手。毫无疑问，班上的每个学生都举手一次，并且仅有一次。如下列的集合：

M = {x | x 是你班上的男学生}

F = {y | y 是你班上的女学生}

这是一个明确集的例子，因为班上的每个学生属于并且仅属于一个集合。这两个集合的交集是空集，如 $M \cap F = \varnothing$，意味着没有元素是两个集合的共同成员。

接着想象一下，班上的每个人都有工作。现在，导师要求，如果你对工作感到满意，请举手。然后他说，如果你对工作不满意，请举手。有几个人可能会举两次手。[1]在每种情况下，一些人可能仅仅由于一些原因而举手。因为大多数人不是完全满意或不满意自己的工作，所以工作满意度可以被认为是一个**模糊的概念**。另一个例子是停车场中的停车位（图 8.1）。我们常常发现，人们可能出于某种理由匆忙、随意地停放汽车，以至于汽车占了两个相邻的不同停车位。

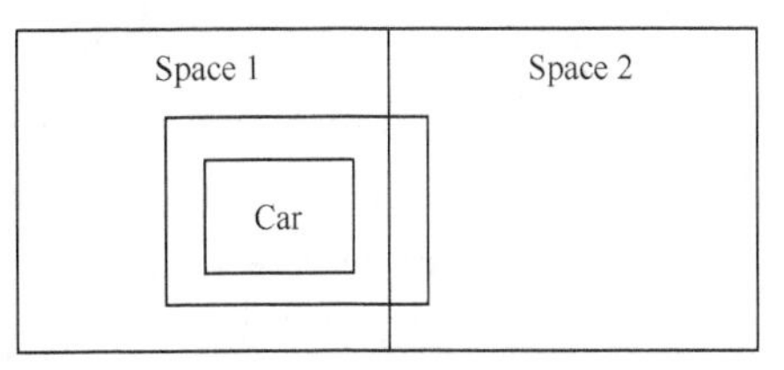

图 8.1　一辆汽车停放在两个不同的停车位

Lotfi Zadeh[2]提出了模糊逻辑。令 $X = \{x_1, x_2, x_3, \cdots, x_n\}$为有限集，$A$ 是 X 的一个子集，写成 $A \subseteq X$，并且 A 中的元素只有 x_2；然后 A 可以由维度为 n 的隶属度向量表示：

$$\mathbf{Z(A)} = \{0, 1, 0, \cdots, 0\}$$

每当 x_i 等于 1 时，则 x_i 是集合 A 的元素。包含 x_2 和 x_3 的 X 子集 B 可以表示为：

$$\mathbf{Z(B)} = \{0, 1, 1, \cdots, 0\}$$

其他明确子集（有 2^{n-2} 个）可以用类似的方法表示。

考虑下面的模糊集 C：

$$\mathbf{Z(C)} = \{0, 0.5, 0, \cdots, 0\}$$

在古典（明确）的集合理论中，这是不可能出现的情景。x_2 是否属于 C？在模糊集合理论中，元素 x_2 在一定程度上属于集合 C。[3]这种隶属度程度由区间[0,1]中的某个实数表示。

模糊集合的另一个例子是所有高个子人的集合。如果你观看了 2008 年北京奥运会的开幕式，那么你可能看到了身高 2.31m 的篮球明星姚明，他为中国运动员方阵举旗。他旁边的是小学生林浩，在 2008 年 5 月汶川地震发生后，他帮助抢救在瓦砾中的同班同学。没有人对姚明身材较高而林浩身材较矮有争议。

对于那些身高 1.78m 的人而言，我们应该说些什么呢？嗯，你可以说，在某种程度上，他们的身高算高的了。

我们认为“身高”是一个“模糊概念”。为了在模糊集合中表示隶属度，我们可以绘制一个隶属函数，如图 8.2 所示。

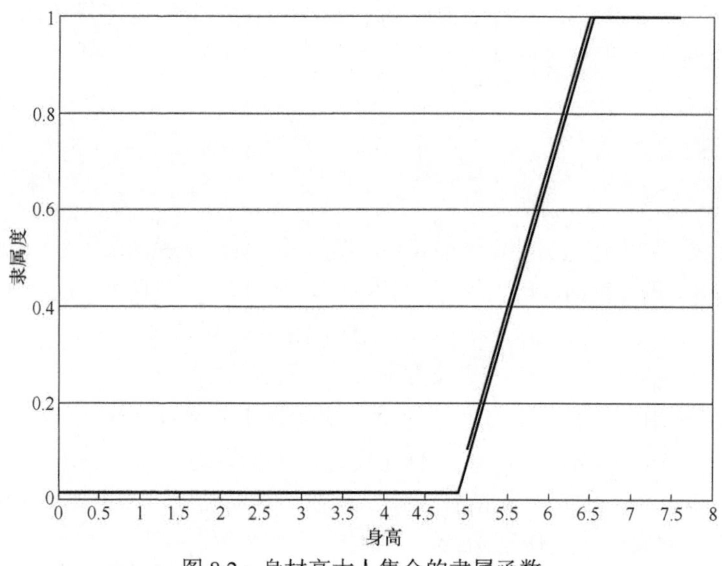

图 8.2 身材高大人集合的隶属函数

一个身高约 1.53m（或更低）的人不是身材高大人集合的成员。在这个集合中，一个身高约 1.83m 的人，其隶属度可能为 0.65，我们将其表示为 μ_t（6'）= 0.65，其中 $\mu_t()$是该集合的隶属度函数。我们当然同意 μ_t（7'6"）= 1.0，即姚明肯定有资格完全隶属于这个集合。[4]

令 X 为一个经典的全集。

实数函数 $\mu_{\mathbf{A}}$：$X \to [0,1]$是集合 A 的隶属函数。所有（x，$\mu_{\mathbf{A}}$（x））对的集合定义了 X 的模糊子集 A。

隶属函数完全指定一个模糊集。属于 X 的所有元素 x 的集合被称为模糊集 A 的支持集。其中（x，$\mu_{\mathbf{A}}$（x））属于 A，$\mu_{\mathbf{A}}$（x）> 0。对于所有身材高大人的集合 t（见图 8.2），支持集由 5 英尺高或身材更高的所有人组成。如果 A 是具有有限支持集的集合$\{a_1, a_2, \cdots, a_m\}$，那么这就可以表示为：

$$A = \mu_1 / a_1 + \mu_2 / a_2 + \cdots + \mu_m / a_m$$

其中 μ_i=μ_{A}（a_i），$i = 1, \cdots, m$。注意，“/”和“+”符号用作分隔符，不进行除法或加法运算。例如，如果 $X = \{x_1, x_2, x_3\}$，A 和 B 是两个（明确）子集：$A = \{x_1, x_3\}$和 $B = \{x_2, x_3\}$，那么这些集合可以表示为：

$$A = 1 / x_1 + 0 / x_2 + 1 / x_3$$
$$B = 0 / x_1 + 1 / x_2 + 1 / x_3$$

集合 A 和 B 的并表示为 $A \cup B$，这是属于 A 或 B（或两者）中的所有元素的集合。$A \cup B$ 可以通过取每个 x_i 在任意集合中的最大隶属度计算得到，例如，$A \cup B = 1 / x_1 + 1 / x_2 + 1 / x_3$。这种方法很容易推广到模糊集合的情况。例如，如果：

$$C = 0.2 / x_1 + 0.5 / x_2 + 0.8 / x_3$$
$$D = 0.6 / x_1 + 0.4 / x_2 + 0.2 / x_3$$

那么 C 与 D 的模糊并集是：

$$C \cup D = 0.6 / x_1 + 0.5 / x_2 + 0.8 / x_3$$

两个集合的模糊交集定义为取每个元素最小隶属度，而不是最大隶属度。因此，对于前面的例子：

$$C \cap D = 0.2 / x_1 + 0.4 / x_2 + 0.2 / x_3$$

明确集 E 的补集（即 E^c），是在全集（本例为 X）中所有不在 E 集合中的元素的集合。补集 E^c 的计算如下（其中 E 是模糊集合）：

$$\mu E^c(x) = 1 - \mu E(x), \forall x \in X$$

例如，如果 E 是模糊子集，则

$$E = 0.3 / x_1 + 0.1 / x_2 + 0.9 / x_3$$

那么 E 的补集就等于：

$$E^c = 0.7 / x_1 + 0.9 / x_2 + 0.1 / x_3$$

注意，一般来说，当 A 是一个模糊集合时，A 与其补集的并集不等于全集，A 与其补集的交集也不为空集，这与明确集的行为不一样。对于模糊集合 E，有：

$$E \cup E^c = 0.7 / x_1 + 0.9 / x_2 + 0.9 / x_3$$

$$E \cap E^c = 0.3 / x_1 + 0.1 / x_2 + 0.1 / x_3$$

8.2 模糊逻辑

在“一般”的命题逻辑中（见第 5 章），表达式要么为真要么为假。例如，天要么在下雨，要么没下雨。在模糊逻辑中，表达式可以在一定程度上为真。我们可以定义模糊逻辑对应的逻辑运算：模糊 OR（▽）运算，我们取最大值；模糊 AND（⊼）运算，我们取最小值；模糊补运算，我们用 1-x 替代 x。因此，假设命题 A 的真值为 0.8，其中 0 表示确定为假，1 表示确定为真，命题 B 的真值为 0.3，那么 A▽B 的真值等于 max（0.8,0.3）= 0.8，A⊼B 的真值等于 min（0.8,0.3）= 0.3。

注意 A⊼¬A= min（0.8,（1− 0.8））= 0.2。在普通命题逻辑中，某个集与其补集的交集的真值总是为假，因此，p⊼p 是互相矛盾的，其中 p 表示“天正在下雨”。同样，我们也可以观察到 A▽¬A = max (0.8, (1−0.8)) = 0.8，然而在普通的命题逻辑中，p▽p（“天正在下雨”或“天不在下雨”）总是为真。上一个声明即我们所知的排中律，亚里士多德用这个声明作为证据。

模糊 OR 运算符遵循边界条件，是可交换、可结合、单调、幂等的，见表 8.1。

表 8.1 模糊 OR 函数的性质

0	
0▽0=0	边界条件
1▽0=1	
0▽1=1	
1▽1=1	
a* ▽*b*= *b*▽*a	交换
a* ▽ (*b*▽*c*)= (*a*▽*b*) ▽*c	结合
若 ***a*≤*a*'**且 ***b*≤*b*'**，则 ***a*▽*b*≤*a*'▽*b*'**	单调
a*▽*a*=*a	幂等

模糊AND函数是单调、可交换、可结合的。其边界条件为：$0\barwedge 0=0$；$1\barwedge 0=0$；$0\barwedge 1=0$；$1\barwedge 1=1$。

模糊取非遵循以下条件：

- $\neg 0=1$
- $\neg 1=0$　　　　边界条件
- 若$a\leqslant b$，则$\neg b\leqslant\neg a$　　　　单调
- $a=\neg\neg a$　　　　对合律

为了详细说明单调的性质，对于模糊OR函数而言，假设以下真值：$a=0.3$，$b=0.6$，那么$\neg b$的真值为$1-0.6=0.4$，$\neg a$的真值为$1-0.3=0.7$。正如我们所预料的：$0.4<0.7$。

8.3 模糊推理

在第7章中，我们讨论了产生式系统。在第9章中，我们将演示如何使用基于知识的系统来解决现实世界的问题，比如为什么车不能启动或你可能感染了什么疾病。模糊测量可以应用于产生式规则，这反映了存在于世界中的模糊性。例如，也许是因为电池没电了，所以汽车不能启动，也或许是燃油箱没油了；或是天太冷了，电机可能已经冻结了。

模糊产生式规则与在第7章中介绍的较传统的产生式规则具有相同的结构，例如：

规则1：如果（$A\veebar B$），则C

规则2：如果（$A\barwedge B$），则D

假设A和B的真值分别为0.1和0.8，我们可以得到：

$A\veebar B=\max(0.1, 0.8)=0.8$

$A\barwedge B=\min(0.1, 0.8)=0.1$

规则1和2只能在一定程度上适用。规则1的应用程度为80%，规则2的应用程度为10%，这样，并集C或交集D的动作就可以发生了。

示例8.1　隶属度

假设你作为瓶装茶的品茶师在茶厂工作，你的工作是确保生产的每一瓶茶甜度适中。

其中，有一个泵可以将糖注入装有茶的大桶中，注入糖的量取决于你对甜度的评估。这样将产生3个规则，这3个规则控制了对泵的操作。

R1：如果（茶不够甜），则多注入糖。

R2：如果（茶的甜度刚好），则保持现在注入的糖量。

R3：如果（茶太甜），则少注入糖。

你对甜度的评估是从−5到+5的整数值，其中甜度评估$x=+2$，表示这个批次的茶甜度超过了2%；而在$x=-3$的情况下，你认为这个批次的茶比理想的甜度少了3%。假设对于这次的测量，你对甜度的评估为$x=+1$，

对于“太甜了”，隶属度为0.14。

对于“刚刚好”，隶属度为0.05。

对于“不够甜”，隶属度为0.0。

我们将此信息表示为模糊类别：

$$X=\frac{太甜}{0.14}+\frac{甜度适中}{0.05}+\frac{不够甜}{0.0}$$

根据这些信息，我们采取了一些动作，得到以下的模糊推理：

$$动作=\frac{减少糖的注入量}{0.14}+\frac{维持糖量不变}{0.05}+\frac{增加糖的注入量}{0.0}$$

然而，在实际操作中，这些动作必须转化为明确值，即减少（或增加）糖的注入，分量为多少。

为了以图形方式表示模糊类别，我们经常使用三角形或梯形隶属函数。图 8.3 显示的是三角形隶属函数。

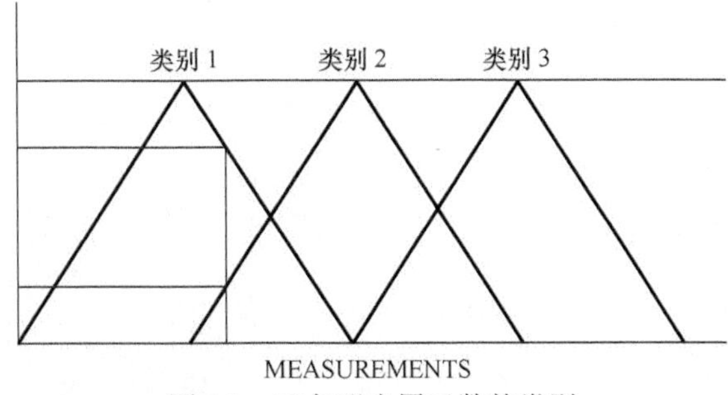

图 8.3 三角形隶属函数的类别

图 8.4 显示的是梯形隶属函数。

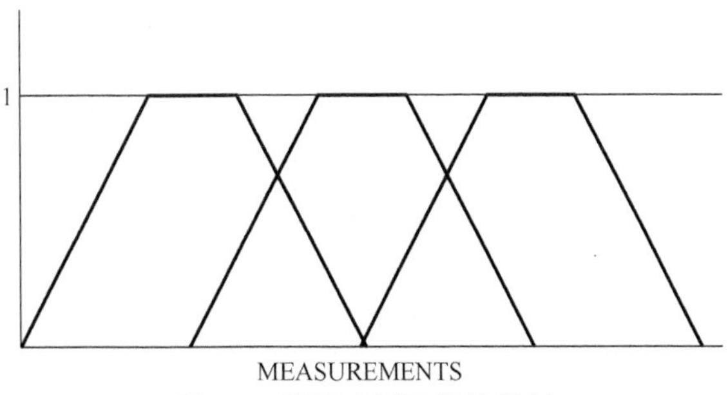

图 8.4 梯形隶属函数的类别

我们回到示例 8.1。

示例 8.1 回顾

如图 8.5 所示，这是瓶装茶厂的隶属函数示例。

注意，如图 8.5（b）所示，减少糖注入量的动作有效至 0.12，维持糖注入量的动作有效至 0.5。这两个类别的区域都用阴影表示。为了将上述规定的模糊动作转化为明确的动作，我们必须找到图 8.5 中阴影部分“重心”的水平分量。这个对应的值大约为 0.1，因此糖的注入应该减少 1%。

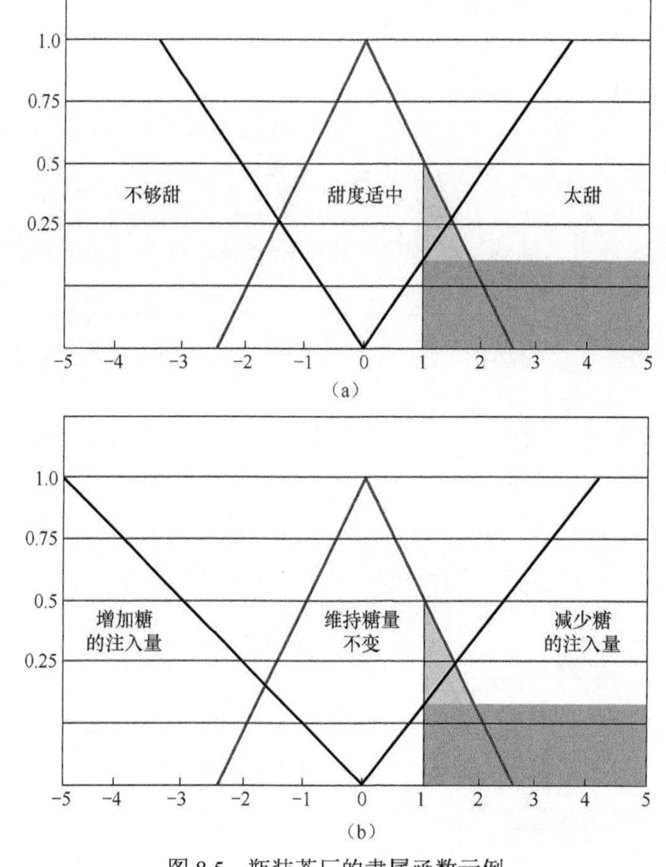

图8.5 瓶装茶厂的隶属函数示例

（a）甜度评估 （b）所注入糖的百分比变化

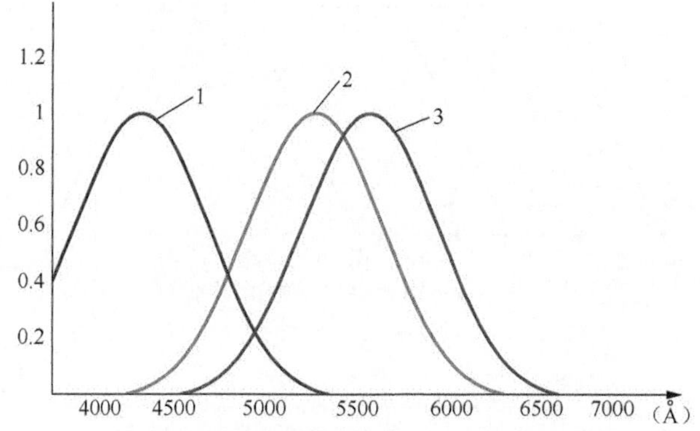

图8.6 人视网膜中三种受体的反应。蓝色受体的最大激发值为4300Å，绿色受体的最大激发值为5300Å，红色受体的最大激发值为5600Å

1．蓝色受体 2．绿色受体 3．红色受体

所谓的“重心”，在技术上被称为阴影区域的面心。用于计算区域面心的算法可以在许多高级的微积分课本中找到。

如果要产生人类水平或接近（高于）人类水平的人工智能，那么我们应该关注生物学上的合理性。人眼可视为模糊系统。不同波长的光源停留在人类视网膜上——普通的眼睛对光能响应的范围是从 380 nm（紫色）到 750 nm（红色），这通常以埃（Å）为单位来表示，其中 1 埃= 0.1nm，因此也可以表示为 3800～7500 埃。但是，眼睛包含专门针对蓝色、绿色和红色的受体，如图 8.6 所示。

- 单色光可激发所有 3 种受体类型。每个受体类型的输出取决于波长。
- 每个受体的最大激发值为：蓝色～4300Å，绿色～5300Å，红色～5600Å。
- 由此，单色光转化为 3 种不同的激发水平，即 3 种受体类型的相对激发。
- 波长转化为模糊类别，就像模糊控制器一样。
- 3 个激发水平测量了在 3 种颜色类别中每一种颜色（蓝色、绿色和红色）的隶属度。
- 使用 3 个激发值对波长编码，可以减少在后续处理中所需的规则数量。
- 在模糊控制器中，规则的稀疏性与生物组分的稀疏性相对应。

由于普通的光可以在一定程度上激发这 3 种受体，因此光就被转化为模糊类别。模糊系统规则集的稀疏性是值得注意的。模糊系统的这一性质与生物节俭的需求是相协调的。

许多设备的控制机制中已经并入了模糊逻辑。想象一下，你正在和朋友拍照，天有点多云，你应该使用闪光灯吗？相机附带的说明书说如果不是晴天，请使用闪光灯。但是，在一定程度上，天是晴朗的。因此，在许多数码相机的控制中并入了模糊逻辑，这丝毫不会让人奇怪。

现在，想象一下，你正在洗衣服，要设置洗涤周期。洗衣机的说明书建议你，如果衣服特别脏，那么请选择一个长的洗涤周期。当然，在一定程度上，你的衣服是脏的。许多型号的洗衣机都用了模糊逻辑。在真空吸尘器、汽车 ABS 制动器和牵引系统中，模糊逻辑也是适用的。此外，现实生活中所得到的许多结论也具有不确定性。你是因为感冒还是因为过敏而打喷嚏呢？在专家系统中使用模糊逻辑，这不足为奇。在第 11 章中，我们讨论了人工神经网络（ANN），这是基于动物神经系统结构的信息处理模式。然而，人工神经网络无法解释结果。许多研究人员将 ANN 与模糊逻辑相结合，生成具有解释能力的系统。

8.4　概率理论和不确定性

有些人认为，概率论起源于 1654 年。当时，布莱兹·帕斯卡（Blaise Pascal）的一个朋友对赌博问题感兴趣，结果，Pascal 和皮埃尔·德·费马（Pierre de Fermat）之间有了一系列的数学交流。概率理论在处理不确定性方面起着重要的作用，这不足为奇。但是它有一个障碍，阻碍了它得到更广泛的接受。大多数人在评估风险时都是主观的（而不是分析性的）。例如，比起驾驶汽车，人们更害怕乘坐飞机。然而，在统计学上，众所周知的事实是，乘坐飞机比驾驶汽车更安全。

人物轶事

洛特菲·扎德（Lotfi Zadeh）

洛特菲·扎德（1921 年生），出生于阿塞拜疆的巴库，同时也是伊朗人的后裔，长期居住在美国。与他所提出的著名概念一样，他的背景横跨了边界——他是一个国际人。“问题不在于我是美国人、俄罗斯人、伊朗人、阿塞拜疆人，还是别的什么地方的人，”他会这样告诉你，“我受到所有这

些人和文化的塑造，在这些人之中，我感觉到很舒服。”

Zadeh 10岁时，随家人回到了他父亲的故乡伊朗。1942年，他毕业于德黑兰大学，获得电气工程学士学位。第二次世界大战期间，他随家人搬到了美国。他于1946年在麻省理工学院获得硕士学位，于1949年获得哥伦比亚大学博士学位。

1959年，他加入了伯克利大学电气工程系，1963年，他担任了电气工程系和计算机科学学院（EECS）的院长。

以下是贝蒂·布莱尔对Zadeh进行采访的一个片段。

问：“早在1965年发表关于模糊逻辑的初步论文时，你认为模糊逻辑会被接受吗？”

Zadeh：“嗯，我知道它会变得很重要。事实上，我曾想将它封在一个有日期的信封中，并附上我的预测，然后在二三十年之后打开它，看看我的直觉是否正确。我意识到这篇论文标志着一个新的方向。我曾经这样想过：有一天，模糊逻辑将成为伯克利电气工程计算机系统学院中最重要的事情之一。我从来没有想过这会成为一个世界性的现象。我的期望还是相对中庸的。”

从采访中我们可以看出，Zadeh认为模糊逻辑在经济学、心理学、哲学、语言学、政治学和其他社会科学等诸多领域都会有广泛的应用。他对只有如此少数的社会科学家开发其应用的可能性感到惊讶。早在1965年，Zadeh并没有指望模糊逻辑主要用于工程师的工业过程控制和“智能”消费产品。“智能”消费产品的例子包括手持式摄像机（模糊逻辑弥补了抖动的手部动作）以及微波炉（我们只要按下一个按钮，就能够完美地烹饪食物）。

因为Zadeh觉得“模糊逻辑”准确地描述了理论的精髓，所以他更加确定要用这个术语。他曾经考虑过其他术语，如“软”“不清晰”“难以区分”和“弹性”，但是他觉得这些术语不能更准确地描述他的方法。

模糊逻辑是一种“粗略”而不是“精练”的做法，这意味着它比传统的计算方式更经济，更容易实现。他给出了一个停车的例子：如果一个人在一个间隔只有1/10英寸的停车场中找到一辆车，这将是一项非常困难的任务，但是可以使用更“粗略”的方法。

在编写关于模糊逻辑的论文时，马克·霍普金斯（Mark Hopkins）得到了广泛的回应，并在以下领域中发现了模糊逻辑的应用：财务、地理、哲学、生态学、农业过程、水处理、丹佛国际机场的行李处理、卫星图像的遥感图像、手写识别和核科学以及股票市场和天气。西雅图的波音公司报道说，它已经将模糊逻辑集成到了海军6号自动驾驶仪的控制器中，该飞行器伸出一根长天线与潜艇进行通信。

Hopkins发现了模糊逻辑应用于生物医学领域的其他例子，包括诊断乳腺癌、类风湿关节炎、绝经后的骨质疏松症和心脏病，监测糖尿病的麻醉、血压和胰岛素，作为术后疼痛控制器，产生大脑的磁共振图像，建立智能床边监护仪和医院通信网络。

迄今为止，应用模糊逻辑最为普遍的国家是日本、德国和美国。由于这个概念是如此广泛，因此其应用的可能性是无限的，它几乎可以应用于任何领域。

参考资料

Zadeh L A. Fuzzy sets. Information and Control 8:338 –353, 1965.

对概率理论进行任何讨论的起点都是从执行某个过程的实验开始过程，例如，考虑两次抛出一枚均匀硬币的实验。

在第 4 章中，我们研究了这个例子，并用概率理论中一些基本原理来正确分析博弈中涉及概率的部分。实验 S 的样本空间是所有可能结果的集合（结果有时称为样本点集合）。在例子中，硬币抛出两次，S 为{（H，H），（T，T），（T，H），（H，T）}。

请注意，对于第一次正面、第二次背面的结果，与只出现一次背面的结果，我们是做了区分的。样本空间 S 由 4 个样本点组成，因此，有 2^4 或 16 个事件是可能的：

E_1 = {（T，H，（H，T）}，对应于一个正面和一个背面。

E_2 = {（T，T），（H，H）}，每次抛的事件都导致了相同的面朝上。

E_3 = {（T，T），（T，H）}，第一次抛出是背面的事件。

……

最后，事件 E_i 的概率定义为：

P（E_i）=发生 E_i 的数目除以可能结果的总数

例如，刚刚描述的事件 E_3 的概率等于：

P（E_3）= 2/4 或 1/2，当均匀硬币被抛出时，对应于该事件有两个样本点，而| S |等于 4。

概率测度遵循如下 3 个基本公理。

- 对于任何事件 E：$P(E) \geqslant 0$。
- $P(S)$= 1 //当投掷两枚硬币时，肯定会发生一些结果。
- 如果事件 E_1 和 E_2 相互排斥，则 $P(E_1 \cup E_2)= P(E_1)+ P(E_2)$。

例如，如果 E_1 对应于在硬币投掷两次时两次都是正面，E_2 对应于两次都是背面，那么 $E_1 \cup E_2$ 是对应于发生了两个正面或两个背面的事件。此事件的概率等于：

$$P(E_1 \cup E_2) = P(E_1) + P(E_2) = 1/4 + 1/4 = 1/2$$

满足这 3 个公理的函数被称为概率函数。

示例 8.2

一个瓮里有 9 颗弹珠，3 个弹珠是蓝色的，3 颗弹珠是深粉红色的，3 颗弹珠是红色的。从瓮里一次性随机抽出两颗弹珠（你的眼睛是闭着的），两个弹珠都是红色的概率是多少？

$$P(2r) = (3C2) / (9C2) = 3/36 = 1/12$$

分子表示的是可以取出的两颗红色弹珠方法的数目。编号红色弹珠：r_1，r_2 和 r_3。然后，这些事件中都取出了两颗红色弹珠：{r_1，r_2}、{r_1，r_3}和{r_2，r_3}。分母对应于取出两颗弹珠所得到结果的总数，如{r_1，r_2}、{p_1，p_2}、{p_1，p_3}等。

假设在示例 8.2 中，不能通过分析得出概率，那么你可以通过进行以下一系列实验来代替分析：从瓮中连续 10 次取出两颗弹珠（每次尝试后，还回弹珠）。从瓮中抽出两颗弹珠，连续取出 100 次、1000 次……。随着实验重复的次数越来越多，我们认为，获得两颗红色弹珠的频率接近于此事件的概率。这个观察有一个更正式的定理，这就是所谓的大数法则。事实上，在此书的后面章节中（见第 12 章），我们会将概率的这个观点应用到蒙特卡洛练习中求得 π 的近似值。

假设 E_1 是当均匀硬币被抛出两次时第一次正面朝上的事件，E_2 是当硬币被抛出两次时第二次背面朝上的事件，那么发生 E_1 和 E_2 事件（E_1，E_2）的联合概率等于{H，T}。也就是说，当均匀硬币被抛出两次时，第一次正面朝上、第二次背面朝上的概率，P（E_1，E_2）= P（第一次抛掷时 H）×P（第二次抛掷时 T）= 1/2×1/2 = 1/4。

再次思考示例 8.2。假设已知取出的两颗弹珠都是相同的颜色，请计算出两颗弹珠都是红色的概率。实质上，样本空间从（9C3）缩小到 3×（3C2），希望计算得到的是条件概率：

P（两个红色|两颗弹珠都是相同的颜色）

P（2r |两个相同颜色）=（3C2）/（3×（3C2））= 1/3

在现实生活中，概率理论应用于许多情况。银行对房主偿还抵押贷款的概率感兴趣；医生在治疗有某些症状的患者时，会权衡几种相互矛盾的诊断发生的概率；人们在赛马场上对一匹马下赌注时，可能会考虑赢的机会大小。

在考虑条件概率时，一个重要的结果是贝叶斯定理。假设一些事件的概率 $B > 0$，那么 P（$A \mid B$）可以通过以下计算得到：

$$P(A|B) = [P(B|A)\,P(A)] / P(B)$$

示例 8.3 贝叶斯理论

假设要对监狱里的所有新囚犯进行简单的体格检查。假设 80%的健康人可以通过这个检查，60%的具有轻度疾病的个人可以通过这个检查，30%的具有严重疾病的囚犯也可以通过这个检查。假设，25%的新囚犯身体健康（事件 E_1），50%有轻度疾病（E_2），25%有严重疾病（E_3）。对于一个通过这个体格检查的囚犯（事件 B），这个囚犯身体状况良好的条件概率是多少？

$P(\mathrm{B}|E_1) = 0.8, P(\mathrm{B}|E_2) = 0.6, P(\mathrm{B}|E_3) = 0.3, P(E_1) = P(E_3) = 0.25, P(E_2) = 0.50$

使用贝叶斯定理，得到：

$P(\mathrm{B} \mid E_1) = 0.8$，$P(\mathrm{B} \mid E_2) = 0.6$，$P(\mathrm{B} \mid E_3) = 0.3$，$P(E_1) = P(E_3) = 0.25$，$P(E_2) = 0.50$

P（健康囚犯|通过健康检查）= P（$E_1 \mid \mathrm{B}$）

$= P(\mathrm{B} \mid E_1)\,P(E_1) / \sum_{i=1}^{3}$

$P(\mathrm{B} \mid E_i)\,P(E_i)$

$= [(0.8) \times (0.25) / (0.8) \times (0.25) + (0.6) \times (0.5) + (0.3) \times (0.25)] = 0.35$

一开始，我们可能认为随机选择的新囚犯有 0.25 的概率身体状况良好，但是，在通过体格测试之后，这个概率上升到了 0.35。

我们经常用贝叶斯网络来应对不确定性。假设你患了皮疹，去医院看病。为了妥善治疗，医生必须确定导致这种皮疹的原因。常见原因包括对药物或食品的过敏反应，或与动物（也许是宠物）的接触。

医生可能会看到图 8.7 所示的情况：

这是一个贝叶斯网络，其中节点代表变量。可能造成症状的 3 个变量以箭头指向所导致的症状。p_1、p_2 和 p_3 标记了这些弧的概率。这些概率是如何得到的？这是医生根据先前诊断这种疾病的经验对这种情况做出的主观评估。由于过敏症（MSG、花生、玉米淀粉）和环境因素（猫、狗）造成的发病率较为常见，因此医生可能会得出结论：p_1 远小于 p_2 或 p_3。

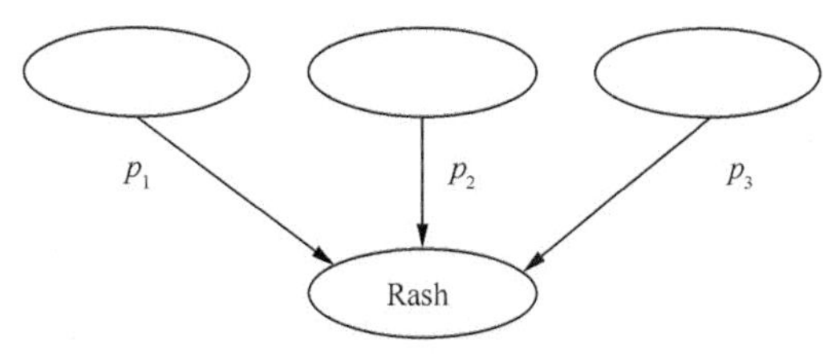

图 8.7 分析症状的贝叶斯网络

8.5 本章小结

本章简要介绍了用于处理人工智能中不确定性的两种工具。正如我们所看到的，生活不是非黑即白，也有许多灰色区域。例如，人到了几岁才被认为是成熟了？在美国，年满 18 岁就可以入伍；但是在纽约州的酒吧点酒，你必须年满 21 岁。要竞选总统，你必须年满 35 岁。我们认为成熟是一个模糊的概念。在许多现代应用的控制中，从数码相机到洗衣机，模糊逻辑已经实现了广泛的应用。

概率论起源于人们希望了解在概率游戏中能够取胜的机率。制药公司在测试其产品有效性时，采用了这个工具。许多专家系统用概率来应对这些系统所得到的推论中固有的不确定性。本章绝对不是完整的。事实上，我们还没有讨论过处理人工智能系统不确定性的第三种方法。Dempster-Shafer 理论测量了分配给事件概率的置信度。人们相信，对于一些事件 E，bel（E）≤P（E），这定义为 E 所导致的所有结果的总和。事件 E 的合理性，p_1（E）是不与 E 矛盾的所有结果的总和，因此，P（E）≤p_1（E）。在传感器融合中经常用到这个方法。例如，天文学家在观察遥远的星星时，可以使用光学望远镜、光谱仪和射电望远镜。这些工具所得到的观察结果可能会互相矛盾。Dempster-Shafer 理论提供了一个用演算来解决相互矛盾的证据。

讨论题

1. 列出日常生活中与模糊集相对应的 5 件事情。
2. 关于明确集和模糊集，回答如下问题：
   a. 令 S 是具有 n 个元素的明确集，S 将有多少个子集？
   b. 如果 S 是具有 n 个元素的模糊集，S 将有多少个子集？
3. 给出日常生活中一个模糊推理的例子。
4. “模糊逻辑和概率基本上是一样的。”讨论这个论断。
5. $A \sim B$ 表示集合的差，或者说在 A 中但不在 B 中的所有元素。选择一个合适的度量来计算两个集合之间的差（例如：max，min，etc）。
6. 令 X = {a，b，c}。使用隶属函数符号列出 X 的所有子集。
7. 在分析以下情况时，你认为模糊逻辑优于概率论吗（或反之亦然）？
   a. 新药的有效性。
   b. 评估公路安全。
   c. 天气报告的准确性。

d．购买彩票所涉及的风险。

e．购买股票所涉及的风险。

f．分析附近湖泊的污染水平。

8．给出日常生活中应用条件概率的一个例子（可能是不知不觉地运用的）。

练习

1．令全集为 $X=\{x_1, x_2, x_3\}$。思考以下几个集合：

$A = 0.2/x_1 + 0.1/x_2 + 0.2/x_3$

$B = 0.2/x_1 + 0.4/x_2 + 0.7/x_3$

a．$A \cup B = ?$

b．$A \cap B = ?$

c．$A^c \cap B^c = ?$

2．为以下各项给出模糊隶属函数：

a．某人 X 体重超过 90 千克。

b．星球 Y 比太阳大得多。

c．汽车 Z 的成本约为 30 000 美元。

d．对于 $x \leqslant 5$，$\mu_{A(x)} = 0$，当 $x > 5$ 时 $\mu_{A(x)} = 1 +（x-5）-2$。

3．思考本章讨论的高个子的例子。给出下列集合的隶属函数：

a．非常高的人

b．不是很高的人

4．给出以下集合的隶属函数：

M：成熟的人

Y：年轻人

O：老人

a．对以下人群进行分类：

i．18 岁

ii．21 岁

iii．42 岁

iv．61 岁

b．对于上述的部分 B 的 iii，请解释一下，基于你的答案，如何去模糊化（即从你的模糊分类中如何获得年龄为 42 岁的人）？

5．我们有许多种方式来评判电视是“国产品牌”还是“外国品牌”。例如，美国电视机的许多组件是在墨西哥或亚洲制造的。同样也有这样的实例，具有外国名字的电视机的实际产地就是本国。请给出两个模糊隶属函数，一个用于外国电视机（$\mu_F(x)$），一个用于国内品牌（$\mu_D(x)$）。对于 60%的 $\mu_F(x)$和 $\mu_D(x)$，你的定义是什么？

a．假设以下规则与上述规则具有相同的隶属函数：

规则 1：如果电视机是国内电视机，那就维持关税不变（征收进口税）。

规则 2：如果电视机是外国电视机，则提高关税。

对于具有 40%外国品牌的电视机，你有什么推论？

6．假设在度假胜地旅游的人，从长期看来，有 1%的机会患有皮肤癌（太阳暴晒）。该度假胜地设有诊所来帮助检测这种疾病。假设诊所使用的筛查技术得出的假阳性率（即 20%没有得病的人被会检测出癌症阳性）为 0.2，假阴性率为 0.1（即 10%皮肤癌患者的测试结果为阴性）。假设某个人的测试结果为皮肤癌阳性，他实际患有这种疾病的概率是多少？

7．如果打赌的人认为自己的打赌从长远来看不会不输不赢，那么认为这样的打赌是公平的。下列的哪些打赌会被视为是公平的？

a．抛掷均匀硬币。你支付 1 美元来猜，如果猜测正确，你可以获得 2 美元。

b．你支付 5 美元来抛掷两个骰子。如果总点数为 7 或 11，你可以获得 20 美元作为回报。

8．“荷兰赌”是打赌者所认为的庄家注定亏本的某些赌注的混合。思考这样一种情况（三卡问题）：有三张卡片，一张是两面红色（RR），一张一面是红色、另一面是白色（RW），第三张则是两面都是白色（WW）。闭上眼睛，抽出一张卡片，抛到空中。

a．P（选中 RR 卡）=?

b．P（显示 W）=?

c．P（不是-RR |显示 R）=?

d．下列是公平打赌，还是“荷兰赌”：

Ⅰ．你支付 1 美元来猜卡片。
如果猜中，你赢得 3 美元。

Ⅱ．显示 R
你支付 1 美元来猜卡片。
如果猜中，你赢得 2 美元　。

Ⅲ．如果显示 R 但不是 RR 卡片，你赢得 1 美元。
如果显示 R 而且是 RR 卡片，你输掉 1 美元。

参考资料

[1] Halpern J. Reasoning about uncertainty. Cambridge, MA: MIT Press, 2003.

[2] Zadeh L A. Fuzzy sets. Information and Control 8:338–353, 1965.

[3] Korb K B, Nicholson A E. Bayesian artificial intelligence. London England: Chapman & Hall/CRC, 2004.

[4] Jensen V F. An introduction to Bayesian networks. New York, NY: Springer-Verlag, 1995.

[5] Bibliography 1. Rojas, R. Neural Networks A Systematic Introduction. Berlin, Germany: Springer, 1996.

第9章 专家系统

本章将介绍专家系统。专家系统是人工智能中的一个领域，总体来说，专家系统因其在计算机科学和现实世界中的贡献而被视为人工智能系统中最成功的领域。本章将讨论专家系统的一般特征、构建专家系统的方法，以及在该领域30多年的历史中所构建的一些最成功的系统。本章也介绍了基于案例推理的系统和一些最新的专家系统示例。

爱德华・费根鲍姆（Enward Feigenbaum）

9.0 引言

在人工智能的多个领域中，人们将专家系统的发展视为人工智能最重要的成就之一。专家系统出现在20世纪70年代，当时整个人工智能领域都处在詹姆士•莱特希尔（James Lighthill）爵士的贬低性报告的压抑下（见第6章）。当时，人们批判人工智能不能生成实时的、真实世界的工作系统。由于人们在计算机视觉领域获得了一些重要见解，R.J. Popplestone发明了机器人。[1] Freddy所创建的玩具系统可以执行简单的任务，如组装玩具车或将咖啡杯放置在碟子上。不久，来自麻省理工学院的特里・维诺格拉德[2]发表了著名的论文《Understanding Natural Language》（见第13章）。人们对人工智能产生了一定的兴趣。但是由于早期的一些系统，人工智能也得到了一些恶名，如1972年的GPS（见1.8.8节）以及著名的ELIZA系统，后者愚弄了许多人，让许多人以为这个系统是智能的。[3]

9.1 背景

正如第1章和第6章中所提到的，我们生活在一个知识即财富的时代。在较早的时期，如在19世纪的工业革命期间，社会的进步通过将矿物和铁矿石等自然资源转化为能源和人造产品的能力来衡量。在20世纪，交通运输的速度和通信的基础设施成了更通用的测量进步的方法。在通信领域，我们已经从19世纪末的电话转移到了21世纪的Google、

Facebook 和 Twitter。在交通运输领域，我们从蒸汽驱动的船只前进到登陆月球。第一次世界大战也部分推动了技术进步，随着计算机时代的兴起，第二次世界大战在更大程度上推动了技术的进步。在美国，电子数字积分计算机（ENIAC）的发展是技术时代的推动力。1943 年，在布莱切利园，英国试图通过图灵和他的助手构建 Colossus，破译恩尼格玛密码（Enigma codes），从而推动了技术的发展。

1946 年左右，人们将 ENIAC 的创造归功于 Eckert Preser Eckert 和 John Mauchley。

恩尼格玛密码（Enigma codes）是德国人在第二次世界大战期间发送给潜艇的秘密代码。图灵（Turing）等人创造了 Colossus，主要用来帮助破译恩尼格玛密码。他们成功地完成了这项工作。

使用微芯片技术可以缩小计算机体积，并相应提高芯片和计算机的运行速度——这直接导致了摩尔定律的出现，根据摩尔定律，人们意识到较小的组件意味着可能获得更快的速度。因此，人们发现了微处理器的速度直接对应于计算机速度，并且多年来，人们通过微型化芯片已经使微处理器的速度每 18 个月增加一倍。

技术进步基于微型化与微芯片技术相结合，1969 年，技术进步让人类登陆了月球。在 20 世纪 80 年代，随着个人计算机的普及，人类社会开始向“信息社会”过渡。

随着越来越多的家庭可以负担起个人计算机，计算机在人们的生活中发挥着越来越多样、越来越重要的作用。20 世纪 90 年代，Tim Berners-Lee 推出了万维网，为商业、休闲、旅游、工作、学习以及生活中所有的一切，提供了一个全新的可以讨论的公共场所。至新千年的第一个十年结束之时，我们所处的“知识社会”面临的挑战是如何有效地操作和转移大量的信息，并将其转化为有益于社会的、有用的以及能做出重要决策的知识。

对庞大、丰富、多样的信息来源非常敏感的一个很好的示例系统就是股票市场。例如，在写作本章时，股票市场受到了石油供求的高度影响。在很短的时间内，我们看到石油价格从每桶 60 美元上涨到每桶近 150 美元，最近跌至每桶 100 美元以下。今天，一桶石油的真实价值是什么？这个价值如何反映在燃气泵中？为了在短期和长期内（在一定范围内）预测石油的正确价值，真正的智能专家系统应该考虑到哪些因素？

人类专家和机器专家

Goldstein 和 Papert[3,4]将早期系统的目标标注为“能力战略（power strategy）”，这些系统旨在开发出能够应用于求解各种问题的一般的、强大的方法。早期的程序，如 DENDRAL[5]，从普遍性方面来说，相当脆弱。我们知道，在一般问题领域，除了在这些领域被称为专家的人类解决者以外，其他的人类问题求解者的行为都是不堪一击、非常肤浅的。

大多数人只有在自己的专业领域才是专家，这与早期的人类观点相反；人们不具备任何魔法，可以在任意问题领域快速得到最细致、最有说服力的规则。因此，国际象棋大师通过了数十年的实践和研究（见 Michie[6]和 Reddy[7]），才积累和建立起来约 50 000 种规则的模式，但他们不是创建生活中任意其他事物的启发法、规则、方法的大师。对于数学博士、医生或律师来说，也是如此。每个人都是处理自己领域信息的专家，但是这些技能并不确保他们能够处理一般信息或其他专业领域的任何特定、专门的知识。我们所知道的是，人们在掌握任何特定领域知识之前，需要长期的学习。

Brady[8]指出，人类专家有多种方式来应对组合爆炸：

“首先，结构化知识库。这样就可以让求解者在相对狭窄的语境中进行操作。其次，明确提出个人所应具有的知识，这些知识是关于专有领域知识的最好的利用方法，也就是所谓的元知识。因为知识表示的统一性，人们可以将问题求解者的全部能力都应用在元知识上，这种应用方式与人们将其应用于基础知识的方式完全相同，所以知识表示的统一性给人们带来了很大的回报。最后，人们试图利用似乎存在的冗余性。这种冗余性对人类求解问题和认知至关重要。虽然我们也可以用其他几种方式实现这一点，但是这些方法的利用大部分都受到了限制。

“通常情况下，人们可以明确一些条件，虽然这些条件没有一个能够唯一地确定解决方案，但是同时满足这些条件却可以得到唯一的方案。”

对于“人类求解问题和感知中存在的冗余（redundancy present in human problem solving and perception）”，我们认为 Brady 的真正意思是一个词——模式（pattern）。我们再次回到在一个庞大的停车场寻找汽车的例子。知道车在几层或哪个编号区域，对如何快速地找到车存在着巨大的差别。进一步说，有了位置（中央列、外列、中间或列尾等），车的特征（其颜色、形状、风格等）以及你将车停在停车场的哪个区域（接近建筑、出口、柱子、墙等等）这些知识，对于你如何快速地找到汽车有着很大的意义。人们会使用 3 种截然不同的方法：

（1）使用信息（收据上的号码、票据以及停车场里提供的信息）。通过这种方法，人类并没有使用任何智能，就像可以借助汽车的导航系统到达目的地一样，不需要对要去的地方有任何地理上的理解。

（2）使用所提供的票据/收据上的信息，以及有关汽车及其位置的某些模式的组合。例如，票据上显示车停在 7B 区，同时你也记得这距离目前的位置不是很远、车是亮黄色的，并且尺寸比较大。没有很多大型的黄车，这使得你的汽车从其他的汽车中脱颖而出（见图 9.1）。

（3）人类不依赖任何具体的信息，而是完全依赖于记忆和模式这种脆弱的方法。

图 9.1 模式和信息可以帮助我们识别事物

上述这 3 种方法说明了人类在处理信息方面的优势。人类具有内置的随机访问和关联的机制（见 6.11 节）。为了到第 3 层提车，我们不需要线性地从第 1 层探索到第 3 层。机器人必须很明确被地告知跳过 3 层以下的楼层。我们的记忆允许我们利用车辆本身的特征（约束），如车是黄色的、大型的、旧的、周围的车并不是很多。模式与信息的结合可以帮助我们减少搜索（类似于上面 Brandy 提到的约束和元知识）。因此，我们知道车在某一层（票据上是这样说的），但是我们也记得我们如何停放汽车（很紧密地停放或是很随意地停放），汽车周围可能有什么车，我们所选择的停车点有什么其他显著的特征。当人类完全依赖信息系统时，他们可能被剥夺了基本天生的智能，这将导致非常危急的情况。难怪我们听说过很多故事，一些夫妇完全依赖 GPS 系统导航，结果被带到了山顶！

在讨论人类专长之前，我们恰逢其时地先提一下伯克利的两位哲学家兄弟胡伯特 • 德雷福斯（Hubert Dreyfus）和斯图尔特 • 德雷福斯（Stuart Dreyfus）的想法（见第 6 章）。他们提出的主要评判中有这样一条：在机器上，人们很难解释或发展人类的“专有技术”。虽然我们知道如何骑自行车、如何开车，以及许多其他基本的事情（如走路、说话等），但是在解释如何实现这些动作时，我们的表现会大打折扣。德雷福斯兄弟也将“知道什么事”与“知道如何做”区分开来。知道什么事指的是事实知识，例如遵循一套说明或步骤，但是这不等同于“知道如何做”。由于发展“专有技术”很难，因此我们不想解释这个。获得“专有技术”后，这就变成了隐藏在潜意识中的东西。我们需要通过实践来弥补记忆的不足。例如，你可能用 VCR 录制过电视节目。你学到了必要的步骤——从 VCR 上的控件，我们就可以直观地得到这些步骤，你也知道电视应当被设置到特定的频道。你可以执行和理解这些必需的步骤来录制电视节目（专有技术）。但是，这是很久以前的事了。现在，人们有 DVD，系统已经改变了。因此，现在，你可能不得不承认你已经失去了如何录制电视节目的专有技术。

Dreyfus 兄弟[9]所讨论的专有技术基于“从新手到专家的过程中有 5 个技能获取阶段”这个前提。

（1）新手。

（2）熟手。

（3）胜任。

（4）精通。

（5）专家。

阶段 1：新手只遵循规则，对任务领域没有连贯的了解。规则没有上下文，无须理解，只需要遵循规则的能力，完成任务。一个例子就是，在驾驶时，遵循一系列步骤到达某个地方。另一个例子就是遵循一些指导，例如组装新产品或根据纸质文本输入计算机程序。

阶段 2：熟手开始从经验中学到更多的知识，并能够使用上下文线索。例如，当学习用咖啡机制作咖啡时，我们遵循说明书的规则，但是也用嗅觉来告诉自己咖啡何时准备好了。换句话说，在任务环境中，我们可以通过所感知到的线索来学习。

阶段 3：胜任的技能执行者不仅需要遵循规则，也需要对任务环境有了一个明确的了解。他能够通过借鉴规则的层次结构做出决定，并且认识到模式（Dreyfus 兄弟称模式为“一小部分因素”或“这些元素系列”[9]）。胜任执行者可能是面向目标的，并且他们可能根据条件改变自己的行为。例如，胜任的驾驶员知道如何根据天气条件改变驾驶方式，包括速度、齿轮、挡风玻璃刮水器、镜子等。此时，执行者会发展出凭直觉感知的知识或专有技术。这个层次的执行者依然是基于分析，将要素结合起来，基于经验做出最好的决定。

阶段 4：精通的问题求解者不仅能够认识到情况是什么及合适的选择是什么，还能够深思熟虑，找到最佳方式，实施解决方案。一个例子就是，医生知道患者的症状意味着什么，并且能够仔细考虑可能的治疗选项。

阶段 5：专家“基于成熟以及对实践的理解，一般都会知道该怎么做”。[9]应对环境时，专家非常超然，没有看到问题就去努力解决这些问题，他也不焦灼于在未来去精心制订计划。“我们在走路、谈话、开车或进行大多数社交活动时，通常不做出深思熟虑的决定。”[9]因此，Dreyfus 兄弟认为专家与他们所工作的环境或舞台融为一体。驾驶员不仅是在驾驶汽车，也在“驾驶自己”；飞行员不仅在开飞机，也是在“飞行”；国际象棋大师不仅是下棋，而是成了“一个机会、威胁、优势、弱点、希望和恐惧世界中”的参与者。[9] Dreyfus 兄弟进一步阐述：“当事情正常进行时，专家不解决问题，不做决定，正常地进行工作”。Dreyfus 兄弟的主要观点是：“精通或专家级别的人，以一种无法解释的方式，基于先前具体的经验做出判断。”他们认为“专家行为不合理”，也就是说，没有通过有意识的分析和重组而做出行动。

Dreyfus 兄弟认为，在许多方面，如视觉、解释判断方面，包括作为整体工作的方式，机器都比人脑差。没有这些能力，机器将永远比不上人类（大脑和思想）。虽然机器可能是优秀的符号操作器（逻辑机器或推理引擎），但是它们缺乏能力进行整体识别以及在一些类似图片之间进行区分，而人类拥有这些能力。例如，在面部识别方面，机器无法捕获所有特征，而人类将会捕获到所有特征，无论这些特征是明确的还是隐藏的。Dreyfus 兄弟引用了霍夫斯塔德（Hofstader）在《Gödel, Escher, Bach：An Eternal Golden Braid》[10]中的话，他认为机器需要从字母的基本参数（字体、长度、衬线宽度等）和基本特征中识别字母，这与整体使用相似性的判断相反。Hofstader 说：“没有人可以拥有这个在理论上可以生成一个类别（如“A”）的所有成员（无限多）的神秘程式。事实上，我的观点是没有这样的神秘程式存在。”[10]

有人想知道，如果看到近年来在这个领域的发展，Hofstader 和 Dreyfus 兄弟将会如何吃惊。

Firebaugh[11]讨论了这样一个事实，即专家具有一定的特点和技术，这使得他们能够在其问题领域表现出非常高的解决问题的水平。一个关键的杰出特征就是，他们能出色地完成工作。要做到这一点，他们要能够完成如下工作。

- **解决问题**——这是根本的能力，没有这种能力，专家就不能称为专家。
  与其他人工智能技术不同（见第 11 章和第 12 章），专家系统能够解释其决策过程。
  思考这样一个医疗专家系统，这个系统能够确定你还有 6 个月的生命，你当然想知道这个结论是如何得出的。
- **解释结果**——专家必须能够以顾问的身份提供服务，并解释其理由。因此，他们必须对任务领域有深刻的理解。专家了解基本原则，理解这些原则与现有问题的关系，并能够将这些原则应用到新的问题上。
- **学习**——人类专家不断学习，从而提高了自己的能力。
  在人工智能领域，人们希望机器能得到这些专有技能，学习也许是人类专有技能中最困难的一种技能。
- **重构知识**——人可以改进他们的知识来适应新的问题环境，这是人的一个独特特征。在这个意义上，专家级的人类问题求解者非常灵活，并具有适应性。
- **打破规则**——在某些情况下，例外才是规则。真正的人类专家知道其学科中的异常情况。例如，当药剂师为病人写处方时，他知道什么样的药剂或药物不能与先前的处方药物发生很好的相互作用。

- **了解自己的局限**——人类专家知道他们能做什么、不能做什么。他们不接受超出其能力的任务或远离其标准区域的任务。
- **平稳降级**——在面对困难的问题时，人类专家不会崩溃、也就是说，他们不会"出现故障"，同样，在专家系统中，这也是不可接受的。

我们可以从电影《Casino》中看到，专家必须了解其学科的规则和特例。最后，让我们回顾罗伯特·德·尼罗（Robert De Niro），当时他利用了 1980 年凯迪拉克的特殊保护功能，尽管有一个炸弹连在了引擎上，但这个功能阻止了爆炸的发生。

让我们思考并比较专家系统中的这些特征。

- **解决问题**——专家系统当然有能力解决其领域的问题。有时候，它们甚至解决了人类专家无法解决的问题，或提出人类专家没有考虑过的解决方案。
- **学习**——虽然学习不是专家系统的主要特征，但是如果需要，人们可以通过改进知识库或推理引擎来教授专家系统。机器学习是另一个主题领域，我们将在第 10 章（机器学习的第一部分）、第 11 章（机器学习的第二部分）和第 12 章（由自然启发的搜索）探讨机器学习。
- **重构知识**——虽然这种能力可能存在于专家系统中，但是本质上，它要求在知识表示方面做出改变，这对机器来说比较困难。
- **打破规则**——对于机器而言，使用人类专家的方式，以一种直观、知情的方式打破规则比较困难；相反，机器会将新规则作为特例添加到现有规则中。
- **了解自己的局限**——目前，一般说来，当某个问题超出了其专长的领域时，专家系统和程序也许能够在万维网的帮助下参考其他程序找到解决方案。
- **平稳降级**——专家系统一般会解释它们卡在了哪里或哪里出了问题、试图确定什么内容以及已经确定了什么内容，而不是保持计算机屏幕不动或变成白屏。

专家系统的其他典型特征如下。

- **推理引擎和知识库的分离**。为了避免重复，保持程序的效率是非常重要的。
- **尽可能使用统一的表示**。太多的表示可能会导致组合爆炸，并且"模糊了系统的实际操作"。
- **保持简单的推理引擎**。这样可以防止程序员深陷泥沼，并且更容易确定哪些知识对系统性能至关重要。
- **利用冗余性**。尽可能地将多种多样相关的信息汇集起来，这可以避免知识的不完整和不精确。

Giarratano 和 Riley（2005）[12]总结了专家系统的优点。

- 增加了可用性。
- 降低成本。
- 体现了多种专业知识源。
- 多个信息源。
- 反应迅速。

尽管专家系统有诸多优点，但我们似乎也应该指出专家系统一些众所周知的弱点。首先，如前所述，在因果意义上，它们对主题的理解是肤浅的。其次，它们缺乏常识。例如，虽然它们可能知道水在100℃沸腾，但是不知道沸水可以变成蒸汽，蒸汽可以运行涡轮机。因此，莱纳特（Lenat）正在努力[13]建立世界上最大的常识知识百科全书 Cyc。最后，它们不能表现出对主题的深刻理解。即使是具有成千上万规则的、巨大的专家系统，也不能深刻理解主题，例如 MYCIN（见 9.5.3 节）对人体生理学没有深刻的理解。

人物轶事

道格拉斯·莱纳特（Douglas Lenat）

Douglas Lenat（1950 年生）是 CyCorp 的首席执行官，也是杰出的人工智能研究人员之一。在 Edward Feigenbaum 的引导下，Lenat 于 1976 年在斯坦福大学获得计算机科学博士学位。

他早期从事于 AM 和 Eurisko 程序的工作，很快便小有名气了。使用 LISP 开发的 AM（Automated Mathematician）是发现计划（Discovery Program）的首批程序之一，这个程序在 1977 年为 Lenat 赢得了 IJCAI（国际人工智能联合会议）计算机和思想奖（Computers and Thought Award）。AM 生成并修改了简短的 LISP 程序，这些程序可以得到解释，来代表数学概念。其中一个例子是，程序可以通过比较两个列表的长度并发现它们是相等的，来学习数学等式的概念。

这个程序在数字和可用的启发式类型方面是非常成熟的，但也是相当复杂的。AM 通常选择在其优先级列表中的首要任务，但是，如果这与一组复杂的规则前提条件相结合时，那么就会变得相当扑朔迷离。在其复杂的规则架构方面，AM 也是关于元知识的一个很好的例子，元知识就是关于使用知识的知识。当 Lenat 声称 AM 已经解决了 Goldbach 的猜想（一个著名的未解决的数学问题）和唯一素数分解定理（Unique Prime Factorization Theorem）时，这引起了一些争议。

Lenat 于 1976 年开发的 Eurisko（“发现”的希腊语）旨在将他的程序发现扩展到数学领域之外，这也是 AM 所限制的领域。Eurisko 的目的是发现各种领域中的启发法。在这个意义上，它取得了巨大的成功，获得了国防高级研究计划署（Defense Advanced Research Projects Agency，DARPA）的支持。

20 世纪 80 年代，人们对人工智能系统的一个普遍的批评是：虽然它们具有领域的专有知识，但是它们缺乏相对一般的“常识”来解决更广泛的问题。1986 年，Lenat 开始建立最大的常识知识数据库 Cyc，从此这就成了他的任务。在 Cyc 中，Lenat 希望将强大的推理引擎与超过 10 万条的概念常识知识和成千上万的表示链接关系的概念(如继承关系）和“Is-A”关系结合起来（见第 6 章）。Lenat 还表示：“一旦真正大量的信息整合成知识，那么人类的软件系统将是超人类的。在这个意义上，这类似于会写作的人类比起不会写作的人类而言是超人类。”

参考资料

Lenat D. Hal's Legacy: 2001's Computer as Dream and Reality. From 2001 to 2001: Common Sense and the Mind of HAL . Cycorp, Inc.

这个章节从多个视角探讨了人类和机器的专用技能。在接下来的两节中，我们将重点介绍机器如何获得专业知识。

9.2 专家系统的特点

当人们考虑建立专家系统时，思考的第一个问题是领域和问题是否合适。Giarratano 和 Riley[12]提出了人们在开始建立专家系统之前应该思考的一系列问题。

- “在这个领域，传统编程可以有效地解决问题吗？”如果答案为“是”，那么专家系统可能不是最佳选择。那些没有有效算法、结构不好的问题最适合构建专家系统。
- “领域的界限明确吗？”如果领域中的问题需要利用其他领域的专业知识，那么定义一个明确的领域是最适合的。例如，比起宇航员对外层空间的了解，宇航员对任务的了解必须更多，如飞行技术、营养、计算机控制、电气系统等。
- “我们有使用专家系统的需求和愿望吗？”系统必须有用户（市场），专家也必须赞成创建系统。
- “是否至少有一个愿意合作的人类专家？”没有人类专家，肯定不可能创建这个系统。人类专家必须支持建设系统，愿意投入大量的时间来建设专家系统。人类专家必须意识到必需的合作和所需的时间。
- “人类专家是否可以解释知识，这样知识工程师就可以理解知识了？”这是一种决定性的试验。两个人可以一起工作吗？人类专家是否可以足够清晰地解释所使用的技术术语，是否可以让知识工程师可以理解这些术语，并将它们转化为计算机代码？
- “解决问题的知识主要是启发式的并且不确定吗？”基于知识和经验以及上面描述的“专有技术”，这样的领域特别适用专家系统。

注意，主要区别在于专家系统偏重处理不确定性和不精确的知识。也就是说，它们可能在一部分时间内正确工作，并且输入数据可能不正确、不完整、不一致或有其他缺陷。有时，专家系统甚至只是给出一些答案——甚至不是最佳答案。他们注意到，虽然起初这看起来可能让人非常惊讶，也许令人不安，但是通过进一步的思考，这种表现与专家系统的概念是一致的。

人们为了种种目的，建立了许多专家系统，下面的列表中包括了其中一些目的（基于 Durkin [14]）。

- **分析**——给定数据，确定问题的原因。
- **控制**——确保系统和硬件按照规格执行。
- **设计**——在某些约束下配置系统。
- **诊断**——能够推断系统故障。
- **指导**——分析、调试学生的错误，并提供建议性的指导。
- **解释**——从数据推断出情景描述。
- **监视**——将观察值与预期值进行比较。
- **计划**——根据条件设计动作。
- **预测**——对于给定情况，预测可能的后果。

- **规定**——为系统故障推荐解决方案。
- **选择**——从多种可能性中确定最佳选择。
- **模拟**——模拟系统组件之间的交互。

目前在许多领域建立了专家系统，表9.1列出了一些最常见的领域。

表9.1 专家系统的主要应用领域

农学	环境	气象学
商业	金融	军事
认证	地理	矿业
化学	图像处理	能源系统
通信	信息管理	科学
计算机系统	法律	安全
教育	制造业	空间技术
电子	数学	交通
工程	医药	

附录D.1介绍了一些众所周知的、成功的专家系统，这些专家系统跨越了许多领域。迄今为止，全世界已经建立了数千个专家系统。

9.3 知识工程

知识是提升专家系统能力的关键。知识往往会以粗糙、不精确、不完整、规定不明的形式出现。就像人类一样，专家不是一蹴而就的，而是随着时间推移逐步完善自己能力的。对于概率科学而言，如医学、地质学、天气学以及其他学科，知识不是精确的，然而传播不确定性的技术却已经高度发展起来了（见9.5.5节）。比起人类，专家系统可以更系统、更快速、更精确地做这些事情。人类专家经常发现，当要管理数据时，要表达他们用来分析数据的逻辑、直觉和启发法比较困难，这也许令人惊讶。回顾第1章的介绍，在第1章中，通过力学教授和骑独轮车的人这个例子描述了这样一个现象：两者对他们专业的事情都做得很好，但是一旦他们试图理解和解释他们的专业知识，表现就不尽人意了。骑独轮车的人不能解释他的能力，同样，教授所深谙的力学定律知识也不能让他成功地学会独轮车。

在关于知识工程的主题和案例报告中，Feigenbaum[15]指出，建立成功系统的关键是使用以下方法。

（1）**生成和测试**——使用这种方法，不是由于它拥有的任何特定的优点，而仅仅是因为人们尝试、测试和采用这种方法已有几十年之久。听说在开发启发式DENDRAL程序的过程中采用了生成与测试的方法。

（2）**情景-动作规则的使用**——也就是大家熟知的产生式规则（见第7章）或基于知识的系统，这种表示有助于专家系统的有效构建、易于修改知识、易于解释，等等。“这种方法的本质在于，一条规则必须捕获‘一大块’领域知识，这些领域知识本身或其中的内涵必须对领域专家有意义。”

（3）**领域专有知识**——关键的是知识，而不是推理引擎。知识在组织和约束搜索中起着至关重要的作用。使用规则和框架容易表示和操控知识。

（4）**知识库的灵活性**——知识库包括了许多规则，人们应当适当选择这些规则的粒度（见第 6 章）。也就是说，这些规则要足够小，让人可以理解，但是也应该充分大，这样对领域专家才有意义。按照这种方式，知识能够灵活地应对改变，可以很容易地得到修改、添加或删除。

（5）**推理路线**——在构建智能体时，领域专家非常明确知识构建的意义、意图和目的，这似乎是一条重要的组织原则。

（6）**多种知识来源**——将看似无关的、多个来源的知识条目整合起来，这对于推理路线的维护和开发是必要的。

（7）**解释**——系统能够解释其推理路线的能力很重要（这是系统调试和扩展所必需的）。人们认为这是一条很重要的知识工程原则，必须予以重视。解释的结构及适当的复杂程度也是非常重要的。

为了在科学界和商业界获得信誉，人工智能领域需要能够正常工作并且经济实惠的系统。这里就是 Donald Michie [6]总结的“实用见解（practical insights）”，其对专家系统有如下要求。

（1）咨询市场需要专家，而不是通才——这也适用于自动化咨询。

（2）在某些应用中，实时操作不仅是一种愿望，也至关重要。

（3）顾问的技能在很大程度上是要求客户提供正确的后续问题，逐渐形成案例的概要。

（4）除非程序能够按要求解释其步骤，否则客户会丧失信心。

（5）随着时间的流逝，专家系统就会表现得像是一个知识存储库，这些知识是由许多专家的各种经验积累起来的。因此，最终它能够达到一个专业顾问知识的水平，并且超过了任何单个“导师”。

（6）通常来说，在人类专家描述和交流专业知识的过程中，程序式文本是不合适、不受欢迎的，因此人们需要“建议式语言”。

图 9.2 描绘了基于规则的专家系统的主要组成部分。由于专家系统的复杂性，这个系统可以从任一方向驱动（例如 MYCIN），但是 Michie 将它们称为“基于数据的驱动”。

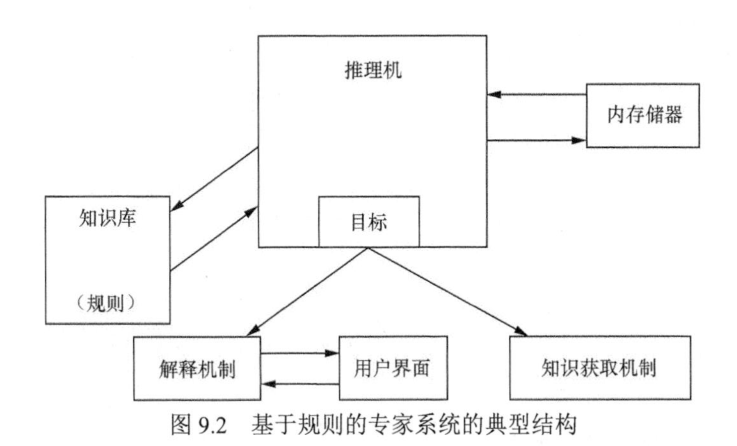

图 9.2 基于规则的专家系统的典型结构

在第 7 章中，我们描述了人工智能系统，特别是产生式系统。因为基于这些系统的专家系统倾向于将计算组件与基于知识的组件分开，所以不同于传统计算机科学的程序。因此，就专家系统而言，推理引擎不同于知识库。在 7.4 节中，我们还介绍了自上而下（程序方法）方法和自下而上（数据驱动）方法的概念。

通常，数据库包括规则，这些规则“由模式匹配来调用，同时任务环境具有一些特征，如用户可以添加、修改或删除任务环境”。这种类型的数据库称为知识库。用户可能以如下 3 种典型的不同方式来使用知识库。

（1）获取问题的答案——用户作为客户端。

（2）改进或增加系统的知识——用户作为导师。

（3）收集供人类使用的知识库——用户作为学生。

在第二种方式中，使用专家系统的人称为**领域专家**。没有领域专家的帮助，建立专家系统是不可能的。从领域专家提供的信息中提取知识，并将其规划成知识库，我们称这种人为知识工程师。“从领域专家的头脑中提取知识的过程（一个非常重要的过程）称为**知识获取**。”

知识工程是通过领域专家和知识工程师之间的一系列交互来构建知识库的过程。[16]通常，随着时间的推移，随着知识工程师越来越熟悉领域专家的规则，这个过程会涉及许多规则的迭代和改进。

知识工程师一直在寻找可用于表示和解决现有问题的最佳工具。他尝试组织知识，开发推理方法，构建符号信息的技术。他与领域专家密切合作，尝试建立最好的专家系统。根据需要，重新概念化知识及其在系统中的表示。系统的人机界面得到改善，系统的“语言处理”让人类用户觉得更加舒适，系统的推理过程使用户更加容易理解。[5]

9.4 知识获取

从人类专家处获取知识，并将这些知识组织到可用的系统中——这个任务一直被认为是很困难的。实质上这表示了专家对问题的理解，这对专家系统的能力至关重要。这项任务的正式名称是知识获取，这是构建专家系统面临的最大挑战。

虽然书籍、数据库、报告或记录可以作为知识来源，但是大多数项目最重要的来源之一是领域专业人员或专家。[14]从专家处获取知识的过程称为知识引导。**知识引导**可能是一项漫长而艰巨的任务，会涉及许多乏味的会话。这些会话可以以交换想法的交互式讨论进行，也可以以采访或案例研究的形式进行。在后一种形式中，人们观察专家如何试图去解决一个真正的问题。无论使用什么方法，人们的目标是为了揭示专家的知识，更好地了解专家解决问题的技能。人们想知道为什么不能通过简单的问题来探索专家的知识。请牢记专家所具备的如下特点。

（1）他们往往在自己的领域非常专业，并且往往使用具体领域的语言。

（2）他们有大量的启发式知识——这些知识是不确定以及不精确的。

（3）他们不擅于表达自己。

（4）他们运用多种来源的知识，力争表现出色。

Duda 和 Shortliffe[17]在这个问题上给出了自己的立场：

知识的识别和编码是在建立专家系统过程中遇到的最复杂、最艰巨的任务之一……创建一个重大评估系统（在考虑实际使用之前）所需要的努力往往是以人年为单位的。

在描述专家系统的构建过程中，Hayes-Roth 等人[18]采用了“瓶颈”一词：

知识获取是构建专家系统的瓶颈。知识工程师的工作就是作为一个中间人帮助建立专家系统。由于知识工程师对领域知识的了解远远少于专家，因此沟通问题阻碍了将专业知识转移到工作中的过程。

当然，自 20 世纪 70 年代以来，人们尝试了多种自动化知识获取的技术，如机器学习、数据挖掘和神经网络（见第 11 章）。事实证明，这些方法在某些情况下很成功。例如，有一个著名的大豆作物诊断案例[19]，在这个案例中，从植物病理学家 Jacobsen 的原始描述符集和确定诊断的患病植物的训练集开始，程序合成了诊断规则集。意想不到的发现是，机器合成的规则集超出了由植物病理学家 Jacobsen 博士（领域专家）制定的规则。Jacobsen 提供了原始的描述符集，然后通过部分成功实验来尝试改进他的规则，如图 9.3 所示。机器的规则具有 99%的准确性，于是他放弃了自己的努力，采用机器合成的规则作为其专业工作的基础。

专家系统的知识有如下 5 种主要的知识分类。

（1）过程性知识——规则、策略、议程和程序。

（2）陈述性知识——概念、对象和事实。

（3）元知识——关于其他类型的知识以及如何使用知识的知识。

（4）启发式知识——经验法则。

（5）结构化知识——规则集、概念关系和对象关系 [14]。

AQ11 in PL1	120 K byes of program space
Soybean data:	19 diseases 35 descriptors (domain sizes 2-7) 307 cases (descriptor-sets with confirmed diagnoses)
Test set:	376 new cases
	> 99% accurate diagnosis with machine rules
Machine runs using	83% accuracy with Jacobsen's rules
Rules of different origins	93% accuracy with interactively improved rule.

图 9.3 Chilausky、Jacobsen 和 Michalski 的实验[19]

可能的不同形式的知识来源是专家、终端用户、多个专家、报告、书籍、法规、在线信息、计划和指南。

虽然收集和解释知识的过程可能只需要几个小时，但是解释、分析和设计一个新的知识模型可能需要很多时间。

我们已经解决了与专家沟通时可能会遇到的一些困难。专家往往将解决问题的知识整理成一种能够有效解决问题的简洁形式。他们在思想方面也得到了飞跃，这远远超出了非专业知识工程师能够欣赏或理解的范畴。虽然专家也许将这种飞跃形容为直觉，但是事实上，这些飞跃是基于深度知识进行一些非常复杂推理的结果。沃特曼（Waterman）把这种两难的境地称为**知识工程悖论**，他指出："领域专家越有能力，他们就越不可能描述他们用来解决问题的知识！"

人们将浅层知识（可能基于直觉）转化为深层知识（可能隐藏在专家的潜意识中）的过程称为**知识编译问题**。知识引导中拓展的技能有助于促进知识获取。

9.5 经典的专家系统

近40多年来，人们建成了具有数以千计规则的专家系统。在本节中，我们将探讨一些最著名的系统，并介绍它们的背景、历史、主要特征和主要成就。

9.5.1 DENDRAL

作为专家系统发展的一个例子，DENDRAL 几乎与人工智能的历史一样悠久，而且它举足轻重。从各个角度来看，DENDRAL 是一个成功的故事，这个项目开始于1965年，持续多年，涉及斯坦福大学的许多化学家和计算机科学家。无论是在实验意义上还是在正式的分析和科学意义上，许多与人工智能发展有关的想法都是从这个项目开始的。例如，在早期，DENDRAL 强有力地证明了生成和测试（generate-and-test）算法以及基于规则的方法能够有效地建立专家系统。

该系统的主要开发人员是爱德华•费根鲍姆（Edward Feigenbaum，计算机科学家）、约书亚•莱德伯格（Joshua Lederberg，化学家，遗传学诺贝尔奖获得者）、布鲁斯·布坎南（Bruce Buchanan，计算机科学家）和雷蒙德·卡哈特（Raymond Carhart，化学家），他们都在斯坦福大学工作。[5]

DENDRAL 的任务是列举合理的有机分子化学结构（原子键图），输入两种信息：①分析仪器质谱仪和核磁共振光谱仪的数据。②用户提供的答案约束，这些约束可从用户可用的任何其他的知识源（工具或上下文）推导得到。解释如下：

"正如 Feigenbaum[21]所说，过去还没有将未知化合物的质谱图映射到其分子结构的算法。因此，DENDRAL 的任务是将人类专家莱德伯格（Lederberg）的经验、技能和专业知识纳入程序中，这样程序就可以以人类专家的水平运行。在开发 DENDRAL 的过程中，Lederberg 不得不学习很多关于计算的知识，正如 Feigenbaum 不得不学习化学知识一样。显然，对于 Feigenbaum 而言，除了与化学有关的许多具体规则外，化学家还根据经验和猜想使用了大量启发式知识。"[11]

DENDRAL 的输入通常包含了所研究的如下化合物信息。

- 化学式，如 $C_6H_{12}O$。
- 未知有机化合物的质谱图（见图9.4）。
- 核磁共振光谱信息。

然后，无须反馈，DENDRAL 在3个阶段执行启发式搜索，这称为规划—生成—测试

（plan-generate-test）。

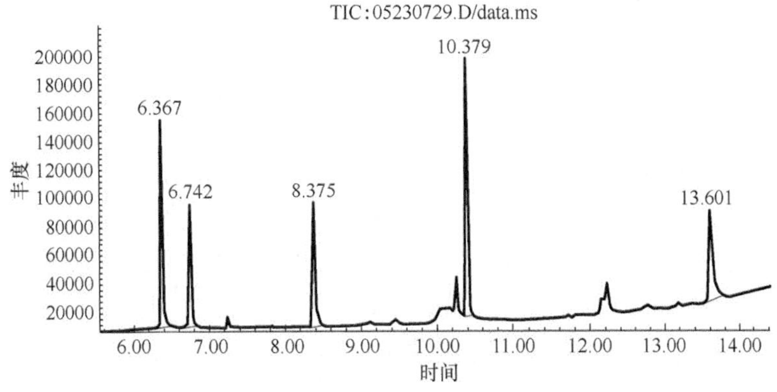

图 9.4 典型的未知有机化合物的质谱图

（1）**规划**——在这个阶段，根据所有可能的原子构型的集合中和质谱推导出的约束一致的原子构型集合，还原出答案。应用约束，选择必须出现在最终结构中的分子片段，剔除不能出现的分子片段。

（2）**生成**——使用名为 CONGEN 的程序来生成可能的结构。"它的基础是组合算法（具有数学证明的完整性以及非冗余生成性）。组合算法可以产生所有在拓扑上合法的候选结构。通过使用'规划'过程提供的约束进行裁剪，引导生成合理的集合（即满足约束条件的集合），而不是巨大的合法集合。"[5]

（3）**测试**——最后阶段，根据假想中的质谱结构与实验结果之间的匹配程度，对生成的输出结构排列次序。

DENDRAL 可以很迅速地将数百种可能的结构缩减到可能的几种或一种结构。如果生成了几种可能的结构，那么系统将会列出这些结构并附上概率。

总结： DENDRAL 证明了计算机可以在一个有限的领域内表现得与人类专家相当。在化学领域，它的表现高于或等于一个化学博士生。程序主要使用 Interlisp（Lisp 语言的一个分支）来写，如 CONGEN 这样的子程序使用 Fortran 和 Sail 语言编写。在美国，这个系统很有市场，它在化学家中得到了广泛的应用。Feigenbaum[5]进一步指出：很矛盾的是，DENDRAL 的结构阐释能力既非常广泛，也非常狭窄。一般来说，DENDRAL 能够处理所有分子、环和树状。在约束条件下（纯粹的仪器数据）对纯结构的阐释，CONGEN 的表现人类无法匹及……在这些知识密集型的专业领域，通常来说，比起人类专家的表现，DENDRAL 的表现不但快得多，而且更准确。

9.5.2 MYCIN

毫无疑问，人们引用最多的最著名的专家系统是 MYCIN。它也是在斯坦福大学开始开发的，并且是爱德华·肖特利夫（Edward Shortliffe）博士的博士论文项目。[22]这个基于规则的专家系统，主要针对由血液和脑膜炎（细菌性疾病，引起脑和脊髓周围膜的炎症）引起的感染性血液病给出诊断和治疗建议。这些疾病如果不及早治疗，将是致命性的。开发 MYCIN 需要大约 20 个人年，这个系统使用反向链接（backward chaining），并且由 400 多条规则组成。与 DENDRAL 一样，它主要是用 Interlisp 编写的。

显然，由于可能的疾病对生命有威胁，因此对出现的特定感染快速诊断，并快速地确定适当的药物进行干预这一过程很重要。人们需要这种系统，这与20世纪70年代人工智能发展的方向是一致的。

此外，如果系统开发成功了，为了使人们接受系统，那么系统必须是互动式的，这与医生和常驻血液感染专家之间的合作类似。系统应该能够回答医生的问题，并且一般说来要能够适应（而不是消除或阻碍）医生的需求。

MYCIN是人们描写最多的、研究最多的、最典范的程序。Durkin [14]用一整章来描写MYCIN，并为系统的背景、方法、性能和评估提供了一些非常有趣的见解。他指出，20世纪70年代，治疗程序导致了抗生素的滥用。他注意到了罗伯茨（Roberts）和维斯康（Visconti）西[23]的研究，“这些研究暗示医生选择的66%的治疗方法是不合适的，在这些方法中，超过62%的方法使用了不当的抗生素组合。”

他注意到，在当时，青霉素的发现导致了大量抗生素的引进。这些药物虽然在处方适当并且正确使用时非常有效，但是也可能产生毒副作用。标准的案头参考《The Physician's Desk Reference》是必需的，也是有帮助的。此外，在血液病领域，专业知识比较匮乏。因此，据Durkin介绍，由于上述原因，开发MYCIN程序似乎是个好主意。

为了证明并解释结论，MYCIN通过规则集、反向链接搜索确凿的证据。通过使用反向链接，MYCIN可以与人类专家相媲美。它证实了系统的专家能力来自于知识，而不是一些聪明的技巧。

基于Durkin的介绍[14]，MYCIN所代表的重要成就如下所示。

- 知识与控制分离——这是所有专家系统的标志，MYCIN是最早的例子之一。如果规则更改，人们也不必更改推理引擎。
- 集成元规则（规则的规则）——何时因特殊案例或情况打破规则。
- 采用不精确推理——MYCIN的确定因子（CF）范围为-1（绝对为假）到+1（绝对为真）。另一个术语是“可信度”。
- 记住先前会话——如，一个优秀的人类专家在领域中的每一个经验都会对专家知识产生影响。
- 适应用户——程序必须让用户感到舒服，对用户/医师透明。
- 自然语言交互——MYCIN以自然语言的方式与医生互动。
- 提供解释——MYCIN可以解释它得出了特别结论的方式和原因。
- 提供可替代建议——MYCIN试图为医生提供可替代选项。这样做，程序可以显得是合作型的，而不是指导型的，因此医生可以感觉到系统是在帮助他，而不是在控制或命令他。

示例9.1：医疗系统中假想的HOW（方式）和WHY（原因）实例

MYCIN程序的两个示例如图9.5（a）和图9.5（b）所示。图9.5（a）显示了确定手术适合老年患者的治疗的方法（HOW）及其原因（WHY）。

图9.5（b）显示了一种治疗建议，这种治疗方案依赖药物治疗感染。

SYSTEM: How old is the patient?

USER: WHY

SYSTEM: This will aid in determining if the patient is a good candidate for surgery.

Rule 057
IF The patient is over 80 years old
AND The patient is frail
THEN The patient is probably not a good candidate for open heart surgery.

SYSTEM: I recommend that the patient is not a good candidate for surgery.

USER: HOW

SYSTEM: I used rule 048 to conclude that patient should not undergo surgery:

Rule 048
IF The patient is frail (weak)
THEN Recommend against surgery.

I used Rule 057 to conclude the patient's condition
IF The patient is over 80 years old
AND The patient is frail
THEN The patient is probably not a good candidate for open heart surgery.

（a）来自 MYCIN，说明 WHY 和 HOW 方案的一个样版

My therapy recommendations will be designed to treat for organisms that are either very likely or, although less likely, would have a significant effect on therapy selection if they were present. It is important to cover for the following probable infection(s) and associated organism(s):

INFECTION-1 is CYSTITIS
<Item 1> PSEUDOMONAS-CEPACIA [ORGANISM-5]
<Item 2> CITROBACTER-DIVERSUS [ORGANISM-4]
<Item 3> E.COLI [ORGANISM-3]

INFECTION-2 is UPPER-RESPIRATORY-INFECTION
<Item 4> LISTERIA [ORGANISM-2]

INFECTION-3 is BACTEREMIA
<Item 5> ENTEROCOCCUS [ORGANISM-1]

[REC-1] My preferred therapy recommendation is as follows:
In order to cover for items <1 2 3 4 5>:
Give the following in combination:
1) KANAMYCIN
Dose: 750 mg (7.5 mg/kg) q12h IM (or IV)
for 28 days
Comments: Modify dose in renal failure
2) PENICILLIN
Dose: 2,500,000 units (25,000 units/kg)
q4h IV for 28 days

（b）来自 MYCIN，说明诊断和治疗方案的一个样本

图 9.5 示例 9.1 涉及的样本及治疗建议

总结： MYCIN 是有史以来最有名和最成功的专家系统。

系统旨在对血液感染进行诊断，推荐治疗方案，这个程序最终成了医学实习生的培训程序。由于这个专家系统表现出诸多优良特征，人们就会认为构建专家系统是有好处的，因此在提案中就会指明这个先例。MYCIN 采用了概率，具有解释工具，它试图以友好和有效的方式与医生进行沟通，具有 400 多条规则。

9.5.3 EMYCIN

实践证明 MYCIN 是一个成功的专家系统，因此人们决定推广它。William van Melle 使用 MYCIN 推理引擎和一本 1975 年庞蒂亚克服务手册，构建了一个用于诊断汽车喇叭电路问题的 15 规则系统。这个玩具系统为第一个专家系统命令解释器 EMYCIN 的开发奠定了基础。约书亚·莱德伯格（Joshua Lederberg）建议的首字母缩略词 EMYCIN，表明这是“基本（Essential）”或“空（Empty）”的 MYCIN。命令解释器具有特定目的，设计用于特定类型的应用程序，在这些应用程序中，用户只需提供知识库。本例中，通过删除 MYCIN 专家系统中的医学知识库[12]，我们就可以得到 EMYCIN 命令解释器。Van Melle [25]写道：“人们应该能够取出临床知识，插入一些其他领域的知识。”

人物轶事

爱德华·肖特利夫（Edward Shortliffe）

Edward Shortliffe(1947 年生)是另一位非常成功的研究人工智能的人物，他来自加拿大艾伯塔省埃德蒙顿。他是一个特别的人，在两个领域（医药和计算机科学）受过高等教育和培训。他以优异的成绩于 1970 年从哈佛大学数学系毕业，并分别于 1975 年和 1976 年获得斯坦福大学医学信息科学博士学位和医学博士学位。1976 年，基于在 MYCIN 上所做的论文工作，他获得了杰出青年计算机科学家 Grace Murray Hopper 奖。他写了几十篇文章和一些书籍，但其中最有名的是《Rule-Based Expert Systems: The MYCIN Experiments of the Stanford Heuristic Programming Project》，这是他与布鲁斯·布坎南共同撰写的。

MYCIN 的主要架构几乎已经成了所有基于规则专家系统的基础，这个系统给出了 400 条规则，使用正向和反向链接、知识表示和不确定性推理。在人工智能领域，Shortliffe 已经达到了成功的顶峰。

1980 年，Shortliffe 在斯坦福大学建立了第一个生物医学信息学学位项目，在这个领域中，他被认为是创始人。目前，Shortliffe 担任哥伦比亚大学生物医学信息学院院长。他是美国国家科学院医学研究所的一名成员，被认为是一名高技能的管理者。2009 年，他出任美国医学信息协会（AMIA）的总裁兼首席执行官。

很自然地，这个目标是为了保留 MYCIN 的优秀特征。这些特征包括特定领域知识的表示、遍历知识库的能力、支持不确定性的能力、假设推理、解释工具等。

EMYCIN 支持正向和反向链接，并引导了许多专家系统的开发，包括一个诊断肺部问题的应用程序 PUFF[26]。因为专家系统技术提供了一种工具，使用这个工具，专家系统可以“经济有效”地建立起来。EMYCIN 符合了 9.3 节中 Donald Michie 所列出的成功专家系统的要求，所以这对专家系统技术而言是一个非常重要的发展。EMYCIN 成了所有未来专家系统命令解释器的典范。

9.5.4 PROSPECTOR

PROSPECTOR 是一个早期专家系统，设计用于矿物勘探中的决策问题。值得注意的是，这个系统使用称为推理网络的结构来表示其数据库。这个程序是 Richard O. Duda 于 1978 年在斯坦福研究所（SRI）编写的。[27]我们总结了这个系统最重要的特征（如 Firebaugh[11]所介绍的）。

- 系统使用模糊输入，范围从–5（肯定为假）到+5（肯定为真），并生成携带相关不确定因子的结论。
- 系统的专业知识是基于 12 个大型的全局尺度的模型和 23 个较小的区域尺度的模型的手工知识。全局尺度的模型描述了大型的矿床：
  - 大型硫化物矿床，黑矿型。
  - 密西西比河谷型，铅-林兹（Lead-Linz）。
  - 西部砂岩铀矿。
- 虽然 PROSPECTOR 不了解知识库中的规则，但可以解释得到结论所采用的步骤。
- 人们开发了知识获取系统 KAS，使得编辑和扩展存储知识库的推理网络结构变得容易。
- PROSPECTOR 的表现水平与硬岩地质学家的水平相当，被成功地应用在探矿方面。它预测了华盛顿州 Mt.Tolman 附近的钼矿床，此后这个预测由核心钻井确认，其价值为 1 亿美元。

PROSPECTOR 使用被称为推理网络的知识表示方案，这是第 6 章中描述的语义网络的一种形式。接下来，我们将总结推理网络的主要特征，以及它们与语义网络元素的对应关系。

- 节点——对应于命题断言而不是单个名词。一个一般的模型包含大约 150 个节点。一个节点可能包含以下断言。
  - 有一种普遍的生物化角闪石。
  - 有一个白垩纪堤坝。
  - 对斑岩铜矿床的钾盐区改造有利。
- 弧——类似于语义网络，弧指定了节点之间的关系。特别的，它们表示了推理规则，这些规则指定了一个断言的概率如何影响另一个断言的概率。一个典型的模型包含了大约 100 条弧。
- 推理树——在推理树中，按照以下结构对节点和弧进行组织。
  - 顶级假设——没有出弧。
  - 中间因素——同时有入弧和出弧。
  - 证据声明——没有入弧。

PROSPECTOR 的工作方式与自下而上的树一样，在正向链接中使用证据，到达建议进一步探索的位置。程序设计运行于 3 种模式：编译执行、批处理或交互式咨询。用户的答案范围从–5（断言绝对为假）到+5（断言绝对为真）。

有关表 9.2 中列出数据的更多信息，请参阅以下内容：

在交互的任何时刻，用户可能会问为什么（WHY），要求系统对问题的基础理论给出解释。因此，熟练的地质学家可以遵循 PROSPECTOR 的推理路线。其他命令可以提供跟

踪推理，更改断言，并列出勘察最佳的“当前估计”。这个程序还具有图形功能，能够生成某个区域成功或失败的概率分布图。

表 9.2 说明了 PROSPECTOR Ⅱ数专家系统的有效性。在由一组地质学家分类的 124 个矿床中，PROSPECTOR Ⅱ对其中 103 个矿床的分类与地质学家相同。

通过结合 PROSPECTOR Ⅱ数的第一和第二选择，与专家小组做出的分类进行匹配，在 119 个归类的矿床中，有 111 个是一致的——也就是说有 93%的一致率。

表 9.2 使用 Cox-Singer 矿床分类法，比较了 PROSPECTOR Ⅱ和地质学家小组对阿拉斯加的 124 个金属矿床的分类

矿床类型（地质学家小组的分类）		排名频次（PROSPECTOR Ⅱ）的分类				
		1st	2nd	3rd	4th	5th
1	Gabbroic Ni-Cu deposits(7a)	4	0	1	0	1
2	Podiform chromite deposits(8a)	1	0	0	0	0
3	Serpentine-hosted asbestos deposits(8d)	1	0	0	0	0
4	Alaskan-pge(9)	5	0	0	0	0
5	W skarn deposits(14a)	1	0	0	0	0
6	Sn skarn deposits(14b)	2	0	0	0	0
7	Sn vein deposits(15b)	1	0	1	0	0
8	Sn greisen deposits(15c)	1	0	0	0	0
9	Porphyry Cu deposits(17)	4	1	0	0	0
10	Cu skarn deposits(18b)	2	0	1	0	0
11	Zn-Pb skarn deposits(18c)	2	0	0	0	0
12	Fe skarn deposits(18d)	4	1	0	0	0
13	Porphyry Cu-Mo deposits(21a)	1	0	2	0	0
14	Porphyry Mo,low F deposits(21b)	1	0	0	0	0
15	Polymetallic vein deposits(22c)	14	3	0	0	0
16	Basaltic Cu deposits(23)	0	0	1	0	0
17	Cyprus massive sulfide deposits(24a)	0	0	1	0	0
18	Besshi massive sulfide deposits(24b)	3	0	0	0	0
19	Epithermal vein deposits(25b,25c,25d,25c)	2	0	0	0	0
20	Hot-spring Hg deposits(27a)	3	1	0	0	0
21	Sb-Au vein deposits(27d,27e)	5	0	0	0	0
22	Kuroko massive sulfide deposits(28a)	9	0	0	0	0
23	Sandstone U deposits(30c)	1	0	0	0	0
24	Sedimentary exhalative Zn-Pb deposits(31a)	2	0	0	0	0
25	Bedded barite deposits(31b)	2	0	0	0	0
26	Kipushi Cu-Pb-Zn deposits (32c)	1	0	0	0	0
27	Low-sulfide Au quartz vein deposits(36a)	25	1	0	0	0
	Totals	103	8	7	0	1

资料来源：McCammon，R.《数值矿藏模型》表 4。

注：括号中的字母数字字符表示 Cox 和 Singer（1986）中的模型编号。

9.5.5　模糊知识和贝叶斯规则

地质矿产勘查是使用和讨论不确定性的经典领域。模糊知识（如第 8 章所讨论的）可以用来处理不确定性，做出良好的决定。PROSPECTOR 使用如下形式的规则进行工作：

IF E, THEN H (LS, LN 程度)

其中

H =给定的假设

E =假设成立的证据

LS =如果 E 存在，这是支持假设的程度

LN =如果 E 不存在，这是假设不可置信的程度

当模型得到了建立并在分析期间保持不变时，这就定义了 LS 和 LN 的值。一小部分规则集可能如下所示：

R_1: IF E_1 AND E_2,　　THEN $H_2(LS_1, LN_1)$

R_2: IF H_2,　　THEN $H_1(LS_2, LN_2)$

R_3: IF E_3　　THEN $H_1(LS_3, LN_3)$

这个网络集成了图 9.6 中的 R_1～R_3，并指示如何使用证据来支持假设。H_1 是这部分网络的顶层假设或“结论”。

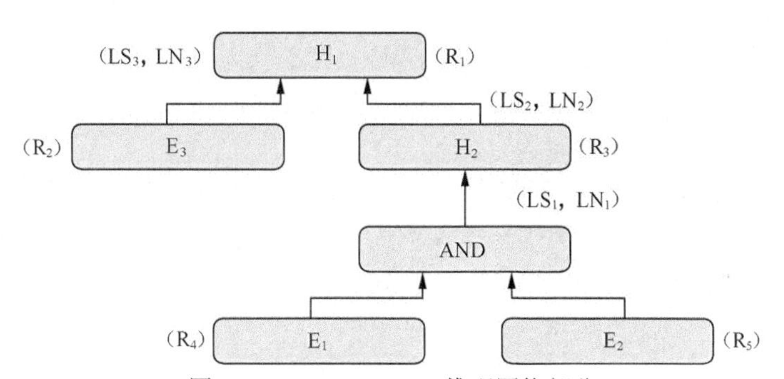

图 9.6　PROSPECTOR 推理网络部分

PROSPECTOR 是将贝叶斯定理纳入，用来计算 P（H | E）作为证据，在系统中传播不确定性的第一个专家系统。有关此规则的讨论，请参阅第 8 章。

除了使用贝叶斯规则计算概率外，PROSPECTOR 也使用了模糊集理论中的启发法，基于断言的逻辑贡献（$A_1, A_2,\cdots, A_K$），无论合取式还是析取式，来传播不确定性：

$$\text{合取：} A = A_1 \text{ 和 } A_2 \text{ 和}\cdots A_K$$

$$\text{析取：} A = A_1 \text{ 或 } A_2 \text{ 或}\cdots A_K$$

假设知道概率 P（A_i | E）是在证据 E 存在的情况下与断言 A_i 相关的概率，那么所面临的挑战是，根据这个证据，传播 A 为真的概率。洛菲特·扎德（Lotfi Zadeh）（见第 8 章）提出了下列的启发式方程组，这些方程组曾应用于 PROSPECTOR 中。

$$\text{合取：} P(A|E) = MIN_i [(P A_i | E)]$$

$$\text{析取：} P(A|E) = MAX_i [(P(A_i | E))$$

简而言之，断言的合取（AND）取决于具有最小模糊测量值的断言，而断言的析取（OR）

取决于具有最大模糊测量值的断言。将**模糊逻辑**的示例转化成真实世界可能涉及的问题——我们想确定你即将遇到的人喜欢你的概率。这里是一些概率的证据：

证据= e =你们会见面

E_1 =你很容易沟通= 0.80

E_2 =在电脑约会调查中，你们的匹配度很好= 0.84

E_3 =你们的生活情况很匹配= 0.80

E_4 =你们很忙= 0.50

模糊逻辑将会得到一个 0.50 的结论，这是你们彼此喜欢的概率。由于所有其他证据看起来都很好，因此这个结论看起来很不公平（匹配度高，概率高。但是，请记住，你们彼此不喜欢的所有理由也并没有列在这里！也许你**不**喜欢你所匹配人的一些习惯？也许你所匹配的人是个工作狂？也许这个人有理由渴望的求爱方式与你不同？无论如何，约会如同爱情，不可能只是一个概率事件）。

另一方面，让我们思考证据析取公式：

$$\text{IF } E_1 \text{ 或 } E_2 \text{ 或 } E_3 \text{ 或} \cdots E_n,\ P(E \mid e) = \text{Max}\,[P(E_i \mid e)]$$

当遇到与你匹配的人时，你陷入爱情的概率是多少？

E_1 =她联系了我（很不错！）= 0.80

E_2 =我们在电脑约会调查中匹配度高= 0.80

E_3 =我们从未见过= 0.50

E_4 =我们将大量的生活“情感”带到关系中= 0.85

这里析取的模糊逻辑规则将以 E_4 为标准。在现实中，这可能是一个很好的具有代表性的值，PROSPECTOR 使用了类似的方法。

总结：值得注意的是，在找到某个有利可图的矿井之前，人们可能会探索数千个潜在矿藏。PROSPECTOR 项目是由美国地质调查局和国家科学基金会资助的。许多参与该项目的研究人员仍在不断地使用专家系统开发成功的商业应用。

9.6 提高效率的方法

随着专家系统的发展，专家系统变得越来越复杂。显然，在搜索、冲突消解和激活、总体管理方面，我们需要高效的方法处理规则。在 7.4.1 节中，我们讨论了冲突消解策略。在本节中，我们将讨论两种方法，这两种方法用以在关键情况下高效地处理规则。

9.6.1 守护规则

守护规则是专家系统设计师结合正向和反向链接的一种方式。Durkin[14]将守护规则定义为：“任何时候，一旦规则的前提条件与工作内存中的内容相匹配，即触发了规则”。

这个概念就是说，这些“友善的守护者”就在那里，静静地待在反向链接规则中，不参与反向链接的过程，却留在后台，直到被工作内存中出现的信息“呼唤”。在调用的情况下，守护者将被触发，在工作内存中输入自己的结论。它所生成的新信息可以支持反向链接规则或者“它可能会启动其他守护规则，一起动作，像一系列正向链接规则”。因此，守护者允许系统自我修改，这是应用程序适应新情况的一个至关重要的方面[14]。

我们通过核电站火灾报警器的假设性例子介绍守护的概念。当温度过高时，报警器将被触发。温度过高意味着机器应该停止运行。如果机器停止运行，那么建筑物中的人员应该被疏散。使用反向链接将关闭系统，从而我们就可以对问题进行诊断。

守护规则 1 发电机温度问题

如果电源关闭，

并且温度> 500℃，

那么问题=发电机温度问题。

守护规则 2 紧急情况/声音报警

如果问题=油罐压力，

那么情况=紧急/声音报警。

守护规则 3 疏散

如果情况=紧急情况，

那么回应=疏散人员。

我们可以看到这些“守护者”如何以反向链接方式一同工作，处理这种潜在的紧急情况。高温将触发报警器，报警器将提示导致疏散建筑物里的人员。

9.6.2 Rete 算法

Rete 算法涉及专家系统中一些组件程序的有效协调，关于这一点我们在本章以及在第 7 章（包括马尔可夫链）中都讨论过。一旦建立了一个相当大的专家系统，具有数十条乃至数百条规则，这时效率问题就变得相当重要了。也就是说，我们需要一个程序，其不必依次测试每条规则，就能知道应该使用哪些规则。

“Rete”一词在拉丁语中的意思是“net”（网络）。

在 Charles Forgy 关于 OPS（正式产生式系统）命令解释器的博士论文中（1979，卡内基梅隆大学），他陈述了解决这个问题的一个方案。Forgy 的概念是网络可以容纳许多关于规则和规则触发的信息，这可以显著减少所需的搜索量。Rete 算法是一种动态数据结构，一旦开始搜索，就可以进行重组。

Giarratano 和 Riley[12]（第 38 页）称：

“Rete 算法是一种非常快速的模式匹配器，它通过将网络中关于规则的信息存在内存中来提高速度。Rete 算法旨在通过在规则触发后限制重新计算冲突集所需的工作，来提高正向链接规则系统的速度。”

这个算法要求的内存空间比较大，但是由于内存非常便宜，这已不再是个问题了。据了解，Rete 利用了如下两个可用于得到这个数据结构的实证观察，正如 Giarratano 和 Riley 进一步指出的。

（1）**时间冗余**——规则的触发通常只会改变一些事实，只有少数规则受到这些变化的影响。

（2）**结构相似性**——相同的模式经常会出现在多个规则的左侧（同上）。

20 世纪 70 年代，计算机的运行速度非常慢，对于具有成千上万条规则的专家系统而言，Rete 算法是一个重要的实用工具，有利于快速执行。

在执行的每个周期中，算法仅查看更改的规则匹配。在试图将事实与在每个认可—行为周期（recognize-act cycle）中任意一条规则进行匹配时，这极大地加快了事实与前件匹配的速度，如图 9.7 所示。

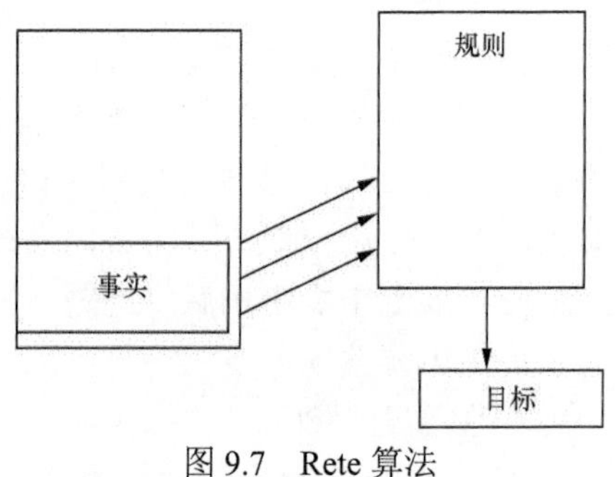

图 9.7　Rete 算法

Rete 算法一个有趣的特征是，我们发现了这样一种概念，将推理循环中维护的几个事实与规则前件匹配，比使用事实来检查规则更高效。

一直以来，Rete 算法对实际而有效应用专家系统都做出了重要贡献。

9.7　基于案例的推理

本节介绍**基于案例的推理**（CBR），这是一种求解问题的方法，是文明人行使职责、做出决策的许多基本方式的基础。其实质在于，我们从经验中学习，这些经验包括其他人拥有的经验以及我们自己的经验。基于这个基础，我们做出了决策。当然，这些经验必须以某种方式记录下来，否则它们的用处有限。你可能听到过这样的说法：“如果我们不学习历史，那么历史的目的是什么？”

律师、医生、老师、技术工人、运动员、商人等根据以往的经验做出决策。对律师来说是，他们根据先例做出决策。过去类似情况的案件如何解决？某位特定的法官的判案倾向是什么？他是保守的，还是自由的？根据类似情况的先例，法官可能会做出什么样的裁决？医学界也是相似的，医生做出的大多数决策实际上是基于概率的——这些概率就是你在第 8 章中学到的贝叶斯概率的那种类型。鉴于病人特定的体征和症状，并结合患者的年龄、病史和其他已知的相关因素（例如现有条件、以前的手术、药物过敏、医疗保险），医生能够做出最有可能产生有利结果的决定。此外，今天的医生还必须意识到所做的决定如何避免导致不法行为的诉讼！对于老师来说，情况是类似的。我们使用过去行之有效的技术。如果某个课程与某本教科书、课题的某种顺序、某些材料配合得非常好，我们倾向于再次使用它们。如果不存在这种情况，我们将根据经验做出改变和尝试。对于汽车修理工和其他行业人员而言，这也是一样的：各界人士都从经验中学习，并且知道如何从事他们的事业。

很少有人可以通过读书完全补偿从经验中所获得的知识。人们很乐于了解规则，例如，你不应该在前 1609km 全速驾驶全新的汽车。但是，经验法则和启发法有可能更重要——例如，“不要像驾驶一辆跑车一样驾驶大型豪华轿车”。因为这样的经验法往往会涵盖更多的情况。然而，最重要的是我们要遵循什么样的规则或启发法？我们理解其背后的基本推理，知道使用这些方法原因和时机吗？有人可能会问：“为什么我们要支付薪水给那个技术工人？他只做了一点工作，只拧紧了一个螺钉，任何人都可以做到这一点。”答案当然是：“你要为他的专业知识付钱——他知道要拧紧哪个螺钉！”

补充资料

示例：棒球基于案例的推理（CBR）

想象一下，我们可以用 6 元组来表示任何棒球比赛的情况。这 6 元组将包括：①回合；②出局次数；③跑垒员人数；④得分；⑤击球手；⑥基于案例推理的系统建议应该进行的动作（如挥棒、投球、触击球）。上半场用正数表示，下半场用负数表示。跑垒员人数和位置可以表示如下：0=垒上没有人，1=跑垒员在第一垒，2=跑垒员在第二垒，3=跑垒员在第三垒，4=跑垒员在第一垒和第二垒，5=跑垒员在第一垒和第三垒，6=跑垒员在第一垒、第二垒和第三垒（满垒）。无论输赢，分数都可以嵌入表示，例如+6 4 意味着我们赢了 6–4，而–6 4 意味着我们输了 6–4。

因此，让我们用以下 6 元组来表示 2010 年纽约洋基队的比赛情况：(–8，0，4，–2 3，13，3)。这个 6 元组可以翻译成：①我们在第 8 局的下半场；②没有人出局；③跑垒员在第一垒和第二垒；④洋基队输了 3–2；⑤13 号是击球手；⑥系统建议打触击球。这意味着超级巨星 Alex Rodriguez（棒球领域最棒的球员之一和最高薪的球员之一）正在击球。在这种情况下，CBR 应该为大多数球员算出打法（以百分比表示）以及最佳建议，就是跑垒员到第二垒和第三垒打触击球，这样就会有一个人出局。这就是为什么在超过 50%的这种情况下，有跑垒员在第一垒和第二垒，没有人出局，结果得分。

然而，在这里，CBR 系统必须向 2010 年纽约洋基队展示一些先验知识或智能——Alex Rodriguez 从不打触击球。先前案例数据库研究显示他在职业生涯中很少打触击球，在类似的先前情况下，他还没有被请求过打触击球，即使这是迄今为止所推荐的百分比值最高的打法。现在的纽约洋基队还有三名球员，他们在类似的情况下从未被要求过打触击球。他们是 Jorge Posada（20）、[1]Mark Texeira（25）和 Robinson Cano（24）[2]。这些选手都被认为是这样的大笨蛋，在任何情况下，他们都不会被要求打触击球。CBR 必须认识到一般的案例，并区分出 Rodriguez、Posada、Texeira 和 Cano 击球的特殊情况（通过他们的得分–13,20,25,24）。

我做了一些研究，在难分胜负的比赛中，跑垒员在第一垒和第二垒，并且没有人出局的情况下，我发现建议的战略是击球手应该打触击球，这个战略有点古老。大多数棒球分析师的思考并不那么谨慎，但是关键是产生得分的概率——当代的想法是，这在很大程度上取决于谁在击球。

最后，让我们考虑运动员或运动爱好者的案例。他们所做的一切几乎都是想基于统计数赶上或超越过去的表现。在棒球领域，这可能表现为击球手在对抗某个投手时如何有出色的表现。管理者的所有决定几乎都是基于先例或统计的，他们考虑在某些情况下某种动作最可能带来什么样的结果。

实质上，这就是 CBR 所关心的所有事情。也就是说，所建立的人工智能系统能够根据先例匹配解决方案。换句话说，试图通过将新问题与旧问题的解决方案相匹配来求解问题。因此，这是构建从先前情况中学习的基于知识的系统。[28] CBR 系统的主要要素是案例库。案例库是存储的问题、要素（案例）及其解决方案的结构。因此，案例库可以被视为所存储问题集合的数据库，其中保存了每个问题与其解决方案的关系，这赋予了系统使用归纳能力来求解问题。[29]

CBR 系统的学习能力由它们自身的结构定义，这通常由 4 个阶段组成：检索、重用、修订和保留。[30] 第一阶段，“检索”是指从案例库中找到与所提出的问题最相似的案例。一旦从案例库中提取了一系列的案例，第二阶段，“重用”将修改所选择的案例，使其符合当前的问题。一旦系统找到了问题的解决方案，这个方案将会被修改，并且被确定确实是解决问题的方案。一旦所提出的解决方案得到适当确认，这个方案将被保留，并可以作为未来问题的解决方案。[29]

CBR 设计的主要问题之一是数据结构的选择。数据结构可以从简单的元组到复杂的证明树，简单元组就是存储待匹配的案例和它们的解决方案。最典型的结构是大量的情境-动作规则（situation–action rule），其中规则是待匹配的最主要特征。在新情境下，操作符由待使用的转化操作组成。

对 CBR 系统而言，最困难的决定是为索引和检索选择最主要的案例特征。[29] Kolodner 认为，根据问题求解者的目标和需要组织案例是非常重要的；这要求在问题求解过程中，根据案例上下文仔细地分析案例描述符。[30]

Kolodner 给出了以下一组可能的优先启发式方法，以便于案例的存储和检索。

（1）面向目标优先。至少部分按照目标说明组织案例。检索与目前情况具有相同目标的案例。

（2）主要特征优先。对那些匹配最重要特征或那些匹配大量重要情境的案例优先。

（3）指定优先。在考虑相对一般的匹配前，先寻找那些特征尽可能匹配的案例。

（4）频率优先。首先检查最常匹配的案例。

（5）最近优先。最近使用的案例优先。

（6）易于适应优先。使用第一个最容易适应当前情境的案例。

“相似性”的概念成了一个相对重要和微妙的问题。选择和定义确定相似性的词汇成了一个重要因素。随着匹配案例数目的增多，这有好的一面，也有坏的一面，也就是说，更多的案例提供了更好匹配的机会，但匹配的过程也因此变得更加复杂和耗时。

CBR 不是人工智能的新领域。当领域规则不完整、定义不明确或不一致时，人们经常使用 CBR。[31] 基于案例的方法可以帮助专家系统通过存储过去有效或失败的解决方案，从先前的经验中学习，这将极大地缩减求解问题的过程。早在专家系统开发之前，就已经存在从经验中学习的例子，如 Arthur Samuel 为跳棋程序建立了启发式签名表。[32]我们将在第 16 章中详细介绍他的工作。他的工作就是试图不计好坏地识别和存储棋盘局面，这也适用于本节的讨论。

在过去 20 年中，CBR 使用这种方法开发了大量成功的商业和工业计算机应用程序，这引起了人们极大的关注。正如 Watson[33,34]所述，一般情况下，在日常使用中，系统包括许多应用程序，这些程序可用来协助客户支持系统、销售支持系统、诊断系统和帮助前台系统。最早的 CBR 系统大约是在 30 年前开发的。瑞斯兰德（Rissland）开发设计了最早的一个用来支持法律辩论的系统。[35] CASEY 和 PROTOS 也是早期的 CBR 系统，它们采用的知识是病人的案例历史，以及实习生诊断其他患者的经验。[36,37]

人物轶事

珍妮特·柯洛德纳（Janet L. Kolodner）

Janet L. Kolodner（1954 年生）是乔治亚理工学院交互式计算学院的杰出教授，并且是《学习科学》期刊的创始编辑。《学习科学》期刊是跨学科的认知科学期刊，专注于学习和教育。她在布兰迪斯大学获得数学和计算机科学学士学位，然后在耶鲁大学获得硕士和博士学位（1980）。20 世纪 80 年代，她是 CBR 领域的带头人，在这个领域发表了许多著作，同时也演示了 CBR 是如何通过类比进行链接的。她的《基于案例的推理》[38] 一书汇总了从 CBR 诞生到 1993 年整个 CBR 领域的工作。她的实验室提出了基于案例的设计辅助（CBDA）的概念，这是一个具有各种类型信息、可以帮助做出设计决定的设计案例索引库，因此她是第一个 CBDA Archie-II 的创始人。

20 世纪 80 年代末 90 年代初期，Kolodner 使用 CBR 默示的认知模型来解决创意设计中的问题。她的实验室开发的基于案例的自动推理器重点放在能够处理现实世界复杂情况的 CBR 上。她开发了一种称为“通过设计进行学习”的教育方法，这个方法被纳入了已公布的中学科学课程，这个课程名为“基于项目的查询科学”（Project-Based Inquiry Science, PBIS）。

Kolodner 是佐治亚理工大学 EduTech 研究所的创始负责人，她用人们对认知的认识进行教育技术和学习环境的设计。在她的领导下，EduTech 的主要工作集中在设计教育领域以及支持协作式学习（collaborative learning）软件领域。

如前所述，在硬件诊断方面，在求解新问题的过程中，汽车技术工人和专家一般会带来广泛的电子和机械系统的理论知识，回忆成功和失败的经验。实践证明了 CBR 是许多硬件诊断系统的重要组成部分。Skinner 和 Luger 使用 CBR 来维护环绕地球轨道卫星中的信号源和电池。[39] 此后，这被应用到了离散式半导体元件的故障分析中。[40]

人们希望系统能够自动解释为什么会选定特定的案例作为最佳匹配，但是这难以实现。也许更重要的是，无论系统如何成熟，都会在解释选择特定案例的方法和原因方面有困难，尽管这不一定非常重要。在频繁出现卫星信号不佳的情况下，CBR 无法辨别其原因，这使得人们提出了解决问题的另一种方法——基于模型的推理，这能够完成识别为什么卫星信号弱这个任务[39,28]。

应用之窗

发现浮油的 CBR

2010 年 6 月，墨西哥湾发生了迄今为止最为严重的漏油事件，其损失达数十亿美元，对整个地区的生态生活和经济福利造成深远的影响，并且可能给整个东部海岸带来灾难性后果。

2008 年，Aitor Mata 和 Juan Manuel Corchado 发表了一篇题为《使用 CBR 系统找预测到浮油的概率》的论文[41]，其中谈到了如何避免这种灾害。鉴于复杂的海洋条件以及许多变数和因素，这是一个非常困难的问题。这种努力的基础就是从先前的泄漏事件中收集数据，包括测量许多变量，使用卫星图像将它们拼接在一起，以获得浮油的精确位置。作者研究的基础是2002年11月至2003年4月期间Prestige Oil Spill产生的数据。这个程序生成了在石油泄漏后找到浮油的概率（0和1之间）。

一旦发生石油泄漏事故，重要的是确定某个区域是否被污染。关于浮油行为的数据可用的越多，我们就能越好地确定它们的“行为”，这个工作可以通过卫星获得合成孔径图像（Synthetic Aperture Images，SAR）来完成。看起来似乎没有波浪的区域是石油泄漏的迹象。图9.8显示了一张SAR图像，这张图像显示出漏油情况。通过这种方式，我们可以将正常的海洋变化与浮油区别开来。但是，浮油表面和普通安静水域之间的区别有时难以区分，这可以通过应用一系列的计算工具得以解决。此外，一旦确定了浮油，收集了各种大气、海洋和天气状况数据，这可以帮助解释浮油如何演变的问题。

浮油CBR（Oil Slick OSCBR，这是该系统的名称）结合了CBR的功能和人工智能技术的力量。作为预处理的一部分，这个系统收集了历史数据，使用主成分分析（PCA）来减少变量的数量，从而减少候选案例的数量。接下来，人们使用称为生长细胞结构（GCS）的技术，通过它们之间的相似性和邻近度来组织实际情况。Mata和Corchado多声称：

“当结构中引入新细胞时，最接近的细胞向新细胞移动，改变系统的整体结构。”

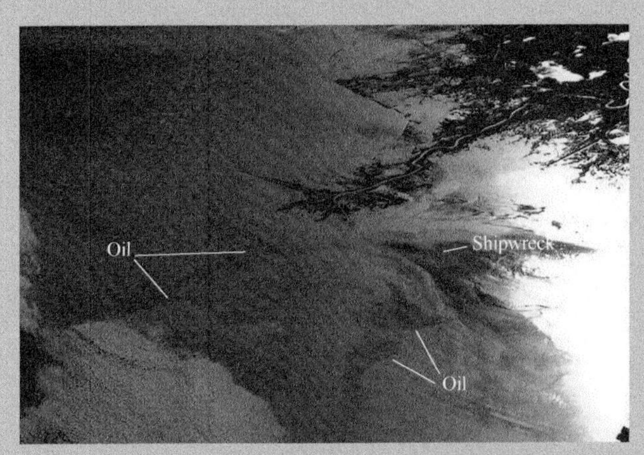

图9.8 显示出浮油的NASA卫星图像

获胜者W_c及其邻居W_n的权重发生了变化。分别使用$W_c(t+1)$和$W_n(t+1)$表示改变后的值。ε_c和ε_n分别表示获胜者和其邻居的学习率，χ表示输入向量的值。

$$W_c(t+1) = W_c(t) + \varepsilon_c(\chi - W_c)$$

$$W_n(t+1) = W_n(t) + \varepsilon_n(\chi - W_n)$$

插入过程的伪代码如下所示。

生长细胞结构插入伪代码：

（1）找到与新细胞最相似的细胞；

（2）在最相似的细胞和最不相似的细胞之间的连线中央引入新细胞；

（3）与细胞最近的直接邻居细胞通过逼近新细胞改变自己的值，并指定它们与新细胞之间距离的百分比。

这类似于CBR的第一阶段“检索”。找到最相关候选案例的问题要再次使用GCS。系统通过计算多维距离来确定案例之间的相似性，然后使用具有混合学习系统的人造神经网络来生成预测未来某一区域发现浮油概率的问题。径向基函数是一种类型的神经网络（见第 11 章），在培训识别案例库中最相似于提出问题的案例时，这个函数非常有效。这解决了重用问题。

出现了一组方形彩色区域，其颜色强度与在该地区找到浮油的可能性相对应。人类用户检查所提出的解决方案，人类专家要核对系统自动提供的修正方法。人们需要审核对所提出方案的解释，并且要与其他选定的案例比较近似度。只要所提出的解决方案在野外看起来不会太远，那么就接受这个方案。一旦方案得到了接受，系统就会认为这个方案是正确的，接着保留这个方案，并将其添加到案例库中，以备将来应用到新问题上。

OSCBR 系统结合了人工智能技术与 CBR，随着案例数的增加，在预测浮油方面被证明有 90%的准确度。但是，亟待解决的问题是："对泄露石油的未来破坏，OSCBR 系统能够做什么？"

9.8 更多最新的专家系统

最近的专家系统集成了众所周知的经过测试的方法来处理大量特定领域的数据，包括数据库、数据挖掘、机器学习和 CBR。在多个领域中，如语言/自然语言理解、机器人学、医学诊断、工业设备故障诊断、教育、评估和信息检索等，人们已经采用了**混合智能方法**。在本节中，我们将简要介绍和描述一些示例系统。

9.8.1 改善就业匹配系统

在过去 20 年间，Kouremenos Drigas 等人开发了许多专家系统，但是特别适合经济衰退时期的要求的一个系统是他们使用多种基本的布尔方式开发的系统，这个系统将工作与失业人员的技能相匹配。[42]一个早期的专家系统试图将合格的个人与小公司匹配起来，这个系统我们称之为技能分析工具。[43]这个系统将神经网络（见第 11 章）与基于规则的分析相结合，将员工与新项目中的某些工作进行匹配。在后来的系统中（CASPER）使用了协作过滤技术，有助于 JobFinder 网站实现智能搜索引擎[43,44]。CASPER 包括一个用户分析系统、一个推荐服务用的自动协作过滤引擎和一个个性化检索引擎。EMA 就业智能体已经应用了移动代理技术（见 6.12 节），这是一个典型的推荐式智能体。[45]虽然 CASPER 和 EMA 的方法已广泛用于推荐和信息检索，但是在工作匹配领域，人们很难称其为专家。

Drigas 等人开发的工作匹配系统具有以下功能。

（1）与公司数据库的连接，数据库信息包括失业人员、用人方和所提供的工作记录。

（2）使用神经模糊技术（见第 8 章和第 11 章）进行复杂模糊术语的归纳训练（通过实例），这个技术也用于最终评估阶段。

（3）在管理员推荐的情况下，对神经模糊网络进行监督再训练。

（4）设计和开发模糊推理引擎的模糊模型。

（5）模糊元素组合处理进行最终数据评估。

（6）使用 Visual Basic[42]中开发的灵活友好的用户界面。

我们使用失业人员的历史记录这样的大训练集来定义系统参数的权重，这些失业人员包括同一社会阶层的失业人员，先前在多个职位上被拒绝或被批准入职的失业人员。在标准数量的新例子可用之后，系统会进行再训练。系统会输出某种工作与未就业人员适用度的测量值（同上）。

9.8.2 振动故障诊断的专家系统

专家系统的重要作用之一是用于故障诊断。在昂贵、高速、关键机械运转的情况下，故障的早期准确检测非常重要。在机械运转的情况下，异常情况的常见指标是旋转机械的振动。检测到故障后，维护工程师能够识别症状信息，解释各种错误信息和指示，并提出正确的诊断。换句话说，识别可能导致故障的组件以及组件失败的原因。[45]

机械装置往往会有数百个零件，非常复杂。这将需要专业的领域知识来诊断和维修机械。决策表（DT）是一种紧凑、快速、准确的求解问题的方法（见第 7 章中的 CarBuyer 示例）。

VIBEX 专家系统结合了决策表分析（DTA）和 DT，决策表分析是通过已知案例来构建的，而 DT 是为了做出分类，使用归纳式知识获取过程来构建。VIBEX DT 与机器学习技术相结合（见第 11 章和第 12 章），比起 VIBEX（VIBration Expert）TBL 方法在处理振动原因和发生概率较高的案例时[46]，其诊断更有效率。人类专家合作构建 DTA，这最终得到了由系统知识库组成的规则集。然后，人们使用贝叶斯算法（见第 7 章和第 8 章）计算出规则的确定性因子。

接下来，作为一种方便的方法，DT 分析使用 C4.5 算法[47]来系统地分解和分类数据。这要求给出表示振动原因类别的定义，并要求表示振动现象属性的定义。这些振动现象是样品集所需的，供机器学习使用。C4.5 使用示例，进行归纳推理来构建决策树。因此，它本身也作为振动诊断工具使用。VIBEX 嵌入了原因结果矩阵（cause-result matrix），包括了约 1800 个置信因子，这些置信因子适用于监测和诊断旋转机械。

9.8.3 自动牙科识别

鉴于司法取证的原因，能够快速、准确地评估牙科记录是非常重要的。鉴于可用的数据庞大，特别是由于诸如战争、自然灾害和恐怖袭击等大规模灾难，自动识别牙科记录是必要的，也是非常有用的。

1997 年，联邦调查局的刑事司法信息服务部门（CJIS）成立了牙科工作组（DTF），以促进创建自动牙科识别系统（ADIS）。ADIS 的目的是为数字化 X 光片和摄影图像提供自动搜索和匹配功能，这样就可以为牙科取证机构生成一个简短的清单。[48]

系统架构背后的理念是利用高级特征来快速检索候选人名单。潜在的匹配搜索组件使用这张清单，然后使用低级的图像特征缩短匹配清单、优化候选清单。因此，架构包括记录预处理组件、潜在匹配搜索组件和图像比较组件。记录预处理组件处理以下 5 个任务。

（1）记录种植牙胶片。

（2）加强胶片，补偿可能的低对比度。

（3）将胶片进行分类，分成咬翼视图、根尖周视图或全景视图。

（4）在胶片中将牙齿进行分隔。

（5）在对应的位置进行标记，注明牙齿。

Web-ADIS 有 3 种操作模式：配置模式、识别模式和维护模式。配置模式用于微调，客户使用识别模式获取所提交记录的匹配①信息。维护模式用于上传新参考记录到数据库服务器，并且能够对预处理服务器进行更新。如今，系统真正达到了 85%的验收率。

9.8.4　更多采用案例推理的专家系统

现在，我们简要讨论采用 CBR 的一些最新系统。He 等人[49]的论文介绍了基于 Web 的 CBR 检索系统的接口设计。他们注意到，虽然存在许多系统可以协助客户支持系统、销售支持系统、诊断系统和帮助前台系统，但是大部分系统都聚焦于功能和实现上，而不是界面设计。如 He 等人所述，界面设计是系统设计的重要组成部分。

CBR 检索系统提供具有概念模式的概念描述，使得用户能够接受培训，获得更高层次的学习和求解问题能力。[50] Kumar、Singh 和 Sanyal（2007）[51]证实了将 CBR 与基于规则的方法结合的混合方法的价值，其中基于规则的方法是在 ICU 中支持领域无关决策的服务。案例库由一些领域组成，如中毒、事故、癌症、病毒性疾病以及其他领域。通过对 CBR 系统予以更多的重视，以及确保规则库由 ICU 中所有领域的常见规则组成，这样系统就具有了灵活性。

9.9　本章小结

第 9 章讨论了人工智能中最古老、最知名和最受欢迎的领域之一——专家系统。那些定义明确的领域中存在大量人类的专业技能和知识，但知识主要是启发式的并且具有不确定性，这样的领域使用专家系统最理想。虽然专家系统的表现方式不一定与人类专家的表现方式相同，但构建专家系统的前提是，它们以某种方式模仿或建模人类专家的求解问题和做出决定的技能。将专家系统与一般程序区分开来的一个重要特征是，它们通常包括了一个解释装置。也就是说，它们将尝试解释如何得出结论，换句话说，它们将尝试解释用什么样的推理链来得出结论。

9.1 节提供了一个背景，即在 19 世纪后半叶 20 世纪初，是何种发明导致了专家系统的发展。9.1.1 节讨论了人类专业技能与机器专业技能的一些本质区别。人类专家的一些关键能力包括：①正确解决问题；②解释结果及其实现方法；③从经验中学习；④重组知识，⑤打破规则；⑥知道自身的局限性；⑦平稳降级。专家系统也提供了一些特征，包括知识与推理引擎的分离、简单的推理引擎、可利用的冗余、可用性的提高、成本的降低、危险的降低、多种专业技能等。

9.2 节讨论了专家系统的特点、多种用途以及专家系统广泛的应用领域，包括通信、医学、工程、分析、咨询、控制、决策、设计、指导、监测、规划、预测、处方、选择和模拟。

9.3 节介绍了知识工程，并介绍了知识工程本身就是一门技能。知识的获取、收获和利用导致了知识库的建立，然后才能构建专家系统，这是本节的重点。

① 此处为原文有误，并非机械学信息。——译者注

9.4 节介绍了知识获取的主题，并提到这本身对知识工程师来说就是一个挑战。如何最好地提取专家头脑中的知识？如何知道是否准确地表示了专家头脑中的知识？随着专家系统的规模和复杂性的增加，开发技术、有效地处理知识变得越来越重要，因此 9.6 节的守护规则和 Rete 算法变得相对重要。

接下来，9.5 节及其他小节介绍了一些经典的专家系统，包括 DENDRAL、MYCIN、EMYCIN 和 PROSPECTOR。然后，我们介绍了模糊逻辑的概念和贝叶斯定理，这提醒我们：专家系统尽管能力很强，具有丰富的专业领域知识，但是依然建立在处理不确定性的基础上。

专家系统的开发基于案例的推理（CBR，见 9.7 节），这些依然是非常重要的活动领域。本章讨论了一些 CBR 系统，包括一个 CBR 系统的例子，这个系统帮助识别漏油。9.8 节介绍了一些最新的专家系统，并且研究了该领域如何通过混合智能的方法进行演化。

讨论题

1．请解释在开发专家系统时，如何将其与技术进步融为一体。

2．请解释领域专家在其技能领域如何掌握 50 000 个概念。

3．在执行表现上，程序执行了数百万次计算，人类如何与其相抗衡？

4．描述技能获取的 5 个阶段。

5．Dreyfus 兄弟对人工智能局限性的主要立场是什么？

6．描述人类专家的十大特点。

7．描述专家系统的十大特点。

8．列出创建专家系统的 10 个目的。

9．列出专家系统的 10 个应用领域。

10．说出 5 个不同领域的专家系统的名字。

11．描述知识工程的过程。

12．为什么知识获取是“人工智能的瓶颈”？

13．描述 DENDRAL 的主要目的和主要方法。

14．为什么 MYCIN 是一个如此重要的程序？

15．什么是守护规则？

16．什么是 Rete 算法？

17．基于案例推理（CBR）背后的理念是什么？

18．说出构建 CBR 系统的 4 个典型方面。

19．描述构建 CBR 系统的几个问题。

20．说出过去 10 年构建的 3 个专家系统及其应用领域，并描述用于构建这些系统的一些**混合智能**技术。

练习

1．思考你可能想构建的某个领域的专家系统。这个领域应该具有什么特征才能成为一个好的候选领域？

2．在你感兴趣的领域，尝试使用 CLIPS 构建专家系统。

3．评估你的系统：它的性能有多好？如何改进？它可以用作实用工具吗？

4．在你的问题领域，你曾使用（或需要）领域专家吗？如果没有，思考领域专家如何帮助你；如果有，思考发生在你和领域专家之间的知识工程过程。

5．什么是守护规则？请为你的专家系统开发原型守护规则。

6．你相信专家系统可以胜过人类专家吗？如果不相信，解释原因；如果相信，请提供一些例子，并描述什么事情专家系统能做到但是人类专家做不到。

7．为什么诸如 Rete 算法之类的程序（procedure）对专家系统的开发非常重要？

8．为什么专家系统的成本效益很重要？

9．为什么专家系统与传统程序不同？

10．解释程序式知识、声明式知识和元知识之间的区别。

11．为什么 MYCIN 对所有未来的专家系统和命令解释器都很重要？

12．谁拥有专家系统？长期以来，专家系统被认为是人工智能领域的重大成功案例；然而，它们也开始变得有些标准和普遍。专家系统是否应该被认为是计算机科学技术，还是说它们严格属于人工智能领域？

13．对专家系统的批评之一是它们有利于创造微观世界（例如 Hubert Dreyfus 教授所说的，见 6.8 节）。你是否同意此观点？说明理由。

14．专家系统需要如何表现才能通过图灵测试？

15．研究过去 5 年创建的专家系统。它们的特征是什么？它们与本章中描述的早期专家系统有何不同？

参考资料

[1] Popplestone R J. Freddy in Toyland. In Machine intelligence, Vol. 4, ed., B. Meltzer and D. Michie, 455–462. New York, NY: American Elsevier, 1969.

[2] Winograd T. Understanding natural language, New York: Academic Press. Also published in Cognitive Psychology 3(1), 1972.

[3] Weizenbaum J. Computer power and human reason. San Francisco: W. H. Freeman, 1976.

[4] Goldstein I Papert S. Artificial intelligence, language and the study of knowledge, Cognitive Science 1(1), 1977.

[5] Feigenbaum E A, Buchanan B G, Lederberg J. On generality and problem solving: A case study using the DENDRAL program. In Machine Intelligence, Vol 6, ed., B. Meltzer and D. Michie, 165–190. New York, NY: American Elsevier, 1971.

[6] Michie D. Expert systems. The Computer Journal 23(4), 1980.

[7] Reddy R. Foundations and grand challenges of artificial intelligence: AAAI presidential address. AI Magazine 94:9–21, 1988.

[8] Brady M. Expert problem solvers opening remarks from the chair at AISB, summer school. In Expert Systems in the Micro-electronic Age, ed., D. Michie, 49. Edinburgh: Edinburgh University Press, 1979.

[9] Dreyfus H L, Dreyfus S E. Mind over machine. New York, NY: MacMillan, The Free Press, 1986.

[10] Hofstadser D. Godel, Escher, Bach: An eternal golden braid. New York, NY: Basic

Books, 1979.

[11] Firebaugh M. Artificial intelligence: A knowledge-based approach. Boston, MA: PWS-Kent, 1988.

[12] Giarratano J C, Riley G. D. Expert systems: Principles and programming. Boston, MA: Thompson/Cengage, 2005.

[13] Lenat D. Cyc: A large scale investment in knowledge infrastructure. CACM 38:33–38, 1995.

[14] Durkin J. Expert systems: Design and development. New York, NY: Macmillan, 1994.

[15] Feigenbaum E A. Themes and case studies of knowledge engineering. In Expert systems in the micro-electronic age, ed., D. Michie, 3–33. Edinburgh: Edinburgh University Press, 1979.

[16] Michie D. Expert systems in the micro- electronic age. Edinburgh: Edinburgh University Press, 1979.

[17] Duda R O, Shortliffe E. Expert systems research. Science 220(4594, April): 261–268, 1983.

[18] Hayes-Roth F, Waterman D A Lenat D B, eds. 1983. Building expert systems. Reading, MA: Addison-Wesley. 1983.

[19] Chilausky R, Jacobsen B, Michalski R S. An application of variablevalued logic to inductive learning of plant disease diagnostic rules, In Proceedings of the 6th annual international symposium on multi-varied logic. Utah, 1976.

[20] Waterman D A. A. guide to expert systems. Reading, MA: Addison-Wesley, 1986.

[21] McCorduck P. Machines who think. Boston, MA: W. H. Freeman, 1979.

[22] Shortliffe, E. MYCIN: Computer-based medical consultations. New York, NY: Elsevier Press, 1976.

[23] Roberts A W, Visconti J A. The rational and irrational use of systemic microbial drugs. American Journal of Pharmacy (29): 828–34, 1972.

[24] Buchanan B G, Shortliffe E H. Rule- based expert systems. Reading, MA: Addison-Wesley, 1984.

[25] Van Melle W. A domain-independent production-rule system for consultation programs. In Proceedings of the international Joint Conference on Artificial Intelligence '79, 923–925, 1979.

[26] Aikens J S, Kunz J C, Shortliffe E H. PUFF: An expert system for interpretation of pulmonary function data. Computers and Biomedical Research 16: 199–208, 1983.

[27] Duda R O, Reboh R. AI and decision making: The PROSPECTOR experience. In Artificial intelligence applications for business, ed., W. Reitman, Ablex Publishing Corp, 1984.

[28] Luger G. Artificial intelligence 5th edition: Structures and strategies. Reading, MA: Addison- Wesley，2005.

[29] Aamodt A. A knowledge-intensive, integrated approach to problem solving and sustained learning. Ph.D. diss., Knowledge Engineering and Image Processing Group, University of Trondheim Norway, 1991.

[30] Kolodner J L. Proceedings: Case- based reasoning workshop. San Mateo, CA.: Morgan Kaufmann, 1988.

[31] Koton P A. Using experience in learning and problem Solving. Boston, MA: MIT Press, 1988.

[32] Samuel A. Some studies in machine learning using the game of checkers. IBM Journal of Research and Development 3:210–229, 1959.

[33] Watson I. Applying case-based reasoning, Techniques for enterprise systems. San Francisco, CA: Morgan Kaufman, 1997

[34] Watson I. Applying knowledge management: Techniques for building corporate memories. Boston, MA: Morgan Kaufman，2003

[35] Ashley K D, Rissland E L. A case-based reasoning approach to modeling legal expertise. IEEE Expert 33:70–77, 1988.

[36] Koton P. Reasoning about evidence in causal explanations. In Proceedings of the seventh national conference on artificial intelligence, 256–261. Saint Paul, MN, 1988.

[37] Bareiss E,Porter B,Weir C. PROTOS: An exemplar-based learning apprentice. International Journal of Man-Machine Studies 29(5):549–61, 1988.

[38] Kolodner J L. Case-based reasoning, San Mateo, CA: Morgan Kaufmann, 1993.

[39] Skinner J M, Luger G F. An architecture for integrating reasoning paradigms. Knowledge Representation 4:753–761, 1992.

[40] Stern C R, Luger G F. Abduction and abstraction in diagnosis: A schema-based account. In Situated Cognition: Expertise is Context, ed., Ford et al. Cambridge, MA: MIT Press, 1997.

[41] Mata A, Corchado J M. Forecasting the probability of finding oil slicks using a CBR system. Expert Systems with Applications 36(4):8239–8246, 2009.

[42] Drigas A, Kouremenos S, Vrettos J, Vrettaros J, Koremenos D. An expert system for job matching of the unemployed. In Expert systems with applications, 26:217–224. The Netherlands: Elsevier，2004.

[43] Labate F, Medsker L. Employee skills analysis using a hybrid neural network and expert system. In IEEE international conference on developing and managing intelligent system projects. Los Alamitos, CA, USA: IEEE Computer Society Press, 1993.

[44] Rafter R, Bradley K, Smyth B. Personalised retrieval for online recruitment services. In Proceedings of the 22nd annual colloquium on IR research. Cambridge: UK, 2000.

[45] Gams M, Golob P, Karaliφ A, Drobniφ M, Grobelnik M, Glazer J, Pirher J, Furlan T, Vrenko E, Krizman R. EMA – zaposlovalni agent, 1998.

[46] Yang B S, Lim D S, Tan A C C. VIBEX: An expert system for vibration fault diagnosis of rotating machinery using decision tree and decision table. Expert Systems with Applications 28:735–742, 2005.

[47] Quinlan J R. C4.5: Programs for machine learning. Canada: Morgan Kaufmann, 1993.

[48] Ammar H, Howell R, Muttaleb M, Jain A. Automated dental identification System ADIS.

In Proceeding of the 2006 International Conference on Digital Government Research, Poster Session, 369–370. San Diego, CA, 2006.

[49] He W, Wang F K, Means T, Xu L D. Insight into interface design of web-based case-based reasoning. Expert Systems with Applications 36:7280–7287, 2009.

[50] Moore J, Erdelez S, He W. Retrieval from a case-based reasoning database. American Exchange Quarterly 104:65–68, 2006.

[51] Kumar A, Singh Y, Sanyal S. Hybrid approach using case-based reasoning and rule-based reasoning for domain independent clinical decision support in ICU Expert Systems With Applications, Elsevier. [doi:10.1016/j. physletb.2003.10.071] April 15, 2011.

书目

[1] Duda R O. The PROSPECTOR System for Mineral Exploration, (Final Report, SRI Project 8172). Menlo Park, CA: SRI International, Artificial Intelligence Center, 1980.

[2] Haase K W. Invention and Exploration in Discovery (PDF). MIT, 1990–02, archived from the original on 2005-01-22.

[3] Heuristic Programming Project Report HPP-76-8, Stanford, California: AI Lab, Stanford University, and Published in Knowledge-Based Systems in Artificial Intelligence together with Randall Davis's PhD Thesis, McGraw-Hill, 1982.

[4] Kolodner J L. Case-Based Learning. Dordrecht, Netherlands: Kluwer Academic Publishers, 1993.

[5] Kolodner J L. Retrieval and Organizational Strategies in Conceptual Memory: A Computer Model. Hillsdale, NJ: Lawrence Erlbaum, 1984.

[6] Kolodner J L. Towards an Understanding of the Role of Experience in the Evolution from Novice to Expert. International Journal of Man-Machine Systems, 19 (Nov. 1983): 497–518.

[7] Lenat D B. AM: An Artificial Intelligence Approach to Discovery in Mathematics as Heuristic Search, P h . D . Thesis, AIM-286, STAN-CS-76-570. 1976. Stanford University.

[8] Lenat D, Brown J S. Why AM and EURISKO Appear to Work. Artificial Intelligence 23(1984): 269–294.

[9] Lenat D B, Ritchie G D, Hanna, F. K. AM: A Case Study in AI Methodology. Artificial Intelligence 23, 3(1984): 249–268.

[10] van Melle W, Scott A C, Bennett J S, Peairs, M. The EMYCIN Manual. Report No. HPP-81-16, Computer Science Department, Stanford University.1981.

[11] Zadeh L. Commonsense Knowledge Representation Based on Fuzzy Logic. Computer 16(1983): 61–65.

[12] Understanding Computers: Artificial Intelligence. Amsterdam: Time-Life Books, 1986.

第 10 章　机器学习第一部分

本章开始对学习进行讨论，首先介绍机器学习和解释归纳范式。决策树是广泛应用的归纳学习方法，由于它们不能很好泛化，预测能力很差，因此有大约 10 年的时间，它们都没有得到人们的支持。但是如果采用很多树，就可以消除很多分歧。最终所谓的随机森林（或决策林）促使最近这种学习方式得以复兴。本章最后阐释了熵及其与决策树构造的关系。

教室

10.0　引言

无论是牙科领域还是小提琴演奏领域，人们都能通过学习提升专业技能。牙科学校的学生在修复牙齿方面变得日渐精通；而在纽约市茱莉亚学校学习的小提琴家，经过多年的培训，可以演奏出艺术性更强的莫扎特小提琴协奏曲。类似地，机器学习也是一个过程，在这个过程中，计算机通过阅读训练数据提炼意义。在研究早期，我们提出了一个问题：机器可以思考吗？如果发现计算机能够执行学习所需的分析推理的算法（超出了第 5 章中概述的演绎原理的应用），那么这将对解决这个问题大有裨益——因为大多数人认为学习是思维的一种重要组成部分。此外，毫无疑问，机器学习有助于克服人类在知识和常识方面的瓶颈，而我们认为这些瓶颈会阻碍人类层次人工智能的发展，因此许多人将机器学习视为人工智能的梦想。

10.1　机器学习：简要概述

机器学习的根源可以追溯到亚瑟·塞缪尔（Arthur Samuel）。[1] 他在 IBM 工作了 20 年（从 1949 年开始），教计算机玩跳棋。他所编写的程序用的是填鸭式学习，即程序将记住以前游戏中的好走法。更有趣的是，他的跳棋游戏程序中整合了策略。Samuel 通过访问人类跳棋选手，获得了对跳棋的深刻见解，并将其解植入程序中。

- 始终努力保持对棋盘中央的控制。
- 尽可能地跳过对手的棋子。
- 寻求方法成王。

为了能够增强在某些游戏中的博弈能力，人们会反复玩这个游戏。同样，Samuel 也有不同版本的程序互相竞争。博弈的失败者将从获胜者那里学习并获得启发式(详见第 16 章)。

这个列表绝对不是详尽无遗的，而是作为讨论的一个切入点。机器学习这个主题内容丰富，即便用整本书，也不一定能够囊括所有内容。我们鼓励有兴趣的读者查阅关于这个主题的众多优秀文章。[3,4,5]

下面列出了五大机器学习（ML）范例。

（1）神经网络。

（2）基于案例推理。

（3）遗传算法。

（4）规则归纳。

（5）分析学习[2]。

隐喻就是打比方，将两个事实上不同的事物进行互相对比，找出共同点。因此，第二个事物的属性就可以转移到第一个事物中。例如：“他像马一样吃饭。”

聚焦于人工神经网络的 ML 社区从人脑和神经系统的隐喻中获得灵感，人脑和神经系统可能是地球上最具有智慧的自然智能的连接。在人工神经网络（ANN）中，人工神经元按照所规定的拓扑结构进行连接。网络的输入信号通常会导致互联强度的变化，最终超过阈值，产生输出信号。训练集是精心挑选的一组输入示例，通常用于教授神经网络某些概念。我们将用第 11 章一整章来讲述这种机器学习方法。

基于案例的推理与人类记忆中真正起作用的部分进行类比。这种方法维护了一个过去案例或场景的文件，人们有效地将这些案例或场景编入索引，以便即时访问。人们还用了现有案例中一些相似性的量度。例如，对于一位抱怨有严重头痛并表现出失语症、伴有周边视力丧失的患者，医生可能会回想起类似案例，进而诊断为病毒性脑膜炎。施用适当的抗癫痫药物后，患者的最终疗效良好。有了处理过的先前案例的文件，医生可以在当前的案例中更快地做出诊断。当然，医生还必须通过一些测试排除其他具有相似症状但具有非常不同的原因和（或）结果的疾病。例如，医生可以预约核磁共振 MRI 来确认脑肿胀，并排除肿瘤的存在，抑或通过脊椎抽液排除细菌性脑膜炎的可能。关于案例推理的进一步讨论参见第 9 章。

在基于遗传算法的机器学习中，自然进化是这种机器学习方法的灵感。19 世纪中叶，达尔文提出了自然选择学说。无论是植物还是动物，只要物种变异产生了生存优势，那么这种变异在下一代中出现的频率就会更高。例如，在 19 世纪初的伦敦，浅色飞蛾比深色飞蛾具有生态优势。当时在伦敦及其周边地区，桦树盛行，树的颜色比较浅，这为浅色飞蛾提供了自然伪装，从而避免了鸟类的捕食。工业革命开始后，污染变得普遍了。结果，英国的树木变得越来越暗，深色飞蛾具有了伪装优势，它们在飞蛾种群中的比例就上升了。遗传算法和遗传程序的内容参见第 12 章。

规则归纳是依赖于产生式规则（见第 6 章）和决策树（见第 7 章）的机器学习分支。适用于教机器人包装杂货的一个产生式规则是：

IF[物品是速冻食品]

THEN[在将物品放在购物袋之前，先放置在冷冻袋中][6]

我们很快就会发现产生式规则和决策树之间信息内容的相似性。图 10.1 描绘了杂货包装机器人决策树的一部分。

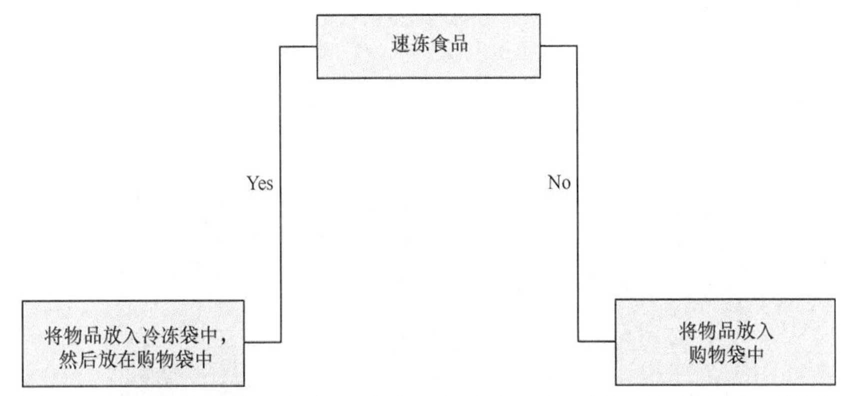

图 10.1 杂货包装机器人决策树。请注意这与本文中给出的产生式规则的相似性

规则归纳的动力来自于启发式搜索。在本章中，决策树得到了广泛的研究。

10.2 机器学习系统中反馈的作用

假设有一个智能体，这个智能体希望能够在大联盟级别上打棒球。要达到这个级别，通常需要 15 年或更长的培训时间。尽管规则极其简单，但是一个冗长的学习周期："扔球，抓球，击球。"

这句话引自 1988 年由 Ron Shelton 执导的电影《Bull Durham》。

在训练早期，智能体必须了解棒球比赛中的诸多可能状态。

（1）我们的团队是否领先？

（2）如果我处在防守的位置，并且球向我飞来，那么我必须知道现在跑到第一垒的跑垒者速度是不是很快？如果是，那么我必须快点抛球。

（3）对方的投手是否抛出了一个旋转球（这种球很难击中！）？如果是，那么也许今天我应该假装生病了。

这个年轻的智能体所接受的这种类型的反馈是学习过程的核心。在机器学习中，有 3 种反馈：监督学习、无监督学习和强化学习。

使用监督学习的方式学习功能是最直接、简单的方法。智能体在做了一些动作后，可以马上收到适当的反馈。例如，当一位敏捷的跑垒者给他一个滚地球时，如果他要花点时间将球传给第一垒，那么在这些情况下，在几分钟之内，他就会得到提醒，加快速度。第 11 章介绍了神经网络使用监督学习来学习布尔函数的方法。我们给网络提供了一个列表，其中列出了每种可能输入的正确输出。

在无监督的学习过程中，培训期间没有提供具体的反馈。但是，如果要学习，那么智能体必须收到一些反馈。假设智能体进攻失利，例如他没有击中垒，但是他的防守截然不同——他成功地实现了两个扑接，并截获了一个全垒打。这是一场比分接近的比赛，他所在的队赢了。比赛后，队友们向他祝贺，他由此得出结论：好的防守也是值得赞赏的。

在强化学习过程中，没有老师为智能体提供正确的答案。事实上，智能体甚至不能提前知道行动的后果。为了进一步将问题复杂化，假设即使智能体知道行动的影响，但是也不知道影响有多大，因此智能体必须通过试错法来学习。由于奖励被推迟，智能体很难确定行动效果的好坏。试图使用中指平衡伞（没打开的）的人都明白强化学习的基础，如图 10.2 所示。

图 10.2　平衡伞，需要在 *x-y* 平面上进行小幅度的移动以保持伞的平衡

如果伞向左倾斜，那么你要向左大幅度移动，不久你会发现这是矫枉过正。让我们回到棒球智能体的例子。假设他是一名投手，当对方打出了一个全垒打时，智能体倾向于将棒球投掷给对方的击球手。当对方的投手朝他的腿投出一个时速约 145 千米的快球时，几局过后，他需要将酸痛的膝盖骨与可能过度激进的打法联系起来。这里我们将讨论严格限制在监督学习中。在巴拉德（Ballard）的著作中[7]，你可以找到关于非监督学习和强化学习的极好讨论。

通过监督学习，你可以看到一组有序对：

$$\{(\overline{x}^{(1)},\overline{t}^{(1)}),(\overline{x}^{(2)},\overline{t}^{(2)})\cdots(\overline{x}^{(r)},\overline{t}^{(r)})$$

我们将这组有序对称为训练集。其中 $\overline{x}^{(i)},(i=1,\cdots,r)$ 是输入的 n 维空间向量，即 $\overline{x}^{(i)}=x_1^{(i)},x_2^{(i)},\ \cdots,x_n^{(i)}$；$\overline{t}^{(i)}$ 是这个函数在 $\overline{x}^{(i)}$ 处的值，也就是学习到的值。函数 f 将每个输入向量映射到正确的输出响应。一般说来，在 m 维的空间中 $\overline{t}^{(i)}=(t_1^{(i)},t_2^{(i)},\cdots,t_m^{(i)})$，每个分量 $t_k(k=1,\cdots,m)$ 都来自一个事先规定的集合，例如整数集、实数集等（输入集和输出集可能有所不同）。

10.3　归纳学习

归纳学习中的任务是找到最接近真实函数 f 的函数 h。我们将 h 称为 f 的假设。学习算法认为**假设空间** H 是近似正确函数 f 的一个函数集。在这个学习中，目标是对于训练集中的所有点找到与 f 一致的 h。人们将这种尝试称为曲线拟合，如图 10.3 所示。

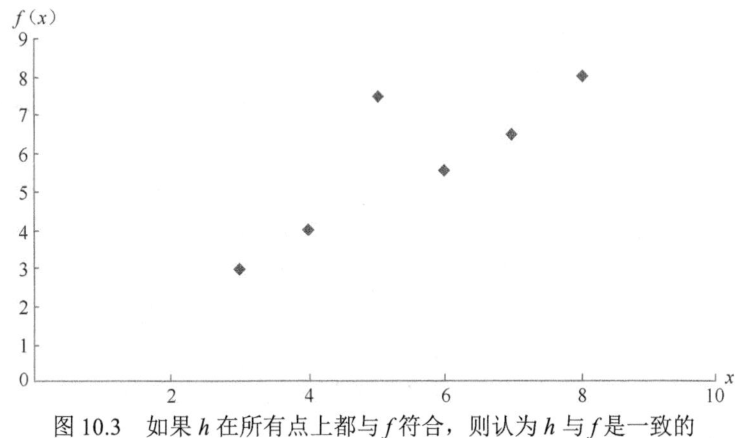

图 10.3 如果 h 在所有点上都与 f 符合，则认为 h 与 f 是一致的

在图 10.4 中，有 3 种不同的假设。乍一看，h_3 似乎是最好的假设。但是，我们要记住学习的目的（这很重要），即学习不是为了让智能体在训练集上表现得完美，而是要让智能体在验证集上表现良好。

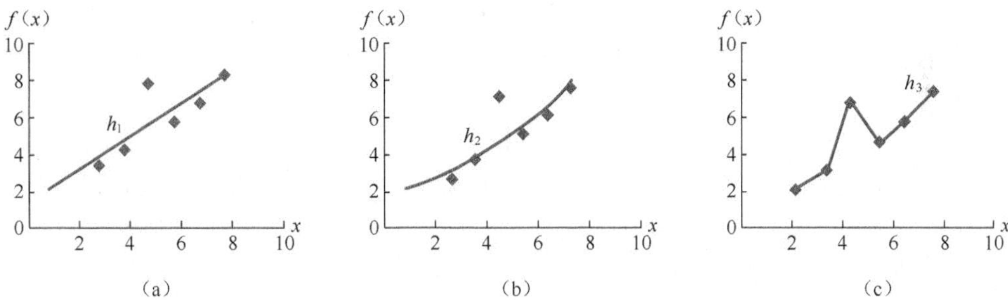

图 10.4 3 种不同的假设。注意，由于只有 h_3 通过了所有的 6 个点，因此只有 h_3 与 f 一致

验证集是测试智能体程序的示例集。如果智能体真正学到了一些概念，那么它不应该只是记住输入和输出的对应关系，而是应该获得概括能力，例如对它还没有遇到过的输入做出适当的响应。通常来说，在训练集上表现完美的假设是过度训练了，不能很好地概括概念。实现概括能力的一种方法是交替训练和验证，并应注意，在验证期间，智能体的学习机制应该是关闭的。当验证错误最小化而不是训练错误最小化时，训练终止。在第 11 章中，我们将深度解析这种训练的方法。最后再说一下棒球智能体。如果他真的学到了进行棒球比赛的方法，那么即使首次遇到某种比赛情况，也应该做出合理的响应，例如首次遇到一场比赛有三人出局的三杀。

再次参考图 10.4（c）。这个函数经过了所有的 6 个点。我们可以使用拉格朗日插值法找到具有这个属性的许多其他函数，例如阶数为 7、8、9 的多项式等。在学习领域（机器和人类学习）中，一个指导原则是，当对同一个观察到的现象存在多个解释时，选择最简单的解释才是明智的。这个原则就是所谓的奥卡姆剃刀（Occam's Razor）原则。以下是这个原则的一些例子。

（1）在遥远的天空中，看见一条细小明亮的光线移动。解释一，一架飞机从附近机场起飞或准备着陆。解释二，一颗星星离开了它的星系，正准备进入我们的星系。解释一是比较可取的一个。

（2）你在圣诞节早晨醒来，看到了窗外街道上的雪——你昨晚睡觉的时候，这些雪不在那里。解释一，因为你今年的表现非常好，圣诞老人委托精灵将雪从北极带到你附近。解释二，你睡觉时下雪了。解释二更有可能。

（3）几年前，一个九月的早晨，你经过布莱克街和曼哈顿第六大道时，看到了数千名纽约人离开城市市区向北走。解释一，地铁有电气故障，列车没有运行。解释二，恐怖分子劫持了两架飞机，撞入世界贸易中心。解释一更有可能，但不幸的是，正确的是解释二。

大多数科学家都同意，当有两个理论来解释同样的现象时，更简单的理论相对较好。但是，正如我们所知，这并不总是能保证正确。这可能只是一个更好的探索起点，直到发现新证据。

2001 年某个星期二上午，其中一位作者（SL）约会时迟到了，未能听到早晨的新闻播报。

还有一种特性适用于学习方法，它们要么归为懒惰（lazy），要么归为急切（eager）。**懒惰的学习者**被认为是懒惰的，因为其推迟了超过训练数据外的概括，直到新的查询出现。懒惰的学习者从不做出任何努力压缩数据，结果，当模型被调用时，所有的数据都可用。这与**急切的学习者**不同，急切的学习者在出现新询问时，已经抽象出可以应用的一般规则。但是这样一来，训练数据本身不会被保留。一般来说，训练懒惰的学习者更快，但是使用它们需要花更多时间。急切的学习者坚持单一的假设，因此比起懒惰的学习者相对更不灵活。

基于案例的推理（见第 9 章）被归为懒惰的学习者。在这种情况下，优点是我们可用整个案例，因此这可能具有更广泛的适用性。相反，神经网络被归类为急切的学习者。在反向传播网络（BPN）中，网络学习的是权重，并且我们认为权重是训练数据的压缩版本。为了将 BPN 应用于新的样本，你需要简单地将新查询作为输入应用到网络中，但是先前用于训练网络的数据就检索不到了。

10.4 利用决策树进行学习

对于概念学习，决策树是被广泛使用的归纳方法。决策树中的节点对应于关于某些属性所做出的查询。从节点发出的分支表示假定的属性值，如图 10.5 所示。

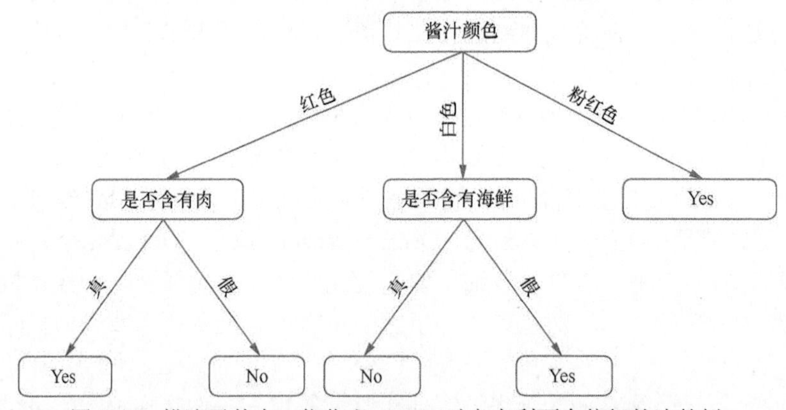

图 10.5 描述了其中一位作者（SL）对意大利面食偏好的决策树

任何熟悉意大利餐馆的人都会很快发现，意大利面有许多形状和大小。

这棵树可能用于将意大利面实例分为两个类——SL 喜欢的类和 SL 不喜欢的类。查询总是从树的根节点开始，终止于叶节点，在叶节点中我们找到了类标签。考虑以下意大利面食清单。

（1）Spaghetti and Meatballs——红酱肉丸意大利面。

（2）Spaghetti Arrabbiata——红酱意大利面。

（3）Linguine calm red sauce Vongole——蛤蜊红酱扁意面。

（4）Linguine calm white sauce Vongole——蛤蜊白酱扁意面。

（5）Rigatonialla Vodka——伏特加粗纹通心面。

如图 10.5 所示，为了从这个清单中对意大利面和肉丸进行分类，我们从根节点开始。这道菜的酱汁是红色的，所以我们选择这棵树的左分支。根的左子树问：这道菜“含”有肉吗？这当然含肉。这棵树就将 Spaghetti and Meatballs 归类为 SL 喜欢的意大利面。试使用相同的决策树追踪其他 4 个实例。你将会注意到，所有 5 种面食食谱都分为两个不同的类别。

第一类——SL 喜欢的意大利面食，包含了实例 1、4 和 5。

第二类——SL 不喜欢的意大利面食，包含了实例 2 和 3。

免责声明——其中一位作者（SL）选择了这些属性值，仅作为教学之用。SL 在曼哈顿下城纽约市的“小意大利”长大，不幸的是（对于他的腰围而言），他喜欢每种面食！事实上，他品尝了最喜欢的两家餐馆的大部分菜肴，这两家餐馆分别是位于汉斯特街 189 号的普利亚和位于“小意大利”迈宝瑞街 164 号的达尼科。

如图 10.5 所示，从决策树根节点开始到叶节点结束的任何路径，表示的是路径上属性值的合取（AND）。例如，到达 Spaghetti Arrabbiata 分类的路径是（酱汁= 红色）∧（肉=否）。SL 所喜欢的意大利面菜肴的概念对应于所有合取项的析取（OR），这些合取项是沿着路径到达一个回答为是（Yes）的节点。在例子中，我们有：[（酱汁=红色）∧（肉=是）]∨[（酱汁=白色）∧（海鲜=否）]∨[（酱汁=粉红色）]。

10.5 适用于决策树的问题

能够有效使用决策树进行学习的一些问题的特征如下。

（1）属性应该只有少量几个值，例如酱汁=红色、白色或粉红色；实例用一组属性值表示，例如实例=意粉和肉丸。我们为一些属性赋予某个值，例如酱汁是红色的，是否配有肉=是。

（2）一般来说，目标函数只有少量的几个离散值。在意大利面食的例子中，值为是（Yes）和否（No）。

（3）训练数据中可能存在错误。当在属性值中或是在实例分类中出现错误的情况下，决策树的表现依然优秀（可将此与第 11 章中神经网络学习的鲁棒性进行对比）。

这些是理想条件。通过参考这一领域的文献，你可以学到许多规避这些局限性的途径。

在训练数据过程中，可能会出现属性值缺失的情况。例如，假设决策树的用户知道 Spaghetti Arrabbiata 不含肉类，这个属性也就缺失了。

许多现实世界的问题满足了上一列表所施加的约束。在医疗应用中，属性对应于可见的症状或患者的描述（皮肤颜色=黄色、鼻子=流涕、出现头痛）或测试结果（体温升高、血压或血糖水平高、心脏酶异常）。医疗应用中的目标函数可能表明存在某种疾病或病症：病人出现花粉症、肝炎或最近修复的心脏瓣膜有点问题。

决策树广泛应用于医疗行业。

在金融领域，从信用卡价值决定到房地产投资的有利条件，也都应用了决策树。商业界中的一个基本应用是期权交易。期权是一种合约，赋予个人以给定价格或在特定日期买卖某些资产（例如股票）的权利。

10.6 熵

熵量化了存在于样本集合中的均匀性。为了简化讨论，假设待学习的概念在本质上是二元的——例如，一个人是否喜欢面食。给定集合 S，相对于这个二元分类，S 的熵为

$$熵= -p(+)\log_2 p(+) - p(-)\log_2 p(-)$$

其中，p（+）表示喜欢的部分，即喜欢面食；p（−）表示不喜欢的部分。在熵的讨论中，对数总是以 2 为底，即使在分类不是二元的情况下也是如此。

图 10.5 中的决策树描述了意大利面的首选项。假设有一个包含 4 种意大利面食的集合，某人都喜欢吃这 4 种面——我们将这种情况表示为[4（+），0（−）]，则这个集合中的熵为

$$\begin{aligned}\textbf{熵}[4(+), 0(-)] &= -4/4\times\log_2(4/4) - 0/4\times\log_2(0/4)\\ &= -1\times\log_2(1) - 0\times\log_2(0)\\ &= -1\times 0 - 0\times 0\\ &= 0\end{aligned}$$

如果某人喜欢其中的两种面食，不喜欢另外两种面食，那么有

$$\begin{aligned}\textbf{熵}[2(+), 2(-)] &= -2/4\times\log_2(2/4) - 2/4\times\log_2(2/4)\\ &= -1/2\times(-1) - 1/2\times(-1)\\ &= 1/2 - (-1/2)\\ &= 1\end{aligned}$$

我们观察到，当所有成员属于同一组时，该集合的熵为 0。这个 0 值表示在这个集合中没有杂质，这个示例中所有的成员均为真。在第二个例子中，有一半的成员是正值，一半的成员是负值，这种情况下熵的值最大，为 1。在二元分类中，集合熵的范围是从 0 到 1，如图 10.6 所示。

集合的熵可以视为确定所选项来自哪个类所需的比特数目。例如，对于集合[2（+），2（−）]，需要一个比特来指定从哪个类别中选出哪个项，其中 1 的意思是某人喜欢该项，0 表示某人不喜欢该项。相反，当某人喜欢所有的项时，在集合[4（+），0（−）]，不需要比特来标记项，因此某人喜欢所有的项时，熵为 0。

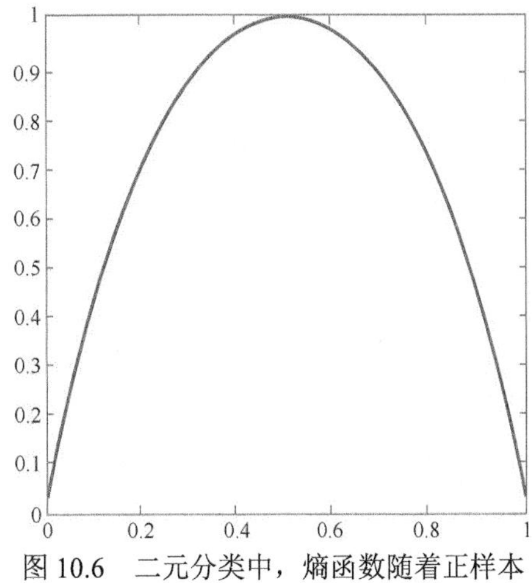

图 10.6　二元分类中，熵函数随着正样本比例的变化在区间[0,1]上变化

10.7　使用 ID3 构建决策树

1986 年，昆兰（Quinlan）开发了 ID3 算法。ID3 是决策树学习中应用最广泛的算法之一，它是以自上而下的方式构建决策树的。它首先搜索尽可能地将训练集分成相等子集的那个属性。如果要成功地应用决策树，必须了解它们是如何构建的。在意大利面食的例子中，有三个属性——酱汁色、含肉、含海鲜，见表 10.1。

表 10.1　用于决策树学习的数据

序号	Pasta	酱汁颜色	含有肉	含有海鲜	喜欢
1	Spaghetti with Meatballs	红色	真	假	是
2	Spaghetti Arrabbiata	红色	假	假	否
3	Linguine Vongole	红色	假	真	否
4	Linguine Vongole	白色	假	真	否
5	Rigatoni alla Vodka	粉色	假	假	是
6	Lasagne	红色	真	假	是
7	Rigatoni Lucia	白色	假	假	是
8	Fettucine Alfredo	白色	假	假	是
9	Fusilli Boscaiola	红色	假	假	否
10	Ravioli Florentine	粉色	假	假	是

其中有 3 种不同的属性，因此，对于哪种属性首先出现有不同的选择，如图 10.7 所示。

如果根据该属性的值可以将样本一分为二，那么就认为这个属性是好的，例如，对应于某个属性值所有的实例都为正，对于其他属性值所有的实例都为负。相反，如果某个属性不包含具有判别力的属性值，则认为这个属性是没用的。在示例中，好的属性意味着对于每个属性值，喜欢的面食和不喜欢的面食数量相等。

ID3 使用信息增益来对属性进行位置安排。如果该属性能获得最大预期的熵减，那么这个属性的位置更接近于根节点。如图 10.7 所示，为了确定 3 棵子树中最先选择哪个子树，ID3 对所示的每棵子树先计算出其平均信息，然后选择能够产生信息增益最大的那棵子树。其中，属性 A 产生的信息增益，指的是利用 A 对集合 S 进行分割，从而导致熵的减少。

$$\text{Gain}(S, A)=\text{Entropy}(S)-\sum_{V\subseteq \text{values}(A)}\frac{|S_v|}{|S|}\times \text{Entropy}(S_v)$$

式中，v 是属性 A 采用的一个值。这个公式对 v 的所有值对应的 S_v（具有值 v 的 S 子集）进行求和。理解 ID3 必须完成的计算，如图 10.8～图 10.10 所示。

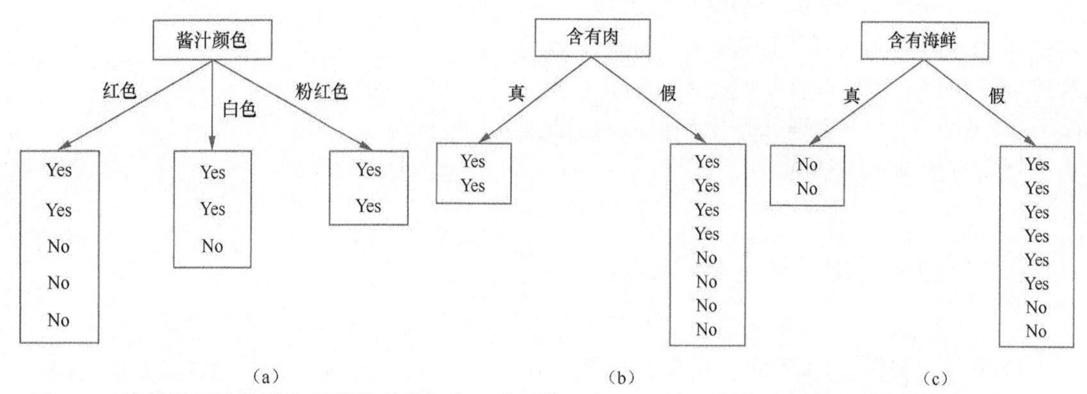

图 10.7　决策树可以按照 3 种属性中的任意一种开始。在（a）中，在酱汁颜色是红色的情况下，作者喜欢两种意大利面，不喜欢 3 种意大利面。对于其他方框，也可以进行类似的解释

仔细观察图 10.8～图 10.10，很明显，由于“含有海鲜”的属性，其相关的信息增益为 0.32，是对应 3 种属性中最大的值，因此 ID3 选择“含有海鲜”的属性作为决策树中的第一种属性。

接下来，ID3 必须在图 10.11 绘制的两棵树之间进行选择。

一旦选择了第二个属性，接下来在需要的时候就会应用未选择的属性。本书要求你在练习中完成这些计算。

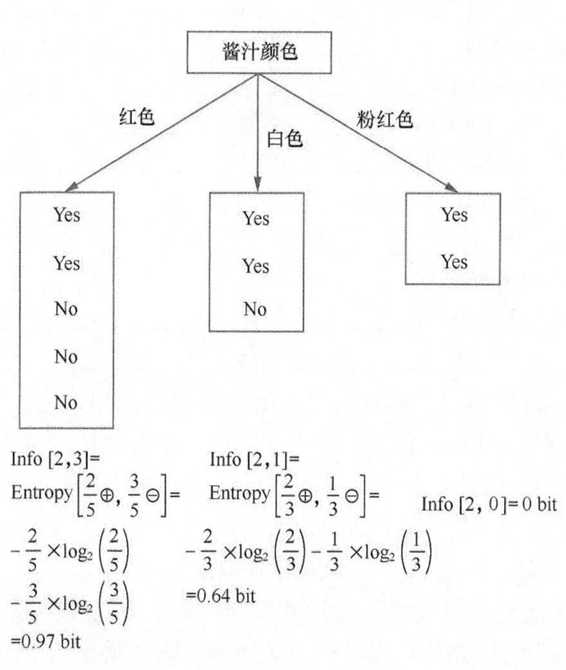

图 10.8　如果首先选择酱汁颜色，那么信息增益等于 0.29

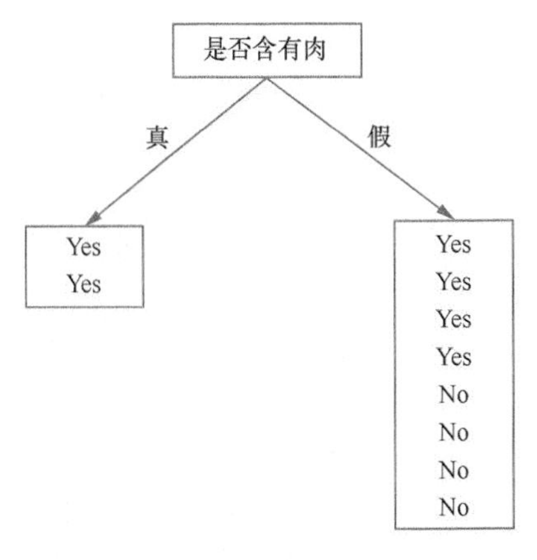

Info [2, 0]=0 bits info[4, 4]=1.00 bit

子树的平均权重信息 $=\left(0\times\frac{2}{10}\right)+\left(1.00\times\frac{8}{10}\right)=0.80$

所有训练样本 S 的信息=0.97

Gain(S, Contains Meat)=0.97−0.80=0.17

图 10.9 如果首先选择含有肉类的属性，那么信息增益等于 0.17

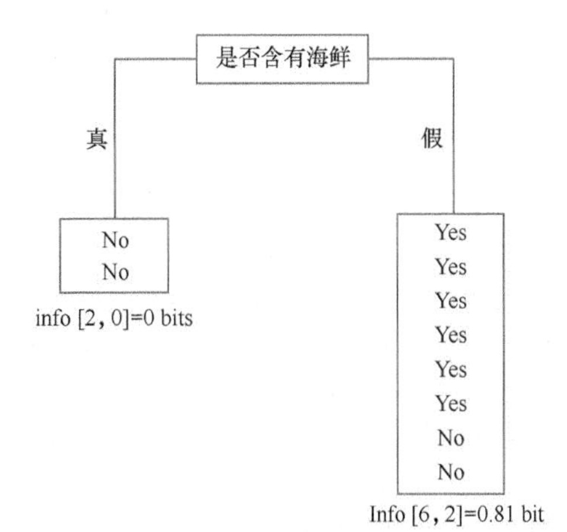

Info [6, 2]=0.81 bit

子树的平均权重信息 $=\left(0\times\frac{2}{10}\right)+\left(0.81\times\frac{8}{10}\right)=0.65$

所有训练样本 S 的信息 =0.97

Gain (S, contains seafood) =0.97−0.65=0.32

图 10.10 如果首先选择含有海鲜的属性，那么信息增益等于 0.32

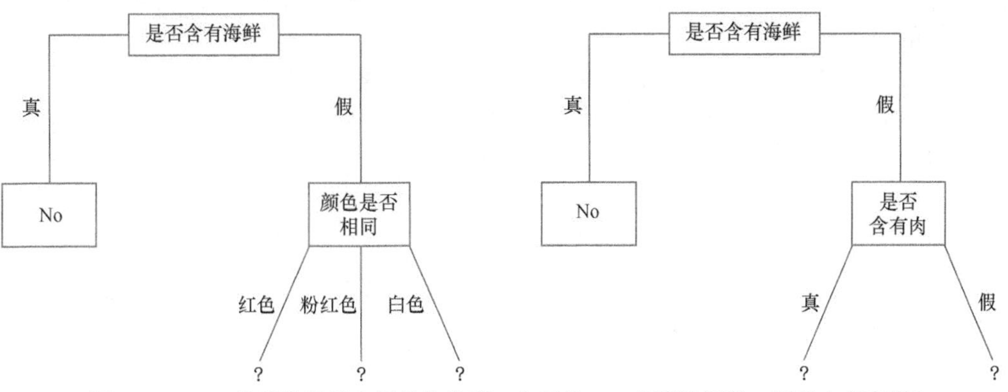

图 10.11 ID3 必须选择哪个属性作为第二个属性——是酱汁颜色，还是含有肉类？

10.8 其余问题

本章旨在介绍使用决策树进行归纳学习的方法。这里还存在一些其他问题，具体如下。

（1）过度拟合数据——当没有足够的训练数据来充分覆盖整个假设空间时，可能会出现这种情况。

（2）人们如何处理具有连续数值的数据？如温度、收入及压力。

（3）当某些属性缺失时，如何进行训练？

（4）如果获得一些属性值的代价很高或不方便，那么该做什么？例如，获得一个患者的体温比起进行 MRI（特别是当患者患有幽闭症时）更不具有入侵性。

机器学习是一个广泛而又非常重要的研究领域。我们希望，学习本章之后，你能够更多地参考本章后列出的一些优秀的参考文献，并阅读第 11 章关于机器学习的神经学方法以及第 12 章，这可以作为机器学习优化方法的跳板。

10.9 本章小结

本章介绍了机器学习领域，强调了某些形式的系统反馈的重要性。使用监督学习，可为智能体提供直接的反馈，使其能立刻知道它是否正确。使用非监督学习，在训练过程中不提供反馈，但是最终智能体会知道它的表现是否正确。最后，使用强化学习，能否正确解释收到的反馈是最成问题的。

本章的讨论强调了归纳学习，在归纳学习中，我们可以找到最准确反映了观察集的一个假设。在做出解释的时候，我们引用了奥卡姆剃刀原则，将其作为一个行之有效的原则——当有几个假设可以解释观察到的现象时，选择最简单的那个假设（至少作为起点）往往是明智之举。

决策树是对数据进行分类的有用工具。我们也解释了熵的信息理论概念，这是在一个集合中无序量的量度。Quinlan 的 ID3 算法利用熵得到较短的决策树。长期以来，医疗和金融领域，都一直使用决策树。我们将在第 11 章中，使用神经网络继续讨论机器学习。读者可以参考许多机器学习的文章来了解 AdaBoosting——这是一种加强决策树性能的算法。

讨论题

1. 机器学习是什么？为什么它是人工智能领域的重要子领域？
2. 列出几个机器学习的范式。
3. 描述机器学习系统中 3 种不同形式的反馈。
4. 为什么反馈对智能体很重要？
5. 描述归纳学习。
6. 执行曲线拟合时，为什么经过所有点的函数在训练集中不一定是最好的假设？
7. 关于奥卡姆剃刀原则，回答如下问题：
   a. 奥卡姆剃刀原则的概念是什么？
   b. 它是否声称最短的假设总是最好的？
8. 举例说明在日常生活中使用奥卡姆剃刀原则的地方。
9. 通过网上搜索，找到使用决策树的其他几个领域。
10. 计算集合的熵时，为什么用底数等于 2 的对数计算？
11. 为什么选择具有最大信息增益的属性有利于构建较短的决策树？
12. 请给出一种用来处理具有连续值属性的可能方法。
13. 决策树是懒惰的学习者还是急切的学习者？请给出答案及相应的解释。

练习

1. 为以下的布尔函数设计决策树：
   a. $a \vee (b \wedge \sim c)$
   b. majority (x,y,z)
2. 计算以下各组的熵值：
   a. [6(+), 11(−)]

b．[1(+), 9(−)]

c．[2(+), 12(−)]

3．在分类为 3 类或更多类的情况下定义熵。相对于 n 个不同类，集合 S 的熵定义为：

$$\text{Entropy}(S)=\sum_{i=1}^{n}-p_i\log_2 p_i$$

其中 p_i 是集合 S 在类 i 中的比例，$i=1$，…，n。注意，对数仍然以 2 为底。

计算集合 S 的熵，其中 $p_1=6/20$，$p_2=9/20$，$p_3=5/20$。

编程题

1．使用 ID3 算法确认 10.7 节中面食偏好决策树的最终形式。

2．将一些噪声数据添加到上述的树结构程序中。

对发生的事情进行评论，例如：

酱汁=红，含肉=真，含海鲜=假，但是，喜欢=否。

Penne 配上 Bolognese 酱会获得这些属性值。

上网查找其他几个“含有噪声”的例子。

3．使用以下信息编程练习 1 和 2，测试树：

意大利面条 carbonara，酱汁=白色，含肉=真，含海鲜＝假。

你得到了什么结果？这是你所期望的吗？说明理由。

4．表 10.2 包含了两种医疗状况的数据：

一个人患了感冒，另一个人患了流感。使用 ID3 算法构建一棵决策树，根据症状来确定哪个人有哪种症状。

表 10.2　感冒和流感

发烧或发冷	喉咙痛	咳嗽	头痛或身体痛	鼻塞或流鼻涕	疲劳	发烧	诊断
轻微	是	中等	无	是	轻微	无	感冒
中等	否	严重	严重	否	严重	较高	流感
严重	否	无	中等	是	轻微	轻微	流感
否	否	轻微	中等	是	无	轻微	感冒
严重	是	中等	严重	否	严重	较高	流感
否	是	中等	无	是	无	无	感冒
中等	否	中等	严重	否	严重	较高	流感
否	是	轻微	无	否	轻微	轻微	感冒

5．首先参考练习 3。设计一棵决策树，区分支气管炎、肺炎和结核病（见表 10.3）。

表 10.3　病情诊断

咳嗽	发烧	流鼻涕	打冷颤	呼吸急促	虚弱或疲劳	诊断
糟糕	不是或低烧	是	否	是	是	支气管炎
是	中烧或高烧		是			肺炎
是	是		是			结核病

6．如果决策树不能收敛，那么此处需要什么？

a．更多输入数据？

b．能够更好分离假设的属性？

参考资料

[1] Samuel A. Some studies in machine learning using the game of checkers. IBM Journal of Research and Development 3: 210–229, 1959.

[2] Langley P, Simon H A. Applications of machine learning and rule induction. Communications of the ACM 38 (11): 54–64, 1995.

[3] Mehryer M, Rostamizaden A, Talwalker A. Foundations of Machine Learning. Cambridge, MA: MIT Press, 2012.

[4] Murphy K P. Machine Learning: Probabilistic Perspective. Cambridge, MA: MIT Press, 2012.

[5] Marsland S. Machine Learning: An Algorithmic Perspective. United Kingdom: Chapman and Hall/CRC, 2012.

[6] Winston P H. Artificial Intelligence, 3rd ed. Reading, MA: Addison-Wesley, 1992.

[7] Ballard D H. An Introduction to Natural Computation. Cambridge, MA: MIT Press, 1999.

[8] Quinlan J R. Programs for Mach ine Learning. San Mateo, CA: Morgan Kaufman, 1993.

书目

[1] Darwin C. Origin of Species. New York, NY: Bantam, 1959.

[2] Heath M T. Scientific Computing：An Introductory Survey. New York, NY: McGraw-Hill, 1997.

[3] K]olodner J L. Proceedings: Case-Based Reasoning Workshop. San Mateo, CA: Morgan Kaufman, 1988.

[4] Quinlan J R. Induction of decision trees. Machine Learning 1: 81–106, 1986.

第 11 章　机器学习第二部分：神经网络

本章提出了以人脑和神经系统为模型的机器学习算法。这些所谓的人工神经网络（ANN）在模式识别、经济预测（如图 11.0 所示的黑色屏幕上的彩色股票代码）和许多其他应用领域中表现突出。

约翰·霍普菲尔德（John Hopfield）

图 11.0　显示在黑色屏幕上的彩色股票代码

11.0　引言

在本章以及第 12 章的部分内容中，我们稍微做了一些改变。在本书开头，我们提出，智能系统（自然的或人工的）必须能够表示自己的知识，在需要时搜索答案、从经验中学习。在本章，我们开始讨论学习。每当你希望设计系统来执行一些活动时，最好先问问是否已经存在一个解决方案。例如，想象一下，1902 年（1903 年莱特兄弟成功进行飞行实验之前），你想设计一个人造飞行器（飞机）。你观察到自然飞行“机器”实际上是存在的（鸟）。你的飞机设计可能要有两个大翼，当然，如果你想设计人工智能系统（如我们所做的），那么你就要开始学习并分析这个星球上最自然的智能系统之一——人脑和神经系统。

人脑由 100 亿～1000 亿个神经元组成，这些神经元彼此高度相连。一些神经元与另一些或另外几十个相邻的神经元通信，然后，其他神经元与数千个神经元共享信息。在过去数十年里，研究人员从这种自然典范中汲取了灵感，设计了人工神经网络（ANN）。从股票市场预测到汽车的自主控制，这些领域都存在人工神经网络的应用。

人脑是一种适应性系统，必须对变幻莫测的事物做出反应。学习是通过修改神经元之间连接的强度来进行的。类似地，人工神经网络权重必须改变以呈现出相同的适应性。在监督学习的 ANN 范式中，学习规则承担了这个任务，监督学习通过比较网络的表现与所希望的响应，相应地修改系统的权重。本章描述了 3 种学习规则：感知器学习规则、增量规则和反向传播规则。反向传播规则具有处理多层网络所需的能力，并且在许多应用中已经取得了广泛的成功。11.8 节描述了应用这些规则的一些成功案例。

熟悉各种网络架构和学习规则不足以保证模型的成功，还需要知道应如何编码数据、网络训练应持续多长时间，以及如果网络无法收敛，应如何处理这种情况。我们将在 11.6 节中讨论这些问题和其他问题。

20 世纪 70 年代，人工网络研究进入了停滞期。资金不足导致这个领域少有新成果产生。诺贝尔物理学奖获得者约翰·霍普菲尔德（John Hopfield）在这个学科的研究重新激起了人们对这一学科的热情。他的模型（即所谓的 Hopfield 网络）已被广泛应用于优化。11.7 节简要介绍了离散的 Hopfield 模型。

11.1 人工神经网络的研究

麦卡洛克（McCulloch）和皮茨（Pitts）[1]开发了人工神经元的第一个模型。他们试图了解（并模拟）动物神经系统的行为。现在，生物学家和神经学家已经了解了在生物中个体神经元如何相互交流。动物神经系统由数以千万计的互连细胞组成，而对于人类，这个数字达到了数十亿。然而，并行的神经元集合如何形成功能单元仍然是一个谜。在进行人工神经网络（ANN）的讨论之前，我们需要了解人工神经网络与生物神经网络的对应关系。生物神经元如图 11.1 所示。

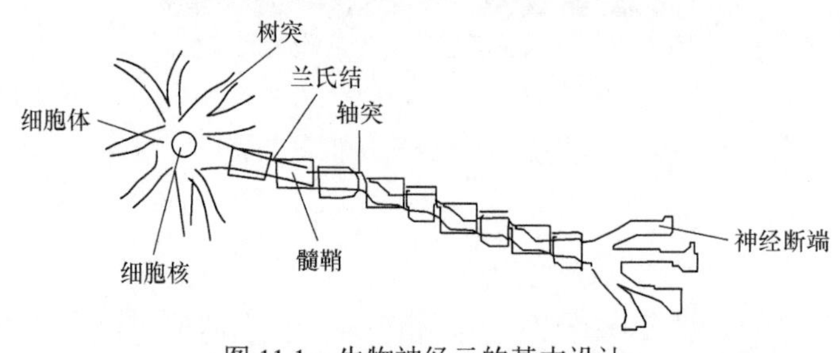

图 11.1 生物神经元的基本设计

电信号通过树突（毛发状细丝）流入细胞体。细胞体（或神经元胞体）是“数据处理”的地方。当存在足够的应激反应时，神经元就被激发了。换句话说，它发送一个微弱的电信号（以毫瓦为单位）到被称为轴突的电缆状突出。神经元通常只有单一的轴突，但会有许多树突。足够的应激反应指的是超过预定的阈值。[1] 电信号流经轴突，直到到达神经断端（见图 11.1 的右下角）。终球与其侵入的细胞之间的轴突—树突（轴突—神经元胞体或轴突-

轴突）接触称为神经元的突触。两个神经元之间实际上有一个小的间隔（几乎触及），这就是所谓的突触间隙。这个间隙充满了导电流体，允许神经元间电信号的流动。脑激素（或摄入的药物，如咖啡因）影响了当前的电导率。

在这种生物学模型中，人工智能采用了 4 个要素：

生物模型

- 细胞体
- 轴突
- 树突
- 突触

人工神经元

- 细胞体
- 输出通道
- 输入通道
- 权重

如上所述，权重（实值）扮演了突触的角色。权重反映了生物突触的导电水平，用于调节一个神经元对另一个神经元的影响程度。图 11.2 所示的是抽象神经元（有时称为单元或节点，或仅称为神经元）模型。

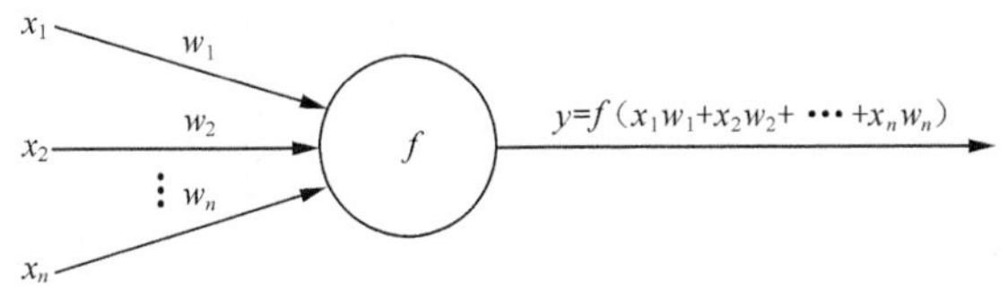

图 11.2 抽象神经元模型

神经元的输入是具有 n 个分量的实值向量。权重向量也是实值的，权重对应于生物神经元突触，这些权重控制着输入对单元的影响。神经元体计算出原始函数 f。最终，这个单元的输出 y 等于以 $\bar{x}$ 与 $\bar{w}$ 的点积为自变量的函数 f。更一般地说，网络计算出了输入和权重的某个函数 g。图 11.3 说明了更一般的情况。在这里，g 是输入 $\bar{\boldsymbol{x}}$ 和 $\bar{\boldsymbol{w}}$ 的函数，f 是输出或激活函数。回顾第 1 章，两个向量 $\bar{\boldsymbol{x}}$ 和 $\bar{\boldsymbol{w}}$ 的点积由 $\bar{\boldsymbol{x}}\cdot\bar{\boldsymbol{w}}$ 表示，这是它们各个分量的乘积，即：

$$\bar{\boldsymbol{x}}\cdot\bar{\boldsymbol{w}}=x_1w_1+x_2w_2+\cdots+x_nw_n$$

结果是一个标量（一个无方向的实数）。

人工神经网络（在本章中，我们总是指人工神经网络；在某些罕见的场合，当指的是“真实的”神经元时，我们会用形容词“生物的”来修饰）是抽象神经元按某种拓扑排列的集合。ANN 计算出函数 F，其中 F 是从 R^n 到 R^m 的映射，或者 F：$R^n\rightarrow R^m$，R 是实数集。ANN 可以视为一个黑盒子（参见第 1 章中关于抽象的讨论），如图 11.4 所示。

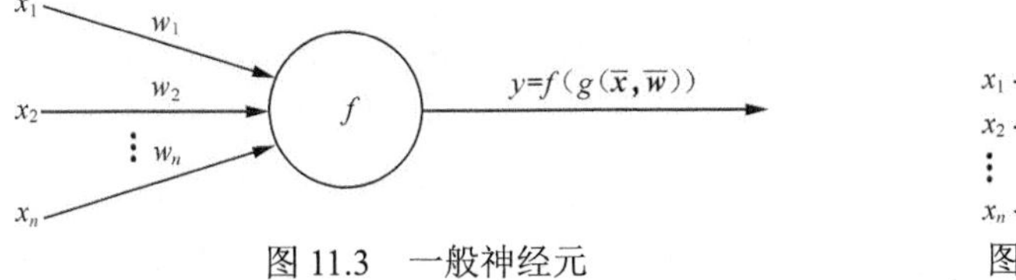

图 11.3 一般神经元

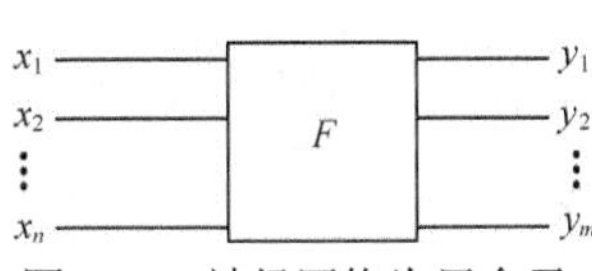

图 11.4 神经网络为黑盒子

某个输入向量 $\overline{\boldsymbol{x}}$ 应该产生特定的输出 $\overline{\boldsymbol{y}}$ 。为了完成这个操作，网络必须在自组织过程中调整权重。

11.2　麦卡洛克-皮茨网络

McCulloch 和 Pitts 最早提出了神经元模型。[1] Marvin Minsky 介绍了所谓的麦卡洛克—皮茨单元的符号，如图 11.5 所示。

神经元的输入 $\overline{\boldsymbol{x}}=(x_1, x_2, x_3, \cdots, x_n)$ 和输出 y 是二进制信号，即 0 或 1。边（edge）要么是兴奋的，要么是抑制的。在单元附近使用一个小圆圈来标记抑制。阈值为 θ。输入 x_1，x_2，…，x_n，通过 n 条兴奋边进入神经元；也有输入 v_1，v_2，…，v_m，通过 m 条抑制边进入单元。如果有任何抑制输入存在，那么神经元将被抑制，其输出 y 为 0。否则，总激励为 $g(\overline{x})=x_1+x_2+x_3+\cdots+x_n$，如果 $g(\overline{x})\geqslant\theta$，那么单位就被激发了，此时 y=1。产生该单元输出的激活函数 f 是阶跃（或阈值）函数（见图 11.6）。

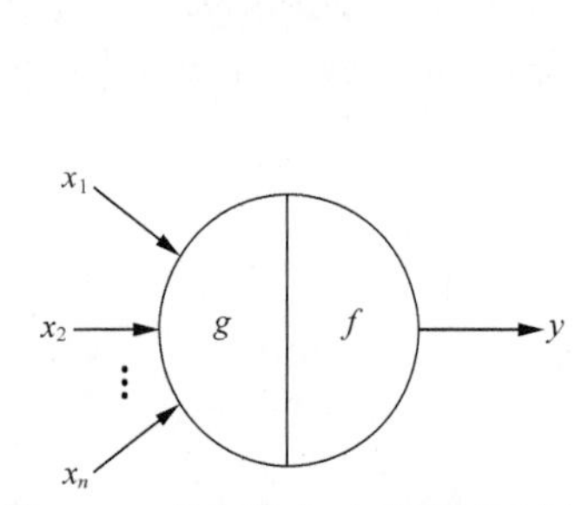

图 11.5　麦卡洛克-皮茨神经元图

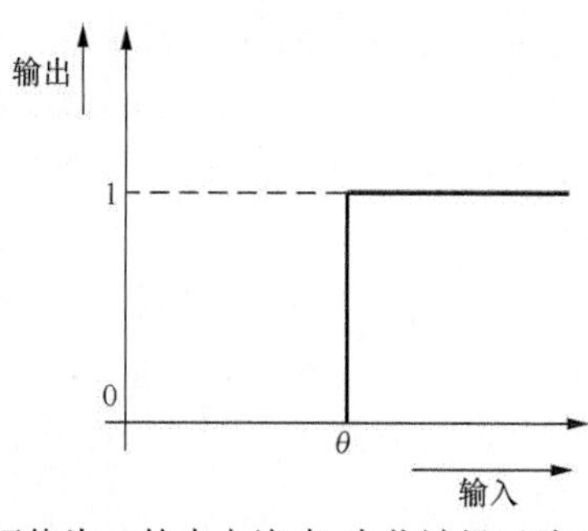

图 11.6　阈值为 θ 的麦卡洛克-皮茨神经元阶跃函数

注意，当总激励 $g(\overline{x})<\theta$ 时，输出为 0。双输入布尔 AND 和 OR 门的麦卡洛克—皮茨单元（见第 5 章）如图 11.7 所示。

在图 11.7（a）中，只有在 x_1 和 x_2 均等于 1 的情况下，AND 门的输出才等于 1。在图 11.7（b）中，只有 x_1 或 x_2（或两者）等于 1 时，与或（OR）门的输出才等于 1。图 11.8 显示了双输入 NOR 函数的真值表及其麦卡洛克—皮茨实现。

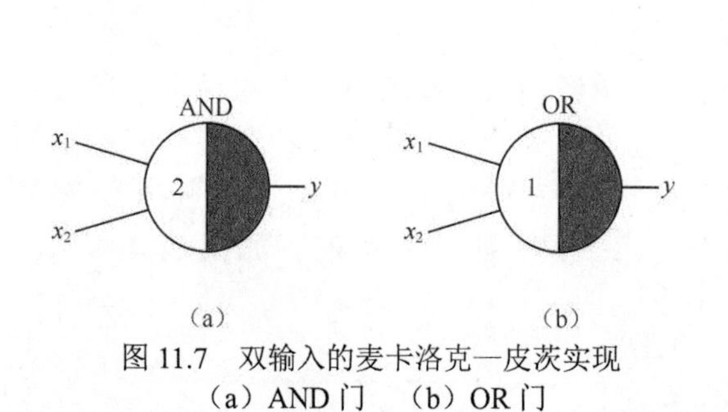

图 11.7　双输入的麦卡洛克—皮茨实现
（a）AND 门　（b）OR 门

x_1	x_3	Σx_i	NOR
0	0	0	1
0	1	-	0
1	0	-	0
1	1	-	0

（a）　　（b）

图 11.8　双输入 NOR 函数的真值表和此函数的麦卡洛克-皮茨实现

在两个输入均等于 0 的情况下，该函数等于 1。在任何一个输入（或两个）输入都等于 1 的情况下，麦卡洛克—皮茨单元（由小圆圈描出）的抑制性输入得到了 0 的正确输出。

解码器是对于一项或多项最小项（minterm）为真的开关电路。最小项是一个乘积项（使用 AND 连接起来的项），在最小项中，每个变量是以补或非补的形式存在的。例如，变量 x_1 和 x_2 上的 3 个最小项是 $x'_1 x_2$、$x_1 x'_2$ 和 $x_1 x_2$（AND 运算是隐含的，因此没有显示出来）。图 11.9 所示的是 $x_1 x'_2 x_3$ 的解码器（在知道变量的情况下，有时用 101 标记）。

只有在 $x_1 = x_3 = 1$ 且 $x_2 = 0$ 的情况下，这个单元的输出才确定等于 1。双输入异或（XOR）函数的真值表如图 11.10（a）所示（见第 5 章）。实现 XOR 函数的麦卡洛克—皮茨神经元如图 11.10（b）所示。

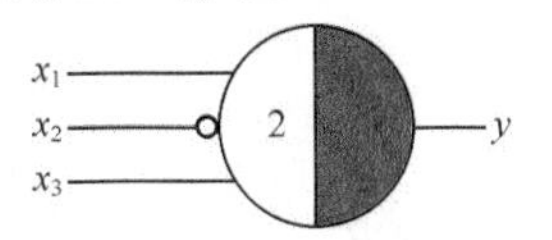

图 11.9 最小项 $x_1 x'_2 x_3$ 的解码器

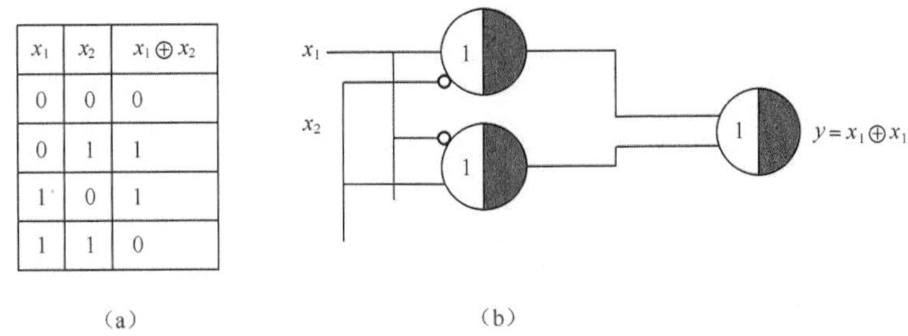

x_1	x_2	$x_1 \oplus x_2$
0	0	0
0	1	1
1	0	1
1	1	0

图 11.10 双输入 XOR 函数的真值表和解码器的麦卡洛克—皮茨实现

11.3 感知器学习规则

麦卡洛克—皮茨模型的局限性在于没有权重。由于神经元不能自适应，因此除非转换网络拓扑或改变阈值，否则学习过程不会发生。可以看到，ANN 可以看作一个黑盒子（见图 11.4）。假设给出具有一系列输入向量 $\overline{\boldsymbol{x}}_1, \overline{\boldsymbol{x}}_2, \cdots, \overline{\boldsymbol{x}}_r$ 的网络，对于每个输入向量 $\overline{\boldsymbol{x}}_i$ 存在一个期望的输出向量 $\overline{\boldsymbol{t}}_i$，其中 t 是目标（target）的首字母。显然，网络的实际输出向量 $\overline{\boldsymbol{y}}_i$ 可以不同于 $\overline{\boldsymbol{t}}_i$。在模型中，与每个输入相关联的是一个权重，这些权重是系统的自由参数。我们的任务是调整权重以最小化（或消除）$\overline{\boldsymbol{y}}_i$ 和 $\overline{\boldsymbol{t}}_i$ 之间的差异。管理系统权重调整的过程，我们称之为**学习规则**。在本节中，我们讨论**感知器学习规则**，这是由心理学家弗兰克·罗森布莱特（Frank Rosenblatt）于 1958 年提出的。[2] 我们从由单个神经元组成的网络开始讨论。11.1 节讨论了抽象神经元，如图 11.11 所示。

我们将该装置称为**阈值逻辑单元**（Threshold Logic Unit, TLU）。我们让 TLU 的激励函数为 g（$\overline{\boldsymbol{x}}, \overline{\boldsymbol{w}}$）或等于 $\overline{\boldsymbol{x}} \cdot \overline{\boldsymbol{w}} = x_1 w_1 + x_2 w_2 + \cdots + x_n w_n$。作为示例，考虑阈值 θ=1.0 的 TLU，并且 $\overline{\boldsymbol{x}}$ =（x_1, x_2, x_3）=（1,1,0），$\overline{\boldsymbol{w}}$ =（w_1, w_2, w_3）=（0.5,1.0,1.2），如图 11.12 所示。

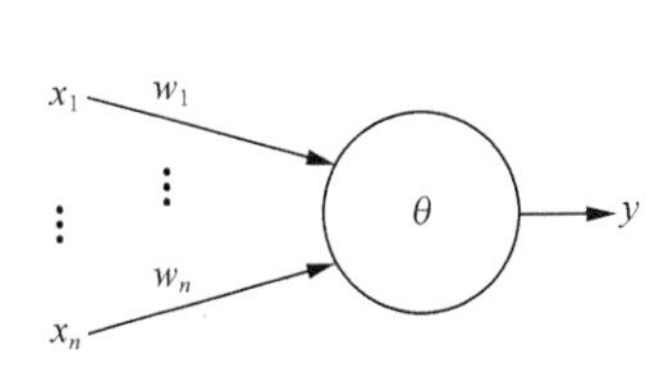

图 11.11 称为阈值逻辑单元（TLU）的抽象神经元

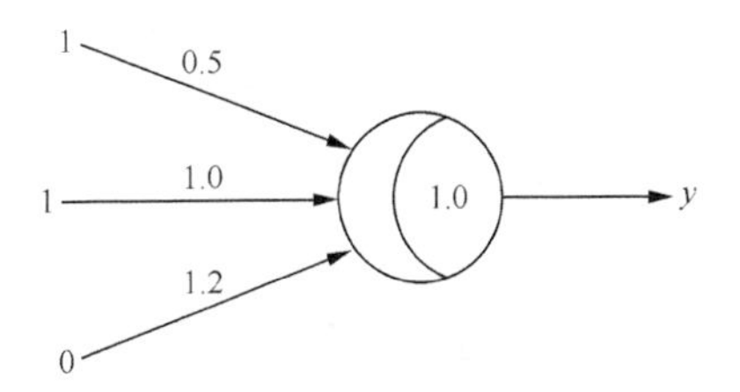

图 11.12 阈值输入向量=（1,1,0）和权重向量=（0.5,1.0,1.2）的阈值逻辑单元

神经元的激励是 $\bar{\boldsymbol{x}}\cdot\bar{\boldsymbol{w}}=x_1w_1+x_2w_2+\cdots+x_nw_n=(1\times0.5)+(1\times1.0)+(0\times1.2)=1.5$。当 $\bar{\boldsymbol{x}}\cdot\bar{\boldsymbol{w}}\geqslant\theta$ 时，激活函数 f 确定了输出 y 等于 1。由于该示例中的激励 $\bar{\boldsymbol{x}}\cdot\bar{\boldsymbol{w}}$ 等于 1.5，阈值 θ 等于 1.0，因此单元的输出 y 等于 1。

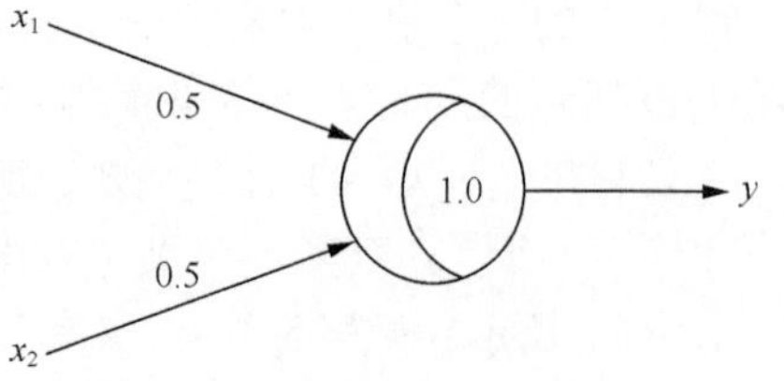

我们已经看到，当激励等于或超过阈值时，TLU 的输出为 1；当这个数值小于 θ 时，y 等于 0。我们检查了 $\bar{\boldsymbol{x}}\cdot\bar{\boldsymbol{w}}$ 等于 θ 的情况，如图 11.13 所示。在此图中，TLU 的阈值 θ=1.0，权重向量 $\bar{\boldsymbol{w}}$ =（0.5,0.5）。

图 11.13　具有两个输入的 TLU

通过设置 $\bar{\boldsymbol{x}}\cdot\bar{\boldsymbol{w}}=\theta$，得到：$x_1w_1+x_2w_2=\theta$。我们用 x_1、w_1、w_2 和 θ 求出 x_2，得到

$$x_2w_2=\theta-x_1w_1$$

通过一些代数操作，得到

$$x_2=-\frac{w_1}{w_2}x_1+\frac{\theta}{w_2}$$

回想一下，直线的方程是 $y=mx+b$。其中 m 是斜率（m 等于 $\Delta y/\Delta x$，或者说 y 的变化除以 x 的变化），b 是在 y 轴上的截距。因此，我们有一条直线，其斜率等于 $-w_1/w_2$，截距等于 θ/w_2。如图 11.13 所示，代入 w_1、w_2、θ 的值，我们得到：$x_2=-x_1+2$。这条直线如图 11.14 所示。

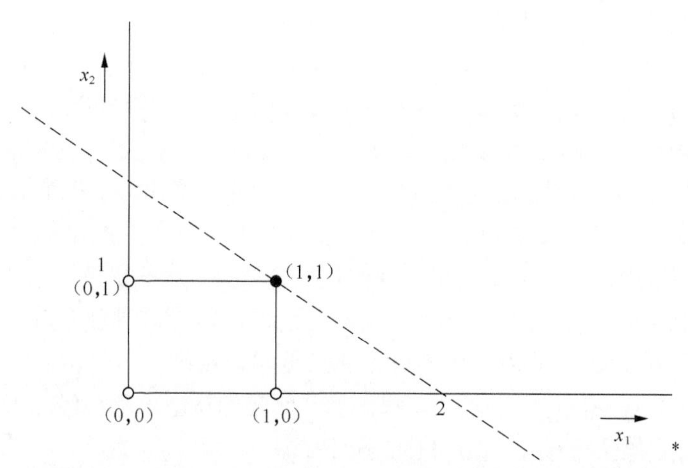

图 11.14　图 11.13 中的 TLU 在激励等于阈值时获得的直线

x_1	x_2	$\bar{x}\cdot\bar{w}$	y
0	0	0.0	0
0	1	0.5	0
1	0	0.5	0
1	1	1.0	1

图 11.15　图 11.13 中 TLU 的输入/输出行为

人们有时将神经网络的输入称为模式(pattern)。目前，由于输入仅限于二进制值，因此图 11.13 中 TLU 的 4 种模式是（0,0）、（0,1）、（1,0）和（1,1）。表示所有输入模式的 n 维空间被称为模式空间，图 11.14 显示了此 TLU 的模式空间，图 11.15 显示了对于图 11.13 中 TLU 的每个输入模式所对应的输出。

我们观察到，这个 TLU 表现为 2 输入的与（AND）门。相同输出的模式集称为一个模式类。从图 11.15 可以看出，{（0,0），（0,1），（1，0）}的

输出为 0，而{（1，1）}的输出则为 1。我们将前者称为模式类 0 或 C_0，将后者称为模式类 1 或 C_1。在图 11.14 中，C_0 的成员由空心圆点表示，而 C_1 中的唯一元素用黑色实心圆点表示。再次参考图 11.14 中的直线，我们注意到 C_0 的成员完全位于该直线下方，而 C_1 中的元素位于该直线上（或上方）。这条称为判别式的直线将两个模式类分开了。

在该示例中，模式位于二维空间中，判别式是一条直线。更一般地说，当模式空间的维度为 n 时，判别式的维数将是 $n-1$。一个（$n-1$）维的“表面”被称为超平面。ANN 通过生成判别式，将 n 维模式空间分割成以判别式超平面为边界的凸子空间来执行模式识别。这些判别式是如何产生的呢？感知器学习规则通过一系列迭代校正来生成这个判别式。要了解如何进行这些校正，我们回到两个向量点积的概念。由$|\bar{\boldsymbol{U}}|$表示的向量 $\bar{\boldsymbol{U}}$ = （$u_1, u_2, u_3, \cdots, u_n$），其大小等于 $\sqrt{u_1^2+u_2^2+\cdots+u_n^2}$ 。图 11.16 说明了具有两个分量的向量的大小这一概念。

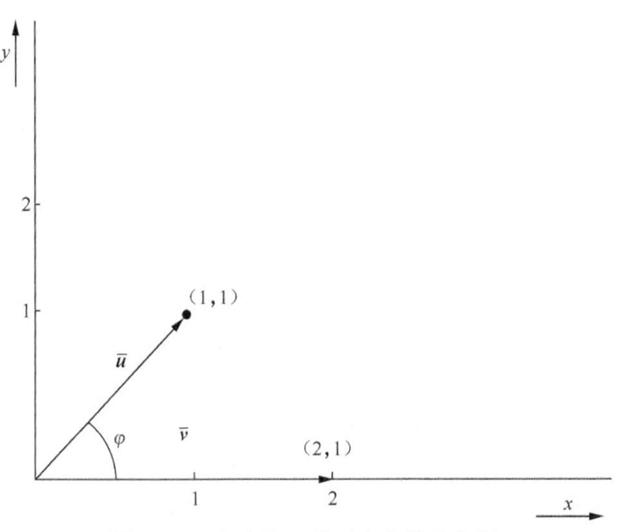

图 11.16　角度为 φ 的两个向量 $\bar{\boldsymbol{u}}$ 和 $\bar{\boldsymbol{v}}$

$\bar{\boldsymbol{u}}$ 的大小用 $|\bar{\boldsymbol{u}}|$ 表示，等于 $\sqrt{u_1^2+u_2^2}=\sqrt{1^2+1^2}=\sqrt{2}$ 。$\bar{\boldsymbol{v}}$ 的大小，也就是 $|\bar{\boldsymbol{v}}|$，等于 $\sqrt{v_1^2+v_2^2}=\sqrt{2^2+0^2}=\sqrt{4}=2$ 。我们说 $\bar{\boldsymbol{x}}\cdot\bar{\boldsymbol{w}}$ 是输入向量 $\bar{\boldsymbol{x}}$ 与权重向量 $\bar{\boldsymbol{w}}$ 按分量逐个相乘的积的和，即 $\bar{\boldsymbol{x}}\cdot\bar{\boldsymbol{w}}=x_1w_1+x_2w_2+\cdots+x_nw_n$。或者，$\bar{\boldsymbol{x}}\cdot\bar{\boldsymbol{w}}$ 可以定义为$|x||w|\cos\varphi$，其中 φ 是两个向量之间的夹角。使用第一个公式计算 $\bar{\boldsymbol{u}}$ 和 $\bar{\boldsymbol{v}}$ 的点积，得到

$$\bar{\boldsymbol{u}}\cdot\bar{\boldsymbol{v}}=u_1v_1+u_2v_2=1\times 2+1\times 0=2$$

使用第二个公式对两个向量进行点积，得到了相同的结果（与预期一致）

$$\bar{\boldsymbol{u}}\cdot\bar{\boldsymbol{v}}=|u||v|\cos\varphi=\sqrt{2}\times 2\times\cos 45°=2\times\sqrt{2}\times\frac{\sqrt{2}}{2}=2$$

余弦函数的定义和图像如图 11.17 所示。

在该图中，你可以观察到：当角度等于 0° 时，余弦函数达到最大值；当角度等于 90° 时，$\cos\varphi$ 等于 0；在角度等于 180° 时，余弦等于−1；在角度等于 270° 时，余弦值再次等于 0°；在 360° 时，余弦值再次回到 1。如图 11.17 所示，余弦函数是周期性函数，因此上述的值一直以模 360° 进行重复。

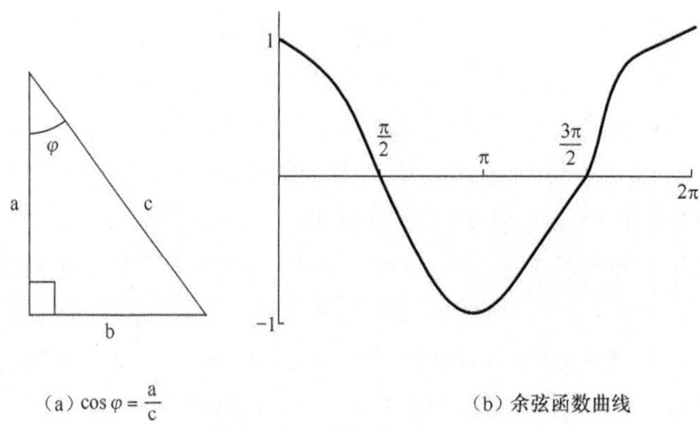

（a）$\cos\varphi = \frac{a}{c}$　　（b）余弦函数曲线

图 11.17　余弦函数的图像

下面准备开始推导感知器学习规则。我们所关注的最后一个观察结果是图 11.18 中的两个 TLU 是否等价。

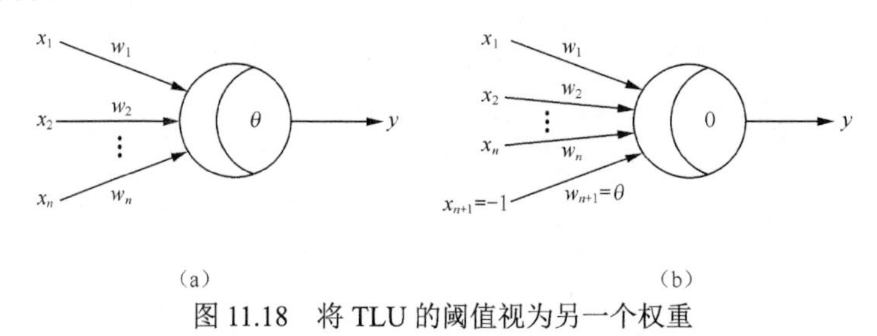

（a）　　（b）

图 11.18　将 TLU 的阈值视为另一个权重

如图 11.18（a）所示，当 $\overline{\boldsymbol{x}}\cdot\overline{\boldsymbol{w}}\geqslant\theta$ 时，输出 y 等于 1。注意，只要 $\overline{\boldsymbol{x}}\cdot\overline{\boldsymbol{w}}+(x_{n+1}w_{n+1})\geqslant 0$，在 11.18（b）中的 TLU 的输出就都为 1。如果将 x_{n+1} 设置为−1，将 w_{n+1} 设置为 θ，我们得到：$\overline{\boldsymbol{x}}\cdot\overline{\boldsymbol{w}}+(-1)\times\theta\geqslant 0$。将不等式两边同时加上 θ，很精确地得到 $\overline{\boldsymbol{x}}\cdot\overline{\boldsymbol{w}}\geqslant\theta$。因此，TLU 的两个模型是相当的。我们将输入向量（x_1，x_2，…，x_n，x_{n+1}，其中 $x_{n+1}=-1$）称为**增广输入向量**（augmented input vector），用 $\hat{\boldsymbol{x}}$ 表示。类似地，**增广权重向量**等于 $\hat{\boldsymbol{w}}$ (w_1，w_2，…，w_n，w_{n+1}，其中 $w_{n+1}=\theta$)。

现在假设向图 11.18（b）中的 TLU 提供增广的输入 $\hat{\boldsymbol{x}}$，并且得到输出 y 等于 0，但是目标输出 t 应该是 1。这时，我们知道 $\hat{\boldsymbol{x}}\cdot\hat{\boldsymbol{w}}$ 小于 0（否则 y 将等于 1），如图 11.19（a）所示。

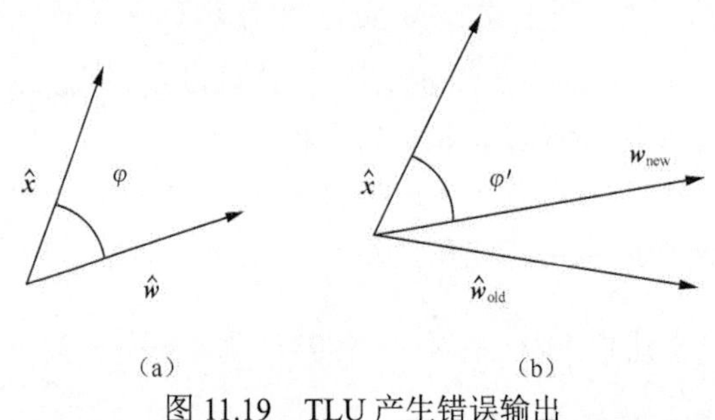

（a）　　（b）

图 11.19　TLU 产生错误输出

（a）$\hat{\boldsymbol{x}}$ 与 $\hat{\boldsymbol{w}}$ 之间的角度等于 φ　（b）向量 $\hat{\boldsymbol{w}}$ 朝向 $\hat{\boldsymbol{x}}$ 旋转

TLU 产生错误的输出。因为 TLU 的激励 $\hat{\boldsymbol{x}}\cdot\hat{\boldsymbol{w}}$ 小于 0，所以输出 y 等于 0。因此，我们想要增加点积的值。要做到这一点，我们将 $\hat{\boldsymbol{w}}$ 朝着 $\hat{\boldsymbol{x}}$ 的方向旋转。这两个向量之间的角度 φ 由此减小到 φ'。由于 $\varphi'<\varphi$，$\cos\varphi' > \cos\varphi$，因此 $\hat{\boldsymbol{x}}\cdot\hat{\boldsymbol{w}}_{\text{new}} > \hat{\boldsymbol{x}}\cdot\hat{\boldsymbol{w}}_{\text{old}}$。在后续步骤中，我们继续

将 $\hat{\boldsymbol{w}}$ 朝着 $\hat{\boldsymbol{x}}$ 方向旋转，直到 $\hat{\boldsymbol{x}}\cdot\hat{\boldsymbol{w}}$ 超过 0，产生正确的输出，或直到 y 等于 t。朝着 $\hat{\boldsymbol{x}}$ 方向旋转向量 $\hat{\boldsymbol{w}}$，等效与将 $\hat{\boldsymbol{x}}$ 的一小部分（α）加到 $\hat{\boldsymbol{w}}$ 上，因此，当

$$y=0 \text{ 且 } t=1, \hat{\boldsymbol{w}}_{\text{new}}=\hat{\boldsymbol{w}}_{\text{old}}+\alpha\hat{\boldsymbol{x}} \tag{1}$$

请验证，当 $y=1$ 且 $t=0$ 时，正确的校正动作由式（2）提供

$$\hat{\boldsymbol{w}}_{\text{new}}=\hat{\boldsymbol{w}}_{\text{old}}-\alpha\hat{\boldsymbol{x}} \tag{2}$$

在这种情况下，$\bar{\boldsymbol{w}}$ 要朝着远离 $\bar{\boldsymbol{x}}$ 的方向旋转，我们称这个常数 α 为算法的学习率。这个量是 $0<\alpha\leqslant 1$ 的正常数（positive constant）。结合式（1）和式（2），得到

$$\hat{\boldsymbol{w}}_{\text{new}}=\hat{\boldsymbol{w}}_{\text{old}}+\alpha(t-y)\hat{\boldsymbol{x}} \tag{3}$$

注意，$t-y$ 的大小为校正项提供了正确的符号。如图 11.20 所示，这是感知器学习规则的伪代码。向量 $\hat{\boldsymbol{w}}_{\text{new}}$ 具有 $n+1$ 个分量；相应地，式（3）也可以表示为

$$\Delta w_i=\alpha(t-y)x_i, i=1 \text{ 到 } n+1$$

```
1. Inputs:  X̂1, X̂2,…, X̂p                 // the input patterns.
2. t̄1, t̄2,…, t̄p                          // the desired outputs for each patter:
3. Ŵnew = Ŵold = (W1, W2,…, Wn, Wn+1)     // augmented weight vector which
                                            is randomly generated.
4. i = 1                                  // an index that selects pattern.
5. while (not-all equal)                  // i.e. ȳi ≠ t̄i for some pattern Xi.
6. for i = 1 to p
7. if  ȳi ≠ t̄i then { Ŵnew is corrected according to Equation 3
   not_all_equal = true}
8. // end if
9. // end for
10. if not_all_equal = false then return that the TLU has
    successfully been trained and Ŵ = Ŵnew.
11. else continue
12. //end while
```

图 11.20 感知器学习规则的伪代码

感知器学习规则是一个迭代过程。它以随机权重向量 $\bar{\boldsymbol{w}}=w_1,w_2,\cdots,w_n$ 开始，其中每个 w_i 是接近于 0 的小随机数。你可能会问：当第 5 行的 while 循环式中的终止条件从不满足时，或者在某些网络输出 y_i 总是与目标 t_i 不同时，会发生什么情况？当这种情况发生时，算法将无休止地循环并被限制在 while 循环中。当模式类线性可分离时，换句话说——可以用直线分隔时［对于双输入 OR 函数如图 11.25（d）所示］，算法收敛，并可以生成判别式。在本节稍后，我们再回到可分离性问题。

更准确地说，因为感知器学习规则总是要保证算法停止，所以应将其归为程序步骤（procedure）。

---

x_1	x_2	x_1+x_2
0	0	0
0	1	1
1	0	1
1	1	1

图 11.21 双输入或（OR）函数

我们观察到，输入模式 $\hat{\boldsymbol{x}}_1,\cdots,\hat{\boldsymbol{x}}_p$ 和推导得到的输出 $\overline{\boldsymbol{t}}_1,\overline{\boldsymbol{t}}_2,\cdots,\overline{\boldsymbol{t}}_p$ 是该算法的输入。按顺序这里要提两点：首先，一般来说，TLU 可以具有多个单一输出，因此每个目标值和每个实际输出 $\overline{\boldsymbol{y}}_i$ 可以被视为向量［当 TLU 为单一输出时，在其符号上方，我们不使用“(–)”］。其次，感知器学习规则是所谓的监督学习或具有老师教导的学习实例，因此要提供给网络对应的、具有正确输入输出的先验。

示例 11.1：用感知培训规则训练 TLU，学习双输入或（OR）函数

观察图 11.22 和图 11.23，令学习率 $\alpha=\dfrac{1}{2}$ 和 $\hat{\boldsymbol{w}}$。

构建一个表，如图 11.22 所示。

(1) x_1	(2) x_2	(3) x_3	(4) w_1	(5) w_2	(6) $w_3=\theta$	(7) $\hat{x}\cdot\hat{w}$	(8) y	(9) t	(10) Δw_1	(11) Δw_2	(12) Δw_3
0	0	−1	0	0	0			0			
0	1	−1						1			
1	0	−1						1			
1	1	−1						1			

图 11.22 感知器学习规则所采用的表

(1) x_1	(2) x_2	(3) x_3	(4) w_1	(5) w_2	(6) $w_3=\theta$	(7) $\hat{x}\cdot\hat{w}$	(8) y	(9) t	(10) Δw_1	(11) Δw_2	(12) Δw_3
0	0	−1	0	0	0	0	1	0	0	0	0.5
0	1	−1	0	0	0.5	−0.5	0	1	0	0.5	−0.5
1	0	−1	0	0.5	0	0	1	1	0	0	0
1	1	−1	0	0.5	0	0.5	1	1	0	0	0

图 11.23 在感知器训练一个 epoch 后的参数值

从图中观察到，在前 4 行的第 1 列和第 2 列列举了 OR 函数所有可能的输入集合，第 3 列包含了 x_3，这是永远为−1 的增广输入。在第 4～6 列中包含了增广权重向量 $\hat{\boldsymbol{w}}$ 。注意，按照处理原始权重 w_1 和 w_2 相同的方式处理值等于 θ 的增广权重 w_3。$\hat{\boldsymbol{w}}$ 的所有 3 个分量初始化为 0。第 7 列包含了对神经元的激励；当这个值等于或超过 0 时，第 8 列中出现的相应条目（即这个单元的输出）y 等于 1，否则将 y 设置为 0。第 9 列包含了每个输入模式的目标输出。最后，第 10～12 列保存了向量分量应该被调整的大小。将所有模式输入，进行训练神经网络，这一过程称为一个 epoch。在一个 epoch 后，这个示例中对应的表，如图 11.23 所示。

在表的第一行中，$\hat{\boldsymbol{x}}\cdot\hat{\boldsymbol{w}}=(0,0,-1)\bullet(0,0,0)$ 等于 0（第 7 列）。由于 0≥0，第 8 列包含了一个“1”。但是，第一行中的目标输出为“0”。因此，根据等式 3 调整权重。只有，w_3 发生了改变，因为 x_1 和 x_2 都为 0。$\Delta w_3=0.5\times(0-1)\times(-1)=0.5$（第 12 列）。因此，当模式 $\overline{\boldsymbol{x}}_2=(0,1)$ 出现了（第二行），w_3 等于 0.5。第二行计算的结果，w_2 将增加 $\Delta w_2=0.5$，w_3 将减小 $\Delta w_3=-0.5$。如果处理完整个 epoch 而权重没有发生变化，此时这种学习规则就可以停止了。

该示例的完整表如图 11.24 所示。

	(1) x_1	(2) x_2	(3) x_3	(4) w_1	(5) w_2	(6) $w_3=\theta$	(7) $\hat{x}\cdot\hat{w}$	(8) y	(9) t	(10) Δw_1	(11) Δw_2	(12) Δw_3
epoch I	0	0	−1	0.0	0.0	0.0	0.0	1	0	0	0	0.5
	0	1	−1	0.5	0.0	0.5	−0.5	0	1	0	0.5	−0.5
	1	0	−1	0.0	0.5	0.0	0.0	1	1	0	0	0
	1	1	−1	0.0	0.5	0.0	0.5	1	1	0	0	0
epoch II	0	0	−1	0.0	0.5	0.0	0.0	1	0	0	0	0.5
	0	1	−1	0.0	0.5	0.5	0.0	1	1	0	0	0
	1	0	−1	0.0	0.5	0.5	−0.5	0	1	0.5	0	−0.5
	1	1	−1	0.5	0.5	0.0	1.0	1	1	0	0	0
epoch III	0	0	−1	0.5	0.5	0.0	0.0	1	0	0	0	0.5
	0	1	−1	0.5	0.5	0.5	0.0	1	1	0	0	0
	1	0	−1	0.5	0.5	0.5	0.0	1	1	0	0	0
	1	1	−1	0.5	0.5	0.5	0.5	1	1	0	0	0
epoch IV	0	0	−1	0.5	0.5	0.5	−0.5	0	0	0	0	0
	0	1	−1	0.5	0.5	0.5	0.0	1	1	0	0	0
	1	0	−1	0.5	0.5	0.5	0.0	1	1	0	0	0
	1	1	−1	0.5	0.5	0.5	0.5	1	1	0	0	0

图 11.24　示例 11.1 的完整感知器培训程序

训练需要 4 个 epoch。在第 3 个 epoch 时发现了正确的权重，然而，我们需要额外的 epoch 来验证这些值是否正确。

图 11.25 描绘了训练过程中 4 个阶段的判别式。11.25（d）中的判别式正确地将模式类 0 = {（0,0）}与模式类 1 = {（0,1），（1,0），（1,1）}分离。C_0 中所有的点都位于判别式之下，而 C_1 中所有的点都位于（或高于）这条直线。

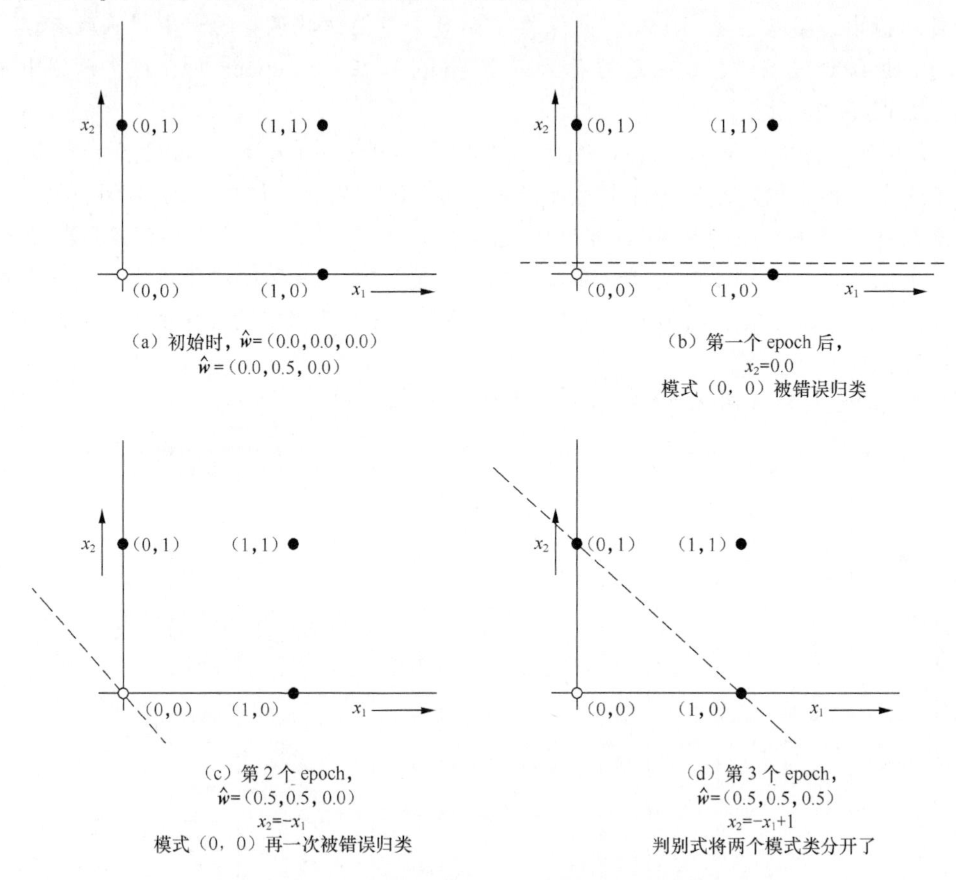

（a）初始时，$\hat{w}$=（0.0, 0.0, 0.0）
$\hat{w}$ =（0.0, 0.5, 0.0）

（b）第一个 epoch 后，
x_2=0.0
模式（0，0）被错误归类

（c）第 2 个 epoch，
$\hat{w}$=（0.5, 0.5, 0.0）
$x_2=-x_1$
模式（0，0）再一次被错误归类

（d）第 3 个 epoch，
$\hat{w}$=（0.5, 0.5, 0.5）
$x_2=-x_1+1$
判别式将两个模式类分开了

图 11.25　训练过程中 4 个阶段的判别式
（a）初始判别式，换言之，训练开始前　（b）在第一个 epoch 后　（c）在第二个 epoch 后，（d）在第三个 epoch 之后

我们选择使用二进制数，换句话说，使用 0 或 1 表示输入和输出。由于在感知器学习规则中，我们规定权重更新的式子为 $\Delta w_i=\alpha(t-y)x_i$，如图 11.24 所示，由于相应的输入或 x_i 等于 0，因此在 y 和 t 不同的情况下，无须调整对应的权重。由于这个原因，通常选择双极性值来表示神经网络输入和输出。双极性值为−1 和 1，其中−1 对应于 0，1 就是代表自身。如图 11.26 所示，用双极性值表示双输

x_1	x_2	x_1+x_2
−1	−1	−1
−1	1	1
1	−1	1
1	1	1

图 11.26　双输入或（OR）的函数的双极性值表示

入或（OR）函数。将此图与图 11.21 进行比较，采用双极性值的训练规则往往更快收敛。

我们之前提到，当模式类是线性可分的时候，感知器学习规则可成功收敛并生成判别式。使用两个变量的布尔函数有 16 种，除了 2 种以外，所有这些函数都是线性可分的。线性不可分的一种函数是双输入异或（Exclusive-OR）函数，如图 11.10（a）所示，为了方便起见，我们在图 11.27（a）中再现了这个函数。

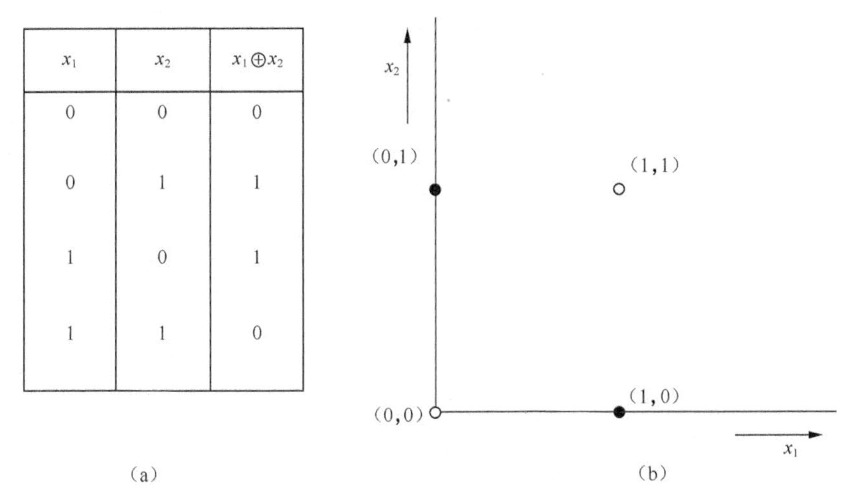

图 11.27 双输入异或函数
（a）双输入异或（Exclusive OR）函数的真值表 （b）相关模式空间

图 11.27（b）描述了双输入异或（XOR）函数的模式空间。

模式类 0 由（0,0）和（1,1）组成，而模式类 1 包含了（0,1）和（1,0）。可以确信，不可能使用一条直线将 C0 与 C1 分开；双输入的 XOR 函数是线性不可分离的。因此，在训练此函数时，感知器学习规则将永远处在循环当中。感知器学习收敛定理指出，当有一个解存在时，这个学习规则会停止，得出这个解。或者说，当不存在解时，这个学习规则会一直循环。我们必须理解，双输入的异或函数不代表完全否定了 ANN 的用途。我们可以实现这个函数，但是为了实现这个函数，需要使用多层网络，这是 11.5 节所要谈的主题。

11.4 增量规则

在输入模式不能线性分离的情况下，感知器学习规则无法收敛。即使异常值只是输入的一小部分，这一局限性也能表现出来，如图 11.28 所示。

在这个例子中，感知器规则不会收敛。然而，我们在这里定义的“增量规则”可以成功地对绝大多数输入进行分类。11.5 节中讨论的“增量规则”和“反向传播”都依赖于梯度下降。

梯度下降是一种基于微积分的用于查找函数最小值的方法。假设变量 y 依赖于单个变量 x 或 $y=f(x)$，则称 x 为自变量，y 为因变量，如图 11.29 所示。我们搜索值 y 为最小值时的 x^*，$\forall x$，$f(x^*) \leqslant f(x)$。

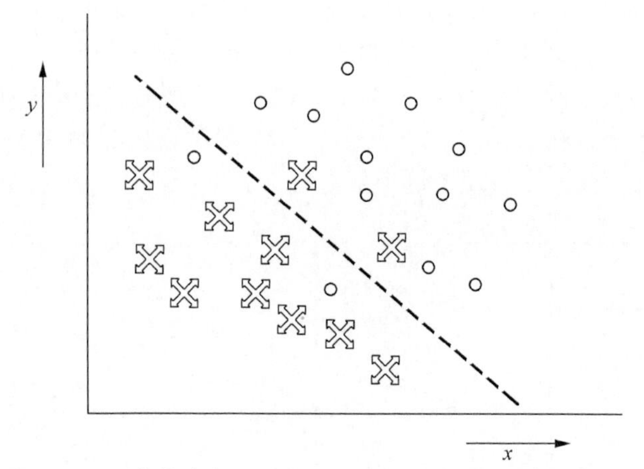

图 11.28 两个模式类（X 和 o）。虚线正确划分了大多数输入

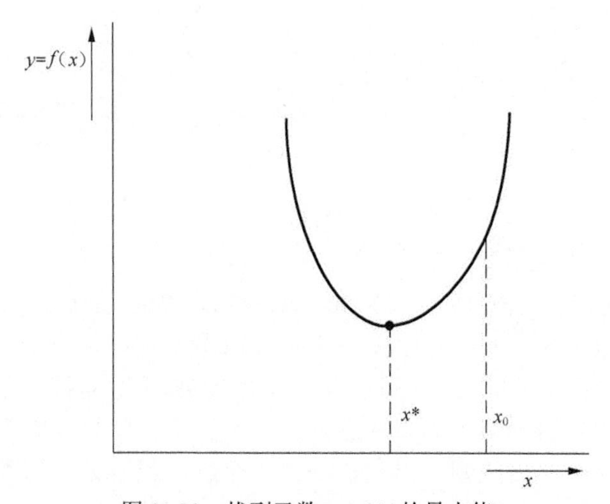

图 11.29 找到函数 $y = f(x)$的最小值

令 x_0 为 x 的当前值，换句话说，我们在图上找到 P_0=(x_0，y_0) 的位置，其中 $y_0 = f(x_0)$，如图 11.29 和图 11.30 所示。

搜索 x^*，使 $y = f(x)$的值最小。我们沿着最小化这个函数的方向行进；换句话说，使用某个小的值 Δx，我们或是行进到 $x_0 + \Delta x$，或是行进到 $x_0 - \Delta x$。你可能认为这是一种爬山形式（见第 3 章）。我们需要知道，对于这些 x 的改变，y 产生相应变化。换句话说，我们需要称为切线的直线 L 的斜率 $m = (\Delta y/\Delta x)$，这条线仅仅在点 P_0 处与图像相交。如果仔细绘制图形，你可以直接从图中测量 Δx 和 Δy。回想第一堂微积分课，随着 Δx 和 Δy 变得越来越小，比率（$\Delta y/\Delta x$）越来越接近点 P_0 处函数的导数，换句话说，也就是 $\Delta y/\Delta x \approx f'(x_0)$。我们观察到在图 11.30 中，$\delta_y$ 和 δ_x 也被绘制出来了。这些值的比率表示了函数 $f(x)$在点 P_0 =(x_0，y_0)处的变化率，即导数 $f'(x)$，而不是在点 P_0 处切线变化的速率。当 Δx 足够小时，则 $\delta_y = \Delta y$，或者函数的高度变化等于切线 y 值的变化。我们使用如下代数式子表示：

$\delta_y = \Delta y$ //Δx 足够小

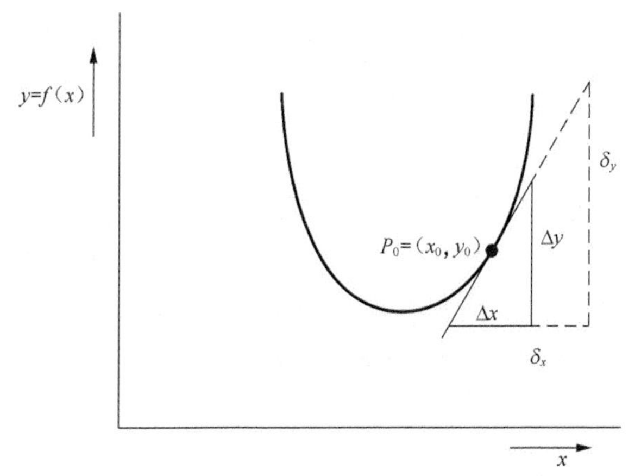

图 11.30　函数的斜率

$\delta_y = \left(\dfrac{\Delta y}{\Delta x}\right) * \Delta x$　　//我们在等式右侧乘以$(\Delta x / \Delta x)$

$\delta_y \approx \Delta y$　　// Δx 足够小

$\therefore \delta_y$=切线斜率$*\Delta x$

且 $\delta_y = \left(\dfrac{\mathrm{d}y}{\mathrm{d}x}\right) * \Delta x$　　（1）//其中$(\mathrm{d}y/\mathrm{d}x)$是 y 相对于 x 的瞬时变化率，也就是 $f(x)$的导数

如果函数 f 是可微的，那么就可以计算 $f(x)$的导数 $f'(x)$，则

$$\Delta x = -\alpha ** \left(\frac{\mathrm{d}y}{\mathrm{d}x}\right) \tag{2}$$

其中 α 为足够小的正常数。因此，当将（2）代入（1）时，我们得到

$$\Delta x = -\alpha * \left(\frac{\mathrm{d}y}{\mathrm{d}x}\right)$$

因为$\left(\dfrac{\mathrm{d}y}{\mathrm{d}x}\right)^2$必须为正，那么式（2）的右侧$-\alpha *** \left(\dfrac{\mathrm{d}y}{\mathrm{d}x}\right)^2$为负，$\delta_y$<0，所以我们沿着曲线向下行进。如果一直重复这个过程，最终应该得到函数最小值 $f(x*)$。这个迭代的过程就是众所周知的梯度下降。

如果 y 是具有 n 个变量 $x_1, x_2, \cdots, x_n$ 的函数，或者表示为 $y = f$（x_1，x_2，$\cdots$，x_n），那么上述的论证可以泛化。人们可以由此得出相对于每个变量，函数 f 的变化率。偏导数 $\partial f / \partial x_i$ 是函数 f 相对于变量 x_i 的瞬时变化率，此时“变量” $x_1, x_2, \cdots, x_{i-1}, x_{i+1}, \cdots, x_n$ 被视为常数。在 n 维情况下，等式（2）的对应等式为

$$\Delta x_i = -\alpha\left(\frac{\delta_y}{\delta_{x_i}}\right)(i=1,\cdots,n)$$

函数 f 的梯度（表示为 grad f 或 ∇f，可读为 del f 的）是指向 f 增长最快方向的向量。因此，严格来说，我们朝着与 f 梯度方向相反的方向行进。

现在，我们应用梯度下降来找到单个 TLU 的最小误差函数。通过这个讨论，最终得到了监督学习的第二条规则——增量规则。比起感知器学习规则，人们认为这个规则具有更好的健壮性，这是因为它可以解决少数几个输入违反了线性可分离的原则这个问题。为了便于讨论，我们重绘了一个简单的阈值逻辑单元，如图 11.31（a）所示。

我们将输入模式 $\overline{x}^p$ 输入抽象神经元，其中 $\overline{t}^p$ 是相关联的目标输出。每当 TLU 的输出 $\overline{y}^p$ 不等于 $\overline{t}^p$ 时，就必须调整系统的权重。对于 $\overline{y}^p$ 和 $\overline{t}^p$ 之间任何的差异，其责任在于增广权重向量 $\hat{\boldsymbol{w}}$。表示这个单元误差的任何函数 E 必须将 $\hat{\boldsymbol{w}}$ 作为参数，也就是说，$E(\hat{\boldsymbol{w}})=E(w_1,w_2,\ldots,w_{n+1})$。我们的任务是找到这个误差函数 $E()$的适当表达式，并使用梯度下降最小化这个函数的值。

假设将 N 个模式输入 TLU 中，用 E 表示平均误差

$$E=\frac{1}{N}\left(\sum_{p=1}^{N}e^p\right),\text{其中}\, e^p=t^p-y^p$$

t^p-y^p 是在模式 p 下得到的系统误差。但是，当 $t^p=1, y^p=0$ 时，计算出的误差大于 $t^p=0$，$y^p=1$ 时的情形。有人试图用 $e^p=(t^p-y^p)^2$ 来替代，但是梯度下降要求所涉及的函数是平滑可微的。这个 TLU 的激活函数在点 $x=\theta$ 处是不连续的，随着 x 增加到 θ，输出突然产生跳跃，y 突然从 0 跃升到 1［见图 11.35（a）］。因此，我们所使用的误差方程为

$$e^p=\frac{1}{2}(t^p-\hat{\boldsymbol{x}}^p\cdot\hat{\boldsymbol{w}})^2$$

其中使用的是双极性值$\{-1,1\}$而不是二进制值$\{0,1\}$。在所有 N 个模式中，平均误差或均方误差（MSE）均为

$$E=\frac{1}{N}\sum_{p=1}^{N}\frac{1}{2}(t^p-\hat{\boldsymbol{x}}^p\cdot\hat{\boldsymbol{w}})^2$$

这个误差 E 取决于所有的模式，每个偏导数 $\partial E/\partial w_i$ 也取决于所有的模式。因此，在权重有任何变化**之前**，我们必须强制输入所有的 N 个模式，这就是所谓的批量训练。但是这样做，计算强度大。相反，在实践中，我们所做的是输入模式 p 到神经网络，然后将 $\frac{\partial e^p}{\partial w_i}$ 作为 $\partial E/\partial w_i$ 的估计值，再基于这个值做出调整。这种最小化过程是有噪声的，有些时候，所做出的权重的变化实际上增大了误差 E。当模式 p 输入 TLU 时，所产生的误差为

$$e^p=\frac{1}{2}(t^p-\hat{\boldsymbol{x}}^p\cdot\hat{\boldsymbol{w}})^2$$

其中，点乘 $\hat{\boldsymbol{x}}^p\cdot\hat{\boldsymbol{w}}$ 等于：

$$x_1^p w_1+x_2^p w_2+\cdots+x_{n+1}^p w_{n+1}$$

因此，

$$\Delta w_i=\alpha(t^p-\hat{\boldsymbol{x}}^p\cdot\hat{\boldsymbol{w}})x_i^p,\quad (\#)$$

其中，x_i^p 是输入模式 p 的第 i 个分量。通过链式法则可以得到这个结果。请记住，在这个表达式中，w 是变量，x 项是常量。根据如下式子做出权重调整：

$$\Delta w_i=\alpha(t^p-\hat{\boldsymbol{x}}^p\cdot\hat{\boldsymbol{w}})x_i^p,\quad (\#)$$

其中，α 是学习率。基于此最小化过程的学习规则就是 Widrow-Hoff 规则，[3]Widrow-Hoff 规则通常称为增量规则（或 δ 规则）。增量规则的伪代码如图 11.31（b）所示。

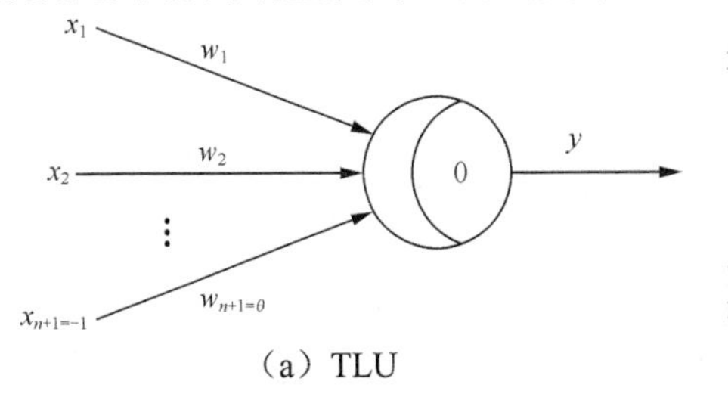

（a）TLU

```
Repeat
     For each training vector pair (x̄, t̄)
          Calculate the excitation x̂·ŵ when x̂ is
               presented as input to the TLU
          Make weight adjustments according to #
     End for
Until the rate of error change is sufficiently small
End
```

（b）增量规则的伪代码

图 11.31

当学习率 α 足够小时，增量规则收敛。也就是说，权重向量 $\hat{\boldsymbol{w}}*$ 接近那个使 $E(\hat{\boldsymbol{w}}*)$最小的位置。当模式类不是线性可分的时候，依然会存在一些误差，也就是说，一些模式可能被错误分类（在图 11.28 中，判别式之上的“x”会被错误地分类为“0”，判别式之下的“x”会被错误地分类为“1”。对于这些输入模式，感知器学习规则永远不会收敛），由于 $\hat{\boldsymbol{x}}\cdot\hat{\boldsymbol{w}}$ 不会完全等于 t，即 0 或 1，因此增量规则将始终进行更改（除非程序强制退出循环）。

示例 11.2

在日常生活中，你可能会采用启发法。例如，许多人在开车时很讨厌询问方向。然而，在夜间离开高速公路时，他们有时很难找到回到主要通道的路。一种被证明有效的策略是，每当来到道路分岔口时，他们一般朝着有更多路灯的方向行进。你可能有一个最优方法来找到丢失的隐形眼镜或在拥挤的购物中心找到一个停车位，这两个都是启发法的例子。

使用增量规则训练双输入 TLU 来学习双输入或函数，其中初始权重=（0,0.2），阈值 θ= 0.25，学习率 α= 0.10。

图 11.32 显示了在第一个 epoch 中的必要计算。

w_1	w_2	$w_3=\theta$	x_1	x_2	x_3	$\hat{x}\cdot\hat{w}$	t	$a*(t-\hat{x}\cdot\hat{w})$	$^{\delta}w_1$	$^{\delta}w_2$	$^{\delta}w_3$
0.0	0.2	0.25	0	0	−1	−0.25	−1	−0.075(1)	0.0	0.0	0.075
0.0	0.2	0.33	0	1	−1	−0.13	1	0.113 b(2)	0.0 (3)	−0.113(4)	0.113(5)
0.0	0.09	0.44	1	0	−1	−0.44	1	0.144	0.144	0.0	−0.144
0.14	0.09	0.30	1	1	−1	−0.07(6)	1	0.107	0.107	0.107	−0.107

图 11.32　使用“增量规则”的训练示例。回顾一下所使用的双极性输入输出

在第一个 epoch 之后，w_1 = 0.25，w_2 = 0.20，w_3 =θ= 0.19。下面给出了得到一些结果的详细过程：

（1）第 1 行中：$\alpha(t-\hat{\boldsymbol{x}}\cdot\hat{\boldsymbol{w}})$=0.1×(−1(−0.25))=0.1×(−0.75)=−0.075

注意，在进行计算后，结果四舍五入到小数点后的两位数。

（2）第 2 行中：$\alpha(t-\hat{\boldsymbol{x}}\cdot\hat{\boldsymbol{w}})=0.1\times(1-(-0.13))=0.1\times(1.13)=0.113$

$\delta_{w_i}=\alpha(t-\hat{\boldsymbol{x}}\cdot\hat{\boldsymbol{w}})x_1$

（3）在第 2 行中，$x_1=0$

$\therefore \delta w_1=0$

（4）$\delta_{w_2}=\alpha(t-\hat{\boldsymbol{x}}\cdot\hat{\boldsymbol{w}})x_2=0.1\times(1-(-0.44))=0.1\times(1.44)=0.144$

（5）$\delta_{w_3}=\alpha(t-\hat{\boldsymbol{x}}\cdot\hat{\boldsymbol{w}})x_3=0.1\times(1-(-0.44))\times=(-1)//x_3$ 一直为 -1

$=0.1\times(1.44)\times(-1)=-0.144$

（6）在第 4 行中

$$
\begin{aligned}
\hat{\boldsymbol{x}}\cdot\hat{\boldsymbol{w}} &= (1,1-1)\cdot(0.14,0.09,0.30) \\
&= (1\times0.14)+(1\times0.09)+(-1\times0.30) \\
&= 0.14+0.09+(-0.30)=-0.07
\end{aligned}
$$

1960 年，Widroff 和 Hoff 首先开发了这种训练方法。除了使用双极性值{-1，1}进行输入和输出以外，他们还训练了类似于 TLU 的 ADALINES（自适应线性元素的简称）。

11.5 反向传播

我们已经描述了神经网络的 3 个范例。麦卡洛克—皮茨神经元能够实现任意的布尔函数，但缺点是它们的函数是“硬连接的”，因此不能在不“翻修”网络拓扑的情况下进行修改。感知器学习规则和增量规则都克服了这个缺点，因此这些模型表现为自适应系统，能够对环境做出响应。这些方法的局限性在于所实现的函数必须是线性可分离的。对于复杂的模式空间，这可能是一个苛刻的要求。增量规则更灵活一些，但是它依然不能够实现任意函数。本节描述的学习规则是反向传播：它足够健壮，可以在多层网络上工作。正如我们将看到的，这个规则克服了上述的缺点。

图 11.33 绘制了一个多层神经网络。

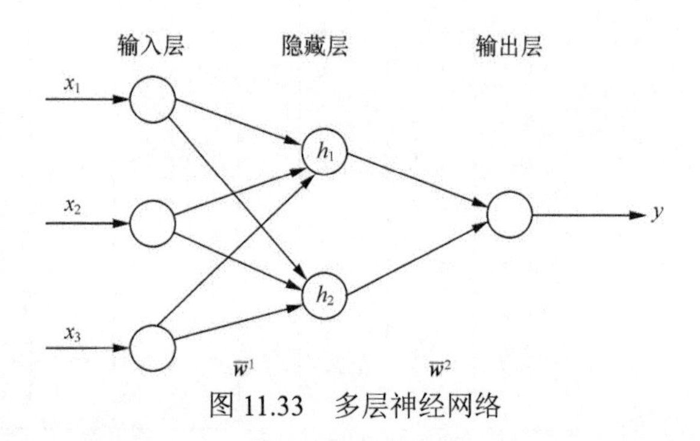

图 11.33 多层神经网络

这个网络由 3 层 6 个神经元组成。同一层中神经元所处的位置与输入信号 x_1、x_2 和 x_3 的距离相同。在这幅图中，**输入层**中有 3 个神经元，**隐藏层**中有两个神经元，**输出层**由单个神经元组成。输入神经元直接与输入信号连接，输出神经元直接发出输出信号。由于从中间层不能直接访问输入和输出，因此它们被称为**隐藏单元**。关于如何对图 11.33 中的神经网络进行分类，文献中存在着一些分歧。你可以认为这是一个三层网络（这是非常明显的），但是在多层网络中，输入层的神经元仅仅作为输入点。在网络中，学习过程的发生是由于权重的改变。快速浏览图 11.33，我们可以确认存在两层权重——将输入神经元连接到隐藏神经元的权重，标记为 $\overline{\boldsymbol{w}}^1$，从隐藏单元的输出输入输出单元的权重，标记为 $\overline{\boldsymbol{w}}^2$。因此，该神经网络通常被归为二层网络。在本文中，我们采用后者的描述。

在图 11.33 所示的网络中，层 i 中的每个神经元（从左到右计数）仅与层 $j(j = i + 1)$ 中的神经元连接，无层内连接。这种网络拓扑通常称为前馈网络（feed forward network）。根据每层中的神经元数量，所示的具体网络称为 3–2–1 前馈网络。当层间连接也存在时，我们称此网络为分层网络（layered network）。

我们已经对符号的不一致性进行了一些说明。一些信息源推翻了这里提出的前馈网络和分层网络的定义。当参考其他信息源时，请务必了解作者如何定义这些术语。

我们在这里说明：在完全连接的 $n–r–m$ 前馈网络中，$\bar{\boldsymbol{w}}^1$ 是 $n\times r$ 的权重矩阵，$\bar{\boldsymbol{w}}^2$ 具有 $r\times m$ 的维度。

训练多层网络相对复杂，如图 11.34 所示。

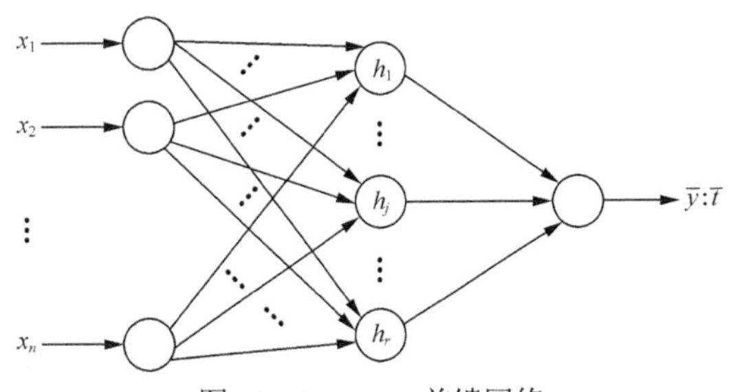

图 11.34 n-r-m 前馈网络

将输入模式 $\bar{x}_i=(x_1, x_2,\cdots, x_n)$输入网络。每个输入 x_i（其中 i=1,⋯, n）都连接到了每个隐藏单元 h_j，其中 j =1,⋯,r。此外，每个隐藏单元都连接到了 m 个输出神经元中的任何一个（为了清晰起见，我们取 $m = 1$）。响应输入 $\bar{x}$，网络产生输出 $\bar{y}_i$，然后将 $\bar{y}_i$ 与目标 $\bar{t}_i$ 进行比较，计算出一个误差项 $\bar{e}_i$，这个误差表示了实际输出与期望输出之间的差异。将输入模式 $\bar{x}_i$ 输入网络中，然后计算所得到的误差 $\bar{e}_i$，将这个过程重复 N 次，其中 N 是训练集中的模式数目。这个过程生成了 E，这是由网络生成的平均误差，其中 $E=\frac{1}{N}\sum_{i=1}^{N}e^i$。根据这个信息，网络必须将给 l 个权重中的每一个权重分配责任，其中 $l=(n\times r)+(r\times m)$（$l$ 对应的是权重矩阵 $\bar{\boldsymbol{w}}^1$ 和 $\bar{\boldsymbol{w}}^2$ 中条目的总和）。在分配每个权重的责任之前，我们要计算出所有 l=1,⋯$(n\times r)+(r\times m)$的偏导数 $\frac{\partial E}{\partial w_l}$。

这些偏导数指定了关于网络中每个权重误差项的瞬时变化率。在 11.3 节中，我们看到一个例子，其中对于大小为 4 的训练集，感知器学习规则需要 3 个 epoch。在反向传播中，训练集通常具有数百甚至数千种模式，并且需要数千个 epoch 来训练。即使在提出反向传播算法的确切细节之前，我们显然也知道这个过程需要密集的计算。在一些情况下[4,5,6,7]，人们发现了反向传播，但是直到 20 世纪 80 年代，计算机的速度才快到能够处理反向传播所需的必要计算。

反向传播要求激活函数是连续可微的（就像增量规则一样）。由于图 11.35（a）所示的阈值函数是不连续的，因此这是不可接受的。11.35（b）中所示的 Sigmoid 函数经常用于反向传播网络。Sigmoid 函数 S_c：由 $S_c=\frac{1}{1+\mathrm{e}^{-cx}}$ 给出 R→（0,1），其中参数 c 称为函数的坡度；如果 c 值相对较大，那么这个函数类似于阶跃函数。Sigmoidal 单元的输入为 $\hat{\boldsymbol{x}}\cdot\hat{\boldsymbol{w}}$，也就是说，当输入为 $\bar{\boldsymbol{x}}=(x_1, x_2,\cdots, x_n)$时，规定的激活函数输出为 $\frac{1}{1+\exp\sum_{i=1}^{n}w_i x_i-\theta}$。回顾一下倒数定则（reciprocal rule），S 函数相对于 x 的导数为：$\frac{\mathrm{d}}{\mathrm{d}x}S(x)=\frac{\mathrm{e}^{-x}}{(1+\mathrm{e}^{-x})^2}=S(x)[1-S(x)]$。此后推

导反向传播学习规则的时候，这个量将会发挥作用。

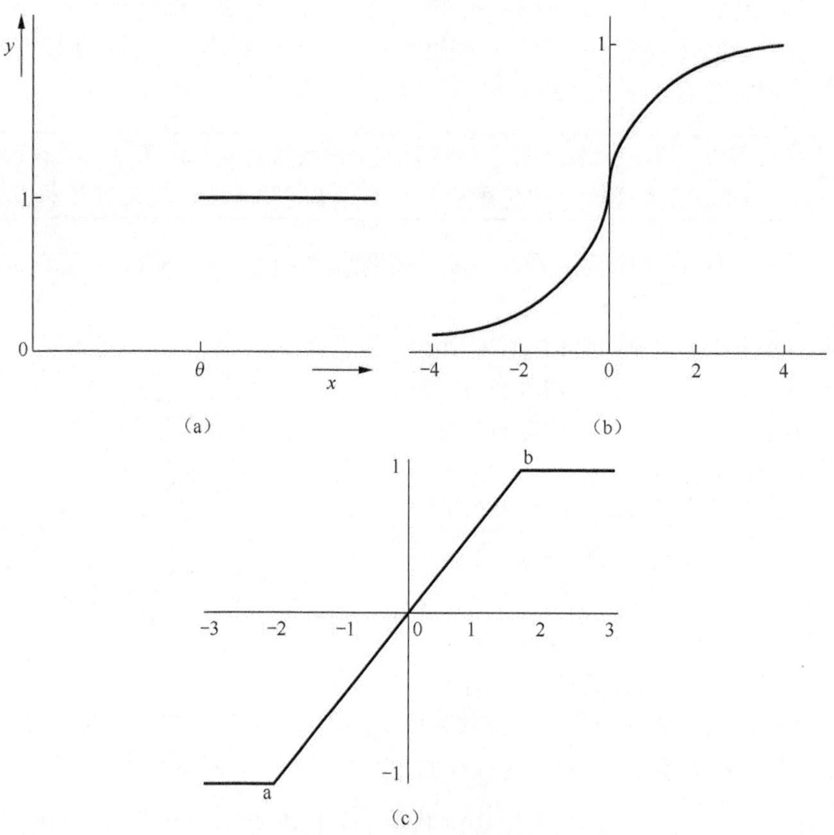

图 11.35 几种常用的激活函数

（a）阶跃或阈值函数 （b）Sigmoid 函数 （c）斜坡函数

如图 11.35（c）所示，斜坡函数的定义为：

$$r(x)\begin{cases} cx, & a \leqslant x \leqslant b \\ 1, & x \geqslant b \\ -1, & x \leqslant a \end{cases}$$

当要求按比例缩放输入量时，这个激活函数很有用。在 $x=a$ 或 $x=b$ 情况下，必须小心使用这个函数，因为 $r(x)$在这些点上是不可微的。

对**反向传播网络**（BPN）学习问题的描述如下。

- 网络中的每个神经元 j 计算了输入 $f(g(\bar{\boldsymbol{x}}))$ 函数的值，其中 $g(\bar{\boldsymbol{x}})$ 通常是单元输入与其权重的点积，也就是说，$g(\bar{\boldsymbol{x}})=\bar{\boldsymbol{x}}\cdot\bar{\boldsymbol{w}}$，并且 $f_j(**)$是连续可微的激活函数；f_j 决定了神经元的输出。将网络的权重初始化为小随机数。
- 网络实现了复合函数 F，F 称为**网络函数**。
- 学习的关键在于找到一组权重 $w_1,w_2,\cdots,w_l$，使得 F 尽可能接近 F_d（所需函数）。但是，F_d 没有明确地给出，而是给你提供了一个训练集$\{(\bar{x}_1,\bar{t}_1),(\bar{x}_2,\bar{t}_2),\cdots,(\bar{x}_N,\bar{t}_N)\}$。在这个训练集中，每个输入模式$\bar{x}_i$ 都是一个 n 维向量，每个目标输出$\bar{t}_i$ 都是一个 m 维向量。
- 输入 $\bar{\boldsymbol{x}}_i$ 到网络。反向传播网络（BPN）产生了输出 $\bar{\boldsymbol{y}}_i$，然后将 $\bar{\boldsymbol{y}}_i$ 与目标输出 $\bar{\boldsymbol{t}}_i$ 进

行比较。

- **学习规则**的目的是为了让在训练集中的每个模式 i，使得 $\overline{\boldsymbol{y}}_i=\overline{\boldsymbol{t}}_i$。这是通过最小化网络误差函数=$\frac{1}{2}\sum_{i=1}^{n}(\overline{\boldsymbol{y}}_i-\overline{\boldsymbol{t}}_i)^2$ 来实现的（精确或近似）。可以通过梯度下降来最小化 E（在 11.4 节中有描述）。计算 E 的梯度：∇E=（$\partial E/\partial w_1$, $\partial E/\partial w_2$, …, $\partial E/\partial w_l$）。然后，根据 $\Delta w_i=\alpha$（$\partial E/\partial w_i$）（$i=1,\cdots,l$）来计算权重，其中学习率为 $0<\alpha\leqslant 1$。当误差最小化时，$\nabla E=0$。但是我们很少这么幸运，仍然会存在一些错误。

为了推导反向传播算法，我们使用反向传播算法推导中的两层网络。

我们可以确认在输入点和隐藏单元之间存在了$(n+1)*r$ 个权重，在网络隐藏层和输出单元之间存在了$(r+1)*m$ 个权重。因此，输入层与隐藏层之间是$(n+1)\times r$ 权重矩阵，隐藏层与输出层具有$(r+1)\times m$ 的维度。与往常一样，$x=(x_1, x_2,\cdots, x_n)$表示了 n 维输入。增广输入为 $\hat{\boldsymbol{x}}(x_1, x_2,\cdots, x_n, -1)$。我们将第 j 个隐藏单元的激励表示为 $g(h_j)$，其中 $g(h_j)=\sum_{i=1}^{n+1}\hat{\boldsymbol{x}}_i\hat{\boldsymbol{w}}_{ij}^{(1)}$。为了清晰起见，我们将隐藏单元 j 的输出或 $f(g(h_j))$标记为 $x^{(1)}j$。以 Sigmoid 函数作为所有单元的激励函数，可以得到

$$x_j^{(1)}=s\left(\sum_{i=1}^{n+1}\hat{\boldsymbol{x}}_i\boldsymbol{w}_{ij}^{(1)}\right)$$

隐藏层中所有单元的激励=$\hat{\boldsymbol{x}}\cdot\hat{\boldsymbol{w}}_1$。

向量用 $\overline{\boldsymbol{x}}^{(1)}$ 来表示，它的分量是隐藏单元的输出。根据下式，我们可以对其进行计算

$$\overline{\boldsymbol{x}}^{(1)}=s(\hat{\boldsymbol{x}}\hat{\boldsymbol{w}}_1)$$

使用 $\hat{\boldsymbol{x}}^{(1)}=(\boldsymbol{x}^{(1)},\cdots,\boldsymbol{x}_r^{(1)},-1)$ 可以计算输出层中单元的激励。最后，网络的输出是一个 m 维向量：

$$\hat{\boldsymbol{x}}^{(2)}=s(\hat{\boldsymbol{x}}^{(1)}\hat{\boldsymbol{w}}_2)$$

反向传播算法可以看作具有 4 个步骤的过程。

（1）前馈计算。

（2）反向传播到输出层。

（3）反向传播到隐藏层。

（4）更新权重。

程序停止的标准类似于“增量规则”：要么是 epoch 数超出了限制，要么是网络的误差 E 变得足够小。我们将在第 11.7 节回到这个问题。

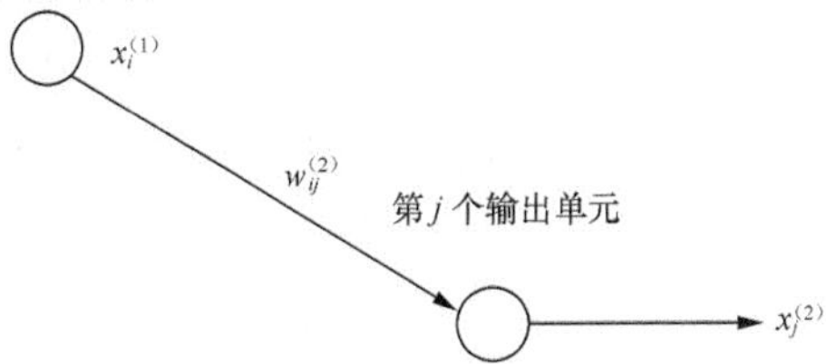

图 11.36 连接到输出单元 j 的隐藏单元 i

在前馈步骤中，将输入模式输入网络。接下来，计算向量 $\overline{\boldsymbol{x}}^{(1)}$ 和 $\overline{\boldsymbol{x}}^{(2)}$。在步骤 2 中，计算偏导数 $\frac{\partial E}{\partial w_{ij}^{(2)}}$。图 11.36 说明了从隐藏单元 i 到输出单元 j 的路径。

在输出节点 j 的输出为 $x^{(2)}j$，目标输出的第 j 个分量为 t_j。因此，在输出节点 j 的误差为$\frac{1}{2}(x_j^{(2)}-t_j)^2$。其偏导数为

$$\frac{\partial E}{\partial w_{ij}} = x_j^{(2)}\left(1 - x_j^{(2)}\right)\left(x_j^{(2)} - t_j\right)x_j^{(1)}$$

$\frac{\mathrm{d}}{\mathrm{d}x}s(x) = s(x)(1 - s(x))$ 为权重系数 w_{ij}（这个权重的输入）。

输出单元 j 的反向传播误差等于上述前 3 项的乘积，即

$$\delta_j^{(2)} = x_j^{(2)}(1 - x_j^{(2)})(x_j^{(2)} - t_j)$$

因此，我们可以简单地将 $\frac{\partial E}{\partial w_{ij}}$ 写成 $\delta_j^{(2)} x_i^{(1)}$。

在步骤 3 中，我们计算 $\frac{\partial E}{\partial w_{ij}^{(1)}}$，即按比例给网络左侧的每个权重分配责任，对输出单元处产生的误差负责，如图 11.37 所示。

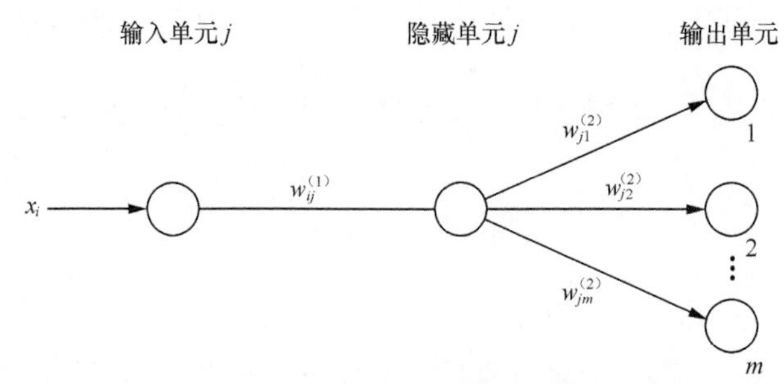

图 11.37　这个误差是由隐藏单元 j 的入边权重造成的

每个隐藏单元 j 都有一条边连接到输出层中的每个单元 q，其中边的权重为 $w^{(2)}{}_{jq}$，其中 $q = 1,\cdots, m$。在隐藏单元 j 中反向传播误差由 $\delta^{(1)}{}_j$ 表示，其中

$$\delta_j^{(1)} = x_j^{(1)}(1 - x_j^{(1)})\sum_{q=1}^{m} w_{jq}^{(2)}\delta_q^{(2)}$$

表示误差 E 随着权重 $w^{(1)}{}_{ij}$ 变化而变化的速率，也就是偏导数为

$$\frac{\partial E}{\partial w_{ij}^{(1)}} = \delta_j^{(1)} x_i$$

其中，如图 11.37 所示，x_i 是沿权重 w_{ij} 边的输入。

在步骤 4 中进行权重调整。根据下面的式子对网络右侧的权重进行调整，换句话说，就是对隐藏层连接到输出单元的权重进行调整，即

$$\Delta w_{ij}^{(2)} = -\alpha x_i^{(1)}\delta^{(2)} \qquad i=1,\cdots, r+1 \text{ 且 } j=1,\cdots,m$$

根据下式对网络左侧的权重进行调整，也就是对输入神经元连接到隐藏单元的权重进行调整，即

$$\Delta w_{ij}^{(1)} = -\alpha x_i \delta_j^{(1)} \qquad i=1,\cdots, n+1 \text{ 且 } j=1,\cdots,r$$

其中 α 是网络的学习率，并且 $x_{n+1} = x_{r+1}^{(1)} = -1$。

只有为所有单元计算完反向传播误差之后，才应对权重进行校正。我们计算了在 BPN 中单个输入模式会引起的误差。一般来说，训练集由 N 个模式组成，需要进行下列一系列

的校正：

$$\Delta_1 w_{ij}^{(1)}, \Delta_2 w_{ij}^{(1)}, \cdots, \Delta_N w_{ij}^{(1)}$$

当进行批量（或离线）更新时，只有在所有 N 个模式都输入的情况下，$\Delta w_{ij}^{(1)} = \Delta_1 w_{ij}^{(1)} = \Delta_2 w_{ij}^{(1)} + \cdots + \Delta_N w_{ij}^{(1)}$，才应用反向传播规则对每个权重进行校正，在训练集中，模式数 N 可以达到数千个。因此，在输入了每个输入模式后（在线训练），经常会进行权重的调整。这对梯度下降是不适用的，但是由此引入的噪声通常有助于训练，这使得训练不容易在函数的局部最佳值中达到稳定。

思考图 11.38 所示的网络。

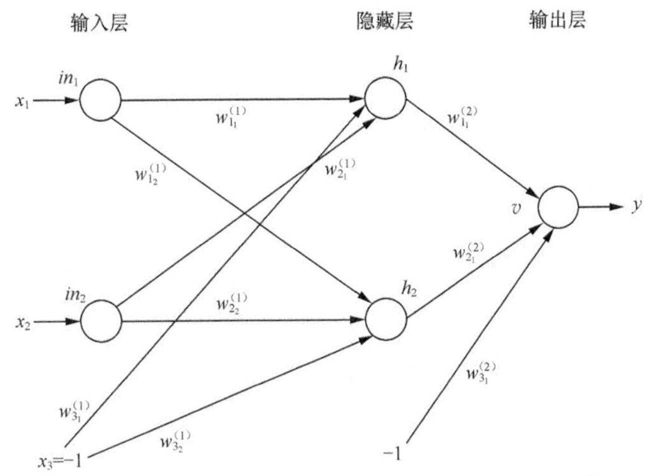

图 11.38　反向传播网络实现双输入异或（XOR）函数

这个网络包括了实现双输入异或（XOR）函数的所有构成要素。使用随机数生成器将所有权重初始化为−0.5 和+0.5 之间的随机数。然后，为了检验对反向传播的理解，请尝试手工（在口袋计算器的帮助下）训练这个网络一个 epoch。为了便于计算，令学习率 $\alpha = 0.1$。

11.6　实现关注点

在本章中，我们花了大量的时间讨论神经网络。神经网络是为自然智能实体提供基础机制的生物单元，也是学习网络构建块的人工单元。但是，要设计有用的 ANN 应用程序，不仅要具备线性代数、微积分和学习规则的基础知识，还必须知道如何适当地表示数据，更重要的是知道如何获取数据。最后，我们必须知道如何训练一个网络。对于“增量规则”和反向传播，我们采用了停止条件：“网络的误差 E 已经变得足够小。”如果要使应用能够获得成功，那么所要的条件必须比这个停止条件更具体。如何解释在这个结构中单个神经元的输出，甚至整个层的输出？在 ANN 中，输出本身没有固有的含义，这需要用户给系统提供外部语义。

例如，看看以下二进制模式有何不同：

$x = 0111010010111101100001110$

$y = 0111001010010100110101110$

读者可以参考 David M. Skapura 所著的关于深入处理数据表示和训练方法的问题的文章。

汉明距离是代数编码理论中的常用度量标准——这是计算机数据中误差检测和误差校正背后的理论。

我们应该采用什么度量标准来衡量距离？汉明距离常用于测量二进制模式的不同之处。汉明距离被定义为在两个信号中不同位的个数。例如，110 和 000 之间的汉明距离 H（110,000）等于 2，因为这两个模式在第一个位和第二个位都不同。

在示例中，H（x, y）等于 7。这该如何解释呢？假设将 x 和 y 视为二维的模式，如图 11.39 所示。

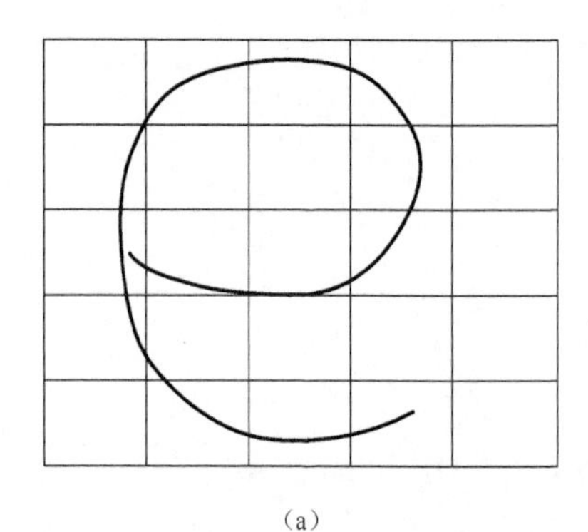
（a）

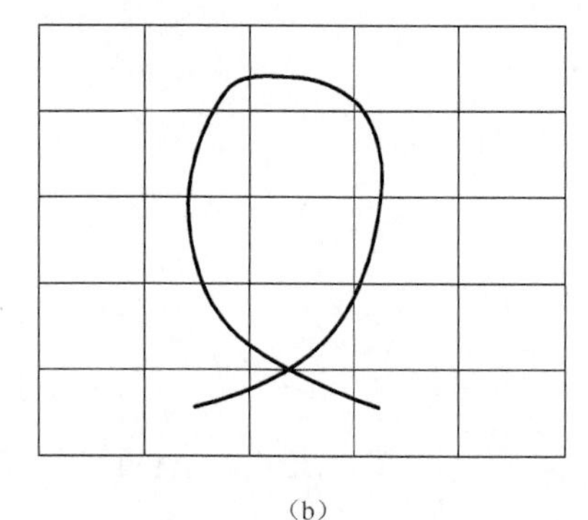
（b）

图 11.39　字母“e”
（a）印刷体　（b）手写体

在 5×5 的网格中，以印刷体和手写体两种方式书写字母“e”。所考虑的方块以行为主顺序进行编号。如果字母占据了对应的方块（在某种程度上说），则这个向量的第 i 个分量为 1；否则，为 0。

模式表示是一个关键问题。假设设计了一个应用程序：当铁的温度从 2780°F 变化到 2820°F 时（铁的熔点是 2800°F），对铁的行为进行建模。应该直接按比例缩放吗？回顾一下，ANN 输入和输出的变化幅度为（0,1）或是（–1,1）。对温度的不同（2820 – 2780 = 40）而不是温度本身进行建模应该更有意义，因此，可以用 0 表示 2780°F，0.25 表示 2790°F，0.5 表示 2800°F，以此类推。此外，S 型函数也不能很好地按比例进行缩放（见 11.5 节），因此推荐使用斜坡函数作为激活函数。

另一个关注点是，参数之间可能存在的相互关系。例如，如果你正在为天气预报设计 ANN，就应该预估到降水类型（例如雨、雪、雨夹雪、冰雹等）与温度之间的相关性。你还必须警惕数据之间的相互关系——实际上，可能出现重复的数据。

对于这一点，斯卡普罗（Skapura）在《Building Neural Networks》中有一个很好的示例网络。

二进制模式是最简单的表示方法，你可以使用 1 来表示某特征的存在，比如，拥有支票账户，0 表示此特征不存在。但是，有时候有第三种可能性——可有可无的条件。在第 4 章中，我们讨论了简单的对抗游戏，如 Nim 和 tic-tac-toe。你如何用 ANN 表示 tic-tac-toe 的棋盘？方块可以被×或 O 占据，也可以是空的。你可以使用 100 表示×，010 表示 O，001 表示空方块。这些表示是正交的（两个向量的点积等于零），这有助于网络区分它们。将 9 个独立子模式连接在一起，可以形成一个长度为 27 的向量，这表示了整个 tic-tac-toe 游戏的状态。图 11.40（a）说明了一个以行排序为主的约定，用来表示游戏中的每个方块；图 11.40（b）描绘了游戏中的任意状态及其向量表示。

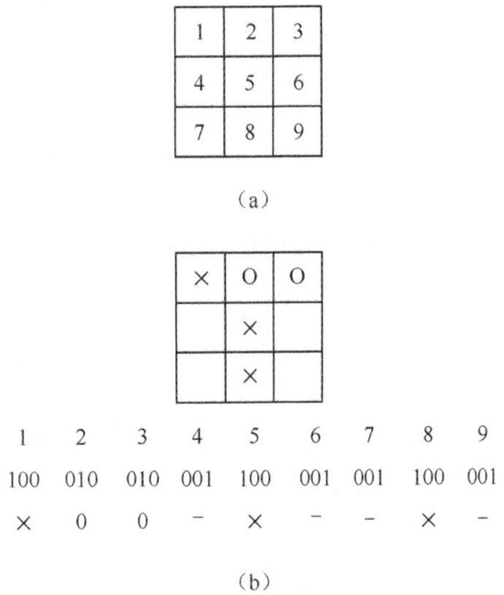

1	2	3
4	5	6
7	8	9

（a）

×	O	O
	×	
	×	

1	2	3	4	5	6	7	8	9
100	010	010	001	100	001	001	100	001
×	0	0	-	×	-	-	×	-

（b）

图 11.40 tic-tac-toe 游戏
（a）以行为主排序进行编号的 tic-tac-toe 网格中的方块 （b）使用具有 27 个分量的二进制向量表示游戏状态

在数据表示中出现了许多其他问题。例如，如何表示正在移动的图像？任何打算成为严肃的 ANN 技术使用者的个人可参考关于这个课题的优秀文章。[8,9,10,11,12]

示例 11.3

设计一个反向传播网络（BPN），用于在计算机科学（CSc）研究生项目中帮助研究生导师做出录取决定。

讨论适合这个 BPN 的输入和输出。你建议使用何种数据表示方式？使用何种类型的激活函数？用来自真实世界的知识来帮助神经网络平衡冲突，其目标是：平衡学生希望被录取与学院有限的资源之间的矛盾，这使得系统义不容辞地只录取那些有可能成功的学生。请说明必需的训练数据的来源，并提出 BPN 的初步架构。

网络输入如下：

- 学生姓名和地址——这是文本，无须加权。
- 本科专业。这差不多有几十个可能的本科专业。你可以根据建议将它们进行分组：
  - 科学/数学/工程 输入 1
  - 文科/人文/社会科学 输入 0
- 理由：具有理工科背景的本科学生更有可能在 CSc 项目中取得成功。
- 本科学分平均成绩（GPA）——大部分学校的评分标准是 A、B、C、D、F；在这些字母上，许多学校也采用了+和-。我们采用数字 0～4 的评分标准，其中 4 代表 A，3 代表 B，等等。
- 在 CSc 中的 GPA——按比例的数字数据也是从 0 到 4。
- 财务支付能力：
  如果否，则输入 0
  如果是，则输入 1

- 除非奖学金资金有限，否则这不是录取准则。
- 英语水平——在 CSc 学院的许多美国研究生来自国外。托福考试成绩能衡量英语水平。输入是按比例调整的数字。
- 推荐信：
  如果优秀，则输入为 1
  如果平均值，则输入为 0.5
  如果不好，那么输入为 0
- 本科所在学校的教学质量：
  如果优秀，则输入为 1
  如果一般，则输入为 0.5
  如果不是很好，则输入为 0.0（按比例调整为 0 到 1）
- 这个网络的输出是：0 表示拒绝，1 表示录取。

基于结论的强弱，输出可以在这些值之间按比例调整。

必须按比例调整的数字数据应使用斜坡激活函数，在其他条件下，Sigmoid 激活函数就足以应付。

这个网络共有 8 个输入。一个很好的经验法则（启发法）就是，隐藏单元的数目应该等于大约 20%的输入单元。因此，这个应用程序的初始架构是一个 8-2-1 前馈 BPN，如图 11.41 所示。

训练数据可以从注册办公室处获得。因为这些是来自过去几年的数据，你还可以获得这些学生是否最终成功的数据。

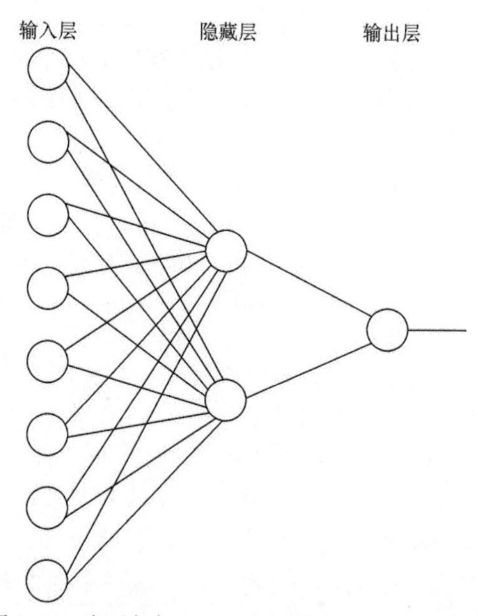

图 11.41 为研究生 CSc 入学申请所提出的 BPN 架构

11.6.1 模式分析

思考示例 11.3，假设招生办公室只包含了过去申请研究生项目的美国学生记录，但是现在绝大多数申请人来自欧洲和亚洲。你不能指望网络生成有用的结果。假设，你正在为天气预报设计一个网络，训练集中有以下两种模式：

当前天气状况：多云和寒冷
明天的天气：雨
当前天气状况：多云和寒冷
明天的天气：晴朗

没有学习规则可以调和这种悬殊的结果。你需要消除模式中的这种不一致性，否则网络不可能收敛。要么去除这些模式，要么找到解释不同结果的其他因素（比如接近暖锋或冷锋）。

假设你正在设计用于光学字符识别（OCR）的 BPN 应用程序。OCR 设备有很多应用。邮局经常使用这些设备自动整理邮件；那些不能用机器分类的信件，仍然必须由邮政员处理。在设计训练集时，你应该遵循 50:50 规则。一半的输入模式应该是有效的，例如，字母“A”的输入可以是 a、a、A、A；另一半应该是无效模式，也就是说，输入不属于（26 个字母）有效模式类中的任何一个，例如 Δ、<和 ξ。

11.6.2 训练方法

ANN 应该训练多长时间呢？如果使用感知器学习规则，答案就很简单：如果网络权重在整个 epoch 中都保持不变，那么训练停止。对于 BPN 而言，答案略显微妙，如图 11.42 所示。在图 11.42（a）中，所有模式都得到了正确分类，而在图 11.42（b）中，应用程序不正确地对一些模式进行了分类。你可能会误以为图 11.42（a）中的网络在分类方面做得更好，实际上，此时它已经记住了训练集，表现出了较差的归纳能力。图 11.42（b）中的网络犯了几个错误，但在验证集上表现相对较好网络以前没有看到过的输入模式的集合。顾名思义，验证集用于衡量网络获得其任务“本质”的程度（即它识别了一些特征的程度，这些特征对识别模式至关重要）。

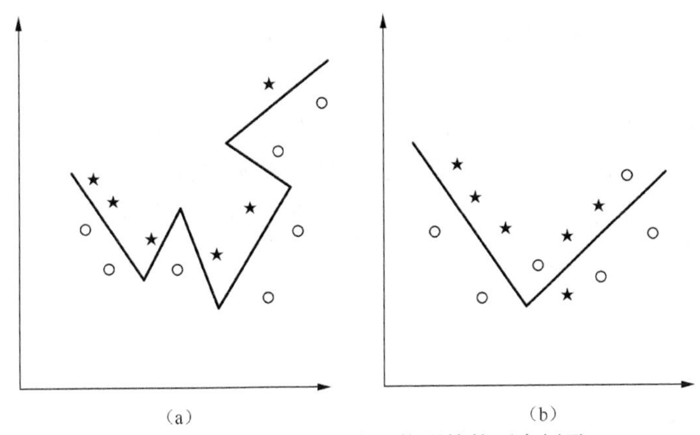

图 11.42 在模式空间中网络训练的两个例子
（a）过度训练 （b）归纳

如果选择了正确的范例集，并且在训练数据中没有任何矛盾，那么可以预期 BPN 的误差会随着 epoch 的增加而减少，如图 11.43 所示。

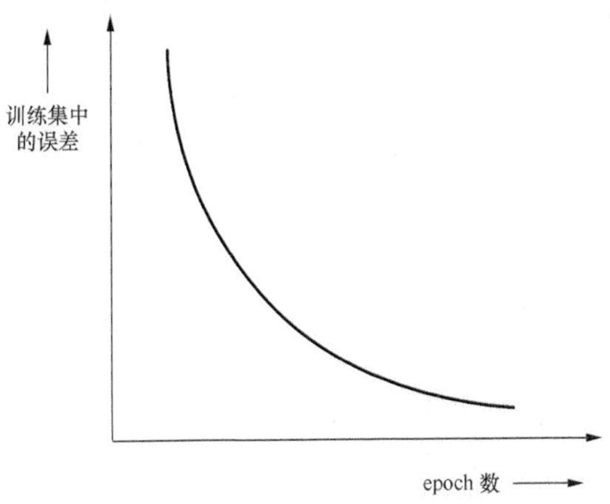

图 11.43 在 BPN 中，训练集中的误差持续减少

但是，事情并不是这样发展的。与此相反，一旦训练误差最小化，你可能过度训练了网络，这个网络将无法在验证数据上表现良好。训练 BPN 的目标应该是尽量减少验证误差（见图 11.44）。在训练过程中，经过若干 epoch 之后，验证误差（用虚线表示）开始上升（图中由星星表示的点），而训练误差继续下降。

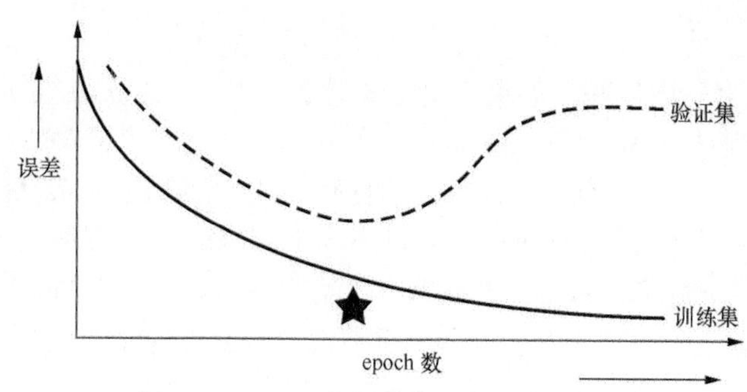

图 11.44 BPN 中的训练误差与验证误差

记住，开发神经网络的目的是在现实世界中使用它，而不是在训练集上使用它。因此，在神经网络上，交替进行验证与训练是一个好主意（一定要在验证过程中禁止改变权重），一旦验证误差出现上升，就停止训练。

如果开始训练网络，但是误差没有下降，该怎么办？这很可能是因为数据存在不一致。现在该怎么办？手动检查几千（或更多）训练模式是不可行的。——可以使用范例集的二分搜索。将训练集分成两半，两个副本网络分别使用两个一半的数据进行训练，含有矛盾数据的那一半将不会收敛。继续这种划分过程，直到充分隔离了谬误模式，人们可以进行手动检查为止。但是，网络无法收敛也可能是由于网络本身有问题，这可能需要在设计上添加或删除隐藏单元。此时，一个有用的图形工具是 Hinton 图，它允许在进行训练时对互联权重进行目视检查（参见 Skapura[8]）。

对于何时停止网络训练，你可能希望得到更多指导。交替进行训练和验证可能很耗时。还有一种方法是训练 BPN，直到误差低于 0.2。记住 epoch 数，并保存所有网络权重的值，然后继续训练，直到误差低于 0.1。如果达到这个误差的一半所需的额外 epoch 数是原始 epoch 数的 30%，那么重复这个过程并尝试达到误差 0.05。如果情况并非如此，那么就是发生了过度训练，应该返回到网络的先前状态。

如果在训练之后进行验证，则可以使用两种方法。在验证中，将不在训练集中的模式输入得到网络中。可以随意选择一些模式，但是注意，网络对于训练模式的输入顺序不敏感。一个更健壮的程序就是所谓的一站式训练，这时需要训练网络 N 次，而且当训练集较大时，这种方法可能非常耗时。

11.7 离散型霍普菲尔德网络

本节讨论由诺贝尔物理学奖获得者 John Hopfield 提出的**离散霍普菲尔德网络**，所以能量函数与此模型相关联并不奇怪。霍普菲尔德网络总是能找到能量函数的局部最小值。霍普菲尔德网络是一种联想网络。这个网络在组合优化和 NP 完全问题上能够找到近似解决方案，这也证明了其实用性。

离散霍普菲尔德网络是一种联想网络。在联想网络中，彼此相似或相反的模式相互关联。在某些情况下，模式的一部分或其嘈杂（扭曲的）的版本可以让系统想起这个模式。人类记忆通常像联想网络一样发挥作用。你会在收音机上听到一首歌，然后立即回忆起过去一个特别的夜晚吗？

联想网络有两种类型：自联想和异联想。在自联想网络中，用于训练的输入模式和目标输出是相同的。通常，这些网络用于检索扭曲的输入或部分输入。处于活动状态的自联想网络的一个应用示例如图 11.45 所示。

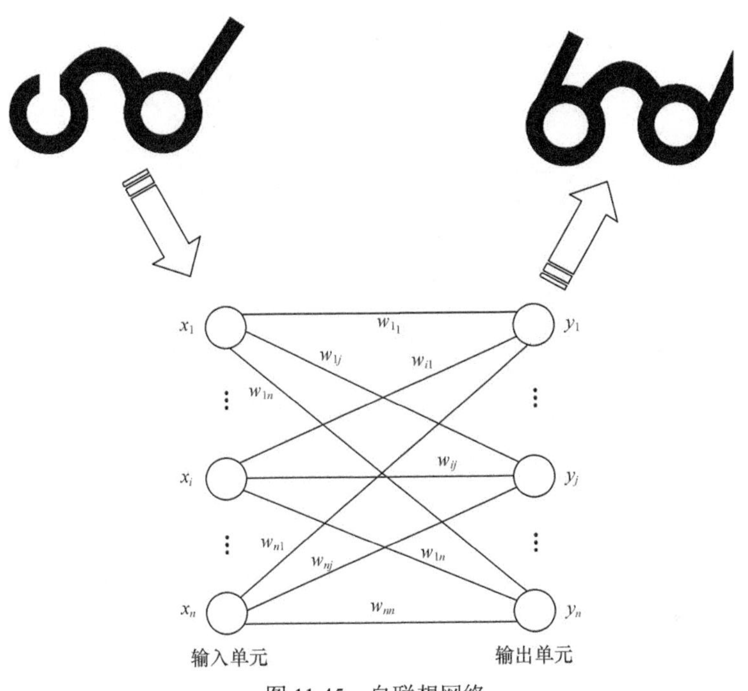

图 11.45 自联想网络

顾名思义，异联想网络将不同模式类的模式进行关联。图 11.46 中描绘了异联想网络的一个应用示例。

人们通常用 **Hebb 学习规则**对联想网络进行训练。[13] Hebb 假设，比起那些不相关的神经元，同时在相同处理任务中处于活动状态的两个神经元应该更积极地参与到神经网络的活动中（即应该通过更大的权重进行联合）。对于输入神经元 x_1 和输出神经元 y_j，Hebb 学习规则规定，权重更新应使用公式：$\Delta w_{ij}=\alpha x_i y_j$。我们可以在 Laurene V. Fausett 的《神经网络基础》中找到关于联想网络学习的优秀示例[14]。

上过“开关理论”课程的读者可以看到，这与能够记住一些输出的时序电路类似。

离散霍普菲尔德网络是一个具有反馈的自联想网络，换句话说是一个递归的自联想网络（见图 11.47），在时刻 t 的网络输出是时刻 $t+1$ 的系统输入。

但是，在离散霍普菲尔德网络中不存在自循环（见图 11.48）。

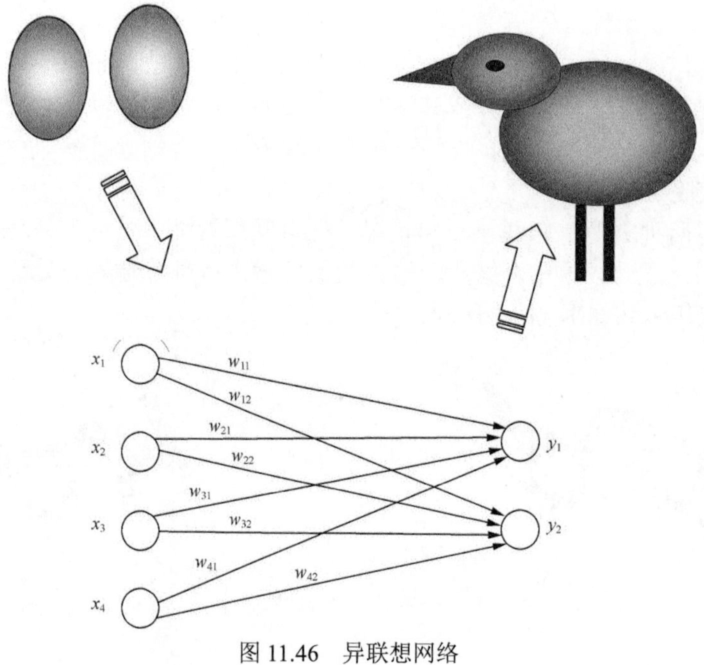

图 11.46　异联想网络

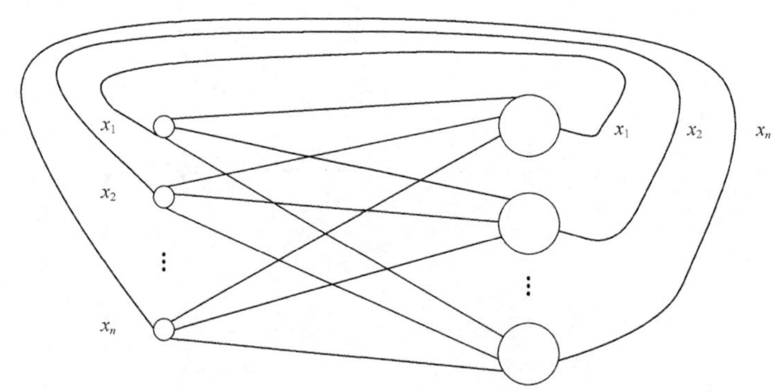

图 11.47　具有反馈的自联想网络

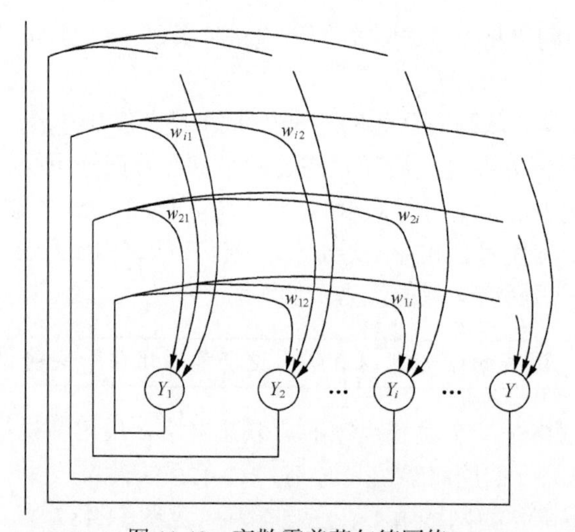

图 11.48　离散霍普菲尔德网络

离散霍普菲尔德网络的架构具有以下属性。

（1）网络中的每个单元都连接到除了自身以外的其他单元。

（2）网络是对称的：$\forall i$，j，$w_{ij} = w_{ji}$。

（3）每个单元可以假定为状态 1 或–1。

（4）一次只选择一个单元进行更新，选择是随机的。

（5）可以将网络引导到稳定状态的必要但非充分条件是：

$$(\overline{x}^{t+1} = \overline{x}^{t}\ \forall t \geqslant t_{*})$$

具有两个单元的离散霍普菲尔德网络如图 11.49 所示。

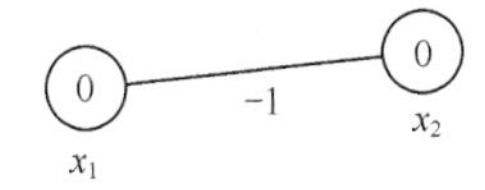

图 11.49　具有两个单元的离散霍普菲尔德网络

在单元内绘制的数字表示该单元的阈值，因此 $\theta_1=\theta_2= 0$。另外，可以观察到 $w_{12} = w_{21} = -1$。进一步假设，网络初始化为 $x_1 = 1$ 和 $x_2 = -1$。单元 1 的激励是 $x_2 * w_{21}$ =（–1）*（–1）= 1。因为这大于单元阈值，所以单元 1 保持在状态 $x_1 = 1$（注意，已假设了阈值激活函数）。同时，单元 2 经历了一个激励，$x_1 * w_{12}$ =（1）*（–1）= –1。这个激励小于 θ_2，为 0，因此单位 2 保持在状态 $x_2 = -1$。状态（1，–1）（为了方便起见，使用这种方式表示）依然保持不变，因此这被称为**稳定状态**。验证（–1，1）是否为第二个稳定状态。接下来，思考：如果初始状态是（–1，–1），将会发生什么？假设选择单元 1 进行更新。该单元经历了一个激励，这个激励等于 $x_2 * w_{21}$ =（–1）*（ –1）= 1。激励为 1，大于 $\theta_1= 0$，因此单元 1 将其状态改为 $x_1 = 1$。网络现在为状态（1，–1），因此状态（–1，–1）被称为不稳定状态。如果对以上的更新我们首先选择单元 2，又会发生什么事情呢？你可能希望确认（1，1）也是该网络的不稳定状态。

如果放松上述的条件（2），不再要求离散霍普菲尔德网络中的权重是对称的，会发生什么情况呢？效果如图 11.50 所示。

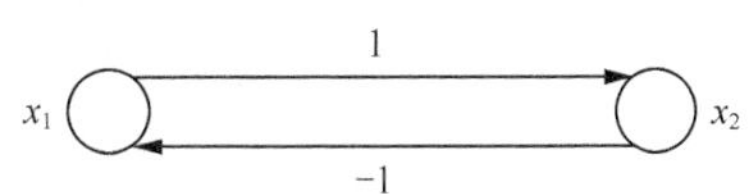

图 11.50　具有不对称权重的网络（$w_{12} \neq w_{21}$）

让阈值 θ_1 和 θ_2 再次等于 0。验证状态（1，–1）将变为（1,1），并且（–1，1）→（–1，–1）→（1，–1），等等。由此得出结论：如果要存在稳定状态，对称权重是必要条件。

霍普菲尔德定义了这些网络的能量函数（也称为 Lyaponov 函数）。如果用 $n \times n$ 权重矩阵表示具有 n 个单元，以及行向量维数为 n 的霍普菲尔德网络，用 $\overline{\theta}$ 表示单元的阈值，那么状态 $\overline{\boldsymbol{x}}$ 的能量 $E(x)$为

$$E(\overline{\boldsymbol{x}}) = -\frac{1}{2}\overline{\boldsymbol{x}}\ \overline{\boldsymbol{w}}\ \overline{\boldsymbol{x}}^{\mathrm{T}} + \overline{\theta}\,\overline{\boldsymbol{x}}^{\mathrm{T}}$$

或者，这个能量函数可以计算如下

$$E(\overline{\boldsymbol{x}}) = -\frac{1}{2}\sum_{j=1}^{n}\sum_{i=1}^{n} w_{ij} x_i x_j + \sum_{i=1}^{n}\theta_i x_i$$

在这个双重求和中，$w_{ij}\, x_i\, x_j$ 和 $w_{ji}\, x_j\, x_i$ 项都出现了，故使用系数 1/2。霍普菲尔德网络通常用于解决组合问题。因为霍普菲尔德网络总是能找到能量函数的局部最小值，所以所获得的解有时只是近似解。思考图 11.51 中两种稳定状态的霍普菲尔德网络。计算以下 4 种状态中每一种状态的能量：

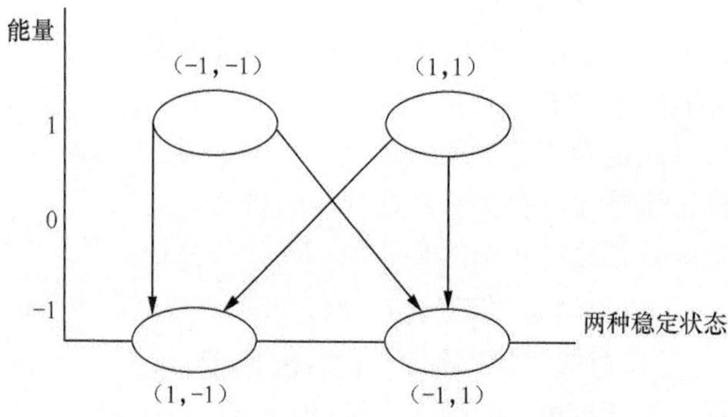

图 11.51　在图 11.50 中网络的状态变换

不稳定：$E(1,1)=E(\overline{x})=-\frac{1}{2}(w_{12}x_1x_2+w_{21}x_2x_1+\theta_1x_1+\theta_2x_2)=$

$-\frac{1}{2}[(-1)\times1\times1+(-1)\times1\times1+0\times1+0\times1]=-\frac{1}{2}[(-1)+(-1)]=1$

稳定：$E(1,-1)=\frac{1}{2}[(-1)\times1\times(-1)+(-1)\times(-1)\times1+0+0]=-1$

稳定：$E(-1,1)=-\frac{1}{2}[(-1)\times(-1)\times1+(-1)\times1\times(-1)+0+0]=-1$

不稳定：$E(-1,-1)=-\frac{1}{2}[(-1)\times(-1)\times(-1)+(-1)\times(-1)\times(-1)]=1$

图 11.51 说明了选择单元 1 或单元 2 中任意单元进行更新的情况下其状态的变换，可以观察到稳定状态对应于能量最小的状态。

示例 11.4：使用霍普菲尔德网络来解决多值触发器

多值触发器是具有 n 个分量的二进制向量，除了一个 1 以外，其余分量都为 0。例如，如果 n=4，则这个问题的一个解是（1,0,0,0）。思考图 11.52 所示的霍普菲尔德网络。

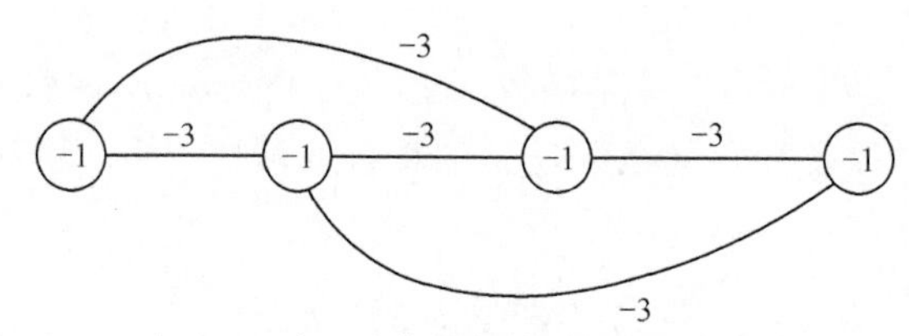

图 11.52　当 $n=4$ 时，霍普菲尔德网络解决多值触发器问题

如果将某个单元设置为 1，则这个单元将通过权重等于−3 的边抑制其他单元。假设网络启动时，所有单元设置为零（本例中允许二进制值）。随机选择更新任何单元，将其状态翻转为 1，此时激励为 0，大于 θ_1=−1。假设单元 1 更新为 1，那么这将抑制任何其他单元的状态改变为 1。这个例子看起来平淡无味，但是在练习中，我们将看到如何使用与图 11.52 所示的相似网络解决前几章中遇到的棘手问题，如 n 皇后问题和 TSP。

11.8　应用领域

在过去30年里，神经网络得到了广泛应用，解决了以下几个领域的问题：控制、搜索、优化、函数近似、模式关联、聚类、分类和预测。

在控制领域的应用中，给设备输入数据，产生所需的输出。最近控制领域应用的示例是雷克萨斯（Lexus）、丰田汽车豪华系列。这种车的尾部配备了后备摄像机，声纳设备和神经网络可以自动并行停车。实际上，这是一个所谓的反向问题的例子，汽车必须采用的路线是已知的，所必须计算的是需要的力以及所涉及方向盘的位移。反向控制的一个较早的示例是卡车的后倒[16]。正向识别的一个示例是机器人手臂控制（所需的力已知，必须识别动作）[17]。

在任何智能系统中，搜索都是一个关键部分。将神经网络应用于搜索，其关键的基本问题在于状态空间的表示。如果对已正确训练的网络，我们输入图11.41（b）的向量，这个输入向量表示的是在tic-tac-toe游戏中的状态，我们希望网络的响应为= 001 001 001 001 001 001 001 010 010——在右下方的方块中放置“0”，这样就可以阻止“X”的游戏者。神经网络还应用于包括tic-tac-toe在内的21点[18]、西洋双陆棋[19]、西洋跳棋[20]和许多其他游戏。

优化的目的是最小化或最大化一些目标函数。经典的优化问题是TSP（见第2、3、12章）。离散霍普菲尔德网络可以得到实用的TSP问题的近似解。[21] Bharitkar等人描述了使用霍普菲尔德网络来优化计算机控制存储器中的字宽的方法。[22]

在函数近似中，你可以尝试将数字输入（定义域元素）映射到适当的输出（值域元素）中。在这个框架下，许多问题可以重写。例如，你可以将tic-tac-toe游戏中的状态视为一些函数的定义域，则最佳动作是函数的值域。

我们已经看到，联想网络擅长模式关联。一些模式也许是嘈杂的照片版本（摄影师可能在拍摄过程中移动），输入照片到这样的网络，则系统可以输出照片的清晰版本。联想网络在OCR应用中也取得了成功（见11.6.1节）。

使用聚类，可以尝试将模式映射到不同聚类中，这样同一聚类中的每个模式在某些特征值方面就具有共同性，而在不同聚类中的模式，这些值是不同的。例如，根据颜色或花瓣长度，花可以映射成不同聚类。通常，聚类中控制成员身份的特征不是先验已知的，网络必须自己发现这些特征。

在模式分类中，根据特定模式类的成员身份对输入模式进行分组。在讨论布尔函数和监督学习算法时，我们已经遇到了分类的例子。例如，对于双输入或（OR）函数，$\bar{x}$ =（0，1）属于模式类0还是1？在这个研究领域中，一项极具创意的工作是Terry Sejnowski和Charles Rosenberg的NETtalk。[23]我们可以将NETtalk看作一台会说话的打字机。NETtalk将书面文字转换为音素序列，然后把这些音素馈送到语音合成器中生成声音。英文中，文字和声音之间的关系往往比较复杂，有时是矛盾的。为什么在“tough”中，有一个“f”的发音，而在“dough”中却没有这个发音？为什么“e”在“head”和“heat”中的发音不一样？如果英语是你的第二语言，那么你可以随意举出数十个其他的例子。修正发音的关键在于说出元音的方式；这些元音的发音依赖于周围的辅音。

纽约市的居民将会发现这样一个问题，即得克萨斯州的“休斯敦（Houston）”（一个城市）与纽约市的“休斯顿（Houston）”（一条街道）的发音不同。

向 NETtalk 输入字母以及这些字母相邻的有 3 个前续字母和 3 个后续字母。首先将这些字母转换成长度为 29 的二进制向量。

- 使用 N 编码中的一种。
- 26 个大写英文字母，即 A～Z。
- 3 个影响发音的标点符号的输入。

训练数据由 5 000 个英语单词以及每个单词正确的语音序列组成。每个输入模式的长度为 203（每个字符 29 位×每个相邻字母 7 位字符）。NETtalk 的训练集包括 30 000 个例子（5 000 字×平均字长 6 个字符）。NETtalk 应用程序的 BPN 架构如图 11.53 所示。

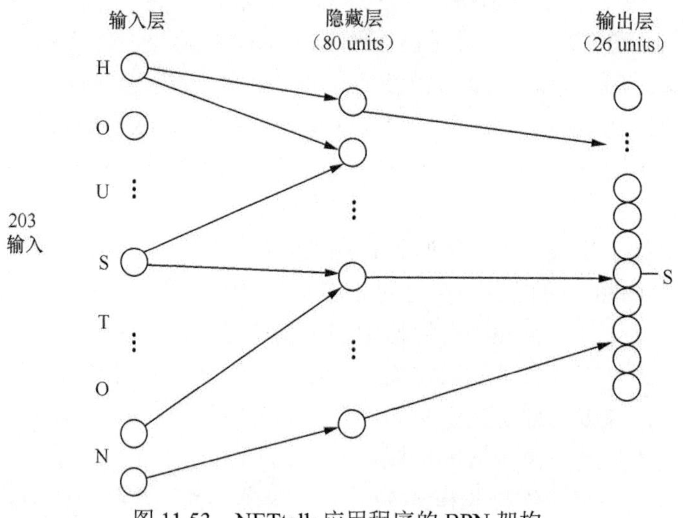

图 11.53 NETtalk 应用程序的 BPN 架构

由这个网络生成的分类被转换为音素，然后这些音素被作为语音合成器的输入。在训练过程中，NETtalk 所产生的声音与幼儿首次学习发音时发出的声音类似。

- 训练前——网络产生随机声音。
- 经过 100 个 epoch 后——出现了正确的细分。
- 经过 500 个 epoch 后——可以区分元音和辅音。
- 经过 1000 个 epoch 后——词语可以互相区分，但是在语音上不正确。
- 经过 1500 个 epoch 后——似乎学习到了语音规则。系统发音正确，但声音有些机械。

训练完成后，从验证集中取出 200 个单词输入 NETtalk。据估计，NETtalk 阅读英文文本的精确度可以达到 95%。

在预测方面，人们希望可以估测在未来某一时刻的现象。预测可以看作函数近似，其中函数定义域是时间，其值域是所研究现象的未来行为。神经网络从预测太阳黑子活动[24,25]到标准普尔（S & P）500 指数这些领域，都获得了成功。[26]

后一种应用，即经济预测的应用让大多数人都感到兴奋。如果我们能够确切知道明天的股票价格，有哪一个人不会极度兴奋呢？股价是混乱的吗？换句话说，这是一个复杂的现象，因此它就难以预测吗？神经网络在这一领域取得了一些成功。

道琼斯工业平均指数是一个数字，这个数字表示了调整过的美国 30 家公众持股上市公司的平均层次。这个数字反映了美国股市的状况。但是这个平均值不断变化，因此需要进行修正才能用作神经网络的输入。人们采用了所谓的离散时间采样技术，这个技术在规定的时间间隔内对连续变化的信号进行采样。单个模式由连接在一起的 n 个样本组成。图 11.54 显示了 6 个月时间内道琼斯工业平均指数。

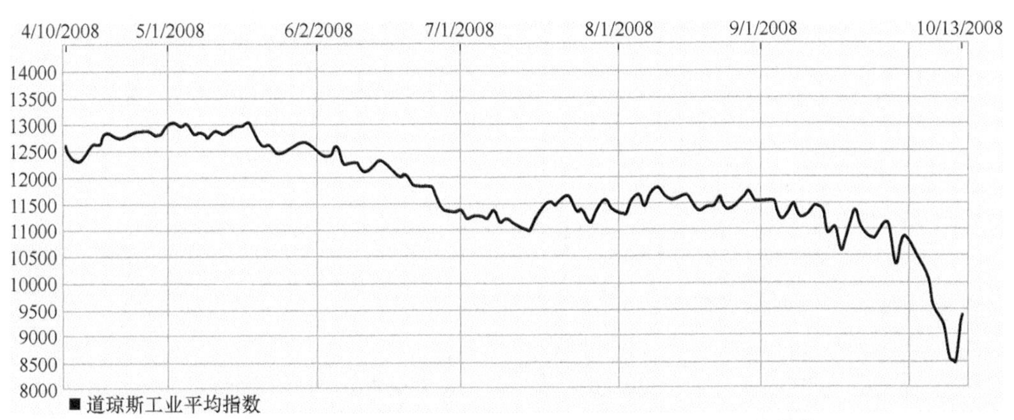

图 11.54 2008 年 4 月至 2008 年 10 月的道琼斯工业平均指数

每一栏表示的是白天值的变化范围，刻度标记则表示的是当天的收盘价。由于道琼斯指数本身提供了很少的预测值，因此不能将它作为神经网络的输入。

金融分析师经常使用所谓的经济指标来了解股票市场或特定股票的走势（上下浮动）。常见的指标有 3 个。

- ADX——市场强度指标。
- MACD（指数平滑异同移动平均线）——观察市场走向，提供最佳买卖信号。
- 慢速随机分析——与 MACD 结合使用，表现良好。

ADX 将当前市场的高低值与上一次的高低值相比较。图 11.55 有助于定义此度量。

在图 11.56 中，垂直线表示一天内股票（或股票指数）的高低价格，刻度线表示当日的收盘价。这可以出现 4 种情况。

（1）当前高价高于先前时间单元的高价时，动向为正（+ DM）。

（2）先前高价高于当前高价时，动向为负数（–DM）。

（3）当前的交易不在先前交易的范围内。在这种情况下，DM = Max（|1 +DM|，|1-DM|）。

（4）当天的交易范围在先前时间的交易范围内，DM = 0。

方向线（DI）[27]提供了按比例缩放动向的一种方法。DI 是价格范围的百分比，这个价格范围在一段时间内是有方向的。

$$DI = \frac{DM}{TR}$$

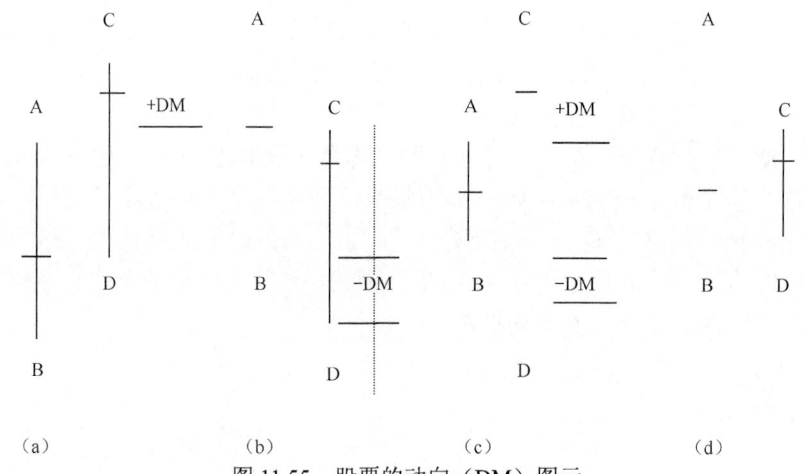

图 11.55 股票的动向（DM）图示

（a）正值 DM （b）负值 DM （c）当前交易超出上一次的交易范围 （d）DM = 0

其中 TR 是所显示的实际范围。TR 的定义如下。

- 当前高低值之间的最大差额。
- 当前高值与上次收盘价之间的最大差额。
- 当前低值与上次收盘价之间的最大差额。

DI 可以为正，也可以为负。Wilder[25]定义了两个指标，每种情况对应一个指标。

- +DI 反映了具有正 DI 的时间间隔。
- –DI 使用 DI 的绝对值，其中 DI 为负。

最后，ADX 是在一定时间间隔内 DI 值的平滑移动平均值，这个时间间隔由 n 个时间段组成。通常，金融分析师认为将 DI 转换为动向指标（DMI）比较实用，反映出了用 0 到 100 这个范围表示的趋势幅度，然后可以计算出 ADX 作为在 n 周期内 DMI 的移动平均线。如图 11.56 所示，用 ADX 的值做出及时的采购和出售决策。

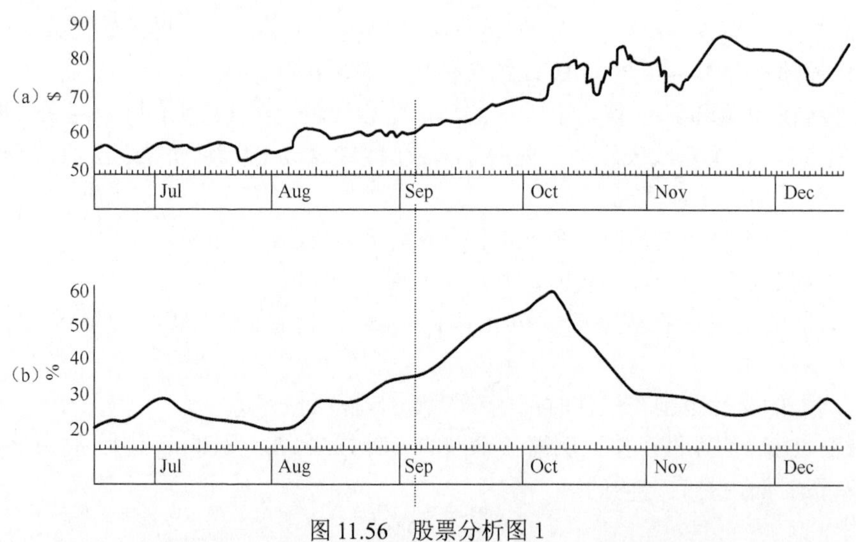

图 11.56 股票分析图 1

（a）在 6 个月期间内，纽约证券交易所（NYSE）的股票行为

（b）在同一个 6 个月期间，这个股票的 ADX

我们观察到，在股票增长趋势减小时，ADX 达到峰值。

随机指标是一个信号，其目的是预测市场的突然逆转。[25,27,28] 华尔街内行人知道，股票市场的顶点或高点通常反映在围绕股票高值的每日收盘价中，而市场底部反映在围绕股票低值的每日收盘价中。股价在顶部（或底部）期间往往会扭转趋势。如果可以检测股票何时接近极限，那么预测逆转就成为可能。为了制订这样一个指标，可以将一段时间内股票的收盘价与其最高的高点和最低的低点进行比较。莱恩指标[28]就是在 5～14 天的时间间隔内进行这样操作的。14 天的时间间隔的符号是%K，%D 是%K 指标的 3 天平均值，如图 11.57 所示。

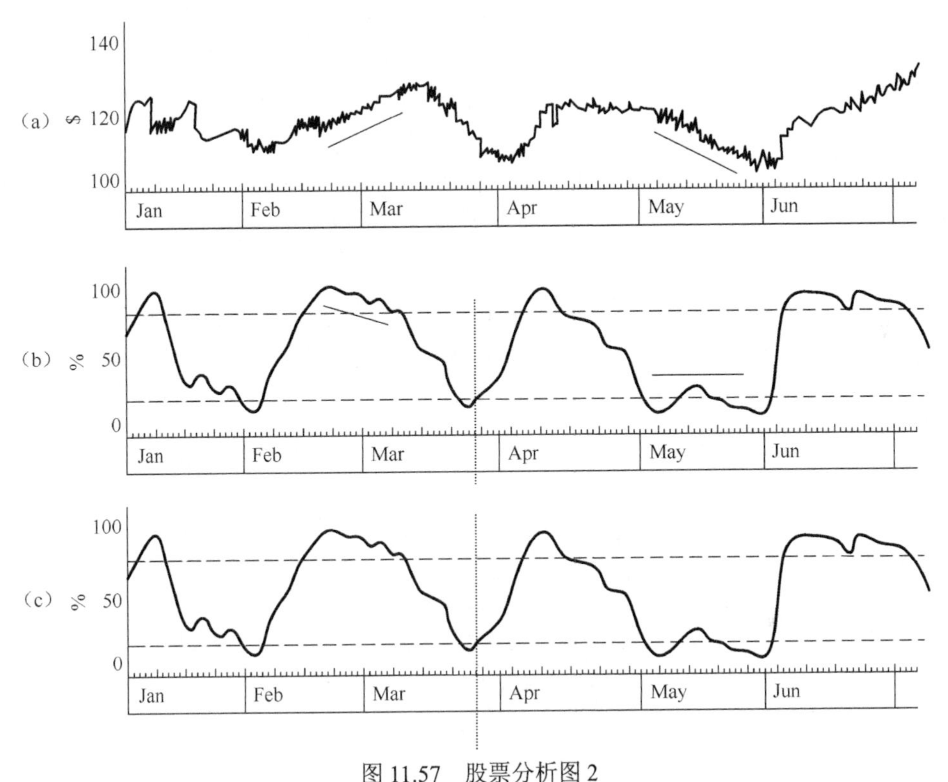

图 11.57 股票分析图 2

（a）由随机（直线）表示的卖出区间 （b）购买区间显示指标已经低于 20%

（c）%D 指标进行数据平滑处理

当随机指标超过 80%（卖出好时机）时，股票被视为超买；当随机指标低于 20%时（买进好时机），股票被视为超卖。

指数平滑异同移动平均线（MACD）衡量股票在一段时间内的趋势（见图 11.58）。

参考这个数字，请注意，买入信号往往先于股票价格上涨的时期，卖出信号先于股票价格下跌的时期。

Fishman、Bar 和 Loick[27]开发了一个成功的 BPN，用于预测未来 5 天的标准普尔（Standard＆Poors，S＆P）指数。这个网络有两层（虽然也开发了 3 层网络）。网络有 n 个输入，其中 n 对应于所使用的经济指标数。网络输出是按比例缩放的单一单元，这样就可以预测从现在起 5 天内的标准普尔的变化。其中一个网络的架构如图 11.59 所示。

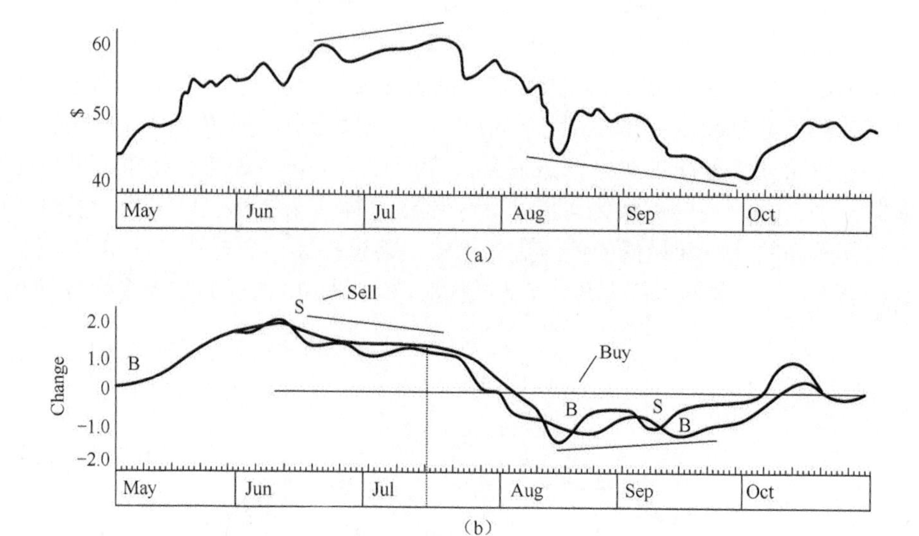

图 11.58　MACD 的用途
（a）股票的收盘价　（b）同一时期的 MACD

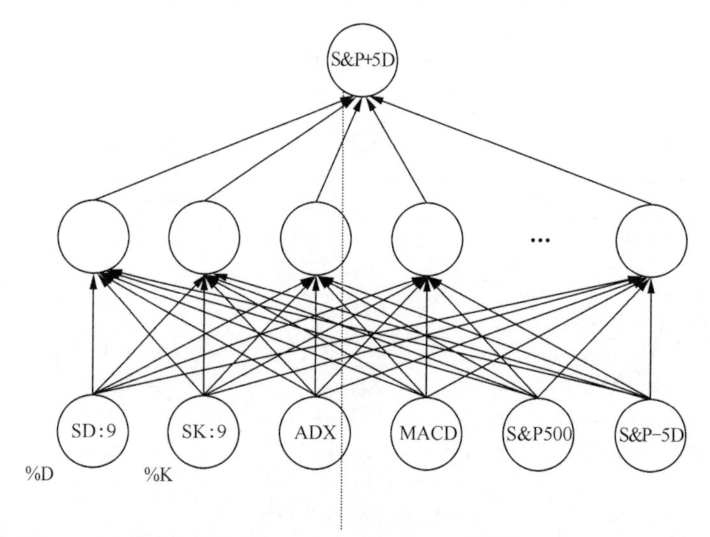

图 11.59　由 LBS 资本管理公司开发的 BPN，预测平均标准普尔 500 指数

如图 11.60 所示，这个网络具有 6 个输入单元和 1 个输出单元。

要获得标准普尔指数的（最近的）BPN 成功模型的具体架构细节，不是一件容易的事。成功的模型通常不会向公众披露。

我们可以从过去的市场数据中获得训练的例子。这个网络的性能如图 11.60 所示。

这幅图将实际的平均标准普尔 500 指数和网络预测的值进行了比较。在对未来 9～10 天期间的预测中，这个网络表现得很强大。这时，比起使用不太可靠的预测值，使用新近数据来重新训练网络更合理。这种延伸到经济预测领域应用的示例预先告诉你：如果要在特定领域开发成功的神经网络，那么你（或同事）应该在该领域以及神经网络方面拥有渊博的知识。

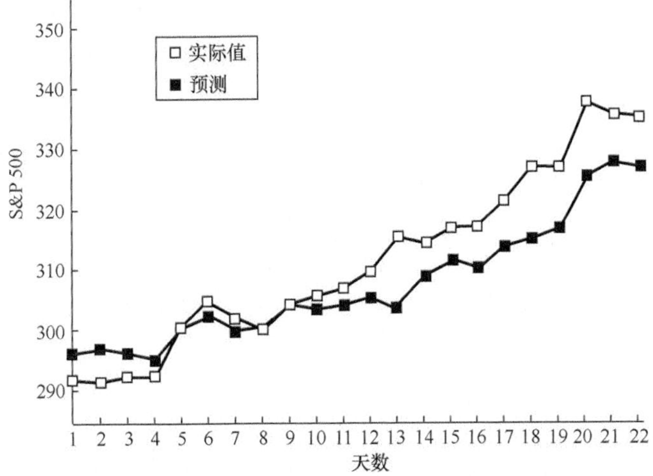

图 11.60 LBS 资本管理公司开发的 BPN 在预测平均标准普尔 500 指数方面的表现

人物轶事

唐纳德·米基（Donald Michie）

唐纳德·米基（1923—2007）是一位杰出的科学家，他的成就涉及 4 个不同的领域：生物科学、医学、计算机和人工智能。他于 1923 年出生于缅甸，毕业于牛津大学贝利奥尔学院，获得人体解剖学和生理学硕士学位以及哺乳动物遗传学的博士学位。在第二次世界大战期间，他在布莱奇利公园的 Enigma 破译组与 Allen Turing 共事。后来，他在斯特拉斯克莱德大学创建了图灵学院（1984），担任了那里的首席科学家，并且成了 A.M.图灵信托基金董事会主席（1975—1984）。

Michile 教授的科学出版物包括 5 本书和大约 170 篇学术论文，他编辑了 14 卷本的“机器智能”系列以及其他几本书。他最著名的工作是在人工智能领域，他开创性的工作为计算机国际象棋、专家系统和机器学习领域做出了巨大的贡献。

他曾担任伦敦动物学会科学研究员（1953）；爱丁堡大学实验编程单元创始人兼院长（1965）；爱丁堡大学荣誉教授创始人，机器智能与感知学院第一任院长（1967）；爱丁堡皇家学会院士（1969）；英国计算机学会研究员（1971）；苏联科学院访问讲师（1973、1985）；爱丁堡大学机器智能研究部院长（1974—1984）；英国计算机学会专家系统专家组成员（1980）。美国人工智能协会创始人（1990）；人类计算机学习基金会创始人（1995）；美国艺术与科学学院的外国荣誉会员（2001）；20 世纪 50 年代，米基与麦克拉伦博士合作，获得国际胚胎移植协会先锋奖（1988）；他还是 Feigenbaum 世界专家系统大会奖章获得者（1996）和国际人工智能联合研讨会优秀奖获得者（2001）。

作为一位出色的演讲嘉宾，Michile 教授应邀出席了许多荣誉讲座，包括：牛津大学赫伯特·斯宾塞讲座（1976）；普林斯顿大学塞缪尔·威尔克斯纪念讲座（1978）；皇家机构讲授合作机器人（1982）；皇家学会的技术讲座（1984）；伊利诺伊大学 G. A. Miller 的讲座（1983）；美国陆军行为与社会科学研究所的 S. L. A. Marshall 讲座（1990）；弗朗西斯理工学院和州立大学的加文讲座（1992）。Michile 教授具有访问职位的大学有：斯坦福大学（1962、1978、1991）；雪城大学（1970、1971）；牛津大学（1971、1994、1995）；弗吉尼亚理工学院和州立大学（1974、1992）；伊利诺伊大学（1976、1979、1980、1981、1982）；麦吉尔大学（1977）和新南威尔斯大学（1990、1991、1992、1994、1998）。

他在以下大学和机构中获得了荣誉博士学位：英国国家学术奖学金委员会（1991）；萨尔福德大学（1992）；斯特林大学（1996）；阿伯丁大学（1999 年）；约克大学（2000）。

他还为几家公司和公共机构提供咨询，包括斯坦福研究所（1973）、斯隆凯特灵研究所和纪念医院（1976）、兰德公司（1982）、帕罗奥图和洛杉矶的 IBM 科学中心（1982—1985）以及西屋公司（1988）。

Michile 教授是集迷人、聪明和深刻于一身的世界闻名的预言家。Daniel Kopec、Alen Shapiro、David Levy、Austin Tate、Andrew Blake、Larry Harris、Ivan Bratko 和 Tim Niblett 等均是他的崇拜者，他们中的很多人在计算科学和人工智能领域做出了重要的贡献。

11.9 本章小结

本章介绍了人工神经网络的基本原理。首先强调人工神经网络与对应的生物神经网络之间的相似性。事实上，McCulloch 和 Pitts 使用他们的人工神经网络模型获得了对生物单元的深刻理解。但是，由于模型中权重是事先固定的，因此不能自适应，也不能学习。

然后我们引入了 3 种学习规则，将 ANN 变为自适应系统。感知器学习规则和增量规则可以在单层网络上运行，学习可线性分离的函数。反向传播是一种更强大的算法，可以通过训练多层网络来学习任意函数，许多成功的应用程序均使用该框架进行开发。最后介绍了离散霍普菲尔德网络，该网络善于解决组合优化问题。

我们对这个主题的介绍绝对不是完整的。由于时间和空间的限制，其还有许多遗漏。例如，人们已经证明了径向基函数（RBF）网络是非常灵敏的函数近似器[29]，在预测应用中也取得了一些成功。[12] 此外，我们研究的重点是监督学习。在某些应用程序中，当未给网络提供“正确答案”，网络必须自行找到正确答案时，我们将使用无监督学习。自适应共振理论（ART）模型就是一个例子，这个模型非常适用于聚类应用。[30] 通过竞争学习（另一种无监督的学习范式），对输入模式产生强烈反应的单元可以抑制网络中其他单元的响应。由于大脑必须保护其资源，因此这种方法具有生物学上的合理性——允许较多的神经元响应不必要的刺激是一种浪费。竞争网络成功地执行了向量量化（VQ），这是一种在图像和语音信号压缩中有用的技术。托伊沃·科霍宁（Teuvo Kohonen）[31] 开发的所谓自组织图（SOM）得到了广泛应用。[12]

神经网络的主要缺点是其不透明性，换句话说它们不能解释结果。有个研究领域是将 ANN 与模糊逻辑（见第 8 章）结合起来生成神经模糊网络，这个网络具有 ANN 的学习能力，同时也具有模糊逻辑的解释能力。尼格内维特斯基（Negnevitsky）[32] 针对这些所谓的混合系统给出了很好的介绍。事实上，最近的研究领域致力于使 ANN 变得更加透明（能够解释其结果）。克卢蒂（Cloete）和祖拉达（Zurada）[33]使用了整章的篇幅来专门介绍基于知识的神经计算。

当然，ANN 研究的圣杯是设计一个与人脑具有相同信息处理能力的网络。在可预见的将来，这个目标肯定依然是一个梦想。一些研究人员试图对猫的大脑进行建模。[31] 同时，卡佛·米德（Carver Mead）采用自下而上的方法成功建模了具有视听功能的网络。雷·库兹韦尔（Ray Kurzweil）[34]预测，到 2050 年，神经生物学家将完全了解人脑。他还预测，构建由 100 亿个组件组成、高度连接的网络是可行的。如果这些预测被实现，那么创造人类级别的人工智慧是否最终会成为现实呢？

讨论题

1．在第 1 节中，我们将 ANN 描绘成一个黑盒子。这种不透明性对其用途有什么限制？

2．在线性系统中，输出与输入成比例。换句话说，输入中的小变化相应产生较小的输出变化，输入中的较大变化产生较大的输出变化。描述本质上是线性系统的两个系统。

3．非线性系统不遵循线性系统中输入和输出变化之间的比例关系。思考阈值 $\theta= 0.50$ 的人工神经元，提出证据证明这个神经元是一个非线性系统。

4．为什么人类承受压力被认为是一种非线性现象？

5．单层神经网络不能实现不可线性分离的函数，这是一个严重的缺点吗？请说明理由。

6．学习率是 0 到 1 之间的常数，也就是说，$0<\alpha\leqslant 1$。既然较大的学习率可以带来较快的学习速度，为什么不使用较大的 α 值呢？

7．在 ANN 中，$\bar{\boldsymbol{x}}$ 和 $\bar{\boldsymbol{w}}$ 的点积提供了什么信息？在以下情况，如何使用这个信息？

a．感知器学习规则。

b．增量规则。

c．反向传播。

8．人们为什么将反向传播算法通常称为广义增量规则？请给出理由。

9．为什么增量规则和反向传播都会一直存在一些错误，而当没有错误出现时感知器学习规则将会停止？

10．离线训练和批量训练有什么区别？

11．人脑由 100 亿（10^{10}）到 1000 亿（10^{11}）个神经元组成。一旦了解人脑[1]的运作，就可以全面构建软件和/或硬件对人脑进行模拟，你预测会发生什么情况？库兹维尔（Kurzweil，1999）预测，到 21 世纪中叶，这种模拟将会出现。

12．在结构和功能方面，生物和人工神经元（神经网络）之间有什么区别？

13．对比监督学习和无监督学习。

练习

1．绘制一个麦卡洛克—皮茨网络，对一个完全的加法器实现求和函数 S，其中 $S(ABC_i) = A'B'C_i + A'BC'_i + AB'C'_i$。

2．为三输入的少数函数设计一个麦卡洛克—皮茨网络，其中，在任何情况下，如果只有一个或没有一个输入等于 1，那么 Min（x_1, x_2, x_3）等于 1。换句话说，$\text{Min}(x_1, x_2, x_3)= x'_1 x'_2 x'_3 + x'_1 x'_2 x'_3 + x'_1 x_2 x'_3 + x_1 x'_2 x'_3$。

3．图 11.61 中麦卡洛克-皮茨网络计算的函数 F 是什么？

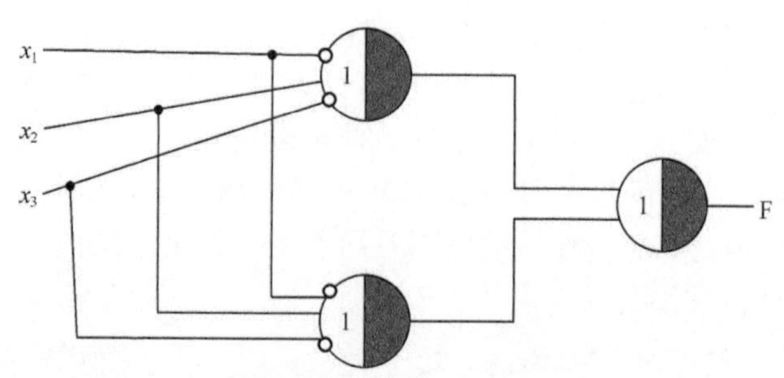

图 11.61 实现函数 F 的麦卡洛克—皮茨网络

4．有这样一个众所周知的生理现象：如果在很短的时间内对人的皮肤进行冷刺激，那么人就会感觉到热；但是，如果同样的刺激措施施加了较长时间，那么这个人会感觉到冷。使用离散时间步骤绘制以下的麦卡洛克—皮茨网络，模拟这种现象。神经元 x_1 和 x_2 分别表示热和冷的受体，神经元 y_1 和 y_2 是对应的感知器。神经元 z_1、z_2 是辅助神经元。如图 11.62 所示，每个神经元的阈值为 2。如果进行热刺激，系统的输入将为（1,0）；如果进行冷刺激，则为（0,1）。验证这个网络正确模拟了这种现象——换句话说，如果仅用一个时间步长进行冷刺激，则会感觉到热；但是，如果使用两个时间步长进行冷刺激，那么确实会感觉到冷。请注意，我们允许这个网络拥有权重。

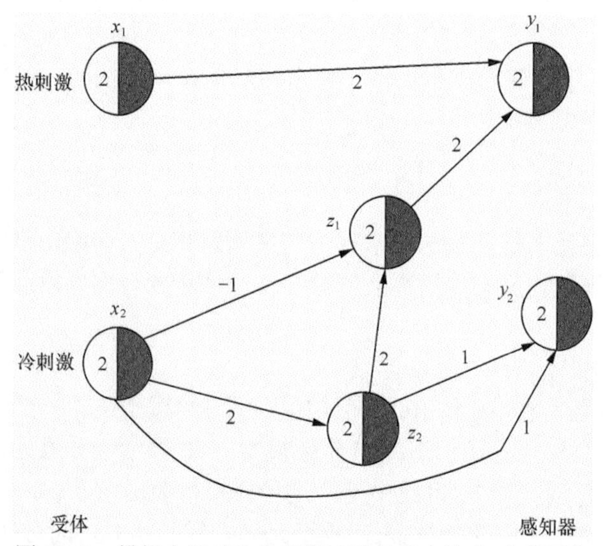

图 11.62 模拟人们对冷热刺激感受的麦卡洛克-皮茨网络

5．证明双输入 XNOR 函数不能用单个感知器实现。你应该使用不等式系统组进行说明。

6．使用感知器学习规则来训练神经元，学习图 11.63 所示的双输入函数。要求：

a．使用增广输入向量；令初始权重值为 $w_1 = 0.1$，$w_2 = 0.4$，$\theta = 0.3$；使用学习率 $\alpha = 0.5$。

b．给出判别式方程，并在二维模式空间中绘制出这条线。

7．使用感知器学习规则来学习三输入的多数函数（majority function），其中第二个输入 x_2 固定为 1。无论何时，只要 x_1、x_2 和 x_3 中的两个或三个等于 1，则 $\text{Maj}(x_1, x_2, x_3) = 1$。所有的输入都是二进制的，初始权值是（$w_1, w_2, w_3, \theta$）=（3/4,−1,3/4,1/2）。学习率 $\alpha = 1/2$。

a．使用感知器学习规则训练 TLU，输入向量和权重向量，如图 11.64 所示。

x_1	x_2	$f(x_1, x_2)$
0	0	0
0	1	0
1	0	1
1	1	1

图 11.63 双输入函数

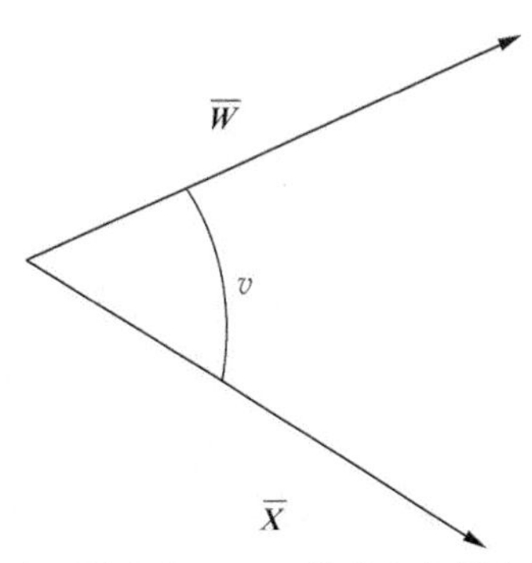

图 11.64 在训练期间，TLU 的输入向量和权重向量

b．对于当前的模式，目标 t=1，但是单元 y 的实际输出等于 0。$\overline{\boldsymbol{w}}$ 应该向哪个方向围绕 $\overline{\boldsymbol{x}}$ 旋转？解释你的答案。

8．在进行感知器学习时，假设你得到具有 n 个输入的单层 TLU；也就是说，无增广的输入向量 $\overline{\boldsymbol{x}}_i$ 有 n 个分量。在你可以确定算法不会停止之前（即模式不是线性可分的），你必须等待多少个 epoch？

9．以下哪一个点集是线性可分的？

a．类别 1: {(0.5, 0.5, 0.5), (1.5, 1.5, 1.5)}
类别 2: {(2.5, 2.5, 2.5), (2.5, 2.5, 2.5)}

b．类别 1: {(1, 1, 0), (2, 3, 1), (3, 2, 1.5)}
类别 2: {(1, 1, 2), (2, 3, 2.5), (3, 2, 3.5)}

c．类别 1: {(0, 0, 18), (2, 1, 10), (7, 5, 4)}
类别 2: {(0, 1, 16), (2, 5, 9), (6, 8, 1)}

d．类别 1: {(0, 0, 5), (1, 2, 4), (3, 5, 8)}
类别 2: {(0, 0, −2), (1, 2, 5), (3, 5, −1)}

10．

a．用增量规则来求解练习 6，训练神经元一个 epoch。

b．对于这个学习规则，停止标准是什么？

11．

a．提出一个 BPN 的设计，帮助保险公司做出健康保险费用决定。系统将健康保险的潜在客户分为低风险的候选人或高风险的候选人，高风险客户将被收取较高的保险费，甚至可能被拒绝投保。请仔细讨论 BPN 的合适输入和输出。你推荐什么样的数据表示，使用何种激活函数？网络的初始架构是什么？

b．说明所需的训练数据来自何处。

c．鉴于计算机和遗传学技术的进步，讨论可能出现的一些伦理和法律问题。

d．描述训练方法，包括讨论可能发生的问题类型，并针对每种情况，提出可能的补救措施。训练何时停止？

e．描述验证 BPN 的几种方法，介绍每种方法的优势和劣势。

12．n 车问题就是将 n 个车放在 n×n 的棋盘上，使得这些棋子不互相攻击。一个车攻击同一行或一列上的任何一枚棋子。如图 11.65 所示，这是 4 车问题的解决方案。

指定解决这个问题的离散霍普菲尔德网络的架构。

13．第 2 章中广泛讨论了 n 皇后问题。在 n=4 的情况下，指定离散霍普菲尔德网络的架构，解决这个问题。

14．第 2 章和第 3 章也广泛讨论了 TSP。指定离散霍普菲尔德网络的架构，来解决这个问题的一个小实例，比如 $n = 4$ 个城市。

提示：使用 $n \times n$ 布尔矩阵表示旅行。如果在城市 i 之后访问了城市 j，则应将第 i 行第 j 列中放入“1”。

15．思考图 11.66 所示的霍普菲尔德网络。计算每个状态的能量，并画出该网络的状态转换图，标识出稳定状态（如果有的话）。

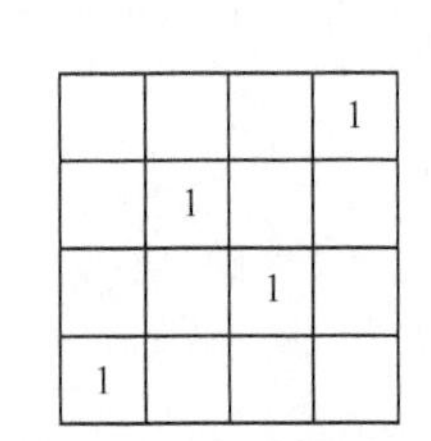

			1
	1		
		1	
1			

图 11.65 4 车问题的解决方案

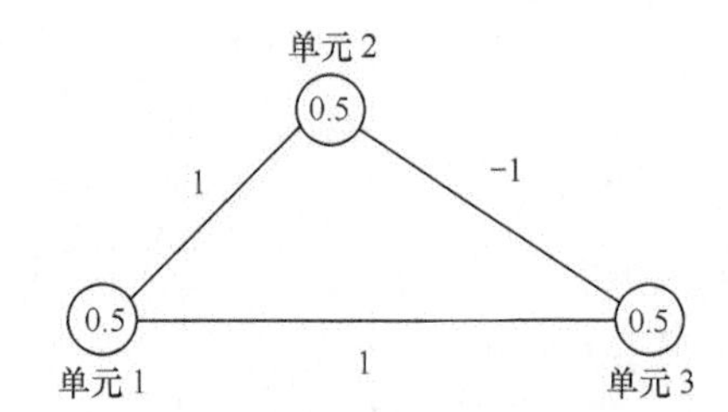

图 11.66 具有 3 个神经元的霍普菲尔德网络

编程题

1．生成 20 个三元组随机数（共 60 个），其中每个数∈[0,1]。每个三元组对应于单位立方体中的一个点。生成这些数字，使得 10 个三元组位于类别 1，10 个位于类别 2，这些类别是线性可分的。使用感知器学习规则学习这些数据，学习率 α=(a)0.01(b)0.1(c)0.25(d)0.50(e)1.0(f)5.0。评估在每种情况下学习算法的性能。

2．有 16 个二元变量布尔函数。使用感知器学习规则来确定它们中有多少是线性可分离的。

3．使用增量规则完成示例 11.2 中双输入或（OR）函数的训练。

4．编写一个程序来实现反向传播算法，训练图 11.38 中的两层网络，学习异或（XOR）函数。

5．编写一个程序，将反向传播算法应用于任何两层前馈网络。

6．使用在编程练习 5 中的程序来近似函数，这个函数提供了澳大利亚野兔的质量（以 mg 为单位），且质量是年龄（以天为单位）的函数。保留本表中的每个第三数据项，用于验证（附录 D.2.）。

7．使用编程练习 5 中的程序，基于下列数据，预测下周的黄金价格。使用最后 25%的数据进行验证（附录 D.2）。

8．使用编程练习 5 中的程序，将虹膜分为三类：Setosa、Versicolor 和 Virginia（附录 D.2）。

9．编写一个程序，使用离散霍普菲尔德网络来解决 4 皇后问题（参考练习 14）。运行程序 10 次，每次运行时选择不同的单元进行更新。讨论你的结果（回想一下，霍普菲尔德网络发现局部能量最小值，因此你应该预期到有时会获得“近似”的解决方案）。

10．编写一个程序，使用离散霍普菲尔德网络，解决 $n = 10$ 个城市的 TSP（参考练习 15）。运行程序 10 次，并讨论结果。

参考资料

[1] McCulloch W S, Pitts W H. A logical calculus of the ideas immanent in nervous activity. Bulletin of Mathematical Biophysics 5: 115–133, 1943.

[2] Rosenblatt F. The perceptron: A probabilistic model for information storage. Psychological Review 65: 386–408, 1958.

[3] Widrow B, Hoff M. Adaptive switching circuits. In 1960 IRE WESCON Convention Record, volume 4, 96–104. New York, NY: Institute of Radio Engineers (now IEEE), 1960.

[4] Robenblatt F. Principles of Neurodynamics: Perceptrons and the Theory of Brain Mechanisms. Washington, DC: Spartan Book, 1961.

[5] Werbos P. Beyond Regression: New Tools for Prediction and Analysis in the Behavioral Sciences. PhD thesis, Harvard University, 1974.

[6] Parker D. Learning logic. Invention Report S81-64, File 1, Stanford University, Office of Technology Licensing, 1982.

[7] LeCun Y. A theoretical framework for back-propagation. In Proceedings of the 1988 Neural Network Model Summer School, edited by Touretzky, D., Hinton, G., and Sejnowski, T. Pittsburgh, PA: Carnegie Mellon, 1988.

[8] Skapura D M. Building Neural Networks. New York, NY: ACM Press, 1995.

[9] Bose N K, Liang P. Neural Networks Fundamentals with Graphs, Algorithms, and Applications. New York, NY: McGraw-Hill, 1996

[10] Haykin S. Neural Networks: A Comprehensive Foundation, 2nd ed. Englewood Cliffs, NJ: Prentice Hall, 1999.

[11] Rojas R. Neural Networks: A Systematic Introduction. New York, NY: Springer-Verlag, 1999.

[12] Mehrotra K, Mohan K Chilukuri R S. Elements of Artificial Neural Networks. Cambridge, MA: The MIT Press, 2000.

[13] Hebb D O. The Organization of Behaviour. New York, NY: John Wiley & Sons, 1949.

[14] Fausett L. Fundamentals of Neural Networks: Architecture, Algorithms, and Applications. Upper Saddle River, NJ: Prentice-Hall, 1994.

[15] Healey J. December 4, Parallel parking a pain? Your car can do it for you as auto-park systems arrive. USA Today, 2006.

[16] Nguyen D, Widrow, B. Reinforcement learning. In Proceedings of the IJCNN, 3, 21–26.

[17] Guez A, Eilbert J, Kam M. Neural network architecture for control. IEEE Control Systems Magazine 40 (9): 22–25, 1988.

[18] Sipper M, Mange D, Uribe A P. Evolvable systems: From biology to hardware. In Proceedings

of the Second International Conference on Evolvable Systems, ICES 98, Lausanne, Switzerland, September 23–25. New York, NY: Springer-Verlag, 1998.

[19] Tesauro G. Temporal difference learning and TD-Gammon. Communications of the ACM 383: 56–68, 1995.

[20] Fogel D, Chellapilla K. Verifying Anaconda's expert rating by competing against Chinook: Experiments in co-evolving a neural checkers player. Neurocomputing 42 (1–4): 69–86, 2002.

[21] Hopfield J, Tank D. 'Neural' computation. Biological Cybernetics 52:141– 152, 1985.

[22] Bharitkar S, Kazuhiro T Yoshiyasu T. Microcode optimization with neural networks. IEEE Transactions on Neural Networks 10 (3): 698–703, 1999.

[23] Sejnowski T J, Rosenberg R. Parallel networks that learn to pronounce English text. Complex Systems 1: 145–168, 1987.

[24] Li M, Mehrota K G, Mohan C K, Ranka C. Sunspot numbers forecasting using neural networks. Proceedings of the IEEE Symposium on Intelligent Control 1:524–529, 1990.

[25] Wilder W J. New Concepts in Technical Trading Systems. McLeansville, NC: Trend Research, 1978.

[26] Weigend A S, Huberman B A, Rumelhart D E. Predicting the future: A connectionist approach. International Journal of Neural Systems 1: 193–209, 1990.

[27] Fishman M B, Barr D B, Loick W J. Using neural nets in market analysis. Technical Analysis of STOCKS & COMMODITIES 9 (April): 18–21, 1991.

[28] Lane G C. Stochastics. Technical Analysis of STOCKS & COMMODITIES 4 (May/June), 1984.

[29] Girosi F, Poggio T, Caprile B. Extensions of a theory of networks for approximation and learning. Proceedings of Neural Information Processing Systems. 750–756, 1990.

[30] Carpenter G A, Grossberg S. The ART of adaptive pattern recognition by a self-organizing neural network. IEEE Computer 21 (3): 77–88, 1998.

[31] Kohonen T. Self-Organizing and Associative Memory. New York, NY: Springer-Verlag, 1998.

[32] Negnevitsky M. Artificial Intelligence: A Guide to Intelligent Systems, 2nd ed. Reading, MA: Addison-Wesley, 2005.

[33] Cloete I, Zurada J M. Knowledge-Based Neurocomputing. Cambridge, MA: The MIT Press, 1999.

[34] Kurzweil R. The Age of Spiritual Machines. New York, NY: Penguin Putnam, 1999.

第 12 章　受到自然启发的搜索

本章继续讨论学习。我们首先会描述几种从达尔文的进化论中得到灵感的方法。其次会介绍禁忌搜索，它是从社会习俗中得到启发的一种算法。最后，从蚂蚁的行为中，我们得到了蚁群优化算法。

巨人提基

12.0　引言

搜索是智能系统的重要组成部分。你已经看到，完全搜索整个状态空间可能是一个艰巨的挑战。在第 3 章中，我们演示了能够对搜索树中最有可能找到解的部分进行搜索的启发式方法。这些启发式的灵感来自我们对问题的洞察，例如，需要移动多少方块才能求解 8Puzzle 的一个实例？在本章中，灵感来自于自然系统——包括生物系统和非生物系统。

钻石和煤都是由碳元素组成的，二者的区别在于碳分子的排列：在钻石中，碳的排列是金字塔形的；而在煤中，碳的排列是平面的。物质的物理性质不仅取决于组成，还取决于分子的排列，而且这种排列是可以修改的——这就是退火背后的动力。在退火过程中，金属首先被加热至液化，然后缓慢冷却，直至再次凝固。经过退火后，所得到的金属通常更坚韧。模拟退火是对这种物理过程进行建模的一种搜索算法。我们将在 12.1 节中描述这个问题。

1859 年，查尔斯·达尔文（Charles Darwin）的巨著《物种起源》首次出版。在这本著作中，他通过一个称为自然选择的过程，提出了生物种群数量是如何演化的理论。个体交配后，它们的后代显示出来自父母双方的性状。具有有利于生存性状的后代更有可能繁殖。随着时间的推移，这些有利的特征可能会以更大的频率发生。一个很好的例子就是英国的吉普赛蛾。19 世纪初期，大多数吉普赛蛾是浅灰色的，因为这种颜色是它们的伪装色，可以迷惑捕食者。但是，此时工业革命正进行得如火如荼，大量的污染物被排放到工业化国家的环境中。原本干净浅色的树木蒙上了烟灰，变黑了。浅灰色的吉普赛蛾再也无法依赖它们的着色保护自己。过了几十年，灰黑色的吉普赛蛾进化成了常态。[1] 在计算机程序中，我们可以进行“人工进化”。遗传算法是 12.2 节的主题。

有些人可能看过 1951～1957 年的电视连续剧《超人》，在这部剧中，超人只要把煤块握在手中挤压，就把普通的煤块变为一块华美的钻石。于 1954 年上映的电影《Jungle Devil》中就有这样的场景。

在格林兄弟的童话故事《精灵和鞋匠》中，一对穷苦的鞋匠夫妇在早晨醒来后发现，工作台上的皮革变成了漂亮的鞋子。他们很快就发现这是由两位才华横溢的精灵帮他做的。我们都希望拥有能（神奇地）自我编写的软件，以解决所面临的问题。在 12.3 节中，我们将讨论遗传规划，这个软件可以借助进化策略（而不是精灵）进行自我设计。

各种文献中经常引用吉普赛蛾的例子。但是，在整个种群产生非常明显的变化之前，自然选择通常需要数千年甚至数万年的时间。

12.4 节描述了**禁忌搜索**，这是基于社会习俗发展出来的搜索方法。禁忌是社会认为应该禁止的行为。根据对人类行为的了解，可以发现随着时间的推移，某些事情发生了变化。例如，在历史上的某个时期，男人戴耳环被视为禁忌。显然，这样的禁忌现在不存在了。禁忌搜索维护了一张禁忌清单（存储最近做出的移动），这些移动在某段时间内被禁止重复使用。由于暂时禁止搜索已访问的状态空间，因此这种禁止促进了探索。如果禁止的移动可以引导搜索，所得到的目标函数优于以前访问的目标函数，则可以重新允许被禁止的移动，因此禁忌搜索并不完全忽视开发（exploitation）。后者的“暂缓（reprieve）”称为**特赦标准**。在解决调度问题中，禁忌搜索取得了巨大的成功。

12.5 节的灵感来自昆虫聚居地——更具体地说是蚂蚁聚居地。蚂蚁是社会性昆虫，它们表现出卓越的合作能力和适应性。在所谓的共识主动性的过程中，蚂蚁通过发出信息素（化学气味）间接通信。蚂蚁表现出少有的敏锐，能够求解优化问题，例如找到食物源的最短路径，以及在墓地形成所涉及的聚类。人们怀疑共识主动性在这些行为中起着关键的作用。在分布式算法中，计算机科学家模拟这种行为，求解困难的组合问题，并执行有用的数据聚类程序。

12.1 模拟退火

模拟退火（Simulated Annealing，SA）对物理物质中分子能级与搜索算法进行类比。这种方法优化了一些目标函数。

在冶金学中，金属通常要进行原子重排，这是在退火过程中实现的。金属中的原子按照局部能量最小化进行排列。为了以较低的能量重新排列这些原子，首先需将金属加热，直到液化，然后将熔融的金属缓慢冷却，直到凝固，如图 12.1 所示。退火后的金属表现出许多人们期望的性能，例如它的韧性和硬度都得到了提高。

SA 是一个概率搜索，有时为了避免被困在局部最优值中，可以允许进行违反直觉的移动。回想爬山算法（见第 3 章），这个算法有时找不到全局最优值，如图 12.2 所示。从 x_0 开始的搜索将卡在 x_*，尽管真正的全局最优值位于 x_{best}。

任何搜索算法都有两个组成部分：开发（exploitation）和探索（exploration）。开发采用了一个准则，即好的解决方案可能彼此靠近。一旦找到了一个好的解决方案，就可以检查其周围，确定是否存在更好的解决方案。此外，探索谨记“没有冒险，就没有收获”的格言，换句话说，更好的解决方案可能存在于状态空间的未探索区域，因此不要将搜索限制在一个小区域内。理想的搜索算法必须在这两种冲突策略之间取得适当的平衡。爬山算法充分使用开发策略发现 x_*，即图 12.3 所示的局部最优值。

（a） （b）

图 12.1 金属中的原子由于退火，发生了重排

（a）炉中的铁被加热至熔点 （b）原子的晶格排列通常表现出更大的韧性和硬度

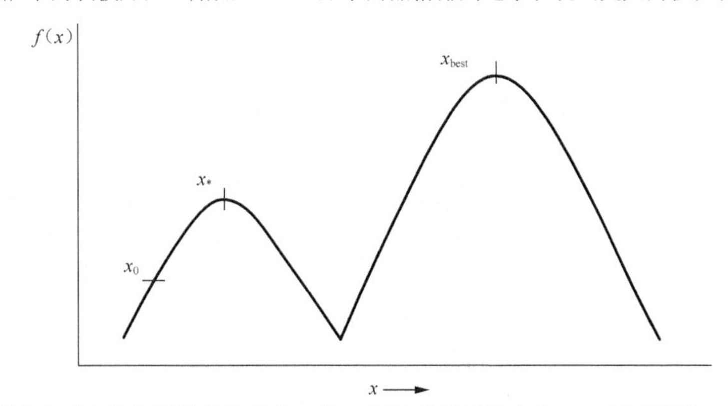

图 12.2 爬山有时会陷入局部最佳状态。从 x_0 开始的搜索将卡在 x_*。可以看到，$f(x_{best})>f(x_*)$

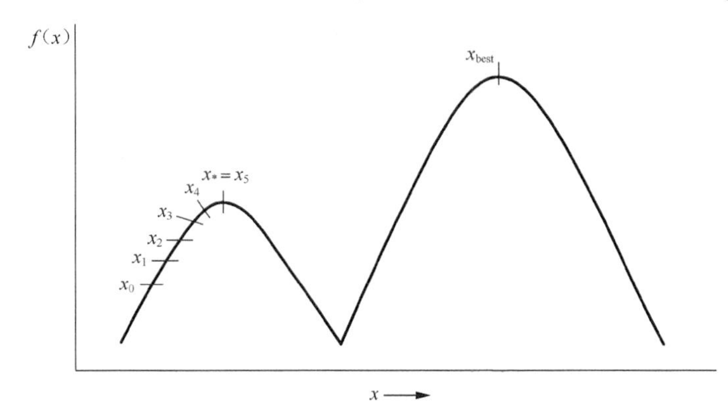

图 12.3 爬山算法严重依赖于开发

但是，在这个例子中，如果要找到位于 x_{best} 的全局最大值，还需要使用一些探索。如图 12.4 所示，假设 x_3 是当前位置，即使跳转到 x_6 构成一种“向后跳”的局面，SA 也允许这样做。注意，在此示例中，无法探索最右边峰值的任何搜索永远不会找到全局最优值。

1983 年，S.柯克帕特里克（S.Kirkpatrick）、C.D.格兰特（C.D.Gelatt）和 M.P. 维奇（M.P.Vecchi）发现了 SA[2]。1985 年，V.塞尔尼（V.Cerny）独立发现了 SA[3]。SA 基于 Metropolis-Hastings 算法[4]。

在 SA 中，有一个全局温度参数 T。在模拟开始时，T 很高；随着模拟的进行，T 逐渐减小。我们将 T 减小的方式称为**冷却进度表**。两种广泛使用的方法是**几何冷却**和**线性冷却**。在几何冷却中，$T_{new} = \alpha * T_{old}$，其中 $\alpha<1$；而在线性冷却中，$T_{new} = T_{old} - \alpha$，$\alpha > 0$。只要 $f(x_{new}) > f(x_{old})$，SA 就允许跳跃。但是 SA 还以概率 P 允许违反直觉的跳跃或反向跳跃，这个 P 与下式成正比例：

$$e^{-[(f(x\_old) - f(x\_new))/T]}$$

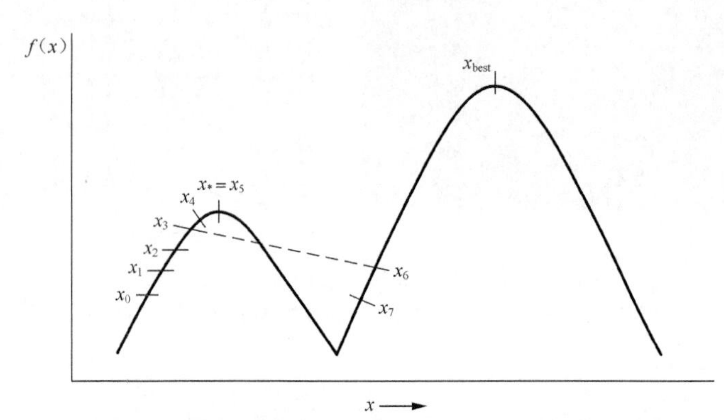

图 12.4　如果搜索是在 x_{best} 处找到全局最大值，那么它可能需要同时使用探索和开发。即使 $f(x_6)<f(x_3)$，模拟退火也允许从 x_3 跳到 x_6（当前情况忽略 x_7）

观察可知，当 T 的值很高时，向较低值的目标函数跳跃，所发生的概率比较大。再一次参考图 12.4，这意味着，在模拟开始时，而不是迟些时候，从 x_3 到 x_6 的跳跃更可能发生。此时 T 的值高得多。因此，SA 的早期阶段有利于探索，而在搜索的后期阶段优先考虑开发。再次参考上述式子，可以观察到，即使允许违反直觉的跳跃，由于 $f(x_{old})$ 和 $f(x_{new})$ 之间的差距在增加，即新值 x 得到的支持越来越少，去到 x 的概率也减小了。最后一个观察指出，如果图 12.4 中的 x_6 和 x_7 都是 x_3 的可能后继，由于 $f(x_7)$ 小于 $f(x_6)$，因此到达 x_6 的概率大于到达 x_7 的概率。SA 的伪代码如图 12.5 所示。

```
1. Choose x0 as initial solution            // Usually done randomly
2. Calculate f(x0)                          // Objective function
3. Place in memory                          // Solution = [x0, f(x0)]
4. xold = x0
5. f(xold) = f(x0)
6. Count = 0
7. T = T0                         // Initial temperature T0 is high
8. while Count < maxcount and progress being made and ideal solution
   not found.                     // Number of iterations permitted
9. Count = Count + 1
10. choose xnew from neighborhood of xold
11. calculate f(xnew)
12. if f(xnew) = f(xold) or rand [0,1] = e*[[f(x_old) - f(x_new)]/T] then
    xold = xnew
    Solution = [xold, f(xold)]
13. // end if
14. Tnew = cooling_schedule (count, Told) // geometric or linear cooling
    can be adaptive, greater decrease if a large improvement is made
15. // end while
16. Print Solution                        // Best solution so far.
```

图 12.5　模拟退火伪代码

第 8 行代码表明搜索不能永远进行下去。经过一些最大次数的迭代后，搜索必须结束并输出结果。算法中的第 10 行指定了在搜索中每个可能的新点 x_{new} 必须从 x_{old} 处可达（即位于 x_{old} 领域）。例如，如果尝试解决 TSP 的一个实例，那么一个解的邻域，可以由在允许 d 切割时所得到的所有旅行方案组成，并且指定的边可以得到重新连接（见图 12.6）。第 12 行代码确认了每当 $f(x_{new})\geqslant f(x_{old})$时选择 x_{new}，这样就鼓励使用开发策略。但是，即使 $f(x_{new})$小于 $f(x_{old})$，x_{new} 也可能被接受。这种接受的概率取决于 $f(x_{old})$ 和 $f(x_{new})$之间的差值以及温度 T。在模拟早期，强烈鼓励探索。在整个搜索过程中，对目标函数而言，比起断崖式的下降，适度下降更易让人接受。最后，第 16 行代码的注释意味着 SA 不能保证全局最佳值。有两种方法可以增加获得全局最优值的可能性：第一种方法是增加模拟运行的时间（增加 maxcount）；第二种方法是多次重新启动，换句话说，重置所有变量并开始一个新的 SA，从搜索区域的不同位置开始（将这种方法与在第 11 章中神经网络反向传播的重新启动进行比较）。在解决组合优化问题方面，SA 搜索取得了成功。

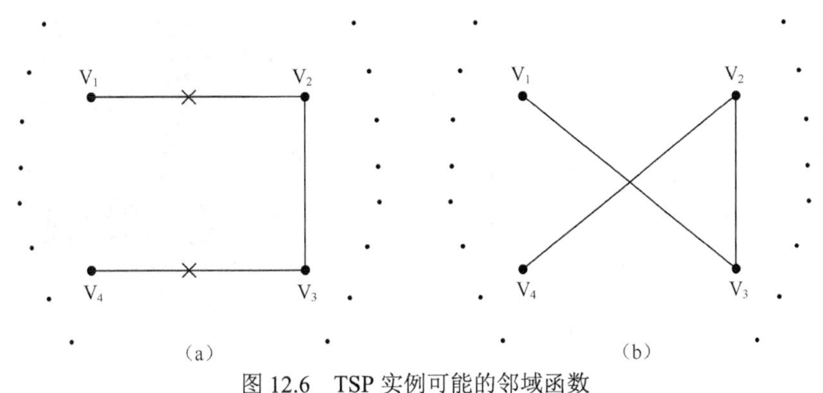

图 12.6 TSP 实例可能的邻域函数

（a）当前的解决方案中，允许 d=2 切割 （b）重新排列所引用的边

12.2 遗传算法

1831 年 8 月，贝格尔号（the Beagle）离开伦敦，开始环球探险之旅。它的任务是收集植物、动物和化石样品。一位年轻的自然学家（物理人类学家）查尔斯·达尔文也在船上。这次航行历时 5 年，收集了大量的物理样本。贝格尔号上全体船员的冒险经历在达尔文的《The Voyage of the Beagle》中得到了生动的描述（见图 12.7）。[5]

在接下来的几十年中，达尔文花了大量时间来分析航行中搜集到的样本。20 世纪 40 年代，他开始通过信件向同事宣传新进化论。他坦白说，他担心人们以为他疯了。最后，1857 年，他发表了进化论。1859 年，他的《物种起源》出版了。[7]在这本书中，达尔文创造出了“适者生存”一词。达尔文认为，生物（动物群和植物群）的种群数量适应于不同的环境，换句话说，使生物体更适合其环境的性状，在经过几代之后会频繁地出现，他将这种趋势称为自然选择。你可以将**自然选择**视为一种学习方式，使用这种方式，物种（而不是物种中的个体）能够学习如何更好地适应环境。

图 12.7 贝格尔号。查尔斯·达尔文曾随这艘船探险，他花了5年时间，收集了来自世界各地的植物、动物和化石的物理样本

20世纪60年代后期，约翰·霍兰德（John Holland）在密歇根大学开发了遗传算法（GA）。他著有《自然系统和人工系统中的适应》[10]一书，普及了这种算法，他说自己的灵感来自于Darwin的著作。

在GA中，解决方案由字符串表示。尽管实数和其他表示方法也是可能的，但是在规范的GA中，这个字符串是二进制的，换句话说，是0和1的序列。这个字符串通常被称为染色体。假设希望设计一个GA，来学习表12.1所示的双输入与非（NAND）函数（见第5章）。

表 12.1 双输入与非（NAND）函数

x_1	x_2	$x_1 \uparrow x_2$
0	0	1
0	1	1
1	0	1
1	1	0

我们可以使用几种方式表示此表中包含的信息。可以选择一个12位的表示法，使用以行为主顺序的方法书写表12.1的内容（行1的内容后跟行2的内容，以此类推），如001011101110。又或者，可以选择写入最右列的内容，得到1110，其中第i位表示第i行中的操作数进行NAND的结果。例如，1110中的第三位是“1”，这是“0”和“1”（第三行操作数）进行与非（NAND）的结果。由于GA是并行算法，因此可以从所谓的字符串种群开始。另外，规范的GA是盲目搜索算法的一个实例（见第2章），在这种搜索算法中，没有假定任何领域知识；这后一种情况也使得GA具有所谓的弱方法的特征（见第7章）。我们所采用的种群大小为4：每个字符串将随机生成，由4位数字组成。

GA运行的核心是**适应度函数**（或收益函数）。字符串的适应度是衡量字符串有效地解决问题的程度。

如果某个适应度函数有用，那么它应该做的不仅是指示一行字符串是否解决了一个问题，它还应该提供一些指示，指明字符串能够在多大程度上达到理想的解决方案。在问题中，一个自然的度量标准是：正确表示 NAND 函数表中的一行，字符串可以相应获得一分。

如图 12.8 所示，第一行字符串 1010 的适应度为 3；这是因为 1010 正确包含表 12.1 中的第 1、第 3、第 4 行的结果。只有第 2 行的结果不正确，因为 0 与 1 的与非（NAND）等于 1 而不是 0。GA 是一个迭代过程。这个算法通过一系列阶段进行，并且在每个阶段（希望）收敛于一个解决方案。开始的字符串，换句话说，那些随机生成的字符串被称为**初始种群**。因此，在图 12.8 中，可以观察到，由 P_0 表示的初始种群等于{1010，0000，1101，0110}。在每个阶段（或迭代）中，将遗传算子应用于字符串，产生新的字符串种群，这个新字符串种群可能包含了一个更好（或理想）的解决方案。因此，GA 生成了一系列种群：P_0，P_1，P_2，…，P_i，…，$P_{maxcount}$。当 $P_{maxcount}$ 包含了理想的解决方案或足够好的解决方案时，停止 GA。否则这个算法可能会超出其时间约束。

一些作者在字符串的评估（它有效解决问题的程度）与适应度（这个字符串在复制过程中具有多少优势）之间做出了区分，稍后我们将会对此做出解释（Vafaie 等人，1994）。

也有可能有其他的停止标准。如果过了几代，只有一点点的改进或是几乎没有改进，那么你可能希望停止 GA。

你可能希望参考第 4 章中对预期值的讨论。

---

3 个流行的遗传算子是**选择**、**交叉**（**重组**）和**突变**。这些算子适用于种群 P_i，生成下一个种群 P_{i+1}。选择算子（selection）选择参与形成下一个种群的个体（即字符串或染色体）。一种选择方法是**轮盘选择**，在这种选择方法中，第 i 个字符串 S_i 有 $f_i/\Sigma f$ 的概率被选中，形成下一个种群，其中 f_i 是字符串 i 的适应度，Σf 是当前种群的总体适应度。因此，S_i 选中的概率与其所在种群适应度的百分比成正比。

字符串	适应度
1010	3
0000	1
1101	2
0110	3

图 12.8 随机生成了 4 个 4 位数的种群，也显示了每个字符串的适应度

如图 12.9 所示，如果 $P(S_i)=0.5$，并且选择 4 个字符串，则字符串 i 预期出现的次数等于 2。

字符串	适应度	$P(S_i)$ 选中字符串的概率 $=f_i/\Sigma f$	预期次数 $=f_i/\bar{f}$	实际次数（用轮盘选择方法）
S_1：1010	3	3/9	3/(9/4)=4/3	1
S_2：0000	1	1/9	1/(9/4)=4/9	0
S_3：1101	2	2/9	2/(9/4)=8/9	1
S_4：0110	3	3/9	3/(9/4)=4/3	2
	总适应度 =9 最大适应度 =3 平均适应度 $\bar{f}$=9/4=2.25			

图 12.9 NAND 问题的初始种群，同时也显示出了字符串被选中的概率和预期次数

在轮盘选择中，可以假设构成现有种群的字符串放置在圆盘中，其中圆弧长度与其适应度成正比（见图 12.10）。

这是从 0 到 1 的半闭合半开区间[0,1]，包括 0，但不包括 1。相关的进一步讨论请参考微积分教材。

当然，在 GA 中，轮盘不旋转，而是生成（0,1）上的随机数。

假设已经随机选择了 4 个字符串，如图 12.9 的最右边一列所示。换句话说，S_1 和 S_3 出现一次，S_4 出现两次。

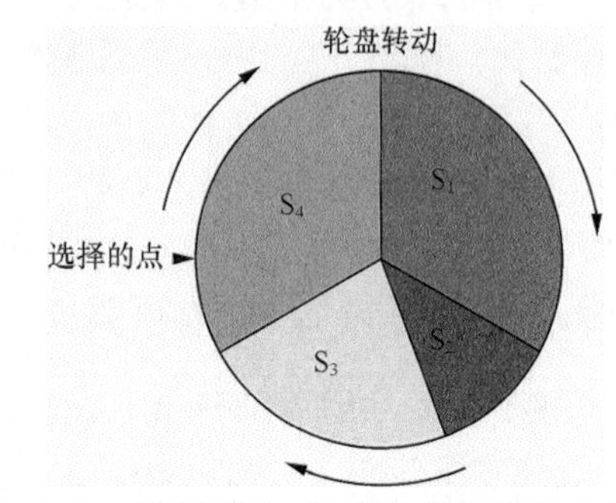

图 12.10　轮盘选择，选中 S_i 的概率与 $f(S_i)/\Sigma f$ 成正比例。$P(S_1)=(3/9)$，$P(S_2)=$（1/9），$P(S_3)=(2/9)$，$P(S_4)=(3/9)$

现在准备使用图 12.11 最左边列中所看到的中间字符串池来形成下一代种群。为了做到这一点，在这些字符串上将应用交叉算子。交叉是一种遗传算子，通过遗传物质共享，从父母字符串中生成后代字符串。例如，如果一位长鼻子的男性与一位小鼻子的女性结婚，那么预计他们的孩子会有中等长度的鼻子。

使用某种形式的交叉，随机选择两名伴侣，接下来随机生成单个交叉点，最后产生两个后代，如图 12.12 所示。

从初始种群中选择的字符串	交配伴侣（随机选择）	交叉点（随机选择）	交叉后的种群	新种群（已应用突变）	F（S_i）新种群的适应度
S_1：1010	2	1	1110	1110	4
S_2：0110	1	1	0010	0110	3
S_3：1101	4	3	1100	1100	2
S_4：0110	3	3	0111	0111	1
				总适应度 =12 最大适应度 =4 平均适应度 =3	

图 12.11　下一代种群的形成。注意，从 P_0 中的两个 S_4 副本、一个 S_1 和一个 S_3 副本开始。但是，为了方便参考，字符串将重新编号为 S_1 到 S_4

父母字符串　　k=4

父母₁：

1	0	1	0	1	1	1

父母₂：

0	1	0	1	0	0	0

后代字符串

孩子₁：

1	0	1	0	0	0	0

孩子₂：

0	1	0	1	1	1	1

图 12.12　具有交叉点 $k=4$ 的两个父母字符串之间的交叉

为了简化讨论，我们忽略了对显性性状和隐性性状的讨论。例如，在人类中，棕色眼睛是显性性状，而蓝色眼睛是隐性性状（双亲都必须携带该基因）。更多相关细节，请参考任何关于遗传学的教材。

假设选择的交叉点是 $k=4$，然后第一个孩子与父母 1 在交叉点（1～4 位）之前以及父母 2 在交叉点之后（5～7 位）的遗传物质相同。类似地，第二个孩子分享父母 2 交叉点之前、父母 1 交叉点之后的遗传物质。在交叉后，得到图 12.11 中第 4 列的字符串。交叉过程完成后，对种群中的每个位应用突变算子。突变以较小的概率反转每个位，将“1”改变为“0”，反之

亦然，概率大约等于 0.001。在自然中，突变有助于确保遗传的多样性。通过突变发生的大多数性状不是有利的，因此会快速消失，然而突变偶尔产生了一些具有生存优势的性状，这些性状将在随后的世代中变得更加普遍。在演示示例中，令突变的概率等于 0.1。

从图 12.11 可以观察得到，S_2 中的第二位产生了突变，将 0010 改为 0110（第 5 列，第 2 行）。新种群的适应度位于最右边一列。注意，种群 P_1 的适应度的平均值、最大值和总体适应度，相对于 P_0 都有所增加。另外，请注意，P_1 中最适应的字符串，S_1 等于 1110，适应度为 4，问题解决了，因此，P_1 是最终的种群。总而言之，我们已经看到，GA 具有以下特点：平行、概率、迭代和盲目。

演示示例用于解释概念或过程，请勿视为实际应用的指导。

我们将问题的解决方案编码为字符串，这个字符串应用了适应度函数。字符串的适应度是该字符串解决问题好坏程度的衡量标准。程序开始于随机生成字符串种群，然后应用选择、交叉和突变的遗传算子生成后续种群，直到在某一代中有一个字符串精确或令人满意地解决了问题。人们还观察到，在求解问题过程中，GA 也有可能无法取得令人满意的进展。图 12.13 说明了 GA 的平行性质。

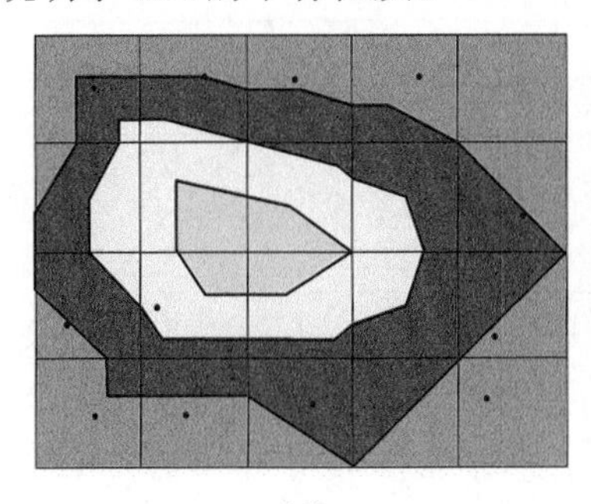

（a）

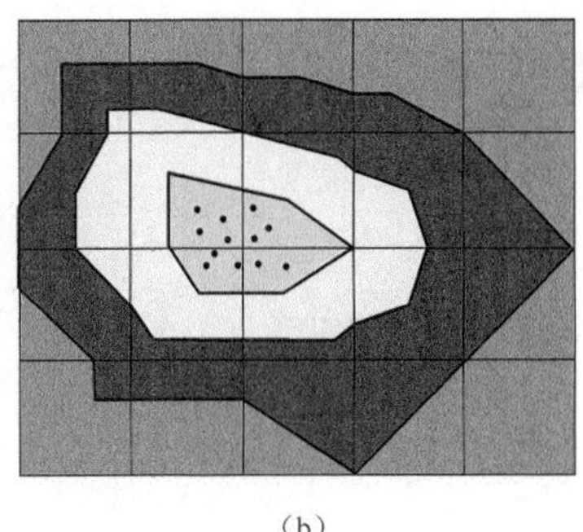

（b）

图 12.13 详述 GA 搜索

（a）随机生成的点遍布搜索空间 （b）可以观察到，在经过一些次数的迭代之后，点正在收敛到全局最优值

GA 的伪代码如图 12.14 所示。

```
Genetic algorithm search

  1. Randomly generate S1, S2, ..., Sn from state space. // Initial
     population of strings - P0.

  2. Calculate the fitness for each string - f(S1), f(S2), ..., f(Sn).
  3. Count = 0
  4.  While count < maxcount and progress being made and ideal
     solution not found.
  5. Count = Count + 1
  6. Select mates from the current population
  7. Apply crossover
  8. Apply mutation
  9. Calculate the fitness for this new population of strings
  10.       // end while

  /*Print the string with the highest fitness from the last
population. If fitness equals ideal fitness (best possible), indicate
that the s olution is exact, otherwise state that it is the best
possible. If no progress is made for several generations, specify that
GA is not converging toward an exact solution. */
```

图 12.14 GA 的伪代码

请参阅下面关于指导机器人到达目标的 GA 搜索示例。

示例 12.1：引导机器人到达目标的 GA

如图 12.15 所示，假设机器人从方格 S 开始移动，必须到达目标方格 G。

在各个方向（东、西、南、北）机器人可以一次移动一个方格。只要没有超出棋盘约束，这个移动就是一个合法移动。例如，机器人在方格 E 时，不能向西移动；在方格 F 时，不能向东移动；在方格 A 时，不能向南移动。在 GA 中，第一步是将解决方案编码为一个字符串。我们分别用字符串 00、01、10 和 11，编码向北、南、东、西移动。假设认为通过 4 次移动可以到达目标，那么 4 次移动的序列可以用长度为 8 的字符串表示。这是一个小问题，可以令种群大小为 4（见图 12.16 中最左侧的列）。

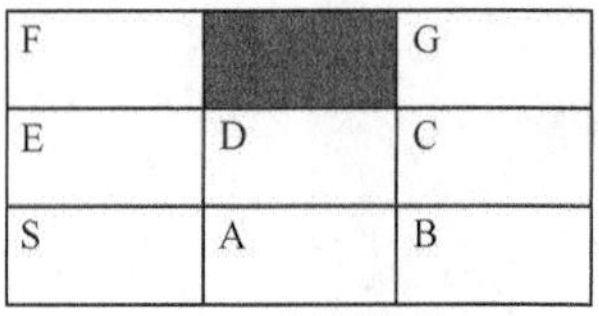

F	■	G
E	D	C
S	A	B

图 12.15　机器人必须从方格 S（起始）到达方格 G（目标）

初始种群	适应度	$P(S_i)=f_i/\Sigma f$	期望值$=f_i/\bar{f}$	实际值
S_1：10101111	0	0	0	0
S_2：10100001	2	1/3	4/3	2
S_3：0001000	2	1/3	4/3	1
S_4：10111000	2	1/3	4/3	1
	总适应度 =6 最大适应度 =2 平均适应度 =1.5			

图 12.16　机器人问题中初始种群 P_0

下一步是确定合适的适应度函数。一个自然的选择是使用到达目标的曼哈顿距离。但是，这可能会出现较好字符串被分配了较低适应度值的情况。我们通常希望将较高的适应度值分配给能够较精确地解决问题的字符串。使用函数 $f(S_i)=4$（字符串 S_i 引导机器人到达目标的距离），就可以满足这个条件。例如，在图 12.16 中，字符串 S_3 的适应度为 2，因为 $S_3 = 00010000$，首先将机器人向北移动一个方格，然后向南移动一个方格（机器人回到方格 S），然后再向北两个方格，使得机器人到达方格 F。回顾一下，从 F 到 G 的曼哈顿距离是两个方格之间距离（而不是实际距离）的估计值。因此，S_3 的适应度等于 2，如图 12.16 所示。按照类似的方式，计算其余的适应度。

如图 12.16 所示，可以观察到，选中了字符串 2 的两个副本和字符串 3、4 各一个副本，构建下一代种群。图 12.17 显示了这个过程的详细信息。在这个例子中，选择了更接近实际情况的突变概率 0.001，因此注意到突变在此模拟中不起作用。在第 1 行第 4 列，我们观察到字符串 1 已经解决了问题，其适应度为 4。此外，请注意，在这个种群中发生了一些有趣的事情。尽管这个种群的总体和平均适应度都下降了，但 S_1 确实把机器人带到了方格 G，稍后我们会对这个异常做出评论。

选自初始种群的字符串	配对体（随机选择）	交叉点（随机选择）	交叉后的种群	F (S_i) 为新种群的适应度
S_1：10101111	2	4	10100000	4
S_2：00010000	1	4	00011111	0
S_3：10100001	4	6	10101000	0
S_4：10111000	3	6	10110001	0
			总适应度 =4 最大适应度 =4 平均适应度 =1	

图 12.17 在模拟中构建的第二代种群

在讨论中，现在你可能会问："为什么 GA 有效？""为什么随机生成的字符串，通过重复的选择、交叉和变异，可以收敛得到一些函数的全局最优值？" Holland 对 GA 收敛的解释用到了图式（schemata）的概念。为了简化这个讨论，假设使用二进制字符串表示 GA 染色体。

如果染色体具有的字符串长度为 L，那么 GA 就有一个在 L 维空间中由 2^L 点组成的状态空间。具体地说，如果令 L=3，那么状态空间就是由图 12.18 所示的立方体的 8 个顶点组成的。一种模式就是在扩展字母系统{0，1，*}中一个字符串，其中不必关心*是什么符号（即*可以匹配 0 或 1）。例如** 0, 1*1 和 110 是 3 种模式，模式的阶是它们包含的原始字母符号的数量。这 3 种示例模式分别具有 1、2、3 阶。Holland[10]和 Goldberg[11]描述了将模式视为表示状态空间子空间的方式。例如，参见图 12.18（c），可以确认模式 0**与 000，010，001 和 011 中的任一个相匹配，表示立方体的前平面，而模式 1*1 匹配 101 和 111，表示右后垂直边，110 就代表这个点本身。比起这些点本身所包含的信息，GA 中的每个种群揭示了更多的信息。每个字符串都提供了关于所有超平面（和子空间）的信息，这对应于包含了每个点信息的众多模式——在文献中，这种性质称为**隐式并行性**，这有助于解释 GA 的健壮性。因此，在每一代中，我们可以获得更多信息，帮助指导搜索。

模式长度定义为 Δ（H），即最右侧和最左侧所出现 0 或 1 之间的距离。例如，模式 1***0 的长度为 5–1 = 4，而 010 **的长度为 2。通过一个交叉点将长度为 L 的模式进行解耦的概率为 Δ（H）/（L–1）。可以观察到，长度较短的模式不太可能受到干扰。定义长度短、高度匹配的图式，我们称之为**构建块**。Goldberg 描述了将这些构建块结合起来形成最佳解决方案的方法。[11] 他把这个过程比作商务会议上的头脑风暴，每位参会者都有一个如何解决所讨论问题的想法。这个想法与其他想法一起，通过一再地取其精华弃其糟粕，互相结合，最终形成了一个所有与会者都同意的想法。假设，GA 必须最小化函数 $f(x)= x_2$，其中，x 是 0 到 127 之间的整数。染色体将由 7 位组成（考虑一下为什么）。你可能会认为模式 000 ****、* 000 *** 和** 00 ***具有较高的适应度。GA 将与这些构建块（以及其他构建块）一起工作，有时会将它们组合起来，和在头脑风暴期间很多想法被组合起来一样。Schema 定理提供了 GA 的数学基础，这个定理指出，可以预期高于平均适应度的模式在下一代将变得更加频繁（对于该定理的更简洁的陈述和证明，参见[10]或[11]）。但是，从短期而言，看到平均或总体适应度后退了几步，这是相当合理的（参见例 12.1）。

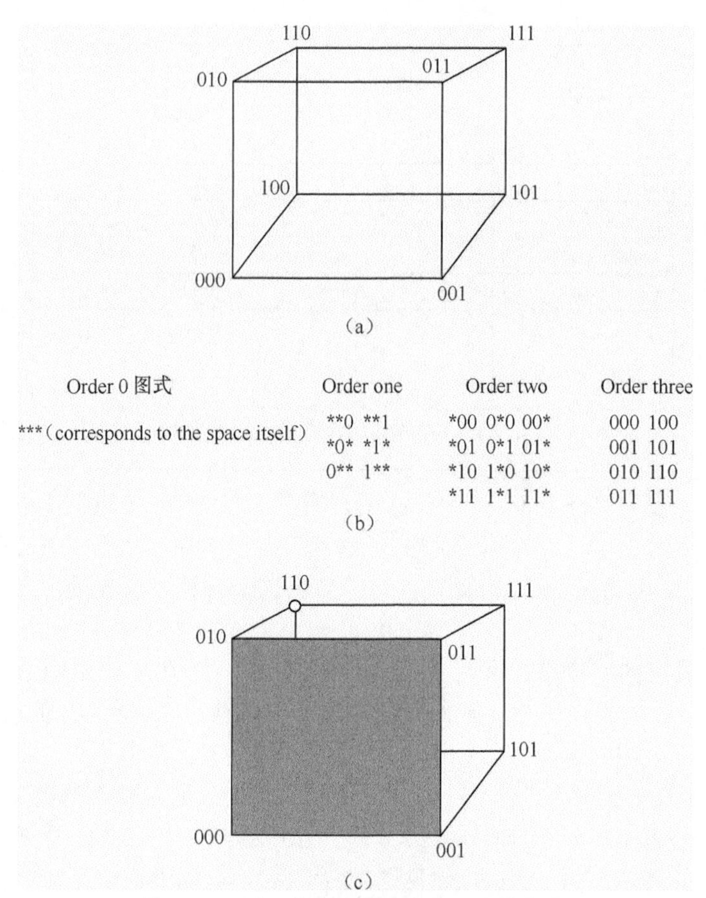

图 12.18　用二进制字符串表示 GA 染色体

（a）染色体长度等于 3 时 GA 的状态空间　（b）字符串长度 $L = 3$ 时的所有模式

（c）三个模式的子空间：由模式 0**（前平面）表示的子空间，模式 1*1

（右后垂直边）表示的子空间，而模式 110 仅仅是左后顶点

这里有几点仍然需要澄清。在早前思考的演示示例问题中，种群规模是 4。实际的 GA 应用通常会使用数百到数千个染色体。计算若干代中所有这些字符串的适应度，需要相当大的计算能力。20 世纪 80 年代后期，GA 才开始流行起来，这与当时处理器速度的巨大增长是一致的，并不奇怪。

我们只提到一个选择的模型——轮盘选择，其实也可使用其他选择范式。其中一个是精英选择，在精英选择中，保证最好或几个较好的字符串被包括在形成下一代的种群中。但是你必须小心，避免**过早收敛**，在过早收敛的情况下，“超级适应”的个体大量繁殖，种群的多样性随之下降，收敛得到局部最佳结果。在自然界中，这被称为**遗传漂移**。由于自然界中动物或植物只需要拥有适合生存的模式（最佳性状不是强制性的），因此，在自然界中，这不是个问题。为了控制遗传漂移，可以根据比例选择，在此过程中，基于种群平均适应度统计学上的比较，进行繁殖。在模拟过程中，可以允许增加选择强度（注意其与 SA 中温度参数 T 的相似性）。最后，在**锦标赛选择**（tournament selection）中，种群被划分为亚群。每个亚群的成员彼此竞争，每个亚群的胜利者将被包括到形成下一代的种群中（与基于国家基础上的奥运选拔赛进行比较）。

在过去几十年里，GA 应用到了许多领域，得到了广泛的认可。GA 已被用于股票市场预测和投资组合规划。Kurzweil[12]表示，目前在股票购买决策中，GA 的应用占到了10%，而这个比例在我们迈向 2050 年时将会大幅飙升。我们也用 GA 来预测外币汇率。GA 特别适用于调度问题。你可能记得，由于轨道卫星超出范围，来自国外的电视报道在电视机屏幕中逐渐消逝（渐隐现象）。2001 年，E. A.威廉姆斯（E. A. Williams）、W. A. 克罗斯利（W. A. Crossley）和 T. J.朗（T. J. Lang）[14]使用 GA 来帮助调度电信卫星轨道，最小化这种渐隐现象。在伦敦希思罗机场，GA 还将机场着陆延迟降低了 2%～5%。[14] 在为反向传播网络寻找适当的权重以及形成适当的网络拓扑方面，GA 也取得了成功。对此有兴趣的读者，请参阅 Negnevitsky[15]和 Rojas[16]的讨论。前面提到，适应度函数不仅应该指出一个字符串是否解决了问题，还应该指出它接近解决问题的程度。Chellapilla 和 Fogel[17]最近的工作值得关注，他们用了一个 GA 来帮助演化 ANN 进行西洋跳棋的博弈。他们的适应度函数仅仅指出结果是赢还是平局。人工神经网络可用于发现博弈策略。他们的 Anaconda 程序在对抗 Chinook（第 16 章）和人类对手时显得非常有竞争力，但是没有取得完全的胜利。它的排名约为 2045，属于专家级别。

12.3 遗传规划

在 GA 中，将问题编码为字符串。人们希望，遗传算子在适应度函数的引导下，迭代地修改这些字符串种群，直到某个字符串解决了给定的问题。在遗传规划（GP）中，我们使用字符串编码，求解问题。遗传算子（类似于上一节描述的）作用于程序本身。这些程序通过类似于计算内省的过程，基于求解问题的程度进行自我评估，重新编写自己、改善性能。GP 与编码成树（而不是编码成字符串）的程序一起工作。GP 适用于基于列表的 LISP（和其他函数语言）。

近期的很多研究集中在线性遗传规划上，用的是如 C++或 Java 之类的命令式语言。

例如，函数 f（x，y，z）可以编码为（$f\,x\,y\,z$），函数 f 后面跟着其参数列表。当程序运行时，计算该函数。在 LISP 中，列表可以由终端和函数组成。x，y，z，1，2，3 是终端的例子，但是<，+，…和 IF 是函数。LISP 程序可以写成嵌套列表的形式，这些列表的语义对应于一棵树。例如，(*x（*yz)）计算的是 x（yz），+（(*xy)（/yz)）对应的是（xy）+（y/z），如图 12.19 所示。

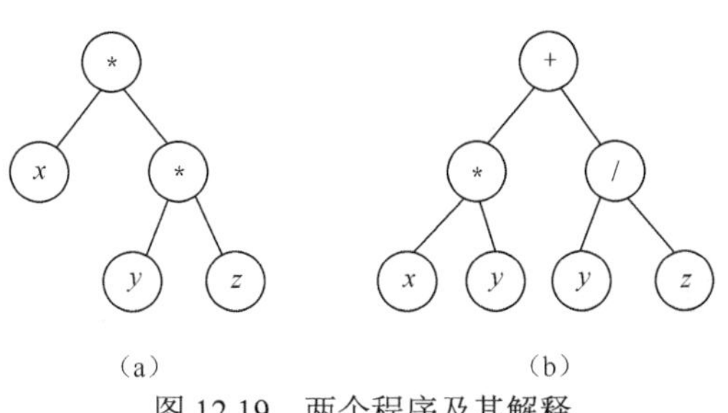

图 12.19 两个程序及其解释

如这些例子所示，在 LISP 中，指令格式是应用了参数的函数格式。

在 GP 中，常见的遗传算子是交叉、逆转和变异。为了应用这些操作，必须识别列表中的断裂点，在断裂点的地方可以发生修改。断裂点可能发生在子列表的开头或终端。

执行交叉的步骤如下（见图 12.20）。

（1）在当前的种群中选择两个程序。

（2）随机选择两个子列表：每个父母一个子列表。

（3）在后代中交换这些子列表。

执行逆转的步骤如下（见图 12.21）。

（1）从种群中随机选择一个个体。

（2）在这个单独的程序中选择两个断裂点。

（3）交换所指示的子树。

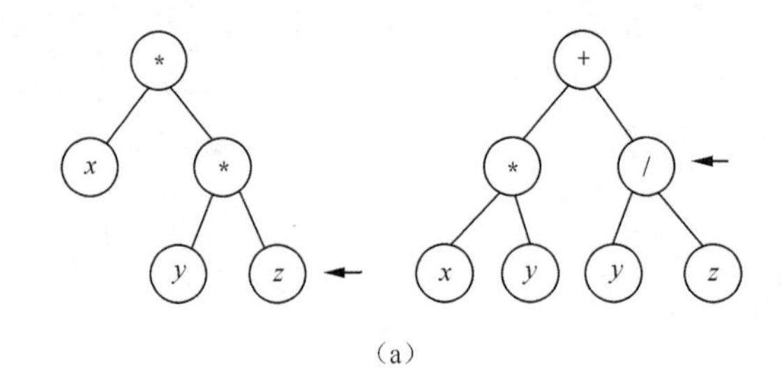

（a）

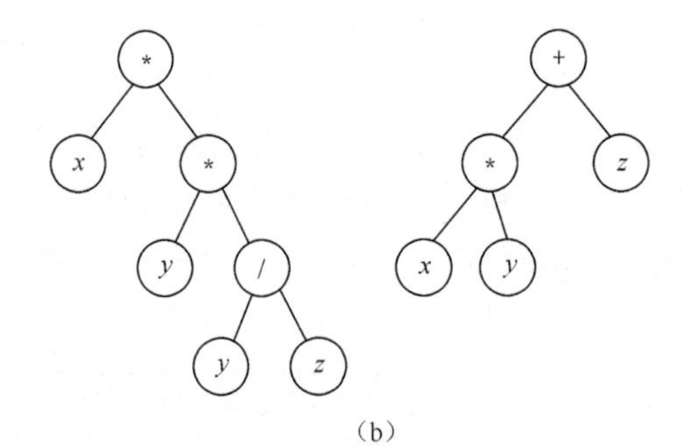

（b）

图 12.20 遗传规划中的交叉

（a）在两个父母中选择的断裂点（←） （b）交叉后的后代

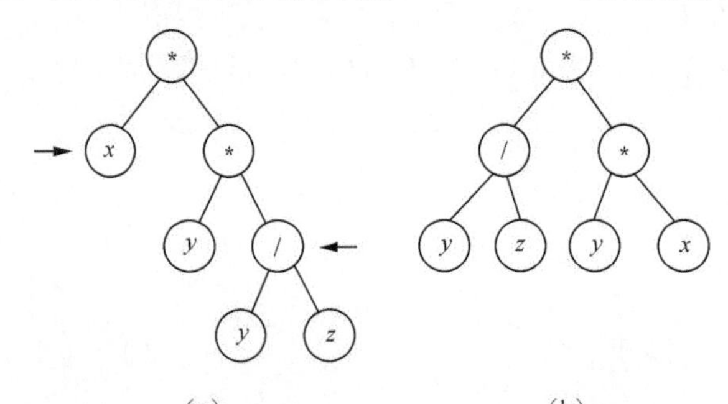

（a） （b）

图 12.21 在一个父母中执行的逆转，产生单个后代

（a）在程序中选择两个断裂点（→；←） （b）逆转后的新程序

最后，执行变异的步骤如下（见图 12.22）：

（1）从种群中选择单个程序。

（2）随机将任何函数符号替换为另一个函数符号；要么将任何终端符号替换成另一个终端符号。

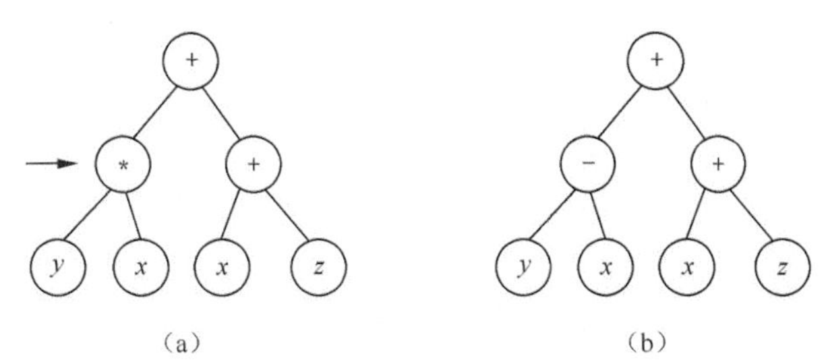

图 12.22 变异改变了单个父母，生成一个后代

（a）变异前的个体也显示了选择节点 （b）变异后。注意，在所选节点处，乘法运算已经变为减法运算

在执行变异时，为了避免错误，必须进行类型检查。例如，必须检查运算对象是数字型还是逻辑型。

GP 的伪代码如图 12.23 所示。

```
1. Randomly generate S1, S2,..., Sn // initial population of programs
2. // For a realistic problem, population can easily be in the
   thousands
3. Calculate the fitness for each program, i.e.: How well does each
   program solve the problem? - f(S1),f(S2),..., f(Sn)
4. Count = 0
5. While Count < maxcount and progress is still being made and ideal
   solution not found.
6. Count = Count + 1
7. Select individuals from the current population
8. Apply crossover
9. Apply inversion
10.Apply mutation
11. Calculate the fitness for this new population of strings
12. // end while

/*Print the string with the highest fitness from the best population.
If the program provides an ideal solution for the problem indicate that
the solution is exact, otherwise state that it is the best possible.
If no progress is made for several generations then specify that the GP
is not converging toward an exact solution.*/
```

图 12.23 GP 的伪代码

上述伪代码的第 1 行值得好好解释一番。在一个 GP 中，我们不能像 GA 那样生成二进制或其他方式的随机字符串。树中表示单个程序的节点包含了函数或终端，这些内容通常称为基因。如果 GP 要取得成功，那么应该仔细选择基因。试思考一个全加器电路（FA），这是一个无实用价值的示例。这个电路有 3 个二进制输入和两个二进制输出（见图 12.24）。输入是要进行加法的两个数字（分别用 x 和 y 表示）——加数和被加数，以及来自右边低位类似单位的进位（C_i）。输出是总和（S）和作为进位信号传递给左侧 FA 的 C_o。

图 12.25 给出了 FA 的真值表，即对于每一组输入，这个表指定了正确的输出。当然，在许多计算机中，为了执行加法，我们要求将 32 位 FA 进行串联（其中 32 是机器的字宽）。

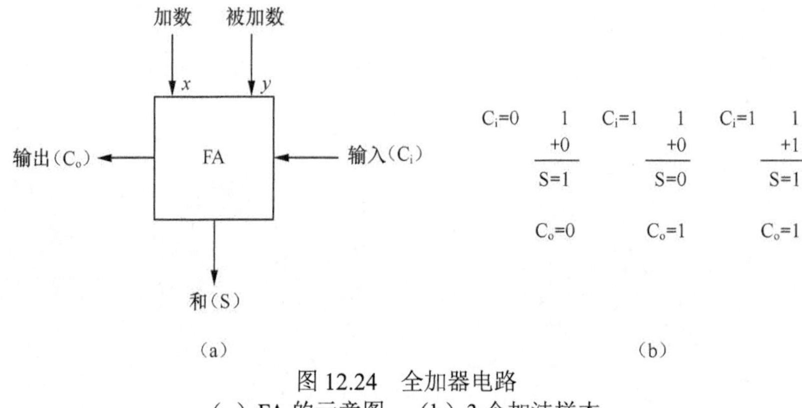

图 12.24 全加器电路
（a）FA 的示意图 （b）3 个加法样本

我们希望 GP 能够构建一个程序，使程序表现得像一个 FA。一组合适的基因是{0，1，+，•，'}。0 和 1 表示终端，+、•和'分别表示或（OR）、与（AND）和非（NOT）函数（见图 12.26）。

x	y	C_i	S	C_o
0	0	0	0	0
0	0	1	1	0
0	1	0	1	0
0	1	1	0	1
1	0	0	1	0
1	0	1	0	1
1	1	0	0	1
1	1	1	1	1

图 12.25 FA 的真值表

x	y	+
0	0	0
0	1	1
1	0	1
1	1	1

（a）

x	y	•
0	0	0
0	1	0
1	0	0
1	1	1

（b）

x	x'
0	1
1	0

（c）

图 12.26 真值表
（a）或（OR）函数 （b）与（AND）函数 （c）非（NOT）函数

我们注意到，任何能够模拟{+，？，'}行为的函数集都是足够的。例如，第 5 章中介绍的 NAND 函数（↑）也能在这里使用。

我们经常认为科扎（Koza）是 GP 之父。他推荐了 3 个策略来生成随机的种群：成长、充实（full）和混合法（ramped-half-and-half）。他还建议，在初始种群中不得重复。

通过成长方法，一棵树可以发展到任何深度，到达某个指定值 m。

随机选择每个节点成为终端或函数。当然，叶节点（树底部的节点）必须是终端。如果选择一个节点成为函数，那么它的直接后代必须是终端，并且必须有一些数量的终端，这个数量应该与函数的元数对应。例如，+将有两个孩子，而–（减法）将只有一个孩子。假设最大的深度 m=3。那么，演示 FA 问题的初始种群中可能的树如图 12.27 所示。

在充实方法中，每棵树的深度等于预定深度 d。例如，如果深度 d=2，那么每棵树将由 3 个层次构成，与图 12.27 从左算起的第五棵树一样。

最后，Koza 描述了混合方法，这是他用来维持在初始种群中增加变异的方法。种群被分为 $m*d-1$ 个部分。每个部分的组成一半是由成长（grow）方法生成的，另一半是由充实（full）方法生成的，如图 12.28 所示。

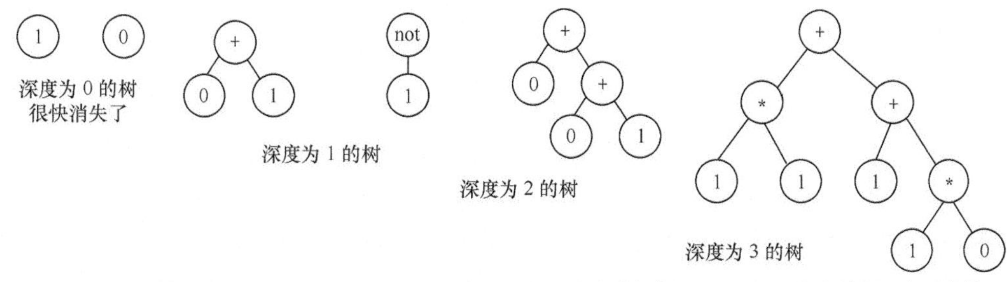

图 12.27 使用成长方法，界限 $m = 3$，初始种群中可能的树［与（AND）是由符号*表示的］

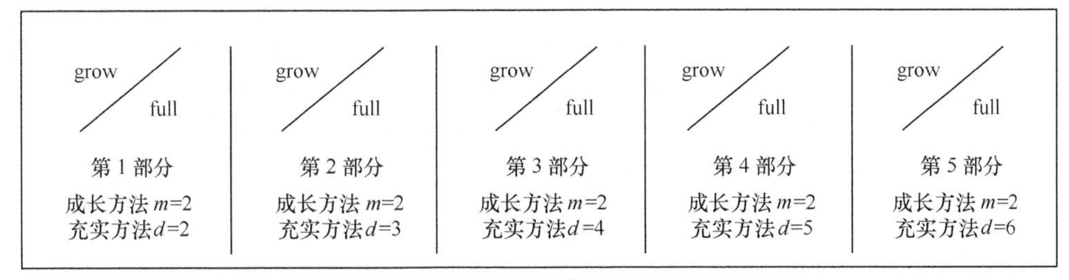

图 12.28 当使用混合方法时 GP 初始种群的组成。在这个例子中，m=2，d=3

GP 已经成功应用于许多领域：天线的设计[18]、现场可编程门阵列、模式识别[19]和机器人技术。[20]在已经获得专利的设备中以及在已发表的新发明中，Koza 引用了相同的功能。[21]

12.4 禁忌搜索

在本章中，我们探讨了基于自然的搜索范式。退火是试图在材料中让原子按照能量最小化进行排列的一种冶金工艺，模拟退火从退火的过程中获得了灵感。进化算法（GA 和 GP）使用算子（受到自然选择的启发），分别找到了解决方案或构建解决这些问题的程序。从表面上看来，本节描述的搜索模式反映了社会习俗。

禁忌（忌讳）是一种文化行为，这种行为即便不被人们明令禁止，也会让人厌恶。随着时间的推移，曾经是禁忌的行为，现在有可能已为人们所接受。例如，年长的女人与年纪较小的男人约会，这曾经是一种禁忌，但是，这种行为现在已经是可以接受的了。

20 世纪 70 年代，弗莱德 • 格洛费（Fred Glover）[22]提出了禁忌搜索（Tabu Search, TS）算法。这种算法采用了两种类型的列表：**禁忌表**和**特赦表**。回想一下，为了防止收敛到局部最优值，SA 使用了温度参数 T，允许以一定的概率向后跳跃：TS 也允许向后跳跃。禁忌表的出现是为了防止重新访问搜索空间中先前的点，同时也是为了防止循环。如果移动可以明显地增加目标函数 $f(x)$的值，例如 $f(x^*) \geqslant$任何以前访问的点，那么尽管移动到 x^*是一种禁忌，也将是允许的。特赦表监督了这些条件。

回顾 12.2 节的一个问题，以说明一种简要形式的 TS。同样，机器人必须从方格 S（起点）到达方格 G（目标）。图 12.29 重复了图 12.15 的样子。

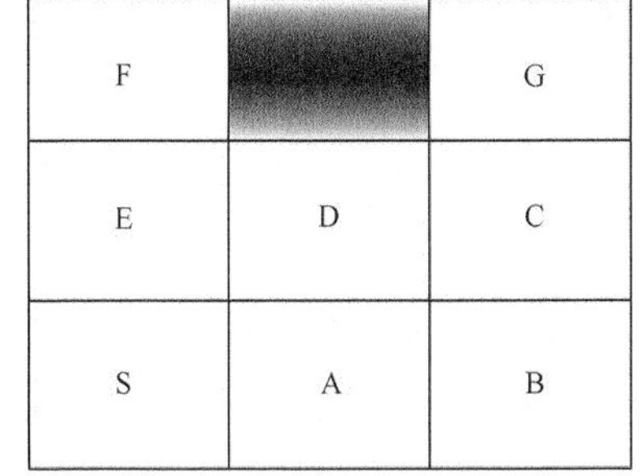

图 12.29 机器人必须从方格 S（起始）到达方格 G（目标）

TS 可以通过随机选择起始点或使用基于贪心的方法开始搜索。用字母表（“N”“S”“W”“E”）、大小为 4 的序列，来表示这个问题的一个可能解决方案，其中字母表符号分别代表向一个方向移动一个方格：北（N）、南（S）、西（W）或东（E）。使用一个随机可行的解开始搜索，但是不能让机器人跑出棋盘（欲知详细细节，见 12.2 节）。起点可以是：x_0 = ENWS。再次使用适应度函数 $f(x_i)$= 4 执行样本点 x_i 移动后到达目标的曼哈顿距离。TS 术语称函数 $f()$是目标函数，在 TS 中的解不一定是字符串，因此使用 x_i 而不是 s_i。在例子中，x_0 将机器人向东移一个方格，然后向北移一个方格，再向西移一个方格，最后向南移一个方格，最终将机器人带到了起始位置方格 S。因此，目标函数 $f(x_0)$等于 4–4 = 0。

如果说 TS 有一些生物学支持，那么这些支持就是记忆在决策中的重要性，决策应随着经验的增加有所改进。TS 使用**短期记忆**和**长期记忆**，根据新近的禁忌表将短期记忆纳入搜索。最近访问的状态空间中的状态，在一段时间内都不能被重新考虑访问，这称为**禁忌占有期**。实际上，移动 m 可以将一个点 x_i 转换成另一个列表的 x_j（其中 $x_i + m = x_j$）。这种策略鼓励探索。长期记忆反映在特赦标准的使用中。前面提到，如果 $f(x^*)$优于任何以前访问的点 x_i，那么即使 x^*被禁忌表禁止，访问 x^*也是一个特赦标准。其他特赦标准如下。

（1）默认特赦。如果所有的移动都是禁忌，那么选择最久以前的移动。

（2）定向特赦。这个移动过去有利于改善 $f(x)$的值。这种启发促进了开发。

（3）影响特赦。这个移动有利于引导到状态空间中未被探索的区域。这种启发有利于探索。[23]

长期记忆还包括基于频率的禁忌表。自搜索开始，该表监测每个移动的使用频率。

现在回到演示问题。令 x_0 = ENWS，并且 $f(x_0)$= 0，让一个移动对应于单一步骤的改变。当选择移动时，需要确保存在从 x_0 到最优解的一条路径。对于这个简单的问题，不用担心这个条件，但是当遇到更实际的问题时，这个条件是不可忽视的。人们观察到这个问题在状态空间中有 4^4（256）个点。其中有许多点对应于不可行的解决方案（将机器人带出网格）。样本点 x_j 的邻域 $N(x_j)$，对应于从 x_i 经过一步移动就可以到达的所有点。

更确切地说，应该将在时间 k、x_j 的邻域称为 $N(x_j,k)$，这是因为随着搜索的进行，邻域会改变（并且各种禁忌标准和特赦标准也会被修改）。在中等规模或大规模的问题中，内存的使用也可能成为 TS 的关注点，这一点并不奇怪。在时间 0（搜索刚刚开始）、x_0 的邻域 $N(x_0,0)$包含了 12 个额外的样本点（包括 x 本身）。要看到这一点，只须观察在 4 个方向中任意一步移动都可以转变成向其余 3 个方向的移动。我们认为，这 12 个样本点中，有一些是不可行的，例如，ENNS 试图进入 F 和 G 之间的方格，这就是不可行的。所做出的任何移动都会反映在基于最近事件禁忌表（RTL）中。最初，这个表的格式如下：

1	2	3	4
0	0	0	0

RTL

RTL(i)=j 指的是样本点的步骤 i 最后一次修改的时间是 j。可以看到，由于一开始没有任何移动，因此这个列表的所有元素初始化为零。

假设在时刻 1 选择 x_1，这属于 N（ENWS，0），等于 ENWN。请注意，由于 ENWN 将机器人留在方格 D 中，这到方格 G 的曼哈顿距离为 2，因此 $f(x_1)$=f(ENWN)= 2。现在，基于最近事件的禁忌列表为：

1	2	3	4	RTL
0	0	0	1	

在 RTL（4）中，“1”表示这个步骤最后改变的时刻为 1。任何移动将会保留在禁忌表中 k 个时间单位，换句话说，这些移动无法再次进行，直到过了足够的时间。这个数量 k 称为禁忌保留期，人们必须指定这个数值。令 k=3，因此，步骤 4 不能再次修改，直到经过了 3 个时间单位，换句话说，直到时刻 4。在这个例子中，如果禁忌保留期的值设置得太高，比如说 $k = 4$ 或 5，会发生什么情况呢？

在时刻 2，因为没有其他的移动使机器人更接近方格 G，所以将 x_1 = ENWN 修改为 x_2 = EEWN。我们已经修改了第二步，即将 N 改为 E。可以看到，EEWN 也将机器人带到方格 D，因此 $f(x_2)$仍然等于 2。RTL 显示为：

1	2	3	4	RTL
0	2	0	1	

在时刻 3，步骤 2 和 4 不能修改（它们是禁忌）。通过将步骤 3 从 W 改变为 N，得到 x_3 = EENN。最后，禁忌表为：

1	2	3	4	RTL
0	2	3	1	

但是更重要的是，所提出的这个解决方案的适应度为 $f(x_3)$= 4–0 = 4，因此 EENN 将机器人送往方格 G 时，问题已经解决了。就使用基于频率的禁忌表和特赦表的 TS 来说，我们很难构建出演示示例，因此，想使用 TS 解决现实世界问题的读者可以参考 Glover[24]和 Glover 和 Manuel[25]的文献。图 12.30 为 TS 的伪代码。

```
1. Randomly choose an initial solution x0. // A Greedy method can also
     sometimes be used to get started.

2. Calculate f(x0)  // Objective function.

3. Initialize tabu list // Fill in RTL with all 0's.

4. Count = 0

5. while Count < maxcount and progress being made and ideal solution
    not found.

6. Count = Count + 1

7. Choose xt in N(x, t) - (tabu elements)  //  Observe that the
                              neighborhood changes with time
8. Calculate f(xt)

9. Update the tabu list RTL

10.  //  end while

/*Output the last solution xt and indicate whether this represents an
ideal or approximate solution. */
```

图 12.30 TS 的伪代码

TS 成功地用于解决许多调度和优化问题，并应用于 VLSI 设计模式分类和许多其他问题领域。[26,27,28]

12.5 蚂蚁聚居地优化

在第 1 章中，我们将智力定义为应对日常生活需求、解决所出现问题的能力。最后指出，在实体中，智力不是一种二进制属性，也就是说，不是以是否存在，而是以程度来衡量的。如果对这个星球上最聪明的生物进行评分，那么是否有人将蚂蚁列在“十大名单”之中？这是有待商榷的。但是，蚂蚁聚居地表现出非凡的智慧。蚂蚁聚居地展示出来的智慧是一种**突现行为**的例子，这是一种来自较低层次，却在某一个层次不可预见的行为。学科中这样的一个示例是人类的意识。人的大脑由十亿（10^{10}）至百亿（10^{11}）个神经元组成，这些神经元被分类成处理视觉和听觉输入，以及控制呼吸、运动和其他生理功能。对于意识而言，这似乎没有规则，但是这存在于人们的“自我”意义中。这也是一个**自下而上设计**的例子，其中较低层次基于规则的组织获得了意想不到的、较高层次的行为。

此处，作为原动力的突现行为是蚂蚁聚居地出现的一种明显的智慧。蚂蚁可以被视为“智能体”——这是能够感知环境，与其他“智能体”沟通，对变幻莫测的环境做出响应的实体。M.多里戈（M. Dorigo）是第一个认识到蚁群行为可应用于组合优化的人。[29]

人们感兴趣的一种行为是蚂蚁觅食。如果在蚁群附近放置食物源，那么蚂蚁将创建一条小径，使得聚居地的蚂蚁能够找到并获得这种营养物（见图 12.31）。

在图 12.31（a）中可以看到，蚂蚁最终会发现食物源。然后，这些“侦察员”在返巢的旅程中，通过形成化学踪迹召集同伴；它们可以通过留下信息素来做到这点，这些信息素是在蚂蚁的肠道或特殊腺体中所产生的小量化学剂。这种在昆虫之间的间接通信被称为共识主动性，其具有如下一些优点。

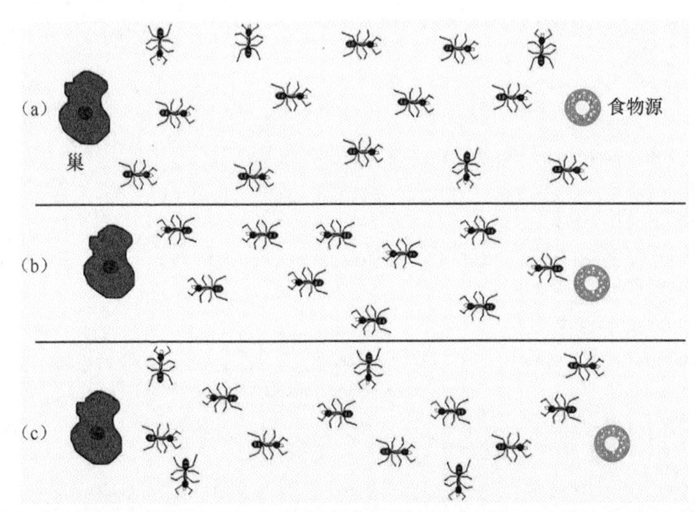

图 12.31 蚂蚁创建了一条从巢到食物源的小径，然后沿着这条小径前进
（a）觅食蚂蚁最终会发现食物源 （b）然后这些“侦察员”会召集同伴
（c）并不是每只蚂蚁都遵循规定的小径

（1）一只昆虫不需要知道与其通信的其他个体的位置。

（2）如果发信者死亡了，这种通信方式将比发信者的生命更长久。

信息素路线鼓励其他聚居地成员利用这些信息。但是，如图 12.31（c）所示，并不是每只蚂蚁都遵循规定的路线。在这种情况下，觅食者这种看似随机的行为促进了探索——在这个上下文中也就是搜索可替代的食物来源。

我们提到，蚁群行为适用于组合优化问题。我们刚才讨论的创建小径并沿着小径的现象，使得一些种类的蚂蚁能够找到食物来源与其聚居地之间的最短路径。Goss 及其同事[30]，以及 Deneubourg 及其同事[31]进行了几项实验，证明了这一优化能力。如图 12.32（a）所示，食物源和蚂蚁聚居地之间有不同长度的两条路径：一开始，巢是封锁着的。如图 12.32（b）所示，一旦移开路障，一开始，蚂蚁对选择哪一条路径并无偏好。但是，如图 12.32（c）所示，蚂蚁一段时间内沿着这两条路线前进之后，显然对较短路径有偏好。

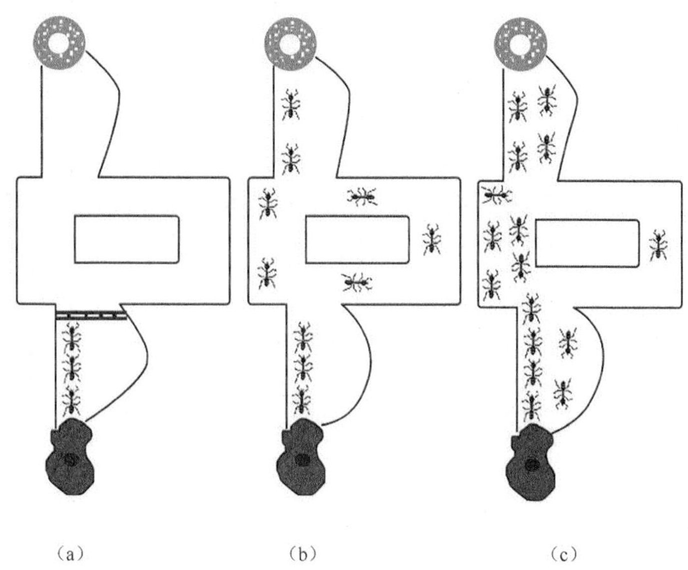

（a）　（b）　（c）

图 12.32　蚂蚁找到从巢到食物源的最短路径

（a）最初巢是孤立的　（b）移除障碍，我们看到，在两条路径上的交通流看起来是随机的　（c）通往食物源的最短路径表现出较重的交通流（开发），而在另一条路径也发现了一些觅食者（探索）

同样，一些蚂蚁继续穿过较长的路径，这是一种探索形式。关于信息素的进一步说明是：随着时间的推移，这种化学物质会挥发。这句话可以帮你解答，在这个实验中为什么蚂蚁明显偏爱较短的路径。

选择较短路径有生物学上的优势。这样蚂蚁在食物收集中消耗的能量更少，因此更快地完成了这项任务；这使得它们避免与其他聚居地蚂蚁竞争，以及与可能的掠食者对抗。Dorigo 及其同事[32]采用人造蚂蚁和人工信息素小径来解决旅行推销员问题的实例（第 2 章和第 3 章中的 TSP）。在模拟中，一群人造蚂蚁从一个城市旅行到另一个城市；旅程是独立随机的，但是在路径上有遗留的信息素。

信息素沉积的量与特定旅程的总长度成反比。由于信息素的挥发，较短的旅程比较长的旅程含有更多的信息素。蚂蚁多次进行这个旅行，在随后的旅程中，更多信息素的旅程将得到更多的蚂蚁访问。在所谓的简单蚁群优化算法（S-ACO）中，图中的每个边 (i,j)

都有一定数量的人造信息素 τ_{ij}。每个“智能体”（人造蚂蚁）都能够在路径上留下信息素，还可以感测其他“智能体”所留下的信息素。根据以下式子，各智能体以某种概率决定下一个访问的节点：

$$p_{ij}^{k}(t)=\begin{cases}\dfrac{\tau_{ij}(t)}{\sum_{j\in N}\tau_{ij}(t)} & j\in N\\ 0 & \text{其他}\end{cases}$$

在时间 t 内，位于节点 i 处的蚂蚁 k，将选择访问节点 j 的概率由 $p_{ij}^{k}(t)$ 表示；在时刻 t，边[i，j]的信息素水平为 $\tau_{i,j}(t)$；N_i 是相邻节点的集合。当一个“智能体”遍历边（i，j）时，它沉积了一定数量的信息素 $\Delta\tau$。因此，信息素水平根据下式进行更新为

$$\tau_{i,j}(t)\leftarrow\tau_{i,j}(t)+\Delta\tau$$

但是，将信息素挥发也用作参数时，我们可以获得更健壮的结果，得到

$$\tau_{i,j}(t)\leftarrow(1-p)\,\tau_{i,j}(t)+\Delta\tau$$

其中，信息素衰变速率由取值范围为[0,1]的 p 表示。[33] ACO 的早期工作主要集中在离散优化领域。ACO 成功地解决了车辆路由问题（VRP）[34,35,36]，以及网络路由、图形着色（见第 2 章和第 3 章中的参考练习）、机器调度和最短公共超序列问题。[37]

引起研究人员关注的蚂蚁聚集地的其他行为是尸体聚类。在一些蚂蚁物种中，人们观察到，工蚁将收集死蚂蚁（和蚂蚁的肢体）形成与坟场相似的聚类。[38,31] 图 12.33 详细描述了这种现象。

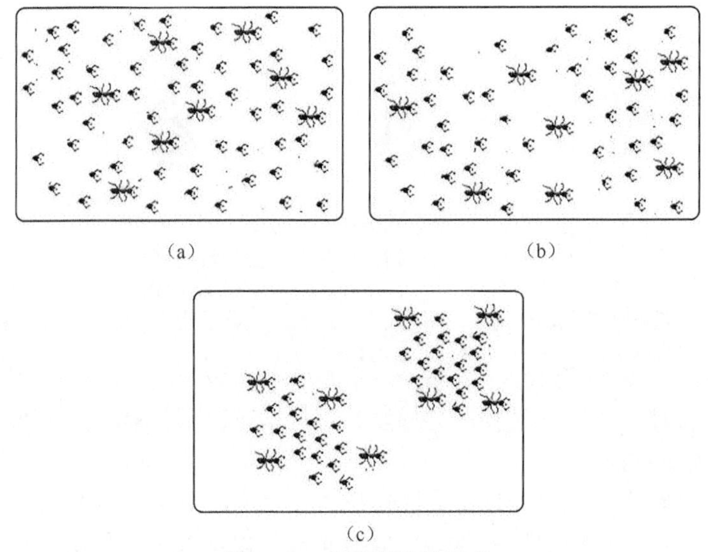

（a）　（b）

（c）

图 12.33　蚂蚁墓地的形成

最初，尸体是随机分布的。几个小时之后，你可以观察到工蚁已经开始在堆尸了，形成了尸体簇。

我们相信，出现的聚类是尸体之间吸引力的结果，这是由工蚁推进的。随着小型尸体簇的增长，更多的工蚁被吸引而来，堆积更多的尸体。这种正面形式的反馈形成了越来越大的簇。另一个相关的行为是由一个种类的蚂蚁对其幼虫的排列，在这种过程中，工蚁收

集幼虫。孵蛋窝的安排是中心放置较小的幼虫，外围放置较大的幼虫。[39] 这两种行为导致了蚂蚁聚类算法或 ACA 在数据聚类中的应用。

展望未来几十年，人们可以设想，应用微型机器人和纳米机器人在手术中以及在人体内部分配药物。

蚂蚁不是唯一的社会性昆虫。蜜蜂、黄蜂和白蚁也受到了广泛的研究。人们可以使用群体（swarm）称呼合作式“智能体”任何结构化的聚集，[40] 因此一群鸟也可以被视为一个群体。群体智慧指的是在较近距离条件下，工作的合作式“智能体”群体中出现的智能。在本节中，我们讨论了蚁群，将其作为群体智慧的一个例子。一个新的研究领域是群体机器人，其中由相对简单的规则管理的自主机器人智能体将表现得像一个蚂蚁社群。

这些小型机器人群体将在以下几个领域重现蚂蚁行为：觅食、尸体聚集、集体捕食检索以及围绕着食物源的聚集。Krieger、Billeter 和 Keller 的文章[40]，以及 Krieger 和 Billeter 的文章[41]都进行了觅食模拟。Beckers 及其同事对物体聚类集进行了研究。[42]Kube、Zhang[43,44,45] 以及 Kube、Bonabeau[46] 进行了合作推箱子的研究，其中，微型机器人合作移动超出任何单个机器人能够推得动的箱子。

12.6 本章小结

我们已经看到，人工智能研究人员收集了有用的搜索范式。前面讨论的许多优化算法，例如爬山（见第 3 章）和梯度下降（见第 11 章），都有倾向于收敛到局部最优的缺点。

模拟退火受到了退火冶金工艺的启发。如果要让金属中的原子达到能量最小值，则首先必须加热这些分子，激发它们，然后让其缓慢冷却。在 SA 中，达到全局最优值可能首先涉及在状态空间中跳转到具有较低目标值的点。

GA 和 GP 借鉴了选择、交叉和变异的遗传算子，促进字符串收敛，得到问题的解，就像生物系统朝着与其环境适应的一致方向收敛。在本质上，生物体的演化是个平行的过程，它发生在整个种群中。此外，一个物种适应（不断变化）环境需要经过许多代。由于种群中的个体不能有意识地改变自身，提高自己的适应性，因此这种适应必然是盲目的。

因此，诸如 GA 和 GP 之类的进化算法是平行、迭代和盲目的过程。

拉马克（Lamarch）是一位法国植物学家，他赞同这一理论，即个体所获得的性状可以传给其后代。但他的理论没有得到现代遗传学家的高度重视。

禁忌搜索利用人类不断变化的信仰，设计出一种促进探索的搜索。最近访问的那部分状态空间，在一段时间过去之前仍然被禁止访问。如果有足够好处，可以忽略这个禁忌，这些“自由通行证”包含在特赦表中。

在蚂蚁聚居地中，蚂蚁之间存在社会化行为，其交流是通过化学剂的传播间接发生的，这是 ACO 和 ACA 算法背后的动力。从一大群近距离、互相交流和自治的“智能体”中涌现出的智能，称为群体智慧。人们已经成功地将这些智能行为的模型应用于小型机器人群体，并且只要能够实现小型化，这在未来也大有前途。

在所谓的自然计算中，有几个研究学科我们没有讨论过：

- 免疫计算——对动物的免疫系统进行建模，这在语音识别和计算机病毒检测系统中取得了一些成功。
- 生命体系——对生物系统行为进行建模，深入了解这些系统的模拟。
- 量子计算——美国政府期望在不久的将来能够拥有基于量子物理学计算机的可行模型（在亚原子级别的交互不遵循日常生活的传统物理原理）。对于某些搜索问题，人们预计这样的计算机可以高度并行。
- DNA 计算——对涉及人类 DNA 转录的算法进行建模的计算机系统。这些计算机有能力复制处理器，此时需要更多的计算能力。

讨论题

1．退火与 SA 之间的关系是什么？

2．简述搜索算法中开发和探索的定义。

3．在搜索中，倾向于开发、不倾向于探索的缺点是什么（提示：思考爬山）？

4．温度参数 T 如何帮助 SA 平衡开发和探索？

5．解释 GA 中使用的遗传算子：选择、交叉和变异。

6．你认为哪个算子对 GA 更有用处——交叉还是变异？说明理由。

7．还有一种未讨论的选择算法，那就是吝啬选择，这种选择是选中种群中的最差成员参与繁殖。你预计这种方法有什么优势？

　　a．如果增加 GA 中的种群大小，会有什么优势吗？

　　b．缺点是什么？

8．假设使用 GA 来解决 TSP 的一个实例，那么执行交叉时，必须采取什么预防措施？

9．在 GA 中，还有一个遗传算子没有讨论，那就是倒位。在染色体上随机选择两个位点：0 ^ 0100 ^ 11，然后反转两点之间的字符，将其变成 10001012。

　　a．你认为倒位能够纠正何种可能的问题？

　　b．我们进行这个操作的方式有什么错误？

10．GA 和 GP 之间的主要区别是什么？

11．在 GP 中，对于选择树高方面，你预计有什么问题？科扎的混合方法是如何解决这个问题的？

12．关于禁忌搜索，请回答以下问题：

　　a．在禁忌搜索中，禁忌表是鼓励开发，还是鼓励探索？

　　b．特赦表是鼓励开发还是鼓励探索呢？

13．在禁忌搜索中，列出 3 个特赦标准，并解释它们为什么有帮助。

14．什么是共识主动性？为什么说这是一种有用的沟通方式？

15．解释最短路径示例中信息素挥发的作用。

16．观察图 12.32，一些蚂蚁不遵循从巢到食物源的最短路径。这些一般被认为误入歧途的觅食者，有什么有用的目的？

17．你能预见到蚂蚁墓地形成的例子可能有哪些应用？

18．在宏观和微观层面上，列举几个群组机器人未来的应用。

练习

在某种程度上，本章的搜索方法使用了概率（我们未讨论过 TS 的随机版本）。蒙特卡罗（Monte Carlo）模拟使用概率工具来逼近"困难"的函数。想象一下你在以下飞镖盘上玩飞镖。如图 12.34 所示。

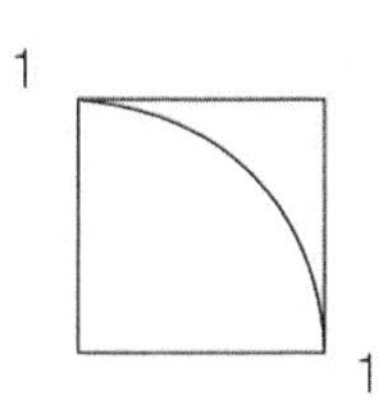

图 12.34　一个方形飞镖盘，每侧 1 英尺

1. 飞镖盘上绘制的是 1/4 圆。往盘上扔 100 支飞镖。假设所有的飞镖都随机打到了板上的某个地方。如何用这个实验来逼近 π 的值呢？

2. 为 4 皇后问题设计 GA 的解决方案（见第 2 章）。一定要指定表示方法和适应度函数。

3. 为传教士和食人者问题设计一个 GA 解决方案（见第 2 章）。

适应度函数如何测量接近目标的程度？它如何防止不安全状态的发生？

4. 设计一个 GA 解决方案来确定图的色数（见第 2 章）。

适应度函数如何避免不可行的解决方案？它如何奖励使用较少颜色的解决方案？

5. 为 15 拼图问题设计一个 GA 解决方案。

6. 如何创建一个有能力玩足球的 GA？

7. 如何为迭代的囚徒困境（见第 4 章）设计基于 GA 的策略？

8. 设计 GP，确定图的色数（参考上面第 4 题）。你将需要使用以下函数：

   a. 给节点分配颜色。

   b. 必要时，改变节点颜色。

   c. 计数所使用的颜色数。

9. 在达尔文进化论之前，人们认为生物系统是由上帝（或类似上帝的人物）设计的。威廉·佩利（William Paley）是一位神学家，他在 1802 年的《Natural Theology [47]》一书中提出了钟表匠的观点：手表是一种复杂工艺品。如果你在路边找到手表，并仔细检查其内部工作，那么你可能会得出结论，一些人类钟匠师设计了它。同样，他认为生物系统也很复杂。人们可以很自然地得出结论：上帝必须对设计负责。你是否相信佩利的论据？在回答之前，你可能希望先阅读达尔文的《The Blind Watchmaker》[48]一书。达尔文认为，通过自然选择进化可以被视为是一个盲目的制表师。

编程题

1. 编写程序，使用蒙特卡罗模拟近似 π 的值（见上文练习 1）。注意，使用[0，1）上的随机数对而不是飞镖。

2. 编写程序，使用 GA 解决 4 皇后问题（见练习中的第 2 题）。

3. 编写程序，使用 GA 解决传教士和食人者问题（见练习中的第 3 题）。

4. 编写程序，确定图的色数（见练习 4）。在图 2.39 和图 2.40 所示的图上测试程序。

5．编写程序，让 GA 解决 15 拼图问题。程序的输入是随机排列的方块。输出是按顺序排列的方块或无解决方案的消息（回顾一下，有一半的排列是无法达到的）。

6．为基于 GA 的 tic-tac-toe 游戏者编写一个程序。

7．编写程序，使用 GA 制定迭代囚徒困境策略。

使用科扎的混和方法，为问题 8 和 9 形成初始种群。用不同的 m 和 d 值进行实验。

8．编写程序，使用 GP 构建一个完整加法器。

9．编写程序，使用 GP 确定图形色数。在图 2.39 和 2.40 所示的图上测试程序。

10．编写程序，使用 GP 解决汉诺塔问题（见第 6 章），$n = 3$ 个圆盘。

11．最小 k 树问题是在标记图中找到一个树 T，使得 T 具有 k 条边，并且总成本最小。对于图 12.35 所示的图，最小 3 树的成本= 9。

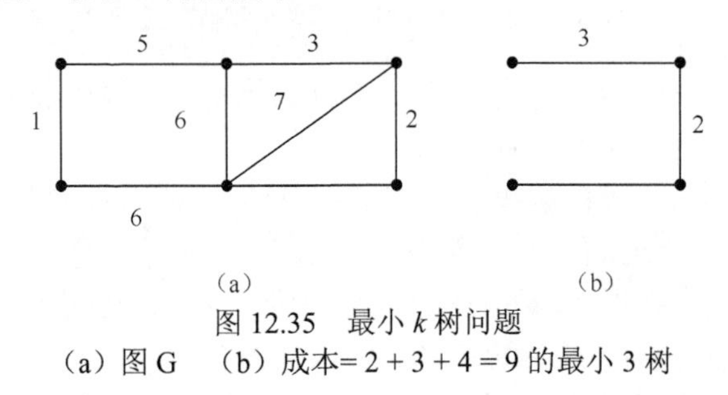

图 12.35 最小 k 树问题

（a）图 G （b）成本= 2 + 3 + 4 = 9 的最小 3 树

12．编写程序，使用 TS 在图中找到最小 k 树。在图 12.36 所示的图上测试程序，其中 $k = 4$。

程序从一个基于贪心的解决方案开始，首先选择最小的成本边和与该边相邻的 3 个额外的边（由图 12.36 中的粗线描出）。搜索中的动作包括添加相邻边和从树中删除单边。你可能希望参考 Fred Glover 和 Manuel Laguna 的《禁忌搜索》[49]。

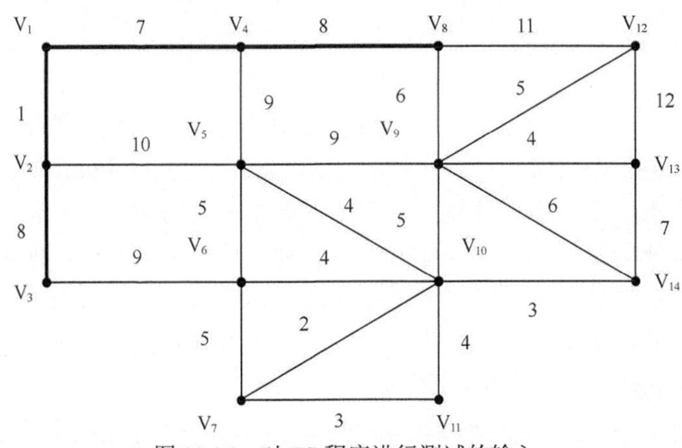

图 12.36 对 TS 程序进行测试的输入

13．编写程序，使用 S-ACO 来解决第 2 章所述的最短路径问题。在图 2.14（a）上测试程序。使用不同信息素沉积物水平进行测试。同时，在采用或不采用信息素挥发的情况下，比较所获得的结果。

14．在欧几里得 TSP 中，在某个方框中，顶点随机排列（见图 12.37）。由于 P_1 和 P_2 之间的距离可以由 $d(P_1,P_2) = \text{sqrt}[(x_2-x_1)^2 + (y_2-y_1)^2]$ 计算得出，因此不提供任何成本矩阵。编写程序，解决 $n = 25$ 时，欧几里得 TSP 的一个实例，使用：

a．SA。

b．GA。

c．禁忌搜索。

f．使用各种不同 d 值进行实验（切割数参考 12.1 节中的讨论）。

e．对于这个问题的 B 部分，尝试使用各种种群大小。讨论得到的结果。

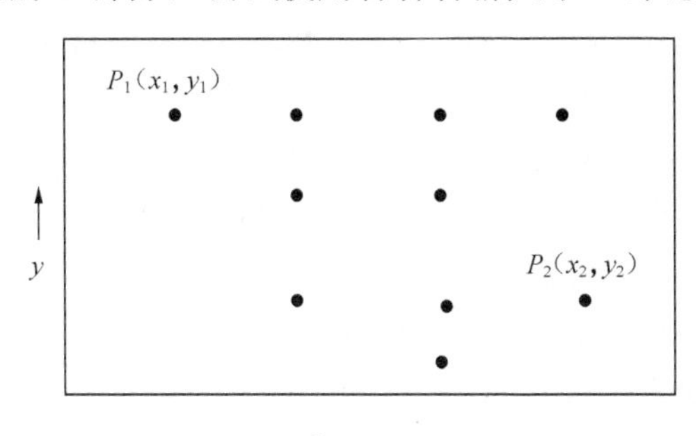

图 12.37 具有 $n = 10$ 个城市的欧几里得 TSP 实例

参考资料

[1] Sambamurty A V S. Genetics, 2nd ed. Oxford: Alpha Science Int'l Ltd, 2005.

[2] Kirkpatrick S,Gelatt C D,Vechi M P. Simulated annealing. Operations Research 39: 378–406, 1983.

[3] Cerny V. Thermodynamical approach to the traveling salesman problem: An efficient simulation algorithm. Journal of Optimization Theory and Applications 45: 44–51, 1985.

[4] Metropolis N, Rosenbluth A, Rosenbluth M, Teller A, Teller E. Equation of state calculations by fast computing machines. Journal of Chemical Physics 21: 1087–1092, 1953.

[5] Darwin C. The Voyage of the Beagle. New Ed. New York, NY: Random House, 2001.

[6] Darwin C. The correspondence of Charles Darwin, Volume VI. The English Historical Review 109: 1856–1857, 1994.

[7] Darwin C. Origin of Species. New York, NY: Bantam, 1859.

[8] Holland J. Adaptation in natural and artificial systems, 2nd ed. Cambridge, MA: MIT Press, 1992.

[9] Molfetas A, Bryan G. Structured genetic algorithm representation for neural network evolution. Proceedings of Artificial Intelligence and Applications, Innsbruck, Austria, Feb.12–14, 519–524, 2007.

[10] Holland J. Adaptation in Natural and Artificial Systems. Ann Arbor, MI: University of Michigan, 1975.

[11] Goldberg D E. Genetic Algorithms in Search, Optimization, and Machine Learning. Reading, MA: Addison-Wesley, 1989.

[12] Kurzweil R. The Age of Spiritual Machines. New York, NY: Penguin Books, 1999.

[13] Williams E A, Crossley W A, Lang, T J. Average and maximum revisit time trade studies for satellite constellations using a multiobjective genetic algorithm. The Journal of the Astronomical Sciences 49: 385–400, 2001.

[14] Beasley J, Sonander J, Havelock J. Scheduling aircraft landings at London Heathrow using a population heuristic. Journal of the Operation Research Society 52: 483–493, 2001.

[15] Negnevitsky M. Artificial Intelligence: A Guide to Intelligent Systems, 2nd ed. Reading, MA: Addison-Wesley, 2005.

[16] Rojas R Neural Networks: A Systematic Introduction. Berlin: Springer.

[17] Chellapilla K D, Fogel B. Anaconda's expert rating by computing against Chinook experiments in co-evolving a neural checkers. Neurocomputing 42: 69–86, 1996.

[18] Koza J R, Comisky W, Jessen, Y. Automatic synthesis of a wire antenna using genetic programming. Conference on Genetic and Evolutionary Computation, Las Vegas, Nevada, 2000.

[19] Teredesai A. Active Pattern Recognition Using Genetic Programming. PhD dissertation, SUNY at Buffalo, 2003.

[20] Messom C H, Walker M G. Evolving cooperative robotic behavior using distributive genetic programming. Seventh Int'l Conference on Control, Automations, Robotics, and Vision ICARCV'02, Singapore, 2002.

[21] Koza J R, Keane M A, Streeter M J, Mydlowec W Yu J, Lanza G. Genetic Programming: Routine Human-Competitive Machine Intelligence. New York, NY: Springer, 2003.

[22] Glover F. Tabu search fundamentals and uses. Technical Report. University of California at Davis, 1995.

[23] Nascaoui O. Class notes on tabu search. Dept. of Computer Engineering and Computer Science, Speed School of Engineering, University of Louisville, KY, 2005.

[24] Glover F. Tabu Search. New York: Springer, 1997.

[25] Glover F, Manuel L. Tabu search, September 22, 2008. Retrieved from http://www.dei.unipd.it/~fisch/ricop/tabu_search_glover_laguna.pdf, 1997.

[26] Tung C, Chou C. Pattern classification using tabu search to identify the spatial distribution of groundwater pumping. Hydrogeology Journal 12: 488–496, 2004.

[27] Emmert J M, Lodha S, Bhatia D K. On using tabu search for design automation of VLSI systems. Journal of Heuristics 9: 75–90, 2004.

[28] Kazuhiro A. Tabu search optimization of horizontal and vertical alignments of forest roads. Journal of Forestry Research 10: 275–284, 2005.

[29] Dorigo M. Optimization, learning and natural algorithms. PhD thesis, Dipartamento ai Electronica Politecnio di Milano, Italy, 1992.

[30] Goss S, Aron S, Deneubourg J L, Pasteels J M. Self-organized shortcuts in the Argentine ant. Naturwissenschaften 76: 579–581, 1989.

[31] Deneubourg J L, Goss S, Franks N, Sendova-Franks A, Detrain C, Chretien L. Simulation of

Adaptive Behavior: From Animals to Animats. Cambridge, MA: MIT Press/Bradford Books, 1991.

[32] Dorigo M, Maniezzo V, Calorni A. The ant system: Optimization by a colony of cooperating agents. IEEE Transcriptions on Systems, Man and Cybernetics 26: 26–41, 1996.

[33] Dorigo M, Di Caro G A, Gambardella L M. Ant algorithms for discrete optimization. Artificial Life 5 (2), 1999.

[34] Bullnheimer B Hartl R F, Strauss C. An improved ant system algorithm for the vehicle routing problem. Annals of Operations Research 89: 319–328, 1999.

[35] Bullnheimer B, Hartl R F, Strauss C. Applying the ANT system to the vehicle routing problem. In Meta-Heuristics: Advances and Trends in Local Search for Optimization. Boston, MA: Kluwer Academic Publishers, 1999.

[36] Bullnheimer B. Ant Colony Optimization in Vehicle Routing. PhD thesis, University of Vienna, 1999.

[37] Dorigo M, Stutzle T. Ant Colony Optimization. Cambridge, MA: MIT Press, 2004.

[38] Chretien L. Organisation Spatiale du Materiel Provenant de l'Excavation du Nid Chez Messor Barbarus et Agregation des Caduares d'Ouvrieres Chez LAsius Niger Hymenoptera: Formicidae. PhD Thesis, Department of Animal Biology, Universite Libre de Bruxelles, Belgium, 1996.

[39] Franks N R, Sendova-Franks A B. Brood sorting by ants: Distributing the workload over the work surface. Behavioral Ecology and Sociobiology 30: 109–123, 1992.

[40] Krieger M B, Billeter J B, Keller L. Ant-task allocation and recruitment in cooperative robots. Nature 406: 992–995, 2000.

[41] Krieger M B, Billeter J B. The call of duty: Self-organized task allocation in a population of up to twelve mobile robots. Robotics and Autonomous Systems 30: 65–84, 2000.

[42] Beckers R, Holland O E, Denenbourg J L. From local actions to global tasks: Stigmergy and collective robotics. In Artificial Life IV: Proceedings of the 4th International Workshop on the Synthesis and Simulation of Life, edited by R. A. Brooks and P. Maes., Cambridge, MA: MIT Press, 1994.

[43] Kube C R, Zhang H. Collective robotic intelligence. In From Animals to Animats: International Conference on the Simulation of Adaptive Behavior, 460–468, 1992.

[44] Kube C R, Zhang H. Collective robotics: From social insects to robots. Adaptive Behavior 2: 189–218, 1994.

[45] Kube C R, Zhang H. Stagnation recovery behaviors for collective robotics. In 1994 IEEE/RSJ/GI International Conference on Intelligent Robots and Systems, 1893–1890, 1994.

[46] Kube C R, Bonabeau E. Cooperative transport by ants and robots. Robotics and Autonomous Systems, 30: 85–101, 2000.

[47] Paley W. Natural Theology. Kessinger Publishing, 2003.

[48] Dawkins R. The Blind Watchmaker: Why the Evidence of Evolution Reveals a Universe without Design. New York, NY: W. W. Norton, 1996.

[49] Glover F, Laguna M. Tabu Search. Boston: Kluwer, 1997.

书目

[1] Corne D, Dorigo M, Glover F. New Ideas in Optimization. New York, NY: McGraw Hill, 1999.

[2] Galdone P. The Elves and the Shoemaker, 2nd ed. Clarion Books, 1986.

[3] Kube C R, Zhang H. Multirobot box-pushing. IEEE International Conference on Robotics and Automation, video proceedings, 4 minutes, 1997.

[4] Vafaie H, Iman I F. Feature-Selection Methods: Genetic Algorithms vs. Greedy-like Search. Technical Report, 1994.

第四部分　高 级 专 题

长期以来，自然语言处理一直是 AI 研究人员的目标。在机器翻译领域，研究人员起初没有意识到在语言和语义两方面所面临的困难挑战。20 世纪 70 年代和 80 年代，由于采用形式主义，引入了语法，自然语言处理方面取得了重大进展。但是，自然语言处理真正的突破则来自于语料库语言学以及包括马尔可夫方法在内的统计方法的发展。近年来，自然语言处理取得了很大的进步，这可以由几个问答系统的示例得到说明，同时在语音处理系统方面也取得了重大的进展（第 13 章）。

在人工智能中，规划是一个旧有领域。在过去几十年里，这个领域在设计、开发和应用方面取得了很大进展。人们正在设计未来的系统，以解决艰巨的任务，如使用机器人进行工业自动化和空间探索（第 14 章）。

第 13 章　自然语言处理

多年来，让计算机理解人类的口语和书面语言一直是一些研究学科的目标。我们追溯到 20 世纪 70 年代和 80 年代，当时是以知识为基础进行自然语言处理研究的。语言语料库的发展直接促成了语言统计方法的成功。过去 20 年来，这种方法深入人心，大受欢迎。我们将介绍过去 10 年中一些非常有趣的商业和技术系统。

尤金·查尼阿克（Eugene Charniak）

13.0　引言

AI 中最古老、研究最多、要求最高的领域之一是语音和语言处理。开发智能系统的任何尝试，最终似乎都要被迫解决一个问题，即使用何种形式的标准进行交流。例如，比起使用图形系统或基于数据系统的交流，语言交流通常是首选。20 世纪 40 年代和 50 年代，人们使用有限自动机、形式语法和概率建立了自然语言理解的基础。但是，20 世纪 50 年代和 60 年代，早期用机器翻译语言的尝试被实践证明是徒劳无功的。20 世纪 70 年代，发展的趋势是使用符号方法和随机方法。带着对未来的展望，本章将探讨自然语言处理（NLP）的发展，这种发展推动了随机过程、机器学习、信息提取和问答等现有方法的应用。

13.1　概述：语言的问题和可能性

目前，在许多系统中，机器执行与语言相关的功能（口语和文字/互动），甚至让人类都难以区分究竟是与人类还是机器进行互动。这些系统既让人感到沮丧，又让人感到印象深刻，这是非常常见的。对一些简单的决定，我们不得不与机器进行交互，让它转发呼叫，这让我们感到沮丧；但是，有时机器似乎有能力做出人才可能做出的决定，这又让我们感到印象深刻。

- 今天，旅客可以使用会话智能体来预订并查询他们的交通规划，这些智能体可以提供给旅客人类才可能提供的大部分选择。

- 在汽车导航系统方面取得了显著进步，这个系统可以为驾驶员提供文字图形和语音指南，帮助其到达感兴趣的地点、一般目的地或旅游景点，诸如加油站、餐馆、商店、银行等。重要的是，这些基于卫星的系统（出厂安装在较新的车辆中，可以轻松购买，价格为100～300美元）将为用户提供有效的服务，同时提供大量有用的信息。
- 视频搜索公司通过使用语音技术，捕获音轨中所希望的单词，为网络上数百万小时的视频提供搜索服务。
- 正如我们所知，Google 可以执行惊人的信息检索任务。例如，它可以执行跨语言的信息检索和翻译服务。通过这个服务，人们可以使用母语进行查询，然后将母语翻译成其他语言进行查询（例如搜索“收藏品”）；Google 找到相关页面，再翻译成用户的母语。
- 大型教育出版社和教育考试机构开发了自动化系统，可以分析成千上万的学生论文，可以对这些论文进行分级和评分，这与人类评分者不分伯仲。
- 交互式虚拟智能体模拟动画人物，可以作为孩子学习阅读的辅导员（Wise 等人，2007）。
- 除了在信息检索方面的巨大进步之外，文本分析也取得了很大进展，通过文本分析，自动评估意见、重要性、偏好和态度成为可能。

关于这个主题的当代标准书籍是 D. 汝拉夫斯基（D. Jurafsky）和 J.马丁（J. Martin）的《语音和语言理解》[1]，并且上述几点都是基于他们的“最新水平”（第 8～9 页）。

Wise B, Van Vuuren S, Byrne B. 2005–2010. National Institutes of Health, 5 p50 HD27802, Response to Computer-Assisted Instruction for Reading Difficulties. Wise, B., PI, Project V in Differential Diagnoses of Learning Disabilities Center, Olson, R., PI.

语言是诡谲的。口语和书面语对人类来说有些特别（尽管“其他动物通过声音和语言交流”这一点是毋庸置疑的）。语言为我们提供了众多进行详细交流的机会，也带来了产生很大误解的机会！语言（口语和书面）的机会和优势显而易见，但是在这里，有一些内容值得一提。口语使我们能够进行同步对话——我们可以与一个或多个人进行交互式交流。这可能是人类之间最常见、最古老的语言交流形式。语言很容易让我们变得更具表现力，最重要的是，也可以让我们彼此倾听。虽然语言有其精确性，但是很少有人可以非常精确地使用语言。两方或多方说的不是同一种语言，对语言有不同的解释，词语没有被正确理解，声音可能会模糊、听不清或很含糊，又或者受到地方方言的影响，此时，口语就会导致误解。也许最重要的是，除非有实际的工作来记录口语，否则口语几乎没有任何官方记录。

此外，文本语言可以提供记录（无论是书、文档、电子邮件还是其他形式），这是明显的优势，但是文本语言缺乏口语所能提供的自发性、流动性和交互性。

在本章中，我们将介绍一些技巧，来帮助我们了解如何对计算机进行编程，让其像处理文本一样处理语言。

无须绞尽脑汁，人们就可以理解误解以及错误解释语言的可能性。图 13.0 所示的是一些通信图标。试思考下列一些现代通信方式，并思考这些方式如何在正常使用的情况下导致沟通不畅。

电话——声音可能听不清楚，一个人的话可能被误解，双方对语言理解构成了其独特的问题集，存在错误解释、错误理解、错误回顾等许多可能性。

手写信——可能难以辨认，容易发生各种书写错误；邮局可能会丢失信件；发信人和日期可以省略。

打字信——速度不够快，信件的来源及其背后的真实含义可能被误解，可能不够正式。

电子邮件——需要互联网；容易造成上下文理解错误和错误解释了其意图。

即时消息——精确、快速，可能是同步的，但是仍然不像说话那样流畅。记录可以得到保存。

短信——需要手机，长度有限，可能难以编写（例如键盘小，在驾驶期间或在上课期间不能发短信等）。

图 13.0　通信图标

语言既是精确的，也是模糊的，它是独一无二的。在法律或科学语言中，它可以得到精确使用；又或者它可以有意地以"艺术"的方式（例如诗歌或小说）使用。作为交流的一种形式，书面语或口语可能是含糊不清的。让我们思考以下几个例子：

示例 13.1　"音乐会结束后，在酒吧，我要见到你。"

尽管很多缺失的细节使得这个约会可能不会成功，但是这句话的意图是明确的。如果音乐厅里有多个酒吧怎么办？音乐会可能在酒吧里，我们在音乐会后相见吗？相见的确切时间是什么？你愿意等待多久？语句"音乐会结束后"表明了意图，但是不明确。经过一段时间后，双方将会做什么呢？他们还没有遇到对方吗？

示例 13.2　"在第三盏灯处，右转。"

与示例 13.1 类似，这句话的意图是明确的，但是省略了很多细节。

灯有多远？它们可能会相隔几个街区或者相距几英里。当方向已经给出后，提供更精确的信息（如距离、地标等）将有助于驾驶指导。

示例 13.3　"你好吗？我们已经定了。(HOW ARE YOU DOING? WE'RE ALL SET.)"

这两个句子说明了上下文歧义。Set 所指的是什么？Set (to depart)是要离开吗？是餐桌安排（set up）好了吗？又或是他们不需要个别辅导？这里，部分问题在于"set"有多种意思。这可能是一个名词（一套厨具），一个动词（设置），也许是另一种用法。

从上面的例子中，我们可以清楚地看到，语言中有许多可能的含糊之处。因此，如果

人类之间沟通的语言是这种情况，那么可以想象语言理解可能给机器造成的问题。

13.2 自然语言处理的历史

在自然语言处理（NLP）历史中，Jurafsky 和 Martin[1]确定了 6 个主要时期，见表 13.1。本章将简要地描述这些时期。各小节所述的内容与 Jurafsky 和 Martin 提供的这些时期大致呼应。

进一步的讨论请参阅第 11 章。

表 13.1 NLP 的 6 个时期（参见 Jurafsky 和 Martin 的文章，2008，第 9～12 页）

时期编号	时期名称	年份
1	基础期	20 世纪 40 年代和 50 年代
2	符号与随机方法	1957—1970
3	4 种范式	1970—1983
4	经验主义和有限状态模型	1983—1993
5	大融合	1994—1999
6	机器学习的兴起	2000—2008

13.2.1 基础期（20 世纪 40 年代和 50 年代）

自然语言处理的历史可追溯到计算机科学发展之初。计算机科学领域是以图灵（Turing）的计算算法模型为基础的。[2] 在奠定了初步基础后，该领域出现了许多子领域，每个子领域都为计算机进一步的研究提供了沃土。自然语言处理是计算机科学的一个子领域，汲取了图灵思想的概念基础。

图灵的工作导致了其他计算模型的产生，如 McCulloch-Pitts 神经元。[3] McCulloch-Pitts 神经元是对人类神经元进行建模，具有多个输入，并且只有组合输入超过阈值时才产生输出。

紧随这些计算模型之后的是史蒂芬·科尔·克莱尼（Stephone Cole Kleene）在**有限自动机**和正则表达式方面的工作[4]，它们在计算语言学和理论计算机科学中发挥了重要作用。

香农（Shannon）在有限自动机中引入了概率，使得这些模型在语言模糊表示方面变得更加强大。[5]这些具有概率的有限自动机基于数学中的马尔可夫模型，它们在自然语言处理的下一个重大发展中起着至关重要的作用。

诺姆·乔姆斯基（Noam Chomsky）采纳了 Shannon 的观点，其在形式语法方面的工作产生了主要影响，形成了计算语言学。[6] Chomsky 使用有限自动机描述形式语法，他按照生成语言的语法定义了语言。基于形式语言理论，语言可以被视为一组字符串，并且每个字符串可以被视为由**有限自动机**产生的符号序列。

在构建这个领域的过程中，Shannon 与 Chomsky 并肩作战，对自然语言处理的早期工作产生了另一个重大的影响。特别是 Shannon 的噪声通道模型，对语言处理中概率算法的发展至关重要。在噪声**通道模型中**，假设输入由于噪声变得模糊不清，则必须从噪声输入中恢复原始词。在概念上，Shannon 对待输入就好像输入已经通过了一个嘈杂的通信通道。基于该模型，Shannon 使用概率方法找出输入和可能词之间的最佳匹配。

13.2.2 符号与随机方法（1957—1970）

从这些早期思想中，自然语言处理显然可以从两个不同的角度考虑，即**符号**和**随机**。Chomsky 的形式语言理论体现了符号的方法。基于这种观点，语言包含了一系列的符号，这些符号序列必须遵循其生成语法的句法规则。这种观点将语言结构简化为一组明确规定的规则，允许将每个句子和单词分解成结构组分。

人们发展了解析算法，将输入分解成更小的意义单元和结构单元。20 世纪 50 年代和 60 年代的工作，为解析算法带来了几种不同的策略，如自上而下的解析和自下而上的解析。泽里格 • 哈里斯（Zelig Harris）发展了转换和话语分析项目（Transformations and Discourse Analysis Project，TDAP），这是解析系统的早期示例。后来的解析算法工作使用动态规划的概念将中间结果存储在表中，构建最佳可能的解析。[7]

因此，符号方法强调了语言结构以及对输入的解析，使输入的语句转换成结构单元。另一个主要方法是随机方法，这种方法更关注使用概率来表示语言中的模糊性。来自数学领域的贝叶斯方法用于表示条件概率。这种方法的早期应用包括光学字符识别以及布莱索（Bledsoe）和布朗尼（Browning）建立的早期文本识别系统。[8] 给定一个字典，通过将字母序列中所包含的每个字母的似然值进行相乘，我们可以计算得到字母序列的似然值。

13.2.3 4 种范式（1970—1983）

这一时期由 4 种范式主导：

（1）**随机方法**，特别是在语音识别系统中。在语音识别和解码方面，随机方法被应用到了噪声通道模型的早期工作，马尔可夫模型被修改成为隐马尔可夫模型（HMM），进一步表示模糊性和不确定性。在语音识别的发展中，AT&T 的贝尔实验室、IBM 的托马斯 J. 华盛顿（Thomas J. Watson）研究中心和普林斯顿大学的国防分析研究所都发挥了关键作用。这一时期，随机方法开始占据主导地位。

（2）**符号方法**也做出了重要贡献，**自然语言处理**是继经典符号方法后的另一个发展方向。这个研究领域可以追溯到最早的人工智能（AI）工作，包括 1956 年由 John McCarthy、Marvin Minsky、Claude Shannon 和 Nathaniel Rochester 组织的达特茅斯大会，这个会议创造了“人工智能”这个名词（见 1.5.3 节）。

在所建立的系统中，AI 研究人员开始强调所使用的基本推理和逻辑，例如纽厄尔和西蒙的逻辑理论家（Logic Theorist）系统和一般求解器系统（General Problem Solver）。为了使这些系统“合理化”它们的方式，给出解决方案，系统必须通过语言来“理解”问题。因此，在这些 AI 系统中，自然语言处理成为一个应用，这样就可以允许这些系统通过识别输入问题中的文本模式回答问题。

（3）**基于逻辑的系统**使用形式逻辑这种方式来表示语言处理中所涉及的计算。主要的贡献包括 Colmerauer 及其同事在变形语法方面的工作[9]，佩雷拉（Pereira）和沃伦（Warren）

在确定子句语法方面的工作[10]，凯（Kay）在功能语法方面的工作[11]，以及布鲁斯南（Bresnan）和卡普兰（Kaplan）在词汇功能语法（LFG）方面的工作。[12]

20 世纪 70 年代，随着威诺格拉德（Winograd）的 SHRDLU 系统的诞生，自然语言处理迎来了它最具有生产力的时期。[13] SHRDLU 系统是一个仿真系统，在该系统中，机器人将积木块移动到不同的位置。机器人响应来自用户的命令，将适合的积木块移动到彼此的顶部。例如，如果用户要求机器人将蓝色块移动到较大的红色块顶上，那么机器人将成功地理解并遵循该命令。这个系统将自然语言处理推至一个新的复杂程度，指向更高级的解析使用方式。解析不是简单地关注语法，而是在意义和话语的层面上使用，这样才能允许系统更成功地解释命令。

同样，耶鲁大学的 Roger Schank 及其同事在系统中建立了更多有关意义的概念知识。Schank 使用诸如脚本和框架这样的模型来组织系统可用的信息[14,15]。例如，如果系统应该回答有关餐厅订单的问题，那么应该将与餐馆相关联的一般信息提供给系统。脚本可以捕获与已知场景相关联的典型细节信息，系统将使用这些关联回答关于这些场景的问题（见 13.9.3 节）。[16] 其他系统，如 LUNAR（用于回答关于月亮岩石的问题），将自然语言理解与基于逻辑的方法相结合，使用谓词逻辑作为语义表达式。[17,18]因此，这些系统结合了更多的语义知识，扩展了符号方法的能力，使其从语法规则扩展到语义理解。

（4）在格罗兹（Grosz）的工作中，最有特色的是**话语建模范式**，她和同事引入并集中研究话语和话语焦点的子结构上[19]，而西德纳（Sidner）[20] 引入了首语重复法。霍布斯等其他研究者也在这一领域做出了贡献。[21]

13.2.4 经验主义和有限状态模型（1983—1993）

20 世纪 80 年代和 90 年代初，随着早期想法的再次流行，有限状态模型等符号方法得以继续发展。在自然语言处理的早期，初步使用这些模型后，人们就对它们失去了兴趣。Kaplan 和 Kay 在有限状态语音学和词法学方面的研究[22]以及丘奇（Church）在有限状态语法模型方面的研究[23]，带来了它们的复兴。

在这一时期，人们将第二个趋势称为“经验主义的回归”。这种方法受到 IBM 的 Thomas J.Watson 研究中心工作的高度影响，这个研究中心在语音和语言处理中采用概率模型。与数据驱动方法相结合的概率模型，将研究的重点转移到了对词性标注、解析、附加模糊度和语义学的研究。经验方法也带来了模型评估的新焦点，为评估开发了量化指标。其重点是与先前所发表的研究进行性能方面的比较。

13.2.5 大融合（1994—1999）

这一时期的变化表明，概率和数据驱动的方法在语音研究的各个方面（包括解析、词性标注、参考解析和话语处理的算法）成了 NLP 研究的标准。它融合了概率，并采用从语音识别和信息检索中借鉴来的评估方法。这一切都似乎与计算机速度和内存的快速增长相契合，计算机速度和内存的增长让人们可以在商业中利用各种语音和语言处理子领域的发展，特别是包括带有拼写和语法校正的语音识别子区域。同样重要的是，Web 的兴起强调了基于语言的检索和基于语言的信息提取的可能性和需求。

13.2.6 机器学习的兴起（2000—2008）

进入20世纪标志着一个重要的发展：语言数据联盟（LDC）之类的组织提供了大量可用的书面和口头材料。如Penn Treebank[24]这样的集合注释了具有句法和语义信息的书面材料。在开发新的语言处理系统时，这种资源的价值立刻得以显现。通过比较系统化的解析和注释，新系统可以得到训练。监督机器学习成为解决诸如解析和语义分析等传统问题的主要部分。

随着计算机的速度和内存的不断增加，可用的高性能计算系统加速了这一发展。随着大量用户可用更多的计算能力，语音和语言处理技术可以应用于商业领域。特别是在各种环境中，具有拼写/语法校正工具的语音识别变得更加常用。由于信息检索和信息提取成了Web应用的关键部分，因此Web是这些应用的另一个主要推动力。

近年来，**无人监督的统计方法**开始重新得到关注。这些方法有效地应用到了对单独、未注释的数据进行机器翻译[25,26]。开发可靠、已注释的语料库的成本成了监督学习方法使用的限制因素。

欲了解各个时期的更多细节，请参考Jurafsky和Martin的著作。[1]

13.3 句法和形式语法

我们可以在一些不同结构层次上对语言进行分析，如句法、词法和语义。现在，我们介绍语言研究中的一些关键术语。

词法——对单词的形式和结构的研究，还研究了词与词根以及词的衍生形式之间的关系。

句法——将单词放在一起形成短语和句子的方式，通常关注句子结构的形成。

语义学——语言中对意义进行研究的科学。

解析——将句子分解成语言组成部分，并对每个部分的形式、功能和语法关系进行解释。语法规则决定了解析方式。

词汇——与语言的词汇、单词或语素（原子）有关。词汇源自词典。

语用学——在语境中运用语言的研究。

省略——省略了在句法上所需的句子部分，但是，从上下文而言，句子在语义上是清晰的。

在本节中，我们从句法开始讲解。在13.4节中，我们继续语义和意义分析。

13.3.1 语法类型

学习语法是学习语言和教授计算机语言的一种好方法。费根鲍姆（Feigenbaum）等人将语言的语法定义为"指定在语言中所允许语句的格式，指出将单词组合成形式完整的短语和子句的句法规则"。[27]

麻省理工学院的语言学家诺姆·乔姆斯基（Noam Chomsky）[28]在对**语言语法**进行数学式

的系统研究中做出了开创性的工作，为计算语言学领域的诞生奠定了基础。他将形式语言定义为**一组**由**符号词汇**组成的**字符串**，这些字符串符合语法规则。字符串集对应于所有可能句子的集合，其数量可能无限大。符号的词汇表对应于有限的字母或单词词典。他对 4 种语法规则的定义如下。

（1）定义了作为变量或非终端符号的句法类别。

句法变量的例子包括<VERB>、<NOUN>、<ADJECTIVE>和<PREPOSITION>。

（2）词汇表中的自然语言单词被视为**终端符号**，并根据重写规则连接（串联在一起）形成句子。

（3）终端和非终端符号组成的特定字符串之间的关系，由**重写规则**或**产生式规则**（见第 7 章）指定。在这个讨论的上下文中：

<SENTENCE> → <NOUN PHRASE> <VERB PHRASE>

<NOUN PHRASE> → the <NOUN>

<NOUN> → student

<NOUN> → expert

<VERB> → reads

<SENTENCE>→<NOUN PHRASE> <VERB PHRASE>

<NOUN PHRASE>→<NOUN>

<NOUN>→student

<NOUN>→expert

<VERB>→reads

注意，包含在<...>中的变量和终端符号是小写的。

（4）起始符号 S 或<SENTENCE>与产生式不同，并根据在上述（3）中指定的产生式开始生成所有可能的句子。这个句子集合称为**由语法生成的语言**。以上定义的简单语法生成了下列的句子：

The student reads.

The expert reads.

重写规则通过替换句子中的词语生成这些句子，应用如下：

<SENTENCE> →

<NOUN PHRASE> <VERB PHRASE>

The <NOUN PHRASE> <VERB PHRASE>

The student <VERB PHRASE>

The student reads.

<SENTENCE>→

<NOUN PHRASE> <VERB PHRASE>

<NOUN PHRASE> <VERB PHRASE>

The student<VERB PHRASE>

The student reads.

因此，这很容易看出，语法是如何作为“机器”“创造”出重写规则允许的所有可能的句子的。

必要条件是给定词汇和一组产生式。类似地，使用这种方法，所有编程语言的语法和“结构”都使用 Backus-Naur 产生式规则生成。通过使用这些句子，我们可以执行所有 NLP 程序的第一阶段——解析，并且可以反向执行，将明确的句子归入相应的句法类别。

乔姆斯基演示了这种形式语言理论能生成 4 种基本类型的语法。这个语法被定义为四元组（VN，VT，P，S），其中：

V =词汇表

N =词汇表中的非终端符号

T =词汇表中的终端符号

P =形式 X→Y 的产生式

S =起始符号

类型 0：递归可枚举语法

这种类型的语法对于产生式的形式没有任何限制，太过笼统，没有用处。由这种类型的语法生成的句子，可以被所有现代计算机理论基础的图灵机识别。

类型 1：上下文相关语法

这种类型的语法生成形如 X→Y 的产生式，其限制是右边的 Y 必须至少包含与左边 X 一样多的符号。因此，产生式看起来像：

u X v → uYv

其中

X =单个非终端符号

u，v =包含空字符串在内的任意字符串

Y =词汇表 V 上的非空字符串

这种形式的产生式（重写规则）相当于说“在上下文 u、v 中，Y 可以替代 X”。

因此，此类例子的语法有：

规则 1 S→xSBC

规则 2 S→xBC

规则 3 CB→BC

规则 4 xB→xy

规则 5 yB→yy

规则 6 yC→yz

规则 7 zC→zz

其中

S =起始符号

A，B，C =变量

x，y，z =终端符号。

根据这种语法的重写规则，我们可以推导出以下的句子：

规则 1：xSBC

规则 2：xxBCBC

规则 3：xxBBCC

规则 4：xxyBCC

规则 5：xxyyCC

规则 6：xxyyzC

规则 7：xxyyzz

经过一番分析，读者应该不用太长时间就可以确定这种语法生成的字符串形式为 xyz、xxyyzz 等。

类型 2：上下文无关语法

在**上下文无关语法**中，左侧必须只包含一个非终端符号。上下文无关意味着，在语言中的每个单词，如果有规则应用于此单词上，则这个规则与单词所在的上下文无关。这种语法最接近于自然语言。

产生式为：

S→aSb

S→ab

生成字符串的形式为 ab、aabb、aaabbb 等。

让我们看一个例子，来了解上下文无关语法如何使用以下重写规则生成自然语言句子：

<SENTENCE>→<NOUN PHRASE> <VERB PHRASE>

<NOUN PHRASE>→<DETERMINER> <NOUN>

<NOUN PHRASE>→<NOUN>

<VERB PHRASE>→<VERB> <NOUN PHRASE>

<DETERMINER> → the

<NOUN> → dogs

<NOUN> → cat

<VERB> → chase

此派生树或解析树（从句子到语法）如下所示：

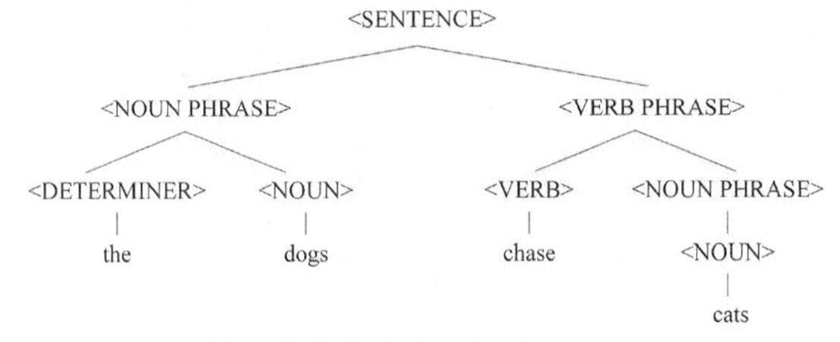

这种上下文无关语法产生了以下句子：

The dogs chase cats.（那几只狗追逐几只猫）。

但是，按照同样的规则，也可产生以下句子：

The cats chase dogs.（那几只猫追逐几只狗）。

也可以用相同的语法生成。这表明语法只关心结构，与语义是两码事。

类型 3：正则语法

这种类型的语法也称为有限状态语法，根据产生式生成句子：

X→aY

X→a

其中：

X，Y =单个变量

a =单个终端

以下是正则语法：

S → 0S | 0T

T → 1T | ε

生成的语言有至少一个“0”，后面跟着“1s”的任何数字（包括 0）：

S→0S | 0T

T→1T | ε

注意，从 0 型语言行进到 3 型语言时，我们随之也从更一般的语法转向了更具限制性的语法。也就是说，每个正则语法都是上下文无关的，每个上下文无关的语法都可以生成上下文相关的语法，每个上下文相关的语法都是类型 0 的语法，基本上，类型 0 的语法是没有限制的。因此，重写规则有越多限制，所生成的语言就越简单。

图 13.1 显示的层次结构增加了一类，多了第五类，称为**“轻度上下文相关语言”**。这种语法可以由许多不同的语法形式（包括 7.1 节中介绍的 Post 产生式系统）来定义，但是这个内容超出了本书讨论的范围。

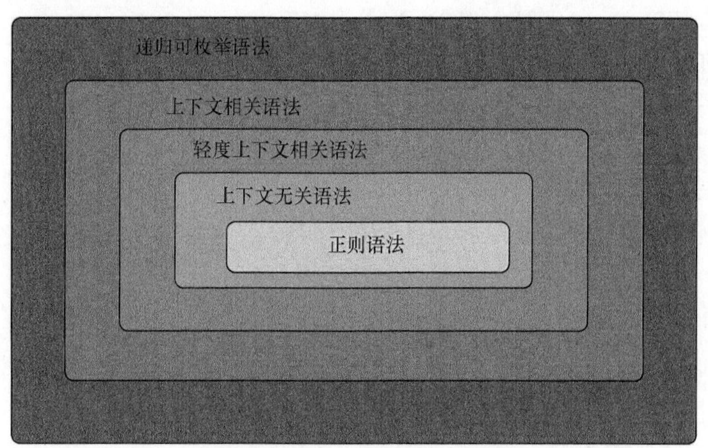

图 13.1 转载自 Jurafsky 和 Martin 的著作（2008，第 530 页），这幅图说明了维恩图中所谓的“乔姆斯基层次”

在这一点上，重要的是强调，尽管在设计编程语言和解密大部分自然语言中，上下文无关语法都是有用的，但是乔姆斯基觉得它们不能完全代表自然语言（如英语）。同样，这强调了一个结论：句法/语法对于理解自然语言是必要的，但就其本身而言，这是不够的。Firebaugh[29]注意到了用于语言解释的语法与问题求解的命题逻辑之间的类比。虽然在某些明确界定的情况下任何一种都适用，但是没有一种方法适用于大型的一般问题情况。[29]

13.3.2 句法解析：CYK 算法

通常用解析树的形式表示自然语言的句法结构。句子通常是模糊的，可以用许多不同的方式进行解析，因此，找到最佳的解析是表示句子正确含义、揭示句子正确意图的关键一步。找到最佳解析的一种方法是将解析作为搜索问题。对于输入的句子，搜索空间包含所有可能的解析树，并且通过搜索此空间，必须找到最佳解析。通过这种方法，我们可以采用两种主要的策略：自上而下的搜索和自下而上的搜索。

自上而下搜索从起始符号 S 开始，并尝试构建所有的解析树，这些解析树将输入的句子作为叶节点，将开始点 S 作为根节点。这个策略为语法中的每个产生式规则构建单独的解析树，其中 S 在左侧。因此，在进程的第一阶段之后，对于使用语法扩展 S 的每一个产生式规则，都会有一颗独立的解析树。继续到树的下一层，由 S 生成的最左边的符号首先得到扩展。这个符号每个可能的扩展将生成单独的解析树。这个过程一直持续，直到所有解析树都探索到了树的最底层，并将叶节点与输入的句子进行比较。从搜索中驳回和删除错误的解析，同时保留对输入句子的成功、正确的解析。

相比之下，自下而上的搜索从输入句子的单词开始，试图从叶节点向上构建一棵树。这个策略尝试将输入的单词与非终端符号进行匹配，这个非终端符号可以扩展产生该单词。如果可以从非终端符号产生一个单词那么在解析树中，这个非终端符号将作为单词的父节点。如果这个单词可以从几个不同的非终端符号产生，那么由于这些可能的扩展，则必须构建单独的解析树。从叶节点到上一层，这个策略向上移动，直至到达根节点 S 为止。无法到达 S 的解析树将被从搜索中删除。

这两种搜索策略的问题是，存储所有可能的解析树需要大量内存。这是不切实际的，更实际的替代方案是使用回溯策略（见 2.2.1 节）探索解析树，直到它成功地得到解，或者直到它不再继续作为可行的解；然后搜索返回到搜索空间中的较早状态，返回到还未扩展的状态，构建解析树。

回溯有其自身的效率问题，这主要是因为，从一个扩展到另一个扩展，树的大部分是重复的。如果一棵树无法到达解，即使在下一个可能的解中树的大部分被重复，但是这棵树还是会被丢弃。通过使用动态规划算法，可以避免这种低效率的操作。动态编程方法将中间结果存储在表中，这样它们就可以得到重复使用。子树存储在表中，这样允许在每次寻找可能的解时，如果需要，就可以查找这些子树。

为了更详细地了解 CYK 算法，感兴趣的读者可以阅读《一种上下文无关语法的有效的识别和语法分析算法》(Kasami，T. 1965，马萨诸塞州贝德福德剑桥空军研究实验室，科学报告 AFCRL-65-758)。

CYK 算法［由科克（Cocke）、卡西米（Kasami）和扬格（Younger）开发的］是动态规划算法（见第 3 章），并且是句法解析中最常用的技术之一。

为了使用该算法，输入的语法必须是**乔姆斯基范式**（Chomsky Normal Form），这意味着产生式规则必须采用以下两种形式之一：A→BC 或 A→x。右侧必须有两个非终端节点，或者必须有一个终端节点。在此应用中，乔姆斯基范式非常有用，因为它确保了每个非终端节点都有两个子节点或者有一个单子节点，这个节点是一个终端符号，是叶节点。

如果语法是乔姆斯基范式（Chomsky Normal Form）的，则 CYK 算法可以构建一个（$n+1$）×（$n+1$）的矩阵，其中 n 是输入句中的单词数。表中的每个单元格[i，j]都包含了从位置 i 到位置 j 相关单词的信息。具体来说，每个单元格包含非终端符号集，这个非终端符号集可以产生从位置 i 到位置 j 的单词。

单元格[0,1]包含了可以产生句子中第一个单词的非终端符号。类似地，单元格[1,2]表示句子中的第二个单词（位置 1 和位置 2 之间的单词）。这个单元格包含的非终端符号可能会产生在句子中第二个单词。

单元格[0,2]的计算更加复杂。这个单元格表示了从位置 0 跨越到位置 2 之间的单词信息。这种组合的单词跨度可以分为两部分：第一部分是从位置 0 到位置 1，第二部分是从位置 1 到位置 2。这两个部分分别由单元格[0,1]和[1,2]表示。这两个单元格中的非终端符号以各种可能的组合方式进行组合，并且算法搜索任何可能产生这些组合的产生式规则。如果存在这样的产生式规则，那么规则左侧的非终端符号将被放置在单元格[0,2]中。

类似地，单元格[0,3]表示了从位置 0 跨越到位置 3 的单词信息。但是，由于这个跨度可以按几种不同的方式划分。它或者可以从位置 1 后开始划分，将其分为两部分：第一部分在位置 0 和位置 1 之间，第二部分在位置 1 和位置 3 之间。又或者，它可以从位置 2 后开始划分，第一部分在位置 0 和位置 2 之间，第二部分在位置 2 和位置 3 之间，因此这个单元格值的计算更加困难。

如果在位置 1 之后开始划分，那么我们将使用单元格[0,1]和[1,3]，并组合它们的非终端符号；如果在位置 2 之后开始划分，我们将使用单元格[0,2]和[2,3]，并组合它们的非终端符号。我们必须使用这两个划分方法来获取单元格[0,3]的非终端符号的总数。以这种方式继续，我们使用先前单元格的中间结果构建表，直至达到[0,n]。这个单元格表示位置 0 和 n 之间的词，这些词组成了整个输入的句子因此，单元格[0,n]包含了所有非终端符号，这些符号可以用来为输入的句子构建一棵解析树。在表中，我们可以使用反向指针，将最终单元格与生成它的中间单元格连接起来，获得在句子解析中正确的非终端符号序列。

13.4 语义分析和扩展语法

Chomsky [30]非常了解形式语法的局限性，因此提出语言必须在两个层面上进行分析：**表面结构**，这可以进行语法上的分析和解析；基础结构（**深层结构**），这可以保留句子的语义信息。关于复杂的计算机系统，通过与医学示例的类比，Michie 教授总结了表面理解和深层理解之间的区别：

“一位患者的臀部有一个脓肿，通过穿刺可以除去这个脓肿。但是，如果他患的是会迅速扩散的癌症（一个深层次的问题），那么任何次数的穿刺都不能解决这个问题。” [31]

研究人员解决这个问题的方法是增加更多的知识，如关于句子的更深层结构的知识、关于句子目的的知识、关于词语的知识，甚至详尽地列举句子或短语的所有可能含义的知识。在过去几十年中，随着计算机速度和内存的成倍增长，这种完全枚举的可能性变得更加现实。我们将在后续章节中总结**短语结构语法**（称为**扩展语法**）的扩展。

13.4.1 转换语法

转换语法的任务是将两个层次（句法和语义）的理解连接起来。在时态之间、单复数对象之间以及主动与被动语态之间引入转换语法进行调整。经常采用的方法是与词典（专业词典）一起使用，这些词典与上下文无关语法一起解析表面结构以及转换规则，将表面结构转换为深层结构。

可以通过查询来识别具有不同结构但语义（深层结构）相同的句子，并做出智能回答。为了实现这一点，需要两个附加组件。

（1）**语音组件**——将句子从其深层结构转变回其表面结构，以便正确发音。

（2）**语义组件**——这个元素确定了深层结构所表示的意义。

回顾第 6 章：SAM（脚本应用机制）、PAM（规划应用机制）和 MARGIE（记忆、分析、响应生成和对英语的推断，同时这也是 Roger Schank 母亲的名字）。

试图通过使用转换语法来得出意义的整个框架称为**解释语义**，这不是一件容易实现的事情。这种技术曾经受到了一些批评。在介绍 Schank 概念依赖系统 MARGIE、SAM 和 PAM（见第 6 章）时，这将会再次出现。

13.4.2 系统语法

在思考自然语言有多么容易被误解时，我们经常回到上下文的概念。根据生成自然语言的上下文，句子可以有明显不同的含义和解释。处理上下文的早期系统之一是由伦敦大学的迈克尔·哈利迪（Michael Halliday）发明的。[32] 系统语法的关键概念是所考虑的语言的功能或目的。这一领域侧重于语言的功能上下文，被称为语用学。Halliday 定义了每个句子通常提供的 3 个功能。

（1）**概念功能——句子正在试图传达的主要思想是什么**？为了实现这一点，回答如下几个关键问题：

- 谁是行动者（对象）？
- 这个从句描述的是什么样的过程？
- 是否有其他参与者？如直接或间接的对象。
- 是否描述了状况发生的时间和地点？

这种方法尝试应用一系列称为“系统”的分层选择来确定。

（2）句子的结构和情绪。

（3）从“人际功能”方面考虑句子，换句话说，句子表达何种心情（通常通过标点符号辅助）；从“文本功能”方面考虑句子，例如知道以前的内容、问题的主题或陈述的主题，以及什么是新知识、什么是给定的知识。

Halliday 进一步将语法分为 4 类。

（1）语言单位（例如、子句、语群、单词和语素）。

（2）单位结构（例如主语或谓语）。

（3）单位分类（例如动词是谓语、名词为主语等角色）。

（4）系统（如前所述的句子组件的层次分解）。

这种对语言和语言语境的语用学研究，有助于更清楚地理解句子的意义，有助于消除语言中固有的大部分歧义。在系统语法中，语法中嵌入句子的单位被称为**生成语义学**，并被成功应用于 Winograd 的 SHRDLU 程序中。

13.4.3 格语法

名词的格是由所应用的名词词尾决定的。格可以包括主格、属格、宾格、与格以及离格。这些词尾有助于读者识别名词在句子中的功能（例如主语、直接宾语、所有格等）。因此，名词在句子中带有自己的“标签”，揭示了其用法。这使得一个句子的单词顺序不那么重要。语言研究的这种方法（格语法）是乔姆斯基的转换语法的延伸，这是由 Fillmore 引入的。

Fillmore C J. 1968. “The case for case.” In Universals in linguistic theory, ed., E. Bach and R. Harms. New York, NY: Holt, Rinehart, and Winston.

他提出，名词短语总是与动词相关，并且以唯一可识别的方式表示了名词短语的“深层格”。Fillmore 提出了以下深层格。

- 施事格——事件的发起者。
- 当事格——反抗动作执行的力量或抵抗力。
- 受事格——移动或改变的实体，或所讨论实体的位置和存在。
- 结果格——作为操作结果的实体。
- 工具格——事件的刺激或直接的物理原因。
- 源点格——某物移动的起点。
- 终点格——某物移至的地方。
- 承受格——接受、得到、经历或遭受动作影响的实体。

在**格框架**中指定动词，如“增长（AGENT）”的动词可以放在如下框架中：

[（OBJECT）（INSTRUMENT）（AGENT）]

要合理“设计”动词的使用方法。这可以作为模板来解释句子。

供动词使用的格框架类似在谓词演算中，具有相关参数列表的谓词（见第 5 章和前言）。

格框架帮助解决了先前语法中隐藏的某些歧义。这种方法的贡献包括以下几点：

（1）对格进行排序，清楚地知道哪个名词是句子的主语（排名最高）。

（2）识别合法的句子结构，例如，“I am toasting and the bread is toasting.”是合法的句子，但是“I and the bread are toasting.”是不合法的句子。因为我和面包属于不同的格，所以这个句子被识别出错误。

（3）区分动词对是相似的还是互逆的，例如 buy 和 sell、learn 和 teach。同样，格框架有助于做到这一点。

深层格有助于正确提取意思相同但结构不同的句子。例如，“The cat knocked over the garbage.”和“The garbage was knocked over by the cat.”。虽然格框架确实带来了一些进展，但是也足以说明尝试从语法中推导出意义的难度。

13.4.4 语义语法

根据 Wilensky 和 Robert 的描述[33]，语义语法是 Gary Hendrix 在构建自然语言工具 LIFER（具有省略和递归的语言接口装置）和数据库查询系统 LADDER（具有错误恢复分布式数据的语言访问）中的成果。

Hendrix, G. and Sacerdoti, E. 1981. "Natural language processing, the field in perspective", Byte 6(9):304–352. Peterborough, New Hampshire.

语义语法由以下 3 个主要特征表示。

（1）限制了问题域，因此 LIFER 可以提供信息检索和数据库管理等各种应用的前端。

（2）将语义集成到语法中——通过限制用户可用自然语言查询的句子范围来实现。另外，非终端符号仅限于狭义定义的集合，例如<PERSON>和<ATTRIBUTE>，而不是广泛的类别，例如<NOUN>。在划分类别之后，对可能的终端替代进行详尽的枚举。

（3）优秀的用户界面——LIFER 具有非常友好的用户界面，包括拼写校正、省略和释义生成等功能。

LIFER 的问题是如下形式的：

(GETPROP 'PERSON 'ATTRIBUTE)。

利用大量数据库进行复合搜索，LIFER 可以处理各种各样的问题。

- 罗杰·马里斯在 1961 年进行了多少次本垒打？
- 亚伯拉罕·林肯什么时候出生？
- 比尔·盖茨有多富有？
- 谁创建造了苹果计算机？
- 2005 年袭击了新奥尔良的飓风叫什么？

这些系统的性能令人印象深刻，它们是将语义知识直接与语法及其相关功能进行编码的结果。这是通过将问题域限制在一个巨大但可管理的数据库中来实现的。

我们注意到，添加到系统中的知识越具体，可以实现的性能越好。此处我们结束了对语义分析及其在 NLP 中所发挥的作用的讨论。因此，例如，使用语义语法来编写自然语言解释器，需要为每个单词生成所有可能情况的列表。现在我们回到指出“语言是诡谲的”那个地方——虽然语言可以得到精确的分析和使用，但是一些语言可能更喜欢蓄意保持模糊和开放的解释——例如诗歌！

13.4.5 Schank 系统

在 6.8 节中，我们介绍并讨论了 Roger Schank 的概念依赖（CD）体系。在诸如抽象、心理、物理传输、心理概念、身体状态、因果关系等许多现实世界的情景下，我们讨论了概念依赖（CD）如何用于开发自然语言表示的开发。

1. MARGIE

Roger Schank 的 CD 理论的第一个产品是 MARGIE。它是 Schank 在斯坦福大学与其学生一起开发的，这个产品结合了解析器、生成器和推理引擎。[30]

解析器可以将英文句子转换成其语义的原语表示。生成器审查了内部表示，并返回了有效的英文释义。推理引擎使用 16 个推理规则，并使用语义原语语言，生成了声明语句的含义，然后将其发送到生成器，生成器将这些推理转换为英文。

MARGIE 可以在释义模式和推理模式中进行操作。

两种模式的示例分别如下所示。

推理模式

输入：约翰告诉玛丽，比尔想要一本书。

输出 1：一本关于什么的书？

输出 2：玛丽知道比尔想要一本书。

输出 3：比尔想要一本书。

输出 4：比尔希望有人不再有一本书。

输出 5：比尔想读一本书。

输入：约翰给玛丽一片阿司匹林。

输出 1：约翰认为玛丽想要阿司匹林。

输出 2：玛丽生病了。

输出 3：玛丽想要好点。

输出 4：玛丽会服用阿司匹林。

释义模式

输入：约翰建议玛丽喝酒。

输出：约翰告诉玛丽，喝酒会使她受益。

系统可能会重新释义以下输入：

输入：这是一个温暖的阴天。

输出：天空不明媚，温度高。

在当时，MARGIE 是一个令人印象深刻的程序，但它有如下严重缺陷。

- 只能处理单句话。
- 出现了“推理爆炸”的问题。也就是说，从原来的声明中，得出的推论可以无限扩大。

2. SAM

1974 年，Schank 搬到了耶鲁大学，在那里，他和罗伯特·阿贝尔森（Robert Abelson，心理学教授）开发了解决 MARGIE 的上述两个问题的脚本（见第 6 章）。脚本使得句子很容易地扩展成故事。推理爆炸的缺陷也通过“提供上下文使得一些推理可以得到验证，从而移除另一些推理”的方法得到了解决。这些思想在理查德·卡林福德（Richard Cullingford）博士论文中得到了实现。SAM 的内部结构由四部分组成。

（1）使用 MARGIE 解析器的修订版本，将故事句子转换为概念依赖（CD）的形式体系。

（2）使用 MARGIE 生成器的修订版本，将概念依赖（CD）表示转换为正确的英文。

（3）脚本应用器检查 CD 表示与脚本中指定表示的一致性。

（4）一个问答模块。

使用汽车事故脚本，SAM 能够阅读报纸的事故报告，并解释、翻译和回答问题。一个脚本摘录如下：[29]

输入

```
Friday evening a car swerved off Route 69. The vehicle struck a tree. The
passenger, a New Jersey man, was killed. David Hall, 27, was pronounced
dead at the scene by Dr. Dana Blanchard, medical examiner. Frank Miller,
32, of 593 Foxon Rd., the driver, was taken to Milford Hospital by
Flanagan Ambulance. He was treated and released. No charges were made.
Patrolman Robert Onofrio investigated the accident.
```

英文摘要

```
An automobile hit a tree near Highway 69 four days ago. David Hall, age
27, residence in New Jersey, the passenger, died. Frank Miller, 32,
residence at 593 Foxon Rd. in New Haven, Connecticut, the driver, was
slightly injured. The police department did not file charges.
```

西班牙语摘要

```
Un auto choco contra un arbol cerca de la carretera 69 el viernes al
anochecher. David Hall, de 27 anos, que vivia en New Jersey, el pasagero,
se murio. Frank Miller, de 32 anos, que vivia en 593 Calle Foxon en New
Haven, Connecticut, el chofer, quedo un poco herido. El departamento de
policia no acuso a nadie.
```

问答输出

Q1：有人死了吗？

A1：大卫•霍尔（David Hall）死了。

Q2：有人受伤吗？

A2：弗兰克•米勒（Frank Miller）轻伤。

Q3：为什么米勒（Miller）受伤？

A3：因为汽车撞到了树上。

Q4：米勒去医院吗？

A4：他去了米尔福德（Milford）医院。

Q5：米勒怎么去医院的？

A5：弗拉纳根（Flanagan）救护车将他带到米尔福德医院。

在这一方面，SAM 表现非常出色，但是它只能用非常严格的故事。耶鲁大学的教授和学生共同开发出了 PAM，解决了这些问题。

3. PAM

据罗伯特•威伦斯基（Robert Wilensky）介绍，PAM 是 SAM 和 TALE-SPIN 思想的混合体。[33] 在 TALE-SPIN 中，Schank 和学生为故事中的角色赋予了某些目标，模拟了人类达到这些目标的规划，然后程序可以根据已经给出的信息编写自己的故事。

PAM 有自己的生成器和特殊的词汇表，提高了其对话的复杂性。另外，由于 PAM 拥有每个角色的规划和目标，因此可以从各种角度叙述故事摘要！

这里值得一提的是另外一个基于 CD 的程序——CYRUS。

CYRUS（计算机化耶鲁推理和理解系统）是詹姆特·科洛德纳（Janet Kolodner）就读博士学位期间的工作。该系统是以先前 CD 为基础程序的最终成果，有一些令人印象深刻的能力和成就。

- 这个系统尝试对一个特定的人——外交官赛勒斯·万斯（Cyrus Vance）的记忆建模。
- 它可以学习，在新经验的基础上不断变化。
- 它不断重组自己，尽可能好地反映出它所知道的内容。这个功能类似于人类的“自我意识”能力。
- 它有能力“猜测”它没有直接知识的事件。[33]

人物轶事

罗杰·尚克（Roger Schank）

罗杰·尚克（1946 年—）是人工智能、学习理论、认知科学和虚拟学习环境建设领域的预言家。他是 Socratic Arts 的首席执行官，这家公司的目标是在学校和公司中设计和实现以故事为中心、通过实践进行学习的课程。

20 世纪 70 年代初，当时 Schank 是斯坦福大学的助理教授，他是第一个让计算机能够处理用打印机打出的日常英语语句的人。为了做到这一点，他开发了一个表示知识和概念之间关系的模型，使得程序能够预测句子中可能出现的概念。这在心理学界开辟了完整的领域。这个领域致力于确定人们如何从所听到的内容中做出推断。

在 1974 年搬到耶鲁大学后，Schank 开始研究如何让计算机阅读报纸。他的研究得到了美国国防部的大量资助，美国国防部有兴趣试图使计算机通过阅读新闻并对其进行分析，以预测世界的动荡地区。1976 年，尚克创建了第一个报纸故事阅读程序。5 年后，他被任命为耶鲁大学计算机科学院院长，管理人工智能实验室。

为了使计算机能够充分了解世界，以便理解语句的语义，Schank 提出了脚本的概念。计算机需要脚本来进行推理，以免做出以指数方式爆炸的推理。例如，如果一台计算机对在餐厅中发生的事情（脚本）有一套期望，那么它就可以理解“你在餐厅定了什么，就吃什么”这个道理。

脚本是一个非常好的想法，这使 Schank 的计算机能够阅读任何结构完整的话题。心理学家开始测试人们，观察他们是否正如 Schank 所提出的那样用“脚本”进行操作。压倒性的证据证明，尽管 Schank 从事计算机科学方面的工作，但是他发现了一些关于人类群体的重要事情。这项工作最终催生了 Robert Abelson 撰写关于社会科学家今天依然使用的课题——《Scripts, Plans, Goals and Understanding: An Inquiry into Human Knowledge Structures》这本书。

Schank 著名的著作《Dynamic Memory: A Theory of Reminding and Learning in

Computers and People》是关于通过记忆事件及其结果进行学习的理论。这种通过“模式（schema）”学习的理论与传统学习理论相反。

20 世纪 90 年代和 21 世纪初，Schank 在学术和商业的职业生涯中都取得了成功。在美国西北大学和卡内基梅隆大学创立了相关的人工智能学院，同时在耶鲁大学管理了计算机科学学院之后，Schank 成为卡内基梅隆大学计算机科学学院的杰出职业教授以及卡内基梅隆大学西海岸校区首席教育官。Roger Schank 博士是 Engines for Education 的执行董事和创始人。在咨询方面，他还是特朗普大学（Trump University）的首席学习官。

13.5　NLP 中的统计方法

本章先前的章节着重于句法解析技术（例如 13.3 节的语法），试图破解句子意义的秘密（13.4 节的语义），但是这些方法往往不足以处理有歧义的句子。例如，一个句子可以有几棵不同的解析树，这使得系统很难选出最好的解析，进而推断出正确的含义。

解决这个问题的一种方法是为每棵解析树分配概率，选择具有最高概率的解析树。由此，概率统计方法成了过去 20 年中语言处理的准则。

在过去 25 年左右的时间里，NLP 研究以统计方法作为主要方法，解决在这个领域中长期存在的问题。布朗大学的首席研究员 Eugene Charniak，见 13.9 节），在 2006 年 7 月 13 日至 15 日于达特茅斯学院举行的“人工智能”50 周年的纪念会议上，在其精彩的论文中将这称为“统计革命”。[34]

13.5.1　统计解析

概率解析器为每棵解析树分配概率，为特定输入的语句选择最可能的解析。为此，通过给每个产生式规则分配条件概率，上下文无关语法得到了增广。

例如，如果语法包括非终结符号 A，并且在语法中，它在 3 个产生式规则的左侧，那么基于 A 的每个扩展的似然性，为产生式规则分配概率。3 个概率的总和必须为 1，类似地，对于任何其他非终结符号 B，B 的产生式规则的概率之和必须为 1。因此，对于产生式规则 A→CD [p]，条件概率 p 表示 A 被扩展得到 CD 的可能性。换句话说，给定左侧 A，p 是扩展 CD 的概率。

将这个概念扩展到解析整个句子，在解析树中，将每个节点所使用的产生式规则的概率进行相乘，可以得到解析树的概率。如果在解析树中有 n 个非终结节点，那么将有 n 个用于生成这些节点的产生式规则。这些 n 个产生式规则中的每一个都存在相关联的概率，我们将这 n 个概率相乘，计算得到解析树的总概率：

$$P(\pi,s)=\prod_{c\in\pi} p(rule(c))$$

要使用概率解析器，我们必须知道语法中每个产生式规则的概率。将概率分配给语法规则的方式有两种。如果可以使用如 Penn Treebank 等树库，我们可以简单地计数非终结符号 A 使用特定产生式规则进行扩展的次数。例如，对于产生式规则 A→CD，可以用以下方程计算概率：

$$\frac{\mathrm{Count}(A \to CD)}{\mathrm{Count}(A)}$$

如果树库不可用，那么我们必须用句库来训练系统。解析器从每个规则等概率开始，在句库中解析句子并计算这些解析树的概率。基于首次解析的结果，解析器调整每个规则的概率，使用调整后的参数再次解析句子，以此类推，直到解析器为每个规则分配了最合适的概率为止。

目前，通过将其他语法和语义特征纳入考虑，大多数概率解析器得到了增广。这里，特别值得一提的是柯林斯（Collins）解析器[35]，它属于已知的概率词法化解析器，这是更复杂类型的系统。在词汇化语法中，每个非终结符号都标有实词性中心词及其词性标签。词汇头是由非终结符号生成的短语中最重要的单词。

本质上，词汇化语法是一个上下文无关语法的增强版本，其中每个非终结符号对其中心词都是特定的。通过使用如此多的非终结符号，词汇化语法可以使每个产生式规则对其所生成的中心词都是特定的。因此，一个简单的产生式规则有许多副本，一个副本对应一个可能的中心词及其标签组合。

作为**词汇化统计解析**的一个例子，Charniak 给出了以下示例：思考规则“VP→VERB NP NP”的概率。这个结构表示，一个动词后跟两个名词的句子。例如，“汤姆给吉尔一个球拍（Tom gave Jill a racket）”。规则 p 的概率（VP→VERB NP NP | VP，V =racket）= 0.003，这个概率非常低。但是主要的动词“给（gave）”的概率高出近 10 倍，这使得 p（VP→VERB NP NP | VP，V =gave）= 0.02。在此处，我们可以看到组合概率如何有效地为正确解析做出贡献。事实上，此处的概率被转化为了知识。

虽然这里所讨论的解析器的准确度已知约为 73%，但是使用上述示例中提到的附加信息，现在它们的准确度能够超过 90%。下一节，我们将描述，在处理语音理解时如何发挥统计“优势”。

13.5.2　机器翻译（回顾）和 IBM 的 Candide 系统

在早些时候，机器翻译主要是通过非统计学方法进行的。翻译的 3 种主要方法是：①直接翻译，即对源文本的逐字翻译。②使用结构知识和句法解析的转换法。③中间语言方法，即将源语句翻译成一般的意义表示，然后将这种表示翻译成目标语言。这些方法都不是非常成功。

随着 IBM Candide 系统的发展，20 世纪 90 年代初，机器翻译开始向统计方法过渡。这个项目对随后的机器翻译研究形成了巨大的影响，统计方法在接下来的几年中开始占据主导地位。在语音识别的上下文中已经开发了概率算法，IBM 将此概率算法应用于机器翻译研究。机器翻译的统计方法是基于嘈杂通道模式的思想，使用这种方法，源语言中的句子被视为目标语言中句子的嘈杂版本。我们必须计算，对应于源语句的噪声输入目标语言中最可能的句子。例如，如果将法语翻译成英语，那么法语是源语言，英语是目标语言。因此，给定法语句子的嘈杂输入，我们将计算概率 P（E | F）或特定英语句子的概率。

使用贝叶斯规则（见 8.4 节），我们可以用以下方程表示这个概率：

$$P(E|F)=\frac{P(F|E)P(E)}{P(F)}$$

我们希望，从所有可能的英语翻译中选择最可能的英文句子，最大化这个概率。因为对于每个可能的英语翻译，法语句子将被固定作为常数，因此我们可以忽略分母 P（F）。

$$P(E|F)=\text{argmax}_E P(F|E)P(E)$$

现在使用这个方程，我们只需要计算两件事情。

- P（F | E），这是给定英语翻译、法语句子的概率。
- P（E），这是英语句子的概率。

P（E）是英语句子出现的可能性，我们采用 N-gram 概率模型，基于具有大量英文文本的库，可以估计得到这个数值。P（F | E）是在给定英文句子的情况下法语句子的概率。这要求在法语句子和英文句子之间逐短语对齐。IBM 使用的短语对齐算法对机器翻译研究具有决定性的影响，为机器翻译提供了统计方法，使其超越了先前研究中不太一致的方法。

13.5.3 词义消歧

统计方法也用于词义消歧，这是自然语言处理中的关键任务。根据上下文，词语可以有许多不同的含义，这种模糊度是自然语言处理中许多困难的根源。

例如，单词 table 可用于描述一件家具，也可用于指数据的图形表示。我们可以找到无数其他有歧义的例子（见 13.1.1 节）。我们必须从词语出现的上下文推断该词的正确含义。艾德（Ide）和威尔艾尼克斯（Veronis）[36]指出，关于机器翻译，韦弗（Weaver）第一个明确阐述了词义消歧。

如果某人检查某书中的单词，一次一个词，就像通过只有一个词宽的小孔的不透明掩饰物看书，那么很显然，一次一个单词不可能确定词语的意思。但是，如果加大不透明掩饰物的狭缝，直到人们可以看到有关的中心词，还可以看到其两边的 N 个词，如果 N 足够大，那么人们就可以明确中心词的意思。

实际的问题是："至少在可容忍的情况下，N 的最小值应该是多少，才可能正确选择中心词的意思？"

使用监督学习算法，可以训练系统识别特定单词的正确意思。通过大量的文本训练集，系统可以学习到一个单词与其周围上下文线索之间的关联。例如单词"table"，当用于表示家具时，table 周围的词倾向于某一单词集，这可以与当 table 用来描述数据表格表示时 table 周围的另一个单词集进行对比。

特征提取是一个过程，通过识别文本的关键特征，提供预测值确定单词的正确意思。通常，相对于所讨论的单词，上下文线索发生在非常特定的位置。例如，一般说来，remote（远程）单词可以在单词 control（控制）前找到，继而组成 remote control（远程控制）。类似地，单词 table 通常可以在单词 contents 前两个位置找到，形成短语 table of contents（目录）。搭配是在一组相对于所讨论单词的特定位置找到的单词或单词序列。由于系统学习了单词之间的典型关联，因此系统可以注意到这些位置，这有助于系统克服词义消歧的困难。

13.6 统计 NLP 的概率模型

统计方法涉及了概率模型的计算，并且对于给定任务，这个模型分配概率给每个可能的结果。例如，在统计解析中，通过对文本语料库中出现的产生式规则进行计数，为每个产生式规则分配概率。

在本节中，我们提供了在 NLP 应用程序中使用的概率模型的示例，以及基于模型计算出最可能的结果的算法。

13.6.1 隐马尔可夫模型

隐马尔可夫模型（Hidden Markov Models, HMM）是许多 NLP 应用程序中用到的统计模型。与有限状态自动机一样，人们用有向图表示 HMM，其中顶点表示计算的不同状态，弧表示状态之间的转变。类似于加权有限状态自动机，HMM 为每条弧分配了概率，这表示了从一个状态移动到另一个状态的概率。

马尔可夫链是加权有限状态自动机。在马尔可夫链中，输入唯一确定通过自动机进行的转换。换句话说，每个输入只产生一条通过自动机的路径。通过将在路径上各条弧的概率相乘，可以计算得到输入的概率。

由于这些模型的**马尔可夫属性**，我们可以将概率相乘。在估计转移概率时，马尔可夫属性允许我们忽略以前的事件。转移概率仅取决于当前状态（状态 2）和后续状态（状态 3），并且不依赖于序列中的先前转换。这简化了概率估计，并且允许我们通过将每个弧的概率相乘来计算序列的总概率。

与马尔可夫链一样，HMM 由一组状态和一组描述从状态 i 移动到状态 j 的转移概率 P_{ij} 来指定。但是，当描述通过模型的路径时，我们不知道状态的顺序，只能按照沿着路径产生的输出来描述路径。

HMM 包括一组输出观测值 O 和一组观测概率 B。对于每个观测值和每个状态都存在相关联的概率 $b_i(o_t)$，这表示在时间 t 产生观测值 o_t 的可能性，观测值 o_t 是在时间 t、由状态 i 产生的输出。不正式地说，观测值是可以产生的输出，观测概率表示从特定状态生成特定输出的可能性。我们做个简单的假设，即一个状态转换产生一个输出观测值。因此，如果输出由 5 个观测值组成，产生了 5 个输出符号，我们可以知道路径中必须包含 5 个状态。

为了更具体地说明，我们可以使用现实生活的例子，在这个例子中，“状态”隐藏在表面之下，必须从可观测的输出中推断出来。想象一下，一个学生在计算机生成的标准化考试系统中回答问题。计算机产生不同难度的问题，将简单的问题与相对困难的问题混合在一起。学生不知道一个问题是简单还是困难的，他试图通过解答时间的长短来推断问题的难度。

例如，如果他只花了 1 分钟回答一个问题，那么他可以合理地相信这个问题是简单的。但是，如果他花 3 分钟来回答一个问题，那么他觉得这个问题相对困难。他只能根据在这个问题上花费的时间推算出困难程度。在这个例子中，隐藏的状态是简单和困难，可观测的输出是在问题上所需的分钟数。输出观测值为集合{1,2,3}，表示回答问题需要 1 分钟、2 分钟或 3 分钟。

图 13.2 显示了两个状态，即简单（Simple）和困难（Difficult），以及起始状态和结束状态。

P（1 |简单）= 0.8

P（2 |简单）= 0.1

P（3 |简单）= 0.1

P（1 |困难）= 0.1

P（2 |困难）= 0.2

P（3 |困难）= 0.7

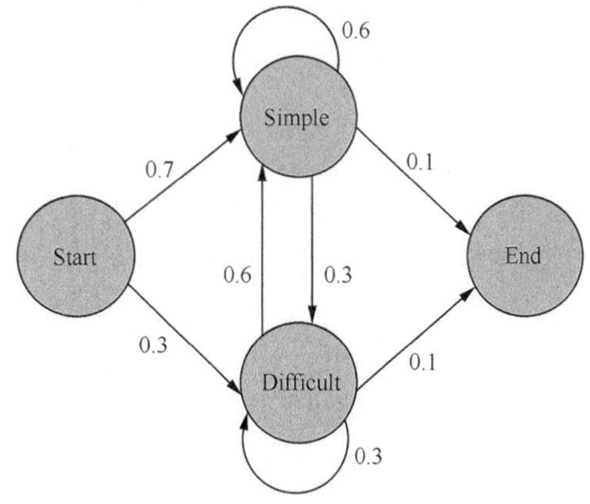

图 13.2　测试题目的 HMM

这些数字是给定预期的难度级别，在一个问题上花费一定分钟数的条件概率。例如，概率 P（1 |简单）是在简单问题上花费 1 分钟的概率。同样，P（3 |困难）是在困难的问题上花费 3 分钟的概率。

如果给定输出观测序列为 2 1 1 3，我们通过计算每个序列的概率选择具有最高概率的那个序列，从而找到最可能的状态序列。因为在这个序列中有两个状态和四个观测值，所以这有 2^4 或 16 种可能的状态序列。

一个可能的状态的序列是“简单　简单　简单　困难”。这个状态序列的概率可以通过将路径上的转移概率相乘，计算得到：

$$P_{startS} \times P_{SS} \times P_{SS} \times P_{SD} \times P_{DEnd} = 0.7 \times 0.6 \times 0.6 \times 0.3 \times 0.1 = 0.00756$$

P_{startS} 是从起始状态到简单（Simple）状态的转移概率，P_{SS} 是从简单（Simple）状态自我循环到简单（Simple）状态的转移概率，P_{SD} 是从简单（Simple）状态移动到困难（Difficult）状态的转移概率，以此类推。

一旦将转移概率相乘，我们就需要将这个序列的观测概率考虑在内。这个序列的观测概率如下：

P（2 |简单）×P（1 |简单）×P（1 |简单）×P（3 |困难）= 0.1×0.8×0.8×0.7 = 0.0448

为了获得总概率，我们将观测概率的乘积乘以转移概率的乘积：

$P_{startS} \times P_{SS} \times P_{SS} \times P_{SD} \times P_{DEnd} \times$P（2 |简单）×P（1 简单）×P（1 简单）×P（3 |困难）

= 0.7×0.6×0.6×0.3×0.1×0.1× 0.8×0.8×0.7 = 0.000338688

这个乘积是一个可能的状态序列——“简单　简单　简单　困难”的概率。我们不知道这是否是正确的状态序列，但必须尝试所有可能的不同序列。

现实世界的应用有很多状态和庞大的观测结果，对于这么大的数字，逐一计算变得不切实际。更可行的方法是利用动态规划算法，将中间结果存储在表中，不必重复计算。

13.6.2　维特比算法

维特比（Viterbi）算法是用于在 HMM 中查找最可能的状态序列的动态规划算法。这个算法创建了一张表，表中的每个单元格表示在观察到一定数量的输出观测值之后处于特定状态的概率。

在示例中，可以对状态进行编号，令开始状态为状态 0，简单状态为状态 1，困难状态为状态 2，结束状态为状态 3。现在，表可以使用二维维特比（Viterbi）数组 [ ] [ ]来表示。

在这个数组中，如 Viterbi [1] [1]的单元格表示在观察到第一个输出观测之后处于状态 1 的概率。记住，输出序列是 2 1 1 3，这个序列中的第一个输出符号是 2。因此，这个单元格表示在到达状态 1（简单状态）时作为第一个输出观测的概率，即产生 2 的概率。为了计算 Viterbi [1] [1]，我们使用从起始状态到简单状态的转移概率 P_{startS}，将 P_{startS} 乘以观测概率 P（2 | Simple），P（2 | Simple）为在生成 2 时简单状态的概率：

$$\text{Viterbi}[1]\,[1] = P_{startS} \times P（2 |\ 简单）= 0.7 \times 0.1 = 0.07$$

类似地，单元格 Viterbi [2] [1]，在生成了第一次观测值之后处于状态 2（困难状态）的概率。这个概率是 P_{startD} 和 P（2 |困难）的乘积：

$$\text{Viterbi}[2]\,[1] = P_{startD} \times P（2 |困难）= 0.3 \times 0.2 = 0.06$$

一旦计算出这些初始单元格，我们可以将这些值存储在表中，用它们来计算剩余的单元格。在下一列中，Viterbi[1] [2]表示从状态 1 产生第二个输出观测值的概率。这个序列中的第二个观测值为 1，因此这个单元格表示产生 1 作为第二次观测值，同时到达状态 1 的概率。

将前一列每个单元格中存储的概率乘以其状态到简单状态的转移概率，可以计算出相应单元格的数值，然后将这些乘积中的每一个值乘以从简单状态生成 1 的观测概率。我们将这些值中的最大值放在 Viterbi[1] [2]中：

$$\text{Viterbi}[1]\,[1] \times PSS \times P（1|简单）= 0.07 \times 0.6 \times 0.8 = 0.0336$$

$$\text{Viterbi}[2]\,[1] \times PDS \times P（1|简单）= 0.06 \times 0.6 \times 0.8 = 0.0288$$

因此，Viterbi [1] [2]将包含这两个计算中的最大值 0.0336。更一般地，在具有 n 个状态的 HMM 中，我们进行 n 次计算（对应于前一列中的每个状态进行一次计算），并将最大值放在当前的单元格中。当到达表示最终观测和终止状态的单元格时，这个单元格包含了最可能状态序列的总概率。

通过保留一个 backpointer [ ] [ ]数组来存储迄今为止的路径，我们可以跟踪这个状态序列。这个跟踪将给出状态序列——该状态序列具有生成输出序列的最高概率。

13.7 统计 NLP 语言数据集

统计方法需要大量数据才能训练概率模型。出于这个目的，在语言处理应用中，使用了大量的文本和口语集。这些集由大量句子组成，人类注释者对这些句子进行了语法和语义信息的标记。在本节中，我们将描述过去 10 年来统计 NLP 中使用的最重要的集。

13.7.1 宾夕法尼亚州树库项目

如前所述，给定上下文无关语法，可以解析任何句子。也就是说，我们可以建立一个

语料库，其中每个句子都用解析树语法注释。像这样的系统注释的语料库，我们称之为**树库**。实践证明，树库在句法现象的实证研究中非常有用。[1]

在过去 40 年中，人们已经创建了许多树库，这些树库可以自动解析句子，随后由人们进行人工修正（例如，13.2 节中描述的布朗语料库）。宾夕法尼亚州树库是从布朗（Brown）、Switchboard（用于标准电话对话）、ATIS 和《华尔街日报》英语语料库中生成的。树库也可以使用其他语言生成，如阿拉伯语和中文。其他树库包括捷克的布拉格依赖树（Prague Dependency Treebank for Czech）、德国的内格拉树库（Negra treebank for German）和英国的苏珊树库（Susanne treebank for English）。[1]

宾夕法尼亚州树库项目（The Penn Treebank Project）开始于 1989 年左右，在不同阶段生成了不同语言的树库。现在，对于英语语言而言，已经发行了 Treebank I、[24]Treebank II [37] 和 Treebank III。

Marcus 等人指出（1993 年）：“有时候，语料库和集之间会有区别，语料库将收集在一起的材料集精心组织，合起来满足某种设计原则，而集在构建过程中掺杂了更多的机会因素。从这一点上看，我们承认宾夕法尼亚州树库的原材料形成了一个集。”

Treebank I 由 450 万字组成，在 1989 年至 1992 年期间得到构建，用于词性（POS）标签。它也被注释为主干语法句法结构。

Charniak [34]给出了一个令人印象深刻的实际示例，说明了使用这些树库的 NLP 已经走了多远。他给出了 2006 年 6 月 1 日《纽约时报》上发表的句子。

如图 13.3 所示，Charniak [34]总结了宾夕法尼亚州 WSJ 解析器所做的事情，并做出了以下评论：

鉴于目前解析器的精度（92%）和句子长度（44 个字和标点符号），我们预计会有几个错误。唯一的错误是附加的子句，这个子句开始于“only if…”。我们认为这应该与“S”结合，即从“the United States…”开始，而不是与 SBAR 结合，从“that the United…”开始。

```
(S1 (S (NP (DT The) (NNP Bush) (NN administration))
(VP (VBD said)
(NP (NNP Wednesday))
(SBAR
(SBAR (IN that)
(S (NP (DT the) (NNP United) (NNPS States))
(VP (MD would)
(VP (VB join)
(NP (DT the) (NNPS Europeans))
(PP (IN in)
(NP (NP (NNS talks))
(PP (IN with) (NP (NNP Iran)))
===> (PP (IN over)
(NP (PRP$ its) (JJ nuclear) (NN program))))))))
(, ,)
(CC but)
(SBAR (ADVP (RB only))
(IN if)
(S (NP (NNP Tehran))
(ADVP (RB first))
(VP (VBD suspended)
(NP (NP (PRP$ its) (NN uranium) (NNS activities))
(, ,)
(SBAR (WHNP (WDT which))
(S (VP (AUX are) (VP (VBN thought)
(S (VP (TO to)
(VP (AUX be)
(NP (NP (DT a) (NN cover))
(PP (IN for)
(S (VP (VBG developing)
(NP (JJ nuclear) (NNS arms))))))))))))))))))
                    (. .)))
```

图 13.3 解析 2006 年 6 月 1 日《纽约时报》的导语句

解析器使用的是后一种分析，这也是合理的。但是在我们的大脑中，这有点似是而非。

接下来的几节，我们将介绍更多利用数据库、统计和 Web 技术的系统。

13.7.2 WordNet

WordNet 是一个词汇数据库，用于存储按同义词集组织的单词。每个同义词表示一个词汇概念，并伴随着其所表达概念的简短定义，并且每个同义词与所有在语义上相关的同义词链接。[38] WordNet 是一种受欢迎的工具，广泛应用于人工智能和 NLP 领域。英文版 WordNet 已经成为其他语言数据库（如 EuroWordNet、MultiWordNet 和 BalkaNet）的基础。

贝提沃克林（Bentivogli）及其同事提出用一种新的数据结构来扩展 WordNet，这种数据结构称为 phraset。phraset 表示单词的自由组合集，这些单词组合（而不是词汇单位）常用于表达某个概念。Bentivogli 及其同事认为，phraset 可以用于平行语料库中基于知识的词汇排列，在一种语言中找到词汇单位之间的对应关系。在单语言和多语言环境中，这将在另一种语言中的单词组合，进行词义消歧。

组成 WordNet 中同义词（synset）的两种基本词汇单位是词语和多词（multiword），多词就是俚语或限制搭配。俚语是一个术语或短语，这个俚语的意义不能从其成分的字面定义上理解。俚语的任何成分都不能用同义词代替。限制搭配是“惯常同时出现的词汇序列，其意义可以从组合结构中导出”[38]。俚语和限制搭配与单词的自由组合不同，单词的自由组合仅仅是单词根据语法的一般规则进行组合。[39] 由于我们不将自由组合视为词汇单位，因此自由组合不会组成 WordNet 中的同义词（synset）。

在每种语言中都有短语，短语常用于表示单一概念，不是俚语或限制搭配。其例子包括意大利语短语“asare in bicicletta”，在英语中的意思“to bike（骑自行车）”，“punta di freccia”在英语中的意思是“arrowhead（箭头）”。Bentivogli 及其同事提出使用 phraset 扩展 WordNet 模型，这样就可以包括这种短语。phraset 的成员指的是经常出现的自由短语。在多语言环境中，如果源语言使用词汇单位来表达概念，而目标语言不是，那么 phraset 将发挥重大作用，反之亦然。

13.7.3 NLP 中的隐喻模型

对于一个有效的自然语言处理系统来说，它必须能够处理隐喻。这个任务可以分为两部分：隐喻识别和隐喻解释。在语言学和哲学的文献中，我们可以找到关于隐喻理论的 4 个主要观点。卡捷琳娜 • 舒科娃（Katerina Shukova）[40]对 NLP 中的隐喻模型进行了深入的研究。她研究了一些模型，其中涉及以下观点。

（1）比较观点[41]。

（2）交互观点[42,43]。

（3）选择性限制违反观点[44,45]。

（4）概念隐喻观点。[46]

丹 • 法斯（Dan Fass）是尝试实现自动识别和解释隐喻表达系统的先行者之一。这个系统被称为 met *（发音为 met star），能够区分字面、转喻、隐喻和反常。转喻（metonymy）是一种言语表达，将一个事物或概念使用在意义上与其相关的某些事物进行称呼。隐喻是通过在不同领域中的两个概念之间的相似性起作用，而转喻通过在相同领域内找到邻接（关联）关系起作用。例如，“好莱坞”是美国电影业的代名词（转喻）。洛杉矶这个地区（好莱坞）包含了大部分美国主要的电影制片厂，但是这个地方本身和电影业之间并没有什么相似之处。met*分 3 个阶段进行工作：首先，使用违反选择偏好（selectional preference violation）作为指标，确定短语的字面意义。这是指 Yorick Wilks 开发的用于词义消歧的偏好语义学方法（Preference Semantics），基于句子成分最大数目的内部偏好来确定句子的“最连贯”解释。如果发现短语是非标准的，那么使用手工编码的转喻关系集来测试短语转喻；如果找不到转喻，那么搜索知识库，找到合适的类比，将隐喻关系从异常关系中区分出来。选择偏好方法（selectional preference approach）的一个问题是，虽然一些表达式可能是隐喻的，但是它们仍然可能不违反偏好选择（violate preference selection）。例如，“Idi Amin 是一只动物”，这个句子在字面上是有效的，不会违反偏好选择，但是这很明显是个隐喻。另一方面，即使一个句子可能违反偏好选择，这个句子也有可能既不是隐喻，也不是转喻。

一些其他的隐喻识别方法值得一提。格特力（Goatly）提出了一种系统，通过挑出诸如“这样说（so to speak）”的语言提示来识别隐喻。虽然这本身可能还不够，但是这可能成为较大系统的一部分。彼得斯（Peters）兄弟[47]开发了英文词汇数据库 WordNet，用于系统地寻找多义词。人们发现这些多义词与隐喻或转喻表达式有很强的相关性。虽然 Fass 的工作依赖于手工编码的转喻关系和隐喻关系，但是，扎卡里·梅森（Zachary Mason）的 CorMet 系统[48]第一次尝试自动发现源域和目标域之间的映射。CorMet 分析了特定领域文档的大型语料库，并且学习每个领域中特征动词的偏好，从而确定特定角色中特定类型的参数。例如，CorMet 收集来自 LAB 领域和 FINANCE 领域的文本，在两个领域中，“pour”是一个特征动词。在 LAB 领域中，“pour”与液体类型的对象有强烈的联系，而在 FINANCE 领域中，“pour”与货币有强烈的联系。从这个概念映射中，可以推想出液体和货币的关系。伯克（Birke）和萨卡尔（Sarkar）[49]开发了一种 TropFi 系统，这个系统使用句子聚类方法进行非标准语言的识别。这个想法源于 Karov 和 Edelman 开发的基于相似性的词义消歧法。[50]这种方法采用注释了意思的种子句子集。接下来，计算包含了待消歧单词的句子和所有种子句子之间的相似度，然后选择对应于与之最相似种子句子的注释的意义。

Birke、Sarkar 和法斯（Fass）仅仅关注动词，Krishnakumaran 和 Zhu[51]的方法处理了动词、名词和形容词。对于名词，在 WordNet 中，他们使用上下位（is-a）关系来检查短语是否具有隐喻性。如果它不是上下位式的，那么短语被标记为隐喻。同时，他们不但计算动词名词对、形容词名词对这样二元词语的概率，而且还考虑了名词的所有上义词或下义词。如果在频率高于某个阈值的数据中找不到这样的词对，则短语被标记为隐喻。同时，Fass 使用 met*进行隐喻识别，Martin[52]开发了解释、表意和获得隐喻的系统（MIDAS）。MIDAS 依赖于组织成层次结构的常规隐喻数据库。给定一个隐喻表达式，它在数据库中搜索这个表达式。如果系统不能找到这个表达式，那么这个表达式会抽象为更一般的概念，并再次执行搜索；如果系统找到了，那么系统将把广受欢迎的隐喻附加到层次结构中的父节点上。在 2008 年，Veal 和 Hao 开发了一个名为 Talking Points 的知识库，以及一个称为 SlipNet 的相关推理框架。Talking Points 由属于源域和目标域概念的特征集组成，并将从 WordNet 和 Web 中挖掘到关于世界的事实。SlipNet 是为了找到源域和目标域之间的联系，允许插入、删除和替换此类特征的框架。

一般说来，隐喻研究的趋势与 NLP 领域的路径一样，也就是将 20 世纪 80 年代初和 90 年代初手工编码的知识方法转移到更加强大的基于语料库的统计学方法。根据词汇采集技术的最新发展，人们将在不久的将来实现全自动基于语料库的隐喻处理。未来的研究将从标准化隐喻注释程序和大量公开可用的隐喻语料库的创建中受益。

13.8 应用：信息提取和问答系统

在上一节中，我们描述了 NLP 中的统计方法，对比了这些方法与形式语法和语义的符号方法。通常，这两种方法协同使用，单个应用程序必须同时采用符号方法和统计方法。

补充资料

示例

在 2008 年，美国政府向跨国保险集团 AIG（美国国际集团）救助了 850 亿美元。你认为，由于美国政府（没有其他机构）支持这样一家大公司（基本上确保了其生存），那么这可能是购买其股票的好时机，彼时其股票从每股 70 美元下降到每股 2 美元。你相当自信，政府的救助将保证 AIG 的股票价值从 2 美元处上涨。

也许，NLP 方法的最知名应用是信息提取（IE）和问答系统，现在这个系统通常用于搜索网络。让我们思考一个例子：

在决定购买 AIG 的股票之前，你可能想要查找互联网上的文章，这些文章将支持你的 AIG 股票上涨的“信念”。为此，你将不得不找到包含“AIG”“政府救助（Government Bailout）”“股票”以及一些其他关键字的文本，这样就可以帮助你找到有关 AIG 未来可能怎样的相关信息。

这正是适用信息提取系统解决的任务。信息提取系统实际上是已解决的许多技术的组合，包括有限状态方法、概率模型和语法分块。在本节中，我们将描述用于构建信息提取和问答系统的技术。

13.8.1 问答系统

问答系统通过搜索文档集合找到用户查询的最佳答案。通常，文档集合可以与 Web 一样大，也可以是特定公司拥有的一组相关文档。因为文件数量可能很大，所以必须找到最相关的文件，并进行排列，将这些文件分解成最相关的段落，并搜索这些段落来找到正确的答案。

因此，问答系统必须完成 3 个任务：①处理用户的问题，将其转化为适合输入系统的查询；②检索与查询最相关的文件和段落；③处理这些段落，找到用户问题的最佳答案。

在第一步中，处理用户的问题，识别关键字并消除不必要的词。最初使用关键字进行查询，然后将查询扩展为包括关键字的任何同义词。例如，如果用户的问题包括关键字“汽车”，那么可以扩展查询，包括“轿车”和“汽车”。此外，关键字的形态变体也包括在查询中。如果用户的问题包括词语“驾驶（drive）”，则查询也将包括“驾驶中（driving）”和动词驾驶（drive）的其他形态变体。通过扩展用于查询的关键字列表，系统可以最大化找到相关文档的机会。

第二步是检索这些文件。这称为信息检索（IR）。信息检索可以用向量空间模型进行，在向量空间模型中，向量用于表示单词频率。我们使用一个小文档进行详细说明。假设文档中有 3 个单词，这个文档中的单词频率可以由向量（w_1，w_2，w_3）表示，其中 w_1 是第一个单词的频率，w_2 是第二个单词的频率，以此类推。如果第一个单词出现了 8 次，第二个单词出现了 12 次，第三个单词出现了 7 次，那么这个文档的向量将为（8，12，7）。

当然，在现实世界的例子中，会有数千个单词，而不只是 3 个单词。在实际应用中，向量具有数千个维度，一个维度代表文档集合中一个单词。为每个文档分配一个向量来表示文档中出现的单词。因为在特定文档中有许多单词不会出现，所以这个向量中的许多条目将为 0。类似地，给用户的查询分配向量，由于和整个文档集合相比，查询不包含许多单词，因此这个向量大部分条目都为 0。我们可以使用哈希和其他形式的表示来简化向量，所以这许多的 0 不必存储在向量中。

将向量分配给查询后，将该向量与集合中所有文档的向量进行比较。通过查看多维空间中的向量可以找到最接近的匹配项。为了计算两个向量之间的差别，我们使用它们之间的角度并且计算该角度的余弦值。

使用两个向量的归一化点积，可以计算两个向量之间角度的余弦值。较高的值表示查询向量和文档向量之间更匹配。当两个向量相同时，余弦等于 1；当两个向量完全不同时，余弦等于 0。因此使用查询向量和文档向量之间的角度找到余弦函数的最大值，可以识别与查询最相关的文档。

一旦检索到最相关的文件，可以将这些文件分为易处理大小的段落。丢弃不包含任何关键字或潜在答案的段落，其余段落根据它们包含答案的可能性进行排序。

在这个阶段，我们已经为问答过程的第三步，也是最后一步做好了准备：从排列的段落中提取答案。

人物轶事

拉里·哈里斯（Larry Harris）

在人工智能数据库系统和自然语言处理领域，Larry R. Harris（1948 年生）工作了很长时间，并做出了贡献，人们称他为“将人工智能研究技术扩散到商业产品中”。他在康奈尔大学（1970）的博士论文中开始了这个研究，题为《A Model for Adaptive Problem Solving Applied to Natural Language Acquisition》。他早期的出版物包括：《Bandwidth Heuristic Search》,《User-Oriented Data Base Query with the ROBOT Natural Language Query System》《Experience with INTELLECT: Artificial Intelligence Technology Transfer》。1975 年，Harris 开发了 ROBOT，当时他创立了人工智能公司，这个公司最终雇用了 80 多人。INTELLECT 是 ROBOT 的后继者，它提供了一个独特的英文界面，可以查询数据库系统。ROBOT 的方法要求将英语语言问题映射成独

立于数据库内容的数据库语义语言。这样，由于语义原语是不变的，因此系统可在“可移动的微型世界”中工作，而对话区域随着数据库的内容而变化。因此，仅通过字典更改，学生成绩文件就可以连接员工文件和数据字典。

他也是KBMS(知识库管理系统)的首席架构师和InfoHub的首席架构师。其中KBMS是一个专家系统工具，InfoHub是访问非关系型主机数据的关系引擎。

1972年，Harris是达特茅斯学院数学系的教授，当时没有计算机科学系。他（与本书作者一起）开发达特茅斯计算机国际象棋程序，这个程序（1973）是赢了西北大学程序（NUCHESS）的第一个程序，后来，20世纪70年代，在美国，这个程序成了主导的国际象棋程序（有关计算机国际象棋的更多信息，请参阅第16章）。

1994年，他创立了一家语言技术公司EasyAsk，他是EasyAsk和English Wizard产品的作者。2009年年初，EasyAsk从Progress Software中脱离出来。现在，EasyAsk再一次成为了一个独立的公司，继续专注Harris博士的创新愿景，并在电子商务、运行商业智能领域发挥了领导作用，同时使用自然语言创建用户体验，使产品真正的服务于知识工作者和最终用户。

早在1984年的《AAAI》杂志中，Harris博士有以下说法：

“我们的方针是以产品为基础；我们想继续出售同一款产品。我们希望这个产品是通用的，因此它可以用于各种应用领域。我们希望从使用它的过程中，尽可能多地揭露人工智能的神秘面纱。在市场定位方面，我们做出了以市场为导向的承诺，我们正在试图解决的问题是了解市场的真正需求，并选择合适的技术来解决这个问题。我们还致力于与现有软件交互，并在共同的商业数据处理结构中工作，但是同时不试图照搬现有的数据库技术、图形技术等。”

上述观点表明，深入了解人工智能系统需要做些什么，才能有效地服务于商业和经济世界。

Larry Harris 的相关出版物

A system for primitive natural language acquisition. International Journal of Man-Machine Studies 9:153–206, 1977.

ACM SIGART Bulletin Status report on the Robot natural language query processors. 66 (August): 3–4, 1978.

User oriented database query with the ROBOT natural language query system. International Journal of Man-Machine Studies 9:697–713, 1977.

INTELLECT on demand. Datamation 27(12):73, 1981.

Using the database as a semantic component to aid in the parsing of natural language database queries. Journal of Cybernetics 10:77–96, 1980.

ROBOT: a high performance natural language processor for data base query, ACM SIGART Bulletin [doi>10.1145/1045283.1045309] April 20, 2010.

Experience with INTELLECT: Artificial Intelligence Technology Transfer. AI Magazine 5(2): 43–50, 1984.

应用之窗

EASYASK

Larry Harris 博士对人工智能的贡献之一是于 1994 年成立了 EasyAsk 公司。

EasyAsk 是提供信息发现和分析的软件。EasyAsk e-Commerce（电子商务）是零售行业最直观的网站搜索、导航和商品销售软件。它通过提高转换率、销售收入和客户满意度，为商家提供即时的投资回报（ROI）。

商业用户和消费者广泛采用了 EasyAsk，不论信息来源或位置在何处，他们每天使用商业语言来查找相关信息。

今天，全球领先的零售商、制造商、金融服务机构、政府机构、制药和医疗机构都使用了 EasyAsk 技术。

EasyAsk 允许商业用户提出普通的英文问题，从关系数据库中获取答案。通常，常见的业务问题可能需要复杂的 SQL，因此，在没有自然语言系统帮助的情况下，用户常常无法自动获取所需的答案。以下 3 个示例是非常简单的业务问题，但是恰巧需要复杂的 SQL。图 13.4（a）和图 13.4（b）介绍了 EasyAsk 的工作原理：

问题：找到退货率高于其他客户的客户。这里的挑战是，你必须同时在绝对和相对的基础上看待退货。你真正想要找到的客户是那些订购很多产品，同时也退货很多的客户。

SQL 的复杂性来自于需要使用“从句”来限制退货总和，并且需要将退货百分比的和作为订购总和的百分比来表示。

注意：在屏幕的左上角显示用户的英文输入，其下方有答案。EasyAsk 生成的 SQL 显示在底部。与屏幕右侧相匹配的 Report 表示来自其他系统的报告，EasyAsk 感觉这个报告也可能与用户的问题相关。

问题：一种产品的销售往往与相关产品的销售相关。有效的营销活动可以针对购买了第一个产品，却没有购买相关产品的客户。例如，如果我们问“什么客户买了桌子，而没有买椅子？”，那么我们就可以向他们推销椅子。不幸的是，这需要具有子选项的 SQL，这太困难了，以至于企业用户难以自己处理。奇怪的是，传统的查询工具不能帮助用户将查询与子选项放在一起。这是自然语言系统的一个主要优点，它们可以扩展用户查询的范围，将此类复杂问题包括在内。

问题：每个企业都会失去客户；找到这些客户是非常有帮助的，这样企业就可以针对他们进行营销，有助于防止他们离开客户群。对“过去 12 个月内下了订单，但是过去 12 周没下订单的客户”的回答，将提供公司可能会失去的客户名单。然而，回答这个问题也需要一个带有子选项的查询。

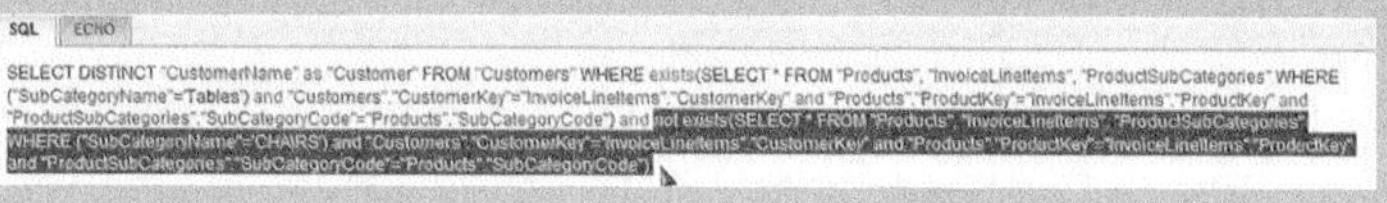

图 13.4（a） 互动式 EasyAsk 的例子

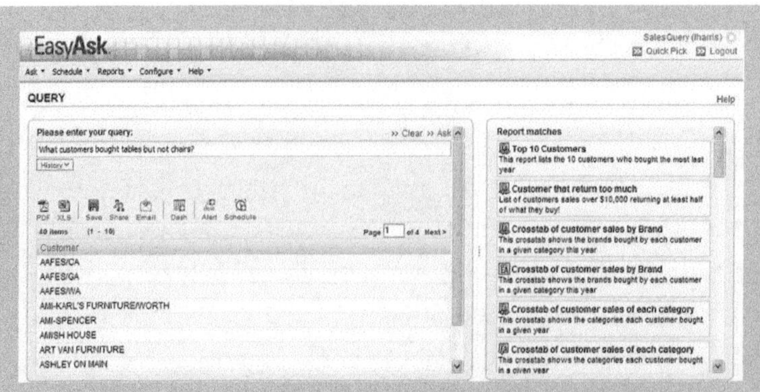

图 13.4（b） 使用 EasyAsk 进行交互式销售查询的示例

业务问题：

太多退货

一个产品的销售很好，但是其同伴产品的销售量太低

一些销售代表表现不佳

失去太多客户

显示退货率高的仪表板

太多产品被退货

客户退货- 2 份报告

　　注意：报告搜索和特别查询

　　注意：使用日期、项目名称和问题进行帮助

查看两个报告：退货率是关键

对于去年消费额超过 10 000 美元的客户，显示其消费额，退货数和退货率

显示去年消费额超过 10 000 美元，退货率高于 50%的客户的消费额、退货数和退货率

分享此报告：通过“客户退货”查找

HENNEN 去年月退货线图（/ALEXANDRIA）

显示今年各品牌的消费额、退货和退货率

　　注意：分享此报告

　　困难：所有其他系统的总和（退货率)!

EasyAsk 将比率的总和转换成总和的比率

传闻：相对于桌子，椅子的销售量在下降

比较去年/季度/月份的桌子与椅子单元销售量。

什么客户买了桌子，但没有买椅子？

　　显示 SQL

　　困难：SQL 需要一个子选项

一些销售代表表现不佳

显示每个销售代表从去年到今年的销售增长。

　　困难：SQL 需要临时表来计算百分比（%）增长！

传言：失去太多客户

在去年，有多少百分比客户没有下订单？

有多少客户在过去 12 个月内下过订单，但在过去 12 周内没下订单。
　　困难：SQL 需要 2 个子选项！
添加到仪表板

13.8.2 信息提取

我们搜索这些段落，提取答案，寻找在答案附近文本中一般的具体模式。通常在句子中，与问题短语相关的答案短语有一个很清晰的模式，可以得到识别。

例如，假设用户问了一个问题：什么是三段论？这个查询由关键字“三段论（syllogism）”组成，我们也许可以在可能的答案旁边，在一个特定的位置，以及以一种特定的模式找到此关键字。常见的模式是：<AP>，如（such as）<QP>，其中 AP 表示答案短语，QP 表示问题短语。这个模式是一个正则表达式，可用于搜索段落中的可能答案。

基本上，我们将搜索 “三段论（syllogism）”这个词以及前面有“如（such as）”字样的句子，我们有理由相信“如（such as）”之前会有一个答案。例如，假设在一个段落中找到以下的单词序列：一种逻辑论证，如三段论（A logical argument such as syllogism）。这个序列包含了问题的关键词“三段论（syllogism）”，这个关键词的前面是答案短语“一种逻辑论证（A logical argument）”。因此，这个模式捕获了答案和问题关键字之间的常见关系：通常，答案短语后面跟着“如（such as）”，其后再跟着问题关键字，这个答案短语定义了关键字。

我们可以使用其他许多模式。在另一个常见的模式中，答案短语与问题短语由同位格的逗号分开：<QP>，a <AP>。这个模式可以是单词序列，例如：三段论，一种演绎推理的形式（such as Syllogism, a form of deductive reasoning）。在这个单词序列中，答案短语与“三段论”使用同位格的逗号分开。基于我们找到的答案短语，我们知道三段论是一种逻辑论证和演绎推理的形式（syllogism is a logical argument and a form of deductive reasoning）。我们可以开始把这些短语组合成用户问题的答案。

13.9 现在和未来的研究（基于 CHARNIAK 的工作）

Eugene Charniak[34]指出，目前正在进行许多工作，多方面扩展系统能力，使系统解析更准确，这取得了一些成功，使用宾州 WSJ 的树库的记录，现在准确率达到了 92%。这意味着，在没有降低速度的情况下，已经消除了 1/3 的错误。与速度相关的其他研究使系统解析从原来的 0.7s，加速到 0.2s。虽然很少语言的树库有宾州 WSJ 的规模，但是研究已经扩展到了英语以外的语言。其他语言往往更多地依赖于名词结尾（见 13.4.3 节），这可能需要新技术。现在语法解析已经取得了一定的成功，因此，“深层结构”的问题得到了更多的重视。

Charniak 认为，NLP 的未来必须集中在意义上。因此，我们必须将工作重点从专注于正确解析句子转变为专注于正确的句子意义。这仍然需要多年的工作，很有可能的是，人们会使用一个长系列的表达，每一项都增加了关于意义方面的信息，而句子中其他组成部分，只要不是意义所需要的，就都可以被删除。

Charniak 总结道："统计大有裨益，它接管了人工智能。"[34]统计已经用于机器解析和语音识别，甚至用于在本章开始提到的机器翻译。他指出，Google 已经有了一个非常好的从阿拉伯语和普通话到英语的机器翻译，其他语言也很快就会跟上，这些都是使用统计方法得到的。Charniak 预测，未来的人工智能将以统计方法为主。他认为概率论是利用多种信息来源的最佳途径。在人工智能领域，成功应用统计方法的例子包括机器学习和机器人技术，并且统计方法的应用很可能扩展到其他领域。

13.10 语音理解

语音理解是一种功能，使系统能够理解来自麦克风的口头输入并进行正确响应。这些系统也被称为语音识别系统。语音理解系统有多种不同类型，在过去 20 年左右，语音理解系统已经有了很大的改进。截至今天，我们中许多人的生活都被这样的软件和设备包围着。众所瞩目，语音理解系统进步非常显著。进步的一个原因可能是语音理解是人工智能研究的首批领域之一，而且需求高。Mimi Lin Gao 基于索纳·布拉姆哈特（Sona Brahmbhatt）的论文编写了本节。[58]

我们更方便说话而不是打字，因此语音识别软件非常受欢迎。口述命令比用鼠标或触摸板点击按钮更快。要在 Windows 中打开如"记事本（Notepad）"这样的程序，需要单击开始、程序、附件，最后点击（Notepad）记事本。这最轻松也需要点击四到五次。语音识别软件允许用户简单地说"打开记事本（Open Notepad）"，就可以打开程序，节省了时间，有时也改善了心情。

语音理解系统的发展开始于机器翻译的想法，但是试图解决语法中的基本问题比人们所认为的更具挑战性；这是在语义、口音和变音中的问题被解决之前的情况。语音翻译的三种早期方法是直接翻译法、转化法和中间语言法（Interlingua）。直接翻译法将信息源（如几个单词）直接"逐词"解释，试图翻译它们。转化法使用结构知识和语法解析。中间语言法首先将句子翻译成有意义的表达，然后将句子翻译成用户的首选语言。[1]

语音理解技术

有几种技术用于识别语音理解模式。模式识别方法结合了模式训练和模式比较。隐马尔可夫模型（见 13.6.1 节）应用于声音或单词，完成准确的模式训练识别。使用像维特比（见 13.6.2 节）这样的算法和特征提取方法[54]，基于训练系统所学到的模式来测试未知单词时，就发生了直接比较方法。

词性标签

隐马尔可夫模型使用词性标签（POST）。这 8 个词性标签是名词、动词、代词、介词、副词、连词、分词和冠词。词性标签的重要性在于它提供了关于单词及其上下文的许多信息。它通常应用于从麦克风处得到的单词序列。“知道一个词是所有格代词还是人称代词，可以告诉我们在其附近有可能出现什么词。”[1]当句子的一部分或单词被扭曲时，POST 就有了利用价值。语音识别软件可以使用词性标签找到缺失词的最佳匹配，这使我们能够估计最佳标签序列。[54]

贝叶斯推理

贝叶斯推理（见 8.4 节示例 8.3）是一个特殊情况，在这种情况下，词性标签用于隐马尔可夫模型。贝叶斯推理用于通过观察到的词顺序或句子来确定词的词性标签。换句话说，句子的每个单词被分类，进行正确的标签。要正确分类单词，就要应用所有可能的序列标签。在所有标签中，其中一个标签将被评定为该词的最可能的标签。

贝叶斯推理使用贝叶斯规则（见图 13.5）来计算概率方程，返回先验概率和单词 POST 正确的似然概率。“这两项是，单词序列的先验概率和单词串似然概率”（同上，第 139-140 页）。[55]

$$\text{Bayes' Rule}=r_1^n=\underset{i_1^n}{\text{arg max}}\ \overbrace{P(w_1^n \mid t_1^n)}^{\text{likelihood}}\ \overbrace{P(t_1^n)}^{\text{prior}}$$

55, p.140

图 13.5 贝叶斯规则

一旦使用贝叶斯规则得到计算结果，HMM 标记器就会做出两个“简化假设”。第一个假设是，这个词是独立的，不依赖于其周围的词；第二个假设是，这个词依赖于以前的标签词。HMM 标记器有助于估计最可能的标签序列。[55]

二元词语方程式

通过 HMM“简化假设”可以得到一个二元词语方程式。这个方程式包括标签转换概率和单词似然度，这有助于确定最可能的标签。标签转换概率方程是 P（t_i | t_i−1|），这表示给定先验标签，现在标签的概率（同上）。使用语料库计算似然度有助于我们确定标签转换的概率。用于计算标签转换的语料库方程是 P（t_i | t_i−1|）= P（NN | DT），其中 NN 代表常用名词，DT 代表限定词，如“a，the”。语料库方程式使用已标注词性的单词，计数在名词前限定词的数目。[55]

特征提取方法

特征提取方法通过识别伴随文本的关键特征，确定单词的预测值。特征提取通过从语音中提取相关信息，有助于消除单词歧义。特征提取方法使用特征向量集合、模数转换的产品来理解语音，正确标记声音。在一小段时间窗口中，这些向量表示信号数据。[54]

通过麦克风采集模拟声波，将模拟声波被转换为数字信号。在模数转换过程中，采样率和量化是涉及的两个步骤。在一定时间内测量信号幅度被称为采样率。要准确测量声波，必须至少采用两个采样率。因此，声波的每个周期都具有正负状态。

在声波图（见图 13.6）中，第 1 秒到第 2 秒是一个周期。最好在一个周期内有两个以上的样本，这样可以提高幅度精度。奈奎斯特频率表示了使用特定采样率的最高频率。在人类语音中，频率通常在 10 000Hz 以下。因此，20 000Hz 的采样率才能达到所需的精度。由于语音通过交换网络传输，电话频率小于 4000Hz，因此在电话带宽上的传输频率需要 8000Hz 的采样率。麦克风语音使用宽带，以 16 000Hz 采样率传输频率。

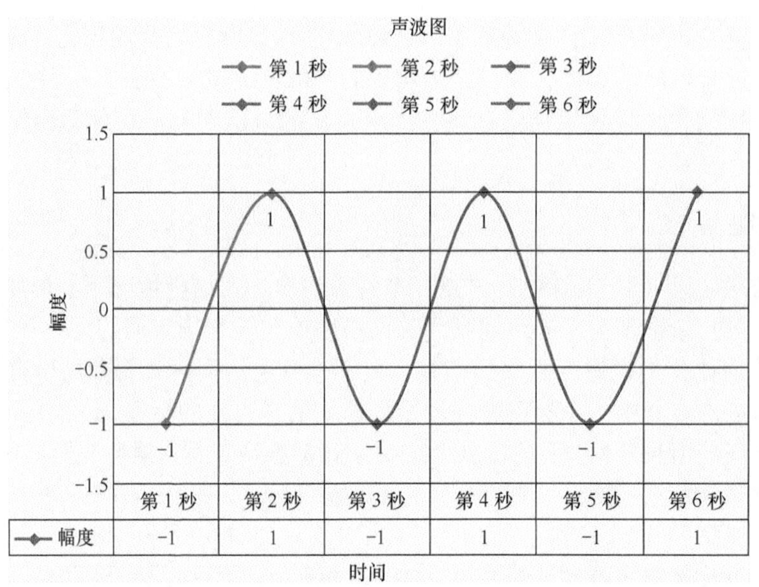

图 13.6 声波图

幅度测量值使用 8 位至 16 位整数存储，其中量化尺寸和较接近于这个量化尺寸的值表示相同的量化尺寸，这个过程称为量化。量化波形方程是 x [n]，表示数字化样本（见图 13.7）（同上）。

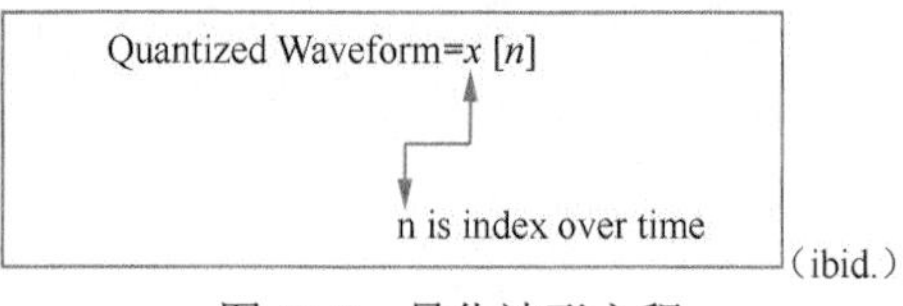

图 13.7 量化波形方程

梅尔频率倒谱系数

著名的和受人尊敬的特征提取技术是梅尔频率倒谱系数（MFCC）。如图 13.8 所示，完成 MFCC 过程有 7 个步骤：①预加重；②窗口；③离散傅里叶变换；④梅尔滤波器组；⑤对数运算；⑥离散傅里叶逆变换。⑦差量和能量。[56] 现在我们来讨论这些特征。

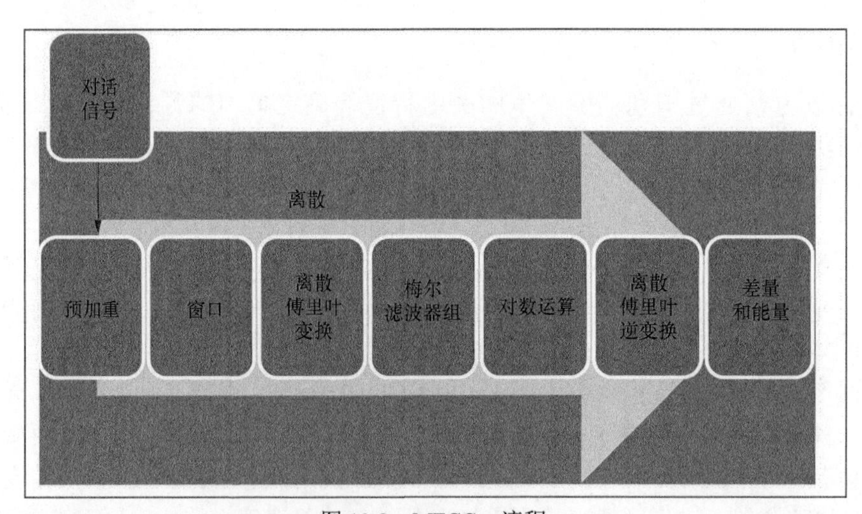

图 13.8 MFCC：流程

（1）预加重将能量提高到最大值。在语音频谱中，位于较低频率的元音段比位于较高频率的元音段具有更大的能量，这称为频谱倾斜。提高高频的能量可增加声学模型和语音识别结果的精度。

（2）加窗允许提取一部分对话的频谱特征。由于语音由非平稳信号组成，频谱变化迅速。加窗实际上是平稳化在小窗口中采集的信号。窗口的这一部分由提取波形的零区域和非零区域组成。MFCC 提取采用汉明窗，其中窗口边界附近的值被调平为零。这避免了在每个端部急速切除信号（这通常发生在矩形窗口中）。

（3）离散傅里叶变换从窗口中提取频谱数据。这个过程在离散时间中，识别每个频带处的信号能级。

（4）梅尔滤波器组（Mel Filter Bank）收集每个频带的能量，包括频率小于 1000Hz 的 10 个滤波器。其余滤波器的频率高于 1000Hz。因为人类听不到高于 1000Hz 的频率，因此在梅尔滤波器中，1000Hz 是一个重要的数字。

（5）对数运算的过程是对每个梅尔频谱结果取对数的过程。取对数过程可以帮助特征估计降低语音输入设备所创建的灵敏度。这也是由用户和语音输入设备之间的距离引起的（同上）。

（6）离散傅里叶逆变换有助于通过检测在波形中的所有滤波器，提高语音识别精度。滤波器代表声道的实际位置。

（7）差值表明每个帧之间的变化。由于语音信号不是恒定的，因此这个差值被添加每个特征中，以提高精度。

很明显，所提取的这 7 个特征将有助于改善语音理解过程。

总而言之，语音理解系统在评估中需要诸多因素，包括语音识别、适应、听写、命令、个性化、培训、成本和系统特征等。用于开发语音识别系统的一些常用技术包括：使用贝叶斯推理的词性标签，使用维特比算法的隐马尔可夫链，使用具有许多先决条件的梅尔频率倒谱系数进行特征提取。

13.11 语音理解技术的应用

本节将介绍语言理解系统的 3 个例子，以说明过去几十年来这一领域取得的巨大进步。20 世纪 90 年代初，开发这种系统的第一版本花费了数千美元，对于个人而言，这是非常昂贵的。在这方面取得显著进展的一个表现是，现在你有可能使用不到 100 美元购买一个已接受培训的系统，并且其声音的理解准确率接近 100%。

人物轶事

詹姆斯·梅塞尔（James Maisel）博士和 ZyDoc

自 1993 年创立开始，ZyDoc 的使命是通过使用软件技术提高医生的服务效率，改善患者的护理和医疗结果，降低渎职的风险，最大化回报。在 1993 年，ZyDoc 发布了医学研究所设想的第一个多媒体电子病历（EMR）。美国国防部采购了原型机，将其作为行业的典范。ZyDoc 立即意

识到 EMR 中固有的数据输入瓶颈问题，并从那以后一直在寻找解决方案。创始人 James Maisel 是视网膜外科医生，他于 1998 年接触了医学信息学，并担任医疗保健开放系统和测试（HOST）协会的主席。2000 年，ZyDoc 离开了 EMR 领域去开发其他解决方案，以提高医生效率。

在早期，ZyDoc 推动了语音识别技术的发展，并为每个医学专业创造了语言模型。2000 年，这些模型被绑定在 Dragon Systems Naturally Speaking 4.0 Medical 中进行销售，并在行业中得到普及。ZyDoc 认识到语音识别只是一个需要嵌入其他应用程序中的工具，于是和东芝共同开发了屡获殊荣的多模式 EMR 解决方案，这个方案允许医生通过听写、触摸屏、键盘或鼠标输入信息。语音识别的可用性和支持问题限制了这款 EMR 的成功。2002 年，ZyDoc 将注意力转向医学转录领域。2004 年，在 TEPR 的竞争中，ZyDoc 的医疗转录基础设施平台排名第三，获得许可供公共和私人转录公司使用。ZyDoc 自己使用该平台，将其转录业务扩展到全国范围。这个平台以易用性、高精度、快速周转和全天候 ZyDoc 操作中心（ZyDoc Operations Center）支持的全功能服务而闻名。

随着安全性问题日益严峻，以及在医院环境中软件实施难度日益增加，这个公司认识到医学信息学行业中的问题，于是在 2009 年，公司的软件部门 ZyDoc.com 发布了防弹信使（Bullet Proof Messenger，BPM）。BPM 是新一代的文件传输软件，避免了管理权限的需要，并可以绕过办公室内的网络安全和防火墙的各种规定。这个应用程序允许没有计算机技术专长的医生轻松安全地传输高达 2 GB 的音频、图像和其他数据文件。当与 ZyDoc 专有的 TrackDoc——基于 Web 的对象管理服务结合使用时，这款应用程序可定制工作流，几乎可以适应任何规模医疗机构的文件传输要求。2009 年 4 月，在 HIMSS 会议上，这款软件得以发布，有 2000 多名医师完成了对该软件的 Beta 测试。

Dragon 自然语音系统（Dragon's Naturally Speaking System）和 Windows 语音识别系统（Windows' Speech Recognition System）

Sona Brahmbhatt 在其 2013 年的信息系统管理硕士论文中对 Dragon 自然语音系统和微软 Windows 语音识别系统进行了比较研究。[58]以下是由 Mimi Lin Gao 准备的关于她的工作的摘要：

"今天，几乎每个人都拥有一台带有 Apple 或 Android 操作系统的智能手机。这些设备具有语音识别功能，使用户能够说出自己的短信而无须输入字母。导航设备也增加了语音识别功能，用户无须打字，只需说出目的地址或'家'，就可以导航回家。如果有人由于拼写困难或存在视力问题，无法在小窗口中使用小键盘，那么语音识别功能是非常有帮助的。"

领先的商业语音识别系统有两个：Nuance 的 Dragon Naturally Speaking Home Edition 软件，它通过为用户提供导航、解释和网站浏览的功能，理解听写命令并执行定制命令；Microsoft 的 Windows Speech Recognition 软件，它可以理解口头命令，也可以用作导航工具，它让用户能够选择链接和按钮，并从编号列表中进行选择。

在 Sona Brahmbatt 的论文[58]中，她基于这两个系统的正面特征、弱点和个人资料定制化，以及为首次使用者提供的语音培训教程，来比较和评估这两个系统。

用户配置文件的创建和语音培训

由于系统要学习用户的声音，并根据用户的口音进行调整，因此建立用户配置文件的过程非常重要。这也使得系统只能重点专注用户的语声，过滤掉大部分背景噪声。Dragon 自然语音系统和微软 Windows 语音识别系统都允许用户使用计算机为不同的人创建多个配置文件。

Dragon Naturally Speaking（DNS）用户配置文件

DNS 配置文件创建过程要求输入姓名、年龄、区域、口音以及将要采用的语音设备类型。这个过程还会调整麦克风，并对麦克风声音进行质量检查，以获得更高的准确性。

训练提示用户阅读屏幕上的一段文字以测试声级、语音和口音，这样系统就能够通过采集用户读取的一段文字来识别用户的声音。

准确性训练通过用户的应用程序（如 Word 和 Outlook）来添加个性化词汇。这个过程对已发送的电子邮件、文档和联系人姓名中的未知单词进行扫描。

微软的语音识别（MSR）用户配置文件

Microsoft 的 Windows 7 专业语音识别系统需要相同步骤建立用户配置文件，这个配置文件也是 Dragon 自然语音系统所要求的。它们主要包括设置麦克风和进行语音训练。这个界面不像 Dragon 自然语音系统界面那样方便，但是它给用户提供了访问和修改许多设置的机会。向导屏幕允许用户在给定设置中选择最合适的麦克风，以获得最佳效果，并可以调整麦克风的音量。完成个人配置文件所需的最后一步是语音识别声音训练，这允许系统适应用户说话的方式。

Dragon 自然语音系统交互式教程

Dragon 自然语音系统交互式教学过程可帮助用户了解基础知识，这样就可以口述命令，提高效率。本教程分为几个部分，分别介绍了口述命令（Dictating）、修正菜单（Correction Menu）、拼写窗口（Spelling Window）、编辑（Editing）和学习更多（Learning More）的基础知识。

微软语音识别培训

本教程分为几个部分，这几个部分又分为几个小节。这个过程提示用户在教程的每个部分后使用命令，并完成需要所有已学习命令的最终实验。在本教程中，教程要求用户删除一个单词或更正一个句子，这样用户更有可能记住更多的命令，并且更好地了解如何使用这些命令。

优点和弱点

Dragon 自然语音系统界面方便用户使用（见图 13.9）。该图的左侧面板显示了可以使用的所有命令，由于新用户并不记得所有命令，因此这对新用户非常有帮助。面板还显示了使用提示，如果用户不需要，还可以将其最小化。顶部栏上有一个面板显示消息和所说的内容，这对纠正错误非常有用。顶部面板还可以访问配置文件（Profile）、工具（Tools）、词汇表（Vocabulary）、模式（Modes）、音频（Audio）和帮助（Help）。

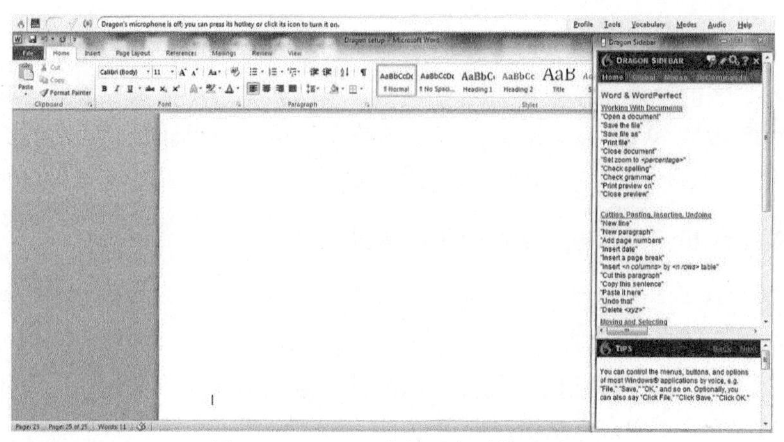

图 13.9 Dragon 自然语音系统界面

Dragon 自然语音系统可以格式化文本，在使用 Excel 或 Microsoft Word 时，说出“选择<word>”“粗体”或“下画线”。使用 Dragon 自然语音系统，口述“打开 Firefox”“搜索网站 Yahoo.com”来打开 Firefox 并浏览 yahoo.com 是相对容易的。Dragon 自然语音系统的弱点是加载用户配置文件大约需要两分钟。

MSR 面板非常简单易懂。其所有消息都显示在面板中，面板上的麦克风图标（见图 13.10）可让用户打开和关闭语音识别功能。面板很小，可以轻松地移动到屏幕上的不同位置或在不需要时最小化。因为面板上提供的选项很少，所以这个界面不像 Dragon 自然语音系统那样方便用户。

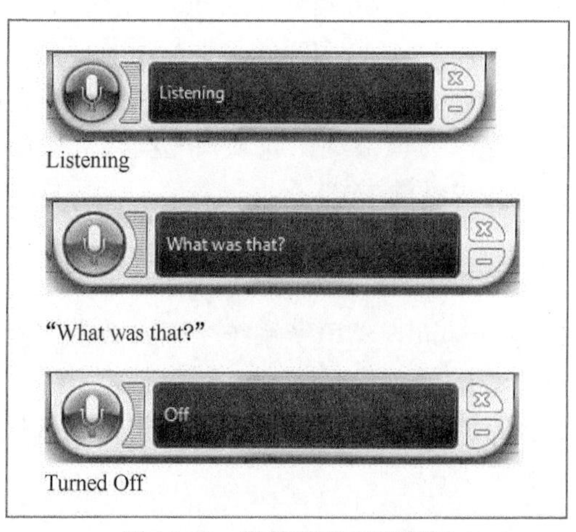

图 13.10 微软语音识别面板

在 MSR 中，用户必须选择 Word，说出“字体选项卡（Font Tab）”，然后选择“粗体（bold）”或“下画线（underline）”。在 MSR 中，用户必须说“打开 Firefox”并拼出整个网站的 URL。但是，MSR 在加载用户配置文件时速度很快。此外，“显示编号（Show Numbers）”是 MSR 的一个优点，由于所有应用程序选项都编号了，因此通过选择应用程序的编号很容易进行浏览。

总的来说，尽管 MSR 在培训模式下效率更高，但是我们发现 Dragon 自然语音系统的界面更加友好。

应用之窗

思科的语音系统

语音启用自动助理（SEAA）设计：使用应用程序智能，提供卓越的语音识别

目前，企业管理层和员工都使用无与伦比的工具组合：手机、语音留言、电子邮件、

传真、移动客户端和富媒体会议，全天 24 小时开展业务。但是，由于各种原因，如信息过载、通信转拨错误、技术困难和培训不足，这些工具通常没有得到有效使用。随着统一的通信解决方案集成应用程序、手机和计算机于一体，在与这些设备和应用程序交互的方式中，语音识别起着越来越重要的作用。语音识别解放了人们的双手，允许用口述命令来控制统一通信体验，而无须记忆，也无须点击控制菜单、按键和推送按钮。

然而，由于各种原因，语音识别解决方案未能得到发展并最大化统一通信解决方案的效率。特别是许多自动话务员产品已经添加了语音识别，改善了用户体验，并允许客户使用自然语言命令话务员转移呼叫，提高了客户满意度。但是，许多可选的解决方案所开发的应用智能欠佳，因此不能节省时间并提供令人满意的客户体验。在许多 SEAA 解决方案中，其中一些缺点可归因于过多的设计解决方案的方法。典型的 SEAA 解决方案由以下 3 个关键组件组成。

（1）语音增强的用户界面。

（2）语音引擎。

（3）目录（或语法器）。

思科解决方案包含以下 6 个组件。

（1）语音增强的用户界面。

（2）语音引擎。

（3）目录（或语法器）。

（4）高级消歧。

（5）名字调整语言专家。

（6）动态词典。

高级消歧

呼叫者通过系统做出请求，这是验证呼叫者使用对话的过程。用户告诉系统他想联系名叫吉姆·史密斯（Jim Smith）的员工。当有多个员工都叫这个名字时，语音引擎将开始“高级消歧”过程。

（1）吉姆·史密斯：（营销，芝加哥，伊利诺伊州）。

（2）吉姆·史密斯：（市场部，加利福尼亚州圣何塞）。

（3）吉姆·史密斯：（制造业，地点不明）。

（4）吉姆·史密斯：（产品管理，加利福尼亚州圣何塞）。

高级消歧增加了用户界面的智能，从过去消除歧义的过程中学习，并应用推理，减少你尝试与待联系的人员连接的时间，降低了你的挫败感。

竞争产品——SEAA

该产品通过对话向你呈现一些结果，例如“市场营销的吉姆·史密斯，请按 1，……请按 2”或“你的意思是在芝加哥的吉姆·史密斯？请按 1……”在大多数组织中，这种做法都失败了，这不是因为你第一次参加这个对话时必须完成所有的 4 个结果来解决问题，而是因为在第 100 次过后，这个程序依然没有变化，依然与你进行这个对话。只要你说出“吉姆·史密斯”，你将不得不一直忍受同样的互动。不久之后，你会转向拨号，这意味着 SEAA 产品无法提供任何价值。

名字调整语言专家

随着你的操作，这款产品会收集消除歧义的结果、对信息进行排序并将记录路由给语言专家系统。然后，语言专家系统可以准确地确定错误的来源——信息是否可能已经从语法器中丢失了，名字发音是否错误，或噪声是否造成了问题。然后，语言专家系统及时做出修正，将修正信息传送回语法器，调整目录。

动态词典

随着员工加入组织、移动位置并添加新的联系电话，应用程序将允许管理员轻松地在主字典中实时反映这些变化。

参考文献

Cisco Systems, Inc. 2008. Speech enabled auto attendant design: Using application intelligence to deliver superior voice recognition. Cisco.com.

13.12 本章小结

第 13 章介绍了对计算机编程令其了解自然语言所带来的令人激动人心的挑战。本章首先介绍了语言和歧义的问题（见 13.1 节）。基于 Jurafsky 和 Martin 在经典作品中介绍的周期性突破，[1] 13.2 节介绍了这个领域过去 70 年的历史。

13.3 节阐释了在 20 世纪 50 年代 Chomsky 引入的正式语法，这对句法解析及其含义至关重要。另外，13.4 节通过语义分析和扩展语法的示例描述了理解意义的复杂性。

13.5 节介绍了从符号方法到统计 NLP 方法的过渡，这涉及了如 HMM 等概率模型的使用（见 13.6 节），并需要大量的语言注释的数据（见 13.7 节）。

我们重新讨论了体现在信息提取和问答系统（明确的 NLP 应用示例系统）中的几种方法（见 13.8 节）。基于 Eugene Charniak 教授所说的，本章继续讨论 NLP 的现在和未来。

作者要对密歇根大学的德拉米米尔·拉德夫（Dragomir Radev）教授表示诚挚的感谢，感谢他对改进这一章的建议，提出要包含哪些重要的系统和方法，以及在这个领域如何与当今的发展更加贴近。作者据此增添了 13.5 节、13.7 节和 13.8 节的某些具体内容。我们还要感谢哈伦·伊夫蒂哈尔（Harun Iftikhar，哥伦比亚大学）编写 13.2 节、13.6 节、13.3.2 节和 13.5.1 节。

13.2 节和 13.5 节涵盖了一些具体的主题——噪声通道模型（见 13.2.1 节）、机器翻译（再次回顾）、IBM Candide 系统（见 13.5.2 节）、CYK 算法（见 13.3.2 节）、柯林斯（Collins）解析器（见 13.5.1 节），这是拉德夫教授的具体建议。

本章新增内容是 Daniil Agashiyev 编写的 13.7.3 节“隐喻”、Mimi Lin Gao 编写的 13.10 节“语音理解”（基于 Sona Brahmbhatt 2013 年的论文）、Mimi Lin Gao 编写的 13.11 节“应用之窗”（包括 13.11.2 节的 Nuance Dragon 自然语言系统和 Microsoft 语音识别系统），以及 Oleg Tosic 编写的思科（CISCO）语音识别系统（SEAA）。

讨论题

1．描述语言中的一些典型歧义。
2．为什么说“语言是魔鬼”？
3．机器翻译的目标是什么？
4．在 50 年后的今天，机器翻译的目标完成了吗？
5．研究亨利·库切拉（Henri Kucera）为建立布朗语料库（Brown Corpus）所做的工作。
6．简要介绍自然语言处理的 6 个时期。
7．从语言方面描述 5 类理解。
8．描述乔姆斯基的语法层次结构。
9．举一个正则语法的例子。
10．描述使 Prolog 适合 NLP 的两个特点。
11．什么是转换语法？
12．什么是系统语法？
13．什么是格语法？
14．什么是语义语法？谁为了什么系统开发了它？
15．描述有限状态转换网络的特征。
16．什么是 CYK 算法？它的工作原理是什么？
17．什么是 HMM？它与马可夫链有什么不同？
18．什么是 Schanks 的 MARGIE、SAM 和 PAM 系统的特点？
19．描述统计系统是何时使用何种方法在 NLP 系统中普及的。
20．针对上一题，导致这种方法成功的主要工作之一是什么？
21．什么是噪声信道模型？
22．描述信息提取的一些主要内容。
23．描述 Penn Treebank 项目。
24．Charniak 认为 NLP 和 AI 的未来是怎么样的？

练习

1．解释机器翻译遇到的困难。

2．写出两个上下文无关的语法，来生成这句话：“岁月如梭（Time flies like an arrow）。”

3．解析 Yogi Berra 的两句著名的话：“It’s getting late early.”和“That place is getting too crowded so nobody goes there anymore.”

这里有什么句法和语义问题？

4．扩展语法发展背后的概念是什么？

5．描述自然语言处理如何从早期人工智能研究人员的理想，即明确地将语法与语义区分开来，并转变到最近较新的方法。

6．获取早期 ELIZA 程序的副本，并与其进行几页的对话。你的对话应该提到计算机、家庭（母亲、父亲等），也可以使用严厉的语言。

你观察到了什么模式？

7．Winograd 注意到，用下列句子可以观察到确定正确时间上下文的问题：

a．在经济萧条期间，许多富人赚了钱。

b．在经济萧条期间，许多富人失去了财富。

c．在经济萧条期间，许多富人在餐厅工作。

考虑一个问题：“人们何时富有？”为每个句子的答案说明你的道理。

8．经验表明，普通程序员平均每天生成 N 行记录的调试代码，这种情况下，N 是小于 10 的数字。高级代码的效率通常是汇编代码的 n_1 倍（即给定工作要求，高级代码行数是低级代码的 $1/n_1$ 倍），Prolog 的效率通常是高级语言的 n_2 倍，其中 n_1 和 n_2 是 4～10 的数字。找到证据支持这些数字，并从 NLP 对编程生产力的影响方面解释你的结果。

9．写下对这句话尽可能多的解释：

“Tom saw his dog in the park with the new glasses.”

10．Bar-Hillel 惊奇地发现，没人指出，对于语言理解方面，听众心目中有一个世界建模过程。这种观察在什么方面与概念依赖理论的基本假设相关？

11．确定以下句子中动词“滚动（roll）”的不同感觉，并给出每个含义的非正式定义。尝试确定每种不同的感觉如何允许从每个句子中得出不同的结论（可以使用字典）。

We rolled the log on the river.（我们把木头滚（roll）到河上）。

The log rolled by the house.（房子用圆木头建造）。

The cook rolled the pastry with a large jar.（厨师用大罐子展开（roll）糕点）。

The ball rolled around the room.（球滚过房间）。

We rolled the piano to the house on a dolly.（我们使用小车将钢琴运（roll）到房子里）。

12．思考以下生成字母序列的 CFG：

S -> a X c

X -> b X c

X -> b X d

X -> b X e

X -> c X e

X -> f X

X -> g

a．如果你必须为这个语法写一个解析器，使用自上而下的方法还是自下而上的方法更有效率吗？解释原因。

b．输入 bffge，追踪你选择的方法。

13．思考以下语法及其可能产生的句子形式。画出解析树，演示如何生成下面的输出字符串。

S → aAb | bBA A → ab | aAB B → aB | b

a．aaAbb

b．bBab

c．aaAbBb

14．解释传统马尔可夫链与隐马尔可夫模型之间的区别。

15．解释过去 10～20 年间 NLP 的发展趋势，并说明信息提取遇到了哪些挑战。

参考资料

[1] Jurafsky D, Martin J. Speech and Language Processing, 2nd ed. Upper Saddle River, NJ: Prentice Hall, 2008.

[2] Turing A M. On computable numbers, with an application to the Entscheidungsproblem. Proceedings of the London Mathematical Society 42: 230–265, 1937.

[3] McCulloch W S, Pitts W. A logical calculus of ideas immanent in nervous activity. Bulletin of Mathematical Biophysics, 5: 115–133. Reprinted in Neurocomputing: Foundations of Research, edited by J A Anderson and E Rosenfeld. Cambridge, MA: MIT Press, 1988.

[4] Kleene S C. Representation of events in nerve nets and finite automata. In Automata Studies, edited by C. Shannon and J. McCarthy. Princeton: Princeton University Press, 1951.

[5] Shannon C E. A mathematical theory of communication. Bell Systems Technical Journal 27: 373–423, 1948.

[6] Chomsky N. "Three models for the description of language. IRE (now IEEE) Transactions on Information Theory 23: 113–124, 1956.

[7] Harris Z S. String Analysis of Sentence Structure. The Hague: Mouton, 1962.

[8] Bledsoe W W, Browning I. Pattern recognition and reading by machine. In 1959 Proceedings of the Eastern Joint Computer Conference, 225–232. New York: Academic Press,1959.

[9] Colmerauer A. Les systemes-q ou un formalisme pour analyzer et synthetiser des phrase sur ordinateur. Internal Publication 43, Departement d'informatique del'Universite de Montreal, 1970.

[10] Pereira F C N, Warren D S. Definite clause grammars for language analysis: A survey of the formalism and a comparison with augmented transition networks. Artificial Intelligence 133: 231–278, 1980.

[11] Kay M. Functional grammar. In Proceedings of the Berkeley Linguistics Society Annual Meeting, 142–158. Berkeley, CA, 1980.

[12] Bresnan J, Kaplan R M. Introduction: Grammars as mental representations of language. In The Mental Representation of Grammatical Relations, edited by J. Bresnan. Cambridge, MA: MIT Press, 1982.

[13] Winograd T. Understanding natural language. New York, NY: Academic Press, 1972.

[14] Schank R C, Abelson R P. Scripts, Plans, Goals and Understanding. Hillsdale, NJ: Lawrence Erlbaum, 1977.

[15] Shank R C, Riesbeck C K, eds. Inside Computer Understanding: Five Programs Plus Miniatures. Hillsdale, NJ: Lawrence Erlbaum, 1981.

[16] Lehnert W G. A conceptual theory of question answering. In Proceedings of the international joint conference on artificial intelligence '77: 158–164. San Francisco, CA: Morgan Kaufmann, 1977.

[17] Woods W A. Semantics for a question-answering system. PhD thesis, Harvard University, 1967.

[18] Woods W A. Progress in natural language understanding. In Proceedings of NFIPS National Conference, 441–450, 1973.

[19] Grosz B A. The representation and use of focus in a system for understanding dialogs. In Proceedings of the International Joint Conference on Artificial Intelligence '77, 67–76. San Francisco, CA: Morgan Kaufmann, 1977.

[20] Sidner C L. Focusing in the comprehension of definite anaphora. In Computational Models of Discourse, edited by M. Brady and R. C. Berwick, 267–330. Cambridge, MA: MIT Press, 1979.

[21] Hobbs J R. Resolving pronoun references. Lingua 44: 311–338, 1978.

[22] Kaplan R M, Kay M Phonological rules and finite-state transducers. Paper presented at the Annual Meeting of the Linguistics Society of America, New York, 1981.

[23] Church K W. On memory limitations in natural language processing. Master's thesis, MIT. Distributed by the Indiana University Linguistics Club, 1989.

[24] Marcus M P, Marcinkiewicz M A, Santorini B. Building a large annotated corpus of English: The Penn Treebank. Computational Linguistics 192: 313–330, 1993.

[25] Brown P F, Cocke J, Della Pietra S A, Della Pietra V J, Jelinek F, Lafferty J D, Mercer R L, Roossin P S. A statistical approach to machine translation. Computational Linguistics 162: 79–85, 1990.

[26] Och F I, Ney H. A systemic comparison of various statistical alignment models. Computational Linguistics 29 (1): 19–51, 2003.

[27] Feigenbaum E, Barr A Cohen P. The Handbook of Artificial Intelligence 1–3: 229. Stanford, CA: HeurisTech Press/William Kaufmann, 1981–1982.

[28] Chomsky N. Syntactic Structures. The Hague: Mouton, 1957.

[29] Firebaugh M. Artificial Intelligence: A Knowledge-Based Approach. Boston, MA: PWS-Kent, 1988.

[30] Chomsky N. Aspects of the Theory of Syntax. Cambridge, MA: MIT Press, 1965.

[31] Kopec D, Michie D, Mismatch between machine representations and human concepts: Dangers and remedies. Report to the EEC,Subprogram FAST, Brussels, Belgium, 1982.

[32] Halliday M. A Short Introduction to Functional Grammar. London, UK: Arnold, 1985.

[33] Wilensky R. Planning and Understanding: A Computational Approach to Human Reasoning. Reading, MA: Addison-Wesley, 1983.

[34] Charniak E. Why natural-language processing is now statistical natural language processing. In Proceedings of AI at 50, Dartmouth College, Hanover, NH, July 13–15, 2006.

[35] Collins M J. A new statistical parser based on bigram lexical dependencies. In Proceedings of the 34th Annual Meeting on Association for Computational Linguistics. Morristown, NJ: Association for Computational Linguistics, 1996.

[36] Ide N M, Veronis J. Computational Linguistics: Special Issue on Word Sense Disambiguation. Vol. 24. Cambridge, MA: MIT Press, 1995.

[37] Marcus M, Kim G, Marcinkiewicz M A, MacIntyre R, Bies A, Ferguson M, Katz K, Schasberger B. The Penn Treebank: Annotating predicateargument structure. In Advanced Research Projects Agency Human Language Technology Workshop. Plainsboro, NJ: Morgan Kaufmann, 1994.

[38] Bentivogli L, Pianta E. Beyond lexical units: Enriching wordnets with phrasets. In Proceedings of European Chapter of the Association for Computational Linguistics '03, Budapest, Hungary, 2003.

[39] Benson M, Benson E, Ilson R. The BBI Combinatory Dictionary of English: A Guide to Word Combinations. Philadelphia, PA: John Benjamins Publishing Company, Philadelphia, 1986.

[40] Sukova E. Models of Metaphor in NLP. Computer Laboratory, Cambridge, England: University of Cambridge, 2010.

[41] Gentner D. Structure mapping: A theoretical framework for analogy. Cognitive Science 7: 155–170, 1983.

[42] Black D. Models and Metaphors. Cornell University Press, 1962.

[43] Hesse M. Models and Analogies in Science. Notre Dame University Press, 1966.

[44] Wilks Y. A preferential pattern-seeking semantics for natural language inference. Artificial Intelligence 6: 53–74, 1975.

[45] Wilks Y. Making preferences more active. Artificial Intelligence 11 (3): 197–223, 1978.

[46] Lakoff J, Johnson M. Metaphors We Live By. University of Chicago Press, Chicago, 1980.

[47] Peters W, Peters I. Lexicalised systematic polysemy in wordnet. In Proceedings of LREC 2000, Athens, 2000.

[48] Mason Z J. Cormet: A computational, corpus-based conventional metaphor extraction system. Computational Linguistics 30 (1): 23–44, 2004.

[49] Birke J, Sarkar A. A clustering approach for the nearly unsupervised recognition of nonliteral language. In Proceedings of EACL-06, 329–336, 2006.

[50] Karov Y, Edelman S. Similarity-based word sense disambiguation. Computational Linguistics 24 (1): 41–59, 1998.

[51] Krishnakumaram S, Zhu X. Hunting elusive metaphors using lexical resources. In Proceedings of the Workshop on Computational Approaches to Figurative Language, Rochester, NY, 13–20, 2007.

[52] Martin H. A Computational Model of Metaphor Interpretation. San Diego, CA: Academic Press Professional Inc, 1990.

[53] Veale T, Hao Y. A fluid knowledge representation for understanding and generating creative metaphors. In Proceedings of COLING 2008, Manchester, UK, 945–952, 2008.

[54] Santosh B W Y, Gaikwad K. A Review on Speech Recognition Techniques, 2010.

[55] Juang L A B. An Introduction to Hidden Markov Models, 2014.
[56] Lindasalwa M, Mumtaj B, Elamvazuthi I. Voice recognition algorithms using Mel Frequency Cepstral Coefficient (MFCC) and Dynamic Time Warping (DTW) techniques. Journal of Computing (3). 2010.
[57] BBC. Voice recognition software—An introduction, 2011.
[58] Brahmbhatt S. Speech Understanding: History, Techniques, Leading Systems and Future Directions. MIS thesis, Brooklyn College: Brooklyn, N.Y, 2013.

第 14 章　自动规划

在人工智能领域，规划的需求和想法并不新鲜。本章探讨了传统的问题、手段和方式，并过渡到较新的方式。随着众多成功的工业应用，规划领域显然走过了很长的路，这对人工智能众多领域的未来（见图 14.0）发展非常重要，包括工业机器人、通信和交通。①

奥斯汀・泰特（Austin Tate）

图 14.0　未来的机器人空间实验室

14.0　引言

与自然语言处理（见第 13 章）一样，人们通常认为规划是一种与人类密切相关的活动。由于规划代表了一种非常特殊的智力指标，即为了实现目标而对活动进行调整的能力，因此它是人类独有的。

规划有以下两个非常突出的特点。

① 感谢克里斯蒂娜•斯维卡特（Christina Schweikert）博士协助编写和准备本章。——作者注

（1）为了完成任务，可能需要完成一系列确定的步骤。

（2）定义了问题解决方案的步骤顺序可能是有条件的。也就是说，构成规划的步骤可能会根据条件进行修改（这称为条件规划）。

因此，规划的能力代表了某种意识，代表了使我们成为人类的自我意识。

Tate（1999）指出："规划是在使用此类规划约束或控制行为之前，为未来行为（可能部分地）生成表示的过程。结果通常是具有时间和其他限制的一组动作，这些动作可以由一些智能体或某个智能体来执行。"[1]

规划也可以定义为："规划是智能体和智能系统的重要组成部分，它增强了智能体的独立性和适应动态环境的能力。为了实现这一点，智能体必须能够表示一个世界的状态并能够预测未来。智能体利用规划来生成达成目标的动作序列。规划一直是人工智能研究的活跃领域。规划算法和技术已经应用到了诸多领域，包括机器人技术、流程规划、基于 Web 的信息收集、自主智能体、动画和多智能体规划。"

14.1 规划问题

人们通常认为，在问题求解的一般领域内，规划是其中的一个推理子领域，是人工智能最早期的领域之一。人工智能中一些典型的规划问题如下。[2]

（1）对时间、因果关系和目的的表示和推理。

（2）在可接受的解决方案中，物理和其他类型的约束。

（3）规划执行中的不确定性。

（4）如何感觉和感知"现实世界"。

（5）可能合作或互相干涉的多个智能体。

在过去 20 年左右，这个领域取得了特别大的进步，同时在机器学习领域和机器能力方面也取得了巨大的进步。虽然通常我们会将规划和调度视为共同的问题类型，但是它们之间有一个相当明确的区别：规划关注"找出需要执行哪些操作"，而调度关注"计算出何时执行动作"。[3] 总而言之，规划侧重于为实现目标选择适当的行动序列，而调度侧重于资源约束（包括时间）。在本章中，我们将把调度问题作为规划问题的一个特例。

14.1.1 规划术语

在人工智能领域，所有规划问题的本质就是将当前状态（可能是初始状态）转变为所需目标状态。所生成的规划就是在某个领域中执行这种转换的一系列步骤。求解规划问题所遵循的步骤顺序称为操作符模式（operator schemata）。**操作符模式**表征**动作**或**事件**（可互换使用的术语）。操作符模式表征一类可能的变量，这些变量可以用值（常数）代替，构成描述特定动作的操作符实例。"操作符"这个术语可以用作"操作符模式"或"操作符实例"的同义词。在人工智能文献中，这个术语通常是指斯坦福大学研究所"问题求解程序（STRIPS）操作符"[菲克斯（Fikes）等人开发的最古老的规划程序之一]。[4,5] 我们使用 STRIPS 操作符描述由 3 个组件所做的动作，这 3 组分别是**先决条件公式**（precondition formula）、添加列表（add-list）和删除列表（delete-list）（见图 14.1）。

操作符先决条件公式（或简称操作符前提条件）给出了在可以应用操作符之前必须保持为真的事实。无论动作何时发生，添加列表和删除列表都有助于确定特定动作。操作符意味着添加列表（add-list）和删除列表（delete-list）生成了新状态。新状态是通过移除删除列表中的所有公式，在添加列表中的添加所有公式而生成的。所考虑的第一个状态是初始状态，重复操作符应用生成中间状态描述，直至达到目标状态。在这个阶段中，我们将规划称为特定问题的解决方案。

从初始状态开始工作到目标状态的规划称为**进展**（progression），而从目标状态向后工作的规划称为**回归**。这类似于第 7 章中讨论的正向链接和反向链接。

PICKUP(x)

Precondition: ONTABLE(X) ∧
HANDEMPTY ∧
CLEAR(x)

Delete List: ONTABLE(X)
HANDEMPTY
CLEAR(x)

Add List: HOLDING(x)

图 14.1 PICKUP（x）——典型的 STRIPS 操作符

重复分析将确定在规划中所有操作符是否可以以规划指定的顺序应用，这样的分析被称为**时间投影**（temporal projection）。

14.1.2 规划应用示例

在魔方的离散拼图和 15 拼图的移动方块拼图这两个示例中，我们可以找到很熟悉的规划应用，这也包括了国际象棋、桥牌以及调度问题。由于运动部件的规律性和对称性，这些领域非常适合开发和应用规划算法。

第 16 章将国际象棋的战略与战术区分开了。在博弈中，战略下法是规划的真正同义词。它通常不涉及子力的相互搏杀，而是涉及长期思想，可在子力布局方面取得长足进步。在国际象棋和跳棋中，造成吃子的实际步子通常是战术的代名词。图 14.2 显示了 1909 年在纽约市举行的国际象棋比赛中，何塞•劳尔•卡帕布兰卡（Jose Raul Capablanca）和弗兰克•马歇尔（Frank Marshall）之间第 23 局和最后一局比赛的一个非常有名的棋局。马歇尔是一位有天赋的战术人物，但是在战略上缺乏深度；而 Capablanca 是一位全面的棋手，他不断提升自己的能力，最后成了世界冠军（1921—1927）。最后 Capablanca 赢了这场比赛，8 胜 1 负 14 平[①]。

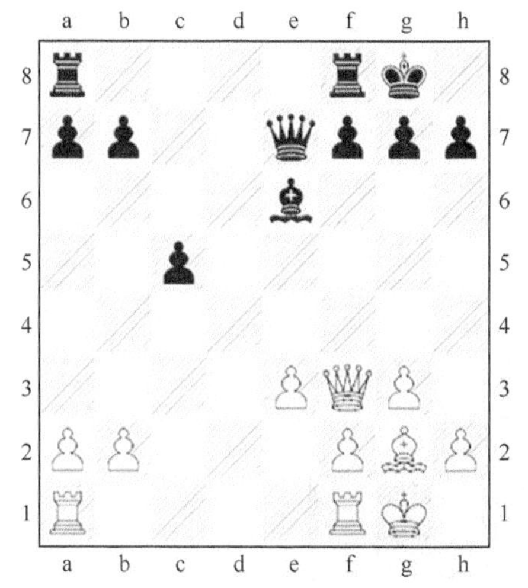

图 14.2 1909 年，卡帕布兰卡对战马歇尔

Marshall 的“16.Rfc1？”成了如何使用皇后边上的多数兵赢得局面最著名的例子之一，然而，白棋的正确规划是下 16.e4，然后是 Qe3、

[①] 纽约市第 10 街西 23 号马歇尔国际象棋俱乐部在 2015 年庆祝其成立 100 周年。

f4，挺进国王边上一枚普通的兵。

Bridge Baron 是 1997 年世界锦标赛桥牌程序。[6] 图 14.3 所示的是 Bridge Baron 宣布的一个规划示例。

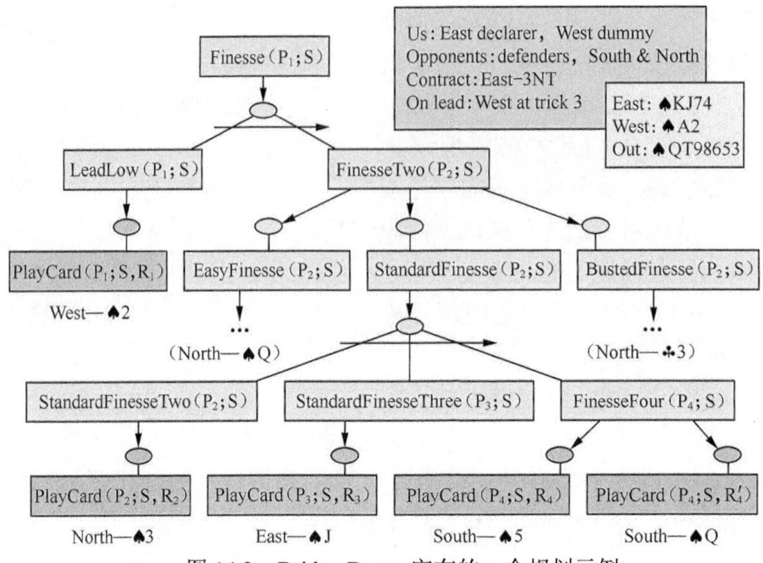

图 14.3 Bridge Baron 宣布的一个规划示例

第 16 章证明了在国际象棋和跳棋中，计算机中的搜索和思考的方式不同于人类下棋的方式。相比之下，Bridge Baron 模拟了在桥牌中的规划叫牌者［见附录 D.3.(1)］。Bridge Baron 改编了分层任务网络（HTN）规划，完成了这样的下法。我们将在 14.3 节讨论他是如何做到这一点的。

同样常见的问题是试图让机器人识别墙壁和障碍物，在迷宫中移动，成功地到达其目标。这是计算机和机器人视觉领域的典型问题。图 14.4 所示的是机器人多年来一直在求解的迷宫问题类型。

图 14.5 中的任务是使用 3 个移动型机器人（其上安装有操纵臂）将钢琴移到有家具等障碍物的房间内。我们将其幽默地标记为**钢琴移动器问题**（The Piano Mover's Problem），在这个问题中，必须避免机器人与其他家具之间的碰撞。这是一个当代典型的规划问题。

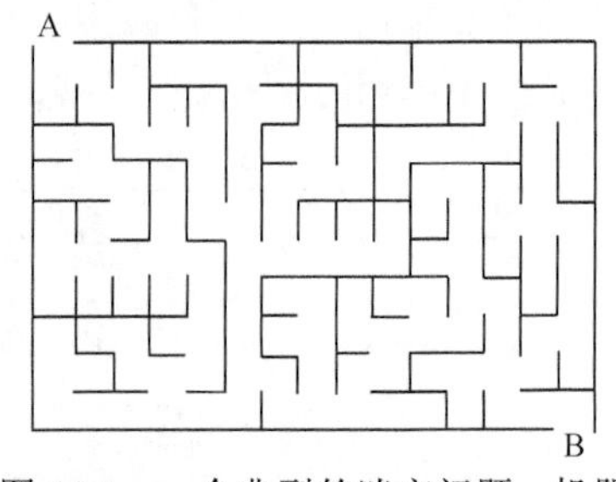

图 14.4 一个典型的迷宫问题。机器人不仅需要从 A 到 B，还需要能够识别墙壁并进行妥善处理

图 14.5 阐述了熟悉的钢琴移动器问题

在设计和制造应用中，人们应用规划来解决组装、可维护性和机械部件拆卸问题。人们使用运动规划，自动计算从组装中移除零件的无碰撞路径。图 14.6 显示了从复杂的机械室拆卸管道而没有任何碰撞的情形。[7]

视频游戏程序员和人工智能规划社区有许多潜在的机会，结合各种人们努力得到的成果，生成精彩、独特、类似人类的角色。人们将规划应用到开发虚拟人类和计算机生成动画也有着广泛的兴趣。

动画师的目标是开发具有人类演员特征的角色，同时能够设计高层次的运动描述，使得这些运动可以由智能体执行。这仍然是一个非常详细、费力的逐帧过程。动画师希望通过规划算法的发展来减少这些过程。

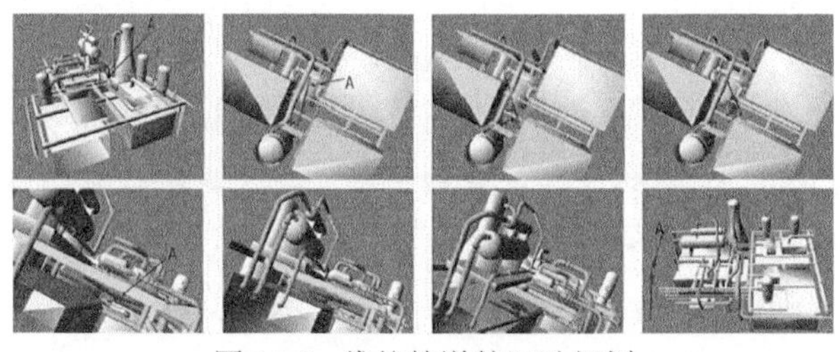

图 14.6 维护管道的运动规划

将自动操作规划应用到计算机动画中，根据任务规格计算场景中人物的动画，这使得动画师可以专注于场景的整体设计，而不是专注于如何在逼真、无碰撞的路径中移动人物的细节。一个具体的例子是为执行如操纵物体之类的任务，生成人类和机器人手臂的最佳运动，这不但与计算机动画相关，而且与人体工程学和产品的可用性评估相关。科加（Koga）等人开发了一个执行多臂操作的规划器：给定一个待完成的目标或任务，这个规划器将会生成必要的动画，使得在人与机器人手臂在棋盘上进行协同操作。[8] 图 14.7 所示的是一个机器人手臂规划器，这个规划器执行了多臂任务，在汽车装配线上协助制造。

图 14.7 在汽车装配线上协助制造的机器人手臂

娱乐和游戏行业关注生产高质量的动画角色，希望角色动作尽可能逼真，还希望角色有能力自动适应出现挑战和障碍的动态环境。行为规划可为动画角色生成这些逼真的动作。劳（Lau）和库夫纳（Kuffner）通过创建高层次动作的有限状态机，捕捉、利用真实的人体动作，然后执行全局搜索，计算动作序列，将动画角色带到目标位置。[9]图 14.8 所示的是一种动态环境，在这个环境中，慢跑者需要做出改变以跳过倒下的树。

制订规划过程和执行规划过程之间有另一个区别。示例 14.1 说明了这些区别。

图 14.8 适应动态环境的动画角色（由 Lau 先生提供）

示例 14.1

让我们思考一下：规划你离开家去工作的过程。你必须出席上午 10：00 的会议。早上上班通常需要 40 分钟。在准备上班的过程中，你还可以做一些自己喜欢做的任务——一些任务是非常重要的，一些任务是可有可无的，这取决于你可用的时间。下面所列出的是在工作前你认为要完成的一些任务。

（1）将几件衬衫送至干洗店。

（2）将瓶子送去回收。

（3）把垃圾拿出去。

（4）在银行的自动提款机上取现金。

（5）以本地最便宜的价格购买汽油。

（6）为自行车轮胎充气。

（7）清洗汽车——整理和吸尘。

（8）为汽车轮胎充气。

作为一个聪明的人，你可能立刻会问这些问题（或任务）的限制时间。也就是说，在保证你能够准时参加会议的情况下，这些任务有多少可用的时间？

你于上午 8:00 起床，认为两个小时已经足够执行上述许多任务，并能及时参加上午 10:00 的会议。

（1）将几件衬衫送至干洗店。

（2）将瓶子送去回收。

（3）把垃圾拿出去。

（4）**在银行的自动提款机上取现金。**

（5）以本地最便宜的价格为汽车购买汽油。

（6）为自行车轮胎充气。

（7）清洗汽车——整理和吸尘。

（8）**为汽车轮胎充气。**

在这 8 项可能的任务中，你很快就会确定只有两项是非常重要的：第 4 项（获得现金）和第 8 项（为汽车轮胎充气）。第 4 项很重要，因为从经验来看，如果现金不足，那么你这一天会寸步难行。你需要购买餐点、小吃和其他可能的物品。第 8 项可能比第 4 项更重要，这取决于轮胎中有多少气。在极端情况下，这可能使你无法驾驶或无法安全驾驶。

在大多数情况下，如果轮胎气不足，至少在驾驶舒适度和汽车油耗方面效率不高。现在，你确定第 4 项和第 8 项很重要、不能避免。这是一个**分级规划**的例子，也就是对必须完成的任务进行分级或赋值。换句话说，并不是所有的任务都是同等重要的，你可以相应地对它们进行排序。

你想是否有靠近银行/ ATM 的加油站。所得出的结论是最近的加油站距离银行约三个街区。你也在想："如果我已经去加油站充气，那么我也可以买汽油。"现在你在思考："在银行附近的哪个加油站还有一个气泵？"这是一个**机会规划**的例子。也就是说，你正在尝试利用在规划形成和规划执行过程中的某个状态所提供的条件和机会。在这种情况下，你实际上不需要购买汽油，但是你试图节省一些时间，在这个意义上，如果你花费了时间和精力开车去加油站充气，那么去一个加油站充气，再到另一个加油站购买汽油，就变得不太高效了（无论是在时间上还是在金钱上）。

在这一点上，第 1～3 项看起来完全不重要；第 6～7 项看起来同样不重要，并且这些任务更适合周末进行，因为周末可以有更多时间执行这样的任务。当然，除非你正在规划驾驶和骑自行车的某个组合，否则为自行车轮胎充气通常与开车不相关。让我们考虑一些情况，在这些情况中，第 1～3 可能非常相关。

第 1 项：将几件衬衫送至干洗店

在繁忙的工作日上午，这看起来似乎是一项无关紧要的多余任务，但是，也许第二天你要接受新工作的面试，或者你想在做演讲时穿得得体一些，或者这是你期待已久的一个约会。在这些情况下，你要正确思考（规划），做正确的事情，获得最佳机会，让自己变得成功和快乐。

第 2 项：将瓶子送去回收

同样，这通常是一个"周末"型的活动。会不会有这样一种情形：在这种情况中，这是必需的行动？有的，不过，这代表你遇到了一种非常遗憾的情况：你刚刚丢了钱包，而钱包里有你所有的现金、信用卡和身份证。

你需要将 100 个空瓶送到超市回收，每个瓶子 5 美分，这样才能获得现金。这是一件非常遗憾的事情，我们希望永远不会发生在你身上。除此之外，如果你丢了钱包，你就不应该在没有驾驶证的情况下驾驶。尽管如此，这听起来像是我们应该做好准备的一种情况。如果这确实发生了，你也许有足够的理由不参加那次活动。

第 3 项：把垃圾拿出去

在一些相当现实的条件下，这个任务在重要性方面可以得到很大程度上的重视。下面是一些例子。

（1）垃圾散发出可怕的恶臭。

（2）人们声称你的公寓都是废弃物，你有责任清理它。

（3）这是星期一早上，如果现在不收拾，那么直到星期四才会有人来收拾垃圾。

基于某些可能发生的事件或某些紧急情况做出的规划，称为**条件规划**。作为一种"防御性"措施，这种规划通常是有用的，或者你必须考虑一些可能发生的事件。例如，如果你计划在 9 月初在佛罗里达州举办大型活动，那么考虑飓风保险可能不是一个坏主意。

有时候，我们只能规划事件（操作符）的某些子集，这些事件的子集可能会影响到我们达成目标，而无须特别关注这些步骤执行的顺序。我们将此称为**部分有序规划**。在示例14.1 的情况下，如果轮胎的情况不是很糟糕，那么我们可以先去加油站充气，也可以先到银行取现金。但是，如果轮胎确实瘪了，那么执行该规划的顺序是先修理轮胎，然后进行其他任务。

通过注意一些更多的现实，我们就可以结束这个例子了。即使两个小时看起来像是花了大量的时间来处理一些差事，我们依然需要40分钟的上班时间，但是人们很快就意识到，即使在这个简单的情况下，也有许多未知数。例如，在加油站、在气泵处或在银行可以有很多条线路；在高速公路上可能会发生事故，拖延了上班时间；或者可能会有警察、火警或校车，这些也会导致延迟。换句话说，有许多未知事件可能会干扰最佳规划。

14.2 一段简短的历史和一个著名的问题

在认知科学中，人们所进行的最早研究是尝试开发一般问题求解器系统，这与人工智能领域相关。其中第一个也是最成功的一个系统是 Newell 和 Simon（1963）的一般问题求解器（GPS）。[10] 这个系统基于称为中间结局分析（means-ends analysis）的贪心算法，这个中间结局分析反过来是具有目标导向的问题求解，即最小化目标（后继者）状态和当前状态之间的差距（距离）。

20 世纪 60 年代，关于在搜索方法（在运算研究中，如分支定界法）以及在定理证明系统中使用谓词逻辑的推理方面，也有相当多的研究。随着世界的巨大变化，这成了人工智能的沃土。回想一下，在这 10 年间，约翰 • 麦卡锡（John McCarthy）发明了 LISP，人工智能这个术语也是在这个时候被创造出来的。

正是在 1969 年，斯坦福研究所（Stanford Research Institute）推出了 STRIPS（见 14.4.1 节的斯坦福研究院问题求解器）。它使用一阶逻辑表示应用领域状态，并能够通过其世界状态的变化来表示动作。STRIPS 还采用中间结局分析来确定需要求解的目标和子目标。STRIPS 的方法为许多未来系统提供了基础，也为固有问题提供了测试平台。

后来的方法研究确定了部分定义规划、规划修改、约束发布和最小承诺规划。

14.3 节讨论了这些技术。Stefik[11,12]在 MOLGEN（分子结构生成）的工作中，专注于具有规划的约束管理技术上；在 DEVISER（航海家任务飞船排序）工作中，专注于规划对象约束[13]上；在 FORBIN 的工作中，专注于工厂控制中的时间约束。SIPE（交互式规划和执行监控系统）[14]是另一个著名的、专注于资源限制的系统。这些方法将规划和调度问题相结合。

部分规划与规划细化密切相关。[15] 很自然地，这导致了类比的研究和基于案例的规划（见 14.3.4 节）。

20 世纪 70 年代中期，人们将注意力转向了行动层次网络（Networks of Action Hierarchies, NOAH）[16]，我们将在 14.3.3 节和 14.4.2 节中完整介绍行动层次网络。人们开始认为规划是部分有序的，而不是完全有序的，规划的想法更加一般，与领域无关。NONLIN（见 14.4.3 节）是这个时期非常重要的系统，同时它使用了一个问答程序。

部分有序规划器（POP）采用的是当时的标准。这类系统包括 SIPE、14 O-Plan[17]和 UCPOP（通用条件部分有序规划器）。[18]

在这 20 年左右的时间里，基于健全的方法论基础，规划器有了明确的实践方向。14.5.1 节（O-Plan[19]）描述的一般规划器和稍后的 Graphplan[20]都说明了这些内容。

在问题求解的许多方面，规划都是很有帮助的。一个迫切需要改进的领域是一年级（新手）编程学生的成功率。这就是 WPOL[21]（见 14.5.4 节）的目的——使用规划系统帮助这些学生成功。

框架问题

正如我们所看到的，规划关注的是在一个明确定义的世界中发生的变化。如何让智能体（机器人）从当前状态到达目标状态？什么是必要的转换？已经发生的转换是什么？因此，重要的是说明那些已经改变的和未曾改变的。例如，当机器人握住一个积木并捡起它时，积木的位置、夹具正在做的事情和积木上方的哪块积木发生了变化。捡起积木并不改变其他积木、墙、门或房间的位置。图 14.9 所示的是积木世界的快照，在某些前提条件存在的情况下，这说明了机器人手和积木所允许的典型操作以及所产生的效果。

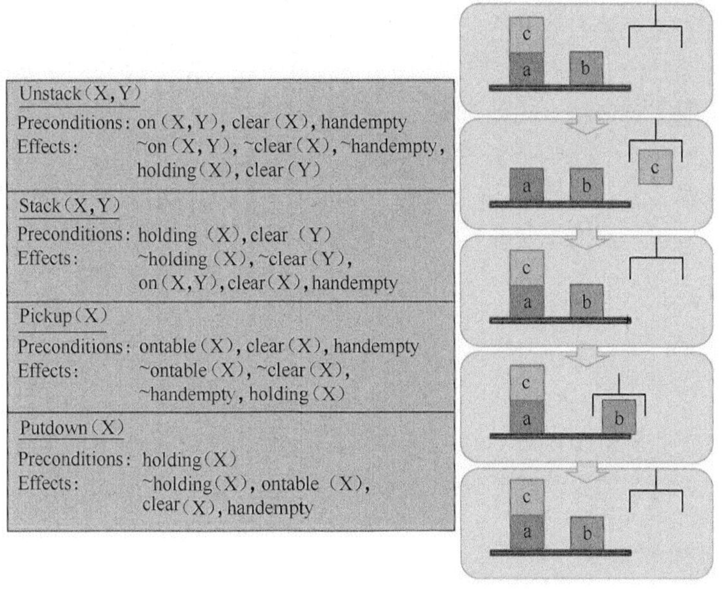

图 14.9　积木世界的快照

人物轶事

奥斯汀·泰特（Austin Tate）

奥斯汀·泰特（1951 年生）在爱丁堡大学担任基于知识系统的主持者，并且是爱丁堡大学人工智能应用研究所所长。1984 年，他帮助建立了 AIAI，从那时起，AIAI 一直致力于将人工智能和知识系统的技术和方法转移到全球的商业、政府和学术应用中。他拥有计算机学士学位（1972，兰开斯特

大学学士）和机器智能的博士学位（1975，爱丁堡大学博士学位）。他是爱丁堡皇家学会（苏格兰国家学院）的研究员，也是人工智能进步协会的研究员。他还是专业的注册工程师（Charted Engineer）。

Tate 教授的研究兴趣是,将丰富的流程和规划表示与可以使用这些表示来支持规划和活动管理的工具一同使用。他在 Interplan、NONLIN、O-Plan 和 I-Plan 规划系统中率先采用了早期的分级规划和约束满足的方法，现在这些方法已经得到了广泛的使用和部署。他最近在“I-X”上的工作关注人和系统智能体之间支持式的合作，在“有益的环境”中执行合作任务。在由 EPSRC（工程和物理科学研究理事会）资助的高级知识技术跨学科研究协作中，Tate 教授是爱丁堡首席研究员。他还领导了由 DARPA 资助的联盟智能体实验（CoAX）工程，这个工程涉及 4 个国家的 30 个组织，为期 3 年。人们将他的工作应用于搜索、抢救和应急响应任务中。他的国际赞助研究工作集中在先进的知识和规划技术以及协作系统的使用，特别是虚拟世界的使用。

Tate 教授领导了爱丁堡虚拟大学的 Vue 项目，这是一个虚拟教育研究机构，将那些对使用虚拟世界进行教学、研究和外展服务的人带到了一起。Tate 教授是《IEEE 智能系统》杂志的高级咨询委员会成员，也是许多其他期刊的编辑委员。

在人工智能领域中，McCarthy 和 Hayes（1969）[22]认定的一个著名问题是：当动作发生时，需要表征世界中的什么事情已经发生了改变，这就是众所周知的框架问题。随着问题空间复杂度的增加，追踪任何已经发生改变的事情和未发生改变的事情（也就是完整的状态空间描述）成了越来越难的计算问题。在很大程度上，麦卡锡将它看作一个组合问题。其他人认为这是一个不完整的信息推理问题[23]，并且还有一些人认为这与使系统注意到世界显著特征的困难有关。[24,25] 艾伦（Allen）和同事们认为“这只是简单地构建一个规划，在这个规划中，能够容易地指定和推理子问题和事件的属性”。[26]

14.3 规划方法

在人工智能规划领域 40 多年的发展过程中，人们引入和试验了许多技术。在本节中，我们将探讨一些最重要的方法，并详细描述特别能够说明某些方法的系统。

14.3.1 规划即搜索

简而言之，规划本质上是一个搜索问题。本书中描述的相同类型的搜索问题（见第 2～4 章和第 12 章）在这里至关重要。就计算步骤数、存储空间、正确性和最优性而言，这些涉及搜索技术的效率。找到一个有效的规划，从初始状态开始，并在目标状态处结束，一般要涉及探索潜在大规模的搜索空间。如果有不同的状态或部分规划相互作用，事情会变得更加困难。因此，查普曼（Chapman，1987）[26]证明了，即使是简单的规划问题在大小方面也可能是指数级的，这并不奇怪。规划文献侧重于如何组织启发式搜索、如何处理部分或失败的规划，以及总体上如何对问题求解做出良好的、知情的决策。[2] 在本节中，我们做出将规划视为搜索总结，然后使用启发式搜索将其转化为更加定量的规划观点。[27]

14.3.1.1 状态空间搜索

正如我们在 14.1 节所述的，早期的规划工作集中在游戏和拼图的“合法移动”（如在 8 拼图）方面，观察是否可以发现一系列的移动将初始状态转换到目标状态，然后应用启发式评估来评估到达目标状态的“接近度”[例如，如在 A*算法中[28]和图形遍历器（Graph Traverser）中[29]]。如果没有启发式方法，状态空间搜索可能变得难以管理。

在第 2 章和第 3 章中，我们已经讨论过的例子包括使用 O（b^d）时间找到长度为 d 的最优解的广度优先搜索（b 是问题的分支因子，d 是解的深度），同时广度优先搜索也使用了 O（b^d）的空间，这是因为在生成下一层之前，在任何层的节点都需要得到存储。相比之下，深度优先搜索只需使用线性空间，但是为了算法能够终止，必须要求可以在任意深度截止。

由于解可能超出了截止深度 d，因此有可能找不到解，这取决于截止深度。使用迭代加深的深度优先搜索（第 2 章讨论的迭代加深的 DFS）可以进行补救，在这个算法中，每进行一次搜索，截止深度都迭代加深一层，直到找到解。这个算法找到深度为 d 的解，其时间复杂度为 O（b^d），空间复杂度为 O（d）。回顾一下，迭代加深的 DFS 是“……在保证找到最优解的所有蛮力树搜索算法中，在时间和空间复杂度上，这是渐近最优的”。[27]现在我们将把注意力转向一些启发式搜索技术——这些技术已经应用到规划领域了。

14.3.1.2 中间结局分析

最早的人工智能系统之一是 Newell 和 Simon（1963）的一般问题求解器（GPS）[10]，这在前面的章节中已经介绍过了。GPS 使用了一种称为“中间结局分析”的问题求解和规划技术，在中间结局分析背后的主要思想是减少当前状态和目标状态之间的距离。也就是说，如果要测量两个城市之间的距离（以英里计），算法将选择能够在最大程度上减少到目标城市距离的“移动”，而不考虑是否存在机会从中间城市到达目标城市。这是一个贪心算法（见 2.2.2 节），因此它对所到过的位置没有任何记忆，对其任务环境没有特定的知识。

让我们思考表 14.1 所示的例子。你想从纽约市到加拿大的渥太华。距离是 682 千米，估计需要约 9 小时的车程。飞行只需要 1 小时，但由于这是一次国际航班，费用是 600 美元，这个费用高得吓人。

思考表 14.1 给出的情况：

表 14.1 距离和可能选择的交通工具。一旦距离超过 1609 千米，选择将从舒适性和成本节约方面考虑

距离 / 千米	的士	公共汽车	交通方式火车	出租汽车	飞机
0～80	√	√	√	√	
81～322		√	√	√	
323～966		√	√	√	√
967～1609			√	√	√
1610～4828				√	√

对于这个问题，中间结局分析自然偏向飞行，但这是非常昂贵的。一个有趣的可替代

方法是结合了时间和金钱的成本效率，同时允许充分的自由，即飞往纽约州锡拉丘兹（最接近渥太华的美国大城市），然后租一辆车开车到渥太华。看起来值得注意的是，就推荐的解决方案而言，可能会有一些压倒性因素。例如，你必须考虑租车的实际成本，你将在渥太华度过的天数，以及你是否真的需要在渥太华开车。根据这些问题的答案，你可以选择公共汽车或火车来满足部分或全部的交通需求。

14.3.1.3 规划中的各种启发式搜索方法

正如 14.3.1.1 节中指出的那样，状态空间（非智能、穷尽）的搜索技术可能会导致必须探索太多的可能性，正如我们早前在第 2 章中探讨搜索的情况一样。在本节中，为了弥补这种情况，我们将简要介绍为此开发的各种启发式搜索技术。

1. 最小承诺搜索

在规划中，最小承诺是指“规划器的任何方面，只有在受到某些约束迫使的情况下，才承诺特定的选择”。[2] 在单个搜索空间中，它们允许表示更广泛的、可能不同的规划集[2]。一个例子是，在做出承诺之前，使用并行规划来表示一些可能的行动序列。这是在 NOAH 中完成的，或通过发布规划中提及的对象，而不是任意选择的对象（例如MOLGEN[11,12]）完成的。韦尔德（Weld，1994）[30]指出，最小承诺规划背后的思想是以灵活的方式表示规划，从而推迟决策。不是过早地承诺完整的、完全有序的行动序列，这个方法将规划表示为部分有序序列，并且规划算法实践最小承诺规划——只记录基本的排序决策。

作为一个示例，比如说，你打算搬到一所新的公寓。首先，你根据自己特定的收入水平选定合适的城镇和社区，不需要决定将要居住的街区、建筑和具体的公寓。这些决定可以推迟到更晚、更适合的时间做出。

2. 选择并承诺

选择并承诺是由亨德勒（Hendler）、泰特（Tate）和德拉蒙德（Drummond）描述[2]的一种独特的规划搜索技术，这种方法并不能激发太多的信心。它是指基于局部信息（类似于中间结局分析），遵循一条解决路径的新技术，这项新技术通过做出的决策（承诺）得到测试。使用这种方式测试的其他规划器可以集成到稍后的规划器中，这些稍后的规划器可以搜索替代方案。当然，如果对一条路径的承诺没有产生解，那么就出现问题了。

3. 深度优先回溯

深度优先回溯是考虑替代方案的一种简单方法，特别是当只有少数解决方案可供选择时。这种方法涉及在有替代解决方案的位置保存解决方案路径的状态，选中第一个替代路径，备份搜索；如果没有找到解决方案，则选择下一个替代路径。通过部分实例化操作符来查看是否已经找到解决方案，测试这些分支的过程，我们称之为“举起（lifting）”。[31] 图 14.10 所示为从目标开始的深度优先回溯。很快读者就会明白，举起生成的备份搜索仍然过大，并且呈指数形式增长。

4. 集束搜索

第 3 章介绍了集束搜索。回顾一下，在广度优先搜索的每个层次上，它可以得到几个“最佳节点”的探索。在规划的背景下，这得到了一个小规模的约束前区域，这个区域可以搜索到解决方案。集束搜索与其他启发式方法一起实现，选择“最佳”解决方案，也许是由集束搜索建议子问题的“最佳”解决方案，这是很正常的。

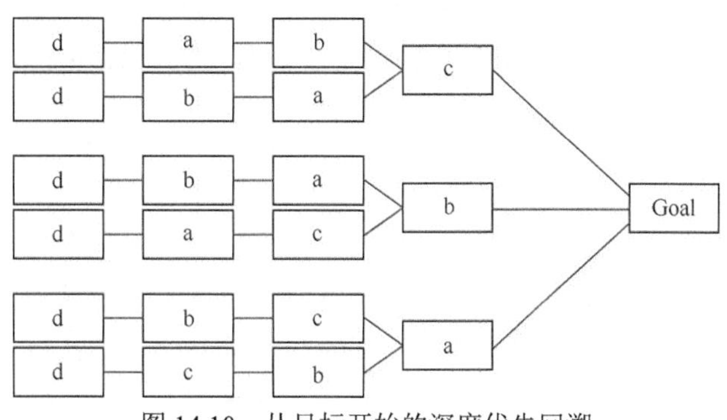

图 14.10 从目标开始的深度优先回溯

5. 主因最佳回溯

通过搜索空间的回溯，虽然可能得到解决方案，但是在多个层次中所需要探索的节点数量庞大，所以这可能非常昂贵。主因最佳回溯花费更多的努力，确定了在特定节点所备份的局部选择是最佳选择。

作为一个类比，让我们回到选择某个城镇来生活的问题。考虑候选地区的两个主要因素是距离和价格。根据这些因素，我们找到最理想的区域。但是现在，我们必须在可能的 5～10 个合理候选城镇中做出决定。现在，我们必须考虑更多的因素。

（1）学校系统怎么样（为了小孩）？

（2）在这个地区，购物如何？

（3）这个城镇有多安全？

（4）它距离中心位置有多远（运输）？

（5）在这个地区还有哪些景点？

当你能够进行评估时，基于公寓的价格和每个候选城镇到你工作地点的距离，再加上上述 5 个附加因素，你应该可以选择一个城镇，然后继续进行搜索，进而选择一处适当的公寓。一旦选择了一个城镇，你可以查看这个城镇某些公寓的可用性和适用性。如有必要，你可以重新评估其他城镇的可能性，并选择另一个城镇（基于两个主要因素和 5 个次要因素）作为主要选择。这就是主因最佳回溯算法的工作原理。

6. 依赖导向式搜索

如前面方法所述，回溯到保存状态并恢复搜索可能带来极大的浪费。虽然存储在选择点能找到解的所保存状态可能有用，但是实践证明，存储决策之间的依赖关系所做出的假设和可以做出选择的替代方案可能更有用、更有效。这就是海斯（Hayes，1975）[33]、苏斯曼（Sussman，1977）[34]、NONLIN + 决策图（Decision Graph，丹尼尔，1983）[35]和 MOLGEN

（斯特菲克，1981）[11,12]的研究所揭示的结论。通过重建解决方案中的所有依赖部分，系统就避免了失败，同时不相关的部分也可以保持不变。

7. 机会式搜索

机会式搜索技术基于“可执行的最受约束的操作”。[2] 所有问题求解组件都可以将其对解决方案的要求归结为对解决方案的约束，或对表示被操作对象的变量值的限制。操作可以暂停，直到有进一步可用信息（例如 MOLGEN[11,12]）。对于这样的系统，可以使用黑板架构。通过黑板架构，各种组件声明其可用性并进行交流（例如 Hearsay-II[36]和 OPM[37]），这是很正常的。对于人类而言，机会式搜索的黑板架构包括 5 个层次：规划、规划抽象、知识库、执行和元计划。[38]

8. 元级规划

元级规划是从各种规划选项中进行推理和选择的过程。一些规划系统具有类似操作符表示的规划转换，可供规划器使用。系统执行独立的搜索，在任何点上，确定最适合应用哪个操作符。这些动作发生在做出任何关于规划应用的决策之前。这是一个非常高级的技能，这个技能在 MOLGEN[11,12]以 Wilensky（1981）的文章中[38]有说明。

9. 分布式规划

分布式规划系统在一群专家中分配子问题，让他们求解这些问题，在通过黑板进行沟通的专家之间传递子问题并执行子问题。示例参见乔治弗（Georgeff，1982）[39]、科基尔（Corkill）和莱塞（Lesser，1983）的论文。[40]

这里总结回顾了在规划中使用的搜索方法。我们已经看到，一般来说，人工智能中的搜索问题（组合爆炸，即相应的计算时间和内存空间的增长）在这里也适用。因此，人工智能规划社区已经开发了一些技术来限制所需要的搜索量。现在，我们将继续学习，考虑已经开发的其他规划方法。

14.3.2 部分有序规划

在 14.1.1 节中，我们将部分有序规划（POP）定义为“事件（操作符）的某个子集可以实现、达到目标，而无须特别关注执行步骤的顺序。”

在部分有序规划器中，可以使用操作符的部分有序网络表示规划。在制订规划过程中，只有当问题请求操作符之间的有序链时，才引进有序链，在这个意义上，部分有序规划器表现为最小承诺。[2] 相比之下，完全有序规划器使用操作符序列表示其搜索空间中的规划。

部分有序规划通常有以下 3 个组成部分。

（1）动作集。

{开车上班，穿衣服，吃早餐，洗澡}

（2）顺序约束集。

{洗澡，穿衣服，吃早餐，开车去上班}

（3）因果关系链集。

穿衣服——着装→开车去上班

这里的因果关系链是，如果你不想没穿衣服就开车，那么请在开车上班前穿好衣服！在不断完善和实现部分规划时，这种链有助于检测和防止不一致。

回顾一下，在前几章讨论的标准搜索中，节点等于具体世界（或状态空间）中的状态。在规划世界中，节点是部分规划。因此，部分规划包括以下内容。

- 操作符应用程序集 S_i。
- 部分（时间）顺序约束 $S_i<S_j$。
- 因果关系链 $S_i \xrightarrow{c} S_j$。

这意味着，S_i 实现了 c，c 是 S_j 的前提条件。因此，操作符是在因果关系条件上的动作，可以用来获得开始条件（open condition）。开始条件是未被因果关系链接的动作的前提条件。

这些步骤组合形成一个部分规划，如下所示。

- 为获得开始条件，使用因果关系链描述动作。
- 从现有动作到开始条件过程中，做出因果关系链。
- 在上述步骤之间做出顺序约束。

图 14.11 描绘了一个简单的部分有序规划。这个规划在家开始，在家结束。在部分有序规划中，不同的路径（如首先选择去加油站还是银行）不是可选规划，而是可选动作。如果每个前提条件都能达成（我们到银行和加油站，然后安全回家），我们就说规划完成了。当动作顺序完全确定后，部分有序规划成了完全有序规划。一个示例是，如果发现（如前面的例子）汽车的油箱几乎是空的，当且仅当达成每个前提条件时，规划才能算完成。当一些动作 S_k 发生时，这阻止我们实现规划中所有前提条件，阻碍了规划的执行，我们就说发生了对规划的威胁。威胁是一个潜在的干扰步骤，阻碍因果关系达成条件。在上面的例子中，如果车子没有启动，那么这个威胁就可能会推翻“最好的规划”，如图 14.11 所示。

苏斯曼异常（Sussman Anomaly）

在 STRIPS（积木）世界中，如果尝试按照图 14.12 所示的顺序，将部分有序规划应用于将 3 个积木块堆起来的任务上，则会出现一个著名的问题。

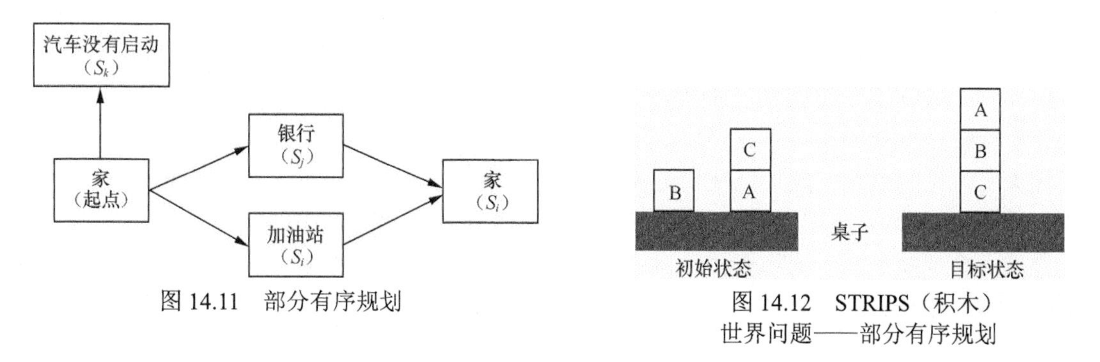

图 14.11 部分有序规划

图 14.12 STRIPS（积木）世界问题——部分有序规划

这里使用在 STRIPS 和积木世界中的语言，其中：x = B，y = C，z = A；初始状态是

Clear(x)、On(y,z)和 Clear(y)；目标状态是 On(x,y)、On(z,x)和 Clear(z)。

我们很快就可以看出，为了达到目标状态，其中一个子目标 PutOn（x，y），即将积木 B 放在积木 C 上将是必要步骤，但是，这必须在正确的时间实现，因此出现了“顺序效应”，并且部分有序规划在求解这个问题时无法发挥作用。

因此，必要的步骤是 PutOnTable(y)，PutOn(x,y)，然后 PutOn(z,x)。

第一步实现了必要的子目标，即所有的积木都清楚地放在桌面上。这处理了基本问题，即在初始状态中的积木对目标状态而言是安排不当的。清理所有积木块可以让我们重新排列积木的堆叠。一旦积木块 B 位于积木块 C 上，则积木块 A 可以放在积木块 B 上，实现目标状态。实际上，积木块 C 叠在积木块 A 上是这个计划的一个威胁。因此，为了解决苏斯曼问题，我们至少需要上面描述的子目标或完全有序规划。

总之，部分有序规划是一种健全、完整的规划方法。如果失败，它可以回溯到选择点。它可以使用析取、全称量化、否定和条件的扩展。总体来说，当与良好的问题描述结合时，这是一项有效的规划技术。但是，它对子目标的顺序非常敏感。[41]

14.3.3 分级规划

很自然，规划是一种活动，适用层次结构。也就是说，并不是所有的任务都处于同一个重要级别，一些任务必须在进行其他任务之前完成，而其他任务可能会交错进行。此外，层次结构（有时为了满足任务前提条件而需要）有助于降低复杂性。泰特[1]表示“最实际的规划器采用分级规划方法”。

分级规划通常由动作描述库组成，而动作描述由执行组成规划的一些前提条件的操作符组成。其中一些动作描述将“分解”成多个子动作，这些子动作在更详细（较低）级别上操作。因此，一些子动作被定义为“原语”，即不能进一步分为更简单任务的动作。一个原语动作的示例是在 STRIP 领域中的“ClearTop”。这个原语的简单意思就是任何积木块都不在其他积木块顶部。但是，“ClearTable”的任务意味着桌子上没有任何东西。ClearTable 可以由许多子动作组成，例如抓取块（或桌子上的任何对象），移动它并将其放在定义为桌子外的空间中。在这个示例中，“ClearTable”由分级任务网络（HTN）组成，这个网络由子任务（包括诸如 Cleartop 等原语）组成。泰特[1]说，HTN 规划适用于细化规划模型。初步规划纳入了任务规范假设，这个任务规范假设是关于待执行的规划（或可能是部分解决方案）所处的局面。然后，这可以通过层次结构提炼到更高级别的细节，同时也解决了在规划中出现的问题和缺陷。

埃罗尔（Erol）、亨德勒（Hendler）和诺（Nau）（1994）[42]的工作解决了“ATN 规划中缺乏明确理论框架的问题”。虽然 Yang（1990）[43]、Kambhampati 和 Hendler（1992）[44]的早期论文讨论了这个问题，但他们是从语法角度而不是从语义的角度进行讨论的。

在 HTN 规划世界中，使用与 STRIPS 中相似的表示方式表示基本动作。[45,27] 由于这个世界的每个“状态”一直改变，因此都是由原子集合表示。操作符用于将效应与动作（我们称之为原始任务）相关联。[43] 在世界中表示“所需变化”时，STRIPS 和 HTN 基本上是不同的。

在 HTN 中，STRIPS 类型的目标由任务和任务网络替代。[45] 前面所述的任务网络也被称为“程序网络”。图 14.13 介绍了 HTN 规划程序的基本实质，这个 HTN 规划流程在几个启发式系统中得到了使用。[2,13,15,44,45] HTN 规划工作方式如图 14.13 所示，通过迭代地扩展任务和解决冲突，直到发现仅由原语任务组成的无冲突的规划。

1. Input a planning problem **P**.
2. If **P** contains only primitive tasks，then resolve the conflicts in **P** and return the result. If the conflicts cannot be resolved，
   return failure.
3. Choose a non-primitive task t in **P**.
4. Choose an expansion for t.
5. Replace t with the expansion.
6. Use critics to find the interactions among the tasks in **P**，and suggest ways to handle them.
7. Apply one of the ways suggested in step 6.
8. Go to step 2.

图 14.13 基本 HTN 规划程序

通过选择适当的约简（reduction），可以实现非原语任务的扩展（图 14.13 的步骤 3～5）。事实上，这种约简指定了完成任务的一种可能的方式。将约简作为方法存储，从而将非原语任务与任务网络相关联。

有时任务之间互相影响，互相冲突，这可能是由步骤 5 引起的。发现和解决这种互相影响的工作是由所谓的评论器（critics）来执行的。早期的程序 NOAH[17]（见 14.4.2 节）中引入了评论器的概念，“互相影响发生在约简每个非原语操作符的不同网络之间，评论器识别和处理几种互相影响的类型（不仅仅是删除前提条件）”。[17]步骤 6 和 7 显示了使用评论器来识别和解决互相影响的情况。这样做的效果是，评论器能够协助识别相互影响，从而减少了必需的回溯量。

Erol 等人[42]开发了 HTN 规划的形式体系。这个形式体系的细节超出了这里的讨论范围，但是它们能够证明 HTN 规划比没有分解的规划更具表达力。其形式体系的语义学使得深入了解 HTN 规划系统（如任务、任务网络、过滤条件、任务分解和评论器）成为可能。

在实际应用中，分级规划已经得到广泛部署，如物流、军事运行规划、危机应对（漏油）、生产线调度、施工规划，又如任务排序、卫星控制的空间应用和软件开发。

14.3.4 基于案例的规划

基于案例的推理是一种经典的人工智能技术，它与描述某个世界中状态的先前实例并确定在当前世界中新情况与先前情况相符程度的能力密切相关。在法律与医学界，它与识别先例有着千丝万缕的联系。如果能够这样做，那么你应该能够对此先例进行匹配，然后选择基于静态的动作过程。

在基于案例的规划中，学习发生的过程是通过规划重演以及通过在类似情况下工作过的先前规划进行“派生类比”。基于案例的规划侧重于对过去成功规划的应用，以及从先前失败的规划中恢复。[46]

基于案例的规划器设计用于寻找以下问题的解决方案。

- 规划内存表示（Plan-Memory Representation）基本上指的是决定存储的内容以及如何组织内存的问题，以便有效并高效地检索和重用旧规划。

- 规划检索（Plan Retrieval）处理检索一个或多个解决过类似当前问题的规划问题。
- 规划重用（Plan Reuse）解决了为满足新问题而能够重新利用（适应）已检索的规划的问题。
- 规划修订（Plan Revision）是指成功测试新规划，如果规划失败了，则修复规划的问题。
- 规划保留（Plan Retention）处理存储新规划的问题，以便对将来的规划有用。通常情况下，如果新规划失败了，则此规划与一些导致其失败的原因一起被存储。

根据这 5 个参数，斯巴拉吉（Spalzzi）[46]研究了一些系统。基于案例的规划器，使用合理的局部选择，积累和协商成功的规划。重复使用部分匹配所学习到的经验，新问题只需要相似就可以重新使用规划。所谓“Prodigy/Analogy”[47]的系统执行“懒惰”归纳，这样所学的片断就不需要为其正确性做解释，因此也就不需要完整的领域理论。在局部决策中的学习可以增加所学知识的转移（但是也增加了匹配成本），因此还需要定义在规划情况之间相似性度量。为了完成此类任务，现代规划系统通常与机器学习方法相关联。

14.3.5 规划方法集锦

我们已经花了本章很大一部分章节来讨论定义该学科的几个主要规划技术，包括搜索（见 14.3.1 节）、部分有序规划（见 14.3.2 节）、分级规划（见 14.3.3 节）和基于案例的规划（见 14.3.4 节）。然而，研究人员已经探讨和开发了更多的规划技术。

我们认为以下内容很重要，值得一提：

基于逻辑的规划（也称为基于变更的规划）——规划器将尝试生成一个规划 Gamma，当这个规划由执行模块或执行器执行时（当系统处于满足初始状态描述的状态 i 时），将得到满足目标状态描述的状态 g。这种方法通常导致对情况演算的讨论。Genesereth 和 Nilsson 在他们的《Logical Foundations of Artificial Intelligence》中支持使用这种方法。

基于操作符的规划——动作表示为操作符。这种方法也称为 STRIPS 方法，利用各种操作符模式和规划表示。

反应式方法的列表如下。

- 规划与执行：规划器进行思考，执行器负责执行。
- 可预测性（思考）与反应性（执行）。
- 在线规划与离线规划：离线进行一般规划，将所生成的规划馈送到在线执行模块。
- 闭环与开环：反应规则编码感觉—动作圈。
- 三角形表格。
- 普遍规划。
- 定位自动机。
- 动作网。
- 反应式动作包。
- 任务控制架构。

- 包容架构。

此外，还有其他许多技术，如条件规划、约束满足、规划图搜索、模型检查规划、计算网格规划、时间逻辑规划、分布式和多智能体规划、不确定性规划、概率规划、规划和决策理论、混合主导计划等。

14.4 早期规划系统

在本节中，我们将探讨规划研发历史上特别重要的 3 个早期系统，即 STRIPS、NOAH 和 NONLIN。先来介绍 STRIPS，它是实至名归的最著名的系统。然后，我们将介绍斯坦福大学研究所的 NOAH，这个系统总结了 STRIPS 背后的规划思想。接下来就是 NONLIN，它继承了 NOAH 的想法并更进了一步。

14.4.1 STRIPS

如 14.1.1 节所述，STRIPS 也称斯坦福大学研究所问题求解器（Fikes、Hart 和 Nilsson，1971），是最早、最基础的规划系统之一。在本章的示例中，我们已经看到了，即使是 STRIPS 的语言，也已经成了一个标准［例如 Grasp(x)、Puton(x,y)、ClearTop(y)等］。它能够使用一阶逻辑表示领域状态的应用，也可以表示领域状态的改变。它还可以使用中间结局分析法确定需要实现的目标和子目标。这些目标和子目标是先决条件，需要先获得才能得到解。STRIPS 操作符提供了一个简单而有效的框架，这个框架可以表示在领域中的搜索和动作。正如我们所看到的，在规划领域，它们构成了未来工作的基础。

例如，以下是 STRIPS 表示机器人服务员世界的方法：

At（Robot, Counter）、On（Cup-a，Table-1）和 On（Plate-a，Table-2）

以下动作弧可能表示机器人服务员的运动或拾取动作。

操作符：Pickup(x)

前提条件：On（x，y）和 At（Robot，y）

删除列表：On（x，y）

添加列表：Held（x）

在这个例子中，机器人需要将两个物体送到两张桌子上。STRIPS 有 3 种类型的列表：①执行的动作，必需满足的前提条件列表；②已经满足或更改的前提条件删除列表；③执行动作时，记录世界状态发生了改变的添加列表。人们可以看到，对于表达简单的世界，这样一个系统很有吸引力！但是，随着世界变得越来越复杂，你可以看到维护这些列表的任务变得非常麻烦（即使借助计算机也是如此）。这自然就引出了上述的框架问题。

在 STRIPS 世界中，我们也要确定其带来的另外两个问题。其中第一个是分支问题，换句话说，由于采取了动作，世界发生变化的结果是什么？例如，如果机器人从 A 点到 B 点，积木块 A 是否依然在积木块 B 上？机器人的轮子上是否仍然有轮胎？它是否仍然使用相同的电量来操作？

有关积木块状态的问题很容易回答，但是，一旦遇到涉及自我状态意识（知觉）和常识知识问题，分支问题就变得更加严重起来。STRIPS 提出的另一个问题被称为合格问题（qualification problem）。也就是说，当执行某些动作（例如将钥匙放在锁孔中）时，定义成功的必要合格条件是什么？如果钥匙没有打开门，可能是什么错了（例如钥匙错了、钥匙坏了、钥匙已经磨损了，等等）。如你所见，STRIPS 在自动规划系统的历史、思考和开发方面是一个非常重要的系统。

14.4.2 NOAH

在厄尔·萨尔多提（Earl Sacerdoti）的开创性著作《A Structure for Plans and Behavior》（1975）[17]中，他描述了程序 NOAH（Nets of Action Hierarchies，动作层次网络）背后的概念。他在斯坦福研究所的同事 Nils Nilsson 认为这是里程碑式的著作，具体体现在 3 个方面。

（1）这对于开发分级规划（而不是开发单一级别的规划）在技术上做出了重大贡献。

（2）它引入和利用将规划表示为部分有序序列的思想，部分有序序列仅仅是对步骤的时间顺序做出了必需的承诺。

（3）它开发了机制，使得规划系统能够检查自己的规划，这样就可以改进这些规划，也因此可以智能地监测规划执行。[17]

这些对于仅限于单一级别动作的 GPS、STRIPS 和 MIT 积木世界而言，都是突出的进展。

Sacerdoti 总结了 NOAH[17]的重要性：

“在计算机内存中，关于动作知识的结构与内容一样重要。NOAH 使用高级的类似 PLANNER 的语言，而不是执行代码在网络中创建节点。这些节点代表了类似框架（在 Minsky 意义上）构成了规划的动作。节点具有随附的单独程序，也具有许多可以独立访问的声明式属性。分析这些声明式属性允许系统分析动作。在程序知识和声明式知识相对价值的辩论中，NOAH 的发展和研究对早期的人工智能做出了贡献，这是由于框架中体现了这两种类型的知识。”

NOAH 带来 3 种类型的知识：①问题求解；②在动作程序规范中的领域特定性；③处理具体情况的符号知识数据库。总之，NOAH 对自动规划做出了贡献，特别表现在以下几个方面。

（1）它使用命令式语义来生成类似框架的结构（如上所述）。

（2）它考虑了规划的非线性性质，规划被视为相对于时间的部分排序。这也避免了由线性引起的深度回溯的必要性。

（3）规划可以在很多抽象层次上完成。

（4）使用分级规划，提供执行监测和简易的错误恢复。

（5）它提供了迭代的抽象表示。

（6）它鼓励结构的重要性，帮助处理在不同细节层次中的大量知识。

14.4.3 NONLIN

为了生成部分有序动作网络的规划，Austin Tate（1977）[48]开发了 NONLIN 系统，以此作为“SRI、NOAH 规划器里程碑工作”的延续[17, 49]。NONLIN 是一个规划空间的规划器（而不是一个状态空间规划器），NONLIN 向后搜索问题空间，找到目标解决方案规划。它使用功能性的、状态可变的规划生成表示。

NONLIN 的目标是基于结构的规划开发，基于规划基本原理，考虑替代“方法”。

NONLIN 可以执行问答模态（Question / Answer）真值标准条件（truth criterion conditions）。也就是说，它可以响应两种查询[49]。

（1）在当前网络中的节点 N 处，语句 P 是否具有值 V？（V 值的选择为“绝对是 V，绝对不是 V，或不可判定”）

（2）如果在给定网络中 P 没有某个值，那么在网络中必须添加哪些链才能使 P 在 N 节点处具有这个值？

为了回答第一种类型的问题，NONLIN 将在网络中找到可用于提供正确结果的“关键”节点。

上一节提到，NOAH 以尽量避免回溯的方式在选择点做出决定，但是这可能导致搜索空间的某种不完整，意思是 NOAH 可能不能实现一些简单的推动积木块的任务。相比之下，NONLIN 可能在选择点建议两个顺序，从而避免上述 NOAH 可能的不完备性。

NONLIN 也有一个任务形式系统（Task Formalism，TF）。在领域中，这个系统能够以层次化的方式指定动作。它的目的是鼓励在不同细节层次上编写模块化工作说明。因此，可以独立编写子任务描述，这与它们如何应用在较高层次无关。[49] 这些形式体系包括以下信息：

- 何时在规划中引入动作。
- 动作的效果。
- 在执行动作之前哪些条件必须为真。
- 如何将动作扩展成较低层次的动作。

在任何节点上，NONLIN 提供了显式的条件记录，还提供了这些节点如何达到这些条件（即网络的目标结构）的信息。这简化了规划表示，有助于指导规划器的搜索。

Tate 的论文《The Less Obvious Side of NONLIN》（1983）[50]强调了 NONLIN 还有许多很好的其他功能，包括多重效果表（TOME）、使用启发式和依赖导向的搜索控制策略、为规划（预先）输入条件，以及具有时间或成本信息的规划等。

NONLIN 一个最重要的特征就是，在规划期间维持了一个目标结构表（Goal Structure Table），记录网络中某点必须为真的事实，以及使其为真的可能的“贡献者”。使用这种方式，系统可以在不选择其中一个（也可能是多个）贡献者的情况下进行规划，直到如上所述的交互检测（interaction detection）强制执行选择“贡献者”。

14.5 更多现代规划系统

在本节中，我们将探讨过去 20 年来开发的一些较新的规划系统。首先就是 O-Plan，其次是 Graphplan。

14.5.1 O-PLAN

1983—1999 年，爱丁堡大学的 Austin Tate 开发了广为人知的 NONLIN 系统的继任者 O-PLAN[18,20]。O-PLAN 是用 Common Lisp 编写的，可用于网络规划服务（自 1994 年起）。[20,51]我们将在下面列出它各种各样的应用。O-PLAN 扩展了泰特在 NONLIN 的早期工作，也就是上一节中描述的分级规划系统。这个系统能够将规划作为部分有序活动网络生成。这些网络可以检查时间、资源、搜索等方面的各种限制。

O-PLAN 与之前的 NONLIN 一样是一个实用的规划器，可以用于各种人工智能规划，它包括以下特征。

- 领域知识引导和建模工具。
- 丰富的规划表示和使用。
- 分级任务网络规划。
- 详细的约束管理。
- 基于目标结构的规划监测。
- 动态问题处理。
- 在低高节奏下的规划维修。
- 具有不同角色的用户接口。
- 规划和执行工作流管理。

使用 O-PLAN 的各种实际应用如下（见图 14.14）。

- 空中战役规划[52]。
- 非战斗人员撤离行动[52]。
- 搜索与救援协调[53]。
- 美军陆军小组行动[54]。
- 航天器任务规划[55]。
- 施工规划[18]。

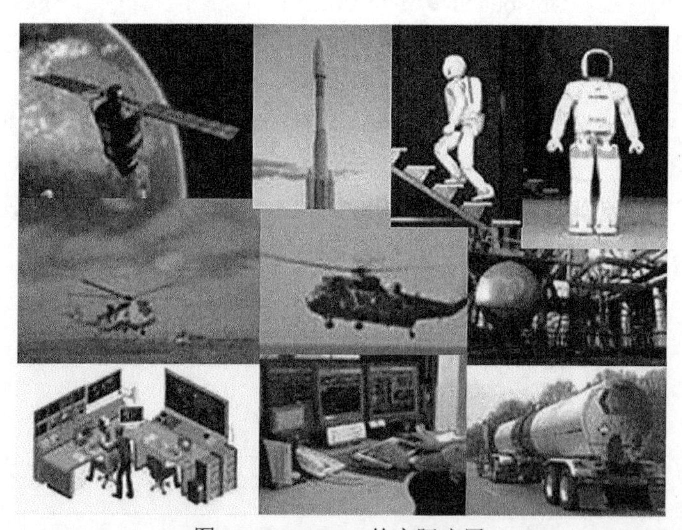

图 14.14 O-Plan 的实际应用

- 工程任务[56]。
- 生物学途径发现[57]。
- 指挥与控制无人驾驶自动汽车[20]。

O-PLAN 的设计也被用作 Optimum-AIV 的基础。在准备欧洲航天局亚利安 4 号（Ariane IV）发射器航行的有效载荷舱中[58]，Optimum-AIV 是用于组装、集成和验证的已部署系统。

应用之窗

爱丁堡人工智能规划器的实际应用

1975 年：NONLIN——电力机组大修程序（英国 CEGB）。

1982 年：基于 NONLIN 的设计器——航海家任务规划（NASA JPL）。

1996 年：基于 O-Plan 的 OPTIMUM_AIV——ESA Ariane IV AIV 的有效载荷舱。

1996 年至今：搜索和救援（英国 RAF 和美国 JPRA）。

商业应用有 Nynas（用于油轮调度）和 Edify（用于财务帮助台）。

O-Plan 通过 Web 提供简单的规划服务，作为 UNIX 系统管理员脚本编写辅助。规划器可以为任务生成合适的脚本，说明将物理映射到逻辑 UNIX 磁盘卷的要求。这是使用人工智能规划的一个例子，其中基本组件是熟悉的，但它们的具体组合却是多种多样的。

O-Plan 也被用于多用户规划服务。在这里，多个用户可以以混合主导的方式同时使用 O-Plan。O-Plan 与美国陆军合作，在美军陆军连级的小型作战（SUO）阶段确定指挥过程、规划过程和执行过程，即从收到任务到成功实现的过程。[59,20]

O-Plan 也是一个成功设计的、具有开放规划架构的例子。由于 Lisp 关键组件在需要时可以插入，因此 Lisp 极大地促进了这个成功。O-Plan 通过探索部分规划的搜索空间找到规划。“问题（Issue）”代表部分规划中的缺失部分。这确定了哪些动作需要扩展到要求被满足的子动作或条件。O-Plan 在顶层有一个控制器，这个控制器可以重复选择问题，并调用“知识源”来解决所有问题。

知识源决定了在规划中放入内容，应该访问搜索空间的哪些部分；接下来，通过添加节点到部分有序动作网络，以及通过添加约束，如表示动作的前置和后置条件、时间限制、资源使用等来构建规划。[59]

约束管理器确定了可以使用哪些方法满足哪些约束并与知识源交流。在这种灵活的架构中，可以根据需要添加、删除和替换知识源和约束管理器。[60,61]

O-Plan 之后是 I-X [62,63]这个系统提供了更一般的方法来支持混合主导规划、配置等。O-Plan 作为 Web 上的规划服务继续可用，并且可以经由 I-X 用于此目的。[20]

14.5.2 Graphplan

Graphplan 是一个规划器，通过构建和分析称为**规划图**的紧凑结构，工作在类似于 STRIPS 的领域。规划图编码规划问题，其目的是利用内在的问题约束来减少必要的搜索量。

正如我们在本书中所强调的，在人工智能中，搜索是非常重要的过程。有些人甚至认为搜索过程本身就是人工智能的本质，而其他人更关心知识。很明显，没有知识和方向（约束）的搜索将导致时间和空间的大量浪费，有时（在复杂的领域）将永远找不到解决方案。但是，没有搜索的知识有点像“困在树脂中的昆虫 DNA”，也就是说，它很有用，但不能移动。无论如何，我们可以放心，用于限制搜索的知识（智能、启发式）是个好东西。

规划图可以快速得到构建（多项式空间复杂度和时间复杂度），并且规划是流过图形的一种真值“流”。[21] Graphplan 全力致力于搜索，在搜索中，它结合了完全有序和部分有序规划器的一些方面。它以一种“平行”的规划方式执行搜索，确保在这些规划中找到最短的规划，然后独立进行这个最短规划。

回顾一下，动作就是完全实例化的操作符，例如，把 X 放在 Y 上。这意味着，在时间 t 的所有动作，Add-Effects 中的所有命题都被添加到世界中，并删除在 Delete-Effects 中的所有命题。

在 Graphplan 域中，有效的规划是由一组动作和指定时间组成的，在这个规划中，每个动作都将得到执行。

在时间 1 发生了某个动作，然后在时间 2 发生了另一个动作，等等。只要动作之间不互相干扰，动作就可以指定在相同时间步骤内发生。如果一个动作删除了另一个动作的前提条件或删除了另一个动作的效果，那么就说两个动作相互干扰。在线性规划中，独立平行的动作可以以任何顺序执行，并得到完全相同的结果。如果在时间 t 之前的任何时间，所有前提条件都已经满足，并且最终时间步骤中的问题目标为真，则在任何时间 t，规划都被视为有效。这意味着：如果在时间 t>1 时，所有规划的前提条件都得到满足，并且，如果在时间 t=1 时某个动作的所有效果都得到了满足，那么规划在时间 1 处是有效的。[21]

除了删除了要求移除在给定的时间步骤中无干扰的动作以外，规划图与有效规划相似。规划图分析的一个重要方面是能够注意到和传递节点之间的某些互斥关系。在规划图的给定动作层次中，如果没有一个有效规划能够让两个动作为真，那么就说这两个动作是互斥的。

这是一个来自现实世界的能详细说明互斥关系的例子。你计划拜访你的母亲。当你访问母亲时，她只要求两件事情：①准时；②着装体面。

现在，这要求不会太多吧？但是，在即将离开家时，你发现路上需要花费 30 分钟，去母亲住的地方是 25 分钟的路程。你考虑着装，却发现你没有任何“漂亮”的宽松长裤，你早上没喝咖啡提神，可能无法安全驾车到母亲的住处。很快，这就变得很清楚了，你的迫切需要（动作/目标）是相互排斥的。你不能换装、喝咖啡并准时到母亲的住处。如果你不换衣服，母亲就不会开心；如果你没有喝咖啡，你可能无法安全地到达母亲的住处。你该怎么办？

对于对应于有效规划的可能规划图子图，识别互斥关系可以帮助大大减少对子图的搜索。[21] 互斥关系提供了一种在整个图形中传递约束的机制。一个简单有用的事实是，在时间 t 时，一个对象只能在一个地方。这有助于限制一部分前提条件，这些前提条件可能是解决方案的一部分。

在规划世界几个熟悉问题的实验研究中，包括火箭问题（Rockets Problem）、备胎问题（Spare Tire Problem）、猴子和香蕉问题（Monkeys and Banana Problem）等，Graphplan 比 UCPOP 和 PRODIGY 系统的进展更顺利。

14.5.3　规划系统集锦

在本节中，我们已经回顾了在自动规划的历史和开发中 3 个较旧的经典系统（STRIPS、NOAH 和 NONLIN）和两个较新的规划系统（O-PLAN 和 GRAPHPLAN）。图 14.15 给出了已开发的规划系统和规划技术。虽然我们已经讨论了很多，但是囿于篇幅，一些问题没有得到讨论，如约束满意度规划、规划细化、优化方法、多智能体规划、重新规划、规划学习和混合主导规划等。

规划研究领域、系统和技术[2]

• Domain Modeling：HTN，SIPE	• Plan Repair：O-Plan
• Domain Description：PDDL，NIST PSL	• Re-planning：O-Plan
• Domain Analysis：TIMS	• Plan Monitoring：O-Plan，IPEM
• Search Methods：Heuristics，A*	• Plan Generalizatio：Macrops，EBL
• Graph Planning Algorithms：GraphPlan	• Case-Based Planning：CHEF，PRODIGY
• Partial-Order Planning：NONLIN，UCPOP	• Plan Learning：SOAR，PRODIGY
• Hierarchical Planning：NOAH，NONLIN，O-Plan	
• Refinement Planning：Kambhampat	• User Interfaces：SIPE，O-Plan
• Opportunistic Search：OPM	• Plan Advice：SRI/Myers
• Constraint Satisfaction：CSP，OR，TMMS	• Mixed-Initiative Plans：TRIPS/TRAINS
• Optimization Methods：NN，GA，Ant Colony Opt.	
• Issue/Flaw Handling：O-Plan	• Planning Web Services：O-Plan，SHOP2
• Plan Analysis:NOAH，Critics	• Plan Sharing & Comms：I-X，<I-N-C-A>
• Plan Simulation：QinetiQ	• NL Generation...
• Plan Qualitative Modeling:Excalibur	• Dialogue Management...

图 14.15　规划研究领域和已开发的系统[2]

14.5.4　学习系统的规划方法

本章所述的规划系统已经成功应用于各个领域。本节介绍了一种学习系统，用于规划提高概念表示、集成和应用的有效性。我们之所以探讨这种规划方法，是为了教导新程序员面向对象的编程和设计。

为新手对象设计，探讨面向规划的学习环境

计算机科学系遭遇的一个严重问题是在入门编程课程中的损耗率和失败率。教师不断寻求方法，加强编程教学，努力解决学习困难。尽管在编程语言的环境和教学方法方面进行了各种改进，但是在学习编程时，新手仍然面临着许多挑战——特别是面向对象范式提出的额外抽象层。

规划可以用来捕捉专家程序员表示编程知识的方式，并且在学习系统中规划可视化可用于增强新手在面向对象范式中的编程学习。[22] 实践表明，有经验的程序员利用规划表示编码编程概念和任务。[64] 新程序员缺乏高级（规划）知识，这些知识是专家从多年的经验中建立起来的。在结构化计划表示中，向新手介绍编程知识可以帮助他们了解各种编程概念，如 OOP 中的抽象。对新程序员的研究表明，大多数主要错误都与不正确的规划集成和与对象相关的错误概念有关，如将不正确的对象表示和 OOP 概念集成到问题求解中。[65]

规划对象学习范式，通过规划表示加强了对象设计的概念，可以帮助学生提高设计和实现对象的能力，并提高他们在求解问题中利用对象的能力。网络规划对象语言（WPOL）[65] 是一种在线学习环境，它利用规划对象方法进行 3 个阶段的学习：规划观察、集成和创造。观察阶段从规划和对象的角度逐步显示了所得到的问题样本解决方案。集成阶段测试了新手能否正确整合规划，形成解决方案的能力，并强化规划集成和对象设计的概念。在创造阶段，学生可以自定义规划并设计新对象。

在对象设计阶段，规划对象范式（Plan-Object Paradigm）代表了对象概念化，并提出了早期吸收 OOP 的方法。在规划框架内，规划对象范式明确定义了对象并给出了上下文。对象规划由数据成员（Data Member）、成员函数（Member Function）和对象实用程序（Object Utilities）子规划（类组件）组成，根据应用程序创建和集成适当的变量和/或函数。对象的实用程序包括指定规划、获取规划、构造函数和析构函数子规划。

规划对象范式将规划的概念应用于面向对象编程。

规划对象方法提高了新程序员将设计对象、实现对象和集成对象应用到程序中的能力。人们进行了实证研究，在涉及对象和问题求解的样本案例中测试了新手的表现。在与对象相关的问题求解中，接触过规划对象范式和 WPOL 的学生，其程序错误减少了 56.7%，与算法和问题求解规划相关的总错误减少了 54%。规划与对象设计，集成和实现的视觉体验增强了新程序员在对象表示，以及将规划和对象整合到解决方案中的能力。

14.5.5 SCI Box 自动规划器

在空间中，规划科学任务一直是一个耗时、费力和昂贵的过程。它需要多次迭代，并且协调许多团队，如子系统工程师、轨道和指向分析师、命令定序者、任务操作员和仪器科学家。项目进度紧张，并且需要执行这么多次的迭代，因此航天器资源往往得不到最佳利用。

SciBox 是一种端到端的自动化科学规划和指挥系统。系统从科学目标开始，得出所需的观测序列，调度这些观测值，最后生成并验证可上传命令，驱动航天器和仪器。除了有限的特殊操作和测试之外，这个过程是自动化的，没有手工调度科学操作或手工构建命令序列。

从 2001 年开始，在前往水星的 MESSENGER 使命中开始开发 SciBox，这个项目以渐进的方式进行，集成了在其他太空飞行任务中进行测试的各种关键软件模块。

使用 SciBox 基于目标的规划和指挥系统已经成功应用于 2005 年火星侦察轨道器（MRO）上的火星紧凑型侦察成像光谱仪（CRISM），以及成功应用于 2008 年和 2009 年的 Chandrayaan-1 板载微型射频（MiniRF）仪器和月球侦察轨道仪（LRO）。基于目标的规划系统将科学规划与命令生成分离开来，让科学家能够专注于分析科学观察机会而不是命令细节。

2004 年 8 月 3 日，美国航空航天局发射了 MESSENGER 宇宙飞船。2011 年 3 月 18 日，MESSENGER 进入与太阳非同步、高度偏心的 200×15 200 千米的高空轨道，倾角为 82.5°，周期约为 12 小时。2011 年 4 月 4 日，MESSENGER 进入了主要科学阶段。此时，这个技术已经成熟，人们在前往水星的任务中，可以使用这个技术进行规划和指挥所有轨道科学运行。MESSENGER 的任务是解决以下科学问题。

（1）什么样的行星形成过程导致水星中金属比硅酸盐的比例高？

（2）水星的地质史是什么？

（3）水星磁场的性质和起源是什么？

（4）水星核心的结构和状态是怎么样的？

（5）水星两极的雷达反射材料是什么？

（6）在水星上或附近沉积了哪些重要的挥发性物质？它们的来源是什么？

为了回答有关水星的这些问题，SciBox 将从测量目标开始自动执行规划过程，目标可以分为 3 种类型：需要连续观察的、在指定的观测条件下需要建立观测覆盖范围的，以及在获取全局数据是不可行的地点定向观测。SciBox 架构由 4 个主要组件组成——机会分析器、约束检查器、优先级调度器和命令生成器。这些简化了从测量目标开始的流程，并生成航天器和仪器命令序列。机会分析器的任务是，在特定约束条件下找到所有机会进行所需的观察。对于每个观察机会，约束检查器会系统地验证观察操作，使其符合工程师对航天器和仪器所做出的操作限制。然后，优先级调度器基于约束检查器验证观察机会的优先级彼此权衡，将观察机会进行排序。例如，可能会给相对频繁发生的观察机会较低的优先级。在给定的观察类型中，按照基于预期的目标范围、太阳位置等，计算得到质量度量（例如分辨率或照明），对机会进行排序。然后，优先级调度器选择最佳观察机会，并按照优先级降低的顺序将其插入时间表中，直到可用的航天器资源被用光（例如，确保航天器的热安全性的航天器指向限制，由于地球与水星距离变化和太阳能连接，固态记录器空间的变化导致可用下行链路容量的变化）。接下来，将无冲突的调度输入命令生成器，命令生成器将创建一系列命令并上传到航天器和仪器。同时，为了检验并生成 HTML 报告，运行规划需要在不同的专业团队之间进行耗时的协调，SciBox 不仅减少了运行规划的前置时间，还通过自动化使用人工判断、观察优先事项的方式降低了成本，通过系统地检查约束降低了运行风险，并且通过在观察机会之间权衡得失来最大化科学价值。这使得 MESSENGER 科学优先级能够针对诸如航天器记录器空间、下行带宽、调度和轨道几何等操作约束进行科学优先级的协调。

Sci Box 相关参考资料

MESSENGER SciBox. An Automated Closed-Loop Science Planning and Commanding System, Teck H. Choo et al. AIAA SPACE 2011 Conference & Exposition, 2011.

SciBox, An End-to-End Automated Science Planning and Commanding System. Teck H. Choo et al. John Hopkins University Applied Physics Laboratory, Laurel, MD.

人物轶事

弗雷德里克·海斯-罗思(Frederick Hayes-Roth)

在规划领域，Frederick Hayes-Roth(1947年生)是早期领导者之一。自2003年起，他一直担任美国海军研究生院(NPS)信息科学系教授，在那里，他教授关于利用信息技术的策略和政策的“压轴(capstone)”课程。他在网站上说：“基于人工智能、知识工程、分布式系统、语义学、业务流程管理和企业应用集成的丰富经验，我认识到，政府信息共享工作中所必须具备的一些重要成功因素。”

在成为美国海军研究生院(NPS)的教师之前，他曾在惠普担任首席软件技术官。早年，他自己建立了两家硅谷公司并任董事长兼行政总裁。他还是兰德公司信息处理研究的项目总监。Hayes-Roth 作为第一个连续语音理解系统“Hearsay-II”的共同发明者之一而闻名于世，这个系统因为“黑板架构”而变得著名。

他的研究侧重于以下问题。

(1)信息的价值几何(对谁，何时，原因)？

(2)如何将更多信息过滤的工作委托给计算机？

(3)如何最快地提供1和2的好处？这样就可以让人们在挑战性的操作环境中更快更好地做出决策？

(4)在政府和国防部中，如何重组技术程序和采购流程？这样就可以实现(3)的答案？

2011年，Hayes-Roth 参与创立了一家非营利慈善组织——Truth Seal Corp.，这个组织的任务是在公共通信中促进真实性，以便让公众能够获得可靠的信息，并做出判断、决策和行动。

14.6 本章小结

第14章概述了在人工智能上下文中的自动规划。我们从介绍规划的概念开始，这是人类智力的特征。规划涉及为完成特定任务或实现目标，了解需要完成的步骤，并且知道执行规划过程中步骤的顺序可以根据各种条件的变化而改变。我们可以开发出表现出与人类类似的推理和问题求解能力的智能体和系统吗？在设计这样的系统时，需要考虑很多事情，包括以明确的方式表示智能体的世界，追踪世界中发生的变化，预测智能体的行为会产生什么样的影响，解决新出现的障碍，以及制定使智能体能够实现其目标的规划。

在整个章节中，我们讨论了许多现有的规划应用——从国际象棋和桥牌到机器人技术和计算机动画。我们还介绍了主要规划方法，如搜索(状态空间搜索，中间结局分析，启发式搜索方法)、部分有序规划、分级规划和基于案例的规划等。作为背景和历史，我们回顾了早期经典规划系统，这些系统对规划领域做出了巨大的贡献，包括STRIPS、NOAH和NONLIN。更多现代的系统，如O-Plan和Graphplan，通过引入和集成新技术，扩大了规划领域。14.5.4 节和 14.5.5 节分别介绍和探讨了两个开发实施的规划系统，即 WPOL 和 SciBox。

讨论题

1．为什么人们希望计算机能够进行规划？

2．在计算机意义上，规划的重要组成部分是什么？

3．第一个执行规划的问题求解系统是什么？它的目的是什么？

4．后来的许多规划系统基于哪一个系统？这个系统是在哪里开发的？它能做些什么？

5．关于这一系统开发了哪种系统？它们共同形成了这一系统的什么概念？

6．列出规划领域 5 种不同的搜索方法。

7．最小承诺搜索是什么？

8．解释中间结局分析的工作原理。

9．在博弈中，你如何区分规划与其他类型的下法？

10．什么是框架问题（Frame Problem）？什么是合格问题（Qualification Problem）？什么是“分支问题”（Ramification Problem）？

11．区分部分有序规划和完全有序规划。

12．命名和描述 5 种规划技术。

13．NOAH 如何改进了最初的 STRIPS？

14．什么是“主因最佳回溯”？

15．什么是苏斯曼异常（Sussman Anomaly）？

16．NONLIN 的主要特点是什么？

17．O-PLAN 提供了早期规划者未提供的何种功能？

18．列举几个构建了实际规划器的领域。

练习

1．回顾第 3 章中提到的驴滑块拼图（Donkey Puzzle）。解释如何定义子目标来解决这个问题。程序如何识别合适的子目标？这个子目标是否有任何先决条件？

2．在 STRIPS 世界中，使用标准运算符和动作将在桌子上的 3 个积木块 A、B、C 互相堆叠起来，起始状态为：积木块 A 在 C 上，B 在桌子上。

3．如何将在桌子 X 上 A、B、C 这 3 个积木块，按照 A、B、C 的顺序堆叠在桌子 Y 上，其中积木块 A 在顶部？除了习题 2 中的操作符，你还需要什么操作符？

4．苏斯曼异常（Sussman Anomaly）表明了什么？

5．尝试使用在爱丁堡大学网站上的实用规划器之一，并报告你的使用体验。

6．考虑一个类似 STRIPS 的系统来解决 John McCarthy 提出的著名的猴子和香蕉问题：

猴子面对从天花板上悬挂一束香蕉的问题。为了解决这个问题，猴子必须把一个箱子推到香蕉下面的一个空的地方，爬到箱子的顶部，然后得到香蕉。

常数是猴子（monkey）、箱子（box）、香蕉（bananas）和香蕉下方（under-bananas）。

功能是达到（reach）、爬上（climb）和移动（move），意思如下：

Reach(m,z,s)：从状态 s 开始，m 到达 z 的动作所得到状态。

Climb(m,b,s)：从状态 s 开始，m 爬上 b 的动作所得到的状态。

Move(m,b u,s)：从状态 s 开始，m 移动 b，放在位置 u 所得到的状态。

尝试使用这些函数，使用操作的逻辑序列，求解这个问题。

7．计算机规划程序如何协助军方应用？

8．计算机规划如何协助应对自然灾害？

9．描述人类的规划方法与计算机处理规划问题如何不同？同时描述两种方法的相似点。

10．撰写一份有关多智能体规划器的报告，长度为 5 页。说明最近的系统是哪个系统、谁开发了这个系统、这个系统有多成功、这个系统做了什么测试，等等。

参考资料

[1] Tate A. Planning. In The MIT Encyclopedia of the Cognitive Sciences MITECS, edited by R. A. Wilson and F. C. Keil. Cambridge, MA: The MIT Press，1999.

[2] Hendler J, Tate A, Drummond M. AI planning: Systems and Techniques. AI Magazine 11 (2): 61–77, 1990.

[3] Dean T, Kamhampati S. Planning and Scheduling: CRC Handbook of Computer Science and Engineering. Boca Raton, FL: CRC Press, 1997.

[4] Fikes R E, Hart P E, Nisslon N J. Learning and executing generalized robot plans. Artificial Intelligence 3 (4): 251–288, 1972.

[5] Fikes R E, Hart P E, Nilsson N J. Some new directions in robot problem solving. In Machine Intelligence 7, edited by B. Meltzer and D. Michie. Edinburgh: Edinburgh University Press, 1972.

[6] Smith S J, Nau D, Throop T. Computer Bridge: A big win for AI planning. AI Magazine 19 (2): 93–105, 1998.

[7] Zhang L, Huang X, Kim Y J, Manocha D. D-plan: Efficient collision-free path computation for part removal and disassembly. Computer-Aided Design & Applications 5 (1–4), 2008.

[8] Koga Y, Kondo K, Kuffner J, Latombe J. Planning motions with intentions. In Proceedings of the 21st Annual Conference on Computer Graphics and Interactive Techniques. SIGGRAPH ‘94, 395–408. New York, NY: ACM, 1994.

[9] Lau M, Kuffner J J. Behavior planning for character animation. In Proceedings of the 2005 ACM Siggraph/Eurographics Symposium on Computer Animation, 271–280. Los Angeles, CA, July 29–31. New York, NY: ACM, 2005.

[10] Newell A, Simon H A. GPS: A program that simulates human thought. In Computers and Thought, edited by E. A. Feigenbaum and J. Feldman. New York: McGraw-Hill, 1963.

[11] Stefik M. Planning with constraints MOLGEN: Part 1. Artificial Intelligence 16: 111–140, 1981.

[12] Stefik M. Planning with constraints MOLGEN: Part 2. Artificial Intelligence 16: 141–170, 1981.

[13] Vere S. Planning in time: Windows and durations for activities and goals. IEEE Transactions on Pattern Analysis and Machine Intelligence (PAMI) 53: 246–267, 1983.

[14] Wilkins D. Practical Planning. San Francisco, CA: Morgan Kaufmann, 1998.

[15] Kambhampati S, Knoblock C, Yang Q. Planning as refinement search: A unified framework for evaluating design tradeoffs in partial order planning. Artificial Intelligence 76: 167–238, 1995.

[16] Sacerdoti E. A structure for plans and behavior. PhD thesis, Stanford University, Stanford, CA, 1991.

[17] Currie K W, Tate A. O-Plan: The open planning architecture. Artificial Intelligence 521 (Autumn), 1991.

[18] Penberthy J S, D S Weld. UCPOP: A sound, complete, partial order planner for ADL. In Proceedings of Knowledge Representation KR-92, 103–114, 1992.

[19] Dalton J, Tate A. O-Plan: A common Lisp planning web service. International Lisp Conference 2003, October 12–25. New York, NY, 2003.

[20] Blum A, Furst M. Fast planning through planning graph analysis. Artificial Intelligence 90: 281–300, 1997.

[21] Schweikert C. Study of novice programming: Plans, object design, and the web plan object language WPOL. PhD thesis, The Graduate Center, City University of New York, 2008.

[22] McCarthy J, Hayes P J. Some philosophical problems from the standpoint of artificial intelligence. In Machine Intelligence 4, edited by B. Meltzer and D. Michie. Edinburgh: Edinburgh University Press, 1969.

[23] McDermott D. A temporal logic for reasoning about processes and plans. Cognitive Science 6: 101–155, 1982.

[24] Haugeland J. Artificial Intelligence: The Very Idea. Cambridge, MA: The MIT Press, 1985.

[25] Allen J, Hendler J, Tate A P. Readings in Planning. Palo Alto, CA: Morgan Kaufmann, 1990.

[26] Chapman D. Planning for conjunctive goals. Artificial Intelligence 32: 333–377, 1987.

[27] Korf R, Planning as Search: A Quantitative Approach. Essex, UK: Elsevier Science Publishers, 1987.

[28] Hart P, Nilsson N, Raphael B. A formal basis for the heuristic determination of minimum cost paths. IEEE Transactions on System Science and Cybernetics (SSC) 42: 100–107, 1968.

[29] Doran J E, Michie D. Experiments with the graph traverser program. Proceedings of the Royal Society 294: 235–259, 1966.

[30] Weld D. An introduction to least-commitment planning. Artificial Intelligence 15: 27–61, 1994.

[31] Ghallab M, Nau D, Traverso P. Automated Planning: Theory and Practice. San Francisco,

CA: Morgan Kaufman, 2004.

[32] Fox M S, Allen B, Strohm G. Job search scheduling: An investigation in constraint-based reasoning. In Proceedings of the Seventh International Joint Conference on Artificial Intelligence. Menlo Park, CA: International Joint Conferences on Artificial Intelligence, 1981.

[33] Hayes P J. A representation for robot plans. In Advance Papers of the 1975 International Joint Conference on Artificial Intelligence. Tbilisi, USSR, 1975.

[34] Stallman R M, Sussman G J. Forward reasoning and dependency directed backtracking. Artificial Intelligence 9: 135–196, 1977.

[35] Daniel L. Planning and operations research. In Artificial intelligence: Tools, techniques, and applications. New York, NY: Harper and Row, 1983.

[36] Erman L D, Hayes-Roth F, Lesser V R, Reddy D R. The HEARSAY-Il Speech understanding system: Integrating knowledge to resolve uncertainty. ACM Computing Surveys 12 (2), 1980.

[37] Hayes-Roth B, Hayes-Roth F. A cognitive model of planning. Cognitive Science 30:275–310, 1979.

[38] Wilensky R. Meta-planning: Representing and using knowledge about planning in problem solving and natural language understanding. Cognitive Science 5 (3), 1981.

[39] Georgeff M. Communication and interaction in multi-agent planning systems. In Proceedings of the Third National Conference on Artificial Intelligence. Menlo Park, CA: American Association for Artificial Intelligence, 1982.

[40] Corkill D D, Lesser V R. The use of meta-level control for coordination in a distributed problem-solving network. In Proceedings of the Eighth International Joint Conference on Artificial Intelligence, 748–756. Menlo Park, CA: International Joint Conferences on Artificial Intelligence, 1983.

[41] Beckert B. ntroduction to Artificial Intelligence Planning. University Koblenz-Landau. Course Notes, Germany, 2004.

[42] Erol K, Hendler J, Nau D S. UMCP: A sound and complete procedure for hierarchical task-network planning. In Proceedings of the International Conference on AI Planning Systems (AIPS), 249–254, 1994.

[43] Yang Q. Formalizing planning knowledge for hierarchical planning. Computational Intelligence 6: 12–24, 1990.

[44] Kambhampati S, Hendler J A. A validation structure based theory of plan modification and reuse. Artificial Intelligence 552–3: 193–258, 1992.

[45] Fikes R E, Hart P E, Nilsson N J. STRIPS: A new approach to the application of theorem proving to problem solving. Artificial Intelligence 34: 251–288, 1971.

[46] Spalzzi L. A survey on case-based planning. Artificial Intelligence Review 16 (1 Sept.): 3–36, 2001.

[47] Borrajo D, Veloso M Lazy incremental learning of control knowledge for efficiently

obtaining quality plans. AI Review Journal, Special Issue on Lazy Learning, 10: 1–34, 1996.

[48] Tate A. Generating project networks. In Proceedings of the International Joint Conference on Artificial Intelligence, IJCAI-77 San Francisco, CA: Kaufmann, 1977.

[49] Tate A, Daniel L. A Retrospective on the Planning: A joint AI/OR Approach Project. Department of Artificial Intelligence Working Paper 125, Edinburgh, 1982.

[50] Tate A, The less obvious side of NONLIN. Department of Artificial Intelligence, University of Edinburgh, 1983.

[51] Tate A, Dalton J ,Levine J. O-Plan: A web-based AI planning agent, AAAI-2000 intelligent systems demonstrator. In Proceedings of the National Conference of the American Association of Artificial Intelligence AAAI-2000, Austin, TX, 2000.

[52] Tate A, Polyak S Jarvi P. TF method: An initial framework for modelling and analysing planning domains. Workshop on Knowledge Engineering and Acquisition at the Fourth International Conference on AI Planning Systems APIS-98, AAAI Technical Report WS-98-03, Carnegie-Mellon University, Pittsburgh, PA, 1998.

[53] Kingston J, Shadbolt N, Tate A. Common KADS models for knowledge based planning. In Proceedings of the 13th National Conference on Artificial Intelligence AAAI-96, Portland, OR: AAAI Press, 1996.

[54] Tate A, Levine J, Jarvis P, Dalton J. Using ai planning techniques for army small unit operations. Poster Paper in the Proceedings of the Fifth International Conference on AI Planning and Scheduling Systems AIPS-2000, Breckenridge, CO, 2000.

[55] Drabble B, Dalton J, Tate A. Repairing plans on-the-fly. In Proceedings of the NASA Workshop on Planning and Scheduling for Space, Oxnard, CA, 1997.

[56] Tate A. Responsive planning and scheduling using ai planning techniques— optimum-aiv, in trends & controversies—ai planning systems in the real world. IEEE Expert: Intelligent Systems & Their Applications 11 (December 6): 4–12,1996.

[57] Khan S, Decker K, Gillis W, Schmidt C. A multi-agent systemdriven ai planning approach to biological pathway discovery. In Proceedings of the Thirteenth International Conference on Automated Planning and Scheduling ICAPS 2003, edited by E. Giunchiglia, N. Muscettola, and D Nau. Trento, Italy: AAAI Press, 2003.

[58] Aarup M, Arentoft M M, Parrod Y, Stokes I, Vadon H, Stader J. Optimum-aiv: A knowledge-ased planning and scheduling system for spacecraft aiv. In Intelligent scheduling, edited by M. Zweben and M. S. Fox, 451–469. Morgan Kaufmann, 1994.

[59] U. S. Army. Center for Army Lessons Learned. Virtual Research Library, 1999.

[60] Reece G, Tate A. Synthesizing protection monitors from causal structure. In Proceedings of the Second International Conference on Planning Systems AIPS-94, Chicago, IL: AAAI Press, 1994.

[61] Beck H, Tate A. Open planning, scheduling and constraint management architectures. In The British Telecommunications Technical Journal, Special Issue on Resource

Management, 1995.

[62] Tate A. Intelligible ai planning. In Research and Development in Intelligent Systems XVII, Proceedings of ES2000, the Twentieth British Computer Society Special Group on Expert Systems International Conference on Knowledge Based Systems and Applied Artificial Intelligence, 3–16. Cambridge, UK: Springer, 2000.

[63] Tate A. Coalition task support using i-x and <i-n-c-a>. In Proceedings of the 3rd International Central and Eastern European Conference on Multi-Agent Systems CEEMAAS 2003, Prague, Czech Republic, 7–16, June 16–18. Springer Lecture Notes in Artificial Intelligence LNAI 2691, 2003.

[64] Soloway E, Ehrlich K, Bonar J. Tapping into tacit programming knowledge. In Proceedings of the Conference on Human Factors in Computing Systems. Gaithersburg, MD: NBS, 1982.

[65] Ebrahimi A, Schweikert C. Empirical study of novice programming with plans and objects. ACM Inroads 38 (4): 52–54, 2006.

书目

LaValle, S. Planning Algorithms, University of Illinois, Urbana-Champaign, IL: Cambridge Press, 2006.

第五部分　现在和未来

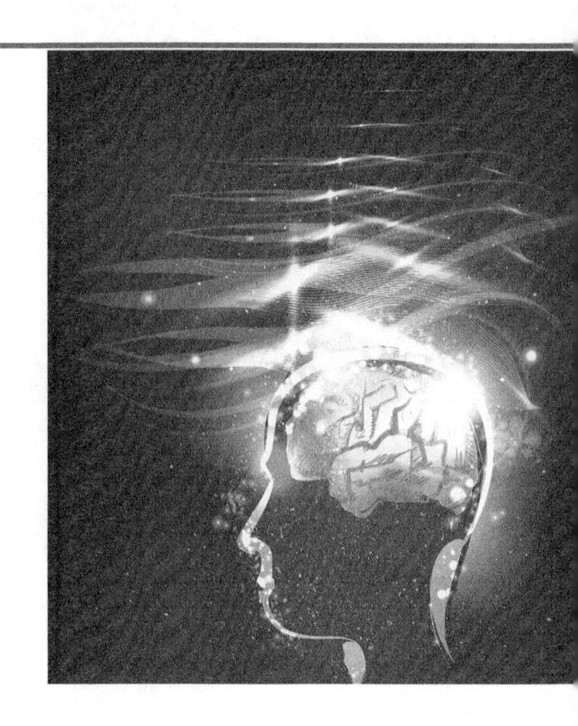

本部分的新增内容是机器人技术（第 15 章），其中用到了前几章所讨论的研究。近几十年来，机器人技术已经取得了长足的进步，并且可能会为人工智能方法开辟新的视野，在不久的将来给人类带来巨大的冲击。

人工智能研究从一开始就处理博弈。跳棋、国际象棋、奥赛罗、西洋双陆棋、桥牌、扑克和围棋都是知名的人类竞技场。尽管人工智能导致计算机掌握了所有这些博弈（除了围棋，这被称为人工智能的新果蝇），但是人类仍然可以从博弈中得到乐趣，变得富有竞争力并找到共生空间（例如国际象棋）（第 16 章）。

最后大事记回顾（第 17 章）总结了人类已获得的成就，并指出了未来的发展方向。

到了回顾人工智能的旅程、思考已获得的成就，以及展望未来发展方向的时候了。

令人兴奋的最新例子是，在游戏《危机边缘》中，IBM 沃森与最好的人类参赛者不分伯仲。这使得人们在新的领域和竞技场对机器将很快解决和征服图灵测试感到乐观。

在未来几十年中，亟待解决的问题如下。

（1）人的定义是什么——假设我们很快就可以获得增强（更好的视力、更好的计算技能、更健康、更长的生命等）？

（2）个人真正本体的定义——个人的本质（灵魂）在何处？在何时？是什么？

（3）当在资源的可用性上有限制时，谁将获得最佳照顾（增强、资源）？

（4）如果这些方式延长了生命，如何防止人口过多？

（5）如何维持对所创造机器的“控制”？

第 15 章　机器人技术

本章重点介绍机器人技术。机器人技术不再是对未来的展望，而是发展了很多年了，并将持续发展。在不可预见的未来，它可能成为人类生活的一部分。我们首先介绍这一领域的哲学和实践问题；接下来回顾人们试图创造机器的历史——这些机器可以仿效人类所做的事或者重建自己；然后讨论在构建机器人时所必须解决的技术问题；再接下来，介绍了当今机器人技术的一些应用；最后介绍和讨论一个名为“The Lovelace Project”的新图灵测试。图 15.0 为在视觉引导下，自主攀登楼梯的“Urbie”城市机器人（美国航空航天局）。

塞巴斯蒂安·特伦（Sebastian Thurn）

图 15.0　在视觉引导下，自主攀登楼梯的“Urbie”城市机器人（美国航空航天局）

15.0　引言

《In the Year 2525（Exordium et Terminus）》——这是 1969 年扎格（Zager）和埃文斯（Evans）所唱的位列当时热门歌曲榜第一名的歌曲。

这首歌展现了在未来的 2525 年里人类可能会发生的事情。歌词的中心思想是：在未来，人类将屈服于技术的进步，继续自我“去人类化”。

虽然这不是本章的主题，但是它为人类未来的各种思虑树立了基调，当我们寻求在机器人技术方面做出进步时，它要求我们深入观察这些思虑。在这里，我们可以猜测、梦想、想象或者“观察水晶球”，来思考我们的生活将如何改变。机器人不再只是人工智能的早期历史中一个未来主义的话题，它们是生活的现实，并且逐渐成为人们日常生活的一部分。

机器人的进步与人工智能的进步是不可分割的。

现在，让我们考虑一个未来小机器人的场景：

MrTomR：鲍比，你现在应该吃早餐了。

鲍比：（在厨房周围跑闹）

MrTomR：鲍比，请坐在这里。（用手指着鲍比应该坐的位置）

鲍比：（终于坐在了厨房的椅子上）

MrTomR：你今天想吃什么早餐?

鲍比：我有什么选择?

MrTomR：我们来看看。我可以做吐司，加上果汁和牛奶；或者是一碗和着牛奶和果汁的喜瑞尔。或是，我可以炒鸡蛋，加上英式松饼。

鲍比：MrTomR，可以咖啡配烤面包吗?

MrTomR：鲍比，你知道你不可以喝咖啡的。

让我们思考一下这段对话所涉及的内容和信息，还有知识和技术的进步。5 岁的鲍比和 MrTomR 的每一句话都给出在这段对话能够发生时这个世界状态的重要线索。

MrTomR 是一个机器人，它的任务类似于充当照顾 5 岁孩子的管家或保姆。鲍比的父母去工作了或在周末度假去了。MrTomR 正在做它所能做的，模拟可能发生的互动。让我们分析 MrTomR 必须拥有何种智能才能够进行这段对话：

首先，MrTomR 建议鲍比应该在特定时间吃早餐。这不是一个困难的编程任务。关于这一点，唯一比较复杂的事情是机器人能讲出可以理解的句子。这个句子本身可以通过菜单命令构建，将 MrTomR 编程为在某些触发情况下说出这个句子。这里的触发因素有：①鲍比是由 MrTomR 照顾的。②这是鲍比吃早餐的时间，但是他还没吃（鲍比从来不自己吃早餐）。

MrTomR 告诉鲍比坐下。这表明 MrTomR 了解站立的意义，它有一定的运动感。为了“文明地”吃早餐，鲍比应该坐在早餐桌边。此外，MrTomR 能够指出并理解鲍比应该坐的位置。MrTomR 已经展示出了相当先进的智慧。

MrTomR 宣布早餐菜单。这表明 MrTomR 了解鲍比的问题，并且可以明确地说出答案。

鲍比向 MrTomR 请求烤面包和咖啡。MrTomR 知道鲍比不可以喝咖啡（虽然它承认吐司是构成部分菜单的其中一项）。正如孩子们将会做的，鲍比想看看保姆能理解多少、有什么能力。MrTomR 很聪明，能够意识到这些规则。它的回答像一位聪明的、经验丰富的管家或保姆可能做出的回答。

在本书中，到现在为止的每一章和每个主题都与机器人领域有关或可能与机器人领域有关。无论是探索搜索、博弈、逻辑、知识表达、产生式和专家系统，还是神经网络、遗传算法、语言，规划等，都可以轻松而又自然地与机器人产生联系，不会不着边际或者离机器人技术很遥远。现在，我们更细致地考虑其中的一些联系。

机器人和搜索——从机器人技术的早期（在机器试图完成任务、服务人类这个意义上），搜索已经成为机器人技术的一个组成部分。例如，在第 2～4 章中讨论的那些类型的搜索问题，包括广度优先搜索和深度优先搜索（见第 2 章）、启发式搜索（见第 3 章）和博弈中的搜索（见第 4 章），在构建系统时，机器人技术必须解决所有这些典型的问题。也就是说，必须编程机器人，使其以最有效的方式从 A 点到 B 点。或者机器人必须绕过一些障碍，才能到达目的地或目标，这与在这些章节中介绍的各种迷宫问题类似。

机器人技术、逻辑和知识表达——无须多说，机器人和逻辑是密切相关的。第5章中提出的逻辑问题是机器人的基础，如反演证明和合一，此类方法是建立语音机器人系统的基础。在任何人工智能系统建成之前，人们必须思考如何表示该系统的元素。无论是使用基于智能体的方法，如群体智能、树、图形、网络，还是其他方法，这些思考的内容都是机器人系统的基础。

产生式系统和专家系统——作为专家系统的基础，产生式系统与控制系统密切相关，控制系统是机器人系统的基础。将机器人引导到工厂车间，让机器人在亚马逊工厂接收包裹——为了能够完成更大的任务（层次结构），还需要完成什么任务。这些都是机器人如何依靠产生式系统和专家系统的例子（见第7章和第9章）。此外，人类在各个领域（例如机械工具、工厂装配线、用于涂料生成的颜色混合、选择合适的包装等）的专业知识，是由专家系统组成的产生式系统的自然表演场地。

模糊逻辑——这是第8章的主题，即使在机器人的世界中，也有不是非黑即白、非正即负的结果，而是“在一定程度上”的结果。例如，机器人在到达目标的路径上可能会遇到阻碍并被绊倒。机器人必须坚持实现目标，换句话说，机器人的世界不仅是离散的，它也取决于某些“自由度”，某些属性具有程度的变化，而不只是产生“开”或“关”“是”或“否”的结果。

机器学习和神经网络——随着这些人工智能方法复杂性的提高，机器学习和神经网络有机会出现在机器人应用中。Google Car就是一个主要的例子。

机器人系统很自然地采用了遗传算法、禁忌搜索和群体智能等技术，特别是当它们必须分组工作时，例如模拟人群行为或走在纽约市街道上，或模拟人们匆忙地赶去上班，同时避免撞上迎面而来的人，或挡了别人的路。

自然语言处理和语音理解——这是第13章的主题。我们不断看到机器（机器人）的改进，看到了它们在涉及语言和语音理解这些相对高级的任务中如何取代了人类。因此，这些学科的进步对于机器人技术来说是一个重要的组成部分。其所涉及的问题和因素都是巨大的，例如语义、语法、口音和变音。

规划——这在第14章中提过，并且一直是与机器人技术密切相关的人工智能的子领域。在涉及机器人如何完成一个任务或一组任务的那些章节中，你已经看到有关机器人规划的一些示例。

现在，我们将讨论机器人技术领域中存在的一些挑战，以及为什么机器人技术领域是一个有前途但却相当困难的领域。在构建机器人时，我们正在解决的是让人类成为万物之灵的问题。这些挑战取决于我们雄心勃勃的程度。也就是说，我们只希望机器人能够移动吗？在捷克剧作家卡雷尔·恰佩克（Karel Čapek）的题为《R.U.R.》（1921）的戏剧中第一次引入了“机器人（robot）”这个词，我们希望机器人执行类似于这个词的最初定义的任务吗？在捷克语中，机器人意指劳动或工作，但是在戏剧的上下文中，这意味着奴隶制或强迫劳动。[1]或者，在机器人领域，我们有更大的野心——它们不仅可以帮助人，还要效仿人，增强人的能力，并根据人的形象重新创造或替代人类？因此，我们不仅要机器人执行人们不得不做的平凡任务（例如使用IROBOT Roomba进行吸尘清洁，见第6章），同时也要机器人能够进行手术、进入危险场所、承受重负荷，甚至安全驾驶无人汽车！在未来，执行这样的困难任务，机器人将比人类的表现更好。也就是说，它们能更准确、更快速、更有效地完成这些任务，从而将人们从这些任务的危险和挑战中解放出来。人类习惯性地执行了数百年的工作，现在正由机器人承担得越来越多。

人们甚至建造机器人来模拟娱乐任务，如玩桥牌（见第 16 章）和踢足球。

由于在运动、机器视觉、机器学习、规划、问题求解等方面的改进，这些高级任务已经能够实现。将来，我们可能会委托机器人做出关于人类本身越来越多的重要决定。有人认为，在我们更好地了解自己之前，机器人能够完成的任务具有局限性。Marvin Minsky[2]在他相对早期的机器人工作中提出了这个观点。近 30 年来，Marvin Minsky、Doug Lenat（见第 9 章）和其他人一直在努力解决常识知识的问题。

他解决了以下问题：儿童如何真正理解问题？什么将短期记忆变成了长期记忆？人们如何组织知识？在过去 25 年里，这已经成为事实，即机器人已经并将继续利用自然语言处理和语音理解方面的巨大进步（见第 13 章）。如本书已经提到的，伴随着构建等同于或超过人类智慧的机器人的可能性，这样的进步将造成困难的哲学和实践问题。但是有一件事是清楚的——尽管建立高度智能的机器人系统有其优缺点，但是在这个技术时代，没有回头路。

15.1　历史：服务人类、仿效人类、增强人类和替代人类

正如 T. A. 赫彭海默（T. A. Heppenheimer）文章的题目《Man Makes Man》[1]，机器人的历史要比人们想象的更丰富、更悠久。我们将从许多角度思考机器人技术历史的各个方面，包括早期机械机器人、电影和文学中的机器人以及 20 世纪早期的机器人。

15.1.1　早期机械机器人

也许第一个被接受的机械代表是斯特拉斯堡公鸡，这只铸铁公鸡造于 1574 年（见图 15.1）。每天中午，它张开了喙，伸出舌头，拍打翅膀，展开羽毛，抬起头并啼鸣 3 次。这只公鸡服务到 1789 年，它为霍布斯（Hobbes）、笛卡儿（Descartes）和博伊尔(Boyle)提供了灵感，也许有一天，这可以作为机械实现物体的一个例子。

图 15.1　斯特拉斯堡公鸡

接下来的是 18 世纪中期雅克·德·沃康森（Jacques de Vaucanson）的发明，他做出了各种“人造人”和“人造动物”，这些“人”和“动物”都非常逼真。他最著名的发明之一是 1738 年的机械鸭。令人惊奇的是，这只“鸭子”能够发出嘎嘎声、在水中玩耍、吃喝、排泄(见图 15.2)。沃康森还建造了两个以人类形式演奏乐器的机器人(见图 15.3)，一个演奏长笛，另一个打鼓。最令人印象深刻的是，长笛手是实际上的演奏，而不是从隐藏的地方发出声音。通过一套波纹管，长笛手直接使用嘴部呼吸。唇部运动由机械装置控制。作为标准乐器的长笛，通过长笛手的手指在孔上的运动发出声音——正如人类表演一样。在机器人早期的历史上，人们认为只有少数机器人才能够演奏长笛，因此这被视为一个里程碑。在这里，我们拥有了第一个机械装置，它比多数人都能更好地执行学习技能。[1]

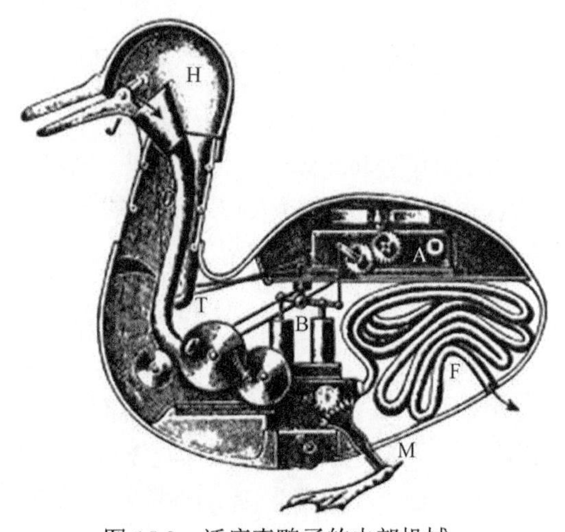

图 15.2　沃康森鸭子的内部机械

图 15.3　沃康森的鸭子、长笛手和鼓手

“人造人”模仿人类另一个相当有名的例子其实是个骗局①。1769 年，奥匈帝国法院的沃尔夫冈·冯·肯佩伦（Wolfgang von Kempelen）男爵制作了一个“土耳其”人。据说，在一个装有齿轮的箱子里，齿轮可以操作棋盘上棋子的移动，这是一个小型的波兰国际象棋大师。它以“土耳其人作为人体模型，戴着头巾，蓄着八字胡，坐在木柜后面”[1]（见图 15.4）。因为它可以进行国际象棋的博弈，不会被不合规的走棋所蒙蔽，所以多年来“土耳其人”在欧洲受到观众的欢迎。这令人印象深刻，这是人们第一次认为人与机器之间的区别已经模糊了。[1]

最终，“土耳其人”被安全地运送到费城博物馆，但是在 20 世纪中期，它不幸被烧毁了。

1770 年至 1773 年期间，皮埃尔（Pierre）父子和亨利-路易·贾克德-罗夫（Henri-Louis Jaquet-Drov）开发并展示了 3 位惊人的人型人物，这就是众所周知的抄写员、绘图员和音乐家（见图 15.5）。所有 3 个人物的操作都是通过具有复杂的凸轮阵列的发条进行的。两个人

① 这个骗局后来被揭穿了：这个机器人之所以会下棋，是因为箱子里藏着一位象棋大师。——编辑注

物——抄写员和绘图员，都是穿着优雅的年轻男孩形象。抄写员能够将羽管笔浸入墨水孔中，然后写出 40 个字母。抄写员的手由一个凸轮控制，可以在 3 个方向上移动，写出一个字母。在盘上的杠杆用于控制，抄写员可以写任何所需的文本。他的兄弟绘图员，可以画出路易十五的图画和类似物体（例如战舰）。在工作时，这些机器人的眼睛会做出相应的移动，以表现谨慎的态度。

图 15.4 男爵冯·肯佩伦的“土耳其人”

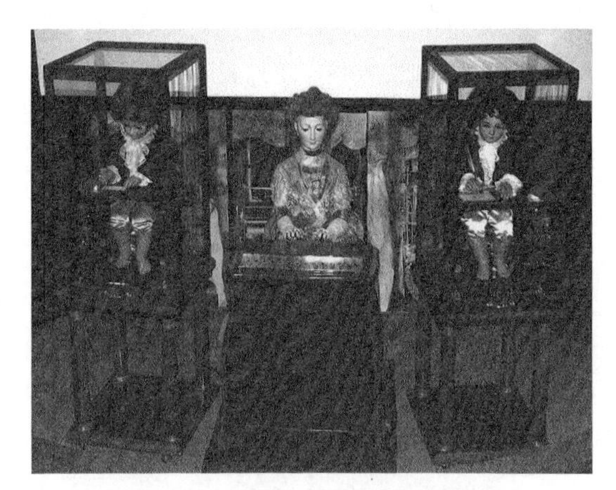

图 15.5 抄写员、绘图员和音乐家

贾克德-罗夫（Jaquet-Droz）的第三个机器人是音乐家，类似于 16 岁的女孩，穿着维也纳宫廷风格的礼服，戴着粉红假发。她在演奏风琴，并且做得很好，栩栩如生的眼睛和身体动作使她看起来非常生动。表演结束时，她会鞠躬谢幕。贾克德-罗夫的这个机器人永久地保存在了瑞士纳沙泰尔的艺术历史博物馆中。那个设计战舰的“绘图员”则保存在了费城的富兰克林研究所。在每个机器人中，人们都可以看到领导现代工业机器人的创新和工程。差别只是在形式上的，同时现代使用的是液压和编程，而不是弹簧、凸轮和发条机械。

随之而来的是工业革命，其中一件作品是詹姆斯·瓦特（James Watt，人们认为他在 1783 年左右发明了第一台实用蒸汽机）设计的一种机械。1788 年，瓦特设计了一个“飞轮调速器”，具有两个能够通过离心力向外摆动的旋转球。它与蒸汽机连接，这样我们可以通过飞球的向外摆动测量发动机的速度；此外，向外的摆动使用另一个连杆控制了保持其当前速度的值。实质上，这组成了世界上第一台反馈控制机械。1868 年，詹姆斯·克拉克·麦克斯韦（James Clerk Maxwell，他发现了麦克斯韦的电磁方程）发表了《On Governors》”，这是关于反馈控制的第一个系统研究。最终，这成了 20 世纪机器人的一个基本要素。

1912 年，由 Leonardo Torresy Quevedo（见图 1.24）使用齿轮建造的自动、机械的国际象棋机器，可以通过一套明确的规则，在基础残局（王和车对抗王）中博弈，无论起始的棋局如何，它都可以在有限的移动步骤中将死。人们认为这是第一台不仅能处理信息，还能基于信息做出决策的机器。

15.1.2 电影与文学中的机器人

文学作品《R.U.R.》(《Rossum's Universal Robots》)带来了用作通用劳动者的机器人。这些机器人没有人类的感觉和情绪，被用作战争中的士兵。《R.U.R.》中，一名助理最后发现如何将痛苦和情绪赋予机器人。于是，机器人开始反抗人类，几乎消灭了人类。但是，它们无法自我繁殖。最后一幕是，两个机器人相爱，这预示着出现了新的亚当和夏娃。

我们必须记住，在第一次世界大战刚刚结束时，《R.U.R.》就出现了。另一部与之一脉相承的作品是1926年的经典电影，Fritz Lang的《Metropolis》，Fritz Lang是一位非常受欢迎和受人尊敬的德国电影制作人。这部电影是基于其妻子Thea Harbou写的一本书。《Metropolis》重点关注住在城市地下室工人的悲惨生活。这部作品中的机器人玛丽亚（Maria）是受工人信任的领导人。结果，玛丽亚引导机器人自我毁灭，最后被绑在木桩上焚毁，变成了金属。

谈到在电影、艺术和文学中对机器人技术做出的贡献，我们必须介绍艾萨克·阿西莫夫(Isaac Asimov)的作品。1942年，作为一名年轻的科幻作家，他为银河科幻(Galaxy Science Fiction）贡献了《The Caves of Steel》的故事。在这个故事中，他首先提出了经常被重复的机器人三大定律（Three Laws of Robots）。

（1）机器人不得伤害人类，不得看到人类受到伤害而袖手旁观。

（2）机器人必须服从人类给予的命令，除非这种命令与第一定律相冲突。

（3）只要与第一或第二定律没有冲突，机器人就必须保护自己的生存。

几十年过去了，在诸如《禁止星球》（1956年）和“星球大战”三部曲（1977年《星球大战》，1980年《帝国反击战》以及1983年《绝地回归》)等此类电影中，阿西莫夫(Asimov)的想法依然有迹可循。

15.1.3 20世纪早期的机器人

在20世纪，人们建造了许多成功的机器人系统。20世纪80年代，在工厂和工业环境中，机器人开始变得司空见惯。在这里，我们仅限于讨论对该领域的研究和进步特别有用的机器人。

15.1.3.1 仿生系统

在本节中，我们将介绍对机器人研究进展非常重要的两个**仿生系统**（biomimetic system)。在本书中，我们还没有讨论到**控制论**领域（cybernetic)。这个领域被视为人工智能的早期先驱，是在生物和人造系统中对通信和控制过程进行研究和比较。麻省理工学院的诺伯特·维纳（Norbert Wiener）为定义这个领域做出了贡献，并进行了开创性的研究。[3] 这个领域将来自神经科学和生物学与来自工程学的理论和原理结合起来，目的是在动物和机器中找到共同的属性和原理。[4]马特里（Matari）指出：“控制论的一个关键概念侧重于机械或有机体与环境之间的耦合、结合和相互作用。”我们将会看到这种相互作用相当复杂。

她将机器人定义为："存在于物质世界中的自治系统，可以感知其环境，并可以采取行动，实现一些目标"。[4]

根据这一定义，Matari 教授称威廉姆·格雷·沃尔特（William Grey Walter）的"乌龟"是第一个根据控制论的基本目标而建造的机器人。Walter（1910—1977）出生于堪萨斯城，但在英国生活并接受教育。他是一名神经生理学家，对大脑如何工作感兴趣，发现了在睡眠期间人们产生的 θ 波和 δ 波。他建造了类似动物行为的机器来研究大脑的工作原理。Walter 确信即使是具有非常简单的神经系统的生物，也可能会出现复杂和意想不到的行为。

Walter 的机器人与之前的机器人不同，它们以不可预知的方式行事，能够做出反应，在其环境中能够避免重复的行为。[5]"乌龟"由 3 个轮子和一个硬塑料外壳组成（见图 15.6）。两个轮子用于前进和后退，而第三个轮子用于转向。它的"感官"非常简单，仅由一个可以感受到光的光电池和作为触摸传感器的表面电触点组成。光电池提供了电源，外壳提供了一定程度的保护，可防止物理损坏。[5]

图 15.6　Walter 的"乌龟"——第一个公认的机器人

有了这些简单的组件和其他几个组件，Walter 的 Machina Speculatrix（能够思维的机器）能够表现出如下的行为：找光；朝着光前进；远离明亮的光；转动和前进以避免障碍；给电池充电。

"乌龟"是人造生命（artificial life）或 ALife 的最早例子；它们各种复杂、未编程的行为是我们现在所称的**涌现行为**（emergent behavior）的早期例子。[4]

瓦伦蒂诺·布赖滕贝格（Valentino Braitenberg）是德国科学家，他受到了 Walter 工作的启发。1984 年，在控制论的思想出现并作为研究的独立学科很久之后，他出版了一本名为《Vehicles》的书。这本书提出了一系列想法（或思想实验），表明了简单的机器人（称为运载工具）可以产生看起来像人或类似生命的行为（见图 15.7）。[4] 虽然 Braitenberg 的运载工具从未建成，但它们为机器人技术提供了启发。

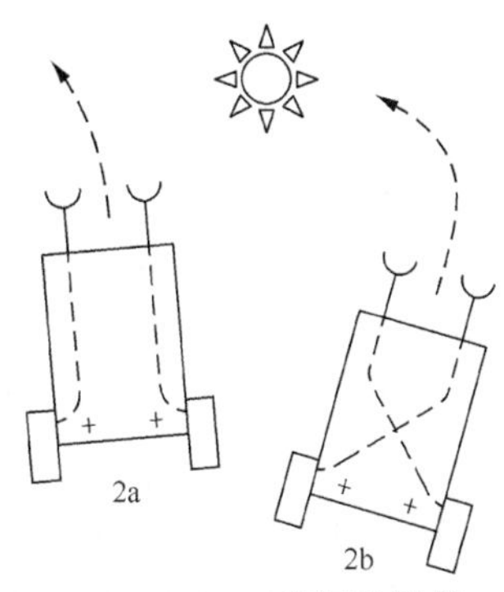

图 15.7　Braitenberg 车辆的例子。车辆 2a 朝向光源移动，同时车辆 2b 远离光源移动

注意，自主机器人根据自己的决定行事，而不是由人控制。

这些机器人开始于单个电动机和光传感器。逐渐地，在复杂度方面，它们增加到几个电动机和传感器，这些传感器中有探测用的各种传感器阵列，这些传感器连接到电动机。因此，光传感器可以直接连接到车辆的车轮上，并且随着光线变得越来越强，机器人朝着光线移动的速度也越来越快，这就是所谓的**趋光性**（photophilic）或拉丁语中的“喜爱光（loving light）”。同样，可以反向连接，使得机器人移动较慢，因此表现出**趋暗性**（photophobic）或表现出对光的恐惧。

此外，类似于第 11 章中提出的关于神经网络的概念，将传感器和电动机进行连接，通过这种连接，更强的传感器输入产生更强的输出，这称为**兴奋性连接**（excitatory connections）。相反，当更强的传感器输入削弱了电动机，这就称为**抑制性连接**（inhibitory connections）。同样，这种灵感来自生物神经元及其兴奋和抑制的连接。继续这种类比，传感器和电动机之间这些连接的变化，可以导致各种不同的行为，这是相当明显的。Braitenberg 的书描述了如何使用这样简单的机制来存储信息、建立记忆甚至实现学习。[4]

15.1.3.2 最新系统

在 20 世纪，人工智能研究在许多领域上取得了进展，这一点在本书中已有描述。

研究结合了人工智能的各个学科中已取得或即将取得的成果，这些研究主要集中在 3 个机构：麻省理工学院、斯坦福大学和 SRI 国际（后来被称为斯坦福大学研究所）。

SRI（1966—1972）的莎基（Shakey）是第一个通用移动机器人，它能够推理自己的行动。莎基（见图 15.8）设计用于分析命令，将命令分解为一系列执行所需的操作。它的基础是计算机视觉和自然语言处理研究。查尔斯·罗森（Charels Rosen）是项目管理者；贡献者包括 Nils Nilsson、Alfraed Brain、Sven Wahlstrom、Bertram Raphael 等。在第 14 章中，作为自动规划机器人系统的首要示例，我们提到了 STRIPS（斯坦福研究院问题求解者）。这个系统由 Richard Fikes 和 Nils Nilsson 于 1971 年在 SRI 国际开发。麻省理工学院在人工智能和机器人技术领域的研究有着悠久的历史，并做出了卓越的贡献——其中包括在许多环境中（如空间和海洋）的机器人，这些机器人还表现出运动能力。

图 15.8 SRI 的莎基

示例多如牛毛，我们不可能一一给出评论，但是，在 15.3 节，你将了解到机器人在 21 世纪的应用，包括麻省理工学院的 Cog。表 15.1 介绍了在过去大约 55 年间建造的多种机器人系统。最值得注意的是，它们越来越成熟，越来越有能力，目的性变得越来越强。涉及在开阔地形上运动的问题，比在明确界定的空间或环境中所遇到的问题要困难得多。

表 15.1　　1960—2010 年的机器人项目总结

	系统名称	年份	创建者	机构/公司	特点
1	Stanford Cart	1960—1980	James Adams	斯坦福大学	使用摄像头，能够绕过障碍物
2	Freddy	1969—1971	Donald Michie	爱丁堡大学	使用摄像头，能够组装积木块
3	WABOT-1	1970—1973	早稻田大学	早稻田大学	第一个全尺寸的人形机器人，能够使用日语与人交流，能够使用感受器测量距离
4	FAMULUS	1973	KUKA Robotics	KUKA Robotics	搬运材料，例如在工厂里搬运零件和材料
5	Silver Arm	1974	David Silver	MIT	根据触摸和压力传感器的反馈，做出反应，组装小零件
6	WABOT-2	1980—1984	早稻田大学	早稻田大学	能够阅读乐谱，弹奏管风琴，与人类交谈
7	Omnibot	1980—2000	Tomy	Tomy	使用机械臂携带轻物品，也可以使用托盘来携带物品
8	Direct Drive Arm	1981	Takeo Kanade	卡内基・梅隆大学	机械臂能够相对自由和顺畅地移动
9	Modulus Robot	1984—20 世纪 90 年代	Massimo Giuliana	Sirius	家用机器人，家用电器
10	Big Dog	1986 至今	Martin Buehler	波士顿动力	四足行走，能够驮东西
11	Kismet	20 世纪 90 年代	Cynthia Breazeal	MIT	低级的特征提取系统、激励系统和动力系统

续表

	系统名称	年份	创建者	机构/公司	特点
12	COG	1993 至今	Rodney Brooks	MIT	人形，模仿人类思考
13	The Walking Forest Machine	1995	PlusTech Ltd.	PlusTech Ltd.	在崎岖的地形中，能够向前、向后、向侧面或对角线行走
14	Scout Ⅱ	1998	Ambulatory Robotic Laboratory	Ambulatory Robotic Laboratory	四足行走
15	AIBO	1999	Sony	Sony	四足行走，宠物
16	Hiro	1999—2010	Kawada KK	Kawada Industries INC.	在实时 Linux（QNX）上运行
17	CosmoBot	1999 至今	Dr. Corinna Lathan with Jack Vice	Anthro Tronix, Inc.	实时播放，我说你做（Simon Says），重放
18	ASIMO	2000 至今	Honda	Honda	人形站立，二足行走
19	Anybots	2001 至今	Trevor Blackwell	ANYBOTS	虚拟存在系统
20	Inkha	2002—2006	mat 和 mrplong	伦敦国王学院	使用摄像头追踪人类运动，周期性地宣讲材料
21	Domo	2004 至今	Jeff Weber 和 Aaron Edsinger	MIT	感知、学习、操作
22	Seropi	2005 至今	KITECH	KITECH	人类友好型工作空间向导
23	Wakamaru	2005 至今	Mitsubishi Heavy Industries	Mitsubishi Heavy Industries	提醒器，紧急呼叫，Linux 操作系统，与互联网连接
24	Enon	2005 至今	Fujitsu	Fujitsu Corporation	自我引导，有限的语音识别和合成

续表

	系统名称	年份	创建者	机构/公司	特点
25	MUSA	2005 至今	Young Bong Bang	首尔国立大学	使用剑道对战
26	BEAR	2005 至今	Vecna Technologics	Vecna Technologics	高 1.8 米，静液压上身能够提起 226 千克，钢躯干，可施加的最大静液压力为 2068 千帕
27	Issac	2006 至今	IssacTeam	Politecnico di Torino	为自动化工业提供了多种解决方案
28	Willow Garage	2006 至今	Scctt Hassan	Willo Garage Inc.	为机器人应用开发硬件和软件的 ROS（机器人操作系统）
29	RuBot Ⅱ	2006 至今	Pete Redmond	Mechatrons. com	解出了魔方
30	KeepOn	2007	Kozima, Hideki	宫城大学	能够对情感做出反应，并能够跳舞
31	Topio Dio	2008—2010	TOSY Robotics JSC	Automatica	通过无线远程控制，通过 2D 摄像头集成了 3D 视觉，3D 操作空间，处理预定义的图像，通过超声波传感器检测障碍物、三轮基座能够进行 360 度无死角的平衡运动
32	Phobot	2008 至今	学生	阿姆斯特丹大学	能够模仿恐惧的行为，并通过系统脱敏法克服恐惧
33	Salvius	2008 至今	Gunther Cox	Salvius Robot	模块化设计，使用可回收材料制造，开源
34	ROBOTY	2010 至今	Hamdi M. Sahloul	Engineering University of Sana	能够下国际象棋的机器人

15.2 技术问题

正如本章开头提到的，开发机器人的技术问题极其纷杂，在某种程度上，这取决于人们实现精致复杂的机器人功能的雄心。从本质上讲，机器人方面的工作是问题求解的综合形式。

通过类比，让我们思考一下人们进入购物中心并尝试找到一家特定商店时所遇到的问题。为了找到商店，人们要采用一些相当简单的步骤。人们可以问一些问题，可能会寻找商场相关工作人员咨询，或询问信息台的工作人员，或询问可能熟悉的商店经理，或使用网络甚至手机应用程序等信息来源。如果到过这家商店，那么我们甚至可能会记下这家商店位于商场的哪个位置，即哪个楼层、邻近的商店、特殊特征等。现在让我们思考一下如何移动机器人在商场找到一个特定商店。一种解决方案是机器人简单地跟随运动方向，例如直行 322 米、左转、走 161 米等，或者你可以告诉它乘电梯到某一层等。将方向传达给机器人的手段在格式上可以有很大的不同。方向可以是感觉形式的、听觉形式的、书面形式的或视觉形式的。不同的机器人如何处理这个问题以及相关问题的差别是本节的主题。重要的是要牢记，无论为机器人选择哪种解决方案找到讨论中的目标商店，机器人开发人员和程序员都必须要考虑到解决方案的各个方面。例如机器人运动，对障碍、地标和目标点的感知，人类开发者必须细致考虑所有的这些方面。这就是为什么在机器人中使用机器学习的可能性（见第 11 章和第 12 章）代表了这一领域的重要进步。如果一个机器人可以学习，那么几乎任何事情看起来都是可能的。

机器人的早期历史着重于运动和视觉（称为机器视觉）。计算几何和规划问题是与其紧密结合的学科。在过去几十年中，随着如语言学、神经网络和模糊逻辑等领域成为机器人技术的研究与进步的一个不可分割的部分，机器人学习的可能性变得更加现实。

15.2.1 机器人的组件

在深入研究机器人学家所面临的典型问题之前，我们应着重思考构成典型机器人的组件。机器人的组件如下。

（1）身体或实体。

（2）感知环境的传感器。

（3）实现动作的效应器和执行器。

（4）实现自主行为的控制器。

对于这 4 个组件，我们将逐一考虑其要求。

（1）可以想象，具有**物质身体**（physical body）意味着机器人可能产生自我的感觉，也就是说，它可以思考这样的问题：我在哪里、我的状态（或条件）以及我要到哪里去。这也意味着它符合我们赖以生活的物理规律，占用一定的空间，也需要能量来执行感应和思考等功能。[2]

似乎值得一提的是，人们认为生命的基本要素之一是活动或移动的能力。因此，当考虑机器移动的可能性时，我们选定机器人移动作为人们普遍接受的最基本的生命要素之一。

（2）对真正的机器人的一个要求是**感官知觉**（sensory perception）。它必须能够感知环境，对环境做出反应并采取行动。通常，这种反应涉及运动，这是机器人的基本任务。正如在计算机科学硬件中常见的，电子系统的状态通常由 1 和 0 或二进制数字表示。根据所涉及的这些传感器的数量，机器人可以有 2^N 种感知（传感器状态）的组合。传感器用于表示机器人的内部和外部状态。内部世界是指在机器人感知到自己的情况下其自己的状态。外部状态是指机器人如何看待与之交互的世界。机器人的内部和外部状态（或**内部模型**）的表示是一个重要的设计问题。

（3）**末端执行器和驱动器**。末端执行器是使机器人能够采取行动的组件。它们使用基本的机制（如肌肉和电动机）来执行各种功能，但是主要为了运动和操作[4]。运动和操作构成了机器人技术的两个主要子领域。前者涉及移动（即机器人的腿），而后者关注处理事物（即机器人的臂）。

（4）**控制器**是使机器人能够独立自主的硬件和/或软件，因此这个装置控制了机器人的决定，是它们的大脑。如果机器人部分或完全由人类控制，那么它们就不是自主的。

值得注意的是，机器人电力供应与人类之间存在一些重要的类比。人类需要食物和水来为身体运动和大脑功能提供能量。目前，机器人的大脑并不发达，因此需要动力（通常由电池提供）进行运动和操作。现在思考一下，当“电源”快没电了（即当我们饿了或需要休息时）会发生什么。我们不能做出好的决定，犯错误，表现得很差或很奇怪。机器人也会发生同样的事情。因此，它们的供电必须是独立的，受保护和有效的，并且应该可以**平稳降级**（degrade gracefully）。也就是说，机器人应该能够自主地补充自己的电源，而不会完全崩溃。[4]

末端执行器使机器人身上的任何设备可以对环境做出反应。在机器人世界中，它们可能是手臂、腿或轮子，即可以对环境产生影响的任何机器人组件。驱动器是一种机械装置，允许末端执行器执行其任务。驱动器可以包括电动机、液压或气动缸以及温度敏感或化学敏感的材料。这样的执行器可以用于激活轮子、手臂、夹子、腿和其他效应器。驱动器可以是无源的，也可以是有源的。虽然所有执行器都需要能量，但是有些可能是无源的需要直接的动力来操作，而其他可能是无源的使用物理运动规律来保存能量。最常见的执行器是电动机，但也可以是使用流体压力的液压、使用空气压力的气动、光反应性材料（对光做出响应）、化学反应性材料、热反应性材料或压电材料（通常为晶体，按下或弹起时产生电荷的材料）。[4]

15.2.1.1 电动机和齿轮

人们认为，从人类发明了轮子以来，约瑟夫·亨利（Joseph Henry）于 1831 年发明的电磁铁是最伟大的发明之一。艾蒂安·勒努瓦（Etienne Lenoir）于 1861 年发明的电动机与电磁铁紧密相关，具有同等重要的意义。电动机与电源关联，对运动的影响具有同等的重要意义，因此电动机对机器人也非常重要。

通常，机器人使用由电磁体和电流组成的直流电动机来产生磁场，转动电机轴。电动机必须使用适合的电压来运行被要求执行的任务，以免受到磨损。由于直流电动机提供恒定电压，提供与所完成工作成正比的电流，因此它是首选。碰到高电阻的电动机（例如机器人撞入固定的墙壁里）将最终在停电后停止。回顾物理学的方式：

$$V\text{（电压）}=I\text{（电流）}\times R\text{（电阻）}$$

因此 $V/I=R$，电压与电阻成正比。但是，功=力×距离。在机器人卡在墙壁里的情况下，距离变得非常小（或零），此时尽管动力高（电压），实际执行的功却很少或根本没有。也许可以进行一个简单的类比来证明这个想法，一辆汽车陷在雪地里，电动机提高了转速，轮子一直旋转。如果这种情况持续了太长时间，车也将最终熄火。[4]

电动机产生的电流越多（单位时间内电子的移动，以安培为单位），电动机轴产生的扭矩（旋转力）也越大。因此，电动机的功率等于其扭矩和轴转速的积。

大多数直流电动机的运行速度为每分钟 3000 到 9000 转（rpm）。这意味着它们产生了高速度，但是扭矩很小。然而，机器人通常需要执行的工作要求转速较小和扭矩较大，例如转动车轮、运输负载和起重。

2004 年，作者的同事购买了 1999 年的凯迪拉克。不久，仪表板出现了检测引擎错误。这被确定是“扭矩变换器”的问题——扭矩变换器是变速箱的一部分。他重新组装了变速箱，在大约 160934 千米行程内，这个问题得到了缓解，但是在连续行驶 24 千米后，扭矩变换器出现了实际的问题，此时汽车在高速公路上不能保持相应的速度。

通过理解和巧妙运用齿轮工作理论，人们可以缓和机器人电动机需要更大的扭矩而不是更快的旋转速度的问题。通常，与机器人技术一样，可以组合容易理解的简单想法，开发出更复杂的工作系统。小齿轮转得更快，但力量不大；大齿轮转得较慢，但力量较大。这是多档/多速自行车所基于的齿轮原理。因此，如果用较小的齿轮驱动较大的齿轮，则会按比例产生较大的扭矩，这个比例等于小齿轮的齿数比上大齿轮的齿数。这种齿轮对称为**联动齿轮**。图 15.9 所示的“**复式轮系**”的联动齿轮诠释了这种原理。例如，如果轮轴的输入输出比为 40:8，化简为 5:1。第二对啮合齿轮可以是一个 8 齿齿轮的输入来驱动一个 24 齿的齿轮。这个转换比例为 3:1。现在，我们注意到，第二对齿轮的 8 齿齿轮可能与第一对的 40 齿的齿轮在同一个轮轴上，这使得组合齿轮的比例为（5:1）×（3:1），等于 15:1。因此，第一轮轴（具有较小齿轮）必须转动 15 次，第二轮轴才转动 1 次。因此，第二轮轴产生了更大的扭矩（以 15:1 的比例）。

图 15.9 联动齿轮

机器人电动机的另一个概念是伺服电动机。这种电动机可以旋转，使轴到达指定位置。它们在玩具中很常见，用于遥控器中调整转向或在远程控制飞机中调整机翼位置。伺服电动机由直流电动机制成，附加部件如下。

（1）扭矩减速。

（2）电动机轴的位置传感器，用于说明电动机转动的量和方向。

（3）控制电动机的电子电路，告诉电动机要转的量和方向[4]。

电子信号以一系列脉冲形式告诉电动机轴转动的量，通常在 180° 的范围内。脉宽调制是一种使用脉冲长度控制电动机轴旋转量的方法，脉冲越长，轴的转角越大。这通常以微秒为单位进行测量，因此相当精确。在脉冲间隔期间轴停止。

15.2.1.2 自由度

在机器人领域中，一个常见的概念是物体运动度。这是表达机器人可用的各种运动类型的方法。例如，考虑直升机的运动自由度（称为**平移自由度**，translational degrees of freedom）。一般来说，有 6 个自由度（DOF）可以描述直升机可能的原地转圈、俯仰和偏航运动（见图 15.10）。原地转圈意味着从一侧转到另一侧，俯仰意味着向上或向下倾斜，偏航意味着左转或右转。像汽车（或直升机在地面上）一样的物体只有 3 个自由度（DOF）（没有垂直运动），但是只有两个自由度可控。也就是说，地面上的汽车通过车轮只能前后移动，并通过其方向盘向左或向右转。如果一辆汽车可以直接向左或向右移动（比如说使其每个车轮转动 90°），那么这将增加另一个自由度。由于机器人运动更加复杂，例如手臂或腿试图在不同方向上移动（如在人类的手臂中有肌腱套），因此自由度的数量是个重要问题。

图 15.10 一架直升机及其自由度

15.2.2 运动

这可能是机器人技术中最古老的问题。无论你是想让机器人踢足球，还是登上月球，或是在海面下工作，最根本的问题就是运动。机器人如何移动？它的功能是什么？我们所能想到的典型执行器如下。

- 轮子用于滚动。
- 腿可以走路、爬行、跑步、爬坡和跳跃。
- 手臂用于抓握、摇摆和攀爬。
- 翅膀用于飞行。
- 脚蹼用于游泳。

一旦开始考虑运动，就必须考虑稳定性。毕竟，孩子通常至少需要一年才能学会如何走路。对于人和机器人，还有重心的概念，这是我们在走路的地面上方的一个点，它使我们能够保持平衡。重心太低意味着我们在地面上拖行前进，重心太高则意味着不稳定。

与这个概念紧密联系的是**支持多边形**（polygon of support）的概念。这是支持机器人加强稳定性的平台。人类也有这样的支持平台，只是我们通常没有意识到，它就在我们躯干中的某个位置。对于机器人，当它有更多的腿时，也就是有 3 条、4 条或 6 条腿时，这个问题通常不大。如图 15.11 所示，这描绘的是 NASA 喷气推进实验室的“蜘蛛侠”。

应用之窗

“蜘蛛侠”

这是名为“蜘蛛侠”的机器人系列中的第一个，它有蜘蛛般的外观。第一个 MRE 是一个概念证明，用于表示在探测固体表面时传感器移动网络中的节点。JPL 进一步将其描述为：

大型机器人使用大型驱动器来构建大型结构。精细的工作需要小型、精确的驱动器，并且通常需要可以适应密闭空间的小型机器人。蜘蛛侠能够提供小型底盘和移动性来支持第二种类型的工作。蜘蛛侠的设计用于开发和展示可在平坦表面上行走、在网格中爬行和组装简单结构的六足动物。这个项目当前的任务是演示复杂的移动行为，包括模拟空间的环境（即微重力）中的移动（网格爬行）。

图 15.11　2002 年前后，NASA 喷气推进实验室的“蜘蛛侠”

15.2.3　点机器人的路径规划

点机器人是一个非常简单的自主机器人概念，这种机器人在一些明确定义的环境（通常是笛卡儿平面）中进行单点操作。因此，点(x,y)就足以描述机器人的状态。

最基本的问题是，找到机器人从某一个起始配置 S =(a,b)到某个目标状态 T =(c,d)的路径。如果这条路径存在，如何找到这样一条连续的路径？这个问题最基本的解决方案就是众所周知的 Bug2 算法。这个算法相当简单。如果在自由空间中，S 和 T 之间存在着一条直接的直线路径，则机器人应该使用它。如果路径被阻挡，则机器人应该沿着该路径前进，直到遇到障碍物（点 P），然后机器人应绕行障碍物，直到它能够重新返回 ST 线，朝目标 T 移动。

如果遇到另一个障碍物，则机器人应该再次绕行它，直到在这个障碍物上找到另一个点，机器人可以从这个点离开障碍物，朝方向 T 移动，并且这个点比起点 P（它开始绕行障碍物的起点）离 T 更近。如果不存在这个点，那么机器人就确定从 S 到 T 不存在路径。

虽然 Bug2 算法是完备的（见第 2 章），如果存在这样的路径，机器人就能够确定找到到达目标的路径，但是没有办法保证这是最短路径。[6]

为了在任何时候都感知机器人的位置并进行适当的规划，传感器必须不断改进环境地图，并更新其对机器人位置的估计。在机器人世界中，这称为 SLAM，也就是即时定位与地图构建算法（simultaneous localization and mapping algorithm）。

15.2.4 移动机器人运动学

运动学是关于机械系统如何运行的最基础的研究。在移动机器人领域，这是一种自下而上的技术，需要涉及物理、力学、软件和控制领域。像这样的情况，这种机器人技术每时每刻都需要软件来控制硬件，因此这种系统很快就变得相当复杂。

为此，关于运动学的许多知识是从早期机器操纵器的编程中得到的。这里的主要任务是控制机器人的手臂。在将工作空间约束和轨迹约束时，考虑这种情况的动力学（力和质量）是很重要的。上一节介绍了运动的概念。这里我们思考进一步的因素，即定位估计（position estimation）和运动估计（motion estimation）的重要组成部分，而**定位估计**和**运动估计**本身就是非常有挑战性的任务。[7]

要考虑移动机器人的位置和运动，就必须考虑每个轮的位置和角度。我们应该考虑每个轮子对机器人运动的贡献，并组合这些运动约束，来表示整个机器人的运动约束。

在简单的 X-Y 平面上，起点是机器人的位置，并考虑其角度，这有利于为机器人的运动方向创建参考点。这个方向使用相对于 x 轴的角度来表示。

因此，机器人的全局参考坐标可以表示为

$$\boldsymbol{I}=\begin{bmatrix}\boldsymbol{X}\\|\boldsymbol{Y}|\\\Theta\end{bmatrix}$$

由 $\boldsymbol{X}$、$\boldsymbol{Y}$ 和 Θ 组成的向量定义了机器人的“姿态”。根据这个等式，在全局平面 $\{\boldsymbol{X}_1, \boldsymbol{Y}_1\}$ 中，相对于局部参考框架 $\{\boldsymbol{X}_R, \boldsymbol{Y}_R\}$，机器人的所有移动都可以用**正交旋转矩阵**（orthogonal rotation matrix）来表示。

因此，机器人位置的瞬时变化可以通过机器人轮子角度变化的矩阵操作来表示。当然，这种建模是必要的，而且模型会变得越来越复杂。在可能不同的方向和维度上添加更多的轮子、速度和各种运动的概念，这引入了更多的复杂性，已经超出了本书的范畴。对于进一步研究运动学、机器人感知、移动机器人局部化以及规划和导航的技术细节，我们推荐一个很好的参考来源，即 Siegwart、Nourbakhsh 和 Scaramuzza 的文章。[7]

人物轶事

塞巴斯蒂安·特伦（Sebastian Thrun）

塞巴斯蒂安·特伦（Sebastian Thrun）博士是在世的真正伟大的科学家之一。他所获得的称号和奖项以及他在 47 岁前所取得的成就是非常杰出的。他成功到了这个程度——在人们印象中，Thrun 博士能够追求真正感兴趣的活动：2012 年，他与 David Stavens 和 Mike Sokolsky 创立了 Udacity 公司，稍后我们会对此进行更多介绍。人们认为他是重要的教育家、程序员、机器人学家和计算机科学家。他于 1967 年出生

于德国的 Solingen。

时至今日，在人工智能领域，几乎没有人敢说自己拥有与 Thrun 博士一样卓越和多样化的职业生涯。1988 年，他在计算机科学、经济与医学方面获得了德国希尔德斯海姆大学的学位，并且获得波恩大学的学位（1993 年本科，1995 年计算机科学与统计学博士学位）。他的博士论文是《Explanation-Based Neural Network Learning: A Lifelong Learning Approach》。

从 Thrun 博士作为研究科学家加入卡内基梅隆大学计算机科学学院后，他的职业生涯就一直处在上升状态，并获得了极高的成就。1998 年，他成为 CMU 机器人学习实验室的助理教授和共同负责人。不久之后，他参与创立了自动学习和发现的硕士项目，后来这成为机器学习和科学发现博士项目。在斯坦福大学度过休假年之后，他以芬梅卡尼卡（Finmeccanica）计算机科学副教授的身份返回 CMU，成为名誉教授。

2003 年 7 月，Thrun 教授离开 CMU 成为斯坦福大学副教授以及 SAIL（斯坦福人工智能实验室）的负责人。2007 年到 2011 年，他担任计算机科学与电气工程专业的终身教授。他还出任了 Google 副总裁兼董事。他创立了 Google X，在那里为许多系统的开发做出了重要贡献，包括 Google 无人驾驶汽车系统、Google Glass、室内导航(Indoor Navigation)、Google Brain、Project Wing 和 Project Loon。

他开发了许多成功的自主机器人系统，赢得了较高的国际声誉。1997 年，他与同事 Wolfram Burgard 和 Dieter Fox 在波恩德意志博物馆开发了世界上第一个机器人导游。米内娃（Minerva）是一个类似的后续系统，他将这个系统安装在华盛顿特区美国国立博物馆的美国历史博物馆中，在为期两个星期的部署中，这个系统指导了成千上万的人。

Thrun 教授的其他成就包括互动式人形机器人 Nursebot——为宾夕法尼亚州匹兹堡养老院的居民提供了帮助。2002 年，他与 CMU 的同事 William Whittaker 和 Scott Thayer 共同开发了煤矿测绘机器人。2003 年，在斯坦福大学，他参与了机器人斯坦利（Stanley）的开发。2005 年，这个机器人赢得无人驾驶汽车挑战赛（DARPA Grand Challenge）。无人驾驶汽车挑战赛旨在支持高回报的研究，这些研究弥补了基础发现与军事使用之间的差距。最初的无人驾驶汽车挑战赛是为了刺激开发能够在有限时间内完成长距离越野路线的第一个完全自主的地面车辆所需技术。在 2005 年的第二次挑战中，有 23 辆汽车入围，这些车行程超过 11.8 千米，通过了 3 条狭窄的隧道，并通过了 100 多个左右急转弯。比赛在加利福尼亚与内华达州边界附近的 Beer Bottle Pass 结束，这是一段蜿蜒的山路，一边是垂直峭壁，另一边是岩面。Thrun 教授的斯坦利（Stanley）团队比来自 CMU 的竞争对手团队早 9 分钟完成了比赛，获得了 200 万美元的奖金。

Thrun 教授因其对机器人技术的理论贡献而闻名，特别是在概率机器人技术领域。这个领域结合了统计学和机器人学。2005 年，他与威廉姆·比格尔（William Burgard）和罗迪特尔·弗克斯（Dieter Fox）合著了一本这方面的书（由麻省理工学院出版社出版）。

2011 年，他获得了研究奖和 AAAI Ed Feigenbaum 奖。他于 2007 年入选德国国家工程院和利奥波第那科学院。他的其他奖项如下。

- 热门科学评为“5 大辉煌人物”之一（2005）。
- 国家科学基金会新秀奖（1999—2003）。
- 《外交政策》杂志“全球思想家百强”的第 4 位（2012）。
- 《史密森杂志》“美国教育天才奖”的获得者（2012）。

在过去的 25 年里，Thrun 教授出版了大约 374 份出版物。他每年出版 15 份出版物，其中包括 5 本专著、7 本编辑卷，以及在书籍中的许多章节、期刊论文、会议论文等。也许这有助于更好地解释为什么 Thrun 博士能够在 2011 年冒险放弃斯坦福大学计算机科学教授的职位而担任研究教授。随后，他放弃了 Google 副总裁兼董事的职位。人们认为 Thrun 可能是在宣泄情绪，但是通过进一步了解他，就会明白他完成了那么多工作，现在可以追求自己真正相信的教育未来——Udacity（这是他于 2012 年 1 月成立的在线学习大学）。他在网站上指出：

“在 Udacity，我们正在试图使高等教育民主化。Udacity 代表‘为了学生，大胆创新（we are audacious, for you, the student.）’。我们创造了‘纳米学位（nanodegrees）’的概念，它帮助具有任何特质和年龄段的人们在技术行业找到工作。”

在《WIRED》的一篇有深度的文章中，Thurn 博士谈了他对 Udacity 的计划和想法。他预言，在大约 50 年后，为了提供高等教育的目的而存在的大学（我们知道它们）几乎不会存在了。

很明显，Thurn 博士对 Udacity 有很多的愿景和规划，他完全致力于这个概念。如果可以从他过去的履历中得到任何指示，那就是他会成功。

Thurn 教授出版了 3 本书，他与 M.蒙特梅罗（M.Montemerlo）合著的第四本书《The FastSLAM Algorithm for Simultaneous Localization and Mapping》很快就出版了。

15.3 应用：21 世纪的机器人

本节介绍了 21 世纪开发的三大机器人系统：大狗（Big Dog）、亚美尼亚（Asimo）和 Cog。每个项目都代表了 20 世纪晚期以来，科学家数十年来的重大努力。每个项目都解决上一节中介绍的在机器人技术领域出现的复杂而细致的技术问题。大狗（Big Dog）主要关注运动和重载运输，特别用于军事领域；亚美尼亚（Asimo）展现了运动的各个方面，强调了人类元素，即了解人类如何移动；Cog 更多的是思考，这种思考区分了人类与其他生物，被视为人类所特有的。

应用之窗

大狗（Big Dog）

1986 年，马克 · 莱伯特（Marc Raibert）、凯文 · 布莱克斯普（Kevin Blankespoor）、加布里埃尔 ·尼尔森（Gabriel Nelson）和麻省理工学院大狗（Big Dog）团队的领导罗伯 ·普莱特（Rob Playter），希望机器人在崎岖的地形上、人与车辆难以导航的地方（Raibert，1986）能获得动物般的移动能力。在这个地球上，有一半多的土地是轮式和履带式车辆不能通行的，这个事实催生了这一工作。这个项目的目标是开发移动机器人，使其在移动性、自主性和速度方面可以与人类和动物相当。一般的挑战包括在陡峭、车辙、岩石、潮湿、泥泞和被雪覆盖的地形上行走。这个团队开发了一系列有 4 条腿的机器人，进行人类和动物能够做的移动（Raibert，1986）。研究者开发了这些多腿机器人，研究在不同地形上动态地控制机器人、保持机器人平衡等挑战。人们需要动态平衡的有腿系统，于是发明了大狗（Big Dog）。

大狗是由 Boston Dynamics（1996）开发的有腿机器人，这个项目得到了美国 DARPA（国防高级研究计划局）的资助。这个机器人如大狗一般大小，约 91cm 长、76cm 高，体重约为 109kg。大狗项目旨在创建一个无人操作的有腿机器人，这个机器人可以去人或动物都能去的任何地方。这个机器人具有内置的电源、驱动、感应、控制和通信系统。理想情况下，这个系统能够在任何地方行走，连续运行几小时，并且不会出现故障。

人们采用连接到 IP 无线电的操作器控制单元（或 OCU）来控制大狗的动作，采用控制器提供转向和速度参数，引导大狗通过不同的地形。控制器还可以根据需要启动和停止大狗。控制器还可以引导大狗步行、慢跑或小跑。系统显示和输入数据。然后，机器人的人工智能系统自动接管并自我操作，确保其保持直立或保持移动。

大狗采用人工智能协调基本姿势，防止跌倒，使其能够学习在其 4 条腿之间分配重量。这允许大狗携带重物，有策略通过多样和崎岖的地形而无须人的支持。项目的目标是开发一个具有自动控制功能的系统。机器人必须足够聪明，才能在不需要或最小化人力指导或干预的情况下行走。机器人有 50 个传感器监视大狗移动的方式和位置，并提供野外数据，将信息输入板载计算机。未来项目的目标是使机器人进一步独立于人类控制，到达人类难以到达的地方。

有高级和低级的控制系统帮助保持机器人的平衡。高级系统协调运动过程中的腿部移动以及速度和身体的高度，低级系统定位和移动关节。这个控制系统在通过斜坡和爬坡时，还有助于学习调整、保持平衡。这个控制系统还控制地面动作，有助于维持和支持机器人运动，防止其滑倒。如果机器人跌倒了，它会学会爬起来，用 4 条腿站立，继续其运动，通过地形。这个系统还允许大狗具有各种运动行为，包括用 4 条腿站立、蹲下、正常行走和以一次向前移动一条腿或移动对角腿的方式进行爬行。

大狗的电源包括了由水冷却的二冲程内燃机，并且发动机将高压油输送到机器人的腿部执行器中。每条腿都有 4 个液压执行器，这些执行器可以为大狗的关节提供动力以及无源的第 5 个自由度。在关节位置，这些执行器具有传感器，同时使用安装在身体上的热交换器来防止发动机过热。大狗的 50 个传感器包括用于测量身体的姿态和加速度的惯性传感器，以及帮助机器人移动的执行器的关节传感器。这些功能能够实现并促进大狗进行最长连续约 10km 的运动。在平坦的地形上，大狗可以携带 154kg 的物体，但是在平常的日子里其正常的负载为 50kg。大狗还有一个视觉系统和一个 LIDAR。LIDAR 是一对摄像机、一台计算机和一个可视化软件（见图 15.12）。这些组件有助于指示大狗通过地形，并帮助大狗找到一条明确的路径前进。LIDAR 系统的唯一目的是，不需要人类操作员就可以使机器人使用其传感器，在活动中跟着人类领导者离开区域。

图 15.12　承载供应品的大狗

在倾斜的艰难地形中，大狗使用了四足步行算法。它可以在高达 60° 的倾斜路径上行走，也可以在其控制系统的帮助下将意外或不规则的地形考虑在内。大狗可以通过两种方式适应不同的变化：①根据地形的高度、脚步位置和标高来固定自己，这样它就不会偏离，并向侧面跌倒。②在不同的地形上行走时，它还可以根据阴影的变化来调整自己的姿势，如图 15.13 所示。大狗的控制系统与运动和地面反作用力协调，这样它就可以优化其可承载的重量。控制系统通过将重量平均分配在机器人的腿上来优化负载。

图 15.13　大狗机器人根据阴影小跑

总而言之，未来的大狗有很多计划。这个团队希望大狗可以在更坎坷和更陡峭的地形上移动，并可以携带更多更重的载荷。因为大狗的电动机和系统极其嘈杂，所以这个团队希望升级其引擎和系统，以降低噪声。他们还希望大狗更少依赖人类，并采用计算机视觉来使其完全自主导航。到目前为止，新的研究项目包括头部、手臂、躯干和其他各种部件，以增加其用途。这些补充的部件赋予了大狗能力，使其可以使用整个身体甩掉或提起重物，并且如果有重物挡住了它们的去路，它们还可以将重物移开。

大狗参考文献

Raibert M. Legged Robots that Balance. MIT Press，1986.

接下来，我们介绍已经持续多年的另一个机器人项目——本田的亚美尼亚（Asimo）机器人。Asimo 以非常类似人的方式移动，专门用于帮助人们。

应用之窗

亚美尼亚

历史与介绍

想象一下：人类和机器一起生活在同一个世界中，在从携带日常杂货购物袋到在燃烧的房子中或坍塌的废墟中帮助消防员救人的所有任务中，他们互相协助和支持。这是 1986 年，构思 Asimo 的日本本田工程师所设想的世界。Asimo 是本田研究实验室经过 20 年的研究与开发之后，所创造的具有双腿的人形机器人，如图 15.14 所示。效仿和重复人类复杂结构，创造人形机器人，其目标是为了能够让机器人在各种活动中为人类提供帮助，促进科学发展。

图 15.14 本田的 Asimo

目的

创建人形机器人不是一件容易的事情。但是，本田通过设想机器人和人类和谐相处的世界，迎接了这个挑战。拥有一个具有极大的机动性和策略能力的有价值的合作伙伴，并且这个伙伴可以与人类进行交互，这将极大支持需要额外帮助却没有请人能力的人。

特点：设计理念

Asimo 的设计理念是使其成为一个对人友好的机器人——既轻便又灵活。Asimo 被设计得非常简约：120cm 高，重约 52kg。工程师们选择了这种尺寸，允许 Asimo 能够在人类的生活空间中自由而有效地运作。根据研究，这种高度使得 Asimo 能够“操作灯开关和门把手，并可以在桌子和工作台上工作”。

运动和移动

本田收集关于人类运动和移动的各种数据，包括走路和其他形式的人体运动，在此之后发明了 Asimo。它以类似于人类走路的方式行走，双腿步行的概念包括在不同表面的运行和运动。Asimo 可以执行日常工作，例如在避免障碍物的情况下，从一地点走到另一地点，爬坡或下楼梯，推车，穿过门口，走路。其通过放置的多个传感器确定腿的关节角度和速度，模拟人的重心，实现了这些高级的物理功能。这些传感器收集数据，将其解释为信息，然后机器人处理信息，进行下一次移动。

人工智能特征

Asimo 的第二大突出特点就是能与人类互动。Asimo 必须能够与人类接触和沟通，它通过模拟人类的 5 种感官来捕捉信息，然后通过信息处理来实现这些功能。

Asimo 通过安装在其头部的两部摄像机捕获视频输入信号，从而识别移动物体和人的面部特征，进行有限的面部识别。它还使用视觉信息创建周围环境的地图，有助于防止碰撞和定位物体。

此外，Asimo 能够区分和解释声音和语音命令，这些声音和语音命令是通过安装在其头部的麦克风捕获的。Asimo 可以处理音频输入，“当人们呼唤它的名字时，它能够识别并转向声源位置”。它还能够响应“不寻常的声音（例如物体掉落或碰撞的声音），并面向那个方向”。[3] 音频处理还使 Asimo 能够通过语音和自然语言理解（见第 13 章）与人类进行对话。Asimo 能够执行指令，并通过具体的反馈进行回应。Asimo 还具有互联网连接功能，可以通过互联网访问信息，提供答案（例如新闻和天气条件），为人们带来好处。

未来

Asimo 实现其最初目标，即帮助需要帮助的人，这个前景看起来似乎非常明亮。根据 Asimo 所拥有的功能，它不仅能够支持病人和老年人，还可以在一些情况下提供帮助，如在无须冒着生命危险的情况下便能清除有毒的溢出物或扑灭火焰。此外，Asimo 可以为人们提供相伴的服务。虽然目前在美国这款机器人还无法出售或出租，但是日本的科学博物馆展出了 Asimo，并且它在“几家高科技公司用来迎接客人”。

虽然 Asimo 是一个机器人，但是它已经到世界各地的许多国家和地标性地区旅游过了，从布鲁克林大桥一直到欧洲。它也是迪士尼乐园的客人，并与奥巴马总统踢足球。它一直激励着年轻人学习机器人技术和人工智能科学，因此它的受欢迎程度还将持续升温。

快速应用之窗

Jaemi 人形机器人（见图 15.15）

图 15.15 Jaemi 人形机器人

提供者：美国国家科学基金会的Lisa-Joy Zgorski。

在访问宾夕法尼亚州费城的请触摸博物馆（Please Touch Museum）期间，孩子们与Jaemi——一个人形机器人（HUBO）一起玩“Simon Says”。Jaemi由来自德雷克塞尔大学的团队与韩国研究人员合作创建。这项工程得到了国家科学基金会国际研究和教育合作伙伴项目（PIRE）的支持。这张图片随着NSF新闻稿（《美国和韩国研究人员揭开了最新研究团队成员的面纱：Jaemi人形机器人》）一起发布。

接下来，我们介绍另一个长期项目——Cog，该项目试图实现前几节讨论的一些早期机器人的最初灵感——也就是说，能够模仿人们（如儿童）学习交互，并发展认知技能。

应用之窗

Cog

1993年，由罗德尼·布鲁克斯（Rodney Brooks）领导的麻省理工学院的一个团队开始构建一个名为“Cog”的机器人（见图15.16），Cog是“认知”的缩写。构建Cog的动机是基于“类人类智能需要与以人类方式与世界交互”的理论，这是建造一个以与人类相同的方式思考和体验世界的机器人所必需的。人们使用驱动器和电动机制造Cog，这些驱动器和电动机的作用类似于人类的骨骼、关节和运动。麻省理工学院团队建立了一个具有人类智慧、可模仿人体及其行为的机器人。尽管如此，机器人仍不能模仿人体的一些重要方面。这个团队还希望能够使用这种机器人与其他机器人交互，就像人类做的一样。因此，训练Cog的方式是使其与人类交互，还有什么比与人类互动更好的方式来学习人类行为呢?

Cog用于模拟成年人相遇时所处的相同的环境和身体限制。虽然它没有腿，但是它确实有一对对称的手臂、一个身体和头。它的身体下部、超出腰部的部分只是一个平台。Cog使用安装在头上的两对具有两个自由度的摄像机进行“观察”，两个麦克风可以让它听到声音。每只眼睛还有自己的一对摄像机，可以看到很远，有很宽的视野。电动机系统具有传感器，指示关节在何处，并提供有关其当前状态的信息，以及是否存在任何问题或疑问的信息。通过在Cog的手臂安装电动机，也为其手臂提供反馈，这样Cog就可以操控手臂，并提供扭矩反馈信息。机器人共有22个自由度。它的手臂有6个自由度，颈部有4个自由度，眼睛有3个自由度，腰部有2个自由度，躯干有1个自由度，能进行扭转运动。[2]

Cog拥有不同的网络，许多不同的处理器在不同的控制级别下运行。这些处理器的范围从控制关节的小型微控制器到数字信号处理器，应有尽有。为了帮助改善Cog的行事方式，使其像人类一样，其大脑控制已经被修改了很多次。第一个网络包含16MHz摩托罗拉68332微控制器，带有定制板卡，并通过双端口RAM连接。现代的Cog包含了运行QNX实时操作系统的200MHz工业个人计算机网络，并连接到100VG的以太网上。这个网络目前有4个节点，但是如果需要，可以添加更多的节点。机器人有一对驻极体电容式麦克风，安装在类似靠近人耳位置的头部。在功能上，麦克风类似于人类的助听器。Cog包括立体声系统，这样可以放大音频，并连接到了C40 DSP系统。这个团队希望使用这些听觉系统，可以让机器人意识到，在相同的环境中人类听到的声音。他们也想对机器人视觉做同样的事情。机器人的每只眼睛都可以围绕着垂直和水平轴进行旋转。为了获得更好的分辨率和环境视野，Cog 可以获取视觉信息，并在网络上处理图像，以获得更好的图像。

图 15.16 麻省理工学院博物中 Cog 的图片

人类有一个前庭系统，这个系统用于运动和保持平衡感。没有这个系统，人们会跌倒或一动不动。大脑从这个系统中获取这些信息，帮助人们在日常活动中进行协调，例如行走和保持身体直立。人体系统具有 3 个感觉器官，这些器官具有半圆形的通道。麻省理工学院的团队想在 Cog 上实现这些想法。Cog 包括了放置在正交轴上的 3 个速率陀螺仪以及两个线性加速度计。他们将这些设备放在机器人眼睛下面，这样就可以模仿平衡感觉信息。机器人将来自这些感觉设备的信息放大，处理并转换，输入个人计算机大脑。

麻省理工学院的团队创建了一个指示动作，允许 Cog 伸展其手臂并指向任何位置。这个动作经过了多次测试，甚至机器人在无须团队观察下也可以执行这些操作。在这些动作中，Cog 的脖子是静止的，它指向一个目标。在实验的初始阶段，Cog 将以相当原始的方式执行这些动作，类似于人类的婴儿或无此经验的人。但是在"成熟"的过程中，Cog 似乎学会了如何在定位目标时变得更加准确。在某种意义上，Cog 通过模仿人类动作进行学习，使自己更类似于人，然后在执行动作时通过实践变得完美。Cog 的开发者力求不断改进，使其能够表现得更像人类（更好或更坏），包括面部特征。虽然现在 Cog 没有脸，但是在将来，麻省理工学院的机器人学家会尝试给 Cog 添加类似于人的有机特征。这个正在进行的研究项目也试图复制人类的行为和思想过程。这个项目的目标包括让 Cog 学习运动指令和感觉输入之间的关系，这样它就可以通过自己的动作来观察和学习。麻省理工学院的团队将尽量让其颈部和身体完全旋转，以模拟人体旋转的方式。他们通过使用阻力传感器，对机器人前躯干反馈进行测试。其中，有一个实验涉及对表面传感器施加相当大的力，从而能够仿真机器人对力的感知。

同样，在麻省理工学院的 Cog 计划中，也有更多的传感器、电机、摄像机和关节，从而使 Cog 具有更多的自由度。这样可以允许 Cog 更像人类。虽然 Cog 已经学会了适应人类做事情的方式，但是它还有一些需要学习和适应的动作。对Cog而言，一个重大挑战是能否适应新的环境，就像人类的婴儿一样。尽管如此，在Cog成为一个完整的人类仿真，具有完整的思想，可以得到类似人类的运动和交互之前，它还有很长的路要走。

在1.1节、15.1节、15.2节以及本书其他部分，我们多次讨论过，几个世纪以来，让科学家和哲学家感到困惑的一个主要问题是如何确定机器、机器人或人造生物是否拥有任何人类水平的智能或意识。但是（回顾1.1节），为了比较不同智能体的智能水平，我们讨论了我们必须定义智能是什么或智能体是什么。因为人类能够在大脑中思考、理性化、学习和概念化信息，因此人类是智能体。但是，具有足够案例情景的机器人使用算法也能够展现出某种形式的智能吗？毕竟现在的机器人的外观、声音和行为就像一个人类，因此，这当然是一个非常合理的场景。它们能够学习信息，将信息存储到记忆中，并且有的能够处理这些信息。同时，它们还能够根据语义和语法来分析给定的句子，并提出可靠和合乎逻辑的答案，但是，这是否让机器人达到具有智能的资格呢？另外，请回顾第1章中John Searle的中文室主题（Chinese Room Argument）[1]，这说明能够有效、持续正确地回答不等同于理解。

但是，据称一个名为“尤金·戈斯特曼（Eugene Goostman）”的聊天程序通过愚弄评判员，使其相信该程序是一个13岁的乌克兰男孩而通过了图灵测试。[2] 人们认为，这一聊天程序愚弄了评判员，避免了一个没有具体答案的问题，这与一个13岁男孩的行事方式一样。

因此，不同科学家之间产生了争议，认为图灵测试仅适用于低级智能机器，在这些情况下图灵测试可以区分机器和人类。但是，在目前开发的新型高级智能（强人工智能）机器的情况下，图灵测试无法区别两者。多年来，正如我们之前讨论的，人们提出了一些新的图灵测试。

应用之窗

Lovelace项目

Lovelace测试——为了设计出能够区分强人工智能的测试，布瑞杰德（Bringjord）、贝罗（Bello）和费鲁奇（Ferrucci）提出了Lovelace测试，这对确定智能体设置了一个新的标准。它要求机器创建一些原创性的东西，一些即使创作者也无法解释如何创建的事物，如诗、故事、音乐或绘画——或任何需要人类认知能力的创造性行为。这些创造性行为将由人类评估，以确定这种创造是否通过了标准集。

Lovelace vs. Lovelace 2.0——Mark O. Riedl提出了Lovelace 2.0测试，增强了Lovelace测试，他指出：“如果人工智能体能从一些艺术体裁的子集开发出创造性的艺术品，而这些艺术体裁需要人类级别的人工智能，并且这些艺术品满足人类评估者给出的某些创造性约束条件，那么这个人工智能体就通过了测试。”Lovelace 2.0测试评估创造力，而不仅仅是机器的智能。

Lovelace 2.0测试——当且仅当满足以下条件时，人工智能体α才通过了Lovelace测试。

- α创造了类型t的艺术品o。
- o符合一组约束C，其中ciεC是以自然语言表达的任何标准。
- 人类评估者h选择t和C，对o是满足C、t的有效实例感到满意。
- 人类审阅者r确定t和C的组合是可能的。

里德尔（Riedl）认为“计算系统可以生成创造性的艺术品”。例如，当创建虚构的故事时，机器需要常用的知识、规划、推理、语言处理、熟悉主题、文化物品等。然而，因为大多数故事生成系统需要先验（知识或独立于经验的情节）的领域描述，所以没有故事生成系统可以通过 Lovelace 2.0 测试。

因此，尽管机器人和机器在人工智能领域已经取得了很大的进步，但是依然遵循既定的方案或合理化的路径。拥有创造力是人与机器之间的根本区别。

Lovelace 参考资料

Cole D. The Chinese Room Argument. The Stanford Encyclopedia of Philosophy, Edited by Edward N. Zalta, 2014.

Amlen D. Our Interview with Turing Test Winner Eugene Goostman, 2014.

Bringsjord S, Bello P, Ferrucci D. Creativity, the Turing Test, and the (better) Lovelace Test. Minds and Machines 11: 3-27，2001.

Riedl M O. The Lovelace 2.0 Test of Artificial Creativity and Intelligence, 2014.

机器人可以生成图 15.17 右侧的水彩画，你能将这样一幅画与人类创作的画能区分开来吗?

图 15.17　堪培拉的皇家澳大利亚铸币厂的机器人和水彩画

15.4　本章小结

机器人技术曾经是一个相当独特的领域。这个领域通过计算几何和视觉与人工智能密切相关。目前，在机器人技术中，特别是作为嵌入式系统，我们可以看到人工智能的许多身影，这包括搜索算法、逻辑、专家系统、模糊逻辑、机器学习、神经网络、遗传算法、规划甚至博弈。机器人不会声明 “我具有人工智能”，但是很明显，机器人技术作为一个领域，不会没有采用到人工智能的地方。我们举例说明了如何使用机器人技术、在何处使用机器人技术发以及机器人技术会有什么用处等。当然，不要忘记自然语言和语音处理方面的进步改进了机器人技术。

机器人技术与人的历史比人们想象的更丰富多彩。本章介绍了早期的机械系统，如 18 世纪的 Vaucanson 的“鸭子”和 von Kempelen 的“土耳其人”。在电影和文学作品中，众所周知的机器人出现在 Mary Shelley 的《Frankenstein》(1817)、Karel Čapek 的《R.U.R.》(1921) 和 Fritz Lang 的《Metropolis》(1926) 中，所有的这些作品都描述了一种相对相当严峻的景象，即未来技术对人类生活带来了不好的影响。

20 世纪上半叶，科幻小说作家 Isaac Asimov 就已经提出制定“机器人三大定律”的愿景。本章也介绍了最近的系统及其功能。接下来，本章介绍了技术细节（见 15.2 节）以及一些标准和困难的问题。这一节以讲述著名的塞巴斯蒂安·特伦（Sebastrian Thrun）的人物轶事作为结尾。

15.3 节描写了机器人技术的巨大应用，重点介绍 Big Dog、Asimo 和 Cog。这一节通过介绍 Lovelace Project，以人工智能的新测试作为结尾。Peter Tan 撰写了应用之窗的 Big Dog 和 Cog。Mimi Lin Gao 撰写了应用之窗的 Asimo 和 Lovelace。

讨论题

1. 讨论前几章中介绍的人工智能的 5 个领域，以及其与机器人技术的关系。

2. 在 MrTomR 和鲍比的故事窗中，解释今天的机器人是否有可能履行 MrTomR 的功能。

3. 描述 Pierre 和 Henri-Louis Jaquet-Drov 父子的发明。这些发明是什么时候开始的？

4. 描述在几个世纪前建成的两种与国际象棋相关的自动机并说出其名字。

5. 描述 Karel Čapek、 Mary Shelley 和 Isaac Asimov 的文学作品是如何反映对机器人技术的顾虑和发展的。

6. 思考 Asimov 的“机器人三大定律”是否仍然有效。

7. 描述控制论领域的目的。

8. 讨论 Gray Walters 的“乌龟”（Tortoise）的目的和能力。

9. 描述 15.3 节所介绍的 Big Dog、Asimo 和 Cog 这 3 个重要的现代机器人项目的目的和能力。

10. Lovelace Project 是关于什么内容的？你认为它合理、适当吗？

练习

1. 观看并回顾电影《IROBOT》。这部电影所处理的首要主题、方法和技术问题是什么？

2. 观看并回顾电影《Bicentennial Man》。有关机器人，这部电影想说明哪些主要问题？

3. 比较上述两部电影。对于机器人技术和人工智能在理论、伦理和技术方面的问题，你认为哪一部是较好的例子？请说明理由。

4. 实现本章描述的 Bug2 算法。你可以假设，在一个离散的、明确定义的空间中，障碍物由具有 3 个单元格的三角形构成。当机器人遇到障碍物时，它应该逆时针移动以避开它们。

5. 回顾罗德尼·艾伦·布鲁克斯（Rodney Allen Brooks）的一些作品。他发展机器人的方法是什么（见第 6 章）？他建立了哪些公司？他对哪些机器人系统做出了贡献？

6. 你已经了解了著名的塞巴斯蒂安·特伦（Sebastian Thrun）的工作。他建立了什么机器人系统？对于我们在人物轶事中未谈到的系统，撰写一篇简短的文章。

7. 回顾表 15.1，确定它是否准确。在表中缺了什么系统吗？你可以看到什么趋势？它详述了在机器人系统中的哪些进步呢？

8. 在 15.0 节中，你看到了 MrTomR 和 5 岁的鲍比之间的对话。今天，这样的对话可能吗？请说明理由。在本书中，你所学到的人工智能的哪些领域需要更多的进步才能建成这样的系统？

9．当今，机器人可以在复杂的手术中提供帮助。通常这些手术会成功，但是当手术失败时，这当然会出现棘手的法律问题。回顾文献报道，看机器人成功协助了什么样的手术，找到由于手术失败而导致诉讼的例子。

参考资料

[1] Heppenheimer T A. Man makes man. In Robotics, edited by M. L. Minsky. Omni Press: New York，1985.

[2] Minsky M L. Chapter 1, Introduction. In Robotics, edited by M. L. Minsky. Omni Press: New York，1985.

[3] Wiener N. Cybernetics: Or Control and Communication in the Animal and the Machine. Paris (Hermann & Cie) & Cambridge, MA: MIT Press，1948.

[4] Mataric M. The Robotics Primer. Cambridge, MA: MIT Press，2007.

[5] Levy D N L. Robots Unlimited. A.K. Peters, Ltd: Wellesley, MA，2006.

[6] Dudek G Jenkin M. Computational Principles of Mobile Robotics, 2nd edition. Cambridge, England: Cambridge University Press，2010.

[7] Siegwart R Nourbaksh I Scaramuzza D. Introduction to Autonomous Mobiles Robots, 2nd ed. Cambridge, MA: MIT Press，2011.

第 16 章 高级计算机博弈

长期以来，人们认为如果计算机能够掌握难度较大的棋类博弈（如奥赛罗和西洋双陆棋），那么就足以证明它们具有真正的人工智能。经过 50 多年的研究，事实证明，在这些博弈中，计算机展现出了很大的优势（表现方面），例如，肯尼思·汤普森（见图 16.0）开发了国际象棋的残局数据库，但这并不一定是研究人员所希望的“强人工智能”。

玩扑克牌的人

图 16.0 肯尼思·汤普森（Kenneth Lane Thompson）

本章从经验丰富的国际象棋大师和人工智能研究员的角度撰写，重点转向攻克“新的果蝇”[①]的挑战，如围棋以及其他博弈。给大家一个提示：除非了解博弈的规则和目标，否则你将很难理解编写博弈程序的难度。

16.0 引言

几个世纪以来，人们沉迷于博弈。他们倾向于努力工作、恪尽职守，然后在挑战

① 就是新的实验对象，果蝇是生物研究的实验对象——译者注

和发展自身智力的同时找到时间放松、参与博弈。博弈的部分魅力来自于：你可以在不同的层面上进行竞争；你可以测试自己的知识和能力，并且可以及时得到结果；你可以分析为什么特定的结果会发生（胜利、平局或失败），并从错误中学习，进行另一场博弈。

回顾第 4 章，获胜者的收益总和与失败者的损失总和一一抵消了，例如，国际象棋的获胜者得到 1.0 分，输家没有得分，而在平局情况下，每个人各得 0.5 分。

本章的讨论主要集中在二人对弈的零和棋盘游戏，这种博弈具有完全信息（即不涉及机会的游戏），包括跳棋、国际象棋和奥赛罗。你还可以探索一些令人兴奋的机会游戏，包括西洋双陆棋、桥牌和扑克。最后，你会了解到围棋这种被一些人称为“现在和未来测试人工智能的理想主题”的博弈。

16.1 跳棋：从塞缪尔到舍弗尔

回顾第 1 章，1952 年，亚瑟·塞缪尔（Arthur Samuel）编写了第一个版本的跳棋程序。显然，在为 IBM 704 编程跳棋游戏时，Samuel 的主要兴趣是开发一个可以演示机器学习的跳棋程序。Samuel 的早期论文[1]以及在跳棋方面工作的重要意义，并不在于程序的结果或程序必须成功，但是当程序在单场比赛中打败了冠军罗伯特·奈利（Robert Nealy）之后，这经常被新闻界[2]夸大其词。这项工作的重要意义在于，人们将这个程序视为合理人工智能技术的研究和应用的早期模型。Samuel 的工作代表了在机器学习领域最早的研究。Samuel 曾思考使用神经网络方法学习博弈的可能性，但是最后决定采用更有组织、更结构化的网络方式进行学习。

亚瑟·塞缪尔

Samuel 选择研究跳棋的原因如下。

- 在实际意义上，跳棋不确定。
- 每场博弈都有一个明确的目标——使对手丧失走子能力。
- 参与（博弈）规则明确。
- 有相当多的关于跳棋博弈的知识。
- 许多人熟悉跳棋这个棋盘游戏，可以理解跳棋程序的动作。

Samuel 的跳棋程序，根据多种启发式，使用标准的极小化极大（minimax）的方法和线性多项式对棋局进行评分。在跳棋中，虽然跳吃是单独计算的，但跳吃能力是主要得分项

(dominant scoring term)，也就是说，任何跳吃走子都会捕获对方的棋子。

因此，跳棋中的主要启发式函数是捕捉对手的棋子。这导致进一步的启发式："如果处在领先地位，那么换棋是有利的；如果处在不利地位，那么要避免换棋。"

在棋局涉及以下活动之一时，要扩大搜索深度，否则这个程序只向前看3步。

（1）走子是一个跳吃（捕获）。

（2）最后一步是跳吃。

（3）换棋是可能的。

根据环境的不同，在这些特殊情况下，搜索深度将扩展到5层、11层甚至20层。

在国际象棋中，人们将无法走子称为 "zugzwang"，这个词来自于德语，是"强迫走子（compulsion to move）"的意思，换句话说，就是没有什么好的步子。

配套资源

要了解诸如国际象棋、跳棋之类的游戏，你应该首先熟悉用来描述博弈和棋局的符号系统。图16.1详细说明了在跳棋博弈中使用的标准寻址和符号系统。附录D描述了国际象棋的规则和代数符号系统。

因此，如果看到9-13的符号，那么这就意味着黑棋玩家将棋子从9号方格移动到13号的方格。红棋玩家可以做出22-17回应。正如我们稍后将阅读到的，这个部分的开局序列可以证明，对黑棋而言，这至少是一个平局，但是，我们还是不要这么剧透。在如国际象棋、跳棋和西洋双陆棋之类的博弈中，残局的魅力和吸引力在于，我们经常可以进行穷尽计算，达到一个"数学可证"的特定结果。某些残局优雅而又简单，掩盖了其潜在的复杂性，突出显示了应用启发式和原理的重要性。众所周知，对于典型的最终取胜的**中盘博弈组合**（middle game combinations，获得棋子收益或明确棋局优势的强迫走子顺序）而言，具体分析残局可以帮助说明重要的获胜（或平局）布置。

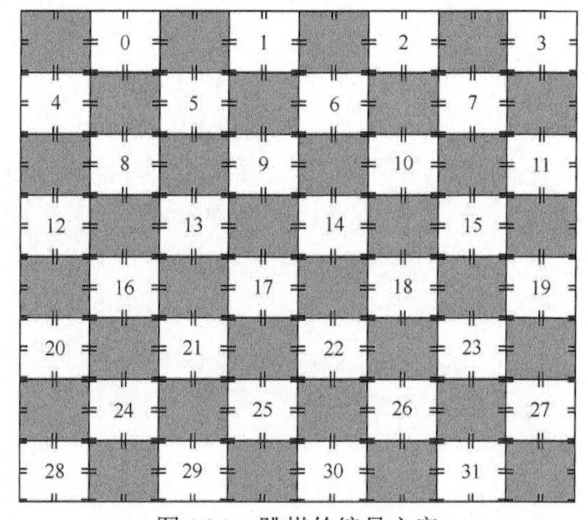

图16.1 跳棋的编号方案

在国际象棋中，中盘博弈组合也可以用来实现将军、强制平局或其他目标。

如果你愿意使用符号或者实际的棋盘来标出位置并进行布局，那么即便你不是博弈专家，也能理解如下的分析结果。图16.2显示了一个红棋（空心点）准备走子的跳棋博弈的棋局。

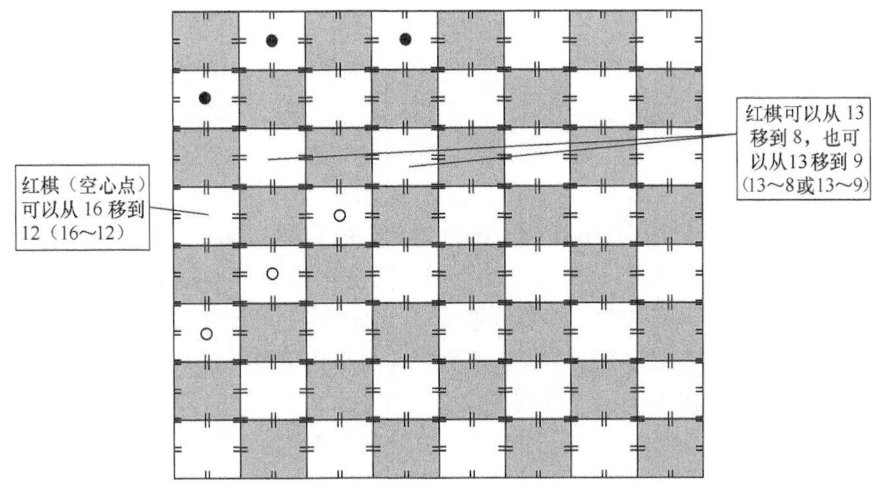

图 16.2 在这个跳棋博弈中，红棋可以进行下一步的移动

在图表中标出的位置，待走子的红棋有 3 种合法的走子方案：16-12、13-8 或 13-9。根据极小化极大博弈理论值，哪种是红棋最好的走子方案？要找到答案，我们可以尝试通过构建一个 5 层的极小化极大值博弈树来找到一个解，如第 4 章所述。对于如图 16.2 所示的棋局，图 16.3 显示了一个几乎完整的 alpha-beta 极小化极大博弈树分析。

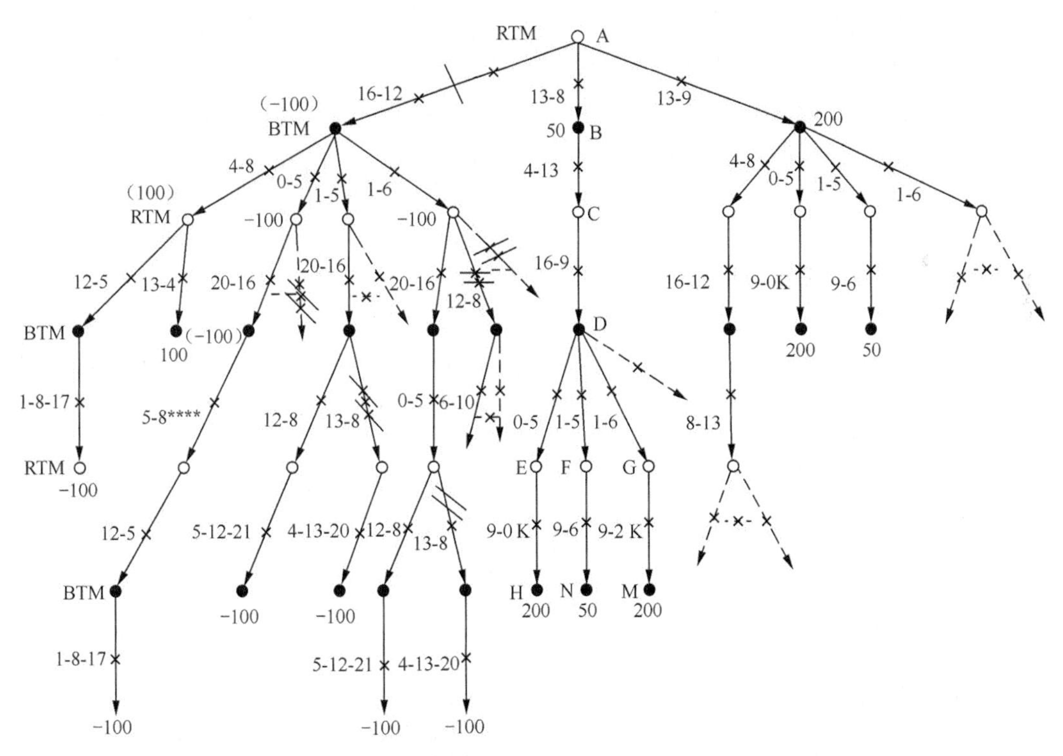

****组合　●黑棋走子（BTM）　○红棋走子（RTM）　-×- 更多走子　×× 截断

\ 不同的走子，关键走子创造了国王。ABCDEH 是一条获胜路径，ABCDEH 大致上是一条获胜路径。

图 16.3 Alpha-beta 极小化极大博弈树分析图 16.2 中的跳棋位置

对于从左到右排列的红棋走子，首先，我们需要检查 16–12 走子。黑棋可以用 4-8 回应红棋的走子，尽管这样走子，在红棋进行走子 13–4 之后，黑棋至少丢失了一枚棋子。或者，黑棋下一步可以进行 0–5 的走子。红棋回应 20–16 移动，这是唯一安全的走子。接下来，黑棋进行 5–8 的走子，这样提供了一个“小点心”给红棋，红棋使用 5–12 可以吃掉黑棋。最后，黑棋完成了一个 6 层的搜索，获得了获胜组合 1–8–17，赢得了一枚棋子，最终胜利。因此，用 0–5 回应红棋的 6–12 走子是一个**反击**（refutation），在结束 6 层的搜索后，6–12 的走子输了。这是一个示例，由于发生在第四层，因此 5-8 走子的吃子机会可能要进行扩展 3 层的搜索［第 4 章中定义的**静态搜索**（quiescence search）］。此外，黑棋在第 2 层（16–12 之后），其他可选项的分析是不必要的，这要归功于可能的α–β截止值（如第 4 章中所述）。事实证明，5 层搜索揭示了黑棋在第 2 层（1–5 和 1–6）的其他走子，也会导致黑棋牺牲一子。alpha-beta 算法表明，一旦确定这个走子可以使用 0-5 反击，我们就不需要探索 16–12 走子有多糟。

同样，经过 5 层的搜索之后，我们意识到 13–8 是最好的移动，因为这种走子在最坏的情况下，红棋可以有一子的优势——一个国王（200 分）或一个几乎成为新国王的兵（50 分）。

16.1.1 在跳棋博弈中用于机器学习的启发式方法

在 Samuel 的工作中，特别值得注意的是使用启发式方法进行探索，以及如何将其用于机器学习。在这方面，他遥遥领先于时代。他的一个基本想法是，让不同版本的程序相互竞争，令失败者采用获胜者的启发式。通过这种方式，程序会在学习中得到改进。另一种方法是，比较程序的首选走子和跳棋大师掌握的最佳走子。[1]

还有一种方式是，通过存储的“棋谱”精通博弈，在每个棋局中，记录程序认为比所记录的走子更好的走子步数和认为较差的走子步数。这个过程可以适用于双方。因此，程序首选走子对抗大师走子的相关系数可以由下式计算：

$$C = (L - H) / (L + H)$$

其中，对于在某个棋局（或博弈）中的合法走子，L 是程序评分低于事实进行的走子评分的走子步数，H 是程序评分高于事实进行的走子评分的走子步数。实际上，这些值介于 0.2（较差的相关性）～0.6（最终采用的评估多项式系数）。

如果 L 为高，H 为低，则相关系数最接近 1.0，这是最理想的结果。由于这些走子比大师的走子要差，程序可以与大师一致地评估不执行的走子，并且程序也可以正确判断比大师博弈中糟糕的其他可能走子。Samuel 试图不给程序开局棋谱，相反，他让它们在不同的测试棋局、残局和令人费解的棋局中进行博弈，从经验中学习。

在有效地将棋局（position）存储在磁性带或“记忆”带方面，Samuel 投入了大量的精力，将其作为独特的位串，这类似于 Christopher Strachey（Strachey，1952）的工作。Samuel 需要在内存中访问组织成有序的“记录”，这样就可以搜索并比较它们。他使用一个有趣的启发式进行搜索：如果两个有不同的移动序列，一个在第 3 层的走子序列与一个在第 6 层的走子序列产生了类似的分数：那么如果程序获胜，程序将选择较低深度的走子（在第 3 层），如果程序失败了，程序将选择较深深度的走子（在第 6 层）。另一个聪明的启发式是

老化的概念。请记住，当时的内存有限并且昂贵。如果内存中的记录（棋局）在一段时间内未被引用，那么当内存达到最大值时，这个棋局将被“忘记”并从记录中删除。这个启发式称为**遗忘**（forgetting）。此外，当内存中的棋局被搜索引用时，这个棋局将被“刷新”，其相关联的年龄要除以 2。我们称之为**刷新**（refreshing）。

其所使用的主要**评估函数**（evaluation function）有四项，按其重要性从高到低排列，顺序如下。

- 棋子优势（piece advantage）。
- 拒绝占位（denial of occupancy）。
- 流动性（mobility）。
- 结合中心控制和棋子优势的混合项（a hybrid term that combined control of the center and piece advancement）。

如前所述，使用 Samuel 的启发式方法所开发的程序可以有一个很好的开局，能够提前认识到最可能胜利或失败的残局，但是在中局并没有多大改善。它的棋力肯定高于新手，但是低于专家水平。

对于填鸭式学习测试，Samuel 得出了以下简单的结论：

- 有效的填鸭式学习技术必须包括给程序一种方向感的过程，并且必须包含一个分类和存储棋局的精炼体系。
- 当时所使用的机器（IBM 704）的存储容量的限制是人们关心的问题。
- 对于开发和演示机器学习技术而言，诸如跳棋之类的博弈是个很好的载体。

人们使用两个版本的程序进行广义学习的研究：一个称为 Alpha；另一个称为 Beta。根据 Samuel（1952）的说法：“Alpha 在每一步走子后，通过调整评估多项式中的系数，并通过使用储备列表得到的新参数，替代看起来不重要的项，概括经验。Beta 则恰好相反，其在任何博弈的持续时间内使用相同的评估多项式。”Alpha 用于与人类对手进行对抗，而在自我博弈中，Alpha 和 Beta 可以互相博弈。

在与 Beta 的博弈对抗中，如果 Alpha 获胜，那么 Beta 将采用 Alpha 的评分函数。如果 Beta 获胜，那么程序的中立部分将评估 Alpha。如果 Alpha 多次失败，达到一定次数（通常为 3 次），那么就将其评分多项式的系数设置为 0。理想情况下，程序应该自行调整其评分多项式，但是实际上有时需要进行手动（人为）干预。在多项式中，可以使用总共 38 个启发式，但是其中只有 16 个曾被使用过，而剩余的 22 个仍然留在储备列表中。

最终，反复得低分的走子的相关系数将被转移到储备列表底部，被储备列表顶部的项替换。平均而言，每 8 次走子都会取代一个活跃项，每 176 次走子都会有机会再次使用这个项。项也有可能因为使用次数最少而被替换。项的二进制系数也可能具有可调的系数和符号，但是人们决定将其限制在小数字上。

使用 Alpha 与 Beta 进行了 28 场的博弈，人们采用这些博弈来测试机器学习的概括性。随着博弈数的增加，一些项发生了翻天覆地的变化，一些项很稳定，正如机器的实力和学习能力一样稳定。在这些博弈之后，人们认为这个程序比普通棋手的水平要高。该程序糟糕的表现是由如下缺陷所导致的。

（1）对手故意走烂棋，愚弄程序。一个简单的解决方案是，在生成正分数时，小幅度地改变相关系数。

（2）第二个缺陷与评估函数中项的变化太过频繁有关。

（3）第三个缺陷是对某些看似导致了惊人改善的走子做出了错误的评价。事实上，在早期打基础的时候，相对简单的某些走子改进了棋局，允许走子组合或最终导致棋局分数的飙升，因此，这些相对简单的走子应该获得公平的评价。

关于机器学习，以下是 Samuel（1967）的两个重要结论。

（1）对于经得起树形搜索程序检验的问题，此处所使用的简单的概括模式可以成为有效的学习机制……

（2）即使不完整和冗余的参数集沿用至今，这依然可以使计算机在相对较短的时间内学习博弈，并且可以比一般的跳棋选手更优秀。

图 16.4 摘自 Samuel 的论文（1967）[3]，详细显示了 Samuel 所进行概括测试的第二个学习系列的结果。

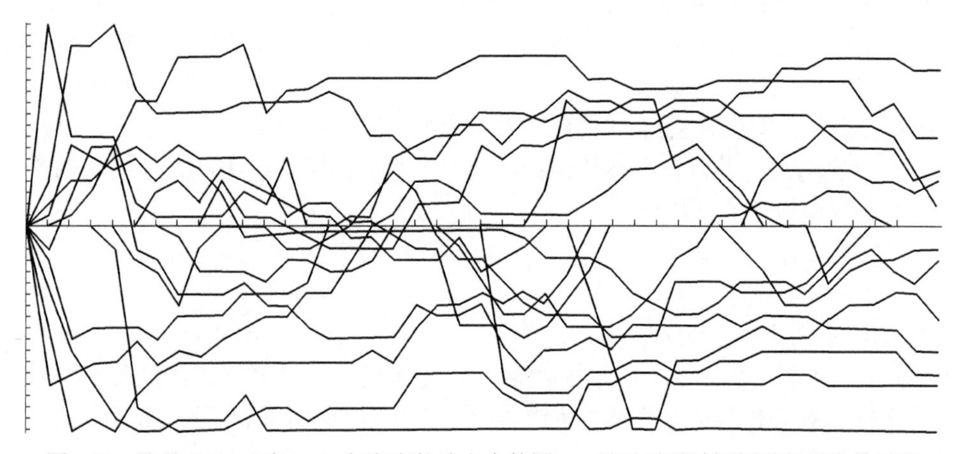

图 16.4 这是 Samuel 在 1967 年发表的论文中的图 4，显示了通过概括进行学习的过程

16.1.2 填鸭式学习与概括

在第一次实验结束之后，Samuel 观察到，通过填鸭式学习，程序确实学会了标准开局，并且学会了如何在大多数标准残局中避免陷阱。但是，它没有学会如何进行中局的博弈。相反，使用概括的程序没有学会标准的开局，也没有在残局的博弈中表现出色（例如，在一个双角中，两个国王对抗一个国王），但是在博弈中局，它有很好的表现，使用子力优势有效地赢了大多数棋局。

因此，在需要非常具体动作的情况下或者在需要很长时间才可以获得结果的情况下，人们认为填鸭式学习是有用的。然而，在存在大量排列以及结果可以快速完成的情况下，概括学习是有用的。任何一种学习方法都使用都会被证明是一种可靠但缓慢的 alpha-beta 极小化极大搜索技术。Samuel（1959，1967）把注意力转移到了**签名表**（signature tables）上而不是线性多项式方法上——从签名表中可以读取参数值，并将其组合为子集。

Samuel 总结得出，试图研究强跳棋选手和他们的“思维方法”有点徒劳，他声称：“从作者对跳棋选手的有限观察中，他相信选手越优秀，他解决问题的方法中存在着越明显的混乱，他的反应也似乎更直观，至少在没有相似精通能力的普通人看来是如此的。”

Samuel（1967）也得出结论，“使用多启发式进行启发式搜索”是一个“比博弈本身更复杂的任务”。

在国际象棋的世界里，我经常听到这样的言论：“凡人”不可能理解国际象棋大师的思维。但是，国际象棋大师在思考和选择一步走子或走子序列时，其所发挥的技能是基于大量的模式存储以及丰富的经验。然而，在一些情况下，国际象棋大师也不能很清晰地解释其想法。

启发式看起来能够以小组为单位进行工作，这一点也不奇怪。在人工智能中，你经常可以听到“收益递减规律”。也就是说，少数规则（如 10%）可以覆盖并适用于 90%的情况，其余 10%的情况（所谓的例外）可能需要 90%的规则。

Samuel 还研究并报告了如何最有效地使用 alpha-beta 程序，以减少跳棋博弈中必需的搜索。

一段时间后知识工程师回应了这个见解（见第 9 章），柏拉图则预先在他的《Euthypro》中多少提到了这个见解。（S.L.）

在生活本身以及操作系统设计中，人们在开发页面优先表的过程中观察到了类似的结果——参见 G. William Domhoff 的《Who Rules America》（2014，第 7 版）。

“合理性分析（plausibility analysis）”也是此类方法之一——人们使用此方法搜索到固定深度，快速识别最合理的走子。这种合理性分析也可以执行到树的不同深度。Samuel 指出，在走子的评估和选择相对关键的情况下，比起在树的更高层次进行裁剪，在树的较低（较深）层次可以安全地进行更多的修剪，某些风险与已裁剪（或向前裁剪）的走子相关联。Samuel 还说到了在处理他所称的“说教式走子（pitch moves）”（或临时牺牲）时遇到的大问题。自然，这样的概念对于标准的博弈程序比较困难，除非做出特别努力让程序可以确定这样的局面，否则使用“正常”的方法，程序不能很快确定“投资回报率”。

16.1.3　签名表评估和棋谱学习

Samuel 的签名表背后的概念是，将认为相关的参数组合在一起。一种安排方式是：组织具有 3 个级别的表，第一级有 105 个条目，第二级有 125 个条目，第三级有 343 个条目。另一种安排方式是：第一级有 68 条目，第二级有 125 条目，第三级有 225 条目。Samuel 做了很多努力使签名表的值有意义。许多条目甚至在比较了超过 10 万个棋谱博弈棋局之后依然为零，或者简单地说，就是没有足够的数据来计算相关系数，作为所分析的棋谱走子总步数的函数，来测量签名表程序和线性多项式程序的学习效果。Samuel 发现签名表方法具有比线性多项式方法高得多的相关性。在研究了 175 000 次走子之后，签名表方法达到了 0.48 相关性的极限，而线性多项式方法在 50 000 次走子之后，相关性稳定在 0.26。[3]

优秀的人类跳棋选手指出了 Samuel 程序中的一个问题，即这个程序看起来对长期策略没有感觉，相反程序似乎将每个棋局视为一个全新的问题进行评估。解决这个问题的一个尝试是，将签名表与合理性分析相结合。与策略相关的参数依赖性是使用这种方法的目标，当相关参数看起来能够有效运行时，它们由恒定的因子进行加权。

16.1.4 含有 Chinook 程序的世界跳棋锦标赛

乔纳森·舍费尔（Jonathan Schaeffer）不仅是一名非常优秀的计算机科学家，对于大多数优秀的国际象棋选手而言，他也是一名强大的竞争对手。

大约在1990年，Jonathan Schaeffer 向 D. K.等人坦言，他真的想成为某种比赛的世界冠军。在20世纪80年代中期，他开发了一个名为 Phoenix 的国际象棋程序，这牢固地确立了他在计算机国际象棋历史中的地位。Phoenix 可以在 A 级（1800～2000）级别对弈，但是不能表现得更好。

Schaeffer 来自加拿大，是大师级的国际象棋选手，在写本书时，他是加拿大艾伯塔省埃德蒙顿阿尔伯塔大学的科学院院长。

事实上，1984年，D. K.访问了埃德蒙顿，在一场小型比赛中与这个程序对弈，赢得了一场短暂的比赛。

由于各种原因（包括计算机资源），Schaeffer 认为，他几乎没有机会开发世界冠军级别的国际象棋程序。他开发国际象棋程序的方法，在试图学习和开发不同启发式方法方面显得非常好。[4]添加或移除特定的启发式时，他试图系统地评估各个版本程序的执行方式。大约在1989年，Schaeffer 决定着手开发世界冠军级别的跳棋程序，他认为这是一个可以实现的目标。当杜克大学跳棋程序（由汤姆·特鲁斯科特开发）[5]在一场短时间的比赛中击败了 Samuel 的程序时，“塞缪尔的程序非常强大”的想法终于在1979年烟消云散了。

1990年，由 Schaeffer、Norman Treloar、Robert Lake、Paul Lu 和 Martin Bryant 开发的 Chinook 赢得了与 Marion Tinsley 进行世界锦标赛比赛的权利。Tinsley 大约做了40年的世界跳棋冠军。1992年，Chinook 终于开始了与 Tinsley 的比赛，共有40场比赛，Chinook 获得了4胜，Tinsley 获得了2胜，其余34场比赛平局。1994年，Tinsley 与 Chinook 重新比赛，但经过6场比赛（全部平局）后，Tinsley 由于身体健康问题认输。事实上，一周后，他被诊断患了癌症，8个月后逝世。在所有博弈中，Chinook 是第一个打败人类世界冠军的程序。随后，Chinook 捍卫了自己的头衔，在1994年以后其从未被击败。1997年，它从与人类的竞争中退休，估计比最好的人类棋手高出200的评分（或至少一个等级）。换句话说，在与人类世界冠军的比赛中，它预计得分为75%。

人物轶事

乔纳森·舍弗尔（Jonathan Schaeffer）

Jonathan Schaeffer（1957年生）是当之无愧的“计算机博弈大师”，也是一名大师级国际象棋棋手。1986年，他从滑铁卢大学获得计算机科学博士学位。1994年，他成了阿尔伯塔大学计算机科学教授。2005年到2008年期间，他担任该学院院长。自2008年起，他担任艾伯塔省大学的副教务处长以及信息技术部助理副校长。

20 世纪 80 年代，Schaeffer 开始声名鹊起，他开发了一个强大的名叫“Phoenix”的计算机国际象棋程序，定期参加北美和世界计算机国际象棋锦标赛。1990 年左右，他决定着手开发跳棋博弈程序，他觉得他能够开发出世界冠军级别的程序。这个梦想在 1994 年成为现实，当时他的程序 Chinook 击败了世界跳棋冠军 Tinsley。在最近的十年里，Schaeffer 至少部分地解决了跳棋博弈的问题，他开始对不完全信息游戏——扑克发起广泛的“攻击”。在这个领域中，他取得了较大的成功。

Chinook 对战 Marion Tinsley（1994 年）

根据 Schaeffer 的背景和经验，Chinook 的设计结构与典型的国际象棋程序相似，这一点都不奇怪[6,7,2]。他还表示，Chinook 使用“搜索、知识、开局走子数据库和残局数据库”。Chinook 使用了各种增强技术进行 alpha-beta 搜索，包括迭代加深（iterative deepening）、换位表（transposition tables）、走子排序、搜索扩展和搜索缩减。平均而言，在对抗 Tinsley 的比赛中，Chinook 至少可以进行 19 层搜索（使用 1994 年的硬件），偶尔扩展搜索到达树的 45 层。其所评估的棋局的中位数一般是搜索到 25 层。

16.1.5 彻底解决跳棋游戏

最近，Schaeffer 表示跳棋游戏已经得到了彻底解决，在无失误的博弈中以平局结束。

完整的跳棋博弈包括大约 5000 亿个棋局或 5×10^{20} 个可能的棋局。

Schaeffer 采用一种“三明治”或“由内向外”的方法来彻底解决跳棋博弈。跳棋博弈不同于国际象棋，他知道，如果预先配置开局（如双方走子前 10 步）或使用几十年来人类已经为博弈开发的标准开局库（opening libraries），可以很容易地控制博弈。Chinook 程序的搜索仔细和深入地检查了这些开局数据库，而当棋盘上只剩余 10 枚或更少的棋子时，数据库通过搜索和数据库的使用解决了博弈残局问题。搜索技术和数据库的使用构成三明治的“面包”（或外部）和“肉”，其中“肉”可以视为结合了启发式的搜索来处理游戏的中局。

Schaeffer 彻底解决了跳棋问题。

换句话说，一旦开局和残局已知，博弈的中局也没剩多少步了——平均来说是 20 步。

Schaeffer 使用 3 种算法和数据组件，彻底解决了跳棋博弈问题：

（1）通过从所有已知的一枚棋子的棋局及棋局的值反向工作，将它们与所有可列举的两枚棋子的棋局连接起来，然后与 3 枚棋子的棋局连接起来，以此类推，使用反向搜索（称为回溯分析）来开发残局数据库。多达 10 枚棋子的数据库由 3.9×10^{13} 种棋局组成，这些棋局的博弈理论值已经确定了。

（2）证明树管理器采用正向搜索来维护正在发展的证明树，并且生成需要进一步探索的棋局。

（3）证明求解器也采用正向搜索，确定由证明树管理器所展示的棋局值。

在一个 10 枚棋子的数据库中，要想不给对手留余地、强制胜利，人们发现最长的已知走子序列为 279 层。这个有 39 万亿个可能的棋局被压缩成 237 千兆字节，平均 143 个棋局每字节。

自定义的压缩程序可实现“快速实时局部压缩”。[8,9] 人们于 1989 年开始建立在棋盘上只有 4 枚或更少棋子的情况下所有可能棋局的数据库。到 1996 年，数据库涵盖了小于等于 8 枚棋子情况下的所有残局。2001 年，计算资源的改进使得人们在仅仅 1 个月内就可以创建 8 枚棋子的数据库，而不是要超过 7 年的时间。2005 年，10 枚棋子数据库计算完成。最初，1989 年，这需要使用 200 台计算机，但是到了 2007 年，平均使用的计算机数目是 50 台。

跳棋博弈的解是以**弱解决**（weakly solved）的方式实现的。从这个意义上讲，在博弈中，并不是每一个棋局都得到分析和解决（这是“强解决”），而是分析发现了一个独特的走子序列，这个序列表明，首先走子的棋手（黑方）使用 09-13 的走子开局至少可以不给对方留下机会，获得强制平局。然后白方以 22-17 走子作为回应，这给黑方提供了一个跳吃，并迫使其使用 13-17-22 的走子作为回应。事实证明，对应于黑方的初始走子 09-13，白方其他可能的 6 个回应（21-17、22-18、23-18、23-19、24-19 和 24-20）对黑方而言最多造成平局，因此，白方更喜欢 22-17 的走子。[8]

图 16.5 和图 16.6 的来源（得到许可）是 Jonathan Schaeffer、Neil Burch，YngviBjörnsson、Akihiro Kishimoto、MartinM ü ller、Robert Lake、Paul Lu 和 Steve Sutphen 的文章《Checkers is Solved》，刊登于《Science Express》（2007）。

因此，生成存储的证明树总共“仅”有 107 个棋局，见图 16.5 中的表 1。存储从 09-13 的初始走子开始每个棋局都需要几个 TB。因此，为了存储和计算的目的，将启发式与来自搜索和证明树管理器所得到的结果结合，可以将待分析所存储的棋局数目减少到可管理的程度。所分析的最长序列是 154 层，见图 16.5 中的表 2。求解器分析了 20 多层，然后将这些层与数据库棋局进行绑定，这些棋局的分析可能是几百层分析的结果。

总之，Schaeffer 团队花了 18 年的时间，结合了大量人工智能的方法，包括深入巧妙的搜索技巧、微妙的算法证明、来自人类专家的启发式和先进的数据库技术，同心协力地解决了跳棋博弈。图 16.6 详细说明了跳棋博弈是如何得到解决的。

表 1. 跳棋子游戏中的棋局数量

棋子数目	棋局数目	棋子数目	棋局数目
1	120	11	259,669,578,902,016
2	6,972	12	1,695,618,078,654,976
3	261,224	13	9,726,900,031,328,256
4	7,092,774	14	49,134,911,067,979,776
5	148,688,232	15	218,511,510,918,189,056
6	2,503,611,964	16	852,888,183,557,922,816
7	34,779,531,480	17	2,905,162,728,973,680,640
8	406,309,208,481	18	8,568,043,414,939,516,928
9	4,048,627,642,976	19	21,661,954,506,100,113,408
10	34,778,882,769,216	20	46,352,957,062,510,379,008
		21	82,459,728,874,435,248,128
		22	118,435,747,136,817,856,512
		23	129,406,908,049,181,900,800
		24	90,072,726,844,888,186,880
Total 1-10	39,271,258,813,439	Total 1-24	500,995,484,682,338,672,639

表 2. 解决了开局。注意，总数与19个开局的总和不一致。结合树具有一些重复的节点，这在总数中已经被移除了

#	开局	Proof	搜索	最大层数	最小数目	最大层数
1	09-13 22-17 13-22	平局	736,984	56	275,097	55
2	09-13 21-17 05-09	平局	1,987,856	154	684,403	85
3	09-13 22-18 10-15	平局	715,280	103	265,745	58
4	09-13 23-18 05-09	平局	671,948	119	274,376	94
5	09-13-23-19 11-16	平局	964,193	85	358,544	71
6	09-13 24-19 11-15	平局	554,265	53	212,217	49
7	09-13 24-20 11-15	平局	1,058,328	59	339,562	58
8	09-14 23-18 14-23	≤平局	2,202,533	77	573,735	75
9	10-14 23-18 14-23	≤平局	1,296,790	58	336,175	55
10	10-15 22-18 15-22	≤平局	543,603	60	104,882	41
11	11-15 22-18 15-22	≤平局	919,594	67	301,310	59
12	11-16 23-19 16-23	≤平局	1,969,641	69	565,202	64
13	12-16 24-19 09-13	失败	205,385	44	49,593	40
14	12-16 24-19 09-14	≤平局	61,279	45	23,396	44
15	12-16 24-19 10-14	≤平局	21,328	31	8,917	31
16	12-16 24-19 10-15	≤平局	31,473	35	13,465	35
17	12-16 24-19 11-15	≤平局	23,803	34	9,730	34
18	12-16 24-19 16-20	≤平局	283,353	49	113,210	49
19	12-16 24-19 08-12	≤平局	266,924	49	107,109	49
Overall		平局	总数 15,123,711	Max 154	总数 3,301,807	Max 94

图 16.5 这两张表详细说明了跳棋博弈是如何得到彻底解决的。一张表给出了跳棋中盘棋局的数目，另一张表给出了最好的开局走子（删除了一些重复序列）[8]

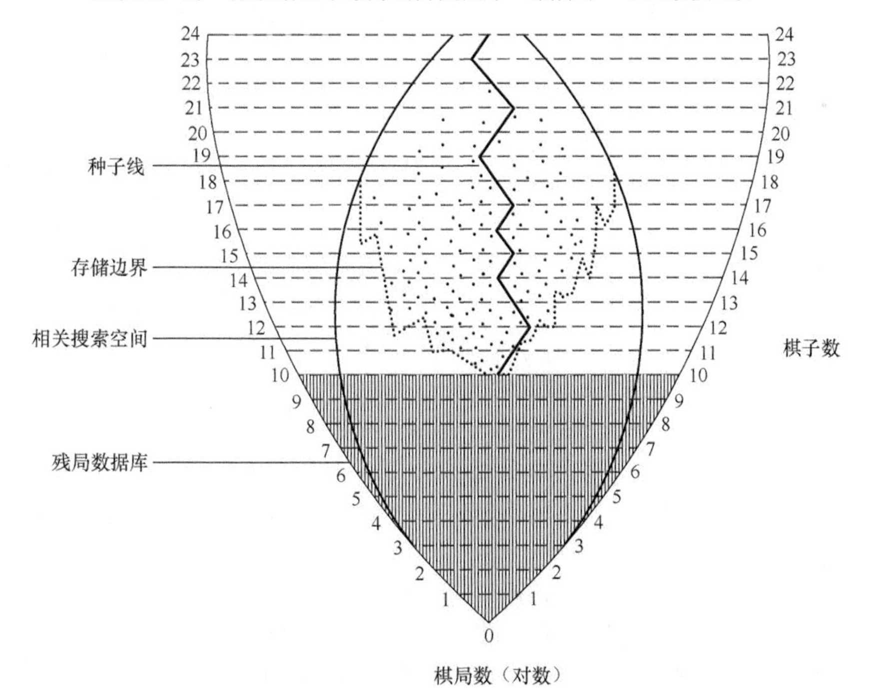

图 16.6 跳棋博弈的解决方法

16.2 国际象棋：人工智能的“果蝇”

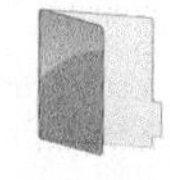

配套资源

大约50年前，Newell、Shaw和Simon写了关于国际象棋和人工智能的文章[10]。因此，国际象棋已经经历了250多年的深入研究。尽管50多年来，人们在计算机的协助下研究国际象棋，并构建了大量的关于国际象棋博弈、国际象棋开局、中局和残局的大型数据库，但是我们依然不知道下列基本问题的答案：

（1）在双方无失误走子的情况下，国际象棋的结局什么？

（2）对于白方而言，最佳的第一步是什么——1.e4、1.d4、还是其他走子？

也就是说，在双方无失误走子的情况下，可能是白方获胜、黑方获胜或是平局。普遍的理论是，在双方无失误走子的情况下，国际象棋会达成平局。

有关国际象棋符号的说明，见附录D.3（2）。同样，根据统计数据，大部分人认为1.e4或1.d4是白方的最佳起步，但是没人能证明。

此外，全球数以千计的国际象棋专业人士试图通过竞赛、教学、写作和组织最佳智力博弈的各个方面获得生计。此外，关于国际象棋的书籍比所有关于其他博弈书籍的总和还要多。几乎每个周末，在方圆几百英里内，你都可以找到一个国际象棋比赛。尽管古巴世界冠军何塞·劳尔·卡帕布兰卡（Jose Raul Capablanca）（1921—1927）曾经预言过，国际象棋是一个“精疲力竭”的博弈，但是很明显，这是一个有趣的博弈，绝不是让人“精疲力竭”的。国际象棋不可能比游览纽约市的可能方式的数目更让人精疲力竭。当然，如果一个人每天都采用同样的道路往返于同一个目的地，那么一段时间后，纽约市看起来就很局限和无聊。如果他努力改变路线，那么毫无疑问，他将会发现纽约市很有趣。

因此，这只是一个组合和意愿变化的问题，并且可能有点冒险。对于大多数国际象棋博弈，在每一个典型的棋局中，每个棋手估计都有30种可能的走子。如果一局典型的、充满竞争的大师级博弈持续了40步（80层），那么你可以看到为什么会有10^{43}种可能合理的国际象棋下法。如果包括不合理的下法，那么国际象棋估计有10^{120}个可能的棋局，这包括各方不合理的走法。这是一个天文的数字（关于这个数字在计算复杂性方面的进一步讨论见第4章）。虽然强大的计算机程序可以与最好的人类棋手平分秋色，但是国际象棋在今天仍然流行。在两个对手发展斗争过程中，国际象棋结合了体育、科学、战争和艺术元素。那些不完全了解博弈规则和目标的人可能很难在博弈中看到这些元素，然而，最高级别的棋手可能会很快证实这一点。为什么？原因之一是，国际象棋是典型的马拉松比赛。也就是说，今天最高级别的博弈（即加速，不休息，避免可能的外部干扰）通常会持续4～6小时。因此，运动代表的耐力和体力往往也是在竞争中取得胜利所必需的。国际象棋还提供了大量的机会进行深度分析，精确计算，结合直觉、知识、经验以及本能（类似于在科学中进行决策的过程）。

当你思考战术和战略因素，选择一步走子或规划一系列走子的过程时，战争的要素就会在国际象棋中发挥作用。虽然机动性和子力是非常重要的，但是国王的安全最重要。

德国人拉斯克（1862—1941），因在哲学和数学方面的著述而闻名，据说他只有为生活所迫时才参加国际象棋联赛等比赛。

子力的布局（通常在中心），对于快速攻击、安全和机动性很重要。与时机和突袭一样重要，子力的分布以及它们之间的协调参与也很重要。最后，在人的因素方面，斗争的概念和获胜的愿望使得国际象棋独特别具一格，颇有吸引力。没有人喜欢失败，因此，为了避免失败或享受胜利，可以使具有自尊心的一个人与另一个同样决心表现出优越自尊心的个人进行竞争。姑且不论身体因素，如休息、疲倦、下棋的速度和耐性，国际象棋为你提供了一个“机会”，直接将你的知识与对手的知识进行“赌博”。正如 1894 年至 1921 年的世界象棋冠军伊曼纽尔·拉斯克（Emmanuel Lasker）博士所说：“在棋盘上，谎言和虚伪无法生存。”

1933 年，加州理工学院的托马斯·亨特·摩尔根（Thomas Hunt Morgan）因其在人口遗传学方面的研究而被授予诺贝尔奖。这项研究基于常见果蝇的研究。由于果蝇生命周期短，特征（包括翼展和眼睛颜色）容易识别，以及其试样成本较低，因此是理想的研究对象。1910 年，Morgan 和哥伦比亚大学的同事能够从受到当时有限资源限制的低成本果蝇实验中获得更多的信息。约翰·麦卡锡（John McCarthy）[11]使用“国际象棋是人工智能的果蝇”这个短语，赞扬了俄罗斯数学家和人工智能研究员亚历山大·克罗拉德（Alexander Kronrad）。已故的唐纳德·米基（Donald Michie）认为适合使用国际象棋进行人工智能实验，原因如下。

（1）国际象棋构成了一种相当正式的知识领域。

（2）在广泛的认知功能方面，它挑战了最高水平的智力能力，包括逻辑计算、填鸭式学习、概念形成、类比思维、演绎和归纳推理。

（3）在国际象棋教学和评论中，详细的国际象棋知识语料库已经积累了数百年。

（4）ELO 评分系统提供了被普遍接受的性能数值尺度，另外，美国国际象棋联合会（USCF）评级体系得以建立。

（5）国际象棋可以分为不同的子博弈，进行强化单独分析。[12]

16.2.1 计算机国际象棋的历史背景

几个世纪来，人们一直试图让计算机进行强国际象棋博弈。早期的努力，也就是第 1 章中提到的 1770 年的“土耳其人”[13]，甚至企图让象棋大师隐藏在盒子里来愚弄公众。多年来，在欧洲巡展过程中，“土耳其人”愚弄了许多人。[13] 随后的工作高级得多，西班牙发明家托雷斯·盖维多（Torresy Quevedo）发明了一种机械装置，赢得残局 K + R 与 K。（约 1900 年）[14]

ELO 评分系统是对国际象棋棋手进行排名的可靠方式。在这个系统中，有 5 个等级（A~E），每个等级相差 200 点。因此，E 级是 1000~1199，D 级是 1200~1399，C 级是 1400~1599，B 级是 1600~1799，A 级是 1800~1999。专家级别是 2000~2199，大师级别是 2200~2399，国际大师级别是 2400 以上，特级大师超过了 2500。今天，世界级棋手超过了 2700，顶尖的少数几名棋手在 2800 左右。评估系统在 25 场比赛后建立评级，根据棋手之间的分差，可以相当准确地预测两名棋手博弈的结果。

1948 年，“计算机科学之父”的 Allen Turing 以及“信息科学之父”的 Claude Shannon 自主研发了今天国际象棋程序仍然使用的基本算法[15,16]。诺贝尔经济学奖得主、卡内基梅隆大学的 Herbert Simon 预测，“在 10 年内，计算机将成为国际象棋冠军”（但是，实践证明他及随后的很多人是错误的）。经过许多基本的开发国际象棋程序的工作后，1959 年，Newell、Simon 和 Shaw 进行了第一次成功、认真的工作。1967 年，麻省理工学院（MIT）的理查德 •格林布拉特（Richard Greenblatt）开发了第一个俱乐部级的程序 Machack，这个程序可以在 1600 的级别（B 级）进行博弈。Green blatt 只允许其程序与人对弈。[17]

1968 年，苏格兰的国际大师的大卫 • 利维（David Levy）与 3 名计算机科学教授打赌 2000 美元：在高级的国际象棋比赛，没有计算机程序可以打败他。Levy 下了这个赌注，试图刺激激励人们对开发强计算机国际象棋程序的研究。1970 年，麦吉尔大学计算机科学教授蒙蒂 • 纽博（Monty Newborn）发起了北美计算机国际象棋锦标赛。这后来成了一个明确确定的项目，作为持续实验衡量计算机国际象棋程序进展。1970 年至 1980 年间，由大卫 •斯莱特（David Slate）、拉里 • 安特金（Larry Atkin）和凯斯 • 高兰（Keith Gorlen）开发的西西里大学国际象棋 3.x 和 4.x 系列占领了北美计算机国际象棋锦标赛（后来称为国际计算机象棋锦标赛）。

在国际象棋中，胜利值 1 分，平局值 0.5 分，负值 0 分。因此，这个分数代表了 Levy 赢了 3 局，1 局平局，输了 1 局。

1978 年，国际大师 Levy 终于接受挑战，轻松击败了国际象棋 4.7，得分为 3.5∶1.5。

1983 年，贝尔实验室的肯 • 汤普森（Ken Thompson）的程序 Belle 成为第一个官方评级的 USCF 大师级别的程序。但在 1983 年每 3 年举行一次的世界计算机国际象棋锦标赛（纽约市）中，南卡密尔西大学的鲍勃 • 海特（Bob Hyatt）、阿尔伯特 • 高尔（Albert Gower）和哈里 • 尼尔森（Harry Nelson）开发的 Cray Blitz 击败了 Belle。1983 年，Levy 再次接受挑战，在伦敦的一场比赛中击败了当时的世界冠军程序 Cray Blitz 4-0。Cray Blitz 运行在当时世界上最快的计算机 Cray XMP 上。作者之一（D. K.）曾作为 Levy 的备选。Levy 能够在早期将 Cray Blitz 从开局引导到中局棋局，在这个棋局中，他相对迟滞，但是总体说来，他规避了 Cray Blitz 的战术实力，同时利用比赛的条款使得 Cray Blitz 陷入时间不足的困境。因此，Cray Blitz 无法从其主要优点中获益，如计算能力、深度和精确度。[19]

1985 年至 1988 年间，Hitech（由卡内基梅隆大学的 Berliner 等人开发）迅速成为主导程序，并且这个程序第一次打破了 2400 的壁垒。Hitech 是一个混合型程序，结合了国际象棋知识和搜索树[20]。1987 年，富达电子（位于佛罗里达州迈阿密）开发了第一个官方评级为大师级别的基于微型计算机的国际象棋程序（开发者是 Spracklen、Baczynskyjs 和 Kopec）。他们的国际象棋引擎非常好，随后流行的 Chessmaster 系列程序的开发人员购买并使用了这个引擎。

16.2.2 编程方法

编写国际象棋程序需要经过非常复杂的努力。在计算机国际象棋的整个历史中，人们开发和完善了一些编程技术和方法。其通常包括以下组件。

（1）下一节中介绍的香农 B 型方法。

（2）棋盘和合法走子表示。

（3）开局和棋局评估。

（4）使用 alpha-beta 极小化极大算法，alpha-beta 的搜索窗口，迭代加深的深度优先搜索和换位表。

（5）使用大型开局数据库和用于博弈的每个阶段的特殊目的的知识。

16.2.2.1　香农方法

从 1950 年开始，在 Claude Shannon 最初的文章中，已经开发了两种基本方法——**香农 A 型**和**香农 B 型**。香农 A 型方法是从任意给定的棋局中逐层迭代搜索，直到固定深度。香农 B 型方法是，如果一个棋局引起了足够的兴趣——例如，已经有了一个吃子、将军或另一种尚未完成的战术事件，则将搜索扩展指定深度之外。换句话说，直到程序认为这个棋局静止（quiescent）或安静了。在国际象棋中，静止的棋局就是指没有迫在眉睫的战术，例如将军、牵制、捉双、吃子等。

相比之下，人们使用一种称为**渐进深化**（progressive deepening）的技术。回顾第 4 章，因为人类记忆不如机器记忆那样“多才多艺”，所以人们必须不断回顾所分析的内容。在国际象棋棋局中决定走哪一步时，人们会对他们特别感兴趣的某种变着（线路）进行更深入的分析，由于记忆和时间限制，人们会一再返回，更深入地进行分析。这种分析就有了渐进的意味。

16.2.2.2　棋盘和合法走子的表示

看看我们面前那些令人爱不释手、美丽匀称的木质棋盘，Staunton 设计的塑料黑方和白方（见图 16.7），你就很容易享受和理解国际象棋棋局。

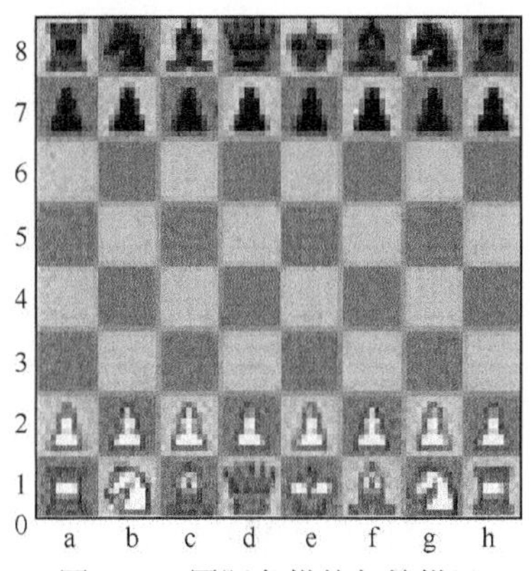

图 16.7　国际象棋的起始棋局

1843—1851 年期间，英国人霍华德·斯坦顿（Howard Staunton，非官方的世界国际象棋冠军）创造了棋子的标准设计，使人们可以清楚地辨别这些棋子，就如本书中国际象棋图中的棋子一样。

但是，对于计算机来说，这不是那么容易的。重要的是要记住，所有的决策最终都是由从数字转换而来的多个 0 和多个 1 决定的。图 16.7 所示的初始棋盘的简单方案就是，使用正数表示白方棋子，负数表示黑方棋子，空方格用 0 表示，如图 16.8 所示。

图 16.8 将棋子分配到棋盘上的方格。在棋盘上，方格的实际地址通常用图 16.9 中的方案表示。

现在，让我们把一枚棋子放在任意一个方格中，比如，将国王放在方格 44 上。现在，国王可以移动（顺时针方向）的方格是 54、55、45、35、34、33、44 和 52。因此，我们可以说，国王可以走子的方格是 K + 10、K + 11、K + 1、K−9、K−10、K−11、K−1 和 K + 9。这被称为**伪合法走子清单**（pseudo-legal move list）。我们可以很容易看出，如何扩展这个方案来处理所有棋子的合法走子。当然，我们必须检查一个方格是否已经被自己的棋子占领了，或者在移动到方格之前考虑敌方的棋子是攻击还是占据了这个方格。

−4	−2	−3	−5	−6	−3	−2	−4
−1	−1	−1	−1	−1	−1	−1	−1
0	0	0	0	0	0	0	0
0	0	0	0	0	0	0	0
0	0	0	0	0	0	0	0
0	0	0	0	0	0	0	0
1	1	1	1	1	1	1	1
4	2	3	5	6	3	2	4

图16.8 国际象棋的初始棋局，与它在程序中所表现的一样。这里，1代表兵，2代表马，3代表相，4代表车，5代表皇后，6代表国王，0代表空方格。白方是正数，黑方是负数

81	82	83	84	85	86	87	88
71	72	73	74	75	76	77	78
61	62	63	64	65	66	67	68
51	52	53	54	55	56	57	58
41	42	43	44	45	46	47	48
31	32	33	34	35	36	37	38
21	22	23	24	25	26	27	28
11	12	13	14	15	16	17	18

图16.9 棋盘上方格“地址”的一般表示方法

计算机可以在表格而不是在清单中更有效地存储并查找棋局中的伪合法走子。清单或表格可以存储在RAM中，并且随着程序分析走子、进行更新。其背后的逻辑是，无论做出何种走子，棋盘上所有棋子的2/3都不会受到影响[18]。此外，20世纪80年代，随着程序Belle[21]及后来的Hitech、Deep Thought和Deep Blue的发展，使用专用硬件生成合法走子变得相当普遍。这个技术结合了其他因素，使得程序加快了数千倍，导致搜索深度增加了几层，从而使得程序比其竞争对手更胜一筹。

16.2.2.3 开局和棋局评估

一般认为，在国际象棋中，有三个阶段：开局、中局和残局。在开局中，最重要的是出子、维护国王安全和车的连通。

20世纪80年代，编程计算机在国际象棋中能够下出好的开局，这是非常困难的任务。这个任务遇到的例外情况与所遵循的规则一样多。例如，所有的国际象棋的新手都了解基本规则“不要太早移动皇后”。然而，在许多情况下，由于特定的棋子布局，恰好这样的皇后移动可以用来对抗对手的下法，并且这样的机会不能、也不应该错过。

从20世纪80年代起，人们为计算机程序提供开局数据库，这些数据库中有超过1000 000个棋局来辅助程序进行开局的博弈，这已经成了标准。这种做法使得计算机程序的开局下法让人窒息，于是人们不得不把开局的博弈作为专业学科进行研究。尽管如此，以下5项

启发式（目标）的出现对国际象棋成功的开局下法仍至关重要：

（1）出子。

（2）控制中心。

（3）维护国王安全。

（4）控制空间。

（5）保持子力平衡。

1. 出子

在国际象棋博弈的开局中，出子可能是最重要的概念，也是普遍目标。出子通常是指将马和相激活，将它们从后排移出，从而可以进行王车易位。当出子完成后，国王得到了车的保护，车得到了连接，可以说一方到了中局。在中局博弈中，棋子往往会移动两三次，并且往往会发生短期和长期的战术冲突，以及出现长期的战略布局。当棋局中重型棋子的值小于或等于 20 分时［例如，不到两个女王（或两个车）和 3 个小棋子（相和马）］，通常就到了残局。

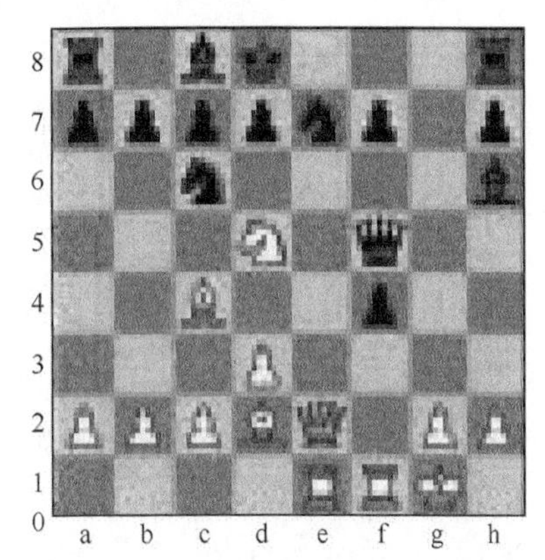

图 16.10 用于发展分析的古代王翼弃兵棋局

以下是 David Levy 的《计算机国际象棋手册》中一个有名的精彩示例。[18]这个棋局（见图 16.10），即历史上的王翼弃兵开局（King's Gambit Opening），得到了至少 3 本专著的大量分析（早期由 Znosko-Borovsky 做出，最近由 Korchnoi 和 Zak，Estrin 和 Glazkov 做出）。

王翼弃兵 [C37]

1.e4 e5 2.f4 exf4 3.Nf3 g5 4.Bc4 g4 5.0-0 gxf3 6.Qxf3 Qf6
7.e5 Qxe5 8.d3 Bh6 9.Nc3 Ne7 10.Bd2 Nbc6 11.Rae1 Qf5
12.Nd5 Kd8

13. Qe2

Levy 指出，虽然白方只有一匹马和一个后方兵（pawn down）（或相当于 4 个兵），但是白方在机动性方面具有相当的领先优势（46~34），接着，他应用一个公式评估出子：

$$出子= \mathbf{D / 3 - U / 4 - (K \times C)}$$

也就是说，

D（不在原来方格中的小棋子）对白方而言为 3，对黑方而言为 3。

U（如果皇后没有移动或已经被吃掉了，那么为 0，在其他情形下，这等于移动棋子的数目）。对白方而言，这为 0，因为白方的皇后已经移动了，并且没有未移动的棋子。但是，对于黑方而言，这为 3，因为黑方的皇后已经移动了，但是还有两个车和一个相未得到移动。

C（如果对手的皇后还在棋盘上，则为 2）对于白方和黑方而言，均为 2。

K（取决于王车易位权）对白方已经进行了王车易位，因此为 0；黑方已经丢失了所有王车易位的权利，所以为 1。

因此，从公式：

$$出子= \mathbf{D / 3 - U / 4 - (K \times C)}$$

得到：

白方的出子= 3/3 − 0/4 −（0×2）= 1

黑方的出子= 3/3 − 3/4 −（1×2）= −1.75

从中可以看出，白方领先 2.75 个单位。

据估计，10 个单位的机动性相当于一个兵，加上黑方棋局中削弱的国王位置、叠兵和孤立兵，我们可以评估出这个棋局双方事实上是势均力敌的。因此，白方在出子和机动性方面领先，黑方的国王不安全，削弱的兵阵补偿了白方 4 分的落后。确实，在 13.Qe6 之后，白方用 14.Qf3 Qf5 做出回应，在 15.Qe2 Qe6 重复 3 次之后，棋手很快就同意和棋。

2. 控制中心

人们一直认为控制中心是国际象棋中的一个重要概念。这是因为它的作用类似于“中央车站（位于美国纽约曼哈顿)”。在中心，棋子可以很容易地移动到棋盘的任何位置，正如一个人可以从中央火车站到达任一地方。图 16.11 提供的加权方案区分了中心（d 和 e 直线)、子中心（c 和 f 直线)、翼（b 和 g 直线)、边和角。显然，人们认为标有 10s（棋盘上的 d4、d5、e4 和 d5）的 4 个方格是中心，是棋盘上最重要的方格。但是，当中心被封闭时(例如被占领和被兵阻碍)，这种情况可能会改变，然后争夺活动可以转移到分中心和翼上。

1	2	3	4	4	3	2	1
2	5	6	7	7	6	5	2
3	6	8	9	9	8	6	3
4	7	9	10	10	9	7	4
4	7	9	10	10	9	7	4
3	6	8	9	9	8	6	3
2	5	6	7	7	6	5	2
1	2	3	4	4	3	2	1
a	b	c	d	e	f	g	h

图 16.11 棋盘上方格的一般加权方案（Levy，第 19 页）

在国际象棋中，有一些众所周知的启发式和表达，如“边马黯淡无光（a knight on the rim is dim)”，这反映在程序上就是对边缘方格的加权比较小；但是也有许多例外，如马移动到边缘可以做出胜利的一击。

3. 维护国王安全

维护国王安全是开局中一个重要的目标，这通常通过王车易位来实现。随着博弈的进行，通过维护国王周围的兵（就像房屋或城堡）来保护国王，这通常很重要。在本质上，国王安全与兵阵有关。在国际象棋中，兵的走法是复杂而又微妙的。在任何时候，衡量国王安全的一种方法是考虑其周围的兵阵，并加上国王周围防御棋子的数目和其价值。另一种更常见的做法是，测量国王所在象限攻击棋子的数目（和权重)，并观察如何使用防御棋子来抵消这些攻击棋子。

4. 控制空间

国际象棋中空间的主题本质上是与兵阵（见 16.2.2.4 节）相关的。相对健康的兵阵必然具有更多空间，具有更多的优势。空间控制一般包括更好的中央控制，这意味着更好的棋子机动性。但是，即使是健康的结构，也经常受到攻击和破坏。此外，即使一方有更多的空间，也不能确定对手不能在这个空间周围工作并深入敌后。因此，空间是一个比较难的主题，这通常涉及棋子和兵之间微妙的互相作用。

5. 保持子力平衡

第五个元素是子力平衡，这是计算机为国际象棋做出的最大贡献。

在国际象棋的浪漫时期（1850—1880），使用越多弃子来实现杀将，博弈就越精彩。然而，在这 150 年左右的时间里，人们开始发展合理的开局走法，并且防御性技术也得到了改进。当前，正确的国际象棋下法牵涉到对子力平衡的高度重视。此外，长时间的兵阵弱点通常不能渡过难关——通常会造成棋子损失。

在雷维・洛佩斯（Ruy Lopez）针锋相对的施莱曼变体（Schliemann Variation）中，经过前 6 步走子之后，我们得到了如图 16.12 所示的关键棋局。

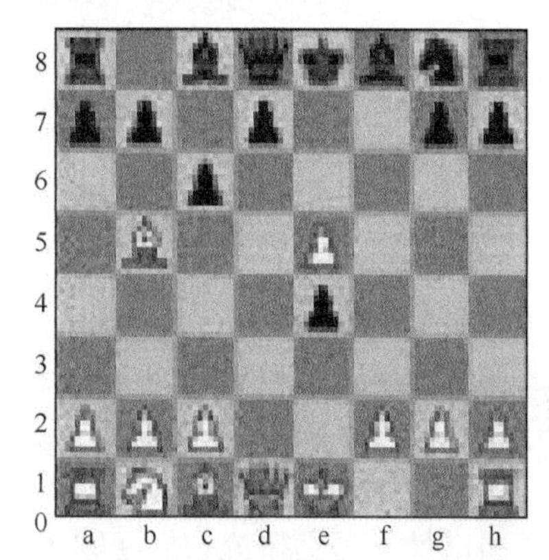

图 16.12 雷维・洛佩斯，施莱曼变体（Schliemann Variation）

Ruy Lopez, Schliemann Variation [C63]
雷维・洛佩斯，施莱曼变体

1.e4 e5 2.Nf3 Nc6 3.Bb5 f5 4.d4 fxe4 5.Nxe5 Nxe5 6.dxe5 c6

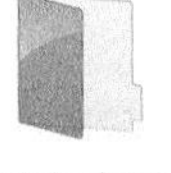
配套资源

许多棋手不知道这个理论棋局，他们可能会天真地走出 7.Bc4。即使在 Q5 +和 Qxe5 之后很快就下出了 d5，白方兵也几乎没有任何补偿。当呈现这个棋局给 Fritz 9 时，在 2 分钟的思考时间内，它发现理论，下法（必需的）是 7.Nc3！换句话说，Fritz 能够深入搜索，意识到任何走子都会损失棋子而得不到任何补偿，发现了必需（理论上）的弃子。关于此的进一步讨论请参阅 DVD。

在国际象棋中，用于棋子的标准数字如下。

兵：1，马：3，相：3.5，车：5，皇后：9，王：∞。

早在计算机在国际象棋中扮演重要角色之前，人们认为马和相接近于 3 或在价值上相等。随着在计算机国际象棋编程中所获得的经验和知识的增加，人们认为相的价值为 3.25～3.5 分，而马的价值为 3.0 分。计算机国际象棋的历史强化了米哈伊尔・博特维尼克（Mikhail Botvinnik）（1948—1963 的国际象棋世界冠军）的想法。虽然 Botvinnik 自己从未完成一个强象棋博弈程序，但是在《Chess, Computers, and Long Range Planning》一书中[22]，他试图以数学方式证明棋子在国际象棋中的重要性。近 30 年来的实践证明，这是在程序评估函数中很重要的一项。简而言之，程序搜索深度的增加证明，在很久以前人类认为无法防守的棋局中存在可行的防御。

配套资源

图 16.13 所示的棋局来自于《Test, Evaluate and Improve Your Chess: A Knowledge-Based Approach》[23]。这是中级测试棋局，编号 8，在这个棋局中，这个想法也是通过牺牲一枚棋子来换取两个兵，以造成牵制。弃子的概念表明了计算机国际象棋博弈和人类走法之间的区别。对此，本书中有一个冗长、深刻、复杂的分析［见附录 D.3.（2）］可以证明，在没有失误的下法中，黑方可以坚持住。这不是人类可以进行或能够进行的下法。人类使用启发式来下棋，这里最重要的启发式是：在棋局中，当黑色方格中的相不能很容易地回到 e7，打破在 N/f6 的牵制时，不应让 N/f6 走到 g5。虽然如 Fritz[9] 这样的计算机没有这样的启发式，但是相反，只要某些防御有可能维持其子力优势，计算机就会进行严厉的防守。

16.2.2.4 机动性和连通性

在多数程序中，子力之后的下一个最重要的概念就是机动性。机动性指的是棋子的活力——每个棋子能移动多少格，并且有什么影响？E. T. O.索尔特（E. T. O. Slater）[24]在大师级的博弈中做了一个关于机动性的著名研究。他回顾了 78 局博弈，这些棋局在第 40 步的走子时结束，他发现每局中最终胜利者的平均机动性明显高于输家。随着博弈的继续进行，博弈双方平均机动性的差值也在增加。表 16.1 显示了 Slater 的发现。

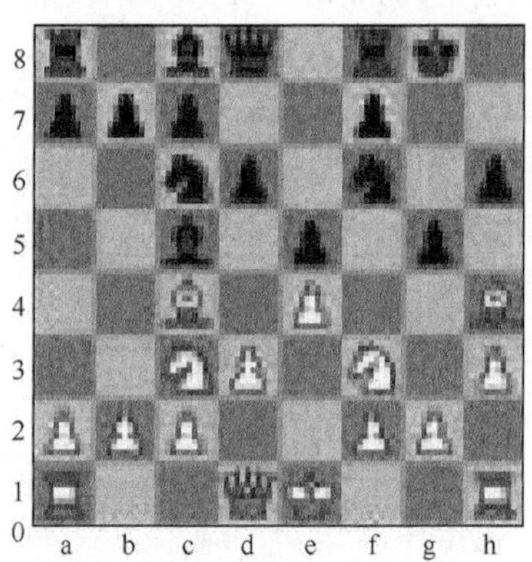

图 16.13 来自 2003 年 Kopec 和 Terrie 著作的第 227 页图 166

表 16.1 由 E. T. O. Slater 任意选择 78 场大师级比赛的结果，这些比赛在第 40 步或之前就已经有了决定性的结果了。这些结果有助于确定在任何程序评估函数中，将机动性作为其中一项的重要性

走子之后	胜者的机动性（平均）	输者的机动性（平均）	差值
0	20.0	20.0	0
5	34.2	33.9	0.3
10	37.5	36.0	1.5
15	39.7	35.2	4.5
20	38.9	36.4	2.5
25	39.6	31.9	7.7
30	35.6	27.7	7.9
35	31.7	23.2	8.5

1.e4 e5 2.Nf3 Nc6 3.Bc4 图

在图 16.14 所示的位置，白方刚刚下了 3.Bc4。这是最自然的发展式走子，因为这有助

于白方用车维护国王（即实现国王安全），并且控制了中心。此外，白方的车可以从 f1 移动到这个最具有机动性（活跃）的方格。在 c4，白方车的影响不小于 10 个方格，然而，在次一级活跃方格 b5，车只能影响 8 个方格。此外，在 c4，车还影响了非常重要的 f7 方格，这是黑方阵营中最弱的方格，这是唯一一个只有黑王保卫的方格。

相当多的证据表明，另一个重要的启发式应该是连通性——棋子互相连接或互相保护的程度。连通性是对一个棋局安全性的度量。缺乏连通性则意味着还有机会利用未得到保护棋力（棋子）的组合。连通的（保护）棋局更容易进行博弈，这与规划紧密相关。在《Connectivity in Chess》3[25]中，我们回顾上百局大师级别、特级大师级别以及世界冠军级别的比赛，通过以新手博弈作为对照，发现在大多数实力强劲的棋手博弈中，连通性确实是一个重要的考虑因素。

具有良好兵阵的棋局（见下一节）往往更具有连通性。如图 16.15 所示，在这个棋局中（由于在棋盘上，双方都只剩下一匹马，加上三个兵和一个国王，因此它被归类为“马残局”），白方连通性差、机动性差，这通常与不好的兵阵紧密相关。白方“a-兵”是叠兵，它有两组不同的兵（a-兵和 d-兵）；而黑棋的兵和棋局正好相反，它们作为一个组，紧密联系，互相保护。

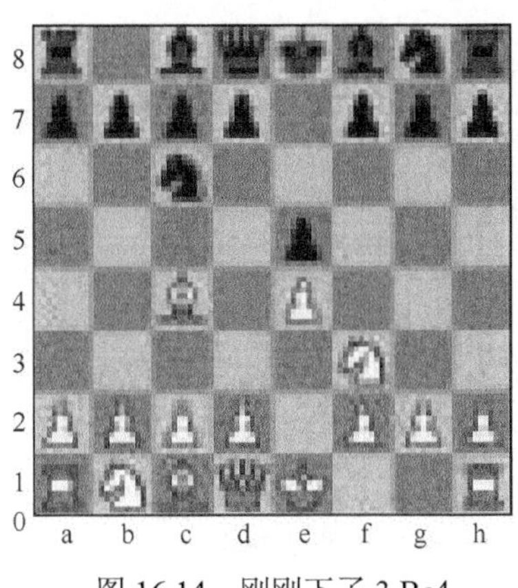

图 16.14 刚刚下了 3.Bc4

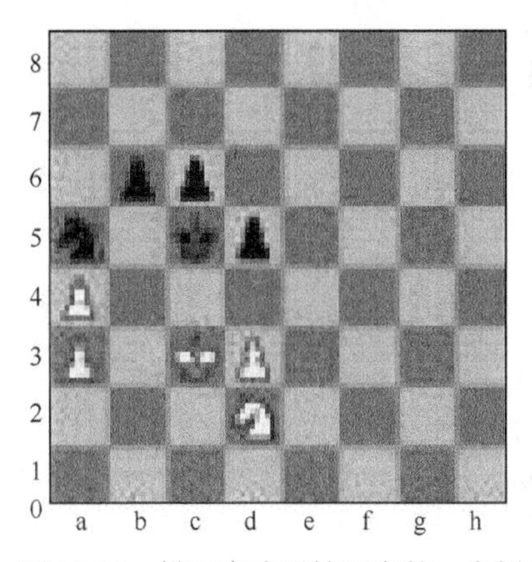

图 16.15 棋局中连通性研究的一个例子

对于这个棋局，兵的价值为 10，马的价值为 30，为了简单起见，我们先不考虑国王。一个合理的连通度量如下所示：对于每个防守方而言，棋子价值 + 3.2（其中 3.2 是兵的价值 10 的平方根）。BN/a5 = 30 + 3.2 （保护者 P/b6）；BP/b6 = 10 + 3.2；BP/c6 = 10 + 6.4（两个保护者）；BP/d5 = 10 + 6.4。黑方总连通值= 79.2。

对于白方而言，连通性 WN / d2 = 30 + 3.2； WP / d3 = 10 + 3.2； WP / a3 = 10；WP：a4 = 10。白方总连通值为 66.4。

黑方在连通性方面显著领先。注意，在这个计算中使用的是棋子应有的价值。保护者的价值可能因不同的组合而有所不同，这可以通过快速查表来完成。对于连通性而言，更简单的计算是：比方说，对于每个棋子或兵的保护而言，黑方的保护计数为 5，白方的为 2。

本研究中的数据使用的是从 20 步开始到博弈结束，胜者和输者之间的连通性的平均差值。一个悬而未决的问题是测试连通性和机动性相互之间的平衡。这可以使用“国际象棋风格（style in chess）”的研究来描述。例如，熟悉国际象棋锦标赛的人可能会预计米哈伊尔·塔尔（Mikhail Tal，其以大胆的作战和弃子下法闻名），在其博弈中会有最高的机动性，但是连通性最低；然而，在阿纳托利·卡尔波夫（Anatoly Karpov）和蒂格朗·彼得罗斯（Tigran Petrosian）（二者都以谨慎和小心翼翼著称）的博弈中，人们预计他们下棋会有较低的机动性，但是连通性较高。介于这两种风格之间的有 Fischer、Alekhine 和 Kasparov，人们预计他们会在机动性和连通性之间取得更好的平衡。图 16.16 假设了一幅草图，比较了这些棋手的机动性和连通性趋势。

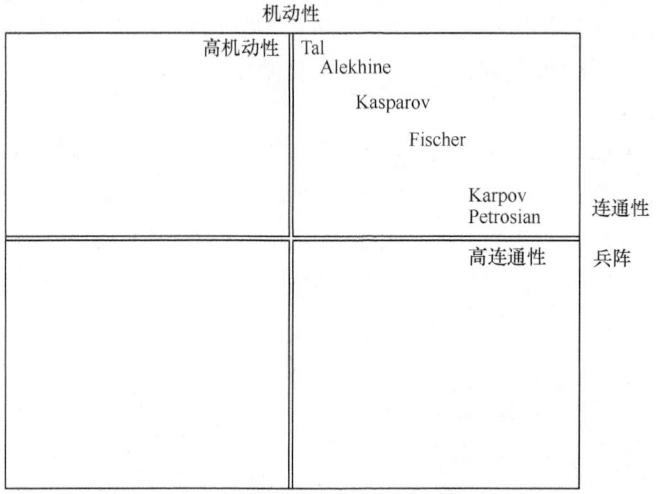

机动性
高机动性
Tal
Alekhine
Kasparov
Fischer
Karpov
Petrosian
连通性
高连通性
兵阵

图 16.16 机动性与连通性——用这种方法可以描述、研究、评估和证明世界冠军的风格

也许在国际象棋中以及在计算机国际象棋程序中，最重要的课题之一是兵阵。这是一个贯穿开局、中局和残局的相关主题。可以说，几乎所有的下法以及棋子的位置定位都与兵有关。兵阵以及如何处理它们，在本质上可以是静态的或动态的。在本质上，中心控制、空间、棋力（和兵）的机动性，以及攻击对方王的能力都与优秀的兵阵相关。兵阵的缺点可以从开局持续到结束。在博弈的任何阶段，兵阵优势都是胜利的主要原因。人们将兵视为“群岛或集团”。棋手拥有越多兵的“群岛”，则兵阵越差。

虽然可以教给棋手和机器关于好坏兵阵（静态）的所有必要知识，但是，关于动态的兵下法，以及兵的下法如何与其他棋子下法进行相互作用仍然相对难以理解。更困难、更微妙的是，人们通常会做出一个规划，导致做出用某个兵发起进攻的决定。尽管如前所述，特别是在攻击对方国王的相关情况下，兵的下法在本质上可能很快就变成了动态的，但是它通常等同于“位置（或战略）下法”。通常，在棋局评估中，棋局因素总的值不能超过兵值（1 分）。因此，如果在执行搜索之后，程序返回一个棋局，比如说值为+0.75，那么这是说，程序认为在（静态）位置因素中，领先了 3/4 个兵。

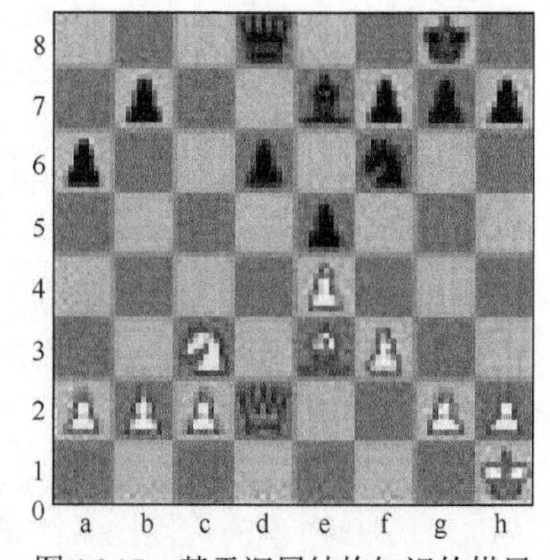

图 16.17 基于深层结构知识的棋局

兵阵对残局的结果特别重要。如图 16.17 所示，其棋局很容易从最受欢迎的国际象棋开局得到——就像此处黑

方使用的西西里防御。这个程序就如 Fritz[9]一样强大，它似乎没有意识到在这种类型的棋局下白方的通常威胁是什么。每一个优秀的人类棋手对这类的棋局都很熟悉，并知道白方可以使用 1.Bg5 威胁以相换马这一有利的换棋，最后得到“好马对坏相（Good Knight against Bad Bishop）”的残局。

毫无疑问，这个程序不惧怕 Bg5，以及随之而来的以白棋的相换黑棋的马，因为它认为相比马有价值。但是，由于特定的兵阵（由在黑棋后方暗色方格 d6 上的兵突出显示），这是一个众所周知的例外，在允许 Bg5 后，随后就是 Bxf6，它应该为一个艰巨的防御任务做准备。

16.2.3 超越地平线效应

20 世纪 70 年代初，世界通信国际象棋冠军汉斯 • 伯林（Hans Berliner，1966—1969）博士提出了**地平线效应**的概念[26]（见第 4 章）。这是 Berliner 博士在进行其博士研究时观察到的现象。这种现象是：基于观察到即将到来的灾难性变化（例如棋子损失），计算机国际象棋程序会试图放弃更多棋子，将其先前所“看到”的内容推出地平线以外，这样做往往会使难度叠加

图 16.18 所示的棋局，是在计算机国际象棋编年史上最著名的棋局之一。当 Kaissa 选择 34.…Re8 而不是明显应该移动 34.…Kg7 时，500 余名观众（包括前世界冠军）都感到吃惊。这是个错误吗？为什么 Kaissa（黑方）放弃一个车，却什么都没有得到？实际上，这是为了正确推理应用地平线效应/蛮力的一个例子。相对于牺牲皇后，Kaissa 更喜欢进行强制将军，例如 34.Kg7 35.Qf8 + Kxf8 36.Bh6 + Bg7 37.Rc8 +，然后就可以将杀。

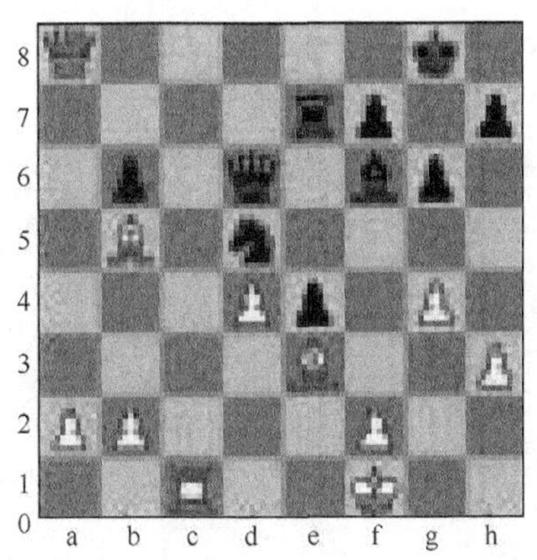

图 16.18 1977 年，多伦多的世界计算机国际象棋锦标赛中，Kaissa 的移动是 34.…Re8

16.2.4 Deep Thought 和 Deep Blue 与特级大师的比赛（1988—1995）

在大致相同的时期，名为 Deep Thought 的程序（由 Anantharaman、Campbell、Nowatzk 和卡内基梅隆大学的所有研究生开发）第一次在 1998 年的软件工具锦标赛（Software Toolworks Championship）上与 GM Tony Miles 打成平局，同时击败了 GM Bent Larsen。在

此期间，事实充分证明，即使是在慢棋中，也只有最优秀的人类棋手才能够打败计算机国际象棋程序。Deep Thought得到的分数是2551，并在1989年艾伯塔省埃德蒙顿的第六届世界计算机国际象棋锦标赛上获胜。[27]

1988年至1989年期间的另一个事件对计算机和国际象棋的过去、现在和未来都具有十分重要的意义，那就是已故的IM Michael Valvo与Deep Thought的两局互联网比赛，这场比赛以每3天一步的速度进行。尽管比赛的战术非常复杂，Valvo仍然赢得了两场比赛。这表明，给定时间和合适的条件，人类依然可以战胜最好的程序。1989年至1990年期间，计算机国际象棋界发生了许多有深远意义的事件。

1989年10月，世界国际象棋冠军Garry Kasparov在纽约市赢得了对抗Deep Thought的两场比赛。显然，计算机还没准备好挑战世界冠军。同年12月，David Levy的挑战赌注（Levy出了1000美元，《Omni》杂志出了4000美元）最终被程序所获得。由于Levy多年未进行国际象棋实践，因此Deep Thought以4∶0的压倒性比分打败了Levy。

同样，D.K.作为Levy的后备准备比赛。一言以蔽之，Levy多年未有活动，在这种博弈实力下输了比赛，几天之内难以跨越这种博弈实力的鸿沟——Deep Thought通过年复一年的挑战获得了巨大的进步。1990年2月，前世界冠军阿纳托里·卡尔波夫（Anatoly Karpov）在哈佛大学与Deep Thought的表演赛中险胜。1996年2月，在费城的比赛中，Karpov证明了Deep Blue程序中所存在的缺陷，他以4∶2（+3，= 2，−1）的比分赢得了比赛。

这个意思是Karpov赢了3局比赛，两局战平，输了一局。

注意，在4局后，这场比赛打成了平局。第5局中，在23次走子之后，Karpov考虑到这局比赛双方势均力敌，但是他觉得时间不足，于是提出平局要求，但是Deep Blue团队不假思索地拒绝了。在比赛的最后一局中，Karpov把握了棋局，掌握了主动权，让计算机几乎没有任何活动空间，并最终击败了Deep Blue。[28]

2012年6月26日，Garry Kasparov在英国曼彻斯特图灵百年纪念馆
（由Dennis Monniaux拍摄）

1997年5月，Kasparov在纽约市与Deeper Blue的再次交手，Kasparov落败，比分是3.5∶2.5（+1，= 3，−2）。的确，这是自1985年成为世界冠军后Kasparov第一次以较慢的速度输了一场比赛，但是结果没有什么深远的意义，因为这是一场时间相对较短的比赛，而不是在世界锦标赛上夺冠。

基于1990年《科学美国人》中Hsu的文章，图16.19可能是本章最重要的图示[29]。从

Belle 开始，它显示出一种趋势，这种趋势由 Hitech、Deep Thought、Deep Blue 和后继的程序保持。Hsu 预测，一旦程序能够获得 14 层的穷尽搜索，那么它们将会变得非常强大，下出特级象棋大师级的棋局，与世界冠军竞争。这一预测完全正确，这种程序的评分接近 3400，如图 16.19 所示。

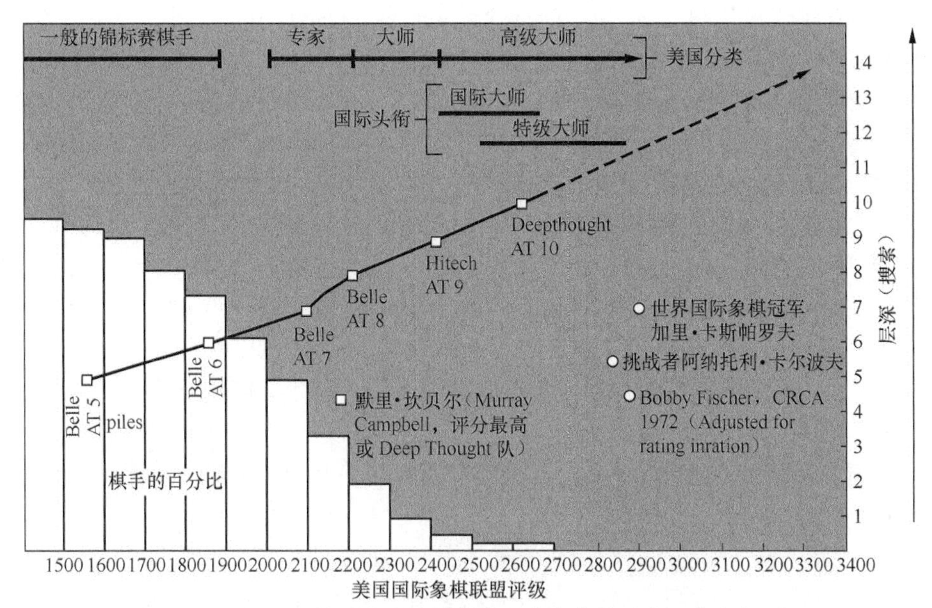

图 16.19 国际象棋程序评分随搜索深度变化的历史及其未来预测

16.3 计算机国际象棋对人工智能的贡献

如前几节所述，实践证明，国棋象棋编程的一个大问题是表示问题，即对于强国际象棋博弈所需的最重要概念的表示；另一个问题是搜索问题。迄今为止，没有任何程序不进行大量的搜索就能达到大师级水平，特别是当与人类所做的相比时更是如此。增加一层搜索深度的能力或能够更有效地集中大规模的搜索，就能够为每位棋手确定最关键以及最好的走子，也能够认识到棋局何时重新出现或搜索何时进入死胡同，这对程序的成功至关重要。

16.3.1 在机器中的搜索

如前所述，大多数国际象棋程序采用香农 B 型搜索策略，同时采用具有极小化极大 α-β 算法的深度优先迭代加深搜索。在当今的程序中，超过 14 层的搜索非常常见。

在大型搜索树（如那些在计算机下棋时生成的搜索树）分析中，由于走子序列的转换，先前计算机产生的许多棋局一再出现。哈希技术是计算机科学家用来有效存储信息或数据的技术，这些信息和数据可能在稍后的检查中用到。为了有效地恢复这些数据，人们将棋局存储在所谓的**换位表**（transposition table）中，这样就可以很容易地找到所需的棋局。使用这种方式，一种棋局一旦得到评估，就不需要再次评估。

有时候，一些先前被证明很重要的走子（或概念）在搜索树分析中可能再次变得有用。识别和再次采用这样的启发式，称为**杀手启发式**（killer heuristic）的使用。当能够用于大规模 α-β 裁剪的所谓反抗走子（refutation move）在树的另一层再次出现时，它可以被再次使用，截断这个搜索，这特别有效。

20 世纪 80 年代末和 90 年代初，Deep Thought/Deep Blue 团队发现了一种搜索启发式，即**空走子启发式**（null move heuristic）。和杀手启发式一样，空走子启发式的目的是通过更高效地采用 α-β 算法实现更高效率的搜索。也就是说，在待分析的棋局中，待走子的一方跳过这一轮，因此在树的更高一层进行棋局的分析。如果棋局使用空走子启发式来生成 alpha-beta 截止值，那么这是有效的；如果没有，将继续进行更深层次的搜索。

Deep Blue 团队在试图使其搜索更深入、更有效的过程中，研究得到的另一个结果是**奇点扩展**（singular extensions）。实质上，这个概念是指，如果一个走子的值比所有其他走子的值更突出，那么对这步走子的搜索应该扩展到下一个层次，以确保这个值是值得信任的。

对于多达 7 枚棋子的所有残局，人们构建了计算机国际象棋**残局数据库**。这是使用**逆行分析**技术完成的。通过使用这项技术，从已知值的棋局开始（例如，K + Q 对 K），然后逆向工作到所有可能的前继棋局，最终在残局中标记所有可能的棋局，或评估在经过 x 步的走子后是获胜还是平局。

自从 1980 年 Ken Thompson 在贝尔实验室推出 Belle 的程序，计算机国棋象棋程序就已经开始利用专用硬件。这种专用硬件与并行搜索算法相结合，进一步提高了计算机国际象棋程序的搜索深度和速度。

16.3.2 在搜索方面，人与机器的对比

毫无疑问，计算机科学家对国际象棋的迷恋源自一种信念。这种信念就是：如果可以创建一个大师级的国际象棋程序，那么就是在模仿和实现人类创造性思考的核心。虽然计算机国际象棋程序变得愈加强大，但在博弈中，它们显然没有获得与人类使用方法相同的能力。在人类和计算中用来选择走子的方法中，我们可以研究其中的一些不同点。

在 3 分钟的思考时间内，给定任何棋局，人类估计能够搜索 50～200 种未来的棋局。即使是世界国际象棋冠军 Kasparov，也受限于这些数字。然而，优秀的计算机国际象棋程序（如深蓝），在相同的 3 分钟内可以搜索几千种棋局。下棋时，在计算能力方面，人类不能与计算机程序匹敌。按照计算能力来讲，在广度和深度方面，给定的中局棋局中，国际象棋大师最多可以估计 7 种可能的备选走子。对于给定的棋局，计算机程序会从双方棋手的角度考虑每一种可能的走子，在中局则平均估计 35 种可能的走子。因此，除了计算能力不足之外，人们也无法在搜索的宽度上与计算机程序匹敌。此外，给定棋局，在深度上，计算机程序可以搜索多达 14 层（回顾一下，一层等于半步走子，2 层相当于白方和黑方的走子，所以 14 层等于 7 步走子）。但是，人类很少会搜索到 10 层以上的深度。Kasparov 也承认这一点，这是他在 1996 年 2 月和 1997 年 5 月与深蓝比赛中的典型局限。这些搜索统计数据可能会有所不同，特别是在残局中，此时由于棋盘上棋子数目的减少，更深入的搜

索是可能的。因此，计算机搜索深度的限制大约为 3^5[14]，而人类搜索深度的限制大约是在 2^5（32 或每个棋局 2 步走子，深度为 5 层）和 3^5（243 或每个棋局 3 步走子，深度为 5 层）之间的某个数字。但是，人们普遍认为，人类与计算机程序不同，不能在宽度或是在深度方面统一地进行搜索。在计算最密集的极端情况下，人类更可能在某一行搜索 10 层深，在另一行或两行搜索 8 层深，在其他行搜索 7 层深，等等。

这似乎比先前提到的由优秀的程序搜索的数百亿个状态空间要少，这是因为，随着搜索深度的增加，以及鉴于吃棋和换棋的结果，棋局中可能走子的数目（这里分支因子最初为 35）将减少到 25 个左右。[11]

人类如何与优秀的程序竞争？事实证明，计算机搜索的数以百亿计的棋局大多数是简单的，因为这是合法走子的范畴。换句话说，计算机评估的许多走子步数是不现实的。例如，在 1.e4 e5 2.Nf3 Qh4 之后，作为白方的计算机程序需要考虑 3 ... Qh4 作为一个合法走子，即使这不是一个合理的走子（这一步移动失去了皇后，却没得到什么）。如果人类可以找到组合，或为了在足够深度的地方得到补偿暂时弃子，那么即使是优秀的程序也可以被击败。为了找到这些组合，人们可以依靠长期的棋局概念，包括启发式如弱方格或复合弱方格群。聪明的人类棋手可以有效地运用此类启发式。然而实际上，计算机作为防守方给出了灵巧的防守，弃子的补偿深度也被推出很远，超过了地平线，但是通常没找到足够的补偿。

16.3.3 启发式、知识和问题求解

1972 年，Chase 和 Simon 的研究[30]以及其他人的研究表明，大多数人通过模式识别下棋。人工智能研究人员和认知科学家对国际象棋的最初兴趣是，通过彻底解决国际象棋，或使其达到国际象棋大师级水平，深入了解人类问题求解的方法和思维方式。此外，解决或掌握国际象棋的程序将表明，机器可能会闯入原先被认为是人类智慧象征、人类智慧是唯一可用的创造性领域，在国际象棋、音乐和数学这些领域，人类贡献创造性工作。正如你在上一节中了解到的，机器和人类以不同的方式解决了这些领域的问题，并为这些领域贡献了原始材料。

如第 7 章所述，人们经常使用启发式帮助做出决定。我们不是机器。我们使用不精确和近似的方法进行工作，但是以目的和目标为导向。事实上，当人们试图按照定期、可预测和一成不变的方式，以机械的方式来工作时，他们要么失败了，要么抓狂了。大多数人不会遵循一个清单来开始一天的生活：首先你必须洗脸刷牙，然后穿衣服、吃早餐，等等，每个任务花费 x 分钟。对于特定日子的周末、月或年，我们必须做出估计，大致了解任务和目标。

通过采用启发式以及启发式提供的知识，我们弥补了缓慢而有限的搜索速度。在国际象棋中，启发式的例子包括在开局中，走子、控制中心、维护国王安全、争取空间以及不丢失任何棋子。其他更精致的启发式，例如，在开局中，前三步的走子值得失去一个兵，位于边缘位置的马显得毫无用处；换句话说，马最好放在棋盘中间，而不是边缘位置。虽然计算机也通过编程来使用启发式下棋，但这些启发式不是用词表示，而是用数字表示的。

我们（人类）实际上也做同样的事情，只有没有明确地、有意识地把数字放在一起，做出走子的选择——我们在潜意识中这样做。

由于人类是机器的编程者，因此计算机评估走子或变化的方法是基于人类不精确（静态结构的）启发式翻译成为最终的数值评估，这是针对所考虑和所选择的每一步走子的质量做出的评估。基于对程序启发式的表现或有效性的理解，程序员必须微调其**评估函数**（evaluation function）。一般来说，这就是为什么我们需要一位优秀的棋手给国际象棋程序员提供建议，帮助他们评估其启发式的准确性和有效性。尝试使用自动化，统计数据库式的方法来研究程序启发式的表现，包括 Deep Thought 和 Deep Blue，这导致了由程序评估函数组成的启发式权重的改进。将由启发式所表示的国际象棋的知识转化成强国际象棋的下法，并与国际象棋程序的所有其他方面（如数据结构、搜索、开局棋盘和各种信息表）结合起来，这依然是复杂而艰巨的任务。

16.3.4 蛮力：知识 vs.搜索，表现 vs.能力

尽管计算机国际象棋程序于 1982 年就达到了大师级的水平，于 1988 年达到了高级大师（2400+）水平，并在 20 世纪 90 年代达到了特级大师的水平，但是一些人工智能专家对国际象棋对人工智能的贡献仍持怀疑态度。在人工智能研究者中，一个持续的争论是，高效的搜索技术是否构成了强人工智能。回顾一下，强人工智能是以人类所采用的方式搜索解决困难问题的方法，也就是说，是从认知心理学的角度进行的。换句话说，解决方案模拟人类所做的事情，帮助人类获得如何工作和思考的更深层次的理解。按照这个定义，人和机器做出决策的过程如此不同，那么，程序通过搜索在国际象棋棋局上做出最佳走子，这等同于人类的思考吗？

总体来说，就人工智能和计算机科学而言，计算机国际象棋的副产品——蛮力的力量，也是一个贡献。在计算机科学的背景下，蛮力意味着大量计算能力的分配，这样就可以从给定的棋局开始执行，穷尽搜索到某一层的深度。蛮力改变了人类和机器如何进行最佳博弈的看法。强人工智能支持者（包括 D. K.）一直希望可以了解在最强大的国际象棋棋手的大脑中发生了什么事情，这样我们不需要太多计算就可以开发强国际象棋程序。

图 16.20 2005 年 6 月 25 日，在伦敦举行的 Man-Machine London（第 4 场比赛）迈克尔·亚当斯（2737）对战 Hydra

然而，多年来的事实（包括许多伟大科学家的努力）证明我们错了。相反，这着实需要大量的计算，而且在减少搜索需求方面知识的益处也不那么明显。因此，在国际象棋中，过去认为很明确的战术和战略的区别，现在几乎完全被蛮力的力量所侵蚀（影响）。如图 16.20 所示，这是迈克尔·亚当斯（Michael Adams，当时是世界排名第七的棋手）与阿拉伯联合酋长国的计算机 Hydra 之间 6 局比赛的第四局。

我们再次看到了美丽和意想不到的战术概念，这个概念是蛮力的直接结果。Hydra 刚刚下了 44. ... Rh5，就基本上锁定了黑方的胜利。在这一走子之前，黑方的车被困在位置 h6，变得无所作为。黑方似乎

试图激活这枚棋子（比如走到 Rh8），但这是有问题的，因为 P / g6 将会失去保护。但是现在，通过这个聪明的走子，黑方可以将国王前移，这样会使过路 d-兵失去保护，然而，由于黑方可以巧妙使用不会产生任何伤害的战术 f4 +，这场博弈以 45.Ra1 Kc5 46.Rc1 + Kb4 47.Rd1 Kc4 48.Rc1 + Kd3 49.Rc6 Rh6 50.h5 f4 +白方认输而告终。此外，从这样的例子中我们可以看到，虽然优秀的人类棋手拥有大量关于国际象棋残局的知识，但是程序可以用自己的方式弥补缺乏大量特定知识的遗憾。

通常，战术下法是指黑白力量之间的肉搏战（例如将军、捕获、牵制、捉双），然而，战略下法一般是指更长期的策略（例如，通过撤退重新组合马、棋子前哨，通过棋子前移发展和执行规划）。

总而言之，不需要强人工智能的技术，不需要专有国际象棋知识，仅仅通过蛮力的应用，在任何时间内，程序就可以下出看起来最强大的国际象棋走法。人工智能科学家将这种区别称为**表现 vs.能力**（performance vs. competence）。也就是说，不具备其所正在做的事情或其背后学科的大量知识，程序却可以有优秀表现，我们将这种程序归类于弱人工智能领域（或表现领域）。可以显示很好的领域知识的程序被称为有能力的，并表现出了强人工智能。

16.3.5 残局数据库和并行计算

国际象棋残局数据库[31]的发展为了解博弈及其与计算机科学问题关系贡献了知识。这个领域的进展进一步显示了搜索与知识之间的区别。近年来，在计算机棋类博弈中，几乎所有工作的重点都集中在开发完整的数据库解决方案，而不是通过组织知识来了解这些残局的秘密。刘易斯·斯蒂勒（Lewis Stiller）已经构建了多达 6 枚棋子的完整残局数据库[32]，这扩展了我们对某些特定用途残局的知识。1991 年，Lewis Stiller 还是约翰·霍普金斯大学的研究生时，他解决了残局 KRB 对抗 KNN 的秘密，证明了优势的一方在 223 次走子后将会获胜。

由于这 6 枚棋子的残局有超过 60 亿个棋局，因此 Stiller 的发现（即超过 96%的棋局都是优势一方获胜）具有深远的意义，并远远超出了人类的理解范畴。

但是，残局数据库并没有提供 Michie 教授所说的那种“知识精炼”。这种“知识精炼”使得人们可以获得对此类残局的关键概念，从而扩展了国际象棋科学和相关学科的知识。[33] 20 世纪 70 年代，麦吉尔大学的 Monty Newborn 率先开发了这个程序的并行版本 Ostrich [34]。随后，包括 Cray Blitz、Hitech、Deep Thought 和 Deep Blue 在内的所有顶级计算机程序都利用并行架构体系提供可用的高级搜索功能。

有关应用于计算机国际象棋程序中的并行搜索技术以及如何有效地获得并行技术的这些书籍的出版，对搜索与并行计算学科做出了贡献[35]。虽然并行计算得到的加速绝对不是与处理器数量成线性关系，但这是当今大多数国际象棋程序不可分割的一个特点。表 16.2 根据程序大小、构造、速度、实力等因素，对历史上的顶级计算机国际象棋程序进行了比较。

表 16.2 自 1980 年以来，一些关键国际象棋程序的细节

编号	名称	作者	隶属	年份	编程语言/计算机规格	程序大小	速度，X1000 棋局/棋局/s	搜索深度/层	评分	技术
1	Kaissa	Georgy Adelson-Velsky、Velsky、Vladimir Arlazarov、Alexander Bitman 和 Anatoly Uskov	理论与实验物理研究所	1960—1974	英国国际计算机有限公司（ICL）系统 4/70 计算机，具有 64 位处理器/24 000 字节内存。汇编语言，每秒 900 000 条指令	385KB	0.2	7	1600	这是第一个使用位棋盘的程序。Kaissa 包含了具有 10 000 步移动的开局棋谱，并采用了具有窗口的 alpha-beta 技术。这个程序引入了名为“最佳移动服务”的功能，存储了 10 个最佳移动的表格。程序使用这个表格，改进 alpha-beta 方法的移动顺序。这个程序的另一个特征是“虚拟移动”，在这种方法中，其中一方在轮到其移动时，不做任何事情。程序使用这种方法来发现威胁
2	Nchess	David Slate，Larry Atkin 和 Keith Gorlen	美国西北大学	1970—1972	西北大学的控制数据公司（CDC）6400 计算机/汇编语言	250KB	600	7	2400	在游戏树中，程序快速搜索每一步可能的移动，搜索到一定的深度，即所谓的全宽搜索或穷尽搜索
3	Cray Blitz	Robert Hyatt、Harry Nelson 和 Albert Gower	克雷研究所	1980—1994	具有 64 位寄存器的克雷 X-MP 超级计算机/CFT77 FORTRAN	64MB	200	9～10	2800	动态树分割算法：如果处理器完成了其工作，即完成了子树的搜索，那么它会向所有繁忙的处理器广播帮助请求（help request）。这些处理器快速复制在当前子树中所搜索的每个节点的类型以及每个节点处未搜索分支的数目，将这个信息发送给空闲的处理器。然后，繁忙的处理器恢复到中断的地方，继续搜索。空闲处理器检查数据，基于剩余的工作量和节点的深度，选择最可能的分割点
4	Hitech	Hans Berliner 和 Carl Ebeling	卡内基梅隆大学	1985—1988	Sun 小型机（高速、专用并行硬件）	550KB	10	4-9	2530	在开始搜索以寻找最佳移动之前，Oracle 分析了棋局并决定搜索必须发现什么信息。然后，搜索器中 64 个集成电路芯片中的每一片芯片都要加载其所分配的任务。每个芯片并行工作，得到各自对最佳移动的想法，然后将数值分数传递给作为促裁器的 Oracle。比起到那个时代为止所构建的其他程序，这个程序集成了更完整和更成熟的国际象棋知识

续表

编号	名称	作者	隶属	年份	编程语言/计算机规格	程序大小	速度，X1000 棋局/棋局/s	搜索深度/层	评分	技术
5	Belle	Ken Thompson 和 Joe Condon	贝尔电话实验室	1978—1986	主要由电子硬件组成，能够以极快的速度执行通常由软件执行的任务	90MB，128KB 转移表	180	8-9	2250	在全宽搜索树中，没有选择性地使用蛮力搜索器，除了一些扩展以外，这主要包括将军扩展和吃回
6	Deep Thought	Feng-Hsiung Hsu 和 Thomas Anantharaman	卡内基梅隆大学	1988	SUN 4 工作站/Deep Thought 的国际象棋引擎，在一块电路板上包含了 250 个芯片和两个处理器		720	10-11	2551	集成了新搜索算法“奇点扩展”，它允许机器沿有希望路径深入探索，而不是停留在一般的搜索层次。通过向后回放完成的游戏，机器进行事后总结，从错误中学习
7	Deep Blue	Feng-Hsiung Hsu、Murray Campbell 和 Chung Jen Tan	IBM	1996—1997	大规模并行的 32 节点 RS/6000 SP 计算机系统/POWER2 超级芯片处理器（P2SC）。32 个节点中的每一个节点都采用了包含了 8 个专用超大规模集成（VLSI）国际象棋处理器（总共 256 个处理器）的单微通道卡。C 程序语言/AIX UNIX 操作系统		7000	15	2852	Deep Blue 没有使用任何人工智能。对于国际象棋的直觉下法而言，没有公式。Deep Blue 依靠计算机力以及搜索和评估函数。首先，进行一个“浅层”搜索，比如说 10 步移动的深度，获得粗略的指示，知道哪些步是有希望的，然后重新搜索这些步到更深的深度。如果程序确定了一步“好”的移动，那么一旦证明了另一步可替代的移动会导致一个更糟糕的棋局，程序会立即停止考虑这一步移动
8	Fritz	Frans Morsch 和 Mathias Feist	ChessBase	20 世纪 90 年代至今	运行在 2.8GHz 的 4 个 Intel Pentium 4 Xeon CPU 上		500	多达 14 层	>2600	使用称为空着搜索（null-move search）的选择性搜索技术。作为这种搜索的一部分，Fritz 允许一方移动两次（另一方做空移动）。这允许程序在搜索到完全深度之前，能够检测到糟糕的移动
9	Hydra	Dr. Christian Donninger 和 GM Christopher Lutz	PAL 集团	2004 后至今	在 64 个节点的 Xeon 群集上运行	64GB 的 RAM	200 000	多达 18 层	>2850	Hydra 的搜索使用 alpha-beta 修剪以及空着启发式。虽然使用 B 型向前修剪技术，可能会错过一些可能的好移动，但是由于这允许更大的搜索深度，因此通常表现得更好

16.3.6 本书作者的贡献

本书第二作者丹尼·科佩克在其关于机器智能的博士论文[36]中主要针对国际象棋残局 K+P 对抗 K 的最小走子的几种正确和最佳解的知识进行了比较。他在**可执行性**（executability）方面比较这些解，将其作为新手的建议文本；出于相同的目的，他在**可理解性**（comprehensibility）方面也进行了比较（见第 6 章）。换句话说，将编程语言（如 Algol 或 Prolog）翻译成英语，将程序消息表示为决策表或流程高中的新国际象棋棋手可以从这些程序的翻译中学习。

残局 K + R 与 K + N 是一个专业的国际象棋残局，即使在顶级的比赛中，这种残局也频繁出现。在蒂姆·尼布利特（Tim Niblett）题为《How Hard Is the K+R vs. K+N Ending? 》的文章[37]中，我们了解到，在这种残局中，只有大师级水平的棋手才可能打成平局或获胜。获胜所需最多的走子步数是 33 次走子。在这种残局中，即使是大师级水平以上的棋手，出现失误也是很常见的。从这项研究中可以发现，为了在这种残局中保持某种棋局，弱势的一方必须采取违反直觉的“分离”走子，也就是增加防守的 K 和 N 之间的距离，而在所有国际象棋棋谱书中，常见的人类启发式是减少它们之间的距离。换句话说，在某些棋局，重要的不是 K 和 N 之间的距离，而是它们之间安全路径的可用性。

丹尼·科佩克与伊万·布拉奇科（Ivan Bratko）合作 [38]，根据战术能力和称为“levers”兵的走法的某一方面知识，开发了评估国际象棋的强弱的测试。这个测试仅由 24 个棋局组成，每个棋局时长 2 分钟。多年来，这成了评估人类和计算机国际象棋强弱的标准基准。这对评分在 1500 到大师级的棋手非常可靠。此后的工作，“国际象棋认知实验（Experiments in Chess Cognition）” [39]涉及在人类身上进行不同的测试，确定是否两个大脑比一个大脑表现得更好，也就是对在测试的棋局，两个人合作的表现是否好过一个人。

另一项测试涉及了时间序列实验，这个实验是为了了解各种级别的棋手，在不同难度的棋局上、使用不同的时间所做出的表现如何。结果发现，一般来说，两个人作为一组进行下棋，比起一个人单独对抗表现更好。人们发现，在思考时间较短、较容易的棋局中，较弱的棋手与较强的棋手表现相当；在思考时间较长、较困难的棋局中，较强的棋手就可以脱颖而出。

丹尼·科佩克与 Hans Berliner 合作[40]，在确定正确国际象棋的走法中，开始尝试进行汇编和分类。如果可以把在一个棋局中选择正确的走子分类到合适类别，那么国际象棋中的问题求解就可以很好地分类，并且毫无疑问，表现和理解也会改进。这项工作后来在《Test, Evaluate, and Improve Your Chess: A Knowledge-Based Approach》一书[41]中得到扩展，这本书的第 2 版关于博弈的部分为所有等级的选手提供了 7 项测试。[42]

16.4 其他博弈

我们已经详细讨论了两个著名的高级计算机博弈——国际象棋和跳棋，介绍了它们的历史、研究和进展。现在我们来总结其他一些知名博弈的进展，如奥赛罗（Reversi）、西洋双陆棋、桥牌、扑克和围棋。

16.4.1　奥赛罗

奥赛罗博弈的目标是，在比赛结束时，在 8×8、总共 64 个方块的棋盘上，尽可能多地覆盖你方颜色的圆盘。通过每次走子，你可以通过“包围”或捕获对手的圆盘，将对手的圆盘变为你方颜色的圆盘。博弈从棋盘中央的 4 个圆盘（两白两黑）开始，如图 16.21 所示。

人们认为角落以及围绕圆盘的 4 个角落的方块是最重要的。在奥赛罗中，对 4 个角及其周围方块的控制对胜负至关重要。下面是一块代码，表明了在奥赛罗中 X 方块（b2）的重要性：

```
如果 a1 =己方则返回 100 结束;
如果 a1 = 对方则返回 2 结束;
如果（g1 = 对方）或（a7 = 对方）那么 返回 - 100
          结束。
返回 - 200。
```

1983 年，基鲁夫（Kierulf）开发了上述代码 [43]，如图 16.22 所示。

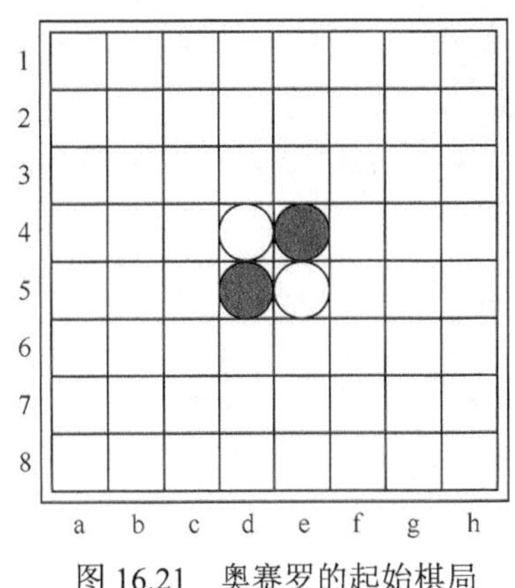

图 16.21　奥赛罗的起始棋局

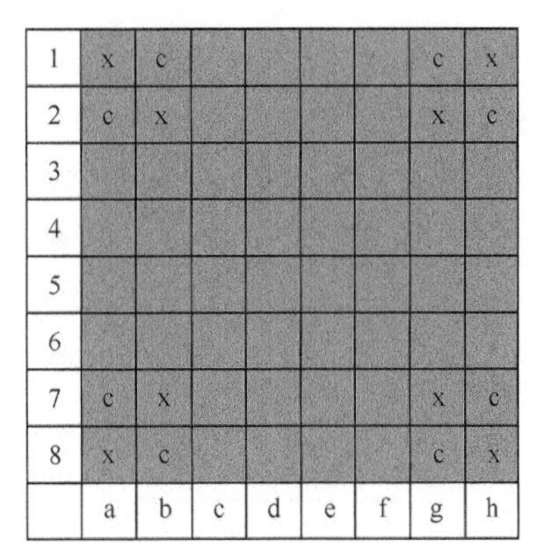

图 16.22　4 个角及其周围方块的重要性

奥赛罗是一场战略博弈。使用蛮力走法，仅仅试图利用每一步来捕获圆盘，不可避免都是要失败的。

多年来，人们普遍认为最好的奥赛罗程序将会击败最好的人类棋手， 而这最终于 1997 年实现。最高级的 Logistello 程序很快就退役了。

20 世纪 90 年代，Logistello 在其参加的 25 场比赛中 18 次取胜，6 次夺得第二名，1 次获得第 4 名。这个程序将深度搜索与自动调整的复杂评估函数相结合，附上了开局扩展数据库，并且是一个完美的残局棋手[2]。Schaeffer 表示，奥赛罗是下一个要彻底解决的高级计算机博弈的候选目标：“很有可能，奥赛罗的圆盘翻转博弈是下一个得到彻底解决的流行博弈，但是它需要的资源比起彻底解决跳棋博弈要多得多。”[8,44] 表 16.3 列出了计算机奥赛罗程序的里程碑事件。

表 16.3 计算机奥赛罗程序的里程碑事件

年 份	程序或事件	说 明
1971 年	Othello	长谷川五郎（Goro Hasegawa）在修改 19 世纪 80 年代后期的博弈 Reversi 的规则时创建了我们现在所知的奥赛罗（Othello）
1980 年	The Moor	Othello 程序 The Moor［由迈克·里夫（Mike Reeve）和 David Levy 编写］，在与世界冠军井上英博（Hiroshi Inoue）的六局对弈中赢得了一局比赛
20 世纪 80 年代初	Iago	Paul Rosenbloom 开发了 Othello 程序 Iago。当 Iago 与 The Moor 对弈时，它在捕捉棋子和限制对手移动方面，更胜一筹
20 世纪 80 年代末	Bill	李开复和桑乔伊·马哈詹（Sanjoy Mahajan）创建了 Othello 程序 Bill。虽然 Bill 与 Iago 类似，但是 Bill 集成了贝叶斯学习（Bayesian learning），因此 Bill 可以稳稳地打败 Iago
1992 年	引入 Logistello	迈克尔·布罗（Michael Buro）开始编写 Othello 程序 Logistello。Logistello 的搜索技术、评估函数和模式知识库优于之前的程序。Logistello 通过 10 万余场的自我博弈来完善自己
1997 年	完善 Logistello	Logistello 在与世界冠军村上隆（Takeshi Murakami）的六局对弈中，赢得了每局对弈。虽然奥赛罗程序比人类棋手厉害，这没有什么疑问，但是自从上一次计算机和卫冕世界冠军进行的最后一次博弈算起，这已经过了 17 年了。在 1997 年的对弈后，人们对“Logistello 比任何人类棋手厉害”已经毫无质疑了
1998 年	Hannibal, Zebra	Michael Buro 让 Logistello 退休了。虽然人们对研究奥赛罗的兴趣有所减退，但仍然开发了 Hannibal［由马丁·皮奥特（Martin Piotte）和路易斯·杰弗里（Louis Geoffrey）开发］和 Zebra［由贡纳尔·安德森（Gunnar Andersson）开发］

16.4.2 西洋双陆棋

西洋双陆棋是一个有着 5000 多年历史的博弈，被称为“终极比赛博弈（ultimate race game）”[45]，也被视为受欢迎的儿童博弈“Parcheesi”的成人版本。这种博弈的目标是多达 4 个的玩家根据骰子数以尽可能快的方式走完整个棋盘。

西洋双陆棋还包括一个防守部分，在这个部分中，棋手要尽力创造出点（points），阻碍对手的发展。西洋双陆棋将机会元素（骰子）与战略、计算、概率、风险分析、经验、直觉和知识等要素结合起来。虽然在一次单独博弈中或短短的几次博弈中，新手可以胜过顶级棋手，但这绝对是一个技能的博弈。图 16.23 显示了白方在滚出的骰子数为 6-2 的情况下做出的开局走子。所进行的走子是 24-18 和 13-11。显然，西洋双陆棋中的走子要创造安全结构（点）的机会，进入可以离去的位置，需要应付对手打击的概率（和能力）。

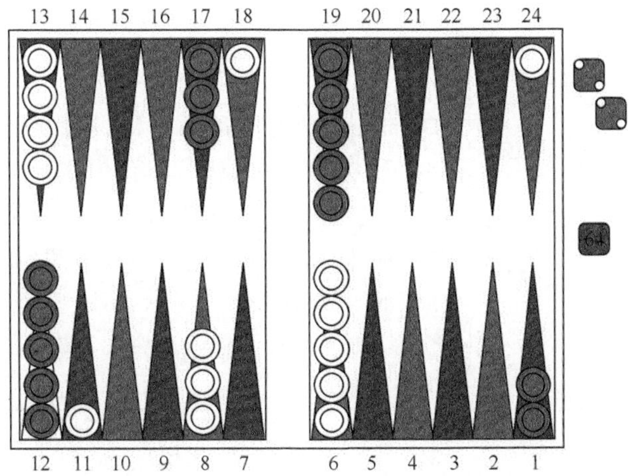

图 16.23 在骰子滚出 6-2 的情况下，白方第一次走子后的棋局

杰拉尔德·泰索罗（Gerald Tesauro）通过大约 150 万次自我博弈，获得了 TD-GAMMON 3.0 的成就。程序通过这些自我博弈训练自己，用神经网络获得最有效的评估函数，这对人工智能是一个巨大的贡献。[2] 为了实现这一点，在每次博弈过后，神经网络用时间差分（Temporal Difference，TD）学习技术来确定哪些项在程序的胜利中起着重要作用。

TD 学习结合了是蒙特·卡罗（Monte Carlo）和动态规划的思想（回顾 3.6.3 节的动态规划）。像 Monte Carlo 方法一样，TD 方法可以直接从原始经验中学习，而不需要环境的动态模型。如动态规划一样，TD 方法部分基于其他所学习到的评估，更新评估，而无须等到最后的结果（自举）。表 16.4 列出了计算机西洋双陆棋程序的里程碑事件。

表 16.4 计算机西洋双陆棋程序的里程碑事件

年 份	程序或事件	说 明
1979 年	BKG 9.8	最强大的西洋双陆棋选手 BKG 9.8（由卡耐基梅隆大学的 Hans Berliner 编写）在一场表演赛中击败了世界冠军路易·维拉（Luigi Villa）。人们普遍认为 Villa 下得比较好，但是计算机受到了命运女神的青睐，掷出了更好的骰子数
1989 年	Neurogammon	在 1989 年的国际计算机奥林匹克竞赛中，Gerald Tesauro 基于神经网络的 Neurogammon，经过专家人类专家选手的对弈数据库训练，获得了西洋双陆棋锦标赛的冠军。自 Neurogammon 以来，所有顶级的西洋双陆棋程序都基于神经网络。由于博弈的分支因子多达数百个，因此目前基于搜索的算法对于西洋双陆棋是不可行的
1991 年	TD-Gammon 首次亮相	Gerald Tesauro 的 TD-Gammon 首次亮相。TD-Gammon 不是使用走子数据库进行训练，而是通过自我对弈进行训练。由于单步走子不能得到奖励——只有对弈结束后才可以奖励，获胜的功劳必须分配到各种走子步骤之中，因此这种方法极具挑战性。Tesauro 用理查德·萨顿（Richard Sutton）开创的时序差分学习绕开了这个障碍

续表

年 份	程序或事件	说 明
1992 年	TD-Gammon 的改进	TD-Gammon 的水平与优秀的人类棋手旗鼓相当。进一步来说，它影响了人类西洋双陆棋专家的下法
1992 年至今	JellyFish、mloner 和 Snowie	许多受到 TD-Gammon 启发的程序已经出现了，如费雷德里克·达尔（Fredrik Dahl）的 JellyFish、哈拉尔德·威特曼（Harald Wittman）的 mloner 以及奥利费·艾格（Olivier Egger）的 Snowic。虽然人们开发了一些不是基于时序差分学习方法的程序，但是未能证明这些程序比其他程序好

16.4.3 桥牌

桥牌是一个技巧和机会相结合、采用墩（trick）的纸牌游戏。墩是游戏单元，在这个游戏单元中，每个牌手从手中选出一张牌。博弈包括 4 名牌手，形成两组同盟。牌手（通常称为东南、西、北），在一张桌子边，面对面坐着，其中南、北是一组合作关系，东、西是另一组合作关系。博弈包括拍卖（通常称为叫牌）和下牌，在此之后就是对牌进行打分。

有关桥牌规则和目标的完整描述，请参见附录 D.3.（1）。

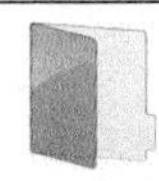

配套资源

叫牌结束于定约，这是一组合作伙伴的声明，他们一方将至少拿下一定数量的墩，使用指定的套，将牌或无将。博弈的规则类似于其他采用墩的游戏，不过其还有额外的特点就是，其中一个牌手的牌放在桌子上，并且牌面朝上，称为“明手”。

一节桥牌由几轮组成。当发完一手牌后，就开始叫牌，得到结果后，就可以下牌了，最终对牌的结果进行计分。单次发牌的目标是使用给定的牌获得最高分。分数主要受到两个因素的影响：在叫牌中所叫的墩的数目和在下牌过程中所吃到墩的数目。如果赢得了叫牌（定约方）的一方，得到了定约数目的墩（或更多），这就是说，它达成了定约，并获得了分数；否则，定约就称为“被打败”或“宕”，分数将归对手所得（防守方）。表 16.5 列出了计算机桥牌程序的里程碑事件。

表 16.5 计算机桥牌程序的里程碑事件

年 份	程序或事件	说 明
1958 年	N/A	热心的国际象棋和桥牌选手 Tom Throop 在 UNIVAC 计算机上编写了一个桥牌程序。这个程序只进行一轮游戏，内存就用完了
20 世纪 80 年代	Bridge Baron	计算机桥牌吸引了越来越多研究者的关注，但是汤姆·思罗普（Tom Throop）依然领先。1982 年，他完成了第一个版本的 Bridge Baron，这个程序直到今天还在持续开发
1990 年	提供了一百万英镑	齐亚·马哈茂德（Zia Mahmood）提供了一百万英镑的奖金给任何可以击败他的桥牌程序

续表

年 份	程序或事件	说 明
1997 年	Bridge Baron	Bridge Baron 赢得了第一届世界计算机桥牌锦标赛（World Computer Bridge Championship）比赛
1998 年	GIB	来自俄勒冈大学的马修·金斯伯格（Matthew Ginsberg）编写了 GIB 程序，该程序成了最强大的桥牌程序。1998 年，GIB 不仅获得了计算机桥牌世界锦标赛，还作为唯一的计算机棋手受邀参加世界桥牌锦标赛的标准桥牌赛。在 35 名竞争者中，GIB 最终位列 12
1998 年	GIB	GIB 在一场表演赛中与 Zia Mahmood 和 Michael Rosenberg 对战。GIB 输了，但是表现出色，让 Zia Mahmood 紧张了一把，他收回了一百万英镑的奖金
21 世纪初	Jack 和 WBridge5	来自荷兰的汉斯 • 库伊杰夫（Hans Kuijf）所编写的 Jack 主导了计算机桥牌界。2001 年、2002 年、2003 年、2004 年和 2006 年，Jack 赢得了计算机桥牌世界锦标赛。2005 年，计算机桥牌世界锦标赛获胜者为来自法国 Yves Costel 的 WBridge5 程序

16.4.4 扑克

扑克是一种纸牌游戏，在世界各地都备受欢迎。作为一种广受欢迎的游戏，它引起了人们极大的兴趣，以至于许多新书和新程序都试图解析扑克的本质。因为国际象棋程序是一个完全信息游戏，任何尝试利用人心理学上优缺点的因素都会被鄙视。相比之下，对于扑克而言，任何成功的程序都必须效仿游戏中的人类元素，包括欺骗。

在成功的扑克博弈中，你必须隐藏所持有的牌，迷惑对手，最后在最合适的时刻出牌。全球计算机游戏编程领袖乔纳森 • 舍弗尔（Jonathan Schaeffer）在其关于计算机博弈的文章中就扑克牌给出了如下结论：

“双人完全信息博弈，是现实世界复杂性的简单模型。现实世界不是双人的，不是基于回合的，更不是完全信息的！因此，这类博弈在教授人工智能方面是有限的。相比之下，(例如) 扑克游戏，由于其信息不完全，更能反映现实世界推理的复杂性，因此它更有可能为我们对人工智能的理解做出实质性贡献。” [46]

计算机扑克程序的里程碑事件见表 16.6。

表 16.6 计算机扑克程序的里程碑事件

年 份	程序或事件	说 明
20 世纪 70 年代	第一个 5 张抽扑克程序	尼古拉斯 • 费德勒（Nicolas Findler）编写了可以进行 5 张抽的扑克程序。虽然他的程序不是特别厉害，但是他的目的是本来就不是要编写出最好的扑克手程序，而是为了对人类玩家的思维过程进行建模

续表

年 份	程序或事件	说 明
1984 年	Orac	职业扑克选手迈克·卡罗（Mike Caro）在苹果 II 计算机上编写了 Orac 程序。Orac 可以打德州扑克——这是一种流行并且有趣的计算类型的扑克游戏。遗憾的是，卡罗将程序保密，因此人们不知道程序是否很厉害
1990 年	Turbo 德州扑克	人们开发了称为 Turbo 德州扑克的商业扑克程序。这是一个基于规则的程序，直到今天仍在销售，比起其他商业扑克程序，它卖出了更多的程序副本
1997 年	Loki	在 Jonathan Schaeffer 的带领下，阿尔伯塔大学的研究人员写了德州扑克程序（Texas Hold'em program）Loki
1999 年	Poki	阿尔伯塔大学团队重写了 Loki，称新的程序为 Poki。Poki 可以容纳多人下德州扑克桌面游戏，一局可以容纳多达 10 个扑克手
2001 年	PsOpti	成长中的阿尔伯塔大学团队写了 PsOpti［这表示的是"pseudooptimal（伪最优）"］，在这个程序中使用了博弈论。PsOpti 下一对一（双人）的德州扑克
21 世纪初	在线赌博网站	在线赌博网站激增。由于这些网站涉及真实资金流动，因此禁止扑克程序或"扑克机器人（pokerbots）"参与
21 世纪初	Vexbot	阿尔伯塔大学团队继续开发新技术。他们的研究包括了创建基于学习的程序 Vexbot，这个程序根据其对对手所建的模型进行调整
2005 年	PokerProBot	举行了第一届世界扑克机器人锦标赛。 业余比赛的冠军（不包括来自艾伯塔大学的程序）PokerProBot 赢得了$ 100 000
2006 年	Hyperborean	这一年的 7 月，美国人工智能协会（AAAI）举办了第一届 AAAI 电脑扑克比赛，该比赛由阿尔伯塔大学的扑克研究小组的 Hyperborean 组织并获胜（领先其他 3 种程序）
2007 年	2007 年扑克比赛	2007 年的扑克比赛由来自 7 个国家的 15 名选手和 43 名机器人（bots）组成。 比赛在 32 台机器上运行了一个月，下了 1700 万手扑克。2007 年 7 月 24 日，在不列颠哥伦比亚省温哥华宣布了结果： 限注系列（Limit Series）（平衡）和限注资金（Limit Bankroll）（在线）——来自 13 名竞争对手的 33 个机器人，下了 1370 万手牌 无限注——来自 8 名竞争对手的 10 个机器人，下了 340 万手牌

16.5 围棋：人工智能的"新果蝇"？

古老的围棋是在 19×19 的方格棋盘上进行的（因此其分支因子约为 360!）。在棋盘上，黑白双方轮流，一次放一枚棋子（"石头"）。这种博弈公然挑战了迄今为止已经应用在传统二人

零和博弈中的技术，如标准搜索、资料库和裁剪技术的方法。Schaffer 说的观点如下。[2,7]

> 由于 19×19 的棋盘导致了大的分支因子，单独的 α-β 搜索没有希望产生强走法。相反，程序执行了小规模的局部搜索，这些搜索使用了广泛的应用依赖的知识。Many Faces of Go 程序的作者大卫·福特兰（David Fotland）确定了进行强围棋走法程序所需的 50 多个主要组件。这些组件基本上彼此不同，大部分难以实现，但是所有组件对获得强走法至关重要。实际上，你有一个链接链，其中最弱的环节决定了整体实力。

此外，Explorer 程序的作者马丁·米勒（Martin Mueller）认为，关于围棋，没有足够可用的资料库，这种博弈在极大程度上挑战了人类棋手[47]。因此，他认为，要做出真正的进步，这还需要数十年。由于这些原因，围棋很容易会成为未来人工智能的“果蝇”。计算机围棋程序的里程碑事件见表 16.7。

表 16.7　计算机围棋程序的里程碑事件

年　份	程序或事件	说　明
1970 年	Go	Al Zobrist 编写了第一个计算机围棋（Go）程序，作为其论文的一部分
1972 年	Interim.2	沃尔特·雷特曼（Walter Reitman）和布鲁斯·威尔科克斯（Bruce Wilcox）开始了多年对围棋（Go）程序的研究。他们编写了程序 Interim.2，并发表了几篇颇具影响力的关于计算机围棋（Go）的论文
1981 年	Many Faces of Go	大卫·福特兰（David Fotland）开始编写现在称为 Many Faces of Go 的程序
1983 年	Go++	迈克尔·赖斯（Michael Reiss）开始编写现在称为 Go++的程序，虽然程序名为 Go++，但是用 C 写的，而不是 C++写的
1984 年	Computer Go tournaments	开始举行计算机围棋锦标赛。常规的锦标赛包括 1985 年至 2000 年举办的 Ing Cup，1995 年至 1999 年举办的 FOST Cup（由日本科学技术融合基金会赞助）
20 世纪 90 年代	Handtalk	退休化学教授陈志兴编写的围棋程序 Handtalk，于 1995 年、1996 年和 1997 年连续赢得了 Ing Cup 和 FOST Cup。20 世纪 90 年代后期，开始重新编写 Handtalk 时，Go4++（现名为 Go ++）和 Many Faces of Go 开始崭露头角
2000 年	Goemate	Handtalk 的继任者 Goemate，赢得了第五届计算机奥林匹克围棋比赛
2000 年	Ing Prize	无人赢得 Ing Prize，Ing Prize 光荣退休。由宏碁股份有限公司和应昌期围棋教育基金会赞助，Ing Prize 将为打败青年冠军围棋程序的开发者授予约$ 1 500 000 的奖金
21 世纪初	Go Intellect, GNU Go	计算机围棋程序激增，其中最强的程序就是现在的 Go Intellect（北卡罗来纳大学夏洛特校区的 Ken Chen 开发）以及开源的 GNU Go 围棋程序

高级计算机博弈之星

人物轶事

汉斯·伯林（Hans J. Berliner）

Hans J. Berliner（1929年生）为国际象棋博弈和高级博弈编程做出了重大贡献。他于1969年获得了卡内基梅隆大学的博士学位，并曾任该校的计算机科学研究教授。从1965年至1968年，Berliner是世界通信国际象棋冠军，他除了在Hitech开发了世界上第一个高级大师级国际象棋程序之外（1985年），还于1979年开发了西洋双陆棋的强程序。

人物轶事

蒙蒂·纽博（Monty Newborn）

Monty Newborn（1937年生）是计算机国际象棋的先驱之一，开发了其中一个最早的多处理器程序OSTRICH，并从1970年开始组织了北美和世界计算机国际象棋锦标赛。1977年，他也是国际象棋协会（ICCA）的共同创始人之一。从1976年到1983年，他是麦吉尔大学计算机科学学院院长。在1996年Kasparov与深蓝的比赛中，他是首席组织者。同时，他也是一些关于计算机国棋象棋和定理证明书籍的作者。在退休生活中，他喜欢制作漂亮的彩色玻璃灯，还是魁北克顶级高级选手之一。

人物轶事

大卫·利维（David Levy）和伽谷·万德·荷里克（Jaap Van Den Herik）

在计算机国际象棋和计算机博弈领域，David Levy（1945年生）是最高产的人物之一。他是国际象棋大师、学者、出版了30余本书籍，并且是国际公认的人工智能领导者。Levy推动了在计算机国际象棋领域的研究，1968年，他与3位计算机科学教授进行了著名的打赌——他声称在国际象棋中，没有任何程序可以击败他。他赢得了几场比赛，在这几场比赛中，D. K.是他的后备，但是在1989年，Deep Thought以4∶0击败了他。与D. K.一样，Levy也是Donald Michie的学生和朋友。

他发表了大受欢迎的《Robots Unlimited》(2005)以及《Love and Sex with Robots》(2007)。

Jaap van Den Herik（1947年生）是马斯特里赫特大学计算机科学的教授。2008年，他成为创意计算Tilberg中心的领导者。Herik教授积极领导和编辑了*ICCA*杂志，最后这本杂志更名为《International Computer Games Association Journal》杂志。

自1988年以来，他在这些领域和其他领域有众多的科学出版物，并曾在莱顿大学担任法律和计算专业的院长。

人物轶事

肯尼思·汤普森（Kenneth Thompson）

Kenneth Thompson（1943 年生）是计算机科学领域杰出的美国先驱之一。他的成就包括开发 B 编程语言。1969 年，他与丹尼斯·里奇（Dennis Ritchie）使用这种语言一起编写了 UNIX 操作系统，进而开发出了 C 语言。在计算机国际象棋中，他在贝尔实验室使用研究多年的专用硬件开发了程序 BELLE。BELLE 在 1980 年的计算机国际象棋冠军赛中夺冠，并且在 1982 年成为第一个大师级的计算机国际象棋程序。Thompson 也因为开发了国际象棋的残局数据库而闻名，对国际象棋知识库做出了巨大的贡献。

Thompson 和 Ritchie 在 UNIX 操作系统方面的开创性工作为他赢得了多项荣誉，包括 IEEE Richard W. Hamming Medal（1990）、计算机历史博物馆高级成员（1997 年）、由比尔·克林顿颁发的国家科技勋章（National Medal of Technology，1999 年）以及日本奖（Japan Prize，2011）。1999 年，Thompson 获得了第一个 Tsutomi Kanai 奖。

最近，他加入谷歌，担任了杰出工程师，并开发了 Go 语言。

16.6 本章小结

本章强调了高级博弈的历史以及其对人工智能的意义。这些高级博弈包括跳棋、国际象棋、西洋双陆棋、奥赛罗、桥牌、扑克和围棋。完全信息的博弈（没有机会、没有运气）包括跳棋、国际象棋、奥赛罗和围棋。机会元素，如骰子和卡片，会影响西洋双陆棋和纸牌游戏（如桥牌和扑克）的结果。尽管如此，从长远来看，在所有这些博弈中，技能是任何一系列博弈或比赛获胜的主要因素。

最近，研究者使用弱方法解决了跳棋博弈（估计有 10^{20} 个可能的棋局）[8]。这意味着首先走子的棋手，其结果就已经确定了。在无失误下法的情况下，跳棋博弈至少是一个平局。相比之下，国际象棋被亚历山大·克罗拉德（Alexander Kronrad）称为“人工智能的果蝇”，其估计有 10^{42} 个合理的、可能的棋局，还远远没得到解决。关于国际象棋的书籍比所有博弈加在一起的书籍都多。虽然多达 6 枚棋的所有国际象棋残局都被解决了[31,32]，但是我们依然不知道白方的最佳第一步以及黑方的最佳回应，或者说在双方都不失误的情况下国际象棋的理论上极小化极大优化值是多少（白方获胜，黑方获胜或平局）。下一个可能被彻底解决的博弈或许是奥赛罗，这个游戏比跳棋高一层。对于其他博弈，如奥赛罗、跳棋、西洋双陆棋、拼字博弈和扑克，在使用人工智能技术开发强程序方面，都取得了重大进展。人工智能的下一只“果蝇”可能是古老的博弈——围棋。

Arthur Samuel 开发了跳棋程序，在他的早期著作中[1,3]，人工智能技术得到了非常有效的研究。Samuel 使用参数调整和签名表对启发式进行了测试和评估。Samuel 改进程序的一个重要方式（参数调整）是让程序自我博弈，然后根据这些博弈的结果调整参数。在加拿大埃德蒙顿的阿尔伯塔大学，从 1989 年开始，Schaeffer 等人开发了程序 Chinook。到 20 世纪 90 年代末，在两场比赛中（1992，1994），Chinook 与世界跳棋冠军 Marion Tinsley

达到了同等水平，并且明显优于最优秀的人类棋手。因此，自从 1994 年以来，Chinook 从未战败过。1997 年，Chinook 光荣退休。Schaeffer 等人[8]报告说，跳棋博弈已经通过弱方法解决了。Schaeffer 的团队在延续 18 年的研究中，结合了大量的人工智能方法，这些方法包括深入聪明的搜索技巧、微妙的算法证明、人类专家的启发式和先进的数据库技术。

国际象棋起源于印度，几千年来，人们基本遵循相同规则进行国际象棋的博弈。几个世纪以来，人们着迷于建造机器，使用强方法进行国际象棋的博弈。17 世纪[3]，土耳其人开始有这种兴趣，接着托雷耶·奎维多（Torreye Quevedo 1890）建立了第一台机械式机器，用于残局王相与王的博弈。Turing [48]和 Shanno [16]独立开发了建立第一个国际象棋程序范式，这个范式到今天依然有效。20 世纪 60 年代出现了第一个国际象棋程序。

20 世纪 70 年代，在俱乐部级别以上的人们和其他计算机棋程序的竞争开始变得普遍，伴随着越来越深入的搜索、开局数据库、换位表、兵阵的启发式和国王安全，人们开发极小化极大 α-β 算法。20 世纪 80 年代，有了第一个大师级棋程序，这是从 1985 年由贝尔实验室的 Kenneth Thompson[21]开发的 Belle 和 Robert Hyatt、Albert Gower 和 Herbert Nelson 开发的 Crayon Blitz 开始的[49]。到 1988 年，Berliner 和 Eberling [20]开发了第一个大师级的程序。不久之后，Hsu 等人[29]开发了一个强大的程序 Deep Thought，使用专用硬件和并行架构与 AI 技术相结合，这个程序成为第一个能够在常规的意义上与国际象棋大师竞争并打败大师的程序。1989 年，在纽约市与世界国际象棋冠军（1985 以来）Garry Kasparov 的两局比赛中，Deep Thought 输了。

20 世纪 90 年代，IBM 聘请了 Deep Thought 团队的几名成员开发了深蓝。深蓝继续并入最强大的计算机、人工智能技术、并行搜索以及对 Alpha-beta 算法的精炼。根据人类大师在几千场博弈中的选择对评估函数进行调整（类似于 Simuel 在跳棋程序上所做的初始工作）。1996 年的费城，Kasparov 与深蓝进行了 6 场比赛，尽管在第 5 场比赛中，当比赛陷入僵局时，Deep Thought“无耻”地拒绝了比赛，然而 Kasparov 还是以 4∶2（3 胜，2 平，1 负）赢得了比赛。1997 年，卡斯帕罗夫与深蓝的继任者进行了另一场比赛。继任者改进了程序，赢得了最后一局，从而以比分 3.5∶2.5（2 胜，3 平局，1 负）赢得了对卡斯帕罗夫的比赛，引起了轰动。在这十年间，最佳的博弈程序与卡斯帕罗夫、其继任者克拉姆尼克（Kramnik），以及其他顶尖的人类棋手都对抗过。

结果表明，比起优秀的人类棋手，当今最好的程序（例如 Deep Junior、Deep Fritz、Hydra、Rybka 等）明显有竞争力。我们对组织顶级机器与顶级人类棋手之间的比赛更加关注。顶级人类棋手不会由于普通人的弱点而造成能力的削弱，如疲劳（无论什么原因）时间压力，以及通常能够引起人类失误的任何条件。比赛需要反映出人类与机器都发挥出很高的水平。任何其他的比赛都只是一个展览式比赛，相对没有意义。

计算机国棋象棋程序以及用于开发它的人工技术，在各个方面已经影响到了如何进行国际象棋博弈。首先，棋子多寡是影响博弈结果的最重要因素。因此，在策略上，国际象棋棋手必须警惕，避免棋子损失。通过观看全世界大型数据库中所存放的对手（不仅仅是大师）最近博弈的情况，人们可以学习，并针对对手进行相应的博弈准备。

由于程序有能力进行深入搜索，这使得在许多博弈和棋局中，防御得到了改进（保留了棋子），因此受到攻击的一方得以生存，并最终可能获胜。在严肃的国际博弈中，为了防止计算机利用休息时间进行分析，因此没有安排休息时间。一些残局（如 KRB vs. KR 或

KBB 与 KN）已经通过数据库的构建得到了解决（包括了所有多达 7 枚棋子的残局），并且对于某些棋局，已经确定了要多于 50 步才能获胜。

一旦了解到奥赛罗（以前称为 Reversi）的规则，你可能会错误地认为这是一个简单的博弈。奥赛罗的规则易学难精。1980 年，Mike Reeve 和 David Levy 开发的一个强大的奥赛罗程序赢得了与当时世界冠军 Hiroshi Inoui 的 6 场比赛。在整个 20 世纪 80 年代，由保罗 •罗森布鲁姆（Paul Rosenbloom）开发的 Iago 程序是众所周知的奥赛罗程序。80 年代后期，由李开复和桑乔伊・马哈詹（Sanjoy Mahajan）开发的程序 Bill 集成了贝叶斯学习方法，击败了 Iago。1992 年，迈克尔・布罗（Michael Buro）开始开发程序 Logistello，这个程序集成了搜索技术、评估函数和模式资料库。通过超过 10 万局的自我博弈，Logistello 完善了自己的表现，赢得了与世界冠军 Takeshi Murakami 的 6 局比赛。[50] 自从 1998 年迈克尔・布罗退役后，尽管奥赛罗程序几乎没有进步，但是奥赛罗程序可以击败优秀的人类棋手。

西洋双陆棋是另一款易学难精的博弈。它包括大量的概率、机会、逻辑和知识的元素。第一个强西洋双陆棋程序称为 BKG 9.8，是由卡内基梅隆大学的 Hans Berliner 于 1979 年开发的。[51] 1989 年至 1992 年间，Gerald Tesauro 开发了基于神经网络的程序 Neurogammon，这个程序从一个大型博弈数据库中学习。西洋双陆棋的分支因子多达数百条，这意味着比起传统的基于搜索的方法，它更适合神经网络的方法。后来，Tesauro 开发了 TD-Gammon，这个程序采用了时间差分学习，在与自身对抗的一系列博弈中来帮助判断哪一步走子对成功的贡献最大。[52] 实践证明，TD-Gammon 与优秀的人类棋手旗鼓相当，甚至影响了人类棋手的走法。

汤姆・罗普（Tom Throop）是一名狂热的国际象棋棋手和桥牌选手，他在 1958 年开发了自己的第一款桥牌程序。1982 年，他开发了程序 Bridge Baron。1997 年，Bridge Baron 在第一届世界计算机桥牌锦标赛中获胜，并继续得到开发直到今天。[53] 自 1992 年以来，他已经开发了许多强桥牌程序。近年来，程序已经变得非常强大，这使得齐亚・马穆德（Zia Mahmood）撤回了他在 1990 年提出的给第一个打败他的程序 10 万英镑奖金的悬赏。

扑克是一种纸牌游戏，涉及相当多的博弈技能，是机会和概率性的博弈。近年来，扑克在全球引起了广泛的兴趣。自 20 世纪 70 年代起，人们开始开发扑克程序。1984 年，职业扑克玩家麦克・卡罗（Mike Caro）为苹果 II 计算机写了 Orac，来玩众所周知的德州扑克，这是一种非常受欢迎的玩法。20 世纪 90 年代，人们开始开发扑克的商业程序。1997 年，在加拿大埃德蒙顿的阿尔伯塔大学，Jonathan Schaeffer 带头开始了游戏程序开发的研究[73,54]。在 10 年中，他们开发了 Vexbo——这是一款基于学习的程序，试图模拟对手的行为。2005 年，来自 Schaeffer（Schaeffer）团队的另一款程序 PokerProbot 在第一届世界扑克机器人锦标赛中获胜，获得了 10 万美元的奖金。

人工智能的新“果蝇”可能是一款东方博弈——围棋。国际上，人类之间的严肃国际象棋比赛持续约 5 个小时。对于围棋而言，顶级博弈持续约 10 个小时！通过传统人工智能技术处理围棋的努力都失败了。围棋在一个 19×19 的棋盘上博弈，分支因子为 360[55]。David Fotland 编写了 Many Faces of Go 程序，已经确定了大约 50 个主要的独特组件，他认为这些组件是在围棋中获得强下法的关键。

本章的部分内容在 2006 年 7 月 13 日至 15 日达特茅斯学院举行 Artificial Intelligence @ 50 中得到了介绍。Artificial Intelligence @ 50 是为了纪念达特茅斯学院举行原始会议 50 周年（由 James Moor 教授主持）。

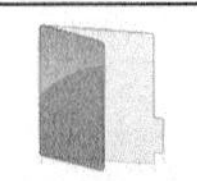
配套资源

我们还要感谢信息科学教授、前布鲁克林大学图书馆的吉尔·奇拉塞拉（Jill Cirasella）。2006 年 7 月，她在达特茅斯学院的 Artificial Intelligence @50 上提供了一个早期版本的计算机博弈简史[附录 D.3.（3）]。感谢哈尔·特里（Hal Terrie）帮助我们编写本章和附录 D.3.（2）中的材料，感谢埃德加·特鲁特（Edgar Troudt）和戴维·科佩克（David Kopec）的校对。

讨论题

1．为什么高级计算机博弈成了人工智能研究的有效领域？

2．简要说明计算机跳棋的历史、研究和现状。

3．在计算机跳棋研究中，主要参与者是谁？

4．为什么在很长的一段时间内，国际象棋被认为是人工智能的“果蝇”？人工智能的下一个“果蝇”可能是什么？

5．国际象棋程序中使用了一些什么技术？例如迭代加深的深度优先搜索、启发式、杀手启发式（killer heuristic）、换位表等。

6．在国际象棋中，状态空间的估计大小是多少？在跳棋中呢？

7．最好的国际象棋程序有多强？你能说出其中 5 个吗？

8．在计算机跳棋、奥赛罗、桥牌、西洋双陆棋、扑克和围棋领域，获得了什么成就？

9．什么是时间差分学习？它在何处使用？

10．在跳棋后，最有可能被彻底解决的高级计算机博弈是哪个？

练习

1．解释为什么高级博弈（如跳棋、国际象棋和西洋双陆棋）是启发式和人工智能的优秀测试对象。

2．Samuel 认为跳棋是人工智能研究的一个很好的实验领域，请给出 5 个原因。

3．Samuel 在跳棋程序中使用了一些人工智能技术，这些技术也应用于其他领域，这些技术是什么？

4．描述跳棋博弈是如何得到彻底解决的。

5．弱解决博弈和强解决博弈之间有什么区别？

6．Connect-Four 是可以被视为一种扩展或更复杂的 tic-tac-toe 的博弈，即当将圆盘添加到 7 列 6 行的网格中时，目标是在一条直线上（行、列或对角线）获得同一颜色的 4 个圆盘。在 1988 年，詹姆斯 D. 艾伦（James D. Allen）和维克多·阿利斯（Victor Allis）独立解出了这个博弈。[56]

a．如果你试图开发程序来进行这个博弈，会怎么做？

b．关于彻底解决这个博弈，你会如何进行？你可能会使用什么人工智能的方法来减少所需的搜索量？可以利用什么问题约束和对称性来减小问题的大小？

7．从已经阅读的材料中，请估计、描述和比较 tic-tac-toe、Connect-Four、跳棋和国际象棋状态空间的大小。

8．通常，学习博弈及其隐藏秘密的最佳方法是通过双方博弈，从而进行分析。研究跳棋残局中两枚棋子对抗一枚棋子。有平局的棋局吗？或者你能从任何起始棋局开始，在优势方不留机会给对方时强制获胜吗？

9．为什么国际象棋被称为“人工智能的果蝇”？

10．在国际象棋的棋盘上，将白方的王放在方块 c3 上，将白方的兵放在方块 d3 上，黑方的王放在方块 b5 上。建立一棵搜索树，使用规则“如果白方的王可以在白方兵的前两行，则白方胜利”来帮助修剪树，使用 3 层极小化极大α-β分析。

11．对于国际象棋程序，描述香农 A 型和香农 B 型方法的区别。

12．为什么最强的计算机国际象棋程序比最强的人类国际象棋棋手优秀？未来的比赛应该如何组织？

13．描述计算机国际象棋程序中使用的以下方法：

a．换位表。

b．静态搜索。

c．迭代加深。

d．空走子启发。

e．杀手启发式。

f．奇点扩展。

g．残局数据库。

14．国际象棋残局，王车相对战王车（KRBKR）就是说人们所称的“头痛残局（headache ending）”。在步数最长的获胜棋局中，人们确定了 KRBKR 需要 59 步才能分出胜负。在没有兵移动或捕获的情况下，国际象棋规则一般只允许在 50 步内分出胜负，但是由于这种情况的存在，这个规则不得不更改。

a．虽然特殊的数据库包含了所有 7 枚棋子的残局，但是，请解释为什么为这样的残局开发程序，使得双方能够做出正确的走子是个挑战。也就是说，双方都不失误，优势一方总是在能分出胜负的棋局中获胜，又或是在不分伯仲的棋局中，程序总是得到平局。

b．开发这样一个程序，可以使用什么样的人工智能方法？

15．尽管当今国际象棋的程序都很强大，并且关于国际象棋的书籍比所有博弈加起来的书籍都多，但是我们依然不知道国际象棋在博弈理论上的极小化极大最佳值，甚至是最佳的第一步走子。解释为什么对于国际象棋，即使使用彻底解决跳棋的方式（即弱方法）也难以得到解决。

16．为什么围棋是未来的“人工智能的果蝇”？请说明原因。

17．为了对计算机编程进行棋盘游戏的博弈，你需要找到一种方式表示棋盘。在跳棋博弈中，棋盘使用数组表示，表示某枚棋子放入了某个方格、轮到哪一方棋子走子等[57]。在国际象棋博弈中，开发一个数组来表示初始的棋局。

18．短期研究项目：阅读以下文献之一，并做总结。

- 图灵的论文（1950）。
- 香农的论文（1950）。
- 塞缪尔的论文（1959）。
- 《计算机五子棋》Berliner（1980）。

- Lee 和 Mahajan 的文章（1990）。
- Tesauro 的文章（2002）。
- 《跳棋得到彻底的解决》，Schaeffer（2007）。

19．研究项目：根据 16.9 节引用文献中所列出的书目或 16.10 节的摘要，或者下列较长的论文，写一篇 5 页的总结：

- 《The magical seven, plus or minus two》, G. A. Miller (1956)
- 《A Program to Play Chess Endgames》, B. Huberman (1968)
- 《Chess, Computers, and Long Range Planning》, M. M. Botvinnik (1970)
- 《Human Problem Solving》, Newell and H. A. Simon (1972)
- 《Perception in Chess》, W. Chase and H. A. Simon (1973)
- 《An analysis of alpha-beta pruning》, D. E. Knuth and R. Moore (1975)
- 《Chess Skill in Man and Machine》, P. Frey (1977)
- 《A World Championship-Level Othello Program》, P. Rosenbloom (1982)
- 《A comparison of human and computer performance in chess》, D. Kopec and I. Bratko (1982)
- 《Computers, Chess, and Cognition》, T. Marsland and J. Schaeffer (eds.) (1990)
- 《Kasparov versus Deep Blue: Computer Chess Comes of Age》, M. Newborn (1997)
- 《One Jump Ahead: Challenging Human Supremacy in Checkers》, J. Schaeffer (1997)
- 《Computer Go: An AI Oriented Survey》, B. Bouzy and C. Tristan (2001)
- 《The Challenger of Poker》, D. Billings, A. Davidson, J. Schaeffer, and D. Szafron (2002)
- 《Programming Backgammon Using Self-Teaching Neural Nets》, G. Tesauro (2002)

20．描述人工智能的 5 个领域，在这 5 个领域中，计算机博弈程序的开发做出了重大贡献。请说明游戏名、年份、开发者；描述所使用的方法和所做出的贡献。

参考资料

[1] Samuel A. Some studies in machine learning using the game of checkers. IBM Journal of Research and Development 3: 210–229, 1959.

[2] Schaeffer J. A gamut of games. AI Magazine, v22, 3: 29–46，2001.

[3] Samuel A. Some studies in machine learning using the game of checkers: Recent progress. IBM Journal of Research and Development 11: 601–617, 1967.

[4] Schaeffer J. The relative importance of knowledge. ICCA Journal 7 (3): 138–145, 1985.

[5] Truscott T. The Duke Checker Program. Journal of Recreational Mathematics 12(4):241–247, 1979.

[6] Schaeffer J. One Jump Ahead: Challenging Human Supremacy in Checkers. New York: Springer-Verlag, 1997.

[7] Schaeffer J E, van den Herik J. Chips Challenging Champions. Amsterdam: Elsevier, 2002.

[8] Schaeffer J, Burch N, Björnsson Y, Kashimoto A, Müller M, Lake R, Lu P, Sutphen S.

Checkers is solved. Scienceexpress/www.sciencepress.org/19 July pages 1-5/ 101126/ science.144079 www.sciencemag.org/cgi/content/abstract/1144079v1, 2007.

[9] Schaeffer J, Björnsson Y, Burch N, Kishimoto A, Müller M, Lake R, Lu P, Sutphen S. Solving checkers. In: International Joint Conference on Artificial Intelligence, 292–297. Edinburgh, Scotland: University of Edinburgh, 2005.

[10] Newell A, Shaw J C, Simon H A. Chess-playing programs and the problem of complexity. IBM Journal of Research and Development 2 (4): 320–335, 1958.

[11] McCarthy, J. AI as sport. Science 276 (June 6): 1518–1519, 1997.

[12] Michie D. Chess with computers. Interdisciplinary Scientific Review 5 (3): 215–227, 1980.

[13] Standage T. The Turk. New York: Walker Publishing Company, 2002.

[14] Levy D. Chess and Computers. Rockville, MD: Computer Science Press, 1976.

[15] Turing A M. Digital computers applied to games. In: Faster than Thought, edited by B. V. Bowden, 286–310. London: Pitman London, 1953.

[16] Shannon C. Programming a computer for playing chess. Philosophical Magazine, ser.7, 41: 256–275, 1959.

[17] Greenblatt R D, Eastlake III D E, Crocker S D. The Greenblatt chess program. In Fall Joint Computing Conference Proceedings, San Francisco, New York, 31, 801–810. ACM, 1976.

[18] Levy D N L. The Chess Computer Handbook. London: Batsford, 1984.

[19] Kopec D. Advances in man-machine play. In Computers, Chess and Cognition, edited by T. A. Marsland and J. Schaeffer, 9–33. New York: Springer-Verlag, 1990.

[20] Berliner H, Ebeling C. Pattern knowledge and search: The SUPREME architecture. Artificial Intelligence 38: 161–196, 1989.

[21] Condon J, Thompson K. Belle chess hardware. In Advances in Computer Chess 3, edited by M. R. B. Clarke, 45–54. Oxford, England: Pergamon, 1982.

[22] Botvinnik M M. Chess, Computers, and Long Range Planning. New York: Springer-Verlag, 1969.

[23] Kopec D, Terrie H. Test, Evaluate and Improve Your Chess: A Knowledge-Based Approach. New Windsor, NY: US Chess Publications, 2003.

[24] Slater E T O. Statistics for the chess computer and the factor of mobility. In Symposium on Information Theory, London, 150–152. London: Ministry of Supply, 1950.

[25] Kopec D, Northam E, Podber D, Fouda Y. The role of connectivity in chess. In Proceedings of the Workshop on Game-Tree Search, 78–84, 6th World Computer Chess Championship, Edmonton, Alberta, Canada: University of Alberta, 1989.

[26] Berliner H D. Chess as Problem Solving: The Development of a Tactics Analyzer. PhD thesis, Department of Computer Science, Carnegie Mellon University, 1974.

[27] Kopec D. Deep thought outsearches foes, wins World Computer Chess Championship. Chess Life, September, 17–24, 1989.

[28] Kopec D. Kasparov vs. Deep Blue: Mankind is safe—for now. Chess Life, May, 42–51,

1996.

[29] Hsu F H, Anantharaman T, Campbell M, Nowatzyk A. A grandmaster\chess machine. Scientific American 263 (4, October): 44–50, 1990.

[30] Chase W G. Simon H A. Perception in chess. Cognitive Psychology 4: 55–81, 1973.

[31] Thompson K. Retrograde analysis of certain endings. ICCA Journal 9 (3): 131, 1977.

[32] Stiller L. Group graphs and computational symmetry on massively parallel architecture. The Journal of Supercomputing 5 (2–3, October): 99–117, 1991.

[33] Michie D, Bratko I. Ideas on knowledge synthesis stemming from the KBBKN Endgame. ICCA Journal 10 (3): 3–13, 1987.

[34] Newborn M. Ostrich/P—a parallel search chess program. Technical Report 82.3. School of Computer Science, McGill University, Montreal, Canada, 1982.

[35] Kopec D, Marsland T A, Cox J. SEARCH (in AI). Chapter 63 in The Computer Science and Engineering Handbook, 1–26. Boca Raton, FL: CRC Press, 2004.

[36] Kopec D. Human and machine representations of knowledge. PhD Thesis, Machine Intelligence Research Unit, Edinburgh: University of Edinburgh., 1983.

[37] Kopec D, Niblett T. How hard is the King-Rook-King-Knight ending? In Advances in Computer Chess 2, edited by M. R. B. Clarke, 57-80 Edinburgh: Edinburgh University Press, 1980.

[38] Kopec D, Bratko I. The Bratko-Kopec experiment: A test for comparison of human and computer performance in chess. In Advances in Computer Chess *3*, edited by M. R. B. Clarke, 57–82, Oxford, England: Pergamon Press, 1982.

[39] Kopec D, Newborn M, Yu W. Experiments in chess cognition. In Advances in Computer Chess 4, edited by D. Beal, 59–79. Oxford, England: Pergamon Press, 1986.

[40] Berliner H, Kopec D, Northam E. A taxonomy of concepts for evaluating chess strength. In Proceedings of SUPERCOMPUTING' 90, 336–343. New York: ACM, 1990.

[41] Kopec D, Terrie H. Test, Evaluate, and Improve Your Chess: A Knowledge-Based Approach. San Francisco, CA: Hypermodern Press, 1997.

[42] Kopec D, Terrie H. Test, Evaluate and Improve Your Chess: A Knowledge-Based Approach, 2nd ed. New Windsor, NY: USCF Publications, 1997.

[43] Kierulf A. Brand—an othello program. In Computer Game-Playing: Theory and Practice, edited by M. A. Bramer,197-208.Chichester, England: Ellis Horwood, 1983.

[44] van den Herik J, Uiterwijk J, van Rijswijck J. Games solved now and in the future. Artificial Intelligence 134, 277–311, 2002.

[45] Burns B. The Encyclopedia of Games: Rules and Strategies for More Than 250 Indoor and Outdoor Games, from Darts to Backgammon. Abebooks， 2000.

[46] Billings D, Davidson A, Schaeffer J, Szafron D. The challenger of poker. Artificial Intelligence 134 (1–2, January):201–240, 2002. (Also available at<www.cs.ualberta. ca/~darse/Papers/AIJ02.pdf>)

[47] Müller M. Computer Go. Artificial Intelligence 134: 145–179, 2002.

[48] Turing A M. Computing machinery and intelligence. Mind 59: 433–460, 1950.

[49] Hyatt R M, Gower A, Nelson H. Cray Blitz. In Advances in Computer Chess 4, edited by Beal, D. Oxford, England: Pergamon Press, 1985.

[50] Buro M. The Othello match of the year: Takeshio Murakami vs. Logistello. ICCA Journal 20 (3): 189–193, 1997.

[51] Berliner H J. Backgammon computer program beats world champion. Artificial Intelligence V14 (2, September 1980): 205–220, 1979.

[52] Tesauro G. Temporal difference learning and TD-Gammon. Communications of the ACM 38 (3): 58–68, 1995.

[53] Smith S J J, Nau D, Throop T. Computer bridge: A big win for AI planning. AI Magazine 19 (2, Summer 1998): 93–106, 1998.

[54] Billings D, et al. Approximating game-theoretic optimal: strategies for fullscale poker. In Proceedings of the Eighteenth International Joint Conference on Artificial Intelligence (IJCAI-03), Edmonton, Canada, 2003. (Also available at< www.cs.ualberta.ca/~darse/ Papers/ IJCAI03.pdf>).

[55] Müller M. Schaeffer J, Björnsson Y. (eds.). Computers and Games, Third International Conference, CG 2002, Edmonton, Canada, July 25–27, 2002. Revised Papers, volume 2883 of Lecture Notes in Computer Science. New York: Springer, 2003.

[56] Allis V. Searching for solutions in games and artificial intelligence. PhD Dissertation, Department of Computer Science, University of Maastricht, The Netherlands, 1994.

[57] Strachey C. Logical or non-mathematical programmes. In Proceedings of the ACM Conference in Toronto, 46–49, 1952.

书目

[1] Frey P. (ed.). Chess Skill in Man and Machine. New York: Springer-Verlag, 1977.

[2] Ginsberg M. GIB: Steps toward an expert-level bridge-playing program. In International Joint Conference on Artificial Intelligence, 584–589, 1999.

[3] Hsu F H. Behind Deep Blue. Princeton: Princeton University Press, 2002.

[4] Kopec D, Chabris C. The Fifth Harvard Cup Human Versus Computer. Intel Chess Challenge. ICCA Journal (December 1994), 1994.

[5] Kopec D, Shamkovich L, Schwartzman G. Kasparov–Deep Blue. Chess Life, Special Summer Issue (July): 45–55, 1997.

[6] Newborn M. Kasparov versus Deep Blue: Computer Chess Comes of Age. New York: Springer-Verlag, 1997.

[7] Newborn M. Deep Blue: An Artificial Intelligence Milestone. New York: Springer-Verlag, 2002.

[8] Samuel A. Programming computers to play games. In Advances in Computers, volume 1, edited by F. Alt, 165–192, 1960.

[9] Tesauro G. Programming backgammon using self-teaching neural nets. Artificial Intelligence 134 (1–2): 181–200, 2002.

第 17 章　大　事　记

本章试着给出一个适当视角，来看待人工智能（AI），回顾我们所做的工作和取得的成就。我们列出了半个世纪以来在人工智能领域的成就，并讨论了最近 IBM 的沃森—危险边缘挑战赛（Watson-Jeopardy Challenge）。我们也权衡了从未达到过人类级别的人工智能的前景。

大卫・费鲁奇（David Ferrucci）

17.0　引言

首先，我们回顾了搜索、知识表示和学习在人工智能系统建设中的重要性，并给出了示例，说明合适的知识表示有助于解决问题。

其次，我们介绍了在神话和文学中反复出现的一个主题——创造生命或智能体的尝试总会遇到可怕的后果。也许，我们应该向人工智能界提出一些警告。

本书说明了计算机科学中无法求解的问题的概念，即不存在求解算法的问题。我们自问是否能够创造人类级别的人工智能，就是这样的问题。

接着，我们回顾了半个世纪以来在人工智能领域的成就。

然后，我们讨论了 IBM 的沃森系统。2011 年 3 月，在一场观众众多的电视比赛中，IBM 计算机击败了危险边缘挑战赛中的两位常胜 Jeopardy 冠军。最后，我们回顾了关于创造生命的若干理论，并解释了智能和意识。

17.1　提纲挈领——概述

在第 1 章，我们开始了人工智能旅程。当时我们说，如果你想设计智能软件，那这个软件就需要具备以下特点。

（1）搜索能力。

（2）知识表示的语言。

（3）学习的能力。

在早期的工作中，这就已经显而易见，盲目的搜索算法（即没有领域知识），如广度优先搜索和深度优先搜索的算法，无法有效、成功地越过它们所面临的大规模搜索空间这个障碍。

如本书中所述，一条有用的指导原则是，如果你想设计用于执行某项任务的系统，请先查看自然中是否已经存在类似的系统。如果现在是 1902 年，而你想设计一个“飞行机器”，那么你的注意力应该集中在鸟类上。1903 年，莱特兄弟成功地制造了飞机。飞机的机身相对较薄，并且有两个突出的大飞翼，这一点都不奇怪（见图 17.1）。

图 17.1　莱特兄弟的飞机，这个早期的模型呈现出了一个双层翼

盲目搜索算法不具备所必需的功能来应对人工智能领域出现的大规模的搜索问题。但是，人类是专家级别的“问题求解机器”。纽厄尔和西蒙认识到了这一特点，研究了在问题求解过程中被要求“说出自己思想（think aloud）”的人类。1957 年，这项研究最终导致了一般问题求解器（GPS）的发明。一般问题求解器具有从人类学科中提取出来的启发式，成功解决了以下问题：水壶问题（见第 1 章）、传教士和食人族问题（见第 2 章）以及康尼斯堡桥问题（见第 6 章）等。第 3 章中的搜索算法以及第 4 章和第 16 章中的博弈算法中，有效地使用了启发式方法，部分克服了组合爆炸的难题。

知识表示方法也对问题求解的能力产生了实际的影响。第 6 章中描述的康尼斯堡桥问题如图 6.6 所示，此处重新绘制了这幅图，如图 17.2 所示。

问题是：“能否一次并仅有一次经过这 7 座桥，重新回到起点？”

图 6.6 是康尼斯堡桥的图模型。这部分图在此重新绘制，如图 17.3 所示。

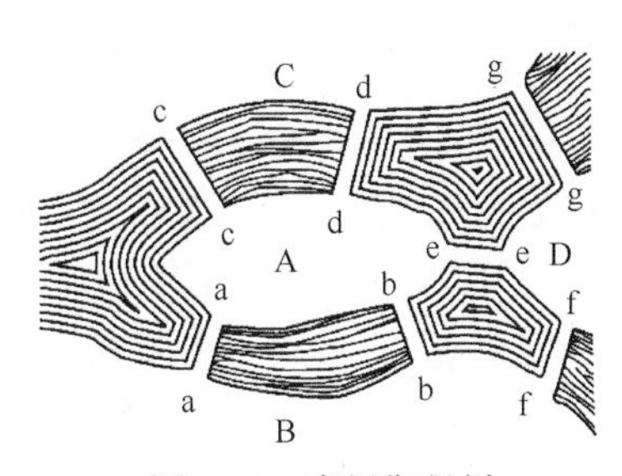

图 17.2　康尼斯堡桥

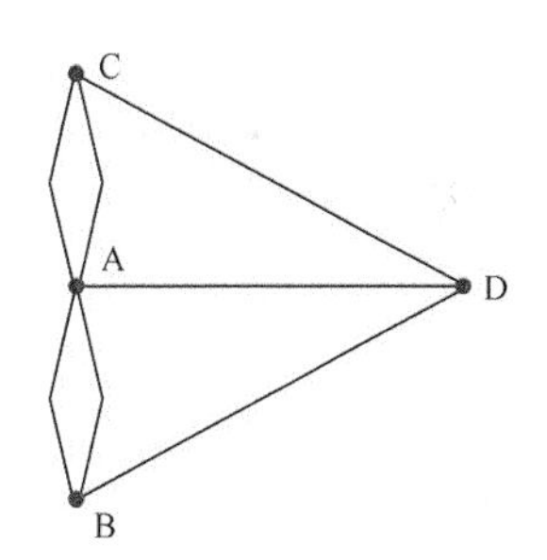

图 17.3　康尼斯堡桥的图模型

1736 年，莱昂哈德·欧拉（Leonhard Euler）写了关于图论的第一篇论文，给出这样的结论：当且仅当图 17.3 所示的桥包含了一个环，且这个环包含了所有的边和顶点时，图 17.2 所示的桥才可以如所描述的那样遍历。Euler 得出结论，当且仅当每个顶点的度是偶数时，这个图才包含这样一个环（现在称为“欧拉环”）。

显然，问题的表示对于有效地发现解有着巨大的影响。上述指导原则带领我们得到了两种学习范式。人脑（和神经系统）是自然学习系统中最引人注目的例子。在第 11 章中，它作为一种隐喻出现，在那一章中，我们概述了一种学习的方法——人工神经网络（ANN），它能够从人类大脑模型中抽象出突出特征，如高连通性、并行性和容错能力。在许多问题求解领域，从经济预测到对弈和控制系统，ANN 模型都可以认为是成功的。

第二个范式是进化，这也许不是那么明显。达尔文（Darwin）描述了植物和动物物种如何适应环境得以生存。在此处，是物种本身而不是个体在学习。第 12 章概述了两种进化学习方法——遗传算法（GA）和遗传规划（GP）。在从调度到优化的问题求解领域中，这两种方法都获得了成功。

17.2 普罗米修斯归来

在希腊神话中，普罗米修斯是个神，他从天庭中偷取火种，并把火种带到了人间。有些记述也赋予了他将人类从黏土中造出来的重任。在文学中，以无生命的材料创造生命的主题是普遍存在的。也许最令人毛骨悚然的描述出现在《Frankenstein》一书或玛丽・雪莱（Mary Shelly）的小说《The Modern Prometheus》中。毫无疑问，读者熟悉这个科学家创造生命然后对自己的创造物感到惊恐的故事。1931 年，由詹姆斯・惠尔（James Whale）执导的电影中，鲍里斯・卡洛夫（Boris Karloff）扮演了怪物的角色。

Shelly 小说的第一版出版于 1818 年，当时工业革命正如火如荼地进行着。人类利用蒸汽动力在制造业和纺织业领域进行了翻天覆地的改革。电报的发明使远距离通信实际上变成了即时通信。许多人认为这场革命的后遗症并不完全是有益的。我们对蒸汽和煤电，然后是石油，以及最近的核能的依赖，已经严重污染了星球、水体，还有空气。还有人认为，工业革命促进了堕落的物质主义。文学评论家则非常深刻地指出，《弗兰肯斯坦》的道德是，社会必须警惕其试图掌控大自然的尝试。随着在整个 21 世纪，人们对智能知识的掌控持续增强，这也许需要不断向人工智能界强调这个警告。

其中一个作者（S. L.）在其童年时期看过这部电影：但是到了今天，他睡觉时仍然开着灯。

计算机科学是一门涉及信息和计算的科学领域。其重点是问题的算法解。20 世纪让这个新生学科谦虚谨慎。由于人们发现了问题可解性的基本限制，因此这个学科就愈加谨慎起来。也就是说，可能存在一些问题，这些问题不存在算法解。著名的问题就是所谓的“停机问题（halting problem）”。给定任意流程 P，运行任意数据 w，P（w）会暂停吗？例如，四色问题也许是图论中著名的开放性问题。它的命题是“对地图进行着色，四种颜色是否足以使两个相邻区域的颜色不一样？”1976 年，阿佩尔（Appel）和哈肯（Haken）对这个问题做出了肯定的回答。对于这个问题，计算机程序求解了几百个小时。如果运行这个程序的操作系统可以预测该程序最终会停止，那么这将大有裨益。停止问题告诉人们，这种先验知识并不总是可能的。

本书早些时候提到了阿兰・图灵（Allen Turing）。1936 年，他正在研究什么样的函数是可计算的这个问题。[3] 例如，加法是一个可计算的函数，也就是说，可以给出一个逐步的过程，这样如果将整数 X 和 Y 作为输入，那么在有限的计算步骤之后，可以获得它们的和 X + Y。他提供了一个现在称为图灵机的计算模型（见图 17.4）。图灵机由如下三部分组成。

（1）输入/输出磁带，在输入/输出磁带写上输入问题；同时在磁带上也写入了结果。存在各种图灵机模型；图 17.4 所示的是一种双向无界磁带的模型。磁带被分成了单元格，并且在每个单元格中都可以写入一个符号。磁带上的每个单元格预先加载了空白符号（B）。

（2）一种包含算法（即求解问题的分步过程）的有限控制。

（3）读/写头，这可以读取磁带上的符号，并将符号写入此磁带。它可以向左或向右移动。

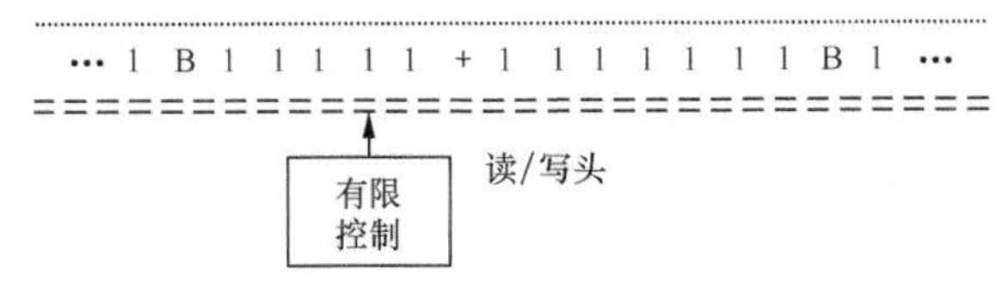

图 17.4　图灵机

Turing 讨论了通用图灵机（UTM）的概念——这种图灵机能够运行其他图灵机的程序，即能够模拟“普通”图灵机的行为。Turing 证明了，对于任意的图灵机（T），任意输入（w），即 T（w），不可能确定图灵机（T）是否会停止。这就是所谓的图灵机停机问题。这个问题更一般的版本（即停机问题），不能被证明是不可判定的。人们不假思索地接受了，图灵—邱奇论文给出的这个观点。这篇论文中提到，图灵机与数字计算机的计算能力相当，结果就是，大多数计算机科学家认为，在图灵机上无法解决的问题在算法上也是无法解决的。因此，计算有根本的限制。作为计算机科学的子学科，人工智能也具有这些基本的限制。人们想知道的是，人类级别人工智能的创造是否也有这些限制。

17.3　提纲挈领——介绍人工智能的成果

在本章后续章节中，我们回到创造人类级别人工智能的可行性。现在，我们简要介绍前 16 章中所描述的人工智能的成就。

- **搜索方面。**
  - 视频游戏设计中已纳入了 A*，这使游戏变得更加真实（见第 3 章）。
  - Mapquest、Google 和 Yahoo 地图使用启发式搜索。许多 GPS 和智能手机应用程序都集成了这种技术（见第 3 章）。
  - 用 Hopfield 网络（见第 11 章）和进化方法（见第 12 章）找到难题，有时甚至是 NP 完全问题（如 TSP）的近似解。
- **博弈方面。**
  - Minimax 评估使计算机可以玩比较简单的游戏，如 tic-tac-toe 和 nim（见第 4 章）。
  - 由启发式和其他机器学习工具辅助，通过 alpha-beta 修剪的 Minimax 评估使得计算机可以玩锦标赛级别的跳棋（Samuels 和 Schaeffer）和国际象棋（Deeper Blue 击败世界国际象棋冠军 Garry Kasparov）（见第 16 章）。
  - 锦标赛级别的奥赛罗程序（Logistello，1997），以及西洋双陆棋（TD-Gammon，1992）、桥牌（Jack 和 WBridge 5，2000s）和扑克（2007，见第 16 章）中的“精通玩家”。

- **模糊逻辑方面。**
  - 手持式摄像机自动补偿虚假的手部移动。
  - 汽车牵引力控制装置。
  - 数码相机、洗衣机和其他家用电器的控制装置。
- **专家系统方面。**
  - 具有内置推理和解释性装置的知识密集型软件或所谓的专家系统（ES），可帮助消费者选择合适的车型、浏览在线网站、进行购物等。
  - ES 还可用于分析、控制、诊断（患者有哪些疾病？）、指导和预测（我们应该在哪里挖石油？）。
  - ES 用于多个领域，如药物、化学分析和计算机配置。
  - 只要 ES 系统用于帮助而不是取代人类，将 ES 作为人工智能领域最大的成就之一就不会引起争议（见第 9 章）。
- **神经网络方面。**
  - 雷克萨斯汽车有倒车摄像头、声纳设备和神经网络。采用这些技术，汽车可以自动并行停放。
  - 当车辆太靠近其他车辆或物体时，梅赛德斯汽车以及其他汽车有自动停止控制。
  - Google 汽车几乎完全自主，但是它自动驾驶时，车内必须有人。
  - 光学字符读取器（OCR）自动路由大量邮件。
  - 自动语音识别系统得到广泛的应用。软件智能体例行公事地帮助我们浏览信用卡和银行交易。
  - 在机场，当检测到在“禁飞”名单中的人时，软件会提供自动安全警报。
  - 神经网络协助医学诊断和经济预测（见第 11 章）。
- **进化方法方面。**
  - 电信卫星的轨道调度，防止通信渐隐消失。
  - 优化天线和超大规模集成（VLSI）电路设计的软件。
  - 数据挖掘软件使数据对公司更有价值（见第 12 章）。
- **自然语言处理（NLP）方面。**
  - 会话智能体为个人提供旅游信息，并协助预约酒店等。
  - GPS 系统通常向用户发出语音指令，例如“在下一个路口，左转”。一些智能手机具有应用程序，允许人们说出请求：“最近的能制作卡布奇诺的咖啡店在哪里？”
  - Web 请求允许跨语言进行信息检索，并在需要时进行语言翻译。
  - 交互式智能体向正在学习阅读的儿童提供口头协助（见第 13 章）。
  - 具有神经网络、自然语言处理（见第 13 章）、语音理解和规划（见第 14 章）的机器学习应用程序，在机器人技术方面取得了显著的进步（见第 15 章）。

总体来说，对于一个开始其第二个 50 年发展的计算机科学子学科来说，这是一个不太糟的成绩。

应用之窗

Google 无人驾驶汽车

1998 年，斯坦福大学研究生拉里·佩奇（Larry Page）和谢尔盖·布林（Sergey Brin）创立了 Google。Google 最初是一个名为 BackRub 的搜索引擎，这个搜索引擎使用链接来评价网页的重要性。Google 搜索引擎是对“googol”这个词的戏称，但是获得了巨大的成功，并迅速成为地球上强大、知名和主流的搜索引擎。多年来，Google 还开发了同样成功的电子邮件系统“Gmail”和大受欢迎的公共视频系统“YouTube”。Google 还开发了一款无人驾驶汽车。

Google 无人驾驶汽车（见图 17.5）的工程师之一是德米特里·多尔戈夫（Dmitri Dolgov），这个项目的负责人是塞巴斯蒂安·特伦（Sebastian Thrun）博士。Thrun 是斯坦福大学人工智能实验室的前任主管，并且是 Google 街景视图的共同发明人。Google 无人驾驶汽车已经测试了好几年，并且在未来的几年里，仍将继续以实验的形式呈现。虽然无人驾驶汽车看起来离大规模生产还需要几年的时间，但是技术人员认为，在不久的将来，它们将像手机和 GPS 系统一样受人欢迎。Google 认为这项技术可能多年无法盈利，但是在其他无人驾驶汽车制造商的信息和导航服务的可能销售中，Google 可以预见到巨额利润。

Google 无人驾驶汽车使用人工智能技术，如激光点标记感测附近任何事物的痕迹（如在地上的标记和标志），做出人类驾驶员应该做出的决定，如转向以避免障碍或看到行人时停车。

根据法律规定，为了防止出现问题，方向盘后必须有人，还需要技术人员监控导航系统，确保测试安全、不会发生事故。对于不同的驾驶员，你可以选择不同的驾驶个性，如“小心驾驶”“防守驾驶”和“积极驾驶”。

机器人的反应通常比人类快。基于感受器和设备，机器人能够全面感知。它也不会分心，也不会有通常会导致事故的其他因素，如疲劳、药物和粗心。工程师的目标是使这些无人驾驶汽车比人类更可靠。人为错误是造成许多事故的原因。此外，这些无人驾驶汽车使用的软件必须经过仔细测试，必须没有病毒和恶意软件。其他关注点是燃油效率和空间效率——也就是说，理论上，无人驾驶汽车是不会发生事故的，所以汽车可能会“拥挤”在道路上。一些 Google 无人驾驶汽车已经有了 1600 多千米的行驶记录，而且没有任何事故或人为干预。这些车辆经过少量的人为修正，也具有了十万多千米的行驶记录。[1]

Google 无人驾驶汽车的一个测试是在旧金山附近的校园外开始的。它在约 182 米的范围内使用了各种传感器，并遵循编入汽车的全球定位卫星系统或 GPS 的路线。这辆车在加利福尼亚州的规定速度下，以每小时约 105 千米的速度行驶。就像人类一样，在转弯时，汽车变慢了，接下来加速了一点点。位于汽车顶部的设备提供了详细的环境及其周围情况的映射版本，因此它知道需要采用哪些路、哪些路要避开、哪些路是死路。它能够在忙碌的高速公路上行驶几英里，并且可以无事故地离开高速公路。它也可以开车穿行，停在红灯和停止标志处，能够与行人互动。如果有人类出现，它会等待他们移动。它有一个语音系统，向车上的人或驾驶员宣布其动作。当人工智能系统检测到传感器存在问题时，也会提醒驾驶员。它也可以防止事故，使用检测系统来指出发生了什么。

驾驶员也可以通过按下右手附近的红色按钮、触摸制动器或转动方向盘来重新获得对汽车的控制。

当汽车无人驾驶，系统自动控制时，这称为**巡航模式**（cruise mode），此时，汽车里的人可以放开方向盘。实际上，它成了一种公共交通工具，无费用，不拥挤，不会东张西望且不会有其他因素（这些因素会令普通汽车司机感到分心）。

不过，这仍存在一些法律问题，例如，如果发生意外，谁将为之负责。所有允许无人驾驶汽车测试的州，在无人驾驶汽车时会发生事故的情况方面都没有制定相关的法律。Google 发现，只要无人驾驶汽车的车辆内有人，这个人可以掌控任何可能发生的错误，那么驾驶无人汽车就是合法的。

Google 无人驾驶汽车将减少对私家汽车的需求，从而减少交通流量，使得人们有了更多可用的土地，无须更广泛地铺设道路。

最近，Google 一直在构建具有正常控制标准的实验性电动汽车，其除了启动和停止车辆之外，不需要驾驶员控制。人们可通过智能手机应用程序命令汽车自动驱动，到达需要它的人们的所在地，并将人带到目的地。这辆汽车还发明了一个功能，就是所谓的交通堵塞辅助（Traffic Jam Assist）功能，这允许无人驾驶汽车在行驶过程中跟随另一辆车。

Google 对无人驾驶汽车的计划是，拥有至少 100 台电力驱动的新型原型车。Google 的团队将限定它们以约 40 千米/小时的速度在市区和郊区行驶。测试将由 Google 人员进行，这将有助于在狭小封闭的地区进行测试。很自然，这需要一段时间来说服监管机构，让他们接受人们使用无人驾驶汽车是安全的。

图 17.5 Google 无人驾驶汽车

参考资料

Thrun S. What we're driving at. Google, 2010.

Markoff J. Google's next phase in driverless cars: No steering wheel or brake pedals. New York Times, 2009.

Markoff J. Google Cars drive themselves, in traffic. New York Times, 2014.

17.4 IBM 的沃森-危险边缘挑战赛

人与机器对战提供了一个体系，激发着人们对一些技术成就的热情和宣传。IBM 是此类三个事件的发起人。第一个事件发生在 1997 年，一台有特殊目的、具有搜索装置的并行计算机 Deeper Blue，在六场比赛中击败了国际象棋世界冠军（见第 16 章）。

一个 TFLOP（teraflop）代表每秒一万亿（10^{12}）次浮点运算。

Blue Gene 是一个项目，这个项目专注于生产一些高速的超级计算机来研究生物分子现象。这个项目的机器已经实现了数百 TFLOP 的速度。2014 年，Blue Gene / L 系统的速度超过了每秒 36 万亿次。

一个 petaflop 对应于每秒一千万亿（10^{15}）次浮点运算。

在过去几年中，IBM 的沃森—危险边缘挑战赛一直在进行。其目标是设计一台计算机，它能够回答使用自然语言提出的问题，而自然语言充满了歧义。在自然语言处理领域中，问答系统并不新鲜（见第 13 章）。但是，IBM 希望沃森能够以与优秀的人类玩家（2～3 秒）相当的速度进行表演。

有关 IBM 的沃森—危险边缘挑战赛的信息可以在网络上找到。依次输入“www.ibm.com”和“Watson-Jeopardy Challenge”即可。

顶级的人类参赛者掌握了众多不同主题的信息，这些主题包罗万象，从世界地理到百老汇戏剧，从文学到流行文化，无所不包。

已有的一些问题如下。

（1）“2000 年，第 100 集 Got Milk 广告中显示了某个流行歌手 3 岁和 18 岁的样子，她是谁？”正确的答案是：“Britney Spears”Blue J（沃森早期的名字）回答：“Holy Crap”。

（2）“在九球比赛中，每当你将某个球打入袋中时，都要重新开始。”Blue J 回答正确：“母球”。

（3）“哪个国家和智利共享最长的边界？”Blue J 的回答不正确：“玻利维亚”正确的答案是第二个选项“阿根廷”。

2007 年，IBM 高级员工大卫 • 费鲁奇（David Ferrucci）被选为沃森开发团队负责人。他在语言处理系统方面拥有丰富的经验。在史蒂芬 •贝克（Stephen Baker）的畅销书[4]中，Ferrucci 坦承了两个相互矛盾的恐惧：第一个是经过数年和数百万美元的研究后，沃森（以及 IBM）在国家舞台上惨败；第二个是在最后一刻，另一家公司将绕过 IBM 并设计出一个优胜的系统。事实证明，这些恐惧伴随了他 4 年。Ferrucci 明白，如果沃森要成功，那么它必须要加载事实——不只是事实，而且是正确的事实。于是，他们研究和分类了数千个过去的 Jeopardy 问题，并决定让沃森装载成“吨”的维基百科文章。接下来，沃森下载了古腾堡图书馆，“学习”名家著作。沃森也收集了来自人类竞争对手的见解。在沃森项目早期，人们发现，深刻的知识不是必需的——具有许多不同主题的传统知识就已足够。肯·詹宁斯（Ken Jennings）没有通过苦读若干厚厚的书来准备比赛，而是使用闪存卡练习，他希望在广泛的话题上拥有一些粗浅的知识。

接下来，开发人员填鸭式地喂食了沃森百科全书、词典、新闻文章和网页。正如 Baker 所描述的那样："（沃森）痛苦而缓慢。"在接下来的几年里，沃森开始与前危险边缘竞争者进行比赛。慢慢地，它的表现开始有所改善。

沃森由 2000 多个处理器组成，每个处理器并行工作，遵循不同的推理线程。它为每个问题显示了几个答案，并且列出了每个答案的置信度。每当沃森对其中一个回答充满自信时，它就会快速地按下蜂鸣器。

逐渐地，面对人类的竞争，沃森开始表现良好。它偶尔会失言，发出亵渎的语言。当然，IBM 的企业形象很重要；他们安装了一个过滤器，使得沃森不会发出最常见的亵渎语言。

人机比赛于 2011 年 3 月初举行。尽管出现了一些尴尬的失误，但沃森最终获胜了。其中最有名的失误是最后一道危险边缘问题：

"它最大的机场是以第二次世界大战来命名。"在"美国城市"的类别中，沃森回答说："多伦多"

为了给沃森辩护，Ferrucci 解释说，伊利诺伊州有一个多伦多，多伦多也拥有一支美国职业棒球队。不过，事实依然是沃森犯了一个错误。当然，一个有趣的问题是："类似沃森的机器有什么样的未来？"危险边缘冠军计算机肯定没有市场。但是，IBM 预计，沃森及其继任者在医学、法律等领域将会受到专家式的培训，在这些领域，新知识正在以惊人的速度被发现。如果"医学沃森"阅读了最新的期刊，并可以就患者的最佳治疗方法向医生提出建议，那么这将大有裨益。或者，"法律沃森"可以识别先例，从中找到法律的辩护点。

为了帮助宣传沃森—危险边缘挑战赛，IBM 于 2011 年 2 月派代表前往纽约城市学院和纽约市立大学研究生院（CUNY）。IBM 团队成员之一的洛迪克·萨德罗齐尼（Wlodek Zadrozny）在纽约城市学院进行了讲解演讲。参加此次活动的 IBM 团队成员如图 17.6 所示。图 17.7 为 Wlodek Zadrozny 与纽约城市学院的与会者一起讨论沃森。最后，杰瑞·莫伊（Jerry Moy）主持了两场 CUNY 演示，如图 17.8 所示。

图 17.6 在纽约城市学院的 IBM 团队成员（左至右）：Bruno Bonetti、Jerry Moy、Faton Avdiu、Arif Sheikh、Andrew Rosenberg、Wlodek Zadrozny、Raul Fernandez、Vincent DiPalermo、Andy Aaron 和 Rolando Franco

图 17.7 Wlodek Zadrozny 与纽约城市学院的与会者一起讨论沃森

图 17.8 Jerry Moy 主持了两场 CUNY 演示

本书经常提到，人工智能技术的正确角色是协助人类，而不是取代人类。沃森将为不同领域的人类专家提供宝贵的帮助。

人物轶事

雷 · 库兹维尔（Ray Kurzweil）

Ray Kurzweil（见图 17.9）是世界著名的科学家、发明家、企业家和未来学家。《福布斯》杂志称他为“托马斯 · 爱迪生的合法继承人”，并将他列为全球 8 大顶级企业家之一。一直以来，人们都说 Kurzweil“自成一个行业。”他的一些著名发明包括第一台 CCD 平板扫描仪、第一个全方位字体光学字符识别、第一台盲人打印语音阅读机、第一个文本语音合成器、第一台音乐合成器（能够重现大钢琴和其他管弦乐器）以及市场上销售的大型词汇语音识别系统。

图 17.9 Ray Kurzweil

Kurzweil获得了50万美元的MIT-Lemelson奖奖金，这是为创新而设的大奖。1999年，他获得了美国国家技术勋章，这是美国在技术方面国家级别的最高荣誉。2002年，他正式入驻美国专利局成立的国家级发明家名人堂。

此外，他还获得了20个荣誉博士学位，有3位美国总统授予其荣誉。他创作了7本书，其中5本是畅销书。《The Age of Spriritual Machines》被翻译成9种语言，曾位列亚马逊科学畅销书的第一名。他的书《The Singularity Is Near》是《纽约时报》的畅销书，并且在科学和哲学方面曾是亚马逊排名第一的书。

2012年，Kurzweil被任命为Google工程总监，带领团队进行机器智能和自然语言处理方面的开发工作。Kurzweil的书还包括：

- 《The Age of Intelligent Machines》（1990）。
- 《The 10% Solution for a Healthy Life》（1993）。
- 《The Age of Spiritual Machines》（1999）。
- 《Fantastic Voyage (with Dr. Terry Grossman)》（2004）。
- 《The Singularity》（2005）。
- 《Transcend: Nine Steps to Living Well》（与特里·格里斯曼博士合著）（2009）。
- 《How to Create a Mind》（2012）。

此处关于Ray Kurzweil的大部分信息源来自KurzweilAI网站。

奇点（Singularity）

2005年，Ray Kurzweil出版了《The Singularity is Near: When Humans Transcend Biology》一书，这可能是他出版的最具有争议的书籍了。这本巨著的中心主题是他所说的"Law of Accelerating Returns"。他认为，计算机、遗传学、纳米技术和人工智能正在呈指数增长。据他预测，到2045年，人工智能将超过这个星球上的人类智慧。图17.10为Kurzweil AI主页描绘的奇点。

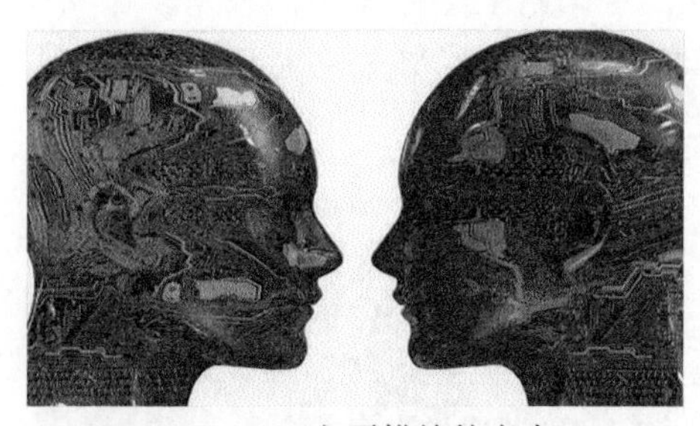

图17.10 KurzweilAI.net主页描绘的奇点（Singularity）

库兹维尔认为进化要经过如下6个阶段：

（1）物理与化学。

（2）生物学和DNA。

（3）大脑。

（4）技术。

（5）人类技术与人类智力的融合。

（6）宇宙醒来。

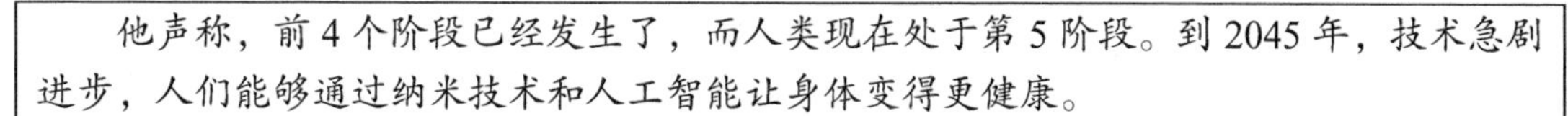
他声称，前 4 个阶段已经发生了，而人类现在处于第 5 阶段。到 2045 年，技术急剧进步，人们能够通过纳米技术和人工智能让身体变得更健康。

Kurzweil.net 描述的摩尔定律如图 17.11 所示。

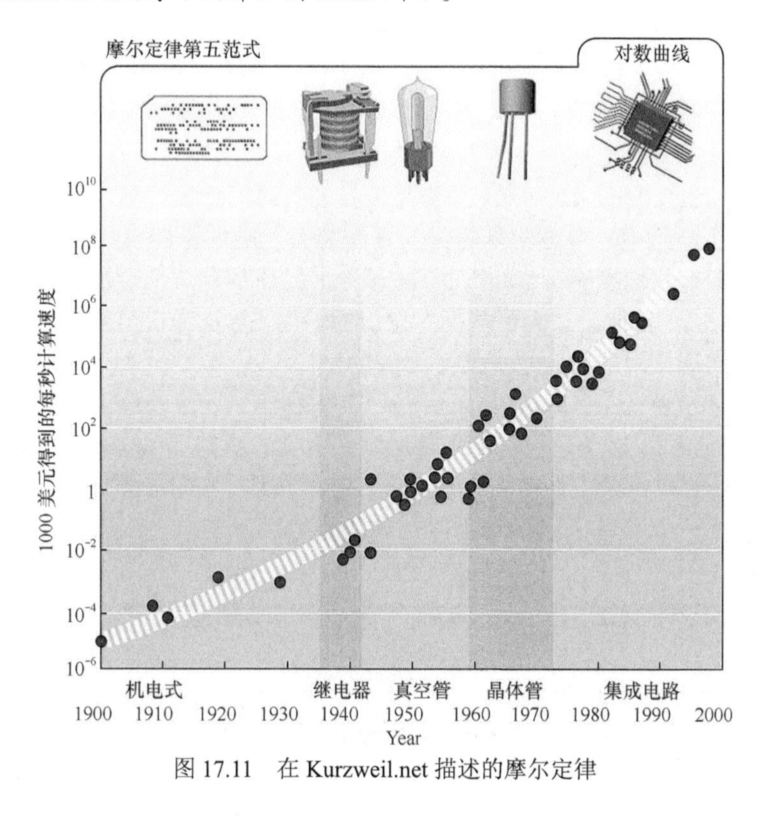

图 17.11　在 Kurzweil.net 描述的摩尔定律

17.5　21 世纪的人工智能

回到先前讨论中提出的悬而未决的问题：人类级别人工智能的创造是否会超出人工智能的基本界限？我们先来思考一下人类智力的起源，然后再思考一下生命本身的起源。

英国著名科学家理查德·道金斯（Richard Dawkins）[5]解决了后一个问题，他在达尔文的进化论中找到了见解。当然，40 亿年前，地球上没有动物或植物——只是基本原子的“原始汤”。Dawkins 认为，达尔文的理论可以推广到“稳定者生存”，换句话说，稳定的原子（和分子）更有可能在这个古老的地球上生存下去。他进一步推测，在早期的历史上，这个星球拥有丰富的水、二氧化碳、甲烷和氨，因此可能形成氨基酸（作为蛋白质的组成成分的复合分子）。蛋白质是已知生命的前驱体。Dawkins 设想，在这个星球漫长的生命之路上，下一步是所谓的“复制因子”的意外创造。这个复制因子具有一个显著的性质——能够忠实地复制自己。他认为，在这个原始环境中，能够快速准确地复制自己的复制因子是稳定的。

复制（或繁殖）过程本身需要有稳定的基本“原材料”的供给。毫无疑问，不同的复制因子不断竞争，以获得充分的水、二氧化碳、甲烷和氨的供给。这一进化过程持续了 40 亿年。Dawkins 认为，经历了这个漫长的进化回合，在当今栖息在这个星球上的动植物中，我们可以找到继承者——这就是基因。

关于这个星球上可能的生命起源，Dawkins 通过解释这些基因如何努力确保生存来继续其非凡的论述。在过去大约 6 亿年的时间里，它们的行为非常像第 12 章中引用的虚构的精灵。它们一直在塑造人类的眼睛、耳朵、肺等，生命之舟（即身体）也就从这些器官中构建而来。在这一论述中，动物的身体和植物好像只是保护所有重要基因生存的保护性隔断。最近，随着深入（SL）阅读 Dawkins 的作品，我的思绪回到了“星球大战”系列电影中的一个场景。在这个场景中，敌方部队将士兵置于装有巨腿的机器人战斗机器中，这形成了士兵的保护壳。即使我们接受了 Dawkins 的理论，但还是有一个问题——“人类意识的起源在哪里？”Dawkins 可能会认为那些拥有意识的动物（再次通过自然选择产生的）将具有优势，因此可以实现相对的稳定性，从而确保生存。

杰拉德·埃德尔曼（Gerald Edelman）是一名生物学家，曾获得了诺贝尔奖。他提出了一种意识生物学理论[6]，这个理论也建立在达尔文主义的基础上。他认为意识和心灵纯粹是生理现象。神经元组自组织成许多复杂和适应性强的模块。Edelman 认为，脑具有功能可塑性，也就是说，由于人类基因组没有足够的编码能力来完全指定脑结构，因此大量的脑组织是自我定向的。

在物理学中，统一场理论应该是关于一切事物的理论，这个理论试图将自然界中发生的各种力统一起来，例如重力、电磁力、强力和弱力。

Marvin Minsky 在《Society of Mind》中[7]解决了一个更为广泛的问题。他问：“大脑是如何组织的？”“认知是如何发生的？”正如 Dawkins 告诉我们的，人类的大脑是历经数亿年演变而来的。统一场理论无法简单直白地解释人类头骨内复杂器官的功能。构建一种智慧好比组建一支没有指挥者的管弦乐队。其中，乐器就是智能体（见第 6 章），它们不是在播放音乐，而是在解释世界。一些智能体有助于了解语言，另一些智能体可以解释视觉场景，还有一些智能体为人类提供了常识（见第 9 章中 Cyc 项目的讨论）。除非智能体之间能进行有效的通信，否则这一切毫无意义。Minsky 假设，在任何时间点，个人的心理状态可以解释为一种功能，这个功能中的智能体子集是活跃的。也许人工智能还是太过年轻的一个领域，还没有准备好提出一个像 Minsky 这样的智能“统一场理论”。但是，当人工智能成熟的时候，Minsky 的《Society of Mind》可能会在其中发挥突出的作用。

2015 年，在生物和化学层面上，人们完全了解了个体神经元的功能。在人类的知识中，依然存在的不足是，一群神经元如何处理感觉数据、编码经验、理解语言，以及在更一般意义上如何促进认知、启动意识。目前的研究使用 X 射线和其他扫描技术，在功能模块层面获得对大脑的理解。Kurzweil 预测[8]，到 21 世纪中叶，我们将对人类大脑有一个完整的、体系架构般的理解。

此外，他推测，计算机组件的小型化将会提升到一个新阶段，到那时，使用硬件来完全实现大脑是可行的——这种实现可能需要数十亿个人工神经元和数万亿甚至数十亿个神经元的连接。也许在那时，我们将有足够的力量来实现人类层次的人工智能。对我们而言，比较明智的做法是记住普罗米修斯创造完全意识人类的“奖励”，即他被捆绑着，这样狮子就可以享用他的肝脏，然后他的肝脏再生，让狮子再次享用他的肝脏。科幻文学概述了人类创造人类层次人工智能的无数情景。我们希望，如果人工智能可以永远遵循这个崇高的目标，那么这个奖励将比给普罗米修斯的“奖励”更令人满意。

17.6　本章小结

在本章中，我们回顾了近50年来人工智能领域所取得的许多成就。我们将人工智能放在一个框架中——作为计算机科学的一门子学科。就像考虑计算机科学中众所周知的停机问题是不可判定的那样，我们也就“创建人类层次的人工智能是否可能”这一命题进行了思考。我们讨论了IBM的沃森系统，并描述了其作为法律和医学专业人员助理的功能。

最后通过思考生命、智能和意识的起源，我们做出了总结，并介绍了Kurzweil的乐观观点，即在不久的将来成功创建人类层次的人工智能的可能性。

讨论题

1．当第一艘船建成（可能是在数千年前）时，灵感可能来自于何种自然系统？

2．给出有助于题1问题求解的其他例子。

3．在Web上查找一个不可求解问题的其他示例。

4．你是否熟悉以普罗米修斯作为主题的其他文学作品？

5．描述计算图灵机模型。

6．在什么方面，图灵机模型与以下的模型类似？

a．执行计算的人员。

b．做同样事情的一台计算机。

7．比较和对照运行图灵机程序的通用图灵机与运行程序的数字计算机。

8．GPS（全球定位系统）系统中集成了何种启发式？你可以参考第3章。

9．在网上查看游戏Go的讨论。你认为，为什么这个游戏不存在锦标赛层次的程序？（见第16章）

10．家用电器的控制机制如何融入模糊逻辑？

11．你下一次访问亚马逊等购物网站时，请对ES技术集成进入购物体验的方式进行说明。

12．除了邮局之外，你还在其他地方看过OCR技术？

13．下一次你与会话智能体进行互动时，请思考人工智能技术时如何影响体验的。你希望看到什么改进？

14．为什么选危险边缘进行人机挑战？

15．你相信沃森拥有人类层次的智能吗？请说明理由。

16．Richard Dawkins是如何看待地球上生命的起源？

17．为什么人类基因组没有完全指定脑部过程？

18．为什么Marvin Minsky的《Society of Mind》，在人工智能社区没有得到更多的关注？

19．为什么Kurzweil认为在2世纪后半期硬件可以实现人类大脑？

练习

1．试研究由纽厄尔和西蒙首次开发的符号处理系统。写一篇短文，解释人类层次的人工智能是否要按照他们的方法进行设计，请说明理由。

2．下列第 2 章的图中，哪一幅图是欧拉的？请说明理由。

a．图 2.33(d)。

b．图 2.39。

c．图 2.40(b)。

d．图 2.41。

3．查看归纳式学习方法，特别是奎利恩（Quinlan）的 ID3 算法（见第 10 章）。在这个算法中使用了我们已学习的哪些思想？

4．阅读第 4 道讨论题中你所引用的故事。从故事中，人工智能能够吸取什么教训？

5．为了求解这道习题，请学习图 17.4。磁带描绘了待添加的用一元符号表示的两个数字。你可以将一元设想成狗可能的计算方式，“Ruff，Ruff”将是狗表示 2 的方式，“Ruff，Ruff，Ruff”是数字 3。因此，这个图灵机要将 2 加上 3。一个移动可以使用 5 元组来表示：

$<q_i，S_j，S_k，q_l，\{L，R，N\}>$

q_i：表示当前状态。

S_j：扫描的符号。

S_k：要写在与 S_j 出现的相同方格中的符号（注意，S_k 可能等于 S_j）。

q_l：图灵机的下一个状态。

$\{L，R，N\}$：图灵机可能随后向左或向右移动一个方格，或根本不移动。

假设计算开始于读/写头，位置如图 17.4 所示，而当计算完成时，机器应该在 q_h 中，直接位于答案右侧的空白处。请编写一个图灵机程序来执行一元数字的相加，并对给定问题追踪程序。

6．写一篇简短的文章，说明你认为未来沃森有何种应用，你期望沃森有什么改善。

7．阅读 Richard Dawkins 的《The Blind Watchmaker》[9]。写一篇简短的文章，解释这本书是如何支持自然选择的进化理论的。

8．研究（或关于）Gerald Edelman 的一些著作 [10,11,12]，请写一篇简短文章，谈谈他的意识发展理论。

9．阅读 Rodney Brooks 的《Elephants Don’t Play Chess》[13]，请详细阐述他关于智能发展的理论。

10．再次参考 Searle 的《The Mystery of Consciousnesss》。阅读他对 Penrose 观点的讨论。比较 Penrose 对于人类层次人工智能发展前景的看法与 Kurzweil 所倡导的不受约束的乐观观点。

11．调查当前的研究，确定我们距离 Kurzweil 所预期的在 21 世纪中叶完全了解大脑功能的前景，有多远？

12．阅读哈罗德 • 莫罗维茨（Harold J. Morowitz）的《Rediscovering the Mind》的文章，在《The Mind’s I》一书收录了这篇文章。Morowitz 描述了量子物理学为开发人类层次的人工智能带来了前景。总结霍夫施塔特（Hofstadter）的回应。[14]

13．阅读道格拉斯 R. 霍夫施塔特（Douglas R. Hofstadter）所写的《Gödel, Escher, Bach: An

Eternal Golden Braid》一书[15]。在读完本书之后，你是否相信强人工智能？

14．在线查看有关数字灵魂的文章。什么是数字灵魂？在什么意义上，它们是否保证了不朽？

15．查找“avatar（化身）”一词。它的早期定义是什么？它更现代的定义是什么？接下来，登录 SecondLife 官方网络，并说明对化身存在（avatar existences）的巨大兴趣。

16．在线阅读梅赛德斯—奔驰的自动停止技术。如果驾驶员做出闯红灯的误操作，汽车就会停下来。为了使这个系统正常工作，国内的每个停车场都需要升级。你预测需要多久，驾驶员才确实能够一边阅读文章、刮胡子，一边开车上班？

参考资料

[1] Newell A, Simon H A. GPS: a program that simulates human thought. In: Feigenbaum and Feldman (eds.), Computers and Thought, New York: McGraw-Hill, 1963.

[2] Appel K, Haken W. Every planar map is four-colorable. Illinois Journal of Mathematics 21: 421–567, 1977.

[3] Turing A M. On computable numbers with an application to the Entscheidongs problem. Proceedings of the London Mathematical Society, Vol. 2, 42: 230–252, 1936.

[4] Baker S. Final Jeopardy — Man vs. Machine and the Quest to Know Everything. Boston, MA: Houghton Mifflin Harcourt, 2011.

[5] Dawkins R. The Selfish Gene. Oxford, England: Oxford University Press, 1976.

[6] Edelman G. The Remembered Present: A Biological Theory of Consciousness. New York: Basic Books, 1990.

[7] Minsky M. The Society of Mind. New York: Simon and Schuster, 1986.

[8] Kurzweil R. The Age of Spiritual Machines. New York: Penguin Books, 1999.

[9] Dawkins R. The Blind Watchmaker. New York: W.W. Norton & Company, 1986.

[10] Edelman G. Bright Air Brilliant Fire: On the Matter of the Mind. New York: Basic Books, 1992.

[11] Searle J R. The Mystery of Consciousness. (Read summary of Edelman's Theory). New York: Review of Books, 1990.

[12] Edelman G. Wider than the Sky: The Phenomenal Gift of Consciousness. New Haven, CT: Yale University Press, 2004.

[13] Brooks R. Elephants Don't Play Chess. In: Robotics and Autonomous Systems 6, 3–15, 1990.

[14] Hofstadter D R , Dennett D C. The Mind's *I*. New York: Bantam Books, 1981.

[15] Hofstadter D R. Godel, Escher, Bach: An Eternal Golden Braid. New York: Vintage Books, 1989.

附录A　CLIPS 示例：专家系统外壳

第 9 章

CLIPS 是一种多范式编程语言，为基于规则、面向对象和程序化编程提供支持。CLIPS 与 OPS5 类似，但是更强大，并且仅支持前向链接。CLIPS 是“C Language Integrated Production System（C 语言集成产生式系统）”的缩写。为了实现高可移植性，NASA/Johnson Space Center 开发了 CLIPS，它具有成本低、可轻松集成（可免费使用，可支持多种语言）等特点。自开发以来，它已经得到扩展，支持多种语言和多种形式的知识表示。

第 7 章 Giarratano 和 Riley 的“CLIPS 简介”（Cengage / Thomson，2005 年）介绍了 CLIPS 的使用方法。

以下是用 CLIPS 开发的专家系统，其中一个非常简单的示例是：它根据用户的输入/输出建议，选择在美国度假旅游的一个城市。

```
;*********************deftemplate declaration
(deftemplate Month (slot month))
(deftemplate VacationMatters (slot vacation-matters))
(deftemplate Vacation (slot vacation))
(deftemplate SportsType (slot sports-type))
(deftemplate SightseeingType (slot sightseeing-type))
(deftemplate LocalSeason (slot local-season))
;**************default rules (Activated every time)

;Rule 1
(defrule GetMonth
  =>
  (printout t "In what month of the year do you plan your trip? ")
  (bind ?response (read))
  (assert (Month (month ?response))))

;Rule 2
(defrule GetVacationMatters
  =>
  (printout t "Do you have any preference in your vacation activities?
  (yes/no) ")
  (bind ?response (read))
  (assert (VacationMatters (vacation-matters ?response))))
;;;;;;;;;;;;;;;;;;;;;;;;;;;;;;;;;;;;;;;;;;;;;;;;;;;;;;;;;;;;;;;;;;;;;;;;;;;;
; The following questions are only asked based on the answers to the questions
asked in the previous section

;Rule 3
(defrule GetVacation
  (VacationMatters (vacation-matters yes))
```

```
  =>
  (printout t "What kind of vacation do you prefer? (beach/sports/sightseeing) ")
  (bind ?response (read))
  (assert (Vacation (vacation ?response))))

;Rule 4
(defrule GetSportsType
  (Vacation (vacation sports))
  =>
  (printout t "What kind of sports do you prefer? (mountain/river/ocean) ")
  (bind ?response (read))
  (assert (SportsType (sports-type ?response))))

;Rule 5
(defrule GetSightseeingType
  (Vacation (vacation sightseeing))
  =>
  (printout t "What kind of sightseeing would you prefer?
  (city or nature) ")
  (bind ?response (read))
  (assert (SightseeingType (sightseeing-type ?response))))
;;;;;;;;;rules to define local season according to user's entry;;;;;;;;;;;;

;Rule 6
(defrule GetLocalSummer
  (Month (month June|July|August|September))
  =>
  (assert (LocalSeason (local-season summer))))

Rule 7
(defrule GetLocalWinter
  (Month (month December|January|February))
  =>
  (assert (LocalSeason (local-season winter))))

Rule 8
(defrule GetLocalMidSeason
  (Month (month March|April|May|October|November))
  =>
  (assert (LocalSeason (local-season summer))))
;;;;;;;;;;;;;;;;;;;;;;;;;;;;;;;;;;;;;;;;;;;;;;;;;;;;;;;;;;;;;;;;;;;;;;;;;;;;
;rules to define and print suggested flights
; Rules to determine the destination based on the user's entries
; Salience added to give the first rule a priority

Rule 9
(defrule Flight1
  (declare (salience 200))
  (LocalSeason (local-season winter))
  (Vacation (vacation beach))
  =>
  (assert (destination Miami)))

Rule 10
(defrule Flight2
  (declare (salience 100))
  (LocalSeason (local-season summer))
  (Vacation (vacation beach))
  =>
  (assert (destination OceanCity))
```

```
  (assert (destination LosAngeles)))
```

Rule 11

```
(defrule Flight3
  (declare (salience 100))
  (VacationMatters (vacation-matters no))
  (LocalSeason (local-season summer|midseason|winter))
  =>
  (assert (destination Miami)))
```

Rule 12

```
(defrule Flight4
  (Vacation(vacation sports))
  (SportsType (sports-type mountain))
  =>
  (assert (destination Utah)))
```

Rule 13

```
(defrule Flight5
  (Vacation(vacation sports))
  (SportsType (sports-type river))
  =>
  (assert (destination Virginia)))
```

Rule 14

```
(defrule Flight6
  (Vacation(vacation sports))
  (SportsType (sports-type ocean))
  =>
  (assert (destination FloridaKeys)))
```

Rule 15

```
(defrule Flight7
  (Vacation(vacation sightseeing))
  (SightseeingType (sightseeing-type nature))
  =>
  (assert (destination GrandCanyon)))
```

Rule 16

```
(defrule Flight8
  (Vacation(vacation sightseeing))
  (SightseeingType (sightseeing-type city))
  =>
  (assert (destination NewYork))
  (assert (destination LasVegas))
  (assert (destination Boston)))
;;;;;;;;;;;;;;;;;;;;;;;;;print out the rules;;;;;;;;;;;;;;;;;;;
```

Rule 17

```
(defrule no-city-found ""
  (declare (salience -10))
  (not (destination ?))
  =>
  (assert (destination "The system cannot suggest you a destination based on
your entries. Please contact your travel agent.")))
```

Rule 18

```
(defrule print-dest ""
  (destination ?item)
  =>
  (printout t ?item crlf))
```

该程序使用正向链接，这样就可以根据用户的答案获得事实，并将工作内存中的规则与事实相匹配。接下来，系统执行所选择的规定动作（可能影响到适用规则的列表），然后推理引擎选择另一个规则并执行其动作。这个过程一直持续，直到不存在适用的规则。推理引擎根据激活规则的优先级对规则进行排序，并在冲突消解后确定最终应该启动哪些规则。在这个示例中，由于 Salience（200）和对隆冬时节度假胜地的渴望，冲突消解后选择第 9 条规则而不选择对 11 条规则。在以下的示例中可以看到这一点：

```
CLIPS> (watch activations)
CLIPS> (reset)
==> Activation 0      GetVacationMatters: f-0
==> Activation -10     no-city-found: f-0,
==> Activation 0      GetMonth: f-0
CLIPS> (run)
In what month of the year do you plan your trip? December
==> Activation 0      GetLocalWinter: f-1
Do you have any preference in your vacation activities? (yes/no) yes
==> Activation 0      GetVacation: f-3
What kind of vacation do you prefer? (beach/sports/sightseeing) beach
==> Activation 200      Flight1: f-2,f-4
==> Activation 0      print-dest: f-5
<== Activation -10      no-city-found: f-0,
Miami
```

可以看到规则激活的顺序，在此之后，程序得出了最终答案（迈阿密，Miami）。在发出答案之前，程序从工作内存中撤回了 Salience 为-10 的规则。

```
当前存储在工作内存中的事实为：
CLIPS>          (facts)
f-0         (initial-fact)
f-1         (Month (month December))
f-2         (LocalSeason (local-season winter))
f-3         (VacationMatters (vacation-matters yes))
f-4         (Vacation (vacation beach))
f-5         (destination Miami)
```

如上所示，共有 6 个事实。

附录B　用于隐马尔可夫链的维特比算法的实现（由 Harun Iftikhar 提供）

第 12 章

使用 Java 实现的维特比（Viterbi）算法如下所示。算法实现最特别的地方是它分为 3 个主要步骤：初始化、递归和终止。初始化步骤从起始状态的转换开始，填充了第一个输出观察列。接下来，递归步骤用第一列来构建下一列，以此类推，持续执行，直到填满大部分表格。最后，终止步骤填写最后一个单元，表示在产生最终观察结果后到达结束状态的概率。

在计算中，进行了三个步骤之后，使用 backpointer [ ] [ ]数组来跟踪最可能的状态序列。使用 Java 实现这个算法的代码如下：

Java 代码：

```
package javaapplication2;
class Main {
    public static void main(String[] args) {
        //有两种状态：简单和困难
        int numberOfStates = 2;
        //输出序列 2  1  1  3，长度等于 4
        int lengthOfSequence = 4;
  // transitionProb [][]数组包含了转换概率
        double [][] transitionProb = { {0, 0.7, 0.3, 0},
                                       {0, 0.6, 0.3, 0.1},
                                       {0, 0.6, 0.3, 0.1},
                                       {0, 0, 0, 0} };
        // observationProb [][]数组包含了观察概率
        double [][] observationProb = { {0, 0, 0},
                                      {0.8, 0.1, 0.1},
                                      {0.1, 0.2, 0.7},
                                      {0, 0, 0} };
    double [][] viterbi = new double [numberOfStates + 2]
    [lengthOfSequence + 1];
    int [][] backpointer = new int [numberOfStates + 2]
    [lengthOfSequence + 1];
    int [] observationSequence = {2, 1, 1, 3};
    double currentProb, maxProb = 0;
    int maxArg = 0;

    //初始化 for 循环 ，填充维特比的第一列和 backpointer 数组
    for (int s = 1; s <= numberOfStates; s++)
```

```
{
    viterbi[s][1] = transitionProb[0][s] * observationProb[s]
    [observationSequence[0] - 1];
    backpointer[s][1] = 0;
}

//嵌套 for 循环，填充维特比中剩余的列和 backpointer 数组
for (int t = 2; t <= lengthOfSequence; t++)
{
    for (int s = 1; s <= numberOfStates; s++)
    {
        for (int i = 1; i <= numberOfStates; i++)
        {
            currentProb = viterbi[i][t - 1] *
                          transitionProb[i][s]
* observationProb[s][observationSequence[t - 1] - 1];
            if ( currentProb > maxProb )
            {
                maxProb = currentProb;
                maxArg = i;
            }
        }
        viterbi[s][t] = maxProb;
        backpointer[s][t] = maxArg;
        currentProb = maxProb = 0;
        maxArg = 0;
    }
}
currentProb = maxProb = 0;
maxArg = 0;
//结束 for 循环，为最后一个时间步长，填充最后一列
for (int i = 1; i <= numberOfStates; i++)
{
currentProb = viterbi[i][lengthOfSequence] *
              transitionProb[i][3];
    if (currentProb > maxProb)
    {
        maxProb = currentProb;
        maxArg = i;
    }
}
viterbi[3][lengthOfSequence] = maxProb;
backpointer[3][lengthOfSequence] = maxArg;
//沿着 backpointer 数组回溯，打印结果
int index = 3;

int arrayIndex = lengthOfSequence - 1;
int[] tempArray = new int[lengthOfSequence];
tempArray[arrayIndex] = backpointer[index][lengthOfSequence];
index = backpointer[index][lengthOfSequence];
for (int t = lengthOfSequence; t > 1; t--)
{
    tempArray[--arrayIndex] = backpointer[index][t];
    index = backpointer[index][t];
}
System.out.println("The observation sequence was: ");
for (int j = 0; j < lengthOfSequence; j++)
{
    System.out.print(observationSequence[j] + "");
}
```

```
    System.out.println("\n\nThe most probable sequence of states:");
    for (int j = 0; j < lengthOfSequence; j++)
    {
        if (tempArray[j] == 1)
            System.out.println("Simple");
        else if (tempArray[j] == 2)
            System.out.println("Difficult");
        }
}
}
```

输出 2 1 1 3 序列：

```
The observation sequence was:
2 1 1 3
The most probable sequence of states:
Simple
Simple
Simple
Difficult
BUILD SUCCESSFUL (total time: 0 seconds)
```

附录C　对计算机国际象棋的贡献：令人惊叹的 Walter Shawn Browne

第 16 章

1977 年，肯·汤普森（Ken Thompson）[1]向顶级棋手展示了所有 4 枚棋子的残局数据库。其中一个数据库演示了，在 K + Q 对抗 K + R 中棋局变化万千，他们不能获胜。随后，根据 K + R + B 对抗 K + R（Benko 所称的“令人头痛的残局”），系统改变了规则，规定在 75 步内决出胜负，后来改为 100 步。由于最长的获胜步数为 59 步，因此最后又改回 50 步。这也扩展到了其他残局，如 K + B + B 对抗 K + N，实践证明，这个残局需要 77 步才能决出胜负。

几百年来，人们认为残局 K+Q 对抗 K+R（KQKR）最终是强势的一方获胜，虽然这并不容易，但是人们确定可以通过精心布置在 50 步内决出胜负。1977 年，Ken Thompson 参加了世界计算机国际象棋锦标赛，用 KQKR 数据库，挑战了出席的顶尖国际象棋大师。

国际大师 Lawrence Day（来自加拿大）和 Hans Berliner（1969 年世界国际象棋锦标赛获胜者 Chess Champion）并没有在 50 步内作为强势的一方获胜，这让他们惊恐和尴尬。此后轮到世界国际象棋锦标赛候选人——多年来《纽约时报》的国际象棋专栏的大师罗伯特·伯恩（Robert Byrne），结果他也没有获胜。

如果在棋盘上没有兵存在，国际象棋的规则允许 50 步内结束一盘残局。决出胜负最多需要 31 步。残局棋谱提供的常见启发式是：保持国王和车在一起，然后避免任何可能捉双以及穿串国王和车。相比之下，Ken Thompson 数据库的下法偶尔会分开国王和车。它知道人类还不知道的道理吗？很简单，根本就没有，只要分开国王和车的下法是最长的存活下法，那么 Ken Thompson 就会使用这种下法。

加州伯克利大学国际象棋超级大师沃尔特·肖恩·布朗（Walter Shawn Browne）（1949—2015）是美国六次国际象棋冠军（1974 年、1975 年、1977 年、1980 年、1981 年 和 1983 年）。1972 年，Bobby Fischer 打败冰岛雷克雅未克的鲍里斯·斯帕斯基（Boris Spassky），赢得了世界冠军。在 Fischer 缺席的情况下，Walter Shawn Browne（见图 C.0）是在 20 世纪 70 年代美国优秀的国际象棋棋手。在 Bobby Fischer 离开了伊拉斯姆斯高中后不到 10 年，Walter Shawn Browne 也从这所学校退学了，他在许多棋盘游戏中（包括拼字游戏和西洋双陆棋）中表现出色，20 多年来，他的主要收入均来源于扑克游戏。

1977 年，在世界计算机国际象棋锦标赛的几个月后，善于计算的 Browne 接受了 Ken Thompson 数据库的挑战，下注 100 美元。这个挑战进行的速度是在 2.5 小时内要走 40 步（这是当时国际象棋比赛的标准）。就像他前面的其他人一样，Browne 无法在 50 步内取胜。贝尔实验室和 Browne 之间通过电话来传达如何走子。

图 C.0　Walter Shawn Browne

Browne 是个竞争对手，也是个赌徒，一周之后，他要求重新对抗数据库，赌注“要么加倍，要么一笔勾销”。虽然 Browne 从来没有上大学，但是他也知道如何分析和学习。他研究了程序的下法，并寻找模式。虽然学习如何无失误下法（在 50 步内取胜）是一项具有挑战性的任务（由于决出胜负的最多步数为 31 步），但是学习如何在所有变化中进行最佳下法，并以最小的移动步数（31）取胜，对人类而言是一项艰巨的任务。在图 C.1 中，Browne 是白方，有皇后；Belle 是黑方。棋局从白方被将军开始。与最佳下法匹配的移动步数显示在括号中。

如图 C.1 所示，Browne 确实赢了这个赌注，在第 50 步中抓住了车（这是通往胜利的道路）。根据最佳下法计算，他的下法实际上多花费了 19 步。

GM Walter Browne vs. BELLE

KQ vs. KR
2nd Game, Challenge Match, 1977 (by Telephone)

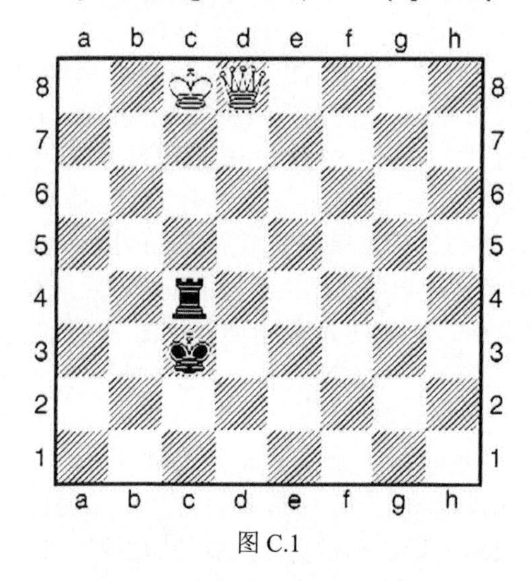

图 C.1

Walter Browne 在与计算机程序 Belle（第二场比赛）进行残局 KQ vs. KR 的比赛中获胜。

1.Kb7 Rb4+ 2.Kc6 Rc4+ 3.Kb5 Rb4+ 4.Ka5 Rc4 5.Qd6 Rd4 6.Qe5 Kd3 7.Kb5 Re4 (25) 8.Qf6 Ke3 (24) 9.Kc5 Rf4 (23) 10.Qg6 Ra4 (22) 11.Qg3+ Ke2 (21) 12.Qc3 Rf4 (20) 13.Kd5 Rh4 (19) 14.Qc2+ Ke3 (18) 15.Qd1 Kf2 (17) Up to here Browne has been playing very accurately and making steady progress. **16.Qd2+ Kf3 (17) 17.Qe1 Rg4 (19)18.Qd1+ Kf4 (18) 19.Qe2 Rg5+ (20) 20.Kd4 Rf5 (19) 21.Qe3+ Kg4 (18)** Browne errs on moves 16,17, and 19. Ken Thompson has found that lower rated players have trouble from a distance of 14 to 16 moves from the win. Usually the White King is trying to cross the "barrier" on the 3rd or (as in this case) 4th rank. The books don't usually help here either. **22.Ke4 Rf7 (18) 23.Qg1+ Kh5 (16) 24.Qg3 Rf8 (15) 25.Ke5 Rf7 26.Ke6 Rf8 (14) 27.Qa3 Rf4 (15) 28.Qh3+ Kg5 (16) 29.Qg3+ Rg4 (15) 30.Qe5+ Kh4 31.Qh2+ Kg5 32.Ke5 Kg6 (14) 33.Qh8 Rg5+ (14) 34.Ke6 Rg4 (14)** Browne has been somewhat stuck since move 26. He can only lose two moves now. **35.Qg8+ Kh5 36.Qh7+ Kg5 37.Ke5 Rg3 38.Qg7+ Kh4 39.Qh6+ Kg4 (9) 40.Ke4** Browne was now making steady progress but he is still on a tightrope. **40...Rg2 41.Qg6+ Kh3 42.Qh5+ Kg3 43.Ke3 Rg1 44.Qg5+ Kh2 45.Qh4+ Kg2 46.Ke2 Ra1(4) 47.Qe4+** [Now 47.Qg5+ then 48.Qh6+ followed by 49.Qg7+ and 50.Qxa1 wins. Browne finds another way.] **47...Kh3 48.Qh7+ Kg3 49.Qg7+** Browne just makes it within the normal rules and wins back his money. **1–0**

最初，在 Warren Stenberg 和 Edward Conway 发表在《国际象棋之音》（1979 年 4-5 月刊）上的文章中，出现了 Browne 与 Belle 比赛的记录，然后这个记录出现在 D. Kopec（1990）的《人机国际象棋历史》中，以及在纽约 A. Kent 和 J.G. Williams 的《计算机科学与技术百科全书》中（Marcel Dekker，Vol.26，Supp 11，pp.241-243）。

Browne 后来告诉我（1990），与一些说他不“幸运”的报告相反，事实上，他已经分析、计算、准备和记忆了最后的 24 步，这与他在家的分析完全一致。他还提醒我，多年以后，他在另一盘理论残局——国王和两只相对抗的国王和马，他并没有在 50 步内获胜，这场比赛下了 125 步。国际象棋的规则还没有改变以适应这样的 5 枚棋子的残局。后来，我们从 Thompson 的数据库中了解到，这个残局需要 66 步无失误的落子才可以获胜（见表 C.1）。

作为这个故事的补充，我们应该提到一本书，这本书的作者为“欧几里得（Euclid）”，由 E. Freeborough 编辑，于 1895 年由 Trubner＆Company、Trench、Kegan Paul 出版，题目为《Analysis of the Chess Ending King and Queen Against King and Rook》。这本书的分析与 Thompson 数据库的分析非常相似，得出的结论是：取胜所需的最多步数为 31 步。这本冗长绝版的书具有 144 页分析和 191 幅图，我们引用了其中一句话：“人们普遍认为，皇后对抗车，皇后的胜利可能没有实际困难……这是虚幻的，因此应该放弃了。”（第Ⅳ-Ⅴ页）

显然，“欧几里得（Euclid）”写的书在国际象棋和计算机国际象棋世界上都被忽视了！（Kopec，1990）

表 C.1 根据 1986 年的 Thompson 的数据库，在 5 枚或更少棋子的国际象棋残局中取胜所需的最多步数

3 枚棋子残局	取胜所需的最少步数
KQK	10 to mate
KRK	16 to mate
4 枚棋子残局	取胜所需的最少步数
KQKR	31 moves for conversion to KQK
KRKB	18 moves for conversion to KQK
KRKN	27 moves for conversion to KQK
KBBK	19 to mate
KBNK	33 to mate
5 枚棋子残局	取胜所需的最多步数
KRBKR	59
KBBKN	77
KRQKQ	60
KRNKR	33
KQNKQ	35

参考资料

Thompson K. 1986. Retrograde Analysis of Certain Endgames. ICCA Journal 9(3): 131–39.

附录 D　应用程序和数据

1．附录 D.1（1）包括专家系统的应用程序示例，它还包括有关专家系统的信息表。
2．附录 D.1（2）包括神经网络应用程序的示例。
3．附录 D.1（3）包括机器人应用程序的示例。
4．附录 D.1（4）给出了模糊逻辑应用程序的示例。
5．附录 D.2 为神经训练练习提供了数据。
6．附录 D.3 介绍了高级计算机博弈的历史。
7．附录 D.3（1）描述了桥牌的规则和目标。
8．附录 D.3（2）描述了国际象棋的规则和目标。
9．附录 D.4（3）介绍了高级计算机博弈的历史。

附录E　部分练习的答案

第1章

1．票贩子经常试图购买大型音乐会和体育赛事的门票，然后将这些票以高价卖给大众。为了保护合法购票者的利益，售票者欲确保计算机不出现上述问题。计算机不擅长阅读嵌入的潦草的手写文字。这些方法通常用于排除计算机擅闯者（CAPTCHA）。

4．小镇完全没有抓住要点。所引用的3个属性和其他上千个属性都可以将大城市和小城镇区分开来。题中的城镇能够通过一张小的特征列表通过认定为大城市的测试。同样，准备一组答案，回答测试中的特定问题，这种方法不能给智能体赋予任何智能属性。如果一个智能体（计算机）是智能的，那么它应该能够很好地回答任何一组问题。

5．模拟双输入OR函数的阈值逻辑单元，见表E.1。

表E.1　　双输入OR函数

x_1	x_2	x_2–x_3
0	0	0
0	1	1
1	0	1
1	1	1

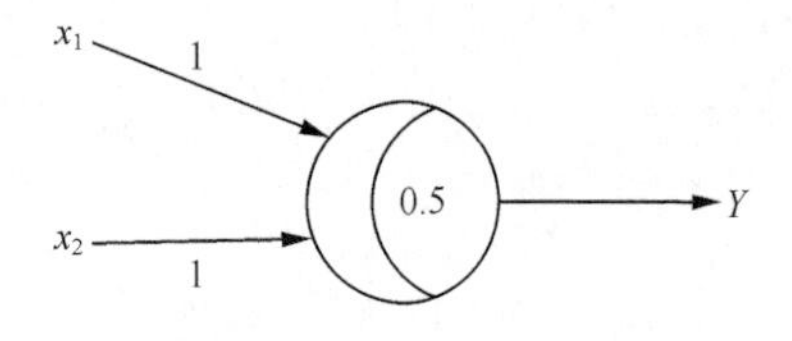

注意，每当$x_1 = 1$或$x_2 = 1$或两者都等于1时，$\overline{X} \cdot \overline{W} \geqslant 0.5$，因此$y = 1$。当$x_1$和$x_2$都等于0时，输出$y$也等于0。将这种行为与OR函数的真值表进行比较。

8．在纽约市和其他主要城市中，如果要打出租车，首先你要找到一条交通繁忙的街道。如果你站在一个十字路口，成功机会就会增加。如果天在下雨或大概在4:00或5:00（许多出租车司机下班）时，要打到车，就得碰运气了。

9．母狮子在狩猎中做了主要工作。狮子经常以小团体为单位进行狩猎。较小的母狮子将猎物追逐到较大的母狮子处，然后由母狮子将猎物捕获。

10．如果你家里有孩子，那么不要选择对小孩子不友好的狗。

如果你的公寓比较小，那么选择一条体型较小的狗。

如果你长时间不在家，那么选择一条喜欢独处的狗。

12．我们并不完全知道欧罗巴（Europa）的地形，因此昂贵的大型机器人走错一步可能会使整个任务毁于一旦。但是，如果有一群较小的机器人“军队”，那么我们可以容忍更多的失误。而且，这些机器人将有机会相互学习。

第 2 章

1．12 枚硬币问题的具体算法如下。

（1）将硬币分成 3 个相等的组，进一步将这些组分别分成（n–1）个子组，每组分别有 $3n$–2，$3n$–3，…，30 枚硬币。

（2）将前两组放在天平的两边。这是第一次称重。

（3）然后转到对最大数目的子组进行称重，如上文的 12 枚硬币解中所述。这是第二次称重。

（4）如果天平发生变化，如上述 12 枚硬币解的最后 6 枚所示，包含了不同硬币的子组将会得到确认，这样就将问题简化成了较小的问题。

（5）继续转到下一个最大子组，直到天平发生变化或天平的每一边都只剩余 1 枚硬币，然后继续称量，这样不同硬币及其相对质量都可以得到确定。

3．在非确定性搜索中，刚刚展开的子节点随机放在开放列表中。从严格意义上来说，因为不能保证找到解，所以搜索是不完整的。大数法则告诉我们，如果对于大数 n，这个搜索重复 n 次（n 的极限为无穷大），那么找到解的概率（如果存在）变为 1。

7．Dijkstra 算法应用于图 2.35 所示的图形。根据递增长度（即非递减长度），产生了表 E.2 所示的最短路径。

表 E.2　Dijksta 算法

	路径	长度
1	$V_0\ V_1$	4
2	$V_0\ V_1\ V_3$	6
3	$V_0\ V_1\ V_2$	//每条路径
	或者 $V_0\ V_1\ V_3\ V_2$	路径的成本
	或者 $V_0\ V_1\ V_3\ V_4$	均为 7

11．用来打破平局的字母顺序如图 E.1 所示。

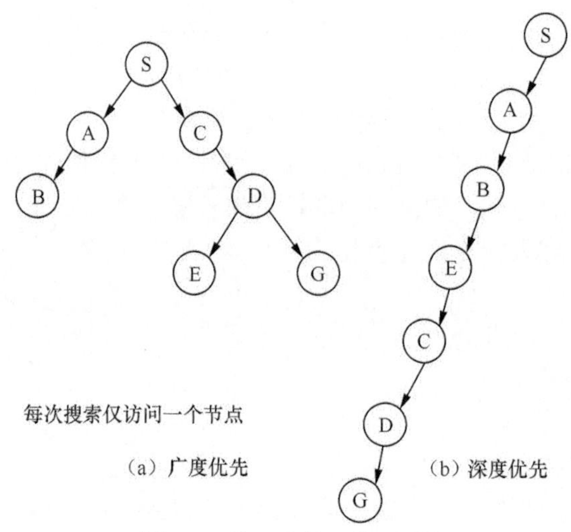

图 E.1 第 2 章练习第 11 题

第 3 章

2．爬山算法总是选择直接最优的路径，而没有能力基于内存做出“后见之明”。因此，这被称为“贪心”。

3．a．用于求解 3 拼图的可采纳启发式将“移动的方块数（number of displaced tiles）”称为 h_1，将“总曼哈顿距离”称为 h_2。我们可以组合这两种距离，创建一个新的启发式 $h=(h_1+h_2)/2$。由于 h_1 和 h_2 是可采纳的，因此 h 也必然是可采纳的。

4．传教士和食人者问题可以表示为一个矩阵，行代表西岸的食人者数目，列代表西岸的传教士数目。东岸的乘客人数与此互补。开始状态为（0,0），结束状态（3,3）。很明显，矩阵中的一些单元代表“安全”的状态（传教士人数在两岸上都超过了食人者人数），有些代表“不安全”的状态（传教士不那么幸运）。接下来，问题简化为，沿着安全节点，找到（0,0）和（3,3）之间的路径。在这种情况下，我们可以很安全地将 A*搜索的启发式定义为依然在对岸的乘客人数。

7.“普通”分支定界法，如图 E.2 所示。

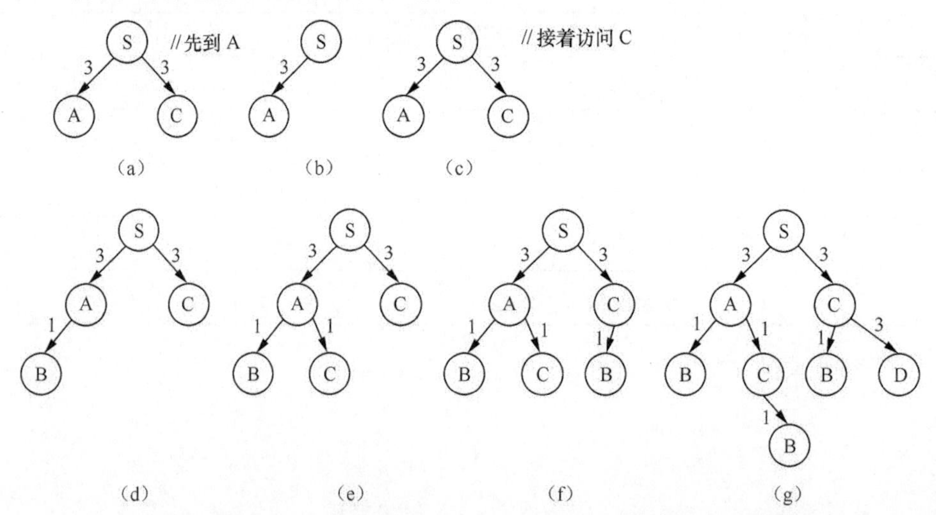

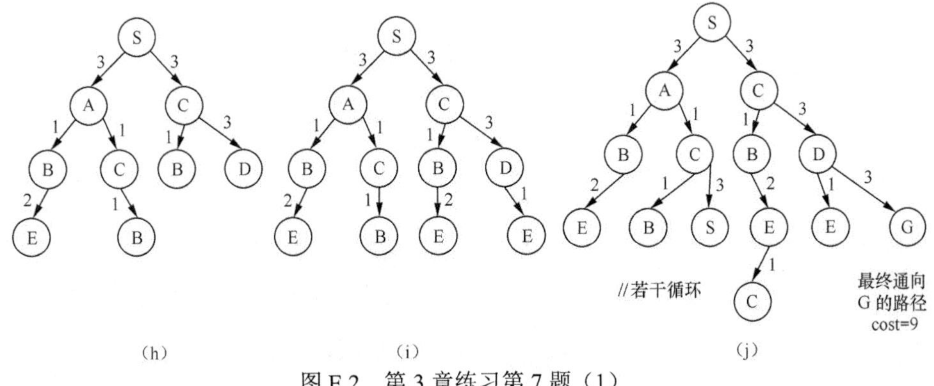

图 E.2 第 3 章练习第 7 题（1）

使用动态规划继续 B&B，如图 E.3 所示。

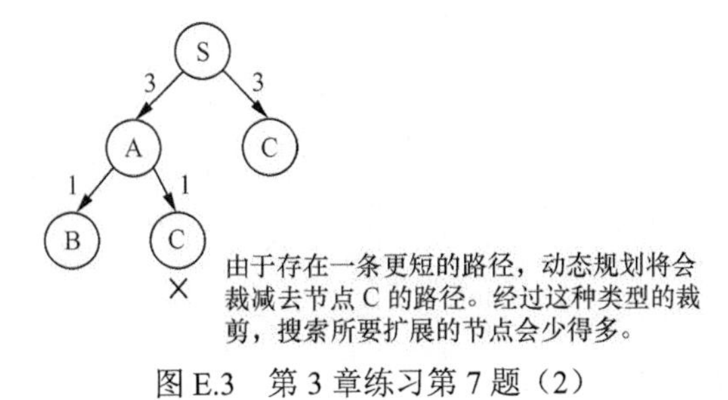

S
A
C
B
由于存在一条更短的路径，动态规划将会裁减去节点 C 的路径。经过这种类型的裁剪，搜索所要扩展的节点会少得多。

图 E.3 第 3 章练习第 7 题（2）

第 4 章

1．答案如图 E.4 所示。

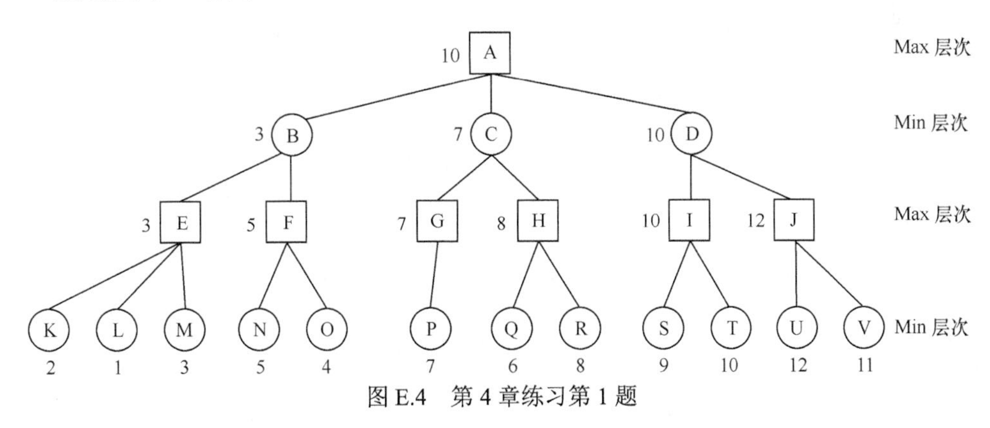

图 E.4 第 4 章练习第 1 题

对于极大的玩家，游戏的值为 10。

3．答案如图 E.5 所示。

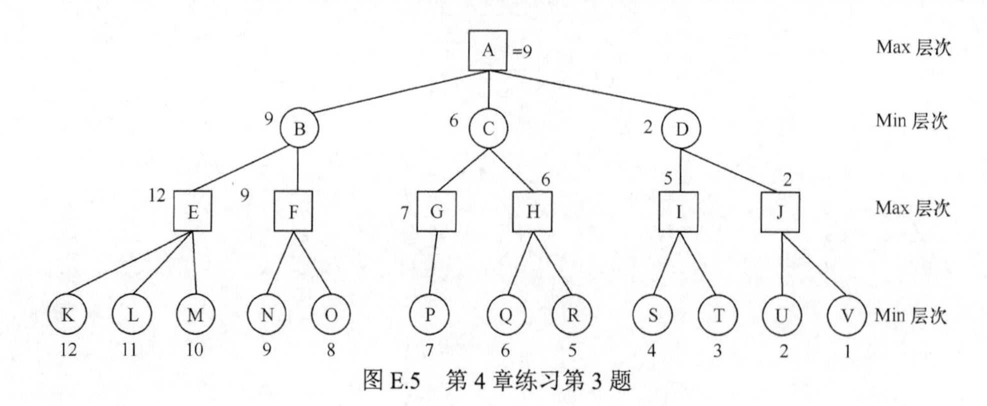

图 E.5 第 4 章练习第 3 题

5．群组合表

$\circ$	π_0	π_1	π_2	π_3
π_0	π_0	π_1	π_2	π_3
π_1	π_1	π_2	π_3	π_0
π_2	π_2	π_3	π_0	π_1
π_3	π_3	π_0	π_1	π_2

- 从表中可以得到，封闭是显而易见的。
- 验证 π_0 是恒等元，**o** 是结合律。
- 逆元素存在。$\pi^{-1}=\pi^3$，$\pi^2=\pi^2$。

在图 4.4a 中，我们有

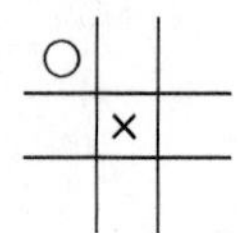

π_1 应用于此游戏局面，得到

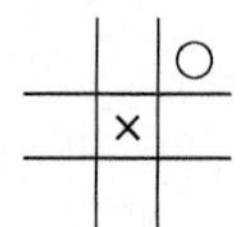

π_2 得到

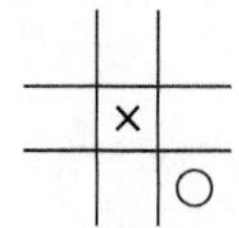

π_3 得到

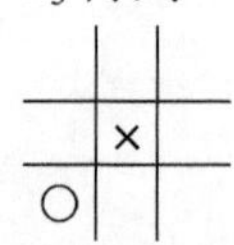

6．对于图 4.25 所示的博弈树，使用α-β剪枝。

第 5 章

1．c．你的年龄大到足以加入军队：m

那么你应该到了可以喝酒的年纪：d

$$\mathbf{m \rightarrow d}$$

e．汽油价格继续上涨：g

今年夏天，开车的人会更少：f

$$\mathbf{g \rightarrow f}$$

f．下雨了：r

下雪了：s

很可能有降水：p

$$\mathbf{(\sim r \wedge \sim s) \rightarrow \sim p}$$

2．a．NAND 函数（↑）的真值表见表 E.3。

$$\mathbf{a \uparrow b \equiv \sim(a \wedge b)}$$

表 E.3　NAND 函数的真值表

a	b	a↑b
F	F	T
F	T	T
T	F	T
T	T	F

观察到 NAND 函数与 AND 函数互充。

b．$a \uparrow a = \sim(a \wedge a)$ // 定义

$= \sim a \vee \sim a$ // 德摩根律

$= \sim a$ // 幂等律

$(a \uparrow a) \uparrow (b \uparrow b) = (\sim a) \uparrow (\sim b)$ // 如上所示

$= \sim[(\sim a) \wedge (\sim b)]$ // 定义

$= \sim\sim a \vee \sim\sim b$ // 德摩根律

$= a \vee b$ // 双重否定

最后

$(a \uparrow b) \uparrow (a \uparrow b) = \sim(a \wedge b) \uparrow \sim(a \wedge b)$ // 定义

$= \sim[\sim(a \wedge b) \wedge \sim(a \wedge b)]$ // 定义

$= \sim\sim(a \wedge b) \vee \sim\sim(a \wedge b)$

// 德摩根律

$= (a \wedge b) \vee (a \wedge b)$ //双重否定

$= a \wedge b$ // 幂等律

4．a．真值表见表 E.4。

表 E.4　真值表

p	q	p∨q	~p∨~q	(p∨q)→~p∨~q
F	F	F	T	T
F	T	T	T	T

续表

p	q	p∨q	~p∨~q	(p∨q)→~p∨~q
T	F	T	T	T
T	T	T	F	F

可满足。有时为真。

d. p→(p∨q)重言式见表E.5。

表E.5 重言式

p	q	p∨q	p→(p∨q)
F	F	F	T
F	T	T	T
T	F	T	T
T	T	T	T

重言式。永远为真。

6. a. 在离散数学中，如果R是集合S上的等价关系，则子集{[S] | s∈S}是集合S的一个划分。这个命题的逆命题也是一个定理。

b. 在群理论中，如果H是G的子群，则| H | 划分了| G |。这个命题的逆命题不成立。

8. a. **p → q**

q → r

∴ r

真值表见表E.6。

表E.6 一个无效的论证

p	q	r	p→q	q→r	p→q∧q→r	[(p→q)→(q→r)]→r
F	F	F	T	T	T	F
F	F	T	T	T	T	
F	T	F	T	F	F	
F	T	T	T	T	T	
T	F	F	F	T	F	
T	F	T	F	T	F	
T	T	F	T	F	F	
T	T	T	T	T	T	

无效。没有必要继续。在有效的论证中，最后一列必须是重言式。

c. **p → q**

~q

∴ ~p

真值表见表E.7。

表 E.7　一个有效的论证

p	q	p→q	p→q∧(~q)	[(p→q)∧(~q)]→~p
F	F	T	T	T
F	T	T	F	T
T	F	F	F	T
T	T	T	F	T

此论证有效。实际上，这种推理模式被称为拒取式。

11．FOPL：

a．他只在意大利餐厅用餐。

dines（x，y）某人 x 在餐厅用餐。

让“他（He）”用常量 Sam 代表。

那么：dines（Sam，y）→Italian（y）

c．继续我们的符号：

dines (Sam, y) → Italian (y) ∨ Greek(y)

e. dines (Sam, y) → ~ Italian (y) ∧ ~ Greek(y)

12．a. mgu：

wines (x,y) wines (Chianti, Cabernet)

Chianti | x

Cabernet | y

b．不能合一

Chianti | x

Cabernet | x

你不能将某个变量替换成两个不同的值。

13．所有意大利母亲都可以做饭。（M，C）

所有的厨师都很健康。（H）

Connie 或 Jing Jing 是意大利的母亲。

Jing Jing 不是意大利的母亲。

因此，Connie 很健康。

(∀x) M (x) → C(x)

（∀y） C(y) → H(y) // 预期的规范形式

M(Connie) V M(Jing Jing)

~M(Jing Jing)

~H(Connie)

转换为子句形式：

1) ~M(x) V C(x)

2) ~C(y) V H(y)

3) M(Connie) V M(Jing Jing)

4) ~M (Jing Jing)

5) ~H(Connie)

3,4) M (Connie) (5)

1,5) Connie | x C(Connie) (6)

2, 6) Connie | y H(Connie) (7)

5,7) □

∴此论证有效。

第 6 章

1．良好的知识表示包括如下要素。

- 在适当的抽象层次上表示世界的状态。
- 在适当层次上对给定问题进行表示。
- 使用一种方便的方法来存储知识，并在计算上可以快速访问和处理知识，求解问题，做出决策和/或执行动作。

良好的知识表示也说明了如下特性。

- 存在于世界上的对象。
- 对象的属性。
- 对象之间的关系。
- 对于给定智能体使用的一套规则。

3．（1）框架。

① **优点**：自然而然地面向对象和数据库编程。

② **缺点**：事件的准确表示往往需要一个非常复杂，消耗资源的框架系统。

（2）脚本。

① **优点**：脚本在程序化编程方面运行良好。世界事件可以与脚本相匹配；可以从脚本中推导出非明确声明的信息。

② **缺点**：一旦世界和/或查询中的事件“超出了脚本”，脚本就变得无所用处。

（3）语义网络。

① **优点**：语义网络提供了一种自然，易扩展的世界建模方式；适合语言表示和解析。

② **缺点**：可能会出现一些逻辑问题（例如 IS-A 关系）；倾向于微观世界；它们不能有效地适用于现实世界的情况。

4．需要一个更完整的表示，其中包含一些附加信息，见表 E.8。

表 E.8 将图 6.16 所示的大学（College）语义网络转换为框架表示

College	Name	ACME College
	Department 1	Computer Science
	Department 2	Administration
	Department 3	Library
	Student 1	Alice Adams
	Student 2	Bob Baker
	Club 1	Science Fiction Club
Computer Science	Faculty 1	Evelyn S. Dropper

续表

College	Name	ACME College
	Staff 1	John Doe
	Class 1	
Alice Adams	Computer Science	Computer Security MW
	ID #	123-45-6789
	Year	2010
	GPA	3.2
	Assignments Due	Computer Security Assign. 1
		Computer Security Assign. 2
	Club Membership	Science Fiction Club
Science Fiction Club	President	Alice Adams
	Member 1	Alice Adams
	Member 2	Bob Baker
Evelyn S. Dropper	Degree	PhD (Computer Science)
	Class 1	Computer Security MW
	Research 1	Theoretical Computing
	Research 2	Applied Computing
Computer Security	Instructor	Evelyn S. Dropper
	Schedule	MW 12:00 pm – 1:00 pm
	Assignment 1	Computer Security Assgn. 1
	Assignment 2	Computer Security
Computer Security	Assignment 1	Due On 09/15/11

5．图 6.11 中车祸框架的语义网络表示如图 E.6 所示。

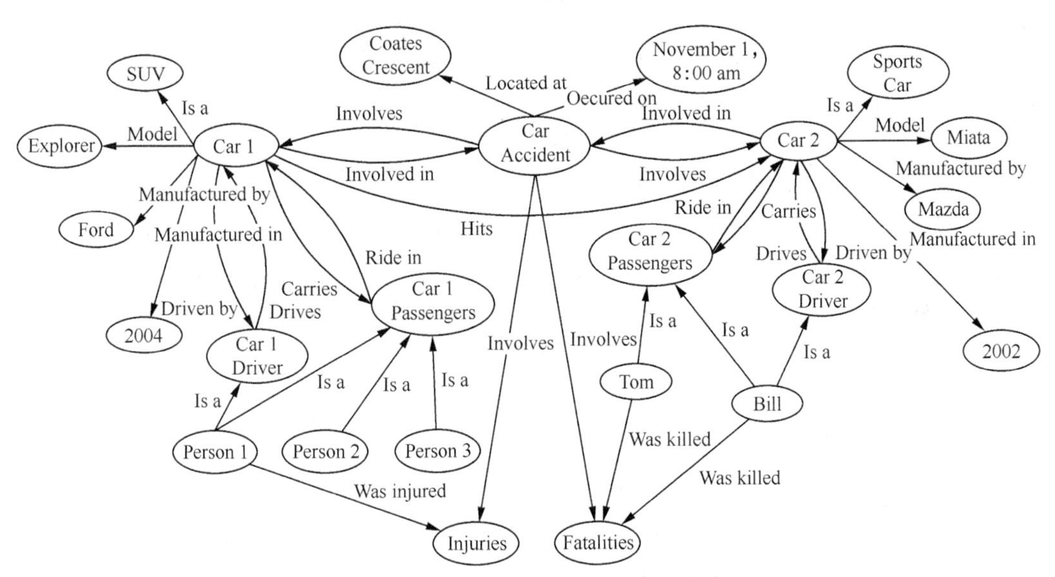

图 E.6　图 6.11 中车祸框架的语义网络表示

7．给定当日类型和天气，请执行以下操作。

产生式系统表示：

If 工作日

Then 穿西装裤子，衬衫，西装夹克和时装鞋。

If 周末或假期

Then 穿牛仔裤，T 恤，休闲夹克和运动鞋。

If 热

Then 去掉外套
If 冷
Then 加上大衣。
If 雨
Then 带上伞。

6．图6.11中汽车事故框架的语义网络表示如图E.7所示。

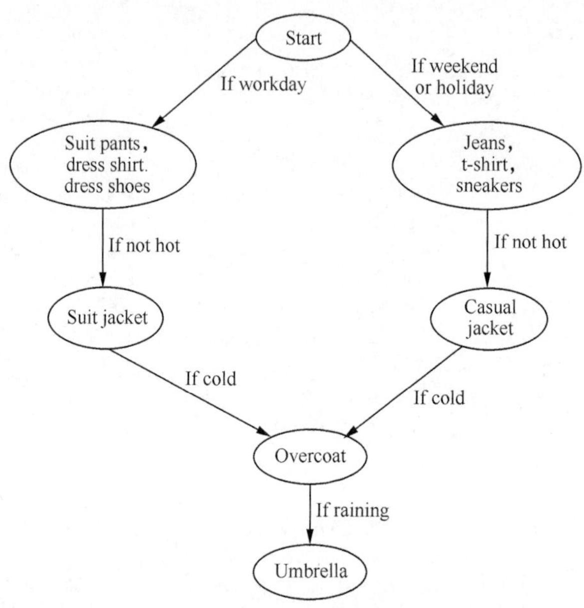

图E.7 图6.11中汽车事故框架的语义网络表示

12．信息。地图仅显示目标地点的位置以及附近地铁站的名称。它没有提供从起点到目标地点所需的完整指南。为了使其有资格成为知识，需要确定起点的位置，最接近起点和目标地点的地铁站，在每个地铁站对应于起点和目标地点之间的路线的列车。

第7章

1．产生式系统IF-THEN是用于匹配某些条件得出某些结论的规则，所得到的结论有助于做出决策。

在一般的编程语言中，IF语句评估条件是否为真，如果条件成立，则执行THEN语句，不需要做出推断或决定。编译器仅基于IF条件是否为真执行操作。

2．冲突消解策略认为“触发所有规则”将会导致许多问题，如果在某种条件下满足了多个规则，那么系统会采取动作，触发此类的多个条件（可能是冗余的），这将引起冲突，而最适合规则的优先级可能比较低。

3．产生式规则在全局数据库上运行，做出决策，因此其全局数据库与常规数据库不同。常规数据库使用数据定义语言或数据操作语言来访问数据库，执行查询和检索信息，或操纵数据库中的数据。

5．没有冲突消解策略的两个可能的后果是：不能选择最佳的动作效率低下；不能执行正确的动作，从而得到不正确的结果。由于规则太多，大部分规则可能会出现错误，导致系统变慢，因此知识工程师不能仅仅通过制定规则来涵盖所有可能的情况。

9．专家系统与常规程序不同，专家系统将计算组件与知识库组件分开。也就是说，推理机与知识库分开。专家系统可能有数百个或可能数千个规则，倾向于处理不确定和不精确的知识。

10．**买房子**←房价下降←利率下降←股市下跌←天然气价格上涨←**从这里开始**。

第 8 章

1．$X = \{x_1, x_2, x_3\}$：

$A = 0.2/x_1 + 0.1/x_2 + 0.2/x_3$

$B = 0.2/x_1 + 0.4/x_2 + 0.7/x_3$

a．$A \cup B = 0.2/x_1 + 0.4/x_2 + 0.7/x_3$

b．$A \cap B = 0.2/x_1 + 0.1/x_2 + 0.2/x_3$

c．

$A^C = 0.8/x_1 + 0.9/x_2 + 0.8/x_3$

$B^C = 0.8/x_1 + 0.6/x_2 + 0.3/x_3$

$A^C \cap B^C = 0.8/x_1 + 0.6/x_2 + 0.3/x_3$

3．为下列集合，绘制隶属度函数，如图 E.8 所示。

a．个子很高的人。

b．个子不高的人。

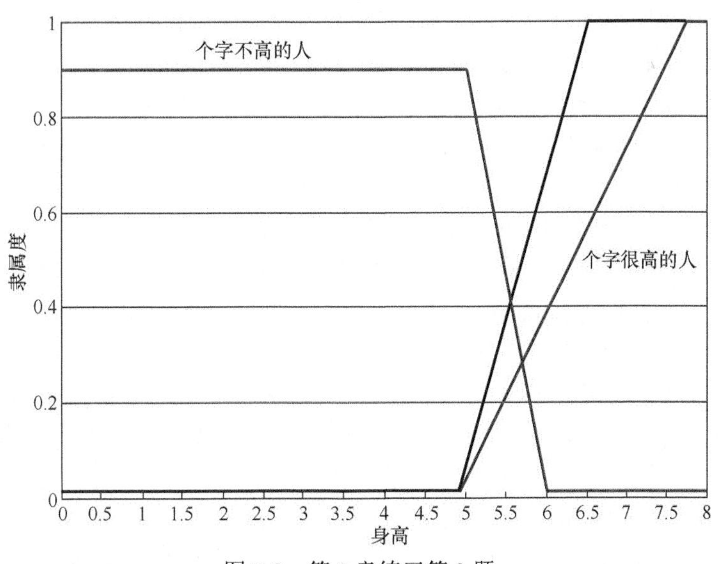

图 E.8　第 8 章练习第 3 题

6．

SC：某个人得了皮肤癌

det：进行皮肤癌检测（但可能是错误的）。

Pr [SC] = 0.01

Pr [det | SC'] = 0.20 //误报

Pr [det' | SC'] = 0.10 //漏报

Pr [SC | det] = ?

由于 Pr [det'| SC] = 0.10，

因此在90%的情况下，如果某人患有皮肤癌，这个测试会检测到这一点。

i.e; Pr [det | SC] = 0.90

So: Pr [SC | det]

$$=\frac{\Pr[\det | SC]\cdot P[SC]}{\Pr[\det]}$$

$$=\frac{\Pr[\det | SC]\cdot P[SC]}{\Pr[\det | SC]\cdot \Pr[SC]+\Pr[\det | SC']\cdot \Pr[SC']}$$

$$=\frac{(0.90)\times(0.01)}{(0.90)\times(0.01)+(0.20)\times(0.99)}$$

$$=\frac{0.009}{0.009+0.198}\approx 0.043$$ //比我们直觉认为要低得多

第 9 章

1．适用专家系统的领域具有 3 个特点：一是定义完善的；二是基于人类的实践；三是从实践中发展出知识，并经过一段时间的发展，具有许多规则。由于这些领域是有界的，不需要借鉴其他领域的知识，因此不会太过复杂。基于声明或程序式的知识，而不是计算复杂度的领域，也是很好的候选领域。

6．在计算速度和准确性方面，专家系统优于人类专家。人类的大脑可以处理大量的信息，但是会受到错误的困扰，并且人类大脑忙于维持身体器官和感觉器官。专家系统可以将人类数学专家淘汰。例如，Lenat 的 Eurisko 能够提出人类没有考虑到的新数学启发式和定理。人类专家提供了诊断大豆作物病害规则给 Michalski 的 AQ / 11，而 Michalski 的 AQ / 11 却能比人类专家更准确地诊断大豆作物病害。在配置 VAX 计算机方面，什么样的人类可以与麦克德莫特的 XCON 2500+的规则竞争呢？

然而，专家系统无法轻松地深入一个主题。也就是说，专家系统通常不能展现出对主题的深入理解。人类会受到虚弱（如疲劳和化学变化）的影响而产生错误判断。不过虽然机器更可靠，但是也更脆弱。

7．Rete 算法是一种非常快速的模式匹配器，它可以缩短整理规则所需的时间。它是一种动态数据结构，一旦进行搜索就可以重新组织。在一个规则触发后，通过限制消解冲突所需的工作来提高前向链接专家系统的速度和效率是必需的。没有这个算法，专家系统可能会在处理规则时陷入僵局。

10．程序式知识是我们用来处理计算机科学的知识。它关心完成事情的方式。例如，明确说明排序算法中所有错综复杂的地方，然后逐步执行这个算法。

声明式知识在较高层次上工作，并试图表达出需要做的事情，例如我们可能只看到（SORT（N））。这表示了对有 N 个元素的列表进行排序，而不是如何完成排序。

元知识是关于知识的知识。例如，它能够根据情境决定应该应用什么样的排序算法。例如，当 N 比较小的时候，冒泡排序可能是个好的选择；当 N 比较大时，应使用 Quicksort 或其他 $N\log N$ 排序应该比较合适，等等。

11．由 Shortliffe 等人于 1976 年在斯坦福大学开发 MYCIN 用于诊断血液感染。它是第一批专家系统之一，并为未来所有的专家系统树立榜样。MYCIN 有约 400 条规则，采用正向和反向链接，以及概率（处理不确定性）用于培训医务实习生。EMYCIN 通过删除 MYCIN 中的知识库，尝试创建专家系统外壳。在理论上，因为知识和控制是分离的，所以创建专家系统外壳应该是可能的。MYCIN 为所有未来的专家系统和外壳（Shell）设定了标准。

第 10 章

1．为以下布尔函数设计决策树，如图 E.9 和图 E.10 所示。

a．$a \lor (b \land \sim c)$

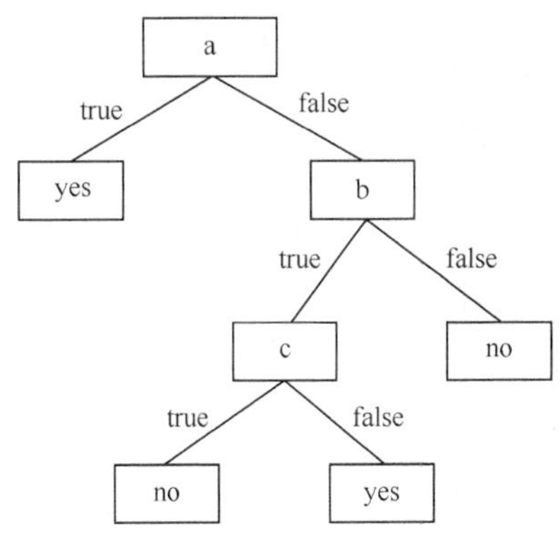

图 E.9　第 10 章练习第 1 题 a

b．majority (x,y,z) = $(x \land y) \lor (x \land z) \lor (y \land z)$

//为什么 $x \land y \land z$ 不是必需的？

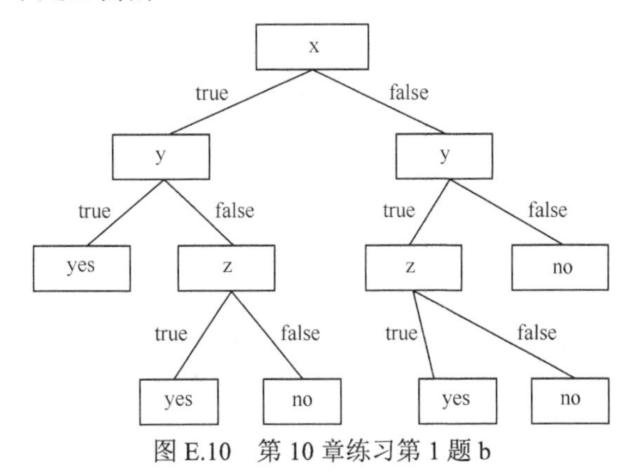

图 E.10　第 10 章练习第 1 题 b

3．这个问题有 3 个不同的类。我们有：

$p_1 = 6/20$

$p_2 = 9/20$

$p_3 = 5/20$

集合的熵 $S = \sum_{i=1}^{n} -p_i \log_2 p_i$，其中 $n = 3$，

$S= (-6/20)\log_2(6/20) + (-9/20)\log_2(9/20) + (-5/20)\log_2(5/20)$

$= (-6/20)\times(-1.737) + (-9/20)\times(-1.152) + (-5/20)\times(-2)$

$= (-0.3)\times(-1.737) + (-0.45)\times(-1.152) + (-0.25)\times(-2)$

$= 0.5211 + 0.5184 + 0.5$

$= 1.539$

可以看到，这个示例中的熵大于 1，即需要多个比特来区分三个不同的类。

第 11 章

1．对于一个全加器，实现求和函数 S 的麦卡洛克—皮茨网络（见图 E.11），其中

$$S(ABC_i) = A'B'C_i + A'BC'_i + AB'C'_i + ABC_i$$

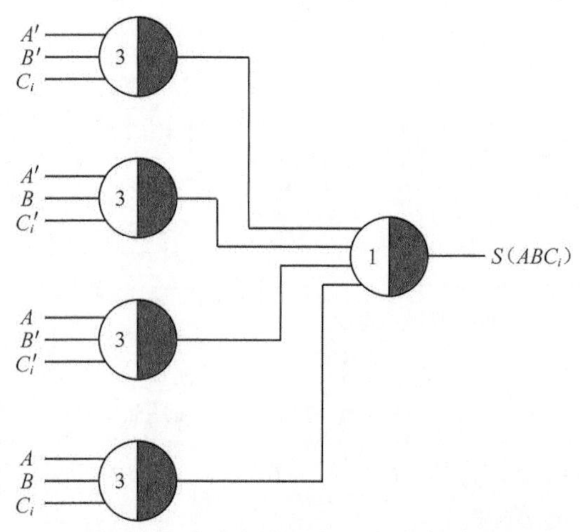

图 E.11　求和函数 S 的麦卡洛克-皮茨

4．证明双输入 XNOR 函数不能用单个感知器实现，如图 E.12 所示。

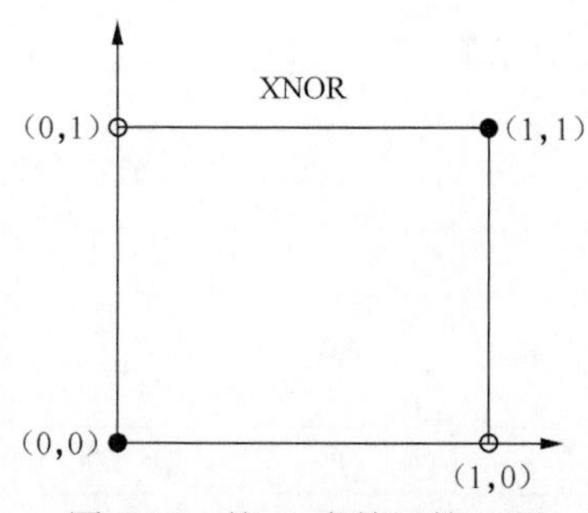

图 E.12　第 11 章练习第 4 题

令 w_1、w_2 为感知器的权重，θ 为阈值

$x_1 = 0, x_2 = 0 \quad w_1x_1 + w_2x_2 = 0, \qquad 0 < \theta$

$x_1 = 1, x_2 = 0 \quad w_1x_1 + w_2x_2 = w_1, \qquad w_1 < \theta$

$x_1 = 0, x_2 = 1 \quad w_1x_1 + w_2x_2 = w_2, \qquad w_2 < \theta$

$x_1 = 1, x_2 = 1 \; w_1x_1 + w_2x_2 = w_1 + w_2, w_1 + w_2 < \theta$

不可能满足这个不等式方程组。由于 XNOR 函数不是线性可分离的，因此可能无法使用单个感知器来实现。

6．感知器学习规则

a．

表 E.8　　要实现的函数

x_1	x_2	$f(x_1, x_2)$
0	0	0
0	1	0
1	0	1
1	1	1

$\hat{\boldsymbol{w}} = (w_1, w_2, w_3 = \theta) = (0.1, 0.4, 0.3)$

$\alpha = 0.5$

b．

表 E.9　　运行的感知器学习规则

x_1	x_2	x_3=−1	w_1	w_2	w_3=θ	$\hat{x}\cdot\hat{y}$	y	t	Δw_1	Δw_2	Δw_3
0	0	−1	0.1	0.4	0.3	−0.3	0	0	0	0	0
0	1	−1	0.1	0.4	0.3	0.1	1	0	0	−0.5	+0.5
1	0	−1	0.1	0.1	0.8	−0.7	0	1	0.5	0	−0.5
1	1	−1	0.6	−0.1	0.3	0.2	1	1	0	0	0
0	0	−1	0.6	−0.1	0.3	−0.3	0	0	0	0	0
0	1	−1	0.6	−0.1	0.3	−0.4	0	0	0	0	0
1	0	−1	0.6	−0.1	0.3	0.3	1	1	0	0	0
1	1	−1	0.6	−0.1	0.3	0.2	1	1	0	0	0

在一个 epoch 期间，权重没有变化，因此这个学习过程就完成了。

6．

该函数的判别式为：$x_2 = 6x_1 - 3$

7．感知器学习规则

$t = 1$

$y = 0$

对单元的激励，即 $\bar{\boldsymbol{x}} \cdot \bar{\boldsymbol{w}}$ 太小。$\bar{\boldsymbol{w}}$ 应该朝 $\bar{\boldsymbol{x}}$ 方向旋转。

这将减小 θ，增加 $\bar{\boldsymbol{x}} \cdot \bar{\boldsymbol{w}}$（回想起角度 θ 减小，余弦值增大）。

11．a．使用增量规则求解习题 6。使用 $\alpha = 0.5$ 训练一个 epoch。

$t = 1$

$y = 0$

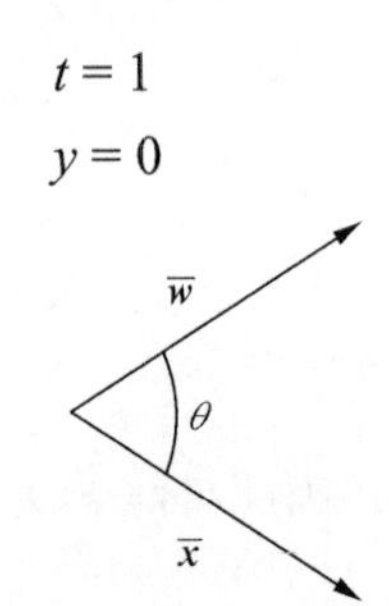

表 E.9

x_1	x_2	x_3=−1	w_1	w_2	$w_3=\theta$	$\hat{x}\cdot\hat{w}$	t	Δw_1	Δw_2	Δw_3
0	0	−1	0.1	0.4	0.3	−0.3	−1	0	0	0.35
0	1	−1	0.1	0.4	0.65	−0.25	−1	0	−0.357	0.375
1	0	−1	0.1	0.025	1.025	−0.925	1	0.963	0	−0.963
1	1	−1	1.063	0.025	0.062	1.125	1	0.032	0.032	−0.032

这里使用双极性输出。

第 12 章

1．近似 π 如图 E.13 所示。

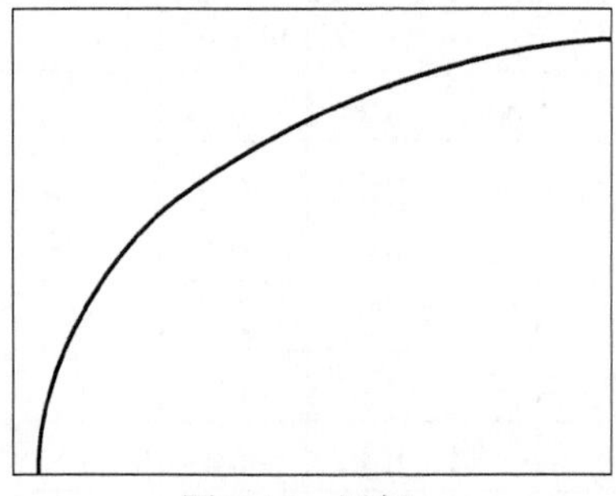

图 E.13 近似 π

在板上投掷 100 支飞镖。计算圆周中的飞镖数量。

方块的面积为 1×1 = 1。

显示 1/4 圆的面积为 $\pi r^2/4$，其中 $r = 1$，因此该面积=π/ 4。

π /4 / 1 count / 100

π /4 count / 100

100 × π 4 × count

π (4 × count) / 100

π/ 4/1 计数/ 100

π/ 4 计数/ 100

100×π4×计数

π（4×计数）/ 100

2．4 皇后问题的 GA，如图 E.14 所示。

0	1	2	3
	Q		
			Q
Q			
		Q	

图 E.14 4 皇后问题的 GA

使用 0 到 3 标记列。

我们将在每一列中放置一个皇后；行由 2 比特的数字表示。

因此，01110010 表示了所示位置。

字符串的适应度等于非攻击皇后的数目。

生成字符串的初始种群。

应用遗传算子：选择，交叉，突变。一旦找到解或搜索运行了“足够长”时间，停止程序。

5．15 拼图的 GA，如图 E.15 所示。

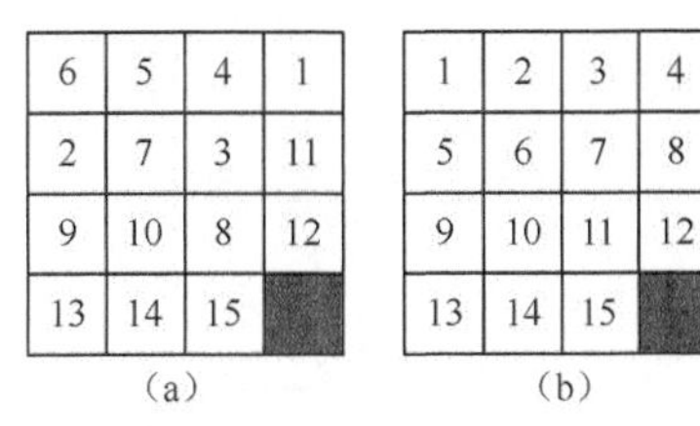

图 E.15 15 拼图的 GA

（a）起始状态 （b）目标状态

- 图 E.15（a）左图是一个拼图的实例。
- 我们把空白方块向北、南、东、西移动。我们分别用 00、01、10 和 11 表示 4 个方向。
- 移动序列由随机生成的 3 个 2 比特数的序列表示，长度可能是 50 或 100。
- 令种群大小约为 100。
- 字符串序列的适应度反映出从起始状态开始接近解的程度。
- 应用遗传算子，直到找到解或搜索运行了“足够长”的时间，停止程序。

6．用于 tic-tac-toe 的 GA，如图 E.16 所示。

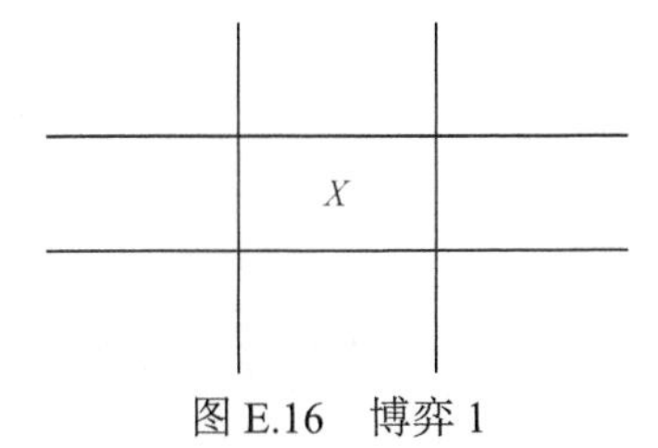

图 E.16 博弈 1

假设 GA 与人类对手博弈。

GA 作为最小化棋手，做出移动，即“○”。

- 我们将此博弈表示为如图 E.17 所示的样式。

1	2	3
4	5	6
7	8	9

图 E.17　博弈 2

- 我们对 9 个方块进行了编号，如图 E.18 所示。
- 100 代表 ×。
- 010 代表 ○。
- 001 代表方块是空的。

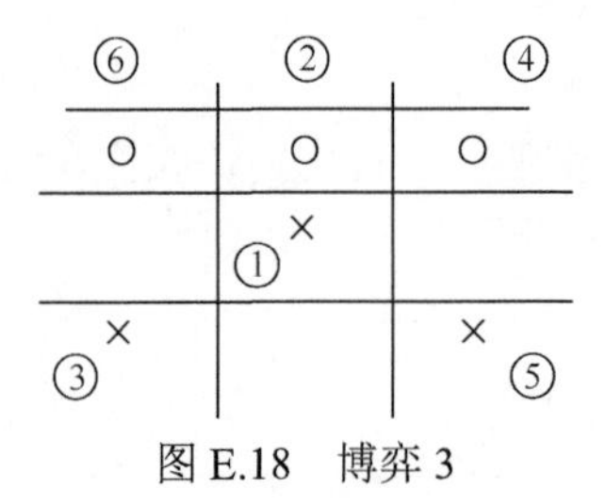

图 E.18　博弈 3

在博弈中，显示了“○”获胜。

数字代表落子的顺序。这个博弈可描绘成图 E.19 所示的样子：

0101　0010　0111　0011　1001　0001 // “○” 获胜

×　○　×　○　×　○

图 E.19　博弈 4

让 × 先落子，根据棋手的能力，博弈将由 5～9 次落子组成。

“○” 棋手将随机生成博弈，从 × 第一个落子开始，然后为自己选择一个获胜的棋局。

接下来，× 进行第二次落子。“○” 将随机生成博弈，这个博弈在棋局上有 × 的第一次和第二次落子，作为潜在博弈的第 1 步和第 3 步。

这个过程一直持续，直到 × 或 ○ 其中一方获胜或打成平局。

第 13 章

2．最有可能的解释如下：

(Time) ((flies) (like ((an) (arrow))))

<SENTENCE> → <NOUN PHRASE> <VERB PHRASE>

<VERB PHRASE> → <VERB> <PREPOSITIONAL PHRASE>

<PREPOSITIONAL PHRASE> →

<PREPOSITION> <NOUN PHRASE>

<NOUN PHRASE> →

<NOUN> | <DETERMINER> <NOUN>

<PREPOSITION> → like

<DETERMINER> → an

<VERB> → flies

<NOUN> → time | arrow

4．扩展语法旨在解决正则语法的局限性，正则语法不负责保持句子语义信息的“深层结构”。扩展语法试图增扩基本短语结构语法，包括变换语法、系统语法、格语法、语义语法等。

7．a．在经济衰退后，他们变得富有。如果他们在经济衰退期间积累了财富，那么他们在经济衰退前并没有财富。

b．在经济衰退前，他们是富有的。如果他们在经济衰退期间丧失了财富，那么他们在经济衰退前必须具有用来丧失的财富。

c．这句话有些含糊不清。可能有两种情况：

i．在经济衰退后，他们变得富有。在经济衰退期间，他们在餐馆工作，我们可以推测，当时他们不富裕。因此，只有在经济衰退后，他们才变得富有。但是，人们肯定会问，为什么如此多新近富裕的人在经济衰退期间碰巧在餐馆里工作。

ii．在经济衰退前，他们是富有的。此处，短语“富人”应潜在地理解为“前富人”。

9．“Tom saw his dog in the park with the new glasses.”

这句话有如下4种解释。

i．当汤姆在公园里看自己的狗时，汤姆戴着新眼镜。

ii．汤姆戴着新眼镜，在公园里看到陌生男人的狗。

iii．汤姆在公园里看到自己的狗，狗戴着新眼镜。

iv．汤姆在公园里看到陌生男人的狗，狗戴着新眼镜。

12．给定CFG：

=> a X c

S => b X c

S => b X d

S => b X e

S => c X e

X => f X

X => g

a．自下而上的方法将更有效率。自上而下的方法不得不考虑太多通往死胡同的路径。例如，从S开始，必须创建5棵单独的树。那么，如果最左侧的符号恰好是b，那么从5棵原始树中的每一棵必须构建出3棵独立的解析树，总共15棵，以此类推。相比之下，在自下而上的方法的情况下，不存在这种增长的复杂度。

b．　X => g ; (bffXe)

　　X=> fX; (bfXe)

X=> fX; (bXe)

S=> bXe; (S)

13．给定语法：**S => aAb | bBA A => ab | aAB B => bB |b**

输出字符串的解析如图 E.20 所示。

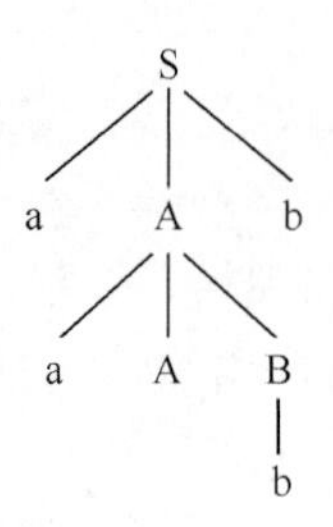

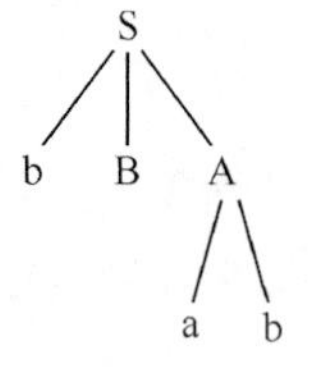

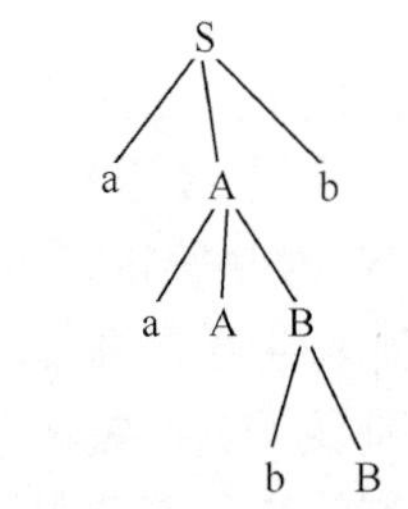

图 E.20　输出字符串的解析

第 14 章

1．驴滑块拼图的目标是获得“水平”的方块，让覆盖 4 个方格的“Blob”通过。只有 Blob 向左或向右移动，并且水平方块向相反方向移动时，这才有可能。

当每个方块在同一时间获取某些数字时，才能被程序识别。Blob 能够横向移动，水平方块向相反方向移动的“前提条件”是方块为空。

3．将 X 桌子上的 3 个积木块按照 A、B、C 的顺序排列在 Y 桌子上，其中 A 在顶部。

目标状态：On (A,B); On(B,C); On(C, Table Y)。

具体动作、先决条件及其效果见表 E.10。

表 E.10

动作	先决条件	效果
Initialize()		On(A,C)
		Clear(A)
		On(B,TableX)
		Clear(B)
		On(C,TableX)
		Handempty()
Pickup(x)	Handempty()	Holding(x)
	Clear(x)	~On(x,y)
		~Clear(x)
		~Handempty()
DropX(x)	Holding(x)	On(x,TableX)
		Clear(x)
		Handempty()
		~Holding(x)
DropY(x)	Holding(x)	On(x,TableY)
		Clear(x)
		Handempty()
		~Holding(x)
Put(x,y)	Holding(x)	On(x,y)
	Clear(y)	Clear(x)
		Handempty()
		~Holding(x)
		~Clear(y)

动作	得到的世界状态
Initialize()	On(A,C)
	Clear(A)
	On(B,TableX)
	Clear(B)
	On(C,TableX)
	Handempty()
Pickup(A)	Holding(A)
	On(B,TableX)

续表

动作	得到的世界状态
	Clear(B)
	On(C,TableX)
	Clear(C)
DropX(A)	On(A,TableX)
	Clear(A)
	On(B,TableX)
	Clear(B)
	On(C,TableX)
	Clear(C)
	Handempty()
Pickup(C)	n(A,TableX)
	Clear(A)
	On(B,TableX)
	Clear(B)
	Held(C)
DropY(C)	On(A,TableX)
	Clear(A)
	On(C,TableX)
	Clear(B)
	On(C,TableY)
	Clear(C)
	Handempty()
Pickup(B)	On(A,TableX)
	Clear(A)
	Hoding(B)
	On(C,TableY)
	Clear (C)
Put(B,C)	On(A,TableX)
	Clear(A)
	On(B,C)
	Clear(B)
	On(C,TableY)
	Handempty()
Pickup(A)	Held(A)
	On(B,C)
	Clear(B)

续表

动作	得到的世界状态
	On(C,TableY)
P(A,B)	On(A,B)
	On(B,C)
	On(C,TableY)

4．苏斯曼异常表明，在动作时序很重要的情形中，部分顺序规划是不够的。

7．战斗规划似乎是计算机规划在军事方面最显著的应用。然而，几个世纪前，即使对最成熟的分析策略而言，战场也太过混乱。后勤学（把正确的人员和物资在合适的时间运送到正确的地方并阻止敌人达成相同目标）可以在战争开始之前就锁定胜局，也就是“兵马未动，粮草先行”。在第一次世界大战时，陆军总部通常有一类官员，他们唯一的任务是通过协调铁路时间表来运输部队和物资。目前，这个问题在总体结构上相同，仅仅是在规模上有所不同（跨大洲而不是跨邻国运输部队，现在也可能是使用无人机）。使用具有规划知识的计算机程序可以更好更快地解决需要高逻辑水平的大型后勤问题。

8．计算机规划起源于在解空间中的蛮力（可能是知情）搜索。人类的认知包括了一些流程，这些流程可以使搜索更有效或限制了解空间。这样的方法包括模式识别（识别类似于以前解决过问题的能力）、应急规划（识别出对规划的威胁并进行相应处理的能力）以及其他可能的方法。实践证明，人类推理的方法可以在软件中建模和表示。这种方法面临的挑战是软件能否快速、准确、高效地识别模式。

第 15 章

1．自从 17 世纪早期雪莱的小说《弗兰肯斯坦》(《Shelkenstein》）诞生以来，这个主题就一直重复，即“由人类创造的生物”对人类和创造者的反叛。在这个预言中，所探索的人工智能方法包括自然语言交互、运动以及在人造实体中意识何时出现。另外，这个主题还探讨了艾萨克·阿西莫夫（Isaac Asimov）的“机器人三大法则”，说明了具体情况的答案并不一直是明确的。例如，如果机器人到达了这个意识点，机器人意识到如果它遵守其中一个法则，这可能意味着它本身必须被终止。在电影中出现的场景中，机器人必须能够理解更大的画面，即如果规则被打破，这最终会拯救更多人的性命。

5．罗德尼·艾伦·布鲁克斯于 1954 年出生在澳大利亚的阿德莱德。他曾是机器人领域的先驱者。1997 年至 2007 年，他担任著名的麻省理工学院人工智能实验室的负责人。

罗德尼·艾伦·布鲁克斯与使用“智能体观点”来建立人工智能和机器人系统密切相关（见 6.12.1 节）。布鲁克斯博士的人物轶闻也出现在这一节。

他创立的一些公司包括 Lucid（1984）、Artificial Creatures（1991，现为 IRobot 公司的子公司）、Robotic Ventures（2000）和一些依然活跃的投资公司［Mako Surgical Corporation、IRobot Corporation（1990）和 Rethink Robotics（原为 2008 年的 Heartland Robotics）］。

布鲁克斯博士尝试并开发了许多机器人系统，探索在独特的环境中机器人可能给人们带来的特别帮助，包括“地面零点”和机器人手术的可能性。ALLEN 是一个早期的系统，这个系统建于 20 世纪 80 年代后期，采用了包容性架构（见 6.12.1 节）。自 2012 年以来，Brooks 的工作重点是在非结构化环境中运行的工程智能机器人，同时也聚焦于通过构建类人机器人更好地了解人类智能。BAXTER 是由 Brooks 在 Rethink Robotics 开发的工业机器人。它旨在作为早期个人计算机的机器人模拟，设计用于安全地与邻近的人员进行交互，并且可被编程执行简单的任务。如果在机器手臂移动的路径上遇到人类，BAXTER 就会停止机器手臂；如果有必要，人工合作伙伴可以按下系统中突出的关闭开关。1993 年，布鲁克斯在麻省理工学院开发了类人机器人 COG，这是一个正在进行的项目。

COG 假装具有的人类情感，Sherry Turkle 将 COG 称为是关系人造物的例子（见第 1 章）。

7．回顾人们在 21 世纪以来构建的机器人系统可以看到，系统有这样一个趋势：这些系统非常实用，可以立即对人类施以潜在援助，包括辅助硬件和软件的开发、语音识别、求解问题、模仿和响应人类情感等；这些系统在移动、手臂、腿部和视觉系统的运动方面表现出了很大的进步。此外，它们在自然语言处理和语音理解、规划和认知方面取得了很大进展。

第 16 章

1．因为人们已经在跳棋、国际象棋和西洋双陆棋上进行博弈达数百年甚至数几千年之久，所以它们是启发式和人工智能的优秀测试平台。对于这些棋类博弈有很多实践和文献，特别是国际象棋。例如，关于国际象棋的书籍比所有博弈书籍还要多（近年来，扑克对国际象棋提出了挑战）。每种博弈都是非常复杂的。

2．

i．在实践的意义上，跳棋并不确定。

ii．每种博弈都有一个明确的目标——限制对手的移动能力。

iii．博弈规则很清楚。

iv．有相当多的关于博弈的知识。

v．在跳棋中，人们可以很容易地理解其下法。

3．在开发程序时，塞缪尔研究了 50 多种启发式。在机器学习方面，他还通过表格归纳进行了早期实验。

4．乔纳森 • 舍弗尔（Jonathan Schaeffer）博士等人，通过称为“三明治”的方法，经过 18 年的努力，以弱方式解决了跳棋游戏。首先，开局问题通过对众多大师的下法序列进行研究，得到解决，这快速简化整个问题，使得问题更加有迹可循。然后，他们对多达 10 枚棋子的残局建立残局数据库。这种方法将已得到极大简化的中盘的“肉”留了下来。

9．由于使用果蝇进行实验既方便又便宜，同时提供了丰富的信息，因此，在种群遗传学领域，托马斯 • 亨特 • 摩根（Thomas Hunt Morgan）使用果蝇进行研究。出于类似的原因，国际象棋也是一个“硕果累累”的研究领域，这是进行人工智能实验的理想选择，借此可以探索多个世纪以来积累的大量知识，因此国际象棋被称为“人工智能的果蝇”。

12．一些良好的国际象棋程序包括 Belle、Cray Blitz、Deep Thought（以及其后继者 Deep Blue、Deeper Blue）Deep Junior、Hydra、Fritz 和 Rybka。未来，在国际象棋比赛中，人类对战程序时应该考虑人类的局限性。机器不会疲劳或经历化学变化，而这是在高级的国际象棋比赛中导致人类棋手失误的原因，因此机器有优势。我们应该将兴趣集中在能力上，而不是表现上。

13．

a．**换位表**——用于存储已评估棋局的哈希表。

b．**静态搜索**——在棋局非常复杂的情况下，如果继续激烈的下法，可能会产生有害的结果，因此要搜索找到一个安静的棋局。

c．**迭代加深**——这个算法执行一个完整的 dfs-id，到达一个规定的边界。这个边界从 0 开始，每次迭代增加 1。注意：每次迭代搜索从头开始。

d．**空着启发**——待落子一方跳过这一步，在更高层次分析棋局。

e．**杀手启发式**——在先前的分析中已经被证明有用的一种走法或概念，现在再次可用。

16．由于围棋（19 × 19 棋盘）的大型状态空间所生成的复杂性，以及对这个博弈相对有限的研究，我们可以认为围棋是“人工智能的新型果蝇”。由于在任何给定的回合中，围棋可能的落子方式非常多（在棋局开始时，大约为 360），因此围棋特别复杂，下法的微妙之处在于控制和抢占领土。

第 17 章

5．图灵机执行加法。状态图如图 E.21 所示，我们希望这是一种更清晰的演示。

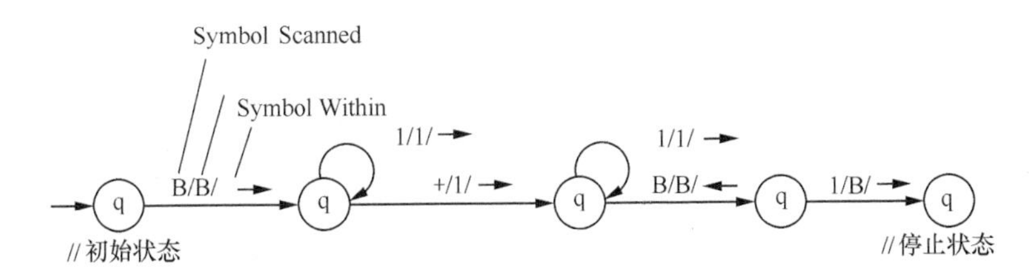

图 E.21 状态图

追踪所指示的计算。

q_0 B11 + 111B //当前状态，以下是整个磁带内容：

Bq_1 11 + 111B

B1$q_1$1 + 111B

B11q_1 + 111B

B111q_2 + 111B

B1111$q_2$11B

B11111$q_2$1B

B111111q_2B //注意，总和太大了！

B11111$q_3$1B

B11111q_nB //不需要显示所有的结尾空格。

加法完成：2 + 3 = 5。